최신판 | 도로와 교통분야 – 이론과 실무, 기술사 문제풀이

NEW NORMAL
도로와 교통

하만복

Ⅰ권 PART 01 도로분야

NEW NORMAL
ROAD AND TRANSPORTATION

KB134722

최신판 | 도로와 교통분야 – 이론과 실무, 기술사 문제풀이

NEW NORMAL
도로와 교통

하만복

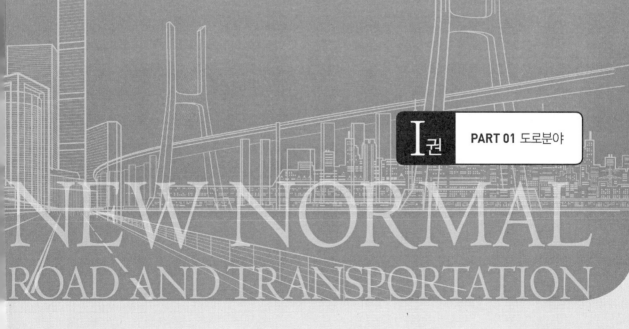

Ⅰ권 PART 01 도로분야

NEW NORMAL
ROAD AND TRANSPORTATION

예문사

책머리에서

도로와 교통이란 학문이 국내에 본격적으로 소개된 지 60년이 넘었지만 국내에서 교통문제에 대한 관심과 학문적 접근이 시작된 역사는 선진국보다 많이 짧다. 이런 이유로 도로와 교통 분야에 관한 연구와 전문서적의 출간 역시 많이 부족했던 것이 사실이다.

또한 일부 대학교마다 교통 관련 학과가 신설되고 교통이라는 학문의 필요성에 대한 인식도 높아지고 있지만 도로분야 관련 학과는 전국의 대학에서도 손꼽을 정도이다. 이렇듯 도로와 교통 관련 종사자 수가 한정되어 저자들이 많은 수고를 들여 책을 출간해도 수입을 기대할 수 없어 모든 학자와 연구원들이 출판을 꺼리는 현상 또한 크게 바뀌지 않고 있다.

이런 현실에서 도로교통 관계자와 학생들에게 조금이나마 도움이 되고자 지난 2004년에 「교통특론」을 출간하였고, 초판을 출간한 직후부터 미흡한 부분을 보완하고 내용을 추가하여 2007년에 「도로와 교통」을 출간한 뒤 14년 만에 「뉴 노멀 도로와 교통」을 2020년 3월에 개정된 「도로의 구조 · 시설기준에 관한 규칙」과 2013년에 개정된 「도로용량편람」 등에 맞추어 새 모습으로 출간한다.

이 책은 뉴 노멀 시대를 맞이하여 도로교통 실무자와 수험생들 그리고 대학(원)생을 모두 염두에 두고 기획하였으며 도로와 교통(공항)을 중심으로 문제를 만들었다. 도로와 교통은 상호관계이므로 교통기술사와 도로 및 공항기술사 시험문제 역시 30~40% 정도는 교통과 도로문제가 섞여서 다루어진다. 따라서 뉴 노멀 시대에 출간되는 도서가 기술사로서의 자질을 높이고 실무에 큰 도움이 될 것이다.

후배 기술자 양성과 교통기술사와 도로 및 공항기술사 시험대비 수험생들에게 도움이 되겠다는 일념으로 성심껏 만들었으나 여전히 부족한 부분이 많이 있을 것이다. 그 부분에 대해서는 독자들의 아낌없는 충고와 격려를 통해 더욱 다듬어 나갈 것을 약속드리며 아무쪼록 이 책이 여러분들의 소기의 목적을 이루는 데 기여하길 바란다.

기술사 시험에 도전하는 분들께 몇 가지 조언을 드리자면,

첫째, 일단 시험에 응시하라. 그러면 길은 열릴 것이다.

둘째, 시험장에서 다소 모르는 점이 있어도 아는 데까지 최선을 다하여 쓰고 마지막 시간까지 포기하지 말라.

셋째, 서적의 분량이 많다고 공부가 잘되는 것은 아니다. 가지고 있는 서적에서 연관성을 찾아서 접목하여 효과적으로 공부하라.

넷째, 공부하는 동안 절제하라. 하고 싶은 것을 다 하면서 좋은 결과를 바랄 수는 없다.

다섯째, 집중하여 시험을 한 번 보는 것이 수개월 공부하는 이상의 효과가 있으므로 꾸준히 응시하라.

끝으로 출간과정에서 항상 격려와 정신적으로 의지가 되어 주신 전)인천대학교 남영국 교수님과 경희대학교 이석근 교수님, 송도근 사천시장님, 송기섭 진천군수님, 김희국 국회의원님, 변광용 거제시장님, (주) 다산컨설턴트 이해경 회장님, 우리이엔지 김성률 회장님, 우진기술단 강영민 동생, (주) 신영 감정만 회장님, (주) 창미 박노경 회장님께 감사를 드립니다. 그리고 늘 같은 자리에서 지지해주는 아내 김정아, 아들 봉현, 딸 현주에게 고마움을 전하고, 출간 전반에 도움을 주신 경상국립대학교 문홍득 교수님, 도로 및 공항 기술사회 손종철 회장님과 최장원 국장님, 창미 ENG 신성훈님과 박성진님, 예문사 사장님과 직원들께 고마운 마음을 전한다. 그리고 특별히 이 지면을 빌려 보궐선거에서 의령군수에 당선된 오태완 군수님께도 축하인사를 전한다.

2021년 초여름 경상국립대학교 도로교통 연구실에서

하 만 복

공부방법

① 공부법 및 답안 작성법

1. 공부법

1) 절대 외우려고 노력하지 마라

책을 읽고 쓰면서 직접 정리한다.

- 첫째 : 책을 읽고 쓰면서 반복적인 학습을 하루 세끼 밥 먹듯이 꾸준히 해야 한다.
- 둘째 : 책을 읽고 쓰면서 출제빈도가 높은 순서로 요약정리 한다.
- 셋째 : 같은 문제라도 단답형(1.3쪽 전후)과 일반형(4쪽 전후)을 생각하며 공부한다.
- 넷째 : 이해를 하고 정리가 되었으면 각각의 문제마다 핵심적인 내용을 담아낼 수 있어야 한다. 즉, 출제되는 문제마다 새로운 신기술(아이디어)을 제시해야 한다.

2) 문제 경향에 치중하지 마라

- 출제문제 중 10~15%는 전혀 예상하지 못한 문제가 출제될 수 있으며, 이것이 합격의 당락을 결정한다.
- 동일한 문제라도 출제자가 의도하는 내용이 다르므로 평상시 새로운 신기술(아이디어)을 생각하면서 업무에 임하는 자세가 필요하다.

2. 답안 작성법

1) 구성

- 서론(개요) → 본론 → 결론 또는 기승전결 순으로 작성한다.
- 단답형(1교시)은 10문제이므로 문제당 1.5쪽을 넘기지 않는 것이 좋다.

2) 배점

서론-본론-결론 비율을 아래의 기준이 되도록 해야 한다.

- 서론 : 20% 정도   • 본론 : 50~60% 정도   • 결론 : 30% 정도

3. 각 단원별 표현방법

1) 서론(개요)

- 최대 0.5~1쪽 이내로 정리한다.
- 출제된 문제의 전반적인 내용을 요약해야 한다.

2) 본론

- 페이지를 늘리려고 애쓰지 말 것 → 한 문제당 3~4쪽이 적정
- 정확한 내용을 간결하게 제시 → 문제점 및 대책 제시
- 서술식으로 길게 표현하는 형식은 지양 → 한 줄의 1/2~1/3이 적정
- 그림은 자를 이용하지 말고 상대방이 이해하기 쉽도록 깨끗하게 표현하면 된다(기술사

시험은 제도시험이 아니므로 그림은 자를 이용하지 말고 연필로 그린 다음 그 위에 볼펜으로 마무리하고 지우개로 지우는 것이 좋다).

3) 결론(결언)
- 결론 전에 본인의 참신한 경험적인(실패와 성공사례, 신기술 도입 등) 내용을 적어주면 점수를 더 받을 수 있다.
- 제도 개선사항 등 수험자의 의견, 미래지향적 또는 발전적인 내용을 제시한다.

2 문제 핵심을 찾는 방법

1. 문제 내용 중 중요단어를 제목으로 이용

예 교차로 설계에 대하여 기술하되, 특히 도류화 기법에 대하여…….
　　(일반적 사항)　　　　　　　　　　　　　　(핵심내용)

2. 각각의 문제에서 제목 정리

제목은 골격이 되므로 어떠한 문제가 출제되어도 대·중·소(1. → 1) → ① → •) 제목이 떠오를 수 있도록 반복적인 공부를 해야 한다.

3 구성방법

- 아래 그림과 같이 나름의 번호체계를 구성하고 답안 작성 시 적용한다.
- 평상시 띄어쓰기하는 습관을 기른다.

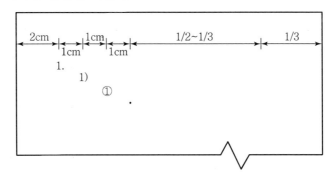

4 주의사항

1) 논술시험에서 100점은 없고 65점이 만점이라고 생각하고 시험에 응해라(즉, 65점이 만점이라면 한 문제라도 놓치면 실패한다는 뜻이다).
2) 불필요한 내용, 확실하지 않은 표현, 약자, 흘림 글씨체는 피하되 지나친 정자도 금물이다.
3) 자신 있는 문제라고 분량을 늘리지 마라. 시간 조절의 실패 원인이고 감점이 될 수 있다.
4) 수험자가 가장 자신 있는 문제부터 정리한다.
5) 작성 완료 후 3분 정도 맞춤법, 부호, 철자를 검토하고 연필 자국은 깨끗이 정리한다.

출제기준(필기)

■ 교통기술사

직무 분야	건설	중직무 분야	도시 · 교통	자격 종목	교통기술사	적용 기간	2019.1.1.~2022.12.31

○ 직무내용 : 교통에 관한 전문지식과 실무경험에 입각하여 교통자료의 수집 및 분석, 교통 수요예측 등을
통하여 과학적이고 효율적인 교통계획을 수립함. 또한, 종합적인 교통체계의 구축과 교통시설의
효과적인 설계 및 운영방안 등을 강구하며, 이를 계획, 운영, 평가하는 업무 및 미래지향적인
고도의 기술적 제안과 이에 관한 직무를 수행함.

검정방법	단답형/주관식논문형	시험시간	400분(1교시당 100분)

시험과목	주요항목	세부항목
교통계획, 교통경제, 교통류이론, 교통조사, 교통운영 및 설계, 교통안전 및 공해, 토지 이용계획, 그 밖에 교통공학에 관한 사항	1. 교통계획	1. 교통계획과정 및 절차 2. 교통수요예측 　－도로, 철도 등 각종 교통시설에 대한 수요예측기법의 기본원리 및 이론적 배경 　－4단계 기법의 단계별 모형구조 및 장 · 단점, 예제문제 풀이 　－각종 적용모형의 구조설명 및 파라미터 정산과 문제점 분석 　－통행일반화 비용과 저항함수 전반 　－실시간 동적 교통수요예측 기법 및 관련 사항 3. 교통계획평가기법 4. 토지이용계획 　－토지이용과 교통과의 상호영향 관계 · 교통과 입지이론, 교통과 토지이용의 변화와 Paradox 　－토지이용과 교통의 순환구조와 정책방향 　－도시공간구조에 미치는 교통의 역할 및 영향 　－도시재생과 교통위계 확립 5. 부문별 교통계획 6. 교통체계진단 7. 교통수요분석 8. 교통수요관리정책분석 9. 교통운영정책분석
	2. 교통경제	1. 경제성 타당성 및 재무성 분석 　－경제성분석 기법의 종류, 이론적 배경 및 전제사항 일반

시험과목	주요항목	세부항목
		−이자율, 할인율 산정 등 금전적 가치 관련의 이론적 배경 −편익/비용항목 선정의 이론적 배경 및 산출과정 −공공재로서의 교통기능과 통행시간 가치 −사업의 우선순위 산정방법과 대안 간의 비교 −민감도 분석 및 경제성 분석의 한계 2. 사회간접자본의 민간자본 유치 관련 사항 −사회간접자본 공공성과 관련된 제반사항 −민간자본유치 방안과 법적·제도적 특성, 문제점 3. 정책적 분석 및 종합평가 −정책적 분석의 주요항목 적용 모형 −종합평가분석 기법 및 종합판단 4. 교통수요관리방안 −교통수요관리 방안의 이론적 배경 및 기법 −교통의 공공재적 Social Equilibrium −교통수요관리 지역의 구획 및 구체적 실시방안 −교통수요관리의 효과 및 문제점과 개선방안
	3. 교통공학	1. 교통(공학)의 이해 2. 교통요소의 공학적 특성 3. 교통류이론 −거시적·미시적 기본이론과 상호관계 규명 −교통류와 관련된 분포와 통계적 검증 −교통류 분석의 척도와 상호 간의 응용문제 −교통안정성 및 가속소음 −대기행렬모형의 적용 −연속류의 특성분석−간격이론, 충격파이론, 추종이론 등의 응용 4. 도로공학 −도로설계기준 및 선형설계 방법 −도로용량편람의 각종 분석기법의 응용 −도로(교통)망 분석기법 및 위계정립방안 5. 용량과 서비스수준
	4. 교통조사 및 교통설계	1. 교통조사 −교통조사 방법의 일반 : 교통공학 및 교통시설계획, 교통계획 수립을 위한 기초자료·교통량, 속도, 교통시설, 통행실태조사 등 교통부문 전반 −교통조사 결과의 통계적 검증 −교통시설의 계획 및 개선 등을 위한 조사방법론 −O/D조사의 문제점 및 전수화 관련 전반적인 사항

시험과목	주요항목	세부항목
		−O/D예측의 이론적 방법론 −교통사고조사 −대중교통조사 2. 교통설계 　−교통시설의 설계기준 및 방법 　　• 교차로, 주차장, 환승시설 등 각종 교통시설 　　• 교통개선사업과 관련된 교통시설 포함 3. 도로의 계획과 설계 4. 주차계획 및 설계 　−주차조사 　−주차수요예측 　−주차설계 5. 교통시설규모 산정 6. 교통운영계획 분석 7. 교통시설 부문별 설계 8. 교통설계타당성검토 9. 공사 중 교통 소통대책
	5. 교통운영·감리 및 ITS	1. 교통개선사업 　−이론적 배경 및 각종 기법 　−분야별 적용 효과분석 2. 신호시스템의 운영 및 설계 　−신호시스템의 종류와 기본적 이해 　−신호운영 및 신호설계 응용 3. 시뮬레이션 　−시뮬레이션 기법 및 방법 　−시뮬레이션 적용 및 한계점 4. ITS 　−ITS의 구성 및 서비스분야와 효과측정 　−ITS 아키텍쳐의 정의 및 구성, 필요성 　−U−Transportation의 정의 및 주요내용 5. 교통운영조사 6. 교통시스템진단 7. 교통안전문제점진단 8. 최적대안 도출 9. 교통시스템운영 모니터링 10. 교통시스템운영 유지관리 11. 교통 통제 기법

시험과목	주요항목	세부항목
	6. 교통안전 및 환경	1. 교통안전 　－교통사고정보 수집 및 관리시스템(TAMS) 　－교통사고 다발지점 선정방법 　－위험도로 선정기준 및 개선사업평가 　－교통안전대책 　－시설 기준 및 평가 2. 도로안전진단제도 3. 교통환경
	7. 대중교통	1. 대중교통(철도, 버스, BRT 등)의 개념 및 의의, 필요성 2. 대중교통 수요 및 설계 　－대중교통노선 선정 및 수요예측 　－대중교통설계 　－소요차량편수, 배차시격, 운행시간계획 등 3. 대중교통 운영 　－대중교통우선처리 방안 　－대중교통운행 정책 4. 대중교통과 연계한 개발체계 5. 신교통수단
	8. 기타 교통에 관련된 사항	1. 물류 체계 및 정책 2. 교통영향평가 및 이행확인제도 3. 녹색교통과 관련된 교통정책 4. 지속가능한 교통체계 전략 5. 최신 교통과 관련된 국내·외적 정책 및 시사 사안 등 6. 교통 전문용어 해석 7. 교통 관련법, 제도 및 내용

■ 도로 및 공항기술사

직무 분야	건설	중직무 분야	토목	자격 종목	도로 및 공항기술사	적용 기간	2019.1.1.~2022.12.31

○ 직무내용 : 도로 및 공항 분야의 토목기술에 관한 고도의 전문지식과 실무경험에 입각한 계획, 연구, 설계, 분석, 시험, 운영, 시공, 평가 또는 이에 관한 지도, 건설사업관리 등의 기술업무 수행

검정방법	단답형/주관식논문형	시험시간	400분(1교시당 100분)

시험과목	주요항목	세부항목
도로 및 교통, 도로구조물, 도로부대시설, 공항계획 및 공항부대시설, 그 밖에 도로와 공항에 관한 사항	1. 도로 관련 분야	1. 도로설계와 관련된 교통사항 2. 도로설계기준 3. 도로망구축 4. 도로 노선선정 5. 도로 횡단구성 6. 도로 유·출입시설 7. 도로 기하구조 8. 도로 안전시설 9. 도로 부대시설 10. 도로 관련법 및 기준, 규정 기타 지침 11. 도로계획 및 도로건설에 관한 최신동향
	2. 공항 관련 분야	1. 항공수요예측 2. 공항용량 및 시설규모결정 3. 공항입지선정 4. 공항 마스터플랜 5. 비행공역기준 6. 신공항의 개발 7. 기존공항의 확장 8. 항행안전시설 9. 항공등화시설 10. 항공기소음대책 11. 비행장(활주로, 유도로, 계류장)시설 설계기준 12. 여객청사의 계획 (규모, 배치 등) 13. Landside 시설에 관한 사항 14. 공항지원 및 부대시설 15. 공항관련법 및 기준, 규정 기타 지침에 관한 사항 16. 공항계획 및 건설에 관한 최신동향

시험과목	주요항목	세부항목
	3. 도로·공항 건설 분야 (공통)	1. 계획 및 설계에 관련된 조사 사항
		2. 건설 전반의 정책 　－최근정책동향(저탄소 녹색성장, 경관보호, 경관설 　　계 등)
		3. 교통(교통영향평가, 교통성검토, 교통수요예측 등)
		4. 타당성조사 및 경제성분석
		5. 토공－토공량, 다짐, 비탈면 보호, 동상방지 등
		6. 지반 　－토질조사 및 시험 　－포장의 하부 　－연약지반분류 및 처리
		7. 포장 　－포장재료 및 공법의 특성 　－특수포장 　－포장설계 　－포장의 시공 및 관련장비 　－PMS 및 유지보수 　－신재료, 신공법
		8. 배수 및 수문사항
		9. 환경(환경영향평가, 환경성검토 등)
		10. 건설재료 　－콘크리트 및 기타 도로와 공항건설용 재료
		11. 품질관리(시험 포함)
		12. 교량에 관한 기본 사항
		13. 터널에 관한 기본 사항
		14. 옹벽 등 토공구조물에 관한 기본 사항
		15. 건설 관련 정보 활용
		16. VE기법 등 새로운 기법
		17. 건설 관련제도
		18. 해외사업 활성화
		19. R&D의 활성화
		20. 도로 및 공항 시설의 유지보수 및 관리에 관한 사항

이 책의 특징

1. 교통기술사, 도로 및 공항기술사 시험에 자주 출제되는 내용을 엄선하여 키워드별로 구성하였다.

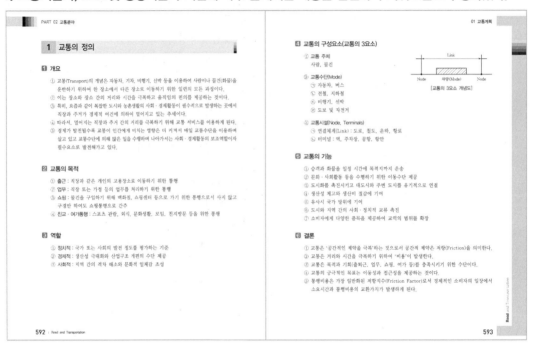

2. 비전공자도 쉽게 이해할 수 있도록 이론을 뒷받침하는 그림, 사진, 도표 등 시각자료를 풍부하게 배치하였다.

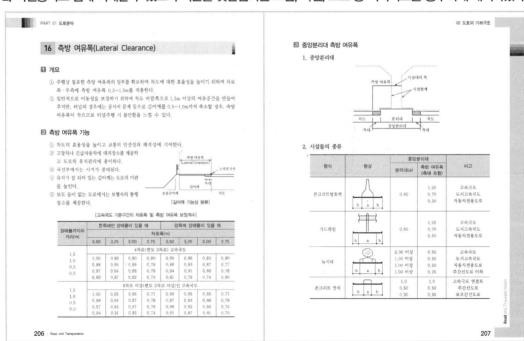

3. 계산과정을 상세하게 풀이한 예제를 풀어봄으로써 내용을 쉽게 이해할 수 있다.

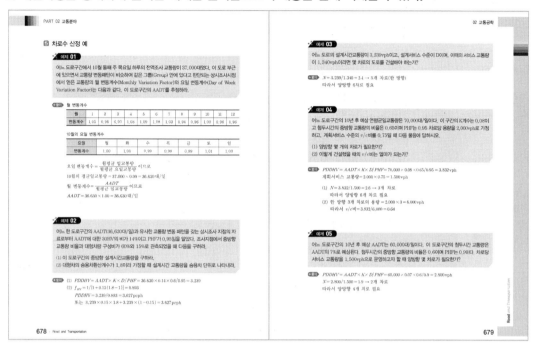

4. 교통기술사, 도로 및 공항기술사 과년도 기출문제를 통해 출제경향을 파악할 수 있다.

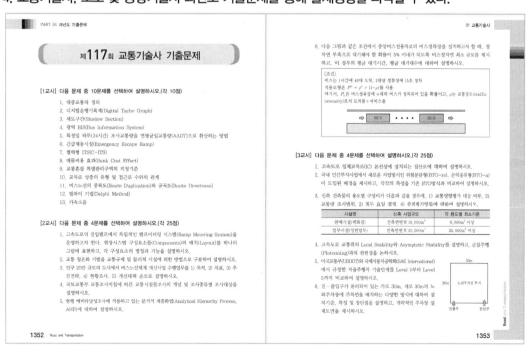

목차

PART 01 도로분야

01

도로계획 및 정책

1 도로의 계획과정

1 개요

① 도로는 철도, 항공, 해운 등의 수송부문 중에서 가장 큰 비중을 차지하며, 국가발전의 중추 기능을 담당하고 있다.
② 도로부문의 사회기반시설에 대한 투자는 국가경제 발전의 원동력이 되고 지역의 발전과 소득 및 고용증대와 같은 잠재된 효과를 가져온다.
③ 도로수송부문에 대한 투자는 보다 체계적이고 종합적인 투자계획이 뒷받침되어야 한다.
④ 도로사업은 상위계획검토, 타당성조사, 기본설계, 실시설계, 용지매수, 건설, 유지관리 등의 일련의 과정을 거친다.

2 도로의 계획과정

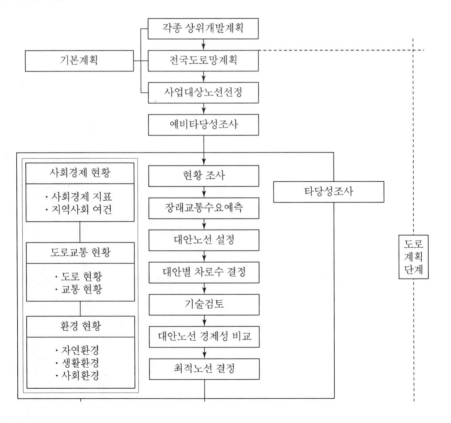

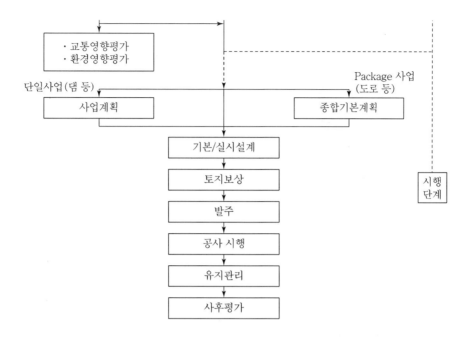

③ 도로의 계획목표연도

1. 목표연도 설정기준

① 교통량 예측의 정확성을 신뢰할 수 있는 범위
② 자본의 효율적 투자 측면(경제성) : 단계건설
③ 도로의 시설종류별 구분
④ 계획도로의 위치(지역 여건)에 따른 검토
⑤ 도시계획 등 다른 계획과의 관계

[도로의 기능별 구분에 따른 목표연도]

도로의 기능별 구분		목표연도	
		도시지역	지방지역
주간선도로	고속국도	15~20년	20년
	그 밖의 도로	10~20년	15~20년
집산도로		10~15년	10~15년
국지도로		5~10년	10~15년

Road and Transportation

2. 목표연도 설정 시 유의사항

① 터널, 교량 등 확장이 어려운 노선은 큰 값을 적용하고 토공 등 확장이 용이한 노선은 작은 값을 적용
② 토지이용 변화가 심한 곳은 작은 값을 적용
③ 광역계획에 포함된 노선일 경우에는 광역계획상의 목표연도 적용
④ 도시계획 등에 제약을 받을 경우 도시계획상의 목표연도를 적용하고, 필요시 도시계획 변경
⑤ 단계건설은 경제성 분석 후 결정하고 도로의 부분 개량일 경우 작은 값 적용

4 결론

① 도로계획은 상위계획이 국토종합개발계획 등에서 세워진 중장기도로망 계획을 토대로 한 도로정책적인 차원에서의 도로망계획이다.
② 특정 사업을 대상으로 노선이 선정된 후 실시하는 타당성조사와 기본설계까지를 포함하는 도로건설을 위한 사전의사결정과정이다.
③ 도로의 계획목표연도는 일반적으로 본선은 20년으로 계획하나, 대상도로의 중요성과 도로기능 및 특성 등을 고려하여 도로설계 발주 시에 정책실무자와 설계자가 충분히 협의하여 결정하는 것이 바람직하다.

2 도로계획의 목표연도

1 개요

① 도로를 계획하거나 설계할 때에는 예측된 교통량에 맞추어 도로의 기능이 원활하게 유지될 수 있도록 하기 위하여 도로의 계획목표연도를 설정해야 한다.
② 도로의 계획목표연도는 도로의 중요성과 도로기능에 따라 15~20년 이내로 정한다.
③ 목표연도 설정 시에는 도로의 기능별 구분, 교통량 예측의 신뢰성, 투자의 효율성, 단계건설의 가능성, 주변 여건, 주변 지역의 사회·경제계획 및 도시기본계획안 등을 고려하여야 한다.

② 목표연도 설정기준

1. 교통량 예측의 정확성을 신뢰할 수 있는 범위

① 도로의 영향권 범위 내에서 지역경제, 인구, 토지이용 등의 변화를 고려하여 예측을 신뢰할 수 있는 범위 내로 결정해야 한다.

② 대체로 신뢰할 수 있는 범위로는 장래 교통량이 현재 교통량에 대해 3배 이하일 때로 본다.

③ 미국의 경우 신뢰할 수 있는 교통량의 예측 가능한 범위로 15~20년을 최대치로 적용하며, 요금소의 규모 등 단계건설이 용이한 경우는 10년 정도로 보고 있다.

2. 자본의 효율적 투자 측면(경제성) : 단계건설

계획도로 건설사업에 대한 목표연도와 시설규모를 설정하여 적정 할인율에 의한 경제성 분석 결과에 따라 단계건설을 고려한 가장 유리한 최종 목표연도를 산정한다.

3. 도로의 시설종류별 구분

시설확장이 어려운 터널, 교량이 많은 도로와 반대로 토공 등 확장이 용이한 도로로 구분할 수 있다.

4. 계획도로의 위치(지역 여건)에 따른 검토

계획도로의 위치가 지방지역인지 도시지역인지에 따라 목표연도를 다르게 할 수 있다.

5. 도시계획 등 다른 계획과의 관계

도시지역 도로는 도로계획상 도로폭이 명기되어 있으며, 대규모 개발계획의 경우 목표연도의 장기화로 인한 추진성과의 편차가 크게 형성됨에 따라 실제로 20년 후의 교통량을 맞추기 불가능한 경우가 많이 있다. 따라서 목표연도를 만족할 수 있도록 도시계획 변경을 고려해야 한다.

6. 도로의 등급에 따른 구분

① 도로의 목표연도는 도로의 기능별 구분(주간선도로, 보조간선도로, 집산도로, 국지도로)에 따라 다르게 적용한다.

② 기능이 높은 도로의 경우 시설의 확장이 어렵고, 도로 건설에 장기간이 소요되며, 교통체증에 대한 영향이 매우 크므로 기능이 낮은 도로에 비하여 목표연도를 보다 길게 정하여야 한다.

[도로의 기능별 구분에 따른 목표연도]

도로의 기능별 구분		목표연도	
		도시지역	지방지역
주간선도로	고속국도	15~20년	20년
	그 밖의 도로	10~20년	15~20년
집산도로		10~15년	10~15년
국지도로		5~10년	10~15년

③ 목표연도 기준

① 목표연도 계획 당시를 기준으로 20년을 넘지 않는 범위 내
② 교통량 예측의 신뢰성, 도로의 기능, 자본투자의 효율성 및 주변 여건 감안
③ 주변 지역의 사회경제계획 및 도시계획 등의 목표연도 고려

④ 목표연도 적용 시 유의사항

① 터널, 교량 등 확장이 어려운 노선은 큰 값을 적용하고 토공 등 확장이 용이한 노선은 작은 값을 적용
② 토지이용 변화가 심한 곳은 작은 값을 적용
③ 광역계획에 포함된 노선일 경우에는 광역계획상의 목표연도 적용
④ 도시계획 등 제약을 받을 경우 도시계획상의 목표연도 적용, 필요시 도시계획 변경
⑤ 단계건설일 경우 경제성 분석 후 결정
⑥ 도로의 부분 개량일 경우 작은 값 적용

⑤ 결론

① 도로계획 목표연도는 일반적으로 15~20년으로 정하고 있으나, 교통량 예측의 신뢰성, 도로의 구분, 단계건설의 가능성, 주변 여건 등을 고려하여 도로의 등급별로 선정하여야 한다.
② 목표연도를 정확히 예측하는 것은 불가능하나 계획도로의 성격 및 장래계획을 충분히 고려하여 예측기간 내에 서비스 수준을 유지하고 도로의 기능을 유지할 수 있어야 하므로 매우 중요하다.

3 도로의 계획 및 설계과정

1 개요

① 도로계획은 정책적인 차원에서 수행되는 도로망 계획과 이를 토대로 하여 기술적인 차원에서 특정노선에 대한 타당성조사와 기본설계를 실시하는 세부적인 도로계획으로 구분할 수 있다.

② 특히, 도로는 국토의 균형 있는 개발 측면에서 수송시간 및 비용절감, 수송체계의 변화 등에 크게 영향을 미치므로 경제성 분석을 통하여 총비용과 총편익을 상호 비교하여 사업의 타당성 분석, 투자우선순위 결정, 사업의 최적 투자시기 등을 검토해야 한다.

③ 도로계획의 전체적인 흐름은 다음과 같다.

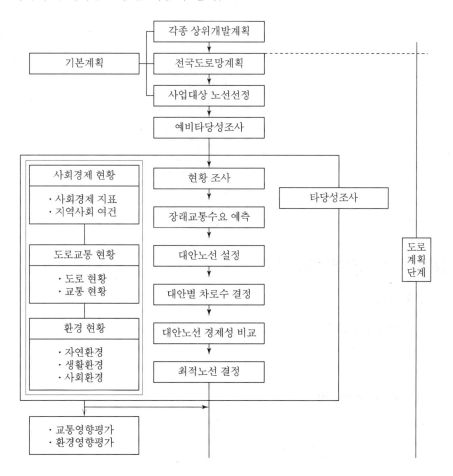

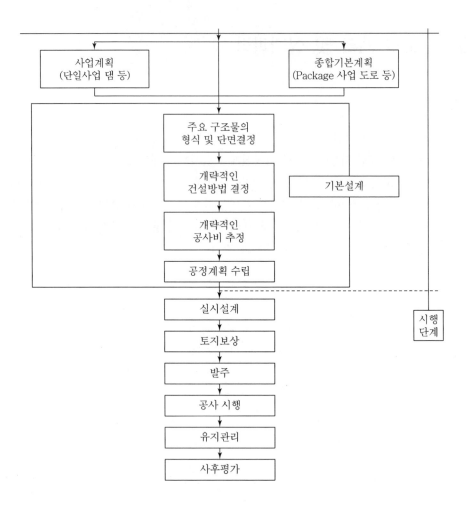

② 상위계획과 사업대상 노선선정

1. 상위계획

① 국토종합개발계획
② 권역별 종합계획

2. 사업대상 노선선정

① 개략적인 경제성 평가
② 투자우선순위 결정의 단계를 거친 후 선정

③ 예비타당성조사 제도(「국가재정법」 제38조)

① 총사업비 500억 원 이상, 국비지원 300억 원 이상인 사업
② 발주기관 예산당국 공동 실시
③ 중립적 위치에서 사업의 타당성 판단이 필요
④ SOC 분야의 축적된 경험과 전문성을 지닌 국책연구기관 활용

④ 타당성조사

1. 조사과정

① 1/50,000 도면상, 시종점, 설계조건, 지형, 기준점 등을 고려하여 개략적인 통과노선 계획
② 1/5,000 지도에 범위 결정 및 비교노선 검토
③ 경제적·기술적·사회적·환경적 요인 검토

2. 타당성 조사의 내용

① 개략 조사
② 장래 교통수요 예측
③ 비교노선선정 및 차로수 결정
④ 경제성 분석
⑤ 최적 노선선정

⑤ 환경영향평가 및 교통영향평가

1. 환경영향평가 대상사업의 범위

① 「환경영향평가법 시행령」 [별표 3] 〈개정 2020. 7. 28.〉
② 환경영향평가대상사업의 제31조 제2항 및 제47조 제2항 관련

도로의 건설사업

「도로법」 제2조 제1호 및 「국토의 계획 및 이용에 관한 법률」 제2조 제13호에 따른 도로의 건설사업 중 다음의 어느 하나에 해당하는 사업

1) 4킬로미터 이상의 신설(「국토의 계획 및 이용에 관한 법률」 제6조 제1호에 따른 도시지역에서는 폭 25미터 이상의 도로인 경우만 해당한다. 다만, 「도로법」 제10조 제1호에 따른 고속국도와 「국토의 계획 및 이용에 관한 법률 시행령」 제2조 제2항 제1호 나목·사목에 따른 자동차전용도로 또는 지하도로의 경우에는 그러하지 아니하다. 이하 같다)

2) 왕복 2차로 이상인 기존 도로로서 길이 10킬로미터 이상의 확장

3) 신설과 확장을 함께 하는 경우로서 다음 계산식에 따라 산출한 수치의 합이 1 이상인 것
(신설구간 길이의 합/4km)+(확장구간 길이의 합/10km)

4) 도로의 신설로서 도시지역과 비도시지역에 걸쳐 있는 경우에는 다음 계산식에 따라 산출한 수치의 합이 1 이상인 것(왕복 4차로는 폭 25미터 이상으로 본다)
(비도시구간 길이의 합/4km)+(도시구간 길이의 합/4km)

2. 교통영향평가 대상사업의 범위

「도시교통정비 촉진법 시행령」에 따른 교통영향평가 대상사업자의 범위는 다음과 같다.

도시교통정비 촉진법 시행령		
제13조의2(교통영향평가 대상사업 등) ③ 법 제15조 제1항에 따라 교통영향평가를 실시하여야 하는 대상사업의 범위는 별표 1과 같다.		
교통영향평가 대상사업의 범위 및 교통영향평가서의 제출·심의 시기 [별표 1]		
구분	교통영향평가 대상사업의 범위	교통영향평가서의 제출·심의시기
마. 도로의 건설	「도로법」 제10조에 따른 도로의 건설 -총길이 5km 이상인 신설노선 중 인터체인지, 분기점, 교차 부분 및 다른 간선도로와의 접속부	「도로법」 제25조에 따른 도로구역의 결정 전
도로법		
제10조(도로의 종류와 등급) 도로의 종류는 다음 각 호와 같고, 그 등급은 다음 각 호에 열거한 순서와 같다. 1. 고속국도(고속국도의 지선 포함) 2. 일반국도(일반국도의 지선 포함) 3. 특별시도(特別市道)·광역시도(廣域市道) 4. 지방도 5. 시도 6. 군도 7. 구도		

6 노선선정

1. 노선선정의 원칙

① 도로의 노선선정이란 도로를 매개체로 흘러가는 교통류에 일정한 선형을 부과하는 것이므로 연계성을 최대한 고려해야 한다.

② 도로가 통과하게 될 지역 간 교통수요에 부응하고 접근성을 개선하며 경제적·사회적·기술적·환경적 조건과 조화되도록 선정해야 한다.

③ 작업과정은 노선계획, 노선선정, 노선평가, 노선확정, 선형설계의 단계를 거쳐서 완성된다.
④ 보상비가 가급적 적게 들고 시공이 용이한 노선을 선정해야 한다.
⑤ 생활권의 분단을 가급적 피하기 위하여 통과 교통을 우회할 수 있는 노선선정을 해야 한다.
⑥ 대도시의 경우 교통을 분산할 수 있는 노선선정이 되어야 한다.
⑦ 특히, 노선선정 시 관련되는 모든 문제점을 도출하고 해결방안을 검토하여 최적의 대안을 선정해야 한다.

2. 단계별 검토사항

① 최적 노선대 검토　　② 비교노선 결정
③ 비교노선 평가　　④ 최적 노선 결정
⑤ 환경영향검토 및 교통영향검토　　⑥ 평면선형설계
⑦ 종단선형설계　　⑧ 실시설계

3. 노선선정 시 고려사항

① 사회적 측면　　② 경제적 측면
③ 기술적 측면　　④ 환경적 측면

4. 최적 노선선정 시 유의사항

① 종합적 교통망 체계 검토
② 세부 비교노선별로 예비설계, 경제적 분석, 기술적 분석 및 환경영향평가 등 실시
③ 경제적·기술적·환경적 평가기준 각 항목별로 지표산출
④ 종합적으로 검토함으로써 이용가치 극대화와 공사비 절감이 가능한 최적 노선선정
⑤ 최적 노선선정 시 사업비 대소가 중요한 판단기준이 되므로 교통수요 재검토 필요
⑥ IC건설을 위한 비교분석

7 기본설계

1. 개요

① 타당성조사 결과를 바탕으로 하여 사전조사사항 계획 및 방침, 개략시공방법, 공정계획, 공사비 등의 기본적인 내용을 설계도서에 표기해야 한다.
② 도면은 1/5,000 지형도를 이용하여 현지측량 없이 지도상에서 수집된 자료를 활용하여 작성하면 된다.

2. 기본설계 보고서

① 설계 보고서 : 공사개요, 계획방침, 사전조사 등
② 구조 및 수리계산서 : 구조계산서, 유역도 작성과 수리 검토
③ 토질조사 보고서 : 현황조사와 지질조사 및 시험
④ 개략설계 내역서 : 공종별 개략적인 내역서

8 실시설계

1. 개요

① 기본설계를 구체화하여 실제 시공에 필요한 구체적인 내용을 설계도면에 작성하는 단계로서 도로계획단계를 벗어나 사업시행단계에 속한다.
② 1/1,200 지형도를 이용하여 노선결정 과정을 거친 후 현장에서 종단 및 횡단 측량을 실시한 후 상세 설계를 실시한다.
③ 실시설계과정은 토공, 배수공, 구조물공, 교량공, 터널공, 포장공, 부대공, 용지도 작성, 적산, 보고서 작성, 인허가서류 작성 등으로 이루어진다.

2. 실시설계 보고서

① 설계 보고서 : 공사개요, 계획 및 방침, 사전조사, 시공 계획, 자재사용, 공정계획
② 구조 및 수리계산서 : 세부구조계산서
③ 토질조사 보고서 : 토질현황, 세부토질조사, 세부토질시험
④ 상세설계 내역서
⑤ 시방서

9 결론

① 도로계획 및 설계는 상위계획을 기본으로 하여 사업대상노선이 선정되면 타당성조사 및 환경영향평가, 교통영향평가를 거쳐 기본설계, 실시설계를 통해 완성된다.
② 도로가 국가경제에 미치는 영향을 감안할 때 보다 체계적이고 종합적인 투자계획이 뒷받침되어야 하며, 계획입안에서부터 설계 전 과정까지 상세한 검토분석을 통해 최상의 도로로 평가받도록 하여야 한다.
③ 도로는 국가경제발전의 중추적인 기능을 담당하며 국내 수송 물동량의 90% 이상을 담당하는 중요한 수송수단이다.
④ 도로건설은 국가 발전에 중요한 부분으로 경제적인 측면에서 볼 때 수송비용 절감, 수송시간 단축, 토지이용증대, 생산 등 중요한 역할을 한다.

4 예비타당성조사

1 개요

① 국가 또는 지방자치단체 등에서 계획하는 대형 사업을 추진하기 전에 필요한 예산편성을 위해 낭비성 또는 중복투자와 사업의 경제성 유무 등을 검토하여 해당 사업이 타당한지를 조사하는 것이다.

② 정부는 1999년부터 기존 타당성조사의 문제점을 개선하기 위해 예비타당성제도를 도입하였다. 이는 사업추진 타당성 유무에 대한 철저한 검토의 필요성과 기존 타당성조사의 문제점에 대한 해결방안 측면에서 이루어졌다.

③ 「국가재정법」 제38조에 따라 사전에 사업의 타당성을 대략적으로 검토하는 것으로서 대규모 사업에 대한 예산을 편성하기 위해 실시한다.

④ 따라서 예비타당성조사와 타당성조사의 차이점 및 수행체계 등에 대하여 기술한다.

2 예비타당성조사 목적

① 수요가 없고 경제성이 낮은 사업의 무리한 추진 방지

② 계획 없는 사업비 증액과 잦은 사업계획 변경으로 인한 예산낭비와 중복투자 예방

③ 사업착수 이후 타당성 없음을 이유로 사업의 중도 포기 차단

④ 경제적 · 기술적 · 사회적 · 환경적인 측면으로 재검토 기회 제공

3 대상범위

① 총사업비가 500억 원 이상이고, 국가의 재정지원 규모가 300억 원 이상인 건설사업, 정보화사업, 국가연구개발사업 및 국가재정사업

② 「국가재정법」 제38조에 따라 제출된 재정지출이 500억 원 이상인 사회복지, 보건, 교육, 노동, 문화 및 관광, 환경보호, 농림해양수산산업, 중소기업분야사업

4 예비타당성조사 수행체계

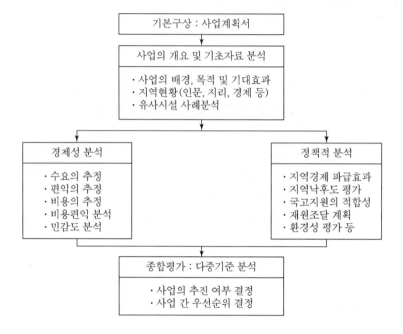

5 예비타당성조사와 타당성조사의 차이점

① 건설사업에 대하여 당해 사업의 목표와 이를 위해 수단을 기술적·경제적·사회적·환경적 측면 등에서 비교·검토하는 조사를 말하며, 세부적으로는 예비타당성조사와 타당성조사로 구분한다.

② 타당성조사는 대규모 프로젝트를 발주할 때는 먼저 타당성조사를 실시하여 건설비와 미래의 수요변동 등을 상세하게 검토하는 것이 통례로 되어 있다(건설기간이 길기 때문에 기자재 값의 인상, 제품수요의 변동 등을 미리 면밀하게 검토하지 않으면 거액의 손실이 발생할 위험이 있다).

③ 예비타당성조사(豫備妥當性調査)는 재정투자의 효율성을 높이기 위해 대규모 개발 사업에 대해 우선순위와 적정 투자시기, 재원 조달방법 등 타당성을 검증하도록 하는 제도로, 「국가재 정법」 제38조와 동법 시행령 제13조를 근거로 시행한다. 약칭으로 예타라고 부르기도 한다.

④ 타당성조사는 기술적 타당성에 초점을 맞추는 반면, 예비타당성조사는 경제적 타당성을 주요 조사대상으로 삼는다.

⑤ 또한 타당성조사는 해당 사업 부처가 담당하나, 예비타당성조사는 기획재정부(국가연구개발 사업은 과학기술정보통신부)가 담당하게 된다.

6 결론

① 대형공공사업을 시행함에 있어 타당성조사의 부실로 사업시행의 신뢰성뿐만 아니라 막대한 국가예산을 낭비한 경우가 많이 있었다.
② 타당성조사의 불확실성을 미연에 방지하기 위하여 거시적 측면에서 사업시행의 필요성과 미시적 측면에서 개략적인 수요·비용 등을 종합적으로 검토하여 타당성조사 시행 여부를 결정하는 단계로서 예비타당성조사가 도입되었다.

5 타당성평가 목적

1 타당성조사 개요

① 도로나 공항, 철도, 항만 등 새로운 프로젝트를 시작하기에 앞서 그 프로젝트의 채산성을 미리 조사하는 것이다.
② 어떤 프로젝트를 실시할 경우 우선 기술적인 타당성이 문제가 되지만 기술적으로 가능하다고 할지라도 건설비용이 지나치게 높으면 채산이 맞지 않을 수도 있다.
③ 또한 제철소, 석유화학플랜트 등 공장을 건설할 때는 건설비가 방대한데다 건설기간이 길기 때문에 기자재값의 인상, 제품수요의 변동 등을 미리 면밀하게 검토하지 않으면 거액의 손실이 발생할 위험이 있다.
④ 따라서 대규모 프로젝트를 발주할 때는 먼저 타당성조사를 실시하여 건설비와 미래의 수요변동 등을 상세하게 검토하는 것이 통례로 되어 있다.

2 타당성평가

1. 평가 범위

구분	범위
공간적 범위	교통시설 투자평가지침에 의거하여 설정한 공간적 범위
시간적 범위	• 기준연도 : 수행한 시점을 기준연도로 하고, 각종 지표의 경우 전년도를 설정 • 목표연도 : 공공개시연도를 시작으로 30년간 5년 단위 • 추가 목표연도 : 사업에 영향을 미치는 관련 계획상의 변화가 있는 시점을 추가적인 목표연도로 설정
내용적 범위	타당성평가의 내용과 발주처에서 추가로 요청한 내용적 범위 등

2. 대상사업

총사업비가 500억 원 이상이고 국가의 재정지원규모가 300억 원 이상인 건설사업, 정보화사업, 국가연구개발사업 및 국가재정사업 등을 대상으로 한다.

① 도로 : 고속국도, 일반국도, 특별·광역시도, 지방도, 시·군·구도, 국도대체우회도로, 국가지원지방도, 광역도로
② 공항 : 신공항 또는 공항확장사업 등
③ 기타 : 철도, 항만, 물류시설 등

3. 타당성평가의 수행 주체

① 교통시설 개발사업 시행자(국가, 지방자치단체, 공기업, 공사, 공단, 정부출연 연구기관, 「민간투자법」에 의한 사업시행자)
② 평가대행자(타당성 평가 대행자로 등록한 자)

4. 타당성평가 실시시기

구분	시기
계획 타당성 평가	• 중장기 종합계획 및 수단별 중단기 계획을 수립하는 단계 • 해당 계획에 포함될 예정인 공공교통시설개발사업을 대상으로 실시
본 타당성 평가	• 본격적으로 착수하기 위하여 구체적으로 해당 개별사업 기본계획을 수립하거나 기본설계를 추진하는 단계 • 절차 : 계획타당성평가 → 예비타당성평가 → 본 타당성평가로 추진(통상적) • 예비타당성평가 → 계획타당성평가 → 본 타당성평가 또는 계획타당성평가 → 본 타당성평가 절차 가능
협의 및 조치	타당성 평가 실시 결과와 예비타당성조사 결과에 현저한 차이가 발생할 경우 : 국토교통부장관과 협의(관계 행정기관의 장에게 필요한 조치를 요청)
타당성 재평가	타당성 평가서 작성 당시에는 예측하지 못한 교통수요 등 같은 법 시행령으로 정하는 사유가 발생한 사업에 대하여 시행자에게 타당성 재평가를 실시

5. 타당성평가 실시 절차

기초자료 분석 → 환경성 검토 → 대안선정 및 기술적 검토 → 교통수요예측 → 비용 산정 → 편익산정 → 경제적 타당성 평가 → 종합 평가 → 재무적 타당성 평가 → 예비타당성조사와 비교 등

③ 타당성평가의 내용

1. 평가지침의 내용

① 투자평가서 대상 및 수행체계
② 중장기 계획의 단계별 투자평가 방법 및 절차
③ 교통수요 예측의 방법 및 절차
④ 비용, 편익 추정의 분석방법
⑤ 경제적 타당성 분석방법
⑥ 투자우선순위 등 종합평가방법
⑦ 재무적 타당성 분석방법
⑧ 그 밖에 필요한 사항 등

2. 도로 관련 용역의 수행을 위한 업무범위

구분			타당성평가	타당성조사	기본설계	실시설계
조사업무	1. 관련 계획 조사 및 검토		O	O	O	
	2. 현지 조사 · 답사		O	O	O	O
	3. 교통량 및 교통시설조사		O	O	O	
	4. 수자원	1) 수리 · 수문조사	(O)	O	O	
		2) 기상 · 해상조사	(O)	O	O	
		3) 선박운항조사	(O)	O	O	
	5. 환경영향조사(문화재조사)		(△)	△	O	
	6. 측량				O	O
	7. 지질 · 지반조사				O	O
	8. 지장물 · 구조물조사				O	O
	9. 토취장 · 골재원 · 사토장조사				△	O
	10. 용지조사				△	O
계획업무	1. 전 단계 성과 검토				O	O
	2. 교통분석 및 평가		O	O	O	
	3. 사전환경성 검토				O	
	4. 해상교통안전진단 검토				△	
	5. 환경영향평가					O
	6. 사전재해영향성 검토				O	O
	7. 경제성 및 재무분석		O	O	O	
	8. 노선선정	1) 노선대 결정	O	O		
		2) 노선 결정			O	
		3) 출입시설	△	△	O	
	9. 수리 · 수문검토				O	△
	10. 구조물계획	1) 교량	△	△	O	O
		2) 터널	△	△	O	O
		3) 기타 구조물			O	O
	11. 설계기준 작성				O	△
	12. 관계기관 협의		O	O	O	
	13. 민원 검토				O	△
설계업무	1. 개략설계		O	O		
	2. 예비설계				O	
	3. 상세설계					O

주) O는 수행하는 업무, △는 필요시 수행하는 업무

상기 표의 내용은 「건설공사의 설계도서 작성기준(개정), 2012. 1, 국토교통부」 자료

6 타당성평가 절차

1 개요

① 타당성평가는 도로와 공항 등의 개발사업에 대한 교통수요, 비용 및 편익 등에 대한 합리적·객관적 투자 분석 및 평가를 위하여 교통시설 투자평가지침에 따라 분석한다.
② 여기서는 타당성 평가를 수행함에 있어 전체과정을 알기 쉽도록 각 항목별로 나열한다.

2 평가서

1. 내용

```
1. 개요
2. 기초자료 분석
3. 환경성 검토
4. 대안선정 및 기술적 검토
5. 교통수요예측
6. 비용 산정
7. 편익 산정
8. 경제적 타당성 평가
9. 종합평가
10. 재무적 타당성평가 및 민자유치 가능성 검토
11. 예비타당성 결과 비교
```

2. 평가순서

기초자료 분석 → 환경성 검토 → 대안선정 및 기술적 검토 → 교통수요예측 → 비용 산정 → 편익 산정 → 경제적 타당성 평가 → 종합평가 → 재무적 타당성 평가 → 예비타당성조사와 비교 등

3 평가 흐름도

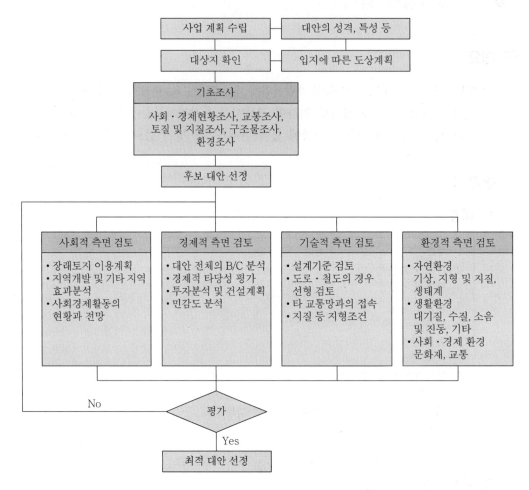

4 대안 선정

1. 후보대안 선정 시 고려사항

① 전후 구간 연계교통망과 근거리 연결 및 연계수송 극대화

② 전환 교통량 및 주변 지역의 접근성 고려

③ 지방자치단체 요구 검토 후 수용 여부 판단 및 낙후지역 개발 촉진 극대화

④ 유·출입 지점의 적정성 및 설치 시 교통악영향 최소화 도모

⑤ 기술적·경제적·환경적 측면 및 민원 발생의 최소화 도모

⑥ 자연경관 피해 최소화 및 장래 도시발전 등을 고려

⑦ 가급적 소부락 생활권이 분리 단절되지 않는 대안 선정

⑧ 농경지 피해 및 자연경관 피해 최소화
⑨ 교통체계상 교통류 처리가 원활할 수 있는 대안 선정

2. 최적대안 선정기준

구분	선정기준
기본방향	• 기술적 · 경제적 · 환경적 측면 등의 고려 • 상위계획 및 기타 관련 계획과의 연계성 고려 • 이동성 및 접근성 동시 고려 • 지방자치단체 및 관련 기관 요구사항 고려 • 민원 발생 및 환경훼손을 최소화하는 대안 선정 • 지역의 균형발전 및 산업활동 측면 고려 • 관련 기관 협의 시 제시된 대안 고려
기술적 측면	• 시각적인 면 등을 고려 • 토공의 균형 및 교통안전, 용량 측면 고려 • 시공성 및 유지관리 고려
사회 · 경제적 측면	• 시가지 교통흐름 및 접근성 고려 • 지역의 균형발전 및 산업활동 측면 고려 • 공사비 및 유지관리비가 경제적이 되도록 계획 • 운행비의 최소화로 경제성이 확보되도록 계획
환경적 측면	• 상수원 보호지역, 일정수준 녹지등급, 생태자연도등급 저촉 최소화 • 우량농지보호 및 농경지 잠식의 최소화 • 자연환경피해 최소화 • 민원 발생을 최소화한 계획 • 기존 환경성 검토내용 반영

5 비용 산정

[투자사업의 사업비 내용]

사업비 항목			사업비 내용
총사업비	건설비	직접공사비 — 토목	교통시설의 기초 토목공사 및 구조물
		직접공사비 — 건축	정거장, 휴게소, 영업소 등 교통 관련 건축시설
		직접공사비 — 시설, 설비	부문별 교통시설의 설비 구입 및 설치비
		직접공사비 — 시스템	교통시설 운영 및 관리를 위한 시스템
		간접공사비	설계비, 감리비, 조사비, 측량비
			간접노무비 및 보험료, 예비비
		보상비 — 용지매입비	사업구간 용지매입에 소요되는 비용
		보상비 — 주요 보상비	지장물 보상비, 지하보상비, 어업보상비, 기타 관계법령에 의한 보상 항목
	유지관리비	시설운영비	• 시설 운영 인건비 및 제경비 • 운영시설(차량, 시스템) 대체비
		유지보수비	• 관련 시설 유지보수비 및 개량비 • 시스템 보수 및 교체비

6 편익 산정

[도로투자사업에 따른 편익분석 항목]

구분	편익분석 항목	비고
직접편익	통행시간 감소	편익분석 반영
	차량운행비 감소	
	교통사고비용 감소	
	대기오염 발생량 감소	
	온실가스 발생량 감소	
	차량소음 발생량 감소	
간접편익	지역개발 효과	편익분석 미반영
	시장권의 확대	
	지역 산업구조의 개편 등	

7 경제적 타당성평가

1. 사회적 할인율

① 교통시설투자평가지침에서 제시하는 수치 적용
② 분석기간 : 30년(철도사업의 경우 40년)
③ 사회적 할인율 : 5.5%(철도사업 : 장래 30년에서 40년까지는 할인율 4.5% 적용)

2. 민감도 분석 및 최적투자시기 검토

① 민감도 분석
  ㉠ 비용 : 50%까지 10% 단위로 증가하는 경우를 분석하고, 감소하는 경우는 분석에서 제외
  ㉡ 편익 : 30%까지는 10% 단위로 증가하는 경우와 감소하는 경우를 분석
  ㉢ 할인율 : 상하 2%까지 1% 단위로 증가하는 경우와 감소하는 경우를 분석
  ㉣ 일반적인 비용 및 편익의 발생기간
    • 비용 : 사업수행 초기년도에 주로 발생
    • 편익 : 분석기간(30년) 동안 꾸준히 발생함
  ㉤ 할인율이 낮아지는 경우 : 장래에 발생하는 편익의 현재가치가 높아지는 효과(B/C 등의 경제적 타당성에 긍정적인 영향을 미침)

② 최적투자시기의 결정
  ㉠ 최적투자시기는 투자시기의 변화에 따른 경제성 변화를 분석하여 투자효과를 극대화할 수 있는 시기를 예측하여 결정
  ㉡ 결정방법

방법	내용
시차적 분석방법	• 사업시행 시기를 1년씩 연기하여 순현재가치가 최대가 되는 연도를 찾는 방법 • 제1차 연도와 제2차 연도에 착공하는 것을 비교하여 제2차 연도가 유리한 것으로 나타나면 제2차 연도와 제3차 연도를 비교하는 방식 • 순현재가치가 최대가 되는 연도를 찾는 방법
초년도 수익률법	사업시행 시기를 1년씩 연기하여 사업 완료 첫해의 수익률이 석봉할인율을 초과하는 연도를 찾는 방법

8 종합평가

1. 주요 정책적 고려 항목

[정책적 고려 항목 체크리스트]

주요 정책적 고려 항목		제시 형식
정책적 평가	상위계획과의 부합성	타당성조사에서 제시된 전체계획 대비 본 과업노선의 포함 여부 제시
	교통 네트워크 효과	• 타당성조사 노선과 영향권 내 제시한 기준의 일치 여부와 관련된 체크리스트 작성 • 사업 시행에 따른 접근성 및 혼잡완화효과의 체크리스트 작성
	교통 안전성 향상	사업 추진에 따른 교통 안전성 향상 효과의 체크리스트 작성
환경성 평가	공간적 환경성	국토환경성평가도(환경부) 및 토공량을 기준으로 사업노선 통과지역의 환경에 미치는 영향 정도 제시
	대기적 환경성	건설 시 사업노선의 운영 중 발생되는 대기오염물질 발생에 대한 환경에 미치는 영향 정도 제시
지역균형 발전평가	지역 낙후도 지수	사업대상지의 낙후도 순위 제시
	지역경제 파급효과	IRIO(Interregional Input−Output Model) 모형에 따라 도출된 결과 제시
공공참여평가		관련 지역 주민의 의견 제시

2. 종합평가의 결과

① 경제적 타당성 평가를 통과한 개별 교통투자사업의 정책적 분석방법을 제시한다.

② 개별사업의 사업추진 여부는 경제적 타당성 분석결과와 정책적 분석을 종합 · 평가하여 결정할 수 있다.

③ 정책적 분석은 경제성 타당성 평가에서 고려하지 않는 정책성(사회성), 환경성, 지역 균형발전, 공공참여 등 사업 시행에 따른 다양한 내용에 대하여 경제성 타당성 결과와 함께 종합적으로 평가하고 각 항목별 문제점을 도출하여 대책을 마련할 수 있으며 사업의 추진 여부를 결정할 수 있다.

7 도로의 기본설계

1 개요

① 건설사업은 그동안 비약적인 양적 성장을 거듭하며 GDP의 20%에 달하는 큰 비중을 차지하고 있다.

② 막대한 예산을 투입하여 국가장기발전계획을 수립·추진하고 있으나 기본설계를 소홀히 여기는 관습으로 여러 문제를 유발하고 있다.
  ㉠ 설계부실로 인한 부실시공의 원인 제공
  ㉡ 정확한 사업규모 및 사전조사분석 과정의 미비로 예산낭비 초래
  ㉢ 민원 발생 및 공사지연 등의 악순환 초래

③ 따라서 기본설계의 중요성과 문제점, 개선방향 등에 대하여 중점적으로 검토해본다.

2 현행 기본설계의 문제점

1. 타당성조사와 기본설계의 업무한계 모호

① 짧은 기간 내 밀어부치기식 과업수행으로 타당성조사와 기본설계 동시 시행
② 타당성조사 시 의도적인 과다수요 예측 등 명확한 사전조사 미흡
  예 청주공항, 새만금 간척사업 등

2. 개략적인 기본설계

① 실시설계 시 노선 변경 등 중복투자요인 발생
② 1/5,000의 도면 작성 및 개략적인 토질조사로 각종 인허가 및 영향평가 협의 불가능
③ 최적 노선대 미확정으로 민원수렴 불가능

3. 용역요율 및 용역기간 부족

① 실제 소요용역비이 40~50%에서 집행예산이 책정되어 용역비 부족
② 용역기간 : 선진국의 50% 수준으로 부실설계 우려

③ 개선방안

공공사업의 '기본구상' 단계에서부터 '예비타당성조사', '타당성조사', '기본설계', '실시설계' 등 단계별로 사업시행절차의 표준화 · 법제화를 도모한다.

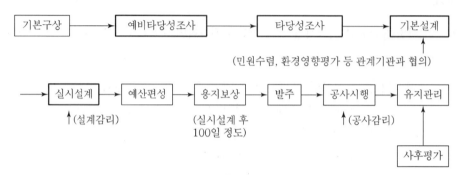

[시행절차 개선방안 흐름도]

1. 예비타당성조사 도입

① 타당성조사 시행 전에 예비타당성조사 단계를 새로이 도입하여 사업의 타당성이 높은 건설사업에 대하여 추진이 가능하다.
② 총사업비가 500억 원 이상인 사업은 예비타당성조사 실시를 의무화한다.

2. 타당성 조사와 기본설계 분리

타당성 조사와 기본설계의 명확한 구분으로 단계별 사업수행절차 확립

타당성 조사	기본설계
• 기술적 · 경제적 · 사회적으로 시공 가능 여부 타진 • 건설의 타당성 여부를 각 전문분야별로 심층분석하여 공사규모 결정 • 1/5,000의 항측도면 제시 • 경제분석 결과에 따라 　- 사업우선순위 제시 　- 개통 최적시기 제시 • 타 분야 사업과의 투자효과 비교로 객관성 있는 사업 선별	• 타당성 조사에서 제시된 분석내용을 재차 확인 검증 • 1/5,000～1/1,200의 항측도면으로 측점 20～50m 　- 주민 공청회 　- 도로 중심선 설정으로 고시(告示) 준비 • 구조물의 형식과 연장 및 해당 공법 결정 • 개략 토질조사(60%) • 민원수렴, 환경영향평가 등 관계기관과 협의

3. 기본설계 기능 강화

① 선보상, 후착공의 제도화

② 정밀한 기본설계 시행으로 공사에 필요한 각종 인허가와 용지보상이 완료된 후에 공사가 착공하도록 하여 공기지연, 민원 발생의 사전방지 및 최소화 가능

구분	당초	변경
기본설계	• 도면작성 　－Basic Map : 1/5,000 • 개략 토질조사(30%)	• 도면작성 　－Basic Map : 1/1,200(현황측량 시행) • 개략 토질조사(60%) • 민원수렴, 환경영향평가 등 관계기관과 협의
실시설계	• 중심선, 종횡단 측량 • 상세 토질 조사 시행 • 인허가 시행	• 중심선, 종횡단 측량 • 상세 토질 조사 시행 • 인허가 시행 • 조기 용지경계확정으로 용지보상 실시

4. 설계비용 및 설계기간의 현실화

① 적정 설계비－설계기간제를 도입하여 양질의 설계품질을 확보해야 함

② 과거 실적사업의 평균공사비를 산출하여 적용단가를 예산편성 시 공개평가한 후 적용

③ 부실설계를 한 설계자, 업체에 대하여는 입찰참가제한, PQ 시에 감점, 손해배상 등 엄중제재 필요

구분	현행	개선
설계비	선진국의 50~60% 수준	최소 80% 이상
설계기간	선진국의 50% 수준	최소 100% 이상
설계비 부족편성 시 조치	설계업체 부담	타 예산에서 전용 지급

5. 사후평가 제도화

시행과정에서 나타난 문제점을 개선·보완하고 추후 다른 사업을 계획할 때 환류시킴으로써, 사업 추진 시마다 되풀이되는 시행착오를 방지할 수 있다.

4 결론

① 충분한 조사가 이루어지고 잘 검토된 기본설계는 사업비 절감과 공기단축이 가능하고 실시설계, 시공, 유지관리 과정에 이르기까지 부실설계, 부실시공, 설계변경, 민원 발생 등을 최소화할 수 있다.

② 기본설계가 강화된 새로운 제도가 효율적으로 도입 · 시행되려면 다음의 조건이 필요하다.
  ㉠ 건설기술인의 기술지식과 정책결정자의 의지가 있어야 한다.
  ㉡ 사업시행에 따른 정부 각 부처 간의 협조가 있어야 한다.
  ㉢ 예비타당성조사, 타당성조사 등 조사용역비의 과감한 예비비 편성을 위한 특별예산확보 및 회계법 개정이 우선되어야 한다.

8 노선선정

1 개요

① 도로의 노선선정이란 도로를 매개체로 흘러가는 교통류에 일정한 선형을 부과하는 것으로 도면상에서 통과 위치를 결정하는 작업이다.
② 도로가 통과하게 될 지역 간 교통수요에 부응하고 접근성을 개선하며 경제적 · 사회적 · 기술적 · 환경적 조건과 조화되도록 선정되어야 한다.
③ 작업과정은 노선계획, 노선선정, 노선평가, 노선확정, 선형설계의 단계를 거친다.
④ 특히 노선선정 시 관련되는 모든 문제점을 도출하고 해결 방안을 검토하여 최적의 대안을 선정해야 한다.

2 노선선정의 원칙

① 연계성을 최대한 고려해야 한다.
② 문제점이 있는 구간은 별도 노선을 찾는다.
③ 도로의 기능별 위계를 최대한 고려한 방향으로 노선을 선정한다.
④ 보상비가 가급적 적게 들고 시공이 용이한 노선을 선정한다.
⑤ 생활권의 분단을 가급적 피한다.
⑥ 통과 교통을 우회할 수 있는 노선을 선정한다.
⑦ 대도시의 경우 도심기능을 분산할 수 있는 노선을 선정한다.

⑧ 원활한 통행이 확보될 수 있는 노선을 선정한다.

⑨ 고속국도나 도시고속국도의 경우에는 장거리 통행을 신속·안전하게 처리해야 한다.

③ 단계별 검토사항

① 최적 노선대 검토

② 비교노선 결정

③ 비교노선 평가

④ 최적 노선 결정

⑤ 환경영향 검토 및 교통영향 검토

⑥ 선형설계 단계 → 실시설계

④ 선정과정

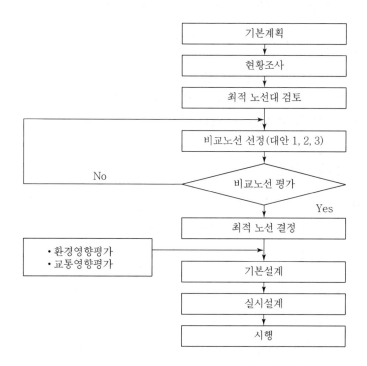

⑤ 노선작업과정 및 방법

1. 노선계획

1/250,000~1/50,000 지형도 이용

2. 노선선정

① 1/25,000~1/5,000 지형도 이용
② 제약지점(Control Point)을 설정함

3. 노선평가

① **경제적** : 건설비, 유지관리비, 개량 및 효과 비교·검토, 경제성 분석
② **사회적** : 문화재, 유적지, 학교, 병원, 사찰 등
③ **기술적** : 지형, 지질, 시공성, 가능성
④ **환경적** : 자연환경, 생활환경, 사회환경

4. 최적 노선 확정

각 대안에 대한 비교검토과정을 통하여 최적노선을 확정한다.

5. 선형설계 → 실시설계

① 1/1,200~1/5,000 지형도 이용
② 제약지점(Control Point) 검토, 평면 및 종단선형 결정
③ 주요 시설물(교량 터널 IC 등)

⑥ 노선선정 시 고려사항

1. 경제적 측면

① 비용(Cost)이 최소가 되는 건설비 및 유지관리비
② 편익의 극대화

2. 사회적 측면

① 장래 관련 계획 검토
  ㉠ 국토종합개발계획
  ㉡ 지역 및 도시계획 등

② 기존 질서 검토 시 고려사항
  ㉠ 주요 시설과의 접근성 : 공항, 공단 등
  ㉡ 생활권 분리 및 철거주민 이주
  ㉢ 문화재, 유적지, 사찰, 학교, 병원, 묘지 등

3. 기술적 측면

① 교통량 및 서비스 수준을 만족하는 노선
② 기술적 검토 : 선형조건 구비, 지질 조건, 시공성 고려

4. 환경적 측면

① 자연환경 : 지형, 지질, 기상, 생태계, 천연자원
② 생활환경 : 대기 및 수질, 소음, 진동, 폐기물, 일조권
③ 사회환경 : 인구 및 산업, 교통시설, 문화재 및 유적지

7 도시지역 노선선정 시 주요 고려사항

① 주변 인접도시의 접속도로 상태
② 도로폭(용지)의 취득
③ 교통망 체계와의 조화
④ 보행 교통량 처리 문제
⑤ 환경시설대 및 식수대 설치

8 최적 노선선정 시 유의사항

① 전체적인 교통망 체계에 대한 종합적인 검토
② 비교 노선별로 예비설계, 경제적 분석, 기술적 분석 및 환경영향평가 등을 실시
③ 경제적·기술적·환경적·평가기준 각 항목별로 지표산출
④ 이용가치 극대화와 공사비 절감이 가능한 최적 노선선정
⑤ 최적 노선선정 시에 사업비가 중요한 판단기준임
⑥ 선정노선의 교통수요 재검토
⑦ IC 건설을 위한 형식별 비교·분석

9 결론

① 최적 노선결정은 광범위한 도로망 계획 등을 종합적으로 검토하여 기본계획이나 타당성조사를 실시하여 합리적인 노선선정을 수립하여 우선순위에 따라 투자가 시행되어야 한다.
② 계획을 수립할 때에는 관련 기관과 장래계획을 충분히 협의하고 검토하여 시행착오나 중복투자를 미연에 방지하여야 한다.

③ 특히 사업의 목적과 배치되는 단기적 정책결정이나 시행자 측의 근시안적 판단기준에 대해서는 주의를 환기시켜 설계주관자로서의 사명감과 긍지를 가지고 사업의 중요성을 인지하여 노선계획을 해야 할 것이다.

④ 현재 심각하게 대두되고 있는 환경적 문제를 충분히 감안하여야 한다.

9 노선선정 시 통제지점(Control Point)

1 개요

① 노선선정 시 필요한 통제지점은 중요시설물에 대한 평면위치와 종단높이에 대하여 고려해야 할 사항으로서 중요지점에 대한 높이와 위치를 평면과 종단계획 시에 반드시 반영이 필요한 사항이다.

② 노선선정 시에 통제지점은 노선이 통과하게 될 지역의 도시계획, 토지이용계획 등 각종 관련 계획을 종합적으로 검토하여 우선 2~3개의 비교노선을 선정한다.

③ 통제지점을 고려하여 선정된 각 노선에 대한 사회적 · 경제적 · 기술적 타당성과 교통 및 환경적 고려사항 등을 종합적으로 비교 · 검토한 후 결정한다.

④ 예비설계과정에서 사회적 · 자연적 조건으로 인해 우회 및 통과 또는 특별히 고려해야 할 지점을 설정하는 것을 통제지점(Control Point)이라 한다.

2 통제지점 설정 시 고려사항

1. 경제적 측면

① 비용(Cost)이 최소가 되는 건설비 및 유지관리비
② 편익의 극대화

2. 기술적 측면

① 통과노선의 평면위치 통제지점
기준점이 될 수 있는 제약지점 → 주요시설로서(도로와 철도, 주요건물, 문화재, 연약지반, 단계건설, 집중호우로 인한 산사태 취약구간, 토석류 피해 예상구간 등)

② 통과노선의 종단높이 통제지점

기준점이 될 수 있는 제약지점 높이 → 진입로 연결부, 단독주택 또는 공동주택 진입로, 주변토지와의 연계성, 장래시설계획 고려 등

③ 기술적 검토 : 선형조건 구비, 지질조건, 시공성 고려

3. 사회적 측면

① 장래 관련 계획 검토
  ㉠ 국토종합개발계획
  ㉡ 지역 및 도시계획 등

② 기존 질서 검토 시 고려사항
  ㉠ 주요 시설과의 접근성 : 터미널, 공항, 공단 등
  ㉡ 주요 도로나 철도와의 교차, 접속위치 및 방법
  ㉢ 생활권의 분리 및 철거주민의 이주
  ㉣ 도시, 마을, 학교, 병원 또는 도시계획상의 용도지역(통과 혹은 우회 여부 결정)
  ㉤ 묘지, 공원, 특별보호지역, 사적지, 천연기념물, 문화재, 사찰 등 고려

4. 자연적 측면

① 산사태지대, 단층지대, 연약지반 등 지질상의 문제 장소
② 터널 위치, 하천, 계곡의 통과지점(교량지점)
③ 눈, 안개, 빙판 등의 기상조건과 침수예상지역이나 대규모 토목공사 구간

5. 환경적 측면

① **자연환경** : 지형, 지질, 기상, 생태계, 천연자원
② **생활환경** : 대기 및 수질, 소음, 진동, 폐기물, 일조권
③ **사회환경** : 인구 및 산업, 교통시설, 문화재 및 유적지

3 결론

① 최적 노선선정은 현지 여건과 노선이 통과하게 될 지역의 도시계획, 토지이용계획 등 각종 관련 계획을 종합적으로 검토하여 우선 2~3개의 비교노선을 선정하고, 선정된 각 노선에 대한 사회적·경제적·기술적 타당성과 교통 및 환경적인 사항을 고려해야 한다.

② 비교노선을 검토할 때에는 각 노선에 대한 현지답사를 실시하여 도상에서 알기 어려운 종단경사, 주변 여건, 토지이용상황 등의 조사를 면밀히 실시하고, 도면에 표시되어 있지 않은 가옥, 공장, 관공서, 기타 지장물 등을 도면에 표기하여 이를 고려한다.

③ 평면선형과 종단선형계획 시에 통제지점(Control Point)은 중요하므로 현장조사시에 중요한 점의 높이와 좌표를 측량하여 노선계획시에 반드시 반영해야 좋은 선형계획이 될 수 있다.

④ 노선선정 과정에서 지역주민들의 민원과 관계기관들의 의견을 수렴하여 반영여부를 결정하여 공사시행 중에 노선이 변경되지 않도록 해야 한다.

10 출입제한(Access Control)

1 개요

① 출입제한이란 도로 인접지의 소유자, 임대자 등의 도로에 관련된 출입권이 공공권한에 의해 완전 또는 부분적으로 제한되는 상태를 말한다.

② 출입제한의 장점은 도로의 교통용량 증대, 높은 속도 유지, 도로 이용자의 안전성을 높일 수 있다는 것이다.

③ 고속국도는 완전출입제한을 원칙으로 하고 노선의 성격과 교통상황에 따라 불완전출입제한으로도 할 수 있다.

④ 일반도로는 노선의 성격과 도로의 교통상황 등에 따라 필요한 경우에는 불완전 출입제한으로 할 수 있다.

2 출입제한의 종류

1. 완전출입제한(Full Control of Access)

① 통과교통을 우선처리하기 위해 지방도, 군도 등 출입로 설치
② 평면교차 혹은 인접도로의 접속을 금지함

2. 불완전출입제한(Partial Control of Access)

① 지방도, 군도 등 출입로를 설치하는 것
② 약간의 평면교차 및 인접도로의 접속을 허용

③ 출입제한의 채택기준

1. 고속국도

① 고속국도의 교차 및 타 시설과의 연결은 입체교차가 되도록 규정
② 완전출입제한으로 설계

2. 도시고속국도

① 도시지역의 대량교통을 원활하게 처리하는 것이 최대 목적
② 완전출입제한이 원칙
③ 노선의 성격과 자동차 교통상황에 따라 일부 불완전출입제한 가능

3. 기타 도로

① 기타 도로에 대한 출입제한의 채택기준은 도로의 교통처리계획에 따른 문제임
② 획일적 기준은 곤란함

③ 다음 기준에 의해 출입제한 여부 판단
  ㉠ 계획교통량이 많을 것
  ㉡ 평균통행길이가 길 것
  ㉢ 연속류에 속하며 교통량이 많고 속도가 높은 지역
  ㉣ 교통용량증대가 절대적으로 필요한 지역

④ 직접출입의 문제점 및 기능 증대방안

1. 출입을 제한하지 않는 도로의 교통장애 발생원인

① 무질서한 연도에 접근현상
② 무제한 도로출입에 의한 교통의 혼란, 주행속도의 현저한 저하
③ 교통사고의 다발
④ 소음, 진동, 배기가스, 차량의 출입 등에 의한 공해

2. 출입을 제한하지 않는 도로의 기능 증대방안

① 출입제한도로로 할 것
② 측도를 설치할 것
③ 연도의 토지 취득

④ 연도의 토지이용 제한
⑤ 연도의 시가 발전 제한

5 결론

① 출입제한(Access Control)은 도로 인접지의 소유자, 임대자 등의 도로에 관련된 출입 권리가 공공기관에 의해 완전 또는 부분적으로 제한된 상태를 말하며, 도로교통용량 증대, 높은 속도 유지, 안전성을 증대시킬 수 있는 장점이 있다.
② 따라서, 고속국도에서는 원활한 교통처리 및 사고방지를 위하여 출입을 제한하여야 하며, 출입제한방식 선정에 있어서는 그 도로의 기능과 특성 및 위치, 지역에 따라 최적의 방식을 선정하여야 한다.

11 도로의 기능적 분류

1 개요

① 도로의 기능은 접근성(Accessibility)과 이동성(Mobility)으로 구분된다.
② 도로는 이동성, 전이(Transition), 분산(Distribution), 집합(Collection), 종점(Termination) 등 5가지의 단계적 특성에 따라 기능별로 구분하고 있다.
③ 특히, 도시 내 도로를 가로라고 일컫는데, 도시가로계획은 도로의 위계(Road Hierarchy)와 기능 및 복원에 따라 분류한다.

2 도로의 기능적 분류

도로의 위계를 기능별로 자동차전용도로(Expressway), 주간선도로(Arterial Road), 보조간선도로 · 집산도로(Collector Road), 국지도로(Local Street) 등으로 구분되며 특징은 다음과 같다.

1. 고속국도

① 고속국도 지역 간 또는 도시 간에 많은 통과교통을 신속히 이용시키기 위해서는 지방부에서는 안전성, 원활성, 쾌적성을 중요시하며 주위의 토지에 대한 접근은 통제된다.

② 도시부에서는 안전성, 원활성을 중요시하나 접근기능(Access Control)은 필요에 따라 허용하며 주행속도를 높은 수준으로 유지한다.

2. 주간선도로

① 고속국도와 집산도로를 연결하면서 지역 간 또는 도시 간의 통과교통을 처리하고 출입구를 적절히 통제한다면 인접 토지에의 직접 접근도 가능하다.
② 지방부에서는 안정성, 원활성을 중요시하며, 또 도로 위주의 환경도 고려해야 한다.
③ 도시부 도로에서는 안전성, 원활성 및 접근성을 중요시하고 주행속도를 비교적 높은 수준으로 유지하며 보행자 및 자전거 이용자의 편리성, 안전성 및 도시공간 기능, 도로 주변 환경을 충분히 고려해야 한다.

3. 보조간선도로

① 주간선도로와 집산도로 사이의 교통을 처리하며 인접토지에 직·간접 접근을 하게 한다.
② 주행의 안전성과 접근기능, 보행자, 자전거 이용자의 편리성, 안전성을 중요시하고 주행속도는 높은 수준은 아니지만 지방부 도로에서는 도로 부근의 환경을 많이 고려하되 차량주행의 쾌적성을 손상시켜서는 안 된다.

4. 집산도로

① 군내의 통행을 담당하는 도로로서 광역기능을 갖지 않는다.
② 보조간선도로를 보완하는 도로로서 군 내부의 주요 지점을 연결하는 도로이다.
③ 군내의 주거 단위에서 발생하는 교통을 흡수하여 간선도로에 연결하는 기능을 한다.
④ 「도로법」의 지방도 중 보조간선도로에 해당하지 않는 나머지 도로와 군도 대부분이 여기에 해당한다.

5. 국지도로

① 인접토지에 직접 접근하는 지구 내 교통을 처리하며, 보행자, 자전거 이용자의 편리성, 안전성 및 자동차의 안전성을 중요시하여 주행속도를 낮추는 것이 좋다.
② 도시부에서는 주구형성을 위한 도시공간 기능을 확보해야 한다.
③ 지방지역에서는 군도와 농어촌도로로서 군내의 주거단위에 접근하기 위한 도로이다.
④ 교통거리가 가장 짧고 기능상 하위의 도로이다.

③ 결론

① 도로의 기능은 등급에 따라 접근성과 이동성으로 구분된다.
② 지역 간의 이동만을 필요로 할 때에는 고속국도와 같은 고규격 도로가 상대적으로 중요도가 낮은 지방지역의 마을과 마을 등을 연결하는 도로는 접근성이 중요하므로 저규격 도로가 필요할 것이다.
③ 이처럼 도로의 기능에 따라 적정등급을 잘 선택하여 적용하면 된다.
④ 도로의 기능과 등급에 따라 투입되는 사업비의 차이가 상당하므로 필요한 등급에 맞도록 계획·적용하여 예산낭비를 최소화해야 한다.

12 도시지역 도로설계지침의 주요 내용

① 개요

① 국토교통부에서는 도시지역 도로의 특성을 반영한 인간중심의 도로환경을 조성하여 보행자의 안전을 확보하기 위하여 '도시지역 도로설계지침'을 2019.12.24. 제정하였다.
② 그동안 도로는 교통정체 개선, 지역 간의 연결 등 간선기능 확보를 위하여 차량통행을 중심으로 도로기능에 따라 설계속도를 규정하고, 그 설계속도에 따라 정해진 기준으로 도로를 건설하여 도시지역의 특성을 반영하기 어려웠다.
③ 이러한 문제를 해결하기 위해 안전속도 5030, 보행자의 안전성이 강화된 '도시지역 도로설계 가이드'를 제정·운영하게 되었다.
④ 이 설계지침은 도시지역 등급, 토지이용형태 등에 관계없이 도시지역 도로를 건설·개량하는 과정에 도시지역 특성을 반영하는 경우에 적용하도록 하였다.

② 도시지역 도로설계지침의 주요 내용

1. 총칙

지침의 제정 목적과 적용 범위를 설정하고, 지침에 사용되는 용어와 새롭게 도입되는 용어에 대한 정의 추가

2. 설계속도와 선형

도시지역 도로의 설계속도와 평면곡선반지름의 크기·길이, 정지시거 등 기하구조 설계를 위한 기준 제시

3. 횡단구성

차로, 중앙분리대, 길어깨, 자전거 도로, 보도 등 도시지역 도로의 횡단을 구성하는 요소에 대한 설치기준 제시

4. 평면교차

평면교차로의 교차 각, 설치 간격 등의 설치기준과 평면교차로의 횡단시설, 진·출입부, 인접 기타시설, 회전교차로의 설치 및 설계기준 제시

5. 교통정온화시설

자동차의 통행 속도를 줄이고, 보행자의 안전·쾌적한 도로 환경 조성을 위해 설치하는 교통정온화시설의 설치기준 제시

6. 안전 및 부대시설

교통정온화시설과 함께 설치하는 안전시설 및 부대시설, 배수 등의 기준 제시

3 특징 및 유의사항

1. 안전속도 5030 등을 반영한 도시지역 도로 설계속도 저감

① 도시지역 도로의 설계속도를 20~60km/h로 적용하여 기존의 도시지역 주간선도로 (80km/h)와 비교할 때 최소 20km/h의 속도가 저감되어 안전속도 5030 등을 적극 추진할 수 있게 되었다.
② 도로의 구조·시설 기준에 관한 규칙에 도시지역 도로는 기능에 따라 설계속도가 40~80km/h로 규정되어 있다.

2. 어린이 횡단보도 대기소(옐로 카펫) 설치 등 보행자 안전강화

① 어린이 횡단보도 대기소(옐로 카펫), 고원식 교차로 등을 설치하여 운전자의 주의를 환기시켜 보행자의 안전을 강화하였다.
② 옐로 카펫은 어린이들이 횡단보도를 건너기 선 안전한 곳에서 기다리게 하고 운전자가 이를 쉽게 인지하도록 바닥·벽면을 노랗게 표시하는 교통안전설치물이다.
③ 도시지역 도로의 차도 폭을 축소하고 보도 폭을 확대하여 추가 보행공간 확보, 보행자 횡단거리 축소 등 보행자가 쾌적하게 도로를 이용할 수 있도록 개선한다.

　　　㉠ 차로폭 좁힘 : 도시지역 내에서 차량의 속도 감속 유도
　　　㉡ 어린이 횡단보도 대기소 : 어린이 보호구역 횡단보도 안전지대 역할
　　　㉢ 고원식 교차로 : 교차로 통행 중에 차량의 속도 감속 유도

3. 이용자를 고려한 편의시설 제공 등 사람중심의 도로환경 조성

① 여름철 햇빛에서 이용자를 보호하는 그늘막, 버스 이용자의 대기공간인 보도 확장형 버스 탑승장 등을 설치하여 '사람'이 도로를 보다 편리하게 이용하도록 하였다.

② 도로변 주차공간에 테이블, 좌석 설치 등 도로변 미니공원(Parklet)을 조성하여 이용자가 도로에서 쉬어가고, 주변 사람과 소통할 수 있게 하였다.
　　㉠ 그늘막 : 폭염 등 악천후일 때 쾌적한 보행환경 제공
　　㉡ 보도 확장형 버스탑승장 : 버스 이용자 대기공간 및 버스 승하차 편의성 제고
　　㉢ 도로변 미니공원 : 도로 이용자에게 휴식공간과 편의시설 제공

4. 도시지역 도로 내 교통사고 예방을 위한 교통정온화시설 설치

지그재그 형태의 도로, 차도 폭 및 교차로 폭 좁힘, 소형회전교차로 설치 등을 통해 차량의 서행 진입·통과를 유도하고, 교차로 차단(진·출입, 편도 등) 등 진입억제시설을 설치하는 등 차량출입을 억제하고 보행자의 안전을 향상시켰다.

① 지그재그형 도로 : 차량 서행진입 및 감속 통과 유도
② 교차로 폭 좁힘 : 교차로 인지 및 통과속도 감속 보행자 안전 향상
③ 교차로 진·출입 차단 : 차량 진입 억제 및 통과교통량 우회 유도

4 결론

① 도시 내 도로에서도 안전속도를 지킴으로써 도로변 미니공원, 어린이 횡단보도 대기소 등 보행자의 안전과 편의를 높인 사람중심 도로환경이 필요하다.
② 도시지역 도로설계지침은 보행자 등 도로이용자의 안전성을 높이고 편리성을 강화하는 정책 패러다임의 변화가 필요한 시점에 이 지침을 통하여 운전자뿐만 아니라 보행자도 함께 이용하고 싶은 도시지역 도로를 건설하는 것이 목표이다.

13 도시고속국도

1 개요

① 도시고속국도는 도시지역의 자동차 전용도로이다. 도시 내부 또는 외곽을 통해 고속교통으로 대량의 교통량을 처리하기 위한 목적의 도로이다.
② 도시고속국도는 타 교통에 의한 제약이 없는 연속류이므로 진·출입램프를 통한 접근관리의 특징을 갖는 도로이다.
③ 도시고속국도는 도심지를 가로지르는 고가형식과 외곽순환형식 등으로 구분되며, 도시 내 대량 수송을 담당한다.

2 도로의 구조·시설기준에 관한 규칙

「도로의 구조·시설기준에 관한 규칙」 제3조에서 자동차전용도로와 일반도로로 구분하되, 자동차전용도로가 도시지역에 소재할 경우 '도시고속국도'라고 한다. 여기서 도시고속국도란 좁은 의미의 도시고속국도로서, 관리자는 특별시장, 광역시장, 시장이 된다.

3 문제점

① 운전자의 운행 시작점과 마지막 점까지의 속도가 급속도로 변하지 않고 거의 비슷한 속도를 유지해야 한다는 것과 앞차량과 뒤차량 간의 속도 차이와 인접한 차로의 차량 간의 속도 차이가 적어야 한다는 것이다.
② 도심부의 도시고속국도 유·출입부에 교통 혼잡이 발생하면 그 현상이 도시고속국도 본선까지 영향을 미치게 된다.
③ 또한 새벽시간 터널 운행자들의 평균운행속도는 120~180km나 된다. 터널이라는 도로의 특성상 폐쇄되어 있으므로 더욱 안전운전을 해야 함에도 과속을 하는 가장 큰 이유는 단속구간이 아니라는 운전자들의 인식에서 오고 있다.

4 대책

① 터널 내는 갓길이 좁고 조명이 열악하기 때문에 과속할 경우 교통사고 발생 시 그 규모가 크므로 이에 대한 해결책이 필요하다.
② 도로구조에 알맞은 제한속도와 주행 가능속도를 운전자들에게 권장함과 아울러 깊이 인식되도록 알려야 한다.

③ 연결로 부분에 미치기 전 운전자들이 터널 부근의 상황을 사전에 알 수 있도록 시스템을 갖춰야 한다.

④ 근본적인 터널 내 과속억제 방법을 모색해야 하는데 그에 대한 대책으로 카메라를 통한 구간단속을 실시해야 한다.

14 환경을 고려한 도로설계

1 개요

① 그동안 많은 건설사업과 개발 등으로 인하여 지구온난화와 생태계파괴 등을 가져온 것은 사실이다. 따라서 이를 저감하기 위하여 환경을 고려한 도로설계는 필수가 되었다.

② 도로건설에 있어 환경에 미치는 부정적인 영향을 검토하여 친환경적인 도로설계 기법으로 계획 · 설계 · 시공되어야 할 것이다.

2 도로건설에 따른 환경의 영향

① 절성토에 따른 지형 변화
② 대상지역 및 주변 지역의 생태계 변화
③ 자연경관 변화
④ 주변 지역에 미치는 소음 · 진동 영향
⑤ 동물의 이동로 차단
⑥ 지하수 오염 및 주변 수계의 영향

3 친환경적 도로설계방안

환경영향 요소	주요 영향	저감방안
지형 · 지질	① 절성토로 인한 지형 변화 및 자연경관 훼손 ② 절성토에 따른 토량이동 및 토사 유출 ③ 절성토지의 붕괴 및 침하	① 자연지형을 고려한 노선결정으로 지형 변화 최소화 ② 절성토 사면에 주변 경관을 고려하여 법면보호공 및 조경 실시 ③ 성토지역의 충분한 표면다짐 ④ 측구 및 소단 설치 ⑤ 가배수로 설치 후 공사 실시 ⑥ 표면, 지하, 횡단배수 등의 적정배수시설 설치

환경영향 요소	주요 영향	저감방안
동식물	① 토공구간(절성토 구간) • 대상노선대의 수목훼손 및 식생 변화 • 수계생태계 변화, 동물의 주변 지역 이동 • 주변 육상동물의 서식지 파괴, 개체수 감소 및 주변 지역 이동 ② 터널구간 공사 시 소음·진동으로 주변 지역 일부 동물의 일시적 서식지 이동	① 사업시행 시 최소의 영향이 되도록 선형 결정 ② 보호수목 및 이식가능 수종은 이식 ③ 절성토 사면에 잔디피복 및 조경 실시 ④ 동물 출현 가능 지역 • 야생동물보호표지판, 운행속도제한표지판, 경적사용제한표지판 설치 • 야생동물 돌출 방호책으로 관목 밀식 ⑤ 절성토 법면의 소단에 열식으로 관목 밀식 → 동물 이동로로 사용 ⑥ 공사로 인한 생태계 단절지역에 동물이동용 다리(Eco-Bridge) 설치 ⑦ 생태계 단절 및 산림훼손을 최소화하기 위해 절성토 예상구간에 터널과 교량 설치
대기질	① 토공구간 • 건설장비 운행과 토량 이동에 따른 먼지 발생 • 야적장 등의 비산먼지 영향 • 사업시행 후 차량배기가스에 의한 대기오염물질 발생 및 대기오염도 가중 ② 터널구간 운영 시 주행차량으로 대기질 저하	① 토공구간 • 주거 밀집지역 구간에 방진, 방풍막 설치 • 작업차량 세륜 및 측면 살수시설 설치 • 과적재 및 과속금지 • 작업구간에 살수차 운행 • 차량적재 후 덮개 사용 • 도로변 및 사면에 조석한 녹화실시 및 환경정화 수종 식재 ② 터널구간 • 터널길이, 경사, 교통조건, 기상조건 등을 고려 • 환기시설 검토 후 환기시설 필요시 효과적이고 경제적인 환기방식 선정
소음·진동	① 토공구간 • 공사 시 건설장비 사용으로 인한 건설 소음 영향 • 운영 시 주행차량에 의한 교통 소음 영향 ② 터널구간·소음 및 진동 영향	① 토공구간 • 저소음 건설장비, 적정용량의 건설장비 사용 • 주거지역 인접공사 시행 시 주간작업 실시 • 공사차량의 과속금지(가능한 한 20km/hr 이하로 유지) ② 터널구간 • 발파 시 저폭속 화약, 저진동 특수화약, 무진동 굴착공법 등의 사용에 대하여 검토 후 최적공법 선택 • 화약 사용 시 시험발파를 통해 주변에 진동피해가 최소화 수준의 화약량 사용 • 터널 발파 시 주민에게 사전 공지 • 터널 내부 공사 시 터널입구 등에 방음벽, 방음시트 등의 설치 검토

4 사후 환경영향조사

1. 목적

① 사업시행으로 인한 환경영향 정도 파악
② 저감방안에 대한 지속적인 관리를 효율적으로 유지
③ 사후 환경영향조사 계획을 수립하여 미연에 환경질의 악화 방지

2. 사후 환경영향평가조사 계획

조사항목	조사내용
대기질	계획도로 및 주변 지역의 대기질 파악 : ISP.NO2(분기당 1회 조사)
수질	계획도로 인접수역의 수질 점검 : BOD.SS(분기당 1회 조사)
소음 · 진동	계획도로에 인접한 주거밀집지역의 소음도 조사 : 등가소음도(분기당 1회)
동식물상	계획도로 주변 지역의 동식물상 현황 및 변화 정도 조사(분기당 1회)

5 결론

① 그동안 도로건설사업에 참여하는 많은 기술자들은 환경 보전에 대한 인식에 소홀하였다. 공사비 절감이라는 명목으로 대절토 또는 대성토에 의한 도로 시설물의 설치 등 자연환경을 파괴하는 것에 아무런 거리낌이 없었다.
② 최근 세계적으로 환경에 대한 중요성이 강조되고 있고, 우리나라는 도로건설사업 시에 환경영향평가 제도를 강화하였다.
③ 도로사업 관계자들은 도로건설과 유지관리 시에 자연과 공생을 목표로 친환경을 고려한 도로건설이 될 수 있도록 인식의 변화가 필요하다.

15 도로의 경관설계

1 개요

① 그동안 도로건설은 공사비를 절감하기 위하여 경제적인 측면에서만 치중하다보니 도로의 경관설계에는 소홀하였다.
② 앞으로는 도로의 기능인 접근성과 이동성을 만족하면서 지역의 특성이나 자연경관과 조화된 도로를 건설하여야 한다.

③ 우수한 도로는 주변 자연과 조화를 이뤄 미관이 뛰어난 도로라고 할 수 있다.
④ 도로 및 지역 특성에 알맞은 경관설계에도 역점을 두어 도로건설이 자연환경과 생태계 파괴의 주범으로 인식되지 않도록 노력해야 한다.

2 도로경관의 정의

1. 도로경관

환경의 시각적 측면으로서 도로 내부·외부 경관을 뜻함

2. 내부 경관

① 주변 경관과 조화로운 도로가 되도록 유도해야 한다.
② 도로의 기하구조인 평면과 종단선형, 횡단면 부대시설 등이 그 대상이다.

3. 외부 경관

① 도로 이용자가 도로의 외부를 조망하거나 도로의 외부에서 도로를 조망하는 경관
② 자체 경관이 우수하고 도로의 각종 시설물이 주변 환경과 자연환경 간의 조화

3 경관설계의 기본 지침

① 자연지형을 이용하여 물이 흐르는 듯한 노선선정
② 지역의 특성 유지(해안, 관광지, 경관이 수려한 산악지)
③ 도로와 주변 경관이 조화되는 적절한 규모의 조경
④ 기능적인 조경
⑤ 자연조건(기후, 토질)에 대한 충분한 사전조사
⑥ 연속적이고 경제적이며 유지관리상 용이한 조경

4 경관적 노선선정

① 환경 변화에 의한 자연림의 보호를 위한 노선선정
② 산림통과 시 산림훼손을 방지하고 산림경관을 살리는 계획
③ 도로와 지형이 융합되도록 선정
    ㉠ 경사면을 옆으로 절단하는 곳
    ㉡ 절·성토가 심한 지역 → 자연지형 경사와 일치하도록
    ㉢ 능선으로 노선선정 시 눈에 띄는 곳 주의

④ 자연경관과 조화

　　㉠ 자연 경관적 가치가 있는 곳에 보존(자연경관, 문화재, 산림, 공원, 호수, 강)

　　㉡ 휴게시설은 경관이 좋은 곳에 설치

⑤ 철도, 송전탑 등 장애물 통과 시 시선장애가 없도록 주의

5 경관이 파괴된 지역에 기능 식재

1. 안전운전기능

① 유도기능
② 사고방지기능
③ 휴식공간기능

2. 경관조성기능

① 경관조성기능식재
② 경관연출기능식재

3. 환경보존기능

① 재해방지기능
② 환경조화기능

6 도로 경관설계의 주요 관점

1. 도로선형조화

① 입체적으로 구성된 도로상태나 운동역학적 요구와 시각적·심리적 요구를 만족하도록 계획
② 주변 환경과 조화되도록 투시도 기법 등에 의한 선형 검토 및 모형분석 시행

2. 비탈면의 대책

① 재해방지와 경관 측면에서 검토
② 절취면의 미관 도모와 식생에 의한 보호공법

3. 포장

착색 포장을 통한 이용자 인지도 상승효과와 조형미를 감안한 도로포장

4. 구조물에 대한 경관

① 교량과 터널을 이용해 최대한 자연지형을 보존하고 주변 지형과 조화되도록 계획
② 교량 등은 미관이 뛰어난 사장교 및 현수교 형식 채택

7 결론

① 경관은 생태적 · 미적 · 경제적 측면에서의 속성이 포함된 것으로 이를 평가 · 분석하기에는 매우 어렵다.
② 도로는 이용하고 보는 사람에게 거부감을 주지 않고, 다시 또 이용해보고 싶어야 경관적으로 뛰어난 도로라고 말할 수 있다.
③ 따라서 도로설계 시에는 도로의 입체적인 측면까지 고려할 수 있는 시뮬레이션 기법 등을 적용하여 경관이 우수한 도로가 건설되도록 해야 한다.

16 경관도로(Scenic Road)

1 개요

① 1970년대 초반 경부고속국도의 개통으로 도로의 기능을 제대로 갖춘 도로가 탄생하게 되었고 이것은 경제성장의 원동력으로 이어지는 계기가 되었다.
② 과거의 도로는 승객과 화물의 운송수단을 위해 주로 노동의 장소로 사용되어 왔으나, 주 5일제 근무와 삶의 질 향상으로 이제는 단순한 이동목적만이 아닌 즐길 수 있는 경관도로인 시닉도로(Scenic Road)의 유지관리가 필요한 시점이다.
③ 과거의 굴곡도로를 직선화하여 터널 또는 교량으로 선형개량하고 나면, 기존도로는 방치하는 경우가 많다. 따라서 시닉도로의 활성화를 위해서는 방치되고 있는 기존 도로를 재정비하여 경관도로로 이용될 수 있도록 활용방안을 적극적으로 모색해야 한다.

② 시닉(Scenic)의 종류

① 경관도로(Scenic Road)
② 경관철도(Scenic Railway)

③ 경관도로 지역

① 해안도로 및 강변길
② 가로수길(벚꽃 등)
③ 등산로와 산책로
④ 경관 등 낙조와 어우러진 드라이브 코스

④ 경관도로 계획

1. 노선선정

① 조망권이 좋은 높은 지역으로 선형 유도
② 기존 도로를 최대한 활용하여 경관이 우수한 곳으로 유도
③ 관광지 등에 경관이 우수한 지역의 주차 등 여유공간 확보 가능 지역으로 유도
④ 해상, 폭포, 호수 등 경관이 수려한 지역 경유

2. 설계기준

① 설계기준은 도로 등급에 따라 기존의 기준 적용
② 경관이 양호한 지역은 환경훼손이 최소화되는 기준 적용

3. 횡단구성

① 도로 폭원
  차로폭은 여유 있는 폭 3.25m 이상 필요

② 보도
  ㉠ 경관이 수려한 지역은 보행으로 즐길 수 있도록 관리 필요
  ㉡ 보도폭은 필요에 따라 적당 폭 유지

③ 임시 주차 및 정차대
  ㉠ 임시 주정차를 할 수 있는 여유폭 확보

ⓒ 폭원은 2.5m 이상 확보
ⓒ 도로 여유부지를 최대한 활용

④ 평면선형
㉠ 관광지를 경유할 수 있도록 우회도로 신설
ⓒ 관광지 인근, 주차장 및 정차대 확보가 가능한 선형으로 유도
ⓒ 관광지 진입도로 재정비
㉣ 관광지 진·출입 IC 신설

⑤ 종단선형
㉠ 조망이 필요한 지역에 종단고를 높게 계획
ⓒ 절도가 많은 지역은 줄이고 우회도로 검토

⑥ 조경
㉠ 도로 인근 식재
ⓒ 절토법면 녹화공법으로 친환경 유도

⑦ 구조물
㉠ 미관을 고려한 형식 선정
ⓒ 문양 거푸집 등을 이용한 외관 미화

⑧ 가로변 정비
㉠ 가로수
ⓒ 컬러 방음벽
ⓒ 법면 녹화

5 결론

① 경제 성장으로 국민의 삶의 질이 향상됨으로써 도로의 기능이 다양화되면서 도로가 노동의 장소가 아닌 여가를 즐길 수 있는 경관도로(Scenic Road)로 요구되고 있다.
② 국내에는 전국 각 지역에 걸쳐 경관이 수려하고 낙조와 어우러진 시닉 드라이브 코스가 많이 있으므로 체계적인 관리가 필요하다.
③ 신설도로 노선선정 및 계획 시에도 목적에 맞도록 하되, 자연환경과 경관 등을 이용자가 보고 즐길 수 있도록 계획에 주의를 기울여야 한다.
④ 특히, 주요 명소는 안내표지판과 진·출입로 등을 상세하게 표기하여 해당 지역을 방문하는 방문자가 쉽게 찾아 즐길 수 있도록 수 있도록 해야 한다.

17 아시안 하이웨이(Asian Highway)

1 개요

① 아시안 하이웨이는 아시아지역 국가 간 교류확대를 위해 한·중·일·러·인도·이란 등 31개국을 연결하는 55개 노선 14만 km로 구성된다.

② 우리나라는 '일본-부산-서울-평양-신의주-중국-베트남-태국-인도-파키스탄-이란-터키' 등으로 이어지는 1번 노선(AH1)과 '부산-강릉-원산-러시아(하산)-중국-카자흐스탄-러시아'로 이어지는 6번 노선(AH6) 등 2개 노선이 통과되는 고속국도를 건설하는 것을 의미한다.

③ 아시안 하이웨이 1호선(Asian Highway, AH1)의 총 연장 20,710km로 아시안 하이웨이 노선 중에서 가장 긴 노선이다.

④ 명목상 일본의 도쿄를 출발점으로 하여 한국, 북한, 중국, 동남아시아, 인도를 거쳐 터키와 불가리아의 국경선을 종착점으로 한다.

⑤ 종점인 터키에서 유럽고속도로 E80을 따라 불가리아, 세르비아, 이탈리아, 프랑스, 스페인을 거쳐 포르투갈 리스본에 이르는 노선이다.

2 Asian Highway의 추진 배경

1. ALTID Project와 Asian Highway

① ALTID Project(Asia Land Transport Infrastructure Development)
  ㉠ ESCAP 중점적 추진사업
  ㉡ 아시아 각국의 도로, 철도 연결
  ㉢ 아시아 각국 및 유럽국가 간의 물류소통 촉진사업

② ALTID 구성
  ㉠ 아시아 고속국도(Asian Highway, AH)
  ㉡ 아시아횡단 철도사업(Trans-Asian Railway, TAR)
  ㉢ 국경 통과 절차의 간소화 대책(Facilitation Measures)

2. Asian Highway의 추진 배경

① ESCAP 지역 내 무역량 증가율은 세계 평균의 2배
② 무역 및 여행수요의 급속한 증가

③ ESCAP 지역 내 교통망 구축 시급

④ 국가 간 교류와 교역증진 및 경제발전 촉진

③ Asian Highway 의미

① 아시안 하이웨이는 아시아와 유럽을 육지로 연결하는 도로로서 21세기 실크로드라 불리는 도로망이다.

② 한반도를 동북아시아와 유럽대륙으로 연결하여 교통과 물류의 수송망 구축을 꾀한다.

③ 1992년 아시아 태평양 경제사회위원회(ESCAP)에서 승인한 아시아 육상교통기반개발계획 (ALTID)에 따라 여러 개의 계획으로 진행되고 있다.

④ Asian Highway의 효과

① 장기적으로 저렴한 수송루트 개발

② 유라시아 대륙으로 향한 수출경쟁력 확보

③ 한·일 간 해저터널(50km) 건설의 타당성 확보

④ 일본 → 한국 → 중국·러시아 → 유럽 연결 노선망 가능

⑤ Asian Highway 개발계획 과제

① 루트(Route) 번호체계
  ㉠ E-로드 네트워크(E-road Network)에 적용된 동서남북 루트의 격자체계(Grid System) 적용
  ㉡ 유럽과 아시아를 연결하는 미래도로 기능

② 도로 관련 데이터베이스 구축
  ㉠ 개발참여국가의 도로 관련 데이터 정리 미비
  ㉡ Asian Highway Route 개발에 많은 어려움

③ 도로표시 및 표지판의 통일 → 새로운 도로표시체계

④ 국경 통과 방법의 개선

⑥ 결론

① 아시안 하이웨이 건설계획에서 남북한 간의 도로연결은 화해 협력의 가장 기본 사항으로 한반도를 넘어 유라시아 대륙으로 뻗어 나가는 계기가 될 수 있다.

② 한반도 관통노선은 남북 교류는 물론 러시아·중국과의 인적·물자 교류 촉진, 경제발전과 관광산업에도 크게 기여할 것이다.

③ 21세기 동북아시아의 허브 역할을 구상하고 있는 우리나라로서는 이 사업에 대한 중요성을 고려하여 사전에 기본계획 등의 수립이 있어야 한다.

18 기존 도로를 정비하여 간선도로망 체계 구축

1 개요

① 경부고속도로 개통은 우리나라 경제성장의 밑거름이 되어 그동안 양적 위주의 도로신설과 확장을 거듭하다보니 기존에 운영되고 있던 도로에 대한 관리가 소홀했다.

② 그러나 2000년도 이후부터는 교통시설 효율화 측면을 고려하다보니 신설도로와 도로확장은 감소하고 기존도로를 정비하여 도로의 효율성을 극대화하는 데 정책적인 방향이 돌아서고 있다.

③ 따라서 지금은 양적 측면인 신설도로나 도로확장보다 질적 측면을 고려하여 중장기적인 계획과 연계, 기존 도로를 중심으로 단기대책 차원의 도로정비가 필요한 시점이다.

2 간선도로망 체계 구축의 필요성

1. 도로기능의 확장

간선도로가 통과교통처리 목적 이외에 접근 서비스 도로 기능까지 담당하게 됨

2. 간선도로의 기능 상실

① 병목구간, 접근관리의 부재 등 간선도로 기능에 부합되는 도로정비의 뒤처짐이 기능상실의 주원인

② 도로의 신규건설, 정비 시 투자우선순위 결정에 혼란을 초래

③ 교통운영기법의 적용과 혼잡통행료 등 교통수요관리정책 추진에 어려움을 줌

④ 서울시 간선도로망 체계를 구축하여 도로교통정책의 틀을 마련하고, 국제 경쟁력을 가진 도시로 재창조하는 계기로 삼아야 함

③ 간선도로망 체계 구축방법

1. 서울시 간선도로망 체계의 구축방법

① 2기 도시고속국도 건설과 같이 신규도로 건설사업을 중심으로 효율적인 간선도로망 체계를 근본적으로 구축해 나가는 장기계획 수립

② 기존 간선도로를 중심으로 도로정비를 통하여 기능을 향상시키면서 최소한의 신규 도로건설을 구축해 나가는 단기·중기 사업계획 수립

2. 기존 간선도로를 활용한 신설 간선도로망 체계의 구축 이유

① 기존 간선도로에 대한 기능의 제고 없이 신규 간선도로망 구축은 무의미

② 최근 폭발적 교통수요에는 기존 도로 체계정비를 통한 중기적 사업이 필요

③ 기존 서울시 간선도로 대부분이 광폭원임을 감안할 때 도로정비의 잠재력이 높음

④ 다양한 간선도로 정비기법으로 기존 간선도로를 이용하여 신규 도로 건설 수준의 간선도로 정비 가능

④ 서울시 간선도로망의 문제점

1. 교통수요의 특성

① 도로교통수요와 공급 측면의 부조화

② 시계 외 진·출입 교통의 급증 및 이에 대한 적절한 대처 미흡

③ 도심통과 교통수요의 과다 순환기능, 도로 미흡으로 도심통과 차량의 과다

④ 도시개발과 도로계획의 부조화

2. 간선도로의 정비 측면

① 도로구조상의 문제점
지형적 제약조건으로 인한 불균형적인 도로망 형성과 계획의 부재하에서 형성된 형태로 인한 미연결 구간 및 교통류 분류·합류에 부적절한 구간 존재

② 간선도로 교차로상의 문제점
평면교차로가 너무 많고, 교차로 간의 간격이 협소하며, 기하구조가 불량

③ 도로 링크 구간상 병목 구간의 존재 및 접근관리의 부재

⑤ 서울시 주간선도로망 체계 정립의 기본 방향

```
┌ 주요 간선도로 ─┬ 도시고속국도 : 광역교통처리
│               └ 주간선도로 : 주행기능, 도시구조의 골격
└ 주요 간선도로 이외의 간선도로 ─┬ 일반 간선도로 : 도시 내 교통의 처리와 정차 가능
                                └ 보조 간선도로 : 주 구역 내 교통기능과 주정차 가능
```

1. 기본 방향

① 도로교통수요의 50%를 처리
② 지역 간 연결기능의 강화
③ 광역 및 수도권 도로계획과의 조화
④ 지하철·전철계획과의 조화
⑤ 교통정책 적용의 용이성

2. 기본 요건

① 필요 주간선도로망의 밀도(연장)
② 도로망의 형태-방사환상형 기본에 격자형
③ 도로망의 분포-축중심에서 면중심
　 도시지향적 통행구조에서 동서남북 방향
④ 정비 가능성 측면, 도로운영 및 교통운영 측면

3. 주요 간선도로망의 기능 제고 방안

① 도로망 구축
　 ㉠ 도시고속국도를 수용한 후, 서울의 공간구조 분석을 통해 수요 패턴 판단
　 ㉡ 현 수요 패턴과 가로망 체계를 비교 후 과부족 구간을 파악하여 도로물량이 여유가
　　 있는 지역에 한해서만 종합평가를 이용하여 주요 교통축 선정

② 기능 제고 방안
　 신설도로와 기존 도로에 대하여 중장기와 단기대책을 수립하여야 함

⑥ 결론

① 서울시 교통수요의 효율적인 처리를 위해서는 간선도로망 체계가 조속히 정립되어야 함
② 간선도로망 체계를 주요 간선도로와 일반 간선도로로 구분하고 그 기능을 재정립해야 함

③ 중장기적인 계획과 연계하여 기존 도로를 중심으로 단기대책 차원의 도로정비가 우선되어야 함

④ 구축된 간선도로망 체계는 서울시 도로 여건과 재정 등을 고려하여 기존 간선도로를 최대한 활용하고, 단계별 정비를 통하여 장래 도시고속도로망 체계로 확대 정립

⑤ 방사환상형을 기본 틀로 하여 연결도로를 추가하고, 격자형으로 발전 유도

19 4차 산업을 기반으로 하는 첨단 건설기술

1 개요

① 건설분야에 4차 산업혁명을 기반으로 접목할 수 있는 것으로 첨단기술(로봇, IoT, 빅데이터, BIM, 드론, AI 등)이 융합된 기술 등이 있다.

② 정보통신기술(IT)의 융합에 의한 기술혁신으로, 인공지능(AI), 로봇기술(Robot), 사물인터넷(IoT), 가상현실(VR)/증강현실(AR), 무인항공기, 무인자동차, 스마트 시티, 3D 프린트 기술, 나노기술 등이 있다.

③ 최근 고령화, 3D 직종의 근로자 부족과 근로시간 단축 등 사회적 변화 흐름에서 4차 산업혁명은 건설산업분야에서도 큰 변화가 예상된다.

④ 특히 국내 건설산업은 고령화 및 숙련인력 감소가 빠르게 진행되고 있어 첨단화 및 자동화의 필요성이 시급한 설정이다.

2 국내 현황 및 문제점 진단

① 정부의 정책 부재로 스마트 건설기술 확산에 필요한 여건 조성에 미흡하게 대처했다.

② 대기업은 하도급 중심 시공구조에서 원도급사로서 생산성 향상을 위한 기술개발보다 저가 하도급 공사가 가능한 전문업체 선정에 집중했다.

③ 기존 대학 교육방식은 학점 제한, 교과과정 경직성(공학인증), 전문가 부재, 기초전공교육 부실 우려 등으로 교육개선이 어려운 입장이다.

④ 재교육기관 역시 건축분야 BIM 교육 외에는 전통 건설기술 교육에 집중하고 있으며, 융합기술 교육과정은 경험과 이해 부족 등으로 운영을 못하는 실정이다.

❸ 추진계획

1. 목표

① 스마트 건설기술 육성을 통해 글로벌 건설시장 선도
② 국토교통부 건설 분야의 기술과 함께 과학기술정보통신부, 산업통상자원부의 로봇, 기계, ICT 분야 등을 연계하여 로드맵 달성에 필수적인 협업 추진

2. 계획 및 설계단계

① 융복합 드론이 다양한 경로를 통해 습득한 정보(사진촬영, 스캐닝 등)를 활용하여 지형·지질의 3차원 디지털 모델을 자동 도출
② 공사용 부지의 지반(땅속)조사 정보를 BIM에 연계하기 위해 측량, 시추 결과를 바탕으로 지반 강도·지질 상태 등을 보간법으로 예측
③ 여러 사용자 간 디지털 정보를 원활하게 인지·교환할 수 있도록 BIM 설계 객체의 분류 및 속성정보에 대한 표준 구축
④ 축적된 BIM 데이터를 소프트웨어 버전 등에 관계없이 저장하여 새로운 정보와 지식을 창출할 수 있는 빅데이터로 활용하는 표준 구축
⑤ 라이브러리를 활용하여 속성정보를 포함한 3D BIM 모델링을 구축(건축분야는 이미 상용화되었고, 토목분야는 현재 도입단계)
⑥ 축적된 사례의 인식 학습을 통한 AI 기반 BIM 설계 자동화를 구축하여 제약 조건 및 발주자 요구사항 등을 반영한 최적화된 설계안 자동 도출

3. 시공단계

① BIM 기반 공사관리를 통해 주요 공종의 시공 간섭을 확인하고, 드론 로봇으로 취득한 정보와 연계해 공정진행 상황을 정확히 체크
② AI를 활용한 가상시공을 적극 활용하여 현장조건·주변 환경 변화에 따라 품질관리를 최적화할 수 있는 맞춤형 공사관리 기법 도출
③ ICT 기반 현장 안전사고 예방을 위한 가시설·연약지반 등의 취약공종과 근로자 위험요인에 대한 정보를 센서, 스마트 착용장비 등으로 취득하고 실시간 모니터링
④ 축적된 작업패턴의 빅데이터 분석을 통해 얻은 지식과 실시간 정보를 연계하여 위험요인을 사전에 도출하는 예방형 안전관리
⑤ 건설기계에 탑재된 각종 센서·제어기·GPS 등을 통해 기계의 위치·자세·작업범위 정보를 운전자에게 실시간 제공
⑥ AI를 활용하여 건설현장 내 다수의 건설기계를 실시간으로 통합 관리·운영함으로써 최적 공사계획 수립 및 수행

4. 유지관리단계

① 특정 상황이 발생하였을 때에만 수집된 정보를 전송함으로써 무선 IoT 센서의 전력소모를 줄이는 상황감지형 정보수집

② 카메라와 물리적 실험장비를 장착한 다기능 드론(접촉+비접촉 정보수집)을 통하여 시설물의 내·외부 상태 진단

③ 시설관리자 판단에 의한 비정형 데이터를 정형 데이터로 표준화함으로써 산재되어 있는 시설물 데이터를 통합한 빅데이터 구축

④ 구축된 빅데이터를 바탕으로 시설물의 3D 모델링을 구축하여 AI를 통한 최적의 유지관리 의사결정 지원시스템 구축

4 결론

① 재정 투자와 공공 건설사업을 통해 정부·공공기관이 선도하여 스마트 건설기술 활성화의 기반을 마련해야 한다.

② 민간 기술개발을 유도하여 기술혁신 가치를 공유함으로써 대기업이 시장을 선도하여 중소기업이 자발적으로 기술을 개발할 수 있도록 여건을 조성해야 한다.

③ 첨단의 건설기술이 장기적으로 지속 가능한 발전을 할 수 있도록 정보를 공유하여 창업 생태계와 첨단교육 체계 등의 인프라가 구축되어야 한다.

20 도로 공간기능의 효율적인 활용방법

1 개요

① 도로의 기능은 크게 이동과 접근기능 그리고 공간기능으로 구분되며, 도로의 공간기능은 광장, 공공시설 수용 공간 등으로 나눌 수 있다.

② 경제성장으로 국민생활수준이 향상되어 여유 있는 도시환경에 대한 기대감으로 도로의 공간기능에 대한 중요성이 더욱 높아지고 있다.

③ 이동과 접근기능은 교통을 원활하고 신속하게 처리해주는 교통기능과 지역의 토지이용을 활성화시킴으로써 지역개발을 촉진시키는 접근기능을 말한다.

④ 지금까지 이동과 접근기능 기능은 중점적으로 활용되어 왔으나 공간기능에 대해서는 소홀히 다루어졌다.

⑤ 따라서 공간기능의 중요성을 인식하고 효율적인 활용방안을 모색해야 할 시점이다.

② 도로의 공간기능

① 도시골격 형성
② 생활환경 개선
③ 휴식공간 제공
④ 방제공간 제공
⑤ 공공시설 수용공간

③ 교통시설기능의 효율적 이용 방안

1. 도로의 기능

① 이동성(Mobility)
② 접근성(Accessibility)

2. 효율적 활용 방안

① 각종 도로망 정비
② 도시고속국도의 입체화
③ 지하횡단보도, 횡단보도와 육교 등의 설치
④ 고가도로화, 지하도로화 등 도로의 네트워크 정비

④ 공간기능의 효율적 활용 방안

1. 도시골격 형성

① 기능
　㉠ 도로가 도시구성의 주 골격을 형성하는 기능
　㉡ 도시를 상업, 공업, 주거지역 등으로 구획

② 효율적 활용 방안
　도시의 성격, 규모, 지형에 따라 적절한 가로망 정비가 필요함

2. 생활환경 개선

① 기능
　㉠ 통풍, 채광 등의 관점에서 양호한 생활환경
　㉡ 도시환경을 양호하게 보전하는 기능

② 효율적 활용 방안
 ㉠ 주변 지역 개발에 대한 도로정비
 ㉡ 환경시설대 및 식수대 설치
 ㉢ 도시환경을 고려한 도로연도의 입체적 정비

3. 휴식공간 기능

① 기능
 ㉠ 주민의 체육장소
 ㉡ 대화 및 휴식장소 제공

② 효율적 활용 방안
 ㉠ 지역 내 국지도로의 정비 및 도로폭원 확대
 ㉡ 가로수 식재 등의 도로녹화(버스 정차대, 휴게소)

4. 방재공간 제공

① 기능
 ㉠ 지진, 화재 등의 재해 발생 시 구조활동을 위한 접근로
 ㉡ 피난을 위한 대피소 및 화재차단 공간으로서 기능

② 효율적인 활용 방안
 ㉠ 접근로 및 대피소로서의 충분한 공간 확보
 ㉡ 구조활동에 지장이 되는 전신주의 지중화

5. 공공시설 수용 공간 제공

① 기능
 전기, 전화선, 각종 정보 케이블 등 생활에 필요한 공공시설의 수용장소 제공 기능

② 효율적 활용 방안
 ㉠ 도로굴착으로 도로의 본체가 약화될 수 있는 점을 고려하여 교통시설로서의 기능장애 발생에 유의
 ㉡ 문제 해결 방안
  • 공동구 설치
  • 케이블(전기, 통신 등) 설치
  • 교통 정보 설치

5 효과적인 공간 활용을 위한 대책

① 교통기능 향상을 위한 창의적인 도로계획 설계
② 도시골격의 효율적 구상(격자형 도시가로)
③ 방재기능 확보를 위한 철저한 도로 및 연도 정비
④ 수용공간 확보를 위한 공동구 설치

6 결론

① 도로의 공간기능을 효율적으로 활용하기 위해서는 도로가 갖는 다양한 기능이 잘 조화되도록 해야 한다.
② 국토가 좁은 우리나라에서 도로의 공간은 귀중한 공간이므로 효율적으로 활용할 수 있는 구체적인 계획이 필요하다.
③ 교통기능이 잘 조화된 형태로 발휘할 수 있도록 도로정책 및 계획을 수립해 나가는 것이 중요한 과제이다.
④ 공동구 설치는 공공시설 수용공간으로서 중요한 시설이므로 신도시 건설 시에는 초기 투자의 어려움이 다소 있더라도 설치하는 것이 바람직하다.

21 도로 공간의 입체적(지하, 지상) 활용 방안

1 서론

① 도시지역에서 도로의 공간이 15~25%를 점유하므로 이 공간을 대중교통 환승장소, 주차장, 공원, 체육시설 등으로 잘 활용하면 복잡한 도시문제를 해결하고 다양하고 창의적인 건축물 조성으로 도시 경쟁력 강화 및 도시재생 사업에도 매우 큰 역할을 할 것으로 기대된다.
② 예를 들면, 원 도심 활성화, 불량주거지 정비 등 도시재생의 사회적 요구와 자율주행 자동차가 등장함에 따라 C-ITS 등 도로기능 첨단화 필요성이 대두되고 있다.
③ 그러나 현행 도로 규제는 도시, 주택, 건축물, 대중교통 등 다양한 융·복합적 활용에 걸림돌로 작용하고 있으며, 창조적 도시 형성과 도시재생에 유연성을 제공하지 못하고 있다.
④ 최근 첨단기술이 경제발전을 주도하면서 도시의 현대적 요구에 만족하고 창조적 역량과 분야 간 융·복합이 중요해지는 사회 변화에 대응하는 차원에서 도로정책의 전환이 필요하다.

2 공청회와 아이디어 공모

① 2017년 7월 국토교통부는 「도로 공간의 입체적 활용에 관한 법률」에 대한 관계기관과 전문가 등의 다양한 의견수렴을 위해 공청회를 가졌다.
② 또한 도로의 상공 및 지하를 활용할 수 있는 창의적인 사례를 발굴하기 위해 "도로 공간의 입체적 활용을 위한 아이디어공모"를 실시했다.
③ 국토부와 미래부는 스마트시티 서비스 아이디어 경진대회를 공동으로 개최했고, 2017년부터 는 행자부도 참여했다.

3 추진 배경

정보통신기술(ICT)을 활용하여 시민들의 편의 향상을 위해 추진되었다(도시생활안전, 도시재 생, 대중교통 이용, 교통체증 완화, 환경오염문제 해결 등).

4 현재 법과 제도하에서 입체도로 개발의 사업방식

구분	중앙정부	지방자치단체
「국토의 계획 및 이용에 관한 법률」	도로 입체화 개발 가능	
「도로법」	도로 입체화 개발 가능 : 제28조(입체적 도로구역)	
「건축법」	도로 입체화 개발 가능	
「도시·군계획시설의 결정·구조 및 설치 기준에 관한 규칙」	도로 입체화 개발 가능 : 제3조(도시·군계획기설의 중복결정), 제4조(입체적 도시·군계획시설결정)	
「국유재산법」	도로 입체화 개발 불가능 : 시행을 위하여 해당 행정재산의 목적과 용도에 장애가 되지 아니하는 범위에서 공작물의 설치를 위한 지상권 또는 구분지상권 설정(도로법에 따른 도로공사)	
「공유재산 및 물품관리법」		도로 입체화 개발 불가능 : 공익사업의 시행을 위하여 해당 행정재산의 목적과 용도에 장애가 되지 아니하는 범위에서 공작물의 설치를 위한 지상권 또는 구분지상권 설정(도로법에 따른 도로공사)
사업 방식	민간 투자 사업법(기부채납) : BTO, BTL 방식 등 공공 개발	
비고	지구단위계획 심의 시 결정(예 건축물 A와 건축물 B는 2, 3층에서 데크로 연결하고, 통로-상가를 설치할 수 있음)	

5 국내외 도로의 입체적 활용 사례 분석

1. 국내 사례 분석

① 제2롯데월드

도로의 입체적 활용은 제2롯데월드와 석촌호수를 연결하는 지상 공원 조성으로 잠실길 지하차도 설치 및 제2롯데월드 진·출입로(지상/지하)를 설치하여 운영하고 있다.

② 사랑의 교회

신축 건물 내 325m²의 시설을 기부채납하는 조건으로 참나리길 도로지하 1,07.98m²에 대한 도로점용허가를 득하였다(점용기간 2010.4.9.~2019.12.31.).

③ 여의도 IFC 몰

도로 하부에 여의도 IFC 몰과 여의도역을 연결하는 연결통로(363m)로서 연결통로와 상가로 활용되고 있다. 이곳은 입체적 도시계획시설 결정을 서울시에 기부채납하는 조건으로 인허가를 받았다.

④ 낙원상가

1968년에 건축된 상가는 종로구 낙원동 28번지 일대의 지상 15층 지하 1층의 시설이 도로의 상부를 점용한 상태이다. 지하 1층~지상 5층은 주차장과 상가 586개소, 아파트는 지상 6~15층에 147세대가 입주하고 있다.

⑤ 기타 공중 보행로

도로점용 후 건물을 연계하는 공중 보행로의 사례로는 일산 라페스타, 부천 소풍터미널, 부산 롯데백화점 동래점 등이 있다.

2. 외국 사례의 분석

① 캐나다 토론토

- 중심상가 길이가 30km 이상이고 연면적 371,600m²로 세계 최대 지하소매시설인 1,200개 이상의 중심상가의 가로와 평형하게 개발되었다.
- 1960년대 확장하였고 지하철역 5곳, 50곳 이상의 건물, 주차장 20곳, 철도역, 주요 백화점 2곳, 호텔 6곳 등이 연결되었다.

② 캐나다 몬트리올

지하통로를 중심으로 호텔 9곳, 영화관 19곳, 관람시설 10곳, 박물관 1곳, 14,500면의 지하주차장, 15곳의 진·출입구를 통해 매일 50만 명의 보행자가 이용하고 있다.

③ 일본 오사카 게이트 타워

한신 고속도로공단과 약 5년에 걸친 협상으로 건물을 관통하는 도로가 나타났다.

④ 일본 도쿄도 신바시 · 도라노몽 지구

도라노몽 지구는 부지면적이 약 8.0ha이고 길이가 1,350m로 2014년에 완공되었다. 도로 상부를 활용한 호텔, 레지던스, 상가, 업무시설 등을 건축하였다.

⑤ 프랑스 라데팡스

입체 교통시스템(인공지반 다층구조 교통 여건)으로 파리 북서쪽 6km 지점에 도로, 지하철, 철도, 주차장 등 모든 교통 관련 시설은 지하에 설치되었고, 지상에 건축물 등을 조성하였다. 1970년 민자사업으로 조성한 사례이다.

⑥ 홍콩 IFC 몰

• 1996년 에어포트 익스프레스 선의 센트럴 역 위에 지어진 역사복합건물로 총건축비에 400억 홍콩 달러가 소요되었다.
• 초기에는 40층 규모, 20m 높이의 두 동 건물이었지만, 건물의 오픈 스페이스를 두 배로 늘리고, 주차장 공간을 50%로 늘리면서 40m 높이의 한 동짜리 메가타워로 계획을 변경하였다.

6 국내의 실패 사례

1. 입체화 계획

공공부지 상부에 사권(양도 및 임대 등) 제한으로 입체적 활용이 어려운 상태(국유재산법, 공유재산 및 물품관리법)이며, 건축제한, 허용기준 등 가이드라인이 불명확하여 활성화되지 못하고 있다.

2. 서울시 지하도로

① 2009년 12월 지하공간의 체계적 활용을 위한 마스트 플랜 수립 용역 발주
② 2010년 4월 지상도로 교통량 저감을 위해 6개 노선을 연장하여 총길이 149km의 지하 도로망을 계획하고, 도심과 부도심에 대형 지하주차장 연계방안 기본계획을 수립하였다.

7 도로부지의 창의적 활용 방안

1. 해외 사례 지하도로 및 고가도로

지하도로의 상부 공원화로 단절된 도시를 연결하거나 상부의 개발로 도로건설 비용이 충당되며, 고가도로의 하부는 문화, 커뮤니티, 상업시설, 주택 등을 설치하여 도시의 연결성을 강화함으로써 슬럼화를 방지하는 목적으로 개발되고 있다.

2. 입체·복합공간 입지 선정 시 고려요소

① 도시고속도로 결절점(JC, IC, Ramp) 인근지역 중 상습 정체지역
② 향후 경전철, 모노레일 계획노선 중 교통환승시설, 역사 인근지역
③ 복합환승센터 건립 계획지역
④ 도심·부도심의 재개발사업 계획지역
⑤ 대규모 개발사업(신도시, 도촉지구, 뉴타운, 균형발전촉진지구 등) 계획지역
⑥ 기타 유휴지 개발사업 계획지역

3. 입체·복합도로의 구성 및 특징

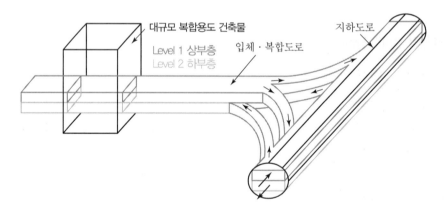

4. 입체·복합도로의 유형

도로 유형	세부 형태	구조 형태		분류 코드
유형 1. 공중형	1-1 공중고가형	입체 구조		공중고가 일체구조
		분리 구조		공중고가 분리구조
	1-2 공중관통형	입체 구조		공중관통 일체구조
		분리 구조		공중관통 분리구조
유형 2. 지상형	2-1 지상관통형	입체 구조		지상관통 입체구조(인공대지형)
		분리 구조		지상관통 분리구조
유형 3. 지하형	3-1 지하터널형	입체 구조		지하터널 입체구조
		분리 구조		지하터널 분리구조

8 입체공간시설 개발 방향

1. 도로부지의 창의적 활용

도로부지의 공공성 확보 전제하에서 도로부지를 창의적으로 활용하면 국토−도시−건축−도로의 복합적·효율적 이용이 가능하고 국토−도시의 공공성 또한 극대화될 것이다.

GL±0m		보도부	차도부	보도부
천심도	0∼−5m	공급처리·통신계시설 지선	공급처리·통신계시설 간선	공급처리·통신계시설 지선
	−3∼−20m	• 지하복합공간(상가부) • 지하철(역사) • 지하주차장	• 공급처리·통신계시설 간선 • 지하복합공간(통로부) • 지하철(역사) • 지하도로 • 지하주차장	• 지하복합공간(상가부) • 지하철(역사) • 지하주차장
중심도	−20∼−40m	• 지하철(궤도) • 지하철(역사) • 지하주차장	• 지하철(궤도) • 지하철(역사) • 지하주차장	• 지하철(궤도) • 지하철(역사) • 지하주차장
대심도	−40m∼	• 발전·송전시설 • 정보네트워크시설 • 기타(폐기물처리장 등)	• 발전·송전시설 • 정보네트워크시설 • 기타(폐기물처리장 등)	• 발전·송전시설 • 정보네트워크시설 • 기타(폐기물처리장 등)

주) 지하공간 활용 및 관리개선 연구, 국토교통부, 2008.

[간선도로 지하시설 배치 원칙]

2. 도로부지의 활용 현황

다음은 간선도로 지하시설 배치 원칙과 지하공간을 구분한 것이다.

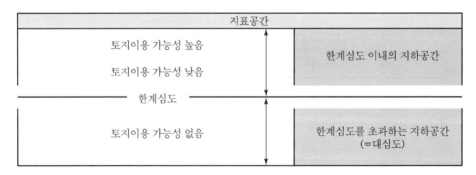

[지하공간의 구분]

3. 도로 상공·지하 공간의 활용

① 현재 도로공간은 공공 위주(지하철, 지하상가 등)로 이용이 허용되고 민간의 사적 이용은 제한(「도로법」, 「국유재산법」 등)적으로 활용되고 있다.

② 도로 본연의 기능은 유지하면서 상공·지하 공간의 민간이용을 허용함으로써 도시공간 활용의 패러다임 전환이 필요하다.

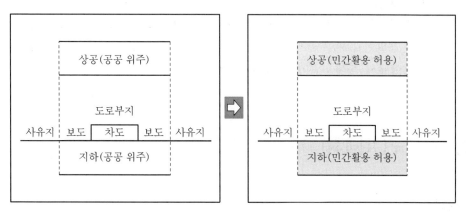

[도로 상공·지하 공간의 활용]

9 도로부지의 창의적 활용을 위한 제도개선 검토

① 도로 점용제도의 활용 방안 검토

② 입체적 도로구역제도의 활용 방안 검토

③ 「국유재산법」 및 「공유재산 및 물품관리법」상의 제한 검토

④ 사권설정 유무, 도로 목적으로 활용 여부, 국유재산 특례신설 가능 여부

⑤ 도로 이용료 제도 도입 방안 검토

⑥ 입법 추진 방안으로는 기본적으로 「도로법」을 개정하는 방안, 별도의 법률을 제정하는 방안, 관련 토지 개발법제를 개정하는 방안 등이 있다.

10 결론

① 경제가 성장할수록 도시 내 공간 확보에 대한 수요는 꾸준히 증가함에 따라 국토의 효율적 이용과 도시 경쟁력 확보를 위해 토지의 활용 방안 등 다양한 정책이 필요하다.

② 도로부지는 시가지에서 20% 이상을 점유함에도 불구하고 현행 제도하에서 도로부지는 획일적인 교통의 기능만 담당하거나 건축물의 진·출입을 위한 용도로만 활용이 제한되고 있는 것이 현실이다.

③ 원도심 활성화, 불량주거지 정비 등 도시재생의 사회적 요구가 증대되고 있으나 현행 도로 규제는 도시, 주택, 건축물, 대중교통 등 다양한 융·복합적 활용에 걸림돌로 작용하고 있고 바둑판식 블록 분할로 창조적 도시 형성에 저해 요인이 되고 있다.

④ 이에 미래시장 선점을 위해 도시, 교통 분야 첨단화 추세에도 대응이 필요하고 도로 규제를 혁신하여 4차 산업혁명의 지렛대(Leverage)로 활용함으로써 도시재생 활성화를 도모할 필요가 있다.

⑤ 현재 도로공간의 민간활용에 대한 특혜 문제가 우려되므로 입체적 도로공간 개발사업 시행자에 대한 개발이익 환수 근거와 환수금 산정기준, 환수금 징수 납부, 환수금의 귀속 및 용도 등을 담아내서 특혜 소지를 해소해야 한다.

22 공동구(共同溝)

1 개요

① 교통이 복잡한 도로 또는 복잡하리라 예상되는 도로에서 노면굴착으로 인해 도로 구조의 보존 및 도로교통에 현저한 지장이 초래될 경우에는 공동구를 설치해야 한다.

② 공동구라 함은 도로의 노면굴착으로 수반하는 지하매설물(전기, 가스, 수도의 공급시설 및 전신 선로, 하수도 시설 등)을 공동수용함으로써 도시의 미관, 도로구조의 보전과 원활한 교통소통을 위하여 「도시계획법」의 규정에 의하여 지하에 설치하는 시설물이다.

2 설치 목적

① 각종 지하매설물 점용공사에 의한 반복된 노면굴착이 배제됨
② 원활한 교통소통과 교통사고 감소 기여
③ 반복된 노면굴착 및 복구에 따른 경제적 손실 경감
④ 각종 지하매설물이 정비되고 통합관리 가능
⑤ 점용단면에 대한 수용용량이 증대됨
⑥ 노상의 점용물건이 지하에 수용되어 도로교통 및 도시미관과 공간 확보

3 규격

① 통로 높이 180cm 이상

② 맨홀, 재료 반입구 등을 적당한 간격으로 설치하며, 출입구는 보도 또는 분리대 등의 차도 이외의 장소에 설치

③ 공동구의 규격은 공동구 유지보수를 위한 통로, 조명시설, 배수시설, 다른 점용물건과의 이격거리, 분기관, 분기구의 위치나 구조 등을 감안하여 결정

④ 조명, 배수, 환기시설 등은 필요시 방폭구조로 하는 등 보안대책을 충분히 고려

⑤ 공동구에 부설하는 공익물건의 구조는 낙하, 박리, 과하중, 화재, 누전, 누수, 가스 노출 등에 의하여 공동구의 구조가 유지관리에 양호한 구조와 형식 선정

4 설치기준

① 도시계획 시설기준은 '공동구의 설치기준' 참조

② 공동구 설치절차는 「도시계획법 시행령」에 따름

5 결론

① 공동구는 도로의 노면굴착과 지상의 전신·전기주 등 지하매설물을 공동수용하여 도시의 미관, 도로구조의 보전과 원활한 교통 소통을 위하여 「도시계획법」의 규정에 의하여 지하에 설치하는 시설물을 말한다.

② 따라서 공동구 설치 시에는 공동구 설치 목적에 부합되고 규격, 설치기준에 맞도록 설치하여야 한다.

③ 공동구 설치는 초기예산 확보 측면에서 어려움이 따르지만 장기적인 측면에서 보면 반드시 필요하므로 단계적 설치가 필요할 것으로 판단된다.

23 주차장

1 개요

① 원활한 교통 흐름의 확보, 통행의 안전 또는 이용자의 편의를 위하여 필요하다고 인정되는 경우에는 주차장, 버스정류시설, 비상주차대, 휴게시설과 그 밖에 이와 유사한 시설을 설치하여야 한다.

② 주차장, 버스정류시설, 비상주차대 등의 시설을 설치하는 경우 본선 교통의 원활한 흐름과 안전을 위하여 본선의 설계속도에 따라 적절한 변속차로 등을 설치하여야 한다.

② 개정 내용

① 국토부는 「주차장법 시행령」과 「주차장법 시행규칙」 개정안을 입법 예고했다.

② 개정안의 주요 내용은 주차장의 주차단위구획 최소 기준을 늘렸다. 일반형은 기존 2.3m(전폭)×5.0m(전장)에서 2.5m×5.0m로, 확장형은 기존 2.5m×5.1m에서 2.6m×5.2m로 10~20cm씩 넓어진다.

③ 일반형은 1990년 해당 기준이 만들어진 이후 27년 만에 처음으로 최소 기준이 10~20cm 더 늘었다.

④ 2008년 기준이 마련된 확장형도 약 10년 만에 공간이 커졌다. 전체 주차면수의 30% 이상을 확장형으로 설치해야 하는 기준은 그대로 유지된다.

- 1990년 이후 주차단위구획 최소 기준 2.3m×5.0m 적용
- 2008년 승용차 차량제원 증가 및 국민의 중·대형 차 선호 현상으로 확장형 주차단위구획 2.5m×5.1m 제도 도입
- 2012년 신축 시설물에 한하여 30% 이상을 설치하도록 의무화
- 2017년 주차단위구획 최소 기준 일반형 : 2.5m×5.0m, 확장형 : 2.6m×5.2m로 확대 개정안

---

③ 주차장의 종류

주차장은 자동차의 주차를 위한 시설로서 「주차장법」에 따라 다음과 같이 구분된다.

① **노상 주차장** : 도로의 노면 또는 교통 광장(교차점 광장만 해당한다. 이하 같다)의 일정한 구역에 설치된 주차장으로서 일반의 이용에 제공되는 것

② **노외 주차장** : 도로의 노면 및 교통광장 외의 장소에 설치된 주차장으로서 일반의 이용에 제공되는 것

③ **부설 주차장** : 건축물, 골프연습장, 그 밖의 주차 수요를 유발하는 시설에 부대하여 설치된 주차장으로서, 당해 건축물·시설의 이용자 또는 일반의 이용에 제공되는 것
노상 주차장과 지하·지상 주차장의 설치계획 기준은 「주차장법 시행규칙」에 따른다.

④ 경사로(램프) 기준(주차장법 시행규칙 제6조)

구분	진입로 폭원		종단경사
	1차로	2차로	
직선부	3.3m 이상	6.0m 이상	17% 이하
곡선부	3.6m 이상	6.5m 이상	14% 이하

주) 위의 기준은 최소 기준이므로 건축 규모나 주차대수 등에 따라 상향 조정이 필요함

4 주차단위구획의 배치

① 평행주차

차도의 진행방향으로 설계기준 자동차 길이의 반(1/2) 정도만 여유가 있으면 주차할 수 있는 주차방식이다. 주차장의 길이가 매우 길어지지만 주차를 하는 자동차가 동시에 움직일 경우에는 각 자동차 간격을 줄일 수가 있으며, 소형자동차가 주차할 때에 차체 길이의 차이를 유효하게 이용할 수 있는 이점이 있다. 따라서, 주차면을 명확하게 표시하지 않는 것이 오히려 탄력성 있는 운용이 될 수 있으므로 구획선을 표시하지 않은 경우도 있다.

② 각도주차

이 배치방법은 사각주차와 직각주차로 구분되며, 각각 전진주차방식과 후진주차방식이 적용된다. 사각주차는 30°, 45°, 60° 혹은 그 밖의 각도에 따라 주차하는 방식을 총칭한다.

[주차형식의 특징]

각도	방식	특징
30°	전진주차	차로폭은 작아도 되나 차로 진행방향으로 긴 주차폭이 필요하며, 1대마다 주차 소요 면적은 최대이다. 발차할 때 후방 시계가 다소 좁아진다.
45°	• 전진주차 • 후진주차 • 교차식 주차	• 전진, 후진 주차방법이 같이 이용되나 전진주차방법이 주차가 더 쉽다. • 교차식으로 하면 1대마다 주차 소요 면적은 작으나, 주차질서가 정연하지 않으면 주차 효율이 현저히 떨어질 우려가 있다.
60°	• 전진주차 • 후진주차	• 전진, 후진 주차방법이 같이 이용되며 자동차의 조종이 쉽다. • 차로폭은 크게 하여야 하나 1대마다 주차 소요 면적은 작다.
90°	• 전진주차 • 후진주차	전진, 후진 주차방법이 같이 이용되며, 1대마다 주차 소요 면적은 작으나 승강의 편리를 위해 주차 면의 폭을 0.25m 늘리는 것이 바람직하다.

③ 치수

주차단위구획의 치수나 차로 폭원은 주차장의 특성이나 실제의 이용방법을 고려하여 적절히 정하여야 한다. 국외의 주차구획 크기(일반형) 사례는 다음과 같다.

[국외 주차구획 크기(일반형) 사례]

구분	미국	유럽	호주	중국	홍콩	일본	싱가포르	대만
전폭(m)	2.7	2.5	2.4	2.5	2.5	2.5	2.4	2.5
전장(m)	5.5	5.4	5.4	5.3	5.0	6.0	4.8	5.5

최근 소형 승용차의 비중이 지속적으로 감소하고, 중·대형자동차 비율 및 자동차 제원이 커지는 추세이므로 주차장의 주차단위구획은 「주차장법 시행규칙」에 따른다.

[국내의 승용차 제원과 최소 주차면 크기(평형주차)]

구분	최소 주차면 크기(m)		비고
	너비	길이	
일반형	2.5	5.0	중형 및 중형 SUV
확장형	2.6	5.2	대형 · 대형 SUV · 승합차 · 소형 트럭

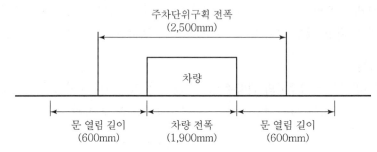

[주차단위구획 최소 기준 적용]

5 「주차장법 시행령 · 시행규칙」 개정 내용

① 개정 전후 비교

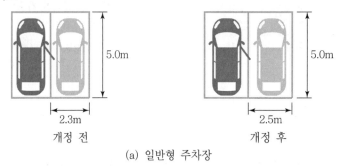

(a) 일반형 주차장

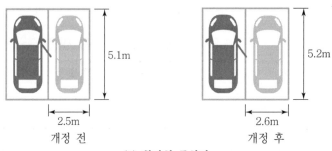

(b) 확장형 주차장

[개정 전후의 주차면적 변화 비교]

② 개정 후 내용

일반 주차장	일반형 2.3m×5.0m →2.5m×5.0m	확장형 2.5m×5.1m →2.6m×5.2m	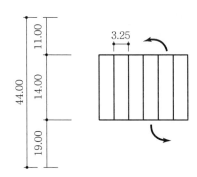
장애인 주차장	3.3m×5.0m (주차공간 10대 이상은 의무 배치)		
평행 주차장	2.0m×6.0m		
주거지역 도로 평행 주차장	2.0m×5.0m		

③ 대형자동차(90°) 주차

24 PSO(Public Service Obligation)

1 개요

① PSO(Public Service Obligation)는 공공의 서비스 의무로서 낙후지역, 소외지역 등에 국가 또는 자치단체 등이 이윤과 별개로 공공의 목적을 달성하기 위한 활동을 말한다.
② 여기에는 사회복지성(보건소, 농협공판장, 통신, 전기 등)과 차량운행, 철도노선 등이 적자와 상관없이 수행되어야 한다.
③ 기업의 수익적 활동과 상관없이 국가정책 또는 공공목적을 위해 수행하는 활동이다.

2 공공서비스(PSO) 사례

① 농어촌버스의 벽지노선 운영
② 철도 적자노선 운영
③ 사회복지성 운임 감면
④ 고속철도 노선이 증가함에 따라 적자노선 운영에 따른 PSO 문제가 대두됨
⑤ 개인이 국가에서 위탁을 받아 운영 가능(국가에서 보상)

3 문제점

① 서울교통공사를 비롯하여 전국 도시철도공사(부산, 대구, 광주, 인천, 대전)는 전국 지하철 무임승차로 인한 손실액이 해마다 증가해 2019년 한 해 약 6,500억 원의 손실이 발생하고 있다.
② 2015년부터 2019년까지 5년간 전국 지하철 무임승차로 인한 손실액은 2조 9,000억 원 정도이다.
③ 노인(65세 이상) 인구 변화 추이 : 2000년 7% → 2019년 15.5%로 121.4% 상승
④ 한국 사회가 저출산·고령화 시대로 가면서 무임승차 가능 인원은 계속 증가한 데 반해 일반승객은 감속하면서 운송 수입이 줄어들었다.
⑤ 특히, 최근 코로나19로 인해 승객이 급감하면서 손실액은 더욱 상승하고 있다. 또한 지하철 안전시설 및 편의시설 확충에 따른 시설투자비 증가로 손실액이 가중되었다.

4 해결 방안

① 현재 한국철도·버스·여객선 등은 PSO(Public Service Obligation) 제도를 통해 적자 부분을 정부가 의무보조금으로 지원하고 있는 데 반해 전국도시철도공사의 경우 지방자치단체와 운영기관이 전적으로 감당하고 있어 재정 부담이 가중되고 있다.
② 따라서 무임수송은 국가 법령에 따라 지원하는 만큼 이 문제를 해결할 수 있는 획기적인 대책마련이 필요하다.
③ 의료기술발전 등으로 수명이 높아지는 현실을 고려하여 무임승차 기준 나이를 상향하고 나이별 노인 할인율을 적용하는 등의 실질적인 방안을 모색한다.

25 CALS(Continous Acquisition & Life - Cycle Support)

1 개요

① 건설 CALS란 건설사업의 설계 · 입찰 · 시공 · 유지관리 등 전 과정에서 발생되는 정보를 발주청 · 설계 · 시공업체 등 관련 주체가 정보통신망을 활용하여 교환 · 공유하는 시스템이다.
② 정부 부처 포함 약 30개 공공기관에서는 건설공사 관련 업무를 지원하기 위해 다양한 정보시스템을 구축 · 운영하고 있다.
③ 구체적으로 국토교통부가 운영 중인 건설사업정보시스템(CALS), 건설산업종합정보망, 시설물정보관리종합시스템(FMS), 건축행정시스템(세움터)을 비롯해 조달청의 전자조달시스템, 기획재정부의 디지털 예산회계시스템(dBrain) 등이 있다.

2 CALS 도입 효과

① 정보화를 통한 공기 단축 및 비용 절감
② 종이 없는 전자문서 교환 체계를 확립
③ 건설기술 관련 데이터 등 각종 정보이용의 효율성 제고
④ 공사의 품질 및 안전성 향상

3 CALS 체계 추진 목표 및 향후 추진 과제

1. 우리나라 CALS 기본계획 목표

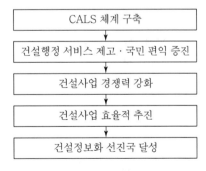

```
┌─────────────────────────────┐
│        CALS 체계 구축         │
└─────────────────────────────┘
              ↓
┌─────────────────────────────┐
│  건설행정 서비스 제고 · 국민 편익 증진  │
└─────────────────────────────┘
              ↓
┌─────────────────────────────┐
│      건설사업 경쟁력 강화       │
└─────────────────────────────┘
              ↓
┌─────────────────────────────┐
│      건설사업 효율적 추진       │
└─────────────────────────────┘
              ↓
┌─────────────────────────────┐
│     건설정보화 선진국 달성      │
└─────────────────────────────┘
```

2. 추진 과제

① 건설 CALS 조기구축을 위해 건설업무절차개선 및 관련 제도 정비
② 정부의 CALS 표준제정 · 제도 정비

③ 민간부분의 자체 인프라 구축 및 CALS 응용기술개발
④ 국토교통부의 사업총괄관리를 위한 정책 수립 및 제도 개선
⑤ 민간업계의 자율적 참여 유도를 위한 건설 CALS 컨소시엄 설립

4 CALS 추진에 따른 문제점

① 건설분야는 타 산업에 비해 정보화에 대한 투자 저조
② 건설사업수행 조직 간 정보 및 의사소통 미흡
③ 건설정보관리체계 미흡
④ 정보화표준의 미흡
⑤ 건설업 특성상 정보화의 인식 부족

5 외국의 CALS 추진 동향

1. 미국

① 국방성 중심에서 민간사업으로 확산, 1990년 이후 CALS 적용
② 세계 CALS 표준 주도

2. 유럽

① 1980년대 후반 NATO를 중심으로 CALS 도입
② 유럽 CALS 산업그룹 설립·운영 중

3. 일본

① 1995년 정부 주도로 CALS 연구회 설치 추진
② 건설성 중심 CALS 구축·운영 중

6 결론

① 시설물·건축물의 생애주기 단계별 정보를 통합·활용할 수 있는 정보포털을 구축함으로써 경제적·사회적 효용 증가를 기대할 수 있다.
② 특히, 건설사업은 수행과정의 특성상 여러 참여업체들 간에 다양한 정보를 많이 교환하므로 정보의 역할이 매우 크다. CALS 도입의 효과가 다른 어떤 분야의 도입보다 효과가 매우 높다.

③ 건설공사의 계획부터 유지관리까지 시설물 · 건축물의 생애주기에 따라 각 단계마다 구체적인 사업내용, 공사 참여자 등에 대한 다양한 자료가 생산되고 있어 이를 효과적으로 활용할 경우 경제적 · 사회적 효용 증가를 기대할 수 있다.

26 설계 VE(Value Engineering)

1 VE 역사

① VE(Value Engineering) 탄생의 계기가 된 것은 1947년 미국 GE(General Electric)사에서 일어난 석면(아스베스토스, Asbestos) 사건이다.

② 당시는 제2차 세계대전 직후로서 물자 구입이 어려운 시기였으므로 GE사에서는 창고 바닥의 깔판으로 필요한 석면을 구하기가 힘들었다.

③ 회사의 구매 담당자는 전문업자와 의논한 결과 그 사용 목적을 달성할 수 있는 대체품의 값이 싸면서도 구입하기 쉽다는 것을 알게 되었다.

④ 그러나 당시 사내의 소방법에는 '창고의 깔판에는 석면을 사용해야 한다'라는 조건이 붙어 있었으므로 그 후 이 대체품의 불연성 · 안정성을 증명해 보임으로써 소방법을 개정하는 데까지 이르렀던 것이다. 이를 석면 사건이라 한다.

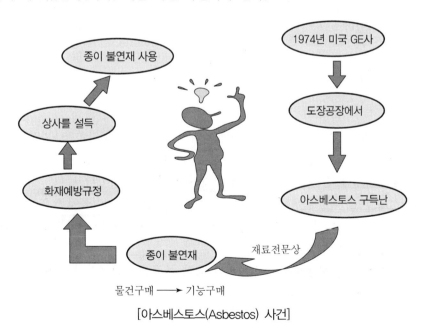

[아스베스토스(Asbestos) 사건]

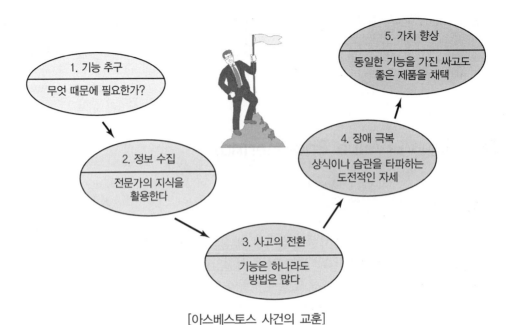

[아스베스토스 사건의 교훈]

⑤ 이 사건을 통하여 사용 목적을 달성하는 데는 재료나 방법 등이 여러 가지 있을 수 있다는 것을 알게 되었다.

⑥ "기능을 유지하면서도 비용이 경감된다"는 사실을 깨닫고 제품의 기능에 대한 연구가 시작되었는데, GE사의 마일즈(L.D. Miles)가 중심이 되어 개발한 것이 VA(Value Analysis)라고 불리게 되었다.

② VE 수행과정

1. 내용

① 「건설기술진흥법 시행령」 제75조에 따라 수요기관은 총공사비가 100억 원 이상인 건설공사의 기본설계 및 실시설계를 할 경우 최적의 설계를 위한 경제성 검토인 VE를 직접 수행하거나 전문가로 하여금 검토하도록 하게 되어 있다.

② 설계 VE를 수행하는 목적은 최소의 생애주기비용으로 시설물에 필요한 기능을 확보하고, 설계내용에 대한 경제성 및 현장 적용의 타당성을 기능 · 대안별로 검토하여 최적안을 도출하는 데 있다.

③ 이러한 과정을 통하여 시설물의 기능과 시공성을 개선하여 고품질 시설물을 구현할 수 있다.

④ '생애주기비용(Life Cycle Cost)'이란 시설물의 내구연한 동안 투입되는 총비용을 말한다. 여기에는 기획, 조사, 설계, 시공뿐만 아니라 유지관리, 철거 등의 비용 및 잔존가치도 포함된다.

⑤ VE 대안 비교에서 다루는 비용은 초기비용에 국한된 것이 아니고, 시설물의 완성 후 사용기간 동안의 유지관리, 교체비용을 포함한 총비용이다.

2. VE 수행과정

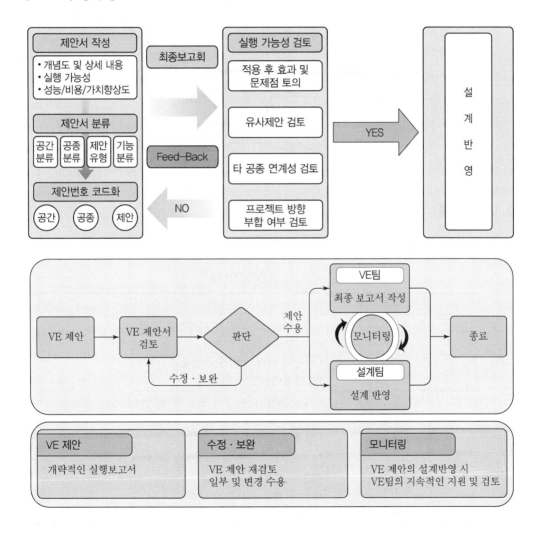

3. VE의 목표

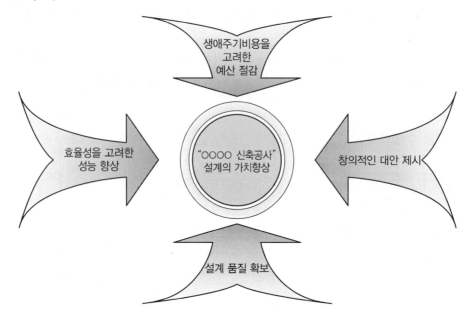

❸ VE 3단계

① VE는 크게 준비단계, 분석단계, 실행단계 3가지로 나눈다.

[VE 3단계]

단계 구분	구분
준비단계 (Pre-Study)	• 관련 자료의 수집 및 사전정보 분석 • VE 활동계획(검토조직, 워크숍 등) 수립 • 사전에 설계의 적정성 검토 • 오리엔테이션 수행
분석단계 (VE Study)	• 기능 분석, 아이디어 창출 및 평가 • 대안의 구체화 • 설계의 적정성 검토 완료 • VE 제안 가치분석, 가치평가 및 발표
실행단계 (Post-Study)	• VE 제안서 작성 • VE 수행결과 보고 및 송부 • 설계도서에 반영

[VE 추진 절차(Job Plan)]

단계 구분	세부 단계	활동내용
준비단계	오리엔테이션 미팅	• 일정 수립, 연구기간 · 장소 · 조건 설정 • 요구정보의 유형 설정 • 관련 주체의 역할 규정
	VE팀 선정 및 구성	• VE팀 규모 결정 • 팀 선정 시 고려사항 확인 • 선정절차 이행
	정보수집 및 분석	• 설계정보 등 각종 정보의 수집 • 프로젝트 제한사항 확립 • 공사비 견적 검증 • 비용모델 및 효용성 평가자료 분석 • 대상 선정
분석단계	정보	• 발주처 경영진, 관리자, 발주자 대리인, 설계자 발표 • 기능 분석 • FAST 다이어그램 작성
	아이디어 창출	• 아이디어 창출 기본원칙 및 고려사항 활용 • 아이디어 창출기법 적용
	평가	• 아이디어 개략평가 • 개발 가능 아이디어 선정 • 평가절차, 평가항목, 평가기법 선정 • 발주자와 설계자 검토
	개발	• 아이디어 개발 • 제안서 작성(대안의 장단점, 비용자료, 일정 영향 등 포함)
	제안	• 의사 결정자에게 설명 • 발표전략, 발표내용, 제시절차 수립 및 시행
실행단계	제안서 검토	• VE 제안서 요구사항, 검토사항, 검토절차 시행
	승인	• 시행주체별 임무 부여 • 최종결과에 대한 처리(채택, 기각, 재검토)
	후속조치	• 실적자료의 추적 • 시행 확인 • 평가

② 각 공종별로 위원 등을 섭외하여 합동토론회 개최를 통해 충분한 자료를 수집 · 분석하고 도출된 아이디어들에 대해 선정 및 기각 여부를 평가한다.

③ 평가를 통하여 선정된 최종 아이디어에 대하여 설계 반영 여부를 검토하고, 지속적인 모니터링을 통해 설계에 반영된 내용 및 금액을 산정 후 이를 바탕으로 VE팀에서는 최종 보고서를 작성하게 된다.

5 VE의 형태 및 효과

1. 가치공학(Value Engineering, VE)

① 최저의 총비용으로 필요한 기능을 확실하게 달성하기 위하여 제품이나 서비스의 기능분석에 기울이는 조직적인 노력을 말한다.

② 원래 가치분석(Vale Analysis, VA)이라는 명칭으로 1947년 GE사의 마일스(L. D. Miles)가 민수품의 원가절감 기법으로 개발한 것인데, 1954년 미국의 해군 선반국이 군수품에 이를 적용했다.

③ 미국 국방부에서는 설계단계에까지 소급하여 가치보증, 코스트 예방을 하는 것이 중요하다고 생각하여 이를 VE라고 불렀다.

④ 일반적으로 VE는 기능분석, VE 잡 플랜(Job Plan), VE 테크닉 등 3가지를 조직적으로 통합한 기법으로 이루어진다.

2. VE는 기본적으로 기능 중심적 접근방법

① 가치 향상의 형태

가정주부들이 세탁기를 구입하고 물건값을 지불하는 것은 빨래하는 데 수고를 덜어줄 것을 기대하고 세탁기의 가치를 인정하기 때문이다. 일반적으로 물건이나 작업(일)에 대한 우리의 만족도는 요구하는 것에 대하여 지불하는 금액의 비율로 결정된다. 여기서 만족도란 가치를, 요구란 물건이나 작업에 기대하는 기능을, 지불하는 금액이란 코스트를 말한다.

② 이것을 수식화하면 다음과 같다.

$$\text{가치}(\text{Value}) = \frac{\text{기능}(\text{Function})}{\text{코스트}(\text{Cost})}, \quad V = \frac{F}{C}$$

3. VE의 기본 형태

구분	원가절감형	기능향상형	혁신형	기능강조형
V =	F →	F ↑	F ↑	F ↑
	C ↓	C →	C ↓	C ↑

주) Value = 기능(Function)/비용(Cost)

$$\text{가치}(V) = \frac{\text{기능}(F)}{\text{코스트}(C)}$$

VE의 목적은 가치를 향상시키는 것이다.

6 VE의 실시시기와 횟수 및 효과

① 기본설계, 실시설계에 대하여 기술자문회의나 설계심의회의를 하기 전에 각각 1회 이상 실시

② 기본설계 및 실시설계를 1건의 용역으로 발주해서 설계단계를 구분하여 설계 VE를 실시할 필요가 없다고 판단되는 경우에는 구분 없이 1회 이상 실시

③ 일괄입찰공사는 실시설계 적격자 선정 후 실시설계 단계에서 1회 이상 실시

④ 민간투자사업은 우선협상자 선정 후에 기본설계에 대한 설계 VE, 실시계획승인 이전에 실시설계에 대한 설계 VE를 각각 1회 이상 실시

⑤ 기본설계 기술제안 입찰공사의 경우 입찰 전 기본설계, 실시설계 적격자 선정 후 실시설계에 대하여 각각 1회 이상 실시

⑥ 실시설계 기술제안 입찰공사의 경우 입찰 전 기본설계 및 실시설계에 대하여 설계 VE를 각각 1회 이상 실시

⑦ 실시설계 완료 후 3년 이상 경과한 뒤 발주하는 건설공사

⑧ 종래의 VE 활동은 시공단계에서 이루어져 왔으나 프로젝트의 원가는 설계단계에서 대부분 결정되므로 VE는 설계단계에서 실시하는 것이 효과적이다.

⑨ 아래 그림은 프로젝트의 내용과 비용이 설계단계에서 80% 이상 결정되고 있음을 보여준다.

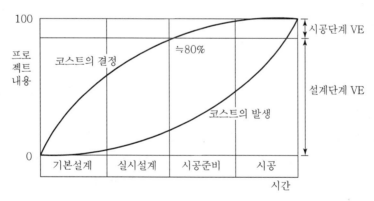

[프로젝트의 진행과 비용 결정의 상관도표]

⑩ VE를 엔지니어링 프로젝트에 적용함에 있어서 그 시기를 결정하는 것은 특히 비용과 관련하여 대단히 중요한 사항이지만 학자나 자료에 따라 다르게 언급하는 경우가 많다.

⑪ 설계단계의 VE는 프로젝트의 규모나 성격에 따라 다르기는 하지만, 기본설계가 2/3 정도 진행됐을 때 기본설계에 대한 VE를 실시하고, 그 후 다시 실시설계가 2/3 정도 진행된 시점에 실시설계 VE를 실시하는 것이 효과적이라고 보는 것이 일반적이다.

⑫ 그러나 촉박한 설계 일정으로 설계 시에 VE를 실시하지 못하면 설계도서 납품 후 시공준비단계에서 설계검토 형식으로 자체 VE를 실시할 수도 있고, 시공업체가 선정된 후 시행계획 수립 차원에서 VE를 실시하여 공사원가를 절감할 수도 있다.

⑬ 또한 시공단계 VE는 실행예산이 마련된 상태에서, 현장에서 대상 공종에 대한 세부 실시계획이 확정되기 전에 가설공사, 공법 및 공정 등에 대해 VE 활동을 전개하는 것이 효과적이다.

⑭ 아래 그림은 프로젝트의 생애주기가 경과하면 경과할수록 VE 제안을 실행하는 데 소요되는 비용은 증가된다는 것을 보여주고 있다.

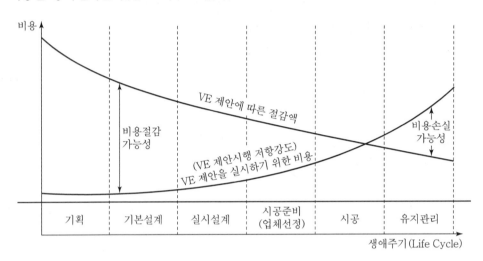

7 VE 대상

① 총공사비가 100억 원 이상인 건설공사의 기본설계, 실시설계(일괄 · 대안입찰공사, 기술제안입찰공사, 민간투자사업 및 설계공모사업 포함)

② 실시설계 완료 후 3년 이상 지난 뒤 발주하는 건설공사

③ 공사시행 중 공사비가 10% 이상 증가되는 설계변경 사항(단순물량 증가, ESC는 제외)

④ 기타 발주청 또는 시공자가 필요하다고 인정하는 공사

8 VE 도입을 위한 추진 과제

① VE 추진 절차 및 기법 개발 → 절차 및 기법 부재

② VE 담당부서 설치

③ 발주청 기술인력에 대한 교육

④ VE 방침 수립 및 기술, 비용정보 기반 정비 → 설계 VE를 위한 계획, 기술평가 정보 부재

⑤ 생애주기비용(LCC) 분석 필요

9 결론

① 그동안 공사비 100억 원 이상인 건설공사의 기본설계, 실시설계 등에서 많이 적용하여 VE의 효과가 입증되었다.

② 따라서 VE 적용기준을 100억 원 이상에서 50억 원 이상으로 하향조정하여 시설물의 품질향상과 예산절감이 적용되는 대상의 폭을 넓혀야 한다.

③ 특히, 공사금액이 50억 원 이하인 사업에 대해서도 구조물 등 중요공종이 있는 경우에는 VE를 실시함이 타당하다.

27 프리랜서 기술자 제도

1 개요

① 미국, 영국, 싱가포르 등에서는 오래전부터 프리랜서(Free-lancer) 기술자 활동제도를 시행하고 있으나, 국내에서는 기술용역의 PQ 시 기술사 보유업체로 입찰참가를 제한하거나 자격증을 소지한 특급기술자를 많이 보유할수록 높은 점수를 획득하는 제도를 시행하고 있다.

② 이에 따라 회사에서는 기술자 부족현상으로 스카우트 경쟁과 인건비 상승을 야기하여 상시고용에 따른 기업의 고정비용 증대로 국제경쟁력을 감소시키는 요인으로 작용하고 있다.

③ 따라서, WTO 체제하에서 개방에 따른 외국기업과의 국제경쟁력을 제고하기 위해서 필요에 따라 기업에서 채용하는 프리랜서 제도를 도입하여야 할 것이다.

④ 여기서는 제도의 필요성, 현행 건설업법 규정 및 현황, 프리랜서 기술자 제도 도입 방안, 도입 시 기대효과, 프리랜서 관리 방안, 추진 과제 및 대응 방안에 대하여 기술한다.

2 제도 도입 필요성

① 현행 제도하에서는 경기 호황 시 기술자가 부족

② 스카우트 경쟁과 인건비 상승 야기

③ 기술인력의 상시고용으로 비용 증대

④ 기술용역 PQ 시 기술사 보유업체로 입찰참가 제한

⑤ 자격증을 소지한 특급기술자 보유 수에 따른 점수 부여로 보유업체의 인건비 상승

③ 프리랜서 기술자 제도 도입 방안

① 기술자 보유 관련 법령의 개정
　　㉠ 상시기술인력 보유조건의 완화
　　㉡ 일반건설업의 경우 : 토목 1인, 건축 1인, 토건(2인)
　　㉢ 전문건설업의 경우 : 각 전문 분야별 1인

② 「엔지니어링기술 진흥법」상 엔지니어링 활동주체 및 「건설기술 진흥법」상 건설기술자의 범위에 프리랜서를 포함시킴
③ 프리랜서의 책임과 권한을 규정
④ 「엔지니어링기술 진흥법」 개정
⑤ 「건설기술 진흥법」 개정

④ 프리랜서 제도 도입 시 기대 효과

① 기술자의 효율적 배치
② 기술자 간 경쟁 제고
③ 상시기술자 보유업체의 비용 절감
④ 스카우스 경쟁에 따른 인건비 상승 방지 등

⑤ 프리랜서 관리 방안

① 프리랜서 기술자 등록 및 관리기관 지정

② 프리랜서 등록 및 관리기관에서 기준 마련
　　㉠ 등록분야 및 자격기준
　　㉡ 대가기준
　　㉢ 프리랜서 투입 및 해지표준절차서
　　㉣ 프리랜서 표준계약서

③ 전문기술보험 가입 유도
④ 프리랜서 등록 및 관리기관에서 관련 보험의 종류 소개 및 가입 유도

⑤ 난도가 비교적 높고 활용도가 넓은 부분에서 선별적으로 시작
　　㉠ 활용범위가 단계적으로 확대
　　㉡ 기술용역분야에서 먼저 시도

© 특급기술자부터 프리랜서 제도 활용
② 운영결과 검토 후 일반건설기술자로 점진적 활용범위 확대

6 프리랜서 제도 추진 과제 및 대응 방안

① 일시적인 기술자 대량 해고 가능성 → 단계적인 프리랜서 활용 방안 강구
② 프리랜서 경력관리기관 부재 → 한국건설기술인협회 등 관련 기관 지정
③ 프리랜서와의 계약체결 및 책임확보 방안 부재 → 도입 시 보증보험제도 등 관련 규정 정비

7 결론

① 건설경기 호황 시에는 기술자의 가수요(加需要)가 초래되고, 스카우트 경쟁으로 인건비 상승의 부작용이 발생되어 기업에 큰 부담이 되고 있다. 이에 대한 대안으로 이미 선진국에서 활용하고 있는 프리랜서 기술자 제도의 도입이 있는데, 이는 WTO 체제하에서 국가의 경쟁력을 향상시키고 기술자의 자기발전에 따른 기술력 향상을 도모할 수 있다.
② 따라서 필요시에 기술자를 확보할 수 있는 프리랜서 제도의 도입이 바람직하며, 프리랜서를 효율적으로 관리하는 제도적 뒷받침으로 부작용이 최소화되는 방안을 보완하여야 한다.

28 CM(Construction Management)

1 개요

① CM(Construction Management)이란 발주자를 대신하여 건설공사 프로젝트를 효율적이고 경제적으로 수행하기 위하여 지식과 능력을 갖춘 전문가집단이 Project Life Cycle(계획·설계·시공·유지관리) 동안 모든 단계의 업무영역을 대상으로 의사전달, 계획, 관리, 업무조정 등을 총괄자로서 수행하는 기술자의 역할 의미한다.
② CM은 전문적이고 종합적인 관리능력을 갖춘 전문가 또는 그 집단이 팀으로서 프로젝트의 계획단계부터 모든 과정에 참여하여 그 프로젝트가 발주자의 의도와 주변 환경에 적합하도록 성사시키는 역할을 한다.

2 CM 계약의 종류(방식)

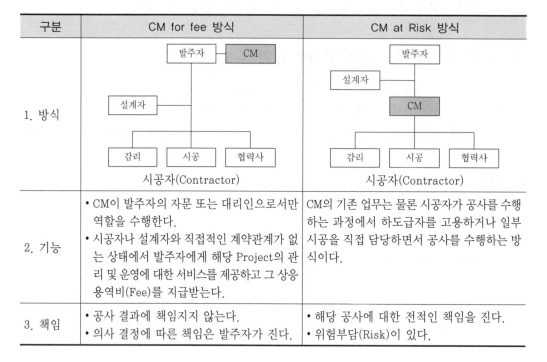

구분	CM for fee 방식	CM at Risk 방식
1. 방식	시공자(Contractor)	시공자(Contractor)
2. 기능	• CM이 발주자의 자문 또는 대리인으로서만 역할을 수행한다. • 시공자나 설계자와 직접적인 계약관계가 없는 상태에서 발주자에게 해당 Project의 관리 및 운영에 대한 서비스를 제공하고 그 상응 용역비(Fee)를 지급받는다.	CM의 기존 업무는 물론 시공자가 공사를 수행하는 과정에서 하도급자를 고용하거나 일부 시공을 직접 담당하면서 공사를 수행하는 방식이다.
3. 책임	• 공사 결과에 책임지지 않는다. • 의사 결정에 따른 책임은 발주자가 진다.	• 해당 공사에 대한 전적인 책임을 진다. • 위험부담(Risk)이 있다.

3 CM의 특징

1. 장점

① 프로젝트 관련 조직(발주자, 설계자, 시공자)들 간의 원활한 소통

② 프로젝트 기획 및 조정능력 향상
  ㉠ 공기단축
  ㉡ 품질향상
  ㉢ 원가절감

③ 설계단계에서 VE(Value Engineering) 적용이 용이
④ 설계단계에서 시공지식 반영 재설계의 감소
⑤ 최종도면 완료 전에 정확한 공사예정가 예측

2. 단점

① 자격미달의 CM 회사가 선택될 경우 프로젝트의 실패 가능성 증가

② CM Agency 계약 시 CM은 일반적으로 최종 공사비 및 품질을 보증하지 않으며, 법적 책임은 전적으로 발주자에게 귀속

③ CM at Risk나 계약 시 CM 업체의 사업적 위험부담 증대

4 CM의 업무내용

1. 주요 업무내용

① 설계부터 시공관리에 이르기까지의 조언, 감독, 일반적인 서비스
② 부동산 관리업무
③ 빌딩 및 계약 관련 업무
④ Cost 관리업무
⑤ General Contractor(종합건설업) 관리업무
⑥ 현장조직 관리업무
⑦ 공정관리
⑧ 자재구매업무
⑨ 승인신청업무
⑩ 시공자 감독 및 조정업무

2. 단계별 업무내용

① 기획단계
  ㉠ 입지조건 분석
  ㉡ 자재의 선정 및 기기에 대한 조언
  ㉢ 인력 동원계획
  ㉣ 타당성 조사(Feasibility Study)

② 설계단계
  ㉠ AE(Architect Engineer)와의 긴밀한 연락
  ㉡ 공법, 적산견적 및 대안제시
  ㉢ 공정표 작성

③ 입찰단계
  ㉠ 입찰자 선정
  ㉡ 현장설명 실시
  ㉢ 계약관계 업무

④ 시공관계
　　㉠ 현장시설물 확인 및 공사 참여자들의 조정
　　㉡ 시공계획서 검토 및 기술 지도
　　㉢ 공정표 검토
　　㉣ 품질 및 원가관리
　　㉤ 기성금액 지불 검토

⑤ 완공 후 단계

3. 사업의 시행 측면

① 준공금 지급
② 유지관리지침서 작성
③ 입주 및 가동 관련 조정업무
④ 시공자 하자보수 관리

5 CM의 국내 적용 시 문제점

① 발주자의 이해 없이는 달성 불가능
② 발주자 측에 충분한 지식과 능력이 있을 경우 굳이 CM 방식을 도입할 필요가 없음
③ CM 방식은 강력한 전문하청업체가 있어야 가능
④ 우수한 품질의 건축물을 완성시키기 위한 분위기 조성 미흡
⑤ CM 요원의 육성 미흡
⑥ CM에 대한 자료의 체계화 및 시스템 구축 미흡
⑦ 국내 건설업의 문제점
　　㉠ 한 건 주의와 부실시공의 만연화
　　㉡ 단순한 시공으로 인한 생산성 낙후와 기술 경쟁력의 저하
　　㉢ 원·하도급 간의 대립적 관계 심화
　　㉣ 배분 위주의 발주 관행으로 인한 산업구조의 고착화

6 CM의 정착화 방안 및 개선 방향

1. 관리방식으로서의 방안

① CM 전문인력의 육성 및 대학에서의 CM 교육 활성화
② CM 관련 연구개발의 활성화

③ CM 전문기관의 육성

④ PQ 및 적격심사 낙찰제의 주요 평가항목으로 CM 정착

2. 발주(계약)방식으로서의 방안

① 발주방식으로 CM 도입

② 민간공사에서의 CM 활성화 유도

③ 책임관리제도와 CM의 관계 정립

④ CM 표준절차의 개발 및 CM 표준계약서 제정

⑤ CM의 법적 책임문제 정립

⑥ CM 서비스의 전문성 확보

3. 개선 방향

① CM 전문인력의 육성 및 전문기관의 육성

② CM 관련 자료의 체계화 및 연구개발의 활성화

③ 책임관리제도와 CM의 관계 정립

④ 발주방식으로서의 CM 방식 도입

⑤ 건설기술자의 프로 근성 필요

7 결론

① CM 방식은 프로젝트 관련 조직들 간의 소통을 원활하게 하고 프로젝트 기획 및 조정능력의 향상을 통하여 품질향상, 공기단축, 원가절감을 실현할 수 있다.

② 최근 건설시장의 대외개방과 건축물의 고층화, 대형화에 부합하는 계약 및 관리방식으로 그 필요성은 더욱 확대될 것으로 전망된다.

29 사후평가제도

1 개요

① 공공건설사업 시 낭비성예산 등에 대하여 예산절감과 중복투자를 방지하고 설계와 시공 시에 부실설계와 부실시공을 예방하는 차원에서 실시하는 제도이다.

② 2000년 국토교통부에서도 건설공사 사후평가 제도 도입(「건설기술 진흥법 시행령」 개정)

2 도입 배경

① 공공건설사업 수행성과를 평가하고 차후 유사사업 추진 시 이를 활용하여 공공건설사업 효율화에 기여하기 위해 도입
② 사업 계획단계의 이용수요·사업비·기간 등에 관한 예측치를 준공 후 평가, 차후 유사사업의 추진·관리에 활용

③ 근거법령 : 「건설기술 진흥법」 제52조, 「동법 시행령」 제86조 및 「동법 시행규칙」 제46조
  • 「건설기술 진흥법」 제52조(건설공사의 사후평가)
  • 「건설기술 진흥법 시행령」 제86조(건설공사의 사후평가)
  • 「건설기술 진흥법 시행규칙」 제46조(사후평가 결과의 공개)
  • 건설공사 사후평가 시행지침(고시 제2015-441호)

④ 제도연혁(사후평가 제도 주요 개정 내용)
  • 건설공사 사후평가 제도 도입 : 2000.03.28.(건설기술 진흥법 시행령 개정)
  • 건설공사 사후평가 시행지침 제정 : 2001.05.10.
  • 건설공사 사후평가 시스템 개통 : 2008.01.01.
  • 건설공사 사후평가 법적 근거 마련 : 2012.01.17.(대통령령 → 법률로 변경)
  • 건설공사 사후평가 대상공사 조정 : 2004.05.23.(총공사비 500억 → 300억)
  • 건설공사 사후평가 용역대가 산정방법 등 기준 마련 : 2015.06.30.

3 평가내용

사업 전반의 사업성과, 효율성 및 파급효과에 대해 평가한다.

평가단계	평가사항	평가지표
단계별 사업추진 완료 후 (타당성조사, 설계, 시공)	사업성과	공사비·기간 증감률, 안전사고, 설계변경, 재시공 등
준공 후 3~5년 내 종합평가	사업효율	수요(예측, 실제), B/C(예측, 실제)
	파급효과	민원, 하자, 지역경제, 지역사회, 환경 등

[사후평가제도 해외 사례]

구분	한국	일본	미국
내용 및 목적	경제적 지표(B/C, 수요) 등의 검증에 중점	• 한국의 평가지표와 유사 • 유사 사업의 계획단계로의 피드백 정보에 중점	향후 설계·시공단계 효율화를 위한 평가에 중점
주관 및 검증	• 발주청 자체 평가(용역) • 발주청 자체 사후평가위원회 심의가 있으나 검증체계 미비	• 발주청 자체 평가 • 국토교통성의 '사후평가결과감시위원회'에서 검증	전문기관(CII)에서 평가(객관성·전문성 확보)
결과활용 및 관리	• 발주청별 별도 관리(홈페이지 또는 관보 게재) • 건설 CALS 시스템에 결과 DB 축적 및 공개	• 국토교통성 총괄관리 • 국토교통성 홈페이지에 게재 • 사후평가 결과 공개	• 평가결과 분석을 통해 기관별·공사별 피드백 • 평가결과 DB화, 관리 주체 일원화

④ 도입의 필요성

1. 당초 수요예측에 대한 평가 부제

① 당초 공공건설사업계획 시 부실한 타당성조사 예방 차원
② 전망한 수요예측기대효과 등 신뢰성 확보 차원
③ 사업완공 후 실제 측정한 수요 발생 사업효과 검토 미흡

2. 수요예측의 주관적·자의적 시행

① 수요예측 시 주관적·자의적 시행으로 사업시행 방침을 합리화
② 타당성조사에 참여한 연구기관, 관련 공무원 등이 책임지지 않는 풍조 만연
③ 관련 사례로 청주공항의 경우 과다한 수요예측으로 실제 이용자는 20% 이하 수준
   (계획 : 250만 명/년 → 실적 : 37만 명/년)

⑤ 평가 대상, 시기 및 주체

① **평가 대상** : 총공사비 300억 원 이상의 건설공사
② **평가 시기** : 공사 준공 이후 5년 이내
③ **평가 주체** : 사업을 발주한 발주청이 직접 수행(용역사 대행 가능)하고, 평가결과에 대해서는 사후평가위원회(건설기술심의위원회 등)의 자문을 받도록 함

6 평가 절차

1. 건설공사 시행단계별 자료 입력 후 사후평가 수행

① 단계별 용역 및 시공이 준공된 후 60일 이내에 건설 CALS 포털 시스템 내의 '건설공사 사후평가 시스템'에 관련 자료 등록

② 건설공사 준공 이후 60일 이내에 '사업수행평가'(사후평가) 실시
300~500억 미만 공사는 사업수행성과평가만 실시

③ 건설공사 준공 후 5년 이내에 '사업효율평가 및 파급효과평가'(사후평가) 실시

2. 사후평가 결과의 신뢰성 제고

① 검증체계 : 평가결과 확인 · 점검, 검증 체크리스트

② 자료보관 : 수요예측 등 자료보관을 위한 시스템 개선

③ 평가대상 : 300억 이상 간이평가를 통해 DB 확대

3. 사후평가 결과의 활용도 개선

① 활용 확대 : 신규사업 시 활용 의무화, 활용 가이드라인, 종합분석 보고서 작성

② 수요 예측 : 수요오차 자료 분석을 통해 제도 개선

③ 발주청 교육 : 발주청을 대상으로 사후평가 교육

7 건설공사 사후평가위원회

① 발주청에서 관계공무원 또는 전문가를 참여시켜 평가를 실시하되, 직접 수행하기 곤란한 경우 외부 전문기관을 통해 수행

② 사후평가 결과의 정리 · 분석 · 활용 등을 위해 국가 및 지방자치단체의 출연연구기관 또는 연구원을 전담기관으로 지정 · 운영 가능

8 평가방법

① 목적 : 사후평가서의 적절성 등에 대한 발주청의 자문에 응하게 하기 위해 개별 발주청 내에 설치 · 운영

② 임무 : 사후평가 수행 및 결과의 적절성 심의
• 사후평가 수행방법, 절차, 평가내용 등에 대한 적절성 심의
• 사후평가 수행결과의 적절성 심의

③ **구성** : 발주청의 사후평가위원회 활동경험이 있는 전문가와 중앙기술심의위원 · 지방기술자문위원 · 특별위 위원 및 시민단체가 추천하는 사람 등
  • 사후평가위원회 위원 자격(「건설기술 진흥법 시행령」 제86조 제3항)

④ **전문가 풀 구성 · 운영** : 발주청의 사후평가 수행지원 목적
  타 부처, 지방자치단체 등에서는 대형공사 수행경험이 적어 사후평가위원회 구성에 어려움이 있는 바, 발주청이 사후평가 시 전문가를 확보 · 배치할 수 있도록 건설공사 사후평가 전문가 풀 구성 · 운영

9 사후평가 결과 공개 및 활용

① **평가결과 공개**
  발주청은 건설공사 사후평가 결과를 '건설공사 사후평가시스템'에 입력하고 발주청 홈페이지 등을 통해 공개

② **평가결과 활용**
  • 발주청은 건설공사를 시행하고자 하는 경우 '건설공사 사후평가시스템'에 접속하여 유사한 공사가 있는지 확인
  • 유사한 공사가 있는 경우 사후평가결과보고서의 관련 내용을 참고하여 시행하고자 하는 기본구상 등에 활용
  • 건설공사 입찰방법 심의 시 발주청에서 제출한 일괄 및 대안입찰 집행 추진 성과표와 사후평가위원회 심의결과를 심의위원에게 사전에 배포하여 검토 자료로 활용

02

도로의 기하구조

1 도로의 구조·시설기준에 관한 규칙

1 설계기준 자동차(제5조)

① 설계기준 자동차란 도로를 설계할 때 기준이 되는 자동차를 말한다. 설계기준 자동차의 종류에는 승용자동차, 소형자동차, 대형자동차, 세미트레일러가 있다.

도로의 기능별 구분	설계기준 자동차
주간선도로	세미트레일러
보조간선도로 및 집산도로	세미트레일러 또는 대형자동차
국지도로	대형자동차 또는 승용자동차

② 제1항에 따른 설계기준 자동차의 종류별 제원은 다음 표와 같다.

제원(미터) 자동차 종류	폭	높이	길이	축간거리	앞내민 길이	뒷내민 길이	최소 회전 반지름
승용자동차	1.7	2.0	4.7	2.7	0.8	1.2	6.0
소형자동차	2.0	2.8	6.0	3.7	1.0	1.3	7.0
대형자동차	2.5	4.0	13.0	6.5	2.5	4.0	12.0
세미트레일러	2.5	4.0	16.7	• 앞축간거리 4.2 • 뒤축간거리 9.0	1.3	2.2	12.0

㉠ 축간거리 : 앞바퀴 차축의 중심으로부터 뒷바퀴 차축의 중심까지의 길이를 말한다.

㉡ 앞내민길이 : 자동차의 앞면으로부터 앞바퀴 차축의 중심까지의 길이를 말한다.

㉢ 뒷내민길이 : 뒷바퀴 차축의 중심으로부터 자동차의 뒷면까지의 길이를 말한다.

③ 설계기준 자동차 치수

㉠ 자동차관리법 시행규칙의 자동차 제원

(단위 : m)

구분	길이	너비	높이	비고
승용자동차	4.7	1.7	2.0	소형
승합자동차	4.7	1.7	2.0	소형
화물자동차	3.6	1.6	2.0	경형(배기량 1,000cc 미만)
특수자동차	3.6	1.6	2.0	경형(배기량 1,000cc 미만)

ⓛ 자동차 및 자동차부품의 성능과 기준에 관한 규칙

(단위 : m)

구분	길이	너비	높이	최소회전반지름	비고
일반기준	13.0 (16.7)	2.5	4.0	12.0	• ( ) : 연결자동차 • 제4조, 제9조
특례기준	19.0	2.75	없음	15.5	제114조 제1항

연결차의 길이는 세미트레일러에서 16.7m, 풀트레일러에서 19m의 규제치가 있으나, 길이 19m 특례를 인정하는 트레일러는 분리 운송이 불가능한 건설 중장비 등 운송용 저상트레일러로 제한하고 있으며, 일반적으로 회전 시에는 세미트레일러가 큰 점유폭을 필요로 하므로 풀트레일러는 고려할 필요가 없다.

세미트레일러의 길이는 12m 형상의 컨테이너로 운송하기 위한 연결차의 길이로서, 필요한 길이는 16.7m를 사용하고 있다.

② 지방지역 도로의 기능별 특성

구분	주간선도로	보조간선도로	집산도로	국지도로
도로의 종류	일반국도	일반국도 일부와 지방도 대부분	지방도 일부	시·군도 대부분과 농어촌 도로
평균 통행거리(km)	5 이상	5 미만	3 미만	1 미만
유·출입 지점 간 평균 간격(m)	700	500	300	100
동일 기능 도로 간 평균 간격(m)	3,000	1,500	500	200
설계속도(km/h)	80~60	70~50	60~40	50~40
계획교통량(대/일)	10,000 이상	2,000~10,000	500~2,000	500 미만

③ 도로의 구분(제3조)

① 도로는 기능에 따라 주간선도로, 보조간선도로, 집산도로, 국지도로로 구분한다.

② 도로는 지역 상황에 따라 지방지역 도로와 도시지역 도로로 구분한다.

③ 도로의 기능별 구분에 상응하는 「도로법」 제10조에 따른 도로의 종류는 다음 표와 같다. 다만, 계획교통량, 지역 상황 등에 따라 필요하다고 인정되는 경우에는 그러하지 아니하다(고속국도는 제외한다). 〈개정 2020.〉

기능별 구분	도로의 종류
주간선도로	고속국도, 일반국도, 특별시도 · 광역시도
보조간선도로	일반국도, 특별시도 · 광역시도, 지방도, 시도
집산도로	지방도, 시도, 군도, 구도
국지도로	군도, 구도

④ 도시 · 군계획도로 기준에 의한 분류 : 도로의 기능별 구분과 규모의 관계

구분	도시 · 군계획도로 분류기준
주간선도로	광로, 대로
보조간선도로	대로, 중로
집산도로	중로
국지도로	소로

① 광로	• 1류 : 폭 70m 이상인 도로 • 2류 : 폭 50m 이상, 70m 미만의 도로 • 3류 : 폭 40m 이상, 50m 미만의 도로	③ 중로	• 1류 : 폭 20m 이상, 25m 미만의 도로 • 2류 : 폭 15m 이상, 20m 미만의 도로 • 3류 : 폭 12m 이상, 15m 미만의 도로
② 대로	• 1류 : 폭 35m 이상, 40m 미만의 도로 • 2류 : 폭 30m 이상, 35m 미만의 도로 • 3류 : 폭 25m 이상, 30m 미만의 도로	④ 소로	• 1류 : 폭 10m 이상, 12m 미만의 도로 • 2류 : 폭 8m 이상, 10m 미만의 도로 • 3류 : 폭 8m 미만의 도로

⑤ 도시지역 도로의 기능별 구분

도시지역 도로들의 기능별 특성, 도로의 기하구조 특성, 교통류의 특성, 교통량 규모, 주차
설계 특성 등에 대한 개략적 특성을 요약하면 표와 같다.

[도시지역 도로의 개략적 특성]

구분＼분류	도시고속국도	주간선도로	보조간선도로	집산도로	국지도로
주기능	우리나라 간선도로망 연결	해당 도시의 간선도로망 구축	주간선도로를 보완	해당 도시 안 생활권 주요 도로망 구축	시점과 종점
도로 전체 길이에 대한 백분율(%)	5～10		10～15	5～10	60～80
도시 전체 교통량에 대한 백분율(%)	0～40	40～60		5～10	10～30
배치 간격(km)	3.00～6.00	1.50～3.00	0.75～1.50	0.75 이하	－

분류 구분	도시고속국도	주간선도로	보조간선도로	집산도로	국지도로
교차로 최소 간격(km)	1.00	0.50~1.00	0.25~0.50	0.10~0.25	0.03~0.10
설계속도(km/h)	100	80	60	50	40
노상주차 여부	불허	원칙적 불허	제한적 허용	허용	허용
접근관리 수준	출입제한	강함	보통	약함	적용 안 함
도로 최소 폭(m)	–	35	25	15	8
중앙 분리 유형	분리	분리	분리 또는 비분리	비분리	비분리
보도 설치 여부	설치 안 함	설치 또는 비설치	설치	설치	설치
최소 차로폭(m)	3.50	3.50~3.25	3.25~3.00	3.00	3.00

4 도로기능 구분의 개념

1. 도로기능 구분방법에 대한 주요 개념

도로는 통행의 시점과 종점을 연결해 주는 통행로이므로 통행에서 발생하는 특성과 기능을 도로의 구분에 반영하여야 한다. 비록 단계마다 통행시간 길이 차이는 있겠지만, 대체로 한 개 통행은 그림과 같이 6개 단계를 갖고 있다.

① 이동 단계   ② 변환 단계
③ 분산 단계   ④ 집합 단계
⑤ 접근 단계   ⑥ 시점 또는 종점 단계

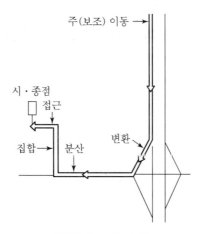

[통행의 구성 단계]

2. 도로기능에 따른 도로 구분

도로의 기능은 이동성 기능과 접근성 기능 두 가지 기능을 통하여 구분하며, 이동성이 높은 도로가 도로기능이 높은 도로가 된다.

그림은 이러한 도로가 제공하는 2가지 기능의 배분과 도로기능에 따라 도로를 구분한 결과 이다. 이 그림을 보면, 주간선도로와 보조간선도로는 이동성이 가장 높은 구역에 위치하고, 반대로 국지도로는 이동성이 가장 낮은 구역에 위치한다. 또한 집산도로는 그 중간에 위치 한다.

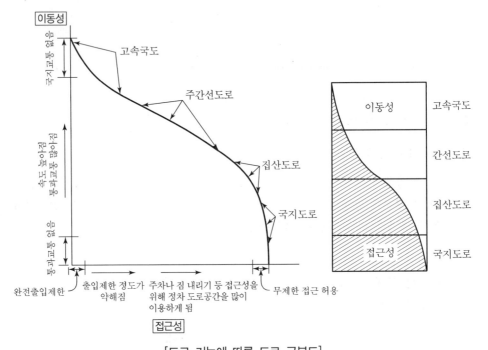

[도로 기능에 따른 도로 구분도]

다음 항목들은 접근성과 이동성에 따라 도로를 구분할 때 감안해야 할 사항들이다.

① 평균통행거리
② 평균주행속도
③ 출입제한의 정도
④ 동일한 기능을 갖는 도로와의 간격
⑤ 다른 기능을 갖는 도로와의 연결성
⑥ 교통량
⑦ 교통제어 형태

5 도로의 계획목표년도(제6조)

1. 기본 개념

목표연도는 공용개시 계획연도를 기준으로 20년을 넘지 않는 범위 내에서 교통량 예측의
신뢰성, 도로의 기능, 자본 투자의 효율성 및 주변 여건을 감안하되 주변 지역의 사회·경제계
획 및 도시기본계획 등의 목표연도를 고려하여 가급적 사회·경제 5개년 계획의 5년 단위
목표연도와 일치하도록 한다.

2. 도로의 기능별 구분에 따른 목표연도

도로의 기능별 구분		목표연도	
		도시지역	지방지역
간선도로	고속국도	15~20년	20년
	그 밖의 도로	10~20년	15~20년
집산도로		10~15년	10~15년
국지도로		5~10년	10~15년

주) • 터널, 교량 등으로 확장이 어려운 노선은 큰 값, 토공 등으로 확장이 용이한 노선은 작은 값을 적용
　• 토지이용 변화가 심한 곳은 작은 값을 적용
　• 광역계획에 포함된 노선일 경우는 광역계획상의 목표연도 적용
　• 도시기본계획 등의 제약을 받을 경우 도시기본계획상의 목표연도 적용, 필요시 도시기본계획 변경
　• 단계건설일 경우 경제성 분석 후 결정
　• 도로의 부분개량일 경우 작은 값 적용

6 도로의 설계서비스 수준(제7조)

도로를 계획하거나 설계할 때 도로의 설계서비스 수준은 국토교통부장관이 정하는 기준에 적합하
도록 하여야 한다.

[도로별 설계서비스 수준]

도로 구분　　　　지역 구분	지방지역	도시지역
고속국도	C	D
고속국도를 제외한 그 밖의 도로	D	D

7 설계속도(제8조)

① 설계속도는 도로의 기능별·지역별 구분에 따라 다음 표의 속도 이상으로 한다. 다만, 지형
상황 및 경제성 등을 고려하여 필요한 경우에는 다음 표의 속도에서 20km/hr 범위 안의
속도를 낮추어 설계속도로 할 수 있다.

[도로의 구조, 시설 기준 요약]

설계속도(km/hr)		120	100	80	70	60	50	40	30
최소 평면곡선 반지름(m)	6%	710	460	280	200	140	90	60	30
	7%	670	440	265	190	135	85	55	30
	8%	630	420	250	180	130	80	50	30
최소 평면곡선 길이(m)	교각이 5° 미만	700θ	550θ	450θ	400θ	350θ	300θ	250θ	200θ
	교각이 5° 이상	140	110	90	80	70	60	50	40
최대편경사 접속설치율		1/200	1/175	1/150	1/135	1/125	1/115	1/105	1/95
최소 완화곡선과 완화구간길이(m)	60km/h 이상	70	60	50	40	35	–	–	–
	60km/h 이하	–	–	–	–	–	30	25	20
시거(m)	정지시거	215	155	110	95	75	55	40	30
	앞지르기	–	–	540	480	400	350	280	200
종단경사 (%)	고속국도 평지	3	3	4	–	–	–	–	–
	고속국도 산지	4	5	6	–	–	–	–	–
	주간선도로 보조간선도로 평지	–	3	4	5	5	5	6	–
	주간선도로 보조간선도로 산지	–	6	7	7	8	8	9	–
	집산도로 평지	–	–	6	7	7	7	7	7
	집산도로 산지	–	–	9	10	10	10	11	12
	국지도로 평지	–	–	–	–	7	7	7	8
	국지도로 산지	–	–	–	–	13	14	15	16
최소 종단곡선 변화비율(m/%)	凸형	120	60	30	25	15	8	4	3
	凹형	55	35	25	20	15	10	6	4
최소 종단곡선길이(m)		100	85	70	60	50	40	35	25
완화곡선 생략 가능한 R		3,000	2,000	1,300	1,000	700	–	–	–
편경사 생략 가능한 R		6,900	4,800	3,100	2,300	1,700	1,200	800	400
최대 직선길이(V×20)		2,400	2,000	1,600	1,400	1,200	1,000	800	600
직선의 최소 길이(m)	반대방향(V×2)	240	200	160	140	120	100	80	60
	같은 방향(V×6)	720	600	480	420	360	300	240	180

도로의 기능별 구분		설계속도(km/hr)			
		지방지역			도시지역
		평지	구릉지	산지	
주간선 도로	고속국도	120	110	100	100
	그 밖의 도로	80	70	60	80
보조간선도로		70	60	50	60
집산도로		60	50	40	50
국지도로		50	40	40	40

② 제1항에도 불구하고 자동차전용도로의 설계속도는 80km/hr 이상으로 한다. 다만, 자동차전용도로가 도시지역에 위치하고 있거나 소형차도로일 경우에는 60km/hr 이상으로 할 수 있다.

8 설계구간(제9조)

① 도로의 설계구간은 동일한 설계기준이 적용되어야 하며, 주요 교차로(인터체인지를 포함한다)나 도로의 주요 시설물 사이의 구간으로 한다.
② 인접한 설계구간의 설계속도 차이는 20km/hr 이하가 되도록 하여야 한다.

[설계구간 길이의 개략 지침]

도로의 구분	바람직한 설계구간 길이	최소 설계구간 길이
지방지역 간선도로, 도시고속국도	30~20km	5km
지방지역 도로(집산도로, 국지도로)	15~10km	2km
도시지역 도로(도시고속국도 제외)	주요한 교차점의 간격	

9 횡단 구성요소와 표준 폭

1. 횡단면 구성요소

① 차도(차로 등으로 구성되는 도로의 부분)
② 중앙분리대
③ 길어깨
④ 정차대(차도의 일부)
⑤ 자전거 전용도로
⑥ 자전거 · 보행자 겸용도로
⑦ 보도
⑧ 녹지대
⑨ 측도
⑩ 전용차로

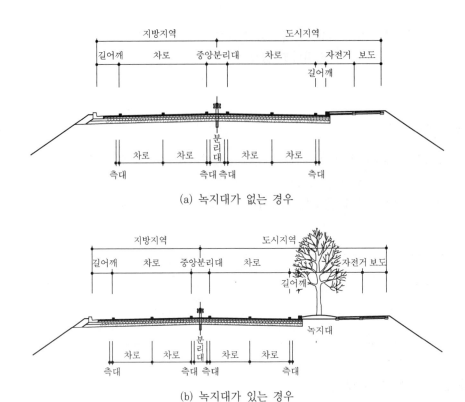

(a) 녹지대가 없는 경우

(b) 녹지대가 있는 경우

[횡단 구성요소와 그 조합]

자전거 전용도로, 자전거·보행자 겸용도로 및 보도는 각각의 통행량을 고려하여 설치하여야 한다. 부득이한 경우 최솟값 이상으로 하여야 하며, 차도부와는 별도로 설치하여야 한다. 도시지역의 경우 차로는 대중교통을 수용하기 위하여 전용차로로 운영할 수 있으며 운영 특성에 따라 분리대를 설치할 수 있다. 대중교통의 수용 기법으로는 다인승 자동차를 위한 전용차로, 버스의 통행을 위한 버스전용차로, BRT, 바이모달트램 시스템 등 신교통수단의 수용을 위한 전용로 등이 있다.

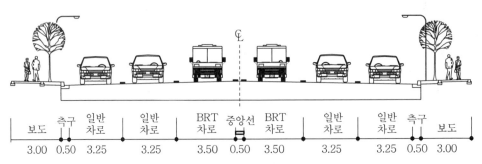

[BRT 전용차로를 수용한 횡단 구성]

2. 표준 폭의 적용

횡단면 구성요소의 적용은 일률적으로 정하거나 도로의 성격이나 지역의 상황에 따라 탄력적으로 정하는 등 다양한 적용방법이 있을 수 있다. 이 규칙에서는 기본이 되는 값을 최솟값으로 정하고 있으나 부득이한 경우에는 축소 규정을 적용할 수 있도록 하고 있다.

이와 같이 규정을 탄력적으로 운용할 때 유의할 사항은 다음과 같다.

① 지역 현황이나 교통 현황에 따라 부득이하다고 인정되는 경우 탄력적으로 적용하여야 하며, 단순히 사업집행을 쉽게 하는 것을 목적으로 해서는 안 된다.
② 안전성에 관련된 규정에 대해서는 쉽게 규격을 낮춰서는 안 된다.

[도로횡단 구성면의 표준]

도로 구분		해당 도로	설계속도 (km/h)	차로폭 (m)	중앙 분리대	길어깨(m) 우측	길어깨(m) 좌측	측대 (m)
지방지역	고속국도	고속국도	100~120	3.50~3.60	3.00	3.00	1.00	0.50
	주간선도로	일반국도	60~80	3.25~3.50	1.50~2.00	2.00	0.75	0.50
	보조간선도로	일반국도, 지방도	50~70	3.00~3.25		1.50	0.50	0.50
	집산도로	지방도, 군도	50~60	3.00		1.25	0.50	0.25
	국지도로	군도	40~50	3.00		1.00	0.50	0.25
도시지역	도시고속국도		80~100	3.50	2.00	2.00	1.00	0.50
	주간선도로		80	3.25~3.50	1.00~2.00	1.50	0.75	0.50
	보조간선도로		60	3.00~3.25		1.00	0.50	0.25
	집산도로		50	3.00		0.50	0.50	0.25
	국지도로		40	3.00~2.75		0.50	0.50	0.25

⑩ 차로(제10조)

1. 차로의 폭

① 도로의 차로수는 도로의 구분 및 기능, 지역 특성, 교통 특성, 설계시간교통량, 도로의 계획목표연도의 설계서비스 수준, 지형 상황, 나누어지거나 합하여지는 도로의 차로수 등을 고려하여 정하여야 한다.
② 도로의 차로 수는 교통류에 따라 시간별 교통량 방향별 분포, 그 밖의 교통 특성 및 지역 여건에 따라 홀수로 할 수 있다.
③ 차로의 폭은 차선의 중심선에서 인접한 차선의 중심선까지로 하며, 설계속도 및 지역에 따라 다음 표의 폭 이상으로 한다. 다만, 다음 각 호의 어느 하나에 해당하는 경우에는 각 호의 구분에 따른 차로폭 이상으로 하여야 한다.

1. 설계기준 자동차 및 경제성을 고려하여 필요한 경우 : 3m
2. 「접경지역 지원 특별법」에 따른 접경지역에서 전차, 장갑차 등 군용 차량의 통행에 따른 교통 사고의 위험성을 고려하여 필요한 경우 : 3.5m

설계속도	차로의 최소 폭(m)		
(km/hr)	지방지역	도시지역	소형차도로
100 이상	3.50	3.50	3.25
80 이상	3.50	3.25	3.25
70 이상	3.25	3.25	3.00
60 이상	3.25	3.00	3.00
60 미만	3.00	3.00	3.00

④ 제3항에도 불구하고 통행하는 자동차의 종류, 교통량, 그 밖의 교통 특성과 지역 여건 등에 따라 부득이하다고 인정되는 경우 회전차로의 폭과 설계속도가 40km/hr 이하인 도로는 최소 차로폭을 2.75m까지 적용 가능
⑤ 도로에는 「도로교통법」에 따라 자동차의 종류 등에 따른 전용차로를 설치할 수 있다. 다만, 정류장의 추월차로 등 부득이한 경우에는 3m 이상으로 할 수 있다.

2. 각국의 차로폭

① 차량의 통행기능상 설계속도가 높거나 대형차의 혼입률이 높을수록 차로폭도 크게 요구되고 있다.
② 차량의 통행기능상 설계속도가 높은 도로에서는 일반적으로 3.6m를 사용하여 왔으나 이것은 Feet 단위를 환산한 것이며, m 단위를 사용하는 일본, 독일 등의 나라에서는 3.5m를 사용하고 있다.
③ Feet 단위를 사용하고 있는 나라는 미국, 영국, 홍콩 등이며, m 단위로 사용하고 있는 대부분의 나라에서는 차로폭의 가감폭을 25cm 단위로 하여 2.75, 3.25, 3.75m로 하고 있다. 우리나라에서도 이를 원칙으로 사용해야 할 것이다.
④ 최근 미국은 1995년 AASHTO 도로설계기준을 개정하면서 Feet 단위를 m 단위로 개정하였으며 차로폭의 기준을 3.6m로 하였다.

차로폭	국가 및 설계속도(km/h)
3.5m	룩셈부르크(140), 프랑스(130), 일본(120), 노르웨이(120), 멕시코(110), 인도(100), 뉴질랜드(100)
12feet(3.6m)	영국(120), 미국(110), 홍콩(100), 한국(100~120)
3.75m	독일(140), 이탈리아(140), 덴마크(120), 스웨덴(110)

주) ( ) 안은 설계속도

3. 그 밖의 도로의 차로폭

도시지역에서는 상업지역, 공업지역, 공원지역, 녹지지역 등 지역 특성과 교통 운영 관점에 맞추어 차로폭을 결정하여야 한다. 특히 일반자동차 이외의 BRT, 바이모달트램 시스템과 같은 첨단 대중교통수단을 도입할 때 이를 수용하기 위한 공간을 마련해야 한다.

[여러 나라의 차로폭]

국가	도로의 구분		
	고속도로	주간선도로	국지도로
우리나라	3.50~3.60m	3.00~3.50m	3.00m
미국	3.60m	3.30~3.60m	2.70~3.60m
캐나다	–	3.00~3.70m	3.00~3.30m
독일	3.50~3.75m	3.25~3.50m	2.75~3.25m
프랑스	3.50m	3.50m	3.50m
덴마크	3.50m	3.00m	3.00~3.25m
헝가리	3.75m	3.50m	3.00~3.50m
체코	3.50~3.75m	3.00~3.50m	3.00m
네델란드	3.50m	3.10~3.25m	2.75~3.25m
스페인	3.50~3.75m	3.00~3.50m	3.00~3.25m
남아프리카	3.70m	3.10~3.70m	2.25~3.00m
일본	3.50~3.75m	3.25~3.50m	2.75~3.25m
중국	3.50~3.75m	3.75m	3.50m

이러한 첨단 대중교통수단을 수용하기 위한 차로의 폭은 일반 도로의 차로와 마찬가지로 해당 자동차의 폭에 좌우 안전 폭을 합한 값으로 결정하며, 대표적인 대중교통수단인 BRT차로의 폭은 다음 표와 같다.

[BRT 차로의 최소 폭]

구분			차로의 최소 폭	
			지방지역	도시지역
고속국도			3.60	3.60
고속국도를 제외한 그 밖의 도로	설계속도 (km/h)	80 이상	3.50	3.50
		80 미만	3.50	3.25

BRT 차로 중 가감속차로는 최소 3.25m까지 적용하며, 회전차로는 3.25m를 표준으로 한다. 다만 정류장의 앞지르기차로 등 용지의 제약이나 부득이한 경우에는 3.00m까지 줄일 수 있는 방안을 권장한다.

4. 차로폭의 축소

도시지역의 도로에서 대형자동차의 비율이 현저히 적고, 설계속도가 40km/h 이하이며, 일상생활공간과 연결되는 도로에서는 보행자나 자전거 등의 안전과 이용 활성화, 체류 공간의 형성 등이 가능하도록 차로폭을 2.75m까지 적용할 수 있다. 이것은 도시지역 도로와 같이 도로 용지의 추가 확보가 어려운 구간에 대하여 보도 등 보행환경의 확충을 위하여 일부 차로폭을 축소한 후 부족한 보도의 폭을 확보하거나 자전거 도로의 확충을 고려한 것으로서, 노선버스가 다니지 않거나 화물차 등 대형자동차의 통행이 현저히 적은 도로, 소형차가 주로 통행하는 도로, 교통정온화사업 적용 도로, 생활도로 등의 적용이 가능하다. 가속차로, 감속차로의 경우에는 본선과 차로폭을 같게 하거나 최소 3.00m까지 줄일 수 있다. 회전차로(좌회전차로, 우회전차로 U턴차로)의 경우에는 3.00m로 하여야 하며, 대형자동차의 이용이 현저히 적고 용지의 제약 등으로 부득이할 경우에는 도로관리청과의 협의를 통하여 2.75m까지 줄일 수 있다.

⑪ 중앙분리대 설치

1. 제11조(차로의 분리 등)

① 도로에는 차로를 통행 방향별로 분리하기 위하여 중앙선을 표시하거나 중앙분리대를 설치하여야 한다. 다만, 4차로 이상인 도로에는 도로기능과 교통상황에 따라 안전하고 원활한 교통 흐름을 확보하기 위하여 필요한 경우 중앙분리대를 설치하여야 한다.

② 중앙분리대의 분리대 내에는 노상시설을 설치할 수 있으며, 중앙분리대의 폭은 설계속도 및 지역에 따라 다음 표의 값 이상으로 한다. 다만, 자동차전용도로의 경우는 2m 이상으로 한다.

설계속도 (km/hr)	중앙분리대의 최소 폭(m)		
	지방지역	도시지역	소형차도로
100 이상	3.0	2.0	2.0
100 미만	1.5	1.0	1.0

③ 중앙분리대에는 측대를 설치하여야 한다. 이 경우 측대의 폭은 설계속도가 80km/hr 이상인 경우는 0.5m 이상으로 하고, 80km/hr 미만인 경우는 0.25m 이상으로 한다.

④ 중앙분리대의 분리대 부분에 노상시설을 설치하는 경우 제18조에 따른 시설한계를 확보하여야 한다.

⑤ 차로를 통행 방향별로 분리하기 위하여 중앙선을 두 줄로 표시하는 경우 각 중앙선의 중심 간격은 0.5m 이상으로 한다.

⑥ 차로수가 4차로 이상인 고속국도는 반드시 중앙분리대를 설치하며, 그 밖의 다른 도로는 차로수가 4차로 이상인 경우 필요에 따라 설치하는 것으로 한다.

⑫ 길어깨(제12조)

① 도로에는 차도와 접속하여 길어깨를 설치하여야 한다. 단, 보도 또는 주정차대가 설치되어 있는 경우에는 설치하지 아니할 수 있다.

② 차도의 오른쪽에 설치하는 길어깨의 폭은 도로의 구분과 설계속도 및 지역에 따라 다음 표의 폭 이상으로 하여야 한다. 다만, 오르막차로 또는 변속차로 등의 차로와 길어깨가 접속되는 구간에서 0.5m 이상으로 할 수 있다.

설계속도 (km/hr)	오른쪽 길어깨의 최소 폭(m)		
	지방지역	도시지역	소형차도로
100 이상	3.00	2.00	2.00
80 이상 100 미만	2.00	1.50	1.00
80 미만 60 이상	1.50	1.00	0.75
60 미만	1.00	0.75	0.75

③ 일방통행도로 등 분리도로의 차로 왼쪽에 설치하는 길어깨의 폭은 설계속도 및 지역에 따라 다음 표의 폭 이상으로 한다.

설계속도 (km/hr)	왼쪽 길어깨의 최소 폭(m)	
	지방지역 및 도시지역	소형차도로
100 이상	1.00	0.75
80 이상 100 미만	0.75	0.75
80 미만	0.50	0.50

④ 제2항 및 제3항에도 불구하고 터널, 교량, 고가도로 또는 지하차도에 설치하는 길어깨의 폭은 설계속도가 100km/hr 이상인 경우에는 1m 이상으로, 설계속도가 100km/hr 미만인 경우에는 0.5m 이상으로 할 수 있다. 다만, 길이 1,000m 이상의 터널 또는 지하차도에서 오른쪽 길어깨의 폭을 2m 미만으로 하는 경우에는 750m 이내의 간격으로 비상주차대를 설치하여야 한다.

⑤ 길어깨에는 측대를 설치하여야 한다. 이 경우 측대의 폭은 설계속도가 80km/hr 이상인 경우에는 0.5m 이상으로 하고, 80km/hr 미만이거나 터널인 경우에는 0.25m 이상으로 한다.

⑥ 차도에 접속하여 노상시설을 설치하는 경우 노상시설의 폭은 길어깨의 폭에 포함되지 아니하며, 길어깨에는 긴급구난자동차의 주행과 활동의 안전성 향상을 위한 시설을 설치할 수 있다.

⑬ 보도(제16조)

1. 보행자의 안전과 자동차 등의 원활한 통행을 위하여 필요하다고 인정되는 경우에는 도로에 보도를 설치하여야 한다. 이 경우 보도는 연석이나 방호울타리 등의 시설물을 이용하여 차도와 물리적으로 분리하여야 하고, 필요하다고 인정되는 지역에는 「교통약자의 이동편의 증진법」에 따른 이동편의시설을 설치하여야 한다.

2. 제1항에 따라 차도와 보도를 구분하는 경우에는 다음 각 호의 기준에 따른다.
   ① 차도에 접하여 연석을 설치하는 경우 그 높이는 25cm 이하로 할 것
   ② 횡단보도에 접한 구간으로서 필요하다고 인정되는 지역에는 「교통약자의 이동편의 증진법」에 따른 이동편의시설을 설치하여야 하며, 자전거 도로에 접한 구간은 자전거의 통행에 불편이 없도록 할 것
   ③ 보도의 유효폭은 보행자의 통행량과 주변 토지 이용 상황을 고려하여 결정하되, 최소 2m 이상으로 하여야 한다. 다만, 지방지역의 도로와 도시지역의 국지도로는 지형 조건상 불가능한 경우이거나 기존 도로를 확장 또는 개량하려고 할 때 불가피하다고 인정되는 경우에는 1.5m 이상으로 할 수 있다.
   ④ 보도는 보행자의 통행 경로가 연속성과 일관성이 유지되도록 설치하여야 하며, 보도에 가로수 등 노상시설을 설치하는 경우 노상시설 설치에 필요한 폭을 추가로 확보하여야 한다.

3. 보도의 폭과 구비요건
   ① 보행자가 안전하고 원활한 통행을 확보하기 위하여 적정한 폭을 가질 것
   ② 특히 도시지역의 도로에서는 도시시설이므로 필요한 폭, 즉 노상시설대의 폭, 도로의 미관, 도로 주변 환경과의 조화, 도로 주변 서비스 등을 도모하기 위하여 필요한 폭을 가질 것

③ 보행자가 일반적으로 여유를 가지고 엇갈려 지나갈 수 있는 2.0m를 최소 유효폭으로 할 것

④ 특히 교차로 간격이 조밀한 도시지역의 도로에서는 보행자의 통행이라고 하는 본래의 목적 외에 교차도로에서 시거를 증대시켜 교통의 안전성에 기여하게 하는 등 부수적인 효과가 있을 것

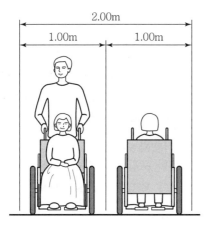 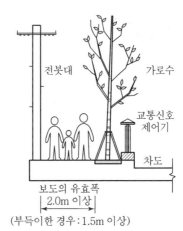

[보도의 유효폭]

⑤ 보도는 보행자의 안전하고 원활한 통행을 위하여 연속성, 평탄성 및 일직선 형태의 보행 경로를 유지하도록 한다. 보도의 폭은 보행자 교통량 및 목표 보행자 서비스 수준에 따라 결정하되, 될 수 있는 대로 여유 있는 폭이 확보될 수 있도록 한다.

⑥ 다만, 지방지역 도로와 도시지역의 국지도로에서 기존 도로를 확장 또는 개량하려고 할 때 또는 주변 지형 여건, 지장물 등으로 유효 보도폭 2.0m 이상을 확보할 수 없는 부득이한 경우에는 1.5m까지 축소할 수 있다.

14 횡단경사(제28조)

1. 차도의 횡단경사

① 차로의 횡단경사는 노면배수를 위하여 포장의 종류에 따라 다음 표의 비율로 하여야 한다. 다만, 편경사가 설치되는 구간은 제21조에 따른다.

노면의 종류	횡단경사(%)
아스팔트콘크리트포장 및 시멘트콘크리트포장	1.5 이상 2.0 이하
간이포장	2.0 이상 4.0 이하
비포장	3.0 이상 6.0 이하

② 보도 또는 자전거 도로의 횡단경사는 2% 이하로 한다. 다만, 지형 상황 및 주변 건축물 등으로 인하여 부득이하다고 인정되는 경우에는 4%까지 할 수 있다.

③ 길어깨 횡단경사와 차로의 횡단경사의 차이는 시공성, 경제성 및 교통안전을 고려하여 8퍼센트 이하로 하여야 한다. 다만, 측대를 제외한 길어깨 폭이 1.5m 이하인 도로, 교량 및 터널 등의 구조물 구간에서는 그 차이를 두지 아니할 수 있다.

2. 길어깨의 횡단경사

길어깨에는 노면배수를 위하여 적정한 횡단경사를 설치하여야 한다. 길어깨의 표준 횡단경사는 길어깨 노면의 종류에 따라 아래 표에 나타낸 횡단경사를 설치하도록 한다.

차로와 길어깨의 횡단경사 차이를 7%로 하며, 지방지역의 적설한랭 지역을 제외한 그 밖의 지역 및 연결로의 경우처럼 차로의 최대 횡단경사가 6%를 초과할 경우는 다음 그림과 같이 차로와 길어깨의 횡단경사 차이를 8% 이하로 적용한다.

또한, 교량, 터널 등과 같이 차로와 길어깨를 동등한 포장 구조로 하는 경우에는 시공성을 고려하여 길어깨의 횡단경사를 차로의 횡단경사와 동일한 경사로 한다.

[길어깨의 횡단경사]

노면의 종류	횡단경사
아스팔트콘크리트포장 길어깨, 시멘트콘크리트포장 길어깨 및 간이 포장 길어깨	4%

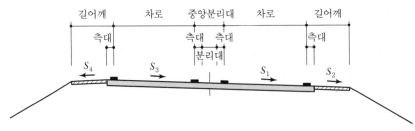

길어깨(S₄)	본선 차로(S₃)	본선 차로(S₁)	길어깨(S₂)
−4	−2	−2	−4
−4	+2	−2	−4
−4	+3	−3	−4
−3	+4	−4	−4
−2	+5	−5	−5
−1	+6	−6	−6

주) 본선 최대편경사가 6%인 경우에는 차로와 길어깨의 경사차를 7%로 한다.

[본선과 길어깨 편경사 조합(경사차 7%)]

평면선형이 곡선인 구간 중 교량이나 터널과 같은 구조물 사이에 100m 미만의 짧은 토공 구간이 위치하는 경우 또는 구조물과 토공이 연속하여 구조물 길이 비율이 500m 단위를 기준으로 대략 60% 이상인 경우(예를 들면, 교량 350m＋토공 150m)에는 길어깨의 횡단경사를 차로의 횡단경사와 동일한 경사로 적용할 수 있다.

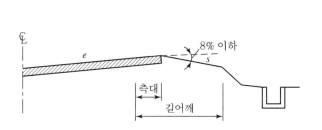

횡단경사(%)	
e	s
←8	0→
←7	1→
←6	2→
←5	3→
←4	4→
←3	4→
←2	4→
←1	4→
←0	4→

주) 최대편경사가 6%를 초과할 경우에는 차로와 길어깨의 경사차를 8%로 한다.

[차로와 길어깨의 경사차(경사차 8%)]

그리고 설계속도별 최소 평면곡선반지름을 적용한 구간에서도 길어깨의 역횡단경사로 인하여 자동차가 주행차로를 벗어나면 원활한 주행과 교통안전에 불리한 영향을 미칠 수 있으므로 주행속도를 고려하여 자동차의 운전 조작이 용이하도록 최소 평면곡선반지름과 바람직한 평면곡선 반지름값까지의 구간에서 길어깨의 횡단경사를 차로면과 동일하게 설치할 수 있다. 길어깨 횡단경사의 접속설치는 다음 그림에 나타낸 바와 같이 길어깨 측대의 바깥쪽 끝에서 한다.

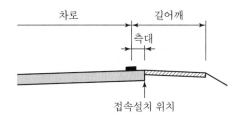

[길어깨의 접속설치 위치]

교량 구간의 경우 경제성 및 시공성을 고려하여 길어깨의 횡단경사를 차로면 경사와 동일하게 적용하므로 토공 구간과 교량 구간의 접속부에서 길어깨 횡단경사의 차이로 인한 단차가 발생하게 된다. 발생된 단차는 노면배수 불량과 긴급자동차가 주행할 때 충격 및 사고를 유발할 수 있으므로 접속부 전후 구간의 횡단경사를 감안하여 원활하게 접속설치를 하여야 한다. 접속설치 방법은 포장 설계와 관련이 있으나, 일반적으로 교량 구간과 토공 구간의 접속지점을 시점으로 하고 토공구간 내에 횡단경사 접속설치구간을 설정한다. 길어깨 횡단경사의 접속설치는 길어깨 폭을 접속설치하는 구간 전체에 걸쳐서 원활하게 접속시키며, 이때 길어깨의 접속설치율은 1/150 이하로 한다.

🔟 시설한계(제18조)

1. 개요

시설한계란 도로 위에서 자동차나 보행자 등의 교통안전을 확보하기 위하여 어느 일정한 폭과 일정한 높이 범위 내에서 장애가 될 만한 시설물을 설치하지 못하게 하는 공간 확보의 한계를 말한다.

따라서 자동차, 자전거, 보행자 등이 통행하는 도로의 시설한계 범위 내에서는 교각이나 교대는 물론 조명시설, 방호울타리, 신호기, 도로표지, 가로수, 전주 등의 모든 시설을 설치할 수 없다. 도로의 폭 구성을 결정할 경우에는 각종 시설의 설치계획에 대해서도 검토하여야 한다.

2. 차도의 시설한계

① 차도의 시설한계 높이는 4.5m 이상으로 한다. 다만, 다음의 경우에는 시설한계높이를 낮출 수 있다.
- 집산도로 또는 국지도로로서 지형 상황 등으로 인하여 부득이하다고 인정되는 경우 : 4.2m 이상
- 소형차도로인 경우 : 3m 이상
- 대형자동차의 교통량이 현저히 적고, 그 도로의 부근에 대형자동차가 우회할 수 있는 도로가 있는 경우 : 3m 이상

② 보도 및 자전거 도로의 시설한계 높이는 2.5m 이상으로 한다.

③ 차도의 시설한계 폭은 차도의 폭으로 한다.

④ 보도 및 자전거 도로의 시설한계 폭은 노상시설의 설치에 필요한 부분을 제외한 보도 또는 자전거 도로의 폭으로 한다.

3. 길어깨를 설치하는 도로

도로는 양측에 길어깨를 설치하여야 한다. 길어깨를 설치하는 도로는 길어깨까지 시설한계로 결정하며, 도로표지, 가드레일 등과 같은 노상시설은 길어깨의 시설한계 밖에 설치하여야 한다. 제18조 제1항에 따라 차도의 시설한계 높이는 4.5m를 기준으로 하며, 터널, 교량, 고가도로 또는 지하차도와 같은 구조물 구간의 길어깨는 경제성을 고려하여 시설한계의 높이를 그림 1과 같이 축소할 수 있도록 하였다.

4. 길어깨를 축소하거나 설치하지 않는 도로

정차대 또는 중앙분리대가 설치되는 경우 혹은 보도, 자전거 도로 또는 자전거 · 보행자 겸용도로가 설치된 경우는 길어깨폭을 축소하거나 혹은 설치하지 않을 수 있다.

길어깨를 축소할 때 그 폭은 제12조 제4항에 따르며, 길어깨를 축소하거나 생략하더라도 차로의 바깥쪽에는 제12조 제5항에 따라 측대를 설치하고, 더불어 노면배수시설을 설치할 수 있는 최소한의 폭원을 형성할 수 있도록 한다.

길어깨를 축소하거나 설치하지 않는 도로의 시설한계의 높이는 그림 2에 따른다.

5. 중앙분리대 또는 교통섬을 설치하는 도로

중앙분리대 또는 교통섬을 설치하는 부분의 시설한계는 그림 2에 따른다.

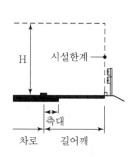
(a) 도로의 시설한계

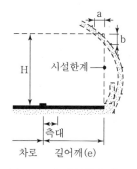
(b) 도로의 시설한계 축소
(터널 및 길이 100m 이상인
교량을 제외한 도로의 시설한계)

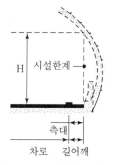
(c) 도로의 시설한계 축소
(터널 및 길이 100m 이상인
교량의 시설한계)

[그림 1. 차로에 접속하여 길어깨가 설치되어 있는 도로의 시설한계]

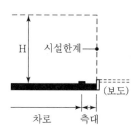
(a) 도로의 시설한계

(b) 도로의 시설한계 축소
(터널 및 길이 100m 이상인
교량을 제외한 도로의 시설한계)

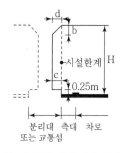
(c) 도로의 시설한계 축소
(차로 또는 중앙분리대 안에
분리대 또는 교통섬이 있는
도로의 시설한계)

[그림 2. 차로에 접속하여 길어깨가 설치되어 있지 않은 도로의 시설한계]

[그림 1, 2 범례]
- a 및 e : 차로에 접속하는 길어깨의 폭. 다만, a가 1미터를 초과하는 경우에는 1m로 한다.
- b : H(4m 미만인 경우에는 4m)에서 4m를 뺀 값. 다만, 소형차도로는 H(2.8m 미만인 경우에는 2.8m)에서 2.8m를 뺀 값
- c 및 d : 분리대와 관계가 있는 것이면 도로의 구분에 따라 각각 다음 표에서 정하는 값으로 하고, 교통섬과 관계가 있는 것이면 c는 0.25m, d는 0.5m로 한다.

(단위 : m)

구분	c	d
고속국도	0.25 이상 0.5 이하	0.75 이상 1.00 이하
도시고속국도	0.25	0.75
그 밖의 도로	0.25	0.5

- H : 시설한계 높이

6. 보도 및 자전거 도로의 시설한계

보도 및 자전거 도로의 시설한계 높이는 2.5m 이상으로 하며, 폭은 보도나 자전거 도로의 폭만큼 확보하도록 한다. 도로에 노상시설을 설치할 경우에는 노상시설 설치에 필요한 부분을 제외하고 보도 및 자전거 도로의 폭을 확보하도록 한다.

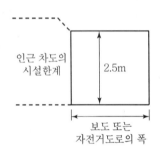

(a) 노상시설을 설치하지 않는 보도 및 자전거 도로

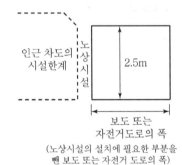

(b) 노상시설을 설치하는 보도 및 자전거 도로

[보도 및 자전거 도로의 시설한계]

7. 시설한계 설치방법

① 횡단경사 설치구간은 연직으로 설치한다.
② 편경사 설치구간은 노면에 직각으로 설치한다.

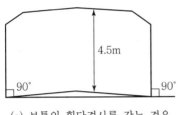 

(a) 보통의 횡단경사를 갖는 경우   (b) 편경사를 갖는 구간

[횡단경사구간의 시설한계]

8. 자동차의 높이 제한 표지판 설치

도로 이용자와 도로 구조물 또는 도로 시설물을 보호하기 위하여 통행 자동차 높이를 제한할
필요가 있는 장소나 지점 또는 시설물에는 자동차의 높이 제한표지를 설치하여야 한다.
「교통안전표지 설치·관리 매뉴얼(경찰청)」에서 규정하고 있는 자동차의 높이 제한표지의
설치 요령은 다음과 같다.

① 차도의 노면으로부터 상단 여유 폭이 4.7m 미만인 구조물에 설치하되, 해당 구조물
　높이에서 0.20m를 뺀 수치를 표시하여야 한다.
② 자동차 진행방향의 도로 우측 또는 해당 도로 구조물의 전면에 설치하여야 한다.
③ 우회로 전방에 자동차의 높이 제한을 위한 예고와 우회로를 함께 안내하여야 한다.

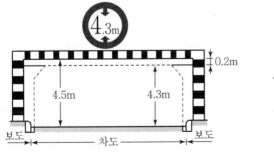 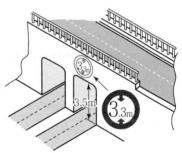

[자동차의 높이 제한 표지 설치(예시)]

9. 오목곡선 통과도로 상부의 교량 등 구조물 횡단구간에서 시설한계

2000년도 이후 건설되었거나 건설되고 있는 교량은 특수교량을 설치하고 있다. 특히 ILM 공법의 경우는 한 번에 수천 m를 일체의 구조물로 시공하는데 하부도로 통과높이가 낮아서 구조물에 손상이 생기는 경우가 있어 큰 문제가 되고 있다. 그래서 2000년도 이후 발주되고 있는 교량의 대부분은 시설한계를 5m 이상으로 많이 적용하고 있는 추세이다.

따라서, 하부도로의 종곡선반경이 작아서 상부 구조물에 영향을 미칠 우려가 되는 지역은 지역 시설한계 높이를 최소 4.75m 이상 설치해야 한다.

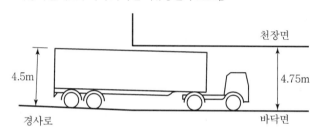

[노면 경사도의 변화가 차량의 통과높이에 미치는 영향]

16 평면선형

1. 횡방향 미끄럼 마찰계수(Side Friction Factor, f)

자동차는 평면곡선부를 주행할 때 편경사의 설치 여부와 관계없이 곡선 바깥쪽으로 원심력이 작용하고, 그 힘에 반하여 노면에 수직으로 작용하는 힘이 횡방향력으로 작용하게 되며, 타이어와 포장면 사이에 횡방향 마찰력이 발생하게 된다. 이때 포장면에 작용하게 되는 수직력이 횡방향 마찰력으로 변환되는 정도를 나타내는 것이 횡방향 미끄럼 마찰계수로서, 그 값은 자동차의 속도, 타이어와 포장면의 형태 및 조건에 따라 달라진다. 횡방향 미끄럼 마찰계수의 성질을 살펴보면 다음과 같다.

① 속도가 증가하면 횡방향 미끄럼 마찰계수값은 감소한다.
② 습윤, 빙설상태의 포장면에서 횡방향 미끄럼 마찰계수값은 감소한다.
③ 타이어의 마모 정도에 따라 횡방향 미끄럼 마찰계수값은 감소한다.

이러한 성질의 횡방향 미끄럼 마찰계수 적용값을 정하는 과정에서 고려하여야 할 것은 모든 조건을 고려할 때 노면과 타이어 간의 마찰저항을 어느 정도로 가정하는 것이 안전한가 이며, 그 값은 실측하여 구한 값에 사람이 자동차 주행 중에 느낄 수 있는 쾌적성을 고려하여 결정하게 된다.

조사 · 연구자료에 의하면 횡방향 미끄럼 마찰계수의 실측치는 노면의 재질 및 상태에 따라 다음과 같은 값을 나타내고 있다.

- 아스팔트콘크리트포장 : 0.4~0.8
- 시멘트콘크리트포장 : 0.4~0.6
- 노면이 결빙된 경우 : 0.2~0.3

횡방향 미끄럼 마찰계수는 설계속도별로 다음 표의 값을 적용하여야 한다.

[설계속도에 따른 횡방향 미끄럼 마찰계수]

설계속도(km/h)	120	110	100	90	80	70	60	50	40	30	20
횡방향 미끄럼 마찰계수	0.10	0.10	0.11	0.11	0.12	0.13	0.14	0.16	0.16	0.16	0.16

2. 평면곡선반지름(제19조)

자동차는 평면곡선부를 주행할 때 원심력에 의하여 곡선 바깥쪽으로 힘을 받게 되며, 이때 원심력은 자동차의 속도 및 중량, 평면곡선반지름, 타이어와 포장면의 횡방향마찰력 및 편경사와 관련하여 자동차에 작용하게 된다.

차도의 평면곡선반지름은 설계속도와 편경사에 따라 다음 표의 길이 이상으로 한다.

설계속도 (km/hr)	최소 평면곡선반지름(m)		
	적용 최대편경사		
	6%	7%	8%
120	710	670	630
110	600	560	530
100	460	440	420
90	380	360	340
80	280	265	250
70	200	190	180
60	140	135	130
50	90	85	80
40	60	55	50
30	30	30	30
20	15	15	15

17 평면곡선의 길이(제20조)

1. 일반사항

자동차가 평면곡선부를 주행할 때 평면곡선의 길이가 짧으면 운전자는 평면곡선 방향으로 핸들을 조작하였다가 직선부로 진입하기 위하여 즉시 핸들을 반대방향으로 조작하여야 한다. 이로 인하여 운전자는 횡방향의 힘을 받게 되어 불쾌감을 느낄 뿐만 아니라 고속으로 주행할 때 안전에 좋지 않은 영향을 주게 된다.

또한, 평면곡선의 길이가 짧으며, 도로 교각마저 작은 경우에 운전자에게는 평면곡선의 길이가 더욱더 짧아 보이거나, 심한 경우 도로가 꺾여 있는 것처럼 보이며, 평면곡선반지름이 실제의 크기보다 작게 느껴져 운전자는 속도를 줄이게 되고, 속도를 줄이지 않는 경우에는 곡선부를 크게 회전하려는 운전자의 경향으로 인하여 주행의 궤적이 다른 차로로 넘어갈 우려가 있어 사고의 위험이 있다.

그러므로 최소 평면곡선길이는 다음의 조건을 고려하여 결정하여야 한다.

① 운전자가 핸들 조작에 곤란을 느끼지 않을 것
② 도로 교각이 작은 경우에는 평면곡선반지름이 실제의 크기보다 작게 보이는 착각을 피할 수 있도록 할 것

2. 최소 평면곡선길이의 산정

① 운전자가 핸들 조작에 곤란을 느끼지 않을 길이로 평면곡선부를 주행하는 운전자가 핸들 조작에 곤란을 느끼지 않고 그 구간을 통과하기 위해서는 경험적으로 한 방향으로 핸들 조작을 할 때 2~3초가 필요한 것으로 알려져 있으나 평면곡선길이는 보다 안전하고 쾌적한 주행을 위하여 경험적인 값의 2배인 약 4~6초간 주행할 수 있는 길이 이상 확보하는 것이 좋은 것으로 알려져 있다. 이 규칙에서는 최소 평면곡선길이는 4초간 주행할 수 있는 길이 이상을 확보하도록 결정하였으며, 이 값은 최소 완화곡선길이의 2배의 값이다.

② 최소 평면곡선길이는 다음 식에 따라 산정하며, 설계속도별로 그 길이를 구하면 다음 표와 같다.

$$L = t \cdot v = \frac{t}{3.6} \cdot V \quad \text{··· 식 1}$$

여기서, L : 평면곡선길이
t : 주행시간(4초)
v, V : 자동차 속도(m/sec, km/h)

③ 평면곡선부의 차도 중심선의 길이(완화곡선이 있는 경우에는 그 길이를 포함한다)는 다음 표의 길이 이상으로 한다.

설계속도 (km/hr)	최소 평면곡선길이(m)	
	도로의 교각이 5도 미만인 경우	도로의 교각이 5도 이상인 경우
120	$700/\theta$	140
110	$650/\theta$	130
100	$550/\theta$	110
90	$500/\theta$	100
80	$450/\theta$	90
70	$400/\theta$	80
60	$350/\theta$	70
50	$300/\theta$	60
40	$250/\theta$	50
30	$200/\theta$	40
20	$150/\theta$	30

주) θ는 도로 교각(交角)의 값(도)이며, 2도 미만인 경우에는 2도로 한다.

3. 도로 교각이 5° 미만인 경우의 길이

도로 교각이 매우 작은 경우에는 평면곡선길이가 운전자에게 실제보다 짧게 보이므로 도로가 급하게 꺾여져 있는 것 같은 착각을 일으키며, 이 경향은 교각이 작을수록 현저히 높아진다. 따라서 교각이 작을수록 긴 평면곡선부를 삽입하여 도로의 평면곡선부가 완만히 진행되고 있는 것이 운전자에게 느껴지도록 하여야 한다.

도로 교각이 작은 구간에서 운전자가 평면곡선부를 주행하여야 한다는 것을 인식하기 위해서는 다음 그림에 나타낸 외선길이(N, Secant Length)가 어느 정도 이상이 되어야 한다.

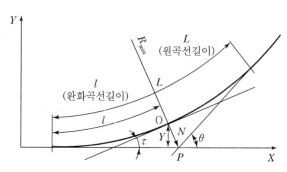

[도로 교각 5° 미만일 경우의 외선 길이]

설계속도(km/h)	최소 완화곡선길이(m)	외선길이(m)	최소 평면곡선길이(m)
120	70	1.02	700/θ
110	65	0.94	650/θ
100	55	0.80	550/θ
90	50	0.73	500/θ
80	45	0.65	450/θ
70	40	0.58	400/θ
60	35	0.51	350/θ
50	30	0.44	300/θ
40	25	0.36	250/θ
30	20	0.29	200/θ
20	15	0.22	150/θ

📖 평면곡선부의 편경사(제21조)

1. 최대편경사(%)

① 차도의 평면곡선부에는 도로가 위치하는 지역, 적설정도, 설계속도, 평면곡선반지름 및 지형 상황 등에 따라 다음 표의 비율 이하의 최대편경사를 두어야 한다.

구분		최대편경사(%)
지방지역	적설·한랭 지역	6
	그 밖의 지역	8
도시지역		6
연결로		8

② 제1항의 규정에 불구하고 다음에 해당하는 경우에는 편경사를 두지 아니할 수 있다.

③ 평면곡선반지름을 고려하여 편경사가 필요없는 경우

④ 설계속도가 60km/hr 이하인 도시지역의 도로에서 도로 주변과의 접근과 다른 도로와의 접속을 위하여 부득이하다고 인정되는 경우

⑤ 편경사의 회전축으로부터 편경사가 설치되는 차로수가 2개 이하인 경우의 편경사의 접속설치길이는 설계속도에 따라 다음 표의 편경사 최대 접속설치율에 의하여 산정된 길이 이상이 되어야 한다.

2. 편경사 최대 접속설치율

설계속도(km/hr)	편경사 최대 접속설치율
120	1/200
110	1/185
100	1/175
90	1/160
80	1/150
70	1/135
60	1/125
50	1/115
40	1/105
30	1/95
20	1/85

편경사의 회전축으로부터 편경사가 설치되는 차로수가 2개를 초과하는 경우의 편경사의 접속설치길이는 산정된 길이에 다음 표의 보정계수를 곱한 길이 이상이 되어야 하며, 노면의 배수가 고려되어야 한다.

3. 접속설치길이의 보정계수

편경사가 설치되는 차로수	접속설치길이의 보정계수
3	1.25
4	1.50
5	1.75
6	2.00

4. 도시지역 도로의 편경사와 평면곡선반지름의 관계

편경사 (%)	평면곡선반지름(m)				
	60km/h	50km/h	40km/h	30km/h	20km/h
6	140 이상 145 미만	90 이상 95 미만	60 이상 63 미만	30 이상 32 미만	15 이상 16 미만
5	145 이상 155 미만	95 이상 100 미만	63 이상 65 미만	32 이상 35 미만	16 이상 17 미만
4	155 이상 165 미만	100 이상 110 미만	65 이상 70 미만	35 이상 38 미만	17 이상 18 미만
3	165 이상 175 미만	110 이상 115 미만	70 이상 75 미만	38 이상 40 미만	18 이상 19 미만

편경사 (%)	평면곡선반지름(m)				
	60km/h	50km/h	40km/h	30km/h	20km/h
2	175 이상 240 미만	115 이상 155 미만	75 이상 90 미만	40 이상 55 미만	19 이상 25 미만
NC	240이상	155 이상	90 이상	55 이상	25 이상

5. 편경사 접속설치율의 비교

설계속도(km/h) 나라별	120	110	100	90	80	70	60	50
미국(AASHTO)	1/250	1/238	1/222	1/210	1/200	1/182	1/167	1/150
일본(도로구조령)	1/200	–	1/175	–	1/150	–	1/125	1/115
우리나라	1/200	1/185	1/175	1/160	1/150	1/135	1/125	1/115

19 평면곡선부의 확폭(제22조)

① 평면곡선부의 각 차로는 평면곡선반지름 및 설계기준 자동차에 따라 다음 표의 폭 이상을 확폭하여야 한다.

세미트레일러		대형자동차		소형자동차	
평면곡선반지름 (m)	최소 확폭량 (m)	평면곡선반지름 (m)	최소 확폭량 (m)	평면곡선반지름 (m)	최소 확폭량 (m)
150 이상~280 미만	0.25	110 이상~200 미만	0.25	45 이상~55 미만	0.25
90 이상~150 미만	0.50	65 이상~110 미만	0.50	25 이상~45 미만	0.50
65 이상~ 90 미만	0.75	45 이상~ 65 미만	0.75	15 이상~25 미만	0.75
50 이상~ 65 미만	1.00	35 이상~ 45 미만	1.00		
40 이상~ 50 미만	1.25	25 이상~ 35 미만	1.25		
35 이상~ 40 미만	1.50	20 이상~ 25 미만	1.50		
30 이상~ 35 미만	1.75	18 이상~ 20 미만	1.75		
20 이상~ 30 미만	2.00	15 이상~ 18 미만	2.00		

② 제1항의 규정에 불구하고 차도 평면곡선부의 각 차로가 다음에 해당하는 경우에는 확폭을 하지 아니할 수 있다.

③ 도시지역 도로(고속국도는 제외한다)에서 도시·군관리계획이나 주변 지장물 등으로 인하여 부득이하다고 인정되는 경우

④ 설계기준 자동차가 승용자동차인 경우

⑳ 완화곡선 및 완화구간(제23조)

① 설계속도 60km/h 이상인 도로의 평면곡선부에는 완화곡선을 설치하여야 한다.

② 완화곡선의 길이는 설계속도에 따라 다음 표의 값 이상으로 하여야 한다.

설계속도(km/hr)	최소 완화곡선길이(m)
120	70
110	65
100	60
90	55
80	50
70	40
60	35

③ 설계속도가 60km/hr 미만인 도로의 평면곡선부에서는 다음 표의 길이 이상의 완화구간을 두고 편경사를 설치하거나 확폭을 하여야 한다.

설계속도(km/hr)	최소 완화곡선길이(m)
50	30
40	25
30	20
20	15

㉑ 시거(제24조)

① 시거에는 운전자의 안전을 위하여 그 도로의 설계속도에 따라 필요한 길이를 전 구간에 걸쳐서 확보하여야 하는 정지시거와 양방향 2차로 도로에서 그 도로의 효율적인 운영을 위하여 설계속도에 따라 필요한 길이를 적정한 간격으로 확보하여야 하는 앞지르기 시거가 있다.

② 정지시거

설계속도(km/hr)	정지시거(m)
120	215
110	185
100	155
90	130
80	110
70	95
60	75
50	55
40	40
30	30
20	20

③ 2차로 도로에서 앞지르기 시거

설계속도(km/hr)	앞지르기 시거(m)
80	540
70	480
60	400
50	350
40	280
30	200
20	150

22 종단경사(제25조)

① 차도의 종단경사는 설계속도, 도로의 기능별 구분과 지형 상황에 따라 다음 표의 비율 이하로 하여야 한다. 다만, 지형 상황, 주변 지장물 및 경제성을 고려하여 필요하다고 인정되는 경우에는 다음 표의 비율에 1퍼센트를 더한 값 이하로 할 수 있다.

설계속도 (km/hr)	최대 종단경사(%)							
	주간선도로 및 보조간선도로				집산도로 및 연결로		국지도로	
	고속국도		그 밖의 도로					
	평지	산지 등	평지	산지 등	평지	산지 등	평지	산지 등
120	3	4						
110	3	5						
100	3	5	3	6				
90	4	6	4	6				
80	4	6	4	7	6	9		
70			5	7	7	10		
60			5	8	7	10	7	13
50			5	8	7	10	7	14
40			6	9	7	11	7	15
30					7	12	8	16
20							8	16

주) 산지 등이란 산지, 구릉지 및 평지(지하차도, 고가도로의 설치가 필요한 경우만 해당한다)를 말한다.

② 소형차도로의 종단경사는 도로의 기능별 구분, 지형 상황과 설계속도에 따라 다음 표의 비율 이하로 해야 한다. 다만, 지형 상황, 주변 지장물 및 경제성을 고려하여 필요하다고 인정되는 경우에는 다음 표의 비율에 1퍼센트를 더한 값 이하로 할 수 있다.

최대 종단경사(%)								
설계속도 (km/hr)	주간선도로 및 보조간선도로				집산도로 및 연결로		국지도로	
	고속국도		그 밖의 도로					
	평지	산지 등	평지	산지 등	평지	산지 등	평지	산지 등
120	4	5						
110	4	6						
100	4	6	4	7				
90	6	7	6	7				
80	6	7	6	8	8	10		
70			7	8	9	11		
60			7	9	9	11	9	14
50			7	9	9	11	9	15
40			8	10	9	12	9	16
30					9	13	10	17
20							10	17

🔢 종단곡선(제27조)

① 차도의 종단경사가 변경되는 부분에는 종단곡선을 설치하여야 한다. 이 경우 종단곡선의 길이는 제2항의 규정에 의한 종단곡선의 변화비율에 의하여 산정한 길이와 제3항의 규정에 의한 종단곡선의 길이 중 큰 값의 길이 이상이어야 한다.

② 종단곡선의 변화 비율은 설계속도 및 종단곡선의 형태에 따라 다음 표의 비율 이상으로 한다.

설계속도(km/hr)	종단곡선의 형태	종단곡선 최소 변화비율(m/%)
120	볼록곡선	120
	오목곡선	55
110	볼록곡선	90
	오목곡선	45
100	볼록곡선	60
	오목곡선	35
90	볼록곡선	45
	오목곡선	30
80	볼록곡선	30
	오목곡선	25

설계속도(km/hr)	종단곡선의 형태	종단곡선 최소 변화비율(m/%)
70	볼록곡선	25
	오목곡선	20
60	볼록곡선	15
	오목곡선	15
50	볼록곡선	8
	오목곡선	10
40	볼록곡선	4
	오목곡선	6
30	볼록곡선	3
	오목곡선	4
20	볼록곡선	1
	오목곡선	2

③ 종단곡선의 길이는 설계속도에 따라 다음 표의 길이 이상이어야 한다.

설계속도(km/hr)	최소 종단곡선의 길이(m)
120	100
110	90
100	85
90	75
80	70
70	60
60	50
50	40
40	35
30	25
20	20

24 평면교차로(제32조)

1. 제32조(평면교차와 그 접속기준)

① 교차하는 도로의 교차각은 직각에 가깝게 하여야 한다.

② 교차로의 종단경사는 3% 이하이어야 한다. 다만, 주변 지장물과 경제성을 고려하여 필요하다고 인정되는 경우에는 6% 이하로 할 수 있다.

2. 평면교차로 간의 최소 간격 검토

평면교차로 간의 최소 간격은 주로 차로 변경에 필요한 길이, 대기 자동차 및 회전차로의 길이, 다음 평면교차로에 대한 인지성 확보 등을 고려하여 결정한다. 특히 '차로 변경에 필요한 길이'를 집중적으로 검토하여야 한다.

① 차로 변경에 필요한 길이

평면교차로 간격이 매우 좁은 도로는 진입과 진출을 하려는 자동차로 인하여 위빙이 발생한다. 주 교통량과 위빙 교통량이 적은 경우에는 큰 문제가 되지 않지만, 위빙 교통의 한 방향이 주 교통류인 경우에는 안전성과 처리능력 측면에서 문제를 일으키게 되므로 이 점에 특히 유의하여 차로변경 금지 등의 조치를 하여야 한다. 일반적으로 위빙 교통량이 적은 경우 상세 설계 전 개략적인 값을 검토하기 위하여 사용되는 평면교차로 상호 간의 최소 간격은 다음의 값을 적용할 수 있다.

$$L = a \times V \times N$$

여기서, L : 최소 간격(m) (교차로 간 안쪽 길이), a : 상수(시가지부 1, 지방지역 2~3)
V : 설계속도(km/h), N : 설치 차로수(편도)

3. 신호교차로의 사전인지를 위한 최소시거(S)

설계속도 (km/hr)	최소시거(m)		비고 (정지시거)
	지방지역 (t=10sec, a=2.0m/sec²)	도시지역 (t=6sec, a=3.0m/sec²)	
20	65	45	20
30	100	65	30
40	145	90	40
50	190	120	55
60	240	150	75
70	290	180	95
80	350	220	110

4. 신호 없는 교차로의 최소시거

① 일시정지표지를 인지한 운전자가 브레이크를 밟기까지의 시간은 운전자에 따라 다르겠지만 AASHTO에서는 2초로 규정하고 있다.

② 여기서도 이를 받아들여 불쾌감을 주지 않을 정도의 감속도 a=2m/sec, 반응시간 t=2초를 적용하면 아래 표와 같다.

설계속도(km/hr)	20	30	40	50	60
최소시거(m)	20	35	55	80	105

③ 평면교차로의 안전한 통과를 위한 시거
- 운전자가 교차하는 도로에서 자동차가 접근하는 것을 처음 볼 수 있는 지점의 위치는 인지·반응시간(2초)과 속도를 조절하는 데 걸리는 시간(1초)을 합하여 총 3초 동안 이동한 거리로 가정하여 사용되고 있다.
- 평면교차로를 통행하는 운전자들은 평면교차로에서 벌어지는 상황을 파악하여 대처할 수 있도록 안전한 통과를 위한 시거가 확보되어야 하며, 이를 위하여 시거 삼각형 안에는 장애물이 없도록 하여야 한다.

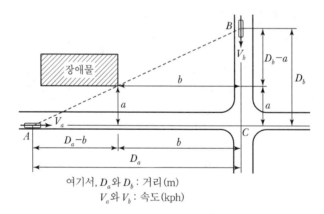

여기서, D_a와 D_b : 거리(m)
V_a와 V_b : 속도(kph)

[시거 삼각형]

[3초 동안 이동한 평균거리]

속도(km/h)	20	30	40	50	60	70	80
평균거리(m)	20	25	35	40	50	60	65

5. 좌회전차로

① 세부 설치기준

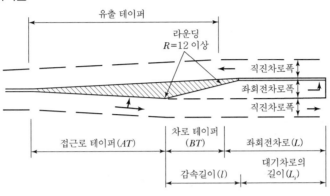

[좌회전차로의 구성]

② 접근로 테이퍼(Approach Taper)

좌회전차로를 설치하기 위한 접근로 테이퍼는 평면교차로로 접근하는 교통류를 자연스럽게 우측 방향으로 유도하여 직진 자동차들이 원만한 진행과 좌회전차로를 설치할 수 있는 공간을 확보하기 위한 것이다.

[접근로 테이퍼 최소 설치기준]

설계속도(km/hr)		80	70	60	50	40	30
테이퍼	기준값	1/55	1/50	1/40	1/35	1/30	1/20
	최솟값	1/25	1/20	1/20	1/15	1/10	1/8

③ 차로 테이퍼(Bay Taper)

• 차로 테이퍼는 좌회전 교통류를 직진 차로에서 좌회전차로로 유도하는 기능을 갖는다.

• 차로 테이퍼는 포장면에 차선 도색으로 표현되는 구간으로, 그 최소 비율은 설계속도 50km/h 이하에서는 1 : 8, 설계속도 60km/h 이상에서는 1 : 15로 한다. 다만, 시가지 등에서 용지 폭의 제약이 심한 경우 등에는 그 값을 1 : 4까지 축소할 수 있다.

④ 좌회전차로의 길이

• 좌회전차로의 길이 산정은 좌회전차로의 설치 요소 중 가장 중요한 사항으로 그 길이의 산정 기초는 감속을 하는 길이와 자동차의 대기공간이 확보되도록 하는 것이다.

$$L_d = l - BT$$

여기서, L_d : 좌회전차로의 감속을 위한 길이(m)

l : 감속길이(m), BT : 차로 테이퍼 길이(m)

- 이때, 감속길이(L)는 $L = \dfrac{1}{2a} \cdot \left(\dfrac{V}{3.6}\right)^2$ 식으로 계산된다. 여기서 V는 설계속도(km/h), a는 감속을 위한 가속도 값으로 $a = 2.0\text{m/sec}^2$ 정도를 기준으로 설계하는 것이 바람직하다. 그러나 시가지 지역 등에서는 운전자가 좌회전차로를 인지하기가 용이하며 용지 등의 제약이 있으므로 이 경우는 $a = 3.0\text{m/sec}^2$와 설계속도 15km/h 감속을 적용하는 것이 가능하다.

[감속길이]

설계속도(km/h)		80	70	60	50	40	30	비 고
감속길이 (m)	기준치	125	95	70	50	30	20	$a = 2.0\text{m/sec}^2$
	최소치	80	65	45	35	20	15	$a = 3.0\text{m/sec}^2$ $V - 15$(설계속도 15km/h 감속)

- 좌회전차로의 대기 자동차를 위한 길이는 비신호교차로의 경우 첨두시간 평균 1분간에 도착하는 좌회전차로의 대기 자동차를 기초로 하며, 그 값이 1대 미만의 경우에도 최소 2대의 자동차가 대기할 공간은 확보되어야 한다.

- 신호교차로의 경우에는 자동차 길이는 대부분 정확한 대형자동차 혼입률 산정이 곤란할 때 그 값을 7.0m(대형자동차 혼입률 15%로 가정)하여 계산하되, 화물차 진·출입이 많은 지역에서는 그 비율을 산정하여 승용차는 6.0m, 화물차는 12m로 하여 길이를 산정한다.

$$L_s = \alpha \times N \times S$$

여기서, L_s : 좌회전 대기차로의 길이
  α : 길이 계수(신호교차로 : 1.5, 비신호교차로 : 2.0)
  N : 좌회전 자동차의 수(신호교차로 1주기당, 비신호교차로 1분당)
  S : 대기하는 자동차의 길이

- 따라서, 좌회전차로의 최소 길이(L)는 대기를 위한 길이(L_s)와 감속을 위한 길이(L_d)의 합으로 구한다. 이와 같이 산출된 좌회전차로의 길이는 최소한 신호 1주기당 또는 비신호 1분간 도착하는 좌회전 자동차 수에 두 배를 한 값보다 길어야 하며 짧을 경우 후자의 값을 사용한다.

$$L = L_s + L_d = (1.5 \times N \times S) + (l - BT) \quad (단, \ L \geq 2.0 \times N \times S)$$

6. 도류화(Channelization)

도류화는 자동차와 보행자를 안전하고 질서 있게 이동시킬 목적으로 회전차로, 변속차로, 교통섬, 노면표시 등을 이용하여 상충하는 교통류를 분리시키거나 규제하여 명확한 통행경로를 지시해주는 것을 말한다.

① 우회전 도류로의 폭

도류로의 폭은 설계기준 자동차, 평면곡선반지름, 도류로의 회전각에 따라 결정한다.

[도류로의 폭]

(단위 : m)

곡선반지름 (m)	설계기준 자동차의 조합				
	S	T	P	T+P	P+P
8 이하			3.5		
9~	9.5	6.0	3.0	9.0	
14	9.5	6.0	3.0	9.0	
15	8.5	6.0	3.0	9.0	
16	8.0	5.5	3.0	8.5	
17	7.5	5.5	3.0	8.5	
18	7.0	5.0	3.0		8.0
19~	6.5	5.0	3.0		8.0
21	6.5	5.0	3.0		8.0
22	6.0	4.5	3.0		8.0
23	6.0	4.5	3.0		8.0
24~	5.5	4.5	3.0	7.5	6.0
30	5.5	4.5	3.0	7.5	6.0
31~	5.0	4.0	3.0	7.0	6.0
36	5.0	4.0	3.0	7.0	6.0
37~	4.5	4.0	3.0	7.0	6.0
50	4.5	4.0	3.0	7.0	6.0
51~	4.0	4.0	3.0	7.0	6.0
70	4.0	4.0	3.0	7.0	6.0
71~	4.0	3.5	3.0	6.5	6.0
100	4.0	3.5	3.0	6.5	6.0
101 이상	3.5	3.5	3.0	6.5	6.0

주) S=세미트레일러, T=대형자동차, P=소형자동차

② 도류로의 곡선반지름

좌회전차로는 자동차가 일시 정지하여 매우 낮은 속도로 회전을 하게 되며, 대향 차로를 일부 이용하게 되어 교차각, 차도의 폭 등에 따라 평면곡선반지름이 자연스럽게 결정된다. 일반적으로 교차각이 90도에 가까울 경우 도류로의 평면곡선반지름은 15~30m 정도로 설계하면 무리가 없다.

7. 변속차로

변속차로를 설치하는 경우 그 길이는 $L = \dfrac{1}{2a} \cdot \left(\dfrac{V}{3.6}\right)^2$ 으로 구하며 다음의 표와 같다.

이들 값들은 물리적인 속도 변화의 최솟값으로 산정된 수치로서, 교통량이나 설계속도의 변화에 따라 제시된 값들을 합리적으로 조정하여 사용할 수 있다.

[가감속차로의 길이]

설계속도(km/hr)		80km/hr	70km/hr	60km/hr	50km/hr	40km/hr	30km/hr	비고
가속 차로 길이 (m)	지방지역 ($a = 1.5\text{m/sec}^2$)	160	130	90	60	40	20	
	도시지역 ($a = 2.5\text{m/sec}^2$)	100	80	60	40	30	–	
감속 차로 길이 (m)	지방지역 ($a = 2.0\text{m/sec}^2$)	120	90	70	50	30	20	
	도시지역 ($a = 3.0\text{m/sec}^2$)	80	60	40	30	20	10	

8. 테이퍼

① 테이퍼(Taper)는 나란히 이웃하는 2개의 차로를 변이 구간에 걸쳐서 연결하여 접속하는 부분으로 변속차로 길이에 포함되지 않는다.
② 자동차 주행 여건으로 볼 때 회전차로 및 교차각을 규정하는 테이퍼율을 크게 하면 좋으나, 이 경우 과다한 용지가 소요되기 때문에 다소 무리가 있다고 판단된다.
③ 따라서, 설계속도 50km/h 이하는 그 비율을 1/8, 설계속도 60km/h 이상은 1/15의 접속비율로 산정한 값 이상으로 설치하도록 한다.
④ 다만, 도시지역 등에서 용지 제약, 지장물 편입 등이 심한 경우는 그 설치비율을 1/4까지 할 수 있다.

9. 도로 모퉁이 처리

다음 표의 값을 표준으로 사용하고 있다. 단, 도로 폭이 8m 미만의 경우, 10m 미만의 도로와 25m 이상의 도로가 교차되는 경우, 12m 미만의 도로와 35m 이상의 도로가 교차되는 경우는 설치하지 아니할 수 있다.

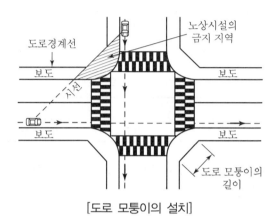

[도로 모퉁이의 설치]

[평면교차부 도로 모퉁이의 길이(m)]

폭원	40 이상	20 이상	15 이상	12 이상	8 이상
40 이상	12	10	8	6	5
20 이상	10	10	8	6	5
15 이상	8	8	8	6	5
12 이상	6	6	6	6	5
8 이상	5	5	5	5	5

위 표에 나타난 도로 모퉁이 길이 기준은 일반적인 경우이며, 특히 좌·우회전 교통량이 많은 경우, 설계기준 자동차를 변경하는 경우, 광폭의 보도 등이나 정차대를 가진 경우, 제설공간을 고려할 필요가 있는 경우, 도로의 교차각이 90°에서 상당히 다른 경우 등 주변 상황을 특별하게 고려하여야 할 경우는 전술한 일반적인 고찰방법(시거 삼각형)에 따라 각각 검토할 필요가 있다.

10. 교통섬 설치

교통섬은 운전자가 인지할 수 있는 크기로 설치하여야 한다. 지나치게 작은 교통섬과 분리대는 운전자에게 불필요한 존재로 인식될 수 있고 야간이나 기상조건이 나쁜 경우에는 이에 충돌할 수 있어 오히려 위험하다. 따라서, 교통섬이나 분리대가 필요하다고 판단되어도 폭 등의 최소 규정치를 만족하지 못할 경우에는 노면표시를 사용하는 것이 좋다. 일반적으로 교통섬의 최소 크기는 보행자의 대피장소로 필요하다고 인정되는 $9m^2$ 이상이 되어야 한다. 용지 폭 등의 제약으로 부득이한 경우에도 도시부는 $5m^2$ 이상, 지방부는 $7m^2$ 이상의 면적이 확보되어야 한다.

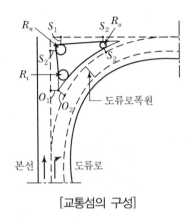

[교통섬의 구성]

[Nose Offset 및 Set Back의 최솟값(m)]

설계속도(km/h) 구분	80	60	50~40
S₁	2.00	1.50	1.00
S₂	1.00	0.75	0.50
O₁	1.50	1.00	0.50
O₂	1.00	0.75	0.50

[선단의 최소 곡선 변경(m)]

Ri	Ro	Rn
0.5~1.0	0.5	0.5~1.50

한편, 분리대와 같이 장방형의 긴 형태로 구성된 경우는 상기와 다소 다른 특성을 갖게 되며, 그 형태와 각 제원의 최솟값은 다음 그림 및 표와 같다.

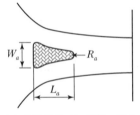

(a) 교통류를 분리하는 경우

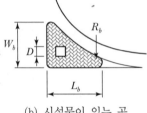

(b) 시설물이 있는 곳

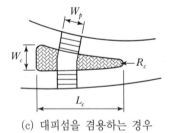

(c) 대피섬을 겸용하는 경우

(d) 테이퍼를 붙이지 않을 경우

[분리대의 형태]

[분리대 각 제원의 최솟값]

(단위 : m)

구분	기호	도시지역	지방지역
교통류를 분리	W_a	1.0	1.5
	L_a	3.0	5.0
	R_a	0.3	0.5
시설물 설치	W_b	1.5	2.0
	L_b	4.0	5.0
	R_b	0.5	0.5
	면적(m^2)	5.0	7.0
대피섬 겸용	W_c	1.0	1.5
	R_c	0.5	0.5
	L_c	5.0	5.0
테이퍼를 붙이지 않은 분리대폭	W_d	1.0	1.5

25 회전교차로

1. 회전교차로의 운영원리

회전교차로의 기본 운영원리는 양보이며, 평면교차로에 진입하는 자동차는 회전 중인 자동차에게 양보를 하여야 하므로 차로 내부에서 주행 중인 자동차를 방해하며 무리하게 진입하지 않고 회전차로 내에 여유 공간이 있을 때까지 양보선에서 대기하며 기다려야 한다. 결과적으로 접근 차로에서 정지 지체로 인한 대기 행렬은 생길 수 있으나, 교차로 내부에서 회전 정체는 발생하지 않는다.

일반적인 회전교차로의 운영원리는 다음과 같다.

① 모든 자동차는 중앙교통섬을 반시계 방향으로 회전하여 교차로를 통과한다.
② 모든 진입로에서 진입 자동차는 내부 회전 자동차에게 통행권을 양보한다. 즉, 진입 자동차에 대하여 회전 자동차가 통행우선권을 가진다.
③ 회전차로 내에서는 저속 운행하도록 회전차로의 반지름을 일정 규모 이하로 설계하며, 이를 위하여 진입부에서 감속을 유도한다.

이러한 원리에 따라 운영되므로 회전교차로는 다음과 같은 기하구조 특성을 갖게 된다.

① **교차로 크기의 제한**
회전교차로는 설계기준 자동차를 수용할 수 있는 규모이며, 설계기준 자동차가 안전하게 회전하여 통과할 수 있는 속도를 가지도록 회전반지름을 제한한다.

② 진입부에서 감속 유도

진입부에서 감속이 가능하도록 돌출된 분리교통섬을 설치하고, 교통섬의 연석을 곡선으로 설치하여 진입 각도가 접근 도로와 다르게 되어 자동차의 감속을 유도한다.

2. 회전교차로의 구성요소

회전교차로는 중앙교통섬, 회전차로, 진입·진출차로, 분리교통섬 등으로 구성된다. 내접원 지름은 중앙교통섬 지름과 회전차로 폭을 포함하며, 전형적인 회전교차로의 기하구조 구성은 다음 그림과 같다. 구성 요소에 대한 용어의 정의는 아래 내용을 참고한다.

① 중앙교통섬 지름(Central Island Diameter) : 회전교차로의 중앙에 설치된 원형 교통섬의 지름

② 내접원 지름(Inscribed Circle Diameter) : 회전교차로 내부에 접하도록 설계한 가장 큰 원의 지름으로 내접원의 대부분이 회전차로의 외곽선으로 이루어지므로 '회전차로 바깥지름'이라고도 함

③ 회전차로(Circulatory Roadway) : 회전교차로 내부 회전부의 차로

④ 회전차로 폭(Circulatory Roadway Width) : 회전차로의 폭으로 중앙 교통섬의 외곽에서 내접원 외곽(회전차로 바깥지름)까지의 너비

⑤ 화물차 턱(Truck Apron) : 중앙교통섬의 가장자리에 대형자동차 또는 세미트레일러가 밟고 지나갈 수 있도록 만든 부분. 설치 여부는 해당 교차로의 기능, 용지 여건, 대형자동차 혼입률에 따라 선택적으로 결정되며, 화물차 턱은 중앙교통섬의 일부임

⑥ 진입로(Approach) : 회전교차로로 접근하는 차로

⑦ 진출로(Departure) : 회전교차로로부터 빠져 나가는 차로

⑧ 분리교통섬(Splitter Island) : 자동차의 진·출입 방향을 유도하기 위하여 진입로와 진출로 사이에 만든 삼각형 모양의 교통섬이며 그 시작점을 시작 단부(Nose)라 함

⑨ 진입 또는 진출 회전반지름(Entry or Exit Radius) : 설계기준 자동차가 진입·진출로 곡선부를 통과할 때, 자동차의 앞바퀴가 지나가는 궤적 중 바깥쪽(큰 쪽) 곡선반지름

⑩ 양보선(Yield Line) : 진입로에서 교차로 내부의 회전차로로 진입하는 지점의 선을 말하며, 이 양보선에서 진입자동차는 회전차로를 주행하고 있는 자동차에게 양보해야 함

⑪ 우회전 전용차로(Right-Turn Slip Lane or Bypass Lane) : 회전교차로에서 우회전만을 위해 별도로 만든 부가차로

⑫ 회전반지름(Curvature Radius) : 회전 경로에서 형성되는 반지름

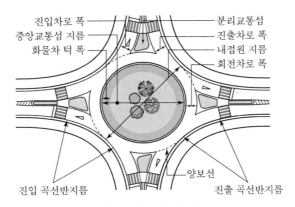

[회전교차로 설계요소]

3. 회전교차로의 특수 유형

회전교차로의 특수 유형에는 직결형과 쌍구형이 있다. 회전교차로 설계에 대한 상세한 내용은 「회전교차로 설계지침」(국토교통부)을 참조한다.

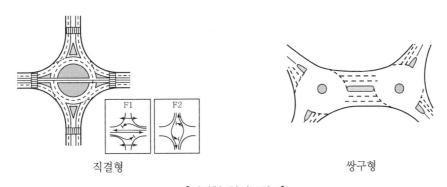

[평면형 회전교차로]

---

2 | 도로의 구분

1 개요

① 도로의 구분은 도로가 제공하는 또는 이용자가 기대하는 기능, 도로가 소재하는 지역 및 지형의 상황과 계획교통량에 따라 동일한 설계기준을 적용해야 하는 구간을 도로의 구조·시설기준이라는 관점에서 분류하여 체계 있게 구분한 것이다.

② 도로는 그 지역에 따라 도시지역과 지방지역으로 구분되며, 도시지역과 지방지역의 근본적 차이는 토지이용 형태, 도로망 구성, 평균통행거리, 평균주행속도 등이다.

③ 도시지역이라 함은 현재 시가지를 형성하고 있는 지역 또는 그 지역의 발전 추세로 보아 도로의 설계 목표연도인 20년 후에 시가지로 형성될 가능성이 있는 지역으로서 도시지역은 인구 5,000명 이상이 거주하는 지역을 대상으로 하며 그 경계선 밖의 지역은 지방지역이라 한다.

2 도로의 기능

1. 이동성(Mobility)

① 고속국도와 같이 장거리를 빠르게 이동하는 것이 목적이다.
② 주간선도로에 고속국도와 일반국도 일부가 포함된다.

2. 접근성(Accessibility)

① 집산도로와 국지도로가 포함된다.
② 마을과 소지역 단위로 이동하는 교통류로서 통행거리가 짧다.

3. 공간(Space) 기능

① 광장
② 교통섬
③ 보행공간
④ 녹지공간(식수대)

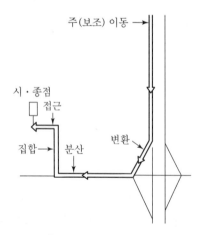

[이동의 단계와 위계]

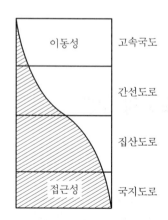

[도로의 기능과 이동성 및 접근성과의 관계]

4. 접근성과 이동성에 따라 도로를 구분할 때 고려사항

① 평균통행거리
② 평균주행속도
③ 출입제한의 정도
④ 동일한 기능을 갖는 도로와의 간격
⑤ 다른 기능을 갖는 도로와의 연결성
⑥ 교통량
⑦ 교통제어 형태

3 도로의 구분(도로의 구조 및 시설기준)

1. 도로의 구분

① 도로는 기능에 따라 주간선도로, 보조간선도로, 집산도로, 국지도로로 구분한다.
② 도로는 지역 상황에 따라 지방지역 도로와 도시지역 도로로 구분한다.
③ 도로의 기능별 구분「도로법」제10조에 따른 도로의 종류는 다음 표와 같다. 다만,
계획교통량, 지역 상황 등에 따라 필요하다고 인정되는 경우에는 그러하지 아니하다(고속
국도는 제외한다).

2. 지방지역과 도시지역에 소재하는 도로에 대한 기능별 구분 및 등급

기능별 구분	도로의 종류
주간선도로	고속국도, 일반국도, 특별시도·광역시도
보조간선도로	일반국도, 특별시도·광역시도, 지방도, 시도
집산도로	지방도, 시도, 군도, 구도
국지도로	시도, 군도, 농어촌 도로, 구도

3. 도시계획 시설기준에 의한 분류

구분	도시계획도로 분류기준
주간선도로	광로, 대로
보조간선도로	대로, 중로
집산도로	중로
국지도로	소로

① 광로	• 1류 : 폭 70m 이상인 도로 • 2류 : 폭 50m 이상, 70m 미만의 도로 • 3류 : 폭 40m 이상, 50m 미만의 도로	③ 중로	• 1류 : 폭 20m 이상, 25m 미만의 도로 • 2류 : 폭 15m 이상, 20m 미만의 도로 • 3류 : 폭 12m 이상, 15m 미만의 도로
② 대로	• 1류 : 폭 35m 이상, 40m 미만의 도로 • 2류 : 폭 30m 이상, 35m 미만의 도로 • 3류 : 폭 25m 이상, 30m 미만의 도로	④ 소로	• 1류 : 폭 10m 이상, 12m 미만의 도로 • 2류 : 폭 8m 이상, 10m 미만의 도로 • 3류 : 폭 8m 미만의 도로

4 지방지역 도로의 기능별 구분

지방지역 도로들의 기능별 특성, 관할권에 의한 분류, 도로의 기하구조 특성, 교통류의 특성, 교통량 규모 등에 대한 개략적 특성을 요약하면 아래 표와 같다.

[지방지역 도로의 개략적 특성]

구분	주간선도로	보조간선도로	집산도로	국지도로
도로의 종류	고속국도 일반국도	일반국도 일부와 지방도 대부분	지방도 일부	시·군도 대부분과 농어촌 도로
평균통행거리(km)	5 이상	5 미만	3 미만	1 미만
유·출입 지점 간 평균 간격(m)	700	500	300	100
동일 기능 도로 간 평균 간격(m)	3,000	1,500	500	200
설계속도(km/h)	80~60	70~50	60~40	50~40
계획교통량(대/일)	10,000 이상	2,000~10,000	500~2,000	500 미만

5 지방지역 도로의 배치 개념도

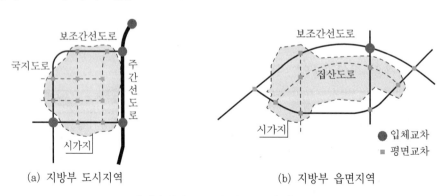

(a) 지방부 도시지역   (b) 지방부 읍면지역

[지방지역 도로의 배치 개념도]

6 지방지역 도로의 구분 및 기능별 특성

1. 자동차전용도로

도로의 기능은 고속국도와 유사하지만, 고속국도에 비하여 통행거리가 짧고 고속국도 기능을 보완하기 위하여 대도시 간 연결보다는 대도시와 인접 중도시 혹은 중도시 간을 연결하는 기능을 담당한다. 고속국도를 제외한 그 밖의 도로에 비하여 접근성을 최소화하여 구간 내 중·장거리 통행을 빠른 시간 내에 안전하고 효율적으로 이동시키기 위한 도로로서, 다음과 같은 특성을 갖는다.

① 도시 내 주요 지역 간 혹은 도시 간에 발생하는 대량 교통량을 처리하기 위한 도로로서 자동차만 통행할 수 있도록 지정된 도로이다.

② 주로 도시권역 내의 순환도로, 시·읍·면급 국도 우회도로와 주요 물류산업시설과의 연결도로에 적용되는 도로이다.

② 교통의 원활한 흐름을 위하여 도로변 점용시설 허가는 금지하고, 중앙분리대를 설치하며, 도로와 다른 도로, 철도, 궤도, 교통용으로 사용하는 통로나 그 밖의 시설을 교차시키려는 경우에는 특별한 사유가 없으면 입체교차시설로 해야 한다.

2. 주간선도로

① 전국 도로망의 주 골격을 형성하는 주요 도로로서 「도로법」 제10조의 고속국도 및 일반국도의 대부분이 여기에 해당한다.

② 고속국도는 다른 일반국도와는 구별된 가장 높은 도로 기하구조 기준을 갖는 특징이 있으며, 다음과 같은 특성을 갖는다.
  ㉠ 국가 간선도로망을 형성하는 도로이다.
  ㉡ 지방지역에 존재하는 자동차전용의 고속 교통을 제공하는 도로이다.
  ㉢ 타 도로와 접속하는 지점에서 고규격의 접근관리 기법인 완전출입제한을 적용한다.

③ 특성
  ㉠ 지역 상호 간의 주요 도시를 연결하는 도로로서, 인구 50,000명 이상의 도시를 연결하는 도로이디.
  ㉡ 장래 우리나라 도로망 구축을 위하여 인구 25,000명 이상의 도시를 연결하는 일부 도로도 포함시킨다.
  ㉢ 지역 간 이동의 골격을 형성하는 도로로서 통행길이가 길고 통행밀도도 비교적 높다.
  ㉣ 지역 간 통과 교통 위주이며, 장래 우리나라 도로망 구축을 위하여 4차로 이상의 도로로 확장하는 것이 필요한 도로가 해당한다.

3. 보조간선도로

① 지역 도로망의 골격을 형성하며 주간선도로에 연결한다.

② 특성

⊙ 주간선도로를 보완하는 도로이다.

ⓛ 주간선도로에 비하여 통행거리가 다소 짧으며, 간선기능이 다소 약한 도로이다.

ⓒ 시·군 상호 간의 주요 지점을 연결하는 도로로서, 「도로법」제12조의 일반국도 중 주간선도로에 해당하지 않는 나머지 도로와 「도로법」제15조의 지방도가 여기에 해당한다.

4. 집산도로

① 군 내의 통행을 담당하는 도로로서 광역기능을 갖지 않는다.

② 보조간선도로를 보완하는 도로로서 군 내부의 주요 지점을 연결하는 도로다.

③ 군 내의 주거 단위에서 발생하는 교통을 흡수하여 간선도로에 연결하는 기능을 한다.

④ 「도로법」제15조 지방도 중 보조간선도로에 해당하지 않는 나머지 도로와 제17조의 군도 대부분이 여기에 해당한다.

5. 국지도로

① 군 내의 주거단위에 접근하기 위한 도로

② 교통거리가 가장 짧고 기능상 하위의 도로

③ 군도와 농어촌 도로

7 도시지역 도로의 구분 및 기능별 특성

1. 자동차전용도로

① 자동차전용도로는 도시의 상습적인 교통난을 해소하고 통과교통을 배제하기 위하여 주요 지점을 연결하는 내부 순환망이나 시가지 간선도로 중에서 통행의 이동성이 높은 구간에 건설하고 있다.

② 도시지역 자동차전용도로는 기능적으로 도시고속국도와 유사하지만 주행거리가 짧고, 이동성에 대한 중요도가 도시고속국도에 비하여 낮으며, 다음의 특성을 갖는다.

⊙ 도시지역 자동차전용도로는 많은 경우 이미 개발된 지역을 통과하여야 하기 때문에 고가도로 및 지하도로의 형태로 건설되어 도로 건설에 막대한 건설비가 소요된다.

ⓛ 도시고속국도에 비하여 주변 토지 이용과 접속도로망에 더 많은 영향을 받는다.

ⓒ 설계속도는 도시고속국도보다는 낮은 속도인 60km/h 이상으로 적용할 수 있다.

ⓔ 기본적으로 완전 입체교차로 하며, 교차도로의 등급, 교통량, 주변 여건 등을 고려하여 자동차전용도로의 교통 흐름을 방해하지 않는 경우 불완전 입체교차로 할 수 있다.

2. 주간선도로

① 도시지역 도로망의 주 골격을 형성하는 주요 도로로서 교통량이 많고, 통행 길이가 길다.

② 시·군 내 주요 지역을 연결하거나 시·군 상호 간을 연결하여 대량통과교통을 처리하는 도로로서 시·군의 골격을 형성하는 도로이다.

③ 지방지역 주간선도로가 도시지역을 통과할 때, 도시지역 통과구간 역할을 담당한다.

④ 설계속도 60~80km/h이다.

⑤ 평균주행거리는 3.0km 이상이며, 간선도로끼리의 배치간격은 1.0km 내외이다.

⑥ 「도로법」 제14조의 특별시도·광역시도의 대부분이 포함된다.

⑦ 도시고속국도는 지방지역 고속국도에 비하여 교통량이 많으며, 다음의 특성이 있다.

ⓐ 도시 외곽의 지방지역 고속국도들을 서로 연결하거나, 도심·부도심 또는 도시의 주요 교통을 직접 연결시켜 도시 내부 도로망에 존재하는 통과 교통량을 제거한다.

ⓑ 도시지역에 존재하는 자동차전용도로로서, 접근관리를 위하여 완전출입제한을 사용하며, 높은 수준의 도로 설계기준을 갖는다.

ⓒ 4차로 이상으로 건설하며, 설계속도는 80~100km/h 정도이다.

3. 보조간선도로

① 주간선도로를 집산도로 또는 주요 교통발생원과 연결하여 시·군 교통의 집산기능을 하는 도로로서 근린주거구역의 외곽을 형성하는 도로이다.

② 평균주행거리는 1~3km, 설계속도는 50~60km/h 정도이다.

③ 「도로법」 제14조의 특별시도·광역시도 중 주간선도로에 해당하지 않는 나머지 도로와 「도로법」 제16조의 시도가 여기에 해당한다.

4. 집산도로

① 근린주거구역의 교통을 보조간선도로에 연결하여 근린주거구역 내 교통의 집산기능을 하는 도로로서 근린주거구역의 내부를 구획하는 도로이다.

② 생활권 내에 위치한 주요 시설물을 연결한다.

③ 이동성보다는 접근성을 위주로 한다.

④ 설계속도는 40~50km/h 정도이다.

⑤ 「도로법」 제16조 시·군도 중 보조간선도로에 해당하지 않는 나머지 도로와 「도로법」 제18조 구도 대부분이 여기에 해당한다.

5. 국지도로(농어촌도로, 면도, 리도)

① 지구 내의 주거단위에 직접 접근되는 도로이다.
② 이동성이 가장 낮고 접근성이 가장 높은 도로이다.
③ 통과 교통을 배제하는 방향으로 우선권을 갖는다.
④ 「도로법」제18조의 구도 중 집산도로에 해당하지 않는 나머지 도로와 생활도로 등이 대부분 해당한다.

8 도시지역 도로의 기능별 구분

1. 도시지역 도로들의 기능별 특성, 도로의 기하구조 특성, 교통류의 특성, 교통량

규모, 주차 설계 특성 등에 대한 개략적 특성을 요약하면 아래 표와 같다.

[도시지역 도로의 개략적 특성]

구분＼분류	도시고속국도	주간선도로	보조간선도로	집산도로	국지도로
주 기능	우리나라 간선도로망 연결	해당 도시의 간선도로망 구축	주간선도로를 보완	해당 도시 안 생활권 주요 도로망 구축	시점과 종점
도로 전체 길이에 대한 백분율(%)	5~10		10~15	5~10	60~80
도시 전체 교통량에 대한 백분율(%)	0~40	40~60		5~10	10~30
배치 간격(km)	3.00~6.00	1.50~3.00	0.75~1.50	0.75 이하	–
교차로 최소 간격(km)	1.00	0.50~1.00	0.25~0.50	0.10~0.25	0.03~0.10
설계속도(km/h)	100	80	60	50	40
노상주차 여부	불허	원칙적 불허	제한적 허용	허용	허용
접근관리 수준	출입제한	강함	보통	약함	적용 안 함
도로 최소 폭(m)	–	35	25	15	8
중앙 분리 유형	분리	분리	분리 또는 비분리	비분리	비분리
보도 설치 여부	설치 안 함	설치 또는 비설치	설치	설치	설치
최소 차로폭(m)	3.50	3.50~3.25	3.25~3.00	3.00	3.00

주) 설계속도가 40km/h 이하인 도로는 최소 차로폭을 2.75m까지 적용 가능

⑨ 결론

① 도로의 구분은 도로의 기능, 도로가 존재하는 지역 및 지형의 상황과 계획 교통량에 따라 체계 있게 분류한 것으로 동일한 설계기준을 적용토록 한 것이다.

② 「도로법」에서는 일반국도, 지방도, 군도 등으로 구분하고 도시계획 시설기준에 의한 분류는 광로, 대로, 중로, 소로 등으로 구분한다.

3 설계기준 자동차

① 개요

① 설계기준 자동차란 도로를 설계할 때 기준이 되는 자동차를 말한다. 설계기준 자동차의 종류는 승용자동차, 소형자동차, 대형자동차, 세미트레일러가 있다.

② 도로상을 주행하는 차량에는 형태가 매우 다양하여 이들 각 형태별로 도로를 설계한다는 것은 매우 복잡하며 실제로 여러 형태의 자동차가 공존하므로 이를 대표하여 세 가지의 설계기준 자동차로 규정하였다.

③ 도로설계 시 활용되는 설계기준 자동차의 용도는 주로 설계속도에 따른 교차로의 회전반경과 하중에 따른 포장구조 결정 및 교통량에 의한 도로시설규모 산정에 사용된다.

② 설계기준 자동차(제5조)

① 도로 구분에 따른 설계기준 자동차

도로 구분	설계기준 자동차
주간선도로	세미트레일러
보조간선도로 및 집산도로	세미트레일러 또는 대형자동차
국지도로	대형자동차 또는 승용자동차

② 다만, 우회할 수 있는 도로(해당 도로기능 이상인 경우로 한정한다)가 있는 경우에는 도로의 구분에 관계없이 대형자동차나 승용자동차 또는 소형자동차를 설계기준 자동차로 할 수 있다.

③ 설계기준 자동차의 제원

제원(미터) 자동차 종류	폭	높이	길이	축간거리	앞내민 길이	뒷내민 길이	최소 회전 반지름
승용자동차	1.7	2.0	4.7	2.7	0.8	1.2	6.0
소형자동차	2.0	2.8	6.0	3.7	1.0	1.3	7.0
대형자동차	2.5	4.0	13.0	6.5	2.5	4.0	12.0
세미트레일러	2.5	4.0	16.7	• 앞축간거리 4.2 • 뒤축간거리 9.0	1.3	2.2	12.0

① 축간거리 : 앞바퀴 차축의 중심으로부터 뒷바퀴 차축의 중심까지의 길이를 말한다.
② 앞내민길이 : 자동차의 앞면으로부터 앞바퀴 차축의 중심까지의 길이를 말한다.
③ 뒷내민길이 : 자동차의 뒷면으로부터 뒷바퀴 차축의 중심까지의 길이를 말한다.

(단위 : m)

구분	길이	너비	높이	최소 회전반지름	비고
일반기준	13.0 (16.7)	2.5	4.0	12.0	• ( ) : 연결자동차 • 제4조, 제9조
특례기준	19.0	2.75	없음	15.5	제114조 제1항

④ 설계기준 자동차의 최소 회전반지름

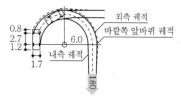

(a) 승용자동차

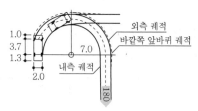

(b) 소형자동차

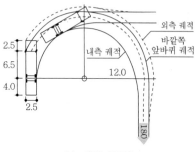

(c) 대형자동차

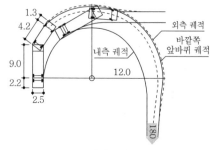

(d) 세미트레일러

5 설계기준 자동차와 도로 설계의 관련성

① 도로를 설계할 때 설계기준 자동차는 주로 평면곡선반지름, 확폭, 횡단구성 등 기하구조를 결정하는 중요한 요소이며, 시거, 오르막차로, 종단곡선, 포장 설계 등에서 별도로 설계기준 자동차를 규정하는 경우에는 그 기준 자동차를 적용한다.

② 소형자동차는 시거 등의 기준을 정하기 위해 필요하다.

③ 대형자동차 및 세미트레일러 연결차는 차로폭원, 곡선부의 확폭, 교차로의 설계, 포장설계, 종단경사 등의 결정을 위해 필요하다.

④ 설계자동차의 제원은 신설 또는 개량할 도로의 설계기초가 된다.
- ⊙ 소형자동차 : 승용차, 승합차
- ⓒ 대형자동차 : 뒤축이 2축 트럭, 자동차 타이어가 6개 이상인 트럭
- ⓒ 세미트레일러 연결차 : 4축 이상을 갖는 차로 가정

6 적용 시 유의사항

① 경제성장과 더불어 차량의 고급화·대형화로 인하여 설계기준 차량의 제원도 이에 따라 향상되어야 할 것으로 사료된다.

② 왜냐하면 통과높이나 통과폭 등의 기준이 작을 경우 차량의 대형화에 의해서 부딪치고 이로 인한 구조물의 손상으로 국가경제에 큰 손실을 초래할 수 있다.

③ 따라서, 설계 시 설계기준 차량의 제원보다 상향 적용으로 중요구조물과 자동차를 보호할 수 있다.

④ 가급적 중요 시설의 통과높이의 경우는 5.0m 이상을 적용하고 여기에 덧씌우기 포장까지 고려할 수 있는 계획이 필요하다.

4 설계속도

1 개요

① 설계속도는 도로의 구조 면에서 본 경우와 차량의 주행 면에서 본 경우로 다음과 같이 정의할 수 있다.
- ⊙ 설계속도란 차량 주행에 영향을 미치는 도로의 물리적 형상을 상호 관련시키기 위해 정해진 속도이다.

ⓛ 도로 설계요소의 기능이 충분히 발휘될 수 있는 조건하에서 운전자가 도로의 어느 구간에서 쾌적성을 잃지 않고 유지할 수 있는 최고속도이다.

② 설계속도는 도로의 기하구조를 결정하는 데 기본이 되는 속도이다. 곡선반경, 편경사, 시거와 같은 선형요소는 설계속도와 직접적인 관계를 갖는다. 또 차로, 길어깨 등의 폭도 설계속도와 주행속도에 영향을 미치고 있다.

③ 설계속도는 선형을 설계하는 경우에 선형요소의 한계값 결정에 직접적인 의미를 가지는 것이므로 본 규칙에서는 설계속도를 '도로설계의 기초가 되는 자동차의 속도를 말한다'로 정의하고 있으며 차로, 길어깨 등의 폭을 결정하는 직접적인 원인이 되는 도로 구분에 있어서도 설계속도의 개념이 도입되어 있어 폭구성 요소와도 간접적인 관계가 있다.

2 설계속도 결정 시 고려사항

① 도로의 중요도
② 도로의 기능(이동성, 접근성)
③ 계획 교통량
④ 지역 및 지형 조건
⑤ 경제성

3 설계속도와 기하구조의 관련성

1. 도로의 구조, 시설 기준 설계속도별 요약

설계속도(km/hr)		120	100	80	70	60	50	40	30
최소 평면곡선 반지름(m)	6%	710	460	280	200	140	90	60	30
	7%	670	440	265	190	135	85	55	30
	8%	630	420	250	180	130	80	50	30
최소 평면곡선 길이(m)	교각이 5° 미만	700θ	550θ	450θ	400θ	350θ	300θ	250θ	200θ
	교각이 5° 이상	140	110	90	80	70	60	50	40
최대편경사 접속설치율		1/200	1/175	1/150	1/135	1/125	1/115	1/105	1/95
최소 완화곡선과 완화구간길이(m)	60km/h 이상	70	60	50	40	35	−	−	−
	60km/h 이하	−	−	−	−	−	30	25	20
시거(m)	정지시거	215	155	110	95	75	55	40	30
	앞지르기	−	−	540	480	400	350	280	200

설계속도(km/hr)			120	100	80	70	60	50	40	30
종단경사 (%)	고속국도	평지	3	3	4	–	–	–	–	–
		산지	4	5	6	–	–	–	–	–
	주간선도로 보조간선로	평지	–	3	4	5	5	5	6	–
		산지	–	6	7	7	8	8	9	–
	집산도로	평지	–	–	6	7	7	7	7	7
		산지	–	–	9	10	10	10	11	12
	국지도로	평지	–	–	–	–	7	7	7	8
		산지	–	–	–	–	13	14	15	16
최소 종단곡선 변화비율(m/%)	凸형		120	60	30	25	15	8	4	3
	凹형		55	35	25	20	15	10	6	4
최소 종단곡선길이(m)			100	85	70	60	50	40	35	25
완화곡선 생략 가능한 R			3,000	2,000	1,300	1,000	700	–	–	–
편경사 생략 가능한 R			6,900	4,800	3,100	2,300	1,700	1,200	800	400
최대 직선길이(V×20)			2,400	2,000	1,600	1,400	1,200	1,000	800	600
직선의 최소 길이(m)	반대방향(V×2)		240	200	160	140	120	100	80	60
	같은 방향(V×6)		720	600	480	420	360	300	240	180

2. 도로구조 및 시설기준에 의한 설계속도

도로의 기능별 구분		설계속도(km/hr)			
		지방지역			도시지역
		평지	구릉지	산지	
주간선도로	고속국도	120	110	100	100
	그 밖의 도로	80	70	60	80
보조간선도로		70	60	50	60
집산도로		60	50	40	50
국지도로		50	40	40	40

4 설계속도의 적용

① 다만 지형 상황으로 인하여 표준 설계속도에서 20km/h까지 감한 속도를 설계속도로 할 수 있도록 하였다.

② 표준 설계속도가 60km/h라면 곡선반경이 크고 시거가 충분히 확보된 구간에서는 그 정도에 따라 60km/h로 설계하며, 곡선반경이 작고 시거가 나쁜 구간에서는 50km/h 또는 40km/h로 설계할 수 있도록 허용하고 있다.

③ 그러나 설계속도를 하나의 설계구간 내에서 변화시킨다는 것은 주행상 문제가 많으므로 변경지점에 대해서는 운용상 특별한 주의가 필요하다.

5 결론

① 설계속도는 기후가 양호하고 교통밀도가 낮으며 차량의 주행조건이 도로의 구조적인 조건만으로 지배되고 있는 경우에 평균적인 운전기술을 가진 운전자가 안전하고도 쾌적성을 잃지 않고 주행할 수 있는 최고 속도인 것이다.

② 설계속도가 40km/h인 도로라 하더라도 교통량이 적으며 직선부나 평면곡선반경이 큰 곡선부에서는 40km/h를 초과하는 속도라도 안전하게 주행할 수 있는 것이다. 이러한 경향은 설계속도가 낮은 경우에 특히 현저하다.

5 설계구간

1 개요

① 설계구간이란 도로가 위치하는 지역 및 지형의 상황과 계획교통량에 따라 동일한 설계기준을 적용할 수 있는 구간이며, 동일한 설계속도를 적용하는 구간이다.

② 설계구간 적용 시 지나치게 단구간에서 설계구간 변화 혹은 운전자가 예기치 않은 장소에서 설계구간을 변경하는 것은 운전자의 혼란을 가중시켜 교통안전, 쾌적성을 해친다.

③ 노선의 기하구조는 가능한 한 연속적인 것이 바람직하므로 설계구간의 길이나 기하구조 변경지점 설정 시에는 신중을 기해야 한다.

④ 따라서 노선의 성격이나 중요성, 지형 및 지역이 비슷한 경우에는 동일한 설계구간으로 하는 것이 바람직하다.

② 설계구간의 길이

① 설계구간의 표준연장

구분	바람직한 설계구간길이	최소 설계구간길이
지방지역 주간선도로	30~20km	5km
지방지역 기타 도로	15~10km	2km
도시지역 일반도로	주요한 교차점의 간격	

② 고속국도의 경우 : IC 사이의 구간
③ 일반도로의 경우 : 주요 교차로 사이의 구간(IC 포함)

③ 설계속도와 다른 구간의 접속

① 설계속도 20km/h 이상 차이는 피할 것
② 점차적으로 감속을 유도해야 함
③ 급격한 기하구조 변경은 운전자 기대감 상실로 사고를 유발함
④ 충분한 거리에서 운전자가 인지할 수 있게 함

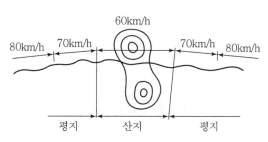

[지형별 적용속도 구분]

④ 설계구간의 변경점

① 주요 교차점, IC, 장대 교량 및 터널
② 운전자가 무의식적으로 상황 변화를 감지할 수 있는 지역
③ 지형, 지역, 풍경 등이 유사한 구간에서 변경

5 설계구간 적용 시 유의점

① 중요한 도로가 있는 지역, 지형 상황이 같은 구간은 원칙적 동일 설계구간으로 적용한다.
② 설계속도 차가 20km/h 초과 설계구간은 교차부, 접속부의 경우를 제외하고 원칙적으로 상호 간의 접속은 피한다.
③ 설계속도를 20km/h 변화시킬 경우 10km/h씩 점차적으로 변화시키고 교통안전시설을 설치해야 한다.

6 결론

① 우리나라 지형의 복합성, 경제성, 고도의 토지이용 등으로 설계구간의 적용에 유의하여야 한다.
② 노선의 기하구조는 가능한 한 연속적인 것이 바람직하므로 설계구간을 설정하는 경우에는 그 길이나 변형점의 선정방법 등에 대해 신중한 배려가 필요하다.
③ 도로의 설계구간은 노선의 성격이나 중요성, 교통량, 지형 및 지역이 대략 비등한 구간에서는 동일한 설계구간으로 함이 바람직하다. 그러므로 도로의 기하구조가 짧은 구간마다 변화하게 되면 운전자를 혼란시켜 교통안전상으로도 좋지 않으므로 설계구간의 길이는 가능한 한 긴 것이 바람직하다.

6 설계속도와 기하구조의 관계

1 개요

① 설계속도는 도로의 구조 면에서 본 경우와 차량의 주행 면에서 본 경우로 다음과 같이 정의할 수 있다.
  ㉠ 설계속도란 차량 주행에 영향을 미치는 도로의 물리적 형상을 상호 관련시키기 위해 정해진 속도이다.
  ㉡ 도로 설계요소의 기능이 충분히 발휘될 수 있는 조건하에서 운전자가 도로의 어느 구간에서 쾌적성을 잃지 않고 유지할 수 있는 최고 속도이다.

② 설계속도는 도로의 기하구조를 결정하는 데 기본이 되는 속도이다. 곡선반경, 편경사, 시거와 같은 선형요소는 설계속도와 직접적인 관계를 갖는다. 또 차로, 길어깨 등의 폭도 설계속도와 주행속도에 영향을 미치고 있다.

③ 도로의 기하구조는 설계속도에 따라 크기가 결정되는 차로폭, 길어깨폭, 곡선반지름, 편경사, 시거 등 선형을 설계하는 데 필요한 요소이다.

2 설계속도의 결정

1. 설계속도 결정 시 고려사항

① 도로의 중요도
② 도로의 이용(이동성, 접근성)
③ 계획교통량
④ 지역 및 지형조건
⑤ 경제성

2. 도로구조 및 시설기준에 의한 설계속도

① 설계속도는 도로의 구분에 따라 다음 표의 속도 이상으로 한다.

도로의 기능별 구분		설계속도(km/h)			
		지방지역			도시지역
		평지	구릉지	산지	
주간선도로	고속국도	120	110	100	100
	고속국도를 제외한 주간선도로	80	70	60	80
보조간선도로		70	60	50	60
집산도로		60	50	40	50
국지도로		50	40	40	40

② 다만, 지형 상황 및 경제성을 고려한 경우에는 20km/h를 뺀 속도를 적용할 수 있다.

3 설계구간

설계구간이란 도로의 기능, 계획교통량에 따라 동일한 설계기준을 적용하는 구간을 말한다.

1. 설계구간의 표준연장

구분	바람직한 설계구간길이	최소 설계구간길이
지방지역 주간선도로	30~20km	5km
지방지역 기타 도로	15~10km	2km
도시지역 일반도로	주요한 교차점의 간격	

2. 설계속도가 다른 구간의 접속

① 설계속도 20km/h 이상 차이는 피할 것
② 점차적 감속 유도
③ 급격한 기하구조 변경은 운전자의 기대감 상실로 사고를 유발함
④ 충분한 거리에서 운전자가 인지할 수 있도록 함

3. 설계구간의 변경점

① 무의식적으로 인지가 가능한 지점
② 주요 교차점
③ 장대 교량
④ IC
⑤ 터널

4 설계속도와 기하구조의 관계

1. 곡선반경

① 곡선반경 : $R \geqq \dfrac{V^2}{127(i+f)}$
② 최소 곡선반경 : $i = 6\%,\ f = 0.10 \sim 0.16$

2. 최소곡선길이

① 핸들 조작의 용이 : $L = t \cdot V = \dfrac{t}{3.6} V (t = 4초)$

② 한계도로교각을 고려하여 긴 곡선장 설치 : 한계도로교각 5°

$$L = 688 \times \frac{N}{\theta}$$

여기서, θ : 교각
N : 외선장

3. 완화곡선장

① 핸들 조작의 원활 : $L = \dfrac{V}{3.6} \cdot t \; (t = 2초)$

② 횡단경사의 접속길이 : $L_s = \dfrac{B}{q} \Delta i$

③ 설계속도가 60km/h 이상일 때 완화곡선을 설치하고, 60km/h 미만에서 완화구간을 설치함

④ 이정량 : $S = \dfrac{1}{24} \cdot \dfrac{L^2}{R}$

　　　여기서, S : 이정량(m)
　　　　　　L : 완화구간의 길이(m)
　　　　　　R : 곡선반경(m)

4. 편경사

① 편경사 길이 : $L_s = \dfrac{B \Delta i}{q}$

② 도시부에서 설계속도 60km/h 이하는 경우에 따라 편경사를 설치하지 않을 수도 있다.

5. 종단경사

① 종단경사가 급한 곳

② 속도·경사도를 작성하여 허용최저속도 이하 구간에서는 오르막차로 설치 검토

③ 오르막구간의 최저 속도

　　㉠ 오르막 경사구간 진입 시 속도가 80km/h 이상일 때는 60km/h

　　㉡ 80km/h 미만일 때는 진입속도에서 20km/h를 감한 값

④ 설계속도 40km/h 이하에서는 오르막차로를 설치하지 않음

6. 종단곡선장

① 충격 완화를 위한 종단곡선 길이 : $L = \dfrac{V^2 \cdot S}{360}$

② 정지시거 확보를 위한 종단곡선 길이

  ㉠ 볼록곡선 : $L = \dfrac{D^2}{385}$

  ㉡ 오목곡선 : $L = \dfrac{D^2}{120 + 3.5D}$

7. 시거

① 정지시거 : $D = d_1 + d_2 = \dfrac{V}{3.6}t + \dfrac{V^2}{254f} = 0.694 + \dfrac{V^2}{254f}$

  여기서, d_1 : 반응시간 동안 주행거리

  d_2 : 제동정지거리

  t : 반응시간(2.5초)

  f : 노면 습윤상태의 종방향 미끄럼마찰계수

② 앞지르기 : 30% 이상 확보하고 최소 10% 이상 확보

8. 길어깨

① 설계속도에 따라 1.0m에서 3.0m로 차등 적용
② 차도 우측 길어깨 최소 폭 : 설계속도 및 도로 구분에 따라 1.0~3.0m 적용

9. 차로폭

① 설계속도에 따라 3.0~3.5m로 구분 적용
② 고속국도 : 3.6m, 일반도로 : 3.5m
③ 회전차로는 경우에 따라 2.75m까지 축소할 수 있다.

10. 확폭

① 곡선부를 주행하는 차량의 점용 폭은 설계속도, 곡선반경, 차량의 길이에 따라 증가시켜 확보해야 한다.
② 곡선부에서는 설계속도 및 곡선반경에 따라 0.25m 단위로 확폭한다.

③ 도시지역의 일반도로에서 도시계획이나 주변의 지장물 등으로 인하여 부득이하다고 인정되는 경우에는 확폭을 하지 않을 수도 있다.

5 결론

① 설계속도는 선형 및 기하구조의 연속성, 도로의 기능을 충분히 발휘하도록 정하는 것이 바람직하다.
② 도로의 기능을 고려하고 도로의 기능 변경 시 그에 따른 설계속도의 접속을 고려해야 한다.
③ 특히 교통량의 증가에 따라 설계속도의 변화를 고려하여야 하며, 주행속도를 고려한 설계속도의 정립 및 평면, 종단선형 조합 시 안정성 확보를 고려한 설계속도를 적용하여야 한다.

7 최소곡선반지름

1 개요

① 선형설계 시 제1의 조건은 안전하고, 쾌적한 주행을 확보하여 교통류를 원활하게 통과시킴으로써 사고의 유발, 교통용량의 저하를 막고, 시간 및 주행 경비 면에서의 경제적 손실 등을 제거하는 것이다.
② 차량의 도로곡선부 주행 시 곡선부 외측으로 원심력이 생겨 차량의 미끄러짐(Slip), 전도하려는 힘, 인체에 횡방향력이 작용하게 되므로 이를 일정한도 이하로 하여 안전성, 주행 쾌적성을 유지하도록 해야 한다.
③ 그 한도(원심력)는 자동차 주행속도, 곡선반지름, 편경사, 노면의 횡방향 미끄럼 마찰계수 등에 의해 좌우된다.
④ 따라서, 곡선부 설계 시에는 주행의 안전성과 쾌적성 확보를 보장하고, 원활한 교통소통, 교통용량의 증대, 교통사고 감소, 경제성 편익이 최대가 되도록 설계해야 한다.

② 최소곡선반지름의 규제 조건

1. 횡방향 미끄러짐(Slip)을 일으키지 않기 위한 조건

① 조건식

$$R \geq \frac{V^2}{127(i+f)}$$

여기서, R : 곡선반지름
V : 설계속도(km/h)
i : 편경사
f : 횡방향 미끄럼 마찰계수($f=0.1\sim0.16$)

② 일정한 주행속도에서 최소곡선반지름은 $(i+f)$의 최대치에 의해 결정
③ $(i+f)$값은 활동방지를 위한 안전성과 쾌적성에 직접 관계됨

2. 최대편경사(i)의 규정

① 규정 이유
편경사를 크게 취하면 곡선반지름은 작아지나 설계속도보다 느린 주행 시, 노면결빙 시, 제동 시에 곡선 내측으로 횡방향 미끄러짐을 방지하기 위함

② 최대편경사 결정 시 고려사항
㉠ 주행의 쾌적성 및 안전성
㉡ 적설, 결빙 등의 기상조건
㉢ 지역 구분(도시부, 지방부)
㉣ 저속주행 자동차의 빈도
㉤ 시공성 및 유지관리

③ 편경사 규정
㉠ 최대편경사 : 지역에 따라 6~8%

(단위 : %)

구분		최대편경사
지방지역	적설한랭지역	6
	기타 지역	8
도시지역		6
연결로		6

ⓒ 생략 가능한 경우
- 평면곡선반지름의 크기를 고려하여 편경사가 불필요하다고 인정될 경우
- 설계속도가 60km/h 이하인 도시지역
- 지형상 부득이한 경우
ⓒ 최대편경사 6%, 7%, 8%의 경우에 최소평면곡선반지름 산정

3. 횡방향 미끄럼 마찰계수의 값(f)

① 횡방향 미끄럼 마찰계수의 성질
- ㉠ 자동차 속도, 타이어와 포장면의 형태 및 조건에 따라 달라짐
- ㉡ 속도가 증가하면 횡방향 미끄럼 마찰계수의 값은 감소함
- ㉢ 습윤, 빙설상태의 포장 면에서 횡방향 미끄럼 마찰계수의 값은 감소함
- ㉣ 타이어의 마모 정도에 따라 횡방향 미끄럼 마찰계수의 값은 감소함

② 쾌적성을 고려하는 경우의 f
- ㉠ AASHTO의 규정
  - 50km/h 이하에서 $f=0.16$
  - 120km/h에서 $f=0.10$이 쾌적성에서 본 한계
- ㉡ 우리나라 규정(AASHTO 규정 준용)
  - 120km/h일 때 $f=0.10$
  - 50km/h 이하일 때 $f=0.16$을 적용
- ㉢ 속도가 높아짐에 따라 f의 값을 작게 취하는 것이 바람직함

③ 설계에 적용되는 값
- ㉠ 횡방향 미끄럼 마찰계수(f)는 속도에 따라 주행의 쾌적성을 고려하여 $f=0.10\sim0.16$을 적용하였으며, 이 값은 실측값과 비교해 보면 안전성 측면에서도 적합한 값이다.
- ㉡ 횡방향 미끄럼 마찰계수는 설계속도별로 다음 표의 값을 적용하여야 한다.

[설계속도에 따른 횡방향 미끄럼 마찰계수]

설계속도(km/h)	120	110	100	90	80	70	60	50	40	30	20
횡방향 미끄럼 마찰계수	0.10	0.10	0.11	0.11	0.12	0.13	0.14	0.16	0.16	0.16	0.16

④ 안전성에 대한 고려(실험에 의해 얻은 값)
- ㉠ 콘크리트 포장 노면 : $f=0.4\sim0.6$
- ㉡ 아스팔트 포장 노면 : $f=0.4\sim0.8$

ⓒ 노면 동결 및 적설 : $f = 0.2 \sim 0.3$

ⓔ 노면 결빙 : $f = 0.2$ 이하

⑤ 쾌적성을 고려한 값

대체적으로 쾌적성을 고려할 경우 그 값은 속도에 따라 $0.10 \sim 0.16$ 정도가 타당한 것으로 알려져 있다.

③ 최소곡선반지름의 산정

1. 최소곡선반지름의 산정

① 산정식

$$R = \frac{V^2}{127(i+f)}$$

② 설계속도와 편경사(6, 7, 8%) 및 횡방향 미끄럼 마찰계수 f를 대입하여 산정

③ 최소원곡선반지름의 계산값과 규정값

2. 최소곡선반지름의 적용

① 최소원곡선반지름의 계산값과 규정치

ⓐ 안전성과 쾌적성을 고려

ⓑ $i = 6, 7, 8\%$, $f = 0.10 \sim 0.16$을 적용하여 산정

② 규정치는 최소한의 값으로 충분한 안전율을 고려하지 않은 값

③ 선형의 최솟값은 충분한 안전율을 고려하여 적용

3. 바람직한 곡선반지름의 산정

① 규정값은 설계속도로 주행할 시 안전성과 쾌적성을 어느 정도 확보하는 값임

② 평면선형은 전체 선형의 조화, 조합 등을 고려하여 설계함이 바람직함

③ 바람직한 최소곡선반지름 산정 시 고려사항

ⓐ 쾌적성을 충분히 확보할 것(횡방향 미끄럼 마찰계수 $f = 0.1 \sim 0.16$ 적용)

ⓑ 적용하기 쉬운 값일 것

ⓒ 사용된 곡선반지름 중 사용빈도에서 볼 때 약 90% 이상을 적용한 곡선을 기준으로 함

④ 바람직한 최소곡선반지름의 산정($i=6,\ 7,\ 8\%,\ f=0.1\sim0.16$ 적용 산정)

⑤ 도로시설기준에서는 바람직한 최소원곡선반지름으로 규정값의 1.5배를 권장함

4 곡선반지름 적용 시 주의사항

1. 최소곡선반지름의 적용

① 규정치는 설계속도에 대해 주행의 안전성, 쾌적성을 어느 정도 확보하도록 규정

② 실제 적용 시 최솟값에 가까운 곡선반지름 적용 시 안전성에 대한 영향을 충분히 검토 후 사용

③ 곡선반지름은 가능한 한 큰 값을 적용

④ 특별한 이유 없이 바람직한 곡선반지름보다 작은 값을 사용해서는 안 됨

⑤ 불가피하게 최솟값을 적용할 시 교통의 안전성, 쾌적성을 충분히 검토한 후 적용

⑥ 콘크리트 포장은 시공상 원곡선반지름을 크게 함이 바람직함

⑦ 지방지역의 2차로 도로 곡선부에서 곡선이 작거나 시거가 불량한 지역에서는 중앙선의 안전지대를 최소 0.75m 이상 확보하면 선형개량을 하지 않고도 안전하게 주행할 수 있다.

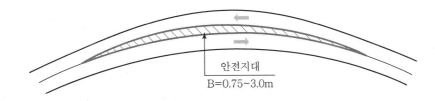

안전지대
B=0.75~3.0m

2. 곡선반지름 적용 시 유의사항

① 추정교통량이 많은 구간은 작은 반경을 가진 원곡선은 피할 것

② 앞뒤 선형조화를 고려해 아주 작은 반경의 원곡선은 피할 것

③ 주위의 지형, 도시화의 상황 등 도로 주변의 환경에 따라 선형설계를 할 것

④ 원곡선 상호 간의 크기에 균형이 잡힐 것

⑤ 종단선형과의 조화를 고려할 것

⑥ 시거 확보의 유무를 고려할 것

5 결론

① 최소곡선반지름은 주행 시 최소한의 안전성과 쾌적성을 고려하여 규정한 것으로 설계속도별 $f = 0.10 \sim 0.16$, 최대편경사 $i = 6$, 7, 8%로 산정하며, 적용 시에는 바람직한 최소곡선반지름 이상을 선정하여야 한다.

② 일반적으로 설계 시 여유가 있는 경우에도 최소치를 사용하는 경향이 많으나 최소치는 주행상의 안전성, 쾌적성이 최소한으로 보장되는 것이므로 선형의 연속성 및 선형조합에 나쁜 영향이 미치지 않으면 여유를 두어 충분한 안전성, 쾌적성을 유지한다.

③ 되도록 바람직한 최소곡선반지름 이상을 사용하고, 지역 및 지형 여건상 막대한 건설비가 요구되는 지점을 선형의 연속성을 고려하여 최소곡선반지름을 사용하되 안전시설 및 부대시설과 연관시켜야 한다.

④ 최소곡선반지름과 관계시설물, IC, 본선선형, 터널구간, 장대교구간 곡선 내측시거 확보차원 조경식재는 낮은 수종으로 한다.

8 횡방향 미끄럼 마찰계수

1 개요

① 자동차는 평면곡선부 주행 시 편경사 설치와 관계없이 바깥쪽으로 원심력이 작용하게 되는데 그 힘에 반해 노면수직으로 작용하는 힘이 횡방향력으로 작용하게 되면 타이어와 포장면 사이에 횡방향 마찰력이 발생된다.

② 이때 포장면에 작용하게 되는 수직력이 횡방향 마찰력으로 변환되는 정도를 나타내는 것이 횡방향 미끄럼 마찰계수로서, 그 값은 자동차의 속도, 타이어와 포장면의 형태 및 조건에 따라 달라진다.

③ 횡방향 미끄럼 마찰계수의 성질을 살펴보면 다음과 같다.
　㉠ 속도가 증가하면 횡방향 미끄럼 마찰계수값은 감소한다.
　㉡ 습윤, 빙설 상태의 포장면에서 횡방향 미끄럼 마찰계수값은 감소한다.
　㉢ 타이어의 마모 정도에 따라 횡방향 미끄럼 마찰계수값은 감소한다.

② 미끄럼마찰계수 성질

① 속도 증가 시 횡방향 미끄럼 마찰계수값은 감소함
② 습윤, 빙설 상태의 포장면에서 f는 감소함
③ 타이어 마모 정도에 따라 f는 감소함

③ 횡방향 미끄럼 마찰계수(Side Friction Factor, f) 적용

1. 설계속도, 곡선반지름, 편경사와의 관계

$$R \geq \frac{V^2}{127(i+f)}$$

2. 설계 적용값

① AASHTO 실측값 : $f = 0.1 \sim 0.16$ 적용
② 우리나라에서는 연구된 실적이 없음
③ 횡방향 미끄럼 마찰계수는 설계속도별로 다음 표의 값을 적용하여야 한다.

[설계속도에 따른 횡방향 미끄럼 마찰계수]

설계속도(km/h)	120	110	100	90	80	70	60	50	40	30	20
횡방향 미끄럼 마찰계수	0.10	0.10	0.11	0.11	0.12	0.13	0.14	0.16	0.16	0.16	0.16

3. 안전성을 고려한 실측값

① 콘크리트 포장 노면 : $f = 0.4 \sim 0.6$
② 아스팔트 포장 노면 : $f = 0.4 \sim 0.8$
③ 노면이 결빙된 경우 : $f = 0.2 \sim 0.3$

4. 쾌적성을 고려한 값

① 평면곡선부를 주행할 때 운전자는 원심력에 의하여 불쾌감을 느끼게 되며, 주행의 방향을 바로 잡기 위하여 속도를 줄이거나 핸들 조작에 주의를 기울이게 된다.
② 따라서, 횡방향 미끄럼 마찰계수의 값은 운전자가 안전하고, 동시에 주행의 쾌적함을 만족할 수 있도록 결정되어야 한다.

4 결론

① 운전자는 안전하고 쾌적한 주행을 위하여 노면의 요철이 심한 곳에서는 속도를 낮추고, 평면곡선반지름이 작은 구간에서는 될 수 있는 대로 크게 회전하려고 한다.

② 운전자의 조작에 따른 자동차의 적응 능력은 도로에서는 철도에서 요구하고 있는 횡방향 가속도의 범위인 $0.3 \sim 0.6 \text{m/sec}^2$보다 큰 값이 종래부터 허용되고 있다.

③ 그러나 횡방향 미끄럼 마찰계수의 값이 너무 크면 안전한 주행이 보장되지 않으므로 운전자는 안전을 위하여 속도를 낮추게 되어 원활한 교통 흐름에 방해가 된다.

④ 이러한 횡방향 미끄럼 마찰계수의 한계값을 구하기 위하여 많은 조사 연구가 있었으며, 쾌적성을 고려할 경우 그 값은 속도에 따라 $0.10 \sim 0.16$ 정도가 타당한 것으로 알려져 있다.

⑤ 따라서 미끄럼마찰계수값의 적용은 주행의 안전성, 쾌적성을 만족하는 범위 내에서 최대치를 적용하여야 한다.

9 최소곡선길이

1 개요

① 자동차가 평면곡선부를 주행할 때 평면곡선의 길이가 짧으면 운전자는 평면곡선 방향으로 핸들을 조작하였다가 직선부로 진입하기 위하여 즉시 핸들을 반대방향으로 조작하여야 하기 때문에, 이로 인하여 운전자는 횡방향의 힘을 받게 되어 불쾌감을 느낄 뿐만 아니라 고속으로 주행할 때 안전에 좋지 않은 영향을 주게 된다.

② 평면곡선길이가 짧으며, 도로 교각마저 작은 경우 운전자에게는 평면곡선길이가 더욱더 짧아 보이거나, 심한 경우 도로가 꺾인 것처럼 보이며 평면곡선반지름은 실제 크기보다 작게 느껴져 운전자는 속도를 줄이게 되고 속도를 줄이지 않는 경우에는 주행의 궤적이 다른 차로로 넘어갈 우려가 있어 사고 위험이 있다.

③ 따라서 평면곡선의 최소길이는 다음 조건을 고려하여 결정해야 한다.

　㉠ 운전자가 핸들 조작에 곤란을 느끼지 않아야 한다.

　㉡ 도로 교각이 작은 경우에는 평면곡선반지름이 실제의 크기보다 작게 보이는 착각을 피할 수 있다.

④ 이러한 문제해결을 위해 최소원곡선길이를 규정하며 도로의 평면곡선길이는 차량 주행 시에 차량의 운동학적, 역학적, 안전성과 운전자의 심리적 · 시각적 쾌적성을 확보하기에 충분한 길이로 설계되어야 한다.

② 최소곡선길이의 설치 조건

① 도로곡선부 주행 시 곡선부 길이가 짧을 때 일어나는 현상
② 핸들의 급조작으로 인해 승차자의 횡방향 충격 발생
③ 원심가속도가 급변하여 주행 쾌적도가 나빠지고 불쾌감을 느낌
④ 고속인 경우 사고의 위험
⑤ 도로 교각(I)이 적을 때 실제보다 곡선장이 짧고 절곡되어 보여 속도 저하를 초래함

③ 최소곡선길이의 산정

1. 자동차 운전자가 핸들 조작에 곤란을 느끼지 않을 것

① 핸들 조작에 곤란을 느끼지 않을 정도로 곡선부 주행 시에는 곡선길이 약 4~6초간 주행길이 확보
② 최근에는 4초간의 주행길이도 무리가 없는 것으로 알려져 있어 이를 적용함
③ 최소곡선장 길이는 완화곡선길이의 2배 값임
④ 핸들 조작이 원활한 길이 : $L = t \cdot v = \dfrac{t}{3.6} \cdot V$

여기서, v, V : 주행속도(m/sec, km/hr)
L : 평면곡선길이
t : 주행시간 4초

2. 도로 교각이 5° 미만인 경우의 길이

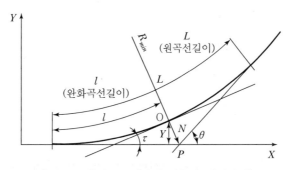

[도로 교각이 5° 미만일 경우의 외선길이]

① 도로 교각이 작은 구간에서 운전자가 평면곡선부를 주행하고 있다는 것을 인식하기 위해서는 위 그림에서 나타낸 외선길이(Secant Length, N)가 어느 정도 이상이 되어야 한다.

② 그러므로 완화곡선을 클로소이드로 생각하고 도로 교각이 5° 미만인 경우의 외선길이가 도로 교각이 5°인 경우의 외선길이의 값과 같은 값이 되는 평면곡선길이를 최소 평면곡선길이로 한다.

설계속도 (km/h)	최소 평면곡선길이(m)	
	도로의 교각이 5° 미만인 경우	도로의 교각이 5° 이상인 경우
120	$700/\theta$	140
110	$650/\theta$	130
100	$550/\theta$	110
90	$500/\theta$	100
80	$450/\theta$	90
70	$400/\theta$	80
60	$350/\theta$	70
50	$300/\theta$	60
40	$250/\theta$	50
30	$200/\theta$	40
20	$150/\theta$	30

3. 도로 교각이 5° 미만인 경우의 곡선길이

① 도로 교각이 매우 작은 경우
  ㉠ 곡선길이가 실제보다 작게 보임
  ㉡ 도로가 급하게 꺾여 있다는 착각을 일으킴
  ㉢ 교각이 작을수록 긴 곡선구간을 삽입하여 도로가 원활히 돌아가고 있는 듯한 느낌을 갖도록 설계

② 운전자가 착각을 일으키는 한계도로교각
  ㉠ 미국 AASHTO : 5°
  ㉡ 우리나라 : 5°
  ㉢ 독일 R.A.L : 6°20′
  ㉣ 일본 : 7°

③ 도로 교각이 작은 곡선부에서 운전자가 곡선을 인식하기 위한 최소곡선길이
  ㉠ 곡선의 외선장(N)이 어느 정도 이상 확보되어야 함
  ㉡ 도로 교각이 5° 미만인 경우의 외선길이가 도로 교각이 5°인 경우의 외선길이의 값과 같은 값이 되는 평면곡선길이를 최소 평면곡선길이로 한다.

  완화곡선 길이 $l = 344\dfrac{N}{\theta}$, 원곡선 길이 $L = 2l = 688\dfrac{N}{\theta}$

[도로 교각과 최소 평면곡선길이의 관계]

설계속도(km/h)	최소 완화곡선길이(m)	외선길이(m)	최소 평면곡선길이(m)
120	70	1.02	$700/\theta$
110	65	0.94	$650/\theta$
100	55	0.80	$550/\theta$
90	50	0.73	$500/\theta$
80	45	0.65	$450/\theta$
70	40	0.58	$400/\theta$
60	35	0.51	$350/\theta$
50	30	0.44	$300/\theta$
40	25	0.36	$250/\theta$
30	20	0.29	$200/\theta$
20	15	0.22	$150/\theta$

4 곡선의 최소길이 적용상 주의사항

1. 도로 교각이 5° 이상인 경우

① 규정한 최소곡선길이는 최소 완화구간길이의 2배임
② 규정한 곡선의 최소길이와 같을 경우 완화곡선만으로 구성된 선형이 됨
③ 곡선반경이 최소가 되는 지점에서 급하게 핸들을 조작해야 하므로 바람직하지 않음
④ 편경사의 접속설치와 시각적으로 문제가 있음
⑤ 두 완화곡선 사이에는 반드시 적절한 길이의 원곡선 삽입이 바람직함

[곡선부 주행시간]

2. 종래의 경험으로 완화곡선이 설치되는 원곡선길이

① 시설 기준에서는 4초로 규정하지만 2~4초 이상 주행할 수 있는 길이의 원곡선 설치가 바람직함
② 도로 교각이 5° 미만인 경우 완화곡선 사이에 설계속도 주행 시 2~4초가 소요되는 길이의 원곡선을 설치하는 것이 바람직함

5 결론

① 운전자가 평면곡선반지름이 가장 작은 곳에서는 급히 핸들을 돌려야 하기 때문에 원활한 핸들 조작이라고 할 수 없다.

② 또한, 편경사의 설치에 주의하지 않으면 꺾여 보이는 일이 많아 운전자에게 원활한 주행감을 주지 못하는 곡선이 된다.

③ 따라서, 이 두 완화곡선 사이에 원곡선을 삽입하는 것이 바람직하다.

④ 경험상으로는 원곡선반지름 R에 대해서 클로소이드의 파라미터(A)와 원곡선반지름(R) 간에 $R \geq A \geq \dfrac{R}{3}$ 되는 관계에 있을 때 원활한 평면곡선의 조화가 이루어지며, 그 가운데서도 $A > \dfrac{R}{2}$가 바람직하다고 알려져 있으나, 도로 교각의 크기, 지형 및 지장물 등의 주변 여건에 따라 운전자의 핸들 조작 시간, 편경사 등을 고려하여 원곡선과 완화곡선의 길이를 적절히 설치하여야 한다.

---

10 편경사

1 개요

① 곡선부를 주행하는 자동차는 원심력을 받게 되는데, 편경사는 원심력에 의해 곡선 바깥쪽으로 차량의 이탈을 방지할 수 있도록 도로의 외측부를 높여주는 것을 말한다.

② 횡방향력을 작게 하기 위해서는 가능한 한 편경사를 크게 하여야 하지만 편경사가 너무 클 경우 저속으로 주행하는 자동차가 횡방향으로 쏠리거나 미끄러질 수 있다.

③ 포장면이 결빙되었을 경우 자동차의 정지 및 출발 시에 횡방향으로 미끄러질 우려가 있어 최대편경사를 제한하고 있다.

④ 미국 등 국외(미국, AASHTO)에서는 일반적으로 최대편경사 8%를 바람직한 값으로 추천하고 있다.

2 R, V, f, i와의 관계

1. 곡선부의 최대편경사 규정 이유

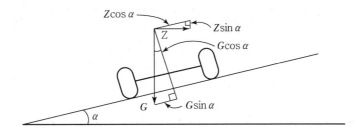

① $f(G\cos\alpha + Z\sin\alpha) \geqq Z\cos\alpha - G\sin\alpha$ (자동차가 횡방향미끄럼을 일으키지 않기 위한 조건)

$$R \geqq \frac{V^2}{127(i+f)}$$

여기서, V : m/sec, km/h
g : 중력가속도(9.8m/sec)
Z : 원심력(kg)
i : 편경사
R : 곡선반지름(m)
G : 총중량(kg)
f : 미끄럼마찰계수

② i를 너무 크게 취할 경우
　㉠ 느린 주행 시 부자연스러운 핸들 조작
　㉡ 제동 시 횡방향 미끄럼 작용
　㉢ 노면결빙 시 발진 곤란

③ 최대편경사 결정 시 고려사항
　㉠ 주행의 쾌적 및 안전성
　㉡ 적설, 결빙 등의 기상조건
　㉢ 지역 구분(도시, 지방)
　㉣ 저속주행 자동차의 빈도
　㉤ 시공성 및 유지관리

3 최대편경사의 규정

1. 최대치

구분		최대편경사(%)
지방지역	적설한랭지역	6
	기타 지역	8
도시지역		6
연결로		6

2. 생략이 가능한 경우

① 평면곡선반지름 크기 고려, 편경사가 불필요하다고 인정한 경우
② 설계속도가 60km/h 이하인 도시지역 도로의 경우
③ 지형 상황 등 부득이한 경우

4 편경사를 생략할 수 있는 최소곡선반지름

1. 생략 이유

① 곡선반지름(R)이 커지면 원심력은 작아지며 $(i+f)$의 값도 작아짐
② $(i+f)$의 값이 작아지면 노면배수를 고려
③ 따라서 표준횡단경사인 1.5~2%를 최소치로 적용해야 함

2. 편경사 생략이 가능한 곡선반지름

$$R_e = \frac{V^2}{127(i_m + f)}$$

여기서, i : 0.015~0.020
f : 0.035
V : 설계속도(km/h)

5 편경사의 설치

1. 4차로도로 표준구간 횡단경사

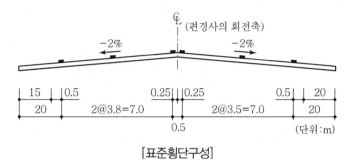

[표준횡단구성]

2. 편경사의 설치 규정

① 편경사 설치 시 편경사값이 변화하는 경우 완화구간 내에서 접속 설치
② 접속설치길이는 편경사 접속설치비율값 이하가 되는 길이 적용

3. 편경사 접속설치방법

① 도로 또는 차로의 중심선을 회전축으로 잡는 방법
② 차도의 외측연을 회전축으로 잡는 방법

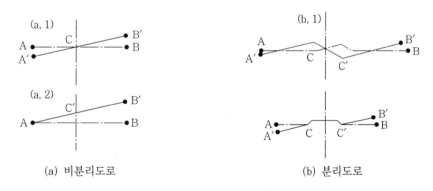

(a) 비분리도로 　　　　　　　　　　(b) 분리도로

※ 일반적 직선부와 곡선부에서의 차로 양끝의 차이가 작게 되는 위의 ① 방법을 선호하고
차도의 내측선의 높이를 낮출 수 없는 경우와 최대편경사의 제한이 있는 경우 등은
위의 ② 방법을 적용한다.

4. 다차로 도로의 편경사 설치방법

① 배수를 원활히 하기 위해 노측으로 단일경사
② 중분대 측과 노측으로 양분경사(복합경사)

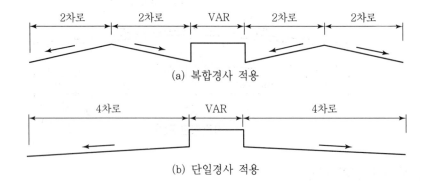

(a) 복합경사 적용

(b) 단일경사 적용

5. 편경사의 접속설치길이

① 완화곡선(완화구간) 전 길이 설치를 원칙으로 함
② 편경사 설치길이 $L_s = \dfrac{B \cdot \Delta i}{q}$

여기서, L_s : 편경사 설치길이(필요완화곡선길이)
B : 기준선에서 차로단까지 폭(m)
Δi : 접속설치구간 시점·종점 간의 편경사차
q : 소정의 편경사 설치율(m/m)

③ 직선－원곡선－직선의 편경사 설치도

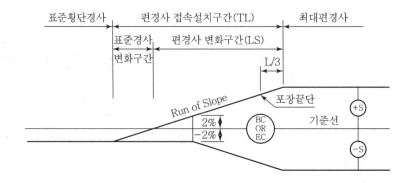

④ 직선-완화곡선-원곡선의 편경사 설치도

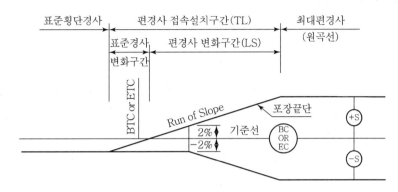

6 편경사 설계 적용 시 주의사항

① 6% 이상의 편경사 적용 시 교통차량 및 기상조건에 대하여 충분히 검토
② 8% 경사는 저속교통, 교통량이 적은 경우 적용
③ 도시부도로의 경우 붙이는 것이 원칙이나, 60km/h 미만인 경우 생략해도 무방
④ 배수처리가 원활하도록 최소편경사를 1.5~2% 되게 하여 접속설치율이 너무 완만하지 않게 설치
⑤ 중앙분리대 및 길어깨의 측대도 원칙적으로 차도와 동일한 편경사 설치
⑥ 비포장도의 편경사도 배수를 위해 노면 종류에 따라 1.5~4% 필요
⑦ 편경사의 접속설치는 구조물 구간으로부터 가능한 한 떨어지는 것이 바람직함

7 결론

① 편경사는 차량주행 시 안전성, 쾌적성을 유지하는 데 매우 중요하므로 설계 시는 도시지역, 지방지역(적설한랭지역, 기타지역)에 따라 적합한 편경사를 설치하여야 한다.
② 또한 편경사는 설계속도(V), 곡선반경(R), 노면의 횡방향 미끄럼 마찰계수(f) 등과의 관계를 고려하여 설치함이 중요하다.
③ 편경사의 회전축으로부터 편경사가 설치되어야 하는 차로수가 2차로를 넘게 되면, 편경사 접속설치율로부터 산정한 접속 설치 길이로 편경사를 설치할 경우에 경사 변화구간 길이가 너무 길어 노면 배수가 원활하지 못하게 된다.

11 곡선부의 확폭

1 개요

① 차로의 폭은 설계기준 자동차의 대형자동차와 세미트레일러 폭인 2.5m에 측방 여유폭을 더하여 정해지는데, 자동차가 곡선부를 주행할 때에는 뒷바퀴가 앞바퀴의 안쪽을 통과하게 되므로 곡선부에서는 차로폭보다 넓은 폭이 필요하다.

② 차로의 확폭은 원칙적으로 차로의 안쪽인 내측으로 하며, 다른 차로를 침범하지 않도록 하기 위하여 각 차로마다 확폭을 해야 한다.

③ 확폭량은 자동차 앞면의 중심점이 항상 차로의 중심선상에서 주행하는 것으로 가정하여 자동차의 양쪽에 직선부와 똑같은 여유폭이 있도록 정한다.

2 곡선부의 확폭량

1. 확폭량 산정

① 확폭을 필요로 하는 최소 평면곡선반지름은 계산으로 구한 확폭량이 0.20m 이상이 되는 평면곡선반지름이 기준이므로 그보다 큰 경우에는 확폭하지 않는다.

② 차로당 최소 확폭량은 설계 및 시공의 편의를 고려하여 0.25m 단위로 확폭한다.

2. 차로당 확폭량

세미트레일러		대형자동차		소형자동차	
평면곡선반지름 (m)	최소 확폭량 (m)	평면곡선반지름 (m)	최소 확폭량 (m)	평면곡선반지름 (m)	최소 확폭량 (m)
150 이상~280 미만	0.25	110 이상~200 미만	0.25	45 이상~55 미만	0.25
90 이상~150 미만	0.50	65 이상~110 미만	0.50	25 이상~45 미만	0.50
65 이상~ 90 미만	0.75	45 이상~ 65 미만	0.75	15 이상~25 미만	0.75
50 이상~ 65 미만	1.00	35 이상~ 45 미만	1.00		
40 이상~ 50 미만	1.25	25 이상~ 35 미만	1.25		
35 이상~ 40 미만	1.50	20 이상~ 25 미만	1.50		
30 이상~ 35 미만	1.75	18 이상~ 20 미만	1.75		
20 이상~ 30 미만	2.00	15 이상~ 18 미만	2.00		

③ 확폭 설치방법

1. 접속 설치방법

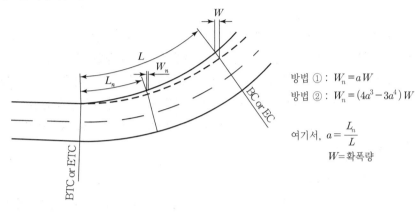

방법 ① : $W_n = aW$
방법 ② : $W_n = (4a^3 - 3a^4)W$

여기서, $a = \dfrac{L_n}{L}$
W = 확폭량

[확폭설치도]

① 완화곡선구간에서 같은 평면선형으로 설치하는 방법
② 접속설치 지점이 원활하게 되도록 고차의 포물선을 사용하는 방법
③ 차도 끝단에도 확폭의 변화를 위한 완화곡선을 삽입하는 방법

2. 확폭 후의 도로중심선

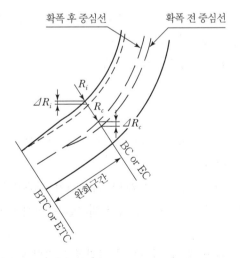

① 당초의 도로중심선 중 원곡선에서 총확폭량 ΔR을 분배하여 ΔR_c, ΔR_i를 갖도록 한 후, 그 이정량을 갖는 완화곡선으로 새로운 도로중심선을 정하면 된다.
② 이때, 이정량 ΔR_c, ΔR_i는 $\Delta R_c = \Delta R_i = \dfrac{\Delta R}{2}$로 하여도 무방하다.

4 적용 시 주의사항

① 차로의 안쪽인 내측으로 확폭하는 것으로 하며, 다른 차로를 침범하지 않도록 하기 위하여 차로마다 확폭하여야 한다.

② 차로 중심의 평면곡선반지름에 따라 확폭량을 0.25m 단위로 규정한 것이다.

③ 도로중심선(또는 차도중심선)의 평면곡선반지름이 35m 이상인 경우에는 도로중심선에 의하여 차로의 확폭량을 구한다(도로중심선의 평면곡선반지름이 작은 경우의 확폭).
도로중심선의 평면곡선반지름이 35m 미만의 경우로서, 특히 차로수가 많을 때에는 도로중심선을 따라 구한 확폭량이 각각의 차로에 필요한 확폭량과 크게 다를 경우가 있으므로 차로마다 확폭량을 구한다.

④ 도시지역 도로의 확폭

　㉠ 도시지역에 위치하는 도로에 대해서는 지형의 상황, 그 밖의 특별한 이유로 부득이한 경우에는 확폭량의 축소나 확폭을 생략할 수 있으나 이를 남용해서는 아니 되며, 교통 안전과 원활한 흐름을 위하여 확폭량 설치를 최대한 노력하여야 한다.

　㉡ 부득이하게 확폭량을 축소하거나 확폭을 생략할 경우에도 대형자동차의 통행이 예상되는 도로에 대해서는 차로폭을 대형자동차의 폭(B=2.5m)이 적용된 확폭량을 더한 폭 이상으로 설치하여야 한다.

⑤ 확폭 생략지역

　㉠ 도시지역 도로(고속국도는 제외한다)에서 도시ㆍ군관리계획이나 주변 지장물 등으로 인하여 부득이하다고 인정되는 경우

　㉡ 설계기준 자동차가 승용자동차인 경우

5 결론

① 도로중심선의 길이에 비례해서 확폭량을 배분하여, 평면곡선 안쪽으로 설치한 후 도로중심선을 새로 설정해야 한다.

② 자동차가 평면곡선부를 주행하는 경우에는 뒷바퀴가 앞바퀴의 안쪽을 통과하게 되므로 차로의 안쪽으로 확폭하는 것으로 하며, 다른 차로를 침범하지 않도록 하기 위하여 차로마다 확폭하여야 한다.

③ 차로당 최소확폭량은 설계 및 시공상의 편리를 고려하여 25m 단위로 하며, 용지 확보가 가능한 경우에는 승용차 기준에도 확폭을 하는 것이 좋다.

12 완화곡선(Clothoid)과 완화구간

1 개요

① 차량의 안전과 쾌적한 주행과 시각적인 원활함을 확보하기 위하여 직선과 원곡선, 또는 반지름이 다른 원곡선을 연결할 때에는 그 사이에 곡률반경이 점변하는 완화곡선(Clothoid) 및 완화구간을 설치한다.

② 완화구간이란 편경사 변화 또는 확폭량을 설치하기 위하여 취하는 편경사 및 확폭량의 변이구간을 의미하며, 완화곡선은 직선부와 곡선부의 접속을 부드럽게 하기 위한 곡선설치구간을 의미한다.

③ 완화곡선의 종류에는 3차 포물선, 렘니스케이트, 클로소이드 등이 있고, 그중에서도 클로소이드 곡선이 여러 가지 점에서 우수한 성질을 가지고 있어서 대표적인 완화곡선으로 쓰이고 있다.

④ 고속국도의 전 구간 및 일반도로 중 설계속도가 60km/h 이상인 도로의 곡선부에는 완화곡선을 설치하여 주행의 원활성, 안전성, 쾌적성을 확보하여야 한다.

2 구성요소와 설치 개념

1. 곡률접속

① 원심가속의 변화율을 불쾌감 주지 않는 허용 범위 이내
② 최소한의 핸들 조작 시간을 부여함
③ 시각적으로 완화곡선이 충분히 크고 부드러운 선형이 되도록 함

2. 편경사 접속

① 서로 다른 편경사를 접속 설치
② 자동차 주행 시 진행방향에 수직한 평면 내에서의 회전각속도를 어느 값 이하로 하여 불쾌감 제거

3. 확폭접속

① 확폭이 있는 곡선부와 직선부를 자연스럽게
② 미관을 해치지 않고 접속시킬 수 있도록
③ 시각적으로 원활하게 보이도록 함

③ 완화곡선장

1. 핸들 조작 시간을 고려한 완화곡선길이

① 핸들 조작에 무리 없는 시간을 적용

$$L = t \cdot v = \frac{V}{3.6} \cdot V$$

여기서, L : 평면곡선길이
t : 주행시간(4초)
v, V : 자동차 속도(m/sec, km/h)

2. 원심가속도변화율에 의한 완화곡선길이

① 핸들을 등속회전시키고 등속주행을 하여 최종곡선에 진입할 때까지의 궤적에 대해 원심가속도 변화율(P)을 적용하여 아래와 같이 구함
② 원심가속도 변화율은 운전자에 따라서 다르므로 운전자의 일반적 특성을 관찰할 필요가 있음
③ 일반적으로 불쾌감을 느끼지 않을 정도의 양($P = 0.5 \sim 0.6 \mathrm{m/sec^3}$)
④ 변화율(P) = 원심가속도($\alpha = \dfrac{V^2}{R}$) ÷ 주행시간($t = \dfrac{L}{V}$)

$$m = \frac{V^3}{RL} = \frac{V^3}{(3.6)^3 RL} \, (P = 0.6 \ \text{대입})$$

$$L = \frac{V^3}{RP(3.6)^3} = 0.036 \frac{V^3}{R}$$

④ 완화곡선의 종류

1. 클로소이드(Clothoid) 곡선

① 차량의 등속주행, 등속속도로 회전하는 것을 가정하여 구한 식
② $R \cdot L = A^2 (A : \text{Clothoid Parameter})$

2. 렘니스케이트(Lemniscate) 곡선

① 스파이럴(Spiral)의 일종으로 극좌표에 의해 구함
② $r^2 = a^2 \sin 2\theta$
여기서, r : 동경, a : 상수, θ : 극각

3. 맥코넬(McConnell) 곡선

① 고속 급곡하는 경우 롤링(Rolling) 운동을 규제
② 각 가속도에 의한 불쾌감 제거

4. 감속곡선(대수나선곡선)

① 속도 변화부에 설치
② IC, 변속차로, 연결로 시종점

5. 3차 포물선

곡선을 주행 시에 차량의 동요를 줄이기 위해 직선과 원곡선 사이에 3차 포물선을 삽입한다.

6. 완화주행궤적에 근사한 곡선

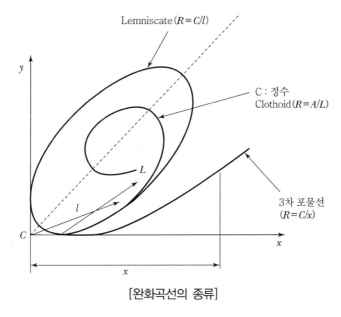

[완화곡선의 종류]

5 완화곡선의 적용

1. 설계속도에 따른 완화곡선(완화구간)의 길이

① 완화곡선은 변이구간에 적용하게 되며, 완화구간은 편경사의 변화 또는 확폭량을 설치하기 위한 변이구간이다.
② 설계속도가 60km/hr 이상인 도로의 평면곡선부에는 완화곡선을 설치하여야 한다.

③ 완화곡선의 길이(완화구간)는 설계속도에 따라 다음 표의 값 이상으로 하여야 한다.
④ 설계속도가 60km/hr 미만인 도로의 평면곡선부에는 다음 표의 길이 이상의 완화구간을 두고 편경사를 설치하거나 확폭을 하여야 한다.

설계속도(km/h)	120	110	100	80	70	60	50	40	30	20
최소길이(m)	70	65	60	50	40	35	30	25	20	15
구분	완화곡선						완화구간			

2. 완화곡선으로 클로소이드를 쓰는 경우

① 적용 범위

$\dfrac{R}{3} \leq A \leq R$ 관계(일본의 설계경험에 의한 값)

② 클로소이드 곡선식

$R \cdot L = A^2$

여기서, A : 완화곡선 파라미터
R : 원곡선의 반지름

완화곡선의 파라미터 크기(A)는 접속하는 곡선반지름(R)에 대해 조화 및 시각적으로 원활한 선형이 됨

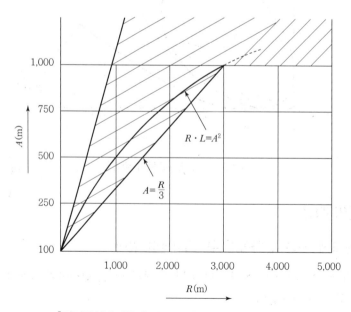

[평면곡선반지름과 클로소이드 파라미터의 관계]

3. 설계 시 클로소이드 곡선

① 시각적으로 원활한 선형이 확보되는 것을 조건으로 정함

② 일반적으로 그 길이는 규정치보다 훨씬 큰 값을 적용함

③ 클로소이드의 파라미터를 원곡선의 1 : 1부터 1 : 3 범위에서 택함

4. 곡선반지름과 파라미터 관계

$$R \leq A \leq \frac{R}{3}$$ 일 때

① 곡선에 순응하는 선형을 조합하여 서로 간의 조화가 이루어져야 함

② 선형의 조화, 주행의 쾌적성 관점에서 권장

6 완화곡선의 설치

1. 클로소이드

곡률이 곡선의 길이에 비례하는 곡선으로 일정속도 주행 시 앞바퀴의 회전속도를 일정하게 유지할 경우 그리는 운동궤적

$$RL = A^2$$

여기서, R : 곡선반지름
L : 클로소이드 곡선장
A : 클로소이드 파라미터

2. 설치형식

① 기본형

직선 → 클로소이드 → 원곡선 순서인 경우 다음 범위에서 원활함

$$\frac{R}{3} \leq A \leq B$$

원곡선반지름이 큰 경우 A(파라미터)의 최대한계는 1,500m
각 곡선의 길이 → 1 : 2 : 1

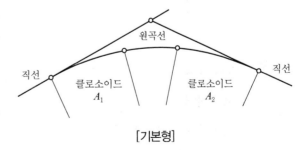

[기본형]

② S형

ㄱ 배향곡선 사이에 2개의 클로소이드 삽입

ㄴ A_1과 A_2의 비는 2.0 이하

ㄷ 가급적 1.5 이하

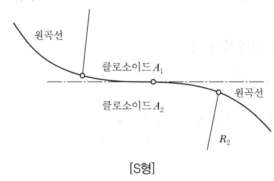

[S형]

③ 계란형

ㄱ 같은 방향의 원곡선을 클로소이드 연결

ㄴ $\dfrac{R_1}{2} \le A \le R_2$

ㄷ 큰 원곡선반지름이 작은 원곡선반지름의 1.5배 이하

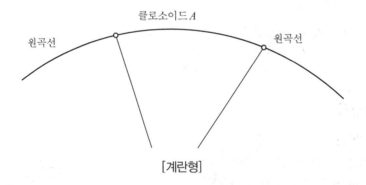

[계란형]

7 완화곡선의 생략

1. 한계이정량

① 완화곡선의 생략 배경

ㄱ 차로폭은 차륜폭에 비해 여유가 있음(차로폭 → 3.0~3.5m, 차륜폭 → 2.5m)

ㄴ 이정량이 여유폭에 비해 매우 작은 경우 직선과 원곡선을 직접연결도 무방함

ㄷ 이정량이 차로 여유폭에 포함되므로 실제 주행 시 영향 없음

② 한계이정량

   ㉠ 최소완화곡선길이 적용 시 20cm 정도의 여유가 있을 경우

   ㉡ 주행역학상 영향 없음

③ 완화곡선의 이정량

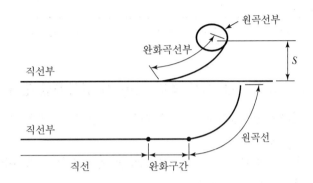

2. 한계곡선반지름의 계산

① 완화곡선을 클로소이드로 가정하고 이정량이 20cm일 때 한계곡선반지름 계산식

$$S = \frac{1}{24} \times \frac{L^2}{R} \, (\text{이 식에 이정량 20cm, 완화곡선최소길이 대입})$$

$$S = \frac{1}{24} \times \frac{L^2}{R} = 0.2\text{m}$$

- $L = \dfrac{V}{3.6} t$

$$R = 0.064 \times V^2$$

       여기서, S : 이정량(m)

             L : 완화구간의 길이(m)

             V : 설계속도(k/h)

             R : 곡선반경

② 경험상 계산값 정도의 원곡선은 시각적으로 불충분함

③ 계산값의 3배 정도의 반경이 바람직하므로 이를 적용값으로 함

3. 완화곡선을 생략할 수 있는 한계곡선반지름 $R = 0.064 \times V^2$

설계속도(km/h)	120	100	80	70	60	50	40	30	20
계산값(m)	921.6	64.0	409.6	313.6	230.4	160.0	102.4	57.6	25.6
한계곡선반지름 적용값(m)	3,000	2,000	1,300	1,000	700	500	300	180	80

주) 고속국도와 자동차전용도로 일부를 제외하고는 사실상 설계속도 60km/hr 미만은 완화곡선을 거의 사용하지 않는다.

4. 복합원곡선인 경우 다음 제시 조건 만족 시 완화곡선 생략 가능

① 단, 작은 원곡선반지름이 위 표의 값 이상이면 큰 원곡선과의 사이에 설치된 완화곡선을 생략할 수 있음
② 두 원곡선 사이에 위 표에서 규정한 최소완화곡선길이에 상당하는 완화곡선을 설치했을 때의 이정량이 0.1m 미만일 때
③ 곡선반지름이 크고 두 원의 반경의 비가 1.5 이하일 때

8 완화곡선 설계 적용 시 주의사항

① 직선과 원곡선 사이 적용 시 클로소이드 파라미터(A)와 곡선반경(R)의 관계
   ㉠ $R/3 \leq A \leq R$일 때 선형 원활
   ㉡ $R/2 \leq A \leq R$일 때 선형 원활
   ㉢ R이 특히 큰 경우 $R/3 \leq A \leq R$일 때 선형 원활

② 직선 → 클로소이드 → 원곡선 → 클로소이드 → 직선 → 1 : 2 : 1~1 : 2 : 1 사이의 비율을 적용

③ 두 클로소이드가 시점에서 배향접속 선형 시 유의

④ 직선을 낀 두 곡선부가 배향 시 직선길이 만족 조건

$$L \leq \frac{A_1 + A_2}{40}$$

   여기서, L : 클로소이드의 겹친 길이(m)
   A_1, A_2 : 클로소이드의 파라미터(m)

⑤ 두 원곡선 복합선형은 회피, 중간에 클로소이드 삽입이 바람직
⑥ $V \leq 60$km/h 이상인 2차로 이상의 간선도로
   시각적 · 심리적 · 쾌적성 확보가 특별히 요구되는 도로는 완화곡선 삽입을 검토

9 결론

① 완화곡선 설치는 직선과 원곡선, 곡선과 곡선 사이를 원활하게 연결하고, 운전자에게 쾌적·안전한 주행서비스를 제공하며 고속 주행 시 시각적인 원활함을 확보하기 위해서 완화곡선을 삽입하는 것이 바람직하다.

② 특히, 우리나라와 같이 지형적인 제약조건이 많은 경우에는 시각적으로나 주행상으로도 운전자의 쾌적성 및 안전성 제고를 위하여 규정값 이상으로 완화곡선 설치를 적극적으로 검토하여 적용함이 바람직하다.

13 복합곡선

1 개요

① 도로의 선형설계는 직선과 곡선으로 구성되며, 곡선의 종류에는 복합곡선, 단곡선, 배향곡선, 완화곡선 등이 있다.

② 복합곡선이란 같은 방향으로 꺾이는 두 개 이상의 원곡선이 서로 연결되어 있는 것을 말한다.

③ 복합곡선은 자동차의 주행이 자연스럽게 이루어지도록 하기 위해 사용되며 적용 시에는 곡선의 반지름 및 곡선의 길이를 충분히 고려하여야 한다.

2 복합곡선의 적용성

1. 복합곡선의 정의

복합곡선은 반지름이 서로 다른 곡선을 연결한 것이다.

2. 복합곡선의 적용

① 평면교차로

② 입체교차로 연결로

③ 지형이 험한 곳의 도로인 경우

④ 자동차의 주행을 원활하게 하기 위해 적용

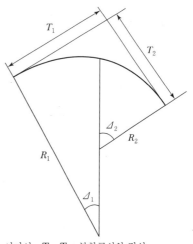

여기서, T_1, T_2 : 복합곡선의 접선
R_1, R_2 : 원곡선 반지름
Δ_1, Δ_2 : 교각(도)

3. 적용 시 유의사항

두 곡선 사이의 부자연스러운 주행을 방지하기 위해 두 곡선 간의 곡선반경비가 1.5 : 1을 넘지 않아야 하며 곡선의 길이가 너무 짧지 않도록 해야 한다.

③ 단곡선

단곡선은 곡선반지름(R)의 일정한 곡선을 말하며, 식은 $R \geq \dfrac{V^2}{127(i+f)}$ 과 같다.

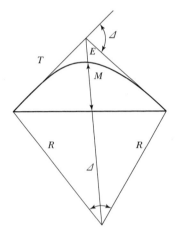

여기서, R : 곡선반지름(m)
T : 접선길이(m)
Δ : 교각(도)
M : 중앙종거(m)
E : 외선장(m)

④ 배향곡선

1. 배향곡선의 정의

두 원곡선이 서로 반대반향으로 진행하며 연결되어 있는 곡선

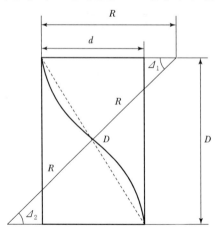

여기서, R_1, R_2 : 원곡선반지름
Δ_1, Δ_2 : 교각(도)
d : 접선 간의 거리

2. 적용성

① 도로선형이 갑자기 변하므로 운전에 어려움을 겪기 때문에 많이 사용하지 않음
② 배향곡선을 사용하기보다는 두 개의 단곡선 사이에 충분한 길이의 직선을 삽입하거나 완화곡선을 삽입해야 함
③ 곡률이 아주 작고 편경사를 붙일 필요가 없는 경우 외에는 배향곡선을 피함

5 완화곡선

완화곡선의 종류는 다음과 같다.

① 클로소이드 곡선
② 렘니스케이트(Lemniscate)
③ 3차 포물선(Cubic Parabola)

클로소이드 곡선이 가장 우수한 성질을 가지므로 대표적으로 사용한다.
$R \cdot L = A^2$ [A : 클로소이드 파라미터(m)]

6 반향곡선(Hairpin Curve)

① 산악지역 도로에서 종단경사 완화 목적
② 지그재그식으로 올라가는 도로에서 사용
③ 교각이 180°에 가까움

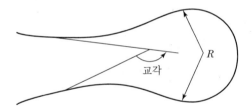

교각 R

7 루프곡선(Loop Curve)

① 평면상에서 폐합된 모양의 곡선
② 입체교차부의 연결로(Rampway)
③ 루프곡선은 반향곡선처럼 곡률이 큰 곡선부를 품고 있으므로 설계에 특별한 주의를 요함

8 결론

① 복합곡선은 같은 방향으로 꺾이는 2개 이상의 원곡선을 서로 연결한 것으로서 두 곡선 간의 반경비는 1.5 : 1을 넘지 않아야 하며, 충분한 곡선길이가 되도록 한다.
② 특히, 복합곡선은 일정한(Constant) 반경으로 설계적용이 불가능한 평면교차로, 입체교차로 연결로(Ramp), 지형이 험준한 산악지 등에 주로 적용되며, 자동차 주행의 원활성을 확보하기 위해 두 곡선 간의 반경비가 부적절할 경우 안전성에 유의하여야 한다.

14 중앙분리대(Central Median)

1 개요

① 차로수가 4차로 이상인 고속국도는 반드시 중앙분리대를 설치하며, 그 밖의 다른 도로는 차로수가 4차로 이상인 경우 필요에 따라 설치하는 것으로 한다.
② 중앙분리대란 양방향으로 분리된 도로에서 교통류를 차도의 왕복방향으로 분리하여 안전하고, 원활한 교통을 확보하기 위하여 설치한 도로의 일부분이다.
③ 4차로 이상의 일반도로에도 중앙분리대의 기능과 교통상황, 연도상황 등으로 미루어 보아 완전하고 원활한 교통을 확보하기 위하여 필요하다고 판단될 때에는 중앙분리대를 설치하는 것이 바람직하다.

2 설치 규정

① 4차로 이상의 도로에 적용
② 설계속도 80km/h 미만일 때 노면표시로 분리 가능
③ 노면표시를 할 경우 그 간격은 50cm 이상
④ 공작물로 설치 시 최소 측방 여유폭 50cm
⑤ 중앙분리대의 분리대 내에는 노상시설을 설치할 수 있으며, 중앙분리대의 폭은 설계속도 및 지역에 따라 다음 표의 값 이상으로 한다. 다만, 자동차전용도로의 경우는 2.0m 이상으로 한다.

설계속도 (킬로미터/시간)	중앙분리대의 최소 폭(미터)		
	지방지역	도시지역	소형차도로
100 이상	3.0	2.0	2.0
100 미만	1.5	1.0	1.0

⑥ 중앙분리대에 설치하는 측대의 폭은 양쪽 면에 각각 0.50m 이상을 원칙으로 한다. 단, 설계속도가 80km/h 미만의 고속국도를 제외한 그 밖의 도로에서 부득이한 경우 0.25m까지 축소할 수 있다.
⑦ 차로를 통행 방향별로 분리하기 위하여 중앙선을 두 줄로 표시하는 경우 각 중앙선의 중심 간격은 0.5미터 이상으로 한다.

③ 중앙분리대의 기능 및 효과

① 대향차도에서 이탈에 의한 치명적인 정면충돌사고 방지
② 도로중심선 측 교통저항을 감소시켜 교통용량 증대
③ 대향차로 오인 방지
④ 유턴(U-turn)을 방지하여 교통류의 혼잡을 줄여주므로 안전성 향상
⑤ 도로표지, 교통관제시설 등의 설치장소 제공
⑥ 좌회전차로를 설치할 수 있어 교통처리상 유리함
⑦ 보행자의 도로 횡단 시 안전섬 역할
⑧ 방호벽으로 된 분리대는 대향차의 차광효과가 있음

④ 중앙분리대 폭의 추가 확보 구간

① 지방지역 2차로 도로 등에서 부득이하게 중앙선을 두 줄로 표시하여 왕복차로별로 분리할 때에는 대향차로 침범 가능성이 있으므로 분리대의 폭을 추가로 확보할 필요가 있다.
② 이것은 종단곡선 변화구간에서 추월시거를 확보하지 못하거나 평면곡선부 등에서 급격한 선형 변화에 따른 대향 자동차 간의 안전을 확보하기 위한 조치이다.
③ 중앙분리대에 안전지대 설치는 2차로 도로에서 선형개량의 어려움이 있는 곳에서 여유용지 확보만으로 선형개량효과가 가능하다(최소 0.75~3.5m 범위).

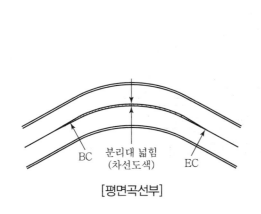

[평면곡선부]

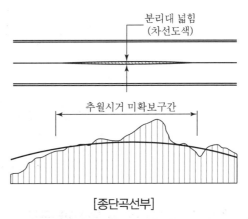

[종단곡선부]

5 중앙분리대의 구성

1. 중앙분리대

측대+분리대

2. 분리대

① 연석 등의 공작물로 턱을 지게 한 것
② 왕복교통의 분리를 구조적으로 표현

3. 측대

분리대 양측에 접해서 설치

4. 측대의 기능

① 운전자의 시선을 유도하여 운전에 대한 안전성 증대
② 주행상 필요한 측방 여유폭의 일부 확보

5. 중앙분리대의 측대폭

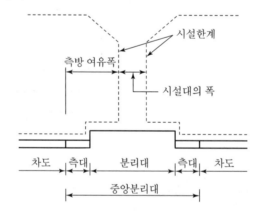

6 중앙분리대의 폭 및 형식과 구조

1. 중앙분리대의 폭

① 중앙분리대는 넓을수록 효과가 큼
② 폭 결정 시 측방 여유폭과 대향차로에의 침입 방지를 위한 방호책, 식수 등 제시설을
두기 위한 시설대로서 필요한 폭을 확보해야 함

③ 노면표시를 할 경우 그 간격은 50cm 이상

④ 분리대를 공작물로 설치하는 경우 측대폭은 50cm 이상

2. 중앙분리대 설계의 기본 요소

① 중앙분리대의 형식, 구조 선정 시 고려사항

  ㉠ 설계속도

  ㉡ 시가화의 정도

  ㉢ 경제성

  ㉣ 도로의 구분(고속국도, 일반도로)

② 중앙분리대 설계의 기본 요소

  ㉠ 연석의 형상

  • 넘어갈 수 없는 형식의 연석( ) : 좁은 분리대(Barrier Type)

  • 넘어갈 수 있는 형식의 연석( ) : 넓은 분리대(Mountable Type)

  ㉡ 분리대의 표면 형상

  • 오목형( ) : 배수 조건으로 넓은 분리대

  • 볼록형( ) : 좁은 중앙분리대

③ 분리대의 표면처리방식

  ㉠ 잔디

  • 넓은 중앙분리대(용지비 많이 소요)

  • 미관상 좋고, 차도와의 색상 조화가 좋다.

  • 유지관리비용이 높다.

  ㉡ 포장

  • 좁은 분리대에 적합하다.

  • 위험성이 매우 높다.

④ 콘크리트 방호벽

  • 안전성 매우 양호

  • 고속국도나 자동차 전용도로에 이용

⑤ 가드 레일(Guard Rail)

⑦ 중앙분리대의 형식별 특징 비교

형식 구분	방호벽 분리대	볼록형 분리대	광폭 분리대
1. 형상			
2. 폭원	3.0m	4.0m	10m 이상(좌측 갓길 포함)
3. 안전성	영향을 전혀 미치지 않음	영향이 적음	영향이 없음
4. 제설	보통	적음	아주 넓음
5. 유지관리 및 녹지관리	필요성이 거의 없음	관리 불량	관리 용이
6. 토질영향 (부등침하)	곤란	보통	크다.
7. 배수	여지 없음	확장 시 불리함	확장 시 유리함
8. 장래 확장	내측확장의 여지가 없으므로 확장 시 불리함	내측확장의 여지가 없으므로 확장 시 불리함	장래 내측으로 확장할 여유 폭이 있어 확장 시 유리함
9. 공사비	공사비 고가	공사비 저렴	공사비 고가
10. 차광 효과	차광판 효과	식재에 의한 효과	폭이 넓어 효과 양호

⑧ 중앙분리대의 설치 현황 및 개선사항

1. 설치 현황

① 분리대의 표면처리
  ㉠ 일반적으로 잔디식재 또는 포장은 용지 확보가 어려움
  ㉡ 볼록형 분리대 선호

② 녹지분리대 사용 시 문제점
  ㉠ 진행방향을 이탈하여 분리대 진입으로 대형사고 발생
  ㉡ 수목 등의 유지관리가 어려움

2. 개선사항

① 고속국도 이외에 4차로 이상의 도로에서는 중앙분리대를 안전성 측면에서 반드시 설치
  → 배리어형(Barrier Type)
② 지방부에서는 좌회전 및 유턴(U-turn)으로 활용
③ 시가지도로 좌회전 대기차로로 활용

9 결론

① 중앙분리대는 교통안전과 원활한 교통소통의 차원에서 반드시 설치하여야 할 시설이다.

② 근래 지가의 상승으로 인하여 자동차전용도로를 제외한 도로는 경제성만을 고려, 이의 채택이 미루어지고 있어 진행차로를 이탈한 차량으로 대형사고가 발생하므로 안전성 확보를 위해서는 설치하여야 할 시설이다.

③ 지방도 및 국도에서도 도로의 특성 및 교통안전을 고려하여 가능한 한 중앙분리대를 설치하여 설계하는 것이 교통안전 측면에서 바람직하다.

④ 중앙분리대는 인명을 중요시하는 차원에서 반드시 설치되어야 하며 용지 확보가 가능한 지역은 광폭 분리대가 좋다.

⑤ 지방지역의 2차로 도로 곡선부에서 곡선이 작거나 시거가 불량한 지역에서는 중앙선의 안전지대를 최소 0.75~3.5m 범위를 확보하면 선형개량을 하지 않고도 안전하게 주행할 수 있다.

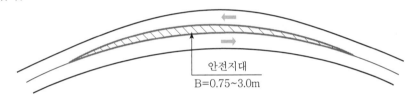

안전지대
B=0.75~3.0m

15 길어깨(Shoulder)

1 개요

① 도로에는 차도와 접속하여(차도의 우측) 길어깨를 설치해야 하며, 보도, 주정차대 설치의 경우에는 제외한다.

② 도로의 주요부를 보호하기 위해 필요한 경우에는 보도, 자전거도, 자전거 보행자도에 접속하여 바깥쪽으로 길어깨를 설치한다.

③ 길어깨는 기능상, 경운기와 보행자 등이 안전하게 통행할 수 있도록 포장하는 것이 바람직하며, 성토구간의 경우 도로표면수의 집수를 길어깨에서 하므로, 길어깨 끝에 연석설치가 바람직하다.

④ 길어깨는 원칙적으로 차도면과 높이가 같거나 경사를 두어 조금 낮게 설치하지만 보도가 없는 터널이나 장대교 또는 고가도로에서는 일부(보호길어깨)를 한 단계 높은 구조로 하여 턱을 두는 것이 보통이다.

2 길어깨의 기능

① 도로의 주요 구조부를 보호함
② 고장차에 대피 장소 제공
③ 측방 여유폭 확보로 교통의 안전성과 쾌적성 증대에 기여함
④ 노상시설물을 설치하는 장소 제공 → 보호길어깨에 설치
⑤ 유지 작업장이나 지하 매설물 설치 장소로 제공됨
⑥ 길어깨에서 집수 시 배수가 양호함
⑦ 철도부 또는 곡선부에서 시거 증대, 교통안정성을 높임
⑧ 유지가 잘 되어 있는 길어깨는 미관이 좋음
⑨ 보도가 없는 도로에서는 보행자 등의 통행 장소로 제공됨

3 길어깨의 분류

1. 기능상 분류(총 길어깨)

① 총 길어깨
  ㉠ 전폭길어깨 : 2.5~3.25
  ㉡ 반폭길어깨 : 1.25~1.75
  ㉢ 협폭길어깨 : 0.50~0.75

② 보호길어깨
  ㉠ 방호책, 도로표지판 등을 설치하기 위한 장소
  ㉡ 보도, 자전거도, 자전거 보행자도를 설치할 경우 이를 보호함
  ㉢ 시설한계는 포함되지 않음
  ㉣ 고속국도 설계 시 폭은 0.5m 적용

4 길어깨의 폭

1. 길어깨 최소 폭(제12조)

설계속도 (km/hr)	오른쪽 길어깨의 최소 폭(m)		
	지방지역	도시지역	소형차도로
100 이상	3.00	2.00	2.00
80 이상	2.00	1.50	1.00
80 미만 60 이상	1.50	1.00	0.75
60 미만	1.00	0.75	0.75

일방통행도로 등 분리도로의 차로 왼쪽에 설치하는 길어깨의 폭은 설계속도 및 지역에 따라 다음 표의 폭 이상으로 한다.

설계속도 (km/hr)	왼쪽 길어깨의 최소 폭(m)		
	지방지역	도시지역	소형차도로
100 이상	1.00	1.00	0.75
80 이상	0.75	0.75	0.75
80 미만	0.50	0.50	0.50

2. 도로 구분과 설계속도에 따라 적용

① 고속국도 : 3.0m 이상
② 일반도로 : 2.0~0.75m 이상
③ 지형 상황 등 부득이한 경우 오르막차로, 변속차로(가감속 차로)가 설치되는 부분은 0.5m까지 축소 가능

3. 터널, 고가도로, 지하차도에서의 길어깨폭

① 고속국도의 경우 1.0m 이상
② 일반도로의 경우 0.5m까지 축소 가능
③ 길이 1.0km 이상의 터널에서 길어깨폭을 2.0m 미만으로 할 경우에는 최소 750m 간격으로 주정차대를 설치

4. 자동차전용도로의 길어깨 폭

① 자동차전용도로의 오른쪽 길어깨는 본선 자동차의 이동성과 주행 안전성, 경제성 등을 고려하여 승용자동차가 주차할 수 있도록 최소 폭을 2.0m로 규정하였다.
② 다만, 도시지역의 오른쪽 길어깨의 폭은 1.5m 이상으로 한다.

5. 길어깨의 측방 여유

길어깨에 접하여 담장 등의 수직구조물이 설치될 경우에는 그림에서와 같이 길어깨 바깥쪽으로 0.5m 이상의 측방 여유를 확보하여 충돌에 의한 가드레일의 변형에 대한 공간을 확보하여야 한다.

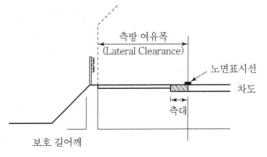

[길어깨의 기능상 분류]

5 길어깨의 축소 또는 생략

1. 고속국도 등 주간선도로의 일시적인 오른쪽 길어깨 축소

① 최근에는 공용 중인 고속국도 또는 자동차전용도로 등 주간선도로에서 첨두시와 같이 특정한 시간대에 교통량 증가로 교통 지정체가 반복적으로 발생하는 경우 이를 효율적으로 처리하기 위하여 한시적으로 길어깨를 차로로 활용할 수 있다.

② 길어깨를 차로로 활용하는 경우의 길어깨 횡단경사는 본선 차로의 횡단경사와 일치시키고, 원활한 배수처리를 위한 시설계획을 검토하여야 하며, 폭설 등 기상 악화, 교통사고 발생 등 비상상황에 대비하여 비상주차대를 설치하여야 한다.

③ 차로별 이용방법 안내를 위하여 차로 제어용 가변 전광표지판, 노면표시 등 교통안전시설 및 도로 안내표지판을 병행 설치한다.

④ 차로 제어의 전달방법으로는 차로제어시스템(Lane Control System, LCS), 가변전광표지(Variable Message Sign, VMS)가 있으며, 안정적인 교통류의 흐름을 유지하기 위하여 규제, 지시, 경고 등의 목적으로 교통표지를 사용한다.

2. 경제성 등을 고려한 길어깨의 축소

① 길어깨는 도로를 따라 일정한 폭으로 연속하여 설치하여야 한다. 다만, 지역 여건, 용지 제약, 경제적 측면을 고려하여 터널, 교량, 지하차도를 설치하는 구간이나 오르막차로를 설치하는 구간, 변속차로를 설치하는 구간에서는 제한적으로 길어깨 폭을 축소할 수 있도록 하였다.

② 이러한 경우 길어깨 폭을 축소할 수 있는 범위는 고속국도와 같이 설계속도가 100km/h 이상인 주간선도로는 길어깨 폭을 1m 이상 확보하여야 하고, 설계속도가 100km/h 미만인 도로는 길어깨 폭을 0.5m 이상 확보하여야 한다.

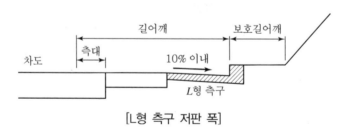

[L형 측구 저판 폭]

3. 고속국도를 제외한 그 밖의 도로 또는 시가지 도로에서의 길어깨 축소

① 보도가 설치되어 있는 고속국도를 제외한 그 밖의 도로 및 도시지역 도로 등에서 도로의 주요 구조부를 보호하고 차도의 기능을 유지하는 데 지장이 없는 경우 차도에 접속하는 길어깨를 생략 또는 축소할 수 있다.

② 또한 도로변에 차로와 접하여 주정차대 또는 자전거 도로가 설치된 경우에도 길어깨 폭을 축소하거나 생략할 수 있다.

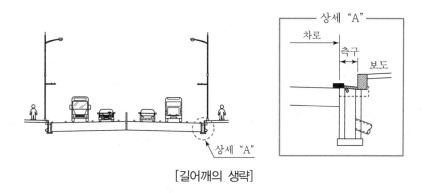

[길어깨의 생략]

⑥ 왼쪽 길어깨의 폭

1. 고속국도 및 그 외 도로의 길어깨 폭

왼쪽 길어깨는 오른쪽 길어깨와 달리 긴급자동차의 통행이나 고장 자동차의 대피에 이용되기보다는 측방 여유를 확보하는 데 의미가 있으므로 오른쪽 길어깨보다 좁은 폭으로도 목적을 달성할 수 있다.

2. 길어깨의 축소 또는 생략

① 중앙분리대에 접한 길어깨의 생략

일반적으로 중앙분리대가 설치되어 있는 도로에서는 왼쪽 길어깨는 필요하지 않으며, 이 경우 중앙분리대 내에는 측대를 확보한다.

② 경제성 등을 고려한 길어깨의 축소 또는 생략

왼쪽 길어깨는 오른쪽 길어깨와 같이 지역 여건, 용지 제약, 경제적 측면에서 터널, 교량, 지하차도를 설치하는 구간에서 제한적으로 길어깨 폭을 축소할 수 있다.
설계속도가 100km/h 미만의 도로에서 길어깨를 축소할 때 최소 측대 폭은 0.5m 이상 확보하여야 하며, 보도가 설치되어 있는 도로나 자전거 도로 또는 주정차대가 차로와 접하여 있는 경우에는 길어깨를 축소 또는 생략할 수 있다.

3. 길어깨의 확폭

① 땅깎기 구간에 L형 측구를 설치할 경우, L형 측구의 저판 폭도 길어깨에 포함시키도록 규정하였다. L형 측구를 설치할 때 옹벽 벽체 또는 비탈면으로 인하여 평면 곡선부에서 시거가 부족한 경우가 있으므로 이를 고려하여 길어깨의 확폭 여부를 신중히 검토할 필요가 있다.

② 특히 터널과 장대교의 전후 100m 구간에는 고장 자동차의 비상주차를 위한 공간 확보를 위하여 길어깨의 폭을 넓히는 것이 필요하다.

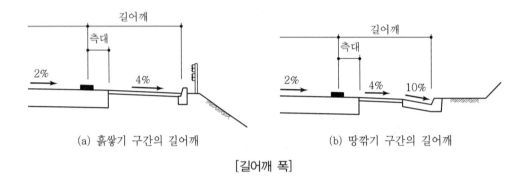

(a) 흙쌓기 구간의 길어깨   (b) 땅깎기 구간의 길어깨

[길어깨 폭]

☑ 길어깨 중 측대의 기능

① 차로와의 경계를 노면표시 등으로 일정 폭만큼 명확하게 나타내고, 운전자의 시선을 유도하여 안전성을 증대시킨다.
② 주행상 필요한 측방 여유폭의 일부를 확보하여 차로의 효용을 유지한다.
③ 차로를 이탈한 자동차에 대한 안전성을 향상시킨다.
④ 차로와 같은 강도의 포장구조로 차로의 포장을 보호한다.

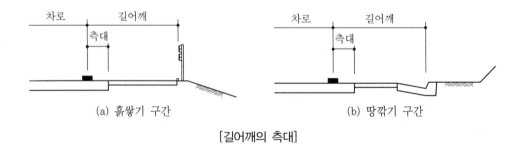

(a) 흙쌓기 구간   (b) 땅깎기 구간

[길어깨의 측대]

⑤ 측대의 구조는 차로의 포장과 동일한 강도를 가져야 한다.

⑥ 측대의 폭
- 길어깨에는 측대를 설치해야 하며, 차도와 동일한 구조로 포장해야 한다.
- 측대의 폭은 설계속도가 80km/hr 이상인 경우에는 0.5미터 이상으로 한다.
- 80km/hr 미만이거나 터널인 경우에는 0.25미터 이상으로 한다.

8 보호길어깨

보호길어깨는 도로의 가장 바깥쪽에 위치하며, 포장 구조 및 노체를 보호하고 시설한계에는 포함되지 않는다. 보호길어깨는 노상시설물을 설치하기 위한 것과 보도 등에 접속하여 도로 끝에 설치하는 것의 두 종류가 있다. 보호길어깨의 폭은 0.5m로 한다.

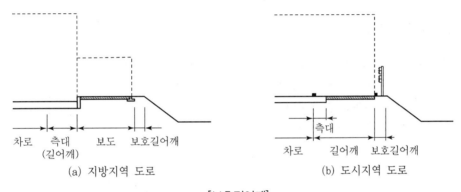

[보호길어깨]

9 결론

① 도로의 주요부를 보호하고 고장차의 대피 장소 제공 등을 위해 고속국도는 지역에 따라, 일반도로는 설계속도 및 지역에 따라 일정폭의 길어깨를 확보하여야 한다.
② 특히 보호길어깨는 노상시설물 및 방호책, 도로표지 등을 설치하기 위한 장소를 제공하여, 길어깨를 보호하기 위해 필요한 시설이다.

16 측방 여유폭(Lateral Clearance)

1 개요

① 주행상 필요한 측방 여유폭의 일부를 확보하여 차도에 대한 효율성을 높이기 위하여 차로 좌·우측에 측방 여유폭 0.5~1.5m를 적용한다.

② 일반적으로 이동성을 보장하기 위하여 차도 바깥쪽으로 1.5m 이상의 여유공간을 만들어 주지만, 터널의 경우에는 공사비 문제 등으로 길어깨를 0.5~1.0m까지 축소할 경우, 측방 여유폭이 작으므로 터널주행 시 불안함을 느낄 수 있다.

2 측방 여유폭 기능

① 차도의 효용성을 높이고 교통의 안전성과 쾌적성에 기여한다.

② 고장차나 긴급자동차에 대피장소를 제공하고 도로의 유지관리에 용이하다.

③ 곡선부에서는 시거가 증대된다.

④ 유지가 잘 되어 있는 길어깨는 도로의 미관을 높인다.

⑤ 보도 등이 없는 도로에서는 보행자의 통행 장소를 제공한다.

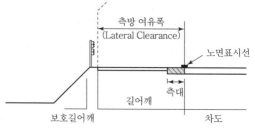

[길어깨 기능상 분류]

[고속국도 기본구간의 차로폭 및 측방 여유폭 보정계수]

장애물까지의 거리(m)	한쪽에만 장애물이 있을 때				양쪽에 장애물이 있을 때			
	차로폭(m)							
	3.50	3.25	3.00	2.75	3.50	3.25	3.00	2.75
1.5 1.0 0.5 0.0	4차로(편도 2차로) 고속국도							
	1.00	0.96	0.90	0.80	0.99	0.96	0.90	0.80
	0.98	0.95	0.89	0.79	0.96	0.93	0.87	0.77
	0.97	0.94	0.88	0.79	0.94	0.91	0.86	0.76
	0.90	0.87	0.82	0.73	0.81	0.79	0.74	0.66
1.5 1.0 0.5 0.0	6차로 이상(편도 3차로 이상)인 고속국도							
	1.00	0.95	0.88	0.77	0.99	0.95	0.88	0.77
	0.98	0.94	0.87	0.76	0.97	0.93	0.86	0.76
	0.97	0.93	0.87	0.76	0.96	0.92	0.85	0.75
	0.94	0.91	0.85	0.74	0.91	0.87	0.81	0.70

③ 중앙분리대 측방 여유폭

1. 중앙분리대

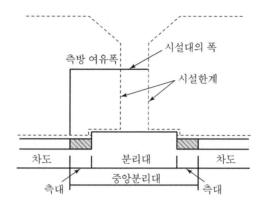

2. 시설물의 종류

형식	형상	중앙분리대		비고
		분리대(a)	측방 여유폭 (측대 포함)	
콘크리트방호벽	b a b	0.60	1.20 0.70 0.50	고속국도 도시고속국도 자동차전용도로
가드레일	b a b	0.60	1.20 0.70 0.50	고속국도 도시고속국도 자동차전용도로
녹지대	b a b	2.00 이상 1.00 이상 1.00 이상 1.00 이상	0.50 0.50 0.50 0.25	고속국도 도시고속국도 자동차전용도로 주간선도로 이하
콘크리트 연석	b a b	1.0 0.50 0.30	1.0 0.50 0.35	고속국도 연결로 주간선도로 보조간선도로

4 결론

① 측방 여유폭은 주행차로에 있는 차량의 안전을 위하여 반드시 필요한 여유폭이므로 초기투자비가 다소 많이 투입되어도 교통안전 측면에서 바람직한 여유폭을 적용해야 한다.
② 측방 여유공간을 잘 이용하면 투자비 이상을 회수할 수 있으므로 교통운영 측면에서 적절한 계획을 수립해야 할 것이다.

17 도로구조의 시설한계(Clearance)

1 개요

① 시설한계란 도로 위에서 차량이나 보행자의 교통안전을 보호하기 위하여 어느 일정한 폭, 일정한 높이, 범위 내에서는 장애가 될 만한 시설물을 설치하지 못하는 공간확보의 한계이다.
② 시설한계 내에서는 교각이나 교대는 물론 조명시설, 방호울타리, 신호기, 도로표지판, 가로수, 전주 등의 시설물을 설치할 수 없다.
③ 폭 구성을 결정할 경우에는 각종 시설의 설치계획에 대해서도 충분히 검토하여 결정하여야 한다.

2 차도의 시설한계

1. 시설한계의 높이

① 차도의 시설한계 높이는 4.5미터 이상으로 한다. 다만, 다음의 경우에는 시설한계 높이를 낮출 수 있다.
  • 집산도로 또는 국지도로로서 지형 상황 등으로 인하여 부득이하다고 인정되는 경우 : 4.2미터 이상
  • 소형차도로인 경우 : 3미터 이상
  • 대형자동차의 교통량이 현저히 적고, 그 도로의 부근에 대형자동차가 우회할 수 있는 도로가 있는 경우 : 3미터 이상
② 보도 및 자전거 도로의 시설한계 높이는 2.5미터 이상으로 한다.
③ 차도의 시설한계 폭은 차도의 폭으로 한다.
④ 보도 및 자전거 도로의 시설한계 폭은 노상시설의 설치에 필요한 부분을 제외한 보도 또는 자전거 도로의 폭으로 한다.

2. 시설한계의 폭

① 길어깨를 설치하는 도로

도로는 원칙적으로 양측에 길어깨를 설치해야 하며, 길어깨를 설치하는 도로는 길어깨까지 시설한계로 결정하고, 도로표지, 방호울타리 등과 같은 노상시설은 길어깨의 시설한계 밖에 설치해야 한다. 규칙 제18조 제1항에 따라 차도의 시설한계 높이는 4.5m를 기준으로 하며, 터널, 교량, 고가도로 또는 지하차도와 같은 구조물 구간의 길어깨는 경제성을 고려하여 시설한계의 모서리를 아래 그림의 (b)와 같이 낮출 수 있도록 한다.

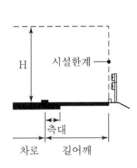
(a) 도로의 시설한계

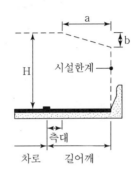
(b) 도로의 시설한계 낮춤
(터널 및 길이 100m 이상인
교량을 제외한 도로의 시설한계)

(c) 도시지역 도로
(터널 및 길이 100m 이상인
교량의 시설한계)

[차로에 접속하여 길어깨가 설치되어 있는 도로의 시설한계]

② 길어깨를 축소하거나 설치하지 않은 도로

정차대 또는 보도, 자전거 도로 또는 자전거 · 보행자 겸용도로가 설치된 경우에는 길어깨 폭을 축소하거나 혹은 길어깨를 설치하지 않을 수 있다.

길어깨를 축소할 때 그 폭은 규칙 제12조 제4항에 다르며, 길어깨를 축소하거나 생략하더라도 차로의 바깥쪽에는 규칙 제12조 제5항에 따라 측대를 설치하고, 더불어 노면배수시설을 설치할 수 있는 최소한의 폭원을 형성할 수 있도록 한다.

길어깨를 축소하거나 설치하지 않은 도로의 시설한계의 높이는 아래 그림에 따른다.

[차로에 접속하여 길어깨가 설치되어 있지 않은 도로의 시설한계]

③ 중앙분리대 또는 교통섬을 설치하는 도로

차도의 중앙에 분리대 또는 교통섬을 설치하는 경우는 경제성을 고려하여 시설한계의 모서리를 아래 그림과 같이 낮출 수 있도록 하였다.

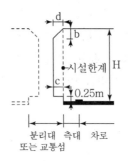

[중앙분리대 또는 교통섬이 있는 도로의 시설한계]

b : H(4m 미만의 경우에는 4m)에서 4m를 뺀 값

다만, 소형차도로는 H(2.8m 미만인 경우에는 2.8m)에서 2.8m를 뺀 값

c 및 d : 분리대와 관계가 있는 것이면 도로의 구분에 따라 각각 다음 표에서 정하는 값으로 하고, 교통섬과 관계가 있는 것이면 c는 0.25m, d는 0.5m로 한다.

3. 중앙분리대 또는 교통섬을 설치하는 도로

① 중앙분리대는 교통섬의 폭의 측방 여유를 고려

② 그 폭이 커지는 경우에는 규정차에 관계없이 크게 잡는 것이 바람직함

3 시설한계 잡는 법

① 시설한계의 상한선은 노면과 평행하게 설치한다.

② 횡단경사 설치구간은 연직으로 설치한다.

③ 편경사 설치구간은 노면에 직각으로 설치한다.

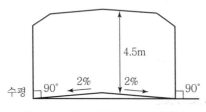

[보통의 횡단경사를 갖는 경우]

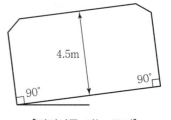

[편경사를 갖는 구간]

④ 보도 및 자전거 도로의 시설한계

보도 및 자전거 도로의 시설한계 높이는 2.5m 이상으로 하며, 폭은 보도나 자전거 도로의 폭만큼 확보하도록 한다. 도로에 노상시설을 설치할 경우에는 노상시설 설치에 필요한 부분을 제외하고 보도 및 자전거 도로의 폭을 확보하도록 한다.

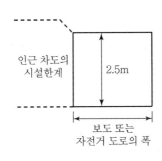 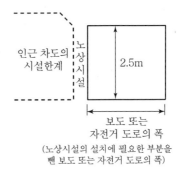

(a) 노상시설을 설치하지 않는 보도 및 자전거 도로   (b) 노상시설을 설치하는 보도 및 자전거 도로

[보도 및 자전거 도로의 시설한계]

⑤ 오목곡선 통과도로 상부의 교량 등 구조물 횡단구간에서의 시설한계

① 2000년도 이후 건설되었거나 건설되고 있는 교량은 특수교량을 설치하고 있다.
② 특히 FCM과 ILM 공법의 경우는 한 번에 수천 m를 일체의 구조물로 시공하는데, 하부도로 통과높이가 낮아서 구조물에 손상이 생기는 경우가 있어 큰 문제가 되고 있다.
③ 그래서 2000년도 이후 발주되고 있는 교량의 대부분은 시설한계를 5m 이상으로 많이 적용하고 있는 추세이다.
④ 하부도로의 종곡선반경이 작아서 상부 구조물에 영향을 미칠 우려가 있거나 석탄운반차량 등 대형차량이 많은 경우는 시설한계높이를 최소 4.75m 이상으로 한다.

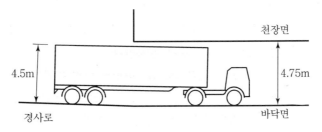

화물차량이 시설한계 구간을 원활하게 통행하기 위해서는
상부구조물의 편경사와 하부도로의 종단곡선과 종단경사를
고려하여 추가높이를 별도 산정해야 한다.

[노면 경사도의 변화가 차량의 통과높이에 미치는 영향]

6 결론

① 차량의 대형화·장대화로 시설한계의 필요성이 더욱 절실해지고 있으며, 시설한계는 차량 자체의 안전은 물론 보행자 등의 안전을 확보하고 도로구조물의 안전한 유지를 위해서는 반드시 필요하다.

② 건설 당시에는 시설한계가 충분히 확보되었으나 공용 후 이를 고려하지 않은 도로시설물의 개보수, 포장덧씌우기 등으로 최근 도시지역에서는 잦은 사고가 발생하고 있다.

③ 도로의 계획설계 시부터 건축한계를 충분히 검토한 후 각종 시설을 설치하여 시설한계의 부족으로 인한 문제가 발생하지 않도록 해야 한다.

18 앞지르기차로와 2+1차로 도로

1 개요

① 저속자동차로 인하여 동일 진행방향 후속 자동차의 속도 감소가 유발되고, 반대 차로를 이용한 앞지르기가 불가능할 경우 원활한 흐름을 도모하고 동시에 도로 안전성을 제고하기 위하여 도로 중앙 측에 설치하는 고속자동차의 주행차로를 말한다.

② 앞지르기차로의 설치로 비교적 적은 공사비를 투입하여 도로의 용량을 증대시킬 수 있을 뿐만 아니라 교통사고의 위험성을 현저히 감소시킬 수 있다.

③ 따라서 2차로 도로에서 도로 용량을 증대시킬 수 있는 대안이다.

2 1방향 앞지르기차로

1. 설치 장소

① 2차로 도로에서 적절한 도로용량 및 주행속도를 확보하기 위하여 오르막차로, 교량 및 터널 구간을 제외한 토공부에 설치한다.

② 앞지르기차로의 설치는 기본적으로 상·하행선 대칭 위치에 설치하며, 토공부가 비교적 긴 구간이나 용지 제약을 받는 구간 등에서는 상·하행선을 엇갈리게 설치하는 방법이 현실적일 수 있으며, 지형 조건, 전후 구간의 설치 간격, 경제성 등을 검토하여 결정하여야 한다.

2. 앞지르기차로의 운영방법 및 구조

① 도로의 바깥쪽을 본선으로, 안쪽을 앞지르기차로로 활용한다.

② 설계속도 및 차로폭은 본선과 동일하게 계획한다.

[앞지르기차로의 개요도]

[앞지르기차로의 길이]

구분		표준 간격 및 연장(km)	
앞지르기차로 설치 간격		6~10	
앞지르기차로 설치 연장		1.0~1.5	
앞지르기차로 완화구간 길이	종점부	L=0.6×w×s	L : 길이(m)
			w : 차로폭(m)
			s : 속도(km/h)
	시점부	종점부의 1/2~2/3 길이	

주) 계획교통량이 적은 경우 지형 여건 등으로 인하여 부득이한 경우에는 교통의 안전성 및 흐름의 원활성을 충분히 고려하여 필요에 따라 설치 간격 및 연장을 증감할 수 있다.

3. 앞지르기차로를 계획할 때 고려사항

① 앞지르기차로는 종점(합류부)의 시인성 확보가 중요하다.

② 교통의 안전성 및 원활성 측면에서 종점 위치를 선정할 때 평면선형이 급변하는 구간, 종단선형의 볼록부와 오목부, 터널 갱구 부근 등은 피한다.

③ 부득이하게 설치할 경우에는 시야 확보 등 교통안전대책을 마련하여야 한다.

③ 앞지르기 기회의 산정

① 반대편 차로에 교통량이 없는 경우 앞지르기 기회는 자동차군(自動車群) 맨 앞 자동차의 속도와 앞지르기 시거에 따라 결정된다.

② 도로의 선형이 앞지르기 기회에 대하여 미치는 영향은 자동차군 맨 앞 자동차의 속도와 앞지르기 시거에 비하여 매우 작거나 무시할 만하다.

③ 앞지르기하고자 하는 자동차가 자동차군 맨 앞 자동차로부터 세 번째 뒤 이후에 위치하면 앞지르기 기회는 급격히 감소한다.

④ 트럭이나 위락관광용 자동차 등은 앞지르기 횟수가 상당히 적다.

⑤ 대체적으로 앞지르기 금지구간이 끝나는 지점 직후에는 앞지르기 기회가 많다.

[앞지르기 기회 백분율과 교통 흐름 상태의 관계]

교통 흐름 상태	앞지르기 기회 백분율(%)	연평균일교통량(AADT)		
		5*	10	20
매우 양호	70~100	5,670	5,000	4,330
양호	30~70	4,530	4,000	3,470
보통	10~30	3,330	3,000	2,670
부분 제한	5~10	2,270	2,000	1,730
제한	0~5	1,530	1,330	1,130
완전 제한	0	930	800	670

주) * 대형자동차 비율

C.J. Haban, "Evaluation of Traffic Capacity and Improvements to Road Geometry"

4 결론

① 앞지르기 가능 구간을 여유 있게 확보한다고 하더라도 실제 운전자들은 반대편 차로에서 진행하는 교통량들을 인식하기 때문에 어느 정도 앞지르기에 지장을 받게 된다.

② 따라서 도로공학적 관점에서는 앞지르기 가능 구간의 확충보다는 양보차로를 설치하여 저속 자동차로 인하여 발생하는 교통운영의 비효율성을 줄이는 것이 더욱 효과적이다.

③ 우리나라 2차로 도로의 시설 현황을 고려하여 앞지르기 기회의 백분율 30%가 확보되지 않는 도로 구간에 양보차로를 설치하는 것이 적정하다고 본다.

19 양보차로

1 개요

① 2차로 도로에서 앞지르기 시거가 확보되지 아니하는 구간으로서, 용량 및 안전성 등을 검토하여 필요하다고 인정되는 경우에는 저속자동차가 다른 자동차에게 통행을 양보할 수 있는 차로(이하 '양보차로'라 한다)를 설치하여야 한다.

② 양보차로를 설치하는 구간에는 운전자가 양보차로에 진입하기 전에 양보차로를 인식할 수 있도록 노면표시 및 표지판 등을 설치하여야 한다.

③ 양보차로는 도로의 용량 및 안전성 등을 검토하여 적절한 길이 및 간격이 유지되도록 하여야 한다.

2 설치기준

① 국외(미국, Transportation Research Board)에서 발간한 도로교통용량편람(Highway Capacity Manual)에서도 2차로 도로에서의 서비스 수준이 앞지르기거리의 확보 유무에 지대한 영향을 받는 것으로 되어 있다.

② 앞지르기 시거가 확보되지 않는 경우 양보차로 설치를, 연평균일교통량(AADT)이 3,000대를 넘을 경우에는 일차로 방향에서의 앞지르기 금지를 권장하고 있다.

③ 턴아웃은 2차로 도로의 한쪽 차로에 설치하여 저속자동차의 양보를 유도하기 위한 시설물로서, 오르막경사 구간에 많이 설치하지만, 평지에서도 교통류의 서비스 수준을 높이기 위하여 설치되고 있다.

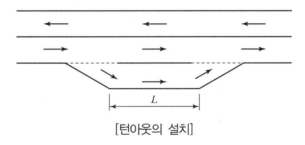

[턴아웃의 설치]

④ 여기에서 턴아웃의 최소 길이(L)는 접근속도에 따라 달라지게 되며, 국외(미국)의 도로교통용량편람에 의하면 표와 같다.

[2차로 도로에서의 턴아웃(Turn-Out) 최소 길이]

접근속도(km/h)	>40	>48	>64	>80	>88	>96
최소 길이(m)	60	60	75	115	130	160

3 양보차로의 길이

① 2차로 도로에서 너무 긴 구간을 양보차로로 설치하는 경우, 운전자들은 양보차로를 4차로 도로로 착각하여 교통사고 발생의 위험을 유발시키게 되므로 적정한 길이를 설치하는 것이 매우 중요하다.

② 미국의 도로교통용량편람에서 규정하고 있는 양보차로의 길이는 접근속도와 관련시켜 결정한 것으로서, 약 4~5초간의 주행거리를 최소 길이로 하고 있다.

③ 국외(캐나다의 온타리오 주)에서 조사한 양보차로의 설치효과 분석에 의하면 양보차로 길이는 약 1,200~2,000m 범위에 있어야 한다고 한다.

[양보차로의 길이]

한 방향 교통량(대/시간)	계산값(m)	적용값(m)
100	731	800
200	898	800~1,200
400	1,316	1,200~1,600
700	2,220	1,600~2,000

4 양보차로의 설치 간격

① 저속자동차에 의한 교통류의 지연시간이 많지 않은 경우, 양보차로 간격을 16~24km 정도로 크게 하는 것이 필요하지만 운전자들의 조급한 마음을 완화시키기 위한 방법으로 다음 양보차로의 위치를 표지로 표시할 수도 있다.
② 한편, 교통량이 많고 앞지르기 기회가 확보되지 않은 경우에는 양보차로 설치 간격을 5~8km까지 감소시킬 수 있다.

5 결론

① 양보차로는 2차로 도로의 운영개선사업으로 비교적 적은 공사비를 투입하여 교통용량을 증대시켜 원활한 소통과 교통사고 위험성을 현저히 감소시키므로 필요시에는 설치해야 한다.
② 양보차로 구간에는 사전에 운전자가 볼 수 있도록 예고표지, 안내표지, 노면표시를 잘 설치해 소기의 효과를 거둘 수 있도록 해야 한다.
③ 중차량 통행량이 많은 2차로 도로에는 교통안전과 교통소통 등을 고려하여 양보차로를 설치해야 한다.

20 턴아웃(Turn-Out)

1 개요

① 턴아웃은 2차 도로의 한쪽 차로 우측에 설치, 저속 차량의 일반적인 양보를 유도하며 전체 지체시간을 줄이고 안전성을 높이는 방안 중 하나로, 상향경사 및 하향경사는 물론 평지에서도 교통류의 서비스 수준을 높이기 위해 설치되고 있다.

② 이 방법을 적절히 사용할 경우 상당량의 차량 지체시간이 감소되며, 이에 대한 안전성도 인정되고 있다.

2 턴아웃 설치 시 고려사항

① 시간당 턴아웃 이용차량의 수
② 턴아웃을 이용하는 차량군 선두차량(Platoon leader)의 백분율
③ 시간당 앞지르기 차량의 수
④ 턴아웃 이용차량을 앞지르기 능력을 가진 차량군 내에 뒤따르는 차량의 백분율
⑤ 턴아웃에서 저속차량의 백분율
⑥ 교통사고 건수

3 턴아웃 설치효과

① 단일 턴아웃은 평지 1.6km 길이의 앞지르기에서 일어나는 앞지르기 시행률의 20~50%에 해당하는 추월기회를 제공할 수 있다.

② 턴아웃의 하류에 발생하는 차량군의 약 2%를 줄일 수 있음

③ 턴아웃을 설치한 경우는 그렇지 않은 경우보다 교통사고 건수에서 164건이 적었음

4 턴아웃의 설치길이

① 턴아웃의 최소길이 L은 접근속도에 따라 달라짐
② 미국의 HCM에 의한 턴아웃의 최소길이 산정실례가 있음
③ 2차로 도로에서 턴아웃의 최소길이(HCM) → 접근속도에 따라 60~160m 적용

접근속도(km/N)	40	48	64	80	88	96
최소길이(m)	60	60	75	115	130	160

④ 턴아웃 설치의 예

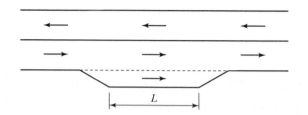

5 결론

① 2차로 도로 개선방안으로 양보차로, 짧은 4차로 구간 설치 등 여러 가지 방안이 있으나 적은 비용으로 교통사고를 감소시키고, 용량을 증대시킬 수 있는 방안으로 턴아웃의 설치를 적극 고려할 만하다.

② 턴아웃은 저속차량을 앞지르기 위한 시설이므로 이용률을 높일 수 있도록 하는 방안이 필요하다. 따라서 도로의 여유부지나 길어깨 등을 효율적으로 활용하여 설치하면 효과적이다.

21 주정차대

1 개요

① 주정차대라 함은 차량 정차에 이용하기 위해 설치되는 띠 모양의 차도 부분을 말한다.

② 도시 내 도로의 경우 차량이 연도에 주정차하는 빈도가 매우 높고, 특히 여유가 없는 2차 도로의 경우 한 대의 차량이 정차 시 주행이 불가하여 교통용량을 저하시키고 불완전한 추월 시에는 대향차와 충돌하여 사고의 원인이 되기 쉽다.

③ 따라서 도시지역에서는 차도의 일부로서 주정차에 필요한 주정차대를 설치하는 것이 바람직하다.

2 주정차대의 설치 목적

① 도시부 도로의 자동차 주정차로 인한 차량의 통행 장애 방지

② 도시 내 도로의 경우 연도에 접근(Access)하기 위한 정차

③ 버스나 택시의 정차

④ 저속차량, 자전거, 2륜차 이용

3 주정차대의 폭과 구조

1. 주정차대의 표준폭

① 대형차의 정차를 고려하여 2.5m로 함
② 통과교통량이 많을 경우 3.0m 이상이 바람직
③ 소형자동차를 대상으로 주정차대를 설치할 경우 도시지역의 구획도로에서는 주정차대 폭을 2.0m까지 줄일 수 있도록 하였으나 이 경우도 안전을 고려하여 3.0m 이상이 바람직하다.

2. 연속 정차대

① 블록에 연속적으로 설치하는 것
② 측구는 정차대에 포함

3. 버스정차대(Bus Bay)

① 정차대를 설치하지 않은 도로구간에서 버스정차에 의한 장애 경감을 위해 본선차로에서 분리하여 설치하는 차로를 말함
② 버스정차대를 설치할 경우 건축선의 굴절 및 보도폭의 연속성 등의 문제를 고려해야 함

4. 주정차대 구조

① 차도면과 동일 평면으로 함
② 연속주정차대의 경우

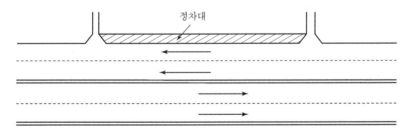

③ 버스주정차대의 경우

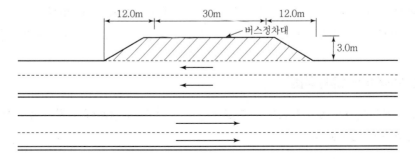

4 주정차대의 운용

① 주정차대는 주차 또는 정차를 목적으로 운용되나, 상황에 따라 여러 가지 운용을 고려할 수 있다.

② 주차를 금지시켜 일시적인 정차만 사용하는 방법은 자전거, 원동기 등이 정차대를 이용할 수 있는 장점도 있다.

③ 교차로 부근에서 주차는 물론 정차행위가 교통소통에 지장을 초래한다.

④ 교차로 유출·유입부에서는 정차대폭을 이용하여 부가차로를 설치하는 것이 좋다.

5 결론

① 주정차대는 차량정차에 공용하기 위해서 설치되는 띠모양 차도 부분으로서 특히, 도시 내 도로의 경우나 2차로 도로의 경우에 있어서 연도에 차량이 정차하는 빈도가 높을 때에는 주정차 시 주행이 불가능하므로 교통용량을 증대시키고 안전성 확보 측면에서 설치함이 바람직하다.

② 도시지역에서는 경제성 측면이 확보된다면 버스정차대보다 연속정차대를 설치함이 좋으며, 교통소통에도 바람직하다.

22 비상주차대

1 개요

① 우측 길어깨가 좁고 고장차가 본선 차로에서 대피할 수 없는 도로에서는 교통에 혼란을 주어 도로 용량이 감소되고 교통사고의 위험이 있다.

② 비상주차대는 우측 길어깨의 폭이 좁은 도로에서 고장난 자동차가 본선 차도에서 벗어나 대피할 수 있는 장소를 제공한다.

③ 본선의 도로 용량 감소 및 교통사고를 예방하는 기능을 하고 있다.

④ 최근에는 졸음운전 대피소가 많이 마련되어 운영 중으로 비상주차대기능을 하고 있다.

2 비상주차대의 설치 기준

① 고속국도에서는 설계속도가 높고 교통량도 많아 노선 전체에 걸쳐서 주차가 가능한 폭의 길어깨가 설치되어야 한다.

② 공사비의 절감 등 부득이하게 길어깨를 2.0m 미만으로 축소하는 장대교, 터널의 경우에는 적당한 간격으로 비상주차대를 설치하여 고장차가 신속히 본선 차로에서 벗어나 대피할 수 있도록 하여야 한다.

③ 도시고속국도나 주간선도로의 우측 길어깨가 2.0m 미만일 경우에는 계획교통량이 적은 경우를 제외하고 비상주차대를 설치하는 것으로 한다.

④ 지방지역의 고속국도를 제외한 그 밖의 도로에 있어서도 계획교통량이 많은 경우에는 안전성, 경제성 등을 고려하여 탄력적으로 적용하는 것이 바람직하다.

③ 비상주차대의 설치 간격

① 비상주차대의 설치 간격을 결정할 때에는 고장차가 그대로의 상태로 주행이 가능한지 또는 인력으로 밀어 대피시킬 것인지를 감안하여 가능한 거리를 판단한다.

② 고장차를 인력으로 전진시킬 경우 승용차는 평지 구간에서 1명으로 2km/h의 속도로서, 200m 정도 전진할 수 있으며, 최대 750m도 전진이 가능하다.

[비상주차대의 설치 간격]

도로 구분	고속국도	고속국도를 제외한 그 밖의 도로
설치 간격(m)	750 이내	750 이내

④ 비상주차대의 설치 위치

① 장대교, 터널 등에서는 길어깨 폭이 2m 미만이며, 구조물의 길이가 1,000m 미만일 때는 그 구조물 전후의 토공 구간에 비상주차대를 설치할 수 있다.

② 그러나 구조물 길이가 그 이상일 경우에는 구조물 중간에 최소 750m 간격으로 비상주차대를 설치할 필요가 있다.

③ 지방지역의 고속국도를 제외한 그 밖의 도로에서 선형 개량 등으로 폐도가 발생할 경우 그 폐도 부지를 이용하는 것도 효과적이다.

④ 길어깨를 확보하였더라도 휴게소, 출입시설 간격 등 현장 여건을 고려하여 필요할 경우 비상주차대를 설치하도록 한다.

⑤ 비상주차대의 유형

① 표준형 : 기본 구조(표준 설치)의 비상주차대
② 확장형 : 분리 안전지대(노면 표시)를 설치한 비상주차대

6 결론

① 설치 위치를 선정할 때 토공 구간에서는 표준 설치 간격에 따라 용지 취득이 용이한 곳으로 하되, 편성편절구간이나 구조물 설치구간은 될 수 있는 대로 피하고, 운전자의 시야에 항상 1군데 이상의 비상주차대가 들어오도록 하는 것이 이상적이다.

② 고속국도를 제외한 그 밖의 도로에서 표준 폭을 적용할 경우 적정 길어깨를 확보할 수 있으므로 비상주차대의 설치는 일부 구조물을 제외하고 특별히 고려할 필요가 없다.

③ 비상주차대 추가 부지 확보가 용이한 곳에서는 단순히 고장차의 대피 장소 기능과 더불어 전화 통화, 내비게이션 조작, 간단한 휴식, 체인 탈착 등의 기능을 보강하는 경우 도로교통 흐름과 안전 측면에서 유리하다.

23 오르막차로

1 개요

① 도로는 같은 설계속도구간에서 동일한 주행 상태가 유지될 수 있도록 함이 바람직하나 오르막 경사 구간에서는 지형조건 및 자동차의 오르막 능력 등에 따라 설계속도가 기준치 이하로 떨어진다.

② 오르막구간에서 대형자동차의 속도 저하는 다른 자동차의 고속주행을 방해하며, 교통의 혼란을 야기시키고 교통지체 등으로 도로의 교통용량을 저하시키는 요인이 된다.

③ 고속으로 주행하는 자동차와 저속으로 주행하는 자동차의 속도차가 증가함에 따라 무리하게 추월을 시도하여 교통사고의 원인을 제공하므로 저속차량과 성능이 좋은 차량을 분리 통행시키기 위하여 설치하는 부가차로를 오르막차로로 설치하여야 한다.

2 오르막차로 설치장소

① 대형차 혼입률이 커서 용량 저하가 발생하는 장소

② 종단경사가 제한 길이를 넘는 지역

③ 승용차로 하여금 무리한 추월을 하지 않도록 하기 위한 지역

④ 속도가 허용최저속도 이하로 떨어지는 구간

③ 오르막차로 설치 시 검토사항

1. 주요 검토사항

① 교통용량
- ㉠ 교통용량과 교통량의 관계
- ㉡ 고속자동차와 저속자동차의 구성비

② 경제성
- ㉠ 오르막경사 낮춤과 오르막차로 설치의 경제성
- ㉡ 고속주행에 따른 편익과 사업비 절감에 따른 경제성

③ 교통안전
오르막차로 설치에 따른 교통사고 예방효과

④ 설계속도 40km/h 이하 도로는 필요성을 검토하여 설치하지 않을 수 있음

2. 대향 2차로 도로의 오르막차로

① 앞지르기 시거 확보, 원활하고 안전한 교통 확보를 위해 설치 검토
② 오르막구간 속도의 저하와 경제성을 검토하여 설치 여부 결정
③ 설치가 필요한 경우라도 오르막구간의 교통용량을 검토하여 현저한 저하를 초래하지 않으면 설치하지 않음

3. 다차로 도로의 오르막차로

① 대향 2차 도로와 달리 다차로 도로에서는 같은 방향의 다른 차로를 이용하게 되어 안전 측면에서 유리
② 대향 2차 도로의 오르막차로는 항시 이용되나 다차로 도로에서는 교통량이 많은 시간대만 이용
③ 보통 20년의 장래교통량을 이용하여 설계하므로 교통 용량 면에서 오르막차로의 단계건설을 검토할 필요가 있음
④ 6차로 이상의 도로에서는 설치를 생략할 수 있음

4 오르막차로 설치구간 설정

1. 설치구간의 산정조건

① 오르막구간에서 대형자동차 오르막 능력
중량당 마력비 200lb/hp를 표준

② 대형자동차의 최고속도
㉠ 설계속도 80km/h 이상인 경우는 80km/h
㉡ 설계속도 80km/h 미만인 경우는 설계속도와 같은 속도로 함

③ 대형자동차의 허용최저속도
㉠ 설계속도 80km/h 이상인 경우는 60km/h
㉡ 설계속도 80km/h 미만인 경우는 설계속도에 20km/h를 감한 값으로 함

2. 속도 – 경사도의 작성

① 경사구간에서 경사길이에 대한 대형자동차의 속도 변화를 감·가속의 경우로 구분한 도표를 이용
② 속도 경사도를 작성하고 허용최저속도보다 낮은 속도의 주행구간을 오르막차로의 설치구간으로 함

③ 속도 경사도 작성 시 종단곡선구간은 다음과 같이 직선경사구간이 연속된 것으로 가정
㉠ 종단곡선길이가 200m 미만인 경우
→ 종단곡선길이를 반으로 나누어 0.5% 미만인 경우
㉡ 종단곡선길이가 200m 이상이며 경사차가 0.5% 앞뒤의 경사로 정함
→ 종단곡선길이를 반으로 나누어 앞뒤의 경사로 정함
㉢ 종단곡선길이가 200m 이상이며 앞뒤의 경사차가 0.5% 이상인 경우
→ 종단곡선길이를 4등분하여 양끝의 1/4 구간은 앞뒤 경사로 하고 가운데 1/2 구간은 앞뒤 경사의 평균값으로 가정함

5 오르막차로의 설치방법

구분 \ 방법	변이구간 접속방법	주행차로 연속설치방법
1. 오르막 차로	변이구간 오르막차로 변이구간 ← 저속자동차 ← 고속자동차 ← 고속자동차	변이구간 오르막차로 변이구간 ← 저속자동차 ← 고속자동차 ← 고속자동차
2. 설치방법	• 종래 사용되던 방법 • 저속자동차가 차로를 바꾸도록 유도 • 저속과 고속자동차를 분리형태로 설치	• 저속자동차가 주행차로 그대로 이용 • 고속자동차가 변이구간을 통과하도록 설치 • 고속자동차가 저속자동차를 앞지르기하는 방법
3. 특징	• 우리나라 운전자 특성상 문제점이 많음 • 저속자동차가 오르막 구간에서 본선주행 • 앞지르기 등 교통사고 발생 • 고속자동차의 연속된 주행 확보 가능 • 일방향 2차로 이상 도로에 효과적 • 양방향 2차로 도로는 운전자 특성상 불리	• 운전자는 변이구간 접속방법에 익숙 • 변이구간 통과 시 세심한 배려 필요 • 변이구간 시작부터 차로 변경 • 양방향 2차로 적용 시 실효성 있음
4. 변이구간	• 시점부 변이구간은 설계속도에 따라 변이율을 1/15~1/25로 적용 • 종점부 변이구간은 설계속도에 따라 변이율을 1/20~1/30로 적용	• 시점부 변이구간은 설계속도에 따라 변이율을 1/15~1/25로 적용 • 종점부 변이구간은 설계속도에 따라 변이율을 1/20~1/30로 적용

6 결론

① 오르막구간에서의 속도 저하는 다른 고속자동차의 주행을 방해하여 교통용량을 감소시키는 요인이 되며 앞지르기 등의 행동이 늘어나 교통안전의 저하를 초래한다.

② 산지가 많은 지형의 도로 건설 시 경제적 측면과 속도 저하 측면을 동시에 고려하여 합리적으로 종단경사의 설계가 이루어지도록 하여야 한다.

③ 오르막차로의 설치는 도로계획 및 선형설계단계부터 우회, 터널 설치 등의 방안과 충분히 비교·검토하여 결정하여야 한다.

⑦ 오르막차로 설치 예

1. 속도 - 경사도에 따른 오르막차로의 설치 예

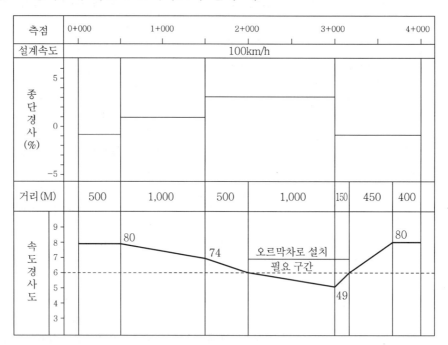

2. 종단경사에 따른 오르막차로의 설치 검토

> **도로 조건**
> • 설계속도 : 100km/hr
> • 차로수 : 왕복 4차로
> • 종단경사 : 설치 예와 같음

　㉠ 속도 - 경사도 작성은 표준트럭(200lb/hp)의 속도를 유지하는 지점부터 작성
　㉡ 경사길이에 따른 속도 변화를 이용하여 종단경사와 연장에 따른 속도 산정
　㉢ 산정된 속도를 연결하여 속도 - 경사도 완성
　㉣ 완성된 속도 - 경사도에서 속도가 60km/hr 이하가 되는 구간에 오르막차로

3. 교통용량에 따른 오르막차로의 설치 검토

① 오르막차로의 설치가 필요한 경우

> 도로 조건
> • 설계속도 : 100km/hr
> • 차로수 : 왕복 4차로
> • 종단경사 : 설치 예와 같음
> • 교통량 : 목표연도 설계시간 교통량 4,000대/시, 중방향계수(D) 55%
> • 중차량 구성비 40%
> • 지역 : 지방부[서비스 수준 'C'(V/C≤0.7) 기준]

㉠ 중방향 설계시간 교통량 산정

DDHV＝4,000대/시×0.55＝2,200대/시/일 방향

㉡ 승용차 환산교통량 산정

• 중차량 보정계수(fw)－특정경사구간(4%, L=1.5km)

$f_{hv}＝1/[1+0.4(2.3-1)]＝0.658$

• 승용차 환산교통량

2,200(대/시/일 방향)÷0.658＝3,343 승용차/시/일 방향

• 서비스 수준 산정(1차로 용량 2,200 승용차/시/차로)

V/C＝3,343÷6,600＝0.51(서비스 수준 'B')

② 오르막차로 설치가 필요하지 않은 경우

> 도로 조건
> • 설계속도 : 100km/hr
> • 차로수 : 왕복 4차로
> • 종단경사 : 설치 예와 같음
> • 교통량 : 목표연도 설계시간 교통량 3,500대/시, 중방향계수(D) 55%
> • 중차량 구성비 30%
> • 지역 : 지방부[서비스 수준 'C'(V/C≤0.7) 기준]

㉠ 중방향 설계시간 교통량 산정

DDHV＝3,500대/시×0.55＝1,925대/시/일 방향

㉡ 승용차 환산교통량 산정

• 중차량 보정계수(fw)－특정경사구간(4%, L=1.5km)

$f_{hv}＝1/[1+0.3(2.7-1)]＝0.662$

- 승용차 환산교통량

  1,925(대/시/일 방향)÷0.662=2,908 승용차/시/일 방향
- 서비스 수준 산정(1차로 용량 2,200 승용차/시/차로)

  V/C=2,908÷4,400=0.66(서비스 수준 'C')

  ㉢ 이러한 경우 중차량으로 인한 교통 혼잡이 적으므로 오르막차로를 설치하지 않아도 된다.

24 오르막차로의 설치방법

1 종단경사

설계속도 (km/hr)	최대종단경사(%)							
	주간선도로 및 보조간선도로				집산도로 및 연결로		국지도로	
	고속국도		고속국도를 제외한 주간선도로 및 보조간선도로					
	평지	산지 등	평지	산지 등	평지	산지 등	평지	산지 등
120	3	4						
110	3	5						
100	3	5	3	6				
90	4	6	4	6				
80	4	6	4	7	6	9		
70			5	7	7	10		
60			5	8	7	10	7	13
50			5	8	7	10	7	14
40			6	9	7	11	7	15
30					7	12	8	16
20							8	16

② 오르막차로 설정기준

1. 터널 및 터널 전후 구간의 오르막차로 설치

[오르막차로 종점과 터널시점 간의 최소이격거리 기준]

설계속도(km/h)	120	100	80	60
최소정지시거(m)	215	155	110	75

2. 오르막차로 종점부 산정

① 오르막차로 종점부는 합류 속도를 회복하는 지점으로 한다.

② 합류속도는 가속차로의 본선 유입 시 도달속도로 하며 다음 표와 같다.

[가속 시 본선 설계속도에 따른 도달속도]

설계속도(km/h)	120	100	80	60
도달속도(km/h)	88	75	60	45

③ 터널 통과 직후 '우측 차로 없어짐 표지' 설치를 위하여 이격거리는 최소 200m 이상으로 한다.

④ 오르막차로 종점 테이퍼 끝부분이 평면곡선, 종단곡선, 땅깎기부, 수목, 가드레일 등으로 인하여 시거가 제약될 때는 오르막차로를 정지시거가 확보될 때까지 연장한다.

3. 설치구간의 산정조건

① 오르막구간에서 대형자동차의 오르막 성능은 중력/마력비 200lb/hp가 표준이다.

② 대형자동차의 최고속도는 설계속도 80km/h 이상인 경우는 80km/h, 설계속도 80km/h 미만인 경우는 설계속도와 같은 속도로 한다.

③ 대형자동차의 허용최저속도는 설계속도 80km/h 이상인 경우는 60km/h, 설계속도 80km/h 미만인 경우는 설계속도에 20km/h를 감한 값으로 한다.

④ 종단경사가 있는 구간에서 자동차의 오르막 능력 등을 검토하여 필요하다고 인정되는 경우에는 오르막차로를 설치하여야 한다. 다만, 설계속도가 시속 40km 이하인 경우에는 오르막차로를 설치하지 아니할 수 있다.

⑤ 오르막차로의 폭은 본선의 차로폭과 같게 설치하여야 한다.

③ 설치방법

① 속도−경사도를 작성하여 허용최저속도 이하의 구간이 500m 미만이 되는 경우에는 오르막차로를 설치하지 않으며 그 구간이 500m 이상 되는 경우에는 그 도로의 교통 특성 및 지역 여건에 따라 다음의 방법을 비교하여 설치한다.
  ㉠ 방법 1 : 오르막차로를 주행차로에 변이구간으로 접속시키는 방법
  ㉡ 방법 2 : 오르막차로를 주행차로와 연속하여 접속시키는 방법

② 오르막차로는 오르막차로의 본선길이와 그 시종점부에 변이구간의 길이로 구성되며, 오르막차로의 본선길이는 대형자동차의 속도가 허용최저속도 이하로 되는 구간부터 허용최저속도로 복귀되는 길이까지로 한다.

③ 오르막차로를 주행차로에 변이구간으로 접속시키는 방법
  ㉠ 종래 오르막차로 설치 시 사용되던 방법으로 저속자동차가 차로를 바꾸도록 유도하여 저속자동차와 고속자동차를 분리시키는 형태로 오르막차로를 설치한다.
  ㉡ 이 방법은 속도−경사도에서 산정된 오르막차로의 본선길이에 접속하여 본선으로 주행하던 저속자동차가 원활하게 차로를 바꿀 수 있도록 변이구간을 다음과 같이 설치한다.
    • 시점부 변이구간은 설계속도에 따라 변이율을 1/15~1/25 사이로 한다.
    • 종점부 변이구간은 설계속도에 따라 변이율을 1/20~1/30 사이로 한다.

④ 계산의 예

① 오르막차로의 설치지점을 결정하기 위하여 주행속도를 알 필요가 있으며, 임의지점의 주행속도는 경사길이에 따른 속도 변화도와 속도−경사도에 따른 오르막차로 설치도를 사용하여 구한다.
  ㉠ 종단곡선길이가 200m 미만인 경우는 종단곡선길이를 반으로 나누어 앞뒤의 경사로 정한다.
  ㉡ 종단곡선길이가 200m 이상이며 앞뒤의 경사차가 0.5% 미만인 경우에는 종단곡선길이를 반으로 나누어 앞뒤의 경사로 정한다.
  ㉢ 종단곡선길이가 200m 이상이며 경사차가 0.5% 이상인 경우는 종단곡선길이를 4등분하여 양끝의 1/4 구간은 앞뒤 경사로 하고 가운데 1/2 구간은 앞뒤 경사의 평균값으로 가정한다.

② 이 방법으로 다시 종단경사가 속도−경사도에 따른 오르막 설치도에 표시되어 있으며, 이것에는 동시에 경사길이에 따른 속도 변화 그림과 속도를 이용하여 얻은 속도도 표시되어 있다. 속도−경사도에 따른 오르막차로 설치도의 작성방법은 다음과 같다(그림 1~3 참조).

㉠ 속도－경사도에 따른 오르막차로 설치도(그림 3)의 No.8＋30까지는 $i=(-)0.72$이며, No.13＋30〜No.8＋30까지는 500m로 이것은 200m 이상이며, 경사의 대수차 $3.35-(-0.72)=4.07$로 0.5% 이상이므로 종단곡선길이를 4등분하여 $(500÷4=125m)$ 양단은 각각 전후의 경사와 같게 한다.

㉡ 따라서, 첫 번째의 125m는 $(-)0.72$, 네 번째의 125m는 3.35이며, 가운데의 250m는 대수평균치${3.35+(-0.72)}/2=2.63/2=1.32\%$로 한다. 이것은 속도－경사도에 따른 오르막차로 설치도(그림 3)에 경사 ①로 표시되고 있다.

㉢ No.17＋90과 No.21＋50 사이 360m의 종단곡선은 그 전후구간 경사의 대수차가 $3.50-3.35=0.15$로서 0.5% 미만이므로 360m를 2등분하여 처음의 180m는 3.35%, 뒤의 180m는 3.50%로 한다.

㉣ No.21＋50과 No.26＋70 사이의 종단곡선길이는 520m로서 200m 이상이며, 경사대수차는 $(-)1.44+3.50=(-)4.94$로서 0.5% 이상이므로 종단곡선을 4등분하여 $(520÷4=130m)$ 첫 번째의 130m는 3.50%, 네 번째의 130m는 $(-)1.44\%$로 하고 가운데의 260m는 경사 대수평균 $(-1.44+3.50)/2=2.06/2=1.03\%$로 한다. 이것은 속도－경사도에 따른 오르막차로 설치도(그림 3)에 경사 ④로 표시되고 있다.

㉤ 위와 같이 결정한 환산종단경사구간에 대하여 No.9＋60에서 앞으로 하여 각 구간을 ①〜⑤로 구분한다.

㉥ 주행속도를 추정함에 있어 No.9＋60 지점까지 트럭의 주행속도는 80km/hr로 가정한다.

㉦ 구간 ㉮의 연장은 250m, 경사는 1.32%이므로 경사길이에 따른 속도변화도(그림 1)의 구간 ㉮에서 알 수 있는 것과 같은 구간 ㉮의 종점에 있어서 트럭의 속도는 79km/hr 정도 된다.

㉧ 구간 ㉯에 대하여는 경사길이에 따른 속도변화도(그림 1)의 3.0〜4.0% 사이에 3.35%의 주행곡선을 가정하여 79km/h2로 생각되는 지점부터 구간 ㉯의 길이 720m를 취한다. 이렇게 하면 구간 ㉯의 종점에 있어서 속도는 63km/hr가 된다.

㉨ 구간 ㉰는 3%이며, ㉯의 끝점인 63km/h에서 수평선을 그어 3.5%와 접선지점이 나타나지 않으므로 ㉯의 54km/hr 끝점을 시작으로 ㉰의 시점이 되며 여기서부터 310m를 연결하면 57km/hr로 떨어진다.

㉩ 구간 ㉱는 가속표(그림 2)를 이용하여 1.03지점의 57km/h를 시작으로 260m 지점의 1.03%는 65km/hr로 회복되었다.

㉪ 가속표(그림 2)를 이용하여 65km/hr 지점의 S＝-1.44%로 할 때 80km/hr로 회복에 필요한 거리는 400m로 나타났다.

㉫ 따라서, 오르막구간은 오르막속도 60km/hr 이하 구간으로 정하고, 테이퍼는 별도 기준에 따라 적용해야 한다.

5 경사길이에 따른 속도변화도

1. 감속인 경우

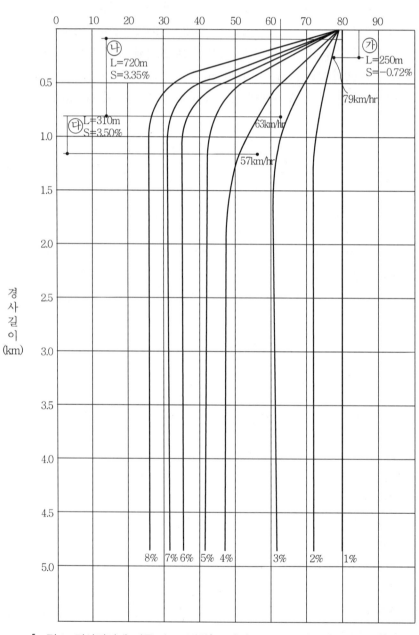

[그림 1. 경사길이에 따른 속도 변화(200/b/hp 표준트럭 : 감속인 경우)]

2. 가속인 경우

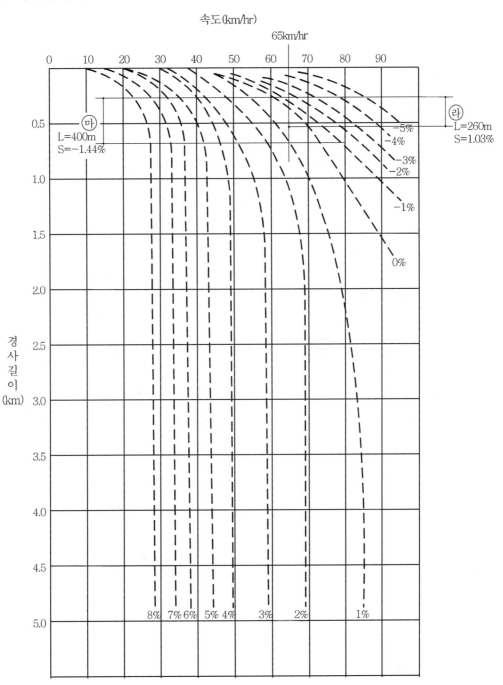

[그림 2. 경사길이에 따른 속도 변화(200/b/hp 표준트럭 : 가속인 경우)]

6 속도 – 경사도에 따른 오르막차로 설치도

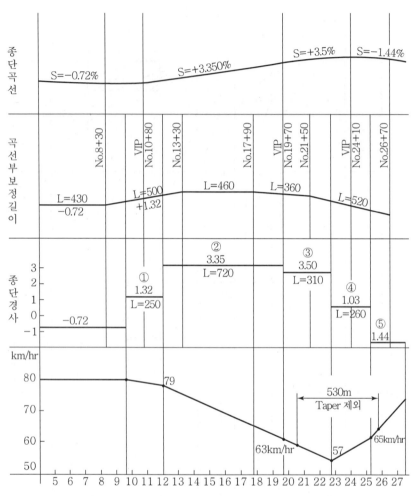

[그림 3. 속도–경사도에 따른 오르막차로 설치도]

25 주행하는 차량에 작용하는 힘과 가감속도, 소비마력

1 차량에 작용하는 힘과 운동 및 마력

차량에 작용하는 힘은 엔진출력으로부터 내부 손실을 뺀 바퀴의 구동력과 주행저항, 바퀴와 노면의 마찰력 등이다. 이 힘들의 합력에 의해 가속도 또는 감속도가 작용하여 차량이 움직이거나 속도를 변화시킨다.

1. 뉴턴의 운동법칙

① 제1법칙(관성의 법칙) : 절점에 작용하는 합력이 0이면 절점은 정지 상태에 있거나 등속운동을 한다.

② 제2법칙(질량보존의 법칙, F=ma) : 절점이 받는 힘이 0이 아니면 절점은 합력의 방향으로 가속운동을 한다. 이때 가속도는 합력의 크기에 비례하고 질량에 반비례한다.

③ 제3법칙(작용·반작용의 법칙) : A절점이 B절점에 작용하는 힘과 크기가 B절점이 A절점에 작용하는 것과 같고 방향은 반대이다.

2. 차량에 작용하는 저항력

① 주행저항

엔진의 출력이 차량 내부 각 기관에서 소모된 후 최종적으로 구동 바퀴로 전달되며 이를 구동력이라 한다. 이 구동력으로 차량이 주행하면 차량 외부로부터 여러 가지 저항력을 받는다. 이를 주행저항이라 하며, 여기에는 다음과 같은 것들이 있다.

㉠ 구름저항(Rolling Resistance, R_r)

구르는 타이어와 노면 간의 접지조건에 따라 발생하는 저항, 노면 상태와 차량의 무게에 좌우된다. 차량의 무게를 W(kg)라 할 때, 승용차, 아스팔트 또는 콘크리트의 양호한 노면 상태를 기준으로 해서 $R_r = 0.013W$(kg)의 관계를 갖는다.

㉡ 공기저항(Air Resistance, R_a)

차량 진행로의 공기효과 및 차량표면의 공기마찰력, 차량 후미의 진공효과에 의한 저항력, 차량의 전부 단면적과 주행속도에 좌우된다. 차량의 전부 단면적을 A(m^2), 속도를 V(kph)라 할 때 $R_a = 0.011A V^2$(kg)이다.

㉢ 경사저항(Grade Resistance, R_g)

차량무게가 경사로 아래방향으로 작용하는 분력, 차량의 무게와 경사의 크기에 좌우된다. 경사의 크기를 s(%)라 할 때, $R_g = 0.01Ws$(kg)의 관계를 갖는다.

ⓔ 곡선저항(Curve Resistance, R_c)

곡선구간을 돌 때 앞바퀴를 안쪽으로 끄는 힘으로 소모되는 힘, 차종, 곡선반경, 속도에 좌우된다. 곡선저항 R_c는 다음 표와 같다.

곡선반경(m)	속도(kph)	곡선저항(kg)
345	80	18
345	95	36
170	50	18
170	65	54
170	80	108

② 관성저항(Inertia Resistance, R_i)

운동상태가 변할 때 생기는 관성을 제거하는 힘으로서, 차량무게 및 가감속도에 좌우된다. 이 힘을 가속저항이라 하여 주행저항에 포함시키는 사람도 있으나 여기서는 저항력 대신 관성력으로 보아 주행저항에 포함시키지 않고 운동역학공식에 직접 사용한다. 관성저항은 다음과 같이 나타낸다.

$$R_i = \frac{Wa}{g}(\text{kg})$$

여기서, W : 차량의 무게(kg), g : 중력의 가속도(9.8m/sec²)
a : 가 : 감속도(m/sec²), 가속 시 (+)값, 감속 시 (−)값

※ 주의 : kg은 원래 질량의 단위이나 여기서는 'kg의 무게(힘)'의 뜻으로 사용되며, 물리학에서 사용되는 정확한 힘의 단위는 질량(kg)에 중력의 가속도 9.8m/sec²를 곱하여 뉴턴(Newton) 단위(또는 kgm/s²)로 나타낸다.

2 가속, 감속도, 저항, 관성력의 관계

$$F = \frac{Wa}{g} + R$$

여기서, F : 가속 시 구동축의 구동력 또는 감속 시 제동력(kg), 가속 시 (+), 감속 시 (−)
R : 주행저항(kg)

3 마력(Horse Power, HP)과 주행속도

마력이란 일률, 즉 단위시간당 한 일의 크기를 말하며, 힘이 작용하는 속도와 같다. 1마력(HP)은 74.6kg을 1초 동안 1m 움직이는 능력을 말한다.

$$P= \frac{dW}{dt}= F\cdot \left(\frac{dd}{dt}\right)= F\cdot V$$

$$1\,HP= 74.6\mathrm{kg}\cdot \mathrm{m/sec}$$

$$P= \frac{FV}{3.6\times 74.6}= 0.00373\mathrm{FV}$$

여기서, P : 마력(HP)

F : 주행저항(R)+관성저항(kg)

V : 주행속도(kph)

g : 중력의 가속도($9.8\mathrm{m/sec}^2$)

f : 종방향 마찰계수

s : 종단경사

26 종단곡선

1 개요

① 자동차가 두 개의 다른 종단경사구간을 통과할 때는 차량의 운동량 변화에 따른 충격을 감소시키고, 운전자의 시거를 확보할 수 있도록 종단곡선을 설치하여야 한다.

② 종단곡선은 볼록형과 오목형으로 구분되며, 일반적으로 2차 포물선으로 설치하며, 종단경사 변화비율에 대한 기준과 종단곡선의 최소길이기준을 적용한다.

③ 종단곡선은 충분한 범위 내에서 주행의 안전성과 쾌적성을 확보하고 도로의 배수를 원활히 할 수 있도록 설치하여야 한다.

2 종단곡선 크기의 표시

1. 종단곡선 크기의 표시방법

① 종단곡선반경으로 나타내는 방법

② 종단곡선변화비율로 나타내는 방법

2. 종단곡선 크기의 표시

① S_1, S_2를 종단경사라 하면 → S_1, S_2는 2차 포물선인 종단곡선접선이 됨

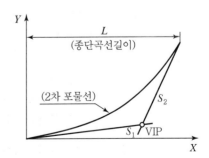

② 2차 포물선 방정식은 다음 식으로 나타낼 수 있음

$$Y = \frac{1}{2K_r}x + S_1 x \,(K_r은\ 정수) \quad \text{······················· 식 1}$$

③ 경사 S_2는

$$S_2 = \frac{x}{K_r + S_1} \quad \text{······································· 식 2}$$

④ 임의점의 곡선반경을 R_v라 하면

$$R_v = \frac{\left[1 + \left(\dfrac{dy}{dx}\right)^2\right]^{\frac{3}{2}}}{\dfrac{d^2 y}{dx^2}} = K_r(1 + S_1)^{\frac{3}{2}} \quad \text{··············· 식 3}$$

⑤ 종단경사로서 S_1은 매우 작으므로

$$R_v \doteqdot K_r$$

⑥ 식 2에서

$$\frac{x}{S_2 - S_1} = K_r \doteqdot R_v \quad \text{····························· 식 4}$$

이로부터 종단곡선상 2점에서의 접속경사의 대수차로 2점 간의 거리를 나눈 값은 일정하며 이 값은 또 근사적으로 곡선반경이 된다는 것을 알 수 있다.

실제의 종단곡선에 있어서는 x의 값으로서 종단곡선의 곡선길이 L을 취하면 S_1 및 S_2는 종단경사가 되므로 종단곡선반경 R_v는 다음과 같이 표시된다.

$$R_v = \frac{L}{S_2 - S_1}$$

3. 종단곡선 변화비율

① 종단곡선 변화비율의 개념 : 접속되는 두 종단경사의 대수차가 1% 변화하는 데 확보하여야 할 수평거리

② 종단곡선 변화비율은 다음 식으로 나타낸다.

$$K = \frac{K_r(= R_v)}{100} = \frac{L}{(S_2 - S_1) \times 100} = \frac{L}{S}$$

여기서, K : 종단곡선 변화비율(m/%)
L : 종단곡선길이(m)
S : 종단경사의 대수차($|S_1\ S_2|$)(%)

[종단곡선 설치길이]

③ 종단곡선 크기의 표시방법 중 본규정(시설기준) 종단곡선 변화비율로 표시함

③ 최소종단곡선 변화비율

1. 종단곡선의 변화비율

① 차량에 미치는 충격을 완화시킴
② 정지시거를 확보할 수 있도록 최솟값을 규정함

2. 충격 완화에 필요한 종단곡선길이와 변화비율

충격 완화에 필요한 종단곡선길이와 변화비율은 다음 식으로 산정

$$L = \frac{V^2 \times S}{360}, \ K = \frac{V^2}{360}$$

여기서, L : 종단곡선길이(m), S : 종단경사의 차(%)
V : 주행속도(km/h), K : 종단곡선 변화비율(m/%)

3. 정지시거 확보와 종단곡선길이

① 두 점이 종단곡선상에 위치할 때

$$L = \frac{D^2(S_2 - S_1)}{385}$$

여기서, L : 종단곡선길이(m)
S : 종단경사의 차(%)
D : 정지시거(m)

$$K = \frac{D^2}{385}$$

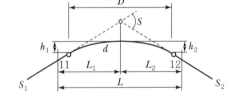

② 두 점이 종단곡선 밖에 위치할 때

$$L = 2D - \frac{385}{(S_2 - S_1)}$$

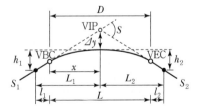

③ 전조등의 야간투시에 의한 종단곡선길이
오목형 종단곡선의 최소길이는 전조등에 의한 시거 및 주행의 쾌적성을 확보할 수 있도록 설치되어야 한다. 전조등에 의한 시거 확보 거리 산정 시 전조등의 높이 h는 60cm, 상향각은 1°로 하여 계산한다.

㉠ 2점이 종단곡선상에 있는 경우

$$L = \frac{SD^2}{120 + 3.5D}$$

여기서, L : 종단곡선길이(m)

S : 종단경사의 차(%)

D : 정지시거(m)

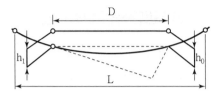

㉡ 2점이 종단곡선 밖에 있는 경우

$$L = 2D - \frac{120 + 3.5D^2}{S}$$

이를 종단곡선 변화비율로 나타내는 식과 규정값은 다음과 같다.

$$K = \frac{D^2}{120 + 3.5D}$$

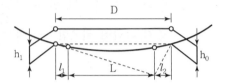

[볼록형 종단곡선의 종단곡선 변화비율]

설계속도 (km/h)	최소 정지시거 (m)	볼록형 종단곡선의 종단곡선 변화비율(m/%)		
		충격 완화를 위한 K값	정지시거 확보를 위한 K값	적용 K값
120	215	40.0	120.1	120.0
110	185	33.6	88.9	90.0
100	155	27.8	62.4	60.0
90	130	22.5	43.9	45.0
80	110	17.8	31.4	30.0
70	95	13.6	23.4	25.0
60	75	10.0	14.6	15.0
50	55	6.9	7.9	8.0
40	40	4.4	4.2	4.0
30	30	2.5	2.3	3.0
20	20	1.1	1.0	1.0

4 최소종단곡선장

① 인접하는 두 경사차가 작고 종단곡선의 길이가 너무 짧을 경우 운전자의 눈에 비치는 도로의 선형이 원활하지 않으므로 설계속도로 3초간 주행하는 거리를 최소종단곡선길이로 한다.

② 종단곡선의 변화비율은 설계속도 및 종단곡선의 형태에 따라 다음 표 이상으로 한다.

설계속도(km/h)		120	110	100	90	80	70	60	50	40	30	20
변화비율 (m/%)	볼록곡선	120	90	60	45	30	25	15	8	4	3	1
	오목곡선	55	45	35	30	25	20	15	10	6	4	2

③ 종단곡선의 길이는 설계속도에 따라 다음 표의 길이 이상이어야 한다.

설계속도(km/h)	120	110	100	90	80	70	60	50	40	30	20
최소 종단곡선길이(m)	100	90	85	75	70	60	50	40	35	25	20

5 종단곡선의 중간값 계산

① 종단곡선은 지극히 편평하므로 그 길이는 수평거리와 같다고 본다.
② 종단곡선 내 임의의 점의 높이는 다음 식으로 계산된다.

$$y = \frac{|S_1 - S_2|}{200L}x^2$$

여기서, y : 종단곡선 임의의 점에서의 종거
   x : 종단곡선 시점에서 임의점까지의 수평거리
   S_1 : 종단곡선 시점부의 종단경사
   S_2 : 종단곡선 종점부의 종단경사
   L : 종단곡선길이

6 결론

① 종단곡선은 주행의 안정성, 쾌적성 확보 및 차량의 충격방지를 위하여 선형설계 시 반드시 고려하여야 한다.
② 종단곡선의 설계는 평면선형을 고려한 입체적 선형으로 검토되어야 한다.
③ 종단곡선의 설치는 최소 규정치를 적용하지 말고 주위 지형의 적응성을 고려하여 가급적 규정치의 1.5~2배 이상을 사용하는 것이 바람직하다.

7 종단곡선 길이 산정 예

다음과 같은 종단곡선에서 PVC, PVI, PVT와 PVC로부터 30m, 50m, 70m 떨어진 지점의 표고를 구하라. 또 이 종단곡선 정점의 위치와 그 점의 표고를 구하라(단, PVI의 표고는 648.64m이다).

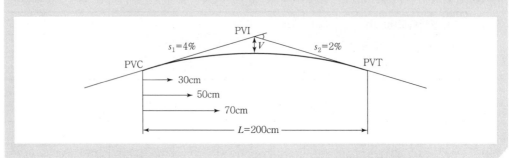

+풀이 $A = 4 - (-2) = 6\%$

표고 EL_{PVC}인 PVC 점을 기준으로 x만한 거리에 있는 어느 점 a의 표고는

$$EL_a = EL_{PVC} + \frac{s_1 \cdot x}{100} - \frac{S \cdot x^2}{200L}$$

그러므로 각 점의 표고는

- PVI : 648.64m(주어진 값), PVI 점은 PVC와 PVT의 중간에 위치한다.
- PVC : $648.64 - 0.04 \times 100 = 644.64$m
- PVT : $EL_{PVC} + \dfrac{s_1 \cdot x}{100} - \dfrac{S \cdot x^2}{200L} = 644.64 + 0.04 \times 200 - \dfrac{6 \times 200^2}{200 \times 200} = 646.64$m
- PVC로부터 30m 떨어진 지점의 높이

  PVC_{30} : $644.64 + 0.04 \times 30 - \dfrac{6 \times 30^2}{200 \times 200} = 645.71$m

- PVC로부터 50m 떨어진 지점의 높이

  PVC_{50} : $644.64 + 0.04 \times 50 - \dfrac{6 \times 50^2}{200 \times 200} = 646.27$m

- PVC로부터 70m 떨어진 지점의 높이

  VBC_{70} : $644.64 + 0.04 \times 70 - \dfrac{6 \times 70^2}{200 \times 200} = 646.71$m

- 표고가 가장 높은 점의 위치는 아래 공식의 값이 0이 되는 점이다.

  따라서, $EL_a / dx = \dfrac{s_1}{100} - \dfrac{S \cdot x}{100L} = 0$

  그러므로 $x = \dfrac{s_1 \cdot L}{A} = \dfrac{4 \times 200}{6} = 133.3$m

  PVC로부터 133.33m 떨어진 지점의 높이

  $PVC_{133.33} = 644.64 + 0.04 \times 133.33 - \dfrac{6 \times 133.33^2}{200 \times 200} = 647.31$m

예제 02

아래 그림과 같은 오목종단곡선에서 다음의 값을 구하라[단, PVI의 위치(2+000)와 지반고(GL =675m)의 값이다].

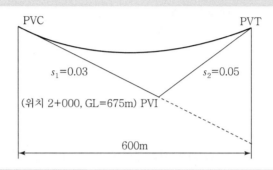

(1) PVC의 좌표 및 지반고 (2) PVT의 좌표 및 지반고
(3) PVC로부터 100m 되는 지점의 지반고 (4) PVC로부터 400m 되는 지점의 지반고
(5) 곡선부 바닥의 위치와 지반고(GL)

풀이 (1) 이 곡선은 PVI에 관해서 대칭이므로
PVC의 좌표 $= PVI$ 좌표 $- L/2 = 2,000 - 600/2 = 1 + 700.0$
PVC의 지반고 $= PVI$의 지반고 $+ s_1(L/2) = 675 + 0.03(300) = 684.0\,\text{m}$

(2) PVT 좌표 $= PVI$의 좌표 $+ L/2 = 2,000 + 600/2 = 2 + 300.0$
PVT의 지반고 $= PVI$의 지반고 $+ s_2(L/2) = 675 + 0.05(200) = 690.0\,\text{m}$

(3) PVC로부터 수평으로 x만한 거리에 있는 곡선상 점이 곡선의 곡률
$a = (s_2 - s_1)/2L = [0.05 - (-0.03)]/(2 \times 600) = 0.000067$
그 점으로부터 PVC 접선까지의 수직오프셋
$= ax^2 = (0.000067)(100)^2 = 0.67\text{m}$
그 점의 수직선과 PVC 접선까지의 수직오프셋
$= PVC$ 지반고 $+ s_1 x = 684.0\text{m} + (-0.03)100 = 681.0\text{m}$
그 점의 지반고 $= 0.67 + 681.0 = 681.67\,\text{m}$

(4) 그 점으로부터 PVC 접선까지의 수직오프셋
$= ax^2 = (0.000067)(400)^2 = 10.67\text{m}$
그 점의 수직선과 PVC 접선과의 교점의 지반고
$= PVC$ 지반고 $+ s_1 x = 684.0\text{m} + (-0.03)400 = 672.0\text{m}$
그 점의 지반고 $= 10.67 + 672.0 = 682.67\text{m}$

(5) 곡선부 바닥의 위치(PVC로부터의 거리 x_m)

$x_m = -s_1/(2a) = -(-0.03)/(2 \times 0.000067) = 225$m

바닥의 좌표$= PVC$의 좌표$+225 = 1,700+225$m$= 1+925.0$

PVC 접선으로부터 바닥까지 오프셋

$= ax^2 = (0.000067)(225)^2 = 3.38$m

바닥의 수직선과 PVC 접선과의 교점의 지반고

$= PVC$ 지반고$+s_1x = 684.0$m$+(-0.03)225 = 677.25$m

바닥의 지반고$= 3.38 + 477.25 + 680.63$m

예제 03

설계속도 100km/h인 고속도로에 평지와 연결된 상향경사가 $+4\%$인 곡선부가 있다. 이 오목종 단곡선구간의 최소곡선길이를 구하라(단, 종방향 마찰계수는 0.6이다).

풀이 $A = +4\%$

최소정지시거 $S = 0.278 \times 100 \times 2.5 + \dfrac{100^2}{254(0.6+0.04)} = 131$m

오목곡선의 정지시거를 사용하므로 $\dfrac{120}{4-3.5} = 240 > S$

$L = 2S - \dfrac{120+3.5S}{A} = 2 \times 131 - \dfrac{120+3.5 \times 131}{4} = 117$m

---

예제 04

설계속도 80kph인 2차선 도로에 하향경사 -5%, 상향경사 $+3\%$인 오목곡선구간을 고속철도 교량이 횡단한다. 이 교량 하부구조물 하단의 높이는 노면에서부터 4.5m이며 소요 앞지르기 시거는 550m이다. 종방향 마찰계수를 0.6이라 할 때, 이 오목곡선구간의 최소길이를 구하라.

풀이 $A = 5+3 = 8\%$, $C = 4.5$m, $H = 1.1$m

오목곡선에서 앞지르기 시거를 사용하므로 $\dfrac{800(C-H)}{A} = \dfrac{800(4.5-1.1)}{8} = 340 < S$

$L = \dfrac{A \cdot S^2}{800(C-H)} = \dfrac{8 \times 550^2}{800(4.5-1.1)} = 890$m

27 평면교차로 설계

1 개요

① 도로의 평면교차란 2개 이상의 도로가 평면상에서 서로 합쳐서 상충하는 곳으로 일반적으로 3개 이상의 갈래를 갖는다.

② 평면교차에는 분·합류 교통과 보행자 교통이 존재하며 이들이 상충되는 것이므로 이 상충을 효율적으로 안전하게 처리하여야 한다.

③ 또한 교차계획 시 단계적으로 입체화 방안을 고려하는 단계건설계획을 수립하여 세부계획 시 교차교통처리, 용량확대방안을 적극 검토하고, 2단계 이후의 건설까지를 고려한 시공순서, 용지확보, 유지보수 등에 대해서도 검토하여야 한다.

2 평면교차로 설계의 기본원리

① 상충의 횟수를 4지 이하로 최소화한다.

② 속도의 차이(상대속도)를 적게 한다.

③ 교차 각도는 가능한 한 30° 이하 유지한다.

④ 기하구조와 교통관제 운영방법이 조화를 이루도록 한다.

⑤ 적극적인 상충처리방법을 적용한다.

⑥ 회전차로를 적극 활용한다.

⑦ 분류나 합류가 최소가 되도록 한다.

⑧ 상충지점은 서로 분리되도록 한다.

⑨ 대량교통과 고속교통을 우선적으로 처리한다.

⑩ 상충이 발생하는 지점을 최소로 유지한다.

⑪ 특성이 다른 교통은 분리한다.

❸ 설계순서

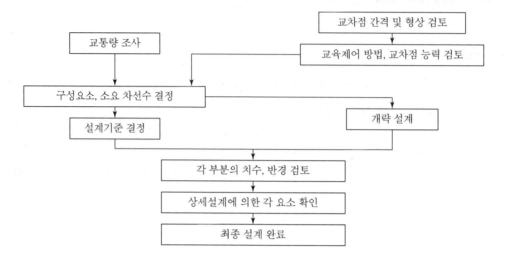

❹ 평면교차로의 종류 및 형태

1. 구성요소

① 교차도로의 갈래 수
② 교차각
③ 교차위치
④ 교차형태

2. 평면교차의 형태

세 갈래 평면 교차로	T형	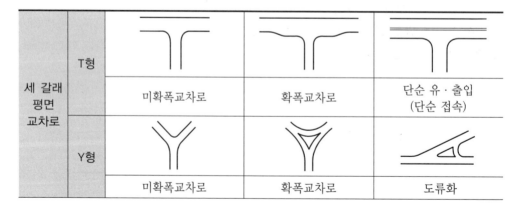		
		미확폭교차로	확폭교차로	단순 유·출입 (단순 접속)
	Y형			
		미확폭교차로	확폭교차로	도류화

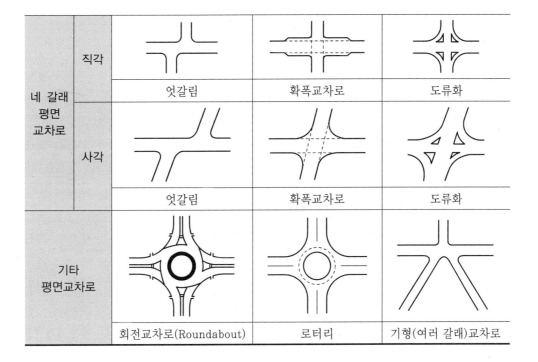

네 갈래 평면 교차로	직각			
		엇갈림	확폭교차로	도류화
	사각			
		엇갈림	확폭교차로	도류화
기타 평면교차로		회전교차로(Roundabout)	로터리	기형(여러 갈래)교차로

5 평면교차의 설계기준(기하구조와 교통제어)

1. 교차로 교통운영(교통관제방법)

① 설계속도
   ㉠ 100km/h 이상 : 신호제어하지 않는다(자동차 전용도로).
   ㉡ 80km/h 이하 : 신호제어 방법을 고려한다.
   ㉢ 60km/h 이상 : 직진 교통은 일시정지하지 않는다.

② 일시정지표시 한계교통량 : 1,000대/시 이하(교차교통의 합계)
③ 좌 · 우회전 차량이 직진차의 통행방해 금지

2. 위치

① **종단선형** : 오목부, 볼록부
② **평면선형** : 직선부, 곡선부

3. 간격

① 위빙(Weaving) 처리 시 필요거리 확보
② 대기차량 행렬이 다른 교차로에 방해되지 않도록 이격

③ 교차점을 판단할 수 있는 운전자 주의력 고려

④ 바람직한 교차로의 표준하한치

$$L = a \times V \times N$$

여기서, a : 상수(시가지 1, 지방지역 2~3)
V : 설계속도(km/h)
N : 차로수

4. 평면교차 접속기준

① 평면선형

㉠ 위빙(Weaving) 시 직각에 가깝도록 설계

㉡ 평면교차로 부근에서 확폭, 효율적인 교통처리

② 종단선형

㉠ 교차로의 종단경사는 3퍼센트 이하이어야 한다.

㉡ 주변 지장물과 경제성을 고려하여 필요하다고 인정되는 경우에는 6퍼센트 이하로 할 수 있다.

5. 형상

① 4갈래 초과, 엇갈림, 굴곡교차 회피

② 되도록 직각교차

③ 주도로 선형 직선화

6. 평면교차로의 사전 인지를 위한 시거

① 신호교차로

㉠ 이 반응시간에 대하여 국외(미국 AASHTO) 기준에서는 10초로 하고 있다.

㉡ 경제적 측면을 고려하여 지방지역에서는 10초, 도시지역에서는 6초를 기준으로 한다.

㉢ 도시지역은 교차로가 많고 신호의 존재를 어느 정도 인식하고 있으므로 반응시간을 지방지역보다는 짧게 할 수 있다.

$$S = \frac{V}{3.6} \cdot t + \frac{1}{2a} \cdot \left(\frac{V}{3.6}\right)^2$$

여기서, S : 최소거리(m), V : 설계속도(km/h)
a : 감속도(m/sec^2), t : 반응시간(sec)

[신호교차로의 사전 인지를 위한 최소시거(S)]

설계속도(V) (km/h)	최소시거(m)		비고 (정지시거)
	지방지역 (t=10sec, a=2.0m/sec²)	도시지역 (t=6sec, a=3.0m/sec²)	
20	65	45	20
30	100	65	30
40	145	90	40
50	190	120	55
60	240	150	75
70	290	180	95
80	350	220	110

② 신호 없는 교차로의 시거

[신호 없는 평면교차로의 사전 인지를 위한 최소시거]

설계속도(km/h)	20	30	40	50	60
최소시거(m)	20	35	55	80	105

7. 테이퍼

① 접근로 테이퍼(Approach Taper) 최소 설치기준

설계속도(km/h)		80	70	60	50	40	30
테이퍼	기준값	1/55	1/50	1/40	1/35	1/30	1/20
	최솟값	1/25	1/20	1/20	1/15	1/10	1/8

② 차로 테이퍼(Bay Taper)

    ㉠ 차로 테이퍼는 포장면에 차선 도색으로 표현되는 구간으로, 그 최소 비율은 설계속도 50km/h 이하에서는 1 : 8, 설계속도 60km/h 이상에서는 1 : 15로 한다.

    ㉡ 시가지 등에서 용지 폭의 제약이 심한 경우에는 그 값을 1 : 4까지 축소할 수 있다.

8. 좌회전차로의 길이

① 좌회전차로의 길이 산정은 감속 길이와 자동차의 대기공간이 확보되어야 한다.

$$L_d = l - BT$$

여기서, L_d : 좌회전차로의 감속을 위한 길이(m)

      l : 감속길이(m), BT : 차로테이퍼 길이(m)

② 감속길이(L)는 $L = \dfrac{1}{2a} \cdot \left(\dfrac{V}{3.6}\right)^2$ 식으로 계산된다.

여기서 V는 설계속도(km/h), a는 감속을 위한 가속도값, $a=2.0\text{m/sec}^2$ 기준

③ 시가지 등에서는 운전자가 좌회전차로를 인지하기가 용이하며 용지 등의 제약이 있으므로 이 경우는 $a=3.0\text{m/sec}^2$와 설계속도 15km/h 감속 적용이 가능

9. 좌회전차로의 대기 자동차를 위한 길이

① 비신호교차로의 경우 첨두시간 평균 1분간에 도착하는 좌회전 대기 자동차

② 최소 2대의 자동차가 대기할 공간은 확보

③ 신호교차로의 경우에는 자동차 길이는 정확한 대형자동차 혼입률 산정이 곤란할 때 그 값을 7.0m(대형자동차 혼입률 15%로 가정)로 하여 계산

④ 화물차 진·출입이 많은 지역은 승용차는 6.0m, 화물차는 12m로 길이를 산정

$$L_s = \alpha \times N \times S$$

여기서, L_s : 좌회전 대기차로의 길이

α : 길이 계수(신호교차로 : 1.5, 비신호교차로 : 2.0)

N : 좌회전 자동차의 수(신호교차로 1주기당, 비신호교차로 1분당)

S : 대기하는 자동차의 길이

6 평면교차로의 구성요소

1. 차로

① 평면교차로의 차로수와 폭은 접근로와 동일

② 유입, 유출 차로수는 균형을 유지

③ 용지 등의 제약이 심한 경우는 그 폭을 3.00m까지 좁게 할 수도 있음

④ 좌회전차로의 폭은 3.00m 이상을 표준으로 하지만 대기차로의 폭은 2.75m까지 가능함

2. 도류로

① 방향, 속도가 다른 교통류로 분리 → 교통류의 혼란 감소, 용량 증대

② 설계속도, 용지폭에 따라 기하구조(곡선반지름, 폭) 결정

③ **도류로의 형태 결정** : 용지폭, 교차로의 형태, 설계차량, 설계속도 등 고려

㉠ 도시지역 : 용지 및 교통량으로 형태 결정

㉡ 지방지역 : 속도

3. 부가차로

① **목적** : 평면교차로에서 차량의 통행을 안전하고 효율적으로 처리하기 위해
② **종류** : 좌회전, 우회전, 감속, 가속 차로
③ **좌회전차로** : 좌회전 교통량이 많은 경우 직진 차로와는 독립적으로 설치해야 하며, 좌회전차로에 들어가기 위한 충분한 시간적 여유를 확보해 주어야 한다.
④ **우회전차로** : 우회전 교통량이 많아 직진교통에 지장을 초래할 때 설치
⑤ **감속 차로** : 교통사고 감소, 속도 변화를 충분히 고려

4. 교통섬, 분리대

① **효과**
　㉠ 교통섬 : 차량의 주행로 설정(도류로), 교통흐름 분리, 보행자 보호, 부대시설 설치 공간 확보, 정지선 위치 전진
　㉡ 분리대 : 보행자의 안전성, 도로교통 용량 증대, 대향차로의 오인 방지, 안전성(U-turn, 보행자 무단횡단 방지), 교통류 혼란 방지

② **설치**
　㉠ 도류화 계획 후 데드 스페이스(Dead Space)에 연석으로 설치(접속부 : 12~15cm, 기타 : 15cm)
　㉡ 분리대의 형태

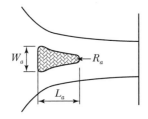

(a) 교통류를 분리하는 경우

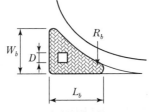

(b) 시설물이 있는 곳

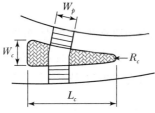

(c) 대피섬을 겸용하는 경우

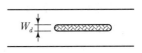

(d) 테이퍼를 붙이지 않을 경우

ⓒ 교통섬의 제원

구분	기호	도시지역	지방지역
교통류를 분리	W_a	1.0	1.5
	L_a	3.0	5.0
	R_a	0.3	0.5
시설물 설치	W_b	1.5	2.0
	$L_b(D+1.0)$	4.0	5.0
	R_b	0.5	0.5
	면적(m^2)	5.0	7.0
대피섬 겸용	$W_c(W_p+1.0)$	1.0	1.5
	R_c	0.5	0.5
	L_c	5.0	5.0
테이퍼를 붙이지 않은 분리대폭	W_d	1.0	1.5

③ 지나치게 작은 교통섬은 운전자에게 거부감이 있으며, 기후가 불량한 경우 충돌할 가능성이 있어 위험하다. 이 경우는 노면표시를 사용하는 것이 좋다.

④ **교통섬의 크기** : $9m^2$ 이상(부득이한 경우 도시부 $5m^2$, 지방부 $7m^2$)

5. 보도 및 횡단보도

① **보도폭** : 보행자에 맞는 폭을 유지, 입체횡단시설을 위한 검토

② **횡단보도**

㉠ 폭 : 최소 4.0m 이상

㉡ 위치 : 최단보행거리 유지, 교차면적 최소화

7 문제점 및 개선방안

1. 문제점

① 주간선도로 설계 시 곡선구간에서 하급도로와 평면교차 시 본선 편경사 설치에 대한 기준이 도심지역에는 있으나 지방부 지역에는 기준이 없어 본선 편경사가 5~7%일 경우 하급도로의 종단경사가 평면교차부에서 5~7%가 발생하여 좌·우회전 시 교통사고 발생이 우려됨

② 지역 간 간선도로는 이동성을 중요시하므로 도시 내 도로의 신호체계와는 다름

③ 현재 규칙 및 편람에서는 도시 내 도로의 신호체계방안만 제시하고 있어 지역 간 간선도로

의 신호체계 운영 시 많은 문제들이 발생하고 있음

④ 지역 간 간선도로의 역할을 충분히 수행할 수 있도록 세부적인 신호체계의 운영 검토 및 기준이 필요함

2. 개선방안

① 평면교차부에 대한 편경사 설치 연구가 필요

② 현재 기준에서 교차로의 신호등 설치 여부 판단은 교통량, 보행자 교통량, 통학로, 사고기록, 신호연동, 교차로 통과대기 시간, 어린이 보호구역 등에 의해 정해짐

③ 지방도로와 시가지도로에서의 신호등 설치 여부 판단기준 설정

④ 이동성을 중요시하는 도로(지방지역 주간선도로)에서 신호등 설치에 의한 교통용량 분석 실시 후 설계기준 마련

8 평면교차로의 계획 및 설계 시 고려사항

① 평면교차로에서 교통사고의 대부분이 발생하므로 안전요소에 대하여 충분히 검토

② 도류화 기법(Channelization)의 적용으로 용량 증대와 사고 감소의 효과를 극대화

③ 형태 선정 시 장래 입체교차 및 단계건설을 고려하여 선정

④ 상충을 최소화하여 경제성, 안정성, 효율성 등을 충족

⑤ 접근로의 성격, 타 교통과의 관계, 지형, 교통량, 설계속도, 기하구조 등을 충분히 고려

⑥ 동일 평면에서 교차하거나 접속하는 경우 필요에 따라 회전, 변속차로 및 교통섬 설치

⑦ 충분한 시거 확보와 가각부를 곡선반경이 큰 곡선부로 정리하여 안전성 확보

⑧ 도류화 기법 적용 시 교통섬을 최대한 활용

9 결론

① 교차로 설계 시에는 도시계획 등 지역과 관련된 계획을 검토하여 이들과 부합되게 설계하여야 하며, 특히 초기에는 평면교차로가 건설된다 하더라도 단계건설에 따른 입체방안을 검토하여야 한다.

② 장래에 입체화한 후 남는 평면부에 대해서는 부도활용과 도류화 조치계획 또는 녹화조치계획을 수립한다.

③ 교차로에서 도로용량을 극대화하고 안전주행이 되도록 하기 위해서는 각 부분별 구조 및 용량을 검토하여야 한다.

28 평면교차로의 도류화

1 개요

① 도류화(Channelization)란 차량과 보행자를 안전하고 질서 있게 이동시킬 목적으로 교통섬이나 노면표시를 이용해 상충하는 교통류를 분리시키거나 규제하여 명확한 통행경로를 제시해 주는 것을 말한다.

② 적절한 도류화는 용량 증대, 안전성 제고, 최대의 편의성 제공으로 운전자에게 확신을 심어주는 반면 부적절한 도류화는 이와 반대되는 효과를 나타낸다.

③ 특히, 평면교차로에서 교통류는 교차, 합류, 분류, 위빙(Weaving) 등의 특성이 나타나며 이에 따른 효과적 처리방법을 도류화 기법이라 한다.

④ 이러한 도류화 기법은 교차로의 각 방향으로부터 진입하는 차량의 명확한 진로 제시와 안전하고 신속한 통행보장을 위해 사용되므로 계획·설계 시 신중을 기하여야 한다.

2 도류화의 목적

① 두 개 이상의 차량경로가 교차하지 않도록 통행경로를 제공함
② 차량의 합류, 분류 및 교차하는 위치와 각도를 조정함
③ 포장면적을 줄임으로써 차량 간의 상충면적을 줄이고 차량의 운전자가 혼동하지 않도록 함
④ 차량의 진행경로를 명확히 제시해 줌
⑤ 주된 이동류에게 통행우선권을 제공함

3 도류화된 교차로 설계요소

① 설계차종
② 교차도로의 횡단면
③ 예상 교통량 및 용량
④ 보행자 수
⑤ 차량속도
⑥ 버스정류장 위치
⑦ 교통통제시설의 종류와 위치
⑧ 도로부지나 지형과 같은 물리적인 요소에 의해서 경제적으로 타당성 있는 도류화의 범위가 결정됨

④ 평면교차로의 도류화 설계원칙

① 운전자의 의사결정을 단순화해야 함

② 90° 이상의 회전, 급격한 배향곡선 등을 피함

③ 운전자가 적절한 시인성 및 시계를 가지도록 해야 함

④ 필수적 교통통제설비 위치는 도류화의 일부분으로서 이를 고려하여 교통섬을 설계함

⑤ 교통섬은 운행경로를 편리하고 자연스럽게 만들 수 있도록 배치함

⑥ 교통섬의 조건

　㉠ 장애물 없이 눈에 잘 띄게 해야 함

　㉡ 필요 이상의 교통섬 설치 지양

　㉢ 교통섬의 최소면적은 4.5m² 이상

　㉣ 통행로 끝단에서부터 60cm 정도 물러난 위치에 설치[셋백(Set Back) 적용]

⑦ 다현시 신호에서는 여러 교통류를 분리시키기 위해 도류화가 바람직함

⑧ 곡선부는 적절한 곡선반경과 폭을 가져야 함

⑨ 속도와 경로를 점진적으로 변화시킬 수 있도록 접근로단의 처리를 명확히 함

⑤ 도류화 종류

① 상충면적을 줄여 교차로에 진입하는 운전자의 판단시간을 줄임

　㉠ 대체로 넓은 교차로는 차량보행자와 운전자의 판단시간을 줄임

　㉡ 마찰지역 감소 : 넓게 포장된 교차로는 차량, 보행자 흐름에 위험을 야기함

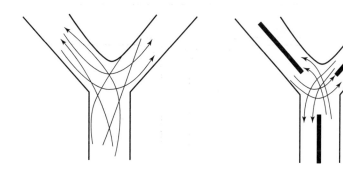

② 교통류가 합류, 엇갈림 없이 교차할 때 가능한 한 직각교차를 하도록 한다. 그 효과는 다음과 같다.

　㉠ 예상되는 상충면적을 줄임

　㉡ 교차시간을 줄임

ⓒ 교차교통류의 상대속도와 상대위치에 대한 운전자의 판단을 쉽게 함

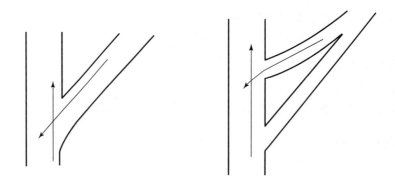

③ 합류각도를 줄임

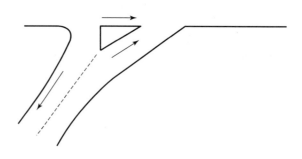

④ 금지된 방향의 진로를 막아줌

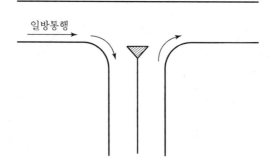

⑤ 동일한 이동류는 같은 경로를 이용함으로써 상충을 줄이고 운전자의 판단을 쉽게 함

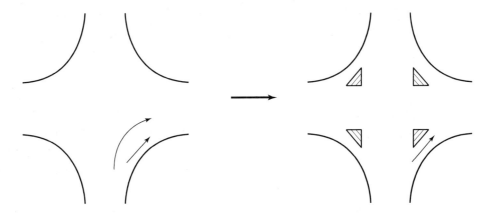

⑥ 교차로에 진입하는 교통진로를 구부리고, 교통류의 경로를 깔때기 모양의 좁은 통로로 만들어
   줌으로써 속도를 줄임

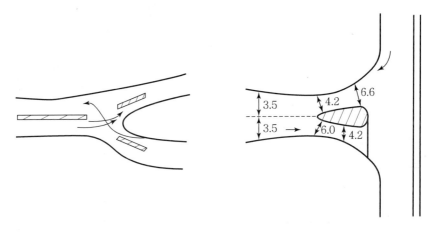

⑦ 도류화를 위한 교통섬
   ㉠ 도류로가 분기되는 지점을 노즈(Nose), 차로와의 수직 거리를 오프셋(Offset)이라 함
   ㉡ 차로와 평행하게 이격된 거리를 셋백(Set Back)이라 하고 이렇게 구성된 삼각형 모양의
      모서리 부분은 선단이라 함

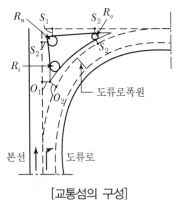

[교통섬의 구성]

[노즈 오프셋 및 셋백의 최솟값(m)]

구분 \ 설계속도(km/h)	80	60	50~40
S_1	2.00	1.50	1.00
S_2	1.00	0.75	0.50
O_1	1.50	1.00	0.50
O_2	1.00	0.75	0.50

[선단의 최소 곡선 변경(m)]

R_i	R_o	R_n
0.5~1.0	0.5	0.5~1.50

⑧ 우회전 도류로의 폭

[도류로의 폭] (단위 : m)

곡선반지름 (m)	설계기준 자동차의 조합				
	S	T	P	T+P	P+P
8 이하			3.5		
9~			3.0		
14	9.5	6.0		9.0	
15	8.5				
16	8.0	5.5		8.5	
17	7.5				
18	7.0	5.0			8.0
19~	6.5				
21					
22	6.0				
23					
24~	5.5	4.5		7.5	6.0
30					
31~	5.0	4.0		7.0	
36					
37~	4.5				
50					
51~	4.0				
70					
71~				6.5	
100		3.5			
101 이상	3.5				

주) S=세미트레일러, T=대형자동차, P=소형자동차

6 유의사항

① 교통상황에 의한 정당한 근거가 없는 도류화에 유의할 것
② 도류화 구간에 있는 면적이 너무 작은 곳에 도류화섬을 만드는 것
③ 목적물을 완성하기보다 많은 도류화섬을 사용하는 것
④ 교차각의 마찰 제거 실패
⑤ 접근시거가 부적절한 곳의 도류화, 즉 커브나 언덕
⑥ 도류화섬의 접근단의 부적절한 설계
⑦ 반사물의 부적절한 조명

7 결론

① 평면교차로의 설계원칙을 준용하되 교차로의 전체 여건을 감안하여 적용한다.
② 적절한 도류화는 용량의 증대, 안전성 제고 및 편의성 제고, 운전자에게 확신을 심어 주면 교차로의 도류화는 사고를 현저하게 줄일 수 있다.
③ 부적절한 도류화는 운전자의 혼란을 초래하고, 운영 상태를 악화시킬 수 있으므로 운전자에게 자연스런 통행경로를 제시하고 단순화시키는 데 근본 목적이 있다.
④ 도류화 기법은 특정 형태의 도류화만 적합하다고 판단할 수 없으며 운전자, 차량, 도로 여건에 따라 결정되어야 한다.

29 교통섬 및 분리대

1 개요

① 교통섬은 차량의 주행로를 분명히 설정하며, 교통흐름을 분리하고, 위험한 교통흐름을 억제하며, 보행자를 보호하고 교통관제시설을 설치할 수 있는 공간을 확보하는 등의 목적을 갖고 설치한다.
② 분리대는 교통류를 방향별로 분리시키기 위해 도로의 중심 부근에 설치하는 것으로서 교통안전 및 용량 증대의 효과가 있다.

2 교통섬의 설치효과

① 도류로를 명시하여 교통의 흐름을 정비함

② 보행자를 위한 안전섬을 겸할 수 있음
③ 신호, 표지, 조명 등 관련 시설의 설치장소를 제공함
④ 정지선 위치를 전진시킬 수 있음

③ 분리대의 설치효과

① 보행자의 안전섬으로 사용할 수 있으며 도로교통용량도 증대한다.
② 다차로도로의 경우, 대향차로의 오인을 방지한다.
③ 유턴(U-turn), 보행자 무단횡단 등을 방지하여 안전성을 높인다.
④ 교통류의 혼란을 막는다.
⑤ 운전자로 하여금 단순한 운행경로를 제공한다.
⑥ 정지선을 앞으로 당겨 정지선 간격이 줄어든다.
⑦ 보행자와 차량 간의 교통류를 분리한다.

④ 교통섬의 구성요소

① Nose Offset(O_1, O_2) : 0.5~1.5m
② Set Back(S_1, S_2) : 0.5~1.0m
③ 교통섬 선단 최소곡선 변경
  원칙적 0.5m
④ $R_i = 0.5$, $R_n = 0.5~1.5$

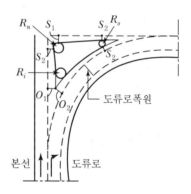

⑤ 교통섬의 형태

① 교통류를 분리하는 경우

② 안전도를 겸용하는 경우

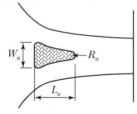

(a) 교통류를 분리하는 경우

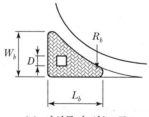

(b) 시설물이 있는 곳

③ 시설물이 있는 것

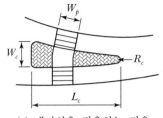

(c) 대피섬을 겸용하는 경우

④ 테이퍼를 붙이지 않는 경우

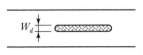

(d) 테이퍼를 붙이지 않을 경우

[분리대 각 제원의 최솟값]

(단위 : m)

구분	기호	도시지역	지방지역
교통류를 분리	W_a	1.0	1.5
	L_a	3.0	5.0
	R_a	0.3	0.5
시설물 설치	W_b	1.5	2.0
	L_b	4.0	5.0
	R_b	0.5	0.5
	면적(m^2)	5.0	7.0
대피섬 겸용	W_c	1.0	1.5
	R_c	0.5	0.5
	L_c	5.0	5.0
테이퍼를 붙이지 않은 분리대폭	W_d	1.0	1.5

주) D : 시설물의 폭, W_p : 횡단보도의 폭

6 설계 시 유의사항

① 우각부는 회전차량과 충돌할 위험성 등 보행자의 안전을 고려해 연석을 설치한다.
② 연석의 높이는 25cm 이하가 적당하며, 횡단보도와 접속되는 지점에서는 장애인, 유모차, 자전거 등의 통행을 위하여 턱이 없도록 설치하여야 한다.
③ 연석의 높이는 보행자의 안전감과 자동차의 침범방지 등을 고려해 설치한다.

7 결론

① 교통섬은 차량의 주행로를 명확히 설정, 교통흐름 분리, 위험한 교통흐름을 억제하기 위해 설치하지만 지나치게 작은 교통섬은 운전자에게는 귀찮을 뿐 아니라 기후가 불량한 경우에는 이에 충돌할 가능성이 있어 오히려 위험하다.

② 교통섬 또는 분리대가 필요한데도 불구하고 폭 등의 이유로 규정 크기의 것을 도저히 만들지 못할 때에는 노면표시를 사용하는 것이 좋다.

30 교통섬

1 개요

① 차량의 원활한 통행공간을 확보하고 보행자를 보호하기 위하여 교차로에 설치하는 시설이다.
② 보행자 도로횡단의 안전을 위해 교통흐름을 분리하여 보행자를 보호하고 교통관제시설 등을 설치하기 위한 장소를 제공하는 섬모양의 시설이다.
③ 교통섬은 연석 등으로 주행차로와 물리적으로 분리하여 설치하게 된다.

2 종류

① 보행자 대피섬 → 방책형 연속 설치
② 분리대섬 방향별 분리 → 등책형 연속 설치
③ 도류섬 직진, 우회전, 좌회 차량의 분리 → 등책형 연속 설치

3 목적

① 보행자 도로횡단의 안전도모
② 도류로를 설치하여 교통흐름을 안전하게 유도
③ 노상시설의 설치장소 제공. 신호등, 표지판, 조명 등
④ 교차로에서 정지선 간격을 좁힘. 상충간격 최소화
⑤ 교통류의 혼란, 오인 방지
⑥ 교통용량 증대

4 설치기준

1. 크기

① 교통섬의 최소 크기는 보행자의 대피장소로 필요하다고 인정되는 $9m^2$ 이상이 되어야한다.

② 용지 폭 등의 제약으로 부득이한 경우에도 도시부는 $5m^2$ 이상, 지방부는 $7m^2$ 이상의 면적이 확보되어야 한다.

③ 일반적으로 이 지점을 노즈(Nose), 차로와의 수직 거리를 오프셋(Offset)이라 하며, 차로와 평행하게 이격된 거리를 셋백(Set Back)이라 하고 이렇게 구성된 삼각형 모양의 모서리 부분은 선단이라 한다.

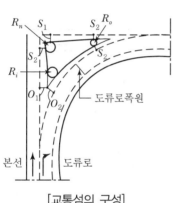

[교통섬의 구성]

[Nose Offset 및 Set Back의 최솟값(m)]

구분 \ 설계속도(km/h)	80	60	50~40
S_1	2.00	1.50	1.00
S_2	1.00	0.75	0.50
O_1	1.50	1.00	0.50
O_2	1.00	0.75	0.50

[선단의 최소 곡선 변경(m)]

Ri	Ro	Rn
0.5~1.0	0.5	0.5~1.50

2. 접근단 처리기준 → 본선/도류로에서 일정간격 이적 설치

① Set-Back : 차도와 평행하게 이적된 거리

② S_1 : 1.0~2.0

③ S_2 : 0.5~1.0

④ Nose Offset : Nose부 본선/도류로와의 수직거리

⑤ 본선 : 0.5~1.5h

⑥ 도류로 : 0.5~1.0h

3. 분리대의 형태와 최솟값

한편, 분리대와 같이 장방형의 긴 형태로 구성된 경우는 상기와 다소 다른 특성을 갖게
되며, 그 형태와 각 제원의 최솟값은 다음 그림 및 표와 같다.

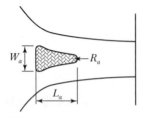

(a) 교통류를 분리하는 경우

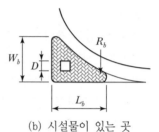

(b) 시설물이 있는 곳

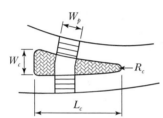

(c) 대피섬을 겸용하는 경우

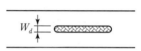

(d) 테이퍼를 붙이지 않을 경우

[분리대의 형태]

[분리대의 각 제원의 최솟값]

(단위 : m)

구분	기호	도시지역	지방지역
교통류를 분리	W_a	1.0	1.5
	L_a	3.0	5.0
	R_a	0.3	0.5
시설물 설치	W_b	1.5	2.0
	L_b	4.0	5.0
	R_b	0.5	0.5
	면적(m^2)	5.0	7.0
대피섬 겸용	W_c	1.0	1.5
	R_c	0.5	0.5
	L_c	5.0	5.0
테이퍼를 붙이지 않은 분리대폭	W_d	1.0	1.5

주) D : 시설물의 폭, W_p : 횡단보도의 폭

⑤ 유의사항

① 눈에 잘 띄는 곳에 설치
② 필요 이상 많은 면적의 설치는 지양해야 함
③ 통행로에서 60cm 셋백하여 설치
④ 시거불량의 급격한 곡선부에 설치 금지

⑥ 결론

① 교차로에서 교통섬은 차량과 보행자에게 중요한 시설물이므로 교차로에서는 반드시 교통섬을 설치하여 교통류를 분리하여 교통용량 증대와 보행자를 보호할 수 있어야 한다.
② 교통섬은 도류화뿐만 아니라 노상시설 설치장소를 제공하므로 규격은 적정 크기 이상을 유지해야 한다.
③ 교통섬에 시설물에 인한 시거장애가 없도록 각별히 유의하여 개선해야 한다.
④ 교통섬에 대기하는 장애인(시각, 청각)을 위해 장애자시설을 갖추어야 한다.

31 도로시거(Sight Distance)

① 개요

① '시거'란 운전자가 전방의 동일 차로상에 장애물 또는 위험요소를 인지하고 제동을 걸어 정지하기 위해 필요한 길이로 주행상의 안전, 쾌적성 확보에 매우 중요하다.
② 시거 계산 시 눈높이 기준은 도로 표면에서 1.0m 장애물 높이 0.15m이다.
③ 시거의 종류
  ㉠ 정지시거 : 전방의 장애물을 인지한 후 제동을 걸어 정지하기 위해 필요한 길이
  ㉡ 앞지르기 시거 : 저속주행하는 차를 안전하게 앞지르기하는 데 필요한 길이

② 시거계산의 기본 사항(정지시거)

① 운전자 위치 : 진행차로의 중심선상
② 눈의 높이 : 도로 표면으로부터 1.0m(AASHTO : 1.07m)
③ 목표물 높이 : 동일 차로 중심선상에서 15cm 물체를 볼 수 있는 거리
④ 대상 자동차 기준 : 소형자동차가 기준이 됨

3 정지시거

정지시거는 운전자가 같은 차로상에 있는 고장차 등의 장애물 또는 위험 요소를 알아차리고 제동을 걸어서 안전하게 정지하기 위하여 필요한 길이를 설계속도에 따라 산정한 것이다. 따라서 다음 표의 길이 이상의 정지시거를 확보하여야 한다.

설계속도(km/h)	120	110	100	90	80	70	60	50	40	30	20
정지시거(m)	215	185	155	130	110	95	75	55	40	30	20

1. 운전자 인지반응과정(PIEV)

① PIEV란 외부 자극에 대한 신체적 반응이 나타나는 과정으로 이때 소요되는 시간을 PIEV 시간이라고 한다.

① 지각 또는 인지(Perception)	② 식별(Intellection/Identification)
전방의 위험한 장애물을 본다.	장애물이 무엇인지 이해한다.

③ 판단(Emotion/Judgement)	④ 의지(Volition)
적절한 행동을 결정한다.	결정한 내용을 실행에 옮긴다.

② 인지(Perception) : 운전자가 전방의 위험한 장애물 등을 보고 자극을 느끼는 과정
③ 식별(Intellection/Identification) : 위험물의 정체를 식별하고 이해하는 과정
④ 판단(Emotion/Judgement) : 적절한 행동을 결심하는 의사결정과정
⑤ 의지(Volition/Reaction) : 브레이크 작동의 행동과정으로 실행에 따른 차량 작동이 시작되기 직전까지의 과정

⑥ PIEV 시간(인지반응시간)
  ㉠ 실험에 의하면 0.2~1.5초 정도임
  ㉡ 실제 운행 중의 시간 0.5~4.0초 정도임
  ㉢ AASHTO에서는
    • 안전 정지시거 계산 시 : 2.5초
    • 신호교차로시거 계산 시 : 1.0초
    • 무신호교차로시거 계산 시 : 2.0초

2. 정지시거식

$$D = d_1 + d_2 = \frac{V}{3.6}t + \frac{V_2}{254f} = 0.694\,V + \frac{V^2}{254f}$$

여기서, D : 정지시거(m)

V : 속도(km/시)

t : 반응시간(2.5sec)

f : 종방향 미끄럼마찰계수

d_1 : 반응시간 동안 주행거리

d_2 : 제동정지거리

4 앞지르기 시거

① 앞지르기 시거는 차로 중심선 위의 1.00m 높이에서 대향차로의 중심선상에 있는 높이 1.20m 의 대향 자동차를 발견하고, 안전하게 앞지를 수 있는 거리를 도로중심선을 따라 측정한 길이를 말한다.

② 2차로 도로에서 앞지르기를 허용하는 구간에는 설계속도에 따라 다음 표의 길이 이상의 앞지르기 시거를 확보하여야 한다.

설계속도(km/h)	80	70	60	50	40	30	20
앞지르기 시거(m)	540	480	400	350	280	200	150

5 평면시거와 종단시거

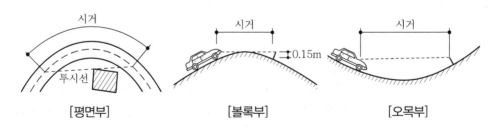

[평면부]　　　　　[볼록부]　　　　　[오목부]

6 최소정지시거

운행 시 최소정지시거를 확보해야 안전하다.

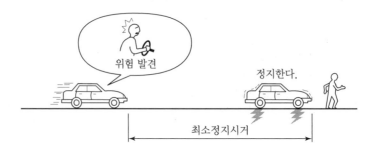

7 시거 확보 필요구간

① 평면곡선과 종단곡선이 겹치는 구간
② 산악지 급커브 구간
③ 교차로 구간
④ 철도 건널목 구간 등

8 설계기준상 시거 확보 검토사항

① 최소곡선반경이 가능한 바람직한 값 이상 적용
② 곡선부 절토부 구간이 가능하면 L형 측구 저판폭 길어깨폭에서 제거
③ 곡선부 중분대 구간 시거 확보폭 검토
④ 버스정차대 구간 유·출입 위치 시거 확보 검토

9 결론

① 시거는 교통안전을 위해 필수적인 것이므로 계획 및 설계 시에는 충분한 검토가 요구된다.
② 우리나라의 일반국도는 아직도 2차로 부분이 있으며 여기서 앞지르기로 인한 사고가 많이 발생하므로 시거 확보가 가장 중요하다.
③ 교통사고는 기타 다른 장애요인에 의해 발생하기도 하지만 시거 미확보 차원에서 대형사고를 가져오므로 시거 요인을 반드시 제거해야 한다.

32 앞지르기 시거

1 개요

① 양방향 2차로 도로의 경우 전방에 저속자동차가 주행하는 경우, 뒤따르는 자동차가 저속자동차를 앞지르기 위하여 속도를 높이게 되며, 대향차로에 교통량이 많거나, 도로선형이 불량하여 서행하는 자동차를 앞지르기 불가능한 경우가 많아 비효율적 도로 운영이 된다.

② 앞지르기 시거는 차로의 중심선상 1.0m 높이에서 대향차로의 중심선상에 있는 높이 1.2m의 대향 자동차를 발견하고 안전하게 앞지를 수 있는 거리를 도로 중심선을 따라 측정한 길이를 말한다.

③ 양방향 2차로 도로는 고속자동차가 저속자동차를 안전하게 앞지를 수 있도록 충분한 시거가 확보되는 구간을 적정한 간격으로 두어야 하며, 앞지르기 시거를 고려하여 설계하여야 한다.

2 앞지르기 시거

1. 가정 조건

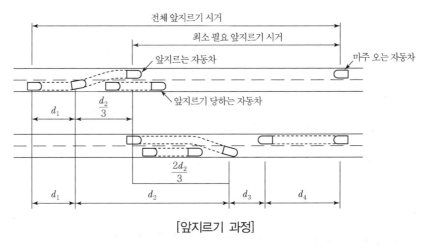

[앞지르기 과정]

① 앞지르기 당하는 자동차는 일정한 속도로 주행
② 앞지르기하는 자동차는 앞지르기를 하기 전까지는 앞지르기 당하는 자동차와 같은 속도로 주행
③ 앞지르기가 가능하다는 것을 인지함
④ 앞지르기를 할 때에는 앞지르기 당하는 자동차보다 빠른 속도로 주행
⑤ 대향 자동차와 앞지르기하는 자동차 사이에 서로 엇갈려 지나가게 된다.

2. 앞지르기 시거 확보거리

2차로 도로에서 앞지르기를 허용하는 구간에는 설계속도에 따라 다음 표의 길이 이상의 앞지르기 시거를 확보하여야 한다.

설계속도(km/h)	80	70	60	50	40	30	20
앞지르기 시거(m)	540	480	400	350	280	200	150

3. 앞지르기 계산 단계

① 대향차로 진입 직전까지 거리(d_1)

　㉠ 설계속도에 따라 가속시간 2.7~4.3초 소요

　㉡ 계산식 : $d_1 = \dfrac{V_0}{3.6}t_1 + \dfrac{1}{2}at_1^2$

　　여기서, V_0 : 앞지르기 당하는 차의 속도(km/h)
　　　　　　a : 평균가속도(m/sec^2)
　　　　　　t_1 : 가속시간(sec)

② 앞지르기 주행거리(d_2)

　㉠ 설계속도에 따라 주행거리 8.2~10.4초

　㉡ 계산식 : $d_1 = \dfrac{V}{3.6}t_2$

　　여기서, V : 고속자동차의 반대편 차로에서의 주행속도(km/h)
　　　　　　t_2 : 앞지르기 시작하여 완료까지의 시간(sec)

③ 대향 자동차와의 여유거리(d_3)

　㉠ 설계속도에 따라 15~70m 적용

　㉡ $d_3 = 15\sim70m$

④ 대향 자동차의 주행거리(d_4)

　㉠ 대향차로에서 앞지르기 주행한 거리의 $\dfrac{2}{3}$ 정도

　㉡ 대향 자동차와의 앞지르기 자동차의 설계속도는 동일함

　㉢ 계산식 : $d_4 = \dfrac{2}{3}d_2 = \dfrac{2}{3} \cdot \dfrac{V}{3.6} \cdot t_2 = \dfrac{V}{5.4}t_2$

③ 앞지르기 시거 적용

① 양방향 2차로 도로만 적용
② 양방향 2차로 도로의 설계속도 80km/h 이하에서 규정하였다.
③ 주행 특성상 앞지르기 자동차는 설계속도보다 높은 속도로 주행한다는 것을 고려해 여유 있는 앞지르기 시거 산정
④ 앞지르기 구간의 길이와 빈도는 지형, 설계속도, 공사비 등을 고려하여 적절히 정하고, 운전자의 편의성, 경제성을 갖도록 설계할 것
⑤ 앞지르기 시거 확보 존재율을 일반적으로 30% 이상, 부득이한 경우 10% 이상 확보
⑥ 앞지르기 시거 확보 구간은 특정지역에 편중되지 않도록, 전체 노선에 균등하게 분포하여 설계할 것
⑦ 앞지르기하는 자동차의 속도는 주행 특성상 설계속도보다 높은 속도로 앞지르기를 하게 되므로 이를 고려하여 앞지르기를 산정하였다.

④ 결론

① 우리나라는 일반국도 중 2차로의 비율이 매우 높고, 운행 특성상 고속주행의 습성으로 무리한 앞지르기의 주행빈도가 매우 높으며, 이로 인한 교통사고도 많이 발생되고 있는 현실이다. 따라서 가능한 한 앞지르기 시거 확보 존재율을 높여 안전성을 확보하도록 설계해야 할 것이다.
② 양방향 2차로 도로에서 앞지르기 시거가 충분히 확보되어 있지 않을 경우에는 앞지르기 행동에 제약을 받으므로 주행속도는 저하된다.

33 철도와의 교차

① 개요

① 입체교차로 계획에서 도로와 철도 상호 간의 장래계획을 충분히 고려함과 동시에 해당 계획 지점뿐만 아닌 도로 전체로서 균형이 잡힌 계획이어야 한다.
② 현재 도로교통의 애로가 되고 있는 원인 중 하나가 철도와 평면교차(건널목)이며, 평면교차의 제거가 도로교통의 원활화에 크게 기여할 것이다.
③ 입체교차의 계획 시에는 도로, 철도, 상호 간의 현황을 충분히 파악하는 것은 물론이고, 철도청과 협의하는 한편 장래 계획을 충분히 검토하여 계획을 결정해야 한다.

④ 또한, 어느 한 지점에서의 입체교차는 인접한 다른 도로에도 영향을 주게 되므로 그 지점뿐만 아니라 타 도로와의 관계에 대해서도 충분히 검토하고 필요에 따라 어느 구간의 철도를 고가화하는 등 전체로써 균형이 잡힌 계획을 수립하는 것이 매우 중요하다.

2 교차의 기준

① 도로와 철도의 교차는 입체교차 처리를 원칙으로 한다.
② 단, 주변 지장물이나 기존의 교차형식 등으로 인하여 부득이하다고 인정되는 경우는 입체교차를 아니할 수 있다.
③ 철도를 횡단하여 교량을 가설하는 경우에는 철도의 확장 및 보수와 제설 등을 위한 충분한 경간장을 확보하여야 하며, 교량의 난간 부분에 방호울타리 등을 설치하여야 한다.
④ 「도로법」에는 도로와 철도의 교차는 특별한 사유가 없는 한, 입체교차로 하여야 한다고 규정되어 있다. 하지만 다음과 같은 경우 등에 대해서는 예외로 평면교차를 검토할 수 있다.
　㉠ 당해 도로의 교통량 또는 당해 철도의 운전 횟수가 현저하게 적은 경우
　㉡ 지형상 입체교차로 하는 것이 매우 곤란한 경우
　㉢ 입체교차로 함으로써 도로의 이용이 장애를 받는 경우
　㉣ 당해 교차가 일시적인 경우
　㉤ 입체교차 공사에 소요되는 비용이 입체교차화에 의하여 생기는 이익을 훨씬 초과하는 경우
⑤ 물론 위의 5가지 경우에 해당한다고 해서 이를 평면교차로 함이 좋다는 것은 아니다. 어디까지나 입체교차가 원칙이며, 평면교차는 예외이다. 일반적으로 입체교차의 구조물은 한번 완공되면 간단하게 변경하기 어렵다.

[도로의 신설 개량 시 입체교차화 기준(철도 건널목 개량촉진법 시행령 제7조)]

철도 교통량	도로의 노폭
30 미만일 때	10m 이상
30 이상 60 미만일 때	6m 이상
60 이상일 때	4m 이상

3 교차부의 구조

① 도로와 철도가 평면교차하는 경우 도로의 구조는 다음 사항을 고려한다.
　㉠ 철도와의 교차각은 45도 이상으로 할 것
　㉡ 건널목의 양측에서 각각 30m 이내의 구간(건널목 부분을 포함한다)은 직선으로 하고 그 구간도로의 종단경사는 3% 이하로 할 것. 단, 주변 지장물과 기존 도로의 현황을

고려하여 부득이하다고 인정되는 경우에는 그러하지 아니하다.

② 건널목 앞쪽 5m 지점의 도로중심선상 1m의 높이에서 가장 멀리 떨어진 선로의 중심선을 볼 수 있는 곳까지의 거리를 선로방향으로 측정한 길이(이하 '가시구간의 길이'라 한다)는 철도차량의 최고속도에 따라 아래 표의 길이 이상으로 할 것. 단, 건널목차단기, 기타 보안설비가 설치되는 구간에서는 그러하지 아니하다.

건널목에서 철도차량의 최고속도(km/시)	가시구간의 최소길이(m)
50 미만	110
50 이상 70 미만	160
70 이상 80 미만	200
80 이상 90 미만	230
90 이상 100 미만	260
100 이상 110 미만	300
110 이상	350

③ 철도를 횡단하여 교량을 가설하는 경우에는 철도의 확장 및 보수와 제설 등을 위한 충분한 경간길이를 확보하여야 하며, 난간부에 방호울타리 등을 설치하여야 한다.

4 유의사항

① 철도와 도로의 입체교차는 평면선형과 종단선형이 양호한 지점에 설치하는 것이 바람직하며 또 입체교차의 설계 시에는 건축한계, 시거, 배수, 방호시설, 축도 등에 주의해야 한다.

② 건축한계에 대해서는 본 지침과 '철도건설 규칙(국토부)' 등에 의거하면 되겠지만 그 외에 공사 중의 여유, 보수를 위한 여유, 제설을 위한 여유 등에 충분히 확보해두는 것이 중요하다.

③ 특히, 도로가 지하차도(Underpass)로 되는 경우도 도로의 높이는 장래에도 소정의 건축한계가 확보되도록 포장의 덧씌우기(Overlay) 등을 예측해서 계획하도록 해야 한다. 참고로 '철도건설규칙'에 규정된 직선구간에서의 철도 건축한계는 아래 그림과 같다.

④ 입체교차에서 고가차로(Overlay)로 또는 지하차로(Underpass)로 계획 시에 종단곡선과 평면곡선을 삽입하는 경우에는 시거의 확보에 충분한 주의를 해야 한다.

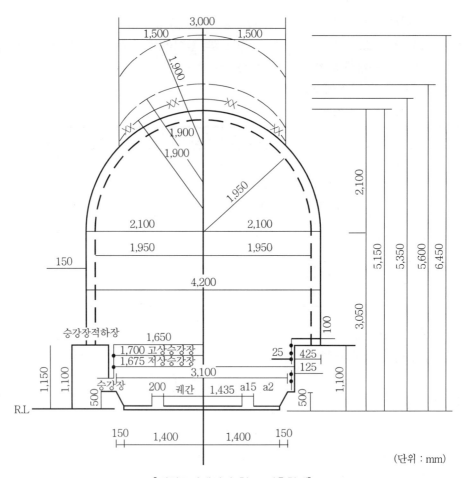

(단위 : mm)

[직선구간에서의 철도 건축한계]

⑤ 지하차도인 경우는 교차부에서 도로의 종단곡선이 오목곡선형으로 되어 있는 경우에는, 그곳에 물이 고이지 않는 구조로 해야 한다. 하지만 오목곡선형이 아닌 경우, 고가차로로 할 때에는 그곳에서 배수가 노면 등에 집중적으로 떨어지지 않도록 하는 배수시설을 고려할 필요가 있다.

⑥ 방호울타리에 대해서는 고가차도로 하는 경우에 특히 문제가 되겠지만 지복(地覆)의 높이와 구조, 난간의 강도 등에 필요한 주의를 요한다. 기존 시가지에서의 입체교차는 통과하는 교통뿐만 아니라 연도의 이용 등에 대해서도 특별한 주의를 기울여야 한다.

⑦ 일반적으로 측도 등을 설치하는 것이 편리하지만 이 측도와 철도와는 평면교차가 되지 않도록 하고 유턴(U-turn)이 가능한 구조로 하는 것이 바람직하다.

⑧ 측면의 구조기준에 대해서는 도시지역의 규정을 준용하는 것으로 하고 계단을 설치하는 경우에는 그 폭을 고려해야 한다.

[직선구간의 건축한계(철도건설규칙)]

	범례
———————	일반의 경우에 대한 건축한계. 다만, 철도를 횡단하는 시설물이 설치되는 구간에는 7,010mm 이상을 확보하여야 한다.
——— — ———	가공전차선 및 그 현수장치를 제외한 상부에 대한 한계 이 한계는 교량, 터널, 구름다리 및 그 앞뒤에 있어서 필요한 경우에는 ——— — ——— 까지, 기설된 교량, 터널, 눈덮개, 구름다리 및 그 앞뒤에 있어서 필요한 경우에는 개수할 때까지 잠정적으로 — × ——— × — 로 표시된 한도까지 사전승인을 받은 후 축소할 수 있다.
—— —— —— ——	측선에 있어서 급수, 급탄, 전차, 계중, 세차 등의 설비 신호주, 전차선로지지주, 차고의 문 및 내부장치 또는 본선(중앙, 태백, 영동, 황지, 고한 각선과 함백선에 한함)에 있어서 기설된 교량, 터널, 구름다리 및 그의 앞뒤에 있어서 부득이한 경우에는 가공전차선 지지물에 대한 건축한계를 축소할 수 있는 한계
+ + + + + +	선로전환기 표지 등에 대하여 건축한계를 줄일 수 있는 한계
●—●—●—●—●—●	승강장 및 적하장에 대하여 건축한계를 줄일 수 있는 한계
—○—○—○—○—	타넘기 부분에 대하여 건축한계를 줄일 수 있는 한계

5 교차각

건널목에서 운전자의 시거를 확보한 후 건널목의 길이를 가능한 한 짧게 하고 이륜차 등이 통행할 때, 철도시설의 간격에 차륜이 빠지는 것을 방지하기 위함이다.

6 접속구간의 평면선형 및 종단선형

① 건널목 전후의 도로가 굴곡부를 갖거나 시거가 좋지 못하면 차량의 운행 시 사고를 발생시키는 원인이 된다.
② 따라서, 건널목 전후 30m에서 건널목을 시인할 수 있도록 하였다.
③ 건널목 전후는 일단정지 및 발진이 빈번하므로 종단경사가 미치는 영향은 크다.
④ 트럭 등 잉여 마력이 적은 자동차나 기타의 차량은 발진하기 쉽지 않아 종종 위험을 수반하게 된다.
⑤ 그러므로 자동차류의 발진을 쉽게 하기 위하여 건널목 전후 도로의 종단경사를 3.0% 이하로 하도록 하였다.

7 시거의 확보

① 이 규정은 일단 정지한 차가 안전하게 건널목을 통과하는 데 필요한 시거를 규정한 것이다.
② 여기서의 표 중에 수치는 일단 정지한 자동차가 1.0m/sec^2의 가속도로 발진하여 속도가 15km/시가 되면 등속 진행하는 것으로 해서 구한 건널목 통과시간에 안전율 50%를 고려,

이 시간 내의 열차 주행거리로부터 구한 것이다.

③ 이 경우 자동차의 소요통과거리는 $L=3.0+(N-1)\times4.0+2.0+10.0=15.0+4(N-1)$로서 아래 그림에 나타낸 바와 같다(여기서, L=소요통과거리(m), N=선로 수). 통과속도의 조건으로 통과시간을 구하면 다음과 같다.
- $t=5.7+0.96(N-1)$
- $T=1.5\times t=8.5+1.4(N-1)$

④ 건널목에서 자동차의 소요통과거리

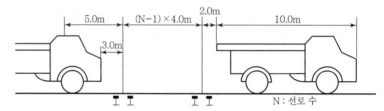

여기서, T=안전율(50%)을 고려한 건널목 통과시간(초)
N=선로수

필요한 시거(편측)를 D라 하면,

$$D=\frac{V}{3.6}\times T$$

여기서, V=열차의 최고 속도(km/시)

8 건널목의 폭

① 건널목의 폭은 전후 도로가 개축되는 경우에는 적어도 그 폭에 맞추는 것이 원칙이다.
② 기존 건널목에서는 전후의 도로보다도 폭이 협소한 것이 많지만 이것이 원인이 되어 차량이 떨어지거나 접속 등의 사고가 발생하여 때로는 큰 사고의 원인이 되는 수도 있다.
③ 건널목은 일반부에 비해 교통이 폭주하는 장소로서 그 폭을 축소할 이유가 없으므로 적어도 전후 도로의 폭과 동일해야 한다.
④ 건널목에서는 자동차와 보행자가 도로의 일반구간보다 증가하게 되므로 교통량이 많은 경우에는 보도를 설치하여야 한다.

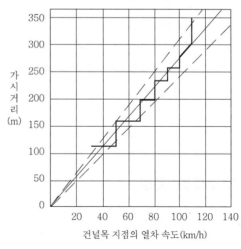

[열차 속도와 가시거리에 따른 건널목의 폭]

34 도로의 횡단면 구성

1 개요

① 도로의 횡단면 구성계획은 도로선형계획 시 평면 및 종단선형과 더불어 아주 중요한 요소이다.

② 도로의 기하학적 설계요소는 설계속도에 의해서 정해지며 차로 길어깨, 중앙분리대와 같은 횡단면도 구성은 일반적으로 설계속도가 높고 계획교통량이 많은 노선은 기능 면에서도 중요한 노선으로 지정되므로 넓은 폭 규격의 횡단면도 구성으로 신중을 기하여 결정하여야 한다.

③ 넓은 폭의 횡단면도는 교통량을 증가시키고 자동차 통행에 있어서 쾌적성을 향상시킬 뿐만 아니라 종류가 다른 교통을 분리시킴으로써 안전성을 향상시킨다.

2 횡단면도 계획 시 고려사항

① 계획도로의 기능에 따라 횡단면도를 구성하며, 설계속도가 높고 계획교통량이 많은 노선에 대하여는 높은 규격의 횡단구성요소를 갖출 것

② 계획목표연도에 대한 교통수요와 요구되는 계획수준에 적응할 수 있는 교통처리능력을 가질 것

③ 교통의 효율성과 안전성을 검토하여 결정

④ 교통상황을 감안하여 필요시에 자전거 및 보행자도를 분리할 것

⑤ 출입제한방식, 교차접속부의 교통처리능력, 교통처리방식도 연관하여 검토

⑥ 인접지역 토지이용 실태 및 계획을 충분히 감안하여 도로 주변에 대한 양호한 생활환경 보전책을 마련할 것

⑦ 도로의 횡단면도 구성에 대한 표준화를 도모하여 양호한 도시경관을 조성, 유연한 도로기능을 확보

3 횡단면도 구성요소와 조합

1. 횡단면도 구성요소

① 차도(차로 등에 의해서 구성되는 도로 부분)

② 중앙분리대

③ 정차대(차도의 일부)

④ 길어깨

⑤ 자전거 전용도로

⑥ 자전거 · 보행자 겸용도로

⑦ 측도(차도 일부 : Frontage Road)

⑧ 식수대

2. 횡단면도 구성요소와 그 조합의 예

① 식수대가 없는 경우

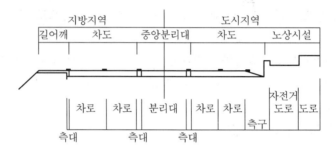

② 식수대가 있는 경우

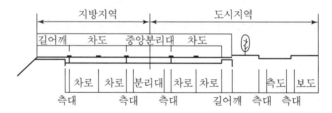

4 횡단면도 구성요소의 특징 및 기능

1. 차로

① 차량의 통행에 공여하려는 목적으로 설치된 띠 모양의 도로 부분

② **차선으로 구성** : 직진, 회전, 변속, 오르막, 양보차로 등

③ 기능

㉠ 자동차의 안전하고 원활한 주행

㉡ 차량의 정차, 비상주차

㉢ 기타, 교차로, 부가차로, 도로접속구간

④ **차로폭**

㉠ 설계속도에 따라 3.0~3.5m

ⓒ 고속국도 3.5~3.6m(3.5m는 도시고속국도에 많이 적용)

ⓒ 부득이할 경우 2.75m도 적용(회전차로 등)

2. 중앙분리대

① 정의

　　㉠ 4차로 이상의 도로에서 차로를 왕복방향별로 분리

　　ⓒ 원활한 교통 확보를 위하여 설치한 대상의 도로 부분임

② 구성

　　측대＋분리대＝중앙분리대

③ 기능

　　㉠ 중앙선 침범에 의한 치명적 사고 방지

　　ⓒ 교통저항 감소로 교통용량 증대

　　ⓒ 비분리 다차로도로, 대향차로 오인 방지

　　㉣ 유턴 방지로 안전성 향상

　　㉤ 도로표지, 기타 교통관제시설 등 설치장소 제공

　　㉥ 횡단 보행자의 안전성으로 유용

　　㉦ 평면교차지점 좌회전차로 활용

　　㉧ 야간주행 시 대향차로 헤드라이트 불빛 방지

④ 폭

　　㉠ 폭이 넓을수록 그 기능이 향상

　　ⓒ 표준폭은 고속국도 3.0m, 도시고속국도 2.0m, 일반도로 1.5m 이상으로 규정

　　ⓒ 측대폭은 50cm 이상, 노면표시일 때 30cm 이상

⑤ 형식과 구조

　　㉠ 넘어갈 수 있는 형식과 없는 형식의 연석

　　ⓒ 볼록형과 오목형 중앙분리대(연석 설치)

　　ⓒ 시설물의 중앙분리대

　　㉣ 광폭 분리구조

⑥ **표면처리** : 포장, 잔디 및 관목

⑦ **교차로 중앙분리대** : 좌회전차로 전용 시 최소 3.0m 확보

⑧ **노면표시에 의한 분리 경우** : 간격은 30cm 이상

3. 길어깨

① 정의 : 도로의 주요 구조부 보호

② 필요성
　　㉠ 고장차 대피장소 이용, 사고 시 교통혼잡 방지
　　㉡ 노상시설 설치장소 제공
　　㉢ 유지관리 작업 및 지하매설물 장소 제공
　　㉣ 곡선부 시거 증대
　　㉤ 노상 집수거로 배수처리기능 증대
　　㉥ 도로 미관 증대
　　㉦ 보도로 이용

③ 구성 및 폭
　　㉠ 구성

　　㉡ 폭 : 0.75~3.25m

④ 구조
　　㉠ 하중 : 자동차 하중을 견딜 수 있는 강도 유지
　　㉡ 성토부는 연석 또는 다이크(Dyke) 설치
　　㉢ 차도면과 같은 높이
　　㉣ 횡단경사 4%

⑤ 생략할 수 있는 경우
　　㉠ 도시지역 정차대를 설치하는 경우
　　㉡ 일반도로 중 시가지 가로에서 보도를 설치하는 경우

⑥ 길어깨 측대의 기능 및 구조
　　㉠ 기능
　　　　• 차도와 경계 노면 표시 등으로 운전자 시선, 안정성 증대
　　　　• 측방 여유폭 확보로 차도 효용 유지
　　　　• 차로이탈 자동차의 안정성 향상
　　㉡ 구조 : 차도와 동일한 강도

4. 주·정차대

① 정의
 ㉠ 고장차 대피 등을 위해서 주차하는 공간
 ㉡ 버스 등이 임시적으로 승객을 태우기 위해 필요한 대피 공간

② 구성
 ㉠ 주정차대 : 블록에 연속적으로 설치
 ㉡ 버스정차대(Bus Bay) : 본선 차도에 분리 설치

③ 기능
 ㉠ 고장차 대피
 ㉡ 연도와의 접근
 ㉢ 버스 정차, 완속차, 자전거, 2륜차 이용

5. 자전거 도로

① 설치 목적 : 혼합교통 배제(차량과 분리), 자전거 및 보행자의 안전통행

② 설치 기준
 ㉠ 자전거도 : 자전거 교통량 500~700대/일 분리판단기준
 ㉡ 자전거 보행차로 : 자동차 교통량 500대/일 이상 시 분리판단기준

③ 자전거 도로의 형상
 ㉠ 차도와 동일 높이의 분리대
 ㉡ 25cm 이상 높게
 ㉢ 평면선형은 차도와 같게

④ 폭 : 3.0m 이상

⑤ 경사
 ㉠ 종단경사 2.5~3.0%, 최급경사 5%
 ㉡ 횡단경사 1.5~2.0% 물이 고이지 않도록 포장

6. 보도

① 정의 : 도시지역의 도로에서는 도시시설이다.
② 설치기준 : 보행자 수 150인/일 이상, 차량 2,000대/일일 때

③ 폭
  ㉠ 보행자 폭 : 보행자 수 2~4인이 횡방향 통행폭 기준(0.75m/인)
  ㉡ 최소 폭(장애인 최소 기준 폭을 고려하면 2.0m 이상 필요함)
    • 지방지역 1.5m
    • 도시지역
      －주간선, 보조간선 : 3.0m
      －집산도로 : 2.25m
      －국지도로 : 1.5m

④ 기능
  ㉠ 보행자 통행을 원활하고 안전하게
  ㉡ 교차로 시거 증대, 교통안정성 기여

7. 측도(Frontage Road)

① 토지이용의 효율을 높임
② 교통분산이나 합류가 목적임
③ 본선과 평행하게 설치

8. 환경시설대 등

① 환경시설대
  ㉠ 주거지역, 공공시설 등 방음시설이 필요할 경우
  ㉡ 도로 주변 지역의 양호한 생활환경 확보
  ㉢ 4차로 이상의 도로에서는 환경시설대의 설치 검토
  ㉣ 폭은 차도 끝단에서 20m 정도

② 식수대
  ㉠ 양호한 도로교통 환경 제공
    • 운전자의 시선 유도
    • 운전 잘못으로 길에서 벗어난 자동차의 충격 완화
    • 불쾌감이나 부조화된 느낌 차단
  ㉡ 도로 주변 지역의 쾌적한 생활환경 유지
    • 자동차의 배출가스, 먼지, 매연, 대기 정화
    • 도로 소음 경감
    • 노면 복사열 차단, 주변 온도 상승 완화
    • 자동차 교통을 시각적으로 차단

5 결론

① 횡단면도 구성 시 해당 노선의 기능 및 교통상황을 충분히 감안하여 교통의 안전성과 효율성을 고려해야 한다.

② 횡단면도 구성은 지역적인 특성이나 도시의 성격에 따라 횡단구성요소가 달라질 수 있으며 반드시 안정성이나 주행성을 고려하여야 한다.

③ 자전거, 자전거 보행자도로 및 보도는 각각의 교통량을 고려하여 설치하거나 최솟값 이상으로 하여야 하며 차도부와는 별도로 판단하여야 한다.

④ 차도의 횡단면도폭을 크게 하면 자동차 통행에 있어서 쾌적성은 향상되지만 소형차량 두 대가 동시에 통행하려는 현상이 발생하므로 안전성 문제가 대두된다.

35 보도

1 개요

① 보도는 오직 보행자의 통행에 사용하기 위해 연석 또는 울타리, 기타 이와 유사한 공작물로 구획하며 설치되는 도로의 부분이며, 도시지역에서는 필수적인 시설로서 자동차 도로로부터 독립한 보행자용이다.

② 보도는 도시지역에서는 필수적으로 그 필요성이 인정되고 있으며, 지방도로에서도 보행자교통이 많은 경우에는 보행자의 안전한 통행을 위하여 보도의 필요성이 인정되고 있다.

③ 보행자의 수가 적더라도 자동차 교통량이 아주 많거나 학생들이나 유치원 아동들의 통로가 되는 경우 인구밀집지구 등 국부적으로 보행자가 많은 곳에는 보행자의 안전과 교통 원활을 위해 보도 등을 설치하며 보행자를 분리하는 것이 필요하다.

2 보도의 기능

① 보행자의 안전한 통행
② 자동차의 원활한 통행 확보
③ 도로시설로서의 연도 서비스 향상

3 보도폭의 요구 조건

① 보행자가 안전하고 원활한 통행 확보를 위해 충분한 폭을 가질 것
② 도시지역 도로에서는 도시시설이므로 필요한 폭을 가질 것

③ 보행자가 엇갈릴 수 있는 1.5m(2.0m 장애자폭)는 최소 폭으로 할 것
④ 교차로에서 시거를 증대시켜 교통안전성에 기여하는 부차적 효과

4 보도의 횡단구성

① 차도면보다 0.1~0.2m 높은 구조

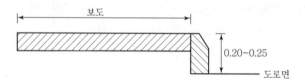

② 방호울타리에 의한 방법
시설물 설치부분만큼(보통 0.5m) 폭이 증가함

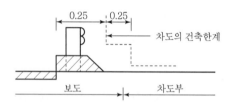

5 횡단보도 및 육교

1. 보행자의 차량과 분리

① 간선도로에서 교통량이 많은 장소
② 상업중심지, 공장, 학교 부근 등으로 보행자가 특별히 많은 장소
③ 간선도로의 기능을 보호하기 위하여 필요할 경우 보도육교, 지하보도 설치
④ 보행자를 차량과 분리해야 할 필요가 있는 장소

2. 보도육교나 지하보도를 설치할 경우

① 계단과 경사 1 : 17 정도의 램프를 병행하여 설치
② 장애자의 안전한 횡단이 가능하도록 횡단보도 또는 램프시설이 있으면 계단만으로도 무방

3. 보도육교 등을 설치할 경우

① 차도의 무단횡단을 방지하기 위하여
② 보도육교 부근에는 차도와 보도 사이에 핸드레일 또는 펜스 설치

6 결론

① 보행자의 안전성을 확보하고 자동차의 원활한 통행을 가능하게 하여 서비스 수준을 향상시키므로 특히 도시지역에서는 반드시 설치하여야 할 횡단구성의 요소이다.

② 보도계획 시 교통약자인 장애자에 대한 시설을 배려하는 것이 바람직하다.

36 측도

1 개요

① 측도는 도로 횡단구성의 일부분으로서 일반도로나 도시지역 도로에 대하여 도로의 구조가 절토와 성토로 이루어져 연도와 고저차가 있어 차량이 연도와 출입이 불가능한 경우 또는 환경대책으로 차음벽을 연속 설치하여 연도와의 출입이 불가능한 경우에 설치한다.

② 자동차 전용도로의 경우는 유·출입이 특정지역에 제한되므로 토지이용 효율화를 위해 일방통행으로 운영한다.

③ 특히 도시지역 통과 시는 교통의 분산이나 합류의 목적으로 측도를 권장하고 있다.

2 측도 설치 목적

① 교통량의 분산 및 합류 목적

② 차량의 안전과 원활한 통행공간 확보

③ 연도와의 고저차로 인한 출입 불편 해소

④ 환경 차음벽 설치로 인한 연도 출입의 불가능 해소

⑤ 4차로 이상의 지방 또는 도시지역 도로 주변에 출입이 방해되는 경우 필요에 따라 설치

⑥ 2차로 도로에도 철도, 입체 교량 등으로 필요에 따라 설치

3 측도의 구조

① 측도의 폭은 원칙적으로 4.0m 이상

② **설계속도** : 20~60km/hr 이내

③ 연도의 측도

④ 원활한 통행이 가능하도록 설치

⑤ 선형과 경사는 고려하되 본선과 원활한 접속 유도

4 결론

① 고속국도의 경우에는 측도를 일방통행으로 운행하여 자동차의 고속주행과 함께 이용도를 높이는 것이 바람직하다.
② 특히 도시지역 통과 시는 교통의 분산이나 합류 목적으로도 권장하고 있다.
③ 출입의 방해 정도에 따라 차량의 안전과 원활한 통행공간을 확보하기 위해서 측도를 설치하게 되므로 충분한 교통량 조사와 민원인들의 의견을 수렴해야 한다.

37 식수대

1 개요

① 환경시설대의 주요 부분을 이루고 있는 식수대는 양호한 도로 교통환경을 제공하고, 도로 주변 지역의 생활환경을 쾌적하게 유지하기 위하여 설치된다.
② 적용에 있어서는 도로로 사용할 수 있는 용지 내에서 식수대로 사용이 가능한 지역에 도로에 맞는 식수형식을 고려하여 교통환경조성 차원에 부합해야 한다.

2 식수대의 기능

① 교통 균질화가 도모되어 질서 있는 교통의 확보
② 보행자나 자전거의 횡단을 억제
③ 운전자의 시선을 유도
④ 도로이용자의 불쾌감 방지[차폐로서의 기능과 현광(눈부심) 방지]
⑤ 운전자의 실수로 이탈한 자동차의 충격 완화
⑥ 자동차 배기가스, 먼지, 매연 등을 정화
⑦ 자동차교통을 시각적으로 차단함
⑧ 노면 복사열의 차단, 가로수 수분 증발에 의한 주변의 온도 상승 완화

❸ 식수대의 폭 및 구조

1. 도시지역 환경시설대

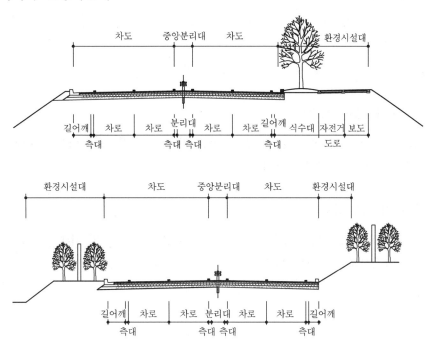

2. 식수대의 폭

① 식수대의 표준폭 : 1.5m
② 나무의 종류와 배치, 횡단구성 요소와의 균형을 고려하며 1.0~2.0m로 식재
③ 장래 추가차로 계획 시 또는 경관 식수대 경우 3m까지 가능

3. 식수대의 구조

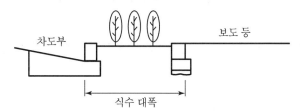

4 식수대 적용 시 고려사항

1. 도심부에 대한 식수대

① 도심부 간선도로 식수대는 안전과 쾌적한 통행환경을 확보
② 양호한 경관을 형성해야 함
③ 식수대, 폭, 식재 등도 취지에 맞추어 배려

2. 경관지에 대한 식수대

명소, 유적지 등의 풍경을 배경으로 하는 지역의 간선도로에 대한 식수대의 경우 주변 지역과 경관의 조화가 필요하다.

3. 주거 지역의 식수대

① 도로 교통으로 인한 소음, 대기오염, 진동의 경감을 도모하기 위해서는 다음 각종 시책을 종합적으로 고려해야 한다.
　㉠ 자동차 구조의 개선
　㉡ 도로구조의 개선
　㉢ 적절한 교통 규제
　㉣ 교통관제의 강화
　㉤ 연도 토지이용의 적정화 등

② 도로 구조로서는 광폭의 식수대를 설치하여 차도와 연도 가옥을 격리할 수 있는 차벽 등을 설치 또는 수목을 밀실하게 하는 등의 배려가 필요하다.

5 결론

① 식수대는 반드시 환경시설대의 설치요건을 만족시키지 않아도 되는 지역에도 연도의 양호한 생활환경의 확보가 필요하다고 판단된다.
② 식수대의 폭 역시 다른 조건을 종합적으로 검토하여 1.5m를 넘는 적절한 폭으로 배려해야 한다.

38 우회전 모퉁이 처리

1 보차도 경계선

일반적으로 시가지의 간선도로에서는 12m 이상, 집산도로는 10m 이상, 국지도로는 6m 이상의 곡선반지름을 적용하여야 하며, 대형자동차의 통행이 극히 적고 주변 도로상황 등으로 최소 기준 적용이 곤란한 경우는 자동차의 회전 가능 여부 등을 판단하여 그 값을 적용하여야 한다.

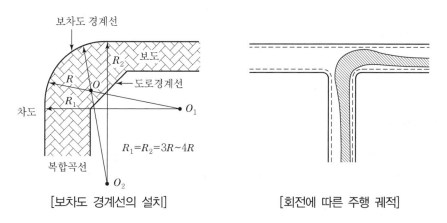

[보차도 경계선의 설치]   [회전에 따른 주행 궤적]

2 도로 모퉁이의 설치

직각 평면교차로의 경우 다음 표의 값을 기준으로 사용하고 있다. 단, 도로폭이 8m 미만의 경우, 10m 미만의 도로와 25m 이상의 도로가 교차되는 경우, 12m 미만의 도로와 35m 이상의 도로가 교차되는 경우는 설치하지 아니할 수 있다.

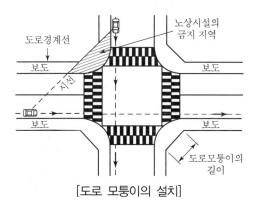

[도로 모퉁이의 설치]

[평면교차부 도로 모퉁이의 길이(m)]

폭원	40 이상	20 이상	15 이상	12 이상	8 이상
40 이상	12	10	8	6	5
20 이상	10	10	8	6	5
15 이상	8	8	8	6	5
12 이상	6	6	6	6	5
8 이상	5	5	5	5	5

39 주차장의 주차구획(주차면 제원)

1 개요

① 「주차장법」에서는 자동차 1대를 주차할 수 있는 구획을 "주차단위구획"이라 말하며, 하나 이상의 주차단위구획으로 이루어진 구획 전체를 "주차구획"이라 말한다. 또한 경형자동차 등 일정한 자동차에 한정하여 주차가 허용되는 주차구획을 "전용주차구획"이라 말한다.

② 2019년 3월 「주차장법 시행규칙」이 개정되면서 일반형의 너비가 2.3m에서 2.5m로 주차면의 크기가 넓어졌다.

③ 「주차장법」에서는 "구차구획"이란 용어를 사용한다. 따라서 여기서는 주차장의 주차구획의 종류와 크기에 대하여 나열한다.

2 주차구획의 종류

일반적으로 경형, 일반형, 확장형, 장애인전용, 이륜자동차 전용으로 나뉜다. 또한 추가적으로 환경친화적 자동차 주차구획(전기자동차 충전시설), 조업주차, 여성주차 등이 있다.

1. 평행주차식의 경우

구분	너비	길이
경형	1.7m 이상	4.5m 이상
일반형	2.0m 이상	6.0m 이상
보도와 차도의 구분이 없는 주거지역의 도로	2.0m 이상	5.0m 이상
이륜자동차 전용	1.0m 이상	2.3m 이상

2. 평행주차형식 외의 경우

구분	너비	길이
경형	2.0m 이상	3.6m 이상
일반형	2.5m 이상	5.0m 이상
확장형	2.6m 이상	5.2m 이상
장애인전용	3.3m 이상	5.0m 이상
이륜자동차 전용	1.0m 이상	2.3m 이상

주차단위구획은 흰색 실선(경형자동차 전용주차구획의 주차단위구획은 파란색 실선)으로 표시한다.

❸ 부설주차장(상가건물, 아파트 등) 주차구획별 설치비율

1. 확장형 주차 법적 비율

「주차장법 시행규칙」에 따르면 주차대수 50대 이상의 부설주차장에 설치되는 확장형 주차단위구역의 경우 주차단위구획 총수(평행주차형식의 주차단위구획 수는 제외한다)의 30퍼센트 이상을 설치하여야 한다.

2. 경형 주차 법적 비율

「주차장법 시행령」 부설주차장의 설치대상 시설물 종류 및 설치기준에 따르면 경형자동차의 전용주차구획으로 설치된 주차단위구획은 전체 주차단위구획 수의 10퍼센트까지 부설주차장 설치기준에 따라 설치된 것으로 본다.

3. 장애인 주차 법적 비율

「주차장법 시행령」「장애인·노인·임산부 등의 편의증진 보장에 관한 법률 시행령」 또는 「교통약자의 이동편의 증진법 시행령」에 따라 장애인전용 주차구역을 설치해야 하는 시설물에는 부설주차장 설치기준에 따른 부설주차장 주차대수의 2퍼센트부터 4퍼센트까지의 범위에서 장애인의 주차수요를 고려하여 지방자치단체의 조례로 정하는 비율 이상을 장애인전용 주차구획으로 구분·설치해야 한다. 다만, 부설주차장의 설치기준에 따른 부설주차장의 주차대수가 10대 미만인 경우에는 그러하지 아니하다.

4. 전기자동차 충전시설

① 충전시설 설치대상 시설이란 「주차장법」 제2조 제7호에 따른 주차단위구획을 100개 이상 갖춘 시설 중 전기자동차 보급현황·보급계획·운행현황 및 도로 여건 등을 고려하여 특별시·광역시·특별자치시·도·특별자치도의 조례로 정하는 시설을 말한다.

  1. 공공건물 및 공중이용시설로서 「건축법 시행령」에 따른 용도별 건축물 중 다음 시설
     - 제1종 근린생활시설
     - 제2종 근린생활시설
     - 문화 및 집회시설
     - 판매시설
     - 운수시설
     - 의료시설
     - 교육연구시설
     - 운동시설
     - 업무시설
     - 숙박시설
     - 위락시설
     - 자동차 관련 시설
     - 방송통신시설
     - 발전시설
     - 관광 휴게시설

Road and Transportation

2. 「건축법 시행령」에 따른 공동주택 중 다음 시설
   - 500세대 이상의 아파트
   - 기숙사

3. 시·도지사, 특별자치도지사, 특별자치시장, 시장·군수 또는 구청장이 설치한 「주차장법」에 따른 주차장

② 주차장에 설치하여야 하는 충전시설의 수량은 주차장 주차단위구획 총 수를 200으로 나눈 수 이상으로 하되, 구체적인 충전시설의 수량 등 충전시설의 설치에 관한 세부사항은 특별시·광역시·특별자치시·도·특별자치도의 조례로 정한다.

40 공공주택(아파트) 진입로와 단지 내 도로기준

1 공동주택 진입도로

'진입도로'라 함은 보행자 및 자동차의 통행이 가능한 도로로서 기간도로로부터 주택단지의 출입구에 이르는 도로를 말한다.

① 공동주택을 건설하는 주택단지는 기간도로와 접하거나 기간도로로부터 당해 단지에 이르는 진입도로가 있어야 한다. 이 경우 기간도로와 접하는 폭 및 진입도로의 폭은 다음 표와 같다.

(단위 : 미터)

주택단지의 총 세대 수	기간도로와 접하는 폭 또는 진입도로의 폭
300세대 미만	6 이상
300세대 이상 500세대 미만	8 이상
500세대 이상 1천 세대 미만	12 이상
1천 세대 이상 2천 세대 미만	15 이상
2천 세대 이상	20 이상

※ '기간도로'라 함은 「주택법 시행령」에 따른 도로를 말한다.
- 「국토의 계획 및 이용에 관한 법률」에 따른 도시·군계획시설(이하 '도시·군계획시설'이라 한다)인 도로로서 국토교육부령으로 정하는 도로
- 「도로법」에 따른 일반국도·특별시도·광역시도 또는 지방도
- 그 밖에 관계 법령에 따라 설치된 도로

② 주택단지가 2 이상이면서 당해 주택단지의 진입도로가 하나인 경우 그 진입도로의 폭은 당해 진입도로를 이용하는 모든 주택단지의 세대 수를 합한 총 세대 수를 기준으로 하여 산정한다.

③ 공동주택을 건설하는 주택단지의 진입도로가 2 이상으로서 다음 표의 기준에 적합한 경우에는 제1항의 규정을 적용하지 아니할 수 있다. 이 경우 폭 4미터 이상 6미터 미만인 도로는 기간도로와 통행거리 200미터 이내인 때에 한하여 이를 진입도로로 본다.

주택단지의 총 세대 수	폭 4미터 이상의 진입도로 중 2개의 진입도로 폭의 합계
300세대 미만	10미터 이상
300세대 이상 500세대 미만	12미터 이상
500세대 이상 1천 세대 미만	16미터 이상
1천 세대 이상 2천 세대 미만	20미터 이상
2천 세대 이상	25미터 이상

④ 도시지역 외에서 공동주택을 건설하는 경우 그 주택단지와 접하는 기간도로의 폭 또는 그 주택단지의 진입도로와 연결되는 기간도로의 폭은 제1항의 규정에 의한 기간도로와 접하는 폭 또는 진입도로의 폭의 기준 이상이어야 하며, 주택단지의 진입도로가 2 이상이 있는 경우에는 그 기간도로의 폭은 제3항의 기준에 의한 각각의 진입도로의 폭의 기준 이상이어야 한다.

② 주택단지 안의 도로

① 공동주택을 건설하는 주택단지에는 폭 1.5미터 이상의 보도를 포함한 폭 7미터 이상의 도로(보행자전용도로, 자전거 도로는 제외한다)를 설치하여야 한다.

② 제1항에도 불구하고 다음의 어느 하나에 해당하는 경우에는 도로의 폭을 4미터 이상으로 할 수 있다. 이 경우 해당 도로에는 보도를 설치하지 아니할 수 있다.
  • 해당 도로를 이용하는 공동주택의 세대수가 100세대 미만이고 해당 도로가 막다른 도로로서 그 길이가 35미터 미만인 경우
  • 그 밖에 주택단지 내의 막다른 도로 등 사업계획승인권자가 부득이하다고 인정하는 경우

③ 주택단지 안의 도로는 유선형(流線型) 도로로 설계하거나 도로 노면의 요철(凹凸) 포장 또는 과속방지턱의 설치 등을 통하여 도로의 설계속도(도로설계의 기초가 되는 속도를 말한다)가 시속 20킬로미터 이하가 되도록 하여야 한다.

④ 500세대 이상의 공동주택을 건설하는 주택단지 안의 도로에는 어린이 통학버스의 정차가 가능하도록 국토교통부령으로 정하는 기준에 적합한 어린이 안전보호구역을 1개소 이상 설치하여야 한다.

⑤ 제1항부터 제4항까지에서 규정한 사항 외에 주택단지에 설치하는 도로 및 교통안전시설의 설치기준 등에 관하여 필요한 사항은 국토교통부령으로 정한다.

41 입체교차

1 개요

① 입체교차는 구조물을 설치하여 2개 이상의 도로 간 교통류 흐름을 각기 다른 층에서 교차하여 원활한 소통을 시키도록 하기 위하여 설치하는 도로의 체계이다.
② 교통량이 많은 중요한 도로가 상호 교차하는 경우에는 입체교차를 고려하여야 하며, 교차하는 도로 상호의 규격 또는 지역 특성에 따라 평면교차를 허용할 수도 있다.

2 입체교차 계획 기준

① 주간선도로의 기능을 가진 도로가 다른 도로와 교차하는 경우 입체교차로 하여야 한다. 다만, 교통량 및 지형 상황 등을 고려하여 부득이하다고 인정되는 경우에는 그러하지 아니하다.
② 주간선도로가 아닌 도로가 서로 교차하는 경우로서 교통을 원활하게 처리하기 위하여 필요하다고 인정되는 경우 입체교차로 할 수 있다.
③ 입체교차를 계획할 때에는 도로의 기능, 교통량, 도로 조건, 주변 지형 여건, 경제성 등을 고려하여야 한다.

3 기본적인 고려사항

① 도로 수준의 향상을 위해서는 모든 교차로는 입체교차하여 연속적인 교통흐름을 가져야 한다.
② 평면교차는 입체교차와 비교하면 사고에 대한 위험성을 내포하고 있으며, 특히 교통량이 많지 않고 속도가 높은 지방지역의 교차로가 해당된다. 이런 장소는 도시지역에 비해 적은 초기건설비용으로 가능하므로 입체교차 설치가 효과적일 수 있다.
③ 입체교차의 설계가 경제성만으로 형식이 결정되어서는 안 되며, 지형적 조건과의 관계를 살펴 가장 이상적인 형식의 설치가 필요하다.
④ 교통 혼잡지역에서의 평면교차는 급격한 속도 변화, 정지·대기시간 증가 등 교통 지체로 인하여 추가 비용이 발생할 수 있다. 따라서 입체교차는 정지와 지체 등에 의해 발생하는 비용이 적으므로 도로 이용자의 편익은 입체교차가 유리할 수 있다.

⑤ 입체교차를 계획할 때 교통량 분포 형태와 운전자의 통행 형태가 포함되는 교통량 추이는 중요한 고려사항이 된다. 계획하는 교차로의 교통 수요가 평면교차의 용량을 초과할 경우에는 입체교차를 설치하여야 하며, 용지비의 비중이 큰 도시지역에서는 단순입체교차로 계획할 수 있다.

4 인터체인지의 배치

① 일반국도 등 주요 도로와의 교차 또는 접근 지점과 항만, 비행장, 유통시설, 중요 관광지 등으로 통하는 주요 도로와의 교차 또는 접근 지점
② 인터체인지 간격은 최소 2km, 최대 30km가 되도록 배치
③ 인구 30,000명 이상의 도시 부근 또는 인터체인지 세력권 인구가 50,000~100,000명이 되도록 배치
④ 인터체인지의 출입 교통량이 30,000대/일 이하가 되도록 배치
⑤ 본선과 인터체인지에 대한 총편익과 총비용의 비가 극대화되도록 배치

[인터체인지 설치의 지역별 표준 간격]

지역	표준 간격(km)
대도시 도시고속국도	2~5
대도시 주변 주요 공업지역	5~10
소도시가 존재하고 있는 평야	15~25
지방 촌락, 산간지	20~30

도시 인구 배치기준에 의한 인터체인지 표준 설치 수는 다음 표와 같다.

[인터체인지 표준 설치 수]

도시 인구	1개 노선당 인터체인지 표준 설치 수
10만 명 미만	1
10만 명 이상~30만 명 미만	1~2
30만 명 이상~50만 명 미만	2~3
50만 명 이상	3

5 인터체인지의 위치 선정

1. 입지조사

① 사회적 조건에 대한 조사로 용지 관계 및 문화재에 대한 조사가 있다. 인터체인지의 용지 면적은 35,000~150,000m²나 되는 넓은 면적을 필요로 하며, 보상비가 건설비에서 차지하는 비율도 높다.

② 자연 조건조사는 지형, 지질, 배수, 수리, 기상 등이 있고, 위치 선정에는 1/5,000 정도의 지형도나 실지 답사로 하지만 연약지반이 예상되는 지질인 곳에서는 위치를 선정할 때에도 개략적으로 토질조사를 실시할 필요가 있다.

2. 접속도로 조건

① 인터체인지 출입 교통량을 처리할 수 있는 용량을 가져야 한다.

② 시가지, 공장지대, 항만, 관광지 등의 주요 교통 발생원과 단거리, 단시간에 연결되어야 한다.

③ 인터체인지 출입 교통량이 그 지역 도로망에 적정하게 배분되어 기존 도로망에 과중한 부담을 주지 않아야 한다.

3. 인터체인지와 타 시설과의 간격

구분	최소 간격(km)
인터체인지 상호 간	2
인터체인지와 휴게소	2
인터체인지와 주차장	1
인터체인지와 버스정류장	1

6 인터체인지의 형식

1. 불완전 입체교차

① 불완전 입체교차는 평면 교차하는 교통 동선을 1개 이상 포함한 형식이다.

② 불완전 입체교차에는 매우 다양한 형식이 있으며, 그중에서도 실용성이 높은 것은 다이아몬드(Diamond)형, 불완전 클로버(Partial Cloverleaf)형, 트럼펫(Trumpet)형+평면교차 등이다.

③ 이 형식은 용지면적이나 건설비도 적게 들고 우회거리가 짧아지므로 정지에 의한 시간
손실의 상당한 부분이 보완되며, 문제가 될 수 있는 도로용량도 어느 한계 내에서는
확보될 수 있을 것이므로 그 특성을 잘 이용하면 효율적인 형식이 된다.

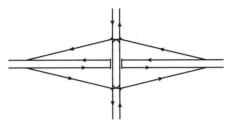

(a) 다이아몬드형 불완전 입체교차

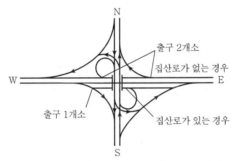

(b) 우회전 연결로가 있는 불완전 클로버형

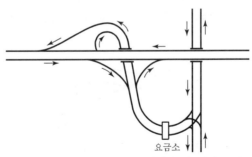

(c) 트럼펫형＋평면교차 인터체인지(네 갈래 교차)

[불완전 입체교차 예]

2. 로터리(Rotary) 입체교차

① 이 형식은 평면교차는 포함되지 않으나 연결로를 전부 독립으로 하지 않고 2개 이상의 통과 차도 또는 연결로를 부분적으로 겹쳐서 엇갈림을 수반하는 형식이다.

② 다섯 갈래 이상의 여러 갈래 교차로에서 로터리 형식으로 인터체인지를 형성하면 교통 동선이 많고 복잡해지므로 다섯 갈래 이상의 교차는 이를 2개 이상의 교차로로 분리하여 1개 교차로에서 4선 이상의 갈래가 집중되지 않도록 설계한다.

③ 엇갈림 구간을 길게 잡는 것은 곤란하므로 로터리 형식은 교통량이 적은 경우에만 고려하는 것이 적합하다.

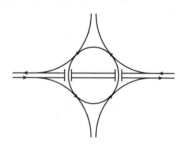

[로터리 입체교차 예]

7 완전 입체교차

① 인터체인지 본연의 목적에 가장 부합된 기본형이다. 이 형식은 평면교차를 포함하지 않고 각 연결로가 독립되어 있다. 단점으로 공사비가 많이 들고 많은 용지면적이 필요하여 고규격 도로의 입체교차시설에 주로 적용된다.

② 완전 클로버형(Full Cloverleaves) 인터체인지가 주요 도로에 사용될 때에는 주요 도로에 집산로를 두어 엇갈림이 본선에서 발생되지 않도록 하여야 한다.

③ 도로가 4차로 이하인 교차로에 이 형식을 적용하면 과다설계가 될 수 있다. 그리고 설계속도가 높고 교통량이 많은 도로에 이 형식은 많은 단점이 있으므로 클로버형의 변형 또는 직결형을 고려하는 것이 바람직하다.

(a) 직결 Y형(세 갈래 교차) 입체교차로

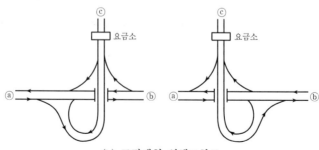

(b) 트럼펫형 입체교차로

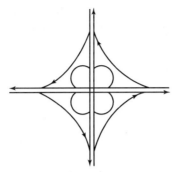

(c) 클로버형 입체교차로

[완전 입체교차 예]

8 본선과의 관계

① 인터체인지 부근의 평면곡선반지름이 작으면 곡선의 바깥쪽에 설치되는 유출·입 연결로 및 변속차로와 본선의 편경사 차가 커지는 경우는 안전한 유·출입이 어렵고 위험하며 설계상 편경사 설치가 곤란하게 된다. 따라서 인터체인지 구간의 본선 최소 평면곡선반지름은 기본구간의 경우보다 약 1.5배 크게 적용하도록 한다.

[인터체인지 구간의 본선 평면곡선반지름]

본선 설계속도(km/h)		120	110	100	90	80	70	60
최소 평면 곡선반지름(m)	계산값	709	596	463	375	280	203	142
	적용값	1,000	900	700	600	450	350	250

② 인터체인지 전체가 본선의 큰 오목(凹)형 종단곡선 안에 있을 경우 운전자가 인터체인지를 쉽게 알아 볼 수 있으나, 인터체인지가 본선의 작은 볼록(凸)형 종단곡선 내 또는 그 직후에 있으면 인터체인지의 전체 또는 그 일부가 보이지 않을 수 있다.

③ 볼록(凸)형 종단곡선의 변화비율

인터체인지 구간의 볼록형 종단곡선 변화비율(K)은 본선 정지시거(D) 기준보다 1.1배 이상 확보될 수 있도록 하여야 한다.

$$K = \frac{D^2}{385} \quad (D' = 1.1D, \ K' = 1.21K)$$

[볼록형 종단곡선의 최소 종단곡선 변화비율]

본선 설계속도(km/h)		120	110	100	90	80	70	60
정지시거 확보기준(K) (m/%)		120	90	60	45	30	25	15
인터체인지 구간의 종단곡선 변화비율 (m/%)	계산값	145	109	73	55	37	31	19
	적용값	150	110	80	60	40	35	20

④ 오목(凹)형 종단곡선의 변화비율

오목형 종단곡선은 연결로에 육교가 있을 경우를 제외하고는 인터체인지의 시인성에 문제는 없으나 종단선형의 시각적인 원활성을 확보하기 위하여 충격 완화를 위한 종단곡선 변화비율의 2~3배 크기의 거리가 확보되도록 하여야 한다.

$$K = \frac{V^2}{360} \, [K' = (2 \sim 3)K]$$

[오목형 종단곡선의 최소 종단곡선 변화비율]

본선 설계속도(km/h)		120	110	100	90	80	70	60
충격완화기준(K) (m/%)		40.0	33.6	27.8	22.5	17.8	13.6	10.0
인터체인지 구간의 종단곡선 변화비율 (m/%)	계산값	80~120	67~100	56~83	45~68	36~53	27~41	20~30
	적용값	110	100	80	60	50	40	30

⑤ 본선의 종단경사는 일반구간에 비하여 더욱 완만하게 하는 것이 바람직하다. 인터체인지 구간에서의 급한 하향경사는 인터체인지에서 유출하는 자동차의 과속으로 인하여 사고가 우려된다. 또한, 급한 상향경사는 본선에 유입하는 자동차가 저속으로 이어져 지체 등의 문제가 발생하므로 가속차로의 길이를 표준길이 이상 확보하여야 하고, 가속차로의 길이가 여유있게 확보되어 있어도 대형자동차는 가속되지 않은 상태로 본선으로 유입되므로 사고 원인을 제공하는 경우가 많다. 이와 같은 안전성을 고려하여 인터체인지를 설치하는 본선 구간의 최대 종단경사는 기본 구간의 경우보다 값을 낮추어 적용하도록 한다.

[인터체인지 구간의 최대 종단경사]

본선 설계속도(km/h)	120	110	100	90	80	70	60
최대종단경사(%)	2.0	2.0	3.0	3.0	4.0	4.0	4.5

⑥ 이 밖에도 인터체인지를 설계할 때 본선의 선형이 이들 조건을 만족하고 있더라도 인터체인지가 땅깎기 구간이나 육교 직후에 설치되어 유출연결로가 가려져 있으면 사고가 많은 지점이 될 수 있으므로 운전자의 시선을 방해하지 않아야 한다. 유출연결로 접속단 직전의 작은 볼록(凸)형 종단곡선, 교량, 난간 등도 연결로를 가릴 수 있으므로 주의를 기울여야 한다.

9 연결로의 기하구조

1. 입체교차의 연결로

① 연결로의 설계속도는 접속하는 도로의 설계속도에 따라 다음 표의 속도를 기준으로 한다. 다만, 루프 연결로의 경우에는 다음 표의 속도에서 시속 10킬로미터 이내의 속도를 낮추어 설계속도로 할 수 있다.

상급 도로의 설계속도(km/h) 〈 하급 도로의 설계속도(km/h)	120	110	100	90	80	70	60	50 이하
120	80~50							
110	80~50	80~50						
100	70~50	70~50	70~50					
90	70~50	70~40	70~40	70~40				
80	70~40	70~40	60~40	60~40	60~40			
70	70~40	60~40	60~40	60~40	60~40	60~40		
60	60~40	60~40	60~40	60~40	60~30	50~30	50~30	
50 이하	60~40	60~40	60~40	60~40	60~30	50~30	50~30	40~30

② 연결로의 차로폭, 길어깨폭 및 중앙분리대폭은 다음 표의 폭 이상으로 한다. 다만, 교량 등의 구조물로 인하여 부득이한 경우에는 괄호 안의 폭까지 줄일 수 있다.

횡단면 구성 요소 〈 연결로 기준	최소 차로폭 (미터)	최소 길어깨 폭(미터)					최소 중앙 분리대폭 (미터)
		한쪽 방향 1차로		한쪽 방향 2차로	양방향 다차로	가속·감속 차로	
		오른쪽	왼쪽	오른쪽·왼쪽	오른쪽	오른쪽	
A기준	3.50	2.50	1.50	1.50	2.50	1.50	2.50(2.00)
B기준	3.25	1.50	0.75	0.75	0.75	1.00	2.00(1.50)
C기준	3.25	1.00	0.75	0.50	0.50	1.00	1.50(1.00)
D기준	3.25	1.25	0.50	0.50	0.50	1.00	1.50(1.00)
E기준	3.00	0.75	0.50	0.50	0.50	0.75	1.50(1.00)

주) 1) 각 기준의 정의
- A기준 : 길어깨에 대형자동차가 정차한 경우 세미트레일러가 통과할 수 있는 기준
- B기준 : 길어깨에 소형자동차가 정차한 경우 세미트레일러가 통과할 수 있는 기준
- C기준 : 길어깨에 정차한 자동차가 없는 경우 세미트레일러가 통과할 수 있는 기준
- D기준 : 길어깨에 소형자동차가 정차한 경우 소형자동차가 통과할 수 있는 기준
- E기준 : 길어깨에 정차한 자동차가 없는 경우 소형자동차가 통과할 수 있는 기준

2) 도로의 설계속도별 적용기준

상급도로의 설계속도(킬로미터/시간)		적용되는 연결로의 기준
100 이상	지방지역	A기준 또는 B기준
	도시지역	B기준 또는 C기준
100 미만		B기준 또는 C기준
소형차도로		D기준 또는 E기준

2. 연결로를 설치할 때 고려사항

① 연결로의 형식은 오른쪽 유·출입으로 한다.

② 연결로의 선형은 인터체인지의 성격, 지형 및 지역을 감안하고 연결로상의 주행속도의 변화에 적응하며, 연속적으로 안전한 주행이 확보되도록 설계하여야 한다.

③ 연결로의 선형 설계는 우선 인터체인지의 성격(교차하는 도로의 규격, 교통량, 차종 구성, 교통운용의 조건), 지형 및 지역에 따른 적당한 인터체인지 형식과 규모를 선정하는 것이 가장 중요하다.

⑩ 연결로 접속부 설계

1. 유출 연결로 노즈의 설계기준

[유출 노즈부의 최소 평면곡선반지름 계산]

본선 설계속도 (km/h)	노즈 통과속도 (km/h)	노즈부의 평면곡선 반지름 계산값(m)	노즈부의 최소 평면곡선반지름(m)	감속도 (m/sec^2)
120	60	236	250	1.0
110	58	220	230	1.0
100	55	198	200	1.0
90	53	184	185	1.0
80	50	164	170	1.0
70	45	132	140	1.0
60	40	105	110	1.0

유출 연결로 노즈 끝에서의 평면곡선반지름은 본선 설계속도에 따라 다음 표의 값 이상으로 한다.

[유출 연결로 노즈 끝에서의 최소 평면곡선반지름]

본선 설계속도(km/h)	120	110	100	90	80	70	60
노즈부의 최소 평면곡선반지름(m)	250	230	200	185	170	140	110

2. 노즈부 부근에서의 완화곡선

① 유출 연결로 접속부는 감속 주행과 연결로 원곡선 구간으로의 주행궤적 변경이 동시에
발생하므로 주행 안전성 향상을 위하여 완화곡선을 다음과 같이 설치한다.

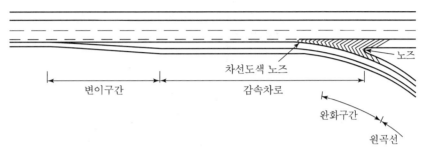

[유출 연결로 노즈부 완화구간 설치위치]

② 유출연결로에서 노즈 이후 완화곡선을 설치할 경우 평면곡선반지름이 작은 원곡선으로서
원활한 주행을 확보하기 위하여 노즈 통과속도로 3초간 주행한 거리 완화구간을 표의
값 이상으로 설치한다.

[유출 연결로 노즈부 완화구간 최소길이]

본선 설계속도(km/h)	120	110	100	90	80	70	60
노즈 통과속도(km/h)	60	58	55	53	50	45	40
계산값(m)	66.7	61.1	55.6	50.0	44.4	38.9	33.3
본선 완화구간 최소길이(m)	70	65	60	55	50	40	35

③ 완화구간은 차선도색 노즈와 노즈 사이에서 시작되어야 하고, 선형 조건 등을 고려하여
부득이하게 차선도색 노즈 이전에서 완화곡선이 시작되는 경우 차선도색 노즈부터 완화구
간 시점까지의 길이만큼 감속차로를 연장할 수 있다.

④ 편경사 접속설치는 차선도색 노즈로부터 원곡선 시점까지로 하고, 본선 종단경사가
2% 이상의 내리막 경사이며, 원곡선에서 배향으로 분기하여 유출되는 경우의 편경사
접속비율은 보정계수 1.2를 적용한다.

3. 노즈부 부근에서의 종단곡선

노즈 부근의 연결로 종단곡선 변화비율과 종단곡선의 길이는 본선의 설계속도에 따라 각각 다음 값 이상으로 한다.

[유출 연결로 노즈 부근의 종단곡선]

본선 설계속도(km/h)		120	110	100	90	80	70	60
최소 종단곡선 변화비율(m/%)	볼록형	15	13	10	9	8	6	4
	오목형	15	14	12	11	10	8	6
최소 종단곡선 길이(m)		50	48	45	43	40	38	35

4. 접속단 간의 거리

연결로의 접속부 사이에는 운전자의 판단, 엇갈림, 가속, 감속 등에 필요한 거리가 확보되어야 하므로 연결로 접속단 간의 이격거리는 운전자가 표지 등을 시인하여 반응을 일으키는 데 필요한 시간을 2~4초, 자동차가 인접차로로 변경하는 데 소요되는 시간을 3~4초로, 이를 합한 5~8초를 근거(미국 AASHTO 설계기준과 동일)로 다음 표에 나타낸 값을 표준으로 하고 있다.

[접속단 간의 최소 이격거리]

유입–유입 또는 유출–유출	유출–유입	연결로 내	유입–유출 (엇갈림)
L	L	L	L 클로버형의 루프에는 적용 안 됨

노즈에서 노즈까지의 최소 이격거리(m)

주간선 도로	보조간선, 집산도로, FR	주간선 도로	보조간선, 집산도로, FR	설계속도 60km/h 이상	설계속도 60km/h 미만	분기점(JCT)		인터체인지(IC)	
						주간선 도로	보조간선 집산도로, FR	주간선 도로	보조간선 집산도로, FR
300	240	150	120	240	180	600	480	480	300

주) FR : 고속국도 집산로

🔢 변속차로의 길이

① 변속차로 중 감속차로의 길이는 아래 표 이상으로 하여야 한다. 다만, 연결로가 2차로인 경우 가감속차로 길이는 아래 표 길이의 1.2배 이상으로 하여야 한다.

본선설계속도(km/hr)		120	110	100	90	80	70	60
연결로 설계속도 (km/hr)	80	변이구간을 제외한 감속차로의 최소길이 (m)	120	105	85	60	–	–	–
	70		140	120	100	75	55	–	–
	60		155	140	120	100	80	55	–
	50		170	150	135	110	90	70	55
	40		175	160	145	120	100	85	65
	30		185	170	155	135	115	95	80

② 본선 종단경사 크기에 따른 감속차로의 길이보정률은 아래 표의 비율로 해야 한다.

본선의 종단경사(%)	내리막 경사				
감속차로의 길이보정률	0~2 미만	2 이상~3 미만	3 이상~4 미만	4 이상~5 미만	5 이상
	1.00	1.10	1.20	1.30	1.35

③ 변속차로 중 가속차로의 길이는 아래 표의 길이 이상으로 하여야 한다. 다만, 연결로가 2차로인 경우 가소차로의 길이는 아래 표 길이의 1.2배 이상으로 하여야 한다.

본선설계속도(km/hr)		120	110	100	90	80	70	60
연결로 설계속도 (km/hr)	80	변이구간을 제외한 가속차로의 최소길이 (m)	245	120	55	–	–	–	–
	70		335	210	145	50	–	–	–
	60		400	285	220	130	55	–	–
	50		445	330	265	175	100	50	–
	40		470	360	300	210	135	85	–
	30		500	390	330	240	165	110	70

④ 본선의 종단경사의 크기에 따른 가속차로의 길이보정률은 아래 표의 비율로 한다.

본선의 종단경사(%)	오르막경사				
가속차로의 길이보정률	0~2 미만	2 이상~3 미만	3 이상~4 미만	4 이상~5 미만	5 이상
	1.00	1.20	1.30	1.40	1.50

⑤ 변속차로의 변이구간 길이는 아래 표의 길이 이상으로 하여야 한다.

본선설계속도(km/hr)	120	110	100	90	80	60	50	40
변이구간의 최소길이(m)	90	80	70	70	60	60	60	60

⑫ 변속차로의 형식

① 평행식 감속차로

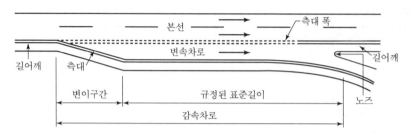

② 평행식과 직접식의 감속차로

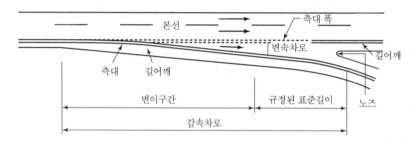

42 IC의 위치와 형식 선정

① 개요

① IC(Inter Change)란 입체교차구조와 교차도로 상호 간의 연결로를 갖는 도로의 부분으로 도시지역교차로 입체화와는 달리 주로 출입제한도로와 타 도로의 연결, 혹은 출입제한도로 상호 연결을 위하여 설치되는 도로의 부분을 말한다.

② IC의 계획 및 건설을 위해서는 광역적 교통운영계획 및 지역계획에 대한 종합적 검토를 하여 설치위치와 간격에 대하여 신중한 검토가 필요하다.

③ IC는 건설비가 고가일 뿐만 아니라 IC가 미치는 세력권 내에서의 교통운영계획지역 및 도시계획, 토지이용계획 및 각종 개발계획에 미치는 영향이 매우 크다.

④ 따라서, IC의 위치 및 형식에 대하여 몇 개의 대안을 세밀히 작성하여 최적을 선정하여야 하며, 유료인 경우는 IC의 수지분석, 유지관리 등 경제성의 제고가 매우 중요하다.

⑤ 고속국도 상호 간을 연결하는 것을 분기점(J/C, Junction)이라 한다.

② IC 계획을 위한 조사

1. 계획 시 조사사항

① 교통 여건
② 사회적 요건 및 자연적 조건 검토

2. 교통조사

① 시종점(O-D)조사 결과분석
② 유입교통과 전환 증가 교통량에 대한 조사 분석

3. 입지조건조사

① 교통상 조건 : 교통량, 유입·유출 관계, 도로망 현황
② 사회적 조건 : 장래 토지이용계획, 지역개발효과, 보상비, 각종 문화재
③ 자연적 조건 : 지질, 지형, 배수조건, 시거 확보, 선형의 연속성
④ 경제적 조건 : B/C비가 크게 될 것

③ IC의 계획 및 설계순서

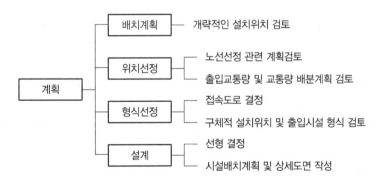

④ IC의 위치 선정기준 및 고려사항

1. 선정기준

① 주요 교통발생지점
② 유·출입 교통량 3만 대/일에 1개소
③ 주요 도로와의 교차점 : 주요 간선도로(주요 항만, 비행장) 연결로, 공업단지, 관광단지
④ 지역 내 인구가 대략 5만 이상의 도시와 연결
⑤ 경제성 고려(B/C비 극대화, 수익성 고려)

2. 위치선정 시 고려사항

① 타 시설과의 관계 : 교통안전 표지판 & 안내판 설치
② 접속도로의 성격 및 조건
③ 도로 사용자 편익 고려
④ 본선선형은 오목형 저부 위치 : 종단경사 2%, 편경사 3% 이내
⑤ 지형, 지질 등 자연환경, 지역조건 등 사회환경, 교통상의 조건 고려

3. IC 배치 표준간격

① 관리상으로 최소 2km, 최대 30km

② 표준간격

지역	표준간격
대도시 주변의 주요 공업지역	5~10km
소도시가 존재하고 있는 평야	15~25km
지방 촌락, 산간지	20~30km

5 IC 형식 선정 시 고려사항

1. IC 형식의 분류

① 동선에 의한 분류 : 완전 입체교차, 불완전 입체교차, 위빙(Weaving)형
② 분기수에 의한 분류 : 3지, 4지, 다지 교차
③ 형태에 의한 분류 : 클로버형, 트럼펫형, 다이아몬드형, 직결형, 준직결형

2. 형식 선정 시 고려사항

① 지형조건, 지물의 현황
② 교통 운영상 안전성, 시공 중 교통소통
③ 유·출입 패턴의 일관성 : 오른쪽 유·출입이 되도록
④ 공사비 및 경제성 검토(영업체제 검토 후 형식 결정, 개방식, 폐쇄식)
⑤ 단계건설 고려 : 단계건설 시 용지 확보 및 구조물 단계건설 고려

6 IC 형식별 특성

형식		장점	단점
1. 불완전한 입체교차형	(1) 다이아몬드형	• 용지 면적이 적게 소요 • 저렴한 공사비 • 짧은 우회거리	• 2개의 평면교차로 인접 • 병목현상(BN) 발생
	(2) 트럼펫형	• 요금징수소를 한곳에 설치 • 유료도로에 적합 • 2중 트럼펫형으로 개량 용이	• 긴 우회거리
	(3) 불완전한 클로버형(4지)	• 용량 증대 • 완전 클로버형 개량 용어	• 긴 우회거리 • 용지면적 과다 소요 • 공사비 과다 소요
2. 위빙형 (로터리형)		• 교통량이 적은 5가지 이상 교차로에 적용	• 교통량이 많은 도로에 부적절 • 엇갈림 현상 발생
3. 완전 입체 교차형	(1) 3지 교차(직결 Y형)	• 고규격 도로 상호 간 사용	• 선형이 크므로 용지비 과다

형식	장점	단점
3. 완전 입체 교차형 (2) 3지 교차(준직결 Y형) 	• 엇갈림 현상이 발생하지 않음 • 교통용량 증대 가능 • 고속국도 상호 간 교차에 적합	• 구조물수가 많아짐 • 공사비 증가, 복잡한 시공
(3) 직결형(4지 교차) 	• 엇갈림이 발생하지 않음 • 교통용량 증대 • 고속국도 상호 간 교차에 적합	• 구조물이 많이 설치됨 • 공사비 많이 소요, 복잡한 공사
(4) 트럼펫형(3지 교차) 	• 요금 징수소를 한곳에 설치 • 유료도로에 적합 • 2중 트럼펫형으로 개량 용이	• 긴 우회거리
(5) 클로버형 	• 구조물이 단순하여 시공 용이	• 용지면적 과다 소요 • 엇갈림 현상 발생 • 교통용량 저하 • 도시부에서는 적용 불가능

7 유료도로 영업소 종류 및 설계 시 유의사항

1. 통행요금징수체계

① 전선균일요금제
    ㉠ 영업소는 입구, 출구에만 설치
    ㉡ 일반유료도로에 많이 채택한 형식

② 구간별 균일요금제
    ㉠ 고속국도 본선상 30~40km마다 영업소 광장 설치
    ㉡ 이용자는 영업소 통과 시 일정액 지불

③ 완전한 구간별 요금제
    ㉠ 진입 시 통행거리에 따른 요금 지불
    ㉡ 통행권 받아 출구에 반납

④ NTCS(Nonstop Tollgate Collection System)

2. 설계 시 유의사항

① 영업소가 안전상의 장애 및 본선 교통에 영향이 없어야 함(예고, 주의 및 오목형 종단선형 피함)
② 첨두시 교통처리에 충분한 차로 설치로 교통용량 만족해야 함
③ 차의 정지, 발진이 안전하게 이루어지고 요금수수에도 편리해야 함(평탄하고 직선적일 것)
④ 관리 측면에서 편리하도록 할 것
⑤ 장래 도입될 영업소자동차에 관해서도 고려

8 IC의 설계

1. 연결로의 기하구조

① 접속단, 램프(Ramp), 분기단으로 세분한 용량 검토
② 횡단구성, 시거, 최소곡선반지름, 편경사, 종단경사 등의 기하구조 조건 검토

2. 연결로 터미널(Terminal) : 접속단

① 연결로 터미널은 연결로와 본선이 접속하는 부분
② 변속차로, 테이퍼(Taper), 분리단으로 구성

3. 설계 시 유의사항

① 본선 선형과 변속차로 선형의 조화

② 연결로 터미널 확인의 용이성

③ 본선과 연결로 상호 간의 투시성 확보

4. 유출연결로

① 운전자에게 은폐되지 않도록 하고, 유출각은 1/15~1/20 정도가 좋다.

② 감속차로는 직접식이 좋으며, 본선의 차도단에 오프셋으로 착각할 경우 복귀하기 쉽게 한다.

③ 분기단 부근은 큰 곡선을 삽입하여 속도 조절 시 여유 있게 고려한다.

5. 유입연결로

① 합류각도를 작게 하여 자연스럽게 진입하도록, 본선과 연결로 상호 간에 투시는 좋게, 가속 테이퍼의 존재를 인식하기 좋게 표시

② 가속차로는 평행식이 좋으나 본선 선형에 따라 직접식도 검토

③ 유입부는 상향경사와 같이 속도 저하 구간에 두지 않도록 유입연결로 접속단에서 시계 확보

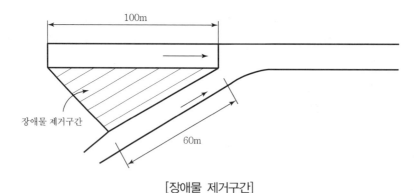

[장애물 제거구간]

6. 감속차로

① 테이퍼에서 노즈까지의 거리를 말하며 규정값 이상 적용

② 감소차로의 길이는 종단경사에 따라 적용

③ 직접식보다 평행식이 본선의 원활한 차량소통과 교통안전상 유리

④ 도로의 평면선형이 곡선인 경우에는 직접식도 가능함

7. 가속차로

① 합류단에서 테이퍼 선단까지의 거리
② 경사구간의 보정은 상향경사에만 적용함
③ 보정률은 종단경사에 따라 적용

8. 테이퍼의 길이

① 차량이 1차로분을 옆으로 이동하는 데 필요한 시간 동안(3~4초) 주행한 거리

$$T = \frac{1}{3.6} V_a \times t$$

여기서, T : 테이퍼 길이(m)
V_a : 평균주행속도(km/h)
t : 주행시간(초)

② S형 주행의 궤적을 배향곡선으로 계산하는 방법
③ 배향곡선 사이에 직선을 삽입하는 방법

9. 연결로 접속단 간의 거리

① 연결로와 본선의 접속단 간 거리는 안전하고 원활한 교통이 확보될 수 있도록 계획함
② 운전자의 판단, 위빙(Weaving), 가속, 감속에 필요한 길이가 필요
③ AASHTO에서는 5~10초간 주행한 거리로 산정

⑨ 설계 시 유의사항

① 장래 교통량의 정확한 예측 및 방향별 교통량의 정확한 배분
② 도식화된 설계보다 교통 특성에 맞는 IC 설계
③ 도시부 IC 설치 시 교통집중을 방지할 수 있는 위치 및 방식 선정
④ 램프 용량 2차로 이상 시 분류, 합류에 따른 용량분석으로 가감속차로장 산출
⑤ 도심부 내 클로버형 적용 시 집산로 설치 검토
⑥ IC 형식과 위치 결정 시 객관적 판단자료 이용
⑦ 기존 IC의 건설자료와 경험 등으로 공학적 판단 필요
⑧ 국내 IC 설계에 대한 기준이 미흡한 부분은 연구·검토하여 국내 실정에 적합한 기준 확립이 필요
⑨ IC 계획은 장래 변화에 대비하여 부지 확보 등 단계건설을 고려하여 장기적이고 종합적인
   계획 필요

⑩ 결론

① IC는 계획 및 설계 시 지역계획 및 광역적 교통운영계획 등을 종합적으로 검토하여 신중히 선정해야 한다.

② 특히 IC는 건설비가 고가이고 세력권 내에서 도시계획, 토지이용계획, 가로망계획 등에 미치는 영향이 크기 때문에 계획 시 그 설치위치와 간격배치에 신중한 검토가 필요하다.

③ IC 계획 시에는 노선선정과 같이 개략적인 설계 후 다시 세부적인 검토와 수정, 보완으로 만족된 설계로 유도하는 것이 바람직하다.

④ IC 형식 검토 시 IC가 설치되는 유료요금체계도 함께 검토되어야 한다.

43 다이아몬드형 IC의 설계

① 개요

① 불완전 입체교차 형식 중 하나인 다이아몬드형 IC는 네 갈래 교차 IC의 대표적인 형식이며, 인터체인지 형식 중에서 가장 단순하다.

② 그리고 부지 면적과 교차 구조물이 타 형식보다 적게 소요되어 경제적으로 저렴하기 때문에 일반국도나 자동차 전용도로의 부도로 접속 시 많이 적용되는 입체교차 형식이다.

③ 다이아몬드형 IC의 설계기준은 교통 지정체, 교통안전을 고려하여 기하구조에 따른 적정 IC 규모를 계획하여 설계해야 한다. 또한 회전교차로 및 좌회전 교통류를 적정하게 처리하기 위해서 다이아몬드형 IC의 부도로 접속부 교통 처리 방안도 중요하다.

④ 여기서는 입체교차 형식 중 가장 많이 적용된 다이아몬드형 IC의 적정규모(대형, 보통, 소형)와 원활한 교통상의 처리를 위한 인터체인지 형식의 설계지침을 제시한 것이다.

⑤ 또한 일반적인 다이아몬드형 IC 부도로 접속부 교통 처리 방안에 대한 형식별 장단점 및 적용 여부를 기술하여, 부도로 교통량에 따른 합리적인 적용방안을 제시하였다.

② 규모산정 검토

1. 산정방법

① 다이아몬드형 IC 설계 시 적정 규모는 부도로 회전 교통량과 기하구조의 관계를 통해 산정한다.

② 다이아몬드형 IC 부도로 접속부 지점에 대한 용량 검토 시 영향을 미치는 원인은 회전교통량이다. 특히, 일반 지방부도로의 서비스 수준 D의 교통 수요를 기반으로 교통량을 배분하여 검토한다.

③ 부도로의 교통수요가 적을 경우에는 효과 차이가 거의 없으며, 부도로의 교통수요가 서비스 수준 D를 초과할 경우에는 접속부 형식에 의한 영향보다 용량 초과로 인한 지정체 영향이 더 크게 발생한다.

④ 부도로 소형 규모의 용량 산정(설계속도 40km/시, 2차로)은 일반적인 마을 진입 도로나 군도 이하의 규모이다. 따라서 부도로 소형의 용량 산정 시 서비스 수준 A를 적용한다.

⑤ 여기서는 제시된 다이아몬드형 IC 설계 규모는 좌회전 교통량을 기준으로 적용한 것이다.

2. 서비스 수준에 따른 다이아몬드형 IC 규모별 부도로 용량

구분		구분	LOS A	LOS B	LOS C	LOS D	LOS E
부도로	대형	4차로 도로(왕복, 대/일) (설계속도 70km/시)	14,000	23,000	31,000	43,000	60,000
	보통	2차로 도로(왕복, 대/일) (설계속도 60km/시)	4,800	8,900	14,000	19,000	26,000
	소형	2차로 도로(왕복, 대/일) (설계속도40km/시)	4,800	–	–	–	–

주) K=0.1, PHF=0.95, D=0.5, fHV=0.95 적용

3. 대안 설정

① 대안 설정은 부도로에 가장 크게 영향을 미치는 좌회전 교통량의 비율을 가감하면서 설정한다.

② 부도로 접속부 처리 기본 대안 설정

교차로 위치	회전 방향	1-1안	2-1안	2-2안	2-3안	3-1안	3-2안	3-3안	3-4안
좌측	좌회전	10%	15%	15%	10%	20%	20%	10%	15%
	직진	80%	75%	75%	75%	70%	70%	70%	70%
	우회전	10%	10%	10%	15%	10%	10%	20%	15%
우측	우회전	10%	10%	15%	15%	10%	20%	20%	15%
	직진	80%	75%	75%	75%	70%	70%	70%	70%
	좌회전	10%	15%	10%	10%	20%	10%	10%	15%

주) 좌측, 우측은 부도로 접속부 양측 교차로를 말함

③ 추가 대안 설정 LOS가 F가 되는 시점

교차로 위치	회전 방향	왕복 4차로 도로와 접속 시			왕복 2차로 도로와 접속 시	
		2점 교차형 [3-4안]	1점 교차형 [4-1안]	2점 교차형 [4-2안]	1점 교차형	
좌측	좌회전	15%	25%	45%	접속부 도로의 좌회전 교통량 비율에 관계없이 서비스 수준 D 이하로 검토되었음
	직진	70%	70%	65%	
	우회전	15%	5%	5%	
우측	우회전	15%	25%	5%	
	직진	70%	70%	65%	
	좌회전	15%	5%	45%	

주) 좌측, 우측은 부도로 접속부 양측 교차로를 말함

㉠ 적정용량을 산정하기 위하여 회전 비율을 높여가며 서비스 수준이 E에서 F가 되는 시점을 구하는 것이 바람직하나, 가감하는 비율을 아주 세밀하게 적용하는 데 어려움이 있으므로 서비스 수준이 F가 되는 시점을 용량으로 전제한다.

㉡ 그리고 부도로 접속부 교차로의 기하구조는 이상적인 조건을 적용하여 분석한다.

4. 용량 산정

① 기본대안에서 적정 용량에 도달하는 서비스 수준을 구하는 데 어려움이 있을 경우 서비스 수준 F 도달 대안을 추가로 분석한다.

② 부도로 접속부 교차로의 적정 용량

구분		지체도	서비스 수준	비고
부도로 4차로	2점 교차형 [대안 3-4]	110.4	F	부도로에서 좌회전 비율이 15%일 경우 • 좌회전 교통량 : 355대/시 • 접근 교통량 : 6,150대/시
부도로 2차로	2점 교차형 [대안 4-2]	125.3	F	1차로 : 부도로에서 좌회전 비율이 45%일 경우 • 좌회전 교통량 : 474대/시 • 접근 교통량 : 3,162대/시

주) 용량산정은 교차로 기하구조가 이상적일 경우이며, 부도로의 구간 교통량은 차로별 용량을 가정하여 분석함

5. 다이아몬드형 IC 규모에 따른 적정 교통량 산정

① 일반적으로 다이아몬드형 IC 규모는 부도로의 설계속도, 차로수, 좌회전 대기 길이에 의하여 대형, 보통, 소형으로 구분한다.

② 부도로의 좌회전 대기 길이는 다이아몬드형 IC 규모에 가장 큰 영향을 미치는 좌회전 교통량의 비율을 가감하여 대형, 보통, 소형 규모에 따른 교통량을 기준으로 산정한다.

③ 대안별 교차로 분석 결과를 근거로 하여 서비스 수준이 E일 때의 좌회전 교통량을 기준 교통량으로 한다. 그러나 부도로 좌회전 교통량이 동일한 경우 서비스 수준 차이가 발생되나, 이는 타 이동류의 영향이므로 규모 산정에 필요한 좌회전 교통량은 큰 값을 채택한다.

④ 대형은 E~F, 보통은 서비스 수준 B~C이나 서비스 수준에 관계없이 좌회전 교통량이 가장 큰 값을 적용하며, 소형인 경우에는 부도로 교통량이 적으므로 서비스 수준이 A경우의 값을 채택한다.

6. 규모별 적정 좌회전 교통량 산정

① 규모별 좌회전 교통량은 대형이 355대/시, 보통은 B일 경우 최대 316대/시의 값이 적용된다. 또한 소형의 적정 좌회전 교통량은 119대/시이다.

② 다이아몬드형 IC의 규모별 적정 좌회전 교통량 산정

유형		좌회전 교통량	
		대/시	1주기 교통량
대형	본선 80km/시, 4차로 부도로 70km/시, 4차로	355	14
보통	본선 80km/시, 4차로 부도로 60km/시, 2차로	316	13
소형	본선 80km/시, 4차로 부도로 40km/시, 2차로	119	3

주) 보통의 경우는 최대 교통량의 좌회전 비율을 재조정하였음

③ 다이아몬드형 IC 규모별 교통량 산정

구분	방향별 교통량	적용 좌회전		서비스 수준	
		대/시	대/주기	지체(초/대)	LOS
대형		355	14	83.6	E

구분	방향별 교통량	적용 좌회전		서비스 수준	
		대/시	대/주기	지체(초/대)	LOS
대형	부도로 (4차로) 주도로	355	14	110.4	F
보통	부도로 (2차로) 주도로	316	13	29.2	B
	부도로 (2차로) 주도로	211	–	41.2	C
소형	부도로 (2차로) 주도로	119	3	13.2	A

7. 접속 부도로 좌회전차로 길이 산정

다이아몬드형 IC의 설계 적정 규모를 산정하기 위하여 인접 교차로 사이의 접속 부도로별 좌회전차로 길이를 이용한다.

① 좌회전차로의 구성

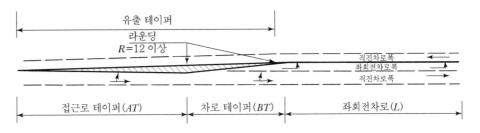

② 접근로 테이퍼(Approach Taper)

설계속도(km/h)		80	70	60	50	40	30
테이퍼	기준값	1/55	1/50	1/40	1/35	1/35	1/20
	최솟값	1/25	1/20	1/20	1/15	1/10	1/8

$$\text{AT} = \frac{(차로폭 - 중앙분리대폭)}{2} \times (설계속도에 \ 따른 \ 테이퍼 \ 설치기준)$$

③ 차로 테이퍼(Bay Taper)

   ㉠ 설계속도에 따른 최소 설치기준

   ㉡ 설계속도 50km/시 이하 → 1 : 8

   ㉢ 설계속도 60km/시 이상 → 1 : 15

   ㉣ 시가지 등에서 용지 폭의 제약이 심한 경우 → 1 : 4

④ 좌회전차로 길이 산정

비신호교차로의 경우 첨두시간 2분간 도착하는 좌회전 도착량을 기준으로 하며, 신호교차로의 경우에는 첨두시 신호 1주기당 도착하는 좌회전 차량수를 기준으로 산정한다.

$$L = 1.5 \times N \times S + l - T \geq 2.0 \times N \times S$$

   여기서, L = 좌회전 대기차로의 길이
          N = 좌회전 차량의 수(신호 1주기당 또는 비신호 시 2분간 도착하는 좌회전 차량)
          S = 차량길이(7.0m)
          l = 감속길이
          T = 차로 테이퍼 길이

⑤ 좌회전 대기차로의 길이 산정 시 감속길이 적용값

설계속도(km/h)		80	70	60	50	40	30	감속도(a) 적용값	비고
감속거리 (m)	기준값	125	95	70	50	30	20	$a=2.0m/sec^2$	
	최솟값	80	65	45	35	20	15	$a=3.0m/sec^2$	

⑥ 다이아몬드형 IC에서 접속 부도로별 좌회전차로 길이 산정 결과

유형 구분		좌회전 교통량			접근로 테이프 (AT)	차로 테이퍼 (BT)	좌회전 차로(L)
		계산값 (대/시)	대/주기	적용값 (대/시)			
대형	주도로 80km/시, 4차로 부도로 70km/시, 4차로	355	14	350	75.0m	45.0m	약 200m
보통	주도로 80km/시, 4차로 부도로 60km/시, 2차로	316	13	310	60.0m	45.0m	약 180m
소형	주도로 80km/시, 4차로 부도로 40km/시, 2차로	119	3	150	45.0m	24.0m	약 40m

주) 2점 교차의 인접 교차로 사이 값들을 적용

③ 다이아몬드형 부도로 접속부 처리

1. 2점 교차형(부도로 접속교차로 2개소)

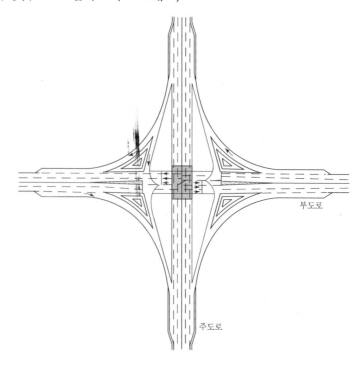

부도로

주도로

[장단점]

- 부도로에서 좌회전이 허용되는 2개의 평면교차를 가진다.
- 교차로의 지체 발생 우려로 신호처리가 필요하다.
- 부도로 교통량이 적고 좌회전이 적은 경우에 타당하다.

2. 1점 교차형(부도로 접속교차로 1개소)

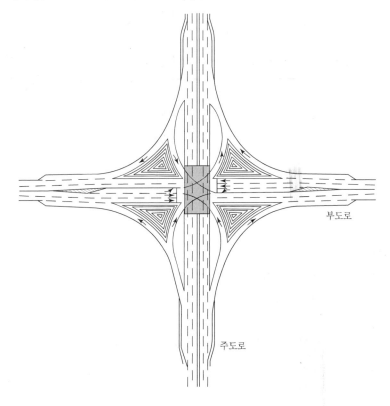

[장단점]

- 편입용지와 건설비는 2점 교차형과 비슷하나 교통처리 측면에서 유리하다.
- 운전자의 시거 확보가 필요하다.
- 신호 운영이 용이하다.
- 좌회전 대기 길이를 확보할 수 있어 교통처리가 양호하다.

3. 회전 교차로(단구형)

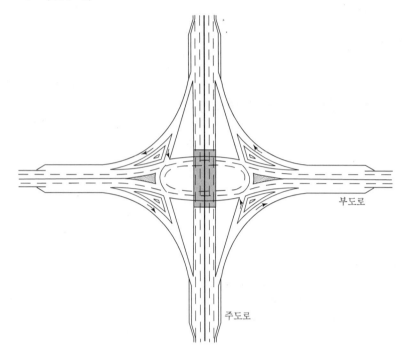

부도로

주도로

[장단점]
- 부지면적이 많이 소요된다.
- 교량 연장이 길어진다.
- 건설비가 고가이다.
- 부지 확보가 용이한 곳에 설치하는 것이 바람직하다.
- 신호 운영이 용이하다.

4. 회전 교차로(쌍구형)

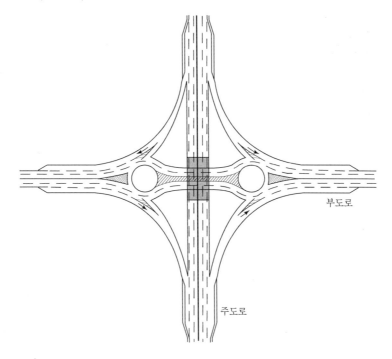

[장단점]

- 본선의 교량을 회전 교차로 인해 줄일 수 있다.
- 시거 확보가 용이하다.
- 무신호 처리에 용이하다.

44 트럼펫형 IC 형식

1 개요

① 트럼펫형 인터체인지는 세 갈래 교차 인터체인지의 대표적 형식이며, 루프 연결로(Loop Ramp)에서 50km/h 이상 높은 설계속도를 적용하는 것은 부지 확보 측면이나 지형조건으로 보아 고속국도와 상호 적용되는 것은 어렵고, 고속국도와 일반 도로의 연결에 적용된다.

② 트럼펫형에는 루프를 교차점 지나서 설치하고, 본선에 대하여 루프를 유출연결로에 사용하는 B형과 루프를 교차구조물의 전방에 설치하여 유입연결로로 사용하는 A형이 있으며 적용 시 교통안전과 경제성 관점에서 종합적으로 판단되어야 한다.

② 트럼펫형의 특징

① 고급도로와 저급도로의 연결
② 완전입체의 대표적 형식
③ 루프 램프를 이용하는 교통량이 비교적 적을 경우 바람직한 형식
④ 루프 램프의 속도 저하(40km/h)
⑤ 유료 도로(폐쇄식 영업체제)에서 가장 적용성 양호

③ 트럼펫형 설계 시 고려사항

① 교통안전과 경제성 관점에서 판단한다.
② 교통량 측면 및 주행 비용 측면에서 타당하기 때문에 교통량이 적은 쪽의 연결로를 루프 연결로로 한다.
③ 루프 연결로와 준직결 연결로의 교통량에 큰 차이가 없는 경우, 유입연결로를 루프로 한다(B형).
   ㉠ 준직결 연결로의 고속국도 본선 노즈 부근의 곡선반지름은 가능한 한 크게 한다.
   ㉡ 교통량에 큰 차이가 없을 경우 유입연결로의 형식으로 루프를 사용함이 교통안전상 유리하다.
④ A형 사용 시 원칙적으로 본선이 고가차도(Overpass) 형식으로 연결로 위에 놓이도록 한다.
   ㉠ A형의 경우 루프형 연결로가 유출연결로가 되므로 고속국도 측에서 유출하는 고속차량 속도의 조정이 편리하도록 루프연결의 곡선반지름을 크게 한다.
   ㉡ 본선상에서 루프 전체가 잘 보이도록 설계해야 한다.
   ㉢ 본선이 연결로 곁에 놓이고, 루프연결로가 상향경사일 경우, 루프 앞에 있으므로 교대 뒤로 루프 부분이 가려져서 잘 보이지 않는다.
⑤ 루프연결로의 설계속도는 최대 50km/h를 적용하고, 통상적으로 40km/h가 그 한계이다.

④ 직각교차와 비교 시 한쪽으로 치우친 교차의 장점

 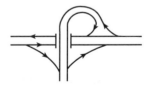

① 다량의 좌회전 교통에 대해 보다 완만한 곡선반지름이 제공된다.
② 모든 좌회전 교통에 대해 회전각이 크다.
③ 모든 좌회전 교통에 대해 주행거리가 짧다.

5 결론

① 유·출입 유형의 일관성은 운전자의 주행형태를 단순하고 용이하게 함으로써 여러 가지 장점을 갖는다.

② 루프연결로는 설계 시 설계속도, 용지, 지형조건 등을 고려하고, 교통안전 및 경제성 관점에서 종합적으로 고려하여 최적의 A형 또는 B형을 선정하여야 한다.

---

45 IC 연결로(접속부, 변속차로) 유·출입 유형의 일관성 설계

1 개요

① 입체교차가 설계되는 경우에는 각각의 입체교차는 물론 이들의 입체교차 연계 시 유·출입 형식이 일관성이 있도록 설계되어야 하며, 특히 유출연결로의 위치가 구조물의 전방과 후방에 섞여 있거나 또는 좌측과 우측에 유·출입연결로가 병합되지 않도록 하여야 한다.

② 입체교차에서 연결로의 선형을 설계할 때 우선 인터체인지의 성격(교차도로 규격, 교통량, 차종구성, 교통운용 조건 등)에 적합한 형식과 규모를 결정해야 한다.

③ 좌측에 유입부가 있는 경우 유입교통량과 우측의 고속교통량과의 합류문제를 초래하며, 유출의 경우에도 우측으로 유출하도록 하여야 운전자의 혼돈과 본선의 엇갈림을 피할 수 있다.

④ 따라서 유·출입 유형이 일관성을 갖도록 설계되어야 한다.

2 일관성 있는 유·출입 유형의 장점

① 운전자의 주행상태를 단순하고 용이하게 함

② 차로변경을 줄임

③ 직진교통과 마찰을 줄임

④ 도로안내표지를 단순하게 함

⑤ 운전자에게 혼란을 줄임

⑥ 운전자의 정보탐색 필요성을 줄임

3 일관성이 없는 유출 형태

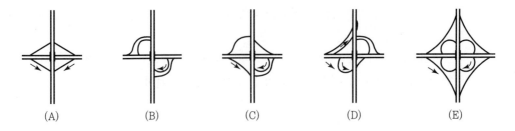

① 지점 A에는 구조물 전에 유출부가 있음
② 지점 B, C, E에는 구조물 후 유출부가 있음
③ 지점 D에는 좌측 유출로 되어 있음

4 일관성이 있는 유출 형태

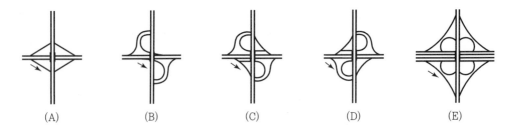

① 모든 유출이 구조물 전방에 위치
② 유출이 우측으로 이루어짐

5 일관성 유지를 위한 기본 차로수 균형 원칙

1. 기본차로수(Basic Number of Lanes)

① 기본차로수는 교통량에 관계없이 도로의 상당한 거리에 걸쳐 유지되어야 할 최소 차로수
이다. 부가차로는 기본차로수에 포함되지 않는다.
② 기본차로수가 해당 도로를 이용하는 교통량보다 부족한 경우에 교통정체를 초래하며,
특히 고속도로에서는 추돌사고의 원인이 된다.
③ 기본차로수는 설계교통량, 도로용량 및 서비스 수준에 의해 결정되는데, 기본차로수가
결정되면 해당 도로와 연결로 사이에 차로수 균형이 이루어져야 한다.

2. 차로수 균형(Lane Balance)의 필요성

① 엇갈림 구간에서 차로변경 횟수를 최소화한다.
② 연결로 유·출입부에서 차로를 균형있게 제공한다.
③ 도로의 구조적인 용량감소 요인을 제거한다.

3. 차로수 균형 원칙

① 차로의 증감은 방향별로 한 번에 한 개의 차로만 증감해야 한다.
② 도로의 유출 시에는 유출 후 차로수의 합이 유출 전 차로수보다 한 개의 차로가 많아야 한다.
③ 다만, 지형 상황 등으로 부득이하다고 인정되는 경우에는 유출 전후의 차로수를 같게 할 수 있다.
- 유출 전 차로수 ≥ (유출 후 차로수의 합−1)
- 유출 전 $N_C \geq N_E + N_F - 1$

④ 도로의 유입 시에는 유입 후의 차로수가 유입 전의 차로수 합과 같아야 한다.
다만, 지형 상황 등으로 부득이하다고 인정되는 경우에는 유입 후 차로수가 유입 전 차로수의 합보다 한 개의 차로가 적게 할 수 있다.
- 유입 후 차로수 ≥ (유입 전 차로수의 합−1)
- 유입 후 $N_C \geq N_E + N_F - 1$

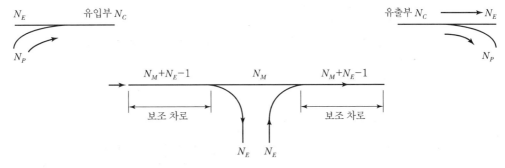

[유·출입부 차로수의 균형 배분]

6 유·출입 연결로의 차로수 균형

예제 01

기본차로수가 편도 4차로인 다음과 같은 고속국도가 있다. 차로수의 균형원칙(land balance)에 따른 문제점을 설명하고 개선안을 스케치 디자인 하시오.

+풀이 (1) 차로수 균형의 기본원칙에 따라 차로수는 방향별로 한 번에 한 개의 차로만 증감해야 한다.
- 분류부＝분류 전 차로수≥(분류 후 전체 차로수−1)
- 합류부＝합류 후 차로수≥(합류 전 전체 차로수−1)

(2) 주어진 편도 4차로에서 차로수 균형 검토 결과
기본차로수 원칙(4차로)은 지켜지나, 차로수 균형이 부적절한 상태이다.

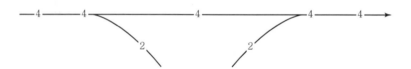

① 분류부
- 분류 전 차로수 : 4차로
- 분류 후 차로수 : 4＋2＝6차로
- 분류 전 차로수가 분류 후 전체 차로수보다 2개 차로 부족
② 합류부
- 합류 후 차로수 : 4차로
- 합류 전 차로수 : 4＋2＝6차로
- 합류 후 차로수가 합류 전 전체 차로수보다 2개 차로 부족

(3) 개선방안 : 기본차로수 원칙과 차로수 균형에 맞도록 개선한다.
① 분류부＝분류 전 차로수≥(분류 후 전체 차로수−1)＝5≥6−1   ∴ O.K
② 합류부＝합류 후 차로수≥(합류 전 전체 차로수−1)＝5≥6−1   ∴ O.K

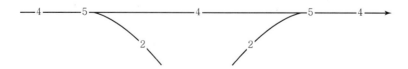

▣ 유출연결로 접속부 설계 시 유의사항

① 유출연결로 접속부가 입체교차 교각 뒤에서 갑자기 나타나지 않도록, 운전자가 적어도 500m 전방에서 변이구간 시점을 인식하도록 위치를 선정한다.

② 감속차로는 차량의 주행궤적을 원활히 처리할 수 있는 직접식이 좋으나, 본선의 평면선형이 곡선인 경우에는 평행식도 가능하다.

③ 통과 자동차가 유출연결로를 본선으로 오인하여 유출하지 않도록 명확히 구별하고, 차량이 자연스러운 궤적으로 나가는 유출각 1/15~1/25로 설계한다.

④ 오프셋(offset)은 본선의 차도단과 분류단 노즈(nose)와의 간격이다. 본선 전자가 오인하여 감속차로로 들어와도 되돌아가기 쉽게 본선 차도단에 오프셋을 설치한다.

⑤ 유출 노즈는 오인 진출한 차량이 충돌할 수 있으므로, 피해를 줄이기 위해 가급적 뒤로 물려서 설치하되 쉽게 파괴되는 연석을 설치한다.

⑥ 유출 노즈 끝에 반경이 큰 평면곡선을 설치하여 감속 여유구간을 두고, 클로소이드 파라미터는 본선 설계속도에 따라 설치하되, 본선보다 약간 크게 설치한다.

▣ 유입연결로 접속부 설계 시 유의사항

① 투시성 확보를 위해 유입단의 직전에서 본선까지는 100m, 연결로까지는 60m 정도를 상호 투시가 가능하도록 모든 장애물을 제거한다.

② 유입각을 작게 설치하여 자연스러운 궤적으로 본선에 유입하도록 한다.

③ 연결로와 본선의 횡단경사는 차량이 유입단에 도달하기 훨씬 전에 일치시킨다.

④ 유입단 앞쪽에 가속차로의 존재를 미리 알 수 있도록 도로표지를 설치한다.

⑤ 유입부는 긴 오르막 구간 직전에는 설치하지 않는 것이 용량 측면에서 좋다.

▣ 결론

① 차로수 균형 원칙은 엇갈림 구간에서는 엇갈림에 필요한 차로변경 횟수를 최소화하고, 연결로 유·출입부에서는 균형 있는 차로수 제공을 통해 구조적인 용량감소 요인을 제거하는 설계가 필요하다.

② 연결로 접속부에서 유출·유입, 감속·가속 등이 이루어지므로 본선과 변속차로 선형의 조화, 연결로 접속부의 시인성 및 투시성 확보 등을 고려해야 한다.

46 연결로 접속단

1 개요

① 근접한 IC 간 또는 IC와 분기점 사이에서는 본선에서의 유출연결로나 유입연결로, 또는 연결로 상호 간의 분기단이 근접하게 된다.

② 연결로 분기단의 거리를 가깝게 설치할 경우 진행방향 판단시간이나 표지판 설치를 위한 최소 간격 부족으로 안전성 및 원활한 교통 확보가 곤란하므로 충분히 이격시켜 운전자의 판단시간을 확보할 수 있도록 설계되어야 한다.

2 미국 AASHTO 설계기준

① 운전자가 표지 등을 시인하여 반응을 일으키는 데 필요시간 2~4초

② 자동차가 인접차로로 변경하는 데 소요되는 시간 3~4초

③ 이를 합한 5~8초를 근거로 표준값을 규정함

3 접속단 간의 최소이격거리(AASHTO 기준)

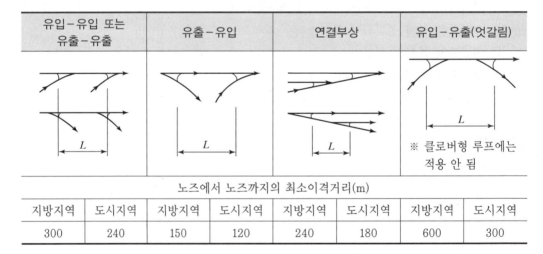

유입-유입 또는 유출-유출		유출-유입		연결부상		유입-유출(엇갈림)	
노즈에서 노즈까지의 최소이격거리(m)							
지방지역	도시지역	지방지역	도시지역	지방지역	도시지역	지방지역	도시지역
300	240	150	120	240	180	600	300

47 엇갈림구간(Weaving Section)

1 개요

① 엇갈림(Weaving)이란 교통통제시설의 도움 없이 상당 구간을 진행하면서 동일 방향의 두 교통류가 차로를 변경하는 교통현상을 말한다.

② 엇갈림구간은 합류구간 후에 분류구간이 있을 때 또는 유입연결로 후에 유출연결로가 있을 때 이 두 지점이 연속된 보조차로로 연결되어 있는 구간이다.

③ 특히 엇갈림구간에서는 운전자가 원하는 곳의 접근을 위해 필수적으로 차로변경이 요구되며 다른 도로구간보다 교통 혼잡이 많이 발생하는 구간이므로 교통류 혼잡을 효과적으로 처리하기 위해서는 특수한 교통운영기법을 필요로 하며, 도로설계에도 세심한 주의를 요한다.

2 엇갈림구간의 기본형식

① 길이(L)는 엇갈림구간 진입로와 본선이 만나는 지점에서 진출로 시작 부분까지[물리적인 고어부(Gore Area) 사이의 거리] 길이로 함

② 엇갈림구간의 길이가 750m보다 짧은 구간에 대하여 적용 가능

③ 엇갈림을 위한 최소한의 길이와 안전한 차로변경에 필요한 최소시간을 고려하여 최소 200m는 제공되어야 함

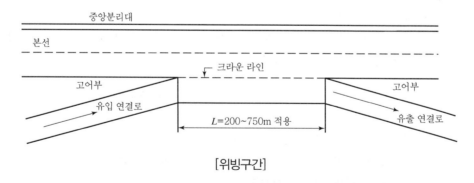

[위빙구간]

3 접속단 간의 거리

연결로의 접속부 사이에는 운전자의 판단, 엇갈림, 가속, 감속 등에 필요한 거리가 확보되어야 하므로 연결로 접속단 간의 이격거리는 운전자가 표지 등을 시인하여 반응을 일으키는 데 필요한 시간을 2~4초, 자동차가 인접차로 변경하는 데 소요되는 시간을 3~4초로, 이를 합한 5~8초를 근거(미국 AASHTO 설계기준과 동일)로 다음 표 안의 그림에 나타낸 값을 표준으로 하고 있다.

1. 유입이 연속되거나 유출이 연속되는 경우

[접속단 간의 최소이격거리]

유입-유입 또는 유출-유출	유출-유입	연결로 내	유입-유출 (엇갈림)		

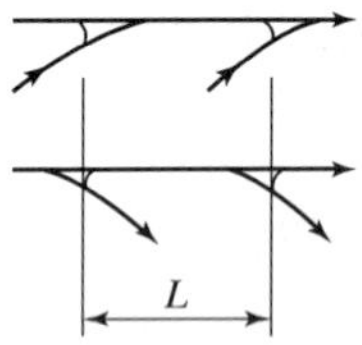

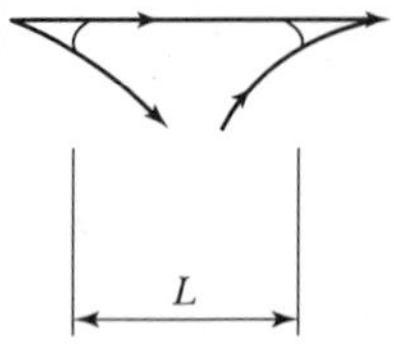

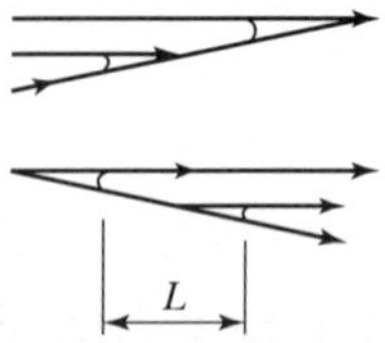

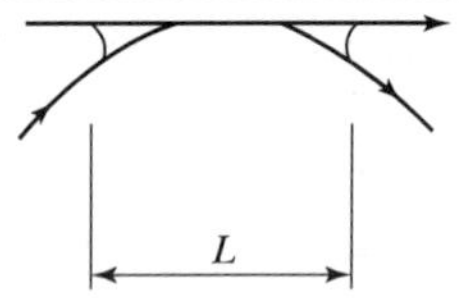

클로버형의 루프에는 적용 안 됨

노즈에서 노즈까지의 최소 이격거리(m)									
						분기점(JCT)		인터체인지(IC)	
주간선 도로	보조간선, 집산도로, FR	주간선 도로	보조간선, 집산도로, FR	설계 속도 60km/h 이상	설계 속도 60km/h 미만	주간선 도로	보조간선 집산도로, FR	주간선 도로	보조간선 집산도로, FR
300	240	150	120	240	180	600	480	480	300

주) FR : 고속국도 집산로

2. 유입의 앞쪽에 유출이 있는 경우(유입-유출의 경우)

① 위 그림의 값과 엇갈림에 필요한 길이 중 긴 쪽의 거리로 결정한다.

② 집산로란 본선 차로와 분리하여 평행하게 설치된 차로로서, 본선의 분류단과 합류단 사이에 설치되어 교통량을 분산·유도하는 기능을 갖는다.

③ 엇갈림 교통량 및 본선 교통량이 많은 경우에는 집산로를 설치하여 엇갈림 상충을 본선으로부터 집산로로 유도할 수 있다.

④ 일반적으로 다음의 경우에 집산로 설치를 검토할 수 있다.

  ㉠ 본선 차로의 교통량이 많아 분리할 필요가 있는 경우

  ㉡ 유출 분기 노즈가 인접하여 2개 이상 있는 경우

  ㉢ 유·출입 분기 노즈가 인접하여 3개 이상 있는 경우

  ㉣ 필요한 엇갈림 길이를 확보할 수 없는 경우

  ㉤ 표지 등으로 정확히 유도할 수 없는 경우

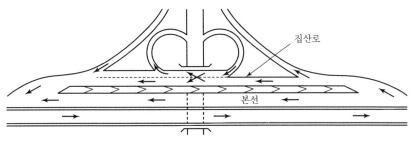

[집산로를 설치한 입체교차]

4 엇갈림구간의 형태

① 엇갈림구간 통과 시 차로변경 최소차로수와 진·출입 차로의 위치에 따라 A, B, C형태 등 3가지로 분류됨

② A형태

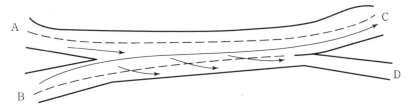

③ B형태

한 방향 교통량이 나머지 엇갈림 교통량보다 상대적으로 많을 때 많은 교통류를 효율적으로 처리함

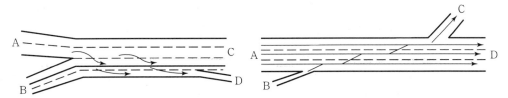

④ C형태

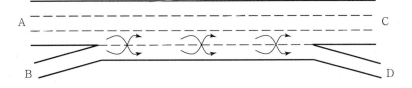

5 엇갈림구간의 평균통행속도 산정

① 엇갈림구간의 효과척도는 평균통행속도를 이용한다.
② 엇갈림 교통류의 평균속도는 비엇갈림 교통류의 평균통행속도보다 10~15km/hr 정도 떨어진다.
③ 엇갈림구간의 교통용량 산정 시에는 고속국도 기본구간의 승용차환산계수를 적용한다.

6 결론

① 엇갈림구간은 계획 및 설계단계부터 설계속도, 서비스 수준, 교통량, 차로수, 엇갈림의 길이 등을 충분히 고려하여 교통류의 흐름을 원활하게 하도록 한다.
② 엇갈림 교통량과 본선 교통량이 많을 경우에는 집산로 설치를 고려해야 한다.
③ 엇갈림구간은 교통통제시설의 도움 없이 동일 방향의 두 교통류가 차로를 변경하는 교통현상으로 특수한 운영기법을 필요로 하므로 엇갈림 구간의 길이는 최소 200, 최대 750m의 길이를 만족하여야 한다.
④ 형태 선정 시 차로변경횟수, 최소차로수와 진·출입 차로의 위치에 따라 A, B, C형태 중 적절한 형식을 선정하는 것이 매우 중요하다.

48 가감속차로

1 개요

① 가감속차로란 본선에서 유출하는 차량 및 본선으로 진입하는 차량이 원활하고 안전하게 감속 및 가속하여 본선의 교통흐름을 흐트리지 않고 분리 및 합류시키기 위하여 설치되는 차로로 평행식과 직접식이 있다.
② 가감속차로의 길이는 테이퍼 선단에서 분류 및 합류단 노즈까지의 거리를 지칭한다.
③ 평형식은 4차로 이상의 도로에 교통량이 많은 지역에 주로 사용하며, 직접식은 유·출입 교통량이 적은 지역에 사용하나 최근에는 대부분 평형식을 권장하고 있다.

2 감속차로

감속차로 형식에는 평행식과 직접식이 있다. 평행식은 일정 길이를 갖는 감속차로에 변이구간을 설치하고, 유출 연결로 노즈까지는 일정 폭으로 구성되어, 직접식은 감속차로 전체가 변이구간으로 되어 있는 것으로서, 감속차로 시점에 대한 인지성은 평행식보다 떨어진다.

① 평행식

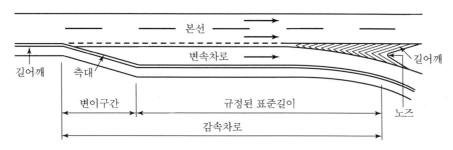

② 직접식

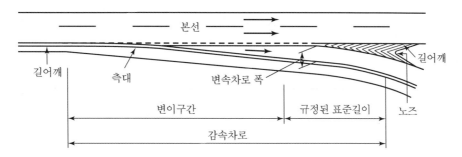

㉠ 본선과 감속차로가 이루는 유출각은 1/15~1/25로 한다. 아래 그림에서 점선으로 나타낸 것과 같이, 오른쪽으로 굽어지는 곡선의 안쪽에 평행식 감속차로를 설치하면 변이구간의 절점이 강조되어 비틀린 것 같은 외관을 나타내게 되어 바람직하지 않다.

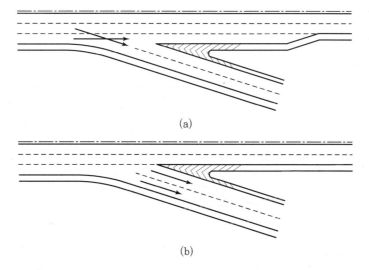

(a)

(b)

[연결로 접속부에서 본선의 차로수가 변화할 경우 접속방법]

ⓛ 연결로 접속부에서 본선의 차로수가 감소될 경우에는 위 그림 (a)와 같이 노즈를 지나서, 한 개 차로를 줄여 통상적인 감속차로와 같이 설계할 수 있으며, 표지판 등으로 전방에서 방향별로 각 차로에 자동차를 분리시키는 것이 필요하다. 이 경우 위 그림 (b)와 같이 하는 것도 검토할 수 있으나 감속차로의 시점이 명확하지 못하고, 직진 자동차와 유출 자동차가 접촉할 가능성이 높으므로 피하도록 한다.

❸ 가속차로

① 가속차로도 감속차로와 마찬가지로 평행식과 직접식의 두 가지 형식이 있다.

② 가속차로는 본선으로 유입하는 자동차가 가속하는 차로로 사용될 뿐만 아니라 대기차로로 사용되는 경우도 많기 때문에 평행식이 유용하다.

㉠ 평행식

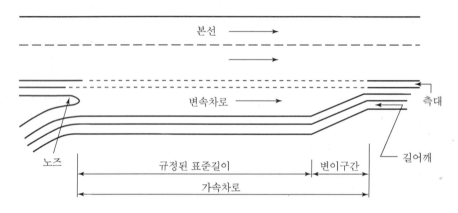

ⓛ 직접식

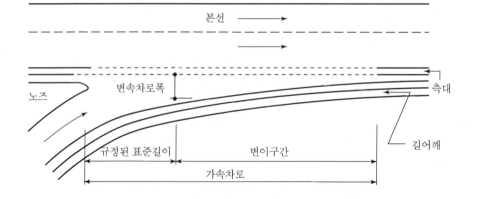

4 감속차로 설계

① 평행식 감속차로의 변이구간 길이는 규정된 값을 적용한다.

② 감속차로가 직접식인 경우 변이구간 길이는 어느 정도 자연적으로 정해지는 것이므로 특별히 규정하지는 않고 있으나, 변이구간의 유출각은 1/15~1/25로 하는 것이 바람직하다.

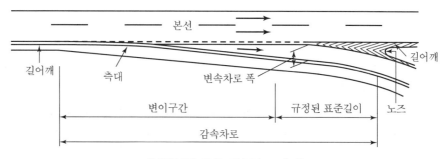

[직접식의 유효 감속차로 시점]

③ 오프셋은 1.0~3.0m, 통상 2.5m 정도로 설치하며, 유출 자동차의 폭이 넓거나 완만한 분류 조건 등 운전자의 주행 경로 선택·판단 실수 가능성이 높은 경우는 노즈 오프셋을 크게 설치하여야 한다.

④ 평행식 감속차로의 경우에는 3.0~3.5m의 오프셋을 설치하는 것이 바람직하다[아래 그림 (a)]. 그러나 주차 가능한 포장된 길어깨가 설치된 도로에서는 길어깨 폭이 오프셋의 역할을 다하기 때문에 별도의 오프셋을 설치할 필요는 없다[아래 그림(b)].

⑤ 노즈 오프셋의 접속설치는 설계속도에 따라 1/6~1/12의 비율로 한다. 그림 (b)의 넓은 길어깨를 가진 경우에는 오프셋의 설치 길이에 상당하는 길이는 20~40m이고, 본선과 같은 높이로 하며, 안전하게 주행할 수 있도록 포장하여야 한다.

⑥ 유출 연결로 측에도 약간의 오프셋을 필요로 한다. 일반적으로 오프셋은 0.5~1.0m 정도로 설치하고, 고속국도 분기점과 같은 곳에서는 1.5m 이상으로 하는 것이 유용하다.

⑦ 본선의 길어깨 끝에 연석을 설치하는 경우 노즈의 연석은 둥글게 곡선으로 처리한다. 그리고 연석의 반지름은 0.5~1.0m로 한다.

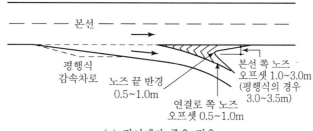

(a) 길어깨가 좁은 경우

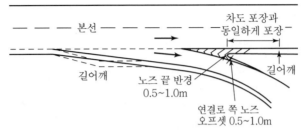

(b) 길어깨가 넓은 경우

[노즈 끝의 요소]

⑧ 감속차로 길이 산정

브레이크를 밟으면서부터 주행한 거리(S)는 감속도(d)의 값을 1.96m/sec²(0.20g으로 일정)
으로 할 때 식 1과 같다. 여기에서, g는 중력가속도인 9.8m/sec²을 뜻한다.

$$S = \frac{v_2{}^2 - v_1{}^2}{2d} = \frac{V_2{}^2 - V_1{}^2}{50.8} \quad \text{식 1}$$

여기서, S : 브레이크를 밟으면서 주행한 거리(m)

v_1 : 유출부 평균주행속도(m/sec)

v_2 : 감속차로 시점부 도달속도(m/sec)

d : 감속도(1.96m/sec²)

V_1 : 유출부 평균주행속도(km/h)

V_2 : 감속차로 시점부 도달속도(km/h)

[감속할 때의 도달속도와 주행속도]

(단위 : km/h)

본선	설계속도	120	110	100	90	80	70	60	50
	도달속도	98	91	85	77	70	63	55	47
연결로	설계속도	80	70	60	50	40	30	20	–
	유출부 평균주행속도	70	63	51	42	35	28	20	–

[감속차로의 길이 계산값]

(단위 : m)

본선		연결로 설계속도(km/h)							
		정지상태	20	30	40	50	60	70	80
설계속도 (km/h)	감속차로 시점부 도달속도(km/h)	유출부 평균주행속도(km/h)							
		0	20	28	35	42	51	63	70
50	47	43	36	28	19	–	–	–	–
60	55	60	52	44	35	24	–	–	–
70	63	78	70	63	54	43	27	–	–
80	70	96	89	84	72	57	47	–	–
90	77	117	109	101	93	82	66	34	–
100	85	142	134	127	118	108	91	64	46
110	91	163	155	148	139	128	112	85	67
120	98	189	181	174	165	154	138	110	93

[감속차로의 최소길이]

(단위 : m)

본선설계속도(km/h)			120	110	100	90	80	70	60
연결로 설계속도 (km/h)	80	변이구간을 제외한 감속차로의 최소길이 (m)	120	105	85	60	–	–	–
	70		140	120	100	75	55	–	–
	60		155	140	120	100	80	55	–
	50		170	150	135	110	90	70	55
	40		175	160	145	120	100	85	65
	30		185	170	155	135	115	95	80

[감속차로의 길이 보정률]

본선의 종단경사(%)	내리막 경사				
	0~2 미만	2 이상~3 미만	3 이상~4 미만	4 이상~5 미만	5 이상
감속차로의 길이 보정률	1.00	1.10	1.20	1.30	1.35

5 가속차로 설계

1. 가속차로의 길이 산정

① 우리나라의 경우에는 전체 교통량에서 트럭이 차지하는 비율이 높기 때문에, 여기서는 트럭이 가속하는 데 필요한 거리를 가속차로 길이를 규정하는 근거로 한다.

② 가속차로 길이를 구하는 데 이용되는 트럭의 톤당 마력은 13PS/ton으로 한다. 평지에서의 자동차 가속도는 다음의 식 2를 이용하여 구하며, 주행속도에 따른 평균가속도는 다음과 같다.

[주행속도와 평균가속도]

주행속도 (km/h)	70	63	60	55	51	50	45	42	40	35	30	28	20
평균가속도 (m/sec²)	0.28	0.34	0.36	0.41	0.46	0.47	0.54	0.59	0.63	0.74	0.88	0.95	1.38

$$a = \frac{dv}{dt} = \frac{g}{1+\varepsilon}\left[\frac{75 \times 3.6\xi(BHP)}{W \cdot V} - \mu - \frac{RA}{3.6^2 W}V^2\right] \quad \text{············· 식 2}$$

$$= \frac{29.484}{V} - 0.0933 - \frac{0.134}{14000}V^2$$

여기서, g : 중력가속도(9.8m/sec²) μ : 회전마찰계수(0.01)

ε : 가속저항비(0.05) R : 공기저항계수(0.03kg · sec²/m⁴)

ξ : 기계효율(0.9) A : 투영면적(6.2m²)

W : 자동차 중량(14,000kg) BHP : 유효출력(PS)

BHP/W=0.013PS/kg V : 주행속도(km/h)

[가속할 때 도달속도 및 초기속도]

(단위 : km/h)

	설계속도	120	110	100	90	80	70	60	50
본선	설계속도	120	110	100	90	80	70	60	50
	도달속도	88	81	75	67	60	53	45	37
연결로	설계속도	80	70	60	50	40	30	20	—
	초기속도	70	63	51	42	35	28	20	—

$$L = \frac{V_2^{\,2} - V_1^{\,2}}{2(3.6)^2 a} = \frac{V_2^{\,2} - V_1^{\,2}}{25.92a} \quad \text{·· 식 3}$$

여기서, L : 가속차로 소요길이(m), V_2 : 가속차로 종점부 도달속도(km/h)

V_1 : 가속차로 시점부 초기속도(km/h), a : 평균가속도

식 3과 도달속도와 초기속도 기준을 이용하여 가속차로의 길이를 계산하면 다음과 같다.

[가속차로 소요 길이의 계산값]

본선		연결로 설계속도(km/h)					
		30	40	50	60	70	80
설계속도 (km/h)	가속차로 종점부 도달속도(km/h)	가속차로 시점부 초기속도(km/h)					
		28	35	42	51	63	70
50	37	24	–	–	–	–	–
60	45	50	42	–	–	–	–
70	53	82	82	68	–	–	–
80	60	114	124	120	84	–	–
90	67	150	170	178	158	59	–
100	75	197	229	252	254	188	100
110	81	235	278	313	332	294	229
120	88	283	340	391	431	428	392

[가속차로의 최소길이]

본선 설계속도(km/h)			120	110	100	90	80	70	60
연결로 설계속도 (km/h)	80	변이구간을 제외한 가속차로의 최소길이 (m)	245	120	55	–	–	–	–
	70		335	210	145	50	–	–	–
	60		400	285	220	130	55	–	–
	50		445	330	265	175	100	50	–
	40		470	360	300	210	135	85	–
	30		500	390	330	240	165	110	70

2. 가속차로의 길이 보정률

종단경사 구간에서의 가속차로 길이 보정률은 다음 표의 비율로 한다. 그러나 내리막 경사에서는 안전을 고려하여 가속차로의 길이를 줄이지 않는 것으로 한다.

[가속차로의 길이 보정률]

본선의 종단경사(%)	오르막 경사				
	0~2 미만	2 이상~3 미만	3 이상~4 미만	4 이상~5 미만	5 이상
가속차로의 길이 보정률	1.00	1.20	1.30	1.40	1.50

6 설계 시 유의사항

① 본선과 연결로 상호, 투시를 좋게 할 것
② 유입부의 합류각도를 작게 하여 자유스러운 궤적으로 본선에 진입 유도
③ 유입부는 속도가 저하하는 구간 직전에는 두지 말 것
④ 유입부의 구조는 종단구배가 급변하는 것같이 보이게 하거나, 합류부를 강제로 유발시키지 말 것
⑤ 연결로의 합류단 앞쪽에 안전한 가속합류부가 있다는 것을 운전자가 쉽게 인식하도록 할 것
⑥ 가속차로의 형식은 평행식이 유리하며, 본선에 평면곡선이 있는 경우에는 직접식 적용이 유리

    ⊙ 가속차로의 길이 : $L = \dfrac{V_2^{\,2} - V_1^{\,2}}{25.92}$

    ⓛ 가속차로의 길이 차량 : 트럭 13ps

    ⓒ 가속차로장 산정 시 고려사항 : 본선의 교통량 및 주행속도, 진입교통량, 진입차량의 진입속도, 차두 간격

    ⓔ 유·출입 교통량이 많은 구간의 가속차로는 교통운영과 용량을 원활히 하기 위해 부가차로 설치

    ⓜ 부가차로 길이 표준 1,000m, 최소 600m

7 결론

① 가감속차로는 고속국도나 국도 등에 설치되는 분기점 지역의 유·출입 시설로서 사용되며 과거에는 가감속차로 설치 시 시설비가 적게 소요되는 직접식을 많이 사용하였으나 최근에 교통량의 폭발적인 증가로 평형식을 권장하는 추세이다.
② 차량을 원활하게 유도하여 처리할 수 있는 평형식을 사용하여 원활한 교통처리와 사고를 최소화할 수 있도록 해야 할 것이다.

03

토공 · 배수공

1 토공계획과 설계

1 설계의 기본방침

① 도로의 포장체 하부인 토공부는 교통하중이나 강우 등의 외적 작용에 대하여 장기적인 안정성을 유지할 수 있도록 설계하여야 한다.

② 도로단면의 본체에 부등침하·비탈면 세굴 및 붕괴가 발생하지 않도록 해야 하고, 대규모 땅깎기 비탈면에는 소단과 점검시설 등의 유지관리 시설을 설계하여야 한다.

③ 토공에는 굴착, 운반, 다짐 등이 있으며, 작업의 효율성과 경제성 등을 고려하면 시공기계, 운반거리 및 토질상태 등에 따라 적절한 토량이 배분되어야 한다.

2 흙깎기(m³)

1. 토사 깎기

① 깎기 경사는 토사층 최초 수직고가 5m까지는 1:1~1:1.2, 그 이상은 1:1.5로 하는 것을 표준으로 하고, 현재 여건과 비탈면안정검토 결과에 따라 조정하여 적용한다.

② 소단은 5m 높이마다 폭 1m로 설치하며 소단경사는 4%로 한다.

2. 리핑암 깎기

① 깎기 경사는 1:0.7~1:1.2를 표준으로 하고, 비탈면안정검토 후 현지 여건에 따라 조정할 수 있다.

② 리핑암 구간은 H=5.0m마다 소단을 설치하지만 7.5m 이하에서는 소단을 설치하지 않는다.

③ 소단과 소단 사이에 토사와 리핑암 구분선이 발생하면 많은 쪽 비탈면 경사를 적용하도록 한다.

3. 발파암 깎기

① 깎기 경사는 불연속면의 상태에 따라 비탈면 안정검토를 반드시 실시하고, 그 결과에 따라 경사를 조정한다. 시공 시 설계와 현장 여건이 다를 경우에는 발주처와 협의하여 조정할 수 있다.

② 깎기 높이가 20m를 초과하는 경우 20m마다 3.0m 폭의 소단을 설치한다.

③ 발파공법 적용은 환경영향평가 시 소음·진동 및 환경에 미치는 영향 및 설계기준, 현장 여건 등을 고려하여 적용하여야 한다.

④ 발파 시행 시 발파진동계측기를 설치하여 허용 기준치를 상회하지 않도록 철저히 하며, 안전관리 요원을 배치하여 민원 발생 및 사고위험성을 줄일 수 있도록 예방대책을 수립한다.

　※ 임시방호시설 : 기존 도로의 정비 또는 확장공사 구간과 인접하여 시공되는 깎기부 중 계획 깎기고가 10m 미만 구간에 설치하되 암파쇄방호시설 설치지침에 따른다.

　※ 발파암 유용 시 : 기계소할 15%(브레이커 깨기, 미진동굴착, 정밀진동제어 발파는 제외)

⑤ 브레이커 : 기존 도로와 접해 있는 확장부의 깎기[깎기 높이가 10m 이상일 때에는 차량통행에 지장이 없도록 가시설(H－BEAM, 토류판 등)을 설계에 반영]

4. 미진동굴착공법

소음, 진동규제치 기준에 의거 발파원에서 보안물건(주요 시설물, 축사, 가옥, 공장 등)과 충분한 이격거리에 맞게 적용하도록 하고, 시험발파를 통해 발주처와 협의하여 발파구간을 선정한다(미진동 파쇄기, 혼합 화약류, 기계적 파쇄, 약액 주입).

5. 진동제어발파 공법

① 제어발파 적용 범위는 보안시설물에 대한 소음 · 진동 규준치, 이격거리 기준에 따라서 적용한다.

② 정밀진동제어발파, 소규모 제어발파, 중규모 제어발파에 적용할 수 있다.

6. 일반발파공법

① 일반발파 적용 범위는 보안시설물에 대한 소음 · 진동 규준치, 이격거리 기준에 따라서 적용한다.

② 발파작업은 완성된 비탈면 또는 노상면의 교란이나 이완 및 여굴을 줄일 수 있도록 천공의 깊이, 간격, 방향, 장약량 조절 등에 세심한 주의를 하여야 한다.

③ 일반발파의 천공깊이는 5.7m 이상, 천공경은 ø76m/m이고, 지발당 장약량은 4.81∼14.28kg/공이다.

3 흙쌓기(m³)

① 흙쌓기는 노상, 노체, 녹지대로 구분한다(녹지대는 비다짐 적용).

② 층따기 부위의 흙쌓기 수량은 노상 노체로 구분한다.

③ 쌓기높이 5m마다 소단을 1m 폭으로 설치하며, 쌓기 구간의 2단 소단 이후는 비탈면안정을 고려하여 경사비율이 다르거나 법면 돌붙임 등을 검토하여 필요시 설치한다.

④ 교량구간 및 터널구간은 횡단면도 토적표상에서 시 · 종점을 표시한다.

1. 노상(路床, Subgrade)

① 도로의 최하층에 위치한 본체로서 포장층에서 아래로 대략 1m의 두께를 말한다.
② 노상은 다른 층에 비하여 작은 응력(應力)밖에 받지 않으므로 노상재료로서 특별히 부적당한 재료가 아니면 현장 재료를 이용한다.

2. 노체(路體, Road Body)

도로의 전체 층을 통틀어 부르는 말로 노상, 노면, 기층, 표층으로 구성되어 있는 것이 일반적이고, 각 층을 다시 세분하는 경우도 있다.

3. 녹지대

① 자연환경을 보전하거나 공해를 방지하기 위하여 도시의 안이나 그 주변에 일부러 조성한 녹지
② 도로와 도로교통이 인접한 생활환경에 미치는 소음, 분진, 매연 따위의 악영향을 완화하기 위하여 도로 주변에 조성하는 녹지대

③ 녹지대 쌓기
　　㉠ 상행선, 하행선이 분리될 경우 중앙폭이 4m 이하일 경우 포장폭을 연장 조정한다.
　　㉡ 중앙폭이 4m 이상일 경우 라운딩 처리하고 녹지대로 토공처리한다(녹지대의 최저고는 차도에서 1m 정도 낮게 조정).
　　㉢ 중앙폭이 4m 이하일 경우 동일 포장으로 설계한다.
　　㉣ 녹지대 구간 노출암일 경우 50cm를 제거하고 토사로 복토한 후 떼붙임한다.

4 기타 공

1. 뒤채움 및 다짐공(m^3)

배수공 및 구조물공의 수량산출을 기준으로 집계한다(교대, 날개벽, 암거 뒤채움).

2. 노상(또는 노반) 준비공(m^2)

① 토사 및 리핑암 구간 깎기 후 노상 최종면의 면적을 산출한다.
② 맹암거 및 발파암 구간은 제외한다.

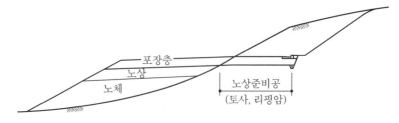

3. 되메우기 및 다짐공(m³)

① 배수공의 L형 측구, 부대공의 방음벽 및 다이크 되메우기량을 산출한다.
② 수량은 다짐 및 비다짐으로 구분하여 적용한다.

4. 쌓기비탈면 다짐공(m²)

① 길어깨 상단에서 쌓기 비탈면 끝까지 하고, 소단 및 라운딩 구간을 포함한 비탈면 거리로 면적을 산출한다.
② 비탈면 다짐은 쌓기부 줄떼 및 네트 잔디 등의 면적과 동일하게 계산한다.

5. 층따기(m³)

① 비탈면경사가 1 : 4보다 급한 경우 층따기를 실시한다.
② 층따기의 직고 높이는 1m를 기준으로 한다.
③ 최상단 층따기 높이가 50cm 미만일 경우는 그 아랫단의 수평거리를 노상 마무리선과 수직으로 만나는 점까지 연결하여 층따기를 실시한다.
④ 층따기 수량은 무대로 산출하며, 100% 유용한다(토량 환산계수는 자연상태).
⑤ 다짐비 계상 시 노체와 노상으로 구분하고, 유동표 작성 시 부족토량을 감안하여 산출한다.

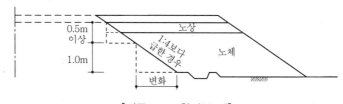

[기존 도로 확장부 예]

6. 유용토 운반(m³)

• 무대운반(도자운반, 덤프운반은 공통 적용)
① 종방향 무대는 L=20m로 한다.
② 불도저 운반은 유토곡선상에서 저변 60m 이하를 기준으로 한다.
③ 덤프트럭 운반은 60m를 초과하는 것을 기준으로 한다.
④ 불도저 깎기 및 운반수량은 구분하여 작성한다.
⑤ 설계서 수량은 자연상태 수량으로 토공유동표에서 산출한다.
⑥ 층따기 수량은 무대로 산출하며, 100% 유용한다(노상, 노체로 구분 산출).
⑦ 도자 및 덤프운반거리는 평균운반거리로 계상하고 운반수량은 토질별(토사, 리핑암, 발파암)로 구분하여 산출한다.

⑧ 덤프운반거리(평균운반거리)는 설계도로의 터널, 교량 등 현지 여건을 고려하여 산출한다.

⑨ 종횡방향 무대량 산출 시 깎기·쌓기 경계부에 사용 중인 기존 도로, 철도 또는 배수 측구 등 훼손 또는 매몰되어서는 안 되는 시설이 있을 경우 흙깎기 및 흙쌓기에 대한 공사비를 별도 계상한다(흙깎기, 사토운반, 순쌓기 등).

5 순쌓기(또는 순성토) 운반(m³)

• 토사(리핑암, 발파암은 공통 적용)

① 설계서 수량은 자연상태 수량으로 토공유동표에서 산출한다.

② 순쌓기는 가능한 한 현장 내의 토공으로 조정하고 부득이한 경우에 토취장을 선정한다.

③ 토취장 깎기는 토사, 리핑암, 발파암으로 구분 적용하며 제반물량(법면보호, 사토, 벌개제근, 깎기량, 부지사용료) 등을 단가에 포함한다.

④ 도로 인접부분의 토지를 매입하여 순쌓기 장소로 활용방안을 강구한다.

6 사토(m³)

• 무대운반(도자운반, 덤프운반은 공통 적용)

① 설계서 수량은 자연상태 수량으로 토공유동표에서 산출한다.

② 사토장은 사토량을 충분히 처리할 수 있는 면적을 산출한다.

③ 사토장 정리비를 별도로 계상한다(단가산출서 참조).

④ 사토장의 비탈면 보호공이 필요한 경우 별도로 계상한다(단가산출서 참조).

⑤ 현장 여건에 따라 사토장은 부지사용료 제외 방안을 검토한다.

⑥ 도로 인접부분의 토지를 매입하여 사토장 활용 방안을 검토한다.

7 토공 규준틀 설치(EA)

① 비탈규준틀

㉠ 직선부 : 20m 간격

㉡ 곡선 반경 300m 이상 : 20m 간격

㉢ 곡선 반경 300m 이하 : 10m 간격

㉣ 지형이 복잡한 장소 : 10m 이하 간격

② 수평규준틀

수평규준틀은 토공구간에 100m 간격으로 설치하도록 한다.

⑧ 측도(부체도로) 및 기타 사항

① 본선과 인접 시에는 본선과 같이 수량을 산출하고, 본선 불량에 포함시키기 어려운 경우에는 별도 산출한다.

② 지반선 아래의 잔토

지반선 아래에서 터파기로 발생된 잔토 중 유용 가능한 수량은 토공유동표의 흙깎기의 기타란에 기입하고, 흙 운반의 무대란에도 기입하며, 위 잔토 중 유용 불가능한 수량은 사토처리한다.

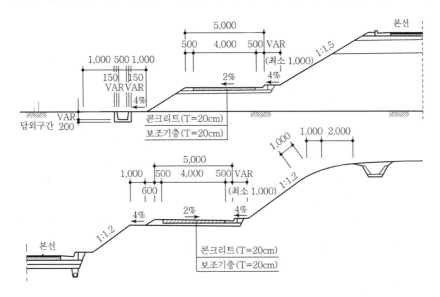

⑨ 토공유동

① 토공유동표(Mass Curve) 작성 시 유의사항

㉠ 토량계산에 필요한 땅깎기의 단면적은 토사, 리핑암, 발파암으로 구분하여 산출하고 토사, 리핑암, 발파암은 지반조사 결과에 따라 결정한다.

㉡ 토량변화율은 지반의 종류, 흙쌓기 부위별로 충분히 검토하며, 동일한 토질이 대량으로 사용되는 경우 획일적으로 표준변화율을 적용하지 말고, 주변의 시공실적 및 시험시공 성과 등을 고려한다.

㉢ 토량배분은 흙의 운반거리를 짧게 계획하고 적용 기종은 흙의 운반거리, 토량, 지형, 현지의 조건, 공정 등을 종합적으로 고려하여 결정한다.

㉣ 토공유동도면 작성 시에는 종방향 토량 이동만을 표시하고 횡방향의 이동은 반영되지 않으므로 횡방향의 토량이 누락되지 않도록 주의한다.

② 땅깎기에서 발생하는 재료는 그 품질을 충분히 파악하여 흙쌓기 각 부위에 가장 적합한 흙이 적절히 배분되도록 한다.

③ 흙이나 암반을 굴착하거나 다짐할 때의 토량변화율은 시험을 통해 산정하며, 소량의 토공작업 일 때에는 표준 품셈에서 제시하는 토량변화율을 적용할 수도 있다.

  ㉠ 토량변화율은 자연상태의 토량, 흐트러진 상태의 토량, 다짐상태의 토량을 조합하여 표현한다.

  ㉡ 토량변화율

$$L = \frac{\text{흐트러진 상태의 토량}(\text{m}^3)}{\text{자연상태의 토량}(\text{m}^3)}$$

$$C = \frac{\text{다짐상태의 토량}(\text{m}^3)}{\text{자연상태의 토량}(\text{m}^3)}$$

  ㉢ 토량환산계수

구하는 Q \ 기준이 되는 Q	자연상태의 토량	흐트러진 상태의 토량	다져진 후의 토량
자연상태의 토량	1	L	C
흐트러진 상태의 토량	$1/L$	1	C/L

④ 토적계산은 평균단면법으로 전산계산을 한다.

⑩ 설계 시 유의사항

1. 땅깎기

① 파쇄, 풍화암지반

  ㉠ 지하수 영향을 받기 쉽고 매우 불안정하다.

  ㉡ 지반 깎기 시 대규모 붕괴가 발생할 수 있다.

  ㉢ 물리·화학적 작용과 물에 의한 팽윤 및 연약화를 일으킬 수 있다.

② 경사진 불안정한 지반

  ㉠ 붕괴지 : 호우 등에 의하여 연약화된 표층부에 얕은 붕괴가 자주 발생되는 비탈면 지반

  ㉡ 애추지 : 단층대와 급경사 산지 산기슭에 퇴적한 암반지반

  ㉢ 비탈면 : 애추퇴적물, 풍화암류 등의 암괴, 옥석, 조약돌과 역간충전물로 이루어지는 비탈면과 균열이 많은 단단한 암반의 비탈면, 또는 단단한 암반과 풍화 및 침식에 약한 지질층으로 이루어지는 비탈면에서는 낙석이 발생할 위험성이 크다.

ⓐ 과거 지반붕괴지역 : 매우 미소한 활동만 관측되는 과거의 지반붕괴 이력이 있는 지역과 현재에는 활동이 멈춰 있는 과거의 지반붕괴 이력이 있는 지역에서 대규모 지반붕괴를 일으킬 수 있다.

ⓜ 토석류 : 경사도가 15° 이상이며 불안정한 토사가 퇴적하고 있는 계곡 및 비교적 큰 산악지에서 산사태가 발생하는 것이 예상되는 계곡은 토석류가 발생할 위험성이 있다.

2. 흙쌓기

① 흙쌓기에 요구되는 조건

ⓞ 반복하여 재하되는 교통하중을 지지하고 흙쌓기 토체의 하중에 의해 큰 변형과 침하가 생기지 않을 것

ⓛ 강우, 침투수 혹은 지진 등의 붕괴원인에 대해서 충분한 안정성을 가질 것

② 노상과 노체 설계 시 일반적인 고려사항

- 노상과 노체설계 시 다짐률
- 암쌓기는 노체완성면 60cm 하부에서 허용되며, 암덩어리의 최대치수는 60cm를 초과할 수 없다.
- 노체부 재활용골재 사용 유무

3. 공사용 도로계획

① 공사 전체의 공정, 시공성, 경제성 등에 영향을 주기 때문에 사용목적, 지형, 주변 도로의 이용 상황, 경제성 등을 종합적으로 고려하여 수립하여야 한다.

② 현장의 공사용 도로 설계상의 유의사항
차로수는 공사용 차량의 교통량을 고려하여 기존 차로수 이상으로 해야 한다.

4. 토취장계획

① 충분한 사전조사를 하여 토질, 채취 가능 토량, 방재대책, 법적 규제, 흙 운반로, 현지 조건 등을 파악하여 선정하고, 후보지별 지반조사 및 시험비용을 반영한다.

② 토취장 선정 시에는 소요 토량을 만족하는 여러 곳의 토취장 후보지에 대하여 지형, 토질을 고려하고 토석정보시스템(www.tocycle.com)을 활용하여 채취 가능 토량, 흙운반로, 방재대책, 보상문제, 주위환경, 토지 이용 현황 및 법적 규제 여부를 충분히 검토하여 경제적인 곳을 선정한다.

🗂 결론

① 토공계획은 도로건설의 흐름을 충분히 고려하여 합리적인 설계가 되도록 한다. 토공설계의 기본사항은 계획 및 조사단계에서 대부분 결정되기 때문에 충분한 검토가 필요하다.

② 땅깎기·흙쌓기량의 균형과 그 밖에 시공성 등을 비교·검토하여 최적의 노선을 선정한다.

③ 땅깎기와 흙쌓기 비탈면의 재해복구나 방재대책은 붕괴나 낙석의 원인을 조사하고 비탈면 경사도나 비탈면 보호공, 배수공, 낙석대책공 등에 대해 충분히 검토하여 다시 재해가 발생하지 않도록 대책을 마련한다.

④ 흙쌓기부의 침하 때문에 구조물 주변의 단차, 땅깎기·흙쌓기 경계부의 단차 및 연약지반부에서의 장기침하로 배수불량 등이 문제가 될 수 있으며 관리단계에서 대책이 곤란한 경우가 많으므로 설계단계에서 충분한 대책을 수립해 두어야 한다.

2 대절토사면의 붕괴원인과 방지대책 수립

1 개요

① 절토사면은 암반비탈면의 방향과 경사 그리고 층리, 절리, 단층 등 암반 내 발달된 불연속면의 주향과 경사 간의 상관관계에 따라 파괴 발생 가능성과 붕괴 형태가 결정된다.

② 절토사면은 자연 지반을 절취하여 형성된 인공사면으로 흙과 암반으로 구성된 지층이 단층과 절리 등을 포함하고 있는 지질구조로 구성되어 있다.

③ 암반의 파괴 형태와 파괴 발생 가능 형태에는 원호파괴, 평면파괴, 쐐기형 파괴, 전도파괴가 있다.

2 기하학적 형상의 절토사면 붕괴 유형 해석

1. 원형파괴(Circular Failure)

① 암반 내에 존재하는 불연속면이 뚜렷한 구조적인 특징이 없이 불규칙하게 많이 발달되어 있을 경우에는 평사투영한 불연속면의 극점(Pole)이 분산되어 나타난다.

② 이때에는 흙 비탈면과 같이 원형파괴가 발생하게 된다. 이러한 파괴 형태는 주로 풍화 또는 파쇄가 심한 암반이 원호의 형태로 파괴되는 구조적 특징이 있다.

③ 지질구조 형태가 일정하지 않은 토사, 풍화암, 파쇄암반 등에서 주로 발생한다.

2. 평면파괴(Planar Failure)

① 불연속면의 경사각이 불연속면의 내부마찰각보다 커야 평면파괴가 발생한다.

② 불연속면이 비탈면에 노출되어야 평면파괴가 발생한다.

불연속면의 경사각이 절취면의 경사각보다 작을 때 비탈면에 노출되며, 도해법으로 노출 여부를 판단하는 방법은 다음 그림과 같다.

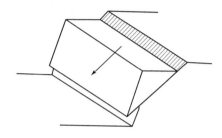

3. 쐐기형 파괴(Wedge Failure)

① 두 개의 불연속면 교선의 경사방향이 절취면의 경사방향과 유사해야 붕괴가 발생한다.

② 불연속면의 교선(Line of Intersection)의 경사각이 절취면의 경사각보다 작아 절취면에 노출되어야 붕괴가 발생한다.

③ 불연속면 교선의 경사각이 불연속면의 내부마찰각보다 커야 붕괴가 발생한다.

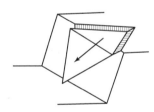

4. 전도파괴(Toppling Failure)

① 암반 내에 발달된 불연속면의 주향이 절토면과 유사하고 경사방향은 절토면과 반대이면서 경사각이 수직에 가까울 때 그림과 같은 전도파괴가 발생한다.

② 전도파괴는 균열과 풍화 등으로 중소규모의 낙석으로 발생할 가능성이 크다.

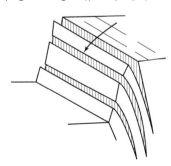

③ 절토사면의 붕괴 원인

1. 강우 및 지하수 등의 원인

① 집중호우는 지하수와 간극수압이 증가하고 지반강도를 저하시켜 절토와 성토사면의 주요 파괴원인으로 작용한다.

② 절토사면의 계곡부는 지표수 · 지하수의 유로가 형성되어 지반강도를 저하시키며 풍화를 촉진하여 사면을 약하게 만든다.

2. 지질적인 원인

① 단층은 암반 내에 형성된 틈을 경계로 그 양측 암괴에 상대적인 변위가 발생되어 어긋난 형태, 전단대는 암석이 부스러져 형성된 틈이 나란히 배열된 형태이다.

② 절리는 암석에서 변위가 없이 분열되거나 갈라진 표면이 평행하게 발달된 부분을 말하며, 절리의 기하학적 특성이 파괴유형을 결정하는 요인으로 작용한다.

③ 층리는 지중에 퇴적물이 층상으로 쌓여 지층에 평행한 단면으로 만들어진 부분을 말한다.

④ 암맥은 절토사면에서 기존 암석 층리의 불연속면을 따라 다른 종류의 암체가 용융상태에서 뚫고 들어온 부분으로 풍화과정에 사면붕괴를 유발한다.

3. 인위적 원인

① 도로건설의 계획 · 설계과정에 지질, 지형, 수리조건을 제대로 고려하지 않은 경우 발생한다.

② 도로계획과 시공을 잘해도 유지관리의 부실은 사면붕괴의 원인이 된다.

4 비탈면안정 해석과정

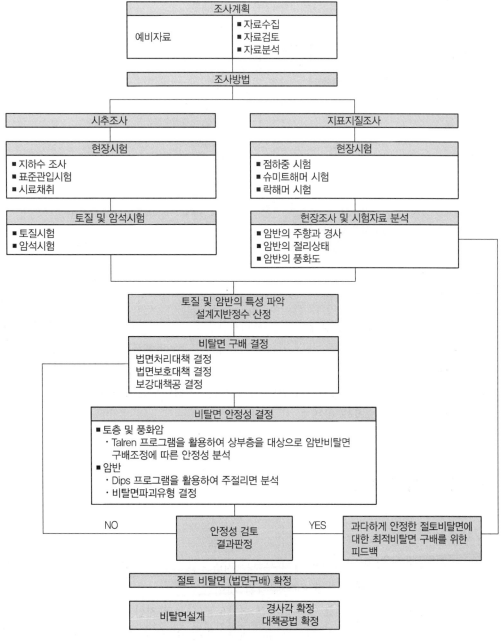

[절토 비탈면 설계흐름도]

5 절토사면의 붕괴 방지대책

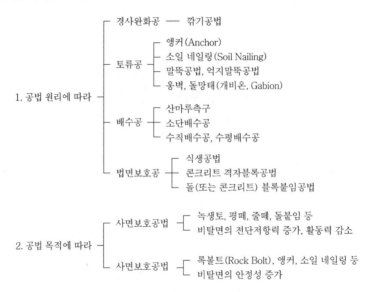

6 결론

① 강우의 침투를 고려한 안정해석을 실시하는 경우에는 현장 지반조사 결과, 지형조건, 배수조건과 설계계획빈도에 따른 해당 지역의 강우강도, 강우지속시간 등을 고려하여 안정해석을 실시해야 한다.

② 토층 및 풍화암으로 구성된 비탈면의 안정해석은 지하수위를 고려하여 해석하는 방법 또는 강우의 침투를 고려한 방법도 사용 가능하다.

3 연약지반 처리

1 개요

① 연약지반은 충분한 지지력을 갖지 못하는 지반으로 표준관입시험의 N값이 0~4 정도로서 압축성이 큰 점토·실트 등으로 구성된 것이다.

② 연약지반은 강도가 약하고 압축성이 큰 연약토로 구성된 지반, 즉 주로 점토나 실트와 같은 미세한 입자의 흙이나 간극이 큰 유기질토, 또는 이탄 등이 존재하는 곳을 가리킨다.

③ 흙쌓기에서 연약지반 판정은 기초지반 흙의 종류와 두께에 따라 기준을 적용하며 구조물 종류, 쌓기 높이, 활동 및 침하에 대한 분석결과로부터 상대적으로 조정할 수 있다.

② 연약지반의 판정기준

1. N값에 의한 연약지반 판정

모래는 연역성을 상대밀도로 표시하고 점토를 굳기(Consistency)로 표시한다. 모래의 상대
밀도가 35% 이하이면 느슨하게 퇴적되어 있는 상태이므로 연약한 지반으로 분류한다. 현장에
서는 표준관입시험을 하여 연약 정도를 판정할 수 있다.

[N값에 의한 연약지반의 판정]

N	상대밀도(%)
0~4	대단히 느슨(15)
4~10	느슨(15~35)
10~30	중간(35~65)
30~50	촘촘(65~85)
50 이상	대단히 촘촘(85~100)

N값이 4 이하이면 대단히 느슨한 모래(Very loose sand), 10 이하이면 느슨한 모래라고
말한다(위의 표 참조).

2. 점토에 대한 연약지반 판정

점토지반에 있어서는 일축압축강도, qu가 $0.5kg/cm^2(c=0.25kg/cm^2$, $\phi=0$) 이하인 점토는
연약점토(Soft clay)로 분류한다(아래 표 참조). 일축압축감도가 $0.25kg/cm^2$ 미만이라면
대단히 연약한 점토(Very soft clay)라고 말한다.
표준관입시험을 수행하였다면 N<4이면 연약한 점토, N<4이면 대단히 연약한 점토가 된다.
그러나 점토지반에서 측정한 N값은 점토의 굳기에 대한 판별뿐만 아니라 전단강도를 추정하는
데 있어서도 극히 개략적인 추정치만을 제시하는 수준이라는 것을 이해하여야 한다.

[점토에 대한 연약지반 판정]

굳기	N값	일축압축강도, qu(kg/cm²)
대단히 연약	<2	<0.25
연약	2~4	0.25~0.5
중간	4~8	0.5~1.0
견고	8~15	1.0~2.0
대단히 견고	15~30	2.0~4.0
고결	>30	>4.0

연약지반으로 분류되면 이것을 기초로 하는 구조물에 대해 안정성과 침하의 문제가 발생할 수 있으므로 이에 대한 대책이 강구되어야 한다. 이 대책은 구조물 하중의 크기, 연약지반의 전단 및 압밀특성, 진동하중에 대한 반응특성 등에 따라 달라진다.

③ 연약지반의 조사 및 시험(지반공학적 문제점과 지반조사 시험법)

구분	문제점	지반정수	지반조사 시험법
점성토	• 지지력 • 활동파괴	전단강도(점착력)	• 콘, 베인, 일축압축시험 • 삼축압축시험
	압밀침하	• 압밀곡선(e-log p') • 압밀계수, 배수층 • 과잉간극 수압	• 간극수압측정 • 압밀시험
	장기압밀	2차 압밀계수	장기압밀시험
	인접 지반 변형	• 변형계수, 초기토압 • 지하수위	• 공내수평재하시험 • 밀도측정, 삼축압축시험 • 지하수위 측정
	지중 작용 토압	초기토압, 주동, 수동토압	• 밀도측정 • 일축압축시험, 삼축압축시험
	기초말뚝의 수평저항력	변형계수	공내수평재하시험
	반복하중에 의한 침하	동적하중 압밀특성	동적 삼축압축시험
	융기	• 피압수압, 습윤밀도 • 전단강도	• 피압대수층의 일축압축시험 • 수압측정
	지진 시의 지반 변형	동적 전단 변형 특성	PS검층, 동적 시험, 공진주시험 (또는 삼축비틀림) 변형시험
사질토	지지력	전단강도(내부 마찰각)	N값, 삼축압축시험
	압축 침하	변형계수	공내재하시험, N값
	지중 작용 토압	• 초기지압 • 주동·수동 토압	N값
	기초말뚝의 수평저항력	변형계수	공내수평재하시험
	파이핑	수압, 간극비, 투수계수	투수시험, 입도분석
	지진시의 액상화	• 지하수위, 다짐비율 • 입도구성, 액상화저항력	• 지하수위측정, N값, 입도분석, 교란되지 않은 시료의 동적 시험 • 진동삼축시험

4 설계 및 시공의 기본 개념

1. 설계 및 시공에 관한 기본 사항

① 안정대책 : 완속 흙쌓기 시공을 우선적으로 검토한다.

② 침하대책 : 충분한 방치기간의 확보 등 시간효과를 유효하게 활용하고, 잔류 침하대책으로서의 지반처리공은 원칙적으로 실시하지 않는 것으로 한다.

③ 교대 및 횡단구조물 : 선행재하를 가한다.

④ 시공 시 계측관리, 침하 · 안정관리 실시

연약지반의 규모가 커서 공사비 등에 큰 영향을 미친다고 추정되는 경우는 시험시공 등을 실시하여 대책 공법을 검토하는 것이 바람직하다.

2. 설계 및 시공 시 유의사항

① 안정문제

ⓐ 연약지반상에 기준 이상으로 급속히 흙을 쌓으면 지반의 측방 변형이 증가하여, 활동 파괴가 발생할 수 있다.

ⓑ 주변 지반이 융기(범위는 20~70m)

ⓒ 연약지반 대책은 제체의 안정성 확보를 충분히 고려하여 완속 흙쌓기 시공에 의한 지반 강도의 증가를 유도하면서 흙쌓기하는 것을 원칙으로 한다.

ⓓ 완속 흙쌓기 시공으로 만족하지 않으면 경제성, 안정성 및 현장 여건을 고려하여 압성토공법을 수행할 수 있다.

② 침하문제

ⓐ 흙쌓기에서는 침하에 의한 흙쌓기량의 증가, 제체 상단의 폭이 부족해지는 문제 발생

ⓑ 교대 접속부의 단차, 횡단구조물의 침하문제 발생

ⓒ 침하량이 큰 구간에서는 제체폭의 여유를 확보하면서 구조물 접속부나 횡단구조물부에 선행 하중재하를 가하여 사전에 침하를 촉진시키는 것을 기본으로 한다.

ⓓ 제체 침하에 대해서는 방치기간을 충분히 두어 시간 효과를 효과적으로 활용하는 것이 경제적인 설계로 연결되기 때문에 공사 기간을 두는 것이 중요하다.

ⓔ 교대의 측방변위 대책으로서는 선행재하를 가하여 지반 강도를 증가시키는 것이 효과적이다.

③ 장기침하의 문제

ⓐ 연약지반 제체의 침하는 공용개시 후에도 장기간에 걸쳐서 계속되는 경향이 있기 때문에 횡단 구조물의 단면부족, 배수불량 등 관리단계에서 보수를 필요로 하는 경우가 많다.

ⓛ 설계 시 장기침하를 예측해서 설계할 필요가 있다.

ⓒ 영업소 주변의 시설에는 장기간에 걸친 침하에 의해 공용 후 큰 지장이 발생하는 경우가 많기 때문에 충분한 방치 기간을 확보하면서 선행재하공법 등의 대책을 검토할 필요가 있다.

④ **주변 지반의 변형에 따른 문제**

ⓐ 연약지반상 흙쌓기 시공 시에는 측방변형의 발생에 따른 주변 지반이 융기하고 또한 공용개시 후 침하에 따른 주변 지반에 연동침하가 발생하여, 주변의 논, 밭 및 인접 구조물에 피해를 줄 수 있으므로 주의한다.

ⓑ 현장조건에 따라서 측방변형 발생 시 굴착하여 원형 복구하는 방법은 가급적 피하고 변형 발생지반 상부에 하중을 가하는 압성토공법을 검토하는 경우가 많다.

ⓒ 영구적인 복구 대책공법을 검토한다.

⑤ 연약지반 개량공법 설계

1. 연약지반 개량공법의 목적

① **강도 특성의 개선**

지반의 파괴에 대한 저항성, 즉 흙의 전단 강도에 의존하고 있다.

② **변형 특성의 개선**

ⓐ 흙의 체적 변화와 형상 변화로 구분된다.

ⓑ 특성을 개선하기 위해서 압축성을 저하 또는 전단 변형계수를 증대시킨다.

③ **지수성의 개선**

ⓐ 공사 중 혹은 공사 완료 후에 간극수 이동에 의하여 유효응력의 변화가 발생한다.

ⓑ 여러 가지 공학적 문제가 발생한다.

ⓒ 지반의 지수성 개선에 의해서 방지할 수 있다.

④ **동적 특성의 개선**

ⓐ 느슨한 사질토의 지반은 지진이나 지반의 동적 거동에 의해서 간극수압이 상승하여 유효응력 감소에 의한 액상화 현상이 일어날 수 있다.

ⓑ 액상화 방지를 위해서는 액상화 저항을 증대시켜야 한다.

• 지반을 구성하는 흙의 밀도, 입도분포, 골격구조, 포화도, 초기 유효응력과 관련 있다.

• 과잉간극수압의 신속한 소산, 주변에서의 과잉간극 수압의 공급차단, 지진 시의 전단변형을 감소하는 방법이 있다.

ⓒ 연약지반 개량공사 필요 유무의 판단은 구조물의 기능, 기초형식, 공기 등을 고려하여 종합적인 판단을 한 후 결정하여야 한다.

2. 연약지반 개량공법의 종류

개량 원리	공법의 명칭		개량 목적	적용 지반
다짐	모래 또는 쇄석다짐말뚝공법		• 액상화 방지 • 침하 감도 • 지반의 강도 증가	점성토, 사질토, 유기질토
	봉다짐공법			사질토
	바이브로플로테이션공법			
	동다짐공법(중추낙하공법)		• 침하 감소 • 액상화 방지	사질토
	폭파다짐, 전기충격공법			
고결 열처리	표층혼합처리공법		도로의 노상, 노반의 안정처리	점성토, 사질토, 유기질토
	심층혼합처리공법		• 활동파괴 방지 • 침하 저지 및 감소 • 전단 변형 방지 • 히빙 방지	
	약액주입공법			
	동결공법			
보강	복토공법		도로의 노상, 노반의 안정처리	점성토, 유기질토
	표층피복공법(시트, 매트, 필터)		국부 파괴, 국부침하 방지	
경량화	경량자재		• 지반의 지지력 향상 • 지반의 전단 변형 억제 • 지반의 침하 억제 • 활동 파괴의 방지 • 시공기계의 주행성 확보	점성토, 유기질토
하중 균형	압성토공법			
하중 분산	모래 또는 쇄석매트 공법			
	표층혼합처리공법			
치환 공법	굴착치환공법		• 활동 파괴 방지 • 침하의 감소 • 지반 전단 변형 억제	사질토, 점성토, 유기질토
	강제치환공법			
	폭파치환공법			
압밀 배수	선행재하공법		• 잔류침하의 감소 • 지반의 강도 증가	점성토, 유기질토
	연직 배수 공법	샌드드레인공법		
		플라스틱 보드 드레인공법		
		팩드레인공법		
	지하수위 저하공법	웰포인트공법		사질토
		깊은우물공법		
	진공압밀공법		• 압밀 촉진 • 잔류침하 감소 • 지반의 강도 증가	점성토, 유기질토
	생석회말뚝공법			
	전기침투공법			
	쇄석말뚝공법		액상화 방지	사질토
	표층배수공법		표층지반 강도 증가	점성토, 유기질토

3. 연약지반 개량공법의 선정

① 일반사항

대책의 목적, 대상 연약지반 및 도로의 조건, 공사기간, 주변의 환경영향 등을 고려한 공법을 선정하여 소기의 목적을 달성할 수 있는지 비교·검토한 후에 최종적으로 경제적인 관점에서 최적 공법을 선택한다.

② 공법 선정 시 유의사항

㉠ 연약지반 대책은 안전하고 경제적인 도로 구조물을 만들기 위해서 수립한다.

㉡ 지반개량은 반드시 하나의 원리에 입각하여 존재하는 것이 아니라 복수의 원리에 의해 혼합병행공법으로 적용하는 경우가 많다.

㉢ 지반개량공법의 선정에 있어서는 개량의 목적을 명확히 하여야 한다.

㉣ 대상 지반의 성질, 하중 조건, 시공 여건, 공사기간, 주변 자연환경과 주변에 미치는 영향 등 모든 조건을 감안하여 개량목표와 원활한 시공, 경제성을 고려한 적합한 공법을 수립한다.

㉤ 공법선정에 따른 유의사항

유의사항	내용
구조물 특성	구조형식, 규모, 기능, 중요도
연약지반의 특성	연약층의 종류, 연약층의 범위, 심도, 지반 전체의 지층상태, 지지층의 심도와 경사, 각 층의 공학적 특징
개량의 필요성	일시적 개량, 영구적 개량
개량 목적	강도 증가, 침하 촉진, 침하 및 액상화 방지, 지수
지반개량공법의 특성	설계의 정도, 시공능력, 시공의 난이도, 시공기계나 재료입수의 난이도, 효과판정의 난이도
환경에 따른 제약	공기, 오염, 진동, 소음, 개량재료에 의한 2차 오염 방지 등
종합적인 경제성	기타 공법과 비교
기타	설계 변경의 난이도, 장래계획의 연계성

㉥ 각각의 개량공법에 의한 개량효과 및 사용 가능한 지반조건과 시공성을 고려한다.

4. 대책공법의 조합

① 대책공법의 결정은 풍부한 지식과 경험이 필요하고, 지반조건, 도로조건, 시공조건 등을 고려하여 선정한다.

② 단독공법으로 처리하는 경우와 두 가지 이상의 공법을 혼용하는 경우가 일반적이다.

㉠ 재하중 공법(선행재하, 진공압)＋연직배수공법(샌드드레인, 팩드레인, 플라스틱 보

드드레인, 메나드드레인, 쇄석드레인)

ⓛ 재하중 공법+압성토

ⓒ 연직배수공법+모래 또는 다짐말뚝(SCP) 공법

ⓔ 모래매트 또는 쇄석매트+⑴

ⓜ 모래매트 또는 쇄석매트+토목섬유+⑴

ⓗ 모래매트 또는 쇄석매트+토목섬유+⑵

ⓢ 모래매트 또는 쇄석매트+토목섬유+⑶

ⓞ 연직배수공법+혼합처리공법

6 장기침하 대책

1. 제체구조

① 잔류침하량이 큰 구간의 여성토 확보

ㄱ 제체의 시공 폭은 침하를 고려한 폭원여유를 확보하도록 한다.

ㄴ 여성토는 시공 완료 후 5년간의 침하량에 상당하는 폭으로 한다.

② 일반 제체부의 여성토 쌓기

일반 흙쌓기부의 여성토 쌓기는 상부 노체에서 하부 노상면까지 하는 것이 바람직하다.

2. 잠정포장

① 잔류침하량이 클 것으로 예상되는 구간에서는 잠정포장을 검토한다.

② 잠정포장과 완성포장의 두께 차이만큼 노상마무리 높이는 높아지게 된다.

7 연약지반 시공 중 계측관리

① 설계에 포함된 불확실성으로 인하여 설계 예측치와 실제 거동치가 부합되지 않는 경우에는 과다 변형 · 파괴에 이르지 않도록 현장계측을 시공관리한다.

② 성토시공 중에 불안정 징후가 관측되면 시공을 중단하고 방치기간을 두어 안정화가 확인되면 공사를 재개하고 그렇지 않으면 성토하중 경감대책을 세워야 한다.

③ 성토하중이 가해져 지반 내에 생기는 현상은 압밀과 전단이 복합되어 압밀이 전단보다 우세하면 안정상태, 압밀이 전단보다 열세하면 불안정한 상태가 된다.

Road and Transportation

8 결론

① 지반개량공법은 지반의 지내력이 설계기준강도에 미달될 때 각 지반의 토성을 철저히 파악하여 적절한 공법을 선정, 효과적으로 지내력을 확보하여야 한다.
② 연약지반상의 고성토(高盛土)에서는 사면 안정성과 침하가 동시에 문제가 되지만, 사면 안정성을 우선적으로 검토하여 대책을 강구해야 된다.
③ 연약지반상의 저성토(低盛土)에서는 사면 안정성 문제보다는 침하, 특히 부등침하, 지하수 상승, 기초지반 다짐시공 등을 중점적으로 검토해야 된다.
④ 액상화에 대한 대책 검토 필요, 즉 도로 하부에 이러한 느슨한 포화사질토층이 위치하는 경우 액상화 가능성 여부를 검토해야 하며, 지반 상부에 구조물을 축조하는 경우 동적 해석도 조건에 따라 고려해야 한다.

4 선하중재하공법(Pre - Loading 공법)

1 개요

① 선하중재하공법(Pre-Loading 공법)은 연약지반상에 미리 성토체를 쌓아 하중을 재하함으로써 원지반의 압밀침하를 촉진시키는 공법이다.
② 시공공기가 충분하고, 연약층의 심도가 얕을 경우 적용할 수 있는 공법이다.
③ 1차 압밀침하와 2차 압밀침하, 연약지반상에 사전 하중재하로 잔류를 침하 방지하는 원리다.

2 시공순서

① **선행하중 재하** : 단계성토
② **하중관리** : 한계 성토고 관리
③ 침하관리
④ 하중 제거
⑤ 구조물 축조 또는 후속 공정 실시

3 장단점

장점	단점
• 높은 경제성 • 단순한 시공	• 장기간 재하 • 다량의 성토재료 필요 • 사용 후 토사 처리 문제(사토 비용 발생)

4 시공 시 주의사항

① 침하 하중의 크기, 침하속도 등 확인(한계 성토고, 1단 시공 속도 중요)
② 지반의 활동에 대한 안정성을 지속적으로 관리
③ 계획 시의 예측과 일치 여부 확인

5 특징 비교

비교	Pre-Loading 공법	Vertical Drain 공법	치환공법
개요	성토량이 많은 인근 지역에 상재하중으로 장시간 재하하여 압밀을 촉진하는 공법	연약지반에 연직 배수재를 형성하여 배수거리를 짧게 하여 압밀을 촉진시키는 공법	연약지반 5m 미만 지층을 제거(양질토로 치환)
특징	• 경제성 우수 • 공기 장기화 • 재하용 성토재료 필요 • 지지력 및 침하 측정 가능 • 설계 목표치 설정 • 재하성토 시간은 빠름	• 연약층이 두꺼운 경우 효과적임 • 공사비 저렴 • 지반침하에 의해 배수재의 절단이나 막힘 현상 우려 • 간단한 시공 • 시공능률 양호 • 압밀기간 필요	• 연약층 얕은 경우 적용 • 개량효과 확실 • 양질의 토사 다량 필요 • 사토장과 토취장 필요 및 공사비 저렴 • 높은 시공능률 • 장비시공 가능
적용지반	점성토	점성토	연약지반 점성토
적용성	개량공법 보조공법	• 기초활동 파괴방지 • 침하방지 • 교대측방 유동방지 • 구조물 침하방지	• 기초의 활동 파괴 • 침하방지 • 교대측방 유동방지
환경조건	압밀침하 측방 유동에 의한 근접구조물에서의 고려가 필요	압밀침하 측방유동에 의한 근접구조물 시공에 유의	근접시공 등에서는 지반의 변위에 유의

5 버티컬 드레인(Vertical Drain) 공법

1 개요

① 배수재를 연약층 사이에 연직으로 촘촘하게 배치하여 연약한 점성토 층의 배수거리를 짧게 하여 압밀침하를 촉진시켜 단기간 내에 지반을 안정화시키는 방법이다.

② 연직배수공법의 종류에는 샌드 드레인(Sand Drain), 팩 드레인(Pack Drain), 플라스틱 보드 드레인(Plastic Board Drain) 공법 등이 있다.

③ 연직 배수공법에서 배수재를 설치하게 되면 압밀발생으로 수두가 감소하고, 교란 등 기타 원인에 의해 투수계수가 감소하여 연직배수공법의 효율이 떨어지게 된다. 따라서 이러한 영향을 충분히 고려하여 설계 및 시공을 하여야 한다.

2 공학적 원리

① 테르자기(Terzaghi)의 1차원 압밀이론에 따라 점토층의 압밀에 요하는 시간 t와 최대배수거리 H의 관계

$$t = \frac{T_v \cdot (H)^2}{C_v} \quad (t : 압밀시간, \ H : 간극수의 \ 배수거리, \ C_v : 압밀계수, \ T_v : 시간계수)$$

• Pre-Loading 공법에서는 배수거리＝연약층 깊이(H)

• Vertical Drain 공법에서는 배수거리＝$\dfrac{연직배수재 \ 간격}{2} = \left(\dfrac{H'}{2}\right)$

② 배수거리를 짧게 하는 방법을 이용하여 점토층의 압밀 침하를 단시간에 종료할 수 있음을 의미한다.

③ 연직배수공법은 점토지반에 드레인 말뚝을 만들어 물을 인공적으로 배출시켜 배수거리 단축을 통한 압밀시간을 촉진시키는 공법이다.

• 압밀시간은 배수거리의 제곱근에 비례하므로 연직배수공법의 압밀시간이 단축된다.

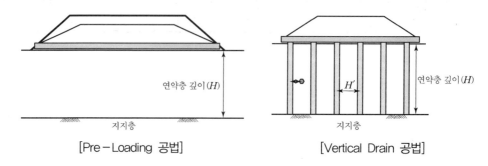

[Pre-Loading 공법] [Vertical Drain 공법]

③ 공법의 종류 및 특징 비교

구분	샌드 드레인 공법	팩 드레인 공법	플라스틱 보드 드레인 공법
공법원리	직경 0.4m 정도의 모래말뚝 설치 후 배수거리 단축을 통한 압밀 침하 촉진	모래말뚝 대신 직경 12cm인 섬유망에 모래를 충진하여 설치	개량원리는 모래 드레인과 동일하며 모래말뚝 대신 드레인 보드를 설치함
최대시공 심도(m)	50m	50m	33m
평균시공 심도(m)	20~25m	20~25m	20m
배수재	모래	섬유망+모래	드레인 보드(Drain Board)
시공기간	중장기간	장기간	보통 정도
N값 관계	N값 20~30 이상 압입 곤란	N값 10 이상 압입 곤란	N값 7~10 이상 압입 곤란
시공실적	많음	보통	많음
장점	• 상부에 매립층이 있을 경우 관입저항을 극복할 수 있음 • 국내 시공사례 및 경험 풍부 • N=25 정도까지 타설 가능 • 모래말뚝이 활동에 대한 저항효과가 있음 • 투수효과가 확실함	• 샌드 드레인 공법에 비하여 교란영역, 배수재 절단 가능성 적음 • 모래의 양 절감 및 배수재 타설기간 단축 • 시공속도가 빠름 • 시공 여부 확인 가능	• 샌드 드레인 공법에 비하여 교란영역, 배수재 절단 가능성 적음 • 시공사례 및 경험 풍부 • 샌드 드레인 공법에 비하여 공사비가 저렴함 • 재료의 구입이 용이
단점	• 소성유동으로 인한 모래말뚝 및 자연적으로 형성된 모래심 절단 가능성 내재 • 양질의 모래가 다량 필요 • 장비중량이 커서 통행성 확보가 어려움 • 팩, 플라스틱 보드 드레인 공법에 비해 시공속도가 느림 • 공사비가 고가임	• 국내 시공사례 미소 • 철저한 품질관리 필요 • 연약지반 심도가 불규칙한 지역은 팩 드레인 타설 심도 조절이 곤란 • 플라스틱 보드 타입기보다 장비중량이 커서 접지압 관리가 어려움	• 그레인 보드 제품의 철저한 관리 요망 • 맨드럴 타입기 사용으로 주행성 확보용 복토가 필요하며 철저한 시공관리 요망
횡력에 의한 배수재 절단	있음	거의 없음	거의 없음
공사비 비율	약 1.8	약 1.3~1.5	1.0
시공관리	곤란	양호	용이

④ 버티컬 드레인 공법의 설계 시 고려사항(배수능력 저하 요인)

① 드레인의 응력 집중 : 상대적 강성 차에 의한 아칭(Arching) 현상 발생으로 인해
② 드레인의 투수성 저하 : 배수기능 저하 발생(Well Resistance)
③ 교란효과(Smear Effect) 영향 : 배수재의 타입이나 인발 시 주변 지반의 교란문제
④ 매트저항(Mat Resistance) : 성토 하중 등에 의한 압밀로 인해 투수성 감소문제
⑤ 압밀과정 중에 발생하는 문제
⑥ 불균질한 지반의 문제 등 여러 문제가 상호 복합적으로 작용한다.

⑤ 결론

① 연직배수공법의 효과 확인은 압밀의 진행상황(침하촉진과 강도증가)의 파악이다. 이 때문에 작용된 압밀 하중의 크기, 각 층마다의 침하량, 간극수압 등이 필요하다.
② 개량범위 또는 재하 흙쌓기의 형태는 연직침하에 대하여 측방유동의 영향이 발생되기 때문에 수평 변위의 측정도 필요하다.
③ 침하측정의 데이터와 계산치를 비교하거나 간극수압의 소산상황을 보면서 압밀의 진척상황을 판단하고 적절한 시기에는 자연시료를 채취하여 토질조사를 실시함으로써 지반개량의 효과를 직접 확인하는 것도 매우 좋은 방법이다.
④ 이상과 같이 조사를 계속 혹은 적절하게 실시하여 압밀의 진척상황을 파악하여 예상과 다른 상황이 발견되면 원인을 규명하는 노력과 유효적절한 대책을 강구하는 것이 공사를 원활히 수행하는 데 도움이 된다.
⑤ 설계 시 배수능력 저하에 대한 고려가 필요하다. 즉, 수평배수층에 유공관 및 집수정을 통한 배수 능력 향상의 고려가 필요하며, 시공 중 성토면 하단부의 배수로 정비 등을 통한 배수능력 저하 방지 대책이 필요하다.
⑥ 플라스틱 보드 드레인 공법에 따른 장기적인 토양 오염에 대한 대책으로 환경친화적인 배수재 개발 및 적용이 필요하다.

6 암성토

① 개요

① 최근 용지보상과 각종 민원사항, 환경파괴 등으로 도로건설 시 산악지형을 관통하는 경우가 다수이며, 이런 공사현장 여건상 일반토사량이 절대적으로 부족하여 시방서 기준준수의 성토시행을 위해서는 암버럭 사토, 토취장 개발을 통한 순성토 비용이 증가하고 있다.

② 현재 도로 본체의 일부인 노체 및 노상을 건설하는 경우, 사용재료로서 현장에서 발생하는 일반토사를 이용하거나 혹은 암절토 또는 터널 등에서 나오는 암버럭 등을 이용한 암성토 시공의 방법으로 시행되고 있다.

③ 환경파괴 차원에서 토취장 개발의 어려움과 가까운 운반거리 내에서 양질의 토사를 확보하기가 어렵기 때문에 현장유용암을 활용한 성토방안에 대하여 많은 연구가 필요한 실정이다.

② 암성토 구간 적용 기준

1. 성토방법

① 암쌓기는 노체 완성면 60cm 하부에서 허용되며, 암 덩어리의 최대치수는 60cm를 초과할 수 없다.

② 다만, 풍화암이나 이암, 셰일, 실트스톤, 천매암, 편암 등 암석의 역학적 특성에 의해 쉽게 부서지거나 수침 반복 시 연약해지는 암버럭의 최대치수는 30cm 이하로 한다.

③ 암을 포설하고 양족식 로라로 암 입자 간의 인터로킹을 증대시키고, 진동롤러를 이용하여 표면의 암부스러기를 공극 사이로 충진시켜 주면서 요철 부분과 장비 주행이 가능하도록 시공하여야 한다. 지지력은 아스팔트 포장과 콘크리트 포장에서 $K_{30}=20\text{kgf/cm}^3$(침하량 $=0.125\text{cm}$) 이상 관리하여야 한다.

2. 다짐 원칙

① 공극을 부스러기 등으로 채워 인터로킹(Interlocking)에 의한 안정한 다짐이 되도록 한다.

② 마지막 층은 입경이 작은 재료, 소일 시멘트(Soil Cement) 등으로 처리 공극을 차단하는 레벨링층을 둔다.

③ 암버럭과 기타 재료를 동시에 포설할 때는 암버럭은 외측에 기타 재료는 내측에 포설한다.

④ 조립재와 세립재는 현장에서 혼합하여 입도가 양호하도록 균등하게 포설한다.

3. 다짐장비 및 다짐기준

① 다짐장비

토사성토	암성토
• 그레이다 3.6 • 진동로라 6ton 이상 • 타이어로라 접지압 5.6kgf/cm² • 살수차 5,500L 이상	• 불도저 32ton 이상 • 양족식 로라 • 824,825 컴팩터(Compactor) • 브레이커(Breaker)

② 다짐기준

구분		노체		노상	
		암성토	일반성토		
1층 성토두께(cm)		60 이하	30	20	20
다짐도(%)		–	90 이상	95 이상	90 이상
다짐방법		–	A, B	C, D, E	
아스팔트 포장	침하량(cm)	0.125	0.25	0.25	
	K30	20	15	20	
콘크리트 포장	침하량(cm)	0.125	0.125	0.125	
	K30	20	10	15	

③ 암성토 품질관리 방안

① 암석의 최대크기는 60cm 이하로 하고, 다짐두께는 60cm를 초과하지 않아야 한다.

② 노체 마무리면 60cm 이내는 암성토를 해서는 안 된다.

③ 암성토를 시행할 경우는 진동, 충격에 의한 침하방지와 운행장비의 주행성능을 확보하기 위하여 매 층마다 양질의 토사로 공극을 충분히 채워야 한다.

④ 동일 위치에 토사와 암을 동시에 성토하고자 하는 경우는 원활한 배수와 법면 유실 방지를 위하여 토사는 도로 중심 측에 암은 도로 외측에 성토하여야 한다.

⑤ 다른 재료로 시공된 부분위에 암쌓기를 하고자 할 경우에는 기시공된 표면의 중심에서 외측으로 1 : 12 정도의 경사를 형성토록 하여 다짐을 하고 배수가 원활히 되도록 하여야 한다.

⑥ 암재료 중 입경이 큰 것은 법면 쪽에, 작은 입경은 중앙부에 사용하고, 입경이 큰 것은 하나하나 지정 후 배치하여 큰 암버력이 한곳에 집중배치되는 것을 금지한다.

⑦ 암버력에 의한 흙쌓기 경우에는 석축 쌓는 부분을 제외하고 흙쌓기 비탈면이 암버력이 노출되지 않도록 양질의 토사로 덮어 식생이 가능하도록 조치하여야 한다.

7 배수시설과 수리계산

① 개요

① 도로에서 배수시설은 도로구조를 보존하는 데 중요한 시설이다. 그러므로 신속한 노면배수와 침투수의 차단, 침투된 물의 지하배수, 도로 인접지로부터의 배수처리를 적절하게 하는 것이 필요하다.

② 배수시설을 설계할 때에는 현지의 지형, 기상, 지질 등의 조건을 충분히 고려하여야 하며 공용 후의 청소, 보수, 점검 등 유지관리도 고려하여야 한다.

③ 수리계산은 홍수를 예방할 수 있는 단면규격(하천제방, 빗물의 배수, 파이프 등)을 결정하기 위하여 합리식 등을 이용하여 단면규격을 결정하는 것을 말한다.

④ 강우유출과 직접 연관을 가지며 유역면적이 $4.0km^2$ 이내일 때 사용되고, 홍수도달시간이 1시간 이내의 자연하천유역에 비교적 적합한 합리식을 적용하고 있다.

2 배수시설의 구분

1. 배수 개념도

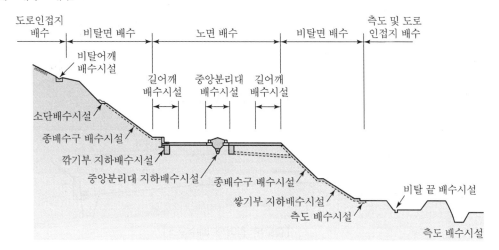

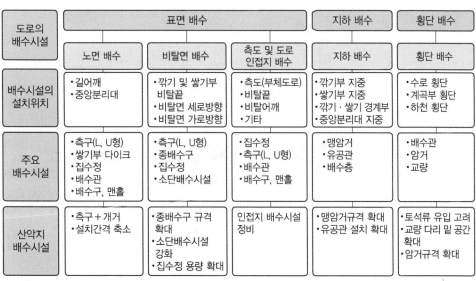

도로의 배수시설	표면 배수			지하 배수	횡단 배수
	노면 배수	비탈면 배수	측도 및 도로 인접지 배수	지하 배수	횡단 배수
배수시설의 설치위치	·길어깨 ·중앙분리대	·깎기 및 쌓기부 비탈끝 ·비탈면 세로방향 ·비탈면 가로방향	·측도(부체도로) ·비탈끝 ·비탈어깨 ·기타	·깎기부 지중 ·쌓기부 지중 ·깎기 · 쌓기 경계부 ·중앙분리대 지중	·수로 횡단 ·계곡부 횡단 ·하천 횡단
주요 배수시설	·측구(L, U형) ·쌓기부 다이크 ·집수정 ·배수관 ·배수구, 맨홀	·측구(L, U형) ·종배수구 ·집수정 ·소단배수시설	·집수정 ·측구(L, U형) ·배수관 ·배수구, 맨홀	·맹암거 ·유공관 ·배수층	·배수관 ·암거 ·교량
산악지 배수시설	·측구 + 개거 ·설치간격 축소	·종배수구 규격 확대 ·소단배수시설 강화 ·집수정 용량 확대	인접지 배수시설 정비	·맹암거규격 확대 ·유공관 설치 확대	·토석류 유입 고려 ·교량 다리 밑 공간 확대 ·암거규격 확대

2. 횡단 배수시설

도로를 횡단하는 소하천 또는 수로 등을 위한 시설로서 도로 본체의 보존과 도로 인접지의 호우에 대한 피해를 적절히 방지하기 위해 설치되며 교량, 암거, 배수관 등이 이에 속한다.

3. 노면 배수시설

강우 시 교통안전을 도모하기 위해 노면 및 비탈면에 내린 우수를 원활히 배수하기 위한 길어깨 및 중앙분리대 등의 표면 배수시설로서 측구, 배수구, 집수정 등이 있다.

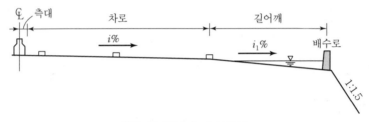

[성토부 길어깨 배수구조]

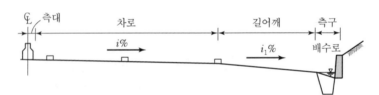

[절토부 길어깨 배수구조]

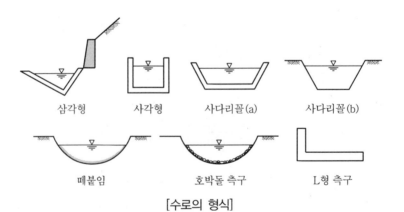

[수로의 형식]

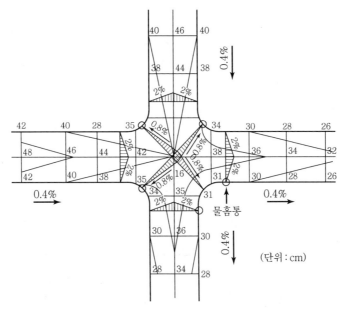

[교차로의 표면 배수구조]

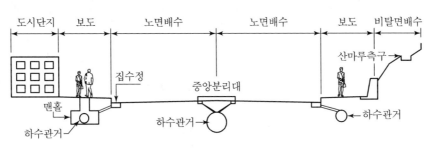

[도시부 배수시설의 구성]

4. 지하 배수시설

노반, 노체 등에 침투한 물과 지하수위가 높아져 도로 유지에 위험이 있는 경우 지하수위를 낮추기 위해 설치되며 유공배수관, 맹암거 등이 있다.

• 맹암거

① 지하 배수시설로서 맹암거의 종류는 5개 타입으로 구분하고 지형 여건에 따라 토사구간, 암구간 및 깎기, 쌓기 경계부, 지하수 유출 및 용수다발 예상지역에 따라 타입별로 감안하여 설치한다.

② 각 형식별 적용 기준

구분	사용 구간	비고
형식 1	길어깨 깎기부 L형 측구 아래에 반드시 맹암거를 토사구간에 설치	유공관, 부직포 사용
형식 2	길어깨 깎기부 L형 측구 아래에 설치, 리핑암, 발파암 구간	유공관 사용
형식 3	• 편절, 편성구간 및 깎기, 쌓기 경계구간에 설치(토사구간), 중분대 쪽 맹암거 유출부는 도로중심선과 60° 각도로 100m 마다 설치(단, SAG 구간은 40m마다 설치) • 깎기부 비탈면 통수부에 설치(토사구간) • 기존 포장 확장부 및 방음벽 기초 하단부에 설치	부직포 사용
형식 4	형식 3과 적용 구간은 동일하며 리핑암, 발파암 구간에 설치	부직포 사용하지 않음
형식 5	지하수 유출 및 용수 다발 지역에 설치	비탈면 보호공

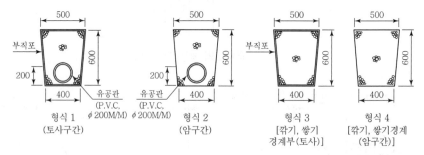

[지하배수구의 종류]

(a) 양측의 길어깨에 설치된 지하배수구

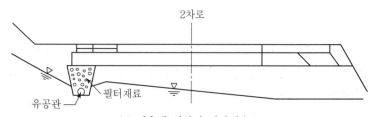

(b) 편측에 설치된 지하배수구

[지하배수구의 설치]

5. 배수시설

① 토사 측구의 폭과 깊이는 배수량과 관계가 있으며, 단면의 20% 정도는 토사의 퇴적을 고려하여 여유 있게 설계한다.

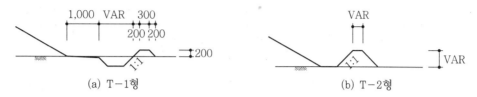

[토사 측구의 종류]

② 구조물을 이용한 측구 형식

구분	형식	적용 기준	비고
콘크리트 V형 측구	1,000 VAR 500 150 300 / 150 VAR 200 / 비탈면 4% / 1:0.3 / C.T.C 300 D13 L=300 / D / 시공이음 / H / 200 / 200 / 1:1	• 급경사 구간의 세굴 및 유지관리를 고려하여 설치 • 흙쌓기 비탈면 하단부 및 설계 유속이 커서 세굴이 우려되는 지형에 적용	
산마루 측구	VAR 500 VAR / 100 100 / 1:4 / 1:5 / 150 / H / 200 / 1:0.3 / C.T.C 300 D13(L=150) / 시공이음 / D	• 깎기부의 유수방향이 도로 측으로 발생되는 경우 산마루 측구 설치 • 시공성 및 유지관리 측면을 고려하여 현장타설 콘크리트 측구 설치	
콘크리트 U형 측구	VER / 200 / C.T.C 300 D13(L=150) / VER VER VER	• 주로 소규모 우수의 처리 구간에 설치 • 부체도로, 방음벽 구간 및 용수로 용으로 사용	
소단측구 L형 현장타설 라이닝	3,000 / 500 2,500 VAR / 4% 4% / 100 200	• 땅깎기 비탈면의 수직고 20m마다 설치되는 소단 • 토사구간 : 콘크리트 측구 또는 플룸관 설치	

③ L형 측구

L형 측구는 노면 및 땅깎기 비탈면의 배수 및 도로 보호의 목적으로 설치한다. L형 측구만으로 배수량이 과다할 때, L형 측구 밑으로 종방향 배수관이나 U형 측구를 설치하는 방법으로 배수처리하거나 통수단면을 확대한다.

[L형 측구 형식]

구분	형태	비고
형식 1 (H=0.50m)		땅깎기면 토사 및 리핑암 전 구간, 발파암 H=10m 미만인 구간에 설치
형식 2 (H=1.20m)		땅깎기면 리핑암+발파암 10.0m 이상 또는 발파암 H=10.0m 이상 ~30.0m 미만인 구간에 설치
형식 3 (H=2.30m)		땅깎기면 발파암 H=30.0m 이상이 되는 구간 중에서 길이가 약 20m 이상인 구간에 설치
형식 4 (H=0.35m)		측도 및 부체도로에 설치

④ U형 측구

　　㉠ U형 측구는 IC나 분리차로, 녹지대 및 부체도로에 지형 여건을 감안하여 설치한다.

　　㉡ 각 형식별 적용 기준

　　　　• 형식 1 : 영업소, 휴게소 광장부 등에 설치

　　　　• 형식 2~4 : 시가지 구간 높이에 따라 설치

　　　　• 형식 5 : 부체도로에 설치

　　　　• 형식 6 : IC 및 분리구간 녹지대에 설치

(a) U형 측구 형식 1

(b) U형 측구 형식 2~4

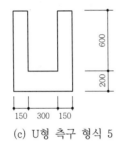

(c) U형 측구 형식 5

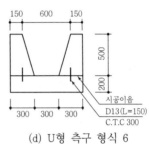

(d) U형 측구 형식 6

[U형 측구]

③ 집수정

1. 설치방법

집수정은 종배수관이 연결되는 곳, 종배수관의 단면이 변화하는 곳, 그리고 종단경사의 가장 낮은 위치 등에 설치하며, 우수받이는 노면수를 관거 또는 집수정으로 연결시켜주는 유입부에 설치한다.

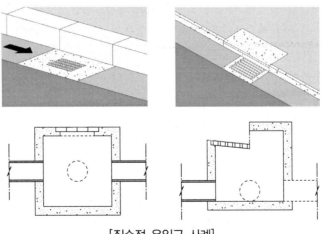

[집수정 유입구 사례]

우수받이는 일반적으로 내폭 30~50cm, 깊이 80~100cm 정도로 하며, 우수의 유입량에 따라 크기를 선정하나 도로가 5% 이상의 급경사인 장소나 교차로, 광장 등에는 낙수공의 면적이 큰 우수받이를 사용하고, 연결부 저부로부터 토사의 유입량에 따라 15cm 이상의 깊이로 토사받이를 설치한다.

2. 집수정(도수로) 설치간격(도로 노면 배수만 고려하는 경우)

① 집수정 및 우수받이의 설치 간격을 결정할 때는 노면 배수시설 전체에 대한 수리계산 결과에 따라 설치하며, 시공성 및 관리를 고려하여 5m 이상, 30m 이하로 한다. 다만, 침수기록지역, 상습침수지역 등 저지대 도로부에 대해서는 수리계산 결과를 토대로 집수된 우수가 신속히 처리될 수 있도록 집수정 및 우수받이 간격을 좁게 설치할 수 있다.

② 성토부의 경우, 도로면에 횡단경사를 통하여 길어깨로 물이 고이면 집수구를 통하여 배수하는 방법과 도수로를 이용하는 방법이 있다.

$$S = \frac{3.6 \times 10^6 \times Q \times \gamma}{C \times I \times W}$$

여기서, S : 집수정 및 성토부 도수로 간격(m)

Q : 길어깨(또는 측구)의 허용통수량(m^3/sec : 매닝 공식으로 계산한 최대 통수량 의 80%)

C : 유출계수(포장부 : 0.9), I : 설계 강우강도(mm/hr)

γ : 유입부 배수효율(0~1.0, 덮개가 없는 경우 1.0)

W : 도로의 집수폭

3. 절토부 구간의 집수정 간격

땅깎기 구간의 길어깨 배수는 도로의 종단경사, 횡단경사와 집수폭을 고려한 노면수의 유출량과 측구의 배수용량을 비교하여 집수정 간격을 결정한다.

최대 통수량(Q)에 매닝(Manning) 공식을 적용하고 설계유량(Q_d)을 합리식[$CIA / (3.6 \times 10^6)$] 으로 산출하여 $Q_d = Q$가 되는 지점을 구한다. 따라서 초기 집수정 설치위치는 다음과 같이 구할 수 있다.

$$Q = 0.2778 \times 10^6 \times I \times (C_1 \cdot A_1 + C_2 \cdot A_2)$$

여기서, C_1, C_2 : 유출계수, C_1(포장부)=0.9, C_2(절개부)=0.8

I : 설계강우강도(mm/hr), Q : 길어깨에 집수되는 총유량(m^3/sec)

A_1, A_2 : 유역면적(m^2), A_1(포장부), A_2(절개부)

W_1, W_2 : 집수폭(m), W_1(포장부), W_2(절개부)

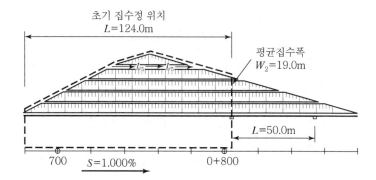

$$S = \frac{3.6 \times 10^6 \times Q}{I(C_1 W_1 + C_2 W_2)}$$

여기서, S : 집수정 간격(최대 30m, 최소 : 5m)

  I : 강우강도(mm/hr)

  C_1 : 유출계수(포장부 : 0.9)

  C_2 : 유출계수(절개부 : 0.6)

  W_1 : 집수폭(포장부)

  W_2 : 집수폭(절개부)

  Q : 허용 통수량(m³/sec)

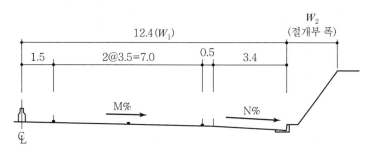

[절토부 집수폭 단면도(편도 2차로)]

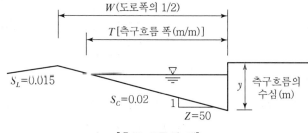

[측구 흐름의 예]

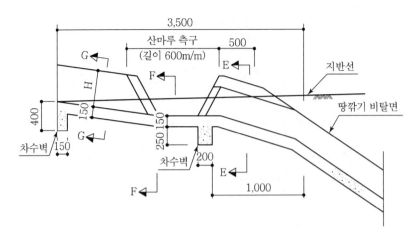

[깎기부 배수구]

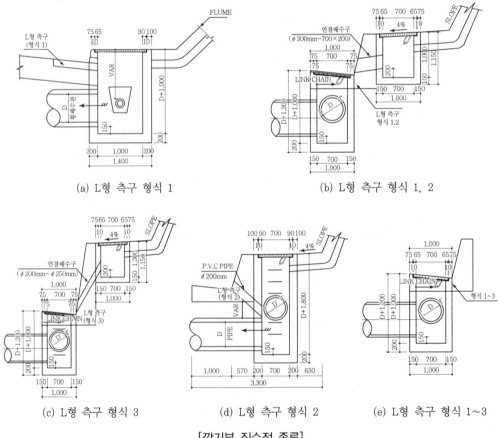

(a) L형 측구 형식 1

(b) L형 측구 형식 1, 2

(c) L형 측구 형식 3

(d) L형 측구 형식 2

(e) L형 측구 형식 1~3

[깎기부 집수정 종류]

4. 중앙분리대의 집수정 간격

중앙분리대의 집수정 간격은 최대 30m, 최소 5m로 배치한다. 중앙분리대의 집수정의 설계빈도는 10~20년을 적용한다.

$$S = \frac{3.6 \times 10^6 \times Q \times \alpha}{C \times I \times W}$$

여기서, S : 집수정 간격(m)
C : 유출계수(0.9)
I : 평균강우강도(mm/hr)
Q : 측대의 배수용량(m³/sec)
W : 집수폭(m)
α : 보정계수

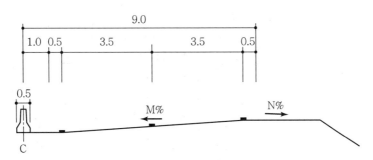

[중앙분리대 집수정 간격 결정을 위한 집수폭 개념도(편도 2차로)]

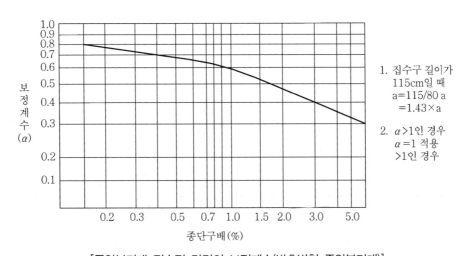

1. 집수구 길이가 115cm일 때 a=115/80 a =1.43×a

2. α>1인 경우 α=1 적용 >1인 경우

[중앙분리대 집수정 간격의 보정계수(방호벽형 중앙분리대)]

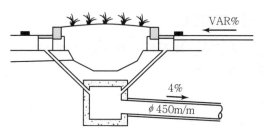

[중앙분리대 집수정 단면]

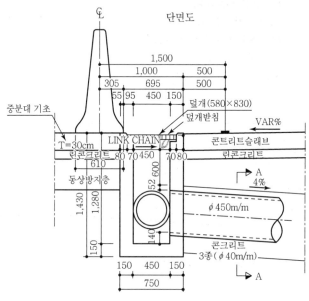

[중앙분리대 배수시설]

5. 맨홀

맨홀은 관거의 기점, 방향, 경사 및 관경 등이 변하는 곳, 단차가 발생하는 곳, 하수관거가 합류하는 곳의 연결과 관거의 점검, 청소 등의 관리상 필요한 장소에 보수를 위한 기계 및 사람의 출입이 가능해야 한다.

[관경별 맨홀의 최대 간격]

맨홀 관경	맨홀 최대 간격
600mm 이하	75m
600~1,000mm	100m
1,000~1,500mm	150m
1,650mm 이상	200m

④ 흙쌓기부 종배수구 간격 결정

종배수구의 간격은 30~100m로 하며, 곡선부 외측으로 길어깨의 물만을 배제할 경우 최대 200m를 적용한다. 다만, 계곡부의 우수를 처리하기 위하여 종배수구의 간격을 조정할 수 있다.

$$S = \frac{3.6 \times 10^6 \times Q}{C \times I \times W}$$

여기서, S : 흙쌓기부 종배수구의 간격(m)

Q : 길어깨(또는 측구)의 허용 통수량(m³/sec)(매닝공식으로 계산한 최대 통수량의 80%)

C : 유출계수, I : 설계강우강도(mm/hr), W : 집수폭(m)

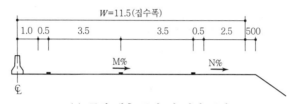

(a) 곡선 내측 구간 및 직선 구간

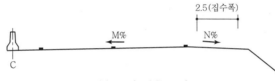

(b) 곡선 외측 구간

[흙쌓기부 배수구 간격 결정을 위한 집수폭 개념도(편도 2차로)]

⑤ 배수시설 관리

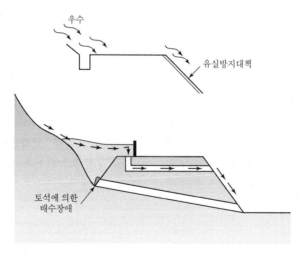

[중앙분리대에 통과집수정 설치 사례]

6 배수시설 설계절차

배수구조물 선정	유역면적	설계유량 산정	배수구조물 규격 결정

• 위치 결정
• 형식 결정
• 설계발생빈도 결정
	• 유역면적, 유달거리
	• 유출계수, 표고차
	• 홍수 흔적
		• 합리식 : A≤4km²
		• 표준유출법 :
		  4km²<A≤40km²
		• 수문곡선 추적법 :
		  A>40km²
			• Q=A · V
			• A=통수단면(80%)
			• V=유속(매닝 공식)

8 배수설계 시 유의사항

1 노면 배수

① 노면 배수시설은 도로부지 내 강우 또는 강설에 의해 발생한 우수와 도로인접 지역에서 유입되는 우수를 원활히 처리하기 위해 설치한다.

② 노면 배수의 수리해석은 등류해석을 원칙으로 하고, 유량 변화를 고려하여야 하는 경우는 부등류 해석을 적용할 수 있다.

③ 도로의 경사

  ㉠ 도로의 경사는 횡단경사와 종단경사로 구분한다.

  ㉡ 횡단경사 중 노면배수의 경우, 시멘트콘크리트포장 및 아스팔트콘크리트포장은 1.5~2.0%, 그 외의 노면 간이포장의 경우 2.0~4.0%, 비포장도로 3.0~6.0%으로 하며,

  ㉢ 보도 및 자전거 도로의 횡단경사는 2.0% 이하를 표준으로 한다.

2 측구

① 측구의 수리해석 : 측구는 도로노면 위로 흐르는 우수를 배수하기 위하여 노면 양측에 위치하며 설계 유량은 합리식으로 결정된다.

② 설계빈도 : 배수의 목적, 배수량, 배수위치, 경제성 등을 고려한다.

③ 종류 : 측구는 지형 및 배수위치 등을 고려하여 결정한다(토사측구, V형 측구, 산마루 측구, L형 측구 및 U형 측구).

③ 집수정

집수정은 종배수관이 연결되는 곳, 종배수관의 단면이 변화하는 곳, 그리고 종단경사의 가장 낮은 위치 등에 설치하며, 우수받이는 노면수를 관거 또는 집수정으로 연결시켜주는 유입부에 설치한다.

④ 흙쌓기 구간의 길어깨 배수

① 다이크는 노면에 내린 우수가 흙쌓기 비탈면으로 흘러 비탈면이 유실되는 것을 방지하기 위하여 설치하며 설계빈도는 10~20년을 적용한다.
② 길어깨 또는 길어깨 측구로 흐르는 물을 배수하기 위해 배수구를 설치한다.

⑤ 흙쌓기부 종배수구 간격 결정

① 종배수구의 간격은 30~100m로 한다.
② 곡선부 외측으로 길어깨의 물만을 배제할 경우 최대 200m를 적용한다.
③ 단, 계곡부의 우수를 처리하기 위하여 종배수구의 간격을 조정할 수 있다.

⑥ 땅깎기 구간의 길어깨 배수

① 땅깎기부 집수정 설치위치 결정은 집수면적으로 한다.
② 땅깎기부 집수정 간격 : 청소와 관리 고려 시(최대 30m), 시공성 고려 시(최소 5m)

⑦ 종배수관 및 횡배수관

① 최소규격은 450mm 이상을 적용하며, 횡배수관은 최소 1,000mm 이상을 적용한다.
② 지형 및 지역 여건을 고려하여 부득이한 경우 800mm 이상으로 한다.

⑧ 중앙분리대의 배수

① 집수정 간격은 최대 30m, 최소 5m로 배치한다.
② 종배수관의 규격은 450mm를 적용한다.
③ 횡배수관은 포장층 내에 위치하는 경우 콘크리트로 보강하고 최소 450mm 이상을 적용한다.

⑨ 선배수시설의 설계

도로 노면수를 연속적으로 배제시키기 위해 길어깨 또는 중앙분리대에 연속하여 설치하는 시설을 말하며, 배수효율이 높아 교차로 등의 주요부에 설치한다.

⑩ 지하 배수

① 지하수위를 저하시켜 포장체의 지지력을 확보하고, 도로에 근접하는 비탈면, 옹벽 등의 손상을 방지하기 위해 설치한다. 지하배수시설은 종방향배수, 횡단 및 수평배수, 배수층에 의한 배수로 구분한다.

② 차단 배수층은 투수성이 높은 자갈, 쇄석 등을 사용하고, 그 두께는 30cm 이상으로 하며, 투수계수 1×10^{-3}cm/s 이상으로 한다.

③ 중앙분리대 지하 배수시설 분리대 내에 침투한 우수를 배제하기 위해 분리대 바닥에 차량의 진행 방향으로 설치한다.

⑪ 비탈면 배수

① 비탈면 배수는 도로 비탈면으로 유입되는 우수(지표수) 및 지하수를 배수처리하기 위하여 설치하는 것으로, 비탈면 및 비탈면 끝에 설치되는 배수시설을 이용하여 우수 및 지하수를 기존 배수로 또는 하천으로 배제하는 것이다.

② 땅깎기 비탈면의 배수시설은 표면수와 지하수를 고려하여 측구, 수평배수공 등의 시설물을 설치한다.

③ 비탈면 용출수를 배수하는 시설로는 편책, 돌망태공, 지하배수구, 수평배수층, 수평배수공 등이 있다.

④ 소단 배수시설은 비탈면에 흐르는 우수나 용출수에 의한 비탈면의 침식을 방지하기 위해서 설치하며, 소단 배수구는 폭이 3m 이상 넓은 소단에 설치한다.

⑫ 횡단 배수

도로 암거는 수문 분석에서 결정된 설계홍수량으로 암거 상류부의 수위를 과다하게 상승시키지 않은 상태에서 하류로 원활하게 배수할 수 있는 경제적인 단면과 경사를 갖도록 한다.

⑬ 구조물 배수

구조물 배수는 구조물의 시공 중 혹은 시공 후에 시행하는 배수로서, 교량·고가구조의 배수, 터널의 배수, 옹벽의 배수 등을 포함한다.

04

도로 포장공

1 아스팔트 포장과 콘크리트 포장형식 비교

1 개요

① 아스팔트 포장은 골재와 아스팔트를 결합하여 만든 포장으로, 교통하중을 표층 → 기층 → 보조기층 → 노상으로 확산 분포시켜 하중을 저감하는 형식이다.

② 콘크리트 포장은 콘크리트 슬래브 자체가 교통 축하중을 휨저항으로 지지하는 포장공법이다.

2 포장형식 선정 시 고려사항

1. 1차적 고려사항 : 기술적 고려사항

구분	기술적 고려사항
교통조건	• 중차량이 많을 경우 : 콘크리트 포장이 유리 • 공용성, 서비스 수준을 확보할 수 있는 형식 : 총교통량, 교통 구성(중차량)을 고려
토질조건	• 절성토 경계부가 많은 도로 : 콘크리트 포장이 유리 • 연약지반 등 체적 변화가 심한 불량토질 : ASP 포장이 유리
기후조건 (환경조건)	• 동결융해 고려 • 적설지역에서는 제설작업 고려 : 표층의 손상이 적도록 • 환경영향이 적은 포장형식 고려 : 소음, 진동, 대기오염
시공성	공사기간, 교통처리, 보수의 편의성 고려, 장래 확장, 단계건설 고려
경제성	• 초기 건설비, 유지관리비 고려 • LCC 개념에 의한 비용편익 분석 실시

2. 2차적 고려사항

① 동일 지역 내 유사한 포장의 공용성 비교 검토

② 인접도로의 기존 포장형식

③ 인근지역의 재료 이용 여부 : 소규모 사업 시 특히 고려

④ 재생재료 사용 : 기존 포장 또는 다른 포장으로부터 재생재료를 얻을 수 있는지 여부

3. 기타 정책적 고려사항

① 교통안전 고려 : 도로 조명반사, 표면 미끄럼 저항 등

② 포장재료 생산업체 간의 경쟁력 활성화 고려 : 독점을 피하고 건전한 경쟁 유도

③ 재료와 에너지 절약 고려

    ㉠ 희귀재료를 적게 사용하는 포장형식

    ㉡ 에너지 소비가 적은 형식 고려 : 재료의 생산, 운반, 포설 시

④ **시공자 능력 고려** : 시공 경험 및 장비 확보 여부 고려

⑤ 관련 지방자치단체의 정책선호도와 지방산업에 대한 인식 고려

⑥ 기술 향상을 도모하기 위한 정책적인 고려

⑦ **국가적 측면 고려** : 시멘트, 아스팔트 등의 사용, 확보

③ ASP 포장과 Con'c 포장의 비교

1. 포장구조상 차이점 : 포장구조 및 응력 분포

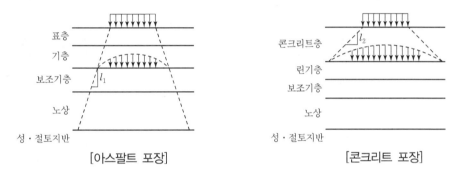

[아스팔트 포장]   [콘크리트 포장]

① **ASP 포장** : 교통하중을 표층 → 기층 → 보조기층 → 노상으로 확산분포시켜 하중을 절감

② **콘크리트 포장** : 교통하중을 콘크리트 슬래브가 직접 지지하는 형식

③ **층별 역할**

구조	아스팔트 포장	콘크리트 포장
표층	• 교통하중 일부 지지 • 하부층으로 하중 전달	• 슬래브 자체가 빔으로 작용 • 휨저항으로 교통하중 지지
기층	• 표층에서 전달받은 교통하중을 일부 지지 • 하중을 분산시켜 보조기층에 전달	표층에 포함됨
보조 기층	• 기층으로부터 전달된 교통하중을 분산시켜 노상에 전달 • 포장층의 배수기능 담당	• 콘크리트 슬래브에 대한 균일한 지지력 확보 • 노상반력계수 증대
구조 특성	• 포장층 일체로 하중을 지지 • 기층, 보조기층에도 큰 응력 작용 • 노상에 윤하중 분포	콘크리트 슬래브 자체로 하중 지지
파손 요인	소성 변형이 주 파괴 요인	줄눈부 파손이 주 파괴 요인

2. 설계원칙상 차이점

[포장 형식 간의 장단점 비교]

구분	콘크리트 포장	아스팔트 포장
장점	• 긴 공용 수명 • 높은 미끄럼 저항성 • 유지보수 미미 • 야간 시인성 우수	• 소음, 진동이 적고 평탄성 양호 • 짧은 양생 기간으로 인해 조기 교통개방 가능 • 유지보수 간편
단점	• 소음, 진동 발생 • 양생 기간 및 초기 균열 발생 가능성 • 보수 작업의 두려움	• 수명이 짧고 잦은 유지보수 필요 • 낮은 미끄럼 저항성 • 낮은 야간 시인성
비고	최근에는 두 포장 형식 간의 단점을 극복하려는 노력이 진행되어 장단점 구분의 경계가 희미해짐	

[포장의 적용성]

설계	아스팔트 포장	콘크리트 포장
강성 구분	가요성	강성
사용재료	아스팔트 혼합물	시멘트 콘크리트
포장두께	교통하중과 노상지지에 의해 설계	교통하중을 슬래브가 견딜 수 있도록 설계
적용도로	• 연약지반에 축조되는 도로 • 구성비가 적은 도로 • 조기 교통개방이 필요한 도로 • 구조물이 많은 구간, 확장공사 시	• 절성토 경계부가 많은 도로 • 중차량구성비가 큰 도로 • 신설도로
품질관리	온도관리	공기량, 슬럼프치 관리
포장순서	프라임 코팅 → 텍코팅 → 포설	다웰바(Dowel Bar) 설치 → 포설 → 표면처리 → 양생

4 아스팔트 포장과 콘크리트 포장의 문제점

1. 아스팔트 포장의 문제점

① A/P재 : 소성 변형이 심함

　㉠ 시가지 대형차로 및 평면교차로 정지선

　㉡ 기온이 높을 경우 소성변형이 심함

② 빈번한 보수 · 유지

　교통정체 및 유지보수비 과다 소요

③ 저온균열, 피로균열 발생

2. 콘크리트 포장의 문제점

① **연약지반** : Con'c 포장은 부적합(장기압밀침하 예상)
② **구조물 많은 구간** : 평탄성 불량 우려
③ **시가지** : 부적합(도로 노면굴착 빈번)
④ **도로확장구간** : 단차파손 우려(기존 도로와의 접속 시)
⑤ 노면 결빙에 따른 안전성, 유지관리 측면 신중히 검토 : 한랭지방

5 결론

① 일반적으로 아스팔트 포장과 콘크리트 포장의 차이점은 포장구조상, 설계원칙상, 일반적인 차이(시공성, 공용성, 내구성 등)가 있다.
② 아스팔트 포장이 외국에서는 유리하나, 부존 자원상 콘크리트 포장을 해야 하는 우리나라 현실을 고려할 때, 장기적인 유지관리로 주행성, 평탄성, 쾌적성을 유지하여야 한다.

2 상대강도계수

1 개요

① 포장두께를 산정하기 위해서 포장이 구성된 각 층의 두께로 변환시키기 위해서는 포장 각 층의 재료 특성을 나타내는 상대강도지수(CBR, R치, 탄성계수, 동탄성계수)와 상관관계부터 산정해야 한다.
② AASHTO 설계법에서 각 변수를 입력하여 결정되는 포장 두께 지수(SN)는 층별 상대강도계수 와 층두께의 함수로 표시된다.
③ 현재 국내에서 사용되는 포장층 재료의 물성에 대한 이용 가능한 대표적 시험치가 확립되지 않아 외국의 자료를 그대로 적용하고 있다.

2 상대강도계수의 적용

① AASHTO에서 제시한 값을 그대로 적용하였으나 국내 여건에 맞지 않음
② 국내의 기후환경과 비슷한 미국의 4개 주(오하이오, 유타, 일리노이, 와이오밍)의 값을 평균하여 1988년부터 적용

③ 현재 적용하고 있는 상대강도계수의 산정

각 주 / 각 층	오하이오	유타	와이오밍	일리노이	(적용값) 평균	AASHTO
표층	0.10	0.157	0.137	0.127	0.145	–
기층(BB)	–	0.11	0.114	0.114	0.110	0.136
보조기층	–	0.039	0.029	0.029	0.034	0.043

③ 문제점 및 개선사항

① 국내 실정에 맞는 상대강도계수의 도출이 필요함
② 국내에는 공용자료가 연구된 것이 없어 계수산정이 불가능함
③ 등치환산계수 : 표층 10m에 대하여 상대적 보조기층이 얼마나 되는가 하는 것임
④ 국내 포장의 공용성과에 대한 연구 및 재료의 역학적 거동에 대한 실험연구가 필연적이나 미흡한 실정임
⑤ 건설부와 산학연 등에서 국내에서 실무 시에 적용할 수 있는 새로운 설계법의 연구가 필요함

④ 결론

① 국내의 포장재료와 기후 및 환경조건에 적합한 상대강도계수를 개발하여 합리적이고 경제적인 포장설계가 되도록 하여야 한다.
② 정부 차원에서 많은 예산 확보로 기술투자비와 연구투자비를 확보하여 세계적인 기술선진국을 기대하며 국내 실정에 적합한 실험결과치가 기대된다.

3 지역계수(Regional Factor)

① 개요

① 지역계수(R_F)는 AASHTO 설계법 '72잠정지침에서 환경조건의 설계요소로서 포장이 설치되는 지역의 기후조건을 반영하기 위한 척도이다.
② 포장의 성능은 환경인자에 영향을 받고 있다. 강우, 연중기온, 함수비 변화 등이 포장재료의 강도, 내구성, 포장성능에 영향을 미친다.
③ 포장의 구조적인 면에서는 강우나 온도의 영향으로 노상의 팽창, 포장의 융기, 해동(解冬)으로 인한 팽창(Frost Heave), 지지력 저하 등으로 포장의 파손과 공용성능을 저해한다.

④ 그러므로 지역적으로 기온의 편차가 심한 곳, 강우가 잦은 지역, 강설이 심한 지역 등은 그 영향계수를 고려해야 한다.

⑤ 지역계수는 노상토의 온도와 함수량의 연간 변화를 고려하는 가중평균치로서 0~5 사이의 계수로서 정의되며, 지역계수값은 설계 공용기간 동안 8.2t 단축하중 누가통과 횟수와 역함수 관계로 표시된다.

2 설계법

AASHTO 설계법		T_A 설계법	CBR 설계법
'72잠정지침	'86설계지침		
지역 계수(R_F) 적용	$\Delta PSI = P_i - P_t$ (융해, 동상)	• 동결깊이(Z) • $Z = C\sqrt{F}$ C : 정수(3~5) F : 동결지수(℃일)	• 동결지수(Z) • $Z = 2.9\sqrt{Q}$ Q=동결지수(℃일)

3 환경영향계수

상태	계수	비고
노상이 12cm 이상 동결 지역	0.2~1.0	대전 이남 : 1.5
여름과 겨울에 노상흙 함수비 변화가 없는 지역	0.3~1.5	대전 이북 : 2.0
봄철 해빙기 노상이 젖어 있는 지역	4.0~5.0	해발 500m 이상 한랭지 : 2.5

4 결론

① 현재 적용하는 관용적 일반 기준치는 대전 이남지역은 1.5, 서울 북부지역 및 기타 표고 500m 이상 지역은 2.5, 기타 지역은 2.0을 적용하고 있으나 이는 검증되지 않고 관용적으로 사용하고 있어, 신뢰성에 의문을 갖게 된다.

② 실무에서 사용하고 있는 환경조건을 그 지역에 맞고 환경조건을 합리적으로 고려한 환경영향 계수 개발이 시급하다.

③ 지역계수는 포장 설치지역의 기후조건을 반영하기 위한 척도로서 노상토 온도, 함수량을 0~5 사이의 계수를 적용하고 있는 실정이다.

4 노상지지력계수(Soil Support Value)

1 개요

① 노상지지력계수는 AASHTO 설계법 '72잠정지침의 입력 변수 중 하나이며, 설계포장층이 설치될 노상의 지지력을 나타내는 계수로서 AASHTO 도로시험을 통해서 개발된 지표이다.

② 노상지지력계수 산정에는 노상토의 지지강도를 나타내는 CBR, R값, 동탄성계수(MR), 군지수 등을 이용하여 측정되는 지지력을 S치란 스케일(Scale)을 도입하여 적용 범위를 일반화한 환산도표가 이용된다.

③ 노상지지력계수는 CBR로 결정되며 포장구조 설계의 기초 지지력은 노상의 지지력 판단이 가장 기본이 되는 것이다.

2 노상지지력 구성

① 포장 구조설계의 기초 지지력은 노상의 지지력 판단이 가장 기본 원칙이다.

② 다중층으로 이루어진 포장면에 차량하중이 통과할 때 이로 인하여 발생하는 응력은 하부로 전달된다.

③ 포장 각 층을 통하여 전달되는 응력은 깊이에 따라 감소되나 동시에 응력파동 시간은 깊이에 따라 증가하게 된다.

④ 각 층을 통하여 감소되는 응력은 그 층의 강성에 달려 있으며, 노상면에 허용변형 이내에서 소요의 지지력과 전단강도를 유지하여야 한다.

⑤ 또한 동상작용이나 체적 변화의 예민성이 적어야 하며 다짐의 용이성, 다짐의 영구성, 배수의 용이성 등을 구비하여야 한다.

⑥ 노상은 토공에 속하는 공종으로서 포장의 기초가 되는 부분이며 도로의 선형계획고에 따라 깎기를 하거나 쌓기로서 이루어지며 대부분 현지재료가 노상을 이룬다.

⑦ 이러한 노상흙은 점토에서부터 자갈에 이르기까지 여러 가지 흙이 사용되며 노상강도를 평가하기 위하여서는 아래와 같은 방법이 있다.

⑧ 노상강도 평가방법
  ㉠ 노상흙의 설질
  ㉡ 노상흙의 역학적 성상
  ㉢ 노상 지지력

❸ 노상지지력계수 적용상 문제점

① 노상지지력계수(SSV) 산정은 CBR, 군지수, 회복탄성계수(MIR) 등을 이용하여 구한다.
② 현재 우리나라는 Utah주의 CBR 시험방법에 의한 노상지지력계수 환산도표를 이용하고 있다.
③ Utah주의 CBR 시험방법과 KS규정의 CBR 시험방법의 에너지가 다르다.
④ 여러 상관관계를 연구하여 실증적인 S값을 구하는 것이 연구과제이다.
⑤ Utah주의 CBR 시험방법과 KS규정 CBR 시험방법

	시험조건	다짐방법
Utah주	최적함수비	2.5kg 해머, 낙하고 30cm, 높이 3층 다짐
KS규정	최적함수비	4.5kg 해머, 낙하고 45cm, 높이 5층 다짐

❹ 노상지지력계수를 동탄성계수(M_R)로 대체한 이유

① AASHTO 설계법 '72잠정지침의 노상지지력계수 → AASHTO 설계법 '86설계지침 MIR로 대체
② 재료의 특성을 합리적으로 규정하기 위함
③ 환경영향이 필수적이므로 수분과 온도에 관한 사항에 포함

❺ 결론

① AASHTO 설계법 '72잠정지침 : SSV−CBR값이나 R치, 군지수로부터 환산표를 이용한다.
② 우리나라 CBR 측정과 적용도표 작성 시 CBR 측정에 있어서 이용된 다짐방법이 상이하며 이에 대한 연구를 국립건설시험소에서 수행하였으나, CBR과 상당한 차이가 있고 검증과정을 거치지 않아서 불확실한 점이 있다.
③ 앞으로 검증결과를 토대로 역학적 해석기법을 적용하여 KSF232에 의한 CBR과 SSV 관계를 설정하여 적용하는 것이 바람직하다.

5 회복탄성계수(Resilient Modulus)

1 개요

① MR은 AASHTO 설계법 '86설계지침의 중요한 요소이다.
② 포장설계에는 순수이론 방법인 해석기법과 실험 및 통계방법인 경험적 해석기법 등이 있다.
③ 경험적 해석기법인 AASHTO 설계법은 10년간 차량을 반복하여 운행시험을 거쳐 '72잠정지침을 제시하여 여러 국가에서 사용하고 있다.
④ '86설계지침은 국내 적용상 문제점이 대두되어 현실적으로 적용하는 데는 MR에 대하여 국내실정에 맞게 정량화하여야 하는 것이 과제이다.
⑤ 회복탄성계수(MR)는 CBR 값보다 더욱 정확도가 높은 설계법이다.

2 회복탄성계수(MR) 시험 및 계산

① 노상에서 윤하중에 의한 지지력을 묘사한 시험법으로 원추형 공시체에 일정한 주기에 같은 크기의 힘을 반복적으로 가하면 그동안 3축 압축실의 공시체는 등방압력을 받는다.
② 이때 회복되는 축방향, 변형량을 측정하여 회복탄성계수를 구한다.
③ 반복하중재하로 인한 응력-변형률 관계

$$M_r = \frac{\sigma_d}{\xi_R}$$

여기서, M_r : 회복탄성계수(kg/cm^2)
ξ_R : 회복변형률
σ_d : 반복축차응력(kg/cm^2)
d : Dynamic

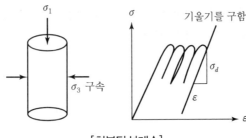

[회복탄성계수]

③ 회복탄성계수의 장점

① 실제에 접근한 설계입력 변수를 구할 수 있음
② 다층포장시스템, 구조해석에 사용되는 가요성 포장재료의 기본적인 응력－변형관계를 제공
③ 포장 내의 응력상태와 포장재료의 평가방법을 제공
④ 포장의 요철도, 균열, 단차, 바퀴자국 패임 등 역학적 분석에 기초적인 재료 성질을 나타냄
⑤ 포장설계와 평가 시 사용재료 특성의 설명수단으로 인식됨
⑥ 현장 비파괴시험을 통해 각종 재료에 대한 동탄성계수 추정기술의 활용이 가능함

④ AASHTO 설계법 '86설계지침 정착을 위한 과제

① 일본 T_A 설계법과 같이 우리 실정에 맞고 사용이 쉽게 연구·검토 요망
② 국내지역, 토질별 동탄계수시험 및 적용방안 강구
③ 서비스지수 판정을 한국 특성에 맞도록 기준을 재정립
④ 단구간만이라도 시험 포장구간을 지역별로 선정하여 공용 모델 정립이 요망됨
⑤ M_R(AASHTO '86설계지침)과 CBR과의 관계를 정립하는 데 시급한 과제

⑤ 결론

① AASHTO 설계지침서는 재료와 환경을 평가하기 위한 절차를 명시하고 있으나 증명된 지역적인 경험과 차이가 있을 수 있고 국내 각 지역에서 일어나는 모든 특성을 포함시킬 수 없으므로 국내 실정에 맞는 적용지침 연구가 필요하다.
② 잠정지침도 정착이 안 된 상태에서 '86설계지침이 도로포장 설계시공지침(콘크리트 포장)에 제시되어 정착을 위한 연구가 필요하다.
③ 건기원에서 연구한 바 있으나 아직 정량적으로 사용할 수 있는 자료가 없다.
④ 한국도로공사에서 KAIST와 협연을 통하여 삼축압축시험과 M_R 과의 관계를 연구하였으나 실용화가 되지 않고 있다.
⑤ MR은 CBR, K치, R치 등과 상관관계를 정립하여 실용 가능한 데이터를 설정하는 것이 과제이다.

6 등가단축하중(Equivalent Single Axle Load, ESAL)

1 개요

① 도로 위에 통행하고 있는 일반적인 교통은 혼잡교통으로 구성되어 있어 규격과 중량이 매우 다양하다.

② 이와 같이 다양한 교통은 도로구조에 미치는 영향도 다양하므로, 다양한 영향인자를 일원화하기 위하여 기준축 하중을 기준으로 영향계수(파괴계수)로 환산할 필요가 있다.

③ 이 기준축 하중으로는 단축 기준축 하중을 8.2t(18,000lbs 또는 18kips)으로 하여 환산계수(파괴영향계수)를 산출하는 기본식을 AASHTO에서 제안하였다.

2 하중환산계수의 산정

① 하중환산계수 산정식

$$a_i = \left(\frac{P_a}{8.2}\right)^{4.2} = \left(\frac{P_w}{4.1}\right)^{4.2}$$

여기서, a_i : 하중환산계수
P_a : 차량축하중(kg)
P_w : 차량 바퀴하중(kg)

② 표준 등가단축하중 통과수로 환산한다.

③ 방향별, 차로별 분포를 고려하여 설계 차로당 8.2t 단축기준 환산 총윤하중으로 환산한다.

3 포장설계 윤하중 계산 절차

① 혼합교통량 추정(설계년수) → 단축기준 축하중 환산 → 중방향비 고려 → 차로 분포율 고려 → 설계 윤하중 산정

② 포장설계 윤하중 산정식

$$W_{8.2} = W \times D_D \times D_L$$

여기서, $W_{8.2}$: 단축기준환산 총윤하중
W : 단축기준환산 교통량(양방향 교통량)
D_D : 중방향비(왕복차로에 대한 교통량의 분포비율)
D_L : 차로 분포율(차로 분포율에 대한 계수)

③ 등가단축하중 환산계수(ESALF) 결정

$$\text{ESALF} = \frac{\text{임의 축하중 1회 통과 손상도}}{\text{표준단축하중 1회 통과 손상도}} = \frac{(\text{피해도})i/1\text{회 통과}}{(\text{피해도})s/1\text{회 통과}}$$

여기서, i : 임의 축하중

s : 표준단축하중(18,000lbs : 8.2ton)

4 문제점 및 개선방안

① ESALF의 산정은 도로통행차량의 중량분포에 대한 장기적이고 상시적인 조사를 실시하며, 이 조사결과를 토대로 산정하여야 한다.

② 국내의 교통조사는 부정기적, 특정목적으로 수행한 바 있으며 표본(Sample) 수 또한 적다.

③ 국내의 실정에 맞는 차로 및 방향별 분포계수 도출을 위해 각 지역별, 도로 등급별 조사를 지속적으로 실시하여 설계에 반영해야 한다.

5 결론

① AASHTO 설계법의 교통인자로 차종별 8.2t 등가 단축하중계수(ESALF)는 대상차종의 빈도와 크기에 비례하여 포장파손개념을 토대로 하여 교통류를 구성하는 각종 포장파손이 미치는 효과를 표시하는 상대적 척도로서 설계기간(또는 공용기간) 동안에 8.2t 등가 단축하중 통과 횟수로 환산하여 설계에 적용된다.

② 포장설계 적용이 가능한 우리 실정에 맞는 축하중 조사를 실시하여 하여야 한다.

③ 현재는 축하중 조사자료 미흡 및 통계자료가 부족한 실정이므로 정부 차원에서 조사 자료 축적이 필요한 실정이다.

7 포장구조 설계법

1 포장구조 설계법

포장의 구조설계에는 이론적인 방법으로부터 경험적 통계적 방법에 이르기까지 많은 설계방법이 제안되고 있으며, 이들 중 사용빈도가 높은 설계법을 열거하면 다음과 같다.

① 시멘트 콘크리트 포장
- PCA법
- AASHTO Interim Guide Method(1981)

- AASHTO 개정판(1986, 1993)
- 한국형 도로포장설계법(KPRP)

② 아스팔트 콘크리트 포장

- TA법
- AASHTO Interim Guide Method(1972)
- AASHTO 개정판(1986, 1993)
- 한국형 도로포장설계법(KPRP)

② 한국형 도로포장설계법(KPRP)

그동안은 AASHTO Interim Guide Method가 국내에서 보편적으로 사용되어 왔다. 그러나 AASHTO 포장 구조설계는 주어진 입력조건하에서 필요한 포장층의 두께를 산정하는 방법으로 국내 현실이 반영되지 않아 공용수명이 저하되는 등의 단점이 있었다. 이를 보완하여 역학적-경험적 설계 개념의 한국형 도로포장설계법(KPRP)을 국토부에서 2011년에 개발하였다.

③ 설계법 비교

구분		AASHTO '72, '86, '93년	한국형 도로포장설계법
기준설계 변수	시간변수	해석기간만 정의	공용기간과 해석기간으로 분석
	교통량	등가단축하중(18kips ESAL) 기준	차종별 축하중 기준
	신뢰도	고려치 않음	설계교통량 및 공용성에 따른 예상치에 대한 신뢰도 개념 도입
환경조건		배수특성 계수	포장층 온도 및 노상함수량 변화 고려
교통하중		등가단축하중 개념	• 차종별 축하중 분포 및 통행패턴 사용 • 현실적 교통하중 반영 및 정확도 향상
재료물성	아스팔트	상대강도계수(ai) 고려	동탄성계수(E*) 고려
	콘크리트	콘크리트 탄성계수(Ec) 및 파괴강도(Sc) 고려	휨(R), 쪼갬(S), 압축강도(C), 탄성계수(E), 열팽창계수, 건조수축계수 고려
노상재료 물성	아스팔트	노상지지력계수(SSV)	회복탄성계수(MR)
	콘크리트	노상반력계수(k)	복합 노상반력계수
구조해석		경험에 근거한 도로포장설계	• 역학적 개념을 이용한 포장체 거동 분석 • 다층탄성이론, 유한요소해석
포장형식 선정		• 정성적인 요인과 정량적인 요인을 고려 • 평가위원 심의를 통해 결정	대안별 경제성 분석 후 비용 차이가 20% 이상인 경우 대안으로 결정

구분	AASHTO '72, '86, '93년	한국형 도로포장설계법
두께산정	• AASHTO 공용방정식을 이용하여 산출 • 28~33cm 적용	해석범위(20~35cm) 내에서 결정
줄눈간격	6m 적용	전국을 25개 권역으로 나누어 6~8m까지 제시
특징	• 그래프를 이용한 계산 • 상대강도계수의 동일값으로 교통량 특성에 따라 모든 단면이 동일 • 경험적 설계법으로 국내 현실과의 차이가 존재	• 항목 설정에 따른 자동계산 • 구조적·환경적 특성이 고려된 구조해석으로 다양한 단면이 가능 • 역학적－경험적 설계로 국내 현실을 최대한 반영

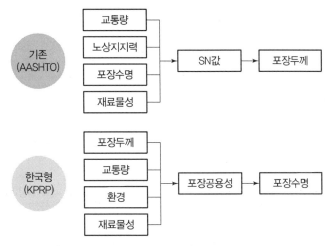

[AASHTO와 KPRP 비교]

국토교통부에서 한국형 설계법 개발 이후 방침에 따라 국내의 포장설계 시에는 한국형 도로포장설계법을 적용하고 있다(2014. 1. 개정 KPRP 프로그램).

8 한국형 포장설계법(프로그램에서)

1 개요

① 한국형 포장설계법은 미국의 AASHTO 2002 디자인 가이드(Design Guide)를 참고하여 국내의 도로분야 연구장비 현황 및 연구진 규모, 건설사 및 설계사의 현황 등을 고려하여 국내 실정에 적합하도록 개발된 역학적－경험적 설계법이다.

Road and Transportation

② 1999년 기획연구를 시작으로 10여 년의 개발과정을 거쳐 2011년 발표되었다.

③ 본 설계법은 우리나라의 교통 특성, 환경 특성, 노상 특성 등이 반영된 설계법으로 신설 및 덧씌우기 설계를 모두 포함하고 있다.

④ 프로그램은 국가건설기준센터 홈페이지(www.kcsc.re.kr) 알림마당 → 공지사항 → 도로포장 설계 프로그램에서 다운받을 수 있다.

⑤ 포장설계 흐름도

ⓐ 아스팔트포장은 다음 흐름도와 같이 설계프로그램 S/W 절차에 따라 설계한다.

ⓑ 먼저 설계대상 지역에 적합한 포장단면을 설정하고, 기상·교통정보를 입력한다.

ⓒ 입력변수를 통해 포장 거동을 분석하고, 그 결과를 이용하여 공용성을 예측한다.

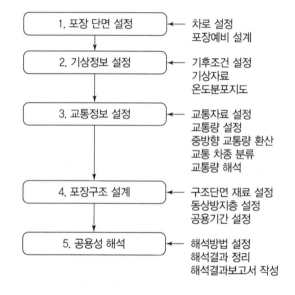

② 한국형 아스팔트포장 설계법

1. 아스팔트 포장설계 과정

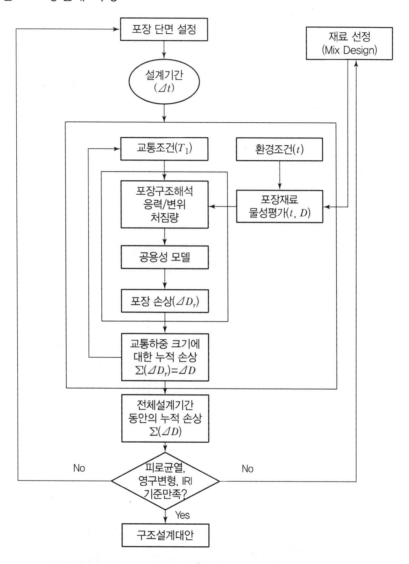

2. 한국형 포장설계법(KPRP) 포장설계 프로그램 실행환경

① 지원 언어 : 한글(영문 O/S에는 지원하지 않음)

② 지원하는 O/S : Windows 2000, Windows XP, Windows 7 32비트

③ 필수 설치 S/W : Microsoft Office 2003 이상(MS Access 포함)

[한국형 포장설계법 프로그램 초기 화면창]

3. 입력사항

① 초기 화면창이 나타난 후에는 과업 관리창이 뜬다.

　㉠ 설계의 기본단위로서 '과업'을 생성하고, 설계등급, 포장종류 등을 확인한다.

　㉡ 과업은 DB 파일(MDB Access File) 단위로 관리되고 과업 수정도 가능하다.

　㉢ 새 과업 버튼을 클릭하여 과업정보, 교통량, 기하구조, 환경조건, 재료조건 및 공용성
　　기준 등을 새롭게 입력하며 진행된다.

② 과업 정보 입력창에는 설계과업의 특징을 확인할 수 있는 일반정보를 입력한다.

　㉠ 과업명은 저장되는 파일이름이므로 기존 과업명과 중복되지 않도록 입력한다.

　㉡ 설계등급 1은 매우 구체적인 실험결과를 요구하면서 신뢰성 높은 결과를 제시하지만,
　　설계등급 2는 입력값을 추정할 수 있는 단순한 실험결과를 요구하면서 설계등급
　　1보다는 다소 낮은 설계 결과를 제시한다.

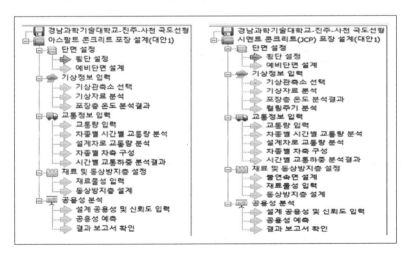

[한국형 포장설계법 입력과정]

4. 설계등급 결정

도로의 중요도와 교통량 등을 감안하여 도로포장의 설계등급을 구분한다.

설계 등급	등급도로	설계차량 대수 (AADT)	비고	결정
1등급	고속국도	150,000대 이상	5종 이상의 중차량 대수가 50,000대 이상일 경우에도 설계등급 1로 설계	
	일반국도	35,000대 이상	5종 이상의 중차량 대수가 12,000대 이상일 경우에도 설계등급 1로 설계	
2등급	고속국도	150,000대 미만	－	
	일반국도	7,000대 이상 35,000대 미만	－	
	지방도 및 기타 도로	7,000대 이상	기타 도로는 도로법에 명시된 특별시도, 광역시도, 시도, 군도 및 구도를 의미함	
3등급	일반국도, 지방도 및 기타 도로	7,000대 미만	기타 도로는 도로법에 명시된 특별시도, 광역시도, 시도, 군도 및 구도를 의미함	

주) 한국형 포장구조계산 : 1등급 적용 불가
　　프로그램 오류로 향후 프로그램 수정 예정 : 교통량에 관계없이 2등급 적용

5. 설계기준 내용 입력

① 횡단면도 설정 : 설계대상 도로의 차로수, 차로폭, 길어깨의 폭·종류를 결정한다.

　㉠ 차로수는 양방향, 차로폭은 3.6m, 길어깨 폭은 1.5m 등과 같이 DB에 기준값이 설정되어 있으므로, 작성자가 설계 요구값으로 다음과 같이 수정하여 입력

　　• 차로수 : 일반적으로 2~8차로 사이에서 선택

　　• 차로폭 : 일반적으로 3.00~3.60m 사이에서 선택

　　• 길어깨 폭 : 일반적으로 0.25~3.00m 사이에서 선택

　　• 길어깨 종류 : 아스팔트 콘크리트 또는 시멘트 콘크리트를 선택

　㉡ 구조설계를 위한 자료는 다음 단계 버튼을 눌러 순서대로 입력하며, 최종단계에서 공용성 해석을 수행하면 해석 결과를 확인 가능

② 예비단면설계 : 설계 대상 도로포장 단면의 각 층 두께를 입력한다.

　㉠ 포장단면의 두께는 최대골재 크기를 고려하여 각 층별 최소두께 및 최대두께의 제한 범위 내에서 m 단위의 정수로 입력

　㉡ 포장단면 두께를 표층－중간층－기층－보조기층－노상으로 구성하여, 각 층 재료의 탄성계수를 설계등급(1, 2)에 따라 실내시험이나 설계DB 값으로 입력한다.

　㉢ 만약 덧씌우기 포장 형식을 선택하였다면, 다음과 같이 포장 단면도에 덧씌우기가 나타나므로, 동일하게 원하는 두께를 입력하고 다음 단계로 진행

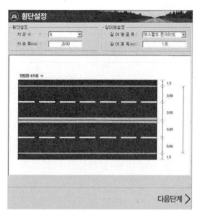

[횡단설정]

[예비단면설정(덧씌우기창)]

③ **기상관측소 선택** : 설계대상 지역에서 최단거리 3개소의 기상관측소를 선택하는 것이 바람직하지만, 최단거리 1개소를 선택할 수도 있다.

    ㉠ 각 관측소에 제시되어 있는 기상정보의 평균값을 산출하여 입력하면 기준으로 설계적 용 기상관측소 정보창이 뜬다.

    ㉡ 기상관측소 선택창에서 마우스 우측을 클릭하고 'Pan' 메뉴를 선택하여 지도를 이동시 켜 대상지역이 나타나면 다시 우측을 클릭하여 위도 · 경도를 선택한 후, 해당 지점에서 마우스 왼쪽을 클릭한다.

    ㉢ 이때 선정된 지역에 적용되는 동결지수가 자동 계산되어 우측 하단에 표시되며, 이 값은 다음 단계에서 동상방지층 결정에 활용된다. 또한, 이때 선정된 기상관측소 위치는 다음 단계에서 포장층 온도 해석에 활용된다.

④ **기상자료분석** : 기상관측소 위치를 선택하면 선택된 지역의 요약된 기상자료(최고 · 최저 온도, 강수량)를 월별 도표 및 그래프로 보여준다.

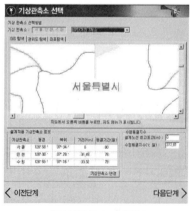

[기상관측소 선택]

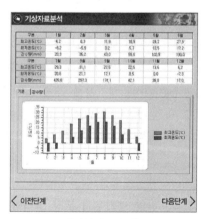

[기상자료분석]

⑤ **포장층 온도분석 결과** : 기상자료 분석창에서 다음 단계를 선택하면 포장층의 내부 온도를 분석하여 온도 데이터를 자동 산출한 후, 그 분석 결과를 보여준다.
  ㉠ 깊이·시간에 따른 온도 변화를 확인하려면 '온도분석결과 보기'를 선택
  ㉡ 온도 변화를 확인하지 않고 계속 진행하려면 '교통량 입력'을 선택

⑥ **교통량 입력** : 앞서 과업 정보 입력창에서 입력했던 자료를 기준으로 적절한 도로등급, 공용개시년도, 설계지역 구분, 설계속도, 차로수, 교통량 환산계수, 시간별 교통량 비율 등의 교통량 관련 자료가 제시된다.
  ㉠ 교통량 연증가율 : 초기년도 교통량이 증가하지 않으면 '증가율 미적용'을 선택하며, 교통량이 (비)선형으로 증가하면 '(비)선형증가율'을 선택하고 수식에 증가율을 추가 입력한 후 '계산'을 선택한다. 향후 공용기간 중에 '교통량 추정자료'를 선택하여 공용기간 중 연단위 교통량을 입력한다.
  ㉡ 차종별 교통량 : 초기년도 연평균 일교통량(AADT)을 입력하고 '교통량 초기화'를 선택하면 이미 선택된 교통량 연증가율을 자동 적용하여 공용기간 중의 차종별 AADT 가 연도별로 결정된다.
  ㉢ 교통량환산계수 : 도로등급 및 차로수에 따라 이미 결정된 DB값이 화면에 나타나고, 이를 수정하여 적용할 수도 있다.
  ㉣ 시간별 교통량 비율 : 24시간별 교통량 비율이 DB값을 바탕으로 표시된다.

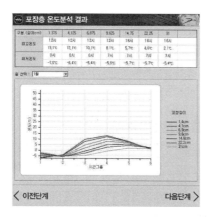

[포장층 온도분석 결과]　　　　[교통량 입력]

⑦ **차종/시간별 교통량 분석** : 앞서 입력한 교통량 정보에 따른 AADT 초기값을 기준으로 차종별/24시간대별 교통량 분석 결과를 보여준다. 연도별 교통량 분포의 변화는 창에서 화살표를 선택하면 확인할 수 있다.
  • 월별 교통량 : 차량대수와 차종비율에 따라 DB에 저장되어 있는 자료를 바탕으로 AADT 의 월별 교통량 변화를 계산하여 표시

⑧ **설계차로 교통량 분석** : 차로계수와 방향계수가 고려된 실제 설계교통량으로 환산한 결과를 보여준다.

- 이 값은 다음 단계인 '차종별 차축구성'에서 차축별 교통량 환산을 위한 기본 자료에 활용

[차종/시간별 교통량 분석]

[설계차로 교통량 분석]

⑨ **차종별 차축구성** : 차축구성에서는 4가지 차축의 하중별 교통량 계산에 사용되는 차종의 하중별 교통량을 보여준다.

    ㉠ 차종별 차축의 구성상태를 숫자 또는 타이어그림으로 표시하고 있으므로, 차축 구성도를 클릭하면 각 차축의 하중별 분포를 확인할 수 있다.

    ㉡ 차축 구분은 4가지 축(단축단륜, 단축복륜, 복축복륜, 삼축복륜)별로 각 차종의 교통량 계산에 사용되는 하중별 교통량 확인이 가능하다.

[12종 차종 분류체계]

차종 분류	차축 형태		정의
1종	2축 4륜		경차, 일반 세단형식 차량 16인승 미만 SUV, RV, 승합차량
2종	2축 6륜		중·대형 버스
3종	2축 4륜		화물 수송용 트럭으로 2축의 최대 적재량 1~2.5톤 미만의 1단위 차량
4종	2축 4륜		화물 수송용 트럭으로 2축의 최대 적재량 2.5톤 이상의 1단위 차량

차종 분류	차축 형태		정의
5종	3축 10륜		화물 수송용 트럭으로 3축 1단위 차량
6종	4축 12륜		화물 수송용 트럭으로 4축 1단위 차량
7종	5축 16륜		화물 수송용 트럭으로 5축 1단위 차량
8종	4축 14륜		화물 수송용 세미 트레일러 형식으로 4축 2단위 차량
9종	4축 14륜		화물 수송용 풀 트레일러 형식으로 4축 2단위 차량
10종	5축 18륜		화물 수송용 세미 트레일러 형식으로 5축 2단위 차량
11종	5축 18륜		화물 수송용 풀 트레일러 형식으로 5축 2단위 차량
12종	6축 22륜		화물 수송용 세미 트레일러 형식으로 6축 이상 2단위 차량

⑩ **교통량 해석** : 최종적으로 설계에 사용되는 4가지 차축의 월별·시간별·하중별 차량 AADT를 추정하여 보여준다.

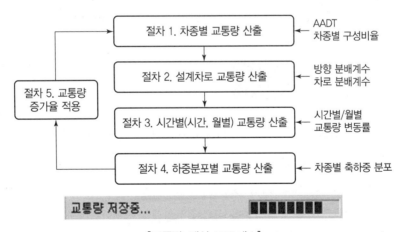

[교통량 계산 프로세스]

㉠ 공용기간 중에 설계교통량의 AADT의 변화는 화살표를 선택하면 확인 가능
㉡ **교통량 출력** : 교통 차종을 선택하면 선택된 차종에 대하여 교통량을 해석한 후, 출력 가능

[차종별 차축구성]

[시간별 교통하중분석결과]

⑪ **재료물성 입력** : 예비단면에서 결정된 포장층과 각 층의 두께에 대한 재료를 선택하고 설계등급에 따라 해당하는 재료물성값을 입력한다.

　㉠ 설계등급 1 : 실내실험을 수행하여 역학적 물성(탄성계수 등)을 직접 입력한다.

　㉡ 설계등급 2 : 역학적 물성을 추정 가능한 실험결과를 입력하는 것이 기본이다.

이 화면에서 각 포장층별 재료물성 입력 버튼을 클릭하여 적절한 재료물성을 입력하고 확인 버튼을 클릭해서 입력해야 올바른 공용성 해석이 수행된다.

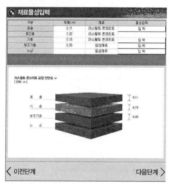
[재료물성 입력]

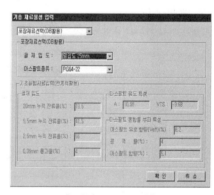
[표층(아스팔트층)]

　㉢ 표층(아스팔트층) : 일부 혼합물은 이미 설계등급 1수준의 실험이 완료되어 있으므로 설계등급 2수준의 혼합물을 선택하여 설계를 수행하더라도 추가 실험비용 없이 '포장 재료선택(DB) 활용'을 클릭하여 설계를 진행할 수 있다.

　　• 실험이 진행된 표층의 골재는 밀입도 13mm, 밀입도 19mm, 갭입도 13mm이며, 바인더에는 PG58－22, PG64－22, PG76－22가 있다.

　　• 중간층 재료는 표층 재료와 동일한 재료를 사용하는 것으로 가정한다.

　　• 기층의 골재는 밀입도 25mm, 바인더 PG64－22를 활용할 수 있다.

[공용성 등급(PG–Grade)의 체계]

PG 64-22

• 슈퍼 페이브(SUPER PAVE) 아스팔트 규격개발
• 기후조건(포장온도)을 근거로 한 분류체계
• 포장재료 등급
  - 설계등급 1 : 동탄성계수 실험을 통하여 알파
    (alpha), 베타(beta), 감마(gamma), 델타(delta)를 결정한 후에 이를 입력한다.
  - 설계등급 2 : DB에 내장된 혼합물 창의 기본사항 탭에서 골재와 바인더를 선택한다.
    아스팔트 기층은 표층과 동일한 절차를 따른다.

공용성 등급   최소포장설계온도
7일 평균 최대포장설계온도

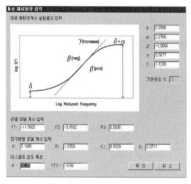

[표층 설계등급 1]

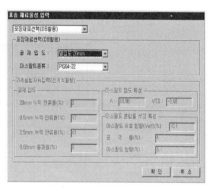

[표층 설계등급 2]

ⓔ 기층 : 아스팔트 기층과 쇄석 기층의 2가지로 DB에 입력되어 있으므로, 이 중에서
선택하여 물성을 입력하면 각각 다른 종류의 폼에서 물성이 정해진다.

• 아스팔트 기층에서는 쇄석 기층 재료 외의 입력값은 표층과 동일하다. 설계 수준
1과 2에서 입력되는 기층 물성 종류가 다르다는 점에 유의한다.

• 쇄석 기층은 최대건조중량의 기본 디폴트값이 입력되어 있으므로, 수정사항이 있을
경우에는 별도 입력한다.

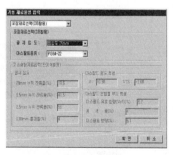

[아스팔트 기층]

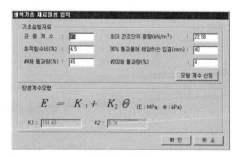

[쇄석 기층]

ⓜ 보조기층, 노상층 : 탄성계수 예측 물성값은 실험을 통해 얻는다. 기본 디폴트 값으로
입력된 DB자료에 대하여 수정사항이 있을 경우에는 별도 입력한다.

[보조기층]   [노상층]

ⓑ 덧씌우기층 : 설계 구분에서 신설이 아닌 덧씌우기로 선택한 경우, FWD 측정값 등을
입력할 때는 기존 표층 재료물성과 관련된 값으로 입력한다.

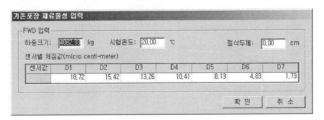

[덧씌우기층]

⑫ **동상방지층 설계** : 설계대상 지역의 현장조건(성토부 높이 H)과 토질조건(0.08mm 통과
량 %, 소성지수 PI)을 입력한다.

㉠ 동결깊이 설정에 필요한 건조단위중량(kg/m³)과 함수비(%)를 결정하여 입력하면
동결심도가 자동 산정된다.

㉡ 수정동결지수 및 설계동결깊이 산정(노상동관결관입 허용법) 정보창이 나타나고,
최종적으로 동상방지층 두께 산정 정보창이 나타난다.

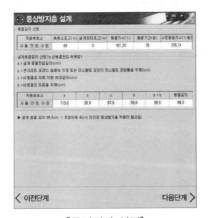 

[동결깊이 산정]   [동상방지층 두께 산정]

⑬ 설계공용성 및 신뢰도 입력

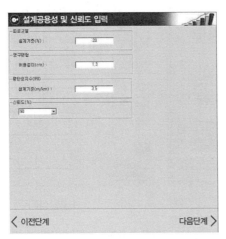 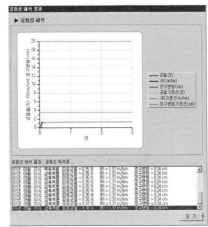

[설계공용성 및 신뢰도 입력]

⑭ **공용성 해석 결과** : 공용성 해석이 종료되면 주어진 단면과 재료가 공용성 기준을 통과하는 지에 대한 검토결과가 나타난다.

　㉠ 공용성 기준을 통과하지 못한 경우에는 단면과 재료를 조정하여 다시 공용성 해석을 수행해야 한다.

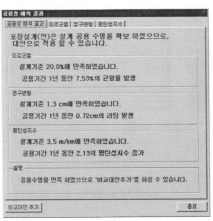 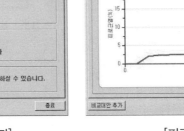

[공용성 해석 결과]　　　　　[피로균열]

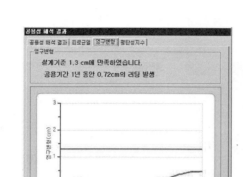
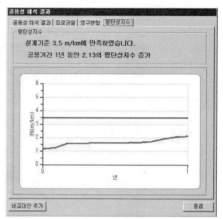

[영구변형]   [평탄성지수]

ⓒ 공용성 기준을 통과한 경우에는 동일한 조건에서 단면과 재료를 수정하면서 대안비교를 통해 경제성 분석을 수행한다.

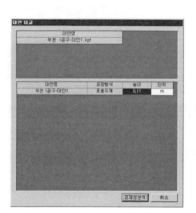
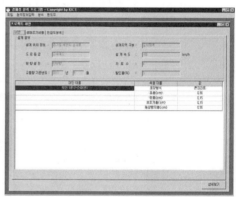

[대안 비교]

6. 설계보고서 출력

최종적으로 보고서 출력 버튼을 클릭하면 설계대안에 대한 입력값과 설계의 결과값이 기본 기하구조 및 입력값과 함께 출력된다.

9 한국형 포장설계법 프로그램에서 아스팔트포장 (설계입력 항목, 표층 물성 등의)의 산정방법

1 개요

국내에서 연구된 '한국형 포장설계법'은 미국의 AASHTO 2002 디자인 가이드를 벤치마킹하여 국내의 기후 조건 등에 적합하도록 개발되어 현재 활용되고 있다.

2 한국형 아스팔트포장 설계법

1. 아스팔트포장의 설계입력 항목

① 횡단설정

설계대상 도로의 차로수, 차로폭, 길어깨의 폭·종류 결정

② 예비단면설계

㉠ 표층−중간층−기층−보조기층−노상 단면의 각 층 두께를 입력

㉡ 재료의 탄성계수를 설계등급(1, 2)에 따라 실내시험값 또는 설계DB값으로 입력

③ 기상관측소 선택

㉠ 설계대상 지역에서 최단거리 3개소의 기상관측소를 선택

㉡ 각 관측소에 제시되어 있는 기상정보의 평균값을 산출하여 입력

㉢ 이때 설계대상 지역의 동결지수가 자동계산되어 우측 하단에 표시

④ 기상자료 분석

설계대상 지역의 월별 기상자료(최고·최저온도, 강수량) 그래프 분석

⑤ 포장층 온도분석

포장층 내부의 깊이·시간에 따른 온도변화 분석 결과를 확인

⑥ 교통량 입력

㉠ 교통량 연증가율 : 공용기간 중 연단위 교통량을 입력

㉡ 차종별 교통량 : 공용기간 중 차종별 AADT가 연도별로 자동 결정

㉢ 교통량환산계수 : 도로등급 및 차로수에 따라 DB값이 화면에 표시

㉣ 시간별 교통량 비율 : 24시간별 교통량 비율이 DB값 기준으로 표시

⑦ 차종/시간별 교통량 분석

앞서 입력한 교통량 정보에 따른 AADT 초기값 분석 결과를 표시

⑧ 설계차로 교통량 분석

차로계수와 방향계수가 고려된 실제 설계교통량으로 환산한 결과를 표시

⑨ 차종별 차축 구성

차종별 차축의 구성상태를 숫자 또는 타이어그림으로 표시

⑩ 교통량 해석

㉠ 공용기간 중 설계교통량의 AADT 변화를 선택하여 해석 결과 확인
㉡ 교통량 출력 : 교통 차종을 선택하여 교통량 해석 후, 결과 출력

2. 아스팔트 표층 물성의 산정방법

① 재료물성 입력

- 설계등급 1 : 실내실험을 수행하여 역학적 물성(탄성계수 등)을 직접 입력
- 설계등급 2 : 화면에서 각 포장층별 재료물성 입력 버튼을 클릭하여 해석

㉠ 표층(아스팔트층)
  - 포장재료(설계등급 1) : 동탄성계수 실험을 통하여 알파(alpha), 베타(beta), 감마(gamma), 델타(delta)를 결정한 후에 이를 입력
  - 포장재료(설계등급 2) : DB에 내장된 혼합물의 골재와 바인더를 선택
  - 중간층 재료는 표층 재료와 동일한 재료를 사용하는 것으로 가정한다.
  - 기층의 골재는 밀입도 25mm 바인더 PG64−22를 활용할 수 있다.
  - 포장재료(설계등급 1) : 동탄성계수 실험을 통하여 알파(alpha), 베타(beta), 감마(gamma), 델타(delta)를 결정한 후에 이를 입력한다.
  - 포장재료(설계등급 2) : DB에 내장된 혼합물 창의 기본사항 탭에서 골재와 바인더를 선택한다. 아스팔트 기층은 표층과 동일한 절차를 따른다.
㉡ 기층 : 아스팔트기층과 쇄석기층의 2가지 DB 중에서 선택하여 입력
  - 아스팔트기층에서 쇄석기층은 재료 외의 입력값이 표층과 동일
  - 설계등급 1과 설계등급 2에 입력되는 기층 물성의 종류는 다름
  - 쇄석기층은 최대건조중량의 기본 디폴트값 사용, 수정사항은 별도 입력
㉢ 보조기층, 노상층
  기본 디폴트값으로 입력된 DB값을 사용, 수정사항은 별도 입력

② 동상방지층 설계

설계대상 지역의 현장조건(성토부 높이 H)과 토질조건(0.08mm 통과량 %, 소성지수 PI)을 입력한다.

㉠ 동결깊이 설정에 필요한 건조단위중량(kg/m^3)과 함수비(%)를 결정하여 입력하면 동결심도가 자동 산정된다.

㉡ 수정동결지수 및 설계동결깊이 산정(노상동관결관입 허용법) 정보창이 나타나고, 최종적으로 동상방지층 두께 산정 정보창이 나타난다.

3. 분석결과와 활용방법

① 설계공용성 및 신뢰도

㉠ '공용성 기준'에 피로균열 20%, 영구변형 1.3cm, 공용성 자료분석을 통하여 개선된 IRI모형을 기준으로 설정해야 함

㉡ 공용시간 경과에 따른 피로균열, 영구변형 및 IRI모형 계수 추이를 확인하기 위하여 해당 탭을 클릭하면 구체적인 해석결과 표시

② 공용성 해석 결과

㉠ '공용성 기준'을 통과하지 못한 경우, 단면과 재료를 조정하여 다시 단계별로 공용성 해석을 수행

㉡ '공용성 기준'을 통과한 경우, 동일 조건에서 다년간 재료를 수정하며 '대안비교'를 통하여 경제성 분석을 수행

③ 구조 설계보고서 출력 및 활용

㉠ '보고서 출력' 버튼을 클릭하면 최종적으로 설계대안에 대한 입력값과 설계의 결과값이 기본 기하구조 및 입력값과 함께 구조설계보고서 출력

㉡ 출력된 '아스팔트포장 구조설계보고서'를 설계·시공단계에서 활용

---

10 PSI(Present Serviceability Index, 공용성 지수)

🔳 개요

① PSI는 포장상태를 나타내는 지수로서 도로 이용자들이 느끼는 주관적인 값, 즉 포장상태를 평탄성, 균열, 단차 등 잴 수 있는 값으로 나타난다.

② 포장 공용성(PSI)에 관한 기본 개념에는 기능적 공용성, 안전성이 포함된다.

③ 포장의 기능적 공용성은 포장체가 이용자에게 쾌적성 또는 승차감에 따라 안락함을 얼마나 잘 제공할 수 있느냐 하는 것이다.

④ 구조적 공용성은 포장체의 물리적 상태, 즉 균열 발생, 단차, 스폴링, 라벨링 또는 포장구조의 하중 전달능력에 역효과를 주거나 혹은 유지보수를 요하는 기타 조건에 관계되는 것이다.

⑤ 안정성은 주로 포장과 타이어 접촉에 따른 마찰저항에 관계된다.

⑥ 포장구조설계는 기능적 공용성과 구조적 공용성에 관한 사항만 반영한다.

2 서비스 능력(공용성 개념)

1. 서비스 능력(공용성 개념, Serviceability – Performance Concept)

① 설계법에서 공용성 척도로서 사용

② 이 개념은 AASHTO 도로 시험에 의해 정립되는 개념

③ 포장의 쾌적성을 정량화하는 척도임

2. 공용성 개념 5가지

① 이용자에게 통행의 편리성과 쾌적성을 제공하기 위함

② 쾌적성 또는 승차감은 이용자의 주관적 반응 또는 견해에 관련되는 사항임

③ 서비스 능력은 포장상태를 평가, 점수부여 방법으로 표시, 이것을 서비스 능력 평점이라 함

④ 객관적으로 측정될 수 있는 포장의 물리적 손상 특성과 주관적 평가를 서로 상관시킬 수 있으며 이 관계로부터 객관적 서비스 지수를 제공

⑤ 공용성은 포장 구조체의 서비스 이력(Serviceability History)으로 표시됨

3. 포장의 서비스 능력

① 어느 포장시점이 이용자에게 제공하는 구조적 손상도(요철, 균열, 패칭) 크기임

② 측정 시 서비스 지수(PSI)로 표시됨

4. 측정 시 서비스 지수(PSI)

① 균열과 패칭 정도 그리고 가요성 포장에서의 바퀴자국 요철 깊이 등임

② 그 포장의 사용수명 동안의 특정시기에 측정하여 얻을 수 있음

③ 측정 서비스 지수

① 측정 서비스 지수(PSI)의 크기는 0~5의 값으로 정의됨

② 초기와 최종 서비스 지수 결정
  ㉠ 초기 서비스 지수 Pi
  ㉡ 최종 서비스 지수 Pt

③ AASHTO 도로시험 결과 아스팔트포장 초기 서비스 지수값은 4.2로 평가(Pi)

④ AASHTO 도로시험 결과 콘크리트포장 초기 서비스 지수값은 4.5로 평가(Pi)

⑤ 최종 서비스(Pt)값
  ㉠ 주요 도로인 경우 : Pt=2.5 사용
  ㉡ 중요하지 않은 도로 : Pt=2.0 사용
  ㉢ 하급도로 : Pt=1.5 사용할 수도 있음

⑥ 동질성 구간 분할

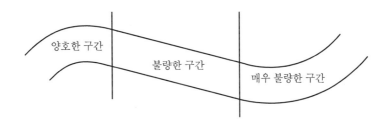

⑦ 포장의 Life Cycle

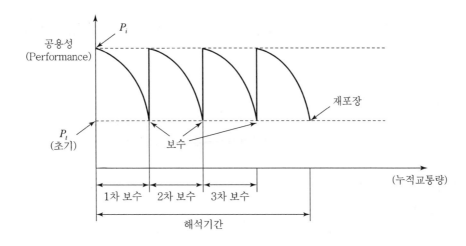

4 PSI(Present Serviceability Index) 평가방법

① PSI는 포장상태를 나타내는 서비스 지수이다.
② 도로 이용자들이 느끼는 주관적인 포장상태를 평탄성, 균열 등 잴 수 있는 값으로 나타낸다.

③ PSI(공용성 평가지수표)

공용성 지수(PSI)	노면상태	적용 구분(공용 관계)
5.0~4.0	아주 좋음	
4.0~3.0	좋음	
3.0~2.0	보통	2.5 : 자동차 전용도로(고속도로)
2.0~1.0	나쁨	2.0 : 지방도, 일반도로
1.0~0	아주 나쁨	1.5 : 읍면도, 저급도로(설계속도 40km/h 이하)

5 결론

① PSI는 포장상태를 나타내는 지수로서 0~5까지 정량화하여 도로 이용자들이 느끼는 주관적인 포장상태를 측정할 수 있는 객관적인 값으로 나타낸 것이다.
② 아스팔트포장 초기 서비스 지수는 4.2 정도이며 최종 서비스 지수는 주요 도로인 경우는 Pt=2.5, 중요하지 않은 경우는 Pt=2.0을 적용한다.
③ 콘크리트 포장의 초기 서비스 지수는 4.5 정도이다.
④ 국내에서 사용하는 포장두께 산정 시에 적용되는 중요한 값이다.

11 PMS(Pavement Management System, 포장관리체계)

1 개요

① PMS(Pavement Management System)란 이미 건설된 포장도로를 과학적이고, 합리적인 방법으로 관리하기 위한 일종의 의사결정체계로서 도로포장에 투입되는 많은 비용이 설계, 시공, 유지보수 등 각 분야에 효율적으로 사용될 수 있도록 하는 포장관리체계이다.
② 미국의 경우 1933년부터 모든 주에 PMS 도입을 의무화하였고 국내의 경우는 국도의 효율적인 운영관리를 위하여 1986년 처음 적용하였다.

2 PMS의 개념

1. PMS의 개념

PMS는 포장 보수만의 결정체가 아니고 계획, 설계부터 보수까지를 전체의 개념으로 유지관리하는 포장관리체계이다.

2. Life Cycle에 의한 보수시기 결정

① Life Cycle 개념

    ㉠ 포장의 수명은 신설된 초기부터 파손까지 일정한 Cycle에 의해 그 수명을 다하게 된다.

    ㉡ 포장의 수명은 Graph화하여 보수시기를 선택한다.

② Life Cycle에 의한 보수시기 선정

    ㉠ Life Cycle에 의해 포장 파손 전 공용성을 회복할 수 있는 보수시기를 선택

    ㉡ 수명 연장 개념

③ 동질성 구간 분할

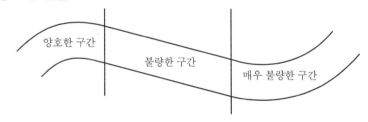

④ 포장의 Life Cycle

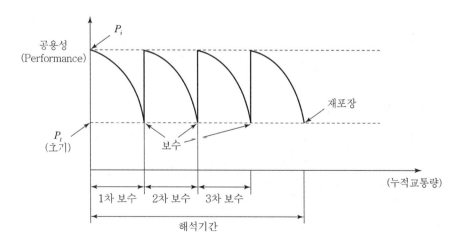

③ PMS의 목적

1. 유지보수 시기 및 공법결정

① 전체 도로망 중 어떤 구간을 어떤 방법으로 보수할 것인가에 대한 의사결정과정

② PMS의 고유기능 분류
- ㉠ 네트워크 레벨(Network Level)
  - 비교적 신속하고 간단한 포장상태를 조사
  - 전체 도로망 중 어떤 구간을 보수할 것인가를 정하는 과정
- ㉡ 프로젝트 레벨(Project Level)
  - 보수하기로 결정된 구간에 대하여 상세히 조사 실시
  - 어떤 공법으로 할 것인지 정하는 과정

2. 개선사항 도출 및 실제 적용

① 주기적인 포장의 공용성 평가
② 장기 유지보수계획 수립 및 소요예산 추정
③ 유지보수공법별 효과 비교

3. 그래픽의 시각적 효과에 의한 의사 전달 기능

④ PMS의 필요성 및 효과

1. PMS의 필요성

① 도로연장 급증
② 유지보수 비용의 증가
③ 과학적이고 합리적인 유지보수의 시기 및 공법결정 필요
④ 미국의 경우 PMS 의무화

2. PMS 도입 시 효과

① 합리적인 보수시기 및 공법결정으로 보수비 최소화
② 불필요한 보수의 최소화로 교통체증 감소
③ 전반적인 포장상태 파악 용이
④ 장기 유지보수계획 수립의 근거 제공
⑤ 연구개발에 필요한 핵심자료 제공

5 PMS의 구성요소

1. PMS의 기능요소

① 포장상태 평가
② 데이터 베이스(Data Base)
③ 경제분석 프로그램
④ 그래픽 기능

2. 포장상태 평가

① 종단 평탄성(승차감)
② 노면 마찰력(미끄럼 저항)
③ 표면 결함
④ 하중 지지력(처짐량)

3. 데이터 베이스

① 위치
② 설계 및 시공요소
③ 교통량 : 연도별, 구간별, 차종별
④ 유지보수 실적 : 혼합물, 재료 특성
⑤ 포장상태

4. 포장상태 그래프

① 8.2ton 단축트럭 1대와 승용차 7,000대는 같다.
② 30ton 트럭 1대는 10ton 트럭 81대와 같다.

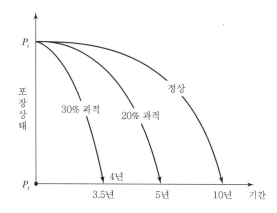

5. 경제분석 프로그램

① 인풋(Input)
- ㉠ 포장제원
- ㉡ 포장상태
- ㉢ 보수비용
- ㉣ 교통량
- ㉤ 이자율

② 프로그램(Program)
- ㉠ 포장 결함 진전모델
- ㉡ 이용자 비용산출모델
- ㉢ 경제성 분석모델

③ 아웃풋(Out put)
- ㉠ 유지보수 우선순위 결정
- ㉡ 최적 유지보수공법

6. 그래픽 기능

① 전체 도로의 전반적 포장상태
② 특정 구간의 설계요소 및 포장상태
③ 유지보수가 필요한 구간의 분포 파악
④ 각종 통계자료의 그래픽화

6 결론

① PMS에 의한 효과는 객관적이고 합리적인 근거에 의한 유지보수, 즉 예방적 유지보수가 실시되므로 도로 예산의 효율적인 집행이 가능하며 항상 적정 수준의 포장상태를 유지하여 적기에 보수하면 포장 수명연장 등의 효과가 있다.

② 1986년부터 국토교통부에서는 전국 국도에 대한 PMS를 도입하여 유지보수계획 수립 및 예산 정책에 이용하고 있으며, 또한 현재 고속국도 등에 대한 PMS도 개발하여 사용 중에 있다.

③ 고속국도, 일반국도, 지방도뿐만 아니라 지방자치단체에서도 관리 운영하는 도로에 대하여도 적절한 PMS를 도입하여 합리적이고 체계적인 포장관리가 필요하다.

④ 각종 도로들에 대한 PMS 자료의 수집 및 분석을 통한 연구 기능을 활성화하여 포장설계, 시공, 유지관리의 등 전반에 대한 기술 발전을 도모하여야 하겠다.

12 상온 아스팔트

1 아스팔트

아스팔트(Asphalt)에는 천연적으로 산출되는 천연아스팔트와 원유에서 인공적으로 생산되는 석유아스팔트가 있다.

- 천연아스팔트는 미국 유타주 등 극히 일부 지역에서만 생성되며, 산출량도 적고 일반적인 도로포장용 석유아스팔트와 성상(性狀)이 크게 다르다.
- 석유아스팔트는 원유를 정제하여 제품 생산 과정에 스트레이트 아스팔트, 블로운 아스팔트, 상온(액체, 유화) 아스팔트, 커트백 아스팔트 등으로 구분된다.

2 아스팔트 역청재(瀝靑材)의 종류

1. 스트레이트 아스팔트(Straight Asphalt)

① 석유를 가압·감압 증류장치를 통해 경질분을 제거하고 얻은 균질하고 수분이 거의 없고, 180℃까지 가열해도 거품이 생기지 않는 아스팔트이어야 한다.

② 도로포장용 스트레이트 아스팔트는 공용성 등급(P.G)과 침입도에 의해 구분된다. 도로포장용 아스팔트를 선정할 때는 공용성 등급을 적용한다. 공용성 등급 적용이 어려울 때는 감독자 승인하에 침입도 등급을 적용한다.

③ 취급 시 주의사항
  - 도로포장용 아스팔트는 인화점 이상 가열하지 않아야 한다.
  - 용융(熔融) 아스팔트가 피부에 닿으면 화상을 입으므로 작업 중 장갑이나 보호장구를 착용해야 한다.
  - 용융 아스팔트가 물과 접촉하면 튀기 때문에 수분이 혼입되지 않게 한다.
  - 옥내에서 아스팔트를 용융할 때는 환기시키고, 포장용기의 표면에 품명, 종류, 실제 무게, 제조자명(약호) 및 제조연월일을 표시한다.

2. 블로운 아스팔트(Blown Asphalt)

① 블로운 아스팔트는 석유 아스팔트에 공기를 침입시켜 가공한 아스팔트이다.

② 블로운 아스팔트는 공기 침입도(25℃ 기준)의 정도에 따라 5가지로 나뉜다.

종류	0~5	5~10	10~20	20~30	30~40
침입도 (25℃ 기준)	0 이상~ 5 이하	5 초과~ 10 이하	10 초과~ 20 이하	20 초과~ 30 이하	30 초과~ 40 이하

③ 블로운 아스팔트는 균질하고 수분을 거의 함유하지 않은 것으로, 175℃까지 가열하여도 거품이 생기지 않아야 한다.

④ 취급 시 주의사항은 스트레이트 아스팔트와 동일하게 다루어야 한다.

③ 상온 아스팔트(Emulsified Asphalt)

1. 상온(액체, 유화) 아스팔트 특성

① 아스팔트는 물에 녹지 않으므로 자연에서는 물과 분리된 상태로 존재한다.

② 아스팔트를 유화제 또는 안정제 등을 사용하여 물속에 분산시킨 역청재이다.

③ 유화제(비누와 같은)가 섞인 물에 압력을 가하여 가열아스팔트를 콜로이드 밀에 통과시키면, 아스팔트는 작은 방울($5\mu m$ 이하)로 되면서 물에 분산된다.

④ 유화제는 아스팔트 방울 표면에 전하(電荷)를 띄게 만들어 방울끼리 서로 달라붙지 않도록 하는 작용을 한다.

⑤ 상온 아스팔트는 상온에서 액체상태이므로 액체 아스팔트로 분류되는데, 낮은 사용온도에서 아스팔트의 점도를 줄이기 위해 만들어진 것이다.

2. 상온 아스팔트 취급 시 주의사항

① 상온 아스팔트의 가열은 80℃를 초과하지 않도록 하여야 한다.

② 상온 아스팔트에 다른 종류의 유제를 혼합하지 않아야 한다.

③ 상온 아스팔트는 저장 중에 물이나 이물질을 사전에 혼입시키지 말고, 반드시 사용 직전에 혼합해야 한다.

④ 겨울철에는 시트로 싸서 보온하여 동결되지 않도록 저장한다. 저장 후 2개월 이상 경과한 것을 품질검사하여 적합한지 확인한다.

④ 커트백 아스팔트(Cutback Asphalt) : 액체아스팔트, 저온아스팔트

1. 커트백 아스팔트 특성

① 커트백 아스팔트는 아스팔트에 휘발성 용제를 혼합하여 제조한 제품이다.

② 커트백 아스팔트는 골재와 혼합된 후 휘발성 용제가 증발됨으로써 결국 아스팔트만 표면에 남는 원리이다.

③ 커트백 아스팔트는 아스팔트가 저온에서도 낮은 점도를 유지하여 작업성을 좋게 하기 위해 제조된 액체아스팔트이다.

2. 커트백 아스팔트 종류

① 급속경화(Rapid Curing, RC) : 석유아스팔트에 휘발성이 높은 용제(휘발유)를 혼합한 제품으로, 도로현장에서 택 코트(Tack coat), 표면처리 등에 사용된다.

② 중속경화(Medium Curing, MC) : 석유아스팔트에 휘발성이 보통인 용제(등유)를 혼합한 제품으로, 프라임 코트(Prime coat), 현장혼합하는 응급보수(Patching)용 상온아스팔트 역청재로 사용된다.

③ 완속경화(Slow Curing, SC) : 일명 도로유(Road Oil)라고 한다. 석유아스팔트에 휘발성이 낮은 용제(경유)를 혼합한 제품으로, 프라임 코트(Prime coat), 장기저장하는 방진처리 살포용 상온아스팔트혼합물 역청재로 사용된다.

3. 최근에는 도로현장에서 커트백 아스팔트의 수요는 줄고, 상온 아스팔트로 대체하여 사용하고 있다. 그 이유를 살펴보면 아래 표와 같다.

[상온 아스팔트와 커트백 아스팔트의 비교]

구분	상온 아스팔트	커트백 아스팔트
환경성	공기 중에 증발되는 휘발성분이 매우 많아 환경피해가 있다.	공기 중에 증발되는 휘발성분이 매우 적어 공해가 없다.
경제성	유화제는 비누와 비슷한 성분이다.	휘발용제는 연료의 일종으로, 대기 중에 휘발시키는 것은 낭비이다.
안전성	사용하기 쉽고, 안전하고, 화재의 위험도 적다.	화재의 위험이 있다.
작업성	더 낮은 온도에서 작업할 수 있고, 습한 표면에도 사용할 수 있다.	상온에서 작업하고, 잘 건조된 표면에서만 사용해야 한다.

13 개질아스팔트

1 개요

① 아스팔트 개질재는 기존 아스팔트 혼합물의 내구성 및 내유동성을 향상시킬 목적으로 스트레이트 아스팔트(Straight Asphalt)에 일정량(SBS 5%)을 첨가하여 아스팔트의 물성을 개선시키고 아스팔트 포장의 변형과 균열 발생 등의 문제점을 극복하기 위하여 아스팔트에 개질재를 적용하고 있다.

② 개질재에는 아스팔트에 고무, 수지 등의 고분자 재료를 첨가해서 감온성 등을 개선시킨 고무수지 혼합 아스팔트, 블로잉 조작(가열한 공기를 불어넣는 조작)에 의해 감온성을 개선시킨 세미 브라운(Semi-Brown) 아스팔트 촉매제를 이용한 개질아스팔트 등 다양한 종류가 있다.

③ 여러 개질재 중에서 합성고무를 이용한 개질아스팔트로 SBS, SBR 등이 사용되고 있으며 이는 아스팔트 포장의 내마모성, 내유동성 등의 물리적 특성을 향상시키거나 충격, 진동 및 가혹한 기후조건 등의 환경 조건에서의 공용 성능을 확보하기 위하여 개질아스팔트 혼합물을 사용할 수 있다.

2 개질재의 종류

개질재의 형식		제품	아스콘 종류
1. 고무계열 • 천연고무(Natural Latex) • 합성고무 • 열가소성 에라스토머 • 재생고무	폴리머계열	천연고무(Natural Latex) SBR(Styrene Butadiene Rubber) SBS(Styrene Butadiene Styrene) 폐타이어 재생고무	없음 라텍스 아스콘 SBS 아스콘(슈퍼팔트 아스콘) CRM 아스콘
2. 플라스틱 계열		PE(폴리에틸렌), PP(폴리프로필렌), PVC(Poly Vinyl Chloride), EVA(Ethyl-Vinyl Acetate)	에코팔트
3. 산화촉매 계열		켐크리트	켐크리트
4. 천연아스팔트 계열		길소나이트	길소나이트

3 SBS와 SBR의 특성 비교

구분 \ 종류	SBS	SBR
1. 종류	열가소성 탄성 중합체인 SBS 블록 코플리머	열경화성 SBR 랜덤 코플리머
2. 상태	펠릿(Pellet) 또는 파워(Power) 모양	물이 함유된 유화채(Emulsion, 물 50%＋SBR 50%)
3. 배합방법	아스팔트 공장에서 기배합된 프리믹스 타입(Premix Type)	아스콘 플랜트(Ascon Plant)에 AP와 직접 배합하는 플랜트 믹스(Plant Mix) 방법이 주로 사용됨
4. 특징	탄성과 강성(Stiff)을 모두 가짐	탄성(Elastic)을 가짐

구분＼종류	SBS	SBR
5. 장점	소성변형, 저온균열, 피로균열 노화 방지효과가 크며 접착력 우수	소성변형, 내마모성, 접착력 증대
6. 단점	라텍스보다 가격이 고가임 • SBR : 100만 원/톤 • SBS : 150만 원/톤	• 저온 및 피로균열에 약함 • 프리믹스할 경우 저장 시 분리가 쉽게 발생 • 개질재인 SBR이 골재와 잘 피복되어야 하나, 아스콘 플랜트의 믹서에서 골재와 혼합되므로 피복이 SBS 타입보다 잘 안 됨
7. 강도시험	SBS 4% 배합의 경우 102Psi로 우수함(균열에 약함)	라텍스 4% 배합의 경우 65 Psi로 다소 낮음(저온 및 피로균열에 약함)

4 개질아스팔트의 특징

1. 온도 변화에 따라 개질재가 발휘해야 할 특성

① 고온에서 낮은 점도를 가질 것
② 소성 변형 방지를 위해 공용온도에서 높은 딱딱함(Stiffen)을 유지
③ 바인더(Binder)와 골재 간의 접착성이 우수할 것

2. 아스팔트 혼합물 사용 시 만족해야 할 일반적 사항

① 현장에서 직접 사용 가능
② 재료 특성의 변화가 없을 것
③ 재료 분리가 발생하지 않을 것
④ 혼합과 포설온도에서 너무 큰 점성을 갖거나, 저온에서 과도한 강성(또는 취성) 없이 고온에서 내유동성 개선

3. 시공상 개질재의 품질관리 측면에서 만족해야 할 특성

① 저장, 포장 및 공용 시 우수한 특성 유지(물리 · 화학적 안정성)
② 일반적인 아스팔트 장비의 사용 가능
③ 일반적용 온도 범위 내에서 코팅 또는 포설점도 확보 가능

5 개질아스팔트의 형식 및 종류

① SBS, 개질아스팔트
② SBR 라텍스 개질아스팔트
③ 폐타이어 고무 아스팔트
④ 길소나이트(Gilsonite)
⑤ 켐크리트(Chamcrete)

6 개질아스팔트 혼합물 생산 및 시공

1. SBS 개질아스팔트

① 혼합물 생산온도는 일반 아스팔트 혼합물보다 10~20℃ 높게 한다. 일반적으로 165~185℃이다.
② 다짐 롤러를 핀셔(Finsher)에 바로 붙여 다지도록 한다.
③ 온도관리에 주의
④ 온도관리가 안 된 개질아스팔트 혼합물은 절대 사용해서는 안 된다.

2. SBR 개질아스팔트

① SBR 라텍스를 첨가하기 위한 별도의 투입노즐 설치(믹서 중앙에 분사)
② Asphalt로 골재를 충분히 피복한 후 SBR 라텍스를 첨가
③ 일반 혼합물보다 10~20℃ 높게, 일반적으로 165~185℃
④ 1차 다짐은 140℃ 이상이 바람직
⑤ 2차 다짐은 130℃ 정도 신속하게 타이어 롤러(Tire Roller)로 다짐
⑥ 마무리 다짐은 80~160℃ 탠덤 롤서(Tandem Roller)로 다짐

7 결론

① 개질아스팔트는 포장용 아스팔트에 포장의 내구성 및 내유동성 향상을 목적으로 일정의 개질재를 첨가하여 아스팔트의 물성을 개선시킨 것이다.
② 개질아스팔트의 종류는 다양하며, 고무계, 열가소성계, 열경화성 수지계, 세미 브라운계, 촉매제를 이용한 개질아스팔트 등으로 대별할 수 있으며, 국내에 소개된 몇 종의 제품이 있고, 사용 실적이 있는 것으로는 SBR 라텍스와 SBS가 있다.
③ 개질아스팔트는 각기 개질의 특성이 상이하므로 개질재 선정 시에는 충분한 검토가 요구되며 배합비 결정, 생산, 시공관리를 철저히 해야 한다.

④ 개질아스팔트는 시험 시공 후 선정하고 시공 시 철저한 품질관리로 균열에 대한 저항성, 러팅(Rutting)의 내구성이 확보되도록 적용하여야 한다.

⑤ 슈퍼페이브(Superpave) 설계법에서는 배합 시 개질아스팔트를 사용토록 규정되어 있어 슈퍼페이브 도입 시 많은 개질재를 사용될 것으로 예상되며 사용에 따른 품질성능을 평가할 수 있는 방안이 모색되어야 할 것이다.

14 SBS & CRM

1 개요

① 고분자 개질아스팔트이며 현재 미국, 일본, 유럽 등 선진국에서 많이 사용하는 고무계열의 열가소성 탄성중합체인 SBS PMA(Styrene Butadiene Styrene Polymer Modified Asphalt)를 개질재로 사용하고 있다.

② 고분자 일반 아스팔트를 단순히 물리적으로 혼합한 방식과는 달리 SBS 고분자와 첨가제의 분자결합을 유도하여 고분자 아스팔트 사이의 안정적이고 강력한 제품의 저장안정성을 대폭 향상시킨 방식이다.

2 제조방식

① 슈퍼팔트는 아스팔트 생산공정에서 개질재의 배합을 완료한 후에 아스콘사에 공급되는 사전배합(Pre-Mix) 방식으로 생산되며, 아스콘 플랜트에서 아스콘 생산 시에 개질재를 직접 투입하는 현장배합(Plant-Mix) 방식으로 생산되는 타 개질아스팔트 제품과는 아스콘 생산 방식을 달리하고 있다.

② 사전배합방식은 제품에 대한 품질관리가 용이하고 아스콘 플랜트에서 별도의 주입 시설이 필요 없이 기존 아스팔트와 동일한 방법으로 사용이 가능하다는 장점을 가지고 있다.

3 SBS PMA의 성질

① 여름철 고온에서 탄성 증가

② 겨울철 저온에서 유연성 증가

③ 교통 차량에 의한 하중 재하 후 원상태로 복원되는 성질

④ 기존 고분자 개질아스팔트의 문제점인 재료분리 현상이 적고 저장 안정성 양호

⑤ 골재와의 접착력과 박리현상이 적고 물에 대한 저항성이 있음
⑥ 아스팔트 노화현상 억제로 균열 발생이 장기간 지연됨

4 배합설계

SBS PMA를 이용한 혼합물의 배합설계는 현행 마샬설계법도 병행하여 실시하며 슈퍼페이브 배합설계 기준으로도 설계 가능하다.

[SBS PMA 배합설계 기준]

품질기준	도로	교량	기층용
AP함량(%)	14.5~6.5	5.0~7.0	3.5~5.5
포화도(%)	65~85	70~85	–
공극률(%)	3.0~4.5	3.0~4.5	3.0~10.0
골재간극률(%)	13.0 이상	14.0 이상	
마샬안정도	1,200 이상		600 이상

5 CRM(Crumb Rubber Modified, 재생고무)

① CRM 아스팔트는 폐타이어를 분쇄하여 약 200℃의 온도에서 아스팔트와 혼합하여 만들어진다.
② CRM은 일반아스팔트에 비해 높은 점도와 저온에서 낮은 강성을 갖게 되는데, 높은 점도는 교통하중에 의해 발생되는 높은 응력과 변형에 대해 저항하는 힘이 크고 저온에서의 낮은 강성은 저온균열에 대한 저항성이 크게 된다.

6 결론

① SBR 라텍스는 20여 년 전부터 한강상교량 등에서 사용하여 왔으며 내유동성(소성변형) 및 내구성(수명 15~20년)이 검증된 제품이다.
② 플랜트 믹스(Plant Mix)형이므로 품질의 변화가 없고, 언제 어디서나 간단히 제조할 수 있으며, 소량 생산도 가능하여 유지보수가 용이하다.

15 저소음 배수성 아스팔트 포장

1 개요

① 배수성 아스팔트 혼합물을 포장 표층에 사용하여 빗물이 하부의 불투수성 포장층 표면을 흘러 측면의 배수로 쪽으로 신속히 배수되도록 설계·시공된 포장이다.

② 배수성 포장은 일반 아스팔트 포장에 비해 포장 내부의 공극을 증가(4 → 20%)시켜 포장 표면의 물을 공극을 통해 포장하면으로 배수시키는 공법이다. 타이어에 의한 소음을 흡수하는 장점도 있어 통상 '저소음포장'이라고 불렸다.

③ 이러한 배수성 포장은 2000년대 초반 도로의 배수를 주된 기능으로 일반국도에 도입되기 시작했으나, 포장균열 등 내구성 부족으로 인한 조기파손으로 2009년 이후 도입량이 급격히 감소하였다.

④ 발주처는 유지관리, 내구성, 소음민원에 대한 설득력 차원에서 유리한 방음벽을 선호하여 배수성 포장의 적용은 미미하였다.

⑤ 국토교통부는 2020년 4월 9일 일반 아스팔트 포장에 비해 배수 성능이 우수하여 우천 시 미끄럼저항성, 시인성 등이 향상되어 교통사고 예방과 함께 타이어와 도로포장 사이의 소음을 저감시킬 수 있는 배수성 포장을 활성화한다고 밝혔다.

2 구조

[일반 포장과 배수성 포장 비교]
(국토교통부 제공)

[배수성 포장의 소음저감 원리]

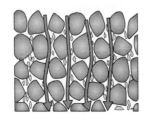

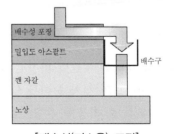

[배수성(저소음) 포장]

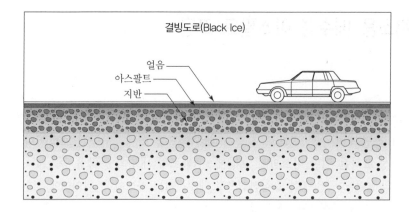

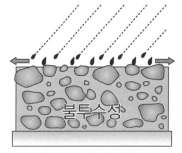

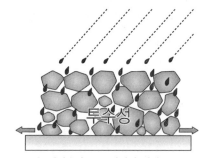

- 빗길수막, 물보라 발생
- 타이어 마찰소음 발생
- 불투수포장(밀입도)

[일반 포장]

- 빗길수막, 물보라현상 제거
- 차량주행 소음감소
- 무수한 공극/포장체내배수

[GMA 배수성 포장]

③ 배수성 아스팔트 포장의 기능

1. 차량의 주행 안전성 향상

① 우천 중 도로 표면에 수막이 생성되어 발생하는 미끄러짐 현상 완화
② 주행 차량으로 인한 물튀김, 물보라를 완화시켜 주행 중 시인성 향상
③ 야간 및 우천 중에 전조등으로 인한 노면 난반사 완화
④ 우천 중 노면표시의 시인성 향상

2. 환경 개선

① 타이어와 도로의 마찰로 발생되는 교통소음 저하
② 방음벽의 설치 높이를 낮추어 도시미관 개선
③ 우천 중 자동차 주행으로 인한 물튀김 현상 억제

4 재료 및 혼합

1. 아스팔트

① 배수성 아스팔트 혼합물용 아스팔트는 스트레이트 아스팔트에 개질 첨가제가 혼합된 고성능의 개질아스팔트를 사용한다.

② 개질아스팔트 또는 개질 첨가제의 혼합방식으로 건식과 습식이 있다.

③ 건식 혼합방식은 아스팔트 플랜트 믹서에 개질 첨가제를 직접 투입한다.
스트레이트 아스팔트는 침입도 등급 60-80 또는 공용성 등급 PG 64-22 기준을 만족해야 한다.

④ 습식 혼합방식은 개질 첨가제가 혼합된 아스팔트를 사용한다.

2. 골재

① 배수성 아스팔트 포장용 굵은 골재는 편장석률이 10% 이하인 1등급의 단입도 골재를 사용해야 한다.

② 잔골재의 입도와 품질은 소요 기준에 적합해야 한다. 다만, 잔골재의 입도가 5mm체 통과중량백분율이 90% 이상일 경우에는 현장경험이나 실내시험 등으로 소요품질의 포장을 얻을 수 있는지 감독자의 판단에 따라 사용할 수 있다.

③ 채움재에는 석회석분, 포틀랜드 시멘트, 소석회 등을 사용한다. 회수 더스트는 사용하지 않는다.

3. 배합설계 및 품질기준

① 배합설계는 공극률 기준을 만족하는 배합에 대하여 흐름손실률, 공극률, 칸타브로 손실률, 인장강도비, 동적안정도, 실내투수계수 등의 설계기준을 만족하는 혼합물을 결정하는 것이다.

② 최대골재크기가 커질수록 배수기능과 소성변형 저항성은 높아지며, 골재의 탈리나 균열 저항성이 낮아질 수 있다.

③ 반대로, 최대골재크기가 작아질수록 저소음 효과, 골재의 탈리나 균열에 대한 저항성이 높아지고, 배수기능이나 소성변형 저항성은 낮아질 수 있다.

④ 배합설계에서 공시체의 공극률은 20±0.3%이며, 간이밀도시험으로 측정한 밀도와 이론 최대밀도시험으로 측정한 이론최대밀도를 사용한다.

⑤ 섬유첨가제는 사용하지 않는 것이 원칙이다. 흐름손실률이 적합하지 않을 경우에 섬유첨가제를 사용할 수 있으나, 배수 성능이 현저히 낮아질 수 있으므로 최소량을 사용하도록 한다.

⑤ 시공

1. 하부층 및 배수시설

① 표층 하부 중간층은 밀입도 아스팔트 혼합물로 시공하여 평탄성을 확보한다.

② 중간층은 3m 직선자를 도로중심선에 직각·평행으로 놓았을 때 가장 낮은 곳이 5mm 미만이어야 한다. 단, 절삭 덧씌우기 포장은 10mm 미만이어야 한다.

③ 혼합물의 잔골재율이 낮기 때문에 접착력을 높이기 위해 개질 유화아스팔트를 이용하여 택 코팅을 살포량 0.3~0.6L/mm²로 시공한다.

④ 배수시설은 중간층에서 폭 3cm 이상을 확보하고 개질 유화아스팔트로 택 코팅 후, 직경 20mm 유공관을 매설하며, 끝부분은 집수정 내부로 관입한다.

⑤ 이때 유공관 외에서도 직접 포장표면에서 유도된 물이 집수정으로 흐를 수 있도록 2개 이상의 구멍을 만들어 배수를 보다 원활하게 한다.

2. 표층

① 시공현장에 도착한 아스팔트 혼합물은 표면온도와 내부온도를 적외선 온도계로 측정했을 때 20℃ 이상 차이가 발생되면 아니 된다.

② 아스팔트 혼합물은 포설 중에 2중 덮개를 씌운 후 포설 전에 스크리드를 150℃ 이상으로 예열하고, 포설 중에 페이버 운행속도를 일정하게 유지한다.

③ 다짐장비는 머캐덤 롤러(12t 이상), 진동 탠덤 롤러(10톤 이상), 무진동 탠덤 롤러(6톤 이상) 등을 이용하며, 타이어 롤러는 사용하지 않는다. 다짐방법은 현장조건을 고려하여 시험시공 등을 실시하여 결정한다.

④ 혼합물의 온도가 빠르게 저하되므로, 혼합물이 공사현장에 도착 즉시 포설 및 다짐하는 것이 다짐도 및 내구성 향상에 유리하다.

⑤ 다짐 중 포장면에 블리딩이 발생하거나, 포장면이 밀려 볼록하게 튀어나오는 변위를 일으키거나, 미세균열이 발생할 경우에는 포설된 포장체의 온도를 낮춘 후에 재다짐해야 한다.

⑥ 결론

① 배합설계 및 품질기준에 따라 배수성 설계의 승패가 좌우되므로 기준을 잘 준수해야 한다.

② 배수성 포장은 빗물이 하부의 불투수성 포장층 표면을 흘러 측면의 배수로 쪽으로 신속히 배수되도록 하는 것이므로 설계·시공도 중요하지만 유지관리계획도 중요하다.

③ 배수성 포장은 포장균열 등 내구성 부족으로 인한 조기파손이 우려되므로 설계부터 철저한 관리가 필요하다.

④ 배수성 포장은 일반포장보다 공비가 7~10% 정도 고가이고 철저한 유지관리가 필요하다는 것이 단점이지만 겨울철에 결빙을 예방할 수 있고 소음을 저감할 수 있는 장점이 있으므로 적용 여부를 검토해야 한다.

16 콘크리트 포장의 줄눈

1 개요

① 시멘트 콘크리트 포장의 줄눈은 슬래브의 경화, 건조수축, 온도 변화, 함수량 변화에 의한 팽창, 수축, 비틀림 현상에 대한 응력 발생 경감 및 불규칙한 균열을 한곳으로 모아 줄눈 부위로 유도시킬 목적으로 설치된다.
② 줄눈은 구조적으로 결함(약점)을 만들기 쉬운 곳이 되기도 하기 때문에 이것이 약점이 되지 않도록 철근 등으로 보강해야 한다.
③ 그러나 설계상 어떠한 배려가 있어도 시공상 실수가 있을 경우에는 그것이 치명적인 결함이 될 수 있기 때문에 정성을 다하여 시공을 실시해야 한다.
④ 줄눈의 설계, 시공 불량은 콘크리트 포장의 내구성, 평탄성, 안전성에 중요한 결함이 되어 포장 전체의 성패와 중요성에 영향을 끼치므로 치밀한 설계와 시공이 이루어져야 한다.

2 줄눈의 종류

① 위치에 따라 세로줄눈, 가로줄눈으로 나눈다.
② 기능에 따라 팽창줄눈, 수축줄눈으로 나눈다.
③ 구조에 따라 맹줄눈, 맞댄줄눈으로 나눈다.

3 세로줄눈(Longitudinal Joint, Tie Bar Joint)

1. 주기능

① 세로균열 방지
② 비틀림응력 감소
③ 단차 방지

2. 구조

① 4.5m 간격으로 주로 차선에 설치

② 티이바(Tie Bar)를 이용한 맞댄줄눈, 맹줄눈(2차선 동시 포설)

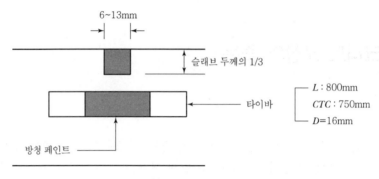

[세로줄눈 구조]

4 가로수축줄눈

1. 주기능

① 건조수축, 온도 변화, 함수량 변화에 의한 수축응력 감소

② 온도 차이에 의한 비틀림 응력 감소

2. 구조

① 6m 간격으로 설치

② 간격은 슬래브 두께, 슬래브 보강 여부, 온도팽창 계수 및 온도변화량, 슬래브 마찰저항에 따라 결정

③ 맹줄눈, 맞댄줄눈(시공 조인트와 겹칠 때)

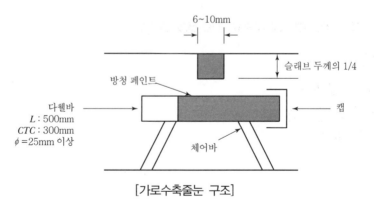

[가로수축줄눈 구조]

5 팽창줄눈

1. 주기능

① 슬래브 온도 팽창 시 축방향 압축응력을 경감
② 블로 업 및 압축파괴 방지

2. 구조

① 시공시기 및 슬래브 두께에 따라 60~480m
② 경험적으로 구조물 이외에는 설치하지 않는 추세임

3. 가로팽창줄눈 설치장소

① 교량 접속부, 터널 입구, 구조물 접속부
② 포장 구조가 변경되는 위치
③ 교차 접속부

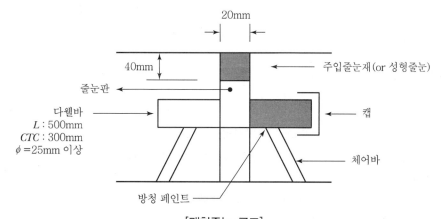

[팽창줄눈 구조]

시기 슬래브 두께	10~5월	6~9월
15~20cm	60~120m	120~240m
25cm 이상	120~240m	240~480m

6 시공줄눈

시공줄눈은 수축줄눈 예정 위치에 설치하는 것이 좋으며, 설치시기는 다음과 같다.

① 1일 포장 종료 시
② 강우, 기계 고장 등으로 인해 수축줄눈의 예정위치 설치 불가능 시
③ 콜드 조인트(Cold Joint) 발생 시

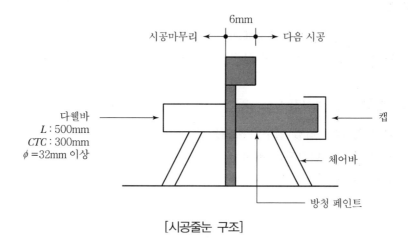

[시공줄눈 구조]

7 시공 시 주의사항

① 주입제는 2회로 나누어 시행
② 인접 슬래브와 단차는 2mm 이내(시공, 팽창)
③ 절단부위 주입 전 청소를 하고 페인트(Primer) 도색 후 실란트(Sealant) 주입
④ 커팅 시기는 온도별 8~48시간 이내
⑤ 팽창줄눈 및 슬래브 가장자리 모따기 시행
⑥ 줄눈의 종류, 위치, 구조 등을 정확하고 정밀하게 시공
⑦ 줄눈은 슬래브 면에 수직, 다웰바(Dowel Bar)는 슬래브 면과 평행되도록 할 것
⑧ 다웰바의 한쪽은 슬립작용을 돕도록 비닐 캡을 씌울 것
⑨ 포설 후 정확한 커팅을 위한 인조점 설치
⑩ 실란트 주입 후 2~3일간 차량 통행금지
⑪ 줄눈 커팅 시기는 수축 균열 방지를 위해 되도록 빨리할 것
⑫ 타이바는 콘크리트에 부착이 잘 되게 설치

8 설계 시 유의사항

1. 가로팽창줄눈

① 다웰바는 고정하고 연결부는 신축기능을 하므로 부착방지재를 씌우거나 역청재료로 도포
② 주입 줄눈재 주입 전 접착을 위해 프라이머 도포
③ 채움부의 폭에 대한 깊이의 비는 1.0~1.5의 범위 내
④ 다웰바의 직경은 슬래브 두께 1/8이 적당
⑤ 팽창줄눈 설치개수는 비용, 시공 난이성, 공용성 고려 최소화

2. 가로수축줄눈

① 커터 줄눈의 깊이는 슬래브 두께 1/4 이상
② 슬래브 판의 삽입물 매입깊이는 슬래브 두께 1/4 정도
③ 철망을 생략하는 경우 간격을 6m 이하로 하되 다웰바를 삽입하는 것이 바람직

3. 세로줄눈

① 상하를 잘라낸 부분을 합하여 슬래브 두께의 30% 정도
② 타이바의 내구성 향상을 위해 방청 페인트 등을 중앙 약 10cm에 칠하는 것이 좋음

9 결론

① 콘크리트 포장의 줄눈은 포장의 팽창과 수축을 수용함으로써 온도 및 습도 등 환경 변화, 마찰 그리고 시공에 의하여 발생하는 응력을 완화시키거나 온도 변화 등 피할 수 없는 균열을 규칙적으로 일정한 장소로 유도시키는 기능을 한다.
② 특히, 콘크리트 포장에서는 줄눈부의 문제점이 가장 많이 발생하는 취약부가 되므로 가능한 한 적게 설치하고 적정 구조가 되도록 합리적으로 설계되어야 함이 중요하나 무엇보다도 시공이 대단히 중요한 점을 무시할 수 없다.
③ 최근 팽창줄눈은 별 실효성이 없기 때문에 간격을 최대한 늘리거나 설치하지 않는 추세이다.
④ 완벽한 줄눈(Joint) 구조는 어려우므로 시공 및 설계 시 유의하고 유지관리를 철저히 하여 완벽에 접근하도록 노력해야 한다.
⑤ 줄눈부는 구조적으로 약점이 되기 쉬운 곳이기 때문에 이것이 약점이 되지 않도록 설계, 시공 시에 유의해야 한다.
⑥ 줄눈 재료와 위치는 유지관리비, 시공성, 주행성을 충분히 고려하여 결정한다.

⑦ 기시공된 콘크리트 포장 도로의 파손 현황과 원인을 분석한 결과 개선점은 다음과 같다.
㉠ 승차감 및 평탄성의 질적 향상 필요
㉡ 소음, 진동, 미끄럼저항 감소 등
㉢ 줄눈 재료 및 시공상의 개선사항
㉣ 콘크리트의 품질 개선
㉤ 보수공법 및 방법 개선
㉥ 시공장비의 현대화 등

17 무근 콘크리트포장의 블로업(Blow - Up) 방지대책

1 개요

① 콘크리트 포장의 파손 유형은 균열, 변형, 탈리, 미끄럼저항 감소 등이 있다. 그중에서 탈리는 블로업(Blow-Up), 스케일링(Scaling), 망상균열(Map Cracking), 골재이탈(Popouts) 등으로 세분된다.
② 국부적인 파손은 소파보수, 줄눈보수 등을 실시한다. 전반적인 파손은 그 규모나 깊이에 따라 덧씌우기, 재포장 등의 본격적인 보수·보강공법을 검토한다.

2 콘크리트 포장의 파손 유형 : 탈리

1. 블로업(Blow-Up)

① 블로업은 콘크리트 포장이 국부적으로 솟아오르거나 파쇄되는 현상이다. 압축응력을 받는 콘크리트 포장 줄눈에서 블로업이 발생되며, 특히 팽창줄눈을 설치하지 않았을 경우에 자주 발생된다.

원인	보수
• 슬래브의 과도한 팽창 • 슬래브의 균열	• 줄눈 보수 • 전체단면 보수

② 팽창줄눈을 설치하지 않을 경우에는 수축줄눈에 충분한 팽창공간을 확보해 주면 블로업을 막을 수 있다. 수축줄눈에 모래와 같은 비압축성 물질이 들어가면 블로업이 더 빨리 발생된다.

2. 스케일링(Scaling)

스케일링은 콘크리트 표면의 일부가 벗겨져 탈리되는 현상이다.

3. 망상균열(Map Cracking)

콘크리트 길어깨 부분과 평행하게 표면 위쪽에 균열이 이어진 현상을 말한다.

4. 골재이탈(Popouts)

콘크리트 포장의 표면으로부터 골재 부분이 작게 떨어져 나가는 현상이다.

③ 콘크리트 포장의 보수공법

1. 줄눈 보수

① 콘크리트 포장 줄눈재의 역할은 다음과 같다.
  ㉠ 강우, 강설, 제설염수 등의 외부 수분이 콘크리트 포장 줄눈부를 타고 내부로 침투함에 따른 열화 촉진, 다웰바 부식, 줄눈거동 마비 등을 방지
  ㉡ 단단한 이물질이 줄눈부에 침투하여 흠집을 내거나 수축거동 방해 최소화
  ㉢ 온도 변화에 따른 콘크리트 슬래브의 수축 · 팽창에 대해 줄눈잠김(Freezing) 또는 과도한 열림(Excessive Opening)이 발생하지 않도록 적절한 공간 확보

② 콘크리트 포장 보수 후에 팔트 덧씌우기를 시공할 경우에는 160℃ 이상에서도 견딜 수 있도록 아래와 같은 줄눈재의 종류 중에서 선정해야 한다.

[줄눈재의 종류]

공법	재료		적용 품질기준
주입형	가열	고무아스팔트 계열	고속국도 전문시방서 '13-7 줄눈재료' 준용
	상온	실리콘 계열	
성형 삽입형	EPDM 계열		
	폴리네오프렌 계열		

2. 줄눈 보수작업 순서

① 청소 : 모든 유해한 물질은 새로운 실란트 설치 전에 제거
② 기존 실란트 제거 : 균열이나 줄눈부의 실란트, 이음재, 백업재료 등 모두 제거

③ 프라이머 도포 : 줄눈재 주입 전에 줄눈 절단면에 프라이머 도포
④ 신설 실란트 설치 : 신설 실란트 설치를 위해 줄눈재 주입
⑤ 줄눈 보수 시공 : 줄눈의 절단면은 콘크리트 톱날로 다시 절단, 부스러기 제거

3. 전체 단면 보수

① 콘크리트 포장 슬래브의 전체 단면 보수는 아래와 같은 경우에 슬래브 전체 깊이까지 모두 제거하고 새로 시공하는 공법이다.
   ⊙ 블로업과 같이 줄눈부 파손이 심한 경우
   ⊙ 여러 균열이 복합적으로 발생된 경우
   ⊙ 포장체와 줄눈부에 결함이 심한 경우

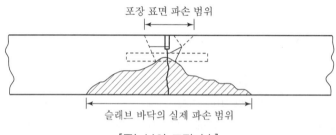

[줄눈부의 포장파손]

② 콘크리트 포장 슬래브의 전체단면 보수는 현장타설 콘크리트 보수방법과 프리캐스트 콘크리트 보수방법으로 시공할 수 있다.

③ 전체 단면 현장타설 콘크리트 보수방법
   ⊙ 탐침기법(Sounding Technique)으로 전체 단면 중 보수범위를 설정한다.
   ⊙ 탐침기법은 포장체의 파손부분을 설정하기 위하여 강봉(Steel Rod), 나무망치 (Carpenter'S Hammer), 체인로 포장체 표면을 타격하는 기법으로 상태가 양호한 부위는 명쾌한 소리, 파손된 부위는 둔탁한 소리를 낸다.
   ⊙ 보수범위는 파손된 부위보다 30cm 더 넓게 직사각형으로 설정하며, 유지보수의 작업성을 고려하여 폭 1.2m 이상, 길이 1.8m 이상으로 설정한다.

④ 전체 단면 프리캐스트 콘크리트 보수방법
전체 단면 보수를 위한 교통 통제시간을 단축하고, 신속한 보수를 요구하는 도심지 노선에는 프리캐스트 콘크리트 소파 보수공법을 적용한다.

18 포장의 파손 원인 및 대책과 유지보수공법

1 개요

① 포장의 파손 원인은 아래와 같이 내적인 요인과 외적인 요인으로 구분할 수 있으며 포장 공법의 종류별로 시공 특성 및 설계 특성 등에 따라 파손의 형상이 달리 나타난다.

② 포장이 놓인 위치에 따라 그리고 하중이 가해지는 위치에 따라 파손 위치가 구분된다.

③ AP 포장의 파손 원인은 주로 중차량, 포장두께 부족, 노상의 지지력 부족 등에 의해 발생한다.

④ Con'c 포장의 파손 원인은 AP 포장과는 달리 포장줄눈이 주요 원인으로 작용하며, 포장파손 시 주행성, 안전성, 쾌적성이 저하되어 원활한 교통흐름에 지장을 주게 되므로 신속한 유지보수가 요구된다.

⑤ 따라서 포장의 파손은 도로의 등급별로 상이하게 나타날 수 있다. 예를 들어 도시부 도로와 같은 단속류 도로의 경우에는 교차로에서 소성변형과 같은 파손이 많이 발생할 수 있으며, 연속류 도로에 있어서는 기하구조 및 교통량에 따라 파손이 발생한다.

2 포장의 결함 종류, 원인, 보수방법

1. 포장의 파손 원인

① 내적 요인 : 포장단면 부족, 재료불량, 배합설계 불량
② 외적 요인 : 차량하중 과다, 시공불량, 계절별과 이동환경 영향 등

2. 아스팔트 포장 파손 형태

① 노면성상에 관한 파손
  ㉠ 균열 : 미세균열, 선상균열, 종·횡단균열, 시공조인트 균열
  ㉡ 단차 : 구조물 부근의 다짐 부족에 의한 부등침하
  ㉢ 변형 : 소성변형, 종단변형 요철, 코루케이션, 침하, 범프, 플래시
  ㉣ 마모 : 라벨링, 폴리싱, 스케일링
  ㉤ 붕괴 : 포트홀, 박리, 노화
  ㉥ 기타 : 타이어 자국, 흠집, 표면 부풀음

② 구조에 관한 파손
  ㉠ 거북등 균열
  ㉡ 동상 등

3. 아스팔트 포장 결함의 종류, 원인, 보수방법

종류	결함 내용	원인	보수방법
라벨링 (Ravelling)	포장체 표면 또는 가장자리로부터 골재가 이탈되는 현상	• 아스팔트 혼합 당시 골재에 흙이 포함되거나 이물질이 포함된 경우 • 아스팔트 함량 부족 • 다짐 및 양생 불량 • 아스팔트의 경화(Aging)	결함이 약한 곳에서는 아스팔트를 스프레이(Spray), 심한 곳은 부분단면 보수 또는 덧씌우기
플러싱 (Flushing)	• 아스팔트가 표면으로부터 유출 • 주로 더운 여름철에 바퀴 자국을 따라 발생	• 아스팔트 함량 과다 • 프라임코트가 과다한 경우 • 플러싱이 있던 포장 위에 아스팔트를 덧씌우기 한 경우	결함이 심한 경우에는 실코트(Seal Coat) 또는 덧씌우기
러팅 (Rutting)	• 바퀴자국을 따라 발생한 영구변형 • 하중에 의한 압축과 아스팔트 층 재료의 수평이동에 의해 주로 발생	• 아스팔트 함량 과다 • 배합설계 불량 • 바인더의 선택 불량 • 과도한 하중	• 절삭 처리 • 국부적으로 심한 경우 소파보수 • 절삭 덧씌우기
균열 (Cracking)	바퀴자국을 따라 발생한 균열	• 과적(특히 해빙기) • 아스팔트 표층이 약한 경우	• 실란트 주입 • 심한 경우 소파보수
	종방향 시공 줄눈 균열	• 시공불량 • 온도 하강 등	• 실란트 주입 • 심한 경우 소파보수
	가장자리의 중앙선에 평행하게 발생한 균열	• 동결융해 • 지지력 부족 • 포장폭의 부족 • 배수불량	• 배수개선 • 소파보수
	횡방향 균열	• 온도강하에 의한 수축 • 아스팔트재료 선택불량 • 동결융해 • 반사균열	• 실란트 주입 • 소파보수
	거북등 균열	• 지지력 부족 • 배수불량 • 차량반복하중 • 과적하중	• 소파보수 • 재활용 • 재시공 • 소파보수 후 덧씌우기

4. 노면평가

① 측정 시 서비스 지수(PSI)에 의한 방법

　㉠ PSI(측정 시 서비스 지수)를 이용하는 방법 : 미국 AASHO 도로시험으로부터 산정

　㉡ 균열 중시

　㉢ 당장의 대응공법을 선택하는 데 사용

공용성 지수(PSI)	개략적인 대응공법
3~2.1	표면처리
2~1.1	덧씌우기
1~0.0	재포장

② 유지관리지수(Maintenance Control Index, MCI)에 의한 방법

　㉠ 1981년 일본건설성 토목연구소

　㉡ 노면의 소성변형을 중시한 지수

　㉢ 유지보수의 기준으로 활용

유지관리지수(MCI)	유지보수 기준
3 이하	시급히 보수가 필요
4 이하	보수가 필요
5 이하	바람직한 관리 수준

③ 포장상태지수(Highway Pavement Condition Index, HPCI)에 의한 방법

　㉠ 국내의 고속국도 포장상태를 평가하기 위한 지수

　㉡ 포장의 종단 평탄성 평가 : 가장 일반화된 IRI(International Roughness Index) 지수 사용

포장상태지수(HPCI)	포장보수 구분
3.5 이상	불필요
5.5~3.0	상시보수 필요
3.0~2.5	상시보수 및 단면보수
2.5~2.0	단면보수 및 표면처리
2.0~1.5	덧씌우기
1.5 이하	덧씌우기 혹은 재포장

5. 유지보수

① 순서

　노면 자료 수집 → 노면 관찰 → 노면 조사 → 노면 평가 → 유지보수공법 채택

② 유지공법
    ㉠ 포장의 파손을 근본적으로 수리하는 것이 아니라 일시적으로 보수(소규모 수리)
    ㉡ 종류
- 패칭(Patching)
  - 포트홀, 단차, 부분적인 침하 시 포장재료로 채우는 방법
  - 기존 포장재료와 같은 재료 사용
  - $10m^2$ 미만
- 표면처리
  - 부분적인 균열, 변형, 마모, 박리, 노화 시 : 2.5cm 이하로 실링(Sealing)층 시공
  - 방법 : 실코트(Seal Coat), 아머코트(Armor Coat), 카펫코트(Carpet Coat), 포그실(Fog Seal), 슬러리실(Slurry Seal)
- 절삭(Milling)
- 서페이스 리사이클링(Surface Recycling) : 포장폐재 재생이용방법
  - 리셰이프(Reshape) : 가열 → 긁어 일으킴 → 정형 → 전압
  - 리페이브(Repave) : 가열 → 긁어 일으킴 → 밭갈이 → 정형 → 신재 혼합 → 포설 → 전압
  - 리믹스(Remix) : 가열 → 긁어 일으킴 → 밭갈이 → 신재 혼합 → 포설 → 전압
- 부분 재포장
  - 파손이 심한 경우 다른 공법으로 보수 불가 시
  - 표층, 기층까지 부분적으로 재포장

③ 보수공법
    ㉠ 보수공법 채택은 시험결과 분석, 과거 경험 등 신중한 검토 후 결정(대규모 수리)
    ㉡ 유지공법에 비하여 고가
    ㉢ 종류

종류	내용
오버레이 (Overlay, 덧씌우기)	• 기존 포장강도 부족 보강 • 평탄성 개량 및 우수침투 방지 • 공사비 소요가 많음 • 시가지 노면 상승에 따른 검토 필요
절삭 오버레이	• 노면 상승, 배수시설 고려 시 절삭 오버레이 실시 • 균열, 소성변형이 심한 경우
재포장	• 기층, 보조기층까지 재시공하는 방법 • 포장원인 조사 후 경제성, 기술적인 면 등을 종합판단

❸ 콘크리트 포장 파손 형태 및 원인

1. 파손 순서

① 줄눈의 실링 재료 이탈　　② 줄눈부에 물이나 이물질 침투
③ 펌핑(Pumping) 현상　　　④ 균열 진행
⑤ 균열된 포장 슬래브가 움직임

2. 콘크리트 포장 결함의 종류, 원인, 보수방법

종류	결함 내용	원인	보수방법
단차 (Faulting)	줄눈이나 균열 부위에서 표면에 층이 지는 현상	• 펌핑 • 노상 지지력 부족 • 슬래브 아래로 침투한 물이 동결 또는 동상	• 그라우팅(지지력 보강) • 그라인딩 • 줄눈, 균열의 실링 • 지하 배수구 설치
블로업 (Blow-Up)	일종의 좌굴(Bucking) 현상으로 슬래브가 심하게 파손되거나 위로 솟아오름	• 온도 및 습도의 상승 • 줄눈 또는 균열부에 이물질 침투 • 다웰바가 콘크리트에 붙어버린 경우 • 팽창줄눈이 없거나 제대로 작동하지 않은 경우	• 전단면 보수 • 팽창줄눈 설치
스폴링 (Spalling)	균열이나 줄눈의 모서리 부분이 떨어져 나감	• 하중에 의한 처짐으로 모서리가 부서짐 • 휨 현상 • 이물질 침입 • 다웰바의 정렬불량 • 철근부식	심한 경우 소파보수(부분 단면 또는 전단면 보수)
펀치아웃 (Punch-Out)	CRCP에 주로 발생	• 지지력 부족 • 균열간격이 좁은 경우 • 피로하중	전단면 보수
균열 (Cracking)	1. 횡방향 균열	• 온도 변화, 건조수축 • 줄눈 간격이 너무 긴 경우 • 지지력 부족 • 줄눈 시공 불량 • 노상토의 스웰링(Swelling), 건조수축	심한 경우 균열 틈을 잘 청소하고 실란트 주입
	2. 종방향 균열	• 휨 현싱(온도, 습도 변화) • 종방향 줄눈 시공 불량	심한 깅우 균열 틈을 잘 청소하고 실란트 주입
	3. 모서리 균열	• 지지력 부족 • 과적	균열틈의 청소 후 실란트 주입 소파보수
	4. D형 균열	• 동결융해 • 알칼리 골재 반응	균열틈의 청소 후 실란트 주입 소파보수

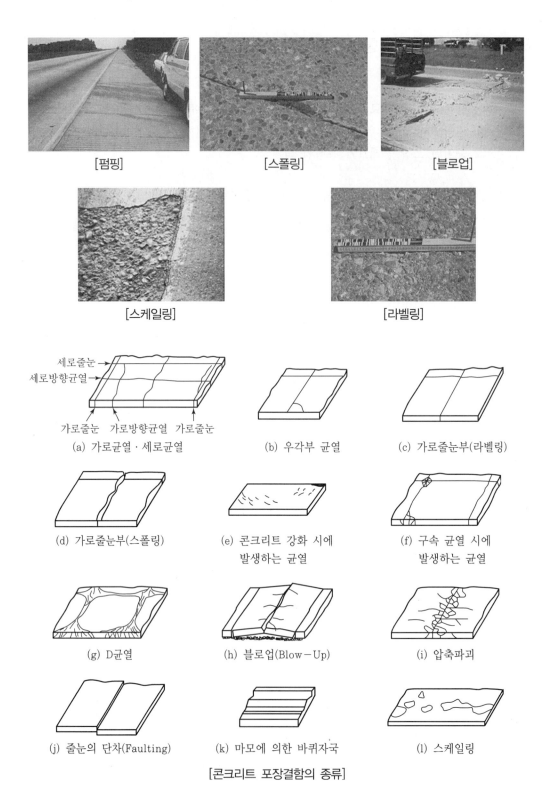

[펌핑] [스폴링] [블로업]

[스케일링] [라벨링]

(a) 가로균열·세로균열 (b) 우각부 균열 (c) 가로줄눈부(라벨링)

(d) 가로줄눈부(스폴링) (e) 콘크리트 강화 시에 발생하는 균열 (f) 구속 균열 시에 발생하는 균열

(g) D균열 (h) 블로업(Blow-Up) (i) 압축파괴

(j) 줄눈의 단차(Faulting) (k) 마모에 의한 바퀴자국 (l) 스케일링

[콘크리트 포장결함의 종류]

3. 파손 방지대책

구분	방지대책
설계 시 고려사항	• 노상 지지력의 정확한 적용 • 추정 교통량의 정확한 예측 • 적절한 배수처리 계획 제시 • 철저한 줄눈의 설계
시공 시 고려사항	• 줄눈 부위의 정확한 시공 • 최적 함수비에서 충분한 다짐 • 양생 철저 : 내구성 증가 • 배수 철저 : 펌핑 현상 방지

4. Con'c 포장의 균열 발생 원인

① 체적 변화와 구속력

　㉠ 양생 시 건조수축 및 온도 변화

　㉡ 슬래브 하단의 마찰력 : 와핑(Warping) 현상

② 교통하중

　㉠ 슬래브 하단부 공동 발생 시 차량하중에 의한 균열

　㉡ 인장에 의한 균열

③ 화학적 요인

　㉠ 알칼리 골재반응에 의한 겔(Gel) 형성

　㉡ 펌핑

　㉢ 동결융해 : Con'c 내 침투수 → 동결 → 체적 증가 → 균열 발생

④ 기타 요인

유지관리 불량

4 문제점 및 대책

1. 설계 시 고려사항

① 정확한 교통량 추정

② 적절한 두께 산정 : 배수, 기온, 환경적 요소 고려

③ 적절한 유지보수 시기 결정 : 환경, 교통조건 고려

2. 시공 시 고려사항

① 줄눈 설치 정밀시공 : 다웰바(Dowel Bar) 설치 등
② 양생, 품질관리, 배수 철저

3. 유지관리상

유지보수계획 수립 → 정기적 조사 → 대책 수립 → 예방적 유지보수 실시, 과적통제

4. 정책상

차량형식 규제, 유지보수예산 적기배정

5 결론

① 파손된 포장의 노면조사를 통하여 파손원인을 철저히 규명하여 적절한 보수공법을 선정함이 중요하다.
② 특히 파손 이전에 유지를 철저히 하여 파손을 줄이는 것이 더 중요하고 시급한 문제이다.

---

19 소성변형(Rutting)

1 개요

① 여름철 고온 시 중차량이 많고 정체가 심한 간선도로에서 발생하기 쉬운 소성변형은 차량의 주행 시 안전성과 쾌적성을 크게 저하시키는 요인이다.
② 특히 소성변형은 여름철 고온이 계속되어 혼합물의 유동, 차륜의 일정 위치 주행, 중차량의 주행이 많고, 저속주행의 경우 많이 발생하며 이로 인하여 물보라와 진동이 발생하므로 안전운행 및 쾌적성을 크게 저하시켜 매우 위험하다.
③ 소성변형을 방지하기 위한 방안으로 골재입도는 최대입경을 크게, 침입도가 적은 아스팔트나 점도가 굳은 개질 아스팔트를 사용, 배합 설계 시 마샬 안정도 시험의 휠 트래킹 시험을 실시하는 등의 방법을 채택하고 있다.

2 아스팔트 혼합물의 문제점

① 예전에는 소성변형을 포장 각 층의 침하문제로 해석함
② 중차량 급증 및 정체구간 발생빈도가 높아지면서 혼합물 유동성에 의한 변형 발생
③ 공용개시 후 1~2년 이내에 소성변형 발생
④ 소성변형 발생 후 아스팔트는 공기(산소) 및 자외선 접촉, 산화로 피로 균열 발생
⑤ 공용 개시 초기 내유동성과 공용후기 균열에 대한 저항성이 높은 단면으로 결정

3 소성변형의 발생 원인

① 소성변형은 여름철 고온이 지속되어 혼합물이 유동되는 것으로 이러한 현상은 차륜의 반복운행, 중차량의 과다운행, 교통정체(저속운행) 등에 의하여 발생
② 바퀴자국을 따라 발생한 영구변형
③ 하중에 의한 압축과 아스팔트층 재료의 수평이동에 의해 주로 발생

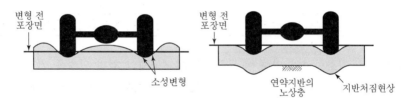

[일반 구간]　　　　　　　　[연약지반 구간]

④ 소성변형의 원인과 대책

구분	원인	대책
재료선정	• 골재의 최대 입경이 작은 재료 사용 • 최대골재치수 13mm • 골재의 내구성은 강하나 내유동성이 불량 • 침입도가 부적절한 아스팔트 사용	• 골재의 최대입경이 큰 재료 사용 • 최대골재치수 19mm • 골재의 내유동이 큰 재료 사용 • 침입도가 적은 아스팔트 사용 • AP-3를 AP-5로 대체 사용
배합과정	• 골재의 입도불량 • 아스팔트양 부족 및 품질 부적절 • 혼합물의 공극률 부적절	• 골재의 입도는 시방규정 내에서 선정 • 아스팔트 선정을 위한 시험 실시 • 배합 시 공극률 5% 확보
시공과정	• 포설다짐 불량 • 시공시기 부적절(고온상태의 포설) • 시공 시 다짐온도 부적절	• 다짐온도에 유의하여 충분한 밀도 확보(1차 : 110~130, 2차 : 70~90, 3차 : 60 이상) • 여름철을 피하여 포설
아스팔트	• 교통량 과다 및 기온상승 등으로 탄성이 우수한 아스팔트 요구 • 침입도 규격의 부적합(성능과 직접적 관련 없는 규격)	• 개질아스팔트 사용 • 규격 개정(침입도 → 공용성 등급) • 현재 사용 중인 AP-3를 AP-5로 대체 사용(단기적 대응)

구분	원인	대책
혼합물	• 낮은 공극률 • 부적절한 골재 입도 • 아스팔트 함량 과다	• 마샬 배합설계 기준 활용 시 공극률 상향 조정 • 세골재(자연모래) 사용량 제한 및 조골재 사용량 증대 • 아스팔트 함량 하향 조정
시공 및 품질관리	다짐 불량	• 포장시기의 분산(4~6월, 9~12월) • 피니셔의 엄격한 속도제한(포설속도 6m/분 이하 유지) • 다짐 장비 조합 철저 준수
	양생시간 부족(덧씌우기 포장 시)	• 교통개방온도를 포장체 표면온도 최고 40℃ 이하에서 개방 • 여름철(7~8월) 덧씌우기 포장 시 주간 작업 자제
	아스콘 품질 불량	• 품질 강화를 통해 배합설계대로 생산되는지 점검 • 배합설계에 대한 확인 시 서류심사를 현장실사로 대체
포장설계	표층 두께의 부적절	표층두께의 하향조정(7cm 이하 및 중간층 보강)

소성변형을 최소화하기 위한 예방대책으로는 골재의 최대 입경을 키우고 침입도가 적은 아스팔트를 사용하며, 점도가 굳은 개질아스팔트를 사용하는 일반적 사항과 연계하여 아스팔트 생산 및 시공 시 철저한 품질관리를 할 수 있도록 해야 한다.

㉠ 회복 탄성이 적용된 경우

㉡ 소성변형 상태(하중을 제거해도 일부 변형이 남아 있는 상태)

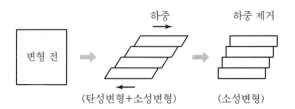

⑤ 보수방법

　　㉠ 국부적으로 심한 곳에 소파 보수

　　㉡ 넓은 구역에 심한 러팅(Rutting)이 있는 경우 덧씌우기 실시

　　㉢ 큰 입도의 골재 사용 또는 SBS, 개질아스팔트 적용

4 결론

① 도로 포장은 아스팔트 콘크리트 포장과 시멘트 콘크리트 포장을 주로 사용하며 전자는 소성변형, 후자는 균열이 가장 큰 문제점이다.

② 특히 아스팔트 포장은 공용성 유지와 수명연장을 위해 소성변형이 발생하지 않도록 해야 하며 완전한 방지는 어렵지만 최소화 방안으로 노력해야 하므로, 이를 위해서는 아스팔트 선정, 골재선정, 아스콘 생산 및 현장 시공 시 러팅을 최소화하는 노력이 중요하며 배합설계 시 내유동성 향상에 중점을 둘 경우 겨울철 타이어 체인(Tire Chain)에 의한 내마모성을 소홀히 할 가능성이 있으므로 균형 있는 배합이 중요하다.

③ 소성변형 방지를 위해서는 SMA 포장, 슈퍼페이브 설계법 도입, 개질 아스팔트 사용 등을 적극 검토하여야 한다.

④ 최근 들어 환경오염으로 인한 기상이변이 잦은 이때 ±절대치의 온도차가 크게 나타나므로 아스콘 포장이 이 온도차를 극복하기 위한 방안모색이 필요하다.

20 포트홀(Pothole)

1 개요

① 포트홀(Pothole)이란 도로가 파손되어 구멍이 파인 곳을 말한다. 아스팔트 일부가 부서지면서 생긴 것으로 냄비(Pot)처럼 생긴 구멍(Hole)이란 의미이다.

② 포트홀의 발생 원인은 시공 시 운반과정에서 계절적인 영향이 크다. 첫째 겨울철 차량으로 운반과정에서 온도 저하, 빗물에 의한 아스팔트 재질 자체의 취약성, 혼합물의 품질 불량 외에 배수 구조 불량 등이 있다.

③ 위의 상태에서 폭우나 폭설로 빗물이나 눈이 스며든 노로의 아스팔트 포장이 지나다니는 차량의 무게를 이기지 못하고 떨어져 나가면서 구멍이 생겨 교통사고의 원인이 되면서 심각한 문제로 떠오르고 있다.

[포트홀]

Road and Transportation

② 포트홀 발생에 따른 문제점

구분	문제점	발생 저감 필요성
교통사고 유발	• 차선이탈 및 지정체 유발 • 운전자 불만 증대 • 야간 대형 교통사고 유발	교통사고 감소
신속한 유지보수의 어려움	• 랜덤하거나 갑자기 발생 • 발생 확인 후 임시 보수 • 상온 아스콘 임시 보수 시 조기 파손	유지보수비 절감
포장수명 단축, 보수비용 증가	• 임시 보수 비용＋전면 패칭 또는 절삭 덧씌우기 등 보수비용 증대 • 민원 처리비용 증대	포장 성능 향상

③ 포트홀 발생 현황

지구 온난화에 따른 이상기후로 인해 강우량 및 강설량이 급격히 증가하며, 포트홀이 최근 급격히 발생하고 있다. 도로 파손 중 포트홀 발생 현황을 살펴보면 다음과 같다.

① 도로 파손 현황
　　㉠ 포트홀　　　　　　　　㉡ 균열
　　㉢ 소성변형

② 포트홀 발생 원인
　　㉠ 다짐 부족　　　　　　　㉡ 방수재
　　㉢ 배수불량　　　　　　　㉣ 하부층 박리

④ 포트홀 발생 세부 원인

1. 단계별 발생 원인

단계	발생 원인	
아스팔트 혼합물	• 수분취약 • 온도관리	• 재료분리
시공	• 다짐 불량 • 온도저하 및 온도분리	• 택 코팅 불량 • 하부층 배수 불량 및 동결
기타	• 아스팔트 혼합물 품질 불량	• 부적절한 유지보수

2. 계절별 원인

계절	발생 원인	
봄	• 겨울철 융빙 • 포장 침하	• 해빙 시 공동 발생
여름	• 집중 강우 • 배수문제로 인한 포장 포화 • 아스팔트 탈리 및 포트홀	• 미세균열 사이 빗물 침투 • 교통하중에 따른 간극수압

⑤ 포트홀 절감방안

단계	절감방안(주의사항)
배합설계	• 단립도 골재(4차로 이상 1등급, 2차로 이상 2등급) 사용 • 현장배합설계 공극률 확인(표층 : 4%±0.3%, 기층 : 5%±0.3%) • 인장강도비 확인(TSR : 0.8 이상) • 포트홀 우려지역 소석회 사용 • 혼합물 입도 변동 최소화 위해 단립도 골재 사용(4차로 이상 1등급, 2차로 이상 2등급) • 굵은 골재 동적 수침 후 피복률 50% 이상 • 액상 박리 방지제 첨가
생산 및 운반	• 잔골재 지붕시설 저장 반드시 확인 • QC / QA 시 인장강도비 확인[TSR : 0.75 이상 공시체 공극률 7±1%] • 트럭 적재함 전면덮개 사용(계절관계 무) 확인(혼합물 전체에 바람이 들어가지 않도록 밀폐하여야 함) • 트럭 적재함, 다짐 롤러 등 경유 사용금지(전용 부착 방지 또는 식물성 기름 소량 사용)
시공	• 교량 유지보수 시(교면포장 설계 및 시공지침) 준수사항 　－노면 절삭 : 8mm 비트 간격 드럼 밀링 장비 사용하여 평탄성 확보 　－도막식 방수재 : 2~3회 나누어 도포하여, 가열형 등을 부직포 등과 함께 시공 　－시트식 방수재 : 기계식 시공 장비 이용 • 시험시공 또는 시공 시 준비사항 　－시공 관련 기술자의 도로포장 교육 이수 여부 확인 　－다짐장비 : 머캐덤 12t 이상, 타이어 12t 이상, 탠덤 8t 이상 　－물을 가득 채우고, 머캐덤 롤러 / 탠덤 롤러 급수는 급수차 사용 　－계획포설량 : 시공시간으로 혼합물 전체 소요량. 시간당 소요량 결정 및 가능 확인 　－트럭 평균 적재중량. 트럭사이클 시간 등으로 소요대수 결정 및 가능 여부 확인 　－페이버 포설속도, 롤러, 다짐횟수에 따른 롤러 다짐속도 결정 　－현장별 생산·운반·포설·다짐온도 기준 결정 • 일반 아스팔트 혼합물 롤러 초기 진압 시 다짐온도

구분	다짐온도(℃)		
	일반	하절기(6~8월)	동절기(11~3월)
1차 다짐	140~160	130~150	150~170
2차 다짐	120~145	110~135	130~155
3차 다짐	60~100		

단계	절감방안(주의사항)

시공	• 시공 : 시공 온도 확보, 연속포설 및 다짐
	  ─연장 여건(대기온도, 풍속, 운반거리 등)에 따라 혼합물 생산온도를 변경하며, 현장 도착온도 확인, 다짐온도 관리 철저
	  ─헤어크랙이 발생하지 않는 한도 내에서 포설 후 즉시 다짐하며, 헤어크랙 발생 시 혼합물 생산 온도 조절
	  ─포설장비와 1차 다짐장비 최대가격 60m 이상 이격하지 않도록 관리(60m 이상 이격 시 페이버 정지 및 2m 후방까지 다짐 완료 후 포설 시작)
	  ─시공 중 페이버 고장 등으로 페이버 호퍼 내부의 혼합물 온도가 낮아 다짐 온도 확보가 어려울 경우 반드시 혼합물 폐기처리
	• 표층 동시포장 시공(페이버 2대, 롤러 2세트)

품질관리 및 검사	• 가능한 한 시공관리용도로 현장 다짐밀도 측정장비를 이용한 밀도 확인(측정장비 사용 전 보정 수행)
	• 품질시험용 혼합물은 감독자 입회하에 페이버 오거 부분 또는 플랜트에서 채취
	• 코어는 하룻밤 이후 랜덤하게 채취
	• 코어 채취 시 하부층 부착 여부 확인
	• 다짐도 96% 이상 확인(콜드 조인트 포함)[(코어 밀도/현장배합설계 공시체 밀도)×100]
	  ─포트홀 저감을 위해 코어 공극률 확인(배합설계 공극률과 비교)
	  ─채취한 품질시험용 혼합물로 이론최대밀도를 시험하여 코어 공극률 계산
	  ─배합설계−1%≤코어 %≤배합설계+4%

⑥ 결론

① 포트홀을 피하기 위한 방향 전환 혹은 급제동으로 사고가 자주 발생한다. 또한, 포트홀을 지나면서 자동차 바퀴 등에 무리가 생기거나 충격으로 차량이 파손되는 경우도 있다.

② 아스팔트 배합부터 시공(다짐)까지 재료의 품질관리 철저와 함께 다짐관리 등 전반적인 사항에 대한 관리가 필요하며, 기후 변화에 대한 대책으로 포장면의 배수 능력 향상과 함께 교면포장 시공 시 품질관리에도 만전을 기하여야 할 것이다.

③ 포트홀 발생의 즉각적인 긴급보수를 긴급보수용 상온아스팔트 혼합물이나 가열 또는 중온아스팔트 혼합물을 사용·실시하여 통행 편의 증진과 교통사고 예방 등의 조치를 하여야 한다.

05

교량 · 터널

1 교량계획 및 설계

1 개요

① 도로의 교량은 도로가 통행을 저해하는 지형 및 공간적 장애물(하천, 계곡, 도로, 철도 등)을 만났을 때 장애물의 상부로 통행할 수 있도록 축조하는 도로 구조물이다.

② 최근 경제발전과 사회적 요구의 변화로 인하여 도로의 품질이 향상되었고, 이에 따라 고품질의 교량가설이 요구되고 있다.

③ 교량의 계획단계에서는 교량의 선형, 가설상의 제약조건, 구조설계기준 만족, 내구성과 안전성 확보, 교장 및 경간분할, 하부구조의 형식 및 형상, 기초형식 및 공법결정 등이 이루어지게 된다. 특히, 최근에는 주변 환경과 조화를 이룰 수 있는 교량의 경관설계가 부각되고 있다.

2 단계별 내용

구분	정의	내용
타당성 조사	• 교량공사에 대한 사업비의 기본구상을 토대로 경제적 타당성, 재무적 타당성, 기술적 타당성, 사회 및 환경적 타당성을 사전에 종합적으로 판단하며 여러 대안을 비교 · 검토하여 최적안을 선정 • 교량 사업의 기본계획을 수립하고 설계용역에 필요한 기술 자료를 작성	• 지형, 지질, 교차로, 지하매설물, 하천, 바다, 토질, 지진, 기상, 교량부속물, 부식, 재료, 시공성 등의 조사 • 적용 가능한 교량의 대안 선정 • 추정사업비 산출 및 분석 • 타당성조사 보고서 작성 • 교통분석, 경제성 분석 등
기본 설계	• 결과를 근거로 교량의 규모, 배치, 형식, 공사방법 및 기간, 소요비용 등에 대해 일반적인 조사 및 분석, 비교 · 검토를 거쳐 최적안을 선정하고 교량의 예비설계를 수행하며, 설계기준 및 조건 등 실시설계용역에 필요한 기술자료를 작성하는 단계 • 실시설계에서 고려하여야 하는 조건과 설계방향 및 설계기준을 제시하는 단계로서 다양한 교량형식의 적용성 검토, 주요 수량에 근거한 예상사업비 산출 등의 내용을 포함	• 구조계산서, 수리계산서 작성 • 지질 및 지반조사 보고서 작성 • 기본설계도면 작성 • 기본설계 예산서 작성 • 확인조사 및 여건변동조사 • 시공법 결정 • 교량형식별 설계가정의 적정성, 시공성 등 검토 • 중요하지 않은 상세 설계생략
실시 설계	• 기본설계를 토대로 교량의 규모, 배치, 형식, 공사방법 및 기간, 소요비용, 유지관리 등에 관하여 세부조사 및 분석 · 비교 · 검토를 통하여 상세설계를 수행하며 시공 및 유지관리에 필요한 모든 기술자료를 작성하는 단계	• 실시설계 보고서 작성 • 실시설계 도면 작성 • 지질 및 지반조사 보고서 작성 • 공사 시방서 작성 • 설계 예산서 작성 − 물량 및 공사비 등

3 교량계획 시 고려사항

1. 계획 시 고려사항

① 교량계획에서는 노선의 선형과 지형, 지질, 기상, 교차물 등의 외부적인 제 조건, 시공성, 유지관리, 경제성 및 환경과의 미적인 조화를 고려하여 가설위치 및 교량형식을 선정하여야 한다.

② 도로의 사용목적 충족(가설 위치와 노선선형)

③ 외적 제반 조건(내구적)

④ 구조적 안전성과 경제성

⑤ 주행안전성과 쾌적성

⑥ 시공성과 유지관리성

⑦ 미관

⑧ 지역주민의 의견

⑨ 계획목표에 부합하는 품질수준과 성능 확보

⑩ 건설기간 및 완공 후 친환경적이고 주변 경관과의 조화

2. 하부구조계획

① 하부구조는 하부공 구체와 기초공으로 한다.

② 구체 및 기초의 형식 선정은 상부구조의 형식과의 조화, 주변 환경과의 부합 등 교량 전체로서 고려한다.

③ 시공성과 유지관리가 용이하고 지지력과 침하 등 안정성을 확보할 수 있는 공법을 선정한다.

3. 상부구조계획

① **외적 조건** : 교량 연장, 경간, 교대, 교각의 위치, 방향 및 다리 밑 공간 등 기본적인 조건은 교차하는 도로, 철도 및 하천 관리자의 의사가 중요하므로 관리자와 충분히 협의한다.

② 안전성과 경제성

③ 시공성과 유지관리

④ 미관

4 도로와 철도의 형하고

① **국도(주간선도로)** : 4.50m 이상(동절기 적설에 의한 한계높이 감소 또는 포장 덧씌우기 등이 예상되는 경우는 4.70m 이상)

② **농로** : 4.50m 이상으로 하되, 단순 농로는 현지 여건에 따라 조정 가능

③ **철도(고속철도 포함)** : 7.01m 이상(「철도건설규칙」에 의거 협의 결정)

5 하천교량 계획홍수량에 따른 여유고

1. 계획홍수량에 따른 여유고 및 경간길이

하천을 횡단하는 교량 등 하천 점용시설물의 높이는 계획홍수위로부터 충분한 여유고를 확보해야 한다.

계획홍수량(m³/sec)	여유고(m)	계획홍수량(m³/sec)	경간길이(m)
200 미만	0.6 이상	500 미만	15 이상
200~500	0.8 이상	500~2,000	20 이상
500~2,000	1.0 이상	2,000~4,000	30 이상
2,000~5,000	1.2 이상	4,000 이상	40 이상
5,000~10,000	1.5 이상		
10,000 이상	2.0 이상		

2. 교대, 교각의 설치위치

① 교대, 교각은 부득이한 경우를 제외하고 제체 내에는 설치 금지

② 교대, 교각을 제방 정규단면에 설치하면 접속부에서 누수 발생, 제방 안전성 저해, 통수능력 감소 등으로 치수 어려움 초래

③ 교대, 교각은 제방 제외지 측 비탈 끝으로부터 10m 이상 떨어져 설치

④ 다만, 계획홍수량 500m³/sec 미만인 소하천에는 5m 이상 떨어져 설치

3. 교량의 경간장

① 교량의 길이는 하천폭 이상이 바람직하다.

② 교량의 경간장은 하천 상황, 지형 상황 등에 따라 치수에 지장이 없다고 인정되는 경우를 제외하고는 아래 식의 값 이상으로 한다.

$$L = 20 + 0.005Q$$

여기서, L : 경간장(m), Q : 계획홍수량(m³/sec)

③ 다음 각 항목에 해당하는 교량의 경간장은 위 식에 관계없이 다음에서 제시하는 값 이상으로 한다.

- 계획홍수량 500m³/sec 미만, 하천폭 30m 미만 : 12.5m 이상
- 계획홍수량 500m³/sec 미만, 하천폭 30m 이상 : 15m 이상
- 계획홍수량 500~2,000m³/sec : 20m 이상
- 주운을 고려해야 하는 경우에는 주운에 필요한 최소 경간장 이상

④ 다만, 하천 상황, 지형 상황 등으로 규정된 경간장 확보가 어려운 경우는 교각 설치에 따른 하천폭 감소율(설치된 교각폭의 합계/설계홍수위에서 수면의 폭) 5% 이내에서 경간장을 조정할 수 있다.

6 해상교량

1. 항로폭 확보

선박이 병행 · 추월하는 항로폭은 두 선박 간의 흡인작용, 항해사에게 미치는 심리적 영향 등을 고려하여 어선의 경우 6~8B 이상을 확보한다.

2. 형하고 결정

① 해상교량의 형하고는 최고조 해수면에서 통과선박의 마스트(Mast) 높이, 선박의 트림 (Trim), 파랑 · 파고, 항해사의 심리적 영향 등을 고려한 여유높이를 더한 값으로 한다.

② 해상교량 세부사항은 국토교통부 「항만 및 어항 설계기준」 적용

  ㉠ 항만 및 어항 설계기준

항만 시설기준	내용
항로폭(B)	입 · 출항 선박길이의 1.5배 이상
해상교량의 주경간장 최소연장	선박소요 항로폭 + 교량기초폭 + 충돌방지공폭 + 여유폭
형하고(H)	선박마스트 높이 + 파고 + Trim + 교량의 처짐 + 조선자의 심리적 영향

  ㉡ 운항선박 제원

선명	톤 수(G/T)	전장(L)	전폭(m)	마스트 높이(m)
어선	300	47.9	8.2	7~13
관광유람선	150	35.5	7.0	11.0
어선정화선	125	32.6	8.0	12.5
페리호	100	34.21	7.0	13.0
3,000F/C	3,000	110	48.0	68.6

[선박의 마스트(Mast) 높이]

선형(총톤수)	수면에서 마스트 높이	적용
50ton 이하	7~8m	부선 제외
50~500ton	7~18m	
500~1,000ton	15~26m	
1,000~5,000ton	20~35m	대형유조선 포함
5,000~10,000ton	30~45m	
10,000ton 이상	30~50m	
대형여객선	50~65m	

주) 공선(空船) 시 수면에서부터 선박의 최상부까지의 높이

ⓒ 항로고 산정

구분	선형기준 (항만 및 어항설계기준)	항로고(m)	비고
① 마스트 높이	공선 시 수면에서의 높이	11	관광유람선의 높이
② 선박의 트림	선박길이(L)/300	0.09	
③ 파랑·파고 영향	설계파고×1/2	0.74	
④ 여유고	조선자의 심리적 영향	2.0	
소요 형하고	①+②+③+④	13.83	

ⓓ 해상교량 단면

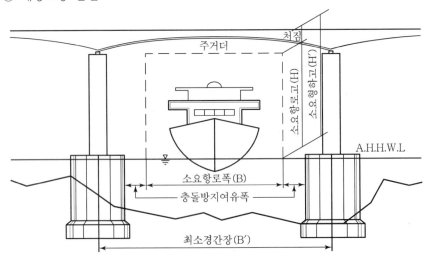

7 교량형식 선정

1. 형식 결정

① 교량형식 선정의 기본 방향

ㄱ 교량의 가설목적 및 기능을 만족하면서 생애주기비용이 최소가 되도록 한다.

ㄴ 시공성이 우수하며 유지관리가 용이해야 한다.

ㄷ 주변 환경과 조화를 이룰 수 있는 교량의 상부구조 및 하부구조형식을 선정한다.

② 교량의 형식 선정과정 시 고려사항

ㄱ 교량의 가설 목적(기능)에 부합하는 형식(교량길이, 지간, 교대, 교각의 위치와 방향, 다리 밑 공간 확보에 적합한 형식)

ㄴ 안전성과 시공성이 우수하고 계획된 도로 선형에 적합한 형식

ㄷ 생애주기비용이 최소화될 수 있는 형식

ㄹ 공사비가 유사할 경우에는 시공성과 조형미, 경관미가 우수한 형식

ㅁ 자동차 주행의 안정성 및 쾌적성을 좋게 하려면 구조적으로 상로교 형식이 좋고, 신축이음 장치가 적은 연속교가 좋음

ㅂ 도심지에 가설되는 교량은 구조물 자체도 날렵한 느낌을 주는 형식이 좋으며 주위의 경관과 균형을 이루는 것도 중요

2. 경간 분할(경간 분할 시 고려사항)

교량의 형식별로 표준적용지간, 거더 높이비(거더높이/지간)는 다음의 설계조건에 따른다.

① 미관을 고려한 경간 분할

ㄱ 연속교는 중앙경간을 측경간보다 크게 분할하면 안정감이 크게 됨

ㄴ 3경간 연속 구조일 때는 경간의 개략적 비율이 3 : 5 : 3, 4경간 연속 구조일 때는 3 : 4 : 4 : 3이 비례적으로 우수함

ㄷ 교량길이가 길고 지형이 평탄할 때는 등경간이 좋음

ㄹ 접속교량과의 연결은 경간이 점점 변하여 조화되도록 분할

② 하천 통과구간의 경간 분할

ㄱ 유속이 급변하거나 하상이 급변하는 지역에는 교각을 설치하지 않음

ㄴ 저수로 지역에서는 경간을 크게 분할

ㄷ 하천단면을 줄이지 않도록 하고 교각 설치로 인한 수위상승과 배수를 검토

ㄹ 유목, 유빙이 있는 하천, 하천 협소부에서는 교각수를 최소화

ⓜ 유로가 일정하지 않은 하천에서는 가급적 장경간 선택

ⓑ 기존 교량에 근접하여 신설 교량을 건설할 때는 경간 분할을 같게 하거나 하나씩 건너뛰는 교각배치를 하도록 함

③ 경제성을 고려한 경간 분할

㉠ 상부구조와 하부구조의 단위길이당 건설비가 같거나 상부구조 공사비가 하부구조보다 약간 크게 하는 것이 적절함

㉡ 기초지반이 불량할 때 장경간이 유리, 기초지반이 양호할 때 짧은 경간이 유리

㉢ 하저 지반이 불균일할 때는 각 구간별로 나누어 경제성을 검토한 후 경간을 분할

3. 상부구조 형식선정

① 형식선정 방침

㉠ 구조적으로 안전하고 기능성, 시공성, 경제성, 장래유지관리 편의성 등을 고려해야 하고 주변 경관과 조화되도록 경관미를 고려하여 선정하는 것이 필요하다.

㉡ 기본적으로 도로의 평면선형, 종단선형, 교차시설의 교차각, 다리 밑 공간(최소상부구조높이), 교량가설 여건을 고려해야 한다.

㉢ 가설목적과 주변 여건에 따라 경제성을 우선적으로 고려할 것이냐, 경관미를 고려할 것이냐가 관건이 될 수 있다.

㉣ 최근에 교량의 경제성보다는 미관을 고려하여 교량을 설계하는 경우가 다수 있으나 건설공사비 및 유지관리비가 많이 소요되어 비경제적일 수도 있다.

㉤ 상부구조 형식선정 과정에서는 구조안전성, 기능성, 시공성, 경제성, 유지관리 편의성, 경관 등 개별 요소와 이에 대한 가중치를 반영하여 종합적인 검토가 필요하다.

② 교량의 상부구조 형식선정 시 단계별 검토사항

㉠ 관련 법령, 설계기준 검토 : 설계하중·도로의 폭원

㉡ 도로의 선형 검토

㉢ 교량의 평면 형상 검토 : 교량의 폭원, 곡선교, 사교에 대한 검토

㉣ 교량의 시종점 및 교량길이 검토

㉤ 다리 밑 공간 결정 : 도로 및 철도횡단, 하천횡단

ⓑ 교량의 경간 분할 검토 및 결정

ⓢ 적용 가능한 교량형식 비교 검토

ⓞ 교량길이, 경간, 거더높이에 적합한 교량형식 선정

　• 기존 교량 형식별 설계 및 시공사례

　• 외국의 설계자료 및 시공사례

ⓩ 시공법에 대한 검토
- 특수공법 도입 여부
- 외국기술 도입 여부
- 국내장비로 시공 가능 여부

ⓩ 사용재료 및 재질에 대한 검토
- 사용재료의 역학적 성질
- 재료의 내구성
- 사용재료의 확보 가능성

ⓚ 유지관리 편의성 검토

ⓣ 경관에 대한 검토
- 교량 자체의 조형미
- 주변 경관과의 조화
- 가설지역의 상징성

ⓟ 경제성 검토
- 가치공학(Value Engineering)에 근거한 초기투자비 검토
- 생애주기비용(Life Cycle Cost) 산정

ⓗ 각 교량형식에 대한 비교표 작성

㉮ 교량형식 최종선정

③ **강교**

㉠ 강교의 형식은 가설조건, 수송조건, 환경조건, 장래 유지관리 등을 종합적으로 판단하여 선정하여야 한다.

㉡ 비틀림 강성이 작은 플레이트 거더의 선정에 있어서 사각 30° 정도 이하에서는 비합성보로 하는 것이 적합하다.

㉢ 트러스교는 직교에 적용하는 것을 원칙으로 한다.

㉣ 강박스 거더의 형식은 비틀림 강성이 커서 곡선교, 램프교 등에 유리하고 장지간이 가능하여 횡단육교, 과선교에 적합하다.

㉤ 곡선부에 거더를 가설할 경우 횡방향 전도에 대한 검토가 필요하며 단경간 곡선교를 계획할 경우 부반력에 대한 충분한 검토가 필요하다.

㉥ 형식선정 시 가설공법, 가설기계능력에 대해서도 검토해야 한다.

④ **콘크리트교**

㉠ 철근콘크리트 슬래브교와 라멘교의 적용 지간은 15m 정도의 비교적 짧은 지간의 교량에 적용하는 것이 적합하다.

ⓛ 철근콘크리트 슬래브교의 경우 속찬단면과 속빈단면으로 대별할 수 있으며 속빈단면의 경우 시공상 중공관 부상 등 문제점으로 인하여 최근 설계에 반영되는 경우가 없다.

ⓒ 라멘교는 기초의 부등침하, 수평이동 또는 회전이 있는 경우 구조적 안전성에 치명적인 영향이 발생하므로 견고한 지반 또는 충분히 신뢰할 수 있는 지반에 계획하는 것이 적합하다.

ⓔ PSC 합성형식의 구조는 국내에 1960년부터 도입되어 설계 및 가설 실적이 많은 형식이다.

ⓜ 가장 일반적으로 설계 및 가설되는 형식은 PSC 합성거더교와 PSC 박스거더교이다.

ⓗ 최근 국내외에서 다양한 형식의 장지간 PSC 합성거더교가 개발되어 설계 및 가설되고 있다.

4. 하부구조 형식선정

하부구조 형식은 상부구조를 안전하게 지지하고 상부구조로부터 전달되는 하중을 효과적으로 기초에 전달할 수 있는 형식으로 선정한다.

[하부구조 형식선정 과정 시 고려사항]

구분	고려사항
구조적 안전성	• 상부구조에서 작용하는 하중이 효과적으로 기초에 전달할 수 있는 형상을 확보한다. • 내진성능이 우수하여야 한다. • 교각높이, 상부구조를 고려하여 효과적 내진 거동을 확보할 수 있는 형상을 계획한다. • 응답수정계수가 유리한 단면으로 계획한다.
시공성	• 시공성 및 경제성 확보를 위하여 거푸집의 반복 사용이 용이한 형상을 계획한다. • 경관미를 고려한 교각계획 시는 시공성을 충분히 검토하여야 한다.
경관미	• 도심지에 가설되는 교량의 하부구조는 날렵한 단면이 좋고, 교각과 교각 사이를 길게 한다. • 힘의 흐름과 조화되는 교각의 형상 변화가 필요하다. • 상부구조와 형상조화, 비례를 고려해야 한다. • 전체 교량길이에 걸쳐 지형 변화에 따른 교각의 연속적(Panorama)인 경관조화를 이룰 수 있도록 한다.
기능성	• 하천 횡단 시 통수에 유리한 구체(기둥) 형상을 확보한다. • 시가지 교량에서는 도로시거 확보가 용이한 교각형상을 계획한다. • 도심부 고가도로에서는 도로 기능성(종단선형) 확보에 유리한 교각을 검토한다(코핑 없는 교각).

5. 기초형식 선정

① 기초형식은 지반의 조건에 따라 결정되나 지질조건, 수심, 유속, 하부구조 형식 등을 선정과정에 고려한다.

② 기초 구조형식은 상부구조조건, 지반조건, 시공조건 등을 충분히 조사 · 검토하여 가장 안전하고 경제적인 형식으로 하여야 한다.

③ 하나의 기초구조에서는 다른 종류의 형식을 병용하지 않는 것을 원칙으로 한다.

2 주변의 경관과 미관을 고려한 교량설계

1 개요

① 교량은 기능성, 구조적 안전성, 유지관리의 편리성, 경제성, 시공성 등을 종합적으로 고려하여 가설목적을 달성할 수 있도록 설계 및 시공되어야 한다.

② 교량은 기능적 · 구조적 요구조건 이외에 지역주민과 도로이용자에게 시각적으로 안정감을 주고 환경과 조화를 이룰 수 있도록 설계해야 한다.

2 주요 고려사항

① 교량 자체의 미학적 가치를 중시하는 내적 요구와 교량 주변 환경과의 관계를 중시하는 외적 요구를 고려하여야 한다.

② 경관설계에서는 기본적으로 미적 조형원리와 상징성이 주요 고려사항이다.

③ **기능미** : 간결성(Simplicity)과 명료성(Clearness)이 있다.

④ 미적 조형원리를 포함한 교량 기본설계 단계 시 주요 검토항목은 다음 그림과 같다.

[교량 경관설계 고려사항]

⑤ 교량 경관설계에서 검토해야 할 기본적인 미적 조형원리

구분	내용
비례 (Proportion)	• 사물의 부분과 부분 또는 전체의 수치적 관계로서 길이나 면적의 비례관계를 의미한다. • 비례는 구조적 안정감은 물론 시각적 아름다움을 주는 조형원리로 작용한다. • 구조물 경관설계에 고려되는 중요한 검토 항목이다. • 경간분할, 특히 중앙경간과 측경간의 분할, 그리고 교장에 따른 교고 또는 거더의 높이, 교각과 교각간격 설정 등에 활용될 수 있다. • 일반적으로 교고가 낮은 교량의 경우 경간 수는 홀수가 적합하다. • 경간장의 구성은 중앙경간에서부터 측경간으로 갈수록 경간장을 감소시키는 경간분할이 시각적으로 안정감을 주는 것으로 알려져 있다.
균형 (Balance)	• 구조물에 작용하고 있는 힘이 평형상태를 이루는 역학적 개념이다. • 역학적인 균형이 시각적인 균형으로 인지되는 조형원리 기본개념이며 비례와 관계가 있다.
대칭 (Symmetry)	• 좌우대칭의 정적 균형(Static Symmetry) 정적 균형은 단순하고 명확하며 안정감 있는 조형미로서 구조물의 대칭축을 중심으로 등거리에 동일한 형상이 좌우에 위치한다. • 비대칭의 동적 균형(Dynamic Symmetry) -동적 균형은 운동과 성장의 역동적이고 현대적인 조형미를 이룬다. -일반적인 교량형식의 설계에서는 좌우대칭의 정적 균형을 고려하고 있으나, 단조로움을 줄 수 있다. -교량의 상징성을 부여하고 세련된 교량을 설계하기 위해서는 비대칭사장교와 같은 동적 균형미를 고려할 수도 있다. [좌우대칭 사장교]
조화 (Harmony)	• 내적 조화 : 교량을 구성하는 부재가 교량의 다른 구성요소와 조화(Harmony)를 이뤄야 하는 것을 의미한다. • 외적 조화 -교량이 주변을 구성하는 다양한 요소들과 조화를 이루는 것을 교량구조물은 경간장, 거더의 높이, 교각의 크기 등을 적절하게 설정하여 시각 및 공간적인 조화를 확보하는 것이 좋다. -교량과 주변 환경과의 조화는 주변 환경 대비 구조물의 규모나 크기가 좌우한다. -도심지에서는 날렵한(Slender) 단면으로 교량을 구성하는 것이 조화 측면에서 바람직하다. -교량을 구성하는 상부구조와 하부구조는 상호조화와 균형을 이루어야 한다.

❸ 상부구조 경관설계

1. 거더 경간장과 높이

① 다리 밑 공간의 높이가 경간장보다 큰 경우에 할 수 있으나 경간장이 긴 연속교량의 경우에는 그 비율을 크게 하는 것이 경관 측면에서 유리하다.

② 이 비율을 크게 할수록 교량은 미적 측면에서 날렵하게 보이지만 진동과 처짐에 불리할 수 있으므로 비율의 선정에서는 사용성 측면에 대한 검토가 필요하다.

2. 바닥판 캔틸레버부

① 교량의 구조적인 특성으로 인하여 거더의 경간장과 높이의 비율을 크게 할 수 없는 경우, 바닥판 캔틸레버부의 지간장을 조절하여 경관을 좋게 할 수도 있다.

② 거더의 높이가 같더라도 거더 측면에 그림자가 발생하도록 바닥판 캔틸레버부 단면을 설계하는 경우 교량은 날렵하게 보이는 시각적인 효과가 발생한다.

③ 거더교의 바닥판 캔틸레버부에 대하여 명암효과를 얻기 위해서는 바닥판 캔틸레버부 하면의 경사를 1 : 4 이하로 확보하는 것이 적합하다.

④ 교량의 경간장과 거더의 형식에 따라 차이는 있으나 경관을 좋게 하기 위한 거더의 높이(h)는 콘크리트 방호울타리의 높이의 3배 정도가 적합하다.

4 횡단육교 경관설계

① 하부도로에 교각을 설치하지 않는 것이 경관 면에서 좋다.

② 차로가 분리된 6차로 이상의 도로를 가로지르는 횡단육교는 도로의 중앙에 교각을 설치하는 것이 일반적이다.

    ㉠ 횡단육교의 거더 높이나 교각단면이 크면 운전자의 시야를 좁게 하고 병목으로 빠져 들어가는 느낌을 줄 수 있다.

    ㉡ 횡단육교의 교각단면 상부를 하부보다 크게 하고, 교대벽체에 경사를 주는 등 하부 구조단면에 경사 변화를 주면 운전자에게 역동적인 느낌을 줄 수 있다.

③ 횡단육교의 상부구조는 날렵한 단면이 좋다.

5 하부구조 경관설계

① 도심지에 가설되는 교량의 경우 경관을 좋게 하기 위해서는 육중하게 보이는 교각보다는 교각의 단면을 세장하게 설계하는 것이 바람직하다.

② 거더교에 대해서는 교각의 두부(Pier Cap)를 없애거나 상부구조 내부에 격벽을 두는 방안을 검토하는 것이 적합하다.

6 교량에 대한 환경 및 미관의 고려

1. 환경

① 교량형식 선정 시에는 가교지점이 주위 환경에 미치는 영향을 충분히 검토 한 후 형식을 결정한다.

② 환경에 미치는 영향
    ㉠ 공사 중 진동, 소음, 수질오염 등의 영향
    ㉡ 환경친화성 여부

2. 미관

교량을 계획, 설계할 경우에는 구조물과 주위경관과의 조화, 구조물들의 형태 및 규모, 구조물의 질감 및 색채를 고려한다.

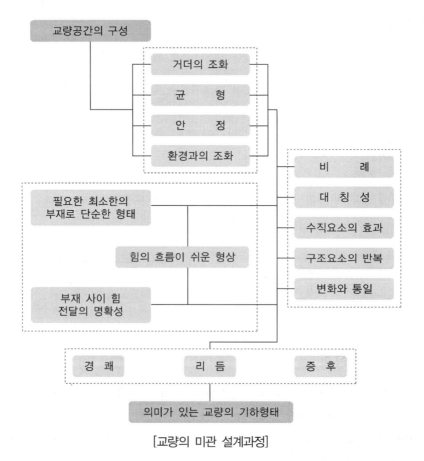

[교량의 미관 설계과정]

3 산지부의 교량설계

1 개요

① 산지부에 가설하는 도로교의 계획에서는 홍수로 인한 토석류에 의한 영향을 고려하여야 한다.
② 계곡부의 비탈면 붕괴 및 낙석, 토석류 등으로 인한 도로 횡단배수시설의 피해가 발생한 지역은 계곡부 유실 흔적을 조사하여 교량으로 계획한다.

2 적용 대상 지역

고속국도, 일반국도, 국도대체우회도로, 국가지원지방도

① 산림청 산사태 위험지도상 1, 2등급으로 분류되는 지역
② 표고 400m 이상 산지를 접한 계곡 등 영향권 내의 지역
③ 산사태 및 토석류 등으로 피해가 발생한 지역
④ 「건설관리법상」의 설계자문위원회에서 특별히 설계기준의 강화가 필요하다고 판단되는 지역

3 산지부의 교량 기본계획

산지부에 가설하는 교량을 계획하는 경우 고려사항은 다음과 같다.

① 산지부의 교량은 주변 지형 지질조건과 토석류 및 유송잡물 등을 고려하여 수해 등에 안전한 구조물이 되도록 계획한다.
② 산지부의 교량은 주변 지형, 터널의 위치, 시공성, 경제성, 유지관리, 자연조건(토석류, 유송잡물, 적설, 눈사태 등), 공사용 도로 등의 현장조건을 종합적으로 고려하여야 한다.
③ 교량의 위치는 지형·지질적으로 단층대 등 위험요소가 있는 지역을 피하여 계획한다.
④ 산지부의 교량계획 시에는 계곡부의 토석류 및 유송잡물, 눈사태 상황과 환경을 최소화한 공사용 진입도로의 계획수립과 공사 시 자재 운송차량의 진·출입 가능 여부를 검토한다.
⑤ 터널과 터널 사이의 단구간 계곡부에 설치되는 경우 유지관리 시의 안전성 등을 고려하여 교량 형식을 결정하도록 한다.

4 교량 위치 및 길이

① 교량 형식 선정에 있어서 계곡부의 토석류 및 눈사태의 상황을 충분히 고려한다.

② 접속교 비교설계는 공용 후, 유지관리를 고려하여 긴 노면이 생기지 않도록 토공부를 포함하여 교량길이를 검토한다.

③ 교량길이는 주변 지형, 자연조건(토석류, 유송잡물, 적설, 눈사태 등), 하천폭원, 지반 조건 등을 고려한 범위에서 가능한 한 짧게 하는 것이 유리하다.

⑤ 폭설지역의 다리 밑 공간

① 폭설이 예상되는 지역의 가설되는 교량이 I형 거더로 지지되는 경우, 적설하중이 거더에 가해지는 것과 눈사태로 인한 충격압으로 눈피해가 우려되므로 적설높이를 고려하여 다리 밑 공간을 확보한다.

② 다리 밑 공간의 설정은 입지조건에 따라 달라지므로 쉽게 결정할 수 없지만, 지형 지질 및 현지 여건을 고려하여 설계 적설깊이 이상을 확보하여 결정한다.

⑥ 결론

① 계획단계에서 치밀한 조사를 행한 체계적인 계획 수립은 향후 교량의 설계단계와 공용단계에서 교량성능에 큰 영향을 미치게 되므로, 교량계획은 신중하게 이루어져야 한다.

② 교량계획을 성공적으로 수행하기 위해서는 설계·시공에 관련된 풍부한 실무경험과 교량의 거동에 대한 이해, 설계 및 해석기법에 대한 폭넓은 지식, 신재료 및 신기술의 접목, 연관 분야기술의 이해가 있어야 한다.

③ 이를 바탕으로 계획단계에서 교량 설계기술자는 교량의 안전성 및 내구성 확보, 이를 위한 적절한 교량형식과 가설공법의 선정, 가설 후의 유지관리 편의성, 교량 가설이 미치는 사회적·환경적 영향 등에 대해 면밀하게 검토하여야 한다.

4   교량설계

① 개요

① 교량은 강이나 하천부, 도로교차지역 등에 도로를 안전하고 경제적으로 연결하기 위하여 필요한 구조물이다.

② 교량의 설치는 경제성 및 미관에 대해 적절히 고려하면서 시공성, 안전성 및 사용성의 목표를 달성할 수 있도록 규정된 한계상태에 대하여 설계되어야 한다.

③ 교량 등의 도로구조물은 하중 조건 및 내진성, 내풍안전성, 수해내구성 등을 고려하여 설치하여야 한다.

2 교량의 위치선정

1. 노선선정

① 일반사항

㉠ 몇 개의 검토안 중에서 경제적 · 공학적 · 사회적 · 환경적 요인과 구조물의 유지관리 및 검사 또한 이들 상호 간의 중요도를 고려하여 선정하여야 한다.

㉡ 교량의 위치 선정 시 검토조건
- 횡단하는 장애물로 인한 조건에 부합
- 설계, 시공, 운용, 검사 및 유지관리 면에서 실제적 · 경제적인 방안의 확보
- 요구되는 수준의 사용성과 안전성의 확보
- 도로에 미치는 불리한 영향의 최소화

② 하천과 범람원 통과

㉠ 하천을 통과하는 경우는 교량의 초기 건설비 및 수로정리를 위한 하안 공사와 침식을 감소시키기 위한 유지관리 조치가 포함된 총비용의 최적화를 고려하여 위치를 선정해야 함

㉡ 교량 위치 선정 시 평가사항
- 수로의 안정성, 홍수기록, 하구의 경우는 조차 및 조석주기를 포함하는 하천과 범람원의 수리, 수문학적 특성
- 교량의 설치가 홍수흐름 양상에 미치는 영향과 이에 교량 기초에서의 세굴 가능성
- 새로운 홍수위험의 발생 또는 기존 홍수위험의 심화 가능성
- 하천과 범람원에 미치는 환경적 영향

㉢ 범람원에 설치하는 교량과 진입로의 위치선정 시 고려사항
- 범람원이 비경제적으로, 위험하게 또는 적절치 못하게 활용, 개발되는 것의 방지
- 가능한 한 도로가 미치는 악영향의 최소화 및 완화
- 국가 또는 지역의 홍수방재계획에 부합
- 장기 하상상승 또는 지하
- 환경영향평가에 의한 인가를 받도록 한 사항

2. 교량의 배치

① 일반사항

    ㉠ 교량의 위치와 선형은 교량 상·하부 교통상황을 모두 만족하도록 선정

    ㉡ 교량이 통과하는 수로, 도로 또는 철도의 폭 또는 선형의 향후 변화 가능성을 고려

    ㉢ 향후 추가될 대중교통 수단이나 교량의 확폭 가능성을 고려

② 교통안전

    ㉠ 구조물의 안전

        • 교량의 상·하부를 통과하는 차량이 안전하게 통행하도록 한다.

        • 주행차로로부터 안전거리를 두고 방호물을 설치하여 비상주차대의 사고차량에 대한 위험을 최소화한다.

        • 입체교차로의 교각 기둥 또는 벽체는 비상주차대 개념에 부합하도록 위치를 정한다.

        • 건설비, 구조물의 형식, 통행 교통량과 설계속도, 지형조건의 제약으로 기준을 준수하기 어려운 경우는 가드레일이나 기타 분리대를 설치하여 교각기둥 등을 보호해야 한다.

        • 견고한 분리대가 설치되지 않을 경우 가드레일 또는 분리대는 가능한 독립기초로 한다.

        • 도로 측 전면은 교각이나 교대의 전면으로부터 최소 600mm의 이격거리를 갖도록 한다.

    ㉡ 사용자의 보호

        • 방호울타리는 구조물의 연단을 따라 규정에 맞게 설치

        • 가동교의 경우 경고판, 경고등, 차단기, 분리대 및 기타 안전장치를 제공하여 보행자와 자전거이용자, 차량을 보호

    ㉢ 구조규격기준 준수

    ㉣ 노면 : 교량의 노면은 국지적 요구사항에 부합하는 마찰 특성, 노면배수, 편경사 필요

    ㉤ 선박 충돌

        • 방충재나 제방, 또는 계선부표를 설치하여 선박충돌하중으로부터 보호

        • 충격하중효과에 저항할 수 있도록 설계

3. 환경

① 교량과 진입로의 설치가 지역사회, 유적지, 습지와 기타 미관적·환경적·생태학적으로 민감한 지역에 미치는 영향을 고려

② 하천 지형형태학, 강바닥 세굴의 결과, 제방사면 보호식생의 제거 및 필요한 경우 하부구조 거동에 영향을 고려

3 교량 설계 기준

1. 설계하중

① 설계할 때 고려하는 하중은 교량을 구성하고 있는 각 부재에 응력, 변형, 변위를 발생시킬 수 있는 모든 외력과 내력으로, 시공 중에 작용하는 하중과 시공 후에 작용하는 모든 하중이다.

② 고속국도 및 자동차 전용도로 표준트럭하중(DB-24), 또는 이에 준하는 차로하중(DL하중)을 적용

③ **기타의 도로** : 당해 도로의 자동차 교통상황에 따라 표준트럭하중(DB-24, DB-18, DB-13.5), 또는 이들에 준하는 차로하중(DL하중) 적용

④ 규격이 낮은 도로라 하더라도 교통량에 비해 대형차 교통량이 특히 많은 도로일 경우에는 이를 감안하여 적합한 설계기준 자동차 하중을 적용

2. 내진성

① 지진 시 또는 지진 발생 후 교량 등의 도로구조물이 입는 피해를 최소화시킬 수 있도록 내진성을 확보하는 설계기준을 적용하여야 한다.

② 내진설계의 기본 개념

지진 시 인명피해를 최소화하고, 교량 부재들의 부분적 피해는 허용하나 전체적으로 붕괴는 방지하여 한 교량의 기본 기능은 발휘할 수 있게 하는 데 있다.

③ 교량의 내진등급은 교량의 중요도에 따라 내진Ⅰ등급과 내진Ⅱ등급으로 구분한다.

3. 내풍 안전성

① 교량 가설 및 공용 중에 내풍 안정성 확보가 필요한 사장교, 현수교 등의 케이블 특수교량에 대하여는 기능성 및 경제성을 고려한 단면형상을 적용한다.

② 이에 따른 풍동시험 및 동탄성 해석 등을 시행하여 내풍에 의한 안전성을 확보하여야 한다.

4. 수해 내구성

하천을 횡단하는 교량은 세굴 또는 수해에 대하여 안전하도록 교량 통수부의 단면, 기초 등을 계획하여야 한다.

5. 다리 밑 공간

① 도로

   ㉠ 국도(주간선 도로) : 4.50m 이상(동계적설에 의한 한계높이 감소 또는 포장의 덧씌우기 등이 예상되는 경우는 4.70m 이상)

   ㉡ 농로 : 4.50m 이상으로 하되, 단순 농로는 현지 여건에 따라 조정할 수 있다.

   ㉢ 철도(고속철도 포함) : 7.01m 이상(「철도건설규칙」에 의거 관련 기관과 협의)

② 하천교량

   ㉠ 하천을 횡단하는 교량 등 하천 점용시설물의 높이는 홍수위로부터 충분한 여유고를 확보하여야 하며 하천 설계기준 등 관련기준에 따라 적용하여야 한다.

[계획 홍수량에 따른 여유고]

계획홍수량(m³/sec)	여유고(m)
200 미만	0.6 이상
200 이상~500 미만	0.8 이상
500 이상~2,000 미만	1.0 이상
2,000 이상~5,000 미만	1.2 이상
5,000 이상~10,000 미만	1.5 이상
10,000 이상	2.0 이상

   ㉡ 하천에서 다리 밑 공간

- 하천정비 기본계획상의 홍수위로 교각이나 교대 중 가장 낮은 교각(교대)에서 교량상부구조를 받치고 있는 받침장치 하단부까지 높이를 뜻한다.
- 받침장치가 콘크리트에 묻혀 있을 경우 콘크리트 상단높이까지를 의미한다.
- 라멘교의 경우 슬래브의 헌치 하단까지의 높이로 한다.
- 교대 및 교각 위치는 제방의 제외지 측 비탈 끝으로부터 10m 이상 떨어져야 한다.
  - 다만, 계획홍수량이 500m³/sec 미만인 하천에서는 5m 이상 이격하여야 한다.
  - 부득이 제방 정규단면에 교대 또는 교각을 설치할 경우에는 제방의 구조적 안정성이 확보될 수 있도록 충분한 검토와 대책을 강구해야 한다.

   ㉢ 교량의 경간장

- 교량의 길이는 하천폭 이상이 바람직하다.
- 경간장은 산간 협착부라든지 그 외 하천의 상황, 지형의 상황 등에 따라 치수상 지장이 없다고 인정되는 경우를 제외하고는 다음 식으로 얻어지는 값 이상으로 한다(단, 그 값이 70m를 넘는 경우에는 70m로 한다).

$$L = 20 + 0.005\,Q$$

여기서, L 경간장(m), Q=계획홍수량(m³/sec)

• 하천의 상황 및 지형학적 특성상 앞에서 제시된 경간장 확보가 어려운 경우, 치수에 지장이 없다면 교각 설치에 따른 하천폭 감소율(설치된 교각폭의 합계/설계 홍수위에 있어서의 수면의 폭)이 5%를 초과하지 않는 범위 내에서 경간장을 조정할 수 있다.

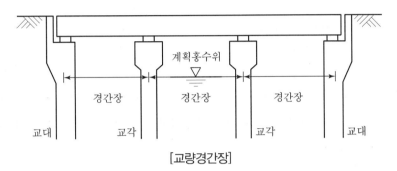

[교량경간장]

③ 해상교량

㉠ 선박이 병행, 추월하는 항로폭은 두 선박 간의 흡인작용, 항해사에게 미치는 심리적 영향 등을 고려하여 어선의 경우 6~8B 이상의 항로폭을 확보하여야 한다.

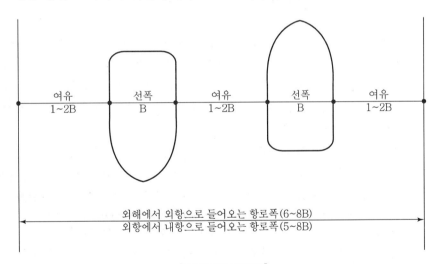

[해상교량 항로폭]

㉡ 해상교량의 형하고 결정은 약최고고조면에서 통과선박의 최대마스트(Mast) 높이(공선 시 수면에서부터 선박의 최상부까지의 높이)에 조석, 선박의 트림(Trim), 파고 및 항해사의 심리적 영향 등의 요소를 고려한 여유높이를 더한 값으로 산정하여야 한다.

[선박의 마스트 높이]

선형(총톤수)	수면에서의 마스트 높이(공선 시)	적용
50ton 이하	7~8m	부선 제외
50~500ton	7~18m	–
500~1,000ton	15~26m	–
1,000~5,000ton	20~35m	–
5,000~10,000ton	30~45m	–
10,000ton 이상	30~50m	대형유조선 포함
대형여객선	50~65m	–

  ⓒ 해상에 설치하는 교량에 대한 세부사항은 「항만 및 어항 설계기준(국토교통부)」을 참고한다.

6. 기타 사항

① 교량을 계획할 때에는 노선의 선형과 지형, 지질, 기상, 교차물 등의 외부적 조건, 시공성, 유지관리, 경제성 및 환경과의 미적인 조화를 고려하여 가설위치 및 교량 형식을 선정하여야 한다.

② 교량은 기능적·구조적 요구조건 이외에 지역주민과 도로이용자에게 시각적으로 안정감을 주고 환경과 조화를 이룰 수 있도록 경관을 검토하여 적용하여야 한다.

③ 교량 등 하천 점용 시설물을 설치하는 경우 위치의 적정성을 검토한 후 설치하여야 하며, 부득이한 경우를 제외하고는 제체 내에는 교대 등 교량에 관련된 하천점용시설물을 설치하지 말아야 한다.

④ 터널·지하차도 등의 배수시설 중 펌프배수의 경우 일상점검과 보수·보강을 철저히 하여 그 기능이 상실되어 침수가 되지 않도록 충분한 유지관리가 이루어져야 하며, 배수시설에 공급되는 전기시설은 침수에 영향을 받지 않도록 계획한다.

⑤ 지하차도의 침수 방지 및 침수에 대비하기 위한 고려사항(대책)
  ㉠ 지하차도의 출입구 부분에 대해서는 침수심을 고려하여 계획한다.
  ㉡ 지하차도의 환기구 및 채광시설은 집중호우 및 침수가 발생하는 경우에 지하공간으로 외부의 유량이 유입되는 경로가 될 우려가 있으므로 이를 방지할 수 있도록 계획한다.
  ㉢ 지하차도의 비상조명과 안내표지의 경우 침수가 발생하면 전력공급에 차질이 발생할 수 있기 때문에 2차적인 비상조명과 안내표지의 설치가 필요하다.
  ㉣ 침수가 발생하는 경우 누전과 정전 등으로 많은 피해가 발생할 수 있으므로 전력시설의 설계 시 방수와 관련한 대책을 마련한다.

4 결론

① 교량 등의 도로구조물은 하중 조건 및 내진성, 내풍안전성, 수해내구성 등을 고려하여 설치하여야 한다.
② 교량에는 그 유지 · 관리를 위하여 필요한 교량 점검로 및 계측시설 등의 부대시설을 설치하여야 한다.
③ 교량형식 선정의 기본방향은 교량의 가설목적 및 기능을 만족하면서 생애주기비용이 최소가 되도록 한다.
④ 시공성이 우수하며 유지관리가 용이하고, 주변 환경과 조화를 이룰 수 있는 교량의 상부구조 및 하부구조 형식을 선정하는 것이다.

5 교량의 형식

1 개요

① 도로의 선형을 계획하다 보면 일반 접속도로, 철도, 하천 계곡부와 강 등을 통과하게 되므로 주변 환경에 적합한 구조물을 가설 목적에 부합되는 안전하고 경제적인 구조물로 설계하여야 한다.
② 교량의 형식은 가설 위치에 따라 변할 수 있으며 상부구조와 하부구조 형식으로 나눌 수 있으며, 미관과 경관을 고려하여 선정하여야 한다.

2 교량의 형식 선정 시 고려사항

1. 교량의 설계하중 및 교량 하부공간

① 주하중(P), 부하중(S), 주하중에 상당하는 특수하중(PP), 부하중에 상당하는 특수하중(PA)
② 교량의 규모, 종류, 하천 제방 높이, 계획 홍수량 등 고려

2. 경간 분할

① 유로, 유속, 하상, 유목, 유빙 및 기초지반 등 통과지점의 하천에 대한 제반 여건과 미관을 고려한다.
② 상부구조와 하부구조의 건설비를 검토하여 경제적인 경간 분할이 되도록 한다.

3. 상부구조 형식 및 하부구조 형식

① 주행성, 유지관리 측면 고려
② 노면과 상부구조는 조화되게 결정
③ 통과높이와 상부구조 높이 비율, 경간장과 상부구조 높이의 비율 고려
④ 상부구조 형식의 특징, 가설공법과 연계시켜 구조적 안정성, 경제성, 시공성을 고려하여 결정
⑤ 하천 지반 여건과 유수방향, 홍수량 고려
⑥ 교량의 상부구조 및 하부구조(교대 및 교각)의 형식을 선정할 때에는 서로의 연관을 고려하여 경제성, 안전성, 시공성 및 유지관리가 좋고 주변 경관과 조화되는 구조물로 계획

4. 교량의 기초형식 선정

① 하천변의 지반 여건, 기초지반의 지질조건, 수심, 유속, 상부구조형식 등을 고려
② 구조적 안전성 및 수상구간에서의 시공성이 좋은 기초형식으로 계획

5. 기타 고려사항

① 교량형식의 선정은 기능성, 구조적 안전성, 조형미, 환경친화성, 내구성과 도로의 선형(평면 및 종단선 형), 통과시설의 사회·문화적 여건, 시공성 및 현장조건, 교량건설 경험과 유지보수 등을 감안하여 종합적으로 고려하여 선정한다.
② 시방서 및 제 기준의 범위 내에서 생애주기비용(초기건설비, 유지관리비 포함)이 최소가 되도록 하며, 가능한 한 상부구조는 연속구조를 원칙으로 한다.

③ 교량의 상부 형식 분류(상부구조)

1. 사용 재료에 의한 분류

① 강교 : 장경간의 교량을 단기간 내 가설하거나 지반조건, 가설조건이 불리한 곳, 곡선교 등에 주로 사용
② 콘크리트교 : 단경간 교량에서 장경간 교량까지 가설 가능
③ 하이브리드교 : 강교와 콘크리트교의 장점을 활용하여 가설

2. 지지 형태에 의한 분류

① 단순교 : 주거더를 단순보로 지지하고 고정단과 가동단으로 구성

② 연속교 : 주거더를 2형간 이상으로 연속시킨 교량

③ 거더(Gerber)교 : 연속교의 중간에 힌지(Hinge)를 삽입하여 정정구조의 형태로 한 교량

3. 구조 형태에 의한 분류

① 형교 : 플레이트 거더(Plate Girder)교, 박스(BOX)형교, 슬래브(Slab)교 , T형교, PSC I형교

② 트러스(Truss)교 : 하우 트러스(Howe Truss), 프래트 트러스(Pratt Truss), 워런 트러스(Warren Truss)

③ 라멘(Rahmen)교 : 상부구조와 하부구조를 일체로 가설

④ 현수교 : 양안에 주탑을 세워 케이블을 설치하고 교량 상판을 지지하는 구조형식으로 장대지간 가설에 유리

⑤ 사장교 : 주탑에서 경사방향으로 설치된 케이블로 교량의 상판을 지지하는 구조 형식으로 장대지간 가설에 유리

4. 교량 형식별 특징

상부 구조형식		적정 경간장	가설 위치 및 적용 조건	특징(장단점)
라 멘 교	노출형	8~ 15m	• 소규모 도로 및 소하천 횡단 • 통로 Box 이상의 폭원 확보 필요시 • 다리 밑 공간 제약 구간 • 다리 밑 공간 H=5~7m 내외	• 다리 밑 공간 제약이 있을 경우 유리 • 소교량으로 미관 양호 • 유지관리 용이
	지중형	8~ 15m	• 토피고 5m 이내 구간	• 시공성 양호 • 토피고 클 경우 적용 불가 • 평면선형 및 사각에 제한 없음
	현장 타설 ARCH	8~ 15m	• 토피고 5m 이상	• 높은 쌓기 구간에 적용 가능 • 시공성 다소 불량 • 구조적으로 유리하나 단면 활용도가 낮음
	단면 형상		[Rahmem(노출형, 지중형)]　　　　　[Arch형]	
PSC Beam교		25~ 35m	• 미관이 중시되지 않는 중 · 소교량 • 동바리 설치가 곤란한 구간	• 경제성 양호 · 유지관리 용이 • 빔(Beam) 제작장 확보 필요

상부 구조형식	적정 경간장	가설 위치 및 적용 조건	특징(장단점)
		• 경제성을 최우선으로 하는 구간 • 다리 밑 공간 H=30m 이하	• 평면 및 종단선형에 제약(평면선형은 R=1,000 이상 확보가 바람직하고, 종곡선 구간은 피한다)
ST.Box Girder	40~ 70m	• 하천·국도 횡단 등 미관이 중시되는 중·장대 교량 • 선형상 제약으로 PSC Box 등 적용이 곤란한 구간	• 선형상 제약 조건 없음 • 경량구조로 내진설계 유리 • 공장제작으로 품질관리 양호 • 지속적인 유지관리 필요 • 소음·진동에 불리
PSC Box	ILM 40~60m	• 동바리 설치가 곤란한 하천·계곡 국도 등 통과 구간 • 표준경간 50m, 연장 300m 이하 경제성 저하 • 다리 밑 공간 제약 없음	• 평면 종단 선형상 제약(직선 또는 단일 원곡선 구간에 적용) • 제작장 및 런칭 야드(Launching yard) 확보 필요 • 제작장에서 Segment를 제작하므로 품질관리 양호
	FCM 80~250m	• 최소경간 70m 이상의 장대교 적용이 불가피한 구간 • 다리 밑 공간 제약 없음	• 공사비 고가 • 하부슬래브 변단면 시공으로 미관 양호 • 내구성 및 유지관리 양호
	MSS 40~60m	• 선형조건상 ILM 공법 적용이 불가한 구간 • 동바리 적용의 제약이 있는 구간	• 선형상의 제약 조건 적음(직선·복선 등의 복합 구간) • 연장 500m 이하인 경우 경제성 저하
	FSM 40~60m	• 동바리 설치가 가능한 평탄한 지형 • 다리 밑 공간 H=20m 이하	• 선형상의 제약 조건 없음 • 동바리의 부등침하에 주의 필요 • 경제성 비교적 양호
	단면 형상		

주) 상기 제시된 형식 외에도 강합성판형교, 소수주형판형교, 강상판형교 등 다양한 형식의 교량을 검토하여 설계에 적용토록 한다.

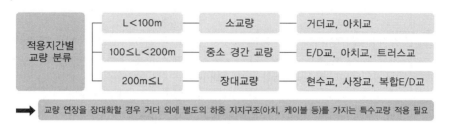

[특수교량 형식]

4 교량공법

[현장타설 콘크리트 교량가설공법 종류 및 특성]

구분	ILM공법 (Incremental Launching Method)	MSS공법 (Movable Scaffolding System)	FCM공법 (Free Cantilever Method)
개요	교량의 상부구조물을 교대후방에 미리 설치한 제작장에서 1세그먼트씩 제작해 교량의 지간을 통과할 수 있는 평형압축력을 Post Tension) 방법에 의해 미리 제작된 상부구조물에 Prestress를 도입시킨후 교량이 교측방향으로 특수 압출장비를 이용해 밀어내는 방식	이동식 비계공법으로 교량의 상부구조를 시공할 때 기계화된 거푸집이 부착된 특수한 이동식 비계를 이용해 현장치기로 한 경간씩 시공을 진행하는 공법, 이동식 비계의 지지 거더는 시공경간에 걸쳐 동바리, 콘크리트 무게를 지지해주며, 받침대는 교각에 부착되어 비계의 무게와 동바리, 콘크리트의 무게를 지지해 주는 구조임	교각에 주두부를 설치하고 특수한 가설장비(Form Traveller)를 이용하여 한 Segment씩 현장에서 콘크리트 타설 후 Prestress를 도입하면서 이어나가는 공법
공법의 장점	• 제작장 설치로 전천후 시공 가능 • 동바리 불필요 • 반복공정으로 노무비 절감 및 공정 계획 쉬움 • 콘크리트 품질관리 용이	• 동바리공이 필요 없고 교량의 하부 지형조건과 무관 • 기계화 시공으로 급속시공이 가능하고 안전도 높음 • 반복공정으로 적은 인력으로 가능하고 시공관리 확실 • 단순연속 시공으로 장대교(다경간)에 유리	• 지보공이 없음 • Form Traveller 이용하여 장대 교량 상부구조 시공 • 2~5m 정도 Block 분할해 시공 • 기상조건 무관하게 시공 가능 • 반복작업으로 노무비 절감
공법 단점	• 직선 및 단일곡선 적용 가능 • 제작장 부지 확보 • 단면 변화 시 적용 곤란 • 교장 짧으면 비경제적임	• 이동식 비계 중량이 무거워 장비 제작비 고가 • 초기투지 비용 크다. • 변화단면 적용 곤란 • 소교모 교량은 비경제적임	• 가설 위한 구조상 불필요한 추가 단면 필요 • 불균형 Moment에 대한 대책 수립 • 주작업이 교각상부에서 이루어져 안전위험 주의 • 시공단계마다 구조계가 변해서 설계 공정 복잡

구분	ILM공법 (Incremental Launching Method)	MSS공법 (Movable Scaffolding System)	FCM공법 (Free Cantilever Method)

시공
순서
	• 강재 Form Traveler 제작
	• Bottom 철근, 시스관, 정착
	  구 조립
	• Bottom 콘크리트 타설, 증기
	  양생
	• Inner Form 인출 및 Setting
	• 벽체 및 슬래브 철근, 시스관
	  정착구 조립
	• 벽체 및 슬래브 콘크리트 타
	  설, 양생
	• Central Tendon 인양작업
	• Launching 작업
		• Outer Form Setting을 위한
		  Launching
		• Outer Form 설치 후 Camber
		  확인
		• 시스관 설치 및 철근 조립
		• Inner Form 이동 위한 레일
		  설치
		• Inner Form Setting
		• 슬래브 철근조립
		• 콘크리트 타설
		• PSC강선 인장
			• 거푸집 제작, 운반 거치 후 우
			  물통 시공
			• 교각 시공 후 주두부 가설
			• 첫 번째 Seg 가설
			• Seg별 가설
			• 측경간 Key Seg 연결

5 결론

① ILM 공법은 동일한 작업공정의 반복으로 시공성, 경제성, 안전성이 높은 공법이다.

② FCM의 적용 시 주두부 고정장치, 폼 트래블러(Form Traveller)의 선정, 캠버(Camber) 계산, 키 세그먼트(Key Segment) 접합, 불균형 모먼트(Moment) 대처방안 등 많은 연구 · 검토 를 필요로 한다.

6 사장교와 현수교

1 사장교

1. 개요

① 사장교는 보강거더를 케이블의 인장력으로 받치고 있는 구조이며, 고차의 부정정 구조이다.

② 교각이나 기초 위에 세운 주탑으로부터 비스듬히 뻗친 케이블(Cable)로 주형 또는 트러스 (Truss)를 지지하는 형식의 교량이다.

③ 현수교에 비해 케이블(Cable) 강성이 상대적으로 크기 때문에 비틀림 강성이 크다.

④ 일반적인 거더교에 비하여 단면의 크기를 줄일 수 있는 형식이다.

⑤ 케이블(Cable)에 대한 응력 조정이 가능하므로 교량 각 구조부재의 단면력을 가능한 한 균등하게 분배시킨다.

[교량형태 사진]

2. 국내 사장교

서해대교(서해안 고속도로), 올림픽대교, 진도대교, 돌산대교, 인천대교

3. 형식과 종류

① 주탑 및 앵커리지(Anchorage)로 주 케이블(Main Cable)을 지지, 주 케이블(Main Cable)에 현수재를 매달아 보강형을 지지하는 교량형식

② 종류
  ㉠ 타정식(Earth-Anchored) : 주 케이블(Main Cable)을 앵커리지(Anchorage)에 고정
  ㉡ 자정식(Self-Anchored) : 보강형에 지지

③ 특징
  ㉠ 중앙 경간이 400m 이상일 경우 트러스(Truss)나 사장교보다 경제적
  ㉡ 활하중이나 풍하중에 의한 변형과 진동을 방지하기 위해 상판에 보강이 필요
  ㉢ 바다처럼 수심이 깊거나 하부구조를 설치하기 곤란한 지형에 유리

2 현수교

① 현수교의 행거는 보강거더의 하중을 케이블에 전달하는 역할을 하고, 보강거더는 활하중을 케이블로 전달하는 역할을 담당하며 지점으로 전달하는 활하중 성분은 거의 없다.
② 국내 현수교량으로 구)남해대교, 노량대교, 영종대교, 광안대교, 광양대교 등이 있다.

[노량대교]

③ 교량 형태

[단경간 2힌지 보강형 현수교]

[3경간 2힌지 보강형 현수교]

[3경간 3힌지 보강형 현수교]

[다경간 현수교]

④ 구조적 특징과 장단점

구분	자정식 현수교	타정식 현수교
개념도		
구조특징	• 현수교 단부 보강형 내에 주 케이블 정착 • 보강형에 축력 작용하고 단부에 부반력 발생 • 경관이 양호	• 주 케이블을 현수교 단부에 있는 대규모 앵커리지에 정착 • 보강형에 축력이나 단부 부반력이 발생하지 않음
장단점	• 시공 시 가벤트 필요 • 주형에 상시압축작용 및 단부 부반력 발생으로 구조상세가 복잡	• 경관성 불량(앵커리지) • 시공 시 가벤트 불필요 • 자정식에 비하여 구조상세가 비교적 간단

3 사장교와 현수교의 차이점

구분	사장교	현수교
지지형식	주탑 : 하프형, 방사형, 팬형, 스타형	주탑 : 앵커리지, 자정식, 타정식
하중 전달경로	하중 케이블 주탑	하중 → 행거 → 현수재→ 주탑, 앵커리지
구조 특성	• 고차 부정정 구조 － 연속거더교와 현수교 중간적 특징	• 저차 부정정 구조 － 활하중이 지점부로 거의 전달되지 않음
장단점	• 현수교에 비해 강성이 커 비틀림 저항이 크다. • 케이블 응력조절이 용이하여 단면을 줄일 수 있다.	• 장경간에 경제적이다. • 풍하중에 대한 보강이 필요하다. • 하부구조 설치가 곤란한 지형에 유리하다.
대표 교량	서해대교, 올림픽대교, 돌산대교, 진도대교, 인천대교	영종대교, 구)남해대교, 노량대교, 광안대교

구분	개념도	적용 사례
사장교	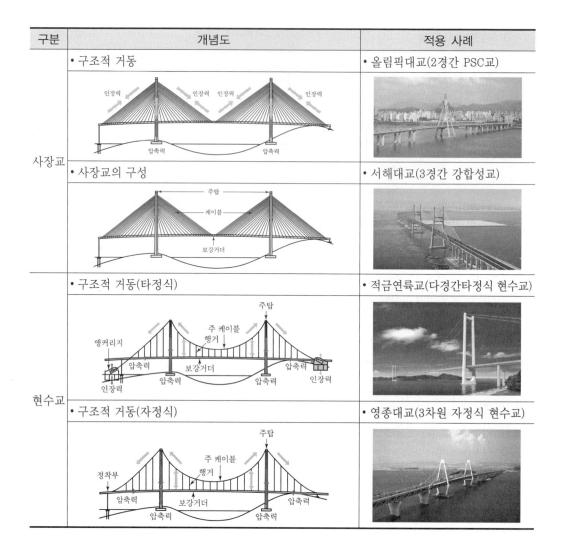	• 올림픽대교(2경간 PSC교) • 서해대교(3경간 강합성교)
현수교		• 적금연륙교(다경간타정식 현수교) • 영종대교(3차원 자정식 현수교)

4 결론

① 현수교와 사장교는 케이블로 지지되는 교량으로서 케이블의 종류 및 배치에 따른 하중전달경로에 그 차이점이 있다.

② 최근의 사장교 계획 시에는 고주탑을 적용하여 케이블의 하중분담을 증대시키고 보강형의 축력도입을 최소화하여 응력을 제어하려는 경향을 보이고 있다.

③ 국내에서는 최근 강사장교, 콘크리트사장교, 강합성사장교, 강과 콘크리트의 복합사장교 등 다양한 형식의 사장교가 설계·시공되고 있으며 경간장 증대와 함께 다경간시스템 도입을 통해 사장교의 적용 범위가 점차 확대되어가고 있다.

④ 교량의 상부 형식 선정 시에는 경제성 및 유지관리, 공사 중, 운영 중 안전성 등을 종합적으로 고려하여 선정하여야 한다.

7 내진설계

1 개요

① 내진설계란 예상되는 지진에 구조물이 붕괴되지 않고 기능을 유지할 수 있도록 구조물을 설계하는 방법이다.

② 교량의 내진설계는 구조물의 동적 거동에 대하여 각 구조부재가 저항하여 전체적인 교량의 붕괴를 방지하는 것으로 크게 두 가지 개념으로 구분할 수 있다.

③ 구조물에 작용하는 지진력에 저항할 수 있도록 구속을 주거나 단면의 강성을 증가시키는 방안과 구조물의 주기를 크게 하거나 감쇠를 증가시켜서 지진하중의 영향을 감소시키는 방안, 즉 지진격리방안(Seismic Isolation)을 사용하는 것이다.

2 내진설계 적용 계수

1. 가속도계수

① 지진 재해도 해석결과에 근거하여 우리나라의 지진구역 Z(평균재현주기 500년)

[지진구역계수 Z(재현주기 500년에 해당)]

지진구역		행정구역	지진구역계수
I	시	서울특별시, 인천광역시, 대전광역시, 부산광역시, 대구광역시, 울산광역시, 광주광역시	0.11
	도	경기도, 강원도 남부, 충청북도, 충청남도, 경상북도, 경상남도, 전라북도, 전라남도 북동부	
II	도	강원도 북부, 전라남도 남서부, 제주특별자치도	0.07

② 평균재현주기별 최대유효지반가속도의 비를 의미하는 위험도 계수 I

재현주기(년)	500	1,000
위험도 계수 I	1	1.4

주) 기준은 평균재현주기 500년 지진이다.

2. 교량이 위치할 부지에 대한 지진 지반운동의 가속도계수(A)

규정된 내진 등급별 설계지진의 재현주기에 해당되는 위험도 계수를 지진구역에 따른 지진구역계수에 곱하여 계산한다.

$$A = I \cdot Z$$

여기서, I : 위험도 계수, Z : 지진구역계수

3. 내진등급과 설계지진 수준

① 교량의 내진등급은 교량의 중요도에 따라서 내진 I 등급과 내진 II 등급으로 분류한다. 단, 교량의 관할기관에서 교량의 내진등급을 별도로 정할 수 있다.

② 교량은 내진등급별로 규정된 평균재현주기를 갖는 설계지진에 대하여 설계되어야 한다.

③ 지진구역 구분

내진등급	교량	설계지진의 평균재현주기
내진 I 등급교	• 고속국도, 자동차전용도로, 특별시도, 광역시도 또는 일반국도상의 교량 • 지방도, 시도 및 군도 중 지역의 방재계획상 필요한 도로에 건설된 교량, 해당 도로의 일일계획교통량을 기준으로 판단했을 때 중요한 교량 • 내진 I 등급교가 건설되는 도로 위를 넘어가는 고가교량	1,000년
내진 II 등급교	• 내진 I 등급교에 속하지 않는 교량	500년

4. 지반의 분류

① 교량의 지진하중을 결정하는 데 지반의 영향을 고려한다.

② 지반 종류의 구분

지반 종류	지반 종류의 호칭	지표면 아래 30m 토층에 대한 평균값		
		전단파 속도 (m/sec)	표준관입시험 [N값(a)]	비배수전단강도 (kPa)
I	경암지반 보통암지반	760 이상	−	−
II	매우 조밀한 토사지반 또는 연암지반	360에서 760	>50	>100
III	단단한 토사지반	180에서 360	15에서 50	50에서 100
IV	연약한 토사지반	180 미만	<15	<50
V	부지 고유의 특성평가가 요구되는 지반			

주) (a) 비점착성 토층만을 고려한 평균 N값

[지반계수(S)]

지반계수	지반 종류			
	I	II	III	IV
S	1.0	1.2	1.5	2.0

③ 지반종류 V는 부지의 특성조사가 요구되는 다음 경우에 속하는 지반으로서, 전문가가 작성한 부지 종속설계응답스펙트럼을 사용하여야 한다.
   ㉠ 액상화가 일어날 수 있는 흙, 퀵클레이와 매우 민감한 점토, 붕괴될 정도로 결합력이 약한 붕괴성 흙과 같이 지진하중 작용 시 잠재적인 파괴나 붕괴에 취약한 지반
   ㉡ 이탄 또는 유기성이 매우 높은 점토지반
   ㉢ 매우 높은 소성을 가진 점토지반
   ㉣ 층이 매우 두꺼우며 연약하거나 중간 정도로 단단한 점토

5. 응답수정계수

① 일반사항
   ㉠ 응답수정계수(R)는 하부구조의 연성능력과 여용력을 고려하여 기둥 또는 교각에 설계 지진력에 의한 항복을 유도하기 위해 제시된 방법으로 탄성해석에 의한 설계 단면력 과소성해석에 의한 설계 단면력의 비를 가정한 것이다.
   ㉡ 응답수정계수(R)

하부구조	R	연결부분	R
벽식 교각	2	상부구조와 교대	0.8
철근콘크리트 말뚝가구(Bent) 1. 수직말뚝만 사용한 경우 2. 한 개 이상의 경사말뚝을 사용한 경우	3 2	상부구조의 한 지간 내의 신축이음	0.8
단일 기둥	3	기둥, 교각 또는 말뚝 가구와 캡빔 또는 상부구조	1.0
강재 또는 합성강재와 콘크리트 말뚝가구 1. 수직말뚝만 사용한 경우 2. 한 개 이상의 경사말뚝을 사용한 경우	5 3	기둥 또는 교각과 기초	1.0
다주 가구	5		

② 응답수정계수
   ㉠ 내진설계를 위해 추가로 규정한 설계요건을 모두 충족시키는 경우
      • 교량의 각 부재와 연결부분에 대한 설계지진력은 탄성지진력을 응답수정계수로 나눈 값으로 한다.

- 다만, 하부구조의 경우 축방향력과 전단력은 응답수정계수로 나누지 않는다.
  ㉡ 내진설계를 위해 추가로 규정한 설계요건을 충족시키지 못하는 경우
  - 하부구조와 연결부분에 대한 응답수정계수는 각각 1.0과 0.8을 넘지 못한다.
  - 이때, 교각의 철근상세를 만족해야 한다.
  ㉢ 응답수정계수 R은 하부구조의 양 직교축방향에 대해 모두 적용한다.
  ㉣ 벽식 교각의 약축방향은 기둥 규정을 적용하여 설계할 수 있다. 이때 응답수정계수 R은 단일기둥의 값을 적용할 수 있다.

③ 내진성능 확보 방안

1. 1점 고정단 사용

① 고정단을 1개소에 두는 방안으로 교량이 긴 경우에는 지진에 의한 수평력이 고정단 교각 1개소에 집중되어 교각 및 기초가 비대해지므로 대부분 공사비가 크게 증가된다.
② 고정단을 1개소 사용하기 위하여 교량의 연장을 작게 계획할 수 있다.
③ 고정단 교량받침으로 지진에 의한 수평력을 지지하지 못할 경우 전단키(Shear Key)를 설치하여 수평력을 지지하게 된다.

2. 다점 고정단 사용

① 고정단 1개소로 지진수평력을 저항하지 못하는 경우 다점 고정단을 적용할 수 있다.
② 교각의 높이가 작은 경우에는 온도, 크리프나 건조수축의 영향이 크기 때문에 적용하기 곤란하다.
③ 대부분 상대적으로 유연한 강성을 갖는 장대교각에서 적용이 가능하다.

3. 평상시는 1점 고정단, 지진 시는 다점 고정단 사용

① 온도나 크리프, 건조수축 등이 천천히 발생하는 변위에는 저항하지 않지만 지진 같은 충격에는 고정단 역할을 하는 충격전달장치(Shock Transmission Units, STU)를 적용할 수 있다.
② 기본적으로 지진 시에는 개수가 많아져 주기가 짧아지므로 1점 고정단 지지보다 전체 지진력은 커지므로 지진력 분산의 효율성은 경제성과 함께 검토되어야 한다.

4. 상부와 교각을 일체로 계획

다점 고정단을 사용하는 것과 마찬가지 개념으로서 높이가 높은 장대교각에서 주로 적용 가능하다. 교량의 시공법과 밀접한 관계가 있다.

4 주기나 감쇠 조절 방안

1. 지진 격리받침 사용

① 기초로부터 전달되는 지진력을 상부까지의 전달경로를 분리하는 받침으로 받침의 고유기능에 주로 이력감쇠(Hysteresis Damping)나 마찰감쇠(Frictional Damping) 기능이 추가

② 대표적인 받침으로는 탄성고무받침, 납삽입고무받침, 고감쇠고무받침, 기타 마찰판을 이용한 받침 등

2. 외부 감쇠장치(Damper) 사용

구조물의 진동응답을 줄이기 위해 지진으로부터 구조물에 들어오는 에너지를 흡수하는 장치로 받침과 별도로 설치

5 결론

① 내진설계의 목적은 지진에 대비하여 안전하게 교량을 설계하고, 지진 발생 시 교량이 받을 수 있는 피해의 정도를 최소화하기 위함이다.

② 교량의 내진설계는 구조물의 동적 거동에 대하여 각 구조부재가 저항하여 전체적인 교량의 붕괴를 방지하는 것으로 크게 두 가지 개념으로 구분할 수 있다.

  ㉠ 구조물에 작용하는 지진력에 저항할 수 있도록 구속을 주거나 단면의 강성을 증가시키는 방안

  ㉡ 구조물의 주기를 크게 하거나 감쇠를 증가시켜서 지진하중의 영향을 감소시키는 방안, 즉 지진격리방안(Seismic Isolation)을 사용하는 것이다.

---

8 터널계획

1 개요

① 터널계획은 지역여건, 지형상태, 지반조건, 토지이용 현황 및 장래전망 등 사전조사 성과를 기초로 하여 수립하여야 한다. 또한 터널 건설의 목적과 기능의 적합성, 공사의 안전성과 시공성, 공법의 적용성을 우선하여 수립하되, 건설비와 유지관리비 등을 포함하여 경제성이 있도록 하여야 한다.

② 터널계획 시 공사 중은 물론 유지관리 시에도 주변 환경에 유해한 영향을 미치지 않도록 하고 환경보전에 대해서도 배려하여야 하며 건설폐기물의 저감, 재활용, 적정한 처리 및 처분에 대한 계획을 수립하여야 한다.

③ 터널의 계획설계에 있어서는 터널의 설치목적을 달성할 수 있도록 요구되는 규모(연장)와 기능(단면공간, 선형, 부대시설)을 구비하도록 해야 한다. 이때 계획설계단계에서부터 터널 시공상의 안정성과 운영 및 유지관리에 따른 경제성에 대해서도 충분히 검토하여야 한다.

2 계획 시 고려사항

① 터널건설의 목적 및 기능의 적합성, 공사의 안전성 및 시공성, 공법의 적용성을 우선하여 수립하되 건설비 및 유지관리비를 포함하여 경제성이 있도록 하여야 한다.
② 산악지형에서 터널연속 구간이나 터널 전후에 높은 교각의 교량이 있을 경우에는 개개의 터널이 아닌 노선 전체적인 관점에서 계획해야 한다.
③ 터널계획은 터널 환기시설, 조명시설 등으로 대표되는 유지관리상의 제 설비가 따른다는 점에서 기능이나 역할을 충분히 인식하여 종합적 · 유기적으로 이들을 결부시켜 경제적으로 계획해야 한다.
④ 공사 중의 안정성 확보 및 개통 후의 주행 안전성도 고려해야 하며 장대터널(연장 1,000m 이상)에서는 특히 중요시된다.

3 조사

① 사전조사
  ㉠ 지역여건, 지형상태, 토지이용 현황 및 장래전망 등 성과를 기초로 하여 수립
  ㉡ 조사 성과에 기초하여 지반조건, 입지조건 등을 검토한 후에 터널의 기능 및 공사의 안전을 확보함과 동시에 건설뿐만 아니라 장래의 유지관리비도 포함한 경제성을 갖추도록 힘써야 한다.

② 공사 중 조사
  당초 조사만으로 지형, 지질, 지하수 등의 상황, 즉 지반조건을 완전히 파악하는 것은 어려우므로 시공 중 지반상태에 따라 당초 계획을 변경하는 경우

4 평면선형 계획

1. 평면선형

① 평면선형은 가능한 한 지반조건이 양호하고 유지관리가 용이하도록 편압이 예상되는 계곡부 및 습곡지역, 애추, 용출수가 많은 지역과 안정성이 우려되는 단층 및 파쇄대지역 등은 피해야 한다.

② 장대터널의 경우 주행차량의 과속 및 졸음운전을 방지하기 위하여 곡선선형을 일부 적용할 수 있으며 터널의 출구부에는 역광으로 인한 시거장애요인이 발생하지 않도록 적정한 곡선을 삽입할 수 있다.

③ 장대터널에서는 터널 내 조명시설을 하더라도 터널 안과 밖의 밝기가 매우 다르므로 운전자가 서서히 순응할 수 있도록 일정한 곡선부 설치 등의 배려가 필요하다.

④ 연직갱이나 경사갱, 횡갱을 수반하는 터널일 때는 그 평면선형의 결정에 있어서 이들의 위치도 포함하여 검토해야 한다.

2. 갱구부 계획

① 갱구는 비탈면의 급기울기에 접하거나 토피가 작은 곳에 위치할 수도 있으므로 지형조건 이 좋은 위치나 현황, 토피 등을 감안하여 편압 및 비탈면활동의 영향이 없는 안정된 지반의 자연비탈면에 직교하거나 그에 가까운 곳에 계획하는 것이 바람직하다.

② 갱구의 위치가 편압작용, 비탈면활동, 낙석, 토석류, 홍수, 눈사태, 안개 등의 불리한 위치에 설치해야 하는 경우에는 안정대책도 함께 고려하여야 한다.

5 종단선형 계획

① 종단선형은 주행안전성, 환기, 방재설비, 배수 및 시공성을 고려하여 결정해야 하고, 기울기는 배수에 지장이 없는 범위 내에서 가급적 완만하게 계획하여야 하며 기능상 부합되어야 한다.

② 배수에 의한 영향
  ㉠ 시공 중의 용출수를 자연유하시키기 위한 터널의 종단기울기 계획은 터널구조물과 배수로 의 종단기울기가 같을 경우에는 0.2% 이상
  ㉡ 종단기울기가 0.2% 미만인 경우에는 시공 중 용출수량이 공사에 영향을 주지 않도록 공사 중 배수시스템을 고려하여 종단기울기를 별도로 계획할 수 있다.
  ㉢ 종단기울기를 크게 할 경우에는 시공 중에 작업능률이 떨어지고 개통 후에도 교통 용량이 저하될 우려가 있으므로 시공성 및 사용성을 감안하여 결정하여야 한다.
  ㉣ 노면수가 터널 내로 유입되어 결빙되면 차량운행 중에 사고가 발생할 수 있으므로 터널 출 · 입구부에서 노면수가 유입되지 않도록 종단기울기를 계획하여야 한다.

③ 환기에 의한 영향
  기계환기를 필요로 하는 터널에서는 환기계획상 특수한 경우를 제외하면 일반적으로 0.2~ 3.0% 사이의 기울기로 계획하는 것이 바람직하다.

6 내공단면 계획

1. 내공단면

① 터널목적 및 기능에 따라 소요시설한계와 선형조건에 따른 확폭량, 환기방식, 터널 내 제반설비의 시설 공간 및 유지관리에 필요한 여유폭 등을 고려하여 결정해야 한다.
② 터널의 내공단면 계획 시에는 지형 및 지반조건, 토피 정도, 주변 여건 및 장래문제 유발 가능성 등을 고려하여 2개 이상의 소단면 병렬터널이나 1개의 대단면 터널에 대한 안전성, 시공성 및 경제성을 검토하여 채택하여야 한다.

2. 단면형상

① 응력 · 변형 등에 대하여 구조적으로 안정하고 굴착량 등도 고려하여 채택
② 단면형상은 일반적으로 난형, 원형, 마제형 등의 형식으로 구분
③ 산악 도로터널에서는 난형 또는 수정마제형이 대부분

3. 단면의 구성요소

① 터널단면의 구성요소에는 차로폭, 측대, 배수구, 공동구, 시설한계, 측방 여유폭 및 시설대 등이 있다.
② 도심지 터널에서 보행자 통로가 필요한 경우 검사원통로, 시설대, 측방 여유폭 등에 안전시설을 추가하여 보도를 설치할 수 있다.

7 터널설계

1. 터널굴착과 지반거동 특성

① 지반을 자체 지보능력이 없는 것으로 간주 : 적극적으로 이를 활용하고자 하지 않는 경우이고, 터널굴착으로 인해 발생하는 모든 하중을 신설되는 터널의 지보재로 하여금 지지하도록 한다.
　㉠ 하중의 크기는 지반조건과 터널의 형상과 심도 등에 따라 달라지게 된다.
　㉡ 지반의 이완하중 발생을 방지하려 하거나 지반 자체의 지보능력을 적극 활용하고자 하는 데 관심을 두지 않는 이른바 재래식 터널공법이다.

② 지반 자체가 보유하고 있는 지보능력을 최대한 활용하고자 하는 경우 : 지반이 원래 가지고 있는 지보능력이 적게 손상되도록 굴착하고 동시에 지반 이완 등을 적극 방지하여 지반 자체의 지보능력을 적극적으로 활용함으로써 경제적인 지보재만으로도 터널의 안정상태를 유지시키는 터널공법이다.

2. 터널공법

① 지반의 지보능력을 활용한 터널공법

  ㉠ 숏크리트, 강지보재 및 록볼트로 구성된 가축성 지보재(이하 주 지보재)를 활용하여
     터널 굴착면 주변의 지반 내부에 지반아치를 형성하여 이 아치로 하여금 터널의
     공동을 안정되게 유지하는 지보기능을 발휘하도록 한다.

  ㉡ 지반 자체가 터널을 형성하는 주된 역할을 수행하도록 적절한 지보부재를 적정한
     시기에 설치하도록 하는 노력이 필요한 공법이다.

② 싱글쉘 터널

  ㉠ 기존의 터널구조는 1차 라이닝인 숏크리트와 2차 라이닝인 콘크리트라이닝 사이에
     차수재와 방수재가 시공되므로 1차 라이닝과 2차 라이닝 간에 전단력이 전달되지
     않는 이중구조를 갖는다.

  ㉡ 싱글쉘 터널은 별도의 방수재를 시공하지 않고 2차 라이닝의 역할을 수행하는 숏크리
     트 라이닝을 1차 숏크리트 라이닝과 일체화되게 타설하여 구체방수 효과를 기대하고
     지반−숏크리트 라이닝이 일체화된 합성단면 숏크리트 구조로서 거동한다.

  ㉢ 싱글쉘 터널은 시차를 두어 다단으로 타설되며, 각 타설 단계마다 라이닝 층의 역할을
     달리 부여하고, 그 역할에 맞게 숏크리트 첨가재료를 달리 적용할 수 있다. 따라서
     싱글쉘 터널은 구성성분이 다른 다단 타설 복합단면의 일체화 구조를 갖는다.

  ㉣ 싱글쉘 터널은 숏크리트, 록볼트뿐만 아니라 라이닝의 역할을 함께 수행하는 고성능
     고내구성 다층 합성단면 숏크리트층이 시공되고, 숏크리트 층 내에 전단력의 전달을
     저해하는 여타의 재료를 포함하지 않으며, 별도의 2차 콘크리트 라이닝 없이 지반과
     일체화된 숏크리트층으로 최종 마무리되는 구조의 터널을 말한다.

  ㉤ 싱글쉘 터널은 터널의 공용성을 확보할 수 있도록 라이닝에 의한 구체방수의 누수를
     최소화하고 라이닝의 화학적 열화속도를 감소시킬 수 있도록 하여야 하므로 고성능,
     고내구성의 고강도 숏크리트를 계획하여야 한다.

③ 기계화 굴착방법

  기계화 굴착방법은 중장비에 의한 굴착으로 쇼벨(Shovel), 브레이커(Breaker), 로드헤더
  (Road Header) 등으로 비교적 파쇄가 심한 암반이나 풍화암, 풍화토 지반을 큰 진동
  없이 굴착하는 방법과 TBM(Tunnel Boring Machine)이나 실드(Shield) 장비에 의한
  전단면 굴착방법 등이 있다.

④ 기타 터널공법

  ㉠ 언더피닝(Under Pinning) 공법

ⓛ 프런트재킹(Front Jacking) 공법

ⓒ 메서실드(Messer Shield) 공법

ⓡ 파이프루프(Pipe Roof) 공법

3. 터널설계의 기본 방향

① 터널설계의 목표

㉠ 안정성

- 시공 시는 물론이고 완공 후에도 터널의 수명기간 동안 안전한 구조물로서 기능을 발휘할 수 있도록 설계하여야 한다.
- 토사지반의 얕은 터널 또는 상부지반이나 터널 인근지역에 개발이 예상되는 경우에는 이에 대한 영향을 미리 설계에 반영하도록 하는 것이 바람직하다.

㉡ 시공성

- 현장의 조건은 물론 기술수준까지를 감안하여 평가한다.
- 제공될 수 있는 기술력으로 수행이 가능한 설계가 되도록 하여야 한다.

㉢ 경제성

- 불확실한 설계일수록 비경제성을 내포하기 쉬우므로 현장의 실제지반조건과 계측결과를 적극 활용하도록 함으로써 경제성을 도모할 수 있도록 설계하여야 한다.
- 과도한 경쟁에 의한 비경제적인 설계가 되지 않도록 주의하여야 한다.

㉣ 내구성

- 주변의 환경 등을 면밀히 분석하여 터널의 수명기간 동안 구조물의 내구성이 유지되도록 한다.
- 지하수 영향 등도 고려한다.

㉤ 유지관리의 효율성

- 터널의 구조물은 구조물 수명기간 동안 유지관리가 쉬운 구조물이 되도록 설계하여야 한다.
- 배수형 터널의 경우에 오랜 기간에도 배수계통의 기능이 유지될 수 있도록 설계한다.

㉥ 터널 내의 쾌적성

터널 공용 시 차량의 운행 등에 의한 배기가스 등이 효율적으로 처리되어 쾌적성을 유지할 수 있도록 계획하여야 한다.

㉦ 이용자의 안정성

터널 내에서 예기하지 못한 긴급사태가 발생할 경우 이용자의 안전이 확보되도록 방재시스템 등을 계획하여야 한다.

② 터널설계의 수행방향

　　㉠ 터널의 설계 시에 시행되는 지반조사는 지형조건의 제약으로 인해 조사가 어려운 경우가 많기 때문에 실제 시공 시의 지반조건이 설계 당시 예측한 조건과 상이하게 되는 경우가 자주 발생하게 되므로, 터널의 설계는 다른 구조물의 설계와는 달리 확정설계 개념보다는 현장조건에 따라 변경될 수 있음을 염두에 두고 실시되어야 한다.

　　㉡ 터널공법은 터널 주변의 지반이 터널을 형성하는 주된 역할을 수행하게 된다. 따라서 터널설계 시에는 터널 주변 지반이 원래 보유하고 있는 지보능력을 손상시키지 않도록 터널의 단면형상, 굴착공법 및 방법, 지보재 및 시공순서 등을 선정하여야 한다.

　　㉢ 터널설계에는 공사 중은 물론 운용 시에 대한 환기, 조명, 방재시설 등도 고려하여 이들의 역할이 잘 발휘될 수 있도록 설계하여야 한다.

4. 터널공법 선정 시 고려사항

① 지반의 거동 특성과 지보재의 지보력이 상호 연합하여 터널의 안전성이 구조물의 수명기간 동안 유지될 수 있도록 하는 터널공법을 선정하여야 한다.

② 터널공법 선정 시에는 유사조건에서의 시공실적을 적극 참조하여야 한다.

③ 지반의 등급이 분류되면 해당 지반 등급에 적용할 지보패턴과 굴착방법을 정하여야 한다. 유사지반조건에서의 시공실적은 물론 RMR 방법 및 Q-시스템에서 제안한 지보패턴을 참조하여 지보패턴을 정하는 것이 바람직하다.

④ 일단 지보패턴과 굴착방법과 순서가 선정되면 이에 대한 적합성을 해석적인 방법으로 검증한다.

⑤ 터널설계에는 불확실한 제반요소가 많이 있다는 점을 간과해서는 안 된다. 따라서 다소 보수적이면서도 경제성을 추구하는 지보패턴을 채택하되 동일한 지반조건에 대해서도 시공순서에 따라 지보패턴의 적합성이 달라질 수 있음을 주지하여야 한다.

8 결론

① 갱구의 위치 결정은 건설비뿐만 아니라 완공 후의 유지관리비에도 큰 영향을 미치므로 이에 대해 면밀히 검토하여야 한다.

② 터널에서는 터널 내부를 주행하는 차량의 안전을 확보하기 위해 필요한 환기, 조명, 방재 등의 각 시설의 역할을 정확히 인식하여, 시설 간 연계성과 설치 목적에 맞도록 계획하여야 한다.

③ 터널 구조의 설계에서 지형, 지질 등의 지반 조건이나 시공 방법에 영향을 크게 받는다는

것이다. 즉, NATM 개념의 터널공법에서는 터널 주변 지반은 단순히 터널 구조에 작용하는 하중으로만이 아니라 터널의 공동을 유지하는 지보 구조체 자체가 된다.

④ 터널의 원지반 조건은 계획 단계에서 개통 후의 유지관리단계에 이르기까지 터널의 안정성에 영향을 주며, 설계의 전제가 되는 자료로 세밀히 평가되어야 할 사항이다.

⑤ 터널의 설계는 예비설계의 개념이 강하며 시공단계에서 실제의 지반조건을 확인하고 원지반이나 지보 구조의 거동을 관찰, 계측하여 실제 지반에 가장 합리적이고 경제적인 지보를 설치하도록 하여야 한다. 최근에는 기계식 굴착 공법인 TBM 터널공법이나 실드 터널공법이 도입되어 NATM 개념의 터널공법의 단점을 보완할 수 있도록 하고 있다.

9 터널갱문설계

1 개요

① 갱문설계 시 원지반 조건, 주변 경관과의 조화, 차량 주행에 주는 영향, 유지관리상의 편의를 고려하여 갱문의 위치, 형식, 구조를 정한다.

② 특히 갱문 배면에는 개통 후 낙석, 눈사태 등의 재해를 미연에 방지할 수 있는 대책을 필요에 따라 고려해야 한다. 또한 주변 경관과의 조화, 차량 주행에 주는 영향을 고려하고 갱구 설치 비탈면을 필요에 따라 수정하는 것이 좋다.

③ 이와 함께 자연 비탈면으로부터 본선으로 빗물이 들어오는 것을 막기 위해 적절한 배수공법도 설계하여야 한다.

2 갱문형식

① 갱문은 지표 비탈면의 낙석 붕괴, 눈사태, 누수 등으로부터 갱문부를 보호하기 위한 것으로서, 갱문 자체에 변위, 침하 등이 생기지 않는 역학적으로 안정된 것이어야 한다.

② 갱문 자체의 변위, 갱문 자체의 미관, 주변의 조경 등을 복합적으로 고려해야 한다.

③ 갱문의 종류
    ㉠ 중력형 : 비교적 경사가 급한 지형에 많이 적용
    ㉡ 면벽형 : 면벽에 작용하는 외력은 터널 축방향의 토압과 같으므로 흙막이 벽으로 설계
    ㉢ 돌출형 : 갱구의 지형, 지질, 기상 등에 따라 터널의 라이닝을 채택하고 갱문 옹벽을 설치하지 않은 구조이므로 갱문부의 원지반을 이완시키는 일이 적고 안정성 및 미관이 좋은 이상적인 형식

④ 갱문부는 휨모멘트와 인장력이 작용하기 때문에 갱문 및 터널 콘크리트라이닝 설계 시 필요에 따라 철근 등으로 보강하여야 한다.

⑤ 갱문형식 선정은 지반조건, 주변 환경 등을 고려해야 한다.

❸ 갱문의 종류 및 특징

[면벽형과 돌출형 비교]

구분	면벽형	돌출형
장점	• 터널 갱구부 시공이 용이 • 터널 상부 되메우기 불필요 • 터널 상부에서 유하하는 지표수에 대한 배수 처리가 용이	• 터널 진입 시 위압감이 적음 • 주변 지형과 조화를 이루어 미관 양호
단점	• 인위적 구조물 설치에 따른 주변 경관과의 조화를 이루기 어려움 • 정면벽의 휘도 저하를 고려할 필요가 있음	• 갱구부 개착터널 길이가 길게 됨 • 갱구부 터널 상부에 인위적인 흙쌓기 필요 • 터널 상부 지표수에 대한 배수 처리 필요
적용 지형	• 갱구부 지형이 횡단상 편측으로 경사진 경우 • 배면 배수 처리가 용이한 지형 • 갱문이 암층에 위치한 경우 • 갱구부 지형이 종단상 급경사인 경우	지형이 편측 경사가 없고 갱문 전면 땅깎기가 적어 개착 터널 설치 후 자연스럽게 조화를 이룰 수 있는 지형

[면벽형과 중력형 비교]

구분	면벽형		중력형
	날개식	아치날개식	중력 · 반중력식
개념도			
개요	옹벽을 설치하여 터널연장이 짧음	날개식에 비해 터널연장이 길어지나 터널 진입 시 압박감은 경감됨	갱구부 전방에 옹벽 설치

503

구분	면벽형		중력형
	날개식	아치날개식	중력 · 반중력식
지반 조건에 의한 적용성	• 양측면을 땅깎기할 경우 • 배면 토압을 전면적으로 받는 경우 • 적설량이 많은 경우에는 방설공을 병용	• 비교적 지형이 완만한 경우 • 좌 · 우측면의 땅깎기가 비교적 적은 경우	• 비교적 경사가 급한 지형이나 토류 옹벽 구조를 필요로 하는 경우 • 낙석이 많다고 예상되는 경우 • 배면 배수 처리가 용이한 경우
시공성	• 지반이 불량할 때는 땅깎기량이 많아지므로 배면 땅깎기 비탈면의 안정대책 필요 • 터널 본체와 일체화된 구조로 계획	• 지형에 따라서는 일부 터널 외 라이닝이 필요 • 다소의 흙쌓기 보호 필요	지반이 불량할 때는 땅깎기량이 많아지므로 배면땅깎기 비탈면 안정대책 필요
경관	• 정면벽 휘도 저하를 고려할 필요 있음 • 중량감이 있어 안정성을 느끼나 진입 시 위압감을 느끼기 쉬움	아치부 곡선이 주변 지형과 조화 필요	• 정면벽 휘도 저하를 고려할 필요 있음 • 중량감이 있어 안정성을 느끼나 진입 시 위압감을 느끼기 쉬움

[돌출형의 구분]

구분	돌출형			
	벨마우스식	돌출식	원통절개식	파라펫식
개념도				
개요	정점부가 많이 노출되는 원통절 개식의 반대 모양	경관을 향상시키고 터널단면과 동일한 단면 유지	노출된 콘크리트 부분을 경사형으로 계획	아치부를 돌출식으로 해서 쌓기를 하고 토류벽 설치
지반 조건에 의한 적용성	• 지형 지질이 비교적 양호하고 갱구 주변이 열려 있는 곳에 가능 • 적설지에는 날아 들어오는 눈이 많이 쌓이기 쉬움	• 압성토를 시공할 경우 • 갱구 주변 지반조건이 좋지 않을 경우 • 적설지에도 가능 • 갱구 주변 지형의 땅깎기 등 성형이 비교적 용이한 경우	• 갱문 주변의 지형이 완만한 경우 • 주변을 조경할 필요가 있음 • 적설지에는 날아 들어오는 눈이 많이 쌓이기 쉬움	• 능선 끝단의 지형에서 좌우 구조물과 관계가 적은 경우 • 적설지에 가능 • 갱문 주변 지질이 비교적 안정되어 있는 경우

구분	돌출형			
	벨마우스식	돌출식	원통절개식	파라펫식
시공성	• 특수 거푸집을 필요로 하고 공기도 상당히 필요 • 구조물 공사비가 고가	지형, 지질이 안정되어 있는 경우는 가장 경제적이지만 지반조건이 불량하여 압성토를 필요로 할 경우에는 두께를 두껍게 하여야 함	거푸집 및 배근 등 구조물 공사비가 고가	터널 본체 구조물을 갱구까지 길게 연결이 필요함
경관	• 터널 내 진입 시 위압감 가장 적음 • 주변 지형과 조화를 이룸	면벽 구조가 아니기 때문에 터널 갱구 주변 지형과 비교적 일치함	주변 지형을 조경함으로써 갱문과 조화를 이룸	면벽 구조가 아니기 때문에 터널 갱구 주변 지형과 비교적 일치함

4 결론

① 터널갱문 계획 시에 너무 경제성만을 고려하여 절토부가 많이 발생하는 구간에 갱문을 설치한 곳은 여름철 집중 호우 시에 토사와 낙석 등이 흘러내리거나 사면 슬라이딩이 발생하므로 사면절취가 적은 곳에 설치해야 한다.

② 터널의 갱문은 비탈면에서의 토사붕괴 또는 낙석, 눈사태, 지표수 유입 등으로부터 갱구부를 보호할 수 있는 기능을 갖도록 하고 지반조건이 허용하는 한 자연환경 훼손을 최소화하여야 하며, 안정한 구조가 될 수 있는 위치로 한다.

10 터널환기

1 개요

① 터널에는 안전하고 원활한 교통 소통을 위하여 필요한 곳에는 도로의 설계속도, 교통조건, 환경 여건, 터널의 제원 등을 고려하여 환기시설 및 조명시설을 설치하여야 한다.

② 화재나 그 밖의 사고로 인하여 교통에 위험한 상황이 발생될 우려가 있는 터널에는 소화설비, 경보설비, 피난설비, 소화활동설비, 비상전원설비 등의 방재시설을 설치하여야 한다.

③ 터널 내의 일산화탄소와 질소산화물의 농도는 다음 표 이하가 되도록 하고, 환기 시의 터널 안 풍속이 10m/sec를 초과하지 않도록 환기시설을 설치하여야 한다.

구분	농도
일산화탄소	100ppm
질소산화물	25ppm

④ 터널의 연장과 교통량에 따른 환기방식 분류
　　㉠ 자연환기방식
　　㉡ 기계환기방식 : 종류식(縱流式), 반횡류식(半橫流式), 횡류식

2 환기계획

1. 계획 시 고려사항

① 환기설비는 터널 내 오염물질의 농도가 허용 수준 이하로 유지될 수 있도록 터널 길이와 교통량 등 시설물의 목적에 적합한 형식으로 계획하여 충분한 기능이 발휘될 수 있도록 하여야 한다.
② 터널의 환기계획은 교통, 기상, 환경, 지형지물 및 관련 법규를 바탕으로 소요환기량을 산정하여 자연환기와 기계환기 중 적합한 방법을 선정하여야 한다.
③ 기계환기는 선정 시에는 구조설계, 배치 및 환기장소를 고려하여 설비제원을 결정하여야 한다.
④ 환기설비는 화재 등 비상시 안전 확보를 위한 매연이나 제연시설로 운용되므로 환기방식의 선은 비상시 안전성을 고려하여 검토한다.

2. 계획의 순서

① 터널의 노선선정
② 환기설계상 필요한 자료 수집
③ 환기방식의 예비검토
④ 소요환기량의 산정
⑤ 환기의 기본계획 작성(환기방식 선정)
⑥ 단면계획 및 환기력 계산
⑦ 설비 제원의 결정

3. 적용

① 환기계획은 환기에 큰 영향을 미치는 교통방식, 방재계획(비상용 시설)과의 관련, 주변 환경에 미치는 영향 등을 고려하여 가장 경제적인 방식의 기계설비 설치와 본체 시공에 대한 사항을 검토하여야 하는 것으로서 합리적으로 실시되어야 한다.

② 터널환기 설계 시 단계건설의 가능성을 검토하여야 한다. 단계건설은 본터널의 증설에 따른 환기시스템 변경의 경우, 도로노선 등의 정비에 의한 교통량 증감을 고려한 환기시스템 증설의 경우, 그리고 두 경우가 모두 적용되는 경우에 적용된다.

③ 환기계획은 양방향 교통방식(왕복차선도로터널)에서 일방향 교통방식(일방도로터널)으로의 변경을 고려한 최종단계의 환기계획과 조화를 이루도록 함과 동시에 일방향 교통터널(일방도로터널)의 이점을 충분히 살려야 바람직하다.

④ 교통방식을 변경하지 않는 경우와 교통량의 변화에 따라 환기시설을 단계적으로 늘리는 경우에도 최종단계의 설비문제를 충분히 고려해야 한다.

⑤ 터널 본체 구조는 개축이 극히 까다롭고 어려운 사항이므로 여유 있는 계획이 바람직하다.

❸ 환기설계

1. 환기설계 단계

환기의 기본 계획단계 → 터널단면과 덕트단면을 결정하는 단계 → 환기시설 제원의 설계단계

2. 설계단계 시 검토사항

① 환기량의 설계
② 자연환기의 계산
③ 기계환기의 설계
④ 환기방식에 의한 환기 구분, 환기덕트 및 연결덕트 등의 환기계에 관한 설계
⑤ 환기기, 관련 전기설비 및 환기소의 설계
⑥ 환기운용, 기타 사항 검토 및 설계

3. 환기시설의 필요성

① 환기 검토
  ㉠ 소요환기량을 계산하고, 소요환기량에 따른 자연환기 가능 여부를 결정하여야 한다. 만약 자연환기가 불가능한 터널이라면 제반 여건을 고려하고, 적정한 환기시설 용량을 산정하여 환기시설을 계획하여야 한다.
  ㉡ 환기시설은 자연환기가 불가능한 경우에 해당 터널에 적정한 기계환기방식을 선정한다.
  ㉢ 환기검토단계에서 환기방식은 자연환기와 기계환기로 크게 구분할 수 있다.
  ㉣ 자연환기의 한계는 터널 내부의 여러 가지 조건, 교통조건(교통방향, 교통량, 차종구성, 주행속도) 및 기상조건에 따라 다르다. 특히 기상조건은 각각 터널별로 다른 것은 물론, 동일한 터널에 대해서도 시간적 · 계절적인 변화가 현저한 것이 보통이다.

ⓜ 양방향 교통터널에서의 교통풍은 교통량 및 상·하행선별 교통량의 변동에 따라 시간마다 변화한다. 때문에 자연환기의 효과를 정량적으로 결정하는 것은 매우 어렵다.

ⓑ 자연환기 한계 기준

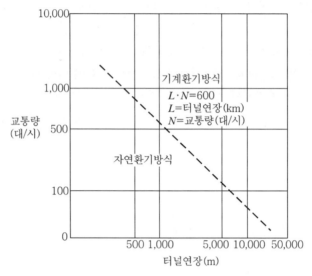

[도로터널의 연장과 교통량에 따른 환기방식]

- 일방향 : $L \cdot N \fallingdotseq 2,000$, 양방향 : $L \cdot N \fallingdotseq 600$
- 터널연장, 종단경사, 교통량 등이 크지 않은 평균적인 터널에서의 자연환기 한계 중 하나의 기준이다.
- 경사가 급한 터널, 길이가 긴 터널, 지체가 발생하기 쉬운 터널 등 특수한 경우에 적용할 때는 주의가 필요하다.

② 터널제원에 대한 검토

ⓐ 환기시설은 터널연장, 종단경사, 표고, 내공단면적 등에 영향을 받으며, 특히 터널연장 및 종단경사는 소요환기량과 밀접한 관계를 가지고 있으므로, 터널연장이 길어지거나 종단경사가 클수록 소요환기량이 증가하는 경향이 있다.

ⓑ 내공단면적 등은 소요환기량과 밀접한 관계는 없으나, 터널 내 작용하는 환기력에 큰 영향을 미치므로 내공단면적이 클수록 환기용량은 작아지는 경향이 있다.

ⓒ 환기용량을 줄이기 위해 터널의 내공단면적을 확대하는 것은 터널 본체 공사비의 증가를 가져오므로 신중히 검토할 필요가 있다.

③ 환기방식의 선정

　　㉠ 환기방식은 그 특징을 충분히 살려서 터널의 길이, 지형, 지물, 지질, 교통조건, 기상조건, 환경조건 등에 따라 효과적이고 경제적인 방식을 선정한다.

　　㉡ 터널환기는 자연환기와 기계환기로 크게 구분한다. 자연환기는 소요 환기량을 교통환기력만으로 충족할 수 있는 경우이며, 그렇지 못한 경우에는 환기기에 의한 환기를 수행하게 되는데 이를 기계환기라 한다.

　　㉢ 기계설비에 의한 환기는 일반적으로 터널 외부의 신선한 공기를 기계 환기력에 의해서 유입하여 오염된 공기를 희석·배기하는 것으로 환기방식은 차도 내 기류의 방향에 따라 종류식, 반횡류식, 횡류식 등으로 구분된다.

4 환기방식의 종류 및 특징

1. 환기방식의 종류

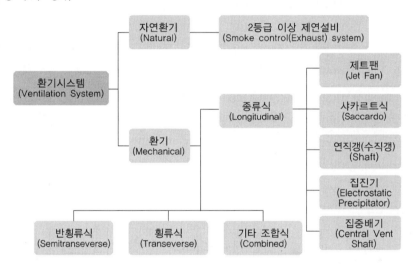

2. 자연환기방식

① 교통환기력만으로 소정의 환기가 가능한 것을 자연환기라 한다.

② 기상조건에 따라서 터널 내를 지나가는 자연풍과 터널 내를 주행하는 자동차의 영향으로 발생하는 교통환기력에 의해 터널입구로부터 신선공기가 유입함으로써 가능해진다.

③ 자연환기가 가능한 한계길이는 터널의 기하조건, 교통조건(교통 방향, 교통량, 차종구성, 주행속도)과 기상조건 등에 따라 다르다.

④ 자연환기의 한계길이를 산술적으로 정하는 것은 불가능하며, 터널환기에 영향을 미치는 각종 인자에 대해서 충분히 검토하여 적용한다.

3. 기계환기방식

① 기계설비에 의한 환기는 일반적으로 터널 밖의 신선한 공기력을 기계환기력에 의해서 유입하여 오염된 공기를 희석하는 것이다.

② 환기방식은 차도 내의 공기 흐름의 방향에 따라 종류식, 반횡류식, 횡류식 등으로 구분한다.

③ 제트팬 방식, 샤카르트 방식, 수직구(연직구) 방식, 집진기 방식, 집중배기방식, 순환환기 방식 등이 있다.

4. 일방향 기계환기방식의 특징

환기방식	종류식					반횡류식		횡류식
기본적 특징	터널 내 종방향의 기류가 발생하며, 교통환기력을 유효하게 이용할 수가 있다. 터널 내 덕트는 필요하지 않다.					터널에 평행하게 설치된 덕트에 의해서 급기 또는 배기되고 차도 내 종방향의 흐름이 발생한다.		터널 덕트에 의하여 급기와 배기가 동시에 이루어지기 때문에 횡방향의 흐름이 발생하고 차도를 흐르는 풍량은 비교적 작다.
대표적 형식	제트팬식	샤카르트식	집중배기방식	연직갱 (수직갱) 급배기방식	전기 집진기식	급기반 횡류식	배기반 횡류식	
	제트팬 및 교통환기력	급기노즐의 분류에 의한 승압력 및 교통환기력	갱구로부터 흡입되는 풍량이 있음, 교통 환기력이 저항으로 되는 구간 존재	급기노즐의 승압력 및 교통 환기력에 의함	급기노즐의 승압력 및 교통 환기력, 집진에 의한 오염물질 처리효과	터널 내 급기 덕트에 의해서 신선공기가 공급되고 오염물질이 희석	터널 내 배기 덕트에 의해 오염물질이 배기되고 양 갱구를 통해서 신선공기가 공급	
환기 계통도								
적용 연장	약 2,500m	약 2,500m	약 3,500m	환기상 제한 없음 (급기공이 필요함)	약 4,500m	약 3,000	약 3,000	연장상한은 없음
차도 내 풍속	역풍상태에서 한계속도는 10m/s 이하					중성점이 터널의 중앙에 있는 상태에는 8m/s를 유지하고 국부적인 한계풍속은 10m/s 이하로 한다.		덕트계의 분할이 가능하며, 일반적으로 차도 내 풍속은 교통 환기력에 의한다.
	경제 속도는 6m/s	제트팬과 병용하는 경우에 약 6m/s	제트팬과 병용하는 경우에 약 6m/s	약 6m/s 이하	약 6m/s 이하			

환기방식		종류식				반횡류식		횡류식
구조		천장에 제트팬 설치공간이 필요하다.	제트팬을 병용하지 않는 경우에는 천장공간이 불필요하다.			덕트공간이 필요하다.		급배기덕트 공간이 동시에 있어야 하므로 내공단면적이 가장 크다.
유지관리	설비동력	차도공간에 있어서 환기를 위한 에너지 효율은 타 방식에 비하여 불리하다.			겉보기 환기량이 저감되어 비교적 좋다.	배기 반횡류식에 비하여 동력비가 저렴하다.	급기반횡류식에 비해서 동력비가 크다.	반횡류식에 비해서 고가이다.
	제어성	풍량단계와 가동팬의 수는 비례하지 않는다.	풍량 단계와 가동률은 비례하지 않고 교통량 자연풍의 적정한 운용은 비교적 곤란하다.	풍량단계와 가동팬의 수는 비례하지 않는다.		교통량의 변동에 비례해서 제어된다.		
	기타	정비 시 터널 내 차도공간에서 작업이 진행된다.	갱구 부근의 환기소에 팬을 설치하기 때문에 용이하다.	환기소에 팬을 설치하기 때문에 정비가 용이하다.		환기설비 전체의 유지관리작업량이 종류식에서보다 증가한다.		
오염물질의 배출		출구 측 갱구로 전량 배출	일부 또는 전량이 배기탑으로 배출, 갱구로의 배출 제어가 가능	배기탑 및 출구 측 갱구로 배출	출구 측 갱구로 배출, 집진된 오염물질의 처리	출구 측 갱구로 거의 전량 배출	갱구에서 오염공기를 배출하지 않고 배기탑을 통해서 배출	배기탑을 통해서 배출되나 일부는 터널출구로 배출
화재 시 배연		출구 측 갱구로의 배연	입갱을 통해서 일부 또는 전량을 배연	출구 측 갱구를 향한 배연으로서 운영 가능	화재 시에는 기능 정지	환기기의 조합에 의해서 터널구간의 배기와 급기가 자유로우므로 화재대응력 우수		각종 조합운전이 가능하므로 화재대응력이 가장 우수
자연풍의 영향		자연풍 및 피스톤작용에 의한 효과를 기대할 경우에는 이들의 영향을 정확히 평가할 필요가 있다.				자연풍의 영향을 비교적 받지 않는다.		
설치의 곤란성		덕트를 필요로 하지 않기 때문에 터널의 개통 후에도 환기설비의 추가 설치가 가능하다(단, 집진기실은 제외).				차도공간과는 별도의 덕트를 필요로 하기 때문에 환기설비의 증설 변경은 곤란하다.		
설비비		환기덕트는 차도공간 자체가 되기 때문에 다른 방식에 비하여 경제성이 좋다.				종류식보다 고가이다.		

환기방식	종류식	반횡류식	횡류식
기타	• 환기덕트로 차도공간 자체를 사용하기 때문에 압력손실이 적다. • 전기집진기와 병용하여 적용 연장을 늘릴 수 있다. • 차도 또는 차도 근방에 제트팬이 설치되므로 소음에 대한 고려가 있어야 한다. • 집진 정화된 공기를 3회 이상으로 하는 경우에는 주의를 요한다.	차량의 피스톤작용을 저해하기 때문에 에너지 효율 면에서 종류식보다 떨어진다.	중성점에서 오염물질의 농도는 이론적으로 무한대가 된다.	종합적으로 볼 때 가장 신뢰성 있는 환기가 가능하다.

5 결론

① 터널구간에서 도로의 설계속도에 따라 종단경사를 이용하여 자연환기가 가능한 짧은 터널에서는 종단경사를 적정하게 유지하여 지형조건에 순응하는 것이 바람직하다.

② 기계식 환기시설이 필요한 장대터널에서의 종단경사는 대형차의 매연 발생 등을 고려하여 2% 이하가 바람직하나 종단경사 조정에 따른 비용과 기계식 환기시설 설치비용과의 경제성을 검토하여 종단경사를 결정하도록 한다.

③ 환기방식의 선정단계에서는 각 환기방식의 특성을 충분히 파악하여 터널 내 농도 및 풍속분포가 교통의 안전과 쾌적성에 지장이 없도록 고려한 후에 환기계에 대한 경제성, 시공성의 검토를 실시하여 가장 적합한 환기방식을 선정한다.

④ 종류식, 반횡류식, 횡류식의 세 종류의 기계 환기방식의 선정은 터널의 길이, 교통조건 외에 입지조건, 방재, 공사비, 유지관리비 등을 비교·검토한 후에 결정해야 한다.

⑤ 터널 주위의 환경조건, 화재 시 환기기의 운용, 유지관리, 경제성, 단계건설, 기타 조건 등에 대해 종합·검토하여 가장 적절한 방식으로 결정해야 한다.

11 피암터널

1 개요

① 과거에는 낙석과 사면 붕괴 등의 피해를 방지하기 위하여 터파기 후에 구조물을 설치하고 다시 흙을 덮는 대절토 공법을 적용하였다.

② 철근콘크리트 또는 파형강관 등으로 터널 모양의 구조물을 계획하여 암 또는 토사 절토부 상부에서 발생하는 낙석과 사면붕괴 발생에 따른 피해를 방지하는 공법이다.

② 피암터널의 형태

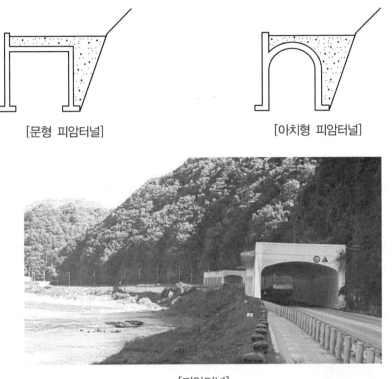

[문형 피암터널]　　　　　　[아치형 피암터널]

[피암터널]

③ 피암터널의 설계

1. 구성요소

① 피암터널 지붕
② 지붕의 상부를 암반에 고정시키는 앵커
③ 지붕의 하부를 지지하기 위한 기초

2. 설계 시 고려사항

① 피암터널의 설계는 「건설공사 비탈면설계기준」을 적용하며, 지형조건과 지반조건, 주변 경관, 낙석 규모 등을 고려하여 형식을 선정한다.
② 구조와 단면결정은 낙석의 규모, 낙하높이 등의 현장조사를 실시하고, 낙석에 의한 충격하중, 복토하중, 작업하중, 횡토압 등의 하중을 고려하여 구조검토를 통해 결정한다.
③ 비탈면 높이, 비탈면 경사도, 안정해석결과 등을 종합적으로 검토하여 형식을 선정한다.

4 피암터널 적용 위치

① 도로 인근에 여유 폭이 없고, 대규모 낙석 등의 발생 가능성이 있는 급경사 절개면
② 지형 및 지질조건 등을 고려하여 깎기면 높이가 높은 지역
③ 낙석의 규모가 커서 일반 낙석방지시설로 방어하지 못하는 경우, 도로상에 낙석 등이 직접 떨어지는 구간에 설치
④ 경사면이 급하고 긴 비탈면이 이어져 있는 경우

5 결론

① 유지관리 등을 고려하면 대절토사면보다 경제적이고 안전한 공법이다.
② 기존 도로에 피암터널을 계획 시에는 교통처리계획을 수립해야 한다.
③ 피암터널은 사면에 떨어지는 낙석이 터널 위에 쌓이도록 해 도로를 이용하는 차량을 보호하는 구조물을 말한다. 하지만 작은 오류는 큰 사고로 이어질 수 있다는 것을 명심하여 조사부터 설계와 시공까지 철저한 관리가 필요하다.
④ 2016년 8월 30일 4일간 울릉도에 380mm의 폭우가 내리면서 울릉도 가두봉 피암터널이 붕괴됐다. 가두봉 인근 피암터널 입구가 붕괴됨에 따라 일주도로 통행이 통제되었으나, 약 일주일 후 복구를 완료하고 다시 개통되었다.

[가두봉 피암터널 붕괴(2016. 08. 30.)]

[가두봉 피암터널 응급 복구 후 울릉도 일주도로 개통(2016. 09. 08.)]

06

도로교통 안전시설 등

1 도로안전시설

1 개요

① 도로안전시설이란 도로교통의 안전하고 원활한 흐름을 확보하며, 도로의 안전성을 향상시켜 도로 이용자의 안전을 도모하기 위하여 설치하는 시설물이다.

② 도로의 부속물이란 도로관리청이 도로의 편리한 이용과 안전 및 원활한 도로교통의 확보, 그 밖에 도로의 관리를 위하여 설치하는 다음의 어느 하나에 해당하는 시설 또는 공작물을 말한다.
　㉠ 주차장, 버스정류시설, 휴게시설 등 도로이용지원시설
　㉡ 시선유도표지, 중앙분리대, 과속방지시설 등 도로안전시설
　㉢ 통행료 징수시설, 도로관제시설, 도로관리사업소 등 도로관리시설
　㉣ 도로표지 및 교통량 측정시설 등 교통관리시설
　㉤ 낙석방지시설, 제설시설, 녹지대 등 도로에서의 재해 예방 및 구조활동, 도로 환경의 개선 · 유지 등을 위한 도로부대시설

> **도로의 구조 · 시설기준 제38조(도로안전시설 등)**
> ① 교통사고를 방지하기 위하여 필요하다고 인정되는 경우에는 시선유도시설, 자동차방호안전시설, 조명시설, 과속방지시설, 도로반사경, 미끄럼방지시설, 노면요철포장, 긴급제동시설, 안개지역 안전시설, 무단횡단금지시설, 횡단보도육교(지하횡단보도를 포함한다) 등의 도로안전시설을 설치하여야 한다.
> ② 도로의 부속물을 설치하는 경우에는 교통약자의 통행 편의를 고려하여야 하며, 필요하다고 인정되는 경우에는 교통약자를 위한 별도의 시설을 설치하여야 한다.
> ③ 「도로법」에 따라 고속국도 등에는 도로안전시설을 설치하여야 한다.
> ④ 자동차의 속도를 낮추고, 통행량을 줄이기 위하여 필요하다고 인정되는 경우에는 교통정온화시설을 설치할 수 있다.

2 시선유도시설

① 시선유도시설이란 도로 끝 및 도로 선형을 명시하여 주간 및 야간에 운전자의 시선을 유도하기 위하여 설치하는 시설이다. 시선유도시설의 종류로는 시선유도표지, 갈매기표지, 표지병 등이 있으며, 시인성 증진 안전시설도 포함된다.

② 시인성 증진 안전시설은 도로상에 위치해 있는 각종 구조물로부터 자동차를 안전하게 유도할 목적으로 설치하는 시설물로서, 장애물 표적표지, 구조물 도색 및 빗금표지, 시선유도봉 등이 있다.

③ 시선유도표지는 반사체를 사용하여 직선 및 곡선 구간에서 운전자에게 전방의 도로 선형이나 기하구조 조건이 변화되는 상황을 안내하여 자동차의 안전하고 원활한 주행을 유도하는 시설물이다.

④ 갈매기표지는 곡선반지름이 작은 평면곡선부 등 선형의 변화가 큰 구간에서 도로의 선형 및 굴곡 정도를 갈매기 기호체를 사용하여 운전자가 명확히 알 수 있도록 하는 시설물이다.

⑤ 표지병은 야간 및 악천후일 때 운전자의 시선을 명확히 유도하기 위하여 도로 표면에 설치하는 시설물이다.

⑥ 터널의 경우 재귀반사식 표지병만으로 도로의 노면과 터널 벽면의 경계를 구분하기 어렵다고 판단되는 경우 터널 시선유도등을 설치할 수 있다. 한쪽의 터널 시선유도등은 비상시 비상등으로 활용할 수 있다. 단, 표지병 설치간격은 설계속도를 고려하여 설치하되 최소간격은 10m 이상 설치함이 바람직하다.

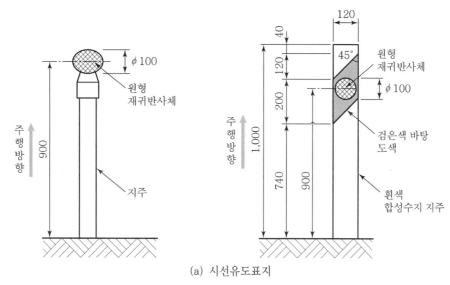

(a) 시선유도표지

(b) 갈매기표지

(c) 표지병

[시선유도시설의 종류]

③ 과속방지시설

① 과속방지시설은 낮은 주행 속도가 요구되는 일정 구간에서 통행 자동차의 과속 주행을 방지하고, 생활공간이나 학교 앞 등 일정 구간에서 통과 자동차의 진입을 억제하기 위하여 설치하는 시설이다.

② 다양한 종류가 있으나 가장 일반적으로는 원호형 과속방지턱을 사용하고 있다.

③ 과속방지턱은 일정 지역에서의 저속 주행을 유도하기 위한 다양한 교통정온화(Traffic Calming) 기법의 한 시설물로서, 다음과 같은 장소에 설치한다.

　㉠ 학교 앞, 유치원, 어린이 놀이터, 근린공원, 마을 통과지점 등으로 자동차의 속도를 저속으로 규제할 필요가 있는 구간

　㉡ 보·차도의 구분이 없거나 보차도 구분이 있어도 보행자가 많거나 교통사고 위험이 있다고 판단되는 도로에 설치함

　㉢ 공동주택, 근린상업시설, 학교, 병원, 종교시설 등 자동차의 출입이 많아 속도 규제가 필요하다고 판단되는 구간

　㉣ 자동차의 통행속도를 30km/h 이하로 제한할 필요가 있다고 인정되는 도로

④ 주간선도로 또는 보조간선도로 등 이동성의 기능이 중요한 도로에서는 과속방지턱을 설치할 수 없다.

⑤ 다만, 왕복 2차로 도로에서 보행자의 안전을 위하여 제한속도 30km/h 이하로 설정되어 있는 구역에 보행자 무단횡단 금지시설을 설치할 수 없는 경우 교통정온화시설의 하나로 과속방지턱 설치를 검토할 수 있다.

④ 도로반사경

① 도로반사경은 운전자의 평면곡선반지름 등 선형 조건이 양호하지 못한 장소에서 시인이 필요한 곳이나 사물을 거울면을 통하여 운전자가 적절하게 전방의 상황을 사전에 인지하고 안전한 행동을 취할 수 있도록 하여 사고를 미연에 방지하기 위하여 설치하는 시설이다.

② 도로반사경은 교차하는 자동차, 보행자, 장애물 등을 가장 잘 확인할 수 있는 위치에 설치한다. 이때 도로의 시설한계를 고려하여 거울면이나 지주 등이 자동차 통행에 지장을 주지 않도록 설치한다.

③ 단일로의 경우에는 산지의 평면·종단곡선반지름이 작은 곳 등에서 도로의 주행속도에 따른 정지시거가 쉽게 확보되지 못한 곳에 설치하며, 교차로의 경우에는 비신호교차로에서 교차로 모서리에 장애물이 위치하여 있어 운전자의 평면교차로 시거가 제한되는 장소에 설치한다.

④ 도로반사경을 잘못 설치할 경우 운전자에게 왜곡된 정보를 제공하여 오히려 사고를 유발시킬 수 있으므로 주의하여 설치하여야 한다.

⑤ 미끄럼방지시설

① 미끄럼방지시설은 특정한 구간에서 도로 및 교통의 특성상 미끄럼 저항을 충분히 확보하지 못한 곳이나 도로 선형의 변화가 심한 구간에서 포장의 미끄럼 저항을 높여 자동차의 안전 주행을 확보하는 시설이다.

② 미끄럼방지시설은 도로 표면에 새로운 재료를 추가하는 형식과 표면의 재료를 제거하는 형식으로 크게 구분할 수 있으며, 표면에 새로운 재료를 추가하는 형식으로는 개립도 마찰층, 슬러리실, 수지계 표면처리(미끄럼방지포장) 등이 있고, 표면의 재료를 절삭·제거하는 형식으로는 그루빙, 숏블라스팅(Shot Blasting), 노면 평삭 등이 있다.

③ 이와 같이 노면의 미끄럼 저항을 높이기 위한 공법은 다양한 형식이 있으므로 그 형식을 선정할 때에는 시공성, 마찰력 증진 효과의 지속성, 시공할 때 소음 및 분진 발생 여부, 시공 후 주행 자동차의 승차감 및 소음, 경제성, 시선 유도, 전망, 쾌적성, 주위 도로 환경과의 조화, 유지보수 등을 고려하여야 한다.

| (a) 재료의 추가(수지계 표면처리) | (b) 재료의 제거(그루빙) | (c) 재료의 제거(블라스팅) |

[미끄럼방지포장의 종류 예시]

④ 도로 노면의 미끄럼 저항은 도로교통의 안전에 가장 중요한 요소 가운데 하나이며, 특히 노면이 젖어 있을 때의 미끄럼 문제는 매우 심각하다. 미끄럼 저항은 우천 등으로 인하여 노면이 젖어 있거나 자동차의 주행속도 증가에 따라 급격히 저하된다.

⑤ 미끄럼방지시설은 도로의 구간별로 도로 조건 및 교통 조건에서 미끄럼 마찰 증진이 요구되거나, 사고 발생 위험으로 필요하다고 인정되는 구간에 설치하는 것으로서, 관련 지침에 따라 효과가 있다고 판단되는 장소에만 설치하며, 비효과적인 무분별한 설치는 피한다.

⑥ 노면요철포장

① 노면요철포장은 졸음 운전 또는 운전사 부주의 등으로 인하어 차로를 이탈할 경우 노면에 인위적으로 만들어 놓은 요철을 자동차가 통과할 때 타이어에서 발생하는 마찰음과 차체의 진동을 통하여 운전자의 주의를 환기시켜 자동차가 원래의 차로로 복귀하도록 유도하는 시설이다.

② 노면요철포장의 종류에는 형태에 따라 절삭형, 다짐형, 틀형, 부착형 등이 있다.

③ 이들 형식의 선정은 시공성과 소음 및 진동효과, 내구성 등을 고려하며, 그 기능이 우수한 절삭형의 설치를 기본으로 하고, 도시지역 및 거주지역 등 소음 및 진동으로 인한 생활환경의 침해가 예상되는 구간에는 다짐형을 설치할 수 있다.

④ 노면요철포장은 연속적인 주행으로 운전자의 주의 저하, 긴급구난자동차의 주행과 활동의 안전성을 향상시키기 위하여 필요성이 인정되는 경우에는 해당 구간의 길어깨에도 설치할 수 있다.

⑤ 노면요철포장의 설치 위치는 길어깨 폭, 보행자 및 자전거 통행 여부 등 도로 환경에 관한 제반 여건을 고려한다.

⑥ 소음으로 인한 피해가 예상되는 주택가 인근 도로 등에서는 설치 여부와 노면요철포장의 종류 등을 검토하여야 한다. 노면요철포장을 복선 중앙선 내에 설치할 경우 절삭형을 제외한 다른 형태의 노면요철포장을 한다.

[노면요철포장의 설치]

2 Haddon 행렬

1 개요

① 'Haddon 행렬'이란 교통사고의 3가지 유발인자인 도로 사용자, 차량도로 등 교통체계의 구성요소와 사고 전후의 상황을 충돌 전, 충돌 중, 충돌 후로 체계적으로 구분하기 위하여 각 상황에 맞는 대응방식을 쉽게 도식화한 일련의 매트릭스(Matrix)이다.

② 이 중 도로 사용자가 대부분의 교통사고에 책임이 있으나, 인간의 본성을 바꾸는 데는 한계가 있다.

③ 따라서, 운전자를 개선하려는 시도를 지속적으로 추진하면서 운전자의 정보처리 및 운전조작을 도울 수 있는 도로·환경 및 차량의 개선을 위해 노력해야 한다.

2 Haddon 행렬

① 교통안전분석에 관한 초기 체계접근법의 하나로 미국의 분석가 William Haddon이 주장
② 이들 세 요소와 사고에 대한 세 국면(충돌 전, 충돌 중, 출돌 후)을 조합한 후 Haddon 행렬을 구성함
③ 이 행렬의 9개 요소 각각은 교통안전을 위한 가능한 초점을 나타낸다.

요소	충돌 전		충돌 중	충돌 후
도로 사용자	• 훈련 • 교육 • 행태(예 음주) • 자세 • 보행자와 자전거 • 이용자의 현저성		차내에 설치되어 있거나 착용하는 제지장치	비상의료서비스
차량	• 기본안전(예 제동, 내충격, 시야) • 속도, 노출		2차 안전(예 충격보호)	차량구조
도로	• 유도표시 • 노면상태 • 도로안전장치	• 도로기하 • 시야	• 노변안전(예 부러지는 지주) • 안전 방호	도로 및 교통설비의 복구

3 충격흡수시설

1 개요

① 주행 차로를 벗어난 자동차가 도로상의 구조물 등과 충돌하기 전에 자동차의 충격에너지를 흡수하여 정지하도록 하거나 자동차의 방향을 본래의 주행차로로 복귀시켜주는 시설을 말한다.
② 2차 사고를 방지해야 하므로 타 차량에 영향이 최소화될 수 있는 장소를 선정해야 한다.

2 충격흡수시설의 종류

용도에 따라 충격흡수시설, 단부처리용 충격흡수시설, 트럭부착용 등 특수목적용 충격흡수시설 등이 있다. 또한 기능에 따라 주행 복귀형과 주행 비복귀형으로 구분된다.

③ 충격흡수시설 설치 목적

충격흡수시설은 교각 및 교대, 지하차도 기둥 등 자동차의 충돌이 발생할 수 있는 장소에 설치하여, 자동차가 구조물과의 직접적인 충돌로 인한 사고 피해를 저감시키기 위한 목적으로 설치한다. 이처럼 자동차의 충돌이 발생할 수 있는 장소에서는 충격흡수시설을 설치할 뿐만 아니라 자동차를 구조물로부터 안전하게 유도하여 자동차 충돌사고를 예방할 수 있는 시인성 증진 안전시설을 설치한다.

(a) 분기점   (b) 영업소

[충격흡수시설 설치]

④ 결론

① 충격완화시설은 인명을 중요시하고 국가 경제에 이바지하는 측면에서 위험지역에 반드시 설치해야 한다.

② 방향전환 성능을 가지지 않은 단순 충격완화시설은 차량의 충격속도, 중량 및 충격각도가 최대설계조건에 달할 때까지 그 연장을 따라 어느 부위 어떤 각도에서 충돌하더라도 차량을 정지시킬 능력을 가지고 있어야 한다.

4 │ 자동차 방호 안전시설

1 자동차 방호울타리

① 자동차 방호 안전시설은 주행 중 진행방향을 잘못 잡은 자동차가 길 밖, 또는 대향 차로 등으로 이탈하는 것을 방지하거나 자동차가 구조물과 직접 충돌하는 것을 방지하여 자동차 탑승자 및 자동차, 보행자 또는 도로변의 주요 시설을 안전하게 보호하기 위하여 설치하는 시설이다.

② 방호울타리는 주행 중 정상적인 주행 경로를 벗어난 자동차가 도로 밖, 대향 차로 또는 보도 등으로 이탈하는 것을 방지하는 동시에 탑승자의 상해 및 자동차의 파손을 최소화하고, 자동차를 정상 진행방향으로 복귀시키는 것을 주목적으로 하며, 운전자의 시선을 유도하고 보행자의 무단횡단을 억제하는 등의 기능을 갖는 시설이다.

③ 방호울타리의 종류는 설치 위치에 따라 노측용, 성토부용, 분리대용, 보도용 및 교량용으로 나누며, 시설물의 강도에 따라서는 연성 방호울타리와 강성 방호울타리로 구분된다.

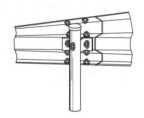 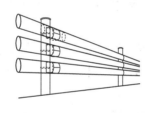 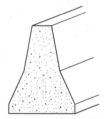

(a) 연성 방호울타리(가드레일)　(b) 연성 방호울타리(가드파이프)　(c) 강성 방호울타리

[방호울타리의 종류 및 형상]

2 자동차 방호울타리 설치 구간

1. 기본 구간

자동차 이탈을 예방하기 위해 기본적으로 설치하는 구간을 말한다.

2. 위험 구간(위험도가 큰 구간)

① 중앙분리대

② 교량 구간

③ 도로 옆이 절벽인 구간(기울기가 1 : 1보다 급하고 높이가 4m 이상)

④ 도로가 수심 2m 이상 수면에 인접한 수중 추락위험 구간

⑤ 자동차 속도가 높아지는 내리막 긴 직선 이후 평면곡선반지름의 크기가 작은 구간 등

3. 특수 구간

① 도로가 철도 및 다른 도로 등과 인접 혹은 입체교차하여 2차 사고나 교통 지체를 일으킬 가능성이 큰 구간
② 도로에 인접한 상수도 보호지역, 가스탱크 등 위험물 저장시설과 인접한 구간 등 사고가 발생될 경우 큰 피해가 예상되는 구간 등

5 노면 색깔 유도선 시설

1 목적

① 국토교통부(2017. 12.)에서 「도로법」 및 「도로교통법」 등에 따라 노면 색깔 유도선에 관한 설치 및 관리기준을 마련하였다.
② 이 매뉴얼은 「도로법」에서 정의하고 있는 도로에 적용함을 원칙으로 하며 기타 도로에도 준용할 수 있다.
③ 2019년 시행일 이후부터 설치하는 노면 색깔 유도선에 대하여 적용하되, 시행일 이전에 이미 설치된 노면 색깔 유도선은 재설치하는 구간부터 적용할 수 있다.

2 노면 색깔 유도선의 기능 및 설치

1. 기능

노면 색깔 유도선은 도로의 편리한 이용과 안전 및 원활한 도로교통의 확보를 위하여 설치하는 시설로 교차로, 인터체인지, 분기점 등의 노면에 유도선을 설치함으로써 도로 이용자가 자신의 경로를 혼동 없이 명확히 인식 및 주행할 수 있도록 한다.

2. 설치장소

노면 색깔 유도선은 도로의 기하구조, 운전자의 이용 행태 등을 종합적으로 검토하여 이용자에게 혼란을 초래하는 구간에서 명확한 경로 안내를 제공할 수 있도록 다음의 장소에 설치할 수 있다.

① 입체교차로
ㄱ 진출로가 2개 방향으로 분리되는 구간
ㄴ 진출로가 2개 차로 이상인 구간

      ⓒ 인접한 진출로가 1km 이내에 위치한 구간

      ⓔ 본선 좌측으로 합·분류가 발생하는 구간

② **평면교차로**

      ㉠ 교차로 내 지장물(교각 등)이 설치되어 있는 구간

      ⓛ 좌회전 각이 예각(90° 미만)이면서 좌회전차로가 2개 차로 이상인 구간

      ⓒ 직진차로가 2개 차로 이상이면서 경로가 좌측 또는 우측으로 굽은 구간

      ⓔ 회전 또는 다섯 갈래 이상의 교차로 중 진·출입 동선이 복잡한 구간

      ⓜ 기타 변형·변칙 교차로로서 교차로 내 주행 중에 혼란이나 위험을 초래하는 요소가 존재하는 구간, 기타 교통사고 예방을 위하여 지방경찰청 또는 도로관리청이 설치가 필요하다고 인정하는 구간

3. 구성요소

노면 색깔 유도선의 구성요소는 폭, 색상, 재료, 갈매기 표시, 시점 및 종점부, 유도선, 진행방향 및 방면 표시, 도로표지 내에 설치하는 유도표시를 말한다.

① **폭**

      ㉠ 단일방향 안내 노면 색깔 유도선의 도색폭은 45~50cm로 하며, 노면 색깔 유도선의 중심선은 차로의 중심선과 일치하도록 한다.

      ⓛ 2개 방향 안내 노면 색깔 유도선의 도색폭은 각각 45~50cm, 노면 색깔 유도선 간의 간격은 40cm로 하며, 노면 색깔 유도선 간의 간격의 중심선은 차로 중심선과 일치하도록 한다.

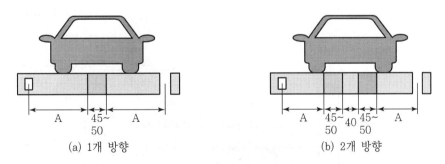

[노면 색깔 유도선 설치 예시(차량 진행방향 기준)]

② **색상**

      ㉠ 1개 방향 안내 노면 색깔 유도선의 색상은 분홍색으로 한다. 다만, 서로 다른 연결로(시점부)에서 시작된 노면 색깔 유도선이 동일한 연결로(종점부)로 합류하거나, 서로

다른 연결로(시점부)에서 시작된 2개의 노면 색깔 유도선이 교차로 내에서 교차하는 경우 2개의 노면 색깔 유도선 중 1개의 노면 색깔 유도선의 색상은 연한 녹색으로 한다. 다만, 노면의 포장재질의 색상이 옅어 시인성이 불량한 경우 녹색으로 할 수 있다. 교차로 내에서 2개의 노면 색깔 유도선이 교차되어 중복되는 구간에는 연한 녹색(또는 녹색)으로 한다.

ⓛ 2개 방향 안내 노면 색깔 유도선의 색상은 제1방향(진행방향의 중앙선에서 먼 쪽)은 분홍색으로, 제2방향(진행방향의 중앙선에서 가까운 쪽)은 연한 녹색으로 한다. 다만, 노면 포장재질의 색상이 옅어 시인성이 불량한 경우 녹색으로 할 수 있다.

분홍색(5.0RP 8.0/6.0)　　　연한 녹색(5.0GY 7.0/8.0)　　　녹색(5.0G 5.0/10.0)

ⓒ 노면 색깔 유도선의 색도는 색도 측정방법에 따라 측정 시 아래 색도좌표의 범위 내에 들어와야 한다.

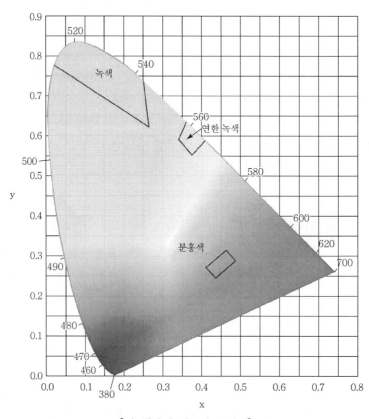

[각 색상의 색도좌표 범위]

[각 색상의 색도좌표 범위]

색상	구분	색도좌표 범위			
		1	2	3	4
분홍색	x	0.415	0.435	0.465	0.485
	y	0.270	0.245	0.315	0.290
연한 녹색	x	0.360	0.340	0.375	0.410
	y	0.635	0.590	0.550	0.585
녹색	x	0.250	0.265	0.020	–
	y	0.740	0.620	0.770	–

③ 재료

㉠ 도료는 KS M 6080에 의한 2종(수용성), 4종(융착식), 5종(상온 경화형)을 사용하여야 한다.

㉡ 유리알은 KS L 2521에 적합한 제품으로서 도료와 동시에 살포되며 균등하게 혼입되도록 하여야 한다.

㉢ 교통차단 여건 및 교통량 조건에 따라 적합한 도료를 선택하되, 건조 시 기준으로 노면 색깔 유도선 1km당 임의의 5개소(단, 노면 색깔 유도선이 1km 미만인 경우에는 최소 3개소로, 각 측정점 간 최소 이격거리는 30m 기준)에 대하여 재귀반사 휘도를 측정하여 이 중 90% 이상이 다음의 기준을 만족하여야 한다.

구분	설치 후 1주일 경과	재설치 시기
노면 색깔 유도선 재귀반사 휘도 [단위 : mcd/(m² · lux)]	120	60(권장)

④ 갈매기 표시

㉠ 갈매기 표시는 노면 색깔 유도선상에 일정 간격으로 표시된 백색 문양으로, 차량의 진행방향을 유도하고 야간 · 악천후 시 노면 색깔 유도선의 시인성을 향상시키는 역할을 한다.

㉡ 갈매기 표시의 색상은 백색으로 하며 색상 기준 및 반사성능은 「교통노면표시 설치 · 관리 매뉴얼」(경찰청, 2012)을 준용한다.

㉢ 갈매기 표시의 규격은 노면 색깔 유도선 끝단과 맞닿는 부분의 각도는 45°, 갈매기 표시가 꺾이는 부분의 내측 각도는 90°, 폭은 40cm로 하며, 전체 폭은 노면 색깔 유도선의 폭과 같게 한다.

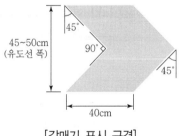

[갈매기 표시 규격]

Road and Transportation

② 갈매기 표시의 설치 간격은 도로의 제한속도에 따라 다음과 같이 적용한다. 이때, 제한속도는 노면 색깔 유도선을 설치하는 시점부 도로를 기준으로 한다. 다만, 도로 조건 등에 따라 간격을 조정할 수 있다.

본선 제한속도(km/h)	100 이상	80~90	60~70	50 이하
갈매기 표시 간격(cm)	650	500	400	300

⑤ 노면 색깔 유도선의 시점 및 종점부

㉠ 노면 색깔 유도선의 시점 및 종점부는 갈매기 표시의 규격과 동일한 각도를 사용하여 다음 그림과 같이 설치한다.

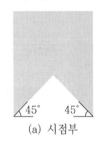

(a) 시점부

(b) 종점부

[노면 색깔 유도선의 설치]

㉡ 입체교차로 구간의 노면 색깔 유도선은 진출로 감속차로 시점 전방 100m부터 진출 지점(노즈) 통과 후 10m까지 주행 경로에 맞게 설치한다. 다만, 기하구조 및 교통량, 제한속도, 대기열 길이 등에 따라 설치 길이를 조정할 수 있다.

㉢ 평면교차로의 노면 색깔 유도선은 교차로 전방 50m부터 교차로 통과 후 5m까지 주행 경로에 맞게 설치하되, 교차로 통과 후 5m 이내에 횡단보도가 위치하는 경우 횡단보도 전방 1m까지만 설치한다. 다만, 50m 전방에 다른 교차로가 위치하여 기준대로 설치하기 어려운 경우나, 기하구조 및 교통량, 제한속도, 대기열 길이 등에 따라 설치 길이를 조정할 수 있다. 이때 노면 색깔 유도선은 전방의 교차로 구간을 벗어난 지점 이후부터 설치하여야 한다.

⑥ 노면 색깔 유도선의 설치

㉠ 입체교차로 구간의 노면 색깔 유도선은 연속된 실선으로 설치한다.

㉡ 평면교차로에서의 노면 색깔 유도선은 교차로 외 구간은 연속된 실선으로 설치하고, 교차로 내 구간은 갈매기 표시는 설치하지 않고 점선의 형태로 설치하며 이때 도색길이는 300~500cm, 빈 길이는 100~150cm를 원칙으로 하되, 교차로의 기하구조 등에 따라 조정할 수 있다. 점선의 시·종점부는 아래 그림과 같이 노면 색깔 유도선의 시·종점부와 같은 형태로 설치한다.

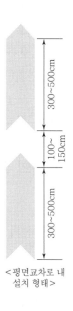

[평면교차로 설치]

<평면교차로 내 설치 형태>

ⓒ 노면 색깔 유도선의 평면선형은 차량의 원활한 주행과 주행궤적의 변화에 따른 운전자의 적응을 돕기 위해 가능한 한 완화곡선 또는 완화구간을 설치하여야 한다. 다만, 평면선형의 검토 결과 이들의 생략이 가능한 구간은 그러하지 아니하다.

ⓒ 본 지침에 제시되지 않은 기타 시공 방법은 「교통노면표시 설치·관리 매뉴얼」(경찰청, 2012)을 준용한다.

⑦ 진행방향 및 방면 표시(화살표 및 문자) 구간

노면 색깔 유도선과 진행방향 및 방면 표시가 중첩되는 경우에는 진행방향 및 방면 표시만을 표시하며, 진행방향 및 방면 표시의 시·종점부에는 각각 100cm의 여유 길이를 두고 노면 색깔 유도선을 설치한다. 다만, 이때에는 노면 색깔 유도선의 시·종점부의 형태로 설치하지 않고 끝단을 직선으로 진행방향 및 방면 표시의 종점부에서 노면 색깔 유도선이 다시 시작된 지점을 기준으로 40cm 지점에 갈매기 표시를 설치하고, 이후 설치 간격에 따라 반복 설치한다.

[진행방향 및 방면 표시 구간의 설치]

531

⑧ 도로표지 내 유도 표시

ㄱ 도로표지 내 안내 화살표의 색상을 노면 색깔 유도선의 색상과 일치시켜 효율적인 안내를 도모할 수 있다. 노면 색깔 유도선의 시점부 전방 100m 이내(도시부는 50m 이내)에 위치한 도로표지부터 색상을 일치시키되, 예고표지가 해당 범위 밖에 설치된 경우에는 노면 색깔 유도선과 가장 가까운 전방 표지부터 색상을 일치시킨다.

ㄴ 화살표의 형태 및 작도는 「도로표지 제작 · 설치 및 관리지침」에 따른다.

③ 노면 색깔 유도선의 유지관리

1. 관리

노면 색깔 유도선의 규격, 색상, 재귀반사 휘도 등이 기준에 맞도록 관리하여야 한다.

2. 점검

① 노면 색깔 유도선이 제 기능을 발휘할 수 있는지를 점검하고, 유지관리하여야 한다.

② 도색상태에 영향을 줄 수 있는 도로공사, 제설작업 등의 직후에도 점검을 실시하여야 한다.

3. 보수

노면 색깔 유도선의 구성요소인 폭, 색상, 재료, 갈매기 표시, 시점 및 종점부, 유도선, 진행방향 및 방면 표시, 도로표지 내에 설치하는 유도표시 등이 노후화, 사고 및 재해 등으로 재귀반사 휘도 미달, 변색, 변형 또는 파손된 경우, 복구 또는 재설치하여야 한다.

6 과속방지시설

① 개요

① 과속방지시설은 낮은 주행속도가 요구되는 일정 구간에서 통행 자동차의 과속 주행을 방지하고, 생활공간이나 학교 앞 등 일정 구간에서 통과 자동차의 진입을 억제하기 위하여 설치하는 시설이다.

② 주간선도로 또는 보조간선도로 등 이동성의 기능이 중요한 도로는 과속방지턱을 설치할 수 없다.

③ 다만, 왕복 2차로 도로에서 보행자의 안전을 위하여 제한속도 30km/h 이하로 설정되어 있는 구역에 보행자 무단횡단 금지시설을 설치할 수 없는 경우 교통정온화시설의 하나로 과속방지턱 설치를 검토할 수 있다.

② 설치기준

① 학교 앞, 유치원, 어린이 놀이터, 근린공원, 마을 통과지점 등으로 자동차의 속도를 저속으로 규제할 필요가 있는 구간

② 보·차도의 구분이 없는 도로로서, 보행자가 많거나 교통사고 위험이 있다고 판단되는 도로

③ 공동주택, 근린상업시설, 학교, 병원, 종교시설 등 자동차의 출입이 많아 속도 규제가 필요하다고 판단되는 구간

④ 자동차의 통행속도를 30km/hr 이하로 제한할 필요가 있다고 인정되는 도로

⑤ 과속방지턱을 연속해서 설치해야 할 경우에는 20~90m 간격으로 설치해야 한다.

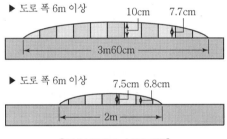

[과속방지턱 설치기준]

⑥ 과속방지턱 폭이 2m인 것은 도로폭 6m 미만 도로에 주행속도 10km/hr 이하로 제한된 도로에 적용함

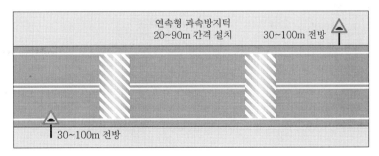

③ 설치 시 주의사항

① 속도가 30km/hr 이상인 지역이거나 내리막 구간은 30km/hr 이하일지라도 설치하면 안 된다. 특히, 주통행로에 방속방지턱 설치는 사고의 원인이 된다.

② 내리막 구간에서의 과속방지턱은 급정지 등으로 오히려 교통에 장애물로 전락하여 교통사고를 유발할 수 있다.

③ 정해진 설치기준이 있는 데도 불구하고 너무 높거나 색이 다 바래서 전혀 도움이 안 되는 경우도 의외로 많이 볼 수 있다.

④ 내리막 구간은 과속방지턱보다 단속카메라 또는 미끄럼방지시설이 효과적이다(단, 단속카메라는 중차량비율이 높은 오르막 구간에 설치 시 서행 지체로 인한 사고의 원인이 되므로 피해야 함).

⑤ 오르막 구간 특히 경사가 5% 이상인 구간(도로 등급에 따라 차등은 있다)은 정지지체로 인한 사고의 원인이 될 수 있다.

7 미끄럼방지포장

1 개요

① 급경사 구간, 작은 곡선반경의 곡선부 등 미끄럼에 대해 주의해야 할 장소에서는 교통 조건을 고려하여 필요에 따라 미끄럼방지 대책을 수립해야 한다.

② 미끄럼 저항을 높이는 공법으로는 혼합물 자체의 미끄럼 저항을 높이는 공법과 노면에 경질 골재를 살포, 접착시키는 공법, 그루빙(Grooving) 등에 의해 노면을 마무리하는 공법 등이 있다.

③ 미끄럼방지포장은 기존 포장과 접착성이 아주 중요하므로 시공 시 골재 접착에 주의가 필요하다.

2 미끄럼방지포장 설치위치

① 급경사 구간
② 작은 곡선반경의 곡선부
③ 경사구간의 교차점
④ 시거 불량 구간
⑤ 보행자가 많은 횡단보도의 앞부분
⑥ 적설 한랭지역의 겨울철에 노면의 미끄럼에 대해 주의해야 할 장소

3 미끄럼방지포장 설치방법

① 전면 포장 방식
② 1 : 3 비율 방식
③ 3 : 6 비율 방식

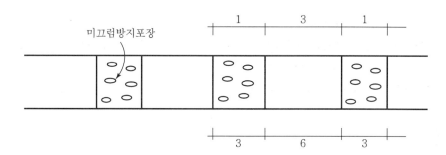

4 포장의 미끄럼 특성에 영향을 미치는 인자

① 포장체의 표면조직(Surface Texture)

② 재료 특성
  ㉠ 골재의 크기, 형상
  ㉡ 골재의 마모, 저항성 혼합

③ 기타 영향
  ㉠ 차량의 주행속도
  ㉡ 타이어 마모 정도
  ㉢ 수막두께
  ㉣ 계절 및 온도 등

5 노면에 경질재를 살포, 접착하는 공법

① 포설 직후 혼합물이 표면에 경질골재를 살포한 후 전압하는 방법
② 결합재로서 수지계 재료를 사용하여 접착시키는 공법(니트공법)

③ 노면 살포용 골재로 사용하는 경질 골재란 다음과 같다.
  ㉠ 연마 저항, 미끄럼 저항, 파쇄 저항 등이 우수한 천연 또는 인공골재
  ㉡ 로스앤젤레스(Los Angeles) 마모감량 20% 이하 목표
  ㉢ 일반골재의 마모감량은 40% 이하임

6 그루빙(Grooving) 공법(고속국도 톨게이트에 많이 사용)

① 포장 노면에 홈을 만드는 공법으로 Cement Concrete 포장에 많이 사용한다.
② 종·횡방향으로 홈을 파지만 미끄럼 저항에는 횡방향이 효과적이며, 횡방향의 경우는 소음이 상대적으로 크다.

③ 안전구 설치공간이라고도 부른다.

④ 노면의 미끄럼 저항치와 배수능력을 증대시켜 습윤 시에 수막현상 방지, 미끄럼사고 방지의 목적으로 포장 노면에 홈파기를 시행하는 것이다.

⑤ 홈에 이물질 침투 시 제 기능을 상실하므로 잦은 청소가 필요하다.

7 결론

① 작은 곡선반경 곡선부와 시거 확보가 어려운 시거 불량 구간, 급경사 구간과 경사 구간의 교차점은 미끄럼에 의한 사고 발생이 많은 지역이므로 미끄럼방지포장을 실시해야 한다.

② 차량의 주행속도가 높은 도로에 설치된 횡단보도 및 급경사 구간에 설치된 횡단보도 전방에는 보행자 안전을 위해서 미끄럼방지포장을 실시하도록 한다.

③ 적설한랭으로 인한 위험장소 및 동절기 노면 결빙이 잦은 교량의 교면 포장부에는 미끄럼 저항을 높일 수 있도록 미끄럼방지포장을 고려한다.

8 그루빙(Grooving)

1 개요

① 노면요철공법인 Grooving은 차량의 종방향, 횡방향 이탈이 발생 또는 예측되는 지역에 설치된다.

② Grooving은 주로 콘크리트 포장면에 많이 사용되며 포장 표면에 주행방향 또는 주행 직각방향으로 일정간격의 홈을 설치한다.

③ Grooving 공법은 수막현상 방지와 제동력 향상으로 차량의 안전성을 확보하는 차원에서 설치하는 홈파기이다.

2 구조

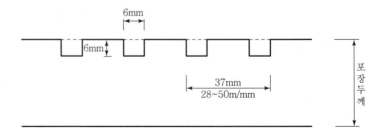

3 설치방식 및 지역

① 종방향 형식
  ㉠ 횡방향 미끄럼 마찰계수가 낮은 지역
  ㉡ 주로 곡선부에 설치
  ㉢ 도로변에 배수 불량 지역

② 횡방향 형식
  ㉠ 요금소, 교차로 급경사 지역 등에 설치
  ㉡ 교차로 등 급정거가 필요한 지역에 설치
  ㉢ 배수가 불량한 지역

4 문제점

① 연성포장의 경우는 불리함[소성변형, 폴리싱(Polishing) 발생]
② 잦은 청소가 필요함(홈이 메워지면 기능 상실)
③ 횡방향의 경우는 소음이 심함

5 결론

① Grooving 공법은 꼭 필요한 지역에 설치해야 하며 부득이 설치 시에는 철저한 유지관리가 필요하다.
② Grooving 시행시기는 연성과 강성 포장 모두 3개월 이상 양생 후 시행해야 한다.
③ 연성포장의 경우는 가능하면 종방향 Grooving 설치만 권장한다. 왜냐하면 횡방향의 경우는 기존 포장 파손이 심하게 발생하며 소음과 차량의 진동이 너무 심하므로 오히려 이로 인한 대형사고의 위험성이 크다.

9 교통안전계획의 효과측정법

1 개요

① 교통사고는 예방하면 사고율을 90%까지 줄일 수 있다.

② 따라서, 사고 전에 홍보나 계획, 관리 등을 통하여 사전에 교통안전조치를 취하게 되면 사고는 현저히 줄어들 것이다.

③ 한 위험한 지점의 안전개선계획이 수립된 후 수립지점 또는 지역의 도로건설개선계획의 여부가 검토되어야 한다.

④ 주요 공사가 계획되지 않았거나 개선안의 재건설로 인하여 영향을 받지 않는다면 안전개선은 조속히 시행되도록 해야 한다.

2 교통안전조치

① 제한된 시거 장애물 제거, 가각주차 제한, 가로조명 개선 등

② 교차로의 높은 교통량 신호등 설치, 통과 교통의 타 노선 전환

③ 높은 접근속도 접근로의 제한속도 낮춤, 노면요철구간 설치

④ 신호등이 잘 보이지 않는 경우
  ㉠ 잘 보이는 곳으로 이동
  ㉡ 문형식 신호대의 설치
  ㉢ 시야 장애물 개선

⑤ 부적절한 신호시간
  ㉠ 황색 신호시간 조정
  ㉡ 신호시간과 현시 조정

⑥ 보행자 횡단보도 재배치, 표지 또는 노면표지 개선

⑦ 미끄러운 노면의 재포장, 적절한 노면배수 유도, 노면 그루빙

⑧ 좌회전 차량 중앙분리대 설치

⑨ 우회전 차량 진입로 근처의 주차금지, 진입로의 확폭

3 효과측정방법

1. 방법내용

① 안전개선 시행의 목적은 유의적인 사고의 감소를 얻기 위한 것이지만 안전개선 시행으로 일어날 수 있는 세 가지의 가능한 결과는 사고의 증감이 의도적인 변화가 없는 상태이다.

② 교통안전계획의 4가지 효과측정법
  ㉠ 통제지점에 의한 사전·사후 분석
  ㉡ 사전·사후 분석
  ㉢ 비교 평형분석
  ㉣ 추세 비교분석

2. 통제지점에 의한 사전·사후 분석

① 이 계획은 교통안전계획의 평가에 매우 바람직한 실험 계획으로 사업지점에서 사업시행 전후의 효과척도의 백분율의 변화를 같은 기간 동안 개선이 안 되는 유사한 통제지점의 백분율 변화와 비교한다.

② 단, 이 계획에서는 개선이 없는 경우의 사업지점은 통제지점과 유사한 형태를 보일 것이다.

③ 산업지점과 통제지점 간의 사고 경험에서의 차이는 도로개선에 기인한다고 가정한다.

④ 통제지점의 선택이 이 계획에서의 가장 어려운 과정이다.

3. 사전·사후 분석

① 이 계획은 통제지점을 이용할 수 없거나 특정독립변수의 통제가 중요하지 않을 경우의 교통안전사업 평가에 이용된다.

② 한 지점의 안전사업 평가는 그 지점의 사업시행 전후의 사고 자료에 기초한다.

③ 교통안전 개선이 없을 경우 그 효과척도들은 같은 수준으로 계속되며 사업 시행 후 측정된 효과척도의 변화는 그 개선에 기인한다는 것이다.

④ 두 가정 중 어느 하나가 잘못되었다면 이 계획은 부정확한 결론에 도달할 것이다.

4. 비교 평형분석

① 이 계획은 사업 시행 전의 자료를 구할 수 없다는 것 외에는 통제지점에 의한 사전, 사후 분석과 유사하다.

② 이 계획에서 가정은 실험지점에 개선이 없을 경우 그 지점의 사고 상황은 통제지점과 유사하다.

③ 그러므로 통제지점은 개선 전의 사업지점과 유사한 결함을 보여야 한다.

④ 통제지점의 평균효과척도와 비교할 때 사업지점에서의 효과척도의 변화는 개선에 기인하는 것으로 본다.

5. 추세 비교분석

① 전반적으로 사고를 감수하면서 통행하고 있는 것

② 통제된 지점을 사용하지 않고 시간에 따른 변화를 고려하는 대안적인 방법

③ 이 기법은 시간에 따른 사고의 추세를 측정하는 모형의 개발을 포함

4 결론

① 시행된 교통안전개선의 평가는 효과적인 평가를 위한 논리적 과정이 요구됨

② 예기치 못한 환경으로 인하여 사고 정도에 현저한 악화를 보였다면 사고율에 있어서 감소는 거의 편익을 가져오지 않을 수도 있음

③ 특정개선사업의 이점과 사고 감소에 따른 효과에 대하여 성급히 결정하기 위하여 통계적 유의성 검정이 필요함

10 주간 점등

1 개요

① 교통사고를 줄이기 위한 일환으로 주간 점등화는 운전자로 하여금 식별이 쉽고 판단이 빨라져 교통사고를 줄이는 데 큰 효과가 있는 것으로 알려져 있다.

② 선진국 등에서는 1992년부터 이미 시행되어 이에 대한 큰 효과를 거두었고 이를 근거로 하여 세계적으로 주간 점등화가 확산되는 추세이다.

③ 유럽연합(EU)은 1992년부터 법으로 주간 주행등 켜기를 의무화하였다.

2 장단점

1. 장점

① 캐나다 : 사망사고 30% 감소, 어린이, 노인의 교통사고, 충돌사고 또한 현저히 감소한 것으로 나타났다.

② **핀란드** : 겨울철 낮시간 시골지역에서 전조등 의무 사용으로 충돌사고가 최고 28%까지 감소하였다.

③ **스웨덴** : 다중 차량 사고가 10~15% 감소하였다.

④ **노르웨이** : 14% 감소하였다.

⑤ 주간 전조등 점등 시 빛을 통해 상대 차량을 인식하는 능력이 높아지기 때문에 국내의 경우 다음과 같은 사고감소효과 발생 예상

  ㉠ 차량 정면충돌사고 감소

  ㉡ 버스 : 사고 발생 4.4%, 관련 사망자 수 23.2% 부상자 수 5.8% 감소

  ㉢ 군용차량 : 교통사고 발생이 2.5% 감소

  ㉣ 차도와 인도가 분리되지 않은 도로에서 주간에 전조등을 켜고 운행할 경우 보행자들의 경각심을 높여 무단횡단사고 예방

2. 단점

① 전기부품 과부하에 따른 수명 단축

② 연료 소모 증가 및 엔진 출력 저하

※ 60km/h의 속도로 100km 주행 시 연료의 추가 소비량은 0.17리터

3 경제성

① 비용, 편익 측면에서도 낮에 전조등을 켜면 편익이 비용보다 큼

  ㉠ 교통사고 감소비용은 2천 106억 원

  ㉡ 전조등 점등 시 추가 연료소비는 100km 주행 시 경유 0.17L 추가 소비

  ㉢ 1천 519억 원에서 1천 941억 원까지 순편익이 발생

② **단계적으로 추진 필요** : 주간 점등 의무화 및 자동등화장치(ALS) 부착

4 결론

① 주간 점등을 함으로써 사고율이 줄어들고 경제적인 효과가 크다는 것이 입증된 만큼 우리나라에서도 이의 적용이 시급하므로 법적인 절차를 거쳐 시행할 필요가 있다.

② 많은 장점과 함께 약간의 단점도 보이나 이는 우려할 만큼의 큰 단점이 아니므로 인명을 중시하는 차원에서 제도적 검토가 필요한 시점이다.

11 갈매기 표지(Chevrons)

1 개요

① 도로의 평면곡선이 발생하는 구간의 좌우측과 시거가 불량한 좌우측에 차량이 원활하게 주행하도록 유도해주는 것이 '갈매기 표지'이다.
② 야간에 운전자가 곡선부를 주행할 경우 매우 위험하다.
③ 특히 초행인 운전자에게는 더욱 위험한데 이런 위험을 조금이나마 감지해주고 유도하는 것이 갈매기 표지이다.
④ 시선유도표시 중의 하나인 갈매기 표지는 운전자가 오르막 주행 또는 곡선부 주행 시에 전방의 도로선형에 대한 정보가 부족할 수 있다. 이때 야간 주행 시 이런 점을 보완해주기 위해서 델리네이터, 표지병, 갈매기 표지 등의 시선유도시설을 설치한다.

2 구조

① 과거에는 흰색 바탕에 적색의 지시표시가 2줄로 되고 규격도 현재 사용규격보다 1.5배 이상 컸으나 지금은 줄어 지시표시가 1줄로 되어 있다.
② 규격은 표준형, 소형, 대형으로 구분된다.

3 설치구간

① 설치위치는 차도시설 한계의 바깥쪽 가장 가까운 곳으로 하며, 일반적으로 길어깨 가장자리부터 0~200cm 되는 곳의 지형에 맞게 설치한다.
② 설치높이는 노면으로부터 표지판 하단까지의 높이를 120cm로 하여 설치하는 것을 표준으로 한다.
③ 갈매기 표지는 곡선구간에서 연속으로 설치하여 원활한 시선유도 효과가 있도록 한다.

4 형상 및 색상

① 판의 규격은 가로 45cm, 세로 60cm를 표준으로 하고, 꺾음 표시는 1개로 한다.
② 중앙분리대, 교량 등 도로 구조물에 의해 표준 규격의 설치가 용이하지 못한 장소에서는 규격을 축소하여 사용할 수 있다.
③ 공사구간에서 사용하는 갈매기 표지는 도로의 상황 및 교통의 상황 등을 감안하여 전체적인 안전시설 설치계획에 따라 규격을 조절할 수 있다.

④ 2차로에서는 양면형으로 하고, 중앙분리대로 분리된 4차로 이상 도로에서는 단면형으로 설치한다.

⑤ 바탕색은 노란색, 꺾음표시는 검은색으로 하여 주·야간에 주의표시 기능을 효과적으로 나타내도록 한다.

⑥ 종류는 신형 점멸갈매기 소켓형과 양면 갈매기, 신형 점멸갈매기 렌즈형, 고속국도 점멸갈매기 소켓형, 점멸 두 줄 갈매기 소켓형으로 나눈다. 이 중에서도 신형 점멸갈매기(소켓형)는 적색 LED 램프로 발광체가 구성되어 야간에 점멸될 수 있는 형식이다.

5 설치 시 주의사항

① 갈매기 표지의 설치는 측방 여유폭이 유지되는 구간에 설치해야 한다.

② 갈매기 시선유도표지를 흙 속에 매입하여 설치하는 경우에는 방호울타리 뒤쪽에 설치함이 원칙이다.

③ 설치간격은 곡선 크기에 따라 8~45m 이내로 조정된다.

6 결론

① 지방부 도로(고속국도, 일반국도 등) 중 평면곡선이 불량한 지역과 시거가 불량한 지역에 갈매기 표지판을 설치하여 차량을 원활하게 주행하도록 하는 표지판이다.

② 최근에는 그 규격이 축소되어 경제적인 효과가 있다. 이미 외국의 경우는 국내의 갈매기 표지판 규격의 $\frac{1}{2}$ 정도 크기를 이용하고 있는 상태이다.

③ 위험이 도사리거나 시거가 불량한 지역 등에 반드시 갈매기 표지를 설치하여 사고를 최소화해야 할 것이다.

④ 과거에는 판의 규격을 75×90cm로 하고, 꺾음 표시는 2개로 하였으나 효율성 측면을 고려한 신기술 도입으로 최근에는 45×60cm, 꺾기는 1개로 하여 사용한다.

12 길어깨 요철띠(Shoulder Rumble Strip)

1 개요

① 운전자가 안전하고 쾌적한 주행을 실현하고 운전자의 과실(졸음, 방관 등)로부터 사고를 예방하기 위하여 차도 외측 끝차선에 요철을 설치하는 것을 말한다.

② 외국의 경우는 차량이 이탈 시에 요철부에서 굉음을 내는 것과 벽돌과 같이 심한 요철을 설치하는 경우도 있다.

③ 요철의 종류로는 아스팔트 시공 후 다짐기로서 홈을 파는 형식과 콘크리트 포장의 경우는 시공 시 요철 홈을 파는 경우가 있다.

2 기능

① 최근 위험구간에는 럼블 스트립(Rumble Strip)과 진동차선(돌출형 차선)이 많이 사용되고 있다.

　㉠ Rumble Strip : 길어깨측 차선 옆에 일정 간격으로 홈을 시공

　㉡ 진동차선 : 특수하게 가공된 돌출형 융착 도료를 사용하여 차선 자체가 요철을 가짐

② 국내에서는 Rumble Strip보다는 홈파는 형식이 많이 사용되고 있다.

3 효과

① 기존 차선에 비해 내구성이 강해 장시간 사용되는 차선시스템을 설치함으로써 공사로 인한 위험이나 교통체증의 피해를 최소화할 수 있다.

② 기존 차선과 달리 차선 돌출부가 우천 시 수막 위로 돌출되어 차량 전조등에 의한 불빛 반사현상을 방지해 운전자들이 쉽게 차선을 식별할 수 있다.

③ 주행 중인 차량이 차선을 벗어날 경우 떨림현상과 경고음을 제공하여 졸음운전 방지 등 사고예방에 도움을 줄 것으로 기대되고 있다(진동차선보다는 Rumble Strip이 효과가 우수).

4 결론

① 운전자의 졸음 등에 의해서 차량이 차로 밖으로 이탈 시에 진동, 소리 등에 의해 운전자에게 위험성을 알려주는 기능인 요철띠를 많이 적용하여 사고를 예방해야 한다.

② 현재 적용 중인 구간은 일부 고속국도 구간에 적용하고 있으나 사고예방 차원과 운전자의 안전성 측면에서 전 도로에 적용되었으면 한다.

③ 기존의 차선에 비해 고비용의 부담은 있지만 교통안전 측면에서 사고를 예방할 수 있는 진동차선 사용을 의무화해야 하며, 특히 사고가 자주 발생하는 지점에는 홈파기나 Rumble Strip 등을 적극적으로 확대 시행해야 할 것이다.

13 시거장애물구간(Clear Zone)

1 개요

① 도로변 보호구역(Clear Zone)은 차량이 통행하는 공간 외에도 일정한 공간을 확보하여 운전자나 보행자의 안전에 필요한 시거를 확보하여 사고를 예방할 수 있다.
② 측방 여유폭 확보로 도로변에서 교통사고를 줄이는 데 그 목적이 있다.
③ 여기서는 도로변 장애물의 안전사고 실태 및 도로변 보호구역 도입의 필요성과 안전처리기준에 대하여 논하고자 한다.

2 도입의 필요성

1. 도로변 사고 현황

① 지방부 도로에서 발생하는 교통사고 중 도로변 사고 비율은 11% 수준이다(미국과 비슷).
② 치사율은 22%로 미국의 2%에 약 11배에 달한다.
③ 이는 지방부 도로변 안전처리 미흡에서 기인한다고 볼 수 있다.

2. 도입의 필요성

① 클리어 존(Clear Zone)이란 도로 끝단에서 일정거리 내에 있는 시설물이나 장애물을 제거하거나, 별도의 안전처리를 하는 구역을 의미한다.
② 미국의 경우, 도로의 외측단에서 일정거리를 도로변 보호구역으로 설정하고, 여기에서 차량과 충돌 시에 위험성이 있는 모든 시설물과 장애물은 제거 또는 이동되나, 부득이한 경우에는 안전시설의 설치를 의무화하였다.
③ 국내의 경우는 지방부 도로가 고급화되어 있는 현 추세에 비하여 접근관리가 미흡한 실정으로 도로변 교통사고의 위험성이 더욱 높아진다.
④ '도로변 보호구역' 도입 및 기타 도로변 장애물에 대한 안전처리지침 마련이 시급한 실정이다.

3 도로변 시설물 안전처리방안

① 도로변 보호구역의 도입 방안으로는 전신주와 같이 인공적인 도로변 시설물에 대하여는 '도로변 보호구역' 개념을 도입하여 도로 안에서 일정거리를 유지도록 해야 한다.

② 도로상 장애물에 대해서만 제공되고 있는 충격흡수시설물, 주요 도로변 장애물에도 적용하고, 성토부에만 적용하고 있는 방호울타리를 도로면 장애물 처리에도 적용한다.

③ 교명주 처리는 기존 교명주에 대해서는 방호울타리 또는 충격흡수시설을 설치하여 사고빈도 및 정도를 감소시키고, 단부처리 형식을 적용한 교명주 형태를 제안한다.

④ 차로변에 설치되어야 하는 안내표지판, 안전표지판 등을 제외한 시설물 또는 설치물을 길어깨의 외측면에서 일정거리 이상 이격 설치하고, 부득이한 경우에는 해당 시설물에 대하여 안전처리를 의무화하도록 한다.

4 결론

① 지방부 도로에서 발생하는 전체 교통사고 중 도로변 사고의 치사율이 높은 것은 도로변 시설물에 대한 측방 여유폭이 부족하여 안전한 보행폭을 부여할 수가 없다.

② 이에 '도로변 보호구역' 개념을 도입한 도로변 장애물에 대한 안전처리기준 마련이 필요하다 (곡선부 내측의 시거 장애물인 건물, 가로수 등).

③ 도심지역의 경우에는 간판, 상업 적재물, 불법주차 등에 의한 것이 시거장애 요인이다.

14 자동차가 횡방향미끄럼을 일으키지 않기 위한 조건

다음 그림과 같이 힘의 평행이 이루어져야 한다.

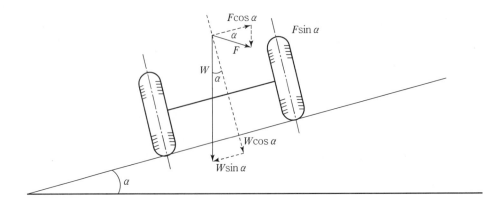

① 평면곡선반경과 속도에 따른 원심력

$$F = \frac{W}{g} \times \frac{V^2}{R}$$ ·· 식 1

② 횡방향미끄럼 마찰계수를 F라 하면

$$(F\cos\alpha - W\sin\alpha) \leq f(F\sin\alpha + W\cos\alpha)$$

③ 양변을 $\cos\alpha$로 나누어 정리하면

$$(F - W\tan\alpha) \leq f(F\tan\alpha + W)$$

④ $\tan\alpha = i$(편경사)를 대입하면

$$(F - Wi) \leq f(Fi + W)$$

⑤ 위의 식에 식 1을 대입하면

$$\left(\frac{W \cdot V^2}{g \cdot R} - Wi\right) \leq f\left(\frac{W \cdot V^2}{g \cdot R}i + W\right)$$

⑥ 양변을 W로 나누어 정리하면

$$\frac{V^2}{g \cdot R} - i \leq f\left(\frac{V^2}{g \cdot R}i + 1\right)$$

⑦ 위의 식을 평면곡선반경 R의 식으로 정리하면

$$R \geq \frac{V^2}{g} \cdot \frac{1 - fi}{i + f}$$

⑧ fi는 매우 작으므로 생략하여 정리하면

$$R \geq \frac{V^2}{g(i + f)}$$ ··· 식 2

⑨ 위의 식에서 속도(V : m/sec)를 설계속도(V : km/hr)로 정리하면

$$R \geq \frac{V^2}{(3.6)^2 \times 9.8 \times (i + f)} \geq \frac{V^2}{127(i + f)}$$ ······················ 식 3

⑩ 식 3에 의하여 최소평면곡선반경은

$$R = \frac{V^2}{127(i + f)}$$ ·· 식 4

여기서, V : 설계속도(km/h), f : 횡방향의 미끄럼 마찰계수, i : 편경사, F : 원심력(kg)
W : 자동차의 총중량(kg), g : 중력가속도($\fallingdotseq 9.8$m/sec²), R : 평면곡선반경(m)

⑪ 식 4는 자동차가 미끄러지지 않기 위해 필요한 속도, 곡선반경, 편경사, 그리고 횡방향미끄럼 마찰계수의 관계식이다.

⑫ 일반적으로 자동차는 뒤집어지기 전에 미끄러지므로, 식 4를 만족시키는 곡선반경은 자동차가 안정된 상태로 주행할 수 있는 관계식이다.

⑬ 따라서 자동차가 안정된 상태로 주행할 수 있는 최소곡선반경을 구하는 식은 식 4와 같다.

15 차량의 곡선 미끄럼과 직선 미끄럼의 차이

1 개요

① 교통사고 분석의 목적은 개별사고의 원인을 분석하여 특정지점에서의 예방책을 위한 사고 패턴 등을 조사하여 교통사고를 줄이는 데 있다.

② 차량의 제동에 의한 미끄럼은 직선 미끄럼과 곡선 미끄럼으로 나눌 수 있다.

③ 차량의 미끄럼 흔적은 사고의 재구성 시에 귀중한 사실적 자료를 제공한다.

2 직선 미끄럼

① 양후륜의 미끄럼 흔적들 모두가 전륜 미끄럼 흔적을 벗어나지 않으면 직선 미끄럼으로 간주한다.

② 이때, 차량의 미끄럼 거리는 그 차량의 모든 바퀴들의 미끄럼 흔적 중 가장 긴 미끄럼 흔적의 길이로 한다.

③ 직선 미끄럼 모양

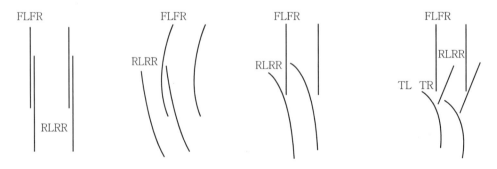

③ 곡선 미끄럼

① 미끄러지는 동안 차량이 회전할 경우 곡선 미끄럼은 흔적을 남긴다.
② 양후륜의 미끄럼 흔적들이 전륜의 미끄럼 흔적의 어느 한쪽을 벗어나면 각 바퀴의 미끄럼 길이를 측정하고 그 합을 바퀴의 수로 나눈 평균 미끄럼 거리를 그 차량의 미끄럼 거리로 한다.

③ 곡선 미끄럼 모양

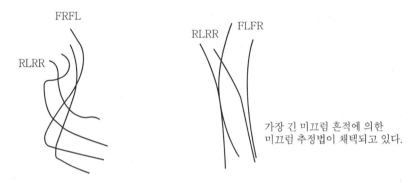

④ 적용 차량과 미끄럼 거리 추정법

① 승용차, 오토바이 및 소형트럭
② 가볍게 적재한 트럭같이 전·후륜의 하중이 유사할 때만 사용함

16 운전자의 신체적 반응과정(PIEV)

① 개요

① 운전자가 장애물을 발견하고 그 장애물의 성격을 나름대로 판단하여 적절한 행동을 결정할 때까지는 어느 정도 시간이 필요하다.
② 따라서 제동거리는 실제 운전자들이 장애물을 인지하고 필요한 행동을 취하여 제동하는 데 소요되는 거리의 일부분에 지나지 않은 것을 알 수 있다.
③ 제동시간은 이 순간부터 차량이 완전히 정지할 때까지의 소요시간을 말한다.

② 운전자 특성

① 지각 또는 인지(Perception)	② 식별(Intellection/Identification)
전방의 위험한 장애물을 본다.	장애물이 무엇인지 이해한다.

③ 판단(Emotion/Judgement)	④ 의지(Volition)
적절한 행동을 결정한다.	결정한 내용을 실행에 옮긴다.

③ 신체 반응과정(PIEV)

① PIEV란 외부 자극에 대한 신체적 반응이 나타나는 과정으로 이때 소요되는 시간을 PIEV 시간이라고 한다.

② 지각(Perception) : 운전자가 자극을 느끼는 과정(지각＝반응)

③ 식별(Identification, Intellection) : 자극을 식별하고 이해하는 과정

④ 판단(Emotion/Judgement) : 적절한 행동을 결심하는 의사결정과정

⑤ 행동 및 브레이크 반응(Volition, Reaction) : 행동과 실행에 따른 차량 작동이 시작되기 직전까지 의 과정

④ 운전자의 인지반응 특성

1. PIEV시간(인지반응시간)

① 인지반응시간은 차량의 제동장치가 작동을 시작하는 순간까지의 소요시간으로 실험에 의하면 0.2~1.5초 정도이고, 실제 운행 중의 시간은 0.5~4.0초 정도이다.

② AASHTO에서는
　　㉠ 안전정지시거 계산 시 : 2.5초
　　㉡ 신호교차로시거 계산 시 : 1.0초
　　㉢ 무신호교차로시거 계산 시 : 2.0초 권장

2. 연구결과에 의한 반응시간

① 연구결과에 의하면 평균 인지반응시간은 0.64초였으며, 도시 내의 운전자들 중 교통신호 등이 갑자기 나타나는 경우 인지반응시간은 1초 정도 길어진다. 즉, 매우 조심스러운 상태에서 0.2~0.3초의 인지반응시간을 나타내는 운전자들이 정상적인 상태에서는 1.5 초 정도의 인지반응시간을 나타내는 것으로 나타났다. 따라서 연구결과를 종합하여

볼 때 최소인지반응시간은 1.64초 정도인 것으로 확인되었다.

② 그러나 도로 조건의 다양성 및 복잡성을 고려할 때 1.6초보다 긴 최소인지반응시간이 도로설계에 사용되어야 함을 알 수 있다. 또한 운전자 및 도로사용자에 대한 최대한의 안전성을 확보하기 위해서는 여러 가지 형태의 도로를 사용하는 운전자들의 절대다수를 고려하여 인지반응시간을 결정해야 하므로 일반적으로 도로설계에서는 2.5초를 인지반응시간으로 택하고 있다.

3. PIEV의 적용 대상

① 안전시거 교차로 안전접근속도, 교통신호기의 황색주기
② 응급 시의 운전자 대처속도 등

5 제동거리(Braking Distance, Db)

1. 정의

주행 중인 차량이 정지하고자 할 때는 엔진의 추진력, 공기의 저항력, 바퀴와 노면 사이의 마찰력 등 차량에 작용하는 여러 가지 힘의 유형에 영향을 받게 되며, 이 힘들이 평형을 이룰 때 정지하게 된다. 이때 소요되는 길이를 제동거리라 한다.

2. 수식

$w = mg$, 제동거리$(Db) = \cos\alpha$일 때,

x방향의 힘의 균형 $-ma + w\sin\alpha + fw\cos\alpha = 0$이고,

$m = \dfrac{w}{g}$이고, $x - x_0 = \dfrac{v^2 - v_0^2}{2a}$에서 $a = \dfrac{v^2 - v_0^2}{2x}$

$\dfrac{w}{g}(v^2 - v_0^2)\dfrac{\cos\alpha}{2D_b} = w\sin\alpha + fw\cos\alpha$, 양변을 $w\cos\alpha$로 나누면

$\dfrac{(v^2 - v_0^2)}{2gD_b} = \tan\alpha + f$, $\tan\alpha = G$라 하면

$D_b = \dfrac{v^2 - v_0^2}{2g(f + G)}$

6 시각 및 광각

① 차량을 운전하는 운전자는 시선을 중심으로 양방향 3° 이내가 가장 선명함
② 광안성 : 물체를 볼 경우의 분명한 정도
③ 교통관제시설은 시선을 중심으로 10° 이내에 설치하는 것이 바람직함

7 운전자의 광안성

① 운전자가 물체를 볼 때의 분명성을 일컫는 말
② 정상시력이란 아주 밝은 상태에서 1/3인치 크기의 글자를 20ft 거리에서 읽을 수 있는 사람의 시력을 말하며 정상시력은 20/20으로 나타낸다.

예제 01

20/20의 시력을 가진 운전자가 30m의 거리에서 교통표지판을 읽을 수 있다. 만약 교통표지판의 글자 크기가 5cm라 할 때 20/50의 시력을 가진 운전자가 이 표지판을 읽기 위해서는 얼마의 거리가 필요한가?

풀이 $30\text{m} \times \dfrac{20}{50} = 12\text{m}$

예제 02

정상시력을 가진 운전자가 15m 거리에서 1인치 표지판의 글자를 분명히 읽을 수 있으며 설계 시 기준으로 하는 운전자의 시력은 20/40이라고 가정하자. 한 평탄지 고속국도의 유출부에서 방향안내표지를 설치하고자 할 때 속도는 100km/h이고, 유출부의 속도를 50km/h시로 유도하려면 이 표지판은 유출부에서 얼마만큼 전방에 설치되어야 하는가?(단, 운전자의 인지반응 2.5초, 마찰계수 0.3, 글자 크기는 8인치로 가정하자)

풀이
- 정상시력을 가진 운전자가 이 표지판을 읽을 수 있는 거리

$$D_1 = 15 \times 8 = 120\text{m}$$

- 설계기준 운전자가 이 표지판을 읽기 위한 거리

$$D_2 = 120 \times \frac{20}{40} = 60\text{m}$$

- 유출부로부터 진입하기 위해 감속하는 데 소요되는 거리

$$\text{x} = v_0 t + \frac{{v_0}^2 - v^2}{02g(f+s)}$$
$$= 100 \times \left(\frac{1,000}{3,600}\right) \times 2.5 + \frac{100^2 - 50^2}{(3.6^2) \times 2 \times 9.8 \times (0.3+0)} = 167.9\text{m}$$

- 표지판의 위치는 감속하는 데 소요되는 거리에서 20/40의 시력을 가진 운전자가 표지판을 읽을 수 있는 거리만큼 감한 곳에 위치하여야 한다.

즉, 168.9m−60m=108.9m=110m 떨어진 곳에 설치하여야 한다.

8 반응시간의 분산 감소방법

① 반응시간을 줄이는 방법은 운전자가 익숙하거나 습관화되었을 때 예상된다.
② 반응시간은 경험, 기술, 조심 정도, 습관 등 개인의 특성에 따라 다소 차이가 있다.

③ 교통설계와 운영에 대한 방법은 다음과 같다.
　㉠ 친숙함 조장
　　경험자와 관련 운전자는 주변 환경 적응 시에 빨리 반응함
　㉡ 대안의 수를 줄일 것
　　- 반응시간은 대안의 수에 따라 증가함
　　- 운전자가 많은 정보를 한꺼번에 처리해야 하기 때문임
　㉢ 명확한 정보 제공
　　운전자가 무엇을 해야 할지 빨리 판단할 수 있도록 정보가 제공되어야 함
　㉣ 보다 앞선 경고상황 제공(정보 제공)
　　반응시간을 운전자가 미리 예견할 경우 사고를 줄일 수 있음
　㉤ 명확한 시인성 제공
　　명확한 도로선, 적절한 시야 확보
　㉥ 기호의 사용
　　각 지역이나 나라마다 문자는 다르지만 기호는 통하므로 인식 가능

9 결론

① 인지반응시간은 개인 특성, 도로의 가시거리, 도로 형태 등의 다양한 조건에 영향을 받으며 차량의 속도와 도로의 주변 환경 역시 이에 영향을 준다.
② 속도가 높아지면 인지반응시간이 짧아지게 된다.
③ 도시 내 주행하는 운전자들의 인지반응시간은 주차차량, 접속도로, 횡단보도 등의 장애물을 의식하기 때문에 상당히 늦다.
④ 지방부 도로 운전자들의 인지반응시간은 도시에 비해 상당히 짧다.
⑤ 그러나 도로조건의 다양성 및 복잡성을 고려할 때 1.6초보다 긴 최소 인지반응시간이 도로설계에 사용되어야 함을 알 수 있다.

17 교통사고 유발 요인 및 사고대책

1 개요

① 교통에는 도로시설, 차량, 운전자 및 여러 가지 교통 특성 조건들이 함께 어우러져 있기 때문에 교통사고는 이들 요소 중 하나만 불완전해도 상호작용에 의해 발생한다.

② 일반적으로 교통사고는 인적 요인, 차량 요인, 환경적 요인 등에 의해서 또는 이들 상호 간의 복합적인 관계에 의해서 발생한다.

2 교통사고 유발 요인

1. 인적 요인

① 신체, 생리, 심리, 적성, 습관, 태도에 의해서 발생
② 운전자 정보처리과정(지각 → 식별 → 행동 판단 → 반응)
③ 연령 및 성별
④ 운전자의 능력, 성격 및 태도
⑤ 음주
⑥ 보행자

2. 차량 요인

차량구조, 부속품 또는 노후차량에 관계된 사항

3. 도로 물리 요인

① 도로구조 : 종단 및 평면선형, 노면, 차로수, 도로폭, 경사
② 안전시설 : 신호기, 도로표지, 방호책, 미끄럼방지, 정온화 시설

4. 환경적 요인

① **자연환경** : 교통환경(차량교통량, 차종 구성, 보행량)
② **사회환경** : 교통도덕, 교통정책 및 행정법적 요인
③ 구조환경

❸ 사고방지대책

1. 교차로

① 신호등 신설 및 신호시간 조정
② 좌회전 전용신호 현시 사용
③ 정지표시 사용 및 시인성 개선
④ 좌회전 전용차로 설치
⑤ 교차로 접근로에 미끄럼방지포장
⑥ 신호현시 방법 개선
⑦ 교차로 접근로의 노면표시 개선
⑧ 신호 · 표지의 시인성 향상

2. 도로 구간

① 횡단보행 신호등 설치
② 입체분리시설 설치
③ 속도규제, 추월금지, 유턴(U-turn) 금지 또는 신설
④ 중앙분리대 시설 개선
⑤ 보도 · 차도 분리
⑥ 횡단 억제용 방호책
⑦ 차로 · 중앙선 표시
⑧ 시선유도표 설치
⑨ 신호의 연동화

❹ 결론

① 교통사고는 복합적 요인에 의해 발생되므로 신중한 계획과 설계를 해야 하고 효율적인 운영이 뒷받침되어야 사고를 최소화할 수 있다.
② 교통사고 방지를 위해서는 무엇보다 이용자들과 운전자의 안전의식을 고취시켜야 하고, 홍보나 교육 등을 통하여 주입식 교육이 필요하다.
③ 첨단화를 이용하여 교통사고를 획기적으로 줄일 수 있는 방안이 필요하다.

18 어린이 교통사고 예방

1 개요

① 국가의 미래를 책임질 어린이 교통사고는 성인을 기준으로 설치된 교통환경에서 교통사고 위험이 높아 매년 많은 어린이가 사고로 희생되고 있다.

② 이에 따라 정부에서는 교통사고 감소를 위해 「도로교통법」을 제정하여 초등학교와 유치원, 통학로에 어린이 보호구역을 지정하였다.

③ 어린이 교통사고를 줄이기 위해 학교 주변에 정온화 기법이 많이 적용되고 있다.

④ 전체적인 교통사고 발생건수 및 어린이 교통사고 발생건수가 감소 추세에 있으나, 선진국에 비하여 발생건수가 많은 실정이다.

2 관계법령

① 「도로교통법」에 의거 '어린이 보호구역의 지정 및 관리에 관한 규칙'

② 적용 대상
  ㉠ 초등학교 앞 도로
  ㉡ 유치원 앞 도로

③ 어린이 보호구역 내 규제 조치

구분	규정
노상주차장 설치금지	• 어린이 보호구역으로 지정된 초등학교 등의 주 출입문과 직접 연결되어 있는 도로에는 노상주차장을 설치하여서는 아니 된다. • 주체 : 시장, 군수 및 구청장
자동차 통행금지 · 제한	• 「도로교통법」제11조의2 제1항의 규정에 의하여 조치를 취할 수 있다. • 주체 : 지방경찰청장 또는 경찰서장
주정차금지	
운행속도 30km/h로 제한	
일방통행	

④ 어린이 보호구역 지정절차

❸ 어린이 교통사고 유형 및 원인

1. 어린이의 행동 특성과 그에 따른 사고 유형

어린이의 행동 특성	그에 따른 교통사고 유형
• 한곳에만 열중하는 경향이 강하다. • 그때그때의 기분에 따라 행동이 변한다. • 사물을 단순하게 이해한다. • 공간지각력이 약하다. • 어른의 행동을 흉내내거나 어른의 행동에 의존하는 경향이 강하다. • 물체의 그늘진 부분에서 노는 경향이 있다.	• 차도로 갑자기 뛰어들기 • 주정차 차량의 전후로의 돌출 • 횡단 중의 부주의 • 횡단 중의 부주의 • 과속에 의한 사고 • 무단횡단 모방사고 • 화물차의 후진 시 사고

2. 교통사고

① 어린이 교통사고 발생 유형은 대부분이 보행 중에 사고 빈도가 높다.
   ㉠ 무단횡단, 횡단보도 및 이면도로 보행 중
   ㉡ 특히 통학로와 이면도로상에서 많이 발생한다.

② 어린이 교통사고는 특성상 어린이에 대한 안전교육 미흡 등의 요인도 있지만, 대부분 어른 운전자, 도로관리자 등의 책임이 크다.

③ 사고 발생 원인
   ㉠ 운전자 : 어린이 보호의식 부족과 무관심에 있다.
      스쿨존(School Zone) 내 준수사항 미준수 : 과속·부주의, 불법주차 등
   ㉡ 환경적 측면 : 안전시설 미흡, School Zone 내 보도와 차도가 분리되어 있지 않고 보행 여건을 악화시킨다.

❹ 인간공학적 접근

① 1990년대 중반까지 운전자 특성에 대한 연구는 운전자의 피로도, 교통상황에 따른 운전자 안정감의 변화, 운전적성과 운전수행능력 등과 관련한 면접, 설문조사, 관찰에 따른 것이 대부분이었다.

② 그러나 안전에 대한 관심이 고조되면서 1990년대 후반에는 운전자의 생체반응을 측정할 수 있는 운전자 반응분석 실내 시뮬레이터(Simulator)나 현장 주행차량을 이용하고 있다(한국도로공사, 국민대학교, 한국건설기술연구원, 교통안전관리공단 등).

③ 이러한 운전자 반응분석방법은 교통상황에 따른 운전자의 생체신호 및 행동 등을 파악하여 교통안전을 향상시키기 위한 연구가 진행되고 있다.

5 도로안전성 분석대상

인간공학을 도입한 도로안전성 분석대상으로 대표적인 것들은 다음과 같다.

① 도로선형과 노면의 안전성에 대한 분석
② 악천후 시 주행에 따른 분석
③ 교통안전시설 설치기준에 대한 분석
④ 사고 많은 지점에 대한 원인 분석
⑤ 주행시간 증가에 따른 운전자의 피로도 분석
⑥ 음주운전 또는 핸드폰 사용 시의 영향 분석

6 결론

① 「교통안전법」을 기반으로 지속적인 교통안전기본계획 및 연차별 교통안전시행계획을 수립·시행하고, 스쿨존(School Zone), 안전교통 등 교통사고 예방을 위한 안전정책을 시행하고 있으나 보다 적극적인 어린이 교통사고 예방대책이 필요하다.
② 일본의 경우에는 시가지 일정존을 공동체 지역(Community-Zone)으로 지정하여 통행속도를 30km/hr 이하로 규제하여 통과 교통을 줄이고 주행속도를 감소시켜서 일반운전자들도 잘 이행하고 있다.
③ 우리나라 어린이 보호구역 관련 규정은 운영상 문제점 분석을 통해서 시행 및 유지관리 시 발생하는 여러 문제점을 수정·발전해갈 필요성이 요구된다.

19 어린이 보호구역

1 개요

① 「어린이 보호구역 지정 및 관리에 관한 규칙」에 근거하여 초등학교 및 유치원 반경 300m 이내의 구역을 어린이 보호구역으로 지정하였다.
② 어린이 교통사고를 줄이고 어린이들의 안전한 통학로 확보를 위하여 초등학교 및 유치원 통학로상에 교통안전시설 및 토목시설을 설치하는 것을 의미한다.

② 법적 근거

① 「도로교통법」 제12조 제1항(어린이 보호구역의 지정)
② 광역시장 또는 시장·군수는 교통사고의 위험으로부터 어린이를 보호하기 위함
③ 필요하다고 인정하는 때에는 유치원 및 초등학교의 주변 도로 중 일정구간을 어린이 보호구역으로 지정하여 차의 통행을 제한하거나 금지하는 등의 필요한 조치를 할 수 있다.

③ 지정

다음 시설의 주변 도로 가운데 일정 구간을 어린이 보호구역으로 지정할 수 있다.

① 유치원, 초등학교 또는 특수학교
② 정원 100명 이상인 어린이집
③ 학교교과교습학원 중 학원 수강생이 100명 이상인 학원
④ 외국인학교 또는 대안학교, 제주특별자치도의 국제학교 및 외국교육기관 중 유치원·초등학교 교과과정이 있는 학교

④ 현황

① School Zone 내 규제사항
  ㉠ 통행속도 제한 30km/h 이내
  ㉡ 등하교시간 차량 통행금지
  ㉢ 노상주차금지
  ㉣ 보차도 분리 및 일방통행 운영

② 각종 안전시설 및 도로 부속시설 운영

③ 문제점
  ㉠ 형식적인 사업 진행과 허술한 사후관리 지속
  ㉡ 규정속도 미준수
  ㉢ 도로상 장애물(광고, 주정차, 노점상 등)로 인한 시인성 저하

⑤ 결론

① 어린이 보호구역으로 설정되어 있음에도 제한속도 30km/h를 지키지 않는 운전자들이 상당히 많다.

② 최근 조사에 따르면 스쿨존 내에서 다치거나 숨진 어린이가 많아 심각한 문제로 대두되고 있다.

③ 또, 이를 책임지고 관리해야 할 지방자치단체의 시설 관리가 미흡한 실정이다

④ 최근 5030 계획으로 인하여 초등·유치원 학교 인근의 이면 도로에는 30km/hr 이하로 설정함이 원칙이지만 간선도로 또는 주간선도로에 30km/hr 단속카메라를 설치한 경우가 많다.

⑤ 따라서 이면도로가 아닌 간선도로와 주간선도로에 30km/hr 단속카메라를 설치하지 않도록 관리관청의 주의가 필요하다.

20 교통약자

1 개요

① 우리나라는 2000년 이후 고령화가 급속하게 진행하면서 2020년 통계를 보면 전체 인구 중 65세 이상의 인구비율이 15%를 차지하고 있다.

② 2060년에는 고령자 인구비율이 40%대를 차지할 것으로 예측되는 만큼 본격적인 고령화 시대를 맞이하고 고령자와 장애인 등의 사회참여를 위한 이동성 확보 대책의 중요성을 인식하고 법적·제도적 뒷받침하에 각종 교통시설 정비가 필요하다.

③ 우리나라는 1997년 장애인, 노인, 임산부 등의 편의증진 보장에 관한 법률이 제정되었다.

2 교통약자에 대한 주요 내용

① 교통약자의 교통행동 특성 분석
② 선진국과 우리의 교통약자대책 현황의 차이점
③ 교통약자를 고려한 대중교통체계의 구축 방안

3 장애의 종류

1. 지체장애

① 휠체어 사용
  ㉠ 수직 이동 곤란 및 협소폭 이동 곤란
  ㉡ 작은 홈이나 틈새로 인한 이동 위험과 곤란

ⓒ 손이 미치는 범위가 좁음

ⓔ 휠체어 사용 시 눈의 위치가 낮아짐

② 휠체어 비사용자

㉠ 수직 이동이 다소 곤란

㉡ 장시간 서 있을 수 있음

㉢ 보행속도가 느리고 다리의 균형을 잃기 쉬움

2. 정보·의사소통 장애

① 시각장애

㉠ 보행노선 위치 확인 곤란

㉡ 전주 기둥 등에 충돌 위험

㉢ 문자가 보이지 않음

② 청각장애

㉠ 역의 구내 등에서 음성정보 입수 곤란

㉡ 역무원과의 대화 곤란

㉢ 차량의 경음과 소리를 못 들어 사고 위험

③ 음성·언어장애

역무원과의 대화 곤란

4 지체장애인을 위한 이용환경대책 요소

1. 이동성 확보

① 시설

㉠ 수직 이동시설·설비(슬로프, 엘리베이터 등)

㉡ 계단 핸드레일

㉢ 통행 가능한 개찰구

㉣ 평탄부의 핸드레일

㉤ 차량과 플랫폼 사이의 간극

② 사람

㉠ 차량 승하차 시 보조

㉡ 붐비는 장소에서 이동 보조

2. 유용성 확보

① 시설
- ㉠ 장애인용 화장실
- ㉡ 차량 내 휠체어 공간

② 설비
- ㉠ 설비에 접근과 이용(전화, 식수대, 승차권 발매기)
- ㉡ 차내 우선 좌석
- ㉢ 벤치
- ㉣ 운임표의 높이

5 정보 · 의사소통 장애자를 위한 검토 요소

1. 안전성 확보

① 시설
- ㉠ 전탁방지를 위한 울타리
- ㉡ 유도블록 및 경고블록

② 설비
- ㉠ 플랫폼에서 기둥커버
- ㉡ 플랫폼에서 설비배치

③ 사람 : 안내자

2. 유용성 확보

① 설비
- ㉠ 촉지 정보 : 계단 핸드레일, 승차권 발매기, 시각표, 노선표, 운임표 등 점자테이프 설치
- ㉡ 음성 : 음성도착 안내, 맹인 유도음

② 사람 : 안내자
③ 청각 장애자 시설 : 열차 도착을 알리는 바닥램프 점멸장치

6 교통수단별 대책

① 버스 부문
    ㉠ 시내버스는 지하철에 비해 수직 이동이 적으므로 교통약자에게 친숙한 교통
    ㉡ 유럽과 같이 저상버스의 도입이 필요
    ㉢ 수직이동을 돕는 승강설비 증설 필요
    ㉣ 노약자를 위한 보조계단 장착차량 도입
    ㉤ 마을버스 및 버스정류장 개선

② 도시철도 부문
    ㉠ 도시철도역 내의 수직이동시설 확충
    ㉡ 차량 내 휠체어 공간 제공 및 고정장치
    ㉢ 지하철역 내의 안내표지 개선

③ ST(Special Transport) 서비스
    ㉠ 고령자 장애인을 위한 전용 교통수단 서비스임
    ㉡ 중증 장애인의 이동에 다양한 형태의 ST 서비스 제공 방안 검토
    ㉢ 현재 ST 서비스 제공은 거의 전무한 상태임
    ㉣ 법적 · 제도적 지원대책 수립 필요

④ 계획 이념의 확립
    ㉠ 인간의 기본권, 생활권의 관점으로부터 이동성 확보를 자리매김하는 것임
    ㉡ 교통약자가 지역사회에서 안심하고 생활할 수 있도록 인권과 정상화의 이념에 근거하여
       이동성 보장

⑤ 교통약자의 교통수요 파악
⑥ 교통약자를 위한 교통시설 설계
⑦ 교통약자를 배려한 대중교통 정비계획 수립

7 결론

① 중증 장애인의 이동에서 선택의 폭을 넓혀 준다는 의미에서도 복지 선진국에서 볼 수 있는 다양한 형태의 특별교통수단(ST) 서비스 제공방안을 검토해야 한다.
② ST 서비스에 있어서도 완전한 Door—to—door 서비스 이외에 고정노선을 설치 · 운행하는 방법도 있다.

Road and Transportation

563

③ 이동자의 수, 이동패턴 등 개별적인 지역 상황에 따라 비용의 효과적인 방법을 모색할 필요가 있다.

④ 일반적으로 교통대책의 기본 요소로는 안전성, 쾌적성, 보다 안전하게 외출 자체가 가능할 것(이동성 확보, 안정성 확보), 교통시설의 직접 사용이 가능할 것(유용성 제고) 등이 있다.

21 긍정적인 유도 방안(Positive Guidance)

1 개요

① 긍정적인 유도 방안(Positive Guidance)은 도로 교통의 원활한 운영과 안전을 개선하기 위한 노력의 일환으로 교통사고가 잦은 지점에 대한 확실한 정보를 안내해 주는 역할이다.

② 만족할 만한 수준의 안전도를 갖기 위해 도로의 선형 개선 등의 근본적인 개선에는 막대한 비용과 시간이 필요하지만 개선 후에도 도로상의 모든 위험요소들을 제거할 수는 없다.

③ 그러므로 도로건설자와 도로관리자는 운전자들에게 충분한 정보를 제공함으로써 운전자들이 충돌을 피할 수 있게 해야 한다는 것이 Positive Guidance의 개념이다.

④ Positive Guidance는 운전자들에게 정보가 필요한 곳에 위험에 관한 충분한 정보가 제공되어야 하며, 운전자가 사고를 피하는 데 도움이 될 수 있는 형태로 제공되어야 한다는 생각에 기초를 두고 있다. 즉, 운전자가 위험에 직면하여 적절한 차량 속도와 경로를 유지하도록 하기 위한 올바른 유도 행위를 의미한다.

2 Positive Guidance의 적용 대상

Positive Guidance는 일반적인 조건에서 운전자의 운전을 돕기 위해 구성되어 있으며, 아래의 사항들에 대한 운전자 과실에 적용할 수 있다.

① 과다한 운전수행 요구
② 비정상적인 운전 조작 또는 요구
③ 부족한 시거
④ 운전자 기대 위반
⑤ 과다한 정보 처리 요구
⑥ 너무 적은 정보
⑦ 설명이 부족한 정보, 모호한 정보, 혼돈을 주는 정보, 빠진 정보 등
⑧ 위치상 잘못 놓인 정보, 가려진 정보, 흐린 정보
⑨ 글씨가 작은 정보, 읽을 수 없는 정보, 불분명한 정보

22 교통안전을 고려한 도로설계

1 개요

① 경제성장과 더불어 차량 증가, 속도 증가, 차량의 대형화·중량화 및 교통인구의 현저한 증가가 이루어졌는데 이것은 지역개발 및 생산성 향상의 큰 추진력이 되는 반면, 교통사고의 급증을 유발하여 교통사고율에서 최후진국이라는 불명예와 함께 사회문제가 되고 있다.

② 교통사고를 줄이기 위해서는 먼저 사고원인에 대해 조사·분석을 실시하여 사고원인별 예방대책을 수립해야 할 것이다.

③ 교통사고의 원인에는 크게 인적, 차량, 도로, 환경 요인 등이 있고 이러한 요인들이 서로 복합적으로 작용하여 교통사고가 발생되며, 특히 도로구조적인 측면의 안전성을 고려하여 계획·설계되어야 할 것이다.

④ 교통류의 안전한 주행을 위해서는 교통사고조사를 철저히 함은 물론 사고다발지역에 대해서는 분석을 철저히 하여야 하며, 설계 시에는 교통안전을 가장 우선적으로 고려하여 설계해야 한다.

2 교통안전을 위한 설계과정

① 교통사고조사
② 교통사고 다발지역 분석
③ 교통안전을 위한 사고예방대책 수립
④ 교통안전을 고려한 설계
⑤ 사고다발지점 개선(사고 감소 방법)
⑥ 교통안전시설 확충 설치

3 교통사고조사 및 분석

1. 사고원인 분석

① 인적 요인
   운전자의 심리적 결함, 신체적, 음주운전, 운전미숙 등

② 차량 요인
   차량상태, 차량구조결함, 차량노후 등

③ 도로 요인

    ㉠ 단로부의 경우 : 선형 불량, 시거 불량, 안전시설 미비 등

    ㉡ 교차로의 경우 : 부적절한 구조, 접근로 과속, 시거 불량 등

④ 환경 요인

    자연, 교통, 사회, 구조환경 등

2. 사고다발지역 분석

① 사고다발지점 파악

    ㉠ 교통사고자료 수집 : 위치, 사고건수, 인명피해 등

    ㉡ 사고건수, 사고율에 의한 통계적 Model을 이용하여 사고다발지역을 선정

② 대상구간의 현황조사

    ㉠ 노선의 소개 및 교통망, 교통량 및 증가 추세

    ㉡ 도로 주변 상황, 지형 및 선형교차로 상황, 교통 혼잡도 파악

③ 사고다발지역 분석 개선을 위한 우선순위 결정

    ㉠ 원인별, 형태별, 상황별로 분석

    ㉡ 발생건수, 발생정도, 일교통량 등에 따라 EAN(환산사고건수) 산정 → 우선순위 결정

4 교통안전을 고려한 설계기본방침

① 교통류를 시각적 · 공간적으로 분리
② 평면선형 및 종단선형의 연속성
③ 교통류의 단순화 및 원만한 유도
④ 기하구조와 교통안전 부대시설의 연관성과 조화
⑤ 교통환경개선 : 굴곡부 개량, 교차로 개선, 도로안전 관리시설 설치
⑥ 재해방지 안전시설 설치 : 절성토 법면, 안전시설 등
⑦ 도로의 기능에 적합한 교통안전시설 설계

5 교통안전을 고려한 설계

1. 교통의 분리

① 시각적 분리

    교통신호기 설치 등으로 분리

② 장소적 분리
　ㄱ 교통 종류별 분리
　ㄴ 왕복 교통의 분리

③ 교차교통의 분리
　ㄱ 입체교차, 평면교차
　ㄴ 도류화기법 등

2. 선형의 연속성

① 운전자의 시선을 자유롭게 유도
② 현저한 차이를 갖는 설계속도 구간은 접속 회피
③ 선형 및 도로폭원의 급격한 변화 회피
④ 평면 및 종단선형의 조화

3. 교통류를 단순화시키고 원만하게 유도

① 교통류의 상충횟수를 줄여 교통류를 단순화시키고 원만하게 유도
② 신호등 설치, 노면표시, 분리대 및 교통섬 설치, 시선유도표시등 설치

4. 도로 기하구조와 교통안전의 관계를 고려

① 평면선형 및 종단선형
　ㄱ 곡선부의 차량주행 및 안전을 고려한 설계
　ㄴ 곡선반경, 최소곡선장, 편경사, 확폭, 완화곡선 설계 시 안전성 고려
　ㄷ 종단곡선부의 충격 및 시거 확보에 유의하여 설계

② 횡단구성
　ㄱ 도로의 각 횡단구성요소와 교통안전시설의 연관성 설계
　ㄴ 횡단경사, 배수시설, 미끄럼방지포장

5. 도로의 기능에 적합한 교통안전시설 설계

① 도로의 기능, 즉 이동성, 접근성을 고려
② 적합한 교통안전시설 설치

6 교통사고다발지역 개선방법(사고감소방법)

1. 단로부(單路部)

사고원인	개선사항	
도로구조 부적합	• 차로폭 재조정 • 오르막차로 설치 • 노상주차 등의 장애요인 제거	• 노면표시 설치 또는 개량 • 중앙분리대 설치 • 도로정보판 설치
선형 불량	• 노면시설에 의한 선형 표시 • 시선유도표지	• 커브예고표지 설치 • 도로 재설계
시거(Sight Distance) 불량	• 장애물 제거 • 시선유도표지 설치	• 예고표지 설치
노면의 미끄러움	• 노면 재포장	• 미끄럼표지 설치, 방지 포장
안전시설 미비	• 안전시설 설치 또는 보완	• 연석(Curb Stone)시설 검토
보행자	• 횡단보도 위치 재정리	• 보행자 안전지대 설치
야간사고	• 시선유도표지 설치	• 가로조명시설 주의표지 설치
기타	• 버스정차대 위치 및 규모 조정	• 철도 건널목의 입체교차시설

2. 교차로 구간

사고원인	개선사항	
교차로 구조 부적절	• 도류화 기법 • 형태 재조정	• 가각 구조 조정 • 위치 재조정 등
접근로에서의 과속	• 속도 제한 • 과속방지턱 설치(Speed Hump)	
시거 불량	• 장애물 제거 • 조명시설 정비	• 일단 정지 표지
노면 미끄럼	• 노면 재포장 • 미끄럼 주의 표지	• 미끄럼방지포장 • 배수시설 개량
신호체계 부적절	• 신호등 위치 조정 • 신호주기 조정	• 신호등 수 조정 • 신호기 개량
보행자 횡단시설	• 횡단보도 위치 조정 • 보행자 안전지대 설치	• 노면표지 조정 • 횡단시설 입체화
야간 사고	• 야간조명 시설 • 표지병(Cat's Eye) 설치	• 시선유도표지

7 교통안전시설의 종류

교통안전시설	교통관리시설	기타 시설
• 보행자 횡단시설 • 방호책 • 조명시설 • 시선유도표지 • 도로반사경 • 충격흡수시설 • 과속방지턱(Speed Hump)	• 도로표지 • 안전표지 • 노면표지(Road Marking) • 긴급연락시설(비상전화) • 교통감지시설 • 교통정보 안내표지 • 교통신호기	• 주차장 정차대 • 비상 주차대 • 긴급 제동시설 • 길어깨 • 턴아웃(Turn Out) • 양보차로 • 오르막차로 • 터널 내 안전시설 등

8 교통안전을 위한 설계 시 고려사항

① 도로설계 시 도로관리 측면과 도로시설 측면이 조화되게 할 것
② 유관부서의 협조체계 및 행정체계의 일원화
③ TSM 기법을 적극 활용
    ㉠ 도로구조 개선
    ㉡ 교통운영 개선
    ㉢ 교통통제시설 개선 등
④ ITS의 발전 및 확대 적용
⑤ 교통안전에 관한 연구 및 인력 양성
⑥ 설계 시 과감한 재정적 투자

9 결론

① 교통사고는 인적, 차량, 도로, 환경 요인 등 복합적 요인에 의해 발생되고, 이 중 도로 요인에 의한 사고는 도로계획, 설계, 운영 등 전 과정과 연관되어 있다고 할 수 있다. 교통안전 확보는 개인적·사회적·국가적 차원에서 대단히 중요한 사항이다.
② 관련 부서의 긴밀한 업무협조와 자료의 확보, 분석이 필요하며 교통관제보다는 교통안전을 주기능으로 하는 이용자 측면에서 계획, 설계, 시공되고 또한 지속적인 교통안전 및 교통관리의 전문인력 양성이 필요하다.
③ 교통사고를 방지하기 위해서는 계획, 설계, 시공 외에 첨단공법을 적극 도입하는 것도 무엇보다도 중요한 과제이다.

23 교통안전대책 3E

1 개요

① 교통사고는 원인에 따라 인적, 차량, 도로, 환경 요인 등에 의해서 서로 복합적인 작용으로 발생한다.

② 교통안전대책을 위해 사고예방대책을 수립하여 교육과 철저한 조사 및 개선, 홍보활동, 관련 기관과 연계하여 체계적인 대책 수립이 필요하다.

2 교통사고 발생요인 및 원인, 교통안전 3E

① 도로교통안전을 결정짓는 세 가지 핵심요소로 교육(Education), 공학(Engineering), 규제 (Enforcement)를 지칭하는 용어

　㉠ Education : 운전자 교육, 학교 교육, 대중매체 홍보 등

　㉡ Engineering : 사고조사 및 분석절차의 개선, 사고 많은 지점 개선, 시설정비, 차량자체안 전도 개선 등

　㉢ Enforcement : 규제 및 관리로서 안전추진체계정비, 안전띠, 알콜농도규제, 투자 재원의 확보, 긴급구조체계의 구축 등

② 도로교통안전을 담당하는 기관의 역할을 3E 측면에서 살펴보면 다음과 같다.

　㉠ Engineering 측면 : 건설교통부, 경찰청, 과기부 및 산자부 등

　㉡ Education 측면 : 교육부, 경찰청, 행자부 등

　㉢ Enforcement 측면 : 경찰청

③ 이들 세 가지 핵심요소가 복합적으로 작용하여 발생하므로, 모든 요소가 사회적으로 용인될 수 있을 만한 수준 이상으로 확보되어야 한다.

④ 여기에 응급체계(Emergency), 환경(Environment), 경제(Economy), 제도(Enactment) 등을 포함하여야 한다는 주장도 있다.

3 결론

① 관련 기관 및 부서와의 긴밀한 업무 협조가 필요하며 교통안전 측면에서 계획, 설계, 시공되도 록 노력해야 할 것이다.

② 교통사고 방지를 위해서는 ITS 중앙관제시스템을 통한 교통안전계획을 수립해야 한다.

③ 교통안전의 문제점은 홍보와 단속 등으로 인하여 고질적인 나쁜 습관이 바로잡힐 때까지 드론 등을 이용하여 지속적인 단속도 필요하다.

24 보행자 교통사고의 특성

1 개요

① 국내 보행자 교통사고 건당 사망자 수는 차대차 사고의 3배에 달한다.
② 해당 사고의 약 40%가 횡단 중 발생하며 특히 교차로에서는 차량의 우회전 시 보행자와 차량 간 상충 가능성이 높기에 심각한 사고를 초래할 수 있다.

2 보행자의 특성

1. 보행조건

① 보행자의 주방향은 어느 곳인가?
② 최대 보행자 수는 얼마인가?
③ 보행자가 최대로 허용하는 지체시간은 어느 정도인가?

2. 보행속도

① 횡단보도에서 보행자의 안전을 위해 필요한 신호시간 결정 시 기준이 됨
② 평균 보행속도는 1.2m/sec

3. 보행폭

① 보행폭은 보도에서 보행자의 안전을 위해 필요한 최소폭
② 보행자 1인에 대하여 0.75m를 보행하는 상태
　　즉, $0.75 \times 2 = 1.5m$
③ 장애자 보도의 최소폭은 1.0m×2대의 휠체어 교행폭

4. 보행거리

① 각종 시설 계획 시의 기준
② 통행목적이나 지역 등에 따라 평균 보행거리는 서로 상이함
③ 일반적인 보행거리는 도심부 400m, 기타 지역 800m 정도

③ 고령보행자

현대해상은「고령보행자 횡단행태 및 사고 특성 연구」결과를 2018년에 아래와 같이 발표했다.

① 고령보행자 횡단사고 발생장소는 재래시장 주변의 교차로 내 횡단보도가 52.6%를 차지했다.
② 사고원인은 신호시간 부족(31.1%)과 무단횡단(21.0%)이 전체 사고의 절반 이상을 차지했다.
③ 대다수는 점멸신호 진입으로 인한 횡단시간 부족이 가장 큰 원인으로 나타났다.
④ 특히 고령보행자가 정상횡단(점멸신호 전 진입, 횡단보도 내 이동)하지 않은 과실비율은
21.7%로 일반보행자의 과실비율 9.5%에 비해 약 2.5배 높게 나타났다.

[현장 조사 결과]

구분	고령보행자	보조기구를 동반한 고령보행자
일반인 대비 인지반응 시간	1초 이상 부족	1.5초 이상 부족
교통약자 대비 보행속도	유사함(0.8m/sec)	약 0.05m/sec 느림

주) 현재 국내 보행신호시간 산정식은 혼잡지체시간을 고려하지 않고 여유시간(4~7sec) 단순 제공

[사고유발 운전자 요인]

종류	유발 요인
기본 특성	남여 여부, 운전자 연령
행동 특성	운전 미숙, 일시적 판단 오류, 질병 등 순간적인 통제 불능상태, 차량의 속도
법규 위반 특성	신호 위반 여부, 전방주시 태만, 과속 여부, 부적절한 승·하차 위치, 운전 중 단말기 조작, 차로 이탈, 음주운전 여부, 불법 주정차, Zone30 위반, 불법회전 등

[사고유발 보행자 요인]

종류	유발 요인
도로 특성	남여 여부, 보행자 연령, 음주 여부
환경 특성	사고 발생 위치, 보행자 시선방향, 사고순간 보행자 행태(Waking, Running 등), 보행자 충격각도, 부적절한 보행위치(도로변, 갓길 등), 어두운 복장 상태
법규 위반 특성	신호 위반 여부, 무단횡단 여부

[사고유발 도로 · 환경적 요인]

종류	유발 요인
도로 특성	종단면 경사도, 횡단면 경사도, 보차분리 여부, 편도 차로수, 도로폭, 과속방지턱 설치 여부, 교통안전표지의 적절성 여부
환경 특성	강우나 강설 등 기상조건, 가로변 수목이나 전신주, 운전자 사각지역, 주행 중 차량 이나 불법 주정차에 의한 불량한 시야 확보

25 운전자의 광안성

1 개요

① 운전자의 광안성이란 운전자가 물체를 볼 때의 명확성을 일컫는 말이다.
② 정상시력이란 아주 밝은 상태에서 1/3인치 크기의 글자를 20ft 거리에서 읽을 수 있는 사람의 시력을 말하며 정상시력은 20/20으로 나타낸다.

2 계산과정

예제 01

20/20의 시력을 가진 운전자가 30m의 거리에서 교통표지판을 읽을 수 있다. 만약 교통표지판의 글자 크기가 5cm라 할 때 20/50의 시력을 가진 운전자가 이 표지판을 읽기 위해서는 얼마의 거리가 필요한가?

풀이 $30\text{m} \times \dfrac{20}{50} = 12\text{m}$

예제 02

정상시력을 가진 운전자가 15m 거리에서 1인치 표지판의 글자를 분명히 읽을 수 있으며 설계 시 기준으로 하는 운전자의 시력은 20/40이라고 가정하자. 한 평탄지 고속국도의 유출부에서 방향 안내표지를 설치하고자 할 때 속도는 100km/h이고, 유출부의 속도를 50km/h시로 유도하려면 이 표지판은 유출부에서 얼마만큼 전방에 설치되어야 하는가?(단, 운전자의 인지반응 2.5초, 마찰계수 0.3, 글자 크기는 8인치로 가정하자)

+풀이 • 정상시력을 가진 운전자가 이 표지판을 읽을 수 있는 거리

$$D_1 = 15 \times 8 = 120m$$

• 설계기준 운전자가 이 표지판을 읽기 위한 거리

$$D_2 = 120 \times \frac{20}{40} = 60m$$

• 유출부로부터 진입하기 위해 감속하는 데 소요되는 거리

$$x = v_0 t + \frac{v_0^2 - v^2}{02g(f+s)}$$
$$= 100 \times \left(\frac{1,000}{3,600}\right) \times 2.5 + \frac{100^2 - 50^2}{(3.6^2) \times 2 \times 9.8 \times (0.3+0)} = 167.9m$$

• 표지판의 위치는 감속하는 데 소요되는 거리에서 20/40의 시력을 가진 운전자가 표지
판을 읽을 수 있는 거리만큼 감한 곳에 위치하여야 한다.
즉, 168.9m − 60m = 108.9m = 110m 떨어진 곳에 설치하여야 한다.

26 평면교차로의 상충(Conflict)

1 개요

① 교차로를 설계할 때는 교차각의 합리적인 처리, 시거, 종단경사 등의 기하구조적인 면에
주로 관심을 갖게 되지만, 실제로는 어떻게 효과적으로 상충을 처리하느냐가 중요하므로
교차로를 여러 부분으로 나누어 각 부분에 대해 상세히 분석하여야 한다.
② 상충(Conflict)이란 2개 이상의 교통류가 동일한 도로 공간을 사용하려 할 때 발생되는
교통류의 교차, 합류 및 분류되는 현상을 말한다.
③ 교차로설계에서 핵심이 되는 것은 교차로 내에서 발생하는 교차지점의 상충, 합류 및 분류
지점의 상충, 보행자와의 상충 등을 효율적이고 안전하게 처리할 수 있도록 하는 것이다.
④ 따라서 설계 시에는 상충 형태, 상충이 포함되는 교통량, 상충이 발생하는 위치 및 시기,
그리고 상충교통류의 평균속도 등을 상세히 분석하여 상충의 면적과 횟수를 최소화시키고
위치 및 시기를 조정하여 운전자들로 하여금 한 지점에서 되도록 단순한 의사결정과정을
거치도록 하여야 한다.

② 상충의 유형

① 분류 상충

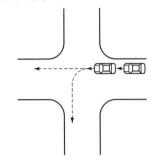

② 합류 상충

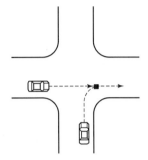

③ 교차 상충

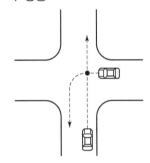

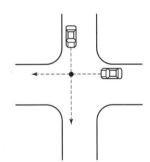

③ 교차갈래와 상충의 관계

1. 교차로에 유입하는 도로의 수가 많아지는 경우

① 교차로 내에서의 교차, 합류 및 분류하는 교통류의 수가 기하급수적으로 많아짐
② 교차로에서의 교통처리가 매우 복잡함
③ 사고위험 등이 급격하게 증대됨

④ 교차로의 상충 특징
　㉠ 세 갈래 교차로에서의 상충횟수 : 9회
　㉡ 네 갈래 교차로에서의 상충횟수 : 32회
　㉢ 다섯 갈래의 교차로에서의 상충횟수 : 79회
　㉣ 여섯 갈래 교차로에서의 상충횟수 : 172회(상충횟수가 기하급수적으로 증가)
　㉤ 갈래 수가 1개 증가한다는 것은 단순히 1개의 갈래 수(접속도로 수)가 늘어난 것으로만
　　 생각해서는 안 됨
　㉥ 가능한 한 교차하는 갈래(도로)의 수는 최소가 되도록 설계

2. 네 갈래 교차로의 상충

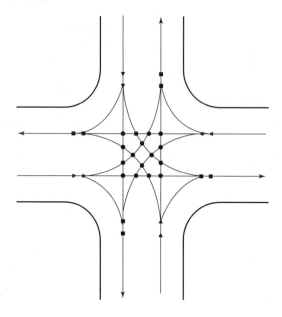

3. 교차로별 상충의 수

갈래 수	교차 상충(●)	합류 상충(■)	분류 상충(▲)	계
3	3	3	3	9
4	16	8	8	32
5	49	15	15	79
6	124	24	24	172

4 교통운영과 상충의 관계

1. 교차로 상충 영향

① 교차하는 도로(갈래)의 수뿐만 아니라 교통운영방법에 따라서도 큰 변화를 일으키게 됨

② 네 갈래 교차로의 경우 좌회전을 모두 금지시키면 상충횟수가 32에서 12로 줄어들게 됨

③ 일방통행을 하게 되면 5회의 상충만 발생하게 됨

④ 따라서 교차로에서는 상충의 효율적인 처리를 위하여 교통운영에 대하여 항상 고려하여야 함

2. 교통운영과 상충의 관계

① 회전 허용

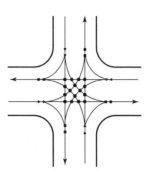

② 좌회전 금지

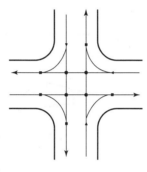

③ 일방통행

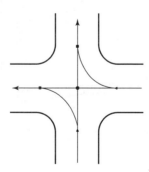

5 결론

① 평면교차로에서 상충횟수가 증가되면 차량의 지체와 교통사고로 이어져 정상적인 교차로 기능을 못하게 되므로 상충횟수가 최소화되도록 설계해야 한다.

② 상충횟수를 최소화하려면 평면교차로 도류화 또는 입체교차로 형식을 검토해야 하고 신호처리 방식에서도 상충횟수를 줄이는 방법도 있다.

27 긴급제동시설(Emergency Escape Ramp)

1 개요

① 급경사의 하향 종단경사가 연속하는 도로에서는 고장차량들이 긴급히 피난하여 정지할 수 있어야 하며 필요한 경우 긴급제동시설을 설치해야 한다.

② 주행 중에 제동장치가 고장날 경우 차량의 도로이탈 및 충돌사고를 방지하고 승객 및 차체에 대한 손상을 최소로 하기 위해 산지부의 하향 급경사가 연속된 곳에는 반드시 긴급제동시설을 설치하여야 한다.

2 형식별 특징

형식	형태	특징
ⓐ형		• 모래더미를 설치한 형식 • 연장은 통상 120m 이상 • 제동력은 모래더미의 기울기와 모래에 의해 발휘함
ⓑ형		• 중력에 의한 제동력은 전혀 기대 불가능 • 흐트러진 상태의 골재에 의해서만 제동력 기대됨
ⓒ형		• 중력에 의한 제동력은 전혀 기대 불가능 • 흐트러진 상태의 골재에 의해서만 제동력 기대됨
ⓓ형		• 중력과 골재에 의한 효과 • 효과 면에서 가장 우수 • 일반적으로 많이 적용

3 적용사항

① 연결로의 폭은 최소 7.8m 이상으로 하고 9~12m가 바람직

② 골재부설층에 사용되는 재료는 깨끗하며 공극이 크고 쉽게 다져지지 않으며, 주동저항이 크고, 최대 크기 40mm인 골재를 사용할 것

③ 골재부설층의 두께는 30cm 이상 설계할 것
④ 긴급제동시설의 주의표지는 그 전방 여러 개소에 설치하여 운전자가 충분히 인식할 수 있는 여유를 배려하고, 진입부와 연결로에는 조명시설을 설치
⑤ 골재부설층과 병행하여 포장된 보조도로를 폭원 약 3m를 설치하여 구난차 및 유지관리 등 장비통행이 가능토록 계획
⑥ 긴급구난이 용이하도록 견인 앵커를 연결로에 100m 간격으로 설치하는 것이 바람직
⑦ 긴급제동시설은 본선도로의 우측에 설치하는 것이 원칙

4 결론

① 우리나라는 지형 특성상 산지가 전체의 70%를 차지하고 있어 급경사에서 기상과 차량의 결함 등으로 많은 교통사고가 발생하고 있다.
② 그러나 아직까지 긴급제동시설을 설치한 예가 많이 없으며, 인명을 중시하고 재산을 보호하는 측면에서 필요한 지역에는 설치함이 타당할 것으로 판단된다.
③ 최근에는 차량의 품질이 우수하여 차량 결함의 문제보다 기상조건이나 운전자의 과실 등에 의한 사고가 많은 것이 현실이다.

28 분리식 지주(Break Away Supports)

1 개요

① 도로상에 차량안내, 위험, 지시등의 표지판을 설치하기 위해서 설치하는 지주를 노변의 위험물로 간주하여 설계 시 고려하여야 한다.
② 분리식(Break Away)은 분리된 것을 말한다(즉, 도로에서 지주는 방호책 후방에 설치).
③ 지주의 구조는 형식에 따라 고정식, 굴절식, 분리식 지주로 구분되어 필요지역에 설치된다.

2 특성

1. 표지판 지주의 특성

① 표지판 지주 자체가 노변 위험물로 간주
② 차도를 이탈한 차량의 충돌을 고려하여 설계
③ 경차량을 설계기준 차량으로 선정

2. 구조적인 특성

① 부착된 표지판을 유지할 수 있어야 한다.

② 풍향력에 견딜 수 있어야 한다.

③ 적설지역에서는 적설에 따른 하중과 제설차에 의한 압력에 견딜 수 있어야 한다.

3. 설치방법에 따른 형식의 분류

① 지주식, 정주식(Ground-Mounted)

② 문형식(Overhead), 측주식(Overhang)

③ 부착식

3 지주구조의 분류

1. 굴절식 지주(Knockdown Supports)

① 노변 등 차량진입이 가능한 지역에 소형표지판을 설치할 경우

② 충돌 시 차량의 피해가 최소가 될 수 있는 재질을 선택해야 한다.

③ 재질은 금속성 U-Post 또는 목재를 주로 사용한다.

④ 목재는 충돌 시 부서지거나 휠 수 있는 직경이 15×15cm 이하

2. 고정식 지주(Fixed-Based Supports)

① 방호책 후방이나, 절토면 등 차량이 진입할 수 없는 지역에 설치한다.

② 차량 충돌 시 지주가 분리되거나 휘거나 부서지지 않는다.

③ 차도를 이탈한 차량이 직접 충돌하지 않도록 방호책을 설치한다.

④ 차량이 충돌하면 표지판과 지주는 기초부분으로부터 분리되며 그 자체가 차량의 장애물이 된다.

3. 분리식 지주(Break away Supports)

① 분리식 지주가 바람과 외압에는 견디되 차량 충돌 시 지주의 한 지점이 분리

② 지주는 기초부분과 분리되며 표지판 자체는 원래의 모습을 유지하도록 해야 한다.

③ 지주와 기초를 플라스틱 파이프 등 지주의 재질과 비교하여 상대적으로 강도가 약한 재질로 연결하여 그 지점이 분리되도록 해야 한다.

4 설치 시 고려사항

1. 설치가 부적절한 지역

① 차도의 곡선 외측부 지역
② 차로수가 줄어드는 부분과 차로폭이 좁은 지역
③ T형 교차로에서 꺾인 지역
④ 분기점의 안전지대(Gore Area)

2. 횡방향 이격거리

① 길어깨 끝에서 1.8m, 길어깨가 없는 경우에는 차도끝단에서 3.6m가 이상적이다.
② 최소한 50cm 이상 이격시키고 시인성 확보를 위해 제초작업이 필요하다.
③ 도시지역에서는 차도와 보도의 경계로부터 보도 측으로 25cm 이상 이격이 필요하다.
④ 길어깨 내에는 반드시 설치하지 않아야 된다.

3. 표지판의 종방향 이격거리

① 2개 이상의 표지판이 필요한 지역은 우선순위에 의한 중요한 표지부터 설치하되, 우선순위는 규제, 주의, 안내표지의 순으로 해야 한다.
② 시인성 확보를 위하여 표지판의 종류에 따라 일정거리 이상을 유지해야 한다.

5 결론

① 지주는 교통안전 차원에 중요한 시설물이다. 하지만 중요한 시설을 설치함에 있어서 사고 시 안전성을 확보할 수 있어야 하고 유지관리 측면에서 양호한 품질을 선택해야 한다.
② 중요시설물이 위험시설물로 돌변하지 않도록 재질과 설치 위치, 이격거리 등을 충분히 검토하여 안전한 지역에 설치해야 한다.
③ 배수로(Ditch)에 지주설치는 부적당하며 오물로 인한 지주의 부식효과가 있다.
④ 성토된 경사면(Side Slope)에 지주설치는 부적당하다.
⑤ 연석(Curbs)의 외측으로 2.4~3m에 설치된 지주는 부적당하다.
⑥ 지주 기초부분의 높이가 10cm 이하가 되도록 설치해야 한다.

29 스키드마크(Skid Mark)

1 개요

① 스키드마크는 차량이 급제동 시에 도로 위에 생기는 타이어 자국으로서 타이어가 노면 위에 미끄러지면서 타이어와 노면의 마찰에 의하여 만들어지는 흔적이다.

② 아스팔트 포장 위에 생기는 검은색 스키드마크는 타이어와 노면의 마찰열에 의하여 표면으로 스며 나온 검은색 아스팔트에 의해 생기며, 타이어 고무가 녹아서 들러붙은 경우는 드물다.

③ 스키드마크는 곧거나 약간 굽고, 수 미터 내지 수십 미터 연속적인 것이 대부분이며 바퀴마다 스키드마크 길이가 약간씩 다를 때는 가장 긴 것을 측정하여 사용한다.

2 종류

1. 갭 스키드마크(Gap Skid Mark)

① 갭 스키드마크는 스키드마크 중간에 끊어진 갭이 있는 것을 말하며, 갭의 길이는 보통 3m 이상이다.

② 갭 스키드마크는 브레이크가 잠겼다가 잠시 풀린 후 다시 잠길 때 생기는 것이다.

③ 이 갭부분에서는 브레이크가 제동되지 않은 것이기 때문에 스키드마크 길이 측정 시에 이 갭의 길이는 제외하고 측정한다.

2. 스킵 스키드마크(Skip Skid Mark)

① 스킵 스키드마크는 스키드마크가 끊어졌다 이어졌다 하는 것이 수회 내지 수십 회 반복되어 있는 것을 말하며, 스킵된 길이는 약 1m 전후이다.

② 스킵 스키드마크는 짐을 싣지 않았거나 약간만 실은 세미트레일러(Semitrailer)가 제동될 때, 차체의 스프링작용에 의하여 바퀴가 오르내림에 의한 거동이 반복됨으로써 생기는 것이다.

③ 바퀴가 약간 돌림으로 인하여 스키드마크가 희미해지기는 했지만 이때도 바퀴는 계속 제동된 상태이기 때문에 스키드마크 길이 측정 시에 스킵된 길이는 무시하고 시작점부터 끝점까지 전체길이를 측정하여 사용한다.

3. 스키드마크 길이로부터 속도 추정

① 차량이 제동되어 노면에 스키드마크를 남긴 경우 이 스키드마크의 길이를 측정하여 제동 시 차량속도를 추정할 수 있다.

② 속도 추정에 사용하는 공식은 진행 중인 차량의 운동에너지가 타이어와 노면의 마찰에너지에 의해 상쇄되어 정지된 것이므로 이들을 같다고 볼 때 다음과 같다.

$$\frac{1}{2}mv^2 = mg(\mu \pm i)$$

여기서, m : 차량의 질량
v : 제동 시 속도(m/초)
μ : 타이어 노면의 마찰계수
i : 노면의 종단구배(상향구배일 때)
g : 중력가속도(9.8m/sec²)

30 요마크(Yaw Mark)

1 개요

① 요마크(Yaw Mark)는 급핸들 등으로 인하여 차의 바퀴가 돌면서 차축과 평행하게 옆으로 미끄러진 타이어의 마모 흔적으로 곡선형이다.

② 스키드마크와는 달리 바퀴가 구르면서 동시에 핸들 조정에 의하여 차량이 측방향으로 쏠리면서 타이어가 노면 위에 측방향으로 미끄러져서 생기는 흔적으로서 사이드 슬립마크(Side Slip Mark) 또는 원심력 스키드마크(Centrifugal Skid Mark)라고도 부른다.

2 생성과정

① 원래 요(Yaw)라는 단어는 선박 또는 항공기에서 유래된 것으로, 차체가 앞으로 나아가면서 동시에 연직축을 중심으로 회전하는 거동을 말한다.

② 요마크는 운전 중에 갑자기 전방에 장애물이 나타나는 경우 운전자가 급히 핸들을 돌림으로써 차량이 측방향으로 쏠리면서 곡선형을 이루게 된다.

③ 요마크로부터 차량의 속도를 추정할 때는 스키드마크와 달리 길이를 사용하지 않고 요마크의 곡선반경을 사용한다.

④ 그 이유는 차량이 진행방향 미끄럼 저항에 의해 정지한 것이 아니고 곡선의 경우는 외측으로의

'원심력이 타이어의 측방향 마찰저항과 균형'을 이루어 정지한 것이다. 따라서 차량의 외측방향 원심력과 타이어의 측방향 마찰저항을 같다고 볼 때 공식은 다음과 같다.

$$m \cdot \frac{v^2}{R} = mg(\mu \pm i)$$

여기서, m : 차량의 질량
v : 차량의 제동 시 임계속도(m/초)
R : 요마크의 곡선반경(m)
g : 중력가속도(9.8m/sec^2)
μ : 타이어와 노면의 측방향 마찰계수
i : 노면의 횡단경사(바깥쪽이 올라간 경우에 ⊕임)

31 도로공사장 교통관리

1 개요

① 도로공사장 교통관리는 도로상에서 교통을 제한하고 각종 공사에서의 교통관리에 대한 원칙적인 사항과 규정내용을 보완해야 한다.
② 본 규정의 취지에 맞는 정확한 인식과 올바른 이해를 갖게 함으로써 도로공사로 인한 교통혼잡을 최소화하여 교통소통을 원활하게 하고 각종 위해요인으로부터 자동차운전자, 보행자 및 공사장 작업자를 보호하는 데 있다.

2 필요성

① 교통관리의 필요성은 도로건설, 유지보수공사, 교통시설물설치, 그리고 도로지하시설물, 매설공사 시 항상 대두된다.
② 교통상황은 매우 가변적이기 때문에 어떤 하나의 대표적인 교통관리 장치만으로는 대처하기 힘들다. 따라서 공사구간의 작업자나 구간을 운행하는 차량의 운전자에게 안전과 소통을 위해서 주의 깊게 계획되고 체계적으로 적용·유지되어야 한다.
③ 이제까지는 비용이나 공사편의를 빌미로 안전문제가 자주 무시되어 운전자와 작업자가 관련된 사고들이 받아들일 수 없는 수준에 이르렀다. 이에 따라 심각하게 높은 사고율과 도로관리 및 교통 관련 부서들이 책임져야 할 비용부담의 관점에서 보더라도 도로공사 시 계획이나 실행 시 안전 및 소통 문제는 강조될 필요성이 있다.

④ 이는 작업자뿐만 아니라 공공도로를 이용하는 사람들의 안전에 대한 기본책임은 도로를 운영하고 관리하는 관리청에 귀속되어 있으므로 당해 공사가 공사대행업체나 개인 또는 정부기관이 공공의 안전에 1차적인 책임이 있음을 의미한다.

⑤ 미국에서는 1970년대 말부터 도로공사구간에 대한 연구가 정부 주도(미연방도로청)하에 본격적으로 연구·개발되고 있으며, 일본에서도 1970년대 말부터 초기연구를 시작하여 1980년 초부터 도로별, 지방자치단체별 세부기준을 마련하여 도로공사에 따른 보행자 및 차량의 안전과 소통에 만전을 기하고 있다.

3 공사구간 교통처리 과정

1. 교통관리계획의 수립

① 교통정체를 최소화시키는 방향으로 수립되어야 한다.

② 공사구간 주변 도로상에 타 공사가 진행 중이거나 첨두시간 또는 계절첨두시에는 되도록 공사를 피해야 하며 동일지역 내에서 다른 두 개의 대형공사를 병행하여 수행하지 않도록 한다.

③ 이것이 본 규정의 주요 초점이며, 이는 공사발주 전 단계에서 명시해야 한다.

2. 사전 설계협의

① 교통(차량, 보행자)상의 안전과 작업자의 안전을 최대한 보장하기 위해서는 사전 설계단계에서부터 교통관리방안을 고려해야 한다.

② 초기단계(실시설계 용역수행)에서 이를 반영함으로써 설계는 어느 정도 융통성이 있으며 공사구간 교통관리에 대한 서로 다른 설계와 건설방안이 미치는 영향을 분석할 수 있다.

③ 사전 설계협의과정에서는 공사구간 교통관리에 관한 전문지식을 가진 실무자가 참여하여야 하며 교통관리를 위한 가능한 모든 방안을 검토해야 한다.

3. 예비 교통관리계획의 수립

① 설계 초기단계에 기본교통관리전략을 선정해야 하며 예비 교통관리계획을 수립해야 한다.

② 관리전략 선정이나 관리계획 수립과 같은 과업설계활동들은 상호연관성이 매우 크므로 설계진과 계획진 사이의 긴밀한 업무조정이 매우 중요하며, 관련 기관, 즉 관할시·구, 경찰, 소방 등의 실무자들과 논의를 거치는 단계도 필요하다.

4. 최종 계획 검토

최종 교통관리계획을 수립하기 위해서는 계획안이 본 해설서의 기준이나 관련 법규 등의 규정과 맞는지를 검토하여 무원칙하고 부적절하며 자의적인 계획의 적용을 배제하도록 한다.

5. 과업설계서와 계약서 작성

공사 종별에 따른 공사구간, 굴착깊이, 잔토처리, 공정계획(단계별 도로점용일정), 공사작업 및 활동반경 등의 공사에 따른 교통제한 및 관련 요건을 작성하여야 하며, 이를 입찰설계서에 포함시켜야 한다.

6. 사전 입찰협의

① 명확할 필요가 있는 설계서나 공사 중 교통관리에 대한 착안사항은 입찰 전 관련 부분을 발표(현장 설명)하여 입찰자가 의견을 개진할 수 있는 사전 입찰협의가 필요하다.
② 공기를 단축하는 방안이나, 대안공사방안 등에 대한 계약자의 제안에 따라 교통관리계획 개선을 위한 가능한 의견을 개진하는 것이 매우 중요하다.

7. 사전 시공협의

① 교통관리계획과 설계서에 명시된 교통관리 관련 사항들에 대해 계약자(개인, 법인)와 관할기관(시행청) 간의 사전 세부협의가 있어야 한다.
② 특히 대규모 장기간 공사에 대해서는 감독과 협의하여 작업 종료 시까지 교통관리에 따른 계속적인 논의가 이루어져야 한다.

8. 홍보

① 공사관리계획에 대한 홍보는 공사 전, 공사 중, 공사 완료 후에도 계속해서 실시되어야 한다.
② 홍보수단은 서신(공사대상지역의 모든 주택이나 건물소유자 및 건물이용자)이나 보도(신문이나 방송), 기타 표지판(현수막, 입간판 설치 등)을 포함한다.

9. 관련 기관 간의 업무협조 및 조정

교통관리에 따른 업무협조 및 조정은 관리계획단계에서 공사 완료 시까지 도로관리부서, 교통관리계획 심의기관, 관할 경찰서, 대중교통 관련 기관 등의 부서에 계속적으로 행하는 것이 필요하다.

10. 교통관리 점검 및 유지

① 공사구간 교통관리에 대한 점검과 유지는 공공 및 작업자의 안전에 절대적인 영향을 미친다.

② 점검과 유지를 위해서는 과업 차원에서 책임이 부과되어야 한다.

③ 교통시설물은 주간과 야간에 규칙적인 점검을 해야 하며, 신속하게 대체, 수선, 유지할 수 있게 설계해야 한다.

④ 또한 안전점검목록, 진행보고서, 감독일지 등에 점검사항과 처리사항들을 기록해둘 필요가 있다.

11. 공사 완료 후 시설복구

① 공사구간 교통관리시설물은 기존의 영구 교통관리시설물과 관련하여 제거하여야 한다.

② 공사지역에 대한 최종 점검 시에는 임시 시설물이 제대로 철거되었는지와 영구시설물이 적소에 설치되었는지를 검토하여 서류로 남겨야 한다.

최신판 | 도로와 교통분야 – 이론과 실무, 기술사 문제풀이

NEW NORMAL
도로와 교통

하만복

II권
PART 02 교통분야 | **PART 03** 공항분야
PART 04 과년도 기출문제(교통기술사, 도로 및 공항기술사)

NEW NORMAL
ROAD AND TRANSPORTATION

예문사

최신판 | 도로와 교통분야 – 이론과 실무, 기술사 문제풀이

NEW NORMAL
도로와 교통

하만복

NEW NORMAL
ROAD AND TRANSPORTATION

예문사

목차

PART

02

교통분야

Road And Transportation

01
교통계획

1 교통의 정의

1 개요

① 교통(Transport)의 개념은 자동차, 기차, 비행기, 선박 등을 이용하여 사람이나 물건(화물)을 운반하기 위하여 한 장소에서 다른 장소로 이동하기 위한 일련의 모든 과정이다.

② 이는 장소와 장소 간의 거리와 시간을 극복하고 움직임의 편의를 제공하는 것이다.

③ 특히, 요즘과 같이 복잡한 도시와 농촌생활의 사회ㆍ경제활동이 필수적으로 발생하는 곳에서 직장과 주거가 경제적 여건에 의하여 멀어지고 있는 추세이다.

④ 따라서, 멀어지는 직장과 주거 간의 거리를 극복하기 위해 교통 서비스를 이용하게 된다.

⑤ 경제가 발전될수록 교통이 인간에게 미치는 영향은 더 커져서 매일 교통수단을 이용하며 살고 있고 교통수단에 의해 많은 일을 수행하며 나아가서는 사회ㆍ경제활동의 보조역할이자 필수요소로 발전해가고 있다.

2 교통의 목적

① **출근** : 직장과 같은 개인의 고용장소로 이동하기 위한 통행

② **업무** : 직장 또는 가정 등의 업무를 처리하기 위한 통행

③ **쇼핑** : 물건을 구입하기 위해 백화점, 쇼핑센터 등으로 가기 위한 통행으로서 사지 않고 구경만 하여도 쇼핑통행으로 간주

④ **친교ㆍ여가통행** : 스포츠 관람, 외식, 문화생활, 모임, 친지방문 등을 위한 통행

3 역할

① **정치적** : 국가 또는 사회의 발전 정도를 평가하는 기준

② **경제적** : 생산성 극대화와 산업구조 개편의 수단 제공

③ **사회적** : 지역 간의 격차 해소와 문화적 일체감 조성

4 교통의 구성요소(교통의 3요소)

① 교통 주체

사람, 물건

② 교통수단(Mode)

㉠ 자동차, 버스

㉡ 전철, 지하철

㉢ 비행기, 선박

㉣ 도보 및 자전거

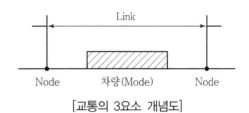

[교통의 3요소 개념도]

③ 교통시설(Node, Terminals)

㉠ 연결체계(Link) : 도로, 철도, 운하, 항로

㉡ 터미널 : 역, 주차장, 공항, 항만

5 교통의 기능

① 승객과 화물을 일정 시간에 목적지까지 운송

② 문화·사회활동 등을 수행하기 위한 이동수단 제공

③ 도시화를 촉진시키고 대도시와 주변 도시를 유기적으로 연결

④ 생산성 제고와 생산비 절감에 기여

⑤ 유사시 국가 방위에 기여

⑥ 도시와 지역 간의 사회·정치적 교류 촉진

⑦ 소비자에게 다양한 품목을 제공하여 교역의 범위를 확장

6 결론

① 교통은 '공간적인 제약을 극복'하는 것으로서 공간적 제약은 저항(Friction)을 의미한다.

② 교통은 거리와 시간을 극복하기 위하여 '비용'이 발생한다.

③ 교통은 목적과 기회(출퇴근, 업무, 쇼핑, 여가 등)를 충족시키기 위한 수단이다.

④ 교통의 궁극적인 목표는 이동성과 접근성을 제공하는 것이다.

⑤ 통행비용은 가장 일반화된 저항지수(Friction Factor)로서 경제적인 소비자의 입장에서 소요시간과 통행비용의 교환가치가 발생하게 된다.

2 교통의 분류

1 개요

① 교통은 공간과 수단에 따라 구분되며, 공간적 분류는 교통이 발생하는 지역적 규모로 분류되고 수단적 분류는 승객과 화물을 이용하는 교통수단을 유형별로 구분한 것이다.

② 교통의 분류는 서비스 대상지역의 규모에 따라 국가교통, 지역교통, 도시교통, 지구교통, 교통축교통으로 구분된다.

③ 국가교통과 지역교통을 같이 쓰고 있지만 이것은 지역교통이 포괄적이므로 국가교통까지 포함하고 있다. 국가교통으로는 항공, 해운, 철도, 도로를 대상으로 하고 지역교통은 철도와 도로가 주축이다.

④ 도시교통은 도시 내의 교통이 주된 대상이고 주변 지역 간 도로까지도 대상영역에 포함된다. 지구교통은 도시 내의 블록이나 근린지구처럼 소규모 지구를 다루는 교통이다.

2 공간적 범위의 분류

① 도시교통
   ㉠ 도시생활권 내 교통수요 담당
   ㉡ 단거리 통행, 출퇴근 · 통학이 많은 부분을 차지
   ㉢ 대규모 여객 수송, 매일 반복(이용빈도가 높음=교통수요의 크기가 큼)
   ㉣ 첨두현상 발생

② 지역 간 교통
   ㉠ 전국 규모의 교통수요 담당
   ㉡ 중 · 장거리 통행
   ㉢ 레저의 비중이 높음
   ㉣ 교통수요가 간헐적으로 발생
   ㉤ 주말에 피크가 발생, 계절성 존재

③ 국가 간 교통
   항공, 해운 위주로 국가 간 협정에 영향을 받는다.

③ 교통수단의 분류

① 개인 교통수단
　　㉠ 이동성, 부정기성
　　㉡ 자가용, 오토바이, 자전거, 렌터카 등

② 대중교통수단
　　㉠ 대량 수송수단으로 일정한 노선과 스케줄에 따라 운행
　　㉡ 버스, 지하철, 전철 등
　　　　※ 기본 요소 : 1. 정해진 노선, 2. 정해진 요금체계, 3. 정해진 운행계통(배차 간격)
　　　　　　→ 정시성(만약, 3가지 중 하나라도 갖추지 못한다면 대중교통수단이 아님)

③ 준대중 교통수단
　　㉠ 대중교통이 갖추어야 하는 기본 요소(3가지) 중 일부가 해당되지 않는 수단
　　㉡ 고정된 노선 없이 운행
　　㉢ 택시, 공공자전거, 지프니(Jeepney) 등

④ 화물교통수단
　　화물을 수송하는 교통수단으로 다음처럼 구분된다.
　　㉠ 장거리, 대량 → 철도, 항공, 해운 등
　　㉡ 단거리, 소형 → 화물자동차

⑤ 보행교통수단
　　㉠ 보행 그 자체로 통행목적을 충족시킬 수 있을 뿐만 아니라 타 교통수단과의 연계 기능 담당
　　㉡ 자전거 교통수단과 같이 녹색 교통임

3 교통계획 수립절차

1 개요

① 교통계획이란 현재의 인구·경제·토지 이용 따위의 지표와 관련하여 현재의 교통 체계를 진단하고, 이를 바탕으로 장래의 지표들을 예측하여 교통사업의 대안을 설정·평가하고, 집행 계획·재정 조달 따위의 정책을 제안하는 일련의 작업이다.

② 따라서 교통계획은 다음과 같은 단계로 구분할 수 있다.
 ㉠ 현재의 교통문제를 파악하여 문제해결을 위한 계획과 목표를 설정
 ㉡ 목표에 부합되는 교통 대안 설정
 ㉢ 교통 대안의 평가
 ㉣ 최적 대안 마련

2 교통계획의 분류 및 범위

① 교통계획의 분류
 ㉠ 계획기간별 분류 : 단기, 중기, 장기
 ㉡ 계획수단 및 계획대상 특성별 분류 : 운영·관리계획, 가로망계획, 간선도로계획, 이면도로계획, 대중교통계획, 교차로계획, 주차시설계획이 있다.
 ㉢ 공간적 범위에 따른 분류 : 지역교통계획, 도시교통계획, 지구교통계획, 교통축계획

② 교통계획의 범위
 여객, 화물, 차량, 교통시설물, 도로 및 차량운영 등 매우 포괄적이다.

3 합리적 교통계획의 필요성

① 계획의 일관성·체계성·효율성 증진
② 즉흥적·근시적 계획의 배제
③ 계획의 일관성 유지 : 비합리적 요소의 개입 방지
④ 교통투자의 거대성에 비추어 투자계획의 면밀성 유지
⑤ 계획의 객관적 평가기준 마련

4 교통계획 수립절차

① 문제의 인식

현재 계획 대상지역의 교통상 문제점 파악

② 목표 설정

  ㉠ 장단기 목표를 설정하는 과정

  ㉡ 교통체계의 효율화·균등화·체계화 등에 따라 구체적 사업목표 설정

③ 현황조사

  ㉠ 현재의 문제점 분석과 장래 교통문제 해결을 위한 자료수집 단계

  ㉡ 여객, 화물, 차량, 교통시설물, 도로 및 차량 운영관리 현황 파악

  ㉢ 통행 관련, 토지이용 관련, 교통체계에 관한 자료로 구분

  ㉣ 계획의 합리성을 위하여 토지이용계획, 소득, 연령에 의한 인구, 가구, 상업형태별 고용자
    수 등 사회·경제 지표 조사

  ㉤ 장래 상위계획 및 도시계획 검토

④ 현황자료의 체계화

  ㉠ 조사된 자료를 분석·평가하기 위하여 현황자료 정리

  ㉡ 교통량 : 존별 OD, 존별 발생

  ㉢ 토지이용, 경제지표 자료 : 존별 정리

  ㉣ 시설조사 : 주요 교통시설

  ㉤ 운영, 관리조사 : 각 수단별 조사물을 별도 정리

⑤ 장래 교통수요 예측

4단계를 통해 모형의 합리적 활용 필요

⑥ 개선 대안 설정

가능한 모든 대안을 설정

⑦ 개선 대안 평가

계획의 내용과 범위에 따라 합리적인 평가기법 사용

⑧ 최적 대안 선정

  ㉠ 예산제약을 고려하여 최적 대안 선정

  ㉡ 선정된 대안에 대하여 영향평가 시행

⑤ 결론

① 교통계획 수립을 위해서는 현재의 교통문제를 면밀히 파악하여 문제해결을 위한 계획과 목표를 설정하여 목표에 부합되는 교통 대안을 설정하여야 한다.

② 가능한 모든 대안에 대하여 비교 · 검토한 후에 최종 대안을 설정해야 한다.

③ 합리적인 교통계획을 위해 즉흥적이고 근시적인 계획은 배제하고, 계획의 일관성 · 체계성 · 효율성 증진이 가능한 계획이 되도록 계획의 객관적 평가기준을 마련해야 한다.

4 교통정비 계획 수립 시 조사항목

① 개요

① 교통계획은 계획기간에 따라 장기계획, 중기계획, 단기계획으로 구분된다.

② 교통계획 시에는 도시지역 간에 일어나는 교통문제를 해결하기 위한 체계적이고 계획적인 접근방법이 필요하다.

③ 교통정비 기본계획에 필요한 조사는 사람의 통행과 교통수단에 대한 각종 조사를 의미하며 교통상의 문제점을 계량적으로 하고 교통을 위한 기초자료가 된다.

④ 장래 교통 개선 대책을 합리적으로 제시하기 위한 토대가 된다.

⑤ 교통정책의 목표는 교통정책의 효율성, 교통서비스의 질적 향상 및 평행적 배분, 다른 도시정책과의 조화성, 환경적 악영향의 최소화 등을 실현시키기 위함이다.

② 조사항목

1. 도시 현황과 특성조사

① 인구자료 및 그 지역 상주인구

② 고용 및 토지이용 현황

③ 거주 및 수용 가능한 학생 수

④ 차량보유대수

⑤ 건축물 용도별 연면적, 지역 총생산액, 관련 계획 등

2. 사람의 통행 실태

① 통행목적 및 통행수단별 통행 현황 : 출발지와 도착지
② 통행시간, 통행요금, 환승횟수 등 통행 특성
③ 시외 유·출입 통행 실태

3. 화물의 통행 실태

① 도시 내 화물의 통행 실태
  ㉠ 영업용과 자가용 화물 차량으로 구분
  ㉡ 품목별, 수단별, 출발지, 도착지, 적재량

② 도시 내 화물차량 통행 실태 및 시외 유·출입 차량운행 실태

4. 교통운영 현황

① 가로 및 교차로 등의 교통량
② 교통시설 : 가로 및 교차로, 신호, 사인 보드, 표지판 등
③ 대중교통 운영 현황 : 버스의 배차간격, 버스정류장 간격 및 수, 환승체계 등

3 교통량 조사방법

1. 계획수준별

조사 대상지역과 조사목적, 조사비용과 기간에 맞춰 적절한 조사방법 결정

① 전국 계획·광역 계획 → 노측 면접조사, 장거리 이동 측면에서 접근
② 지역 계획·지구 계획 → 가정방문, 우편조사 등은 지역생활권 간의 교류측면에서 접근

2. 조사방법

① 방문조사 : 각 가정, 학교, 직장, 공항 등

② 노측면접
  ㉠ 운전자와의 대화
  ㉡ 노측 관찰 : 차량번호판, 태그온(Tag-on), 라이트온(Light-on), 교통량 조사

③ 대중교통조사

    ㉠ 터미널에서 승하차하는 승객 대상

    ㉡ 대중교통 탑승조사, 환승조사

    ㉢ 영업용 차량조사

④ 전화 및 우편조사, 스크린 라인 조사

3. 분석사항

① 통행자 · 비통행자

② 가구 관련 자료, 통행비율

③ 연령별, 성별, 직업별 통행분포

④ 직업별 목적통행, 수단통행

4 교통조사의 절차

① 교통조사 대상지역의 설정

    ㉠ 폐쇄선(Cordon Line) 설정 : 조사대상 지역을 포함하는 외곽선

    ㉡ 교통권역(Traffic Zone) 설정

      • 승객이나 화물 이동에 대한 분석과 추정의 기본단위

      • 존(Zone)을 기본으로 하여 사회 · 경제지표, 교통 여건 등을 고려한 계획, 분석예측

      • 행정구역과 일치 : 조사의 편의성을 고려하여 설정하는 것임

② 교통조사 방법의 결정

    ㉠ 예비조사(Pilot Survey) 실시

    ㉡ Zone과 Zone의 경계선 조사

    ㉢ 안전한 조사지점

    ㉣ 검정이 가능한 조사지점 선택

③ 교통조사 지점의 결정

④ 조사시행 및 조사결과 입력

⑤ OD 자료 전수화

⑥ 교통량 자료를 연평균일 교통량(AADT)으로 환산

⑦ 조사자료의 보정

5 장기 교통계획에 필요한 자료

구분		내용
1. 도시 현황과 교통특성 조사	존 설정	• 시내존 구분 • 시외존 구분 • 시외 유·출입 지점
	기본지도 작성	–
	인구자료 수집	• 과거 10~15년간 연도별 인구자료 • 과거 10~15년간 동별 인구자료 • 인구센서스를 실시하는 연도의 동별·성별·연령별 인구자료
	고용현황	• 5인 이하 업체와 5인 이상 업체로 구분 • 업체의 분류는 9개 업종으로 분류(광공업 통계연보, 경제활동 인구 산업별 취업인구, 제조업체 수, 종업원 수를 집계한 통계연보)
	토지이용 현황	• 주거·상업·공업 용도별 토지이용(구청의 토지대장, 가옥대장) • 교육용도(시교육위원회의 협조, 학교별 주소, 학급 수, 학생 수, 토지면적, 건축 연면적 등) • 공한지 분석(항측도 활용, 구청에 문의)
	기타 도시 특성 자료	• 수용 학생 수(과거 10~15년간의 통계연보 활용) • 지역 총생산액(GRP)(지역 총생산액과 평균 소득)
	차량 및 교통시설	• 차량보유대수(과거 10년간의 차종별·동별 차량보유대수 파악) • 교통시설[도로, 철도(철도 통계연보), 터미널(터미널의 외부 및 내부 동선처리 현황과 타 교통수단과의 연계상태 파악)로 구분하여 수집]
2. 사람통행 실태조사	시내 간 통행	• 조사(사람의 움직임의 기종점을 조사)방법 및 항목 : 폐쇄선, 교통존 설정, 가구 방문, 영업용 차량, 노측 면접, 대중교통 이용객, 터미널 승객, 직장 방문, 차량번호판, 스크린 라인 조사 • 분석사항 : 통행자·비통행자, 가구 관련 자료, 통행비율, 연령별 성별, 직업별 통행분포, 직업별 목적통행, 수단통행
	터미널 여객 통행실태	• 터미널 시설 현황 : 위치, 면적, 연면적, 주차장, 대합실 규모, 매표실 • 운행에 관련된 조사 : 노선별 매표실적, 1일 및 월별 평균수송인원, 이용상의 문제점 • 여객통행 실태 : 이용승객을 대상으로 한 기종점, 통행목적, 환승(타 교통수단 간) 여부
3. 시외 유·출입 통행 실태		• 조사내용 : 시외 유·출입 차량 교통량 조사, 시외 유·출입 교통량 조사 • 분석사항 : 24시간 교통량, 사람과 화물의 출발지와 목적지를 조사, OD 분석(유·출입지점을 시내 간 OD표에 추가, 교통수단별 목적별 OD표 구축)
4. 교차로 교통량 및 시설조사		• 교차로 교통량 조사 • 교통시설 조사
5. 화물교통 조사분석		• 조사내용 : 물류시설(유통 관련 시설 및 시설현황 파악), 화물의 물동량(화물운송회사 방문, 화물 반입·반출량 파악), 화물차량 이동현황(차량운행 실태 조사) • 유·출입 물동량, 도시 내 화물차량 운행실태(업체별 운행차량대수와 운행횟수), 화물 물동량과 적재량, 시외 유·출입 차량 운행실태

6 도시 장기계획에 필요한 조사내용 및 조사방법

조사항목		조사내용	조사방법
1. 도시 현황과 특성조사	사회·경제 지표	인구, 학생 수, 고용자 수	교육위원회, 세무서 자료 집계
	토지이용	동별 토지이용 및 건물상면적	구청 자료 집계
2. 사람 통행 패턴 조사	학생 매체 가구 조사	가구 특성, 통행 실태(5% 표본)	중학교 매체 조사
	직장방문 조사	통행 실태	조사원 파견
	터미널 여객 실태 조사	고속, 시외버스, 터미널	조사원 파견
	시외 유·출입 차량 교통량 및 통행실태 조사	유·출입지점, 24시간 교통량 조사	조사원 파견
3. 화물 물동량 조사	영업용 화물차량 통행 실태·노선·구역(용달)	화물통행 실태	운수조합 매체
	자가용화물 차량통행 실태	제조업체 조사(표본 30%)	조사원 파견
4. 시외 지역 간 교통량 및 통행 실태 조사		차종별 교통량 및 통행 실태	조사원 파견
5. 주요 교통시설 현황조사	교차로	시설물, 폭원, 신호주기, 차선 표시	조사원 파견
	도로구간	폭원, 차선 수, 보도폭, 정류장 위치	조사원 파견
6. 주요 교차로 교통량 조사(방향별·차종별)		40개 지점(방향별·차종별)	조사원 파견
7. 교통소통 및 운영 실태 조사	차량속도 및 지체도 조사	속도, 정지횟수, 정지시간	차량 탑승 조사
	보행자 조사	보행 교통량, 밀도, 속도 등	조사원 파견
	교통사고 조사	사고다발지점, 원인 등	경찰청 자료 조사
	차종별 차량운행 특성조사	운행 특성, 주행거리	차량 탑승 조사
8. 주차시설 및 주차 이용 특성조사	주차시설 조사	블록별 노상, 노외(평면, 입체)	조사원 파견
	주차 특성조사	주차 특성, 발생설문조사	조사원 파견
9. 대중교통 운영조사	버스운수업체 경영실적 및 시설규모 조사	위치, 시설규모, 경영실태 등	조사원 파견
	버스 이용객 행태 조사	정류장별 노선별 조사	조사원 파견

7 교통정비 계획 수립 시 검토사항

① 도시교통의 현황 및 전망

② 다음 사항이 포함되는 부문별 계획
  ㉠ 유·출입(流出入) 교통대책 및 도로·철도·도시철도 등 광역교통체계의 개선
  ㉡ 교통시설의 개선
  ㉢ 대중교통체계의 개선
  ㉣ 교통체계 관리 및 교통소통의 개선
  ㉤ 주차장의 건설 및 운영
  ㉥ 보행·자전거·대중교통 통합교통체계의 구축
  ㉦ 환경친화적 교통체계의 구축

③ 투자사업 계획 및 재원조달 방안

8 결론

① 교통계획에 있어서 사람의 통행과 교통수단에 대한 각종 조사는 교통상의 문제점을 계량적으로 파악하거나 장래 교통 개선대책을 합리적으로 제시하기 위한 토대가 되는 기초자료이다.
② 향후 교통 개선대책 실시 후 모니터링의 기초자료로 활용되므로 정확한 조사는 신뢰성이 높은 합리적 계획 수립의 필수적인 요소이다.

5 도시교통의 특성과 문제점

1 개요

① 도시교통은 도시성장의 원동력으로서 다양한 도시기능(이동, 공간, 접근)을 하게 되어 인구가 도시로 집중되고 경제활동으로 인해 사람과 화물의 이동이 필요하게 되었다.
② 도시화에 따른 인구 증가로 교통수요가 급격히 증가하였고, 교통은 도시의 교통수요를 충족시키면서 도시의 골격을 형성하는 계기가 되었다.
③ 따라서, 이동을 위하여 교통수단이 발달되고, 각 교통수단에 따라 서비스의 질에 대한 관심도가 더욱 높아지고 있다는 것이 도시교통의 특성이다.

② 도시교통의 특성

① 도시교통은 도시 내에서 발생하는 사람과 화물의 이동으로서 주로 단거리 교통이다.
② 도시교통은 대량수송이 필요하다.
③ 하루 중 오전, 오후 2회에 걸쳐 첨두(Peak)현상이 발생한다.
④ 오전 출근 시에는 외곽에서 도심(직장)으로 집중현상이 발생한다.
⑤ 오후 퇴근 시에는 도심에서 외곽(주거지)으로 분산현상이 발생한다.

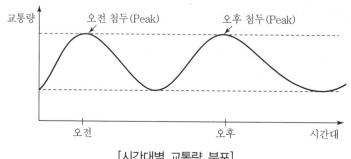

[시간대별 교통량 분포]

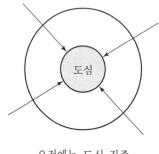

오전에는 도심 집중

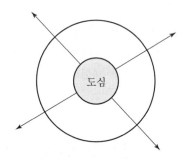

오후에는 외곽 분산

[오전 · 오후의 통행량 분포]

③ 도시교통의 목표

① 도시 내 교통의 효율성 증대
② 대량 교통수요의 원활한 처리
③ 안전하고 쾌적한 보행자공간 확보
④ 대중교통체계의 접근성 확보
⑤ 원활한 환승체계 확보 : 철도, 버스, 지하철, 택시, 자전거, 해운, 항공 등

4 교통체계

① 주간선 및 지선도로
② 도시고속국도
③ 지하철, 전철, 버스, 택시, 승용차

5 도시교통의 문제점

1. 정책적 문제

① 도시구조와 교통체계 간의 부조화
② 교통시설 공급의 부족
③ 교통시설에 대한 운영 및 관리의 미숙
④ 교통계획 및 행정의 미흡
⑤ 대중교통체계의 비효율성
⑥ 교통시설 및 운영체계의 비첨단화

2. 도심인구 집중에 의한 문제

① 교통사고, 보행환경 악화, 승차난, 교통체증
② 주차난, 대기오염
③ 거리에서 하루 일과의 상당 부분을 소비

3. 소득 증대로 인한 교통수요의 증대

① 업무용 차량과 출퇴근 차량 구분
② 잠재수요 차량 증대
③ 가구당 1~2차량 이상

4. 대중교통서비스의 질에 대한 욕구 증가

① 환승체계의 편리성
② 차량의 성능 및 청결성
③ 도착지의 정시성 강조

5. 환경에 대한 중요성 인식

① 보행환경
② 교통환경
③ 생활환경

6 결론

① 도시교통난 완화대책으로는 여러 가지가 있으나 단기적인 해결책과 중장기적인 해결책을 동시에 검토하고 지속적인 계획을 수립해야 한다.
② 특히, 국가적 정책 방향이 중요하나 차량할부제도 조정, 특별소비세, 소비성 차량에 각종 세율을 조정하고 대중교통에 대한 특별지원혜택을 부여해야 한다.
③ ITS를 적극 활용하여 GIS, GPS, Telematics, Mobile, Computer 등을 접목하는 수준 높은 교통관리계획의 도입이 시급히 필요하다.
④ 도심지 지구교통지역은 주차관리가 시급하므로 이에 대한 대책이 절실하다.

6 일기식 통행조사 또는 패널조사

1 개요

① 일기식 통행조사(Trip-Diary Survey) 또는 패널조사(Panel Survey)란 조사대상(표본)으로부터 자료를 반복적으로 수집하는 조사를 말한다.
② 조사대상자를 매년 바꿔가며 실시하는 일반통계조사와는 달리 동일한 가구를 매년 조사하는 최첨단 통계조사방법이다.
③ 일반통계조사는 일정지역의 거주자를 대상으로 조사하지만 패널조사는 한 지역에 살던 사람이 다른 지역으로 이사 가도 다음 조사 때 추적해서 조사한다.
④ 이 때문에 조사대상인 개인이나 가구가 어떻게 변했는가를 쉽게 알 수 있고 그런 점에서 더 과학적이다.
⑤ 패널조사는 1968년 미국 미시간대학의 조사연구소(Survey Research Center)가 처음 시작했다. 1984년 독일이 데이터를 작성한 이래 다른 나라에서도 조사가 시작됐다.

② 조사내용

① 일기식 패널조사의 조사내용은 일일 가구통행 실태조사의 조사내용과 일치하며, 통행실태는 개인별로 일주일 동안 반복조사를 시행한다.

② 통행에 관련된 선호도 조사를 시행함으로써 수단선택모형의 기초자료로 활용이 가능하다.
  ㉠ 월평균 개인소득수준(연평균을 월단위로 환산)
  ㉡ 일주일 간 각 교통수단별 이용 횟수
  ㉢ 승용차 소유 여부, 향후 승용차 구입 여부 및 구입 사유
  ㉣ 차량운행비율(주차비용, 주유비, 유지관리비, 소모품 등)
  ㉤ 승용차 이용을 포기할 통행요금, 주차요금
  ㉥ 대중교통수단 이용 시 도보시간, 평균 대기시간, 환승 소요시간 및 환승 횟수, 비용

③ 조사의 적용 범위

① 수단선택모형의 기초자료에 적용
② 일일 가구통행실태를 보완하는 데 적용
③ 활동기반모형(Activity Based Model) 등 새로운 교통분석방법의 기초자료

④ 장점

① 상태의 변화를 예측할 수 있어 다양한 교통계획 대안을 평가할 수 있다.
② 패널조사는 동일 조사대상(표본)으로부터 자료를 반복적으로 수집하기 때문에 일반적인 서베이 조사에 비하여 시장점유율의 변화, 소비자 구매행동의 추이 등 동적 분석을 위한 조사에 적합하다.
③ 패널조사방식에 따른 통계를 이용하면 총량변화속에 내재된 미시적 부분까지도 분석할 수 있다.

⑤ 단점

조사횟수가 증가할수록 유효횟수가 떨어져 데이터의 안전성에 대한 문제가 제기된다.

⑥ 결론

① 일기식 통행조사는 통행의 흐름형태를 일기 쓰듯이 조사하는 통행의 일기장으로 요일 간 통행실태 변화를 파악하고, 일기식 가구통행 실태를 보완하는 데 활용이 가능하다.

② 또한 활동기반모형(Activity Based Model) 등 새로운 교통분석방법론 개발의 기초자료로 활용이 가능하다.

③ 일기식 통행조사는 통행실태 파악에는 용이하지만 조사자의 지속적인 관리가 필요하며, 일기식 가구통행조사의 내용과 일치해야 하고, 반복적인 조사가 필요하므로 조사경비와 시간이 많이 소요된다.

7 RP, SP, TP 조사

1 개요

① 조사내용 분류
- 개인통행실태 RP(Revealed−Preferences)
- 통행 조건에 따른 수단선호 SP(Stated−Preferences)
- 특정 조건에서의 지하철로의 전환 여부 TP(Transfer−Price, 전환가격자료)

② 최근에 도시철도가 건설·개통된 지역을 대상으로 RP 조사를 실시하고, 또한 새롭게 계획된 도시철도에 대한 SP 조사를 실시한 후 이들 두 가지 유형의 자료를 활용하여 수단 분담률을 추정하고 이를 기초로 도시철도 서비스 수준별 시나리오하에서 수요 전환율을 분석하는 데 그 목적이 있음

2 정책의 시사점 및 향후 연구과제

1. 정책의 시사점

① RP조사와 SP조사를 통한 수단 분담 및 전환율 분석 결과
② 특히 RP모델 분석 결과로 볼 때 지하철 서비스 전환은 크게 기대하기 어려운 것으로 보임

2. 향후 연구과제

① 대중교통의 중요성이 강조되는 최근의 교통계획연구에서 수단 분담 및 전환은 매우 중요한 의미를 지님
② 교통수단의 전환은 통행 특성, 통행자의 특성, 통행 시스템의 특성, 교통정책 등 다양한 교통요인에 영향을 받음
③ 또한 도시구조, 환경, 계절적 요인, 도시민의 형태 등 교통 외적 요인에도 영향을 받음

④ 따라서, 여러 측면에서 수단 분담 및 전환율을 고찰하는 연구가 진행됨으로써 도시교통정책, 대중교통정책의 기반정보를 구축해야 할 것임

③ 선호도 조사기법

① 선호의식(SP)이란 시장에서 실현된 현시선호(RP)의 전 단계인 소비자의 심리적 선호의식의 표시를 말한다.

② 기술적 측면의 SP기법은 실험계획법을 이용하여 일련의 대안 상황을 가정하고 이에 대한 개인의 반응을 조사·분석하는 것으로 비교적 적은 비용과 시간으로 효율적인 분석이 가능하다는 장점이 있다.

③ 교통연구에서 SP자료는 장래 교통 환경이 급격히 변화되거나 이제까지 존재하지 않던 교통수단이 새롭게 추가될 경우에 소비자의 수용 여부를 평가하여 수요를 추정하거나 관련 정책을 수립하기 위해 적용된다.

④ 예를 들면 대중교통시스템의 질적 요인에 대한 승객들의 평가, 여론이나 통행시간 등의 서비스 속성 변화에 대한 수요탄력성 추정, 수단 분담률을 추정, 경로 선택에 관한 연구, 시간 차이에 관한 연구 등이다.

⑤ PR과 SP자료는 각각의 장단점이 있으므로 개별 형태 분석에서 SP자료를 상호보완적으로 이용하는 연구가 필요하다.

⑥ RP와 SP자료의 특징

구분	RP자료	SP자료
특징	• 실제 시장행동에 근거 • 선택 집합이 불명확 • 속성의 측정오차가 있을 수 있음	• 가상적 상황에 근거 • 선택 집합이 명확 • 측정오차는 없지만 지각오차가 있을 수 있음
속성 (변수)	• 속성 수준의 범위가 한정적 • 속성 간 상관관계가 높을 수 있음(다중공선성)	• 속성 수준의 범위가 확장 가능 • 속성 간 상관관계를 제거하거나 최소화 가능
장점	• 실제 행동 결과만을 취급하므로 행동과 의식 간의 차이가 적음 • 경험에 따른 서비스 특성을 인식 가능	• 질적 속성 적용 가능 • 새로운 대안에 대한 선호 도출 가능 • 합리적인 선호 지표의 다양한 도출 가능(순위, 평점, 선택) 등
단점	• 질적 속성은 적용하기 곤란(신뢰성, 안락, 안전, 유용성) 등 • 현존하지 않는 새로운 대안에 대한 직접 정보 제공 불가능 • 선호 지표는 선택 결과(가장 선호된 대안)	• 행동과 인식 간의 차이가 있음 • 지각오차 발생 가능 • 적절한 수준의 값을 설정하기 곤란

4 선호의식 자료와 효용함수 추정방법

SP자료는 순위자료(Ranking Data), 평점자료(Scaling Data), 선택자료(Choice Data), 대응자료(Matching Data) 등으로 나뉜다.

① 순위자료 : 응답자에게 여러 개의 대안을 제시하고 응답자가 선호하는 순서대로 순위를 부여한 것
② 평점자료 : 각 항목에 대한 중요도나 만족도를 점수로 나타낸 것. 순위자료보다 정확성이 크나 대안이 많으면 응답자가 판단하기 어려움
③ 선택자료 : 가장 간단한 형태로서 2개 이상의 대안 중 가장 좋은 대안을 택하는 것. 응답이 용이하고 신뢰성도 높으나 충분한 정보를 포함하지 못하는 것이 단점
④ 대응자료 : 한 개의 속성치 변화에 따라 대안의 선호가 결정되는 경계치를 찾아낸 것. 통행시간과 비용의 대체성을 묻는 경우가 가장 일반적이므로 전환가격(Transfer Price) 자료라 부르기도 함

5 SP조사 설계

1. 표본추출

① 조사의 첫 단계는 조사 표본의 추출이다.
② 새로운 교통수단에 대한 SP조사의 경우 지역을 기반으로 한 무작위 표본추출방법이 바람직함
③ 표본 크기는 경험적으로 약 Segment당 75~100인 정도가 적당함

2. 실험계획법

① 실험계획은 응답자가 제시된 대안을 어떻게 유효하고 효율적으로 작성할 것인가에 초점을 둠
② SP에서 대안은 속성의 선정, 수준의 설정, 직교표 할당의 3단계로 이루어짐

3. 조사방법

① 면접조사, 우편조사, 전화조사 등이 있으나 SP조사는 조사표의 내용이 복잡하므로 면접조사가 바람직함
② 면접조사는 정밀한 조사는 가능하나 비용과 시간이 많이 소요되므로 대량조사가 곤란함
③ 따라서 대량조사의 경우 우편조사와 병행하여 고려되어야 함

⑥ 결론

① RP와 SP의 조사자료를 함께 수집하여 이용할 수 있는 방안에 대한 연구가 필요함

② 승용차를 가지지 않은 통행자가 통행비용과 통행시간 모두에 대하여 민감한 것으로 나타남

③ RP와 SP조사를 통한 수단 분담 및 전환율 분석 결과 특히 RP모델 분석 결과를 볼 때 지하철 서비스 수준을 획기적으로 높이더라도 승용차로부터 지하철의 전환은 크게 기대하기 어려운 것으로 보임

④ 유류비의 경우도 비정상적 상승이 없는 한 승용차 운행을 억제하기는 어려운 것으로 보임

⑤ 요금과 시간적인 측면에서 보면 지하철의 경우 요금보다 통행시간이 더 중요한 요인으로 작용함

⑥ 조사자료의 유효성을 높이기 위하여 어떠한 방식으로 조사표를 설계하고 조사를 시행할 것인가에 대한 연구가 필요함

⑦ SP조사는 매우 효과적인 도구이지만 가상적 상황에 대한 응답이라는 점에서 오는 한계 때문에 실제 경험에 근거한 응답자료인 RP자료와 함께 분석자료를 구성함이 바람직하다는 주장이 제기됨

8 국가교통 DB 조사

① 개요

① 교통정책 및 계획 수립 등에 필요한 교통기초통계를 종합·표준적으로 조사·분석 관리하는 체계로서 도로·철도·공항·항만·물류시설 등 교통시설 및 교통수단의 운영 상태, 기종점 통행량, 통행 특성, 교통네트워크 등에 관한 데이터베이스를 의미한다.

② 국가 정보사업추진과 관련하여 교통량 조사 및 OD 조사 등은 필요에 따라 주기적으로 수행하고 있다.

③ 국가교통 DB 조사는 교통체계효율화법에 의해 시행하고 있다.

④ 국가기간 교통망계획 및 중기투자계획 등 국가교통정책을 과학적이고, 합리적으로 수립하기 위하여 국가교통조사를 실시하고 있다.

2 필요성

① **교통기초자료의 신뢰성 확보** : 장기적인 교통조사로 신뢰성 축적
② **교통투자의 효율성 제고** : 공인된 교통분석자료 활용으로 사업 타당성 및 투자우선순위 결정
③ **교통정보 인프라 구축** : 범국가적인 교통기초자료 분석 관리

3 조사

① **정기조사** : 전국을 대상으로 5년마다 실시
② **수시조사** : 특정지역을 대상으로 필요한 경우 실시

③ 조사의 내용
  ㉠ 교통수단 및 교통시설의 운영과 이용 실태
  ㉡ 교통수단별 · 교통시설별 교통량
  ㉢ 교통혼잡 비용 및 교통수단별 에너지소비량
  ㉣ 여객 및 화물의 운송형태
  ㉤ 기타 교통 관련 정책 및 계획의 수립에 필요한 사항

4 운영

① 공공기관의 장은 소관업무의 수행을 위한 개별교통조사를 실시한다.
② 국가교통조사 및 개별교통조사에 관한 자료 등을 체계적 · 종합적으로 수집, 분석, 제공하기 위하여 국가교통 데이터베이스를 구축 · 운영하고 있다.
③ 표준적이고 일관성 있는 시계열 교통기초자료를 국가 차원에서 구축하고 이를 공동 활용함으로써 각종 교통시설투자사업 평가의 신뢰성이 확보되었다.

5 DB 구축의 효과

① 표준적이고 일관성 있는 시계열 교통기초자료를 국가차원에서 구축하고 이를 공동 활용함으로써 각종 교통시설투자사업 평가의 신뢰성을 확보하기 위함이다.
② DB 구축으로 인하여 교통 관련 자료의 원스톱 서비스(One–Stop–Service)로 인력 및 시간 절감에 대한 기대 효과가 크다.
③ 투자재원의 배분, 투자우선순위의 결정과 합리적인 조정, 사후평가가 가능하다.
④ 다양한 교통연구의 기초자료를 제공한다.
⑤ 막대한 예산이 투입되는 타당성조사, 교통영향평가 등의 중복조사를 방지하기 위함이다.

6 결론

① 국가교통 DB조사는 국가교통정책을 과학적 · 합리적 · 효율적으로 수립하기 위하여 막대한 예산을 투입하여 실시하는 것이므로 정기적 · 비정기적으로 수행함에 있어서 정확한 결과 도출이 필요하며 교통 관련 정책과 계획 수립 시에 필요한 자료로서 충분한 가치가 있어야 한다.

② 필요에 따라 인력을 투입하는 조사도 필요하지만 상시 조사를 위해 보다 효율적인 장비를 개발하여 모니터링 등을 통해 확인할 수 있고, 전산에 자동입력되어 원하는 결과를 도출할 수 있도록 노력해야 할 것이다.

9 델파이법(Delphi Method)

1 개요

① 사회과학의 조사방법 중 정리된 자료가 별로 없고 통계모형을 통한 분석이 어려울 때 관련 전문가들을 모아 의견을 구하고 종합적인 방향을 전망해 보는 기법이다.

② 미국의 랜드 코퍼레이션이 1964년 개발한 기술미래예측의 방법으로 기원전 7세기 아폴론 신전이 있던 고대 그리스 도시 델포이(Delphoi)가 어원이다. 예측기법의 하나로서 앙케트 수렴법이라고도 하며 의사결정방법 중 하나이다.

③ 이 기법은 미래 과학기술 방향을 예측하거나 신제품 수요예측을 위해 보다 정교하게 다듬어지면서 사회과학분야의 대표적인 분석방법 중 하나이다.

④ 한 문제에 대해 여러 전문가들의 독립적인 의견을 우편으로 수집한 다음, 이 의견들을 요약 · 정리하여 다시 전문가들에게 배부하여 일반적인 합의가 이루어질 때까지 서로의 아이디어에 대해 논평하게 하는 방법이다.

2 특징

① 특정한 조사를 위해 앙케트를 반복적으로 실시하여 사람들의 여러 의견을 조사하는 방법을 델파이법(Delphi Method)이라 한다.

② 주로 기술적 측면에서의 예측에 많이 쓰이고 있다.

③ 각 분야의 전문가에게 어떤 문제에 대한 설문을 주어 의견을 임의로 기입시키고 그 집계결과를 전원에게 돌려주고 다시 의견을 구한다.

④ 이러한 피드백 과정을 여러 차례 거쳐 반복하면서 의견을 수렴시킴으로써 장래 예측을 하는 방법이다.

③ 조사 – 분석 – 예측방법론

① **시계열분석** : 이동평균법, 지수평활법/중장기에는 부적합
② **인과적 분석** : 회귀분석법(주로 선형회귀분석)/비교적 중장기에도 적합
③ **정성적 분석** : 델파이법/중장기에도 적합

④ 장점

① 의견수렴의 경우 일어나기 쉬운 심리적 교란의 염려가 발생하지 않는다.
② 최초의 앙케트를 반복 수렴하는 과정에서 여러 사람의 판단이 피드백되기 때문에 결론의 객관성이 높다.
③ 조사방법 중 델파이법은 주로 기술적 측면에서 예측 시에 많이 쓰인다.
④ 대면회합을 위해 여러 전문가들을 한 장소에서 모이게 할 필요 없이 그들의 평가를 이끌어 낼 수 있다.
⑤ 의사결정과정에서 타인의 영향력을 배제할 수 있다는 장점이 있다.

⑤ 단점

모든 사람들이 응답한 것을 요약·정리하여 다시 우송하는 과정이 합의에 도달하게 될 때까지 계속되므로 소요되는 시간이 길고 응답자에 대한 통제가 힘들다.

⑥ 결론

① 새로운 토지이용정책의 영향력 예측, 기술 예측, 회의 의재의 확인 등 여러 상황에서 성공적으로 응용되고 있다.
② 시계열 분석과 인과적 분석은 정량적 분석으로서, 메신저의 순 방문자와 접속시간, 클라이언트 설치 현황, 사용자 데모그라피 등만을 고려하여 분석하기 때문에, 중장기로 갈수록 유의성이 떨어질 수 있다.
③ 하지만 정성적 분석은 메신저 업체나 범위를 넓혀 인터넷 업계에 종사하는 사람들에게 설문을 던져 그들의 통찰과 직관에 의존하는 것이다.

10 토지이용과 교통의 관계

1 개요

① 도시체계는 교통체계와 토지이용체계로 형성
② 토지이용은 토지가 갖고 있는 내재적·잠재적 가치에 경제적·사회적 가치를 부여하여 공간적 거주와 활동을 도모 → 목적 행위
③ 교통체계는 도시활동을 연결시켜 접근성을 높여주며, 토지이용행위가 원활히 수용될 수 있도록 돕는 수단행위 및 서로 상대방에게 영향을 주는 행위 → 가치 증익의 보조작용

2 토지이용과 교통의 관계

1. 토지이용과 교통체계의 관련성

① 교통은 토지이용과 교통공급의 상호작용
② 토지이용은 교통체계 결정요소 중 중요한 요소

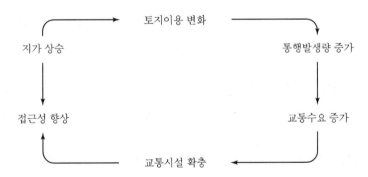

2. 토지이용이 교통에 미치는 영향

① 지역의 토지이용 형태
  ㉠ 지역교통망 형성
  ㉡ 교통수요의 발생과 도착에 따라 결정
  ㉢ 토지이용에 교통통행문포를 결성

② 토지이용 상태 변화 발생 시
  통행발생량 변화 → 교통량 변화 → 수단 변화 → 교통시설 수급 비교

3. 교통이 토지이용에 미치는 영향

① 교통의 정도와 종류 → 지역의 토지이용 분포와 형태를 결정
② 교통망 형성 및 교통시설의 공급 → 새로운 토지이용 형성 → 기존 토지이용 형태의 변화

❸ 일반 이론

교통과 토지이용 관련성은 입지이론(Location Theory)과 지대이론(Rent Theory)에 근거하여 정립 가능

1. 입지이론(Location Theory)

① 입지이론은 공장, 주거지, 상업지의 입지 선정 시 수송비를 최소화하는 입지를 선정(거리를 극복)한다는 사실에 기초하는 것으로서 → 교통이 토지이용형태를 결정하는 가장 중요한 요소이다.
② 토지이용형태가 교통에 따라 변한다.
③ Lowry 모형 : 토지이용 상호 간 흡인력이 큰 활동을 상호운행시킴으로써 총수송비를 최소화한다.

2. 지대이론(Rent Theory)

① 지대는 생산요소를 생산과정에 유입시키기 위해 지불되는 자원의 최소 공급가격을 초과하는 소득의 잉여 부분인 경제지대를 의미한다.
② 중심업무지구(Central Business District, CBD)에 가까울수록 수송비 감소로 비교 우위
③ 도시구조에 따른 지대 발생 이론(다핵적, 동심원적)

❹ 토지이용계획과 교통계획

1. 토지이용계획

다양한 도시활동에 요구되는 토지 및 시설의 질과 양을 분석한다. 합리적으로 배분, 조합, 분리시킴으로써 도시활동을 원활하게 하고 생활환경의 수준을 유지한다.

2. 교통계획

도시공간에서 이루어지는 다양한 도시활동을 서로 신속하게 연결시켜 접근성을 높여주는 데 목적이 있다. 교통은 공간적으로 떨어져 있는 도시활동과 이에 따른 시설을 조직함으로써 토지이용체계를 결정해주는 요인이다.

5 결론

① 도시체계를 공간경제로 정의할 때 토지이용과 교통은 공간경제활동을 구성하는 기본요소가 된다.
② 토지이용과 교통의 관련성은 토지이용과 교통시설공급에 따라 교통체계가 변화하는 중요한 요인이다.
③ 전통적으로 토지이용은 교통보다 전 단계이므로 교통계획은 토지이용 상태를 주어진 조건으로 수용하여 그 조건 안에서 교통체계를 원활하게 하는 방법을 수립하는 것이다.
④ 장래 토지이용 및 교통계획에서 교통시설과 토지이용은 상호 밀접하여 교통 수요에 따라 영향을 미치므로 토지이용과 교통 수요를 정확히 예측하여 토지이용계획의 수준을 유지하기 위해 접근성을 높여주는 교통계획에 임해야 한다.
⑤ 교통과 토지이용계획의 이론적 배경에서 교통계획의 영향이 토지이용체계를 어떻게 변화시키는가에 대한 기본적인 연구가 부족하다.

11 교통계획의 기능과 유형

1 개요

① 교통계획은 계획기간에 따라 장기계획, 단기계획, 중기계획으로 나눈다.
② 교통체계가 비교적 단순하고 교통문제가 심각하지 않은 중·소도시의 경우는 세분화된 계획이 필요하지 않지만 도시기능이 세분화되고 다핵화된 대도시는 자연히 교통계획도 세분화되어야 한다.
③ 현재의 교통 여건으로부터 당위성을 끌어내어 당면한 교통문제의 바람직한 미래상을 제시하는 규범체계이자 실천강령이다.

② 교통계획의 기능

① 근시안적인 교통계획의 장기적인 테두리를 설정해줌
② 즉흥적인 계획과 집행을 제어함
③ 교통행정의 지침을 제공함
④ 단기 · 중기 · 장기 교통정책 조정과 상호연관성을 향상시킴
⑤ 정책목표를 세울 수 있는 계기가 마련됨
⑥ 재원의 투자우선순위를 설정함
⑦ 부문별 계획 간의 상충과 마찰을 방지함
⑧ 교통문제를 진단하고 인식할 수 있는 여건을 조성함
⑨ 세부계획을 수립할 수 있는 기틀을 마련함
⑩ 집행된 교통정책을 점검해 줄 수 있는 틀을 제공함
⑪ 계획가와 의사결정자 및 계획의 수혜자인 시민의 상호교류와 사회학 학습분위기 조성

③ 교통계획의 유형

① 계획기간에 따라 장기 · 중기 · 단기계획으로 구분
② 계획수단과 계획대상의 특성에 따라 관리운영, 가로망, 대중교통, 이면도로, 보조간선도로, 주간선도로 계획 등 구분
③ 계획의 공간적 범위에 따라 국가교통, 지역교통, 도시교통, 교통축 계획 등으로 구분
④ 교통계획이 세분화된 것은 교통현상이 복잡하고 다양해지기 때문임
⑤ 교통체계의 분류

④ 결론

① 교통계획을 설정할 때 즉흥적인 계획과 예산집행을 제어할 수 있어 장기적인 측면의 범위를 결정할 수 있다.
② 정책목표를 수립할 수 있는 계기와 재원의 투자우선순위를 설정할 수 있다.

12 교통망 확충의 긍정적 효과

1 개요

① 도로, 철도, 항공, 항만 등은 생산활동의 사회기반시설로서 이용자의 편의를 도모하고 국민생활의 편익을 증진시키는 시설이다.

② 이러한 교통시설망 확충은 사람과 화물의 이동 시에 통행시간을 줄이고, 사회·경제활동의 보조역할로서 효율성이 증대된다.

③ 장래에 교통서비스를 제공하고 지체를 예방하는 차원과 국민 생산성 향상, 국가경제발전, 도시와 농촌, 지역과 지역 간의 격차 해소에 많은 영향을 미친다.

2 긍정적 효과

① 사람과 화물의 통행시간을 단축시켜 경제적 효율성 증대

② 모든 지역에 걸쳐 접근성을 향상시키고 도시 및 지역개발에 견인차

③ 통행비용과 통행시간의 절감에 따라 각종 산업 발달

④ 토지의 생산성을 높이는 데 기여

⑤ 교통의 발달로 문화생활 및 여가활동이 용이

3 교통확충이 미치는 영향

① 시간단축 효과 : 통행자 편익

② 신거주지 형성 : 토지 소유자와 주택개발업자 편익

③ 상업활동 촉진 : 기존 상업주의 편익

④ 상업·업무시설 입지 : 기존 상업주 및 신규 상업주의 편익

⑤ 지가 및 재산가치 상승 : 토지 및 건물 소유자의 편익

⑥ 세수 증대 : 지방자치단체의 편익

⑦ 도시기반시설의 정비 촉진 : 시민 전체의 편익

4 교통망 확충의 효과

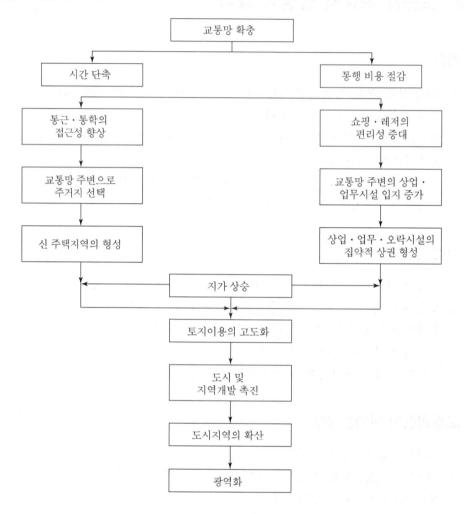

5 교통부분 SOC 투자 확대

① 민자유치제도를 도입하여 사회간접자본의 건설과 운영에 민간자본을 참여시켜 부족한 재원을 보충하고 민간의 창의성을 도입할 수 있는 제도이다.

② 민간 사업자와 정부 간의 위험분담률원칙을 정립해야 한다.

③ 철도, 도로, 항공, 항만 등의 민영화 확대

④ 기존 시설들의 운영관리 민영화

⑤ 많은 사업가가 참여토록 하고 창의성을 발휘할 수 있도록 유도하여 기업의 수익성 창출에 도움이 된다.

⑥ 결론

① 교통수요와 시설공급 간의 불균형을 극복하기 위해 시설공급을 늘리는 방안으로 교통망을 확충할 수 있는 방법이 최선책이 될 수 있으나 지가앙등, 토지이용의 고밀화 등으로 투자재원이 한정되어 있어 무작정식의 교통망 확충에는 한계가 있다.

② 교통망 확충은 짧게는 장래 20~30년과 길게는 장래 50~100년 이상을 내다보고 계획해야 한다.

③ 따라서 장래 측면에서 본다면 남북을 연결하는 계획과 더 나아가서는 중국, 러시아와 광역적으로는 아시안 하이웨이와 대륙 철도 등 일본을 포함하는 동북아지역 교통망도 염두에 두어야 할 것으로 판단된다.

④ 국내의 도로망 확충은 좁은 국토의 경제적·능률적·효율적 활용 방안을 모색하여 지상화·지하화 등의 동시 검토가 요구된다.

---

13 노선망(Network) 구성요소

① 존 센트로이드(Zone Centroid)

① 통행의 기종점이 되는 지점으로, 1개의 존에 1개의 존 센트로이드가 존재한다.

② 존의 지리적 중심에 위치하는 것이 보통이지만 인구밀도 중심에 위치하는 경우도 있다.

③ 4단계 교통수요 추정과정에서 존 센트로이드는 번호로 표현되는데 1번에서부터 중간에 번호가 누락되지 않도록 순차적으로 번호가 매겨지며 장래 개발예정지를 포함할 수 있도록 몇 개의 여유번호를 가진다.

② 노드(Node)

① 실제 교통망에서 교차로 또는 도로구간에서 도로 특성이 변화하는 경우(차로수 변화, 용량 변화, 설계속도 변화 등)의 지점

② 노드 역시 번호가 매겨지며, 이때 첫 번째 노드번호는 존 센트로이드의 마지막 번호와 충분한 간격을 갖도록 하고, 노드번호는 중간에 번호가 연결되지 않아도 무방함

③ 링크(Link)

① 노드와 노드를 연결하는 도로구간을 의미하며, 주행속도, 용량, 길이, 주행시간 등의 정보가 포함되어야 함

② 전 구간에 걸쳐 동일한 도로 특성을 가져야 하며, 일방통행의 특성을 가짐

4 더미 링크(Dummy Link)

① 존 센트로이드와 노드를 연결하는 가상의 링크로서 무한대 용량
② 길이와 통행시간이 0에 가깝도록 설정하여 노선망에 미치는 영향을 최소화하여야 함

5 경로(Path)

① 기종점의 존 센트로이드와 이들을 연결하는 몇 개의 링크에 의해서 구성되는 통로
② 일반적으로 기점과 종점을 연결하는 통행로

14 | 교통계획과정의 유형과 의사결정과정

1 개요

① 교통계획과정은 합리적 접근방법에 근간을 두고 계획하게 된다.
② 합리적 · 배분적 계획과정에 교통수요 추정을 가미함으로써 교통체계 대안의 평가에 이은 최적 대안의 선택이 되는 교통계획과정이 주종을 이룬다.
③ 교통계획과정은 크게 자료수집, 수요추정, 대안의 평가로 분류된다.

2 의사결정 지향적인 교통계획과정

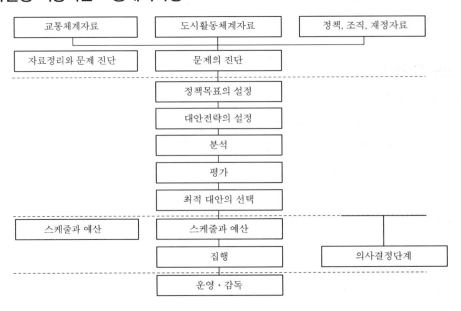

③ 교통계획과정의 단계

① 상위목표, 하위목표 설정
② 현재의 토지이용, 인구, 경제, 통행패턴 분석을 위한 자료수집
③ 현재의 토지이용, 통행, 인구, 경제적 변수 간의 계량적 관계 설정
④ 목표연도의 토지이용, 인구, 경제적 변수의 추정과 토지이용패턴 추정
⑤ 현재의 통행패턴과 추정된 토지이용, 인구, 경제적 변수를 토대로 하여 목표연도의 기종점 간 통행수요의 분포 추정
⑥ 목표연도의 교통수단별 통행수요 추정
⑦ 추정된 토지이용패턴에 적합한 가로망 및 대중교통망 구축
⑧ 대안적 교통망에 대한 추정된 통행의 노선 배정
⑨ 사회·경제적 비용 편익의 관점에서 대안적 교통망의 효율성·경제성 평가
⑩ 가장 우수한 교통망의 선택과 집행

④ 결론

① 교통계획과정은 일반적인 계획과정에 교통수요 추정과정이 접목되어 형성된 틀이 대부분임
② 또한 교통계획과정은 의사결정과정을 포괄하는 총계적인 관점에서 접근할 수 있는 방법론적 시야를 열어주어야 함

15 교통정책의 목표와 수단

① 개요

① 교통문제를 해결하기 위한 구체적 목표하에 추진되는 실천행위를 교통정책이라 한다.
② 교통정책에는 그 좌표인 정책목표의 설정이 요구된다. 교통목표는 교통체계가 추구해야 할 가치이며 대안의 설정·평가 및 집행 등 교통계획과정의 기준이 된다.

② 교통정책의 목표

① 질적 목표는 교통체계와 교통서비스의 질적인 변화를 유도
② 양적 목표는 교통체계의 틀 안에서 교통의 양적인 측면을 조절

③ 장기적인 목표

    ㉠ 균형적인 도시발전과 합리적인 토지이용을 형성할 수 있는 교통체계의 확립

    ㉡ 다른 계획과 상호보완되는 교통계획 확립

    ㉢ 지역 간 수단별 연계수송체계의 확립

    ㉣ 에너지 절약

    ㉤ 균형 있는 교통서비스의 공급

    ㉥ 교통사고의 감소 및 공해의 최소화

    ㉦ 교통시설의 투자개선으로 지역의 사회·경제적 효과 촉진

④ 단기적인 목표

    ㉠ 기동성의 향상

    ㉡ 교통사고의 감소

    ㉢ 환경의 질적 개선

    ㉣ 에너지의 절약

    ㉤ 교통의 경제적 효율성 증진

⑤ 구체적인 하위목표

    ㉠ 교통체계의 효율성(Efficiency)

    ㉡ 교통서비스의 질적 향상

    ㉢ 교통서비스의 형평성 배분

    ㉣ 다른 도시정책과의 조화성(Compatibility)

    ㉤ 환경적 악영향의 최소화

⑥ 이상과 같이 교통정책목표는 교통문제의 진단에서부터 대안설정, 대안평가, 집행에 이르는 교통계획과정의 준거 혹은 목표가치가 된다.

③ 목표를 달성하기 위한 수단

1. 토지이용적 수단

    ① 단핵에서 다핵화 도시로 도시공간구조 재편성

    ② 도심지 재개발사업은 교통영향을 최소화하는 방향에서 추진

    ③ 부도심을 위주로 주변 주거지역과의 직장 접근이 용이하게 유도

    ④ 교통집중시설의 분산

    ⑤ 아파트관리, 공업지역 선정 시 교통체증을 최소화하는 방향에서 선정

2. 도로망 수단

① 도심지 통과교통 배제를 위해 순환도로 정비

② 도심지의 이면도로에 통행집중 방지를 위한 도로 정비

③ 방사선 도로와 통행을 분산하는 순환도로의 정비

④ 방사환상형 도로망을 위주로 하는 도로 투자

3. 대중교통체계 수단

① 버스노선 조정을 통해 도시 전역에 균형적인 서비스 공급

② 버스서비스의 개선(정시성 확보, 정류장 질서 유지, 차내 승객 혼잡 감소, 승객의 안전 확보)

③ 부도심 형성으로 도심과 부도심 간의 전철망을 확충하고 부수적으로 주거지에서 부도심까지 전철에 연계될 수 있도록 연계버스 운영

④ 대중교통수단에 우선권을 주기 위한 고가선로, 지하철 건설

4. 교통운영 관리수단

① 교차로 교통체증 해소 방안

② 일반통행제

③ 회전금지

④ 도심지 통행세 징수

⑤ 주차요금 인상

⑥ 보행자 전용지구 설치

⑦ 버스 및 택시정류장 정비

⑧ 도심지 보행자 전용지구

⑨ 도심지 차량제한 정책

⑩ 대중교통수단의 도심지 접근성 향상

5. 보행자 자전거 수단

① 도로의 보도폭원 확보

② 상충지점 최소화

③ 보도 정비

④ 자전거 도로 확보

⑤ 자전거 주차대 확보

⑥ 이면도로에 자전거 전용도로 설치

4 결론

① 교통계획에는 확실한 목표 설정이 필요함
② 목표는 상황에 따라 가변적이며 상호경험적일 수 있음
③ 목표는 상위계획이 있으며 그 실현방법에는 교통과 직접 관련되는 방법 이외에 토지이용계획 등의 방법으로 실현 가능
④ 하나의 방법으로 다수의 목표를 달성할 수 있음

16 광역교통시설

1 개요

① 대도시권의 광역적인 교통수요를 처리하기 위한 교통시설을 말한다.
② 정부가 서울 집값을 잡기 위해 시작한 수도권 3기 신도시의 광역교통계획이 수립 중이다. 이는 서울과 광역도시 등에 집중된 주택 수요를 분산하기 위한 정책 중 하나이다.

2 광역교통시설 정의

① 둘 이상의 특별시·광역시 및 도에 걸치는 도로로서 대통령령이 정하는 요건에 해당하는 도로인 광역도로
② 둘 이상의 시·도에 걸쳐 운행되는 도시철도 또는 철도로서 대통령령이 정하는 요건에 해당하는 도시철도 또는 철도인 광역철도
③ 대도시권 교통의 중심이 되는 도시의 외곽에 위치한 광역철도 역(驛)의 인근에 건설되는 주차장
④ 여객자동차 운수사업 또는 화물자동차운수사업에 제공되는 차고지로서 지방자치단체의 장이 설치하는 공영차고지
⑤ 화물자동차 휴게소로서 지방자치단체의 장이 건설하는 화물자동차 휴게소
⑥ 간선급행버스체계로서 대통령령으로 정하는 요건에 해당하는 시설
⑦ 환승센터·복합환승센터로서 대통령령으로 정하는 요건에 해당하는 시설
⑧ 그 밖에 대통령령으로 정하는 교통시설. 근거법은 대도시권 광역교통관리에 관한 특별법

③ 광역교통시설 부담금

대도시권에서 특정한 사업을 시행하는 자에게 광역교통시설 등의 건설 및 개량을 위해 부과하는 부담금을 말한다. 광역교통시설부담금을 납부해야 하는 사업은 다음과 같다.

① 「택지개발촉진법」에 의한 택지개발사업
② 「도시개발법」에 의한 도시개발사업
③ 「주택법」에 의한 대지조성사업 및 「주택법」 부칙의 규정에 의하여 종전의 규정을 따르도록 한 아파트지구개발사업
④ 「주택법」에 의한 주택건설사업
⑤ 「도시 및 주거환경 정비법」에 따른 주택재개발사업·주택재건축사업 및 도시환경정비사업. 다만, 도시환경정비사업의 경우에는 20세대 이상의 공동주택을 건설하는 경우에 한한다.
⑥ 「건축법」에 따른 건축허가를 받아 주택 외의 시설과 20세대 이상의 주택을 동일 건축물로 건축하는 사업
⑦ 기타 ① 내지 ⑤의 사업과 유사한 사업으로서 대통령령으로 정하는 사업. 근거법은 대도시권 광역교통관리에 관한 특별법이다.

④ 문제점

① 정부는 '광역교통시설부담금'을 늘려 교통문제를 해결할 계획이다.
② 부담금은 한국토지주택(LH)공사가 매각하는 토지나, 건설사가 분양하는 아파트에 포함돼 있다.
③ 하지만 분양가만 오르고 교통 인프라는 부족한 위례 등 수도권 2기 신도시의 전철을 밟은 것 아니냐는 우려가 나오고 있다.
④ 교통문제 해결을 위한다는 이유로 입주자 '부담'을 늘리는 신도시 계획이 될 수 있다.
⑤ 입주자들이 부담하는 (광역교통시설) 부담금이 더 늘어날 것으로 보인다.
⑥ 서울 도심으로 연결되는 교통 인프라가 마련되지 않을 경우 서울에 집중된 주택 수요를 분산하기에는 한계가 있다.

⑤ 결론

광역교통시설이 부족한 상황에서 이들 신도시를 공급하다 보니 실제 주택가격을 잡는 데 도움이 안 됐다는 평가이다. 따라서 선 입주 후 개통의 문제점은 2기 신도시에서 여실히 드러났다. 문제는 입주민들이 광역교통부담금을 내고도 약속된 교통 인프라를 누리기까지는 상당한 시간이 소요된다는 점이다.

이런 점을 고려하여 정부 차원에서 미래 지향적인 광역교통시설계획을 수립하여 입주자의 부담을 최소화하고 도심에 집중되는 인구를 분산할 수 있는 계획이 필요하다.

17 지구교통 개선사업(TIP)

1 개요

① 지구교통 개선사업(Transportation Improvement Program, TIP)은 시가지를 대상으로 신호체계 및 기하구조, 교통안전시설에 대한 전면적인 재검토를 통해 교통혼잡을 최소화하고, 이면도로를 일방통행로로 지정해 노상주차장을 확보하는 사업이다.
② 주요 사업으로 주변 도로에 대해 일방통행 체계를 도입하고 초등학교 앞 어린이보호구역 정비, 버스정류장 시설 개선 등 주요 도로에 대한 보도정비와 교차로 개선 등이 있다.

2 사업 목적

① **시간적 범위** : 5년 이내의 구체적 실행계획
② **공간적 범위** : 자치구 전역

③ **내용적 범위**
　　㉠ 단기, 중기, 교통개선계획
　　㉡ 재정계획, 투자계획
　　㉢ 투자우선순위 결정

3 범위

① 자치구 전체 차원에서 개선계획 수립
② 연차별 지구교통개선(STM) 대상지구 확정
③ **사업 주체** : 자치구

4 주요 내용

① 도로의 운행속도와 설계속도(운행속도가 설계속도를 초과할 때의 대책)
② 아파트 단지 주차장의 지하화에 따른 장단점
③ 일방통행제 실시를 위한 고려 요소
④ 내부 미터링(Internal Metering)
⑤ 신호의 오프셋(Offset)과 연동화(Progression)
⑥ 교차로 비보호좌회전의 한계

⑦ 보행자 도로(보도)의 폭원과 용량을 산정하는 기준

⑧ 시선유도 시설(갈매기 표지, 시선유도 표지)의 설치기준

⑨ Jam Density와 Critical Density

5 효과

① 교통혼잡 개선사업으로 터미널 및 교차로 등에 대한 교차로개선, 일방통행로, 주차면 확보, 어린이보호구역정비, CCTV 신설 등의 지구교통개선사업으로 이루어진다.

② 교통혼잡 개선사업 및 지구교통 개선사업이 완료되면 원활한 교통소통은 물론 교통혼잡 완화, 주차장 확보, 안전사고 예방 등에 따른 이용자들의 교통편의가 증진할 것이다.

18 교통개선사업의 종류

1 개요

기존 교통체계개선(TMS)이 간선도로 교통축(Corridor), 또는 지역(Area)이 중심인 데 반하여 지구교통사업은 소규모 블록단위의 종합 교통개선계획(소통, 보행, 안전 등)이라고 볼 수 있다.

2 비교표

교통개선사업	사업목적 및 내용	사업시행자	시행방법
TMS (Transportation Management System)	• 간선도로의 원활한 소통 • 교차로 기하구조 개선 • 교통운영방법 개선 ↓ • 차량 중심의 사업	시가주도 (시 또는 구 일부 참여)	• 2~3년마다 구간 혹은 지역을 대상으로 실시 • 계획추진체계 부재
이면도로 정비사업	• 이면도로 통과 교통처리능력 향상 • 일방통행 • 안전시설 보강, 도로포장설비 ↓ • 차량에 치우친 사업	시 또는 구 단위로 시행	• 국부적인 개선 • 토목공사적인 차원
지구교통 개선사업	• 주거지역 교통환경의 개선 • 도로기능 정립 • 보행, 대중교통 접근성 ↓ • 인간 중심의 사업	자치구 단위로 시행	지구 전체 차원에서의 개선

③ 지구교통 개선사업의 기원

① 자동차로 인한 생활환경의 파괴는 이미 1950년대에 유럽을 중심으로 자동차가 대중화된 국가에서부터 제기되기 시작하였다.

② 간선도로는 물론 거주지역 도로에까지 자동차가 침투하여 소음, 매연, 교통사고 등 가시적인 피해는 물론 도로를 두고 마주한 주민 간의 대화 및 사회적 관계의 단절, 그리고 주거환경을 파손하고 이로 인해 인간의 기본적인 생활권마저 위협받기에 이르렀다.

③ 이러한 문제에 대한 자구책으로 자동차의 피해로부터 주민들을 보호하기 위한 필요성이 대두되었고 'Livable Street', 'Traffic Calming', 'School Zone' 등의 개념들이 검토되기 시작하였다.

④ 네덜란드는 이러한 개념을 처음으로 도입하여 시행한 나라로 본엘프(Woonerf) 지역에 시범적인 사업을 실시하여 그 효과를 확인한 뒤 전국으로 사업을 확대하여 가고 있다.

⑤ 네덜란드에 이어 유럽의 각국들도 이 지구교통 개선 개념을 도입하여 사용하기에 이르렀고, 1970년대 후반에는 일본에서도 도입하기 시작하였다.

⑥ 미국의 경우는 원래 자동차 중심의 생활양식에 기초를 두고 모든 주거지역의 개발이 이루어져 왔기 때문에 이러한 문제는 비교적 발생하지 않고 있다.

⑦ 최근 들어 자동차의 피해가 점차 커지고 보다 나은 생활환경을 요구하는 사람들의 필요성에 의해 트래픽 카밍(Traffic Calming) 개념에 관심을 두고 이를 도입하기에 이르렀다.

⑧ 개념은 효과가 입증되어, 최초 주거지역의 교통체계에 대한 개선뿐만 아니라, 일반보행자까지 확대되어 차량통행금지구역(Auto-Restricted Zone), 보행자몰(Pedestrian Mall), 대중교통몰(Transit Mall) 등의 방안도 시행하고 있다.

[국가별 주요 사례]

연대	각국	
	계획 · 지침 · 배경 등	주요 사례
~1944	• 전원도시론 • 그린주거지구론	■ Letchworth(영국 최초의 전원 도시 등장, 1903) ■ 미국의 Redburn(1929) □ Essen 도심부 보행자 전용도로화(1930)
1945~1959		■ 영국에서 최초의 뉴타운 등장 (그린주구론 적용, 1946)
1960년대	□ 영국의 부케넌보고서(도로의 단계구성, 주거환경지구, 1963) ■ 스웨덴의 SCAFT 지침(1968) □ 영국의 Gia(종합개선지구) 시작(협/차단을 도입, 1969)	□ 독일 Bremen 도심부에서 Traffic Cell 도입(1960) □ 영국 런던 시내에서 주거환경지구 도입의 시도(1964~) ■ 영국의 보차융합공간 도입(1966)

연대	각국	
	계획·지침·배경 등	주요 사례
1970년대	▫ 영국의 TRRL형 과속방지턱의 공도실험(1975~) ■ 영국의 작은 주에서 보차융합공간 도입을 전제로 한 택지 내 도로설계지침 발표 ▫ 네덜란드의 Woonerf 법제화(1976) ▫ 덴마크의 도로교통법 제정(보차공존도로 도입, 1976) ■ 영국의 Residential Roads and Foot Paths(1977) ▫ 일본의 School Zone 규제(1972~) ▫ 일본의 생활 Zone 규제(1975~) ▫ 일본의 주거환경정비사업(1975~) ▫ 일본의 종합도시교통시설 정비사업(1977~) ▫ 벨기에의 도로법 개정(보차공존도로 도입, 1978) ▫ 프랑스의 도로법 개정(보차공존도로 도입, 1978) ▫ 일본의 주거환경정비 Model(1978~)	■ 스웨덴의 예테보리 도심부의 Zeon System 도입(1970) ▫ 네덜란드의 Woonerf 시도(1971) ▫ 독일 NW주에서 보차공존도로의 대규모실험(1977~)
1980년대	▫ 미국 Appleyard의 'Liver-pool Street' 출판(1981) ▫ 독일에서 Zeon30 법제화(1982) ▫ 영국에서 과속방지턱 법제화(1983) ▫ 네덜란드에서 Zeon30 법제화(1983) ■ 독일에서 지구도로지침 EAE85 제정(1985) ▫ 영국 과속방지턱 개정(1986) ▫ 영국에서 과속방지턱 재개정(1990) ▫ 영국의 Zeon20mile 지침(1991)	▫ 네덜란드 정부에 의한 Woonerf의 Demonstration(1980~) ▫ 독일 정부에 의해 면적 자동차 억제의 모범사업 실시(6개 도시, 1980~) ▫ 영국 Urban Safety Project(1982~)

주) (1) Zeon30 : 30km/h 규제, Zeon20 : 20mile/h 규제
　　(2) ■ : (주로) 신규개발에 관련된 것, ▫ : (주로) 기존 도로 개량에 관련된 것

19 교통체계 관리기법(TMS)

1 개요

① 교통체계 관리기법(Transportation Management System, TMS)은 교통통제, 소규모 시설의 공급, 요금정책 등의 저투자 체계 관리기법을 이용하여 수요와 공급의 최적화를 달성하기 위해 교통체계 운영을 계속적·종합적으로 점검하고 조정하는 단기계획 및 운영과정으로 교통운영에 대한 개선사업이나.

② 교통수요가 용량을 초과함으로써 발생하는 통행비용의 급격한 증가를 극복하기 위한 근본적 대책은 교통용량을 증대하는 것이다.

③ 교통용량을 증대하기 위한 시설의 공급은 장기적이며 투자 재원의 한계가 있으므로 기존 교통시설의 운영효율성을 극대화하여 용량을 제고하는 방향으로 단기 교통정책이 수립된다.

② 교통체계 관리기법의 필요성

① 기존 시설 확장 중심의 장기 교통체계의 한계
② 도시 투자재정의 한계와 예산 낭비 축소
③ 기존 교통시설의 이용효율성 향상
④ 도시계획 차원에서 도시교통대책의 한계
⑤ 시설물에 대한 독립적인 관리보다는 체계적인 관리가 필요

③ 교통체계 관리기법의 특성

투자비와 편익 측면에서 본 교통체계 관리기법의 특성은 다음과 같다.

① 저투자 비용으로 단기적 편익이 큼
② 장기 교통계획보다 투자비가 적음
③ 기존 시설 이용의 극대화
④ 지역적이고 미시적인 기법
⑤ 장기계획의 보완 기능 및 기존 시설에 대한 투자의 효율성 극대화
⑥ 도시교통체계의 모든 요소 간의 균형에 기여
⑦ 서비스 중심의 질적 개선 가능
⑧ 차량보다는 사람 중심, 목적통행 중심, 대중교통수단 중심

④ TMS 기법의 유형

1. 교통량 수요 최소화

① 대중교통수단의 활용도 증진
② 승용차 공동이용제 도입[카풀(Car Pool제)]
③ 지하철, 버스와 승용차의 연결 : 환승주차장 등
④ 자전거 및 보행자를 위한 시설개선
⑤ 요금정책 : 통행료 인상 등

2. 도로용량 공급 최대화

① **도로구조 개선** : 교차로 개선, 도로시설보수, 부대시설 설치
② **도로교통 운영개선** : 일방통행제, 버스전용차로제, 가변차로제, 능률차로제, 출퇴근 시차제, 주차장 확대, 화물차 통행제한, 부제, 카풀제 운영 등
③ **교통통제시설 개선** : 신호의 연동화, 신호주기개선, 교통정보 System 운영 등

3. 교통량 수요 최소화 및 도로용량 공급 최소화

① 대중교통 전용차로 설치(기존 차선 활용)
② 도심지 주차면적 축소
③ 통행료 징수
④ 차량통행 제한지역 설정 등

4. 교통량 수요 최소화 및 도로용량 공급 최대화

① 대중교통 전용차로 설치(신설)
② 노상주차제한 등

⑤ TMS 기법의 적용방법

① 차량통행 원활화의 경우
  ㉠ 일방통행제, 가변차로제, 고속도로 램프(Ramp) 통제
  ㉡ 신호체계 개선, 교차로 개선 등

② 대중교통수단 통행 우선 경우
  ㉠ 버스전용 차로제, 버스우선 신호체계
  ㉡ 승용차 통행세 부과

③ 첨두시간 교통수요 억제
  ㉠ 시차제 실시, 첨두시간 도심 통행세
  ㉡ Car pooling, 승용차 제한 구역

④ 승용차 도심 통행 억제
  카풀링(Car pooling), 승용차 제한 구역

⑤ 대중교통수단 이용 확대
  ㉠ 서비스 강화 : 안전성, 환승체계, 요금
  ㉡ 관리 합리화 : 노선단축, 공동배차제, 경영합리화

⑥ 결론

① TMS 교통처리기법을 활성화시키기 이해서는 TMS 기법을 저극저으로 활용하는 정채이
  필요하다.
② TMS 계획부서, 시행부서, 관리운영부서를 일원화하여 효율적인 TMS를 적용해야 한다.
③ 향후 TMS 기법 적용의 확대와 함께 이를 효과적으로 계획·시행할 수 있는 전문인력 양성이
  필요하다.

④ 국내 실정에 부적합한 외국의 사례를 그대로 적용하기보다 우리나라 도시 특성에 맞는 TMS 유형을 개발하여 적용해야 한다.

20 교통영향평가

1 개요

① 교통영향평가는 대량교통수요를 유발하는 사업에 대하여 교통문제에 대한 대책을 사전에 강구하도록 하여 시민의 통행권 확보 등 도시기능을 보존하려는 제도다.

② 교통영향평가의 주요 분석 내용에는 토지이용 및 교통시설 현황, 교통수요 예측, 교통영향 및 문제점 분석, 개선방안 등이 포함된다.

③ 교통영향평가의 도입으로 교통난 완화 등의 효과가 있었으나, 많은 경우에서 평가가 형식적으로 이루어지고 있으며, 이에 대한 개선이 요구된다.

④ 따라서 1996년 신제도가 도입되고 1997년 이후 여러 차례 수정·보완되어 교통영향평가의 질적 향상을 도모하게 되었다.

2 교통영향평가 대상

도시교통정비 촉진법 시행령(시행 2019.7.29.)		
제13조의2(교통영향평가 대상사업 등) ③ 법 제15조 제1항에 따라 교통영향평가를 실시하여야 하는 대상사업의 범위는 별표 1과 같다.		
교통영향평가 대상사업의 범위 및 교통영향평가서의 제출·심의 시기[별표 1]		
구분	교통영향평가 대상사업의 범위	교통영향평가서의 제출·심의시기
마. 도로의 건설	「도로법」 제10조에 따른 도로의 건설 -총길이 5km 이상인 신설노선 중 인터체인지, 분기점, 교차 부분 및 다른 간선도로와의 접속부	「도로법」 제25조에 따른 도로구역의 결정 전
도로법		
제10조(도로의 종류와 등급) 도로의 종류는 다음 각 호와 같고, 그 등급은 다음 각 호에 열거한 순서와 같다. 1. 고속국도(고속국도의 지선 포함) 2. 일반국도(일반국도의 지선 포함) 3. 특별시도(特別市道)·광역시도(廣域市道) 4. 지방도 5. 시도 6. 군도 7. 구도		

③ 교통영향평가 항목

1. 서론

① 사업의 개요
② 교통영향평가 사유 및 시기의 적정성
③ 교통영향평가 범위(시간적 · 공간적 범위 및 중점분석 항목)

④ 교통영향평가 결과 요약
　　㉠ 중점분석 항목별 분석결과
　　㉡ 교통영향분석 및 문제점
　　㉢ 종합개선안

2. 교통환경조사 분석

① 교통시설 및 교통소통 현황
② 토지이용 현황 · 토지이용계획 및 주변 지역 개발계획
③ 교통시설의 설치계획 및 교통 관련 계획

3. 사업지구 및 주변 지역의 장래 교통수요

① 사업 미시행 시 수요 예측
② 사업 시행 시 수요 예측
③ 주차수요 예측

4. 사업의 시행에 따른 문제점 및 개선대책

① 진 · 출입 지점
　　㉠ 현황 및 문제점
　　㉡ 개선방안

② 진 · 출입 지점과 연결되는 주변가로
　　㉠ 현황 및 문제점
　　㉡ 개선방안

③ 대중교통, 자전거 및 보행
　　㉠ 현황 및 문제점
　　㉡ 개선방안

④ 주차
　㉠ 현황 및 문제점
　㉡ 개선방안

⑤ 교통안전 및 기타
　㉠ 현황 및 문제점
　㉡ 개선방안

⑥ 지역분리 극복 방안
　㉠ 현황 및 문제점
　㉡ 개선방안

5. 교통개선대책안의 시행계획

① 사업시행 주체 및 시행시기
② 공사 중 교통처리대책

6. 참고자료

① 교통량 조사자료
② 원단위 조사자료
③ 기타 교통영향평가 내용의 근거가 되는 자료

4 사업시행에 따른 교통의 제반 문제점 도출 및 교통개선대책 수립 내용

① 모든 교통의 제반 문제점은 교통수요 예측결과, 상위계획 및 법령내용을 토대로 도출하여야 하며 건축물은 해당 사업지구가 속한 블록 내의 연결도로와 교차로를 포함하여 구체적으로 분석하여야 한다.
② 사업시행 시의 교통개선 대책을 수립함에 있어 일반적으로 인정되지 않는 사유로 교통문제점의 도출을 회피하거나 간과하여서는 아니 된다.
③ 모든 교통의 제반 문제점은 관련 자료, 현황조사결과, 교통수요 예측결과에 대한 인과관계를 설정하여 분석하여야 한다.
④ 가로소통과 교차로상의 문제점은 다음의 사항을 종합적으로 분석하여 제기한다.
　㉠ 분석대상 교차로의 용량산정 조건
　　• 도로조건 : 도로의 기능 구분, 차로수, 구배, 도로폭원, 곡선반경 등

- 교통조건 : 교통량, 중차량 비율, 방향별 교통량, 시간대별 교통 변화, 버스정류장 및 주정차, 횡단보도 등
- 운영조건 : 신호주기, 현시, 연동값 등

ⓒ 서비스 수준 결정에 이용하는 효과척도
- 신호교차로 : 차량당 평균제어지체(초/대)
- 도시 및 교외간선도로 : 평균통행속도(km/시)

ⓒ 단속류 시설의 교통운영 특성
- 신호교차로 기하구조 특성 : 신호교차로 접근로의 차로 유형, 차선폭, 구배, 좌·우회전 회전반경
- 도시 및 교외간선도로 기하구조 : 신호교차로 간격, 차선 수, 버스정류장 수, 노측 가로수

ⓒ 기타 가로소통과 교차로상의 문제점 분석을 위한 검토항목
- 교차로 설치 간격
- 좌회전차로 산정방법
- 가로상의 불법 주정차 방지대책
- 사업 및 시설의 개발계획 시 진·출입구 운영 방식 및 개소 수 산정기준
- 산업단지 내 내부도로 설계기준

⑤ 진·출입 동선체계에 대한 문제점은 교통류의 적정 여부와 일방통행제·가변차로제·우선통행제·수요관리 측면 등을 종합적으로 분석하여 제기한다.

⑥ 대중교통의 문제점은 버스정류장, 택시정류장, 지하철 또는 경전철 등의 대중교통수단과의 연결문제, 개인교통수단과 대중교통수단의 수단분담 정도 등을 고려하여 제기하고, 버스정류장은 설치 유형, 설치 간격, 정차용량(길이), 전용차로 설치기준, 편의시설 설치 등을 고려하여 제기한다.

⑦ 보행의 문제점은 자전거통행, 오토바이통행, 교통약자의 통행과 차량통행과의 상충 여부 등을 장래예측과 연관시켜 제기하고, 주요 보행축, 보도 및 차도 분리기준, 이면도로 진·출입 접속부 처리기준 등을 고려하여 제기한다.

⑧ 교통안전에 대한 문제점은 교통안전시설의 설치 현황과 미비된 곳 또는 신설이 필요한 지점별로 분석하여 사고 유발 가능성 여부에 대한 문제를 제기한다.

⑨ 교통정온화 계획은 신호기 설치기준, 비보호좌회전 설치기준, 회전교차로, 스쿨존 설정기준 등을 고려하여 제기한다.

⑩ 주차계획은 주차장 이용차량의 이용 편의와 안전을 함께 고려하여 제기한다.

5 중점 분석 항목

① 수송계획상 교통수요예측의 적정성, 이용인구의 행태분석, 화물이동 유형 분석
② 보도, 차도 등을 포함한 해당 시설의 이용 가능 인구의 처리능력 한계 분석
③ 다른 교통수단과의 교통수요 역할 분담 및 연계수송처리 방안의 강구
④ 주변 도로에의 교통패턴 변화 분석
⑤ 해당 사업의 건설에 따라 발생되는 지역분리 극복 방안의 강구
⑥ 해당 사업의 건설에 따라 주변 교통시설 및 다른 교통수단에 미치는 교통수요의 변화 분석
⑦ 해당 사업의 건설에 필요한 연결 및 인입도로의 개설 필요성
⑧ 필요한 적정 교통안전시설의 종류 및 설치위치의 적정성 여부
⑨ 사업지구의 주변 교통장애요인의 발생 여부에 관한 분석 등

6 교통영향평가의 성과

① 도시교통난 완화 및 교통문제 해소(시민의 안전한 통행권 확보)
   ㉠ 사업지 주변 도로확장 및 개선
   ㉡ 진·출입 동선체계의 개선
   ㉢ 주차장 추가 확보
   ㉣ 대중교통 및 보행개선

② 인적·물적 자원의 이동시간 및 비용절감 유도
③ 개발사업의 효과 유지
④ 개발 주체 및 지방자치단체의 도시교통문제에 대한 인식 제고
⑤ 교통전문가 육성
⑥ 교통영향평가의 개선안 계획으로부터 얻는 사회적 편익 증대

7 문제점 및 대책

① 기초자료 구축의 문제 및 대책
   ㉠ 분석지역 내 개발계획 및 교통시설 투자계획의 파악이 어려우며 이로 인해 관련 계획 검토가 형식적으로 이루어지고 있다.
     → 정부 차원에서 각종 개발계획 및 교통시설 투자계획을 데이터베이스화하여 민간에 제공하는 것이 바람직하다.
   ㉡ 지역별·용도별·규모별 통행 발생 원단위의 미비로 조사원 단위의 검증대상 결여와 부적절한 타 자료 인용의 문제가 있다.

→ 공신력 있는 원단위 자료의 구축 및 지속적인 보완·수정이 필요하다.

ⓒ 교통사고 조사자료 미공개

→ 연구 및 평가 목적의 사고자료 공개

ⓓ 교통망 및 OD 자료 확보 곤란

→ 중앙정부 또는 지방자치단체 차원에서 기종점 및 교통망 자료를 구축하고, 교통영향평가 DB를 구축하여 민간에 제공

② 평가기관 선정의 문제 및 대책

사업시행자가 평가자를 직접 선정하고 평가비용을 직접 지급함으로써 평가내용의 공정성을 기할 수 없으며 객관성 왜곡이 빈번하다.

→ 사업주의 횡포 및 사업주와 평가자 간의 공모를 막기 위해 사업주는 평가비용 및 평가자 선정 감독권한을 정부 혹은 정부가 위임한 공공기관에 위탁하여 관리하도록 한다.

③ 평가의 사후관리 문제 및 대책

교통영향평가에서 제시한 개선안이 실제 사업에 적용되지 않는 경우가 빈번하다.

→ 교통영향평가 심의결과에 대한 별도의 '사업이행계획서'를 사업 주체로부터 제출받아 정부 차원에서 이에 대한 이행 여부를 지속적으로 점검한다.

④ 심의상의 문제 및 대책

심의시간이 길고 심의가 공정하지 못하거나 부적절한 시정조치 등이 있을 수 있다.

→ 서면심 및 사전심의를 확대하고 이 결과에 따라 엄밀한 심의를 필요로 할 때만 심의위원회에 상정한다. 또한 심의결과에 이의신청제도를 도입하여 부적절한 시정조치를 명한 심의위원에 대한 경고조치 등을 강구한다.

⑤ 개별 건물 단위의 평가실시에 대한 문제 및 대책

각 건물별로 독립적인 평가를 받으므로 주변 신설 건물들과의 상호 관련 효과를 고려하지 못하고 있다.

→ 지구 단위의 교통영향을 복합적으로 평가하는 제도가 마련되는 것이 바람직하다.

⑥ 평가대상 선정의 형평성 문제 및 대책

교통영향평가 대상에서 빠지기 위해 용적률을 낮추거나 용도별 면적을 적용하여 사업규모를 평가대상기준보다 낮게 하는 업주들이 있다.

→ 교통영향평가기준의 85% 정도 규모의 시설물에 대해서는 약식 교통영향평가를 받게 한다.

⑦ 교통영향평가 세부시행 지침상의 문제 및 대책

대상시설별로 평가방법이나 기준이 구분되어 있기는 하나 실제 평가 시 불합리한 항목이 존재한다.

→ 도로, 철도, 항만, 공항 등 교통 인프라시설사업 및 대규모 택지개발과 같은 단지개발사업, 단위건물별로 별도의 시행지침을 마련하는 것이 바람직하다.

8 재심의

① 주요 차량 및 보행동선체계의 변화가 있는 경우
② 주요 동선체계상의 새로운 교차지점이 발생된 경우
③ 진·출입구의 위치가 주변 교차로에 가까워진 경우
④ 진·출입구에서 주차장 진·출입램프 또는 주차장 출입구까지의 거리가 짧아진 경우
⑤ 주차동선체계가 변화되거나 새로운 교차지점이 발생한 경우
⑥ 진·출입구의 위치 변경으로 다른 사업지 진·출입구와 100m 이내로 근접한 경우
⑦ 보행자 도로 및 자전거 도로망 체계에 변화나 단절이 발생한 경우
⑧ 진·출입구가 새로이 신설되거나 일부 진·출입구가 폐지된 경우

⑨ 사업의 교통개선대책이 다음에 해당하는 경우
    ㉠ 중로 이상의 가로 및 교차로가 신설 또는 폐지되거나 도로 위계가 변경된 경우
    ㉡ 노외주차장 위치 및 규모가 축소되거나 버스베이, 도시철도 정차장, 터미널 등 교통 관련 시설의 위치가 주요 가로망 체계상 위계가 상이한 도로에 접속되도록 배치된 경우
    ㉢ 공동주택의 진·출입 허용구간을 다른 방위의 도로로 변경한 경우
    ㉣ 공동주택의 동일 진·출입 허용구간 내에 진·출입구를 2개 이상 개설하여 이들 진·출입구 간 간격이 100m를 초과하지 아니한 경우

9 결론

① 교통영향평가제도는 대량의 교통유발시설사업으로부터 도시교통의 원활한 통행 확보와 이용자들의 쾌적한 통행공간을 조성하기 위함이다.
② 교통영향평가는 시설물 건립 및 대규모 개발사업 등에 따른 교통상의 악영향을 최소화하기 위해 실시하는 사업이다.
③ 부정적인 의견으로는 교통영향평가의 효과가 기대에 미흡하며 제도 개선을 통해서라도 실효성 있는 사업으로 거듭나야 할 것이다.

21 자전거 도로 계획

1 개요

① 미래지향적인 교통정책의 기본 방향에서 보면 자전거는 환경친화적이고 국민건강증진 측면에서 선진국에서는 생활밀착형으로 이미 정착되어 있다.

② 녹색혁명이라고 불리는 자전거는 교통소통 측면에서도 큰 역할을 한다.

③ **교통정책의 기본 방향**

장래 교통정책의 기본 방향을 설정하려면 자동차에 관련된 그동안의 교통 여건 변화 추세를 우선 살펴보아야 한다. 주요한 추세의 내용은 아래와 같다.

  ㉠ 경제활동과 여가 등에 따른 승용차의 급격한 증가

  ㉡ 승용차의 높은 구입비용과 유지관리 비용에도 불구하고 낮은 수요탄력성을 나타내는 교통 형태

  ㉢ 통행자 1인당 1일 통행횟수 증가

  ㉣ 여가통행 및 쇼핑통행 횟수의 증가

  ㉤ 자동차로 인한 대기오염의 악화

  ㉥ 자동차 관련 교통사고의 급격한 증가

  ㉦ 승용차의 도로 점유로 인한 교통혼잡 가중

  ㉧ 교통혼잡은 대중교통 서비스 질의 악화로 연결

④ **거시적인 교통정책의 목표**

앞으로의 교통정책 기조는 환경적으로 지속 가능한 사회를 구축하기 위한 방향으로 설정되어야만 한다. 이 같은 전제를 토대로 하여 거시적인 교통정책의 목표를 설정하면 다음과 같다.

  ㉠ 통행자의 기동성을 감소시키는 도시개발정책 : 직장, 주택, 쇼핑센터의 근접화, 대중교통수단과 자전거의 연계화

  ㉡ 승용차 교통수요를 대체할 교통수단 정비 : 지하철, 버스 등 대중교통 서비스의 개선, 자전거 통행체계의 개선

  ㉢ 환경의 보전 : 무공해 자동차의 개발 지원(전기, 수소, 태양열 자동차), 배기가스의 배출기준 강화 및 단속

  ㉣ 무공해 교통 장려 : 근거리 걷기 운동 전개, 자전거 타기 홍보 및 저가 보급, 자전거 도로망의 확충 및 개선

2 자전거 도로의 유형과 통행별 분류

1. 자전거 도로의 유형

이동 공간 측면에서 자전거 도로의 형태를 구분하면 다음과 같다.

① 자전거 도로

안전표지, 위험방지용 울타리나 그와 비슷한 공작물로써 경계를 표시하거나, 노면표시 등으로 안내하여 자전거의 통행에 사용하도록 된 도로를 말한다.

② 자전거 전용차로

차도의 일정 부분을 자전거만 통행하도록 차선, 안전표지, 노면표시로 다른 차가 통행하는 차로와 구분한 차로를 말한다.

③ 자전거 전용도로

자전거만이 통행할 수 있도록 분리대 · 연석 기타 이와 유사한 시설물에 의하여 차도 및 보도와 구분하여 설치된 자전거 도로를 말한다.

④ 자전거 · 보행자 겸용도로

자전거 외에 보행자도 통행할 수 있도록 분리대 · 연석 기타 이와 유사한 시설물에 의하여 차도와 구분하거나 별도로 설치된 자전거 도로를 말한다.

⑤ 자전거 겸용도로

자동차의 통행량이 대통령령으로 정하는 기준보다 적은 도로의 일부 구간 및 차로를 정하여 자전거와 다른 차가 상호 안전하게 통행할 수 있도록 도로에 노면표시 설치한 자전거 도로를 말한다.

2. 자전거 이용 대상지별 · 통행 목적별 분류

① 자전거 이용 대상지별 분류

대상지		자전거 이용 목적과 특성
대도시	도심 및 부도심	• 단거리에 한해 업무, 쇼핑용으로 활용된다. • 자전거의 이용률은 극히 낮은 편이다.
	주요 활동센터	주거지나 직장 부근의 백화점, 업무센터, 컨벤션센터 등으로 접근하기 위한 수단으로 이용된다.
	주택단지 (신도시 포함)	지하철역이나 버스정류장까지 접근하기 위한 출퇴근, 등교, 업무용으로 활용된다. 또한 주택단지 내에서 쇼핑이나 레저, 스포츠용으로도 이용된다.

대상지		자전거 이용 목적과 특성
중소 도시	도심	자전거를 출퇴근용으로 사용하는 통행자도 있으나 주로 도심 내에서 단거리 업무, 쇼핑용으로 이용된다. 자전거 통행의 비율이 대도시보다 높고, 자전거 도로의 정비가 보다 요구된다.
	외곽 주택단지	버스정류장이나 전철(경전철 포함)역까지의 접근 수단으로 자전거를 이용한다. 주택단지 내에서는 쇼핑, 레저, 스포츠용으로 이용된다.

② 통행 목적별 분류

　㉠ 통근·통학형 : 직장 근로자들의 출퇴근과 학생들의 통학 목적으로 주로 평일에 자전거가 이용된다.

　㉡ 생활 교통형 : 쇼핑 등과 같은 생활 교통에 이용된다. 여기서는 쇼핑 외에 관공서 업무 보기, 주거지 근처의 소형 슈퍼마켓, 미용실, 목욕탕, 학원 등 일상생활에 폭넓게 이용되는 형태를 말한다.

　㉢ 레저 스포츠형 : 평일이나 휴일의 레저 스포츠 등의 활동을 위하여 자전거가 활용되는 형태를 말한다.

3. 자전거 도로망의 형태 및 위계

① 자전거 도로망 구축의 원칙

　㉠ 자전거 도로의 위계를 설정한다.

　㉡ 도시간선 자전거 도로망과 지구 자전거 도로망을 종합적으로 연결시킨다.

　㉢ 차도와 자전거 도로를 가급적 분리하도록 한다.

　㉣ 자전거 도로의 연속성을 유지해야 한다.

　㉤ 자전거 도로와 부대시설의 안전성을 확보해야 한다.

　㉥ 주요 결절점(역, 터미널)에는 반드시 자전거 도로를 연결한다.

　㉦ 교차로에서 차량과 상충이 없도록 대책을 수립한다.

　㉧ 자전거 노선망에 대한 정보체계를 구축한다.

② 자전거 도로망의 형태 및 위계

　㉠ 도시 자전거 도로

　㉡ 간선 자전거 도로 : 도시의 골격을 형성하는 간선 도로상에 자전거 도로가 설치되어 출퇴근이나 등교통행을 주로 처리해 주는 기능을 담당하게 된다. 이 같은 자전거 도로는 중소도시에 적합하다. 이 자전거 도로는 자전거의 통행 시 주행성, 원활성, 쾌적성을 확보할 수 있도록 적합한 설계기준이 마련되어야 한다.

　㉢ 보조간선 자전거 도로 : 간선 자전거 도로와 지구 자전거 도로 사이의 간선과 지구

간의 연결고리 역할을 담당하는 자전거 도로가 된다. 물론 집분산 기능도 담당하면서 자전거 통행의 접근성을 향상시켜 주는 자전거 도로이다.

㉣ 지구 자전거 도로 : 아파트 단지나 주요 활동 센터 내의 자전거 도로로 보차 혼용 도로, 보행자 자전거 혼용 도로 등의 형태로 주로 이용되며 지구 내의 근린성과 쾌적성을 염두에 두고 설계기준이 마련되어야 한다.

- 주간선 자전거 도로 : 지구의 골격을 형성하는 도로 위에 자전거 도로를 구축하는 방식으로 도시 내의 보조간선 자전거 도로와 연결시켜 주는 기능을 한다.
- 보조간선 자전거 도로 : 지구 내 각 블록에서 나오는 자전거 통행자, 블록으로 들어가는 자전거 통행의 집분산 기능을 해주면서 주간선 자전거 도로와 국지 자전거 도로 간의 연결고리 역할을 담당한다.
- 국지 자전거 도로 : 지구 내의 자전거 도로로서 통과 자동차 교통이 완전히 배제된 국지 자전거 도로의 기능을 담당한다.

❸ 자전거 도로 계획과정

1. 자전거 도로망 구축 시 고려사항

자전거 도로의 신설이나 기존 자전거 도로의 개선 등 자전거 도로 계획의 기본 방향은 자전거 도로의 종합적이고 체계적인 정비이다. 이 같은 기본 방향을 충족시키기 위해 자전거 도로의 기능, 유형, 기본 구조를 고려할 필요가 있다.

① 자전거 도로의 기능을 고려해야 하는데 통행량, 입지 특성 등에 따라 그 기능 분담이 달라지게 된다. 즉, 자전거 도로의 종류, 기종점 특성, 노선의 연속성, 노선망 간 간격, 자동차 비율, 보행자 비율, 주변의 토지이용 등 제반 요소를 고려하여 자전거 도로의 기능을 부여하여야 한다.

② 자전거 도로의 유형을 결정할 때는 자전거 전용도로, 자전거 도로, 보행자 자전거 공용 도로 등 형태상의 유형과 폭원별 유형을 감안해야 한다.

③ 자전거 도로의 기본 구조 결정 시 계획교통량과 설계교통량에 의해 자전거 도로폭을 정해야 한다. 또한 자전거 도로의 기능 및 유형에 의해 폭원, 분리대 등을 감안한 횡단면 구성 등이 고려되어야 한다. 또한 설계속도를 기준으로 하여 곡선반경, 경사, 시거 등 선형의 제반 요소를 결정해야 한다.

2. 자전거 도로의 계획과정

자전거 도로계획은 그 특성상 단기계획으로 간주할 수 있다. 이 같은 계획과정은 자전거 도로에 관련된 문제를 해결하면서 미래 지향적인 정비방안을 모색하기 위한 체계적이고 계획적인 접근방식을 필요로 한다. 자전거 도로 계획과정은 전문가나 분석대상에 따라 다양한 시각에서 접근할 수 있겠으나 보통 7단계의 계획과정을 설정하여 단계별로 검토해 볼 수 있다.

① 자전거 도로망 구상

　㉠ 권역의 설정 : 생활권을 토대로 통행시간, 주요 활동 센터, 주거단지의 규모 등에 따라 설정

　㉡ 권역별 토지이용 분석 : 토지이용 현황과 장래 권역별 개발 계획, 상위 관련 계획 고려

　㉢ 권역별 교통 여건 분석 : 지하철 노선 계획, 도시 고속국도망 계획 등 장래 계획과 기존의 철도망, 도로망, 대중교통체계, 자전거 도로 등을 분석

　㉣ 자전거 통행현황 조사 : 자전거 도로, 자전거 주차장, 자전거 관련 교통사고 등을 조사하고, 자전거 이용 패턴, 자전거 기종점, 자전거 이용 경로, 자전거 주차 실태를 조사

　㉤ 노선별·목적별·시간대별 수요 측정 : 수요 측정에 따른 희망 노선도 구축, 자전거 통행 발생 지구와 집중 지구가 분석되고 각 지구별 자전거 통행량도 추정

　㉥ 자전거 관련 문제 분석 : 자전거에 관련된 시민과 이익집단의 의견, 민원, 불편 등을 토대로 문제점을 유형별로 정리

　㉦ 자전거 도로망 구상

② 노선별 타당성 분석

　㉠ 1단계 : 노선별로 교통, 선형, 종·횡 단면, 주변 토지이용에 대한 자료를 정리하고, 노선별 장래 통행량을 추정한다. 노선별 현황자료에 의해 공사비와 관리비의 규모를 산출하고, 장래 통행량에 의한 통행 편익을 추정하여 사업의 경제적 타당성을 검증한다.

　㉡ 2단계 : 경제성 분석 결과 타당하게 결과가 나타났다면, 신설 자전거 도로인 경우에는 용지 확보방법을 모색하면서 동시에 용지 확보에 따른 장애 요소를 고려하여 극복 방안을 고려해야 한다.

③ 접근로 구축

　㉠ 단거리 접근로의 개설 : 스포츠 시설이나 유적지, 박물관 등 주요 공공 스포츠, 레저 시설 등에 자전거 도로를 연결시켜 주는 방법이다. 이러한 시설은 주 자전거 도로에서 500~1,000m의 거리에 존재하는 경우에만 연결이 가능하다.

　㉡ 서비스 접근로의 개설 : 자전거 도로에서 주요 시설의 접근로를 자전거 도로에 평행 혹은 수직으로 연결시켜 주는 방법인데, 주요 시설뿐만 아니라 자전거 도로의 부대시설 등도 이러한 시설 대상에 포함된다.

　㉢ 자전거 주차장 확보 : 주 자전거 도로 근방에 산이나 사찰 등의 시설이 있으나 경사가

가파르거나 지형이 자전거 타기에 적합하지 않은 경우에 자전거를 주 자전거 도로변에 일단 주차해 놓고 걸어서 접근할 수 있도록 자전거 주차장을 제공해 주는 방법이다.

ⓔ 버스정류장으로부터 접근로 개설 : 간선도로 등의 버스정류장으로부터 자전거 도로 까지 자전거 접근로를 설치하여 대중교통수단과 연계시켜 주는 방안으로 가능하다면 버스정류장 부근에 자전거 주차공간을 마련해줄 수도 있다.

④ 결절점 처리 방안

ⓐ 차도와 자전거 도로가 평면 교차하는 지점 : 횡단 자전거 도로를 우회전이나 좌회전하 는 자동차와 자전거가 직각으로 교차되도록 배려한다. 또한 횡단 자전거 도로는 자동차가 분명히 인식할 수 있도록 노면표시를 해주고 색포장을 하는 등 안전성을 높이도록 해야 한다.

• 자전거가 차도에 곧바로 진입함으로써 차량과의 상충이 예상되는 교차지점에서는 완충지대를 차량의 가감속 차선과 같이 설치하여 안정성을 도모한다.

• 자전거가 공원이나 강변 제방 등에 설치된 자전거 도로로부터 인접한 자동차 도로를 횡단하고자 할 때는 자전거 횡단 도로와 차량 출입금지 장치가 필요하다.

ⓑ 지하철역이나 전철역과의 처리 방안 : 지하철역이나 전철역으로 자전거가 접근하기 위해서는 자전거가 접근할 수 있는 도로, 부속 시설 등 자전거 도로 체계가 정비되어야 한다.

• 자전거 도로가 역까지 깊숙이 진입할 수 있는 경우에는 자전거 도로를 역 바로 앞까지 연결시켜 주어야 하고, 그렇지 않는 경우에는 역에서 조금 떨어진 지점에 자전거 주차장을 설치하여 도보로 역까지 진입하도록 한다.

ⓒ 결절점과 결절점 간의 연계성 유지 : 자전거 도로 체계의 효율성을 지닐 수 있도록 결절점과 결절점 간의 연계성을 유지한다.

⑤ 부대시설 정비

ⓐ 편의시설 : 자전거는 철도, 자동차, 버스, 유람선 등의 교통수단과 연계되는데 이들 교통수단과 연결되는 지점에서의 편의시설 설치는 반드시 필요한 사항이 된다(자전거 주차장, 화장실, 휴게실, 자전거 정비소, 옥외 벤치, 음료수 등).

ⓑ 안내시설 : 자전거 도로가 그 본래의 기능을 제대로 발휘하려면 안내정보체계가 실효 성 있게 구축되어야 한다(주요 활동 센터에 접근하는 자전거 도로 안내, 자전거 통행 경로, 목적지 안내, 레크리에이션 정보, 기상 노면 정보 등).

⑥ 유지관리체계

유지관리체계에서 우선 고려해야 할 사항은 자전거 관리를 종합적으로 기획·집행할 수 있는 관리 주체를 선정하는 일이다.

⑦ 자전거 활성화 대책

자전거 활성화 대책은 종합적이고 다원적인 차원에서 체계 있게 수행해나가야 한다. 자전거 타기 활성화 대책은 크게 자전거 도로의 신설인 경우와 기존 자전거 도로의 정비 두 가지로 나누어 접근할 수 있는데, 다시 하드웨어 지향적인 대책과 소프트웨어 지향적인 대책으로 나누어 볼 수 있다.

- 하드웨어 지향적인 대책 : 자전거 네트워크의 확충, 부대시설 정비
- 소프트웨어 지향적인 대책 : 법적·제도적 보완책, 관리 주체 선정, 홍보, 민간 참여 등

4 자전거 도로에 관련된 문제

① 자전거 도로망
  ㉠ 자전거 도로망이 구축되어 있지 않다.
  ㉡ 노선과 노선이 연결되어 있지 않다.
  ㉢ 노선 중에서도 단절 현상이 심하다.
  ㉣ 자전거 도로 주변의 환경이 자전거 타기에 적합하지 않다.
  ㉤ 차도와 자전거 도로의 잦은 교차가 발생한다.
  ㉥ 보도와 혼용하여 설치하는 경우가 많으며, 보행자와의 상충이 빈번하다.

② 도시계획과 교통 관련 계획
  ㉠ 도시교통계획 수립 시 자전거가 소홀히 취급된다.
  ㉡ 자치구 도시계획 수립 시 자전거 관련 계획이 결여되어 있다.
  ㉢ 신도시나 주거단지 계획 시 자전거 도로에 대한 고려가 미흡하다.

③ 부대시설
  ㉠ 자전거 도로가 접속되는 접근로가 없다.
  ㉡ 주요 결절점에서의 접근로가 부족하다.
  ㉢ 자전거 도로변의 부대시설이 부족하다.

④ 유지관리
  ㉠ 기존의 자전거 도로가 파손된 곳이 많다.
  ㉡ 도로 노면의 상태가 불량한 곳이 많다.
  ㉢ 유지관리가 제대로 되지 않는다.

⑤ 서비스 수준

    ㉠ 관련 법이 없다.

    ㉡ 구체적인 설계기준이 없다.

⑥ 사업의 집행

    ㉠ 주무부서가 명확하게 설정되어 있지 않다.

    ㉡ 다른 교통 관련 사업에 비해 우선순위가 밀린다.

⑦ 이용자

    ㉠ 이용자가 특정 구간에 집중한다.

    ㉡ 부대시설을 함부로 다루고 방치한다.

⑧ 관리 주체

    담당부서와 인력이 없다.

5 자전거 도로의 활성화 방안

① 자전거 도로의 신설

    ㉠ 새로운 자전거 도로망

    ㉡ 부대시설의 확충

    ㉢ 제도 및 관리체계의 구축

    ㉣ 홍보

    ㉤ 민간의 참여

② 기존 자전거 도로의 정비

    ㉠ 자전거 도로망 확충

    ㉡ 부대시설의 정비

    ㉢ 수변공간의 정비

    ㉣ 법적 · 제도적 보완책

    ㉤ 관리 주체 및 홍보

    ㉥ 민간의 참여

    ㉦ 설계기준 설정

6 자전거 도로의 정책 방향

① 보다 적극적인 지향 정책의 자세가 정립되어야 한다. 정체난, 승차난, 사고난, 공해난 등
네 가지 교통 대란을 부분적으로 개선하는 데 있어서 자전거 교통이야말로 가장 적합한

교통수단임이 분명하다. 자원의 낭비를 막고 친환경적 교통정책을 추진하기 위해서는 자전거 교통에 대한 획기적인 인식의 전환이 이루어져야 한다. 이를 위해 도시 기본계획, 자치구 교통개선계획, 교통정비 기본계획, 도로계획 등에 자전거 교통을 내재화시켜 네트워크, 노선, 부대시설, 교차점 처리 방안들을 체계적이고 구체적으로 제시하도록 의무화하고 이를 유도해야 한다.

② 정부의 자전거 교통에 대한 보다 깊은 이해가 필요하며, 자전거 타기 활성화를 위한 주무부서 선정과 예산을 확보하는 데 적극적인 자세가 필요하다. 안전하고 쾌적하게 자전거를 탈 수 있는 관련 부서들 간의 조정이 필요하고 자전거 타기 활성화의 단·중·장기적인 계획을 세워 단계별로, 체계적으로 제반 정책을 이끌고 나가야 할 것이다. 이를 위해 자전거 교통체계에 대한 다양한 연구를 장려함과 동시에 관련 법규와 규정의 정비, 자전거 도로의 설계 지침 등이 마련되어야 한다.

③ 시민들이 편리하게 자전거를 이용할 수 있도록 자전거 도로를 버스와 지하철에 연계시켜 보완적 기능을 수행하도록 하는 방안을 강구할 필요가 있다. 대중교통 연계 체계를 확보하기 위해 자전거가 안전하게 결절점과 교차로를 통과하고 가로를 주행할 수 있도록 자전거 도로의 확보와 안전시설이 정비되어야 한다. 아울러 지하철역이나 주요 활동 센터에 자전거가 접근할 수 있도록 접근로를 확보하고 연석의 턱을 개선한다든가 자전거 주차장을 설치하는 등 효과적인 대중교통 보조수단으로 자리 잡을 수 있는 여건을 마련해 주어야 한다.

④ 범국민적 자전거 타기 운동을 전개할 수 있다. 출퇴근 등의 일상생활에서 자전거 타기의 생활화를 확산하도록 하는 국민적인 캠페인과 홍보가 필요하다. 이를 위해 시민단체나 언론기관의 협조하에 지속적이고 일관성 있게 홍보와 시민 참여 분위기를 조성해 나가는 노력이 수반되어야 할 것이다.

22 잠재수요(Latent Demand)

1 개요

① 교통에서 잠재수요는 사회적·경제적·환경적 여건에 따라 움직이지 않고 있는 주차된 차량의 수요를 말한다.

② 경제학적으로 잠재수요란 소비의 욕구는 있지만 높은 비용으로 인해 구매하지 못하는 수요를 의미한다.

③ 교통에서는 혼잡이나 비용, 주차, 출장 문제 등으로 인해 억제된 통행수요를 의미하며 혼잡이 심할수록 잠재수요도 크다.

2 잠재교통수요

① 사회적 여건
  ㉠ 정부의 규제 자동차 부제운행
  ㉡ 통행제한지역(요일에 따라)

② 경제적 여건
  ㉠ 차량은 보유하고 있으나 유지비 절감 이유로 주말 외출 시를 제외하고 대중교통 이용
  ㉡ 전체적인 경기 침체 시의 경우는 잠재수요도 증가

③ 환경적 여건
  ㉠ 지방 출장이나 지방 전출 시
  ㉡ 차량의 지체가 심한 요일
  ㉢ 카풀, 벤풀 등의 이용 시

3 결론

① 통행비용의 부담이 적은 지역의 통행속도 상승효과는 잠재수요로 인하여 그 효과가 상실되게 된다.

② 도로개설 얼마 후 발생하는 도로의 혼잡은 이를 증명하게 된다.
  ㉠ 단순한 용량의 증가는 잠재수요로 인해 혼잡완화효과가 상실된다.
  ㉡ 정부 차원에서 수요관리정책을 통한 교통개선대안 수립이 필요함을 보여준다.

---

23 교통 정온화(Traffic Calming)

1 개요

① 교통 정온화는 학교 인근 또는 주거지 생활도로 등을 이용하는 사람들에게 쾌적하고 안전한 생활공간을 제공하기 위해 자동차 교통량의 감소 또는 통행규제로 교통흐름을 조절하는 교통통제 기법이다.

② 교통정온화 계획의 3가지 방법론으로 환경지구, 보행지구 그리고 생활마당이 있다.

③ 교통정온화 기법의 목표는 교통통제관리, 교통관리, 주거환경관리 등이다.

④ 교통정온화는 1963년 영국의 Colin Buchanan이 '도시 내 교통(Traffic in Towns)'이라는 보고서에서 제안하였고, 1969년 네덜란드의 De Boer가 주거지역의 공유·공존도로를 '주거지 정원'이라고 이름 붙이면서 유럽에서 유행하기 시작했다.

② 효과

① 교통사고 감소 및 예방
② 안전하고 쾌적한 보행공간 창출
③ 지구 내 교통의 이동성 확보
④ 방재 공간의 확보

③ 세부 교통 정온화 방법

구분	방법	비고
통과교통 억제방법	TU 구제 및 쿨데삭(Cul-de-Sac)	대각선 차단, 직진 금지
출입구 진입 억제방법	Gateway, Hump, 볼라드 설치	컬러 포장, 부분 식재
주행속도 억제방법	서행운전 유도, 속도 제한	보도부분 확장, 주차장 배치 등
주차 · 보행 · 대중교통	노상주차 금지, 대중교통 활성화	방재 · 방범 기능 확보

④ 교통 정온화(Traffic Calming) 기법

1. 교통 규제

① 최고속도 제한 : 지구 내 최고속도를 30km/h로 제한(Zone 30)
② 대형차량 통행규제 : 교통공해저감
③ 보행자 및 자전거를 위한 승용차 통행 규제
④ 노상주차 규제 : 거주자 우선 주차제
⑤ 일방통행, 진행방향 지정, 일시정지 규제

2. 물리적 시설

① 과속방지턱(Hump) : 차량속도 규제를 위한 물리적 시설로서 사다리꼴과 활형 험프 등이 있다.
② 노면요철포장 : 노면요철을 통하여 운전자 감속을 유도
③ 도로폭 축소(Narrowing/Chocker) : 차량통과 부분의 폭을 물리적으로 축소하여 감속을 유도한다.
④ 시케인(Chicane) : 도로 선형을 굴곡형으로 선형은 S자 형태로 설치하여 속도 저감 유도
⑤ 플래토(Platuear) : 교차로 전체를 고온화한 Hump
⑥ 회전교차로(Roundabout) : 교차로부에서 차량 충돌과 속도 감속을 유도하기 위한 회전교차로

⑦ 차량통행 차단시설 : 볼라드, 식수대 등

5 국내 교통 정온화 사업 사례

1. 지구교통 개선사업

① 1994년 처음 도입
② 생활공간에 대한 여러 교통 문제점을 개선하기 위해 시행
③ 일방통행, 노상주차정비, Hump 설치 등 최소한의 교통질서유지 차원

2. 어린이 보호구역

① 1995년 스쿨존(School Zone) 도입
② 초등학교 및 유치원 반경 300m 이내 지정
③ School Zone 내 통행속도 제한과 노상주차 금지, 보차분리 실시

3. 그린파킹(Green Parking) 2006

① 2004년부터 시민들이 자발적으로 참여하는 사업
② 차량 소유주가 스스로 주차공간을 확보하도록 도와 주택가 주차질서를 회복하고 살아 숨쉬는 Community 환경을 만드는 주차 시책
③ 사업내용
   ㉠ CCTV 설치 : 보안과 불법주차 방지를 위해 골목단위 CCTV 설치
   ㉡ 담장 허물기 사업 : 담장을 허물고 주차공간 확보
   ㉢ 생활도로 조성사업 : 불법주차 방지, 보행자 안전과 쾌적성 확보, 녹지 확충

24 사물인터넷(IoT)

1 개요

① 스마트폰, PC를 넘어 자동차, 냉장고, 세탁기, 시계 등 모든 사물이 인터넷에 연결되는 것을 사물인터넷(Internet of Things, IoT)이라고 한다.
② 이 기술을 이용하면 각종 기기에 통신, 센서 기능을 장착해 스스로 데이터를 주고 받고 이를 처리해 자동으로 구동하는 것이 가능해진다.

③ 사물인터넷은 세상에 존재하는 유형 혹은 무형의 객체들이 다양한 방식으로 서로 연결되어 개별 객체들이 제공하지 못했던 새로운 서비스를 제공하는 것을 말한다.

④ 사물인터넷(Internet of Things)은 단어의 뜻 그대로 '사물들(things)'이 '서로 연결된 (Internet)' 것 혹은 '사물들로 구성된 인터넷'을 말한다.

⑤ 이를 통해 앞으로 터치 한 번, 말 한 마디면 모든 것을 조정할 수 있다.

2 사물인터넷 구성 원리

① 사물인터넷은 아주 간단히 정리하면 세상 모든 물건에 통신 기능이 장착된 것을 뜻한다.

② 이를 통해 각 기기로부터 정보를 수집하고 이를 가공해 사용자에게 제공할 수 있다.

③ 대표적인 예가 최근 급성장하고 있는 웨어러블(착용형) 기기다. 시계나 목걸이 형태의 이런 기기는 운동량 등을 측정하고, 스마트폰과 연결해 전화·문자·웹서핑 등이 가능하다.

3 사물인터넷 대상

① 기존의 인터넷이 컴퓨터나 무선 인터넷이 가능한 휴대전화들과 서로 연결되어 구성되었던 것과는 달리, 사물인터넷은 책상, 자동차, 가방, 나무, 애완견 등 세상에 존재하는 모든 사물이 연결되어 구성된 인터넷이라 할 수 있다.

② 사물인터넷의 연결 대상은 책상이나 자동차처럼 단순히 유형의 사물에만 국한되지 않으며, 교실, 커피숍, 버스정류장 등 공간은 물론 상점의 결제 프로세스 등 무형의 사물까지도 그 대상에 포함된다.

4 사물인터넷을 위한 핵심기술

① 일반적으로 사물인터넷의 구동과정은 3단계로 나눈다.

   ㉠ 1단계 : 정보 수집

   ㉡ 2단계 : 수집된 정보를 빠르게 전송

   ㉢ 3단계 : 전송받은 정보를 가공해 사용자에게 제공

② 사물인터넷을 위한 핵심 기술로는 정보를 수집하는 센서, 전송하는 네트워크, 이를 분석하는 빅데이터 기술을 꼽는다.

③ 한국의 와이파이(무선랜), LTE(4세대 이동통신) 등 네트워크 기술은 세계에서 상위권이다.

④ 그러나 전후 단계인 센서나 빅데이터 분석 기술은 아직 세계 수준과 비교했을 때는 뒤떨어진다.

5 목표

① 사물인터넷의 표면적인 정의는 사물, 사람, 장소, 프로세스 등 유무형의 사물들이 연결된 것을 말한다.

② 그러나 본질에서는 이러한 사물들이 연결되어 진일보한 새로운 서비스를 제공하는 것을 의미한다.

③ 즉, 두 가지 이상의 사물들이 서로 연결됨으로써 개별적인 사물들이 제공하지 못했던 새로운 기능을 제공하는 것이다.

25 스마트시티(Smart City)

1 개요

① 스마트시티는, 2007년 유비쿼터스 도시 건설 등에 관한 법률로 시작하여 2017년 「스마트도시 조성 및 산업진흥 등에 관한 법률」로 전면 개정되었다.

② 스마트시티는 도시의 경쟁력과 삶의 질 향상을 위하여 인공지능(AI)과 빅데이터, 네트워크의 첨단정보 통신기술(ICT) 등을 적용하여 건설된 도시기반시설을 바탕으로 다양한 도시서비스를 제공하는 지속 가능한 도시이다.

③ 한때 IT업계에는 U시티라는 용어가 유행한 적이 있다. IT기술을 통해 유비쿼터스 정보 서비스를 제공하는 도시를 만들자는 것이었다.

④ U시티는 스마트시티라는 명칭을 변경하여 생명을 연장하고 있다.

2 스마트시티의 목표

① 스마트시티는 안전하고 편리한 미래형 도시로 대한민국 혁신성장의 플랫폼이 되어 대한민국의 경제를 선도형 경제로 도약하기 위함이다.

② 스마트시티는 로봇이 발레 파킹을 하고 로봇이 택배를 운송하는 등 로봇산업의 육성을 목표로 한다.

③ 지금까지 각각이었던 교통과 치안, 재난방재, 의료, 행정 서비스들이 서로 유기적으로 연결되어 사람을 위해 기술이 살아 움직이는 도시가 될 수 있다.

④ 스마트시티는 자율 주행 자동차, 신재생 에너지, 헬스케어 등 4차 산업혁명의 선도기술을 체감할 수 있는 각 나라의 복합 신기술 경연장이 될 수 있다.

⑤ 스마트홈은 보안, 조명, 가전, 냉난방기기를 네트워크로 연결하여 스마트 폰으로 제어가 가능하다.

3 스마트도시

① 각 지방자치단체는 통합관제센터를 운영하면서 도시의 각 시설에 센서를 달아 놓고 행정 · 교통 · 복지 · 환경 · 방재 등과 관련된 데이터를 수집해 시민들에게 관련된 다양한 IT 기반 서비스를 제공하고 있다.
② 지능형 교통시스템, 지능형 CCTV 모니터링, 원격민원 시스템 등이 대표적인 U시티의 서비스다.
③ 스마트시티는 지능형 지속 가능한 도시(Smart Sustainable City)를 구현하기 위하여 경제, 사회, 환경 전반을 포함하고 있다.
④ 스마트시티는 기존 데이터와 기존 자원을 최대한 활용하면서 스마트시티가 추구하는 가치를 더 생각해야 한다.

4 추진 상황

① 스마트시티 건설은 현 정부의 핵심 사업 중 하나로 4차 산업혁명위원회의 스마트시티특별위원회와 국토교통부가 주도적으로 추진하고 있다.
② 도시재생과 스마트시티 구현을 위해 시범도시 운영, R&D를 통한 기술 및 SW 개발, 사업 아이템 확보로 민간기업 참여를 유도하고 있다.
③ 특히 IoT 센서를 통해 도시 내 모든 정보를 디지털 데이터화하고, 이를 담을 수 있는 허브를 마련해 기업들이 활동할 수 있는 기반을 만들고 있다.

5 스마트시티 서비스 분야

① 치안, 환경 등 공공이 주도해야 하는 분야
② 민간의 자율적인 비즈니스로 지원할 수 있는 분야
③ 에너지 등 공공과 민간이 함께 추진해야 하는 분야

6 성공적인 스마트시티 구현

① 성공적인 스마트시티 구현을 위해서는 각각의 서비스에 효과적으로 대응할 수 있도록 공공과 민간의 긴밀한 협조가 필요하다.
② 이를 위해 지속적으로 공공과 민간, 학계 전문가들이 모여 의견을 교류하고 정책의 방향을 조정해나갈 필요가 있다.

③ 국토교통부에 따르면 제3차 스마트도시 종합계획은 과거 1·2차 'U시티 종합계획'에서 이어진다.

④ 스마트시티 실현을 위해 규제 완화, 기술 개발(R&D, 스마트 챌린지 솔루션, 국가시범도시) 적용의 밸런스를 잡아 나가야 한다.

7 결론

① 기초 광역 지방자치단체로 조기 확산할 수 있는 플랫폼과 서비스를 발굴하는 한편, 연구개발을 통해 데이터·인공지능 기반의 미래도시를 실증해나가야 한다.

② 혁신을 가속화할 수 있는 생태계도 조성해나가고, 스마트시티형 규제 샌드박스(Sand Box) 도입(외부 요인에 의해 악영향이 미치는 것을 방지하는 보안 모델), 협치(Governance) 확립, 표준화·인증 등 산업기반을 마련해야 한다.

③ 아울러 해외 주요 국가·국제기구 등과의 교류 협력을 강화하고, 단계별 수출지원 방안을 마련하는 등 글로벌 주도권도 강화해야 한다.

④ 도시문제를 해결하고 혁신 생태계를 육성할 수 있도록 스마트시티 정책을 확장하고 진화시켜 나가야 한다.

⑤ 우리는 이미 디지털 세계에 살고 있으며 과거로 돌아갈 수는 없다는 것을 인지하여 다가온 디지털 세계에 어떻게 살아야 하는가에 대한 답을 스마트시티에서 찾아야 한다.

⑥ 인프라단에서는 IoT 센서를 통해 도시의 모든 것을 센싱하고, 이렇게 수집한 데이터를 모아 데이터 허브를 갖춘 뒤, 이를 바탕으로 공공기관과 기업이 각각 시민들의 삶을 개선하는 서비스가 필요하다.

02

교통공학

1 교통공학

1 개요

① 교통공학(Traffic Engineering, 交通工學)이란 사람과 화물의 이동에 관련된 여러 요소들의 상호관계를 파악함으로써 교통체계를 합리적으로 계획, 설계, 운영, 통제하기 위한 학문이다.

② 분야별로 보면 도로와 교통, 철도, 공항(항공기), 항만, 교통 관제(管制), 보안(保安), 인간공학(人間工學), 위생 등을 총합적으로 연구하는 학문을 말한다.

③ 교통공학은 승객과 화물의 이동을 안전, 신속, 편안, 편리, 경제적이며 환경친화적으로 가능하도록 하기 위해 각종 교통시설물의 계획, 설계, 운영, 관리에 필요한 기술과 과학적 원칙을 적용하는 것이다.

2 교통공학의 내용

① **교통계획** : 장래 사회와 경제적 변화 여건에 따른 계획대상 지역의 교통 이용행태를 분석하여 교통수요를 예측하고 그 수요에 따른 교통체계의 적정규모와 소요시설을 감안, 최적대안을 도출하여 투자규모를 산정하고 계획을 집행하며 이에 따른 사회, 경제, 환경에 미치는 영향을 분석·평가하여 수정하는 전 과정을 의미한다.

② **교통운영 및 관리** : 교통시설의 운영 및 관리의 효율성과 주변 환경과의 조화 등을 제고하기 위하여 교통현황을 분석·판단하여 교통시설의 합리적인 운영대책을 계획하고 수립하며 그 성과를 측정, 분석, 평가하는 것이다.

③ **교통설계** : 교통의 구성요소인 도로, 가로망, 철도, 궤도, 해로 및 항로 등과 같은 연결체계, 차량, 선박, 항공기 등과 같은 운반수단체계, 사람 및 화물의 출발, 도착, 환승, 주차 등을 위한 정류장 및 터미널 체계 등의 특성과 교통의 행태 및 특성 등을 규명하여 교통수단 및 교통시설의 적정위치, 규모, 경로, 효율적 교통처리를 위한 교통시설의 합리적 운영체계 등을 설계한다.

④ **교통행정** : 기존 교통문제를 분석·검토하여 개선하는 데는 적정시설 규모 확충, 수요관리 등 다양한 개선대책이 요망된다. 이와 관련된 과업을 합리적으로 계획·수립하고 운영하며 관리하기 위해서는 교통행정이 체계적이고 효율적으로 수행되어야 한다.

③ 교통공학의 목차

① 교통 특성
② 차량, 인간 특성 및 교통량 변동
③ 교통류 특성
④ 교통류 이론
⑤ 교통자료 조사 및 분석
⑥ 용량 및 서비스 수준
⑦ 교통시설의 계획과 설계
⑧ 교통통제
⑨ 교통운영 및 교통체계관리
⑩ 교통계획
⑪ 교통수요 분석
⑫ 대중교통 운영
⑬ 교통 프로젝트의 평가

④ 교통공학의 범위

① 교통계획
  ㉠ 교통량조사, 교통조사
  ㉡ 교통정책, 교통수단계획, 도시계획

② 교통체계론
  교통체계 분석, 교통의 수요 공급

③ 대중교통
  대중교통공학, 대중교통정책

④ 교통류 이론
  교통류 특성, 교통용량, 교통류 분포이론

⑤ 교통경제
  교통경제, 교통사업평가

⑥ 도로공학
  선형계획, 도로공학

⑦ 교통운영
  교통체계관리, 교통안전, 교통법규, 교통시설

⑧ 화물교통
  물류이론, 화물교통체계, 화물교통정책

2 교통량과 교통류율(Peak Hourly Factor, PHF)

1 개요

① 연속류의 운행상태는 속도, 교통량, 밀도 등의 기본적인 효과척도(MOE)를 표현할 수 있으며, 효과척도는 서비스 수준을 규정하는 데 이용된다. 교통량은 속도와 밀도의 곱으로 나타낼 수 있다.

② 교통량(Traffic Volume)과 교통류율(Traffic Flow Rate)은 일정한 시간 동안 차로상의 한 지점을 통과한 차량대수를 측정하는 단위로서, 교통량은 주어진 시간에 차로상의 횡단면 또는 한 지점을 통과한 차량의 대수를 나타낸다. 조사단위는 1년, 1일, 1시간 또는 몇 분 등이다.

③ 교통류율은 1시간보다 짧은 간격, 보통 15분 동안에 도로나 차로의 횡단면 또는 한 지점을 통과한 차량대수를 시간당 교통량으로 환산한 값이다.

2 교통량(Traffic Volume)과 교통류율(Traffic Flow Rate)의 구분

① 다음 교통량 조사는 15분 단위의 1시간 동안 실시한 것임

관측 시간	관측 교통량(대/15분)	교통류율(대/시)
8 : 00~8 : 15	1,250	5,000
8 : 15~8 : 30	1,150	4,600
8 : 30~8 : 45	1,100	4,400
8 : 45~9 : 00	1,000	4,000
8 : 00~9 : 00	4,500	−

② 교통량 : 4,500대/시

③ 교통류율을 관측한 1시간 교통량이 실제 5,000대를 통과하지 않았지만 15분 동안에는 이와 같은 비율로 통과한 상태를 고려하는 것

3 첨두시간계수(PHF)

① 첨두시간계수
  ㉠ 한시간 동안 통행량이 가장 많은 15분간 첨두교통량을 시간단위로 환산한 값
  ㉡ 만약에 교통량 관측시간단위로 15분이 사용되었다면 첨두시간계수(PHF) 계산은 다음과 같다.

$$PHF = \frac{V_P}{4} \times V_{15}$$

여기서, V_P : 첨두시간교통량(대/시)

V_{15} : 첨두 15분간 통과한 차량수

② 교통량이 첨두시간 1시간에 걸쳐 균일하면 첨두시간계수는 1.0이다.

③ 차량통행이 15분 동안에만 이루어졌다면 값은 0.25이다.

4 결론

① 교통량(Volume)과 교통류율(Flow Rate)은 일정한 시간 동안 차로상의 한 지점을 통과한 차량대수를 측정한 단위이다.

② 교통량은 주어진 시간에 차로의 횡단면, 또는 한 지점을 통과한 차량의 대수이며, 교통류율은 1시간보다 짧은 간격, 보통 15분 동안에 차로의 한 지점을 통과한 차량대수를 1시간당 교통량으로 환산한 값을 말한다.

③ 첨두시간계수는 1시간 교통량을 해당 1시간 동안의 최대 교통류율로 나눈 값이며, 이 첨두시간계수를 교통량 산정 시 보정하여 사용한다.

3 설계시간 교통량(Design Hourly Volume, DHV)

1 개요

① 설계를 위한 시간교통량은 도로설계의 기본이 되는 장래시간 교통량으로서, 설계대상구간을 통과할 것으로 예상되는 1시간 교통량을 말하며, 계획목표연도는 도로계획의 목표연도와 같은 20년으로 한다.

② 계획교통량으로 주어지는 AADT는 월별, 요일별, 하루 중 시간대별, 방향별 교통량의 변화가 반영되지 않으므로, 설계를 할 때에는 설계시간계수와 중방향계수를 사용하여 이들 변화요인을 고려하여 설계시간 교통량을 산정하여야 한다.

③ 설계를 위한 시간교통량에는 설계시간 교통량(DHV)과 중방향 설계시간 교통량(DDHV)이 있다. 설계시간 교통량은 연평균일 교통량(AADT)에 설계시간계수(K)를 곱하여 산출되며, 중방향 설계시간 교통량은 설계시간 교통량에 중방향계수(D)를 곱하여 산출한다.

② 설계시간 교통량 산정

1. 설계시간 교통량 구분

① 설계시간 교통량(Design Hourly Volume, DHV)

$$DHV = AADT \times K$$

여기서, $AADT$: 연평균일 교통량(Average Annual Daily Traffic)(대/일)
K : 설계시간 계수(0.07~0.18)

② 중방향 설계시간 교통량(Directionly Design Hourly Volume, DDHV)

$$DDHV = DHV \times D = AADT \times K \times D$$

여기서, D : 중방향계수(0.55~0.70)

③ 첨두 중방향 설계시간 교통량(Peak Directionly Design Hourly Volume, PDDHV)

$$PDDHV = AADT \times K \times D \times \frac{1}{PHF}$$

여기서, PHF : Peak Design Factor(0.85~0.95) 첨두시간계수

2. 설계시간 교통량의 이용

① 차로수 산정

$$N = \frac{PDDHV}{MSF_i} = \frac{DDHV/PHF}{MSF_i} = \frac{AADT \times K \times D/PHF}{MSF_i}$$

여기서, MSF_i : 서비스 수준 i에서 주어진 교통, 도로조건에서 N차로에 대한 최대서비스
교통량(대/시)
N : 고속국도 한 방향 차로수(차로수는 정수)

② 차로수 결정원칙

3. 설계시간계수(K)

① 산정방법

㉠ 설계시간계수는 계획목표연도의 연평균일 교통량(AADT)에 대한 설계시간 교통량
(DHV)의 비율(DHV/AADT=K)로 정의되며 다음 과정으로 산정한다.

• 일정도로구간의 교통량을 상시조사하여 얻은 일 년 동안의 시간교통량(8,760개)을
높은 교통량에서 낮은 교통량 순으로 배열한다.

- 그래프(Graph)의 가로축을 교통량 순위, 세로축을 한 시간 교통량으로 하여 일
  년 동안 한 시간 교통량을 그래프(Graph)에 그려서 부드러운 곡선으로 연결한다.
  ⓒ 위의 과정을 거쳐 작성된 곡선을 살펴보아 곡선의 기울기가 급격히 변하는 점을
  구한다. 그 지점에 해당하는 한 시간 교통량의 연평균일 교통량에 대한 비율
  (DHV/AADT=K)을 구한다.

② 적용방법
  ㉠ 도시지역에서는 일반적으로 30번째의 교통량을 이용하고 K_{30}으로 표시
  ㉡ 관광지 도로에서는 주로 100번째의 교통량을 이용하고 K_{100}으로 표시
  ㉢ 2차로 도로의 고속국도 및 도시지역의 고속도로에서는 0.09를 적용
  ㉣ 2차로 도로의 일반국도 및 지방지역의 고속도로에서는 0.15를 적용

3 결론

① 설계 시에는 설계시간 교통량을 정확히 산정하는 것이 아주 중요하다.
② 설계시간 교통량이 너무 크게 될 경우 비경제적인 도로가 건설될 염려가 있고, 너무 낮게
  산정될 경우 설계시간 교통량보다 많은 시간대가 자주 발생하여 잦은 교통 혼잡을 유발한다.
③ 도로계획 시에는 합리적인 장래교통량의 예측과 도로의 지역 특성, 교통 특성을 반영하여
  정확한 설계시간 교통량을 산정하여야 한다.

4 연평균일 교통량(Average Annual Daily Traffic Volume, AADT)

1 개요

① 도로의 계획교통량은 계획목표연도에 있어서의 자동차 연평균일 교통량으로 표시되는데,
  추정을 위해 미리 해당 노선에 대한 현재의 연평균일 교통량을 파악해야 한다.
② 우리나라는 매년 전국 교통량조사를 일반도로에 한하여 실시하고 있는데 그 시기는 대개
  10월 하순에서 11월 중순이고, 관측시간은 오전 7시부터 오후 7시까지 12시간으로 한다.
③ 계획교통량으로 주어지는 AADT는 월별, 요일별, 시간대별, 방향별, 교통량의 변화가 반영되
  지 않으므로, 설계를 할 때에는 설계시간계수와 중방향계수를 사용하여 이들 변화요인을
  고려하여 설계시간 교통량을 산정하여야 한다.

2 도로설계 시 AADT 적용과정

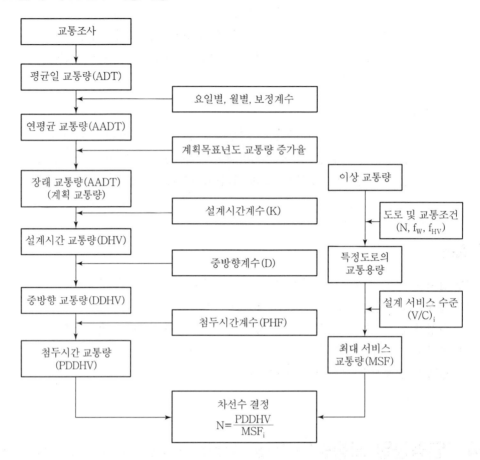

3 AADT의 적용(DHV와 AADT의 상관성)

1. 설계시간 교통량(DHV) 산정

① $DHV = AADT \times K$

② $DDHV = DHV \times D = AADT \times K \times D$

③ $PDDHV = AADT \times K \times D \times \dfrac{1}{PHF}$

여기서, DHV : 설계시간 교통량(대/시/양방향)

$DDHV$: 중방향 설계시간 교통량(대/시/중방향)

K : 설계시간계수

D : 중방향계수

$PDDHV$: 첨두 중방향 설계시간 교통량

PHF : 첨두시간계수

2. 차로수 산정

$$N = \frac{PDDHV}{MSF_i} = \frac{DDHV/PHF}{MSF_i} = \frac{AADT \times K \times D/PHF}{MSF_i}$$

여기서, N : 고속국도 한 방향 차로수

MSF_i : 서비스 수준 i에서 주어진 교통 도로조건에서 N차로에 대한 최대 서비스 교통량(대/시)

3. 설계시간계수(K) 산정

$$K = \frac{DHV}{AADT}$$

① 도시지역 : K_{30} 적용

② 관광지역 : K_{100} 적용

③ $K = 0.09 \sim 0.15$ 적용

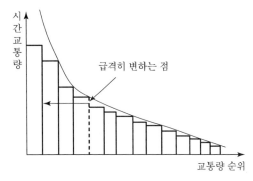

[설계시간계수 산정]

4 결론

① 계획교통량(AADT)은 도로설계의 기본이 되는 교통량이므로 보다 정확한 교통량 관측이 될 수 있어야 하며, 만일 계획교통량이 신뢰성이 없다면 차로수 결정을 위한 설계시간 교통량 산정에 있어 더 이상 의미가 없어진다.

② 따라서 계획교통량으로 주어지는 연평균일 교통량은 교통조사 및 장래 예측을 위한 추정 Model도 매우 중요하다.

5 설계시간계수(K₃₀)

1 개요

① 도로의 설계를 위하여 사용되는 설계시간 교통량(DHV)은 연평균일 교통량(AADT)에 설계시간계수(K)를 곱하여 산출된다(DHV=AADT×K).

② 도로계획 시에는 합리적인 연평균일 교통량 예측과 도로의 지역 특성, 통행 특성을 반영한 설계시간계수를 산출하는 것이 중요하다.

③ 특히 설계시간계수를 너무 높게 산정할 경우 설계시간 교통량이 너무 크게 계산되어 비경제적으로 도로가 건설될 염려가 있고, 너무 낮게 산정할 경우 설계시간 교통량보다 많은 시간대가 자주 발생하여 잦은 교통 혼잡을 야기하므로 신중을 기하여야 한다.

2 차로수 결정 과정

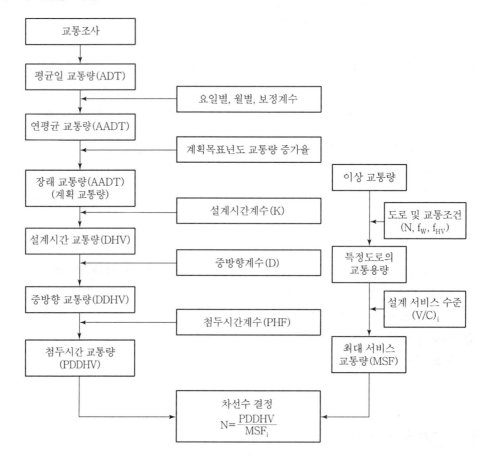

3 설계시간계수(K)의 산정

① 일정도로구간의 교통량을 상시 조사하여 얻은 일 년 동안의 시간교통량들을 높은 교통량에서 낮은 교통량 순으로 배열함

② 365일(1년)×24시간(1일)＝8,760개

③ Graph의 가로축을 교통량 순위, 세로축을 한 시간 교통량으로 함

④ 일 년 동안의 한 시간 교통량을 Graph에 그려서 부드러운 곡선으로 연결함

⑤ 위 과정을 거쳐 작성된 곡선을 살펴보아 곡선의 기울기가 급격히 변하는 점을 구함

⑥ 그 지점에 해당하는 한 시간 교통량의 연평균일 교통량에 대한 비율($DHV/AADT = K$)을 구함

$$K_{30} = \frac{DHV}{AADT}$$

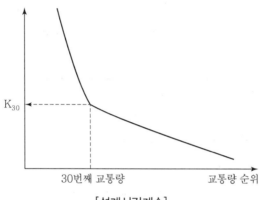

[설계시간계수]

4 설계시간계수(K)의 특징

① 연평균일 교통량에 대한 설계시간 교통량의 비율을 설계시간계수(K)라 함
② 30번째 교통량을 이용할 경우 설계시간계수 K_{30}으로 나타냄
③ K는 지방지역이 도시지역보다 크고 이 값이 클수록 교통량 변화가 심함
④ $AADT$가 증가할수록 해당 도로구간의 설계시간계수(K)는 감소함
⑤ K는 관광지역 도로 > 지방지역 도로 > 대도시지역 도로

5 DHV와 K의 관계

① $DHV = AADT \times K$
② $DDHV = AADT \times K \times D$
③ $PDDHV = AADT \times K \times D \times \dfrac{1}{PHF}$

6 설계시간계수(K)의 적용(KHCM의 적용)

① 도시지역 도로는 일반적으로 K_{30}, 즉 30번째 교통량 적용
② 관광지역 도로는 주로 K_{100}, 즉 100번째 교통량 적용
③ 2001년 개정된 설계시간계수(K)

[설계시간계수(K)]

도로 구분		지역 구분		
		도시지역 도로	지방지역 도로	관광지역 도로
일반국도	2차로	0.12* (0.10~0.14)**	0.16 (0.13~0.20)	0.23 (0.18~0.28)
	4차로 이상	0.10 (0.07~0.12)	0.12 (0.09~0.15)	0.14 (0.12~0.17)
고속국도 (4차로 이상)		0.10 (0.07~0.13)	0.14 (0.09~0.19)	

주) * 설계시간 계수 적용 범위 중 상한값과 하한값의 산술평균
　　** 설계시간 계수의 적용 범위

- 대상도로 구간의 설계시간계수가 결정되면 다음 식으로 설계시간 교통량을 정한다.

$$DHV = AADT \times K$$

여기서, DHV : 설계시간 교통량(대/시/양방향)
　　　　$AADT$: 연평균일교통량(대/일), K : 설계시간계수

④ 중방향계수(D)

- 한편 첨두시간과 같이 교통량의 방향별 분포가 뚜렷한 차이를 나타내는 경우 교통량이 많은 방향(중방향)을 도로의 설계대상방향으로 설정하여야 한다.
- 방향별 분포를 고려하면 중방향설계시간교통량($DDHV$)을 산출하는 식은 다음과 같다.

$$DDHV = AADT \times K \times D$$

여기서, $DDHV$: 중방향설계시간교통량(대/시/중방향)
　　　　D : 중방향계수

[중방향계수(D)]

도시지역 도로	지방지역 도로
0.60(0.55~0.65)	0.65(0.60~0.70)

주) AADT : 연평균일교통량(대/일), K : 설계시간계수

7 결론

① 도로계획 시 설계시간계수(K)는 지역 특성, 통행 특성 등을 감안하여 합리적이고 경제적인 설계시간계수 산정이 매우 중요하다.

② 설계시간계수(K)를 너무 높게 산정할 경우에는 설계시간교통량이 너무 크게 계산되어 비경 제적인 도로가 건설될 염려가 있고, 너무 낮게 산정할 경우에는 설계시간 교통량보다 많은

시간대가 자주 발생하여 잦은 교통 혼잡을 일으킬 수 있으므로 신중을 기하여 합리적인 설계시간계수를 산정하여야 한다.

6 교통량 변동 특성

1 개요

① 교통량은 정적인 것이 아니라 동적인 것으로서 항상 변화한다. 특히 첨두시에도 단위시간(보통 15분)마다 다를 뿐 아니라 하루 중 시간대별로, 주중은 요일별로, 연중은 월별·계절별로 변화하는 특성을 보인다.

② 또한 도로상의 편도 방향별, 차로별, 교차로의 접근로별로 변화하므로 이러한 교통량 변동 특성을 반영하며, 장래 교통량 추정, 도로계획 시 설계규모 결정, AADT 및 DHV 등에 반영한다.

③ 따라서, 교통량은 동일한 도로 내에서도 시간(월별, 요일별, 시간대별)과 공간(방향별, 차로별)에 따라 변화하며, 이러한 시간적·공간적 특성은 도로설계 시에 중방향의 첨두교통 특성을 고려하는 주요 이유가 된다.

④ 교통량은 특정시간대에 많아지며 그 시간대 내에서도 방향별로 균등하게 분포하지 않으므로 설계 시에는 이러한 시간대별, 방향별 특성을 고려해야 한다.

2 교통량의 변동 특성 구분

1. 공간적 특성

① **노선별 특성** : 지방지역과 도시지역 도로에 따라 특성 변화
② **방향별 분포** : 중방향비 적용
③ **차로별 분포** : 중차량비 적용, 주행차로＞앞지르기차로

2. 시간적 특성

① **계절별 변화** : 월변동계수＝당월 교통량/연평균월 교통량
② **요일별 변화** : 요일변동계수＝요일별 교통량/연평균요일 교통량
③ **시간 변화** : 주·야율＝야간 12시간 교통량/주간 12시간 교통량

④ 시간 내 변화 : 피크(Peak) 특성이 상이함
  ㉠ 한 시간 내에도 교통량이 동일하지 않음
  ㉡ Peak 계수(첨두계수) : 일반도로 15분

③ 연속류의 교통 특성(KHCM 내용)

1. 시간적 변화

① 월별 교통량 변화
  ㉠ 1~2월은 적게, 3~5월은 서서히 증가, 6~7월은 조금 감소, 7~9월은 서서히 증가, 10~11월은 최대이며, 급격한 변화를 보이는 차종은 승용차이다.
  ㉡ 관광도로는 7~9월, 특히 8월은 AADT의 1.5배 이상 현저한 차이를 보인다.
  ㉢ 고속국도와 2차로 도로에서 전체 교통량은 한 해 동안 비교적 완만한 변화로 나타낸다.

② 요일별 변화
  ㉠ 일반적으로 화, 수, 목요일은 적고 금요일 오후부터 시작하여 일요일까지는 많다.
  ㉡ 2차로 도로에서는 주말 교통량이 주중 교통량보다 많다.
  ㉢ 트럭은 주중이 주말 교통량보다 많으며, 버스와 승용차는 주말 교통량이 주중보다 많다.
  ㉣ 관광도로는 주중보다 주말에 교통량이 많이 증가하는데, 토요일 오후와 일요일에 교통량이 조금만 증가하여도 증가율에 예민하게 반응한다.

③ 시간대별 변화
  ㉠ 첨두시간 없이 일정한 교통량을 유지하는 경우 : 경부고속국도, 경인고속국도 등
  ㉡ 오전 오후 피크시간(Peak Time)이 있는 경우 : 오후 Peak Time > 오전 Peak Time
    경부고속국도 대구 부산 간과 같이 출퇴근 시 교통량의 영향이 많이 반영된 경우이다.

2. 공간적 변화

① 방향별 교통량 분포
  고속국도와 2차로 도로에서 첨두시간 교통량 분포 : 27/73~48/52(오전/오후, 피크시간 비율임)

② 차로별 교통량 분포
  2차로 이상의 도로에서 교통량, 중차량 구성비, 중앙분리대 영향, 속도, 저속 차량 비율, 출입지점 수, 입지조건 등의 영향을 받는다.

3. 중차량 구성비

① 국내 교통 특성 중 가장 주목할 만한 것
② Bus와 Truck 차지 비율이 전체 교통량의 25~45% 차지
③ 외국의 교통 특성은 승용차로만 구성되어 있음

4 교통량의 변화 특성

1. 월별 교통량 변화(대전~광주)

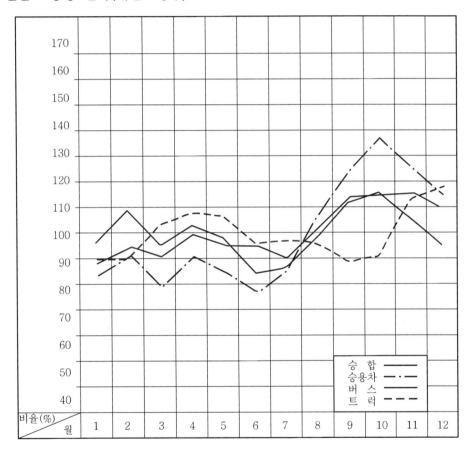

	1	2	3	4	5	6	7	8	9	10	11	12
승용차	82.9	91.9	78.3	90.9	84.7	77.1	85.6	107.2	123.5	137.5	125.7	114.7
버스	95.6	109.0	95.2	103.1	98.5	84.2	86.7	98.2	112.0	115.6	106.6	95.5
트럭	89.8	89.8	103.7	108.2	106.9	95.8	97.4	96.2	89.5	91.1	113.4	118.2
총합	87.9	94.7	90.3	99.7	95.4	85.4	90.2	102.0	114.1	115.3	115.3	110.0

2. 요일별 교통량 변화(대전~광주)

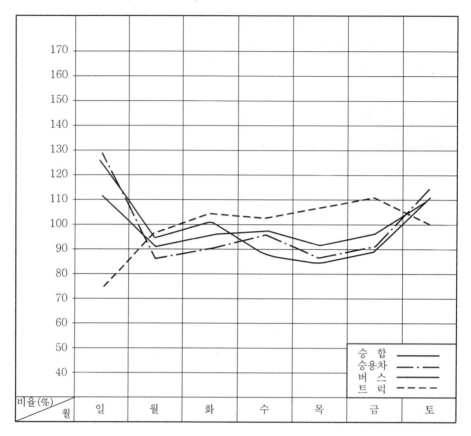

	일	월	화	수	목	금	토
승용차	129.2	86.7	91.0	97.2	87.8	92.4	115.9
버스	126.6	94.6	101.6	89.9	85.2	90.0	112.1
트럭	75.5	97.3	104.4	103.4	108.0	111.2	100.1
총합	112.5	90.7	97.4	98.2	93.2	97.3	110.7

3. 시간대별 교통량 변화

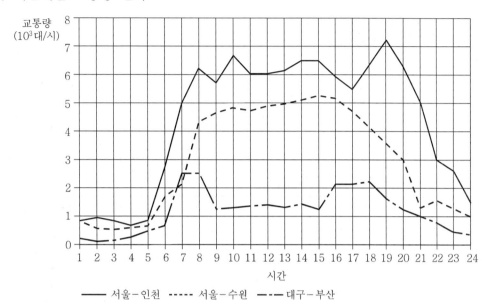

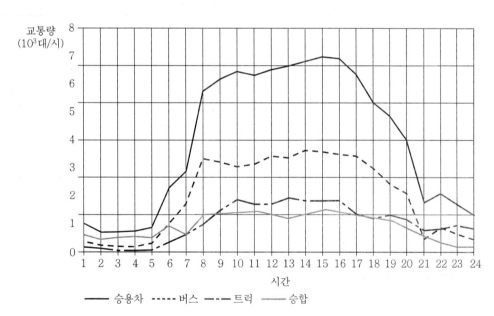

4. 방향별 교통량 변화

① 하루 동안의 방향별 교통량 분포

도로 구분	노선	분포비(%)
고속국도	서울~수원	47/53
고속국도	경주~부산	49/51
고속국도	서울~인천	49/51
2차로 도로	대구~마산	52/48
2차로 도로	신갈~새말	48/52

② 첨두시간의 방향별 교통량 분포

도로 구분	노선	분포비(%)
고속국도	서울~인천	39/61
고속국도	광주~부산	39/61
고속국도	서울~부산	48/52
2차로 도로	용인~인천	27/73
2차로 도로	신갈~새말	44/56

5 결론

① K_{30}이란 대상도로구간의 첨두시간 특성을 반영하기 위한 수치로서 K_{30}을 너무 높게 산출하게 되면 설계시간 교통량이 과다하게 산출되어 비경제적인 도로건설을 초래할 우려가 있다.

② 반대로 K_{30}을 너무 낮게 산출하면 설계 시 기준으로 했던 교통량보다 높은 교통량을 기록하는 시간대가 자주 발생하여 잦은 교통 혼잡을 유발하게 된다.

③ 이런 관점에서 볼 때 도로를 건설할 때는 교통계획단계에서 산출되는 AADT의 정확한 산출과 함께 K_{30}의 합리적인 산출이 필요하다.

7 차로수 결정

1 개요

① 차로는 차량통행을 목적으로 설치된 도로의 부분(자전거 전용도로 제외)으로서 차로로 구성되며 직진차로, 회전차로, 변속차로, 오르막차로, 양보차로 등이 여기에 포함된다.

② 도로의 차로수는 도로의 구분과 기능, 지역 특성, 교통 특성, 설계시간 교통량, 계획목표연도 설계서비스 수준, 지형 등을 고려하여 정하여야 한다.

③ 차로의 폭은 차로의 중심선에서 인접한 차로의 중심선까지로 하며, 도로의 구성과 설계속도 및 지역에 따라 정하는데 설계기준 자동차 및 경제성을 검토하여 필요한 경우에는 3.0m까지 적용할 수 있다.

④ 부득이한 경우 회전차로의 폭과 설계속도가 시속 40km/hr 이하인 도로는 2.75m까지 적용할 수 있다.

⑤ 도로에는 교통상황에 따라 효율을 높이기 위하여 버스, 소형자동차 등의 전용차로를 설치할 수 있다.

② 차로의 폭 규정

설계속도 (km/시간)	차로의 최소 폭(m)		
	지방지역	도시지역	소형차도로
100 이상	3.50	3.50	3.25
80 이상	3.50	3.25	3.25
70 이상	3.25	3.25	3.00
60 이상	3.25	3.00	3.00
60 미만	3.00	3.00	3.00

③ 횡단경사

노면의 종류	횡단경사(퍼센트)
아스팔트콘크리트포장 및 시멘트콘크리트포장	1.5 이상 2.0 이하
간이포장	2.0 이상 4.0 이하
비포장	3.0 이상 6.0 이하

④ 차로수 결정

1. 차로수 결정 기준

① 교통량이 적은 경우 2차로 이상을 원칙으로 함

② 설계시간 교통량과 설계서비스 수준을 고려한 설계시간 교통량에 의하여 결정

③ 산정식

$$PDDHV = AADT \times K \times D / PHF$$

편도 차로수 $N = PDDHV / MSF_i$ (서비스 수준 i의 서비스교통량)
→ 절상하여 정수화

여기서, $PDDHV$: 첨두 중방향 설계시간 교통량
$AADT$: 연평균일교통량(대/일), K : 설계시간계수
D : 중방향계수, PHF : 첨두시간계수

2. 도시지역 차로수

① 도로 여건에 따라 홀수차로도 가능
② 실제로 차로의 수에는 회전차로는 제외되므로 홀수는 아님
③ **홀수차로 운영** : 교차로와 교차로 사이 구간에서 좌회전 진입을 위한 대기차로로 사용

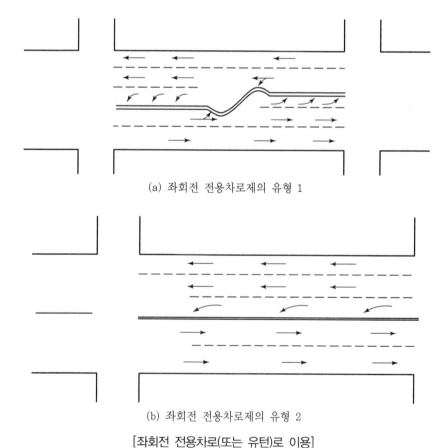

(a) 좌회전 전용차로제의 유형 1

(b) 좌회전 전용차로제의 유형 2

[좌회전 전용차로(또는 유턴)로 이용]

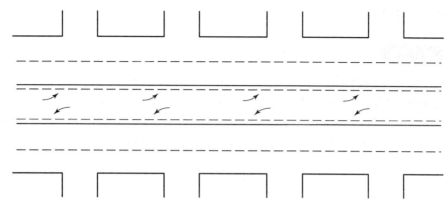

[시간대별, 방향별로 교통량이 변할 때 가변차로 이용 : 양방향 좌회전 수용 중앙차로제]

④ 도시지역은 회전차량이 많이 존재하고 시간대별, 방향별로 교통량이 변하므로 홀수차로
　　가 바람직함

3. 지방지역 차로수

① 짝수차로가 원칙이지만 회전차량이 존재하는 교차로 구간은 홀수차로로 설계한다.
② 좌회전차량을 직진차량과 분리하여 수용하도록 한다.

4. 연결로

① 일방향 도로 등은 목적에 따라 1차로로 구성
② 왕복방향의 도로에 대해서는 2차로 이상으로 구성
③ 2차로를 전제로 한 단계설계의 도로에 대해서는 1차로로 할 수 있으며 적정 간격에
　　대피소를 설치해야 함

5. 자동차전용도로

① 반드시 4차로 이상
② 고속으로 안전하게 주행할 수 있는 높은 용량의 도로

5 차로수 산정 예

예제 01

어느 도로구간에서 10월 둘째 주 목요일 하루의 전역조사 교통량이 37,000대였다. 이 도로 부근에 있으면서 교통량 변동패턴이 비슷하여 같은 그룹(Group) 안에 있다고 판단되는 상시조사시점에서 얻은 교통량의 월 변동계수(Monthly Variation Factor)와 요일 변동계수(Day of Week Variation Factor)는 다음과 같다. 이 도로구간의 AADT를 추정하라.

풀이 월 변동계수

월	1	2	3	4	5	6	7	8	9	10	11	12
변동계수	1.05	0.98	0.90	1.08	1.09	1.08	1.03	0.94	0.96	1.00	0.96	0.96

10월의 요일 변동계수

요일	월	화	수	목	금	토	일
변동계수	1.00	1.00	0.99	0.99	0.99	1.01	1.03

요일 변동계수 $= \dfrac{\text{월평균 일교통량}}{\text{월평균 요일교통량}}$ 이므로

10월의 평균일교통량 $= 37,000 \times 0.99 = 36,630$ 대/일

월 변동계수 $= \dfrac{AADT}{\text{월평균 일교통량}}$ 이므로

$AADT = 36,630 \times 1.00 = 36,630$ 대/일

예제 02

어느 한 도로구간의 AADT(36,630대/일)과 유사한 교통량 변동 패턴을 갖는 상시조사 지점의 자료로부터 AADT에 대한 30HV의 비가 14%이고 PHF가 0.95임을 알았다. 조사지점에서 중방향 교통량 비율과 대형차량 구성비가 60%와 15%로 관측되었을 때 다음을 구하라.

(1) 이 도로구간의 중방향 설계시간교통량을 구하라.
(2) 대형차의 승용차환산계수가 1.80이라 가정할 때 설계시간 교통량을 승용차 단위로 나타내라.

풀이 (1) $PDDHV = AADT \times K \times D / PHF = 36,630 \times 0.14 \times 0.6 / 0.95 = 3,239$

(2) $f_{HV} = 1 / [1 + 0.15(1.8 - 1)] = 0.893$

$PDDHV = 3,239 / 0.893 = 3,627 \text{pcph}$

또는 $3,239 \times 0.15 \times 1.8 + 3,239 \times (1 - 0.15) = 3,627 \text{pcph}$

예제 03

어느 도로의 설계시간교통량이 3,239vph이고, 설계서비스 수준이 D이며, 이때의 서비스 교통량이 1,340vph이라면 몇 차로의 도로를 건설해야 하는가?

+풀이 $N = 3{,}239/1{,}340 = 2.4 \rightarrow$ 3개 차로(한 방향)

따라서 양방향 6차로 필요

예제 04

어느 도로구간의 10년 후 예상 연평균일교통량은 70,000대/일이다. 이 구간의 K계수는 0.08이고 첨두시간의 중방향 교통량의 비율은 0.65이며 PHF는 0.95 차로당 용량을 2,000vph로 가정하고, 계획서비스 수준의 v/c비를 0.75일 때 다음 물음에 답하시오.

(1) 양방향 몇 개의 차로가 필요한가?
(2) 이렇게 건설했을 때의 v/c비는 얼마가 되는가?

+풀이 $PDDHV = AADT \times K \times D/PHF = 70{,}000 \times 0.08 \times 0.65/0.95 = 3{,}832\,\text{vph}$

계획서비스 교통량 $= 2{,}000 \times 0.75 = 1{,}500\,\text{vph}$

(1) $N = 3{,}832/1{,}500 = 2.6 \rightarrow$ 3개 차로
따라서 양방향 6개 차로 필요
(2) 한 방향 3개 차로의 용량 $= 2{,}000 \times 3 = 6{,}000\,\text{vph}$
따라서 v/c비 $= 3{,}832/6{,}000 = 0.64$

예제 05

어느 도로구간의 10년 후 예상 AADT는 60,000대/일이다. 이 도로구간의 첨두시간 교통량은 AADT의 7%로 예상된다. 첨두시간의 중방향 교통량의 비율은 0.6이며 PHF는 0.9이다. 차로당 서비스 교통량을 1,500vph으로 운영하고자 할 때 양방향 몇 차로가 필요한가?

+풀이 $PDDHV = AADT \times K \times D/PHF = 60{,}000 \times 0.07 \times 0.6/0.9 = 2{,}800\,\text{vph}$

$N = 2{,}800/1{,}500 = 1.9 \rightarrow$ 2개 차로

따라서 양방향 4개 차로 필요

8 차로폭 구성요건

1 개요

① 차량의 통행기능상 설계속도가 높거나 대형차의 혼입률이 높을수록 차로폭도 크게 요구되고 있다. 차량의 통행기능상 설계속도가 높은 도로에서는 일반적으로 3.6m를 사용하여 왔으나 이것은 Feet 단위를 환산한 것이며, m 단위를 사용하는 일본, 독일 등의 나라에서는 3.5m를 사용하고 있다.

② Feet 단위를 사용하는 나라에는 미국, 영국, 홍콩 등이 있고, m 단위로 사용하고 있는 대부분의 나라에서는 차로폭의 가감폭을 25cm 단위로 하여 2.75m, 3.0m, 3.5m, 3.75m로 하고 있으며 우리나라에서도 이를 원칙으로 사용해야 할 것이다.

③ 최근 미국은 1995년 AASHTO 도로설계기준을 개정하면서 ft 단위를 m 단위로 개정하였으며 차로폭의 기준을 3.6m로 하였다.

④ 차로폭을 결정하기 위해 적용되는 자동차는 대형 및 세미트레일러 자동차 폭 2.5m를 적용한다.

⑤ 차로의 폭은 차선의 중심선에서 인접한 차선의 중심선까지로 하며, 도로의 구분, 설계속도 및 지역에 따라 기준폭 이상으로 적용한다. 다만, 설계기준 자동차 및 경제성을 고려하여 필요한 경우에는 차로폭을 3m 이상으로 할 수 있다.

2 국가별 고속도로의 차로폭 및 설계속도

차로폭	국가 및 설계속도(km/h)
3.5m	룩셈부르크(140), 프랑스(130), 일본(120), 칠레(120), 노르웨이(120), 멕시코(110), 인도(100), 뉴질랜드(100)
12Feet(3.6m)	영국(120), 미국(110), 홍콩(100), 한국(100~120)
3.75m	독일(140), 이탈리아(140), 덴마크(120), 핀란드(120), 스웨덴(110)

3 차로폭 구성

① 설계기준 자동차폭 대형 및 트레일러(2.5m)+차량 간의 측방 여유폭(0.25~0.75)

② 고속국도 → 2.5m+(0.55×2)=3.6m(ft 단위 적용)

③ 일반국도 → 2.5m+(0.50×2)=3.5m(Inch 단위 적용)

④ 일반도로 → 2.5m+(0.25×2)=3.0m(Inch 단위 적용)

4 차로폭의 적용

① 가감속차로의 경우에는 본선과 차로폭을 같게 하거나 최소 3.0m까지 줄일 수 있다.

② 회전차로(좌회전차로, 우회전차로)의 경우에는 3.0m를 표준으로 하되 용지의 제약 등으로 부득이할 경우에는 2.75m까지 줄일 수 있도록 하였다.

③ 고속국도

 ㉠ 도시부 고속국도 → 3.5m 적용

 ㉡ 지방부 고속국도 → 3.6m 적용

④ 설계속도 80km 이상 일반국도 → 3.5m 적용

설계속도 (km/시간)	차로의 최소 폭(m)		
	지방지역	도시지역	소형차도로
100 이상	3.50	3.50	3.25
80 이상	3.50	3.25	3.25
70 이상	3.25	3.25	3.00
60 이상	3.25	3.00	3.00
60 미만	3.00	3.00	3.00

5 결론

① 차로폭을 줄이는 것은 공사비 측면에서 경제적일 수도 있으나 좁은 차로폭에서 바퀴의 집중현상에 의한 포장의 파손과 길어깨의 잦은 보수 또한 도로용량의 감소 측면을 고려하면 적절한 차로폭을 갖는 것이 타당할 것이다.

②. 양쪽에 장애물이 있는 경우, 장애물까지의 거리는 양 장애물 거리의 평균값으로 한다. 노선버스가 많은 도시부나 중차량이 많은 도로에서는 외측 차로폭을 내측 차로 폭보다 넓게 계획하는 경우도 있다.

9   속도의 종류

1 개요

① 교통공학에서 속도란 단위시간당 거리의 변화량으로 그 단위는 km/hr, m/sec를 사용한다.

② 속도는 측정방법, 또는 계산방법에 따라서 여러 가지로 구분된다.

③ 도로를 주행하는 차량 속도의 종류는 다양하다.

④ 따라서, 개별차량의 속도를 평균한 값을 이용하여 교통류의 특성을 설명한다.

2 속도의 종류

1. 주행속도(Running Speed)

$$S_r = \frac{d}{T_t - T_s}$$

여기서, S_r : 주행속도(km/h)

d : 이동한 거리(km)

T_t : 총통행시간(h)

T_s : 주행 중 정지한 시간(h)

① 총통행시간에서 정지시간을 뺀 값으로 이동한 거리를 나눈 속도이다.

② 어느 특정 도로구간을 주행한 평균속도이다.

③ 모든 차량에 대하여 평균할 속도를 평균주행속도(Average Running Speed)라 하며, 각 차량의 속도를 조화평균한 값이다.

④ 이 속도를 계산할 때 사용되는, 각 차량이 그 구간을 통과하는 데 걸린 시간은 정지지체 시간을 뺀 주행시간(Running Time), 즉 움직인 시간만을 의미한다.

2. 운행속도(Travel Speed)

$$S_t = \frac{d}{T_t}$$

여기서, S_t : 운행속도(km/h)

d : 이동한 거리(km)

T_t : 총통행시간(h)

① 총통행시간으로 이동한 거리를 나눈 속도이다.

② 운행속도 또는 통행속도라고 한다.

③ 정지지체가 없는 연속류에서는 주행속도(Running Speed)와 같다.

④ 정지지체가 있는 단속류에서는 이 속도를 총구간통행속도(Overall Travel Speed) 또는 총구간속도(Overall Speed)라 부르기도 한다.

⑤ 이 속도는 교통량, 밀도 등과 함께 교통류를 분석하여, 도로 이용자의 비용 분석, 서비스 수준 분석, 혼잡지점 판단기준, 교통통제기법 등을 개발한다.

⑥ 교통계획에서 통행분포(Trip Distribution)와 교통배분(Traffic Assignment)의 매개변수로 사용한다.

3. 지점속도(Spot Speed)

① 특정 지점에서 속도감지기(Speed Gun) 등을 이용해서 측정한 속도이다.
② 어느 특정 지점 또는 짧은 구간 내의 순간속도이다.
③ 각 차량의 속도를 산술평균한 값이다.
④ 속도규제 또는 속도단속, 추월금지구간 설정, 표지 또는 신호기 설치 위치 선정, 신호시간 계산, 교통개선책의 효과 측정, 교통시설 설계, 사고 분석, 경사나 노면상태 또는 차량의 종류가 속도에 미치는 영향을 찾아내는 목적 등에 사용한다.

4. 자유속도(Free Speed)

① 교통량이 매우 적은 도로를 주행하면서 외부의 영향을 받지 않으며 자유롭게 낼 수 있는 속도이다.
② 이 속도는 도로의 기하조건에 의해서만 영향을 받는다.

5. 설계속도(Design Speed)

① 차량의 안전한 주행을 확보하기 위하여 설정한 도로의 설계, 구조의 기준이 되는 인위적 속도이다.
② 어느 특정 구간에서 모든 조건이 만족스럽고 속도가 단지 그 도로의 물리적 조건에 의해서만 좌우되는 최대 안전속도로서 설계의 기준이 되는 속도이다.
③ 그러므로 설계속도가 정해지면 도로의 기하조건은 이 속도에 맞추어 설계된다.

6. 평균도로속도(Average Highway Speed)

① 어느 도로구간을 구성하는 소구간의 설계속도를 소구간의 길이에 관해서 가중평균할 속도이다.
② 설계속도가 많이 변하는 긴 도로구간의 평균설계속도를 나타낸다.

7. 운영속도(Operating Speed)

① 도로의 설계속도를 초과하지 않는 범위 내에서 차량이 낼 수 있는 최대 안전속도이다.
② 양호한 기후조건과 실제 현장의 도로 및 교통조건에서 운전자가 각 구간별 설계속도에 따른 안전속도를 초과하지 않는 범위에서 달릴 수 있는 최대 안전속도이다.

③ 측정값의 평균을 평균운행속도(Average Operation Speed)라 하며 공간 평균속도로 나타낸다.

④ 이 속도는 최대 안전속도란 개념이 모호하여 측정하기가 매우 어렵기 때문에 도로 운행상황을 나타내는 데 있어서 지금은 잘 사용되지 않는 속도이다.

⑤ 보통 평균주행속도보다 약 3kph 정도 더 높다고 알려져 있다.

8. 시간평균속도(Time Mean Speed)

일정 시간 동안 특정 지점을 통과한 차량의 산술평균 속도로서 속도 분석, 교통사고 분석에 이용된다.

$$V_t = \frac{1}{N} \sum_{t=1}^{N} V_i$$

여기서, V_t : 시간평균속도(km/h)
N : 조사차량대수
V_i : 조사된 개별 차량의 속도(km/h)

9. 공간평균속도(Space Mean Speed)

일정 시간 동안 도로의 한 구간을 점유하는 모든 차량의 평균속도로서 각 속도의 조화평균속도, 교통류 분석에 이용된다.

$$V_s = \frac{N}{\displaystyle\sum_{t=1}^{N} \frac{1}{V_i}}$$

여기서, V_s : 공간평균속도(km/h)
N : 조사차량대수
V_i : 조사된 개별차량의 속도(km/h)

10. 순행속도(Cruising Speed)

① 어느 특정 도로구간에서 교통통제설비가 없거나 없다고 가정할 때 주어진 교통조건과 도로의 기하조건 및 도로변의 조건에 의해 영향을 받는 속도이다.

② 자유속도에서 교통류 내의 내부마찰(저속차량, 추월, 차선 변경 등)과 도로변 마찰(버스 정거장, 주차 등)로 인한 지체를 감안한 속도이다.

③ 속도의 정의와 측정 및 계산방법

속도 구분		평균속도	측정방법	계산방법
지점속도 (Spot Speed)		평균지점속도 (Average Spot Speed)	지점측정법	시간평균속도 (Time Mean Speed)
통행 속도	연속류	평균주행속도 (Average Running Speed)	• 시험차량법 • 차량번호판법 (지점측정법 응용)	공간평균속도 (Space Mean Speed)
	단속류	평균 총구간(통행)속도 [Average Overall(Travel) Speed]	• 시험차량법 • 차량번호판법	공간평균속도 (Space Mean Speed)

④ 결론

① 교통공학에서 속도에 관련된 내용만 이해할 수 있다면 교통공학의 기초를 이해할 정도로 속도에 관한 개념과 이해가 어렵고 중요하다.

② 이들의 뜻을 정확하게 이해하고 적합한 측정방법으로 그 값을 산정하여 각 요소에 적절하게 사용해야 한다.

10 교통류 특성(교통량 – 밀도 – 속도의 관계)

① 개요

① 연속류 교통류의 교통 분석 및 설계에서 교통류의 특성을 나타내는 여러 변수들의 상관관계를 이해해야 하며 교통류의 3변수, 속도, 교통량, 밀도의 상관관계를 교통류 모형이라 한다.

② 연속류의 흐름을 설명하는 3가지 척도는 $q = u \times k$ 관계가 있으며, 이를 이용하면 속도와 밀도의 곱이 무한한 값이라도 교통량은 계산 가능하지만, 실제로 주어진 도로 구간에서 발생할 수 있는 교통 흐름은 그 밖의 변수들에 의해 제한된다.

③ 한 차선이나 도로에서 밀도가 증가하면 속도는 감소함을 보인다. 또 밀도와 속도를 알면 교통량을 계산에 의해서 구할 수 있다.

② 효과척도의 종류(MOE)

1. 교통량, 속도, 밀도관계식

$$q = u \times k$$

여기서, q : 교통량(대/차선), u : 교통류 속도(km/h)
k : 교통류 밀도(대/km/차선)

2. 속도(Speed)

① 단위시간당 이동거리 규정, 일반적으로 km/h로 표시
② 평균통행속도 : 어떤 도로구간의 길이를 총통행시간으로 나눈 값
③ 평균주행속도 : 어떤 도로구간의 길이를 주행하는 데 소요되는 평균주행시간으로 나눈 값

3. 교통량과 교통류율(Traffic Volume & Traffic Flow Rate)

① 교통량(Traffic Volume)
주어진 시간(15분, 1시간, 1일 등)에 도로나 차로의 횡단면 또는 한 지점을 통과한 차량의 대수

② 교통류율(Traffic Flow Rate)
㉠ 1시간보다 짧은 간격(보통 15분) 동안에 도로나 차로상의 한 지점을 통과한 차량의 대수
㉡ 시간당 교통량으로 환산한 값임(예 1,250대/15분×4=5,000대/시)
㉢ 교통량과 교통류율의 구분 : 교통량 조사는 1시간 동안 15분 단위로 조사한 것임

관측시간	관측교통량(대/15분)	교통류율(대/시)
8 : 00~8 : 15	1,250×4	5,000
8 : 15~8 : 30	1,150×4	4,600
8 : 30~8 : 45	1,100×4	4,400
8 : 45~9 : 00	1,000×4	4,000
계 : 8 : 00~9 : 00	4,500	

③ 첨두 교통류율

$$PHF = \frac{\text{첨두시간 교통량}}{\text{첨두 교통류율}} = \frac{V}{4 \times V_{15}} = \frac{4,500}{4 \times 1,250} = 0.9$$

여기서, V : 첨두시간 교통량(대/시)
V_{15} : 첨두 15분 동안 통과한 차량 수

    ㉠ 첨두시간계수(PHF)를 사용하여 시간당 교통량으로 환산한 것

    ㉡ 첨두시간계수는 1시간 교통량을 해당 1시간 동안의 최대 교통류로 나눈 값

    ㉢ 첨두시간계수는 교통량이 1시간에 걸쳐 균일하면 1.0이고 15분 동안만은 0.25

    ㉣ 우리나라 고속국도 PHF는 일반 0.85~0.95

4. 밀도

① 주어진 구간의 차로 또는 도로구간에 있는 차량대수로 보통 대/km로 표시

② $K = \dfrac{\left(\dfrac{V_d}{d} \right)}{n}$

여기서, K : 교통밀도(대/km/차선)
V_d : 구간 d 내에 존재하는 차량대수(대)
d : 조사구간의 길이
n : 차선수(차선)

3 속도, 밀도, 교통량 관계

1. 교통량과 속도

① 교통량

    ㉠ 주어진 시간 동안 도로 또는 차로의 횡단면 또는 한 지점을 통과한 자동차의 총
    대수를 나타냄

    ㉡ 조사단위는 15분, 1시간, 1일 등

② 속도는 단위시간당 이동한 거리로 규정되는데 일반적으로 km/h로 표시

2. 임계밀도(Critical Density)와 임계속도(Critical Speed)

① 임계밀도(Critical Density)
주어진 도로의 최대 교통류율은 그 도로의 용량이 되는데 이때의 밀도를 말함

② 임계속도(Critical Speed)
임계밀도일 때의 속도를 말함

③ 용량에 접근할수록 교통류 내에서의 차간 간격(Gap)이 축소하고 불안정한 흐름과 교통혼
잡이 발생함

4 연속류와 속도 – 밀도 – 교통량 관계

① 교통량＝속도×밀도

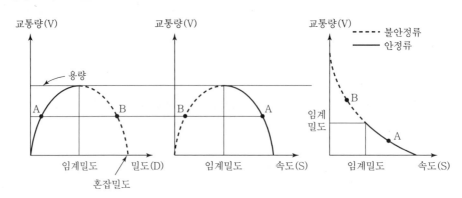

② 교통량과 밀도의 관계
- ㉠ 밀도가 높을수록 용량은 감소
- ㉡ 교통량이 증가하면 속도는 감소
- ㉢ 속도가 높고, 교통량이 적으면 안정류 형성
- ㉣ 밀도가 높고, 속도가 낮을수록 불안정류 형성

③ 용량을 초과하면 교통류 내에서 차두 간격(Gap)이 좁아지고 교통류는 불안정류가 된다.

5 결론

① 용량상태 또는 용량에 근접한 상태로 운행되는 도로의 경우 대부분 상류쪽에 차량군이 형성되며, 불안정한 흐름 또는 교통와해 상태가 필연적으로 발생한다.

② 따라서, 도로는 용량 이하의 교통량으로 운행되도록 설계해야 한다.

③ 속도 – 밀도 모형에는 직선식, 로그식, 단일식, 다중식 등이 있다.
- ㉠ 직선관계식은 형태가 단순하기 때문에 적용이 용이한 반면 포화밀도(Jam Density, K_i)의 정확한 산정이 어렵다.
- ㉡ 실제 현장조사자료와 비교할 때 단순히 직선식으로 처리하기에는 많은 문제점이 있음을 알 수 있다.
- ㉢ 로그관계식은 포화밀도에서보다는 설명력이 높은 식을 도출할 수 있고 조사자료와 대체적으로 일치하는 장점이 있지만 밀도가 낮은 영역에서는 부정확한 결과를 도출하는 단점이 있다.
- ㉣ 다중관계식은 속도의 구간별로 설명하는 식을 별도로 규정함으로써 현장자료와 모형을 일치시키는 데 커다란 장점이 있다.
- ㉤ 그러나 객관적으로 구간의 범위를 설정하기 어렵기 때문에 많은 논란의 소지를 안고 있다.

11 효과척도(Measure of Effectiveness, MOE)

1 개요

① 효과척도(MOE)는 도로의 질적 운행상태를 나타내는 척도로서, 각 도로 교통시설의 활용 정도를 설명하고 결정하는 척도를 말한다.
② 연속류 도로의 운행상태를 나타내는 척도에는 속도(S), 교통량(V), 밀도(D) 등의 기본적인 효과척도로 표현할 수 있으며, 교통량은 속도와 밀도의 곱으로 나타낸다.
③ 단속류 시설의 효과척도란 그 시설의 운영의 질을 표현하는 기준을 말하며, 신호교차로의 효과척도는 차량당 평균 제어지체 시간을 이용하고, 도시 및 교외 간선도로의 효과척도는 평균통행속도로 한다.

2 효과척도의 기본 요소

1. 속도(Speed)

① 속도는 단위시간당 이동한 거리로 규정하며, 일반적으로 km/hr로 표시됨
② 평균통행속도 : 어떤 도로구간의 길이를 통행시간으로 나눈 값
③ 평균주행속도 : 어떤 도로구간의 길이를 평균 주행시간으로 나눈 값

2. 교통량과 교통류율(Traffic Volume & Traffic Flow Rate)

① 교통량은 주어진 시간에 도로나 차로의 한 지점을 통과한 자동차 대수
② 교통류율은 1시간보다 짧은 간격(보통 15분) 동안 통과한 자동차 대수를 시간당 교통량으로 환산하는 값임

③ 첨두 교통류율(Peak Hour Factor, PHF)
  ㉠ 첨두 교통류율은 첨두시간 계수를 사용하여 시간교통량으로 환산할 수 있다.
  ㉡ PHF = V/(4 × V15) : 15분 교통량의 경우
    여기서, PHF : 첨두시간계수
        V : 첨두시간 교통량(대/시)
        V15 : 첨부 15분간 통과한 차량수(대/15분)

3. 밀도(Density)

① 밀도는 주어진 구간의 차로 또는 도로구간에 있는 차량대수, 보통 대/km로 표시
② 현장측정이 어려워 보통 계산 이용

$$D = V/S$$

여기서, D : 밀도(대/Km)
V : 교통량(대/hr)
S : 평균통행속도(Km/hr)

③ 연속류와 속도 – 밀도 – 교통량 관계

① 교통량＝속도×밀도

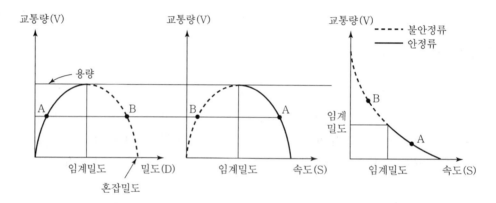

② 교통량과 밀도의 관계

㉠ 밀도가 높을수록 용량은 감소(불안정류)
㉡ 교통량이 증가하면 속도는 감소
㉢ 속도가 높고, 교통량이 적으면 안정류 형성
㉣ 밀도가 높고, 속도가 낮을수록 불안정류 형성

③ 용량을 초과하면 교통류 내에서 차두 간격(Gap)이 좁아지고 교통류는 불안정류로 된다.

4 연속류와 단속류의 효과척도(MOE)

교통흐름	도로의 구분		효과척도(MOE)
연속류	고속국도	기본구간	• 밀도(승용차/km/차로) • 교통량 대 용량비(V/C)
		엇갈림구간	• 평균밀도(승용차/km/차로)
		연결로 접속부	• 영향권의 밀도(승용차/km/차로)
	다차로 도로		• 평균통행속도(km/h) • 교통량 대 용량비(V/C)
	2차로 도로		• 총지체율(%) • 평균통행속도(km/h)
단속류	신호교차로		• 평균제어지체(초/대)
	연결로－일반도로		• 평균제어지체(초/대)
	비신호교차로	양방향정지 교차로	• 평균운영지체(초/대)
		무통제	• 방향별 교차로 진입 교통량(대/시) • 시간당 상충횟수(회/시)
	회전교차로		• 평균지체(초/대)
	도시 및 교외 간선도로		• 평균통행속도(km/h)

5 결론

① 효과척도(MOE)는 도로의 서비스 수준을 나타내는 데 있어 그 수단으로 효과척도를 수단으로 하여, 각 도로의 운행상태를 나타내는 것으로서 서비스 수준과 밀접한 관계가 있다.

② 효과척도를 나타내는 데는 속도, 교통량, 밀도 등 기본적인 수단으로 표시하며 교통량은 밀도와 속도의 곱으로 나타낸다.

12 서비스 수준(Level of Service)

1 개요

① 서비스 수준은 통행속도, 통행시간, 통행자유도, 안락감, 교통안전 등 도로의 운행상태의 질적인 것을 설명하는 개념으로 A~F까지 6등급으로 나눌 수 있으며, A수준은 가장 좋은 상태, F수준은 가장 나쁜 상태를 나타내며, 보통 E와 F수준의 경계는 용량이 된다.

② 고속국도 기본 구간의 서비스 수준은 밀도를 주 효과척도로 하여 판정한다.

③ 서비스 수준 F는 자동차 행렬(Queue) 또는 와해(Breakdown) 발생의 운행상태를 말한다.

④ 설계 시 설계서비스 수준으로는 서비스 수준 C·D가 사용되며, 설계서비스 수준에서의 최대 서비스교통량(MSF_i)을 산정하여 차로수 결정에 이용하게 된다.

⑤ 서비스 수준의 기준은 분석기간(보통 첨두 15분) 동안의 차량당 평균제어지체로 나타낸다.

② 서비스 수준의 구분

1. 서비스 수준별 교통류의 상태

서비스 수준	구분	교통류의 상태
A	자유 교통류 (Free Flow)	사용자 개개인들은 교통류 내의 다른 사용자의 출현에 실질적으로 영향을 받지 않는다. 교통류 내에서 원하는 속도 선택 및 방향 조작 자유도는 아주 높고, 운전자와 승객이 느끼는 안락감이 매우 우수하다.
B	안정된 교통류 (Stable Flow)	교통류 내에서 다른 사용자가 나타나면 주위를 기울이게 된다. 원하는 속도 선택의 자유도는 비교적 높으나 통행 자유도는 서비스 수준 A보다 어느 정도 떨어진다. 이는 교통류 내의 다른 사용자의 출현으로 각 개인의 행동이 다소 영향을 받기 때문이다.
C	안정된 교통류 (Until Stable)	교통류 내의 다른 차량과의 상호작용으로 인하여 통행에 상당한 영향을 받기 시작한다. 속도의 선택도 다른 차량의 출현에 영향을 받으며, 교통류 내의 운전자가 주위를 기울여야 한다. 이 수준에서 안락감은 상당히 떨어진다.
D	안정된 교통류 높은 밀도 (Approach Stable Flow)	속도 및 방향 조작 자유도 모두 상당히 제한되며, 운전자가 느끼는 안락감은 일반적으로 나쁜 수준으로 떨어진다. 이 수준에서는 교통량이 조금만 증가하여도 운행 상태에 문제가 발생한다.
E	용량상태 불안정 교통류 (UnStable Flow)	교통류 내의 방향 조작 자유도는 매우 제한되며, 방향을 바꾸기 위해서는 차량이 길을 양보하는 강제적인 방법을 필요로 한다. 교통량이 조금 증가하거나 작은 혼란이 발생하여도 와해상태가 발생한다.
F	강제류 또는 와해상태 (Force Flow)	도착 교통량이 그 지점 또는 구간 용량을 넘어선 상태이다. 이러한 상태에서 차량은 자주 멈추며 도로의 기능은 거의 상실된 상태이다.
FF	〃	과도한 교통수요로 혼잡이 심각한 상태이다. 차량이 대상구간의 전방 신호교차로를 통과하는데 평균적으로 2주기 이상 3주기 이내의 시간이 소요된다.
FFF	〃	극도로 혼잡한 상황으로, 차량이 대상구간의 전방 신호교차로를 통과하는데 3주기 이상 소요되는 상태이다. 평상시에는 거의 발생하지 않으며, 상습정체지역이나 악천후 시 관측될 수 있는 혼잡상황이다.

2. 서비스 수준 F의 구분

① 서비스 수준 F는 자동차 행렬(Queue) 또는 와해(Breakdown) 발생의 운행상태를 설명하는 것이다.

② 서비스 수준 F는 도착교통량이 통과교통량보다 많으면 자동차 대기행렬이 형성된다.

③ 도로용량편람에서는 신호교차로의 서비스 수준에서 도로용량을 넘어선 상태를 개별 자동차 지체시간을 기준으로 F에서 FFF까지 세분하고 있다.
- F : 자동차당 제어지체 220초 이내, 평균통행속도가 자유속도의 1/3~1/4 이하
- FF : 220~340초 이내, 전방 신호교차로를 통과하는 데 평균 2~3주기 이내 소요
- FFF : 340초 초과, 전방 신호교차로를 통과하는 데 평균 3주기 이상 소요

3. 고속국도 기본 구간의 서비스 수준

서비스 수준	밀도 (pcpkmpl)	설계속도 120kph		설계속도 100kph		설계속도 80kph	
		교통량 (pcphpl)	V/C비	교통량 (pcphpl)	V/C비	교통량 (pcphpl)	V/C비
A	≤6	≤700	≤0.3	≤600	≤0.27	≤500	≤0.25
B	≤10	≤1,150	≤0.5	≤1,000	≤0.45	≤800	≤0.40
C	≤14	≤1,500	≤0.65	≤1,350	≤0.61	≤1,150	≤0.58
D	≤19	≤1,900	≤0.83	≤1,750	≤0.8	≤1,500	≤0.75
E	≤28	≤2,300	≤1.00	≤2,200	≤1.00	≤2,000	≤1.00
F	>28	–	–	–	–	–	–

4. 고속국도 연결로 접속부 서비스 수준

서비스 수준	밀도(pcpkmpl)
A	≤6
B	≤12
C	≤17
D	≤22
E	>22
F	용량 초과

① Pcphpl : Passenger Car Per Hour Per Lane

② Pcpkmpl : Passenger Car Per km Per Lane

③ Kph : Kilometer Per Hour

④ Vph : Vehicle Per Hour

5. 다차로 도로 유형 I 서비스 수준(기본 구간)

서비스 수준	설계속도 100kph			설계속도 80kph		
	V/C	서비스 교통량 (승용차/시/차로)	속도 (kph)	V/C	서비스 교통량 (승용차/시/차로)	속도 (kph)
A	≤ 0.27	≤ 600	≥ 97	≤ 0.25	≤ 500	≥ 86
B	≤ 0.45	≤ 1,000	≥ 95	≤ 0.40	≤ 800	≥ 85
C	≤ 0.61	≤ 1,350	≥ 93	≤ 0.58	≤ 1,150	≥ 84
D	≤ 0.80	≤ 1,750	≥ 88	≤ 0.75	≤ 1,500	≥ 79
E	≤ 1.00	≤ 2,200	≥ 77	≤ 1.00	≤ 2,000	≥ 67

6. 다차로 도로 유형 II 서비스 수준

서비스 수준	V/C	자유속도(kph)		서비스 교통량(승용차/시/차로)		
		87	70	g/C=0.8	g/C=0.6	g/C=0.5
A	≤ 0.20	≥ 86	≥ 70	350	250	200
B	≤ 0.45	≥ 84	≥ 68	800	600	500
C	≤ 0.70	≥ 76	≥ 61	1,250	900	800
D	≤ 0.85	≥ 68	≥ 54	1,500	1,100	950
E	≤ 1.00	≥ 58	≥ 46	1,750	1,500	1,100

앞서 판정된 각 구간별 서비스 수준에 대해 도로망 수준에서 분석 대상 구간 전체의 서비스 수준을 판정할 필요가 있는 경우 다음과 같은 절차를 따른다.

• 전체 분석 대상 구간에 적용할 수 있는 서비스 수준별 기준값을 산정한다.

• 즉, 각 분석 구간별 서비스 수준의 기준값을 토대로 다음 식을 이용하여 분석 대상 전체 구간의 서비스 수준 기준을 산정한다.

$$S = \frac{L}{\sum_{1}^{n} \frac{L_n}{S_{n,i}}}$$

여기서, S_i : 전체 구간에 대한 서비스 수준 i의 경계값(평균통행속도, kph)

L : 전체 구간 길이(km)

n : 분할된 구간 개수

L_n : 구간 n의 길이(m)

$S_{n,i}$: 구간 n의 서비스 수준 i의 경계값(평균통행속도, kph)

7. 2차로 도로 서비스 수준

구분 LOS	도로 유형 I 총지체율 (%)	통행속도(kph) 100	90	80	교통량 (pcphpl)	도로 유형 II 총지체율 (%)	통행속도(kph) 70	60
A	≤ 11	≥ 95	≥ 85	≥ 75	≤ 650	≤ 15	≥ 65	≥ 55
B	≤ 21	≥ 85	≥ 75	≥ 65	≤ 1,300	≤ 25	≥ 55	≥ 45
C	≤ 30	≥ 80	≥ 70	≥ 60	≤ 1,900	≤ 40	≥ 45	≥ 40
D	≤ 39	≥ 75	≥ 65	≥ 55	≤ 2,600	≤ 50	≥ 40	≥ 30
E	≤ 48	≥ 70	≥ 60	≥ 50	≤ 3,200	≤ 60	≥ 35	≥ 25
F	> 48	< 70	< 60	< 50	–	> 60	< 35	< 25

8. 신호교차로 서비스 수준

서비스 수준	차량당 제어지체
A	≤15초
B	≤30초
C	≤50초
D	≤70초
E	≤100초
F	≤220초
FF	≤340초
FFF	>340초

주) 차량당 제어지체는 교차로를 통과하는 데 걸리는 총시간

9. 도시 및 교외 간선도로 서비스 수준(단위 : kph)

간선도로 유형	I	II	III
자유속도 범위(kph)	≤85	≤75	≤65
자유속도 기준(kph)	80	70	60
서비스 수준	평균통행속도(kph)		
A	≥67	≥60	≥49
B	≥51	≥46	≥39
C	≥37	≥33	≥29
D	≥28	≥25	≥20
E	≥21	≥18	≥12
F	≥10	≥10	≥8
FF	≥6	≥6	≥5
FFF	<6	<6	<5

3 효과척도(MOE)

효과척도(Measure of Effectiveness, MOE)는 자동차 통행 상태의 질을 나타내는 기준을 말한다. 도로용량편람(국토교통부)에서는 도로 시설 유형을 총 13개로 분류하여 용량 및 서비스 수준 분석방법을 제시하고 있다. 그중 대표적인 유형에 대한 효과척도는 아래의 표와 같다.

교통 흐름	도로의 구분		효과척도(MOE)
연속류	고속국도	기본구간	• 밀도(승용차/km/차로) • 교통량 대 용량비(V/C)
		엇갈림구간	• 평균밀도(승용차/km/차로)
		연결로 접속부	• 영향권의 밀도(승용차/km/차로)
	다차로 도로		• 평균통행속도(km/h) • 교통량 대 용량비(V/C)
	2차로 도로		• 총지체율(%) • 평균통행속도(km/h)
단속류	신호교차로		• 평균제어지체(초/대)
	연결로 – 일반도로		• 평균제어지체(초/대)
	비신호교차로	양방향 정지 교차로	• 평균운영지체(초/대)
		무통제	• 방향별 교차로 진입 교통량(대/시) • 시간당 상충횟수(회/시)
	회전교차로		• 평균지체(초/대)
	도시 및 교외 간선도로		• 평균통행속도(km/h)

① 밀도는 고속국도의 운영 상태를 설명하는 데 있어 가장 중요한 척도로서, 특정 시각, 단위 구간에 들어 있는 자동차의 대수를 말한다. 밀도는 운전자들이 원하는 대로 움직일 수 있는지의 여부 또는 도로 통행의 안전 측면에서 매우 중요한 앞뒤 자동차와의 거리를 나타낸다.

② 교통량 대 용량비(V/C)는 통과 교통량 대 용량의 비를 말하며, 해당 시설을 이용하는 교통류의 상태를 설명하여 주는 또 다른 효과척도로서, 계획 및 설계 단계에서 유용하게 이용된다.
※ 참고로 평균통행속도(단위 시간당 통행할 수 있는 거리의 평균값)는 운전자들에게 교통류의 서비스 수준을 느낄 수 있는 좋은 판단 기준이 되나, 고속국도에서 교통량의 변화에 따른 속도의 변화가 거의 없으므로 속도를 효과척도로 사용하지 않는다.

③ 평균통행속도는 주어진 도로 및 교통 조건에서 자동차들이 나타내는 평균속도의 평균으로 다음의 식으로 구할 수 있다.

$$S = \frac{L}{\displaystyle\sum_1^n \frac{L_n}{S_n}}$$

여기서, S : 전체 구간의 평균통행속도(km/h), L : 전체 구간 길이(km)

n : 분할된 구간의 개수, L_n : 구간 n의 길이(km)

S_n : 구간 n의 평균통행속도(km/h)

④ 총지체율이란 일정 구간을 주행하는 자동차 무리 내에서 자동차가 평균적으로 지체하는 비율로서 운전자가 희망하는 속도에 대한 지체 정도를 표현하는 척도이다.

교통량이 적을 때에는 자동차들은 거의 지체되지 않으며, 평균 차두간격도 커지므로 앞지르기 가능성이 높아진다. 교통량이 적은 조건에서 총지체율은 낮지만 용량에 가까워질수록 앞지르기 기회가 줄어들어 거의 모든 자동차들이 무리를 형성하게 되고, 총지체율은 높아진다. 총지체율은 다음의 식으로 구할 수 있다.

$$총지체율 = \frac{\displaystyle\sum_{i=1}^n \left(\dfrac{실제통행시간 - 희망통행시간}{실제통행시간} \right)}{교통량} \times 100(\%)$$

⑤ 자동차당 평균제어지체란 분석기간에 도착한 자동차들이 교차로에 진입하면서부터 교차로를 벗어나서 제 속도를 낼 때까지 걸린 추가적인 시간 손실의 평균값을 말한다. 또 여기에는 분석기간 이전에 교차로를 다 통과하지 못한 자동차로 인해서 분석기간 동안에 도착한 자동차 가 받는 추가 지체도 포함된다.

4 서비스 수준별 교통류의 상태

서비스 수준	구분	연속류 도로 (고속국도 기본구간 100K/h)		단속류 (신호교차로)
		밀도 (대/km/차로)	V/C	차량당 정지지체시간
A	자유교통류	≤6	≤0.27	<15초
B	안정된 교통류	≤10	≤0.45	<30초
C	안정된 교통류	≤14	<0.61	<50초
D	안정된 교통류(높은 밀도)	≤19	≤0.8	<70초
E	용량 상태 불안정 교통류	≤28	≤1.00	<100초
F	강제류 또는 와해상태	<28	–	<220초

Road and Transportation

⑤ 우리나라 설계적용 서비스 수준

[우리나라의 도로별 설계서비스 수준]

도로 구분 \ 지역 구분	지방지역	도시지역
고속국도	C	D
고속국도를 제외한 그 밖의 도로	D	D

[미국의 도로별 설계서비스 수준(AASHTO, 2004)]

| 도로 구분 \ 지역 구분 | 지방지역 | | | 도시지역 |
	평지	구릉지	산지	
고속국도	B	B	C	C
주간선도로	B	B	C	C
보조간선도로	C	C	D	D
국지도로	D	D	D	D

① 분석 시에 혼잡상태의 기준을 어느 수준까지 허용할 것인가 하는 것이다.

② 도시지역 도로인 경우 설계서비스 수준을 낮게 잡아 운전자들이 교통혼잡에 비교적 민감하지 않은 점을 반영한 것이다.

③ 지방지역 도로인 경우 교통량 변화가 심하고 장거리통행이 많은 지역 간 교통 특성을 감안하여 높은 서비스 수준으로 설계한다.

⑥ 서비스 수준 i에서의 교통용량 산정

① 고속국도 기본 구간의 산정식

ㄱ 용량 산정식

$$MSF_i = 2,200 \times \left(\frac{V}{C}\right)_i \times N \times f_w \times f_{HV}$$

ㄴ 보정방법 : KHCM 표로 보정

② 2차로 도로의 용량

ㄱ 용량 산정식

$$MSF_i = 3,200 \times \left(\frac{V}{C}\right)_i \times f_d \times f_w \times f_{HV}$$

ㄴ 보정방법 : KHCM 표로 보정

③ 신호교차로

㉠ 용량 산정식

$$MSF_i = 2,200 \times N \times f_{HV} \times f_g \times f_p \times f_{bb} \times f_a \times f_{RT} \times f_{LT}$$

㉡ 보정방법 : KHCM 표로 보정

7 결론

① 도로가 적절한 이동기능을 확보하고 있다는 것은 도로상의 교통 운행상태가 적절한 서비스 수준을 유지하고 있다는 것을 의미한다.

② 용량분석에서 교통류의 상태를 규명하기 위한 서비스 수준의 평가는 주어진 도로가 그 기능을 충분히 발휘하고 있는지 평가한 후 일정한 서비스 수준을 유지할 수 있도록 여러 대안을 마련하는 데 목적이 있다.

③ 용량을 분석 시에 해당 도로의 통행속도, 통행시간, 통행자유도, 교통안전 등의 서비스 상태의 질적인 개념인 서비스 수준은 도시지역과 농촌지역을 구분하여 적용함으로써 예산 절감의 효과가 크다.

13 고속국도 종합 분석

1 분석 원칙

1. 고속국도의 구성요소

① **고속국도 기본구간** : 엇갈림 구간이나 연결로 접속부 차량의 합류 및 분류의 영향을 받지 않는 고속국도 구간이다.

② **엇갈림 구간** : 교통 통제시설의 도움 없이 두 교통류가 맞물려 동일 방향으로 상당히 긴 도로를 따라가면서 엇갈리는 구간이다.

③ **연결로 접속부** : 유입 또는 유출 연결로가 고속국도 본선에 접속되는 구간, 연결로 접속부에서 본선 차량은 합류나 분류 차량과의 마찰을 피하여 감속을 하거나 차로를 변경하므로 기본 구간보다 혼란이 심하다.

2. 구성 요소의 영향권

① **엇갈림 구간** : 엇갈림이 시작되는 진입 연결로의 100m 상류 지점부터 엇갈림이 끝나는 진출 연결로의 100m 하류 지점까지의 구간

② **진입 연결로** : 연결로 접속부의 100m 상류 지점부터 400m 하류 지점까지의 구간

③ **진출 연결로** : 연결로 접속부의 400m 상류 지점부터 100m 하류 지점까지의 구간

② 계획 및 설계 단계 분석

1. 고속국도의 계획 및 설계의 원칙

① **설계 수준** : 설계속도, 설계 서비스 수준

도로의 기능을 크게 접근성과 이동성으로 나눌 때, 접근성의 측정 지표는 도로 간의 간격을 기준으로 하고, 이동성은 속도 또는 통행시간을 기준으로 한다. 일반적으로 고속국도의 설계 수준은 설계서비스 수준이나 설계속도로 표현된다.

ㄱ 설계서비스 수준 : 설계 대상 도로의 서비스 수준을 어느 수준까지 허용할 것인가 하는 상황과 관련

ㄴ 설계속도 : 도로의 기하구조를 결정하는 기본 요소의 하나로, '자동차의 주행에 영향을 미치는 도로의 물리적 현상을 상호 관련시키기 위하여 정해진 속도로서, 날씨가 쾌청하고 교통 밀도가 낮으며 자동차의 주행 조건이 도로의 구조적인 조건에만 영향을 미칠 때 보통의 운전 기술을 가진 운전자가 쾌적성을 잃지 않고 안전하게 주행할 수 있는 속도'를 말한다.

② **차로수 균형 원칙** : 수요-공급의 균형

설계 구간별 교통 수요에 맞게 차로수를 다르게 제공하는 차로수 균형 개념에 따라 설계해야 한다. 이 개념은, 엇갈림 구간에서는 엇갈림에 필요한 차로 변경 수를 최소화하고, 연결로 유·출입부에서는 균형 있는 차로 제공을 통해 구조적인 용량 감소 요인을 제거하기 위한 설계 개념이다.

2. 계획 및 설계 시의 분석자료와 과정

① 계획 및 설계 분석에 필요한 자료

ㄱ 설계 서비스 수준과 설계속도

ㄴ 평면 선형과 종단 선형

ㄷ 연결로와 인터체인지의 개략적인 위치

ㄹ 추정 수요 교통량 및 수요의 특성

② 계획 및 설계 시의 분석과정

　　㉠ 1단계 : 설계 조건 파악(설계 서비스 수준과 설계속도, 연결로 위치 및 교통수요)

　　　　※ 설계 조건 : 설계속도 100kph, 본선 지형은 평지, 지방지역, 설계서비스 수준 C 수준, 보조차로의 길이

　　㉡ 2단계 : 각 소구간과 연결로의 차로수 결정

　　　　※ 각 구간의 서비스 수준은 기본적으로 C 수준을 유지해야 하며 차로폭은 3.5m, 적절한 측방여유 및 100kph의 설계속도로 설계해야 한다.

　　㉢ 3단계 : 연결로 접속부 분석

　　㉣ 4단계 : 엇갈림 구간 분석

　　㉤ 5단계 : 분석 결과의 종합 및 평가

14 다차로 도로

1 개요

1. 다차로 도로의 정의

다차로 도로는 고속국도와 함께 지역 간 간선도로 기능을 담당하는 양방향 4차로 이상의 도로로서, 고속국도와 도시 및 교외 간선도로의 도로 및 교통 특성을 함께 갖고 있으며, 확장 또는 신설된 일반국도가 주로 이에 해당된다.

2. 다차로 도로의 유형 구분

① 다차로 도로는 연속 교통류 특성과 단속 교통류 특성을 함께 갖고 있어 그 도로교통 특성의 변동 범위가 폭넓게 관측된다. 이러한 폭넓은 변동폭을 고려하여 다차로 도로의 서비스 수준을 합리적이고 일관성 있게 분석하기 위하여 시설을 2가지 유형으로 구분한다.

구분	설계속도 (kph)	신호등 밀도 (개/km)	기본 조건의 최대 통행속도 (BSP, kph)
유형 i	100, 90, 80	0	97, 87
유형 ii	80, 70	≤0.5	87, 70

② 유형 i 의 경우, 연속류 특성이 가장 강하게 나타나는 도로로서, 신호교차로가 없으며 입체교차로가 되어 있고 출입 연결로와 측도가 설치된 도로를 말한다.

③ 유형 ii 의 경우, 연속류 특성이 다소 우세하게 나타나는 도로로서, 부속시설 측면에서 신호등 밀도가 0.5개/km 이하이며, 부분적으로 입체화가 된 상태의 도로를 말한다.

② 분석방법론

1. 효과척도

다차로의 효과척도는 평균통행속도와 V/C비를 사용한다.

2. 최대 통행속도와 속도 영향 인자

① 최대 통행속도란 서비스 수준 A상태의 교통류 조건에서 승용차가 내는 평균통행속도를 말한다.

② 평균통행속도에 영향을 미치는 인자에는 도로 조건으로 차로폭 및 측방 여유폭, 평면선형과 종단선형, 유 · 출입지접수 등이 있고, 교통 및 신호 운영 조건으로 교통량과 신호등 밀도 등이 있다.

㉠ 기본 조건
- 차로폭 3.5m 이상, 측방 여유폭 1.5m 이상
- 직선 및 평지구간
- 신호등 개수 : 0개/km
- 유 · 출입 지점 수 : 0개/km

㉡ 차로폭 및 측방 여유폭 속도 보정계수

측방 여유폭(m)	최대 통행속도 감소(kph)		
	차로폭 3.5m	차로폭 3.25m	차로폭 3.0m
1.5	0	1	3
1.0	1	2	4
0.5	2	3	5
0.0	3	4	6

ⓒ 도로 선형 조건

- 도로의 평면선형과 종단선형은 차량의 통행속도에 영향을 준다.
- 구간 평균통행속도를 주 효과척도로 하는 다차로도로의 경우, 특정 지점의 선형 조건보다 일정 구간의 전반적인 선형 조건을 나타내는 평면선형 굴곡도와 종단선형 경사도를 통행속도 영향 인자로 간주한다.

ⓓ 유·출입 지점수 속도 보정계수

유·출입 지점수(개/km)	최대 통행속도 감소(kph)
0	0
≤4	1
≤8	2
≤12	3
≤16	4
≤20	6
>20	8

ⓜ 교통량과 신호등 밀도

- 다차로 도로에 설치된 신호등은 통행속도에 매우 큰 영향을 미친다.
- 신호등에는 다차로 도로에 설치된 횡단보도 신호등과 교차로 신호등을 모두 포함하되, 주방향 직진 신호의 주기 대 녹색시간비가 0.6 이상의 신호등을 대상으로 한다.

③ 분석과정

1. 운영상태 분석

① 운영상태 분석은 다차로 도로의 특정 구간에 대해 현재의 운영상태를 나타내는 서비스 수준을 분석하는 것이다. 이 결과를 도로 공급 정책의 판단 지표로 삼거나 기존 도로의 효과적인 운영 개선 대안을 모색하는 데에 활용한다.

② 운영상태 분석과정은 다음 그림에 따르며, 방향별로 분석한다. 유형 Ⅰ은 고속국도의 서비스 수준 분석절차를 따르며, 유형 Ⅱ는 도로 및 교통 조건 설정, 최대 통행속도(SP1) 산정, 구간별 평균통행속도 산정, 서비스 수준 평가순으로 서비스 수준을 분석한다.

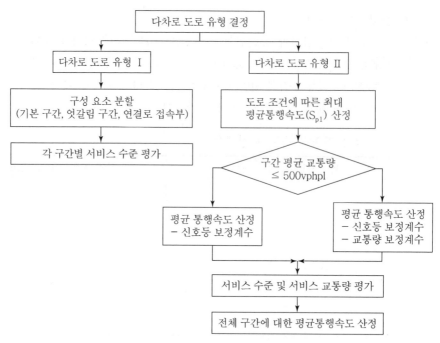

[다차로 도로 서비스 수준 분석과정]

2. 계획 및 설계 분석

① 다차로 도로를 계획 또는 설계할 때 주요 분석과정은 대상 구간의 개략적인 서비스 수준을 분석하는 경우와 적정 차로수를 산정하는 경우로 대별된다.

② 운영상태 분석과 달리 개략적으로 설정된 도로 및 교통 조건을 토대로 계획 및 설계도로의 서비스 수준을 평가한다.

15 2차로 도로

1 개요

① 2차로 도로는 중앙선을 기준으로 하여 각 방향별로 한 차로씩 차량이 운행되는 도로를 말한다.

② 2차로 도로는 저속차량에 의해 고속차량이 정상정인 흐름이 어려운 경우, 대향차로를 이용할 수 있는 시거와 대향 차량과의 간격이 확보되어야 앞지르기가 가능하다.

③ 따라서 옆 차로를 이용해서 앞지르기할 수 있는 다차로 도로보다 교통량 처리능력이 상당히 떨어진다.

④ 2차로 도로를 분석하는 과정은 계획 및 설계분석과 운행상태 분석으로 구분된다. 계획 및 설계분석은 도로망 계획 시에 다양한 지형과 서비스 수준에 따른 계획교통량을 이용하여 2차로 도로의 서비스 수준을 추정하는 데 적용한다.

② 고려사항

1. 도로의 구분

2차로 도로는 설계속도에 따라서 다음과 같은 세 가지 유형으로 분류할 수 있다.

① 유형 ⅰ : 연속 교통류 특징을 가지고 있는 2차로 도로
② 유형 ⅱ : 기본적으로 연속류 구간에 단속류 특징이 가미된 2차로 도로
③ 유형 ⅲ : 도로 주변이 개발된 지역으로서 접근성을 강조하는 단속 교통류 특징을 가지고 있는 2차로 도로

2. 기본 조건

① 차로폭 : 3.5m 이상
② 측방 여유폭 : 1.5m 이상
③ 앞지르기 가능 구간이 100%인 도로
④ 승용차만으로 구성된 교통류
⑤ 교통 통제 또는 회전 차량으로 인하여 직진 차량이 방해받지 않는 도로
⑥ 평지

3. 지형 구분

① 일반지형
　㉠ 평지 : 평면선형과 종단선형의 어떠한 조합에서도 중차량이 승용차와 거의 동일한 속도를 유지할 수 있는 곳이다. 이 구간에는 일반적으로 0% 이상 2% 미만의 종단경사 구간을 포함한다.
　㉡ 구릉지 : 평면선형과 종단선형의 다양한 조합으로 인하여 중차량의 속도가 승용차의 속도보다 다소 떨어지는 곳이다. 이 지형에서는 중차량이 드물게 오르막 한계속도로 주행하기도 한다. 이 구간은 일반적으로 2% 이상 5% 미만의 종단경사구간을 포함한다.

② 특정경사구간

종단경사가 3% 이상이고, 경사길이가 500m 이상인 경사구간을 말하며, 평면선형과 종단선형의 다양한 조합으로 인하여 중차량의 속도가 승용차의 속도보다 구릉지 이상으로 떨어지는 산지를 포함한다. 산지구간은 중차량이 자주 오르막 한계속도로 주행한다. 이 구간은 일반적으로 5% 이상의 종단경사구간을 포함한다.

4. 효과척도

서비스 수준을 판별하는 기준을 효과척도라 하며, 2차로 도로를 운행하는 운전자에게 제공할 수 있는 서비스 수준을 나타내는 지표로 "총지체율"과 "평균통행속도"를 사용한다.

5. 용량 및 서비스 수준

① **용량** : 용량이란 주어진 도로 조건에서, 15분 동안 최대로 통과할 수 있는 승용차 교통량을 1시간 단위로 환산한 값이다.

② **서비스 수준** : 서비스 수준이란 도로를 이용하는 차량의 운행상태의 질을 나타내는 기준 이다.

구분	도로 유형 I				교통량 (pcphpl)	도로 유형 II		
LOS	총지체율 (%)	통행속도(kph)				총지체율 (%)	통행속도(kph)	
		100	90	80			70	60
A	≤ 11	≥ 95	≥ 85	≥ 75	≤ 650	≤ 15	≥ 65	≥ 55
B	≤ 21	≥ 85	≥ 75	≥ 65	≤ 1,300	≤ 25	≥ 55	≥ 45
C	≤ 30	≥ 80	≥ 70	≥ 60	≤ 1,900	≤ 40	≥ 45	≥ 40
D	≤ 39	≥ 75	≥ 65	≥ 55	≤ 2,600	≤ 50	≥ 40	≥ 30
E	≤ 48	≥ 70	≥ 60	≥ 50	≤ 3,200	≤ 60	≥ 35	≥ 25
F	> 48	< 70	< 60	< 50	–	> 60	< 35	< 25

주) pcphpl : Passenger Car Per Hour Per Lane

③ 서비스 수준 평가

1. 2차로 도로의 서비스 수준 판정절차

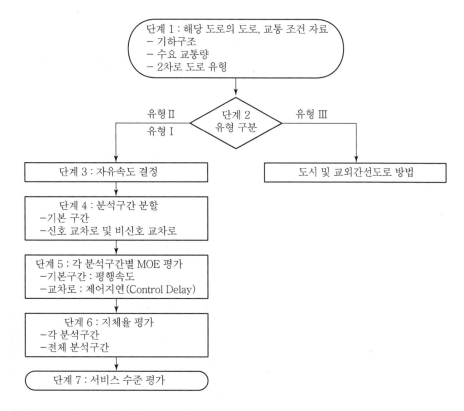

단계 1 : 해당 도로의 도로, 교통 조건 자료
 - 기하구조
 - 수요 교통량
 - 2차로 도로 유형

유형 Ⅱ
유형 Ⅰ

단계 2
유형 구분

유형 Ⅲ

단계 3 : 자유속도 결정

도시 및 교외간선도로 방법

단계 4 : 분석구간 분할
 -기본 구간
 -신호 교차로 및 비신호 교차로

단계 5 : 각 분석구간별 MOE 평가
 -기본구간 : 평행속도
 -교차로 : 제어지연(Control Delay)

단계 6 : 지체율 평가
 -각 분석구간
 -전체 분석구간

단계 7 : 서비스 수준 평가

- 유형 Ⅰ : 고속도로와 같은 고규격 도로
- 유형 Ⅱ : 일반도로(신호 교차로 0.5개/km 이상, 2km 이상)
- 유형 Ⅲ : 일반도로(신호 교차로 0.5개/km 미만, 2km 미만)

2. 2+1차로 도로의 서비스 수준 판정절차

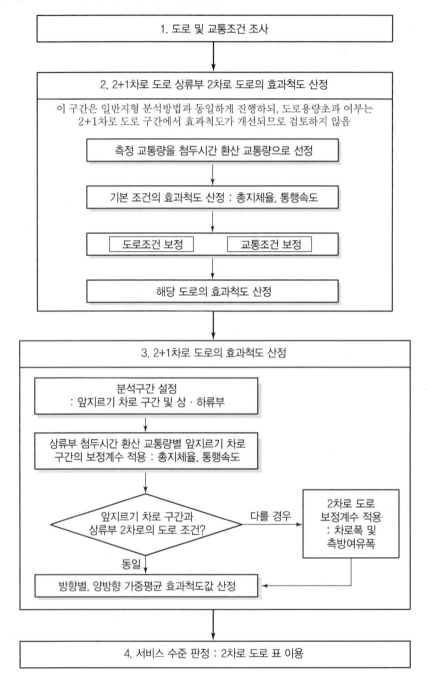

1. 도로 및 교통조건 조사

2. 2+1차로 도로 상류부 2차로 도로의 효과척도 산정

이 구간은 일반지형 분석방법과 동일하게 진행하되, 도로용량초과 여부는 2+1차로 도로 구간에서 효과척도가 개선되므로 검토하지 않음

측정 교통량을 첨두시간 환산 교통량으로 선정

기본 조건의 효과척도 산정 : 총지체율, 통행속도

도로조건 보정   교통조건 보정

해당 도로의 효과척도 산정

3. 2+1차로 도로의 효과척도 산정

분석구간 설정
: 앞지르기 차로 구간 및 상 · 하류부

상류부 첨두시간 환산 교통량별 앞지르기 차로 구간의 보정계수 적용 : 총지체율, 통행속도

앞지르기 차로 구간과 상류부 2차로의 도로 조건?

다를 경우 → 2차로 도로 보정계수 적용 : 차로폭 및 측방여유폭

동일 → 방향별, 양방향 가중평균 효과척도값 산정

4. 서비스 수준 판정 : 2차로 도로 표 이용

16 도시 및 교외 간선도로

1 개요

① 간선도로는 도시 내·외의 주요 지점 간을 연결하고, 대량 통과교통을 주로 처리하는 등 도로망의 주 골격을 형성하고 있는 도로를 의미한다.
② 교차로에 교통신호등이 설치되어 있으며 신호교차로 간의 거리는 3km 이내로서, 신호교차로 간 평균거리는 300~500m, 동일 기능 도로 간의 간격은 500~1,000m, 차로수는 편도 2차로 이상인 도로이다.
③ 간선도로상의 차량운행은 간선도로 주변 환경, 차량 간의 상호작용, 교통신호 등과 같은 주요소에 의하여 영향을 받으며, 이러한 요소에 의하여 용량과 사용자에게 제공되는 서비스 수준 등이 결정되게 된다.

2 방법론 및 분석절차

1. 1단계 : 분석대상 간선도로의 설정

① 서비스 수준 평가 준비 작업으로 분석대상 간선도로의 위치와 총연장을 정확하게 규정하고, 간선 도로에 영향을 주는 기하구조 등의 물리적 조건과 교통운영, 주변 환경 등 교통조건에 관한 모든 자료를 조사·수집한다.
② 또한 분석하여야 할 간선도로의 연장이 충분한가, 아니면 추가구간의 고려 여부도 검토한다.

2. 2단계 : 간선도로 유형 결정

구분	기능적 분류		
	고규격	중간규격	저규격
이동성	매우 중요	중요	보통
접근 관리 수준	고	중	저
연결도로	고속도로 도시고속도로 도시부 연결국도	주요 간선도로	집산도로
주요 통행 목적	장거리통과교통	도시부 접근교통	도시부 내부 교통
진·출입로 설치밀도	저	중	고

구분	기능적 분류		
	고규격	중간규격	저규격
km당 신호교차로수	2개 이하	1~3개	2개 이상
자유속도(kph)	≤ 85	≤ 75	≤ 65
보행자 밀도	저	중	고
주변 개발 정도	저	중	고

구분		도로 여건 범주	
		양호	보통
차로수	고규격	링크 편도 4차로 이상	링크 편도 3차로 이하
	저규격/중간규격	링크 편도 3차로 이상	링크 편도 2차로

3. 3단계 : 간선도로 분석구간별 분류

도로의 분석 기본단위는 구간으로서, 신호교차로에서 다음 신호교차로까지 한 방향의 길이를 말한다.

4. 4단계 : 순행시간 산정

① 차량이 무리를 이루어서 이동하거나 측면 마찰을 받으면 속도가 떨어지게 된다.

② 즉, 어떤 구간을 달릴 때 교통류의 차량상호 간 내부 마찰과 도로변 주정차, 버스정류장의 정차 등으로 인한 측면마찰의 영향을 받아 속도는 떨어지게 된다.

③ 이때 신호등으로 인한 가·감속지체와 정지지체의 영향을 받지 않으며 순행하는 속도를 순행속도로 볼 수 있으며 자유속도보다 낮은 값을 갖는다.

5. 5단계 : 교차로 접근지체 산정

① 평균제어지체

$$d = d_1 \times PF \times f_{CW} + d_2 + d_3$$

여기서, d : 차량당 평균제어지체(초/대)

d_1 : 연동보정된 균일제어지체(초/대)

d_2 : 임의 도착과 과포화를 나타내는 증분지체

PF : 연동계수

f_{CW} : 신호교차로 간 보행자 횡단신호 보정계수

d_3 : 추가지체(초/대)

② 균일지체, 증분지체, 연동계수, 추가지체 산정식

$$d_1 = \frac{0.5C(1-g/C)^2}{1-\left[\min(1,X)\dfrac{g}{C}\right]}$$

$$d_2 = 900T\left[(X-1)+\sqrt{(X-1)^2+\frac{4X}{cT}}\right]$$

$$d_3 = \frac{1{,}800Q_b^2}{cT(c-V)} \ (\text{유형 I})$$

$$= \frac{3{,}600Q_b}{c} - 1{,}800T(1-X) \ (\text{유형 II})$$

$$= \frac{3{,}600Q_b}{c} \ (\text{유형 III})$$

여기서, T : 분석기간의 길이(시간), C : 신호주기(초)
　　　　g : 유효 녹색시간(초), X : 해당 차로군의 포화도
　　　　c : 분석기간 중 해당 차로군의 용량
　　　　Q_b : 분석시점에 존재하는 초기차량대수(vph)
　　　　V : 분석기간 중 해당 차로군의 도착교통량(vph)

6. 6단계

간선도로의 평균통행시간 산정 시 간선도로 구간의 순행시간과 교차로 총접근지체를 알아야한다.

$$평균통행속도 = \frac{3{,}600 \times 구간길이}{km당\ 순행시간 \times 구간길이 + 교차로\ 총접근지체}$$

여기서, 평균통행속도 : 간선도로의 전체 또는 일부 구간의 평균통행속도(kph)
　　　　구간길이 : 간선도로의 전체 또는 일부 구간의 연장(km)
　　　　km당 순행시간 : 간선도로 전체 또는 일부 구간의 km당 총순행시간(초/km)
　　　　교차로 총접근지체 : 간선도로 전체 또는 일부 구간으로 분석대상 범위 내에 모든
　　　　　　　　　　　　교차로에서의 총접근지체(s)
　　　　3,600 : 속도를 kph로 환산하기 위한 환산계수

7. 7단계 : 서비스 수준 평가

일반적인 간선도로의 서비스 수준은 간선도로 전체 구간을 따라 원활하고 효율적으로 움직이는 직진 교통류를 기준으로 하며, 간선도로 전반에 있어서 모든 구간들의 유형이 동일할 때 의미가 있다. 또한, 서비스 수준 결정은 유형별 자유속도와 교차로의 서비스 수준을 모두 고려하여야 한다.

③ 중앙버스전용차로가 설치된 간선도로 방법론 및 분석절차

1. 기본 정의

① 중앙버스전용차로가 설치된 간선도로는 도시 내·외의 주요 지점 간을 연결하고, 대량 통과교통을 주로 처리하는 등 도로망의 주요 골격을 형성하고 있는 도로 중 중앙버스전용 차로를 포함한 도로를 의미한다.

② 차로수는 중앙버스전용차로 편도 1차로, 일반도로 편도 2차로 이상인 도로이다.

2. 1단계 : 분석대상 중앙버스전용차로 설정

분석대상 중앙버스전용차로가 설치된 간선도로의 위치와 총연장을 정확하게 규정한다.

3. 2단계 : 중앙버스전용차로가 설치된 간선도로 분석구간별 분류

중앙버스전용차로가 설치된 간선도로의 분석구간별 분류는 도로용량편람 2013(국토교통부) 에서 제시한 간선도로 분석구간별 분류방법과 동일하므로 중앙버스전용차로가 설치된 간선 도로의 분석구간 역시 신호교차로에서 다음 신호교차로까지 한 방향의 길이를 분석구간으로 설정한다.

4. 3단계 : 중앙버스전용차로가 설치된 간선도로 순행시간 산정

중앙버스전용차로가 설치된 간선도로의 순행시간 산정방법은 중앙버스전용차로와 일반차 로로 구분된다.

5. 4단계 : 교차로 접근지체 계산

① 중앙버스전용차로가 설치된 간선도로 서비스 수준 평가에 사용하기 위한 지체는 평균제어 지체이다.

② 평균제어지체는 균일지체, 증분지체, 연동계수, 추가지체를 이용하여 구하며 중앙버스전 용차로가 설치된 간선도로의 평균제어지체 계산식은 기존 도시 및 교외 간선도로의 평균제어지체 계산식과 동일하다.

6. 5단계 : 중앙버스전용차로가 설치된 간선도로 평균통행속도 계산

중앙버스전용차로가 설치된 간선도로 전체의 평균통행속도는 분석구간별 중앙버스전용차 로와 일반차로의 교통량, 순행시간, 교차로 총접근지체, 구간길이를 이용하여 구한다.

7. 6단계 : 서비스 수준 평가

① 중앙버스전용차로가 설치된 간선도로의 서비스 수준은 중앙버스전용차로가 설치된 간선
도로 전체구간을 따라 원활하고 효율적으로 움직이는 직진 교통류를 기준으로 하며,
중앙버스전용차로가 설치된 간선도로 전반에 있어서 모든 구간들의 유형이 동일할 때
의미가 있다.

② 중앙버스전용차로가 설치된 간선도로의 서비스 수준 기준

간선도로 유형	중앙버스전용차로가 설치된 간선도로
자유속도 범위(kph)	85~75
자유속도 기준(kph)	80

서비스 수준	평균통행속도(kph)
A	≥ 67
B	≥ 51
C	≥ 37
D	≥ 28
E	≥ 21
F	≥ 10
FF	≥ 6
FFF	< 6

4 신호교차로 서비스 수준 분석방법

① 신호교차로에서 서비스 수준의 평가기준으로 사용되는 지체는 분석기간(보통 15분) 동안의
차량당 평균제어지체로 나타낸다.

② 차량당 평균제어지체란 분석기간에 도착한 차량들이 교차로에 진입하면서부터 교차로를
벗어나서 제 속도를 낼 때까지 걸린 추가적인 시간손실의 평균값을 말한다. 또한, 여기에는
분석기간 이전에 교차로를 다 통과하지 못한 차량으로 인해서 분석기간 동안에 도착한 차량이
받는 추가지체도 포함된다.

③ 본 과업에서는 사업지구 주변 교차로에 대한 서비스 수준 분석을 위해 도로용량편람(국토교통
부, 2013)에서 제시하는 분석기준을 적용하여 분석 · 평가하였다.

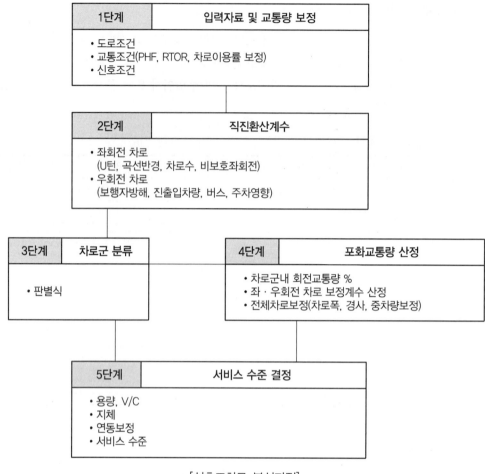

[신호교차로 분석과정]

1. 입력자료

① 아래 표는 신호교차로의 운영분석에 필요한 입력자료를 도로조건, 교통조건 및 교통신호 조건별로 구분한 것이다.

[차로군 분석에 필요한 입력자료]

조건 형태	변수	
도로 조건	• 차로수, N • 경사, g(%) • 좌·우회전 전용차로 유무 및 차로수 • 좌회전 곡선반경, RL • 주변의 토지이용 특성 • 버스 정거장 위치 • 진·출입로의 위치	• 평균차로폭, w(m) • 상류부 링크 길이(m) • 우회전 도류화 유무 • 버스베이 유무 • 노상주차시설 유무
교통 조건	• 분석기간(시간) • 기본포화교통류율, S0(pcphgpl) • 첨두시간계수, PHF • 버스정차대수, Vb(vph) • 순행속도(kph) • 횡단보행자 수(인/시) • 승하차 인원(인/대)	• 이동류별 교통수요, V(vph) • 진·출입 차량대수, Vex, Ven(vph) • 중차량 비율, PT(%) • 주차활동, Vpark(vph) • U턴 교통량(vph) • 초기 대기차량 대수(대)
신호 조건	• 주기, C(초) • 보행자 녹색시간, GP(초) • 상류부 교차로와의 오프셋(초)	• 차량녹색시간, G(초) • 황색시간, Y(초) • 좌회전 형태

② 신호교차로는 신호운영방법과 좌회전 전용차로 유무에 따라 용량분석 방법이 달라진다.

③ 아래 표는 신호운영과 좌회전차로의 개수 및 차로 운영형태에 따라 편의상 CASE별로 구분한 것이며, 표의 그림은 교차로 구조 특히 좌회전차로의 형태와 좌회전 CASE의 관계를 그림으로 나타낸 것이다.

[신호운영과 좌회전차로별 구분]

좌회전차로 신호운영	전용 좌회전차로 수		공용 좌회전차로 수	
	1	2	1	2
양방보호좌회전	CASE 1	CASE 2		
직좌 동시신호			CASE 4	CASE 5*
비보호좌회전신호	CASE 3		CASE 6	

주) * 왼쪽 차로가 좌회전 전용차로라 하더라도 오른쪽 차로가 공용이면 두 차로 다 공용으로 간주

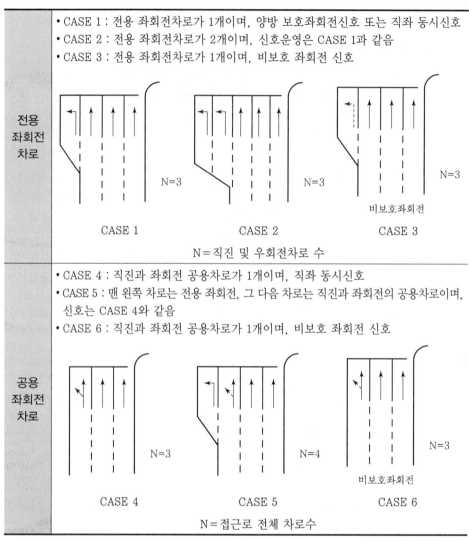

[교차로 구조와 좌회전 CASE 구분]

전용 좌회전 차로

- CASE 1 : 전용 좌회전차로가 1개이며, 양방 보호좌회전신호 또는 직좌 동시신호
- CASE 2 : 전용 좌회전차로가 2개이며, 신호운영은 CASE 1과 같음
- CASE 3 : 전용 좌회전차로가 1개이며, 비보호 좌회전 신호

CASE 1   CASE 2   CASE 3

N = 직진 및 우회전차로 수

공용 좌회전 차로

- CASE 4 : 직진과 좌회전 공용차로가 1개이며, 직좌 동시신호
- CASE 5 : 맨 왼쪽 차로는 전용 좌회전, 그 다음 차로는 직진과 좌회전의 공용차로이며, 신호는 CASE 4와 같음
- CASE 6 : 직진과 좌회전 공용차로가 1개이며, 비보호 좌회전 신호

CASE 4   CASE 5   CASE 6

N = 접근로 전체 차로수

주) 우회전차로의 형태와는 상관이 없음

2. 교통량 보정

① 첨두시간 교통류율 환산

첨두시간 교통류율은 분석시간대(보통 첨두 한 시간) 내의 첨두 15분 교통량을 4배해서 한 시간 교통량으로 나타낸 것으로서, 다음과 같이 시간당 교통량을 첨두시간계수(Peak Hour Factor, PHF)로 나누어 얻는다.

$$Vp = \frac{V_H}{PHF}$$

여기서, Vp : 첨두시간 교통류율(vph), V_H : 시간교통량(vph)

PHF : 첨두시간계수

② 차로이용률 보정

차로이용률의 보정은 첨두교통량에 차로이용률계수(FU)를 곱하여 보정한다.

$$V = Vp \times FU$$

여기서, V : 보정된 교통량(vph), Vp : 첨두 시간교통류율(vph)

FU : 차로이용률 계수

[차로이용률 계수(FU)]

직진의 전용차로수	차로별 평균교통량(vphpl)		설계 수준	
	800 이하	800 초과	서비스 수준 C, D	서비스 수준 E
1차로	1.00	1.00	1.00	1.00
2차로	1.02	1.00	1.02	1.00
3차로	1.10	1.05	1.10	1.05
4차로 이상	1.15	1.08	1.15	1.08

③ 우회전 교통량 보정

전체 우회전 교통량에 우회전 교통량 보정계수를 곱하면 분석에 사용되는 우회전 교통량을 얻을 수 있다.

$$V_R = V_{RO} \times F_R$$

여기서, V_R : RTOR에 대해서 보정된 우회전 교통량(vph)

V_{RO} : 총우회전 교통량(vph), F_R : 우회전 교통량 보정계수

[우회전차로의 구분]

공용 우회전차로		전용 우회전차로
도류화되지 않은 차로	도류화된 차로	

[우회전 교통량 보정계수(F_R)]

우회전차로 구분		$F_R(V_R/V_{RO})$
4갈래 교차로	도류화되지 않은 공용 우회전차로	0.5
	도류화된 공용 우회전차로	0.4
3갈래 교차로	전용 우회전차로	0.5
	기타 우회전차로	

주) V_R은 분석에 사용되는 보정된 우회전 교통량, V_{RO}는 총우회전 교통량

3. 좌회전차로의 직진환산계수

① 좌회전 자체의 직진환산계수(EI)

좌회전차로 신호운영	전용 좌회전차로 수		공용 좌회전차로 수	
	1	2	1	2
양방보호좌회전	1.00	1.05		
직좌 동시신호			1.00	1.02*
비보호좌회전신호	E_{13} 공식**		E_{16} 공식***	

주) * 왼쪽 차로가 좌회전 전용차로라 하더라도 오른쪽 차로가 공용이면 두 차로 모두 공용으로 간주

$$** \ E_{13} = \frac{2,200}{V_o P} + \frac{2,200(1-g/C)V_o}{(2,200N-V_o)V_L}$$

$$*** \ E_{16} = \frac{2,200}{V_o P} + \frac{1}{V_L}\left[\frac{2,200(1-g/C)V_o}{2,200N-V_o} - \frac{3,600V_{Th}}{CNV_L}\right]$$

여기서, P : 대향직진 한 갭(gap)당 비보호 좌회전 가능 평균 차량대수
V_o : 대향직진 교통량(vph)
N : 접근로 차로수(전용 좌회전차로 제외)
V_L : 좌회전 교통량(vph)
V_{Th} : 직진 교통량(vph)
C : 주기(초)
g/C : 유효 녹색시간비

[대향직진 교통량별 한 갭(gap)당 비보호좌회전 가능 대수]

Vo	100	200	400	600	800	1,000	1,200	1,400	1,600	1,800
P	14.1	6.35	2.57	1.39	0.84	0.54	0.37	0.25	0.18	0.13

주) 보간법을 사용할 것

② 좌회전 곡선반경별 직진환산계수(Ep)

좌회전 곡선반경(m)	≤9	≤12	≤15	≤18	≤20	>20
직진환산계수(Ep)	1.14	1.11	1.09	1.06	1.05	1.00

③ U턴 %별 좌회전의 직진환산계수(Eu)

U턴 %*	0	10	20	30	40	50	60
$Eu1$	1.00	1.21	1.39	1.64	1.97	2.55	3.25

주) 보정 안 된 전체 좌회전과 U턴 교통량을 합한 교통량에 대한 U턴 교통량 비율
  * 보간법을 이용할 것

[U턴%별 좌회전의 직진환산계수 – 좌회전차로 2개($Eu2$)]

U턴 %*	0	10	20	30
$Eu2$	1.00	1.17	1.30	1.48

주) 보정 안 된 전체 좌회전과 U턴 교통량을 합한 교통량에 대한 U턴 교통량 비율
  * 보간법을 이용할 것

④ 좌회전차로의 종합 직진환산계수(E_L)

좌회전차로의 종합 직진환산계수는 좌회전차로수에 따른 좌회전 자체의 영향, 좌회전 궤적의 곡선반경의 영향, U턴의 영향을 종합적으로 고려한 것으로서 다음과 같이 나타낼 수 있다.

$$E_L = E_1 \times E_P \times E_U$$

4. 노변마찰로 인한 포화차두시간 손실(LH)

① 진·출입 차량에 의한 방해시간(L_{dw})

진·출입 교통량이 각 진·출입로를 균등하게 이용한다고 가정하면 이 영향으로 인한 시간당 전체 방해시간 L_{dw}는 다음과 같이 나타낼 수 있다.

$$L_{dw} = 0.9 \times V_{en} + 1.4 \times V_{ex}$$

여기서, L_{dw} : 이면도로 진·출입으로 인한 시간당 손실시간(초)
　　　　V_{en} : 간선도로로 진입하는 교통량(vph), V_{ex} : 간선도로에서 진출하는 교통량(vph)

② 버스 정차로 인한 방해시간(L_{bb})

버스정류장으로 인한 시간당 손실시간(L_{bb})은 다음의 식으로 구할 수 있으며, 버스 1대의 정차에 따른 포화차두시간의 평균손실시간은 아래 표에 나타나 있다. 이 손실시간도 마찬가지로 우회전 포화차두시간과 비교한 증분시간이다.

$$L_{bb} = T_b \times l_b \times V_b$$

여기서, L_{bb} : 버스정류장으로 인한 시간당 손실시간(초)
　　　　T_b : 버스 1대의 정차에 따른 포화차두시간 증분(초)
　　　　l_b : 버스정류장 위치계수 $=(75-l)/75$
　　　　　　(단, l은 정지선에서 버스정류장까지의 거리(m)이며, 이 값이 75m 이상이면 $l_b=0$)
　　　　V_b : 시간당 버스 정차대수

[버스 1대의 정차에 따른 포화차두시간 손실시간(T_b)]

구분	주행차로에 버스 정차*			별도의 버스승차대 정차
	소	중	대	
승차인원(인/대)	4인 이하	5~8인	9인 이상	해당 없음
하차인원(인/대)	7인 이하	8~14인	15인 이상	
T_b(초)	10.8	15.3	22.8	1.4

주) * 대 : 버스이용객 많음. 시장, 백화점, 버스터미널, 주요 전철역에 의한 환승지점 등
　　중 : 버스이용객 중간. 일반적인 업무지구, 상업지구, 전철역 주변 등
　　소 : 버스이용객 적음. 일반적인 주택지역, 기타

③ 주차활동으로 인한 방해시간(L_p)

신호교차로 접근로의 노상주차활동으로 인한 포화차두시간의 손실 L_p는 다음 식으로 구한다.

$$L_p = 360 + 18 V_{park}(\text{노상주차를 허용할 경우})$$
$$= 0(\text{노상주차를 금지할 경우})$$

여기서, L_p : 주차활동으로 인한 우회전 포화차두시간의 증분값(초)
　　　　V_{park} : 시간당 주차활동(vph)

5. 우회전차로의 직진환산계수(ER)

① 도류화되지 않은 공용 우회전차로의 직진환산계수(E_{R1})

㉠ 도류화가 되어 있지 않은 공용 우회전차로에서와 같이 정지선을 직진과 우회전이 같이 사용을 하며, 우회전후 교차도로의 횡단보도의 보행자 횡단신호가 우회전을 일시적으로 차단하며, 그동안 첫 우회전 차량 앞에 도착한 직진이 방출될 경우의 직진환산계수는 다음과 같다.

$$E_{R1} = \frac{S_0}{S_{R0}} + \frac{1}{V_R}\left[\frac{f_c G_P S_0}{C} + \frac{S_0 L_H}{3,600} - \frac{36,00 V_{Th}}{CN_T V_R}\right]$$
$$= \frac{R2}{2C(1-y)} + \frac{Qb}{3,600}$$

여기서, S_0 : 이상적인 조건하에서의 기본 포화교통량(2,200pcphgpl)
　　　　S_{R0} : 우회전의 기본 포화교통량(1,900pcphgpl)
　　　　V_R : 보정된 우회전 교통량(vph)
　　　　f_c : 횡단보행신호 중에서 우회전을 방해하는 시간의 비율
　　　　G_P : 교차도로의 횡단보행신호(초)

C : 주기(초)

L_H : 이면도로 진·출입, 버스정차, 노상주차에 의한 노변마찰(초)

V_{Th} : 직진 교통량(vph)

N_T : 직진이 가능한 차로수 $N_T = N$ (CASE 1, 2, 3, 4, 6)

$\qquad\qquad\qquad\qquad\qquad\quad = N-1$ (CASE 5)

ⓛ f_c의 값은 아래 표와 같다. 이 값은 교통안전시설실무편람(경찰청)에서 제시한 우회전 차량이 횡단보행자에게 통행우선권을 양보하면서 우회전할 수 있는 경우에 대한 것이다.

[우회전을 이용할 수 없는 횡단보도 신호시간 비율(f_c)]

구분	횡단 보행자 수(양방향)				
인/시간	≤500	≤1,000	≤2,000	≤3,000	>3,000
f_c	0.3	0.6	0.8	0.9	1.0

② 도류화된 공용 우회전차로의 직진환산계수(E_{R2})

도류화되어 있는 공용차로에서 교차도로의 횡단보도가 없거나, 있더라도 교통섬과 연결되어 있어 우회전 차량이 우회전한 후 보행자에 의한 방해를 거의 받지 않는 경우의 직진환산계수는 다음과 같다.

$$E_{R2} = 1.16 + \frac{L_H}{1.63\,V_R}$$

6. 차로군 분류방법

① V_{LF} 및 V_{RF} 값을 구하는 공식

$$V_{LF} = \frac{3{,}600\,V_{Th}}{CNV_L} \qquad \text{(CASE 4, 6)}$$

$$\quad = \frac{7{,}200\,V_{Th}}{C(N-1)\,V_L} \qquad \text{(CASE 5)}$$

$$V_{RF} = \frac{3{,}600\,V_{Th}}{CNV_R} \qquad \text{(CASE 1, 2, 3, 4, 6)}$$

$$\quad = \frac{3{,}600\,V_{Th}}{C(N-1)\,V_R} \qquad \text{(CASE 5)}$$

여기서, V_{LF} : 공용 좌회전차로에서 첫 좌회전 앞에 도착하는 직진 교통량(vph)

V_{RF} : 공용 우회전차로에서 첫 우회전 앞에 도착하는 직진 교통량(vph)

V_{Th} : 직진 교통량(vph)

V_L : 좌회전 교통량(vph)

V_R : 우회전 교통량(vph)

C : 주기(초)

N : 접근로 전체 차로수(전용 좌회전차로 제외)

또 공용 좌회전차로를 이용하는 직진교통량 V_{STL} 및 공용 우회전차로를 이용하는 직진교통량 V_{STR} 값들과 앞에서 구한 값을 비교하여 아래와 같이 차로군을 분류한다.

- CASE 1, 2, 3에서 전용 좌회전차로는 별도 차로군
- 차로수(전용 좌회전차로 제외)가 1개이면 하나의 통합차로군
- $V_{STL} > V_{LF}$이고 $V_{STR} > V_{RF}$이면 : 직진, 좌·우회전 모두 하나의 통합차로군
- $V_{STL} < V_{LF}$이면 : 실질적 전용 좌회전차로군

  $V_{STR} < V_{RF}$이면 : 실질적 전용 우회전차로군
- $V_{STL} > V_{LF}$이면 : 직진과 좌회전 통합차로군

  $V_{STR} > V_{RF}$ 이면 : 직진과 우회전 통합차로군

② V_{STL} 및 V_{STR} 값을 구하는 공식

$$V_{STL} = \frac{1}{N}\left[V_{Th} + E_R V_R - E_L V_L(N-1)\right] \qquad \text{(CASE 4, 6)}$$

$$= \frac{1}{N}\left[2(V_{Th} + E_R V_R) - E_L V_L(N-2)\right] \qquad \text{(CASE 5)}$$

$$V_{STR} = \frac{1}{N}\left[V_{Th} - E_R V_R(N-1)\right] \qquad \text{(CASE 1, 2, 3)}$$

$$= \frac{1}{N}\left[V_{Th} + E_L V_L - E_R V_R(N-1)\right] \qquad \text{(CASE 4, 5, 6)}$$

여기서, V_{STL} : 공용 좌회전차로를 이용하는 직진 교통량(vph)

V_{STR} : 공용 우회전차로를 이용하는 직진 교통량(vph)

E_L : 좌회전의 직진환산계수

E_R : 우회전의 직진환산계수

7. 포화교통량 산정

① 차로군별 회전교통량 비율(P_{LT}, P_{RT}, P_L, P_R)

ㄱ 실질적 전용 회전 차로군

- 실질적 전용 좌회전차로군 : $P_L = \dfrac{V_L}{V_{LF} + V_L}$

- 실질적 전용 우회전차로군 : $P_R = \dfrac{V_R}{V_{RF} + V_R}$

ㄴ 공용 회전 차로군

- 공용 좌회전차로군 : $P_{LT} = \dfrac{V_L}{V_{Th} - V_{RF} + V_L}$

- 공용 우회전차로군 : $P_{RT} = \dfrac{V_R}{V_{Th} - V_{LF} + V_R}$

※ 전용 좌회전차로가 있는 경우(CASE 1, 2, 3)는 $V_{LF} = 0$

ㄷ 통합차로군

- 직진＋좌＋우회전 통합차로군 : $P_{LT} = \dfrac{V_L}{V_T}$, $P_{RT} = \dfrac{V_R}{V_T}$

  (여기서, $V_T = V_{Th} + V_L + V_R$)

여기서, P_L : 실질적 전용 좌회전차로군에서 좌회전의 비율

P_{LT} : 직진·좌회전 공용 차로군에서 좌회전의 비율

P_R : 실질적 전용 우회전차로군에서 우회전의 비율

P_{RT} : 직진·우회전 공용 차로군에서 우회전의 비율

V_T : 직진·좌회전·우회전 통합차로군에서 접근로의 총교통량(vph)

② 차로군별 회전 보정계수(f_{LT}, f_{RT})

ㄱ 기본 포화교통류율에 적용하는 최종적인 보정계수는 회전교통량의 비율 P와 회전교통류의 직진환산계수 E를 이용하여 다음 기본식으로부터 얻을 수 있다.

$$f = \dfrac{1}{1 + P(E-1)}$$

ㄴ 전용 좌회전차로군 : $f_{LT} = \dfrac{1}{E_L}$

ㄷ 실질적 전용 회전 차로군

- 실질적 전용 좌회전차로군 : $f_{LT} = \dfrac{1}{1 + P_L(E_L - 1)}$

- 실질적 전용 우회전차로군 : $f_{RT} = \dfrac{1}{1 + P_R(E_R - 1)}$

ⓒ 공용 회전 차로군

• 공용 좌회전차로군 : $f_{LT} = \dfrac{1}{1 + P_{LT}(E_L - 1)}$

• 공용 우회전차로군 : $f_{RT} = \dfrac{1}{1 + P_{RT}(E_R - 1)}$

ⓜ 통합차로군 : $f_{LT} \times f_{RT} = \dfrac{1}{1 + P_{LT}(E_L - 1) + P_{RT}(E_R - 1)}$

여기서, f_{LT} : 좌회전 보정계수

f_{RT} : 우회전 보정계수

E_L : 좌회전의 직진환산계수

E_R : 우회전의 직진환산계수

③ 포화교통류율 보정

장래의 도로 및 교통조건에서의 운영분석 또는 설계분석 및 계획분석 등 많은 부분에서는 합리적인 절차에 따라 다음과 같은 공식을 이용하여 계산된 포화교통류율값을 사용한다.

$$S_i = S_0 \times N_i \times f_{LT}(\text{또는 } f_{RT}) \times f_w \times f_g \times f_{HV}$$

여기서, S_i : 차로군 i의 포화교통류율(vphg)

S_0 : 기본포화교통류율(2,200pcphgpl)

N_i : i 차로군의 차로수

f_{LT}, f_{RT} : 좌·우회전차로 보정계수(직진의 경우는 1.0)

f_w : 차로폭 보정계수

f_g : 접근로 경사 보정계수

f_{HV} : 중차량 보정계수

④ 차로폭 보정계수(f_w)

차로폭(m)	≤2.6	≤2.9	≥3.0
f_w	0.88	0.94	1.00

⑤ 경사 보정계수(f_g)

경사(%)	≤0	+3	≥+6
f_g	1.00	0.96	0.93

주) 보간법을 사용할 것

⑥ 중차량 보정계수(f_{HV})

중차량 보정계수는 승용차 이외의 모든 중차량의 혼입률을 고려한 평균 승용차환산계수 1.8을 사용하여 다음의 관계식으로 계산한다.

$$f_{HV} = \frac{1}{1 + P(E_{HV} - 1)} = \frac{1}{1 + 0.8P}$$

여기서, f_{HV} : 중차량 보정계수
P : 중차량의 실교통량에 대한 혼입비율
E_{HV} : 중차량 승용차환산계수($=1.8$)

8. 서비스 수준 결정

① 용량 및 V/C

㉠ $(V/S)i$는 i차로군의 교통량과 포화교통류율의 비를 의미하는 것으로 이를 교통량비 (Flow Ratio)라 하고 yi로 나타내기도 한다. i차로군의 용량은 다음 식을 이용해서 얻는다.

$$c_i = S_i \times \frac{g_i}{C}$$

여기서, c_i : i차로군의 용량(vph), S_i : i차로군의 포화교통류율(vph)
g_i : i차로군의 유효녹색시간(초), C : 주기(초)

㉡ $(V/C)i$는 i차로군의 교통량과 용량의 비를 의미하는 것으로서 이를 포화도(Degree of Saturation)라 하고 Xi로 나타내기도 한다. 따라서 교통량비와 포화도의 관계는 다음과 같이 나타낼 수 있다.

$$X_i = \left(\frac{V}{c}\right)_i = \frac{V_i}{S_i\left(\frac{g_i}{C}\right)} = \frac{V_i C}{S_i g_i}$$

여기서, X_i : $(V/C)i = i$차로군의 포화도
V_i : i차로군의 교통량(vph)
g_i/C : i차로군의 유효녹색시간비

② 임계차로군 및 임계 V/C 비

㉠ 각 신호현시에 움직이는 차로군들 중에서 교통량비 y값이 가장 큰 차로군이 임계차로군이 되며, 각 현시에 속한 임계차로군의 교통량비를 합한 값은 신호주기를 계산하거나 교차로 전체의 임계 V/C비를 계산하는 데 사용된다.

ⓛ 임계 V/C 비를 구하는 공식은 다음과 같다.

$$X_c = \frac{C}{C-L}\sum y_i$$

여기서, X_c : 교차로 전체의 임계 V/C 비
C : 주기(초)
L : 주기당 총손실시간(초)
y_i : 각 현시의 임계차로군의 교통량비

③ 지체 계산 및 연동계수 적용

어느 차로군의 차량당 평균제어지체를 구하는 공식은 다음과 같다.

$$d = d_1(PF) + d_2 + d_3$$

여기서, d : 차량당 평균제어지체(초/대)
d_1 : 균일 제어지체(초/대)
PF : 신호연동에 의한 연동보정계수
d_2 : 임의도착과 과포화를 나타내는 증분지체로서, 분석기간 바로 앞 주기 끝에 잔여차량이 없을 경우(초/대)

④ 지체 종합 및 서비스 수준 판정

㉠ 신호교차로의 각 차로군의 차량당 제어지체가 결정되면, 아래 표를 이용하여 각 차로군별 서비스 수준을 결정하고, 각 접근로의 제어지체는 차로군별 제어지체를 교통량에 관하여 가중평균하여 구하고 서비스 수준을 구한다.

[신호교차로의 서비스 수준 기준]

서비스 수준	차량당 제어지체
A	≤ 15초
B	≤ 30초
C	≤ 50초
D	≤ 70초
E	≤ 100초
F	≤ 220초
FF	≤ 340초
FFF	> 340초

ⓛ 또 각 접근로의 제어지체를 교통량에 관하여 가중평균하여 교차로의 평균제어지체를 구하고 서비스 수준을 결정한다. 이를 수식으로 표현하면 다음과 같다.

$$d_A = \frac{\sum d_i V_i}{\sum V_i}, \quad d_I = \frac{\sum d_A V_A}{\sum V_A}$$

여기서, d_A : A접근로의 차량당 평균제어지체(초/대)
d_i : A접근로 i차로군의 차량당 평균제어지체(초/대)
V_i : i차로군의 보정교통량(vph)
d_I : I교차로의 차량당 평균제어지체(초/대)
V_A : A접근로의 보정교통량(vph)

17 비신호교차로 서비스 수준 분석방법

1 개요

① 비신호교차로는 교차로에서 직진, 좌회전, 우회전하는 각 방향별 교통류가 신호등에 의하여 통제되면서 통행권을 부여받지 못하고, 양보·정지 등의 교통제어 방법이나 운전자들의 판단과 통행 우선순위에 의하여 통행권을 부여받으면서 통과하는 교차로 지점을 말한다.
② 비신호교차로의 유형은 운영방식에 따라 무통제교차로, 양방향정지교차로(Two Way Stop Controlled), 전방향정지교차로(All Way Stop Controlled), 로터리식 교차로 4가지 종류로 나뉜다.
③ 본 사업지구의 비신호교차로는 무통제교차로이다.

2 무통제교차로

① 비신호교차로에서 접근하는 모든 방향에 동등하게, 먼저 진입한 차량에게 우선권이 주어지는 교차로를 말한다.
② 무통제교차로는 방향별 교차로 진입 교통량, 시간당 상충횟수를 효과척도로 사용하며, 교차로 접근시간, 교차로 통과시간, 총통행시간보다는 교통량 또는 상충수가 무통제교차로의 용량과 서비스 수준을 나타내는 데 가장 적절하다.

③ 무통제교차로의 용량 및 서비스 수준 분석과정

무통제교차로의 용량과 서비스 수준은 방향별 교통량 입력, 교통량의 중차량 보정, 주도로의 교통량비 산정, 서비스 수준 판정의 4단계로 구분된다.

① 방향별 교통량 입력

무통제교차로 조사지점에 진입하는 각 방향별 교통량을 조사하여 입력한다.

② 교통량의 중차량 보정

전체 방향별 교통량 중 승용차 이외의 중차량에 대하여 승용차 환산계수를 적용하여 승용차환산 교통량을 구한다.

③ 주도로의 교통량비 산정

보정된 각 방향별 교통량을 이용하여, 대향교통량과 합하고 가로별로 교통량 합을 비교하여 주도로(교통량의 합중에서 큰 값을 가진 가로) 및 주도로 교통량비를 결정한다.

④ 서비스 수준 판정

계산된 교차로 진입 교통량을 통하여 서비스 수준을 판정하며 이때, 교차로 진입 교통량에 따른 상충횟수는 교통량－상충횟수 관계식에 의하여 계산할 수 있다.

[무통제 교차로 교통량－상충횟수 관계식 및 계수]

주도로 교통량비(%)	a(기울기)
< 60	0.1508
< 70	0.1487
≥ 70	0.1326
관계식 : $y = ax$	y = 시간당 상충횟수(회/h) x = 교차로 총교통량(vph)

[무통제교차로의 서비스 수준]

서비스 수준	교차로 총교통량(vph)*			시간당 상충횟수 (회/h)
	주도로 교통량비율 < 60%	주도로 교통량비율 < 70%	주도로 교통량비율 ≥ 70%	
A	≤ 320	≤ 360	≤ 400	≤ 60
B	≤ 640	≤ 720	≤ 800	≤ 120
C	≤ 960	≤ 1,080	≤ 1,200	≤ 180
D	≤ 1,280	≤ 1,440	≤ 1,600	≤ 240
E	≤ 1,600	≤ 1,800	≤ 2,000	≤ 300
F	> 1,600	> 1,800	> 2,000	> 300

주) * 교차로 총교통량은 교차로 전방향 진입교통량의 합을 말함

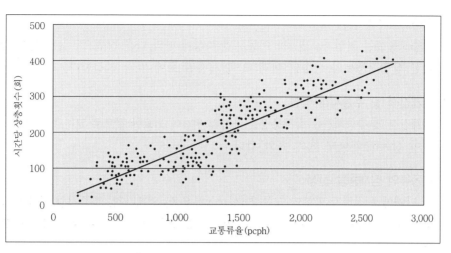

[교통류율에 따른 시간당 상충횟수]

4 양방향정지 교차로(Two Way Stop Controlled Intersections, TWSC)

① 주도로의 차량이 통행을 완료할 때까지의 시간간격 동안 부도로에서 진입하는 모든 차량과 주도로에서 좌회전하는 차량이 기다려야 하는 교통통제 기법을 이용하는 지점을 말한다.

② 양방향정지 비신호교차로의 경우 다음과 같이 도로의 방향별로 우선순위가 존재한다.
ㄱ 부도로 우회전   ㄴ 주도로 좌회전
ㄷ 부도로 직진   ㄹ 부도로 좌회전

5 양방향정지 교차로의 용량 및 서비스 수준 분석과정

양방향정지 교차로의 용량 및 서비스 수준은 자료입력과정, 상충교통류 산정, 임계간격 및 추종시간 산정, 이동류의 잠재용량 산정, 저항계수 산정, 차로배분용량 산정, 운영지체 산정, 서비스 수준 판정의 과정으로 총 8단계로 수행된다.

① 자료입력과정
각 방향별 교통량을 조사하고, 전체 방향별 교통량 중 승용차 이외의 중차량에 대하여 승용차 환산계수를 적용하여 승용차 환산 교통량을 구한다.

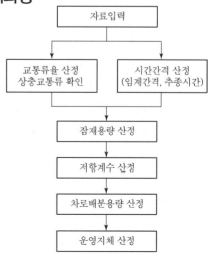

[양방향정지 교차로의 서비스 수준 과정]

② 상충교통류의 산정

상충교통류는 진입차로별, 각 이동류별 특성에 따라 다른 방법으로 산정하며 각 이동류에 대한 상충교통류의 산정은 아래 ⑧에 제시된 표에 따라 산정한다.

③ 임계간격 및 추종시간 산정

임계간격 및 추종시간은 잠재용량을 구하기 위하여 필요한 값으로 교차로 형태에 따라 산정방법이 상이하며 아래 ⑧의 표와 같다.

④ 이동류의 잠재용량 산정

전 단계에서 정해진 방향별 교통량, 상충교통류율, 임계간격, 추종시간 등을 이용하여 아래 식에 따라 이동류의 잠재용량을 산정할 수 있으며, 이를 차로수에 따라 그래프로 표시할 경우 다음 그림과 같다.

$$c_{p,x} = v_{c,x} \frac{e^{-v_{c,x}t_{c,x}/3,600}}{1 - e^{-v_{c,x}t_{f,x}/3,600}}$$

여기서, $c_{p,x}$: 이동류 x의 잠재용량(vph)

$v_{c,x}$: 이동류 x에 대한 상충교통류율

$t_{c,x}$: 이동류 x에 대한 임계간격

$t_{f,x}$: 이동류 x에 대한 추종시간

⑤ 저항계수 산정

㉠ 저항계수란 비신호교차로에서 주도로상의 좌회전 대기차량이 대향직진 차량 간의 대기에 의하여 발생하는 용량의 손실을 고려하기 위한 것으로 우선권이 있는 교통류가 많으면, 낮은 우선권을 가지는 차량의 대기시간이 길어짐으로써 이동류의 잠재용량은 낮아지게 된다.

• 주도로 좌회전은 부도로상에서의 직진 및 좌회전에 영향을 준다.

• 부도로상에서의 직진은 부도로상의 대향 좌회전에 영향을 준다.

㉡ 저항계수를 산정하려면 수요에 따른 용량비를 구하고 용량과 통행저항계수 관계식에 대입하여 산정한다.

• 수요에 따른 용량비

(v_i/c_π)

여기서, c_π : 이동류 i에 대한 잠재용량

v_i : 이동류 i의 교통량

• 용량과 통행저항계수의 관계식

$$y = -0.04\,x^2 - 0.64\,x + 1$$

여기서, y : 통행저항계수

x : 수요에 따른 용량비

⑥ 차로배분 용량 산정

각각의 부도로 이동류는 독립적인 차로를 가지고 있는 것으로 가정되어 있으나, 하나의 차로에 두 가지 또는 세 가지 이동류가 차로를 배분하여 사용하고 있는 경우가 빈번하므로 이러한 상황에 대한 보정이 필요하며 차로배분을 고려한 용량은 아래 식에 따라 산정된다.

$$C_{SH} = \frac{v_l + v_t + v_r}{\left[\dfrac{v_l}{c_{ml}}\right] + \left[\dfrac{v_t}{c_{mt}}\right] + \left[\dfrac{v_r}{c_{mr}}\right]}$$

여기서, C_{SH} : 배분된 차로의 용량(pcph)

v_l : 좌회전차로에 배분된 교통량 또는 교통류율(pcph)

v_t : 직진 차로에 배분된 교통량 또는 교통류율(pcph)

v_r : 우회전차로에 배분된 교통량 또는 교통류율(pcph)

c_{ml} : 차로에 배분된 좌회전 이동 용량(pcph)

c_{mt} : 차로에 배분된 직진 이동 용량(pcph)

c_{mr} : 차로에 배분된 우회전 이동 용량(pcph)

⑦ 운영지체 산정

각 이동류에 대한 교통류율과 용량값을 가지고 각 이동류에 대한 운영지체의 값을 산정한다.

$$d = \frac{3,600}{c_{m,x}} + 900\,T\left[\frac{v_x}{c_{m,x}} - 1 + \sqrt{\left(\frac{v_x}{c_{m,x}} - 1\right)^2 + \frac{\left(\dfrac{3,600}{c_{m,x}}\right)\left(\dfrac{v_x}{c_{m,x}}\right)}{450\,T}}\,\right] + 5$$

여기서, d : 운영지체(sec/veh)

v_x : 이동류 x에 대한 교통류율(vph)

$c_{m,x}$: 이동류 x에 용량(vph)

T : 분석시간 주기(h) ($T=0.25$는 분석시간이 15분을 의미함)

⑧ 서비스 수준 판정

서비스 수준은 계산된 교차로의 운영지체 값에 따라 표를 이용하여 결정되며, 비신호교차로의 교통류 특성을 감안할 때, 서비스 수준 E상태를 용량상태라고 정의할 수는 없다.

[양방향정지 교차로의 임계간격과 추종시간]

구분	임계간격(sec)				추종시간(sec)			
	주방향	부방향			주방향	부방향		
	좌회전	좌회전	직진	우회전	좌회전	좌회전	직진	우회전
1×1형태	4.2	4.6	4.5	3.7	2.5	3.0	2.7	2.8
2×1형태	4.9	5.2	5.4	4.4	2.5	3.0	2.7	2.8

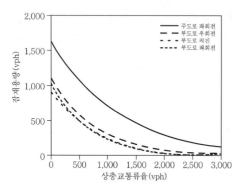 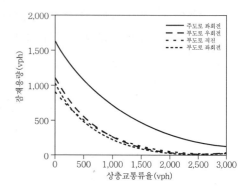

[상충교통량과 임계간격 크기에 따른 잠재용량(2차로, 4차로)]

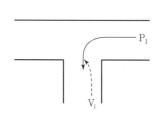 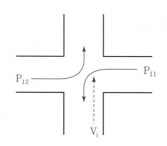 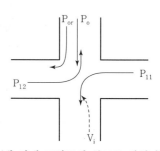

〈T형 교차로의 부도로 좌회전〉 〈네 갈래 교차로의 부도로 직진〉 〈네 갈래 교차로의 부도로 좌회전〉

$$C_{mi} = C_\pi \times P_1 \qquad C_{mi} = C_\pi \times P_{11} \times P_{12} \qquad C_{mi} = C_\pi \times P_{11} \times P_{12} \times P_o \times P_{or}$$

[통행저항 계산식]

[양방향정지(TWSC) 교차로의 서비스 수준]

서비스 수준	평균운영지체(sec/veh)
A	≤ 10
B	≤ 15
C	≤ 25
D	≤ 35
E	≤ 50
F	> 50

18 도로 교통용량 분석(서비스 교통량 산정)

1 개요

1. 용량

① 일반적으로 시설의 용량이란 주어진 시간 내에 주어진 도로조건, 교통조건, 교통운영조건 아래에서 도로 또는 차로의 균일 구간이나 지점을 통과할 수 있는 최대 시간 교통량을 말하며, 이때의 도로조건은 좋은 기후조건과 좋은 노면상태를 전제로 한 것이다. 따라서 교통량은 교통수요의 변화에 따른 실제 교통류율을 의미하는 반면 용량은 어떤 시설이 처리할 수 있는 최대 교통류율 또는 그 능력을 나타낸다.

② 용량 분석에서 사용되는 주어진 시간의 길이로는 동일한 교통류 특성을 유지하는 최대 시간인 15분을 사용한다.

③ 도로조건

도로조건이란 도로시설의 형태 및 주변 개발환경, 차로수, 차로폭 및 갓길폭, 설계속도, 측방 여유폭, 평면 및 종단선형 등을 포함하는 도로의 기하 특성을 말하며, 횡단면의 구성이 상당히 많은 부분을 차지한다.

㉠ 도로시설의 형태 : 교통통제시설의 존재 유무, 중앙분리대의 설치 여부, 그리고 도로 부속시설 등의 설치상태 등이며, 교통류 특성과 용량에 지대한 영향을 미치게 된다.

㉡ 주변 지역 개발 정도 : 도로의 운영 상태, 특히 신호등 교차로와 다차로도로의 운영 특성에 지대한 영향을 미친다.

㉢ 차로 및 길어깨의 폭 : 주행 특성에 영향을 미치며 차로의 폭이 좁은 경우 속도를 줄이거나 차두 간격을 정상일 때보다 많이 확보해야 하므로 용량의 감소요인이 된다. 길어깨의 폭이 충분히 확보되지 않은 경우 차로폭이 좁은 경우와 유사한 용량 감소효과를 유발할 뿐 아니라 길어깨와 차로 간에 형성되는 도로의 평면시거는 운전자의 주행속도와 직접적인 관계가 있으므로 용량감소효과를 나타낸다.

㉣ 설계속도 : 설계속도에 의한 용량감소효과는 속도규제표지 등의 직접적인 영향과 도로의 평면 및 횡단 선형구성이 설계속도에 따라 좌우된다는 점에서 중요하다. 즉, 한 도로구간의 선형은 설계속도와 그 도로가 통과하는 주변 지역 지형의 종합적인 고려를 통해 이루어지는 것이므로 설계속도의 결정은 곧 용량의 변화 가능 구간을 대체적으로 결정하는 것과 같은 의미를 지닌다.

④ 교통조건

교통조건이란 그 시설을 이용하는 교통류의 특성을 말하며, 교통량, 교통류 내의 차종 구성, 교통량의 차선별 분포 및 방향별 분포가 여기에 해당된다.

⑤ 교통운영(통제) 조건

교통운영 조건이란 단속류에만 해당하는 용량보정계수이며, 운영 설비의 종류 및 구체적 인 설계와 교통규제를 말하며, 교통신호의 위치, 종류 및 신호시간은 용량을 좌우하는 결정적인 운영조건이다. 기타 중요한 운영조건은 정지 및 양보표지, 차로이용통제, 회전 통제 등과 같은 통제대책들이다.

2. 서비스 수준

① 서비스 수준이란 교통류 내에서의 운행상태를 나타내는 것으로 운전자나 승객이 느끼는 정성적인 평가기준이다. 도로조건이나 교통운영 조건이 일정하다면 서비스 수준은 주로 교통조건에 따라 좌우된다.

② 서비스 수준을 평가하는 효과척도는 통행속도, 정지수, 통행시간, 교통밀도, 운행비용 등 여러 가지가 있으나 운전자나 승객이 느끼는 것은 속도 및 통행시간, 이동의 자유도, 정지수, 쾌적감, 편리성, 안전감이다. 그러나 MOE는 측정하기 쉽고 또 다른 MOE들을 대표할 수 있는 것이어야 한다.

③ 각 시설의 서비스 수준을 정의하기 위하여 사용되는 파라미터를 효과척도라 하며 이들은 각 시설의 운행상태를 가장 잘 나타내는 서비스 기준들을 대표하는 것이다.

교통흐름	도로의 구분		효과척도(MOE)
연속류	고속국도	기본구간	• 밀도(승용차/km/차로) • 교통량 대 용량비(V/C)
		엇갈림구간	평균밀도(승용차/km/차로)
		연결로 접속부	영향권의 밀도(승용차/km/차로)
	다차로 도로		• 평균통행속도(km/h) • 교통량 대 용량비(V/C)
	2차로 도로		• 총지체율(%) • 평균통행속도(km/h)
단속류	신호교차로		평균제어지체(초/대)
	연결로 – 일반도로		평균제어지체(초/대)
	비신호교차로	양방향정지 교차로	평균운영지체(초/대)
		무통제	• 방향별 교차로 진입 교통량(대/시) • 시간당 상충횟수(회/시)
	회전교차로		평균지체(초/대)
	도시 및 교외 간선도로		평균통행속도(km/h)

3. 교통류의 구분

교통류는 교통 흐름을 통제하는 외부 영향 유무에 따라 단속류와 연속류로 구분한다.

① 연속류 : 교통 흐름을 통제하는 외부 영향이 없는 흐름
② 단속류 : 연속류에 비해 훨씬 복잡한 형태의 교통류로서, 교통신호등, 정지표지 및 양보표지 등과 같은 고정된 교통통제시설의 영향을 받으며 이러한 교통통제시설에 의해 주기적으로 통제된다.

4. 연속류

① 도로의 용량

도로의 용량은 주어진 시간 동안, 도로 및 교통조건에서 도로나 차로의 일정 구간 또는 지점을 승용차가 통행하리라고 예상되는 최대 교통류율을 의미한다.

ㄱ 이상적인 조건
- 차로폭 3.5m 이상
- 측방 여유폭 1.5m 이상
- 승용차로만 구성된 교통류
- 평지

ㄴ 교통류에 영향을 미치는 요인
- 차로폭 및 측방 여유폭
- 중차량
- 기타 조건

ㄷ 교통조건
- 차종 구성 : 용량, 서비스 교통류율, 서비스 수준에 영향을 주는 교통류의 가장 중요한 요인은 차종별 구성비이다.
- 중차량이란 6개 이상의 타이어가 도로면에 접촉하는 차량을 말한다.
- 방향별로 50대 50으로 분포될 때 최적 상태가 된다.

ㄹ 연속류 시설
- 고속국도
- 다차로 도로
- 2차로 도로

② 효과척도

ㄱ 속도(Speed)
- 단위시간당 이동한 거리(km/h)

- n대의 차량이 길이가 L인 구간을 t_1, t_2, $t_3 \cdots t_n$인 시간으로 통행하였다면, 평균통행속도는 다음과 같다.

$$S = \frac{L}{\dfrac{1}{n}\sum_{i=1}^{n} t_i} = \frac{nL}{\sum_{i=1}^{n} t_i}$$

여기서, S : 평균통행속도(km/h), L : 구간길이(km)
t_i : i번째 차량이 이 구간을 통과하는 데 소요되는 통행시간(시)
n : 통행시간 관측횟수

③ 교통량

주어진 시간에 도로나 차로의 횡단면 또는 한 지점을 통과한 차량의 대수를 나타낸다. 조사단위는 1년, 1일, 1시간 또는 몇 분 등이다.

④ 교통류율

㉠ 1시간보다 짧은 간격, 보통 15분 동안에 도로나 차로의 횡단면 또는 한 지점을 통과한 차량대수를 시간당 교통량으로 환산한 값

㉡ 첨두 교통류율은 첨두시간계수(PHF)를 사용하여 시간당 교통량으로 환산할 수 있다.

$$PHF = \frac{첨두시간\ 교통량}{첨두\ 교통류율}$$

㉢ 만일 교통량 관측시간 단위로 15분이 사용되었다면, 첨두시간계수는 다음과 같다.

$$PHF = \frac{V}{(4 \times V_{15})}$$

여기서, PHF : 첨두시간계수, V : 첨두시간 교통량(대/시)
V_{15} : 첨두 15분간 통과한 차량수(대/15분)

⑤ 밀도

㉠ 밀도는 주어진 구간의 차로 또는 도로구간에 있는 차량대수로 정의되며, 보통 대/km의 단위로 표시한다.

$$D = \frac{V}{S}$$

여기서, D : 밀도(대/km), V : 교통량(대/시)
S : 평균통행속도(km/시)

㉡ 주어진 도로의 최대 교통류율은 그 도로의 용량이 되는데, 이때의 밀도가 임계밀도이며, 이때의 속도를 임계속도라 한다.

5. 단속류

① 용량의 정의 및 개념

    ㉠ 단속류 시설은 교통류가 연속적으로 진행하지 못하고 신호등 또는 교통통제시설에 의해 교통류가 단절되는 교통시설이다.

    ㉡ 단속류 시설에는 교차로 및 이들 교차로와 교차로 간의 링크로 구성되는 간선도로 시설이 대표적이다.

② 단속류 시설

    ㉠ 신호교차로 : 도로상에서 두 도로가 만나는 교차로를 신호등으로 제어하는 교통시설로서 단속류 도로의 용량을 제약하는 가장 복잡하고 중요한 시설이다.

    ㉡ 도시 및 교외 간선도로 : 신호교차로들의 선형 집단으로 구성된 시설이다.

③ 용량

일반적으로 도로의 용량은 단위시간 동안 주어진 도로, 교통의 제약 조건하에서 도로 또는 차로의 한 지점 또는 일정 구간을 통행할 수 있을 것으로 기대되는 시간당 최대 교통량을 의미한다.

신호교차로의 용량은 교차로에 접근하는 각 방향별 교통류에 대한 분석의 결과로 용량을 산정하게 되고 도시 및 교외 간선도로는 신호교차로에 의한 지체와 신호의 영향을 받지 않는 순행 구간의 시간을 포함한 결과로써 용량을 산정하게 된다.

교차로의 운영은 각 방향별 교통류가 적절한 제어방식에 의해 방향별로 할당되므로 교차로의 용량은 대부분 링크 구간의 용량보다 적다.

신호교차로에서의 용량 결정은 포화교통류율의 개념으로부터 출발한다. 즉, 신호가 녹색으로 바뀔 때 정지하였던 차량이 출발하여 계속해서 진행될 때에 포화차두시간을 결정하고 다음 공식에 따라 1시간 동안의 포화교통류율이 결정된다.

$$s = \frac{3,600}{h}$$

    여기서, s : 포화교통류율(vphg), h : 포화차두시간(초)

포화교통류율은 용량 결정의 기준이 되며 용량은 신호현시를 고려하여 다음의 관련 식에 의해 결정된다.

$$c = s \times g/C$$

    여기서, c : 용량(vph), s : 포화교통류율(vphg), g : 유효녹색신호시간(초)
           C : 신호주기(초), g/C : 유효녹색신호시간비

④ 효과척도

단속류 시설의 효과척도란 그 시설의 운영의 질을 표현하는 기준을 말하며 신호교차로의 효과척도는 차량당 평균 제어지체를 이용하고, 도시 및 교회 간선도로의 효과척도는 평균통행속도로 한다.

② 고속국도

1. 정의

고속국도는 중앙분리대가 설치되어 있고 방향별로 2차로 이상의 차선을 가진 최상급 도로로서 고속국도를 이용하는 차량은 반드시 연결로를 통해서만 본선으로 유·출입할 수 있는 완전출입통제방식을 취한다.

2. 고속국도 구간 분류

① **기본 구간** : 램프 부근의 합류 및 분기 또는 엇갈림에 영향을 받지 않는 고속국도 구간

② **엇갈림 구간**

㉠ 둘 이상의 교통류가 서로 다른 교통류의 경로를 교차하여야 하는 고속국도 구간으로서, 보통 두 도로의 합류 지역이 그 다음에 오는 분류 지역과 가까이 있는 경우에 생긴다.

㉡ 또 고속국도의 상향 램프가 고속국도의 바깥쪽 보조차선으로 연결되어 다시 하향 램프로 이어질 때도 생긴다.

③ **램프 접속부** : 상향 및 하향 램프가 고속국도와 만나는 점으로서, 이러한 접속부는 합류 및 분기 차량의 집중으로 인하여 혼잡하다.

3. 램프 및 엇갈림 구간의 영향권

① **상향 램프 또는 엇갈림 합류 지역** : 연결로 접속부의 150m 상류지점부터 750m 하류지점까지의 구간

② **하향 램프 또는 엇갈림 분기 지역** : 연결로 접속부의 750m 상류지점부터 150m 하류지점까지의 구간

4. 이상적인 조건

① 차로폭 : 3.5m 이상

② 측방 여유폭 : 1.5m 이상

③ 승용차만으로 구성된 교통류

④ 평지

5. 교통 용량산정

① 최대 서비스 교통량 용량 : 2,200승용차/시/차로

② 고속국도 기본 구간의 서비스 교통량 산정식

$$SF_i = 2,200 \times (V/C)_i \times N \times f_w \times f_{HV}$$

여기서, SF_i : 서비스 수준 i에서 주어진 교통조건 및 도로조건에서 N차로

$(V/C)_i$: 서비스 수준 i에서 교통량 대 용량비

N : 고속국도 편도 차로수

f_w : 차로폭 및 측방 여유폭 보정계수

f_{HV} : 중차량 보정계수

$$f_{HV} = \frac{1}{[1 + P_T(E_T - 1) + P_B(E_B - 1)]} \text{ (평지)}$$

$$= \frac{1}{[1 + P_{HV}(E_{HV} - 1)]} \text{ (구릉지, 산지)}$$

$$= \frac{1}{[1 + P_{HV}(E_{HV} - 1)]} \text{ (특정구배구간)}$$

여기서, P_T : 교통류 중의 트럭 구성비

P_B : 교통류 중의 버스 구성비

E_T : 트럭의 승용차 환산계수

E_B : 버스의 승용차 환산계수

P_{HV} : 교통류 중의 중차량(트럭과 버스) 구성비

E_{HV} : 중차량의 승용차 환산계수

예제 01

도시지역 평지에서 고속국도를 서비스 수준 C로 운행되도록 설계하고자 한다. 이 구간의 교통특성 추정결과가 다음과 같을 때 고속국도 구간은 몇 차로로 설계하여야 하는가?

- 중방향 설계시간 교통량(DDHV) : 5,000대/시
- 트럭 : 20%
- 버스 : 5%
- PHF : 0.90

+풀이

$$N=\frac{SF_i}{[C_i\times(V/C)_i\times f_w\times f_{HV}]}$$

여기서, SF_i : 5,556 $\left(\frac{5,000}{0.9}=5,556\right)$

$(V/C)_i$: 0.7, C_i : 2,200

E_T : 1.5, E_B : 1.3, f_w : 1.0

f_{HV} : $\frac{1}{[1+0.2(1.5-1)+0.05(1.3-1)]}=0.90$

N : $\frac{5,556}{[2,200\times0.7\times1.0\times0.9]}=4$차로

6. 통행속도가 고속국도 기본 구간의 MOE로서 부적합한 이유

① 속도－교통량 관계 곡선에서 볼 수 있는 바와 같이 서비스 수준이 높은 영역에서는 교통량의 변화가 상당히 큼에도 불구하고 속도는 거의 변화를 보이지 않는다. 바꾸어 말하면 서비스 수준을 구하기 위한 속도 추정에 작은 차이가 있어도 서비스 수준은 크게 달라질 수 있다.

② 어떤 한 서비스 수준을 나타내는 데 단일속도 값으로 나타낼 수 없다. 예를 들어 도로 및 교통조건에 따라 어느 도로는 평균통행속도가 65kph 이상이 서비스 수준 A라면, 어느 도로는 75kph 이상이라야 서비스 수준 A가 되는 것처럼, 도로나 교통조건에 따라 그 속도 기준값이 변한다. 심지어 같은 설계속도를 가진 도로라고 하더라도 도로조건이나 교통조건이 달라지면 기준 속도가 달라지므로 모든 도로 종류와 다양한 교통조건에 따른 기준값을 만들기가 사실상 불가능하다.

7. 밀도와 V/C비가 MOE로서 적합한 이유

① 도로나 교통조건이 이상적이든 일반적이든 공통적으로 적용되는 값이기 때문에 주어진 도로의 서비스 수준을 평가하는 좋은 척도가 된다.

② 어떤 서비스 수준에 해당되는 기준 V/C비는 설계속도에 따라 그 값이 변하므로 사용이 불편하기는 하지만 계산하기 쉽고, 반면에 밀도는 도로 및 교통조건에 관계없이 서비스 수준에 따라 하나의 값을 갖지만 그 값을 구하기가 어려워 사실상 MOE로는 V/C비를 많이 사용하고 있다.

③ PCE(Passenger Car Equivalent) : 실제 현장의 교통 및 도로조건에서 한 대의 버스 또는 트럭이 용량에 미치는 영향을 승용차 대수로 환산한 값

8. 고속국도 용량 분석 시 문제점(HCM)

① 이상적인 조건이 아닌 실제 조건에서 V/C비를 구한 다음 이 값으로 속도-교통량 곡선 또는 밀도-교통량 곡선에서 밀도와 속도를 구하고 있으나 HCM의 그림에 나타난 곡선은 이상적인 조건에서의 속도, 밀도, 교통량의 관계 곡선일 뿐 실제 현장의 조건에 대한 것은 아니다. 도로 및 교통조건이 변하면 이들 관계 곡선은 변하며 따라서 속도와 밀도도 이상적인 조건에 대한 값과는 다른 값을 갖는 것이 당연하다.

② 이상적인 조건과 실제 현장의 조건에서의 V/C비가 같다고 한다면 두 조건하에서의 교통량이 다르므로 두 조건의 밀도 또는 속도가 같을 수 없다. 만약 같다면 연속 교통류 특성에서 교통량=밀도×속도라는 가장 일반적인 관계가 성립하지 않는다.

③ 실제 현장의 조건이면 이상적인 조건에 비하여 교통량이 적다. 이때의 밀도와 속도는 다같이 줄어드는 것이 아니고 밀도는 그대로 있으면서 속도만 줄어든다는 것이 미국 HCM의 기조다. 이 때문에 밀도를 고속국도 기본구간의 MOE로 삼는 반면에 속도는 같은 V/C비라 할지라도 이상적인 조건이냐 실제 조건이냐에 따라 달라지므로 MOE로서는 부적합하다.

9. 고속국도 기본 구간의 운영 분석 및 계획·설계 분석과정의 종합

① 기본 공식

$$SF_i = C_j \times (V/C)_i \times N \times f_w \times F_{HV}$$

여기서, SF_i : 서비스 수준 i에서 주어진 교통조건 및 도로조건에서 N차선에 대한 최대 서비스 교통량(대/시)

C_j : 평균통행속도 90km/h 이상인 경우 2,200승용차/시/차로
평균통행속도 80km/h 이하인 경우 2,000~1,800승용차/시/차로

f_w : 차로폭 및 측방여유폭 보정계수

f_{HV} : 중차량 보정계수

② 운영 분석

㉠ 서비스 수준 산정

- 실제 교통량을 첨두 15분 교통량으로 환산(실제 교통량/PHF)
- 첨두 15분 교통량(V)을 $(V/C)_i$ 상태의 용량(C)으로 나누어 V/C비를 구하고 이를 기준으로 서비스 수준을 결정
- SF_i의 식을 이용하여 SF(서비스 교통량)가 서비스 수준 중 어느 범위에 속하는가를 구하여 서비스 수준을 결정

③ 여유 용량

기준이 되는 서비스 수준에서의 용량에서 실제 교통량(15분 첨두)을 제하면 여유 용량이 산정됨

④ 밀도 및 속도 측정

V/C비에 해당하는 밀도를 기준표를 이용하여 계산하고 교통량=밀도×속도 관계식을 이용하여 속도를 계산

③ 다차로 도로

1. 정의

다차로 도로는 고속국도와 도시 간선도로 사이를 연결하는 도로로서 방향별로 분리되어 있지 않거나 완전한 유·출입 통제가 되어 있지 않은 도로이기 때문에 고속국도와 별도로 분류된다. 또한 다차로 도로는 신호등 간격이 3km보다 크고 회전차량으로 인한 지체가 거의 없는 도로이므로 신호등의 영향을 많이 받는 도시 및 교외 간선도로와도 구별된다.

2. 이상적인 조건

① 직선 및 평지 구간
② 차로폭 : 3.5m 이상, 측방 여유폭 1.5m 이상
③ 좌우 측방 여유폭의 합 : 3.6m 이상
④ 유·출입 지점수 : 0개
⑤ 신호등 개수 : 0개/km

3. 효과척도

다차로 도로의 효과척도는 평균통행속도(km/hr), 교통량 대 용량비(V/C)가 이용된다.

① 용량 및 첨두시간 교통량

ㄱ 다차로 도로의 용량은 설계속도 80km/h 이상인 경우, 고속국도의 기본 구간과 같은 2,200승용차/시/차로이나, 설계속도가 80km/h 미만인 경우 2,100승용차/시/차로이다.

ㄴ 용량분석 시 고속국도와 마찬가지로 첨두 15분 교통량을 1시간으로 환산한 교통량을 사용한다.

② 평균 최대통행속도

ㄱ 평균 최대통행속도란 서비스 수준 A상태의 교통류에서 승용차의 평균통행속도이다. 다차로 도로에서 평균 최대통행속도에 영향을 주는 요인에는 설계속도, 중앙분리대 유무, 차선폭, 측방 여유폭, 유·출입 지점수 등이 있다.

ㄴ 평균 최대통행속도를 구하는 식은 다음과 같다.

$$FFS = FFS_I - F_M - F_{LW} - F_{LC} - F_A$$

여기서, FFS : 평균 최대통행속도(km/h), FFS_I : 이상조건의 평균 최대통행속도
F_M : 중앙분리대 보정계수
F_{LW} : 차로폭 보정계수
F_{LC} : 측방 여유폭 보정계수
F_A : 유·출입 지점수 보정계수

③ 서비스 교통량 산정

다차로 도로의 서비스 교통량 산정식은 다음과 같다.

$$SF_i = C_j \times (V/C)_i \times N \times f_w \times F_{HV}$$

여기서, SF_i : 서비스 수준 i에서 주어진 교통조건 및 도로조건에서 N차선에 대한 최대 서비스 교통량(대/시)
C_j : 평균통행속도 90km/h 이상인 경우 2,200승용차/시/차로
평균통행속도 80km/h 이하인 경우 2,000~1,800승용차/시/차로
f_w : 차로폭 및 측방여유폭 보정계수
f_{HV} : 중차량 보정계수

$$f_{HV} = 1/[1 + P_T(E_T - 1) + P_B(E_B - 1)] \ (평지)$$
$$= 1/[1 + P_{HV}(E_{HV} - 1)] (구릉지, \ 산지, \ 특정경사구간)$$

여기서, P_T : 교통류 중의 트럭구성비

P_B : 교통류 중의 버스구성비

E_T : 트럭의 승용차 환산계수

E_B : 버스의 승용차 환산계수

P_{HV} : 중차량 구성비

E_{HV} : 중차량의 승용차 환산계수

$(V/C)_i$: 서비스 수준 i에서 교통량 대 용량비

N : 다차로 도로 한 방향 차로수

④ 차로당 승용차 서비스 교통량 산정

차로당 첨두 승용차 서비스 교통량은 다음 식으로 계산한다.

$$PSF = V/(N \times PHF \times f_{HV})$$

여기서, PSF : 첨두 승용차 서비스 교통량(승용차/시/차로)

V : 방향별 교통량(대/시)

N : 차로수

PHF : 첨두시간계수

f_{HV} : 중차량 보정계수

4. 다차로 도로구간 마찰 요인

다차로 도로는 연속 교통류의 특성을 나타내나 중앙분리대나 도로변의 마찰로 인하여 고속국도와 같은 효율적인 흐름은 되지 못한다. 이와 같은 마찰요인은 다음과 같다.

① 주차지역, 주행차로, 신호 없는 교차로, 또는 기타 지역으로 출입하는 차량들의 좌회전 또는 우회전으로 인한 영향

② 분리되지 않는 다차로 도로에서 맞은편에서 오는 차량으로 인한 마찰(중앙분리대가 설치되어 있는 경우는 제외)

③ 도로 주변의 개발에 대한 시각적인 영향은 운전자의 행동에 영향을 미침

5. 다차로 도로 용량 분석에서 제시되는 문제점

① 운영 분석이나 계획 및 설계 분석에서 다차로 도로의 속도와 교통량 곡선을 이용하지 않고는 해결할 방도가 없다. 즉, 자유속도가 70, 80, 90, 100kph일 때의 4가지 경우에만 해당되므로 분석 기준으로는 미흡하다.

② 자유속도가 80~90kph 사이에 있을 때의 용량이 정의되어 있지 않다.

③ 도로조건이 나빠서 자유속도가 70kph 이하가 될 때의 곡선은 어떻게 그리며 그때의 용량은 얼마인가가 정의되어 있지 않다.

④ 이상적인 도로조건일 때의 용량 2,200pcphpl이 도로조건이 나빠지더라도 그대로 그 값을 유지하는 것은 모순이다.

⑤ 어떤 서비스 수준에서의 서비스 용량 SF_i를 구하는 공식이 주어져 있으나 계산된 자유속도가 70, 80, 90, 100kph가 아니면$(V/C)_i$를 모르므로 SF_i를 계산할 수 없다.

⑥ 서비스 수준의 기준이 되는 MOE가 밀도인지, 속도(V/C)인지 알 수가 없다.

4 2차로 도로

1. 정의

① 중앙선을 기준으로 각 방향별로 한 차선씩 차량이 운행되는 도로를 말한다.
② 서비스 수준 산정의 효과척도로 총지체율과 평균통행속도를 이용한다.

2. 일반적인 고려사항

① 이상적인 조건
  ㉠ 차로폭 : 3.5m 이상
  ㉡ 측방 여유폭 : 1.5m 이상
  ㉢ 승용차만으로 구성된 교통류
  ㉣ 앞지르기 가능 구간이 100%인 도로
  ㉤ 교통 통제 또는 회전 차량으로 인하여 직진 차량이 방해받지 않는 도로
  ㉥ 평지

② 차로당 용량
  ㉠ 이상적인 조건에서 2차선 도로 용량은 양방향을 합하여 3,200승용차/시/양방향이다.
  ㉡ 용량이란 주어진 도로조건에서, 15분 동안 최대로 통과할 수 있는 승용차 교통량을 1시간 단위로 환산한 값이다.

3. 서비스 교통량 산정

① 일반 지형

$$SF_i = 3,200 \times (V/C)_i \times f_d \times f_w \times f_{HV}$$

여기서, SF_i : 서비스 수준 i에서, 주어진 교통조건 및 도로조건에서 양방향 교통량(대/시)

$(V/C)_i$: 서비스 수준 i에서 교통량 대 용량비

f_d : 방향별 분포 보정계수

f_w : 차로폭 및 측방 여유폭 보정계수

f_{HV} : 중차량 보정계수

㉠ 평지일 경우

$$f_{HV} = 1/[1 + P_T(E_T - 1) + P_B(E_B - 1)]$$

여기서, P_T : 트럭의 구성비

E_T : 트럭의 승용차 환산계수

P_B : 버스의 구성비

E_B : 버스의 승용차 환산계수

㉡ 구릉지, 산지일 경우

$$f_{HV} = 1/[1 + P_{HV}(E_{HV} - 1)]$$

여기서, P_{HV} : 중차량 구성비, E_{HV} : 중차량의 승용차 환산계수

② 특정 경사구간의 서비스 교통량 산정

$$SF_i = 3,200 \times (V/C)_i \times f_d \times f_w \times f_{HV}$$

여기서, SF_i : 서비스 수준 i에서, 주어진 교통조건 및 도로조건에서 양방향 교통량(대/시)

$(V/C)_i$: 서비스 수준 i에서 교통량 대 용량비

f_d : 방향별 분포 보정계수, f_w : 차로폭 및 측방 여유폭 보정계수

f_{HV} : 중차량 보정계수, $1/[1 + P_{HV}(E_{HV} - 1)]$

P_{HV} : 중차량 구성비

E_{HV} : 중차량의 승용차 환산계수

예제 02

2차로 도로 일반 지형의 서비스 교통량 산정

도로조건 및 교통조건이 다음과 같은 2차로 도로가 있다. 이 구간의 도로용량과 서비스 수준 C에서의 최대 교통량은 얼마인가?

- 도로조건 : 설계속도 80km/h, 차선폭 3.5m, 측방 여유폭 1.5m, 앞지르기 가능 구간 백분율 80%, 구간 길이 4km, 평지
- 교통조건 : 방향별 교통량 분포 70/30, 트럭 30%, 버스 5%

＋풀이 이 도로의 용량은 2,168대/시/양방향으로 추정되며, 서비스 수준 C를 유지하며 통과시킬 수 있는 최대 서비스 교통량은 911대/시/양방향으로 예측된다.

$$SF_i = 3,200 \times (V/C)_i \times f_d \times f_w \times f_{HV}$$

여기서, $f_{HV} : 1/[1+P_T(E_T-1)+P_B(E_B-1)]$

$$(V/C)_C = \frac{911\text{대/시}}{2,168\text{대/시}} = 0.42$$

$(V/C)_E : 1.00 (E\text{는 용량수준 1임})$

$f_d : 0.88$

$f_W : 1.00$

$f_{HV, C} : 1/[1+0.3(1.9-1)+0.05(1.6-1)] = 0.77$

$f_{HV, E} : 1/[1+0.3(1.9-1)+0.05(1.6-1)] = 0.77$

$SF_C : 3,200 \times 0.42 \times 0.88 \times 1.00 \times 0.77 = 911\text{대/시/양방향}$

$SF_E : 3,200 \times 1.00 \times 0.88 \times 1.00 \times 0.77 = 2,168\text{대/시/양방향}$

예제 03

2차로 도로 특정 경사구간의 서비스 교통량 산정

다음과 같은 조건을 가진 2차선 도로의 500m 구간이 6%의 특정 경사로 건설되어 있다. 이 경사 구간에서 평균 오르막 속도 60km/h(서비스 수준 D)에서의 양방향 1시간 동안의 최대 교통량은 얼마인가?

- 도로조건 : 설계속도 90km/h, 차로폭 3.5m, 측방 여유폭 1.5m
- 교통조건 : 방향별 교통량 분포 70/30, 트럭 30%, 버스 5%, 첨두시간계수 0.85

+풀이 $SF_i = 3,200 \times (V/C)_i \times f_d \times f_w \times f_{HV}$

여기서, f_{HV} : $1/[1+P_T(E_T-1)+P_B(E_B-1)]$
$(V/C)_D$: 0.97(6% 경사, 500m 구간길이, 서비스 수준 D)
f_d : 0.78
f_W : 1.00
P_{HV} : 0.35
E_{HV} : 4.20(6% 경사, 500m 구간길이, 서비스 수준 D)
f_{HV} : $1/[1+0.35(4.2-1)]=0.47$
SF_D : $3,200 \times 0.97 \times 0.78 \times 1.00 \times 0.47 = 1,138$대/시/양방향
V : $SF_D \times PHF = 1,138 \times 0.85 = 967$대/시/양방향

5 신호교차로

1. 개요

① 신호교차로는 두 도로가 서로 만나는 교차로에서 상충이 발생하는 각 방향별 교통류를 신호등을 통해 안전하고 효율적으로 처리하기 위한 주요한 교통시설이다. 이러한 신호교차로는 도로상의 연속적인 교통 흐름을 단절시키는 역할을 하게 되므로 단속류 교통시설에 속하게 된다.

② 신호교차로의 용량 분석은 1시간 단위를 대상으로 실시함을 원칙으로 한다. 따라서 1시간 동안 계속 녹색 신호를 받는다는 가정하에서 포화 교통류율을 산정하고, 여기에 각 접근로의 방향별 유효녹색시간비를 곱하여 분석대상 이동류의 용량을 산정하여 교차로 전체의 임계포화도를 파악한다. 이러한 용량분석과정을 수행한 후 주요 효과척도로 지체를 산정하고 산정된 지체를 이용하여 서비스 수준을 결정한다.

2. 이상적인 조건

① 차로폭 : 3.0m 이상
② 경사가 없는 접근부
③ 교통류는 직진이며, 모두 승용차로 구성
④ 접근부 정지선의 상류부 75m 이내에 버스정류장이 없음
⑤ 접근부 정지선의 상류부 75m 이내에 노상 주정차 시설이 없음
⑥ 접근부 정지선의 상류부 60m 이내에 진·출입차량이 없을 것

3. 용량 및 서비스 수준

① 신호교차로의 용량은 교차로에 정지한 차량이 출발하여, 계속해서 진행될 때 나타나는 포화 교통류율과 신호시간에 의한 녹색신호시간 비율에 의해 결정된다.

② 신호교차로의 서비스 수준은 교차로에서의 주요 효과척도인 제어지체를 이용하여 결정한다.

③ 신호교차로의 용량

ㄱ) 교차로의 용량은 전반적인 도로조건, 교통조건, 신호 조건하에서 교차로를 통과할 수 있는 이동류별 최대 용량을 말한다.

ㄴ) 교통조건 : 각 접근로의 방향별 교통량, 각 이동류별 차종 구성, 교차로 지역 내 버스정거장의 위치와 이용 현황, 보행자 횡단 현황, 주차 형태 등

ㄷ) 도로조건 : 기하구조, 차로수와 차로폭, 경사, 차로이용방식 등

ㄹ) 신호 조건 : 현시계획, 주기, 녹색시간 및 황색시간이다.

ㅁ) 포화교통류율은 접근로 또는 어떤 이동류가 유효녹색시간의 100%를 모두 사용한다는 가정하에서 실제 현장의 교통 및 도로 조건하에서 어떤 접근로 또는 차로를 이용하는 최대 교통량을 말한다. 따라서 포화교통류율 s는 유효 녹색시간당 차량대수(vphg)로 나타낸다. 어떤 접근로 또는 이동류의 교통량비(Flow Ratio)는 실제 교통류율 대 포화교통율의 비로 나타내며, i접근로 또는 이동류에 대한 이 값은 $(V/S)_i$로 나타낸다.

ㅂ) 접근로 또는 이동류의 용량은 다음과 같이 표현한다.

$$c_i = s_i \times (g/C)_i$$

여기서, c_i : 신호교차로 이동류 i의 용량

$\quad\quad s_i$: 이동류 i의 포화교통류율

$\quad\quad (g/C)_i$: 이동류 i의 유효녹색신호시간 비율

ㅅ) 신호교차로 이동류 i의 포화교통류율은 직접 현장에서 측정하거나 기본 포화교통류율에 각종 보정계수를 적용하여 다음의 관계식에서 산정할 수 있다.

$$s_i = s_o \times N \times f_w \times f_g \times f_{HV} \times f_{LT} \times f_{RT} \times f_{bb} \times f_p$$

여기서, s_i : 이동류 i의 포화교통류율(vphg)

$\quad\quad s_o$: 이동류 i의 기본 포화교통류율(2,200pcphgpl)

$\quad\quad N$: 이동류 i의 차로수, f_w : 차로폭 보정계수

$\quad\quad f_g$: 경사 보정계수, f_{HV} : 중차량 보정계수

$\quad\quad f_{LT}$: 좌회전 보정계수, f_{RT} : 우회전 보정계수

$\quad\quad f_{bb}$: 버스정류장 방해 보정계수

$\quad\quad f_p$: 주차 보정계수

◎ 신호교차로의 용량이 결정되면 이때 신호교차로를 통과하는 교통량으로부터 V/C비를 계산할 수 있다. V/C비는 교차로를 통과할 수 있는 용량과 교차로를 이용하는 교통량으로부터 교차로의 운영상태를 측정할 수 있는 좋은 척도가 된다.

$$X_i = (V/C)_i = V_i / [S_i \times (g/C)_i]$$
$$= V_i C / S_i g_i$$
$$= (V/S)_i / (g/C)_i$$

여기서, X_i : 이동류 I의 V/C비
   V : 교통량
   S_i : 이동류 i의 포화교통류율
   g_i : 이동류 i에 대한 유효녹색신호시간

ⓐ 신호교차로에서의 V/C비의 산정은 각 이동류별로 산정하며, 특별히 교차로 전체의 V/C비를 산정하지는 않는다. 대신 각 접근로의 임계이동류로부터 임계 V/C비를 산정한다.

ⓒ 임계이동류란 같은 현시를 받는 이동류 중 가장 큰 V/C비를 나타내는 이동류를 의미하며 임계 V/C비는 임계이동류의 V/C비의 합을 의미하는 다음의 관계식으로부터 결정된다.

$$X_c = \sum_i (V/S)_{ci} \times \left[\frac{C}{(C-L)} \right]$$

여기서, X_c : 교차로 전체의 임계 V/C비
   $\sum_i (V/S)_{ci}$: 각현시의 임계차로군의 교통량비
   C : 신호주기(초)
   L : 신호주기 내의 총손실시간
   C : 신호교차로 이동류 i의 용량

예제 04

다음 교차로의 V/C비를 구하라.

신호주기 120초, 신호주기당 손실시간 12초 동서 방향의 V/S비 0.41, 남북 방향의 V/S비 0.35

➕풀이 $X_c = (접근로의 임계 방향 \ V/S비의 합) \times \left(\dfrac{신호주기}{신호주기 - 손실시간} \right)$

$= 0.76 \times \left(\dfrac{120}{120-12} \right) = 0.84$

4. 교차로 운영 분석의 절차

① **도착 교통량 보정** : 각 이동류의 교통수요를 첨두 15분 교통량으로 보정

② **포화교통량 보정** : 각 차선을 이용하는 한 이동류 또는 혼합된 두 이동류의 포화교통량을 도로조건 및 교통조건에 맞게 보정

③ **Lane Grouping** : 같은 신호현시에서 동시에 진행하는 이동류들 중 한 이동류가 교통량의 상대적인 크기에 따라 차선을 마음대로 선택할 수 있으면, 그 이동류들을 묶어서 한 Lane Grouping으로 분석

④ **V/C비 계산** : 이동류 또는 Lane Group의 V/S비와 V/C비를 계산

⑤ **평균정지지체 계산** : 지체공식을 사용하여 이동류 또는 Lane Group의 차량당 평균정지지체를 계산한 후, 연동 보정계수를 사용하여 보정

⑥ 접근로 전체의 평균정지지체 계산 및 서비스 수준 결정

⑦ 교차로 전체의 평균정지지체 계산 및 서비스 수준 결정

　　㉠ 도착 교통량 보정

- 각 접근로별로 각 이동류의 첨두시간 교통수요를 구한다.
- 첨두 15분 교통량을 사용해야 하므로 각 이동류의 첨두시간 교통량을 첨두시간계수로 나눈다.
- 우회전 교통량 보정 : 우회전 교통량 중에서 약 30~50%는 직진 신호 이외의 현시에서 우회전한다. 우회전 공용 차선의 포화교통량은 직진 가능 현시 때에만 사용되는 것이므로 다른 신호시간, 즉 전용 좌회전 신호 때나 적색 신호 때에 우회전하는 교통량은 포화교통량 분석에서 제외되어야 한다. 따라서 분석에 사용되는 우회전 교통량은 도착 우회전 교통량의 60%가 직진 신호에서 우회전한다고 가정한다.
- 차로 분포 보정

　　㉡ 포화교통량 보정

- 기본 포화교통류율(포화교통량) : 이상적인 조건에서의 기본 포화교통류율은 2,200pcphgpl을 적용

　　※ pcphgpl : passenger car per hour of green per lane

- 중차량 보정계수 : 기본 포화교통류율은 소형차를 기준으로 하지만 실제교통류는 각종 차량이 혼입되어 있어 이를 중차량 보정계수로 보정하여 포화교통류율을 실교통량 단위로 산정한다.

$$f_{HV} = \frac{100}{100 + \sum_i P_i(E_i - 1)}$$

여기서, f_{HV} : 중차량 보정계수, P_i : 차종 i의 실교통량에 대한 혼입 비율
　　　　E_i : 차종 i의 승용차 환산계수(PCE)

예제 05

교차로 V/C비와 차량당 평균지체시간 계산

각 접근로별 포화교통량, 도착교통량, 총지체시간이 다음과 같을 때 교차로 V/C비와 차량당 평균지체시간을 구하라.

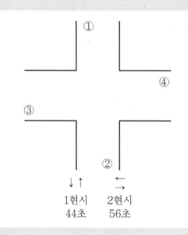

접근로	포화교통량	도착교통량	총지체시간
1	6,000	728	10,000
2	5,000	1,200	11,000
3	7,400	1,050	5,320
4	7,400	962	4,300

주) 출발지체시간 2.7초, 황색시간 3초

1현시 44초   2현시 56초

풀이

㉠ 각 접근로별 V/S비의 계산과 주 이동류 파악

- 접근로 1 : $\dfrac{728}{6,000} = 0.12$

- 접근로 2 : $\dfrac{1,299}{5,000} = 0.24$

- 접근로 3 : $\dfrac{1,050}{7,400} = 0.14$

- 접근로 4 : $\dfrac{962}{7,400} = 0.13$

㉡ 현시별 유효녹색시간 계산

- 1현시 : 유효녹색시간(녹색시간－출발지체시간＋진행연장시간)
  $= 44 - 2.7 + 3 = 44.3$초

- 2현시 : $56 - 2.7 + 3 = 56.3$초

- 총유효녹색시간 : $44.3 + 56.3 = 100.6$초

㉢ 교차로 V/C비와 평균지체시간

- 교차로 V/C비 $= \dfrac{(0.24 + 0.14) \times 100}{94.6} = 0.4$

- 평균지체시간 $= \dfrac{총지체시간}{총교통량}$

  $= \dfrac{(10,000 + 11,000 + 5,320 + 4,300)}{(728 + 120 + 1,050 + 962)} = 7.77$초/대

19 서비스 교통량(SF$_i$)

1 개요

① 도로의 교통용량이란 주어진 도로조건, 교통조건, 교통통제 조건하에서 일정한 서비스 수준(LOS)을 유지하면서 통행 가능한 최대시간교통량을 말한다.

② 따라서, 이는 일정시간 동안 해당 도로 구간을 통행하리라 예상되는 최대교통류율로서 일반적으로 LOS 'E'에서의 최대서비스교통량을 가리킨다.
- 고속국도 : 2,200 승용차/시/차로
- 2차로 도로 : 3,200 승용차/시/양방향

③ 교통용량의 산정은 해당 도로의 용량을 명확히 함으로써 도로를 효율적으로 이용하고 도로투자를 적절히 하며, 도로의 운행상태를 평가하여 기존 도로의 개선방안을 세우거나 계획도로의 차로수를 결정하는 데 필요하다.

④ 교통용량을 측정하기 위해서는 먼저 주어진 도로가 이상적인 조건에서 수용할 수 있는 최대교통량을 추정하고 여기에 주어진 도로조건, 교통조건, 교통통제조건 등 개별조건 특성을 반영하여 서비스 교통량을 결정한다.

2 산출방법

① 고속국도(기본 구간)

$$SF_i = 2,200 \times (V/C)i \times N \times f_w \times f_{hv}$$

여기서, 2,200승용차/시/차로(일방향) : 이상적인 조건하 고속국도의 차로당 최대교통량(기본 교통용량), V/C=1.0

② 2차로 도로(일반지형)

$$SF_i = 3,200 \times (V/C)_i \times f_d \times f_w \times f_{HV}$$

여기서, 3,200대/시/양방향 : 이상적인 조건하 2차로 도로의 양방향 최대서비스 교통량(교통용량)
V/C : 교통량 대 용량비
f_d : 방향별 분포 보정계수
f_w : 차로폭 및 측방 여유폭에 대한 보정계수
f_{HV} : 중차량 보정계수

Road and Transportation

③ 설계 적용

① 계획도로 차로수 산정 시 이용

$$차로수 \ N = \frac{설계시간 \ 교통량}{설계서비스 \ 교통량}$$

$$= \frac{DDHV/PHF}{SF_i}$$

② 교통운행상태 분석 등에 이용

④ 건의사항

① 도로 용량 이하의 교통량으로 운행되도록 설계
② 지방지역 도로의 경우 장거리 교통 특성을 감안하여 높은 서비스 수준 적용이 필요
③ 전국 도로망 각 노선에 대한 기능과 서비스 수준 부여 필요

20 포화교통류율

① 개요

① 포화교통류율은 대표적인 단속류 교통시설에서 신호교차로의 용량결정에 이용되는 개념으로서 교차로가 1시간 동안 녹색신호를 제공했을 때 1개 차로를 통하여 교차로를 통과할 수 있는 최대교통류율을 말한다.
② 일반적으로 포화교통류율은 이상적인 조건에서의 안정류 상태로, 도로나 차로의 횡단면 또는 한 지점을 통과하는 차량의 차로당, 시간당 유율로 정의된다.

② 적용방안

$$S = \frac{3,600}{h}$$

여기서, S : 포화교통류율(대/차선/시)
h : 포화차두간격(초/대)

① 따라서 포화유율은 한 시간 내내 차량진행에 중단이 없다는 가정하에서 차로당, 시간당 유율을 의미한다.

② 국내에서 사용되는 포화차두시간이 1.63초이므로, 이상적인 조건하에서 포화교통류율은 2,200(대/차로/시)이 된다. 신호교차로에서는 한 시간 내내 녹색신호에 의해 차량의 진행이 이루어졌을 경우를 의미한다.

21 교통류의 이론

1 개요

① 속도 또는 그의 역수인 이동시간(또는 통행시간)은 어떤 도로나 혹은 도로망의 운영성과를 나타내는 간단한 기준이 된다.

② 통행속도는 여러 유형으로 나뉘고 여러 유형의 속도는 도로구간, 도로망, 가로망, 버스노선 등의 서비스 수준을 나타내는 척도가 된다.

③ 교통류 특성을 이해하기 위해서는 교통량, 속도, 밀도에 대해서 이해해야 하고, 교통량 속도, 밀도는 교통류 특성을 이해하는 데 가장 중요한 변수가 된다.

④ 교통류 특성을 나타내는 기본요소
  ㉠ 속도 및 통행시간
  ㉡ 교통량 또는 교통류율 및 차두시간(Headway)과 차량 간의 차간시간(Gap)
  ㉢ 교통류의 밀도, 그의 역수인 차두거리(Spacing)

2 속도의 종류

1. 지점속도(Spot Speed)

① 어느 특정지점 또는 짧은 구간 내의 속도로서, 모든 차량에 대한 평균값을 평균지점속도라 하며, 각 차량의 속도를 산술평균한 값이다.

② 이 속도는 속도규제 또는 속도단속, 추월금지구간 설정, 표지 또는 신호기 설치 위치 선정, 신호시간 계산, 교통개선책의 효과 측정, 교통시설 설계, 사고분석, 경사나 노면 상태 또는 차량의 종류가 속도에 미치는 영향을 찾아내는 목적 등에 사용된다.

2. 통행속도(Travel Speed)

① 어느 특정 도로구간을 통행한 평균속도로서, 모든 차량에 대해서 평균한 속도를 평균통행 속도라 하며, 각 차량의 속도를 조화평균한 값이다.

② 정지지체가 없는 연속류에서는 주행속도와 같으며, 정지지체가 있는 단속류에서는 이 속도를 총구간 통행속도 또는 총구간 속도라 부르기도 한다.

③ 이 속도는 교통량, 밀도 등과 함께 교통류 해석, 도로이용자의 비용 분석, 서비스 수준 분석, 혼잡 지점 판단, 교통 통제 기법을 개발하거나 그 효과의 사전－사후 분석, 또는 교통계획에서 통행분포와 교통배분의 매개변수로 사용된다.

3. 주행속도(Running Speed)

① 어느 특정 도로구간을 주행한 평균속도로서, 모든 차량에 대하여 평균한 속도를 평균주행속도라 하며, 각 차량의 속도를 조화평균한 값이다.

② 이 속도를 계산할 때 사용되는 각 차량이 그 구간을 통과하는 데 걸린 시간은 정지지체시간을 뺀 주행시간, 즉 움직인 시간만을 의미한다.

4. 자유속도(Free Flow Speed)

① 어느 특정 도로구간에 교통량이 매우 적고 교통 통제 설비가 없거나 없다고 가정할 때 운전자가 속도 제한 범위 내에서 선택할 수 있는 최고속도이다.

② 이 속도는 도로의 기하조건에만 영향을 받는다.

5. 순행속도(Cruising Speed)

① 어느 특정 도로구간에서 교통 통제 설비가 없거나 없다고 가정할 때 주어진 교통조건과 도로의 기하조건 및 도로변의 조건에 영향을 받는 속도이다.

② 자유속도에서 교통류 내의 내부마찰(저속차량, 추월, 차선변경 등)과 도로변 마찰(버스정류장, 주차 등)로 인한 지체를 감안한 속도이다.

6. 운행속도(Operating Speed)

① 양호한 기후조건과 실제 현자의 도로 및 교통조건에서 운전자가 각 구간별 설계속도에 따른 안전속도를 초과하지 않는 범위에서 달릴 수 있는 최대안전속도로서, 측정값의 평균을 평균운행속도라 하며 공간 평균속도로 나타낸다.

② 이 속도는 최대안전속도란 개념이 모호하여 측정하기가 매우 어렵기 때문에 도로운행 상황을 나타내는 데 있어서 지금은 잘 사용되지 않는 속도이다.

③ 보통 평균주행속도보다 약 3kph 정도 더 높다고 알려져 있다.

7. 설계속도(Design Speed)

① 어느 특정 구간에서 모든 조건이 만족스럽고 속도가 단지 그 도로의 물리적 조건에 의해서만 좌우되는 최대 안전속도로서 설계의 기준이 되는 속도이다.

② 그러므로 설계속도가 정해지면 도로의 기하조건은 이 속도에 맞추어 설계된다.

8. 도로평균속도(Average Highway Speed)

① 어느 도로구간을 구성하는 소구간의 설계속도를 소구간의 길이에 관해서 가중 평균한 속도이다.

② 설계속도가 많이 변하는 긴 도로구간의 평균 설계속도를 나타낸다.

3 시간 평균속도와 공간 평균속도

1. 정의

① 시간 평균속도는 어느 시간 동안 도로상의 어느 점을 통과하는 모든 차량들의 속도를 산술평균한 속도

② 공간 평균속도는 어느 시간 동안 도로구간을 통과한 모든 차량들이 주행한 거리를 걸린 시간으로 나눈 평균속도

2. 수식

① **시간 평균속도** : 일정한 지점을 t초 동안 통과한 N대 차량의 경과시간을 측정하여 차량 속도를 구함

$$u_t = \frac{1}{N}\sum_{i=1}^{N}\frac{\triangle x}{\triangle t_i} = \frac{1}{N}\sum_{i=1}^{N}u_i$$

② **공간 평균속도** : N대의 총주행거리를 총경과시간으로 나눈 값으로 도로구간의 길이에 관련한 속도

$$u_S = \frac{N\triangle x}{\sum_{i=1}^{N}\triangle t_i} = \frac{\triangle x}{\frac{1}{N}\sum_{i=1}^{N}\triangle t_i} = \frac{1}{\frac{1}{N}\sum_{i=1}^{N}\frac{\triangle t_i}{\triangle x}} = \frac{1}{\frac{1}{N}\sum_{i=1}^{N}\frac{1}{u_i}}$$

3. 시간 평균속도와 공간 평균속도의 관계

① 각 차량의 속도가 전부 동일하지 않는 한 공간 평균속도는 시간 평균속도보다 항상 적으며, 모든 차량 속도의 공간 평균속도에 관한 분산을 σs^2, 시간 평균속도에 관한 분산을 σt^2라 할 때, 두 속도 간의 관계는 다음과 같다.

$$\sigma_t^2 = \frac{1}{N-1} \Sigma (u_i - u_t)^2$$

$$\sigma_s^2 = \frac{1}{N-1} \Sigma (u_i - u_s)^2$$

$$u_t = u_s + \frac{\sigma_s^2}{u_s}$$

$$u_s = u_t - \frac{\sigma_t^2}{u_t}$$

② 시간 평균속도는 그 정의가 의미하는 바와 같이 어느 지점 또는 짧은 구간(속도 변화가 예상되지 않는)의 순간속도, 즉 지점속도(Spot Speed)를 나타내는 데 사용되며 따라서 통행시간의 개념은 존재하지 않는다.

③ 공간 평균속도는 비교적 긴 도로구간의 통행속도(Travel Speed)를 나타내는 데 사용되며, 이 속도는 통행시간과 반비례하기 때문에 도로구간의 길이와 통행시간으로 나타내는 것이 운전자에게 더욱 실감나는 척도가 될 수 있다.

4 교통류에 따른 속도의 정의와 측정 및 계산방법

① 교통류의 속도 측정방법은 통행속도를 사용하는데, 교통류가 연속류로 구분이 되므로, 이에 따라 연속류에서는 평균주행속도, 단속류에서는 평균 총구간(통행)속도를 교통류에 따른 속도지표로 활용한다.

② 평균주행속도와 평균통행속도는 공간 평균속도로 나타내어지는 값으로, 어떤 도로구간의 길이를 차량이 소모한 평균시간으로 나누어서 구한다. 단, 주행속도의 경우는 차량이 움직인 주행시간만을 이용하여 속도를 구하게 된다. 따라서 평균주행속도와 평균통행속도의 차이는 정지시간에 따라 차이가 나게 된다.

③ 만약 도로구간을 통과하는 중에 정지지체 시간이 없다면 두 속도는 같은 값을 갖게 된다. 따라서 지방부 도로와 같은 연속 통행류에서의 평균통행속도는 평균주행속도와 같으며, 도시부 도로와 같은 단속 교통류에서는 교차로에서의 정지지체가 있으므로 평균통행속도가 평균주행속도보다 낮다. 단속류에서 사용되는 통행속도를 총구간통행속도 또는 총구간속도 라 부르기도 한다.

5 속도의 정의와 측정 및 계산방법

속도 구분		평균속도	측정방법	계산방법
지점속도 (Spot Speed)		평균지점속도 (Average Spot Speed)	지점측정법	시간 평균속도 (Time Mean Speed)
통행 속도	연속류	평균주행속도 (Average Running Speed)	시험차량법 차량번호판법 (지점측정법 응용)	공간 평균속도 (Space Mean Speed)
	단속류	평균 총구간(통행)속도 [Average Overall(Travel) Speed]	시험차량법 차량번호판법	공간 평균속도 (Space Mean Speed)

예제 01

30m 도로구간을 A차량은 1초에 통과하고 B차량은 2초에 통과한다고 할 때 차량의 시간 평균속도를 구하시오. 이때 A차량의 속도는 30m/sec, B차량의 속도는 15m/sec이다.

풀이 시간 평균속도 $= \dfrac{30+15}{2} = 22.5\text{m/sec}$이다.

두 차량의 공간 평균속도는 두 차량의 주행한 거리가 60m이고 걸린 총시간이 3초이므로
공간 평균속도 $= \dfrac{60}{3} = 20\text{m/sec}$이다.

6 결론

① 교통류 이론은 교통류의 특성을 나타내는 기본 요소로서 속도 및 통행시간, 교통량 또는 교통류율, 교통류 밀도 등이 척도가 된다.

② 일정도로를 통과 중에 정지지체가 없다면 주행속도와 평균속도의 차이는 같게 된다. 도시부 도로와 같은 단속 교통류에서는 교차로에서 정지지체가 있으므로 평균주행속도보다 낮게 된다.

22 연속류와 단속류의 효과척도(MOE)

1 개요

① 도로의 교통류는 크게 연속류와 단속류로 구분된다.
② 연속류는 교통흐름을 통제하는 외부 영향이 없는 흐름이며, 차량 간의 상호작용과 도로의 기하학적 구성요소 및 주변 환경에 의해 그 특성이 결정된다.
③ 단속류는 연속류에 비해 훨씬 복잡한 형태의 교통류로서, 교통신호등, 정지표지 및 양보표지 등과 같은 고정된 교통통제시설의 영향을 받으며, 단속류는 이러한 교통통제시설에 의해 주기적으로 통제된다.
④ 연속류와 단속류로 교통류를 구분하는 것은 도로를 연속류 도로와 단속류 도로로 구분하기 위해서일 뿐 어느 시점의 교통류 상태를 규정하기 위한 것은 아니다.

2 연속류와 단속류 도로의 종류

① 연속류
   ㉠ 2차로 도로
   ㉡ 고속국도 기본 구간
   ㉢ 엇갈림 구간(Weaving Section)
   ㉣ 연결로와 접속부=Ramp
   ㉤ 다차로 도로

② 단속류
   ㉠ 신호교차로
   ㉡ 도시 및 교외 간선도로

3 연속류와 단속류 구분

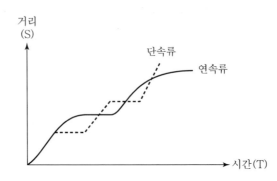

④ 연속류와 단속류의 효과척도(MOE)

교통 흐름	도로의 구분		효과척도(MOE)
연속류	고속국도	기본구간	• 밀도(승용차/km/차로) • 교통량 대 용량비(V/C)
		엇갈림구간	• 평균밀도(승용차/km/차로)
		연결로 접속부	• 영향권의 밀도(승용차/km/차로)
	다차로 도로		• 평균통행속도(km/h) • 교통량 대 용량비(V/C)
	2차로 도로		• 총지체율(%) • 평균통행속도(km/h)
단속류	신호교차로		• 평균제어지체(초/대)
	연결로 – 일반도로		• 평균제어지체(초/대)
	비신호교차로	양방향 정지 교차로	• 평균운영지체(초/대)
		무통제	• 방향별 교차로 진입 교통량(대/시) • 시간당 상충횟수(회/시)
	회전교차로		• 평균지체(초/대)
	도시 및 교외 간선도로		• 평균통행속도(km/h)

주) pcpkmpl : passenger car per kilometers(km) per lane

⑤ 연속류와 단속류의 이상적인 조건

연속류	단속류(신호 교차로)
• 차로폭 3.5m 이상 • 측방 여유폭 1.5m 이상 • 승용차로만 구성된 교통류 • 평지	• 차로폭 3.0m/차로 이상 • 경사가 없는 접근부 • 교통류는 직진이며, 모든 승용차로 구성 • 접근부 정지선의 상류부 75m 이내에 버스정류장이 없을 것 • 접근부 정지선의 75m 이내에 노상 주정차시설이 없을 것 • 접근부 정지선의 60m 이내에 진·출입 차량이 없을 것

6 연속류와 단속류의 서비스 수준별 교통류 상태

서비스 수준	구분	교통류 상태	연속류 도로(고속국도 기본 구간 100k/h)		단속류 (신호교차로)
			밀도 (대/km/차로)	V/C	차량당 제어지체시간
A	자유교통류	• 속도선택 자유 • 방향조작 자유 • 안락감 우수	≤6	≤0.27	<15초
B	안정된 교통류	• 속도선택 자유 • 방향조작 제한 • 안락감 양호	≤10	≤0.45	<30초
C	안정된 교통류	• 속도선택 영향 • 방향조작 제한 • 안락감 저하	≤14	≤0.61	<50초
D	안정된 교통류 (높은 밀도)	• 속도선택 제한 • 방향조작 제한 • 안락감 불량	≤19	≤0.8	<70초
E	용량상태 불안정교통류	• 속도선택 제한 • 방향조작 매우 제한 • 안락감 매우 불량	≤28	≤1.00	<100초
F	강제류 또는 와해상태	• 교통량이 도로용량을 초과 • 낮은 속도 • 잦은 정체 상태	<28	–	<220초

7 용량산정

① 고속국도 기본구간

⊙ 용량산정 기본식 : $MSF_i = Cj \times (V/C)_i \times N \times f_W \times f_{HV}$

ⓒ 보정방법 : KHCM표에 따라 보정

② 2차로의 용량

⊙ 용량산정 기본식 : $MSF_i = Cj \times (V/C)_i \times f_O \times f_W \times f_{HV}$

ⓒ 보정방법 : KHCM표에 따라 보정

③ 신호 교차로

⊙ 용량산정 기본식 : $MSF_i = Cj \times N \times f_{HV} \times f_g \times f_p \times f_{bb} \times f_a \times f_{RT} \times f_{LT}$

ⓒ 보정방법 : KHCM표에 따라 보정

8 결론

① 도로의 교통류는 교통흐름을 통제하는 외부 영향의 유무에 따라 연속류와 단속류로 구분된다.

② 용량, 서비스 수준, 효과척도(MOE) 등이 다르게 KHCM에 나타나 있으므로 명확히 구분하여 설계에 적용되어야 한다.

23 연속류

1 개요

① 신호등과 같이 규칙적으로 교통류의 흐름을 통제하는 외부 영향이 없는 흐름을 의미한다.

　예 고속국도, 자동차 전용도로

② 차량 간의 상호작용, 도로의 기하구조, 주변 환경에 의해 그 특성이 결정된다.

2 도로시설의 구분

고속국도 기본구간, 엇갈림 구간 및 연결로, 다차로 도로, 2차로 도로

3 교통 특성(이상적인 도로 조건)

① 설계속도$(V) \geq 100 km/hr$

② 차선폭 : 3.5m 이상

③ 측방 여유폭 : 1.5m 이상

④ 승용차로만 교통류 구성

⑤ 평지

4 서비스 수준의 효과척도

교통 흐름	도로의 구분		효과척도(MOE)
연속류	고속국도	기본구간	• 밀도(승용차/km/차로) • 교통량 대 용량비(V/C)
		엇갈림구간	• 평균밀도(승용차/km/차로)
		연결로 접속부	• 영향권의 밀도(승용차/km/차로)
	다차로 도로		• 평균통행속도(km/h) • 교통량 대 용량비(V/C)
	2차로 도로		• 총지체율(%) • 평균통행속도(km/h)

주) pcpkmpl : passenger car per kilometers(km) per lane

5 교통용량 산정방법(고속국도의 기본 구간의 경우)

$$SF_i = Cj \times (V/C)i \times N \times f_w \times f_{hv}$$

여기서, SF_i : 서비스 수준 i에서의 서비스 교통량

Cj : 이상적인 조건하에서 고속국도의 차로당 최대교통량

$(V/C)i$: 서비스 수준 i에서 교통량 대 용량비

N : 한 방향당 차로수, f_w : 차로폭 및 측방 여유폭에 대한 보정계수

f_{hv} : 중차량 보정계수

24 단속류

1 개요

① 교통흐름이 고정된, 교통통제시설의 영향을 받는 흐름을 의미한다.

　예 신호교차로, 도시 및 교외간선도로

② 연속류에 비해 훨씬 복잡한 형태의 교통류로, 교통신호등, 정지표지, 양보표지 등과 같은 고정된 교통통제시설에 의해 그 특성이 결정된다.

② 도로시설의 구분

① 신호등 교차로
② 도시 및 교외간선도로

③ 교통 특성

① 신호등 교차로 : 첨두 15분 동안 차량당 평균제어지체(Sec/대)
② 도시 및 교외간선도로 : 평균통행속도(km/hr)

④ 서비스 수준의 효과척도

교통 흐름	도로의 구분		효과척도(MOE)
단속류	신호교차로		• 평균제어지체(초/대)
	연결로 – 일반도로		• 평균제어지체(초/대)
	비신호교차로	양방향 정지 교차로	• 평균운영지체(초/대)
		무통제	• 방향별 교차로 진입 교통량(대/시) • 시간당 상충횟수(회/시)
	회전교차로		• 평균지체(초/대)
	도시 및 교외 간선도로		• 평균통행속도(km/h)

⑤ 교통용량 산정방법(신호교차로의 경우)

$$C_i = S_i \times (g/C)_i$$

여기서, C_i : 교통용량(승용차대수/시)
S_i : 포화교통류율(승용차대수/시)
g : 유효녹색 신호시간(초)
C : 신호주기(초)
$S_i = 2,200 \times N \times f_w \times f_{hv} \times f_g \times f_p \times f_b \times f_a \times f_{rt} \times f_{lt}$
2200대/시 : 이동류 i의 기본 포화교통류율
N : 이농류 i의 차로수
f : 각종 보정계수

25 PCE와 PCU

1 개요

① 다양한 교통영향인자를 일원화하기 위하여 기준 축하중의 환산계수(8.2t)를 적용하여 산출하기 위하여 사용하기도 하고 대형차량을 승용차로 환산할 경우 등 여러 경우가 발생한다.

② 도로에 통행하고 있는 교통의 종류는 혼잡교통으로 구성되어 있어 그 규격과 중량, 형태 등이 매우 다양하게 구성되어 있다.

2 PCE(Passenger Car Equivalent)

① 대형차량을 승용차 대수로 환산할 때 사용하는 계수

② 1대의 종차량을 대체할 수 있는 승용차의 대수

③ 중차량이 승용차 교통류에 들어오면서 전체 교통류의 서비스 수준이 낮아지고 통과교통량 및 통행속도의 저하를 유발

3 PCE 산출방법

① 교통량 대 용량비 : 혼합교통류와 SF 간의 관계 이용

$$PCE = \frac{SF - Q(1-P)}{(P \cdot Q)}$$

② 교통류 모형 : $q - u - k$를 이용

$$PCE = \frac{1}{P\left(\dfrac{q_a}{q_t} - 1\right)} + 1$$

③ 차두간격 : 승용차만의 차두간격과 혼합교통류의 차두간격

$$PCE = \frac{1}{P}\left[\frac{h_t - h_a}{h_a}\right] + 1$$

4 PCU(Passenger Car Unit)

① 대형트럭 한 대는 승용차를 환산할 때 1.5배 또는 2.0배(PCU)로 나타낸다.

② 승용차 환산단위(Passenger Car Unit)

③ 교통량 조사 결과 1,887PCU/h는 시간당 해당 도로의 횡단면을 통과한 차량을 PCU를 사용하여 환산단위를 표기한 것이다.

    ㉠ 자전거 또는 오토바이 → $\dfrac{1}{2}$PCU

    ㉡ 일반승용차 → 1.0PCU

    ㉢ 밴 종류의 차량 → 2.0PCU

    ㉣ 탱크로리 차량 또는 버스 종류 → 3.0PCU

④ 위의 ㉠~㉣은 일반적인 환산단위이다.

26 독립교차로 신호시간 산정

1 황색신호시간

① 소요 황색시간 : $Y = t + \dfrac{v}{2a} + \dfrac{w+l}{v}$ ································· 식 1

② 딜레마 구간의 길이 $= (Y - 실제\ 황색기간) \times v$ ··············· 식 2

③ 옵션 구간의 길이 $= (실제\ 황색시간\ Y) \times v$ ·················· 식 3

2 현시

① 중첩현시 방법
② 단순현시 방법

3 주기

① 최소주기(임계차론군 방법)

$$C_{\min} = \dfrac{L}{1 - \sum yi}$$ ································· 식 4

이때 $X_c = 1.0$

② 적정주기(Webster 방법)

$$C_o = \dfrac{1.5L + 5}{1 - \sum yi}$$ ································· 식 5

이때 $X_c = 0.85 \sim 0.95$

④ 최소녹색시간

① 최소 초기녹색시간 $= 1.7(n/w - 1) > 4$ 또는 7초
- 주기당 횡단보행자 < 10인 : 4초 ··· 식 6
- 주기당 횡단보행자 ≥ 10인 : 7초

② 점멸시간 $= \dfrac{d}{1.2} -$ 황색시간 ·· 식 7

③ 최소녹색시간 = 최소초기녹색 + 점멸시간 ······························ 식 8

⑤ 녹색시간 할당

① 유효녹색시간 $g = C - L$ ·· 식 9

② i 현시의 녹색시간 $G_i = g \times \dfrac{Y_i}{\sum Y_i} +$ 출발지연시간 $-$ 진행연장시간 ············ 식 10

③ i 현시의 녹색시간은 이와 평행한 횡단보도의 최소녹색시간보다 커야 함

⑥ 교통감응신호

① 단위연장시간 $= \dfrac{\text{검지기 후퇴거리}}{\text{접근속도}}$

② 부도로 초기녹색시간 $= 2.5 + 1.7 \left(\dfrac{\text{검지기 후퇴거리}}{6} \right)$

③ 부도로 최소녹색시간 = 초기녹색 + 단위연장

④ 부도로 연장한계 = 최대녹색 - 최소녹색

---

27 차량신호기 설치기준

교차로에서의 교통신호는 교대로 통행권을 부여하여 상당한 지체를 유발시키기 때문에 신호기 설치는 설치의 타당성을 가져야 한다. 이러한 설치 타당성의 기준을 넘으면 신호등을 설치하는 것이 유리하고, 반대로 그 이하의 조건인데도 신호를 설치 · 운영하면 오히려 손해라는 뜻을 가지고 있다. 따라서 기준에 명시된 어떤 수준에 도달하지 않으면 신호등을 설치해서는 안 되며, 설치된 경우는 운영하지 말아야 한다.

1 차량신호기 설치기준

① 기준 1(차량교통량)

평일의 교통량이 다음 표의 기준을 초과하는 시간이 모두 8시간 이상일 때 신호기를 설치해야 한다. 이때 연속적인 8시간이 아니라도 좋다. 또 부도로의 교통량은 주도로와 같은 시간대의 것이어야 한다.

[8시간 교통량]

접근차로수		주도로 교통량(양방향)	부도로 교통량(교통량이 많은 쪽)
주도로	부도로	(대/시간)	(대/시간)
1	1	500	150
2 이상	1	600	150
2 이상	2 이상	600	200
1	2 이상	500	200

② 기준 2(보행자 교통량)

평일의 교통량이 표의 기준을 모두 초과할 때 신호기를 설치해야 한다.

[최소차량교통량 및 보행자교통량]

차량교통량 (8시간, 양방향 : 대/시간)	횡단보행자 (1시간, 양방향, 자전거 포함 : 명/시간)
600대	150명

③ 기준 3(통학로)

어린이보호구역 내 초등학교 또는 유치원의 주 출입문에서 30m 이내에 신호등이 없고 자동차 통행시간 간격이 1분 이내인 경우에 설치하며, 기타의 경우 주 출입문과 가장 가까운 거리에 위치한 횡단보도에 설치한다.

④ 기준 4(교통사고기록)

신호기 설치예정 장소로부터 50m 이내의 구간에서 교통사고가 연간 5회 이상 발생하여 신호등의 설치로 사고를 방지할 수 있다고 인정되는 경우에 신호기를 설치해야 한다.

⑤ 기준 5(비보호좌회전)

대향직진교통량과 좌회전교통량이 차로별로 다음 표보다 많을 때에는 보호좌회전, 적을 때에는 비보호좌회전으로 운영할 수 있다.
㉠ 교통사고 건수 : 좌회전사고가 연간 4건 이하일 때 설치
㉡ 4건/년보다 클 경우는 보호좌회전, 작을 경우에는 비보호좌회전

ⓒ 교통량 기준

ⓓ 좌회전 교통량과 대향 직진교통량의 곱이 첨두시간에 직진 차로당 50,000대²/h까지로 한다.

ⓔ 즉, 1차로의 경우는 50,000대²/h, 2차로의 경우는 10,000대²/h 그리고 3차로의 경우는 150,000대²/h로 한다.

ⓕ 첨두시간 좌회전 교통량은 90대/h 미만

[차로수별 교통량 기준]

차로수	교통량곱	좌회전 교통량
1차로	50,000대²/h	
2차로	100,000대²/h	최대 90대/h
3차로	150,000대²/h	

ⓖ 차로별 좌회전 및 직진교통량

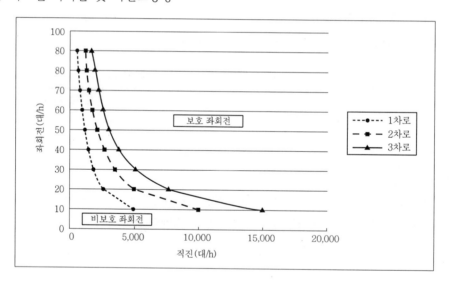

2 비보호좌회전 권장

비보호좌회전 설치 시 권장사항은 다음과 같다.

① **대향 차로수 제한** : 3차로(직진) 이하의 도로
② **별도의 비보호 좌회전 Bay 설치**
③ **시계 확보** : 속도에 따라 충분한 시계 확보

28 신호교차로 최적주기 산정

① 신호주기길이는 주어진 순차적인 현시순서를 한 번 완결하는 데 필요한 시간이다. 일반적으로 짧은 주기는 정지해 있는 차량의 지체를 줄여주기 때문에 더 효율적이나, 각 현시별 손실시간이 증가하기 때문에 교통량이 증가함에 따라 주기길이도 증가한다.

② 최적주기란 지체를 최소화시키는 주기를 말한다. 녹색신호 때 통과시켜야 할 자동차 대수는 적색신호에서 기다리는 자동차뿐만 아니라 녹색 및 황색시간 때에 도착하는 자동차도 통과시켜야 한다. 다시 말하면 한 주기 동안에 도착하는 모든 자동차 대수를 녹색시간에 통과시켜야 한다. 그러므로 녹색신호 때 통과시켜야 할 자동차 대수를 결정하기 위해서는 주기의 길이를 알아야 한다.

③ 보통 신호교차로의 최소주기는 각 현시의 최소녹색시간의 합과 같으며, 최대 180초까지 허용하나 일반적으로 120초 범위 내에서 설정하도록 한다. 주기길이를 설정하기 위한 다양한 종류의 기법들이 있으나 일반적으로 그린쉴드(Greenshields) 방법 또는 웹스터(Webster) 방법에 따른다.

1. 그린쉴드(Greenshields) 방법 : 임계차로군 방법

그린쉴드의 방법으로 관측한 정지선 방출 차두시간을 이용하여 최소신호주기를 계산하는 공식은 다음과 같다. 이 공식은 2현시인 네 갈래 교차로에 대한 것이다.

$$C_{\min} = \frac{Y_1 + Y_2 + 2(0.3)}{1 - \left(\dfrac{N_1}{s_1} + \dfrac{N_2}{s_2}\right)} = \frac{L}{1 - \sum y_i}$$

여기서, $C_{\min}$: 최소주기길이(초)
Y_1 : 주도로 접근로에서의 황색시간(초)
Y_2 : 교차도로 접근로에서의 황색시간(초)
N_1 : 주도로 접근로에서 임계차로군의 첨두 15분 교통류율(대/시)
N_2 : 교차도로 접근로에서 임계차로군의 첨두 15분 교통류율(대/시)
s_1 : 주도로 임계차로군의 포화교통량(vphg)
s_2 : 부도로 임계차로군의 포화교통량(vphg)
L : 주기당 손실시간(초)
y_i : i 현시 때 임계차로군의 교통량비, 교통수요/포화교통량

2. 웹스터(Webster) 방법

웹스터는 지체를 최소로 하는 주기를 구하기 위하여 다음과 같은 공식을 만들었다.

$$C = \frac{1.5L + 5}{1.0 - Y_i}$$

여기서, C : 최적주기길이(초)

Y_i : 임계차로 교통량(i번째 현시, vph)/(포화교통류율, vph)

L : 주기당 손실시간(초, $nl + R$), n : 현시수

l : 현시당 평균손실시간(초), R : 주기당 전체 전적색 시간(초)

여기서 계산된 최적주기의 0.75배 또는 1.5배로 할 경우 차량의 지체에는 큰 영향을 미치지 않기 때문에 계산된 최적주기는 주변 여건을 고려하여 조정할 수 있다.

한편 인접한 교차로와 연계하여 운영되는 교차로의 주기는 연동되는 교차로군 내에서 가장 긴 주기를 따르도록 한다.

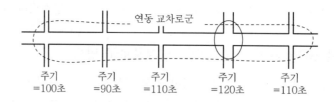

연동 교차로군

주기	주기	주기	주기	주기
=100초	=90초	=110초	=120초	=110초

29 신호교차로 분석

1 개요

① 신호교차로에 대한 분석과정과 기본 용량, 교통량 보정방법에 대하여 나열하였다.

② 교통운영분석은 5개 모듈, 즉 입력자료 및 교통량보정, 직진환산계수 산정, 차로군 분포, 포화교통량산정, 서비스 수준 결정으로 나눌 수 있다.

③ 분석방법의 기본적인 계산절차와 입력자료를 나타낸다.

2 신호교차로 분석과정

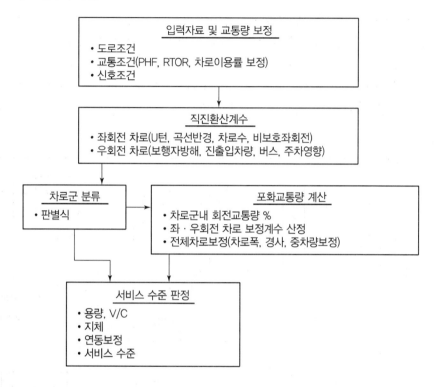

1. 신호교차로 기본 조건

기본 조건에서의 포화교통류율 S_i은 2,200pcphgpl(passenger car per hour of green per lane)이며, 기본 조건은 아래와 같다.

① **차로폭** : 3m 이상
② 경사가 없는 접근부
③ 교통류는 직진이며, 모두 승용차로 구성
④ 접근부 정지선의 상류부 75m 이내에 버스정류장이 없음
⑤ 접근부 정지선의 상류부 75m 이내에 노상 주정차시설 없음
⑥ 접근부 정지선의 상류부 60m 이내에 진·출입 차량이 없을 것

2. 신호교차로 신호조건

신호교차로는 신호운영방법과 좌회전 전용차로 유무에 따라 용량분석 방법이 달라진다. 신호운영과 좌회전차로의 개수 및 차로 운영형태에 따라 편의상 CASE별로 구분하며, 아래 그림은 교차로 구조 특히 좌회전차로의 형태와 좌회전 CASE의 관계를 그림으로 나타낸 것이다. 우회전은 모든 경우에 다 해당되므로 표에서는 나타내지 않았으나 도류화된 공용 우회전과 도류화되지 않은 공용 우회전 및 전용 우회전의 경우로 나누어 분석한다.

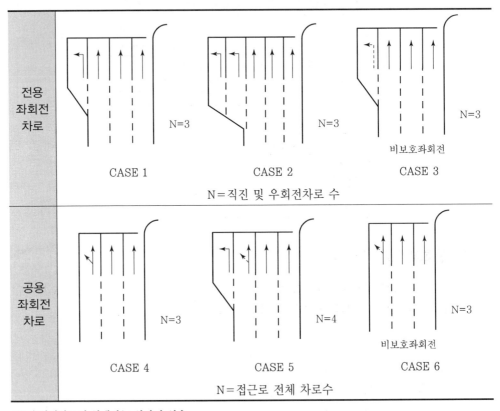

주) 우회전차로의 형태와는 상관이 없음

3. 신호교차로 교통량 보정

① 첨두시간 교통류율 환산

분석에 사용되는 교통량은 분석시간대의 평균교통류율(vph)을 말한다. 분석기간은 보통 15분이지만 시간당 교통량이 주어지는 수도 있다. 이때는 첨두시간계수를 이용하여 첨두시간 교통류율로 환산해 사용한다.

첨두시간 교통류율은 분석시간대(보통 첨두 한 시간) 내의 첨두 15분 교통량을 4배해서 한 시간 교통량으로 나타낸 것으로서, 다음과 같이 시간당 교통량을 첨두시간계수(Peak Hour Factor, PHF)로 나누어 얻는다. PHF를 이용하여 시간교통량을 첨두시간 교통류율로 환산할 때, 모든 이동류가 이 시간대에 동일한 첨두현상을 보인다고 가정한 것이므로 나중에 계산되는 제어지체값은 어느 정도 높게 추정된다.

$$V_P = \frac{V_H}{PHF}$$

여기서, V_P : 첨두시간 교통류율(vph)
V_H : 시간교통량(vph)
PHF : 첨두시간계수

② 차로이용률 보정

차로군에서 각 차로 간의 교통량 분포가 일정하지 않아 교통량이 많이 이용하는 차로를 기준으로 보정을 해 준다.

차로이용률의 보정은 첨두교통량에 차로이용률계수(F_U)를 곱하여 보정한다. 차로군 분류를 하지 않고는 차로군의 차로수를 알 수 없을 뿐만 아니라, 직진의 공용 회전차로 이용률이 상대적으로 낮기 때문에 직진교통은 공용 회전차로를 제외한 차로를 이용한다고 가정한다. 따라서 직진교통의 직진차로별 평균교통량을 계산하고 표로부터 차로이용률계수를 찾는다.

$$V = V_P \times F_U$$

여기서, V : 보정된 교통량(vph)
V_P : 첨두시간 교통류율(vph)
F_U : 차로이용률 계수

[차로이용 계수(F_U)]

직진의 전용차로수	차로별 평균교통량(vphpl)		설계 수준	
	800 이하	800 초과	서비스 수준 C, D	서비스 수준 E
1차로	1.00	1.00	1.00	1.00
2차로	1.02	1.00	1.02	1.00
3차로	1.10	1.05	1.10	1.05
4차로 이상	1.15	1.08	1.15	1.08

③ 우회전교통량 보정

분석의 대상이 되는 교통량은 녹색신호를 사용하는 것에 국한되므로 적색신호에서 우회전하는(Right Turn on Red, RTOR) 교통량은 분석에서 제외시켜야 한다.

우측 차로는 일반적으로 다른 직진차로보다 넓기 때문에 직진 옆으로 우회전하여 빠져 나가는(녹색신호라 할지라도) 교통량은 분석에서 제외된다. 이들 차량은 신호와 관계없이 우회전하는 우회전 전용차량으로 간주될 수 있기 때문이다. 정지선 부근에 교통섬으로 도류화된 공용 우회전차로는 일반적으로 차로폭이 넓으므로 이러한 경우가 더 많다.

우회전차로 구분에 따른 우회전 보정계수(F_R)를 전체 우회전교통량에 곱하면 분석에 사용되는 우회전교통량을 얻을 수 있다.

$$V_R = V_{RO} \times F_R$$

여기서, V_R : RTOR에 대해서 보정된 우회전교통량(vph)

V_{RO} : 총우회전교통량(vph)

F_R : 우회전 교통량 보정계수

[우회전차로의 구분에 따른 우회전교통량 보정계수(F_R)]

공용 우회전차로		전용 우회전차로
도류화되지 않은 차로	도류화된 차로	

우회전차로 구분		$F_R(V_R/V_{RO})$
4갈래 교차로	도류화되지 않은 공용 우회전차로	0.5
	도류화된 공용 우회전차로	0.4
3갈래 교차로	전용 우회전차로 기타 우회전차로	0.5

30 신호시간 계산

1 황색신호시간

예제 01

횡단거리가 15m인 신호교차로 한 접근로의 적정 황색신호시간은 얼마인가?(단, 이 접근로의 접근속도는 60kph이며 평균차량의 길이는 5.5m, 반응시간 1.0초, 임계감속도 5.0m/sec² 라 가정한다.)

+풀이
$$Y = t + \frac{v}{2a} + \frac{w+l}{v} = 1 + \frac{60/3.6}{2 \times 5.0} + \frac{15+5.5}{60/3.6} = 3.9초$$

위 식에서 t는 운전자 반응시간, $\dfrac{v}{2a}$는 임계감속도로 정지선에서 정지하는 거리를 정지하지 않고 그대로 달린 시간, $\dfrac{w+l}{v}$는 횡단시간을 나타낸다.

예제 02

1 아래와 같은 신호교차로 한 접근로에서 황색신호가 3.0초일 때, 딜레마 구간 또는 옵션구간이 발생하는지를 판단하고, 이 구간의 시작점과 끝점의 위치를 정지선을 기준으로 나타내시오 (단, 접근로의 접근속도는 60kph이며, 교차로 횡단거리는 18m, 평균차량 길이는 5m이다).

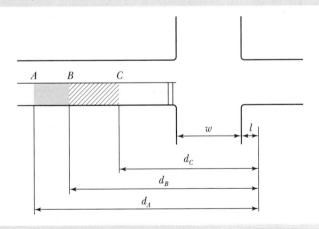

2 신호교차로 한 접근로에서 황색신호가 5.0초일 때, 딜레마 구간이 발생하는지 옵션구간이 발생하는지를 판단하고, 이 구간의 시작점과 끝점의 위치를 정지선을 기준으로 나타내시오. (단, 접근로의 접근속도는 60kph이며, 교차로 횡단거리는 18m, 평균차량 길이는 5m이다.)

+풀이 ① 소요 황색시간 $= 1 + \dfrac{60/3.6}{2 \times 5.0} + \dfrac{18+5}{60/3.6} = 4.0$초 > 실제 황색시간 $= 3.0$초

따라서, 딜레마 구간 발생

딜레마 구간의 시점(B)은 임계점(Critical Point)으로서, 황색신호가 켜질 때 계속 진행할지 정지할지를 정하는 의사결정 지점이다. 즉, 이 점에서 황색신호를 만났을 때 정지하자면 임계감속도로 정지선 이전에 정지할 수 있고, 계속 진행하려면 교차로를 완전히 횡단할 수 있는 지점이다.

따라서, $\left(t + \dfrac{v}{2a}\right) \times v = \left(1 + \dfrac{60/3.6}{2 \times 5.0}\right) \times 60/3.6 = 44.4\text{m}$ (정지선 후방)

딜레마 구간 종점(C)은 실제 황색시간 동안 교차로를 완전히 통과할 수 있는 정지선에서 가장 먼 지점이다.

따라서, 3초 $\times 60/3.6 - (18+5) = 27\text{m}$(정지선 후방)

그러므로 황색신호를 만났을 때, 정지해도 임계감속도 이상의 감속도가 필요하고, 계속 진행해도 황색신호 동안 교차로를 횡단하지 못하는 딜레마 구간의 길이는 $44.4 - 27 = 17.4\text{m}$이다.

② 소요 황색시간 $= 1 + \dfrac{60/3.6}{2 \times 5.0} + \dfrac{18+5}{60/3.6} = 4.0$초 < 실제 황색시간 $= 5.0$초

따라서, 옵션 구간 발생

옵션 구간의 시점(A)은 실제 황색신호 동안 교차로를 완전히 통과할 수 있는 정지선에서 가장 먼 지점이다.

따라서 5초 $\times 60/3.6 - (18+5) = 60.3\text{m}$(정지선 후방)

옵션 구간의 종점(B)은 임계감속도로 정지선 이전에 정지할 수 있는 정지선에서 가장 먼 지점이다.

따라서 $\left(t + \dfrac{v}{2a}\right) \times v = \left(1 + \dfrac{60/3.6}{2 \times 5.0}\right) \times 60/3.6 = 44.4\text{m}$ (정지선 후방)

그러므로 황색신호를 만났을 때 정지해도 임계감속도 이내로 정지할 수 있고, 계속 진행해도 황색신호 동안 교차로를 통과할 수 있는 이 옵션 구간의 길이는 $60.3 - 44.4 = 15.9\text{m}$이다.

예제 03

신호등이 황색으로 변하는 것을 보고 정지선 앞에서 정지하는 차량의 최소평균 감속거리는 35m 이다. 황색신호의 지각—반응시간이 1.0초, 교차로 접근속도가 60kph, 횡단거리가 20m라고 할 때 적정 황색시간을 구하시오(단, 차량의 길이는 무시한다).

풀이 임계감속거리는 35m이므로 이보다 멀리 있을 때에는 황색신호가 커지면 정지하고, 이보다 짧을 때 황색신호를 만나면 그대로 진행한다. 이 임계거리를 이용하여 정지하는 데 필요한 감속도의 크기를 임계감속도라 하며, 임계거리보다 가까이 있는 차량이 황색신호를 보고 정지하려 한다면 임계감속도보다 큰 감속도를 적용해야 하므로 승객이 불쾌감을 느낀다.

임계감속거리는 $d = ut_r + \dfrac{u^2}{2a}$이며, 지각—반응시간 t_r은 1.0초, u는 $60/3.6 = 16.67\text{m/sec}$ 이므로 임계감속도는 다음과 같다.

임계감속도 $a = \dfrac{(16.67)^2}{2\,(35 - 16.67 \times 1.0)}\,7.6\text{m/s}^2$

$$Y = t + \frac{u}{2a} + \frac{w+l}{u} = 1.0 + \frac{16.67}{2 \times 7.6} + \frac{20}{16.67} = 3.3\text{초}$$

※ 여기서 35m는 운전자가 황색신호를 보고 정지할지 진행할지를 판단할 때 주행한 공주거리와 실제 감속하는 동안 달린 제동거리가 포함됨에 유의해야 한다.

예제 04

접근속도가 60kph인 어느 접근로에서 적정 황색시간이 4.5초이고, 실제 황색시간이 3.0초라 할 때, 딜레마 구간의 길이와 위치를 구하고 그림에 표시하시오.

풀이 딜레마 구간길이 $= (4.5 - 3.0) \times 60/3.6 = 25\text{m}$
딜레마 구간의 시작점 $= 4.5 \times 60/3.6 = 75\text{m}$
(교차로 건너편에서부터 뒤로)

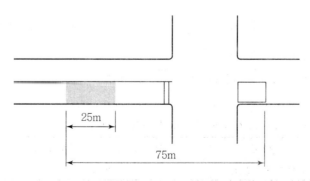

2 최소녹색시간

예제 05

횡단보행자가 주기당 10명 미만인 어느 신호교차로의 횡단보도신호를 설계하고자 한다. 횡단보도의 길이가 20m이고, 보행속도는 1.2m/초, 보행자 횡단방향과 평행한 차량용 신호의 황색시간은 3초이다. 최소 보행자 신호시간을 구하고, 또 이 중에서 고정녹색시간과 점멸녹색시간을 구분하시오.

풀이 최소 보행자 신호시간은 보행신호의 최소길이를 나타낼 뿐만 아니라, 이와 평행한 방향의 차량용 신호의 최소녹색시간을 나타낸다.

점멸녹색시간은 보행자횡단시간을 차량용 황색시간으로 뺀 값이다.

즉, 여기서 점멸녹색시간 : $\dfrac{20}{1.2} - 3 = 13.7$초

최초 초기녹색시간은 보행자군이 횡단보도로 모두 내려올 때까지의 시간으로서 횡단보행자의 수가 주기당 10인 미만이면 4초, 그 이상이면 7초를 사용한다.

따라서, 최소보행자신호 G_p=4초(최소초기녹색)+13.7초(점멸시간)=17.7초

이를 신호로 표기하여 나타내면 다음과 같다.

보행신호	녹색(4초)	점멸(13.7초)	적색	
평행한 차량신호	녹색		황색	적색

주) 점멸시간이 횡단시간보다 짧은 이유 : 보행자횡단 끝부분에 보행신호를 적색으로 만들어 주므로(이때 평행한 차량용 신호는 황색이다) 보행자가 횡단을 빨리 마무리하도록 한다.

예제 06

횡단보행자 수가 중방향으로 한 주기당 50명인 어느 신호교차로의 횡단보도신호를 설계하고자 한다. 그 횡단보도의 거리는 20m이며 폭은 6m이다. 횡단보행자의 보행속도는 1.2m/초이며, 횡단 방향과 평행한 차량용 신호의 황색시간은 3초이다. 보행자신호의 고정녹색시간과 점멸녹색시간을 구분하여 구하시오.

풀이 최소 초기녹색시간=$1.7\left(\dfrac{50}{6} - 1\right) = 12.5$초 > 7초이므로 12.5초를 사용하면

따라서, 고정녹색=12.5초

점멸녹색=$\dfrac{d}{1.2}$ − 황색시간 = $\dfrac{20}{1.2} - 3 = 13.7$초

최소 보행자 신호=고정녹색(2.5초)+점멸녹색(13.7초)=26.2초

이를 신호로 표기하여 나타내면 다음과 같다.

보행신호	고정녹색(12.5초)	점멸(13.7초)	적색	
평행한 차량신호	녹색		황색	적색

예제 07

4현시로 운영되는 신호교차로에서 주기를 60초에서 120초로 높일 경우에 용량 변화를 나타내시오(단, 각 현시의 황색시간은 3초이며, 출발손실시간 2.5초, 진행연장시간 2초이다).

+풀이 주기당 손실시간＝4현시×(3＋2.5－2.0)＝14초

① 60초 주기 때 시간당 유효녹색시간

$$g_{60} = 3,600 - \left(\frac{3,600}{60}\right) \times 14 = 2,760초$$

② 120초 주기 때 시간당 유효녹색시간

$$g_{120} = 3,600 - \left(\frac{3,600}{120}\right) \times 14 = 3,180초$$

③ 용량은 유효녹색시간에 비례하므로 아래와 같이 증가함

$$\left(\frac{2,180 - 2,760}{2,760}\right) = 0.152 ≒ 15.2\%$$

따라서 15.2% 증가하지만 지체의 관점에서 보면, 주기가 긴 것이 반드시 좋은 것만은 아니다.

31 신호제어기의 종류

1 개요

① 고정시간 신호제어기 : Pretimed or Fixed－time Signal Controller

② 교통대응 신호제어기 : Traffic Responsive Controller
　㉠ 교통감응 신호기(Traffic－actuated Signal)
　　• 반감응식 신호기(Semi－actuated Signal)
　　• 완전감응식 신호기(Full－actuated Signal)
　　• 교통량－밀도 신호기(Volume－dinsity Signal)
　㉡ 교통적응 신호제어기(Traffic－adjusted Signal)

2 고정시간 신호제어기

① 미리 정해진 시간계획을 가진 다이얼(Dial)을 이용하여 신호 등화가 규칙적으로 바뀌는 것

② 장점

ㄱ 신호기의 구조가 간단하므로 설치비용이 저렴하고 관리가 용이함

ㄴ 인접 신호등과 연동하여 일정한 속도로 연속진행 가능

ㄷ 연속된 교차로에 대한 차량당 평균지체는 교통감응 신호를 사용할 때보다 적음

ㄹ 보행자 교통량이 일정하면서 많은 곳이나, 보행자 작동 신호 운영에 혼동이 일어나기 쉬운 곳에는 교통감응 신호보다 고정시간 신호가 좋음

ㅁ 신호시간을 현장에서 쉽게 조정 가능

③ 단점

ㄱ 교차로 교통량의 순간적인 변동에 적응하지 못함

ㄴ 첨두시간이 아닐 때는 불필요한 지체를 유발

④ 시간조정을 하는 기계장치에 따라 분류

ㄱ 비동기(非同期) 고정시간 신호제어기

• 중요하지 않은 독립교차로에서 다른 인접교차로와 연동할 필요가 없을 때 사용

• 신호시간이 전압과 온도에 따라 변하기 쉬우므로 잘 사용되지 않음

ㄴ 동기(同期) 고정시간 신호제어기

• 주파수에만 영향을 받는 동기모터를 사용하기에 일정한 속도를 유지할 수 있으며 독립교차로에서 사용

• 정확한 주기와 시간분할을 유지할 수 있으므로 비동기 제어기보다 우수

• 사전에 프로그램된 신호시간을 사용할 수 있으므로 하루에 몇 번씩 주기와 시간분할을 변화시킬 수 있음

③ 교통대응 신호제어기

1. 교통감응 신호기(Traffic – Actuated Signal)

① 교차로 접근로에 설치한 감지기(Dector)로부터 교통수요를 추정하여 현시길이와 주기의 길이를 끊임없이 조정

② 경우에 따라 교통수요가 없는 현시는 생략하기도 함

③ 장점

ㄱ 교통변동의 예측이 불가능하여 고정시간 신호로 처리하기 어려운 교차로에 사용하면 최대의 효율을 발휘

ㄴ 복잡한 교차로에 적합

ⓒ 주도로와 부도로가 교차하는 곳에서, 부도로 교통에 꼭 필요한 때에만 교통량이 큰 주도로 교통을 차단시킬 목적으로 사용하면 좋음

ⓔ 일반적으로 독립교차로에서 교통량의 시간별 변동이 심할 때 사용하면 지체를 최소화함

④ 반감응식 신호기(Semi-Actuated Signal)

ⓐ 교통량이 많고 고속의 간선도로와 그 반대의 특성을 가진 도로가 만나는 교차로에 주로 사용

ⓑ 교통량이 적은 부도로가 신호등 없이는 주도로 교통을 횡단할 수 없는 교차로에 설치하면 아주 좋음

ⓒ 주도로와 부도로의 교통량 변동이 심하면 반감응식을 사용하면 안 됨

⑤ 완전감응식 신호기(Full-Actuated Signal)

ⓐ 모든 접근로에서 접근하는 차량을 같은 비중으로 처리

ⓑ 접근교통량이 비교적 적고 크기가 비슷하나 짧은 시간 동안에 교통량의 변동이 심하며, 접근로 간의 교통량 분포가 크게 변하는 독립교차로에 적용하면 아주 좋음

ⓒ 교통량이 큰 경우에 사용하면 고정시간 신호기와 거의 비슷하게 운영되므로 감응 신호기로서의 효과가 없음 : 다른 신호기와 연동시켜도 효과가 없음

ⓔ 효과를 최대로 발휘하기 위해서는 도착교통패턴에 영향을 미치는 인접신호등과는 최소 1.5km 이상 떨어져 있어야 함

⑥ 교통량-밀도 신호기(Volume-Density Signal)

ⓐ 독립교차로 교통대응 신호기 중 가장 이상적이며 복잡한 제어기

ⓑ 각 접근로의 교통량에 비례하여 녹색시간 할당

ⓒ 교통량, 대기행렬길이 및 지체시간에 관한 정보를 수집, 기억한 후 이를 이용하여 현시와 주기를 수시로 수정

2. 교통적응 신호제어기(Traffic-Adjusted Signal)

① 이 제어기를 고정시간 또는 반감응식 제어기를 통제하는 주 제어기로 사용하여 교통감응식 제어기를 간선도로나 도로망 신호통제에 사용

② 감지기가 교통량과 진행방향에 관한 정보를 주 제어기로 보내면 주 제어기는 가장 적합한 주기와 오프셋의 조합을 선택

③ 종속제어기는 주제어기와 연결되어 있기 때문에 주 제어기에서 선택한 주기와 오프셋을 신호등화로 즉시 나타냄

4 결론

① 고정시간 신호제어기의 경우 교통 흐름이 비교적 안정되고 교통류의 변동이 계획된 신호시간에 무난히 처리될 수 있는 교차로에 설치하면 좋다.

② 교통대응 신호제어기는 고정시간 신호기와 달리 불필요한 지체를 일으키지 않으므로 고정시간 신호의 설치기준에 미달하는 곳에 설치해도 무방하다.

③ 교통대응 신호제어기는 도로중간구간의 횡단보도나 한 번에 한 방향만 횡단할 수 있는 좁은 횡단로에 설치하면 좋다.

④ 고정시간 제어기는 인접교차로의 신호등과 연동할 필요가 있을 경우 사용하면 좋다.

32 신호제어 방식

1 개요

① 신호등을 작동시키는 신호제어기(Signal Controller)는 크게 고정시간 신호제어기(Pretimed 또는 Fixed-Time Signal Controller)와 교통대응 신호제어기(Traffic Responsive Controller)로 나눌 수 있다.

② 고정시간 신호제어기는 내장된 신호시간을 교통조건에 맞게 선택하여 일정시간 동안 같은 신호시간 패턴(Pattern)을 반복해서 표시하는 것이며, 교통대응 신호제어기는 교통조건에 따라 그때그때 신호시간이 조정되는 신호기이다.

③ 교통통제설비 중 가장 중요한 것은 교통신호이다.

④ 입체교차로가 교통류를 공간적으로 분리시킨다면 교통신호는 시간적으로 분리시키는 기능을 한다.

2 교통신호

1. 신호기 설치기준

① 차량교통량 기준

평일의 교통량이 다음의 기준을 초과하는 시간이 모두 8시간 이상일 때 신호기를 설치한다.

접근로 차로수		주도로 교통량(양방) (대/시)	부도로 교통량 (교통량이 많은 쪽)
주도로	부도로		
1	1	500	150
2 이상	1	600	150
2 이상	2 이상	600	200
1	2 이상	500	200

② 보행자교통량 기준

평일의 교통량이 다음의 기준을 초과하는 시간이 모두 8시간 이상일 때 신호기를 설치한다.

차량교통량(양방향 : 대/시)	횡단 보행자(자전거 포함 : 명/시)
600대	150명

③ 통학로

어린이 보호구역 내 초등학교 또는 유치원의 주 출입문과 가장 가까운 거리에 위치한 횡단보도에 설치하며 기타의 경우 보호구역 내 횡단보도는 차량통행 교통량이 60대/시(양방향) 이상일 때 신호기를 설치한다.

④ 사고기록

신호등 설치예정 장소로부터 50m 이내의 구간에서 교통사고가 연간 5회 이상 발생하여 신호등의 설치로 사고를 방지할 수 있다고 인정되는 경우에 신호기를 설치한다.

2. 신호등 설치로 인한 장단점

장점	단점
• 직각충돌 및 보행자충돌 등 사고감소 • 교통량이 많은 도로를 횡단하는 차량이나 보행자를 횡단시킴 • 인접교차로 연동으로 일정속도 유지 • 통행우선권으로 안심하고 교차로를 통과	• 첨두시간이 아닌 경우 교차로의 연료소모가 큼 • 추돌사고 등 유형의 사고가 증가 • 부적절한 곳에 설치되었을 경우 불필요한 지체 야기 • 부적절한 시간으로 운영될 때, 운전자의 짜증을 유발함

3 교통제어 방식의 종류와 장단점

1. 고정시간 신호제어기(Fixed-Time Signal Controller)

① 고정시간 신호란 미리 정해진 신호등 기간계획에 따라 신호등화가 규칙적으로 바뀌는 것을 말한다.

② 장점

㉠ 신호기의 구조가 간단하여 운용과 정비 유지가 쉬움

㉡ 인접 신호등과 연동하여 일정한 속도로 연속진행시킬 수 있음

㉢ 신호시간을 현장에서 쉽게 조정할 수 있음

③ 단점

㉠ 짧은 시간 동안의 교통량 변동에 적응할 수 없음

㉡ 첨두시간이 아닌 경우 불필요한 지체 유발

④ 제어기의 종류

㉠ 비동기 고정시간 제어기(Non Synchronous Controller) : 독립교차로용으로 잘 사용하지 않음

㉡ 동기 고정시간 제어기(Synchronous Controller) : 주 제어기에 의해 통제

2. 교통대응 신호제어기

① 교통감응 신호(Traffic Actuated Signal)

• 독립교차로에서 주로 운영되며 현시길이와 주기를 조절하며 현시를 생략하기도 함

• 교차로 접근로의 감지기로부터 교통수요를 측정하여 근거로 함

㉠ 반감응식 신호기

ⓐ 교통량이 많고 고속의 간선과 반대 특성이 만나는 교차로에 주로 사용, 교통량이 적은 부도로 교통이 신호등 없이는 주도로 교통을 횡단할 수 없는 교차로에 설치하면 효과적이나 주도로나 부도로의 교통량의 변동이 심한 곳에서는 비효율적

ⓑ 운영방식

• 부도로는 접근로에만 감지기 설치

• 주도로는 각 주기에서 최소녹색시간을 할당받음

• 주도로는 최소녹색시간이 지난 후라도 녹색이 계속되나, 부도로의 감지기가 차량 도착을 알리면 주도로는 적색, 부도로는 녹색으로 바뀜

• 부도로에 차량이 도착하더라도 주도로가 최소녹색시간이 경과되지 않았으면 최소녹색시간이 끝날 때까지 적색에서 대기

- 부도로는 초기녹색을 받은 후 정해진 단위연장시간 내에 다른 차량이 추가로 도착하면 녹색시간이 연장되고 또 다른 추가도착량에 대해서도 연장되지만 연장한계를 초과할 수 없음
- 부도로가 연장한계를 지나고도 추가 도착이 있으면 주도로로 돌아간 녹색시간은 주도로의 최소녹색시간이 지난 후에는 자동적으로 부도로로 다시 돌아오는 기억장치가 되어 있음
- 각 녹색시간의 끝에는 정해진 황색시간이 따름

ⓛ 완전 감응식 신호기

ⓐ 교차로의 모든 접근로에서 접근하는 차량을 같은 비중으로 처리

ⓑ 단시간에 교통량의 변동이 심하며 접근로 간에 교통량의 분포가 크게 변하는 독립교차로에 적용한다. 교통량이 큰 경우에 사용하면 감지횟수가 많아지기 때문에 고정시간 신호기와 거의 비슷하게 운영되기에 효과가 없다.

ⓒ 운영방식

- 모든 접근로에 감지기 설치
- 각 현시는 초기녹색시간을 가진다. 그 길이는 그때까지 대기했던 차량들이 교차로를 통과하는 데 필요한 시간이다.
- 초기녹색시간이 끝나면 추가로 도착하는 차량당 단위연장시간만큼 녹색이 연장됨. 그러나 연장한계는 초과할 수 없다.
- 각 현시는 호출스위치를 가지며
  - 어느 현시에서도 호출이 없으면 현재의 현시가 그대로 지속된다.
  - 어느 한 현시에서 호출이 없으면 녹색신호는 그쪽으로 전환된다.
  - 각 현시 끝에는 정해진 황색신호가 따른다.

ⓒ 교통량-밀도 신호기 : 녹색시간은 각 접근로의 교통량에 비례해 할당하고 미리 정해진 방식에 따라 감응하지 않고 교통량, 대기행렬, 지체시간에 관한 정보를 수집, 기억하였다가 현시와 주기를 수시로 수정한다.

② **교통적응 신호기**(Traffic Adjusted Signal)

간선도로나 도로망 신호통제를 위해 주 제어기를 독립교차로에 사용하는 교통감응식 제어기와 연결하여 적합한 주기와 오프셋의 조합을 선택한다.

3. 고정시간 신호기와 교통감응 신호기의 비교

고정시간 신호	교통감응 신호
• 인접신호등과 연동에 편리하며, 정확한 연동이 가능함 • 도로공사 등과 같이 정상적인 흐름을 방해하는 조건에 영향을 받지 않음 • 보행자교통량이 일정하면서 많은 곳이나, 보행자 작동신호운영에 혼동이 일어나기 쉬운 곳에 적합 • 설치비용이 저렴하고 정비수리가 용이함	• 교통변동의 예측이 불가능한 지역에 효율적이나 교차로 간격이 연속진행에 적합하다면 고정시간 신호기가 더 좋음 • 복잡한 교차로에 적합 • 부도로의 교통을 꼭 필요한 때에만 소통시켜야 할 때 적합 • 조정시간 신호로 연동시키기엔 간격이나 위치가 적합하지 않은 교차로 • 감지기를 지난 후 정지한 차량이나 도로공사 등과 같은 조건에 영향을 받음 • 하루 중 일시만 신호설치의 준거에 도달하는 곳 • 독립교차로에서 교통량의 시간별 변동이 심할 때 사용하면 지체를 최소화함

4 감응신호기를 이해하기 위한 용어정리

① 초기녹색시간(Initial Interval) : 적색신호 동안 감지기(Detector)와 정지선 사이의 차량들을 교차로에 진입시키는 데 필요한 시간

$$초기녹색시간 = 최소방출차두시간 \times 감지차량대수 + 출발손실시간 + 단위연장시간$$

② 단위연장시간(Unit Extention) : 초기녹색시간 직후 한 대의 차량이 감지된다면 연장되는 단위시간으로 녹색시간이 감지기로부터 교차로에 진입하는 데 필요한 시간을 말한다.

$$단위연장시간 = \frac{정지선에서\ 감지기까지의\ 거리(m)}{접근속도}$$

이 값은 60km/h이며 45m 떨어진 감지기일 경우, 감지된 마지막 차량은 감지기 통과 약 3초 후에 정지선에 도달하며 후속차량이 없을 경우 황색신호가 켜지면서 황색시간 동안 교차로를 횡단한다.

③ 연장한계(Extention Limits) : 최소녹색시간 이후부터 녹색신호가 끝날 때까지 최대허용대기시간, 즉 수요가 많더라도 교차도로에 감지된 차량이 한없이 기다릴 수 없으므로 교차도로의 최대대기시간이 경과 후에 연장한계가 적용된다.

33 잔여시간표시(Countdown Signal)

1 개요

① 교통신호는 상충하는 방향의 교통류를 적절한 시간간격으로 통행우선권을 할당하는 통제설비 중 하나이다.

② 우리나라의 신호등은 3색 등화의 순서로 이루어지며 4현시에 적정한 배분시간에 따라 색깔이 바뀐다.

③ 잔여시간표시는 국내의 경우 현재 일부 횡단보도에만 숫자표기가 아닌 기호표시로 사용 중에 있다.

④ 외국의 경우는 신호등 옆에 사인 보드가 있어서 다음 신호의 잔류시간을 미리 안내해준다.

⑤ 잔여시간 안내표시의 경우 다른 신호로 바뀔 시간을 미리 알고 있으므로 차량의 출발시간을 앞당기고 공회전 시간을 줄여주는 장점이 있다.

2 신호등의 차이점

① 일반 신호등(우리나라 신호등)
   자동차 공회전 시간이 많이 발생

② 잔여시간표시(Countdown Signal)
   ㉠ 교통소통 측면에서 양호
   ㉡ 자동차 공회전시간 단축
   ㉢ 운전자에게 경계심 부여
   ㉣ 운전자와 보행자에게 판단의 기회 부여
   ㉤ 교통류를 빠르게 이동시킴
   ㉥ 도로의 용량이 증대됨

3 기대효과

① 교통소통 및 안전성 제고
② 교통혼잡 해소와 용량 증대
③ 교통사고 감소
④ 보행자와 운전자의 안전성 확보
⑤ 공회전 감소로 인한 환경 보전 및 연료 감소 효과

4 결론

① 국내에서 잔여시간표시(Countdown Signal)의 신호등은 일부 횡단보도에 국한되어 시행하고 있으나 앞으로는 전면적으로 검토할 필요성이 있다고 사료된다.

② 위의 내용과 같이 현재 사용 중인 기존 신호방식보다 Countdown Signal이 모든 면에서 앞서는 것으로 판단된다.

③ 신호에서 Countdown Signal(잔여시간표시)의 방식에는 두 가지가 있다.
   ㉠ 첫째 방식은 숫자로서 남은 시간을 표기하는 방법
   ㉡ 둘째 방식은 기호로서 남은 시간을 표기하는 방법

④ 기호보다는 숫자를 적용하는 것이 이용자들의 신호 대기 시 빠른 판단으로 원활한 소통이 될 것으로 예상된다.

34 신호시간 설계 시 주요 변수와 산정방법

1 개요

① 신호시간 설계를 위해 교통량에 따라서 신호주기, 현시의 수 등 신호시간에 관련된 내용을 결정하는 일련의 과정이다.

② 교차로 신호시간 결정은 교통량과 회전의 수, 도로폭 정지선 간의 거리, 차량의 감속능력, 보행자의 보행 특성 등을 복합적으로 고려하여 결정된다.

③ 신호시간 설계과정은 교통량 조사 또는 수요추정, 포화교통류 산정, 현시 결정, 황색시간 결정 순으로 산정된다.

2 고정식 신호제어의 신호주기 산정방법

1. 신호주기 결정과정

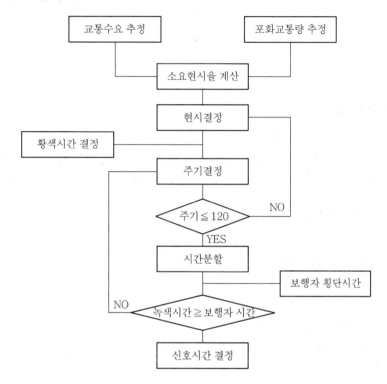

2. 교통수요예측

① 각 접근로의 방향별, 차종별 교통량과 보행자 수를 15분 단위로 조사
② 중차량을 승용차로 환산하고 15분 교통량을 4배 하여 설계교통량 산정
③ 통과교통량이 아닌 도착교통량을 의미함

3. 포화교통량 산정

① 차로수, 차로폭, 회전차선의 운영상태, 버스정류장의 위치, 주차허용구간, 경사, 중차량
비율 등을 고려하여 포화교통량 산정
② 최소방출차두시간을 구하여 포화교통량 산정

4. 소요현시율(V/S) 산정

설계시간 동안의 실제도착교통량(설계교통량)을 포화교통량으로 나눈 값이다. 이를 각 이동류에 대한 교통량비(Flow Ratio)라 하며 V/C로 나타낸다.

$$\text{소요현시율}(V/S) = \frac{\text{Peak Hour 동안의 실제 교통량(신호기 설계교통량)}}{\text{포화 교통량}}$$

5. 신호현시 결정

① 교통망 전체의 운영방식, 방향별 교통량, 버스노선 등을 고려하여 신호현시 결정
② 한 현시 내에서 현시율이 가장 큰 이동류들의 현시율의 합이 가장 적은 것이 좋음
③ 현시의 수는 접근로의 수, 교차로 형태, 교통류의 방향, 교통구성에 의해 결정됨

④ 접근로의 형태에 따른 분류
  ㉠ 좌회전 전용차선이 있는 접근로
    • 링(Ring) 개념 방법(중복현시 방법)
    • 간략법(2현시 방법)
  ㉡ 좌회전 공용차선이 있는 접근로
    • 양방향 분리 좌회전 방식
    • 비보호좌회전 방식

6. 황색신호시간 결정

① 신호를 보고 오는 차량에게 정지신호가 들어온다는 것을 예고하고 미리 대비하게 하기 위함

② 한 차량이 정상적인 접근속도로 교차도로의 폭과 안전정지시거를 합한 거리를 주행하는 데 소요되는 시간

$$Y = t + \frac{v}{2a} + \frac{w+l}{v}$$

여기서, Y : 황색신호시간(초)
  t : 지각반응시간(통상 1~2초)
  v : 교차로 진입차량의 접근속도(m/sec)
  a : 교차로 진입차량의 임계감속도(4.5m/sec)
  w : 교차로 횡단길이(m)
  l : 차량의 길이(통상 4~5m)

③ 만약 이 신호시간이 너무 길면 일부를 녹색시간처럼 사용할 우려가 있으며, 너무 짧으면 추돌사고의 증가 위험성이 있음. 또한, 일반적인 도로의 기하설계를 위한 마찰계수는 젖은 노면을 기준으로 하여 더 안전성을 확보하는데 이 시간의 결정에서는 건조한 노면 기준 마찰계수를 적용하는 것이 특이점임

④ 실제로 황색시간이 적정황색시간보다 짧으면 딜레마 구간이 생기며 실제 황색시간이 적정황색시간보다 길면 옵션구간이 생김

   ⊙ 딜레마 구간 : 황색신호가 시작되는 것을 보았지만 임계속도로 정지선에 정지하기가 불가능하여 계속 진행할 때, 황색신호 이내에 교차로를 완전히 통과하지 못하게 되는 경우가 생기는 구간이다.

     • 딜레마 구간의 시작점 : 정지선으로부터 후방으로 $\left(t + \dfrac{v}{2a}\right) \times v$

     • 딜레마 구간의 끝점 : 정지선으로부터 후방으로
      (실제 황색시간)$\times v - (W + L)$

     • 딜레마 구간의 길이 : $\left(t + \dfrac{v}{2a} + \dfrac{(W + L)}{v} - 실제\ 황색시간\right) \times v$

   ⊙ 옵션 구간 : 실제 황색시간이 적정 황색시간보다 길면 생기는 구간으로 황색신호가 켜지는 순간에 이 구간 안에 있는 운전자는 그대로 진행을 하더라도 황색신호 동안에 교차로를 횡단할 수 있고 또 정지를 하더라도 임계감속도 이내에서 정지선에 어려움이 없이 정지할 수 있다.

     • 옵션구간의 시작점 : 정지선으로부터 후방으로
      (실제 황색시간)$\times v - (W + L)$

     • 옵션구간의 끝점 : 정지선으로부터 후방으로 $\left(t + \dfrac{v}{2a}\right) \times v$

     • 옵션구간의 길이 : (실제 황색시간)$\times v - \left(t + \dfrac{v}{2a} + \dfrac{(W + L)}{v}\right) \times v$

예제 01

차량의 속도가 40kph이며 교차로의 폭이 20m인 교차로의 적정황색시간을 구하라(단, 차량의 감속도는 4.5m/sec, 차량의 길이 5m, 운전자의 반응시간은 1초이다).

풀이 우선적으로 40kph를 초속인 mps 단위로 환산하여야 한다.

차량의 속도 = 40kph = 40/3.6 = 11.1mps

$Y = t + \dfrac{v}{2a} + \dfrac{W + L}{v}$ 에 대입하여 적정황색시간을 구하면

$$Y = 1 + \frac{11.1}{2 \times 4.5} + \frac{20+5}{11.1} = 4.48(\text{초})$$

따라서 4.5초를 적정황색시간으로 잡으면 된다.

※ 황색시간은 대개 6초 이상을 사용하지 않는다. 만약 6초 이상 사용할 경우는 정지선을 앞당겨 교차로의 횡단길이를 단축한다. 또한 신호시간에서 숫자는 소수점 이하 한 자리까지 표시한다.

7. 신호주기 결정

① 일반적으로 짧은 주기는 정지해 있는 차량의 지체를 줄여주므로 더 좋다고 할 수 있으나 무조건 그런 것만은 아니다. 교차하는 도로의 숫자가 많거나 현시수가 증가하면 적정주기는 길어지며 또한 교통량이 크면 이를 처리하기 위한 녹색시간이 길어지므로 주기가 길어진다.

② 주기의 길이는 90초 이하에서는 5초 단위로, 90초 이상의 주기에서는 10초 단위로 나타낸다.

③ 최적주기란 지체를 최소화시키는 주기를 말한다.

④ 신호시간을 계산할 때 중요한 것은 첨두시간 내 교통량의 변동을 고려해야 한다는 것인데 이를 위해 첨두시간계수(PHF)를 사용한다.

※ 첨두시간계수(Peat Hour Factor, PHF) : 교차로에 진입하는 첨두 1시간 교통량을 첨두 15분 교통량의 4배로 나눈 값

$$PHF = \frac{\text{첨두 1시간 교통량}}{4 \times \text{첨두 15분 교통량}}$$

• 서울의 중심부 교차로 : 0.9 이상
• 보통 도시부 교차로 : 0.85~0.9

⑤ 신호시간을 계산하기 위해서는 교차로에서 좌 · 우회전 차량 또는 버스 · 트럭의 차두시간과 직진 승용차의 차두시간과의 비인 교차로의 승용차 환산계수(Passenger Car Equivalents, PCE)를 고려해야 한다.

※ 승용차 환산계수(Passenger Car Equivalents : PCE) : 좌 · 우회전 차량 또는 버스 · 트럭의 차두시간과 직진승용차의 차두시간과의 비

• 도시부 교차로 조사값 : 승용차의 차두시간－1.6초

　　　　　　　　　　　보호좌회전 차량의 방출 차두간격－1.7초

　　　　　　　　　　　∴ PCE＝1.7/1.6＝1.06

　　　　　　　　　　　보호우회전 차량의 방출 차두간격－1.8초

　　　　　　　　　　　∴ PCE＝1.8/1.6＝1.12

　　　　　　　　　　　버스, 트럭은 승용차의 1.8배 → pce＝1.8

8. 최소신호주기 산정방법

① 총손실시간

$$L = \sum_{i=1}^{n} l_i \qquad l_i = g_i + y_i - g_{ie}$$

여기서, L : 총손실시간(초)

l_i : 현시 i의 손실시간(초)

n : 현시의 수

g_i : 현시 i의 녹색시간(초)

y_i : 현시 i의 황색시간(초)

g_{ie} : 현시 i의 유효녹색시간(초)

② 최소신호주기

$$C_{\min} = \frac{L}{1 - \sum_{i=1}^{n} x_i}$$

여기서, $C_{\min}$: 최소신호주기(초)

n : 현시의 수

x_i : 현시 i의 최대교통량/현시 i의 포화교통량

L : 총손실시간(초)

9. Failure Rate Method

① 차량의 도착분포가 균일하다고 가정

② 각 현시당 임계차선교통량에 기초하여 신호주기 산정

③ 교통량이 적을 경우 불합리한 결과를 도출함

$$C = \frac{3,600n(k-h)}{3,600 - h \sum_{i=1}^{n} V_i}$$

여기서, C : 신호주기(초)

n : 출발지체시간+손실시간(초)

k : 평균차두시간(초)

V_i : 현시 i의 임계차선 교통량

예제 02

각 현시가 서로 독립이며 4현시, 현시별 출발지체시간이 4초, 손실시간 3초, 차두 간격이 2초씩인 교차로에 신호기를 운영하려 한다. 각 현시별 교통량은 499,819,115,338이다. 이때의 신호주기는 얼마로 정하는 것이 좋겠는가?

풀이 $k=7$초, $h=2$초, $n=4$현시, $\sum V_i = 1,771$대

따라서 신호주기 $C = \dfrac{360 \times n(k-h)}{3,600 - h \cdot \displaystyle\sum_{i=1}^{n} V_i} = \dfrac{360 \times 4(7-2)}{3,600 - 2 \times 1,771} = 124.1$초

$\therefore$ 최적신호주기는 124이므로 130초

10. Pignataro 방식

① 첨두시 15분 교통량에 필요한 총시간에 기초하여 신호주기 산정

② 교통량이 적은 교차로에 적합

$$C = \dfrac{\displaystyle\sum_{i=1}^{n} y_i + R}{1 - \dfrac{\displaystyle\sum_{i=1}^{n} V_i h_i}{3,600 PHF}}$$

여기서, C : 최소신호주기(초), y_i : 현시 i의 황색시간(초)
R : 총 적색시간(초), V_i : 현시 i의 임계차선 교통량
h_i : 현시 i의 평균차두시간(초), PHF : 첨두시간계수

11. 주차선 방식

① Greenshield에 의해 개발된 신호주기 결정식으로 관측방출차두시간을 이용하여 1시간 교통량 중 피크시 15분 동안 교차로를 통화하는 차량에 필요한 총시간에 기초

② 교차로에 도착하는 교통량이 적은 경우에 적합하나 차량소통에 대한 평가기준이 모호함

③ 주기당 소요 녹색시간

$$G = \dfrac{\dfrac{\displaystyle\sum_{i=1}^{n} V_i h_i}{PHF}}{\dfrac{3,600}{C}} + nS = \dfrac{C \displaystyle\sum_{i=1}^{n} V_i h_i}{3,600 PHF} + nS$$

여기서, G : 주기당 소요 녹색시간(초)

$\qquad n$: 현시의 수

$\qquad V_i$: 현시 i의 임계차선 교통량

$\qquad h_i$: 현시 i의 최소방출차두시간(통상 직진 1.6초, 좌회전 1.7초)

$\qquad PHF$: 첨두시간계수

$\qquad C$: 최소신호주기(초)

$\qquad S$: 출발지연시간(통상 2.6초)

④ 주기당 소요 녹색시간은 주기에서 총황색시간을 뺀 값과 같음

$$G = C - \sum_{i=1}^{n} Y_i = \frac{C\sum_{i=1}^{n} V_i h_i}{3,600\,PHF} + nS$$

$$C\left(1 - \frac{\sum_{i=1}^{n} V_i h_i}{3,600\,PHF}\right) = \sum_{i=1}^{n} Y_i + nS$$

여기서, Y_i : 현시 i의 황색시간(초)

⑤ 그러므로 최소신호주기는 다음과 같음

$$C = \frac{\sum_{i=1}^{n} Y_i + nS}{1 - \dfrac{\sum_{i=1}^{n} V_i h_i}{3,600\,PHF}}$$

12. Webster 방식

① 실측자료 및 시뮬레이션을 통한 차량의 지체도를 고려하여 신호주기를 결정

② 지체를 최소화하는 신호주기 산정

$$C = \frac{1.5L + 5.0}{1 - \sum_{i=1}^{n} x_i}$$

여기서, C : 최적신호주기(초)

$\qquad L$: 총손실시간(초)

$\qquad n$: 현시의 수

$\qquad x_i$: 현시 i의 최대교통량/현시 i의 포화교통량

③ 원래 이 방법은 임계 V/C비가 0.85~0.95 사이의 경우에 해당하는데 만약 여기서 임계 V/C비가 1.0이면 논리적으로 이 방법은 최소신호주기 산정공식으로 대체됨

예제 03

2현시 교차로에서 현시당 손실시간이 3초일 때 최소신호주기와 Webster 방식에 의한 최적신호주기를 구하라.

풀이
- 현시 1 : 관측교통량 1,232, 포화교통량 2,600, $y_i = 0.47$
  현시 2 : 관측교통량 2,665, 포화교통량 6,600, $y_i = 0.40$
- 우선 주기당 총 손실시간부터 구하여야 한다.
  $L = 2$현시 $\times$ 현시당 손실시간 $= 2 \times 3 = 6$초

  $$\sum_{i=1}^{2} y_i = (0.47 + 0.40) = 0.87$$

  최적신호주기는 $C_P = \dfrac{1.5L + 5.0}{1 - \sum_{i=1}^{n} y_i} = \dfrac{1.5 \times 5.0}{1 - 0.87} = 108$초(110초)

  최소신호주기는 $C_{\min} = \dfrac{L}{1 - \sum_{i=1}^{n} y_i} = \dfrac{6}{1 - 0.87} = 46$초(50초)

13. 임계이동류 분석에 의한 방법

① 신호운영의 적합성 검토

$$\sum_i (v/s)_{ci} < 1$$ 이면 신호운영에 적합

② 교차로의 임계 V/C비(X_c) 가정

$$\sum_i (v/s)_{ci} \sim 1$$ 사이에서 X_c를 가정

③ 신호주기 계산

$$X_c = \sum_i (v/s)_{ci} \frac{C}{C - L}$$

$$CX_c - LX_c = C \sum_i (v/s)_{ci}$$

$$C = \frac{LX_c}{X_c - \sum_i (v/s)_{ci}}$$

여기서, X_c : 교차로의 임계 V/C비

$(v/s)_{ci}$: 현시 i의 임계이동류의 v/s비

C : 신호주기(초)

L : 총 손실시간(초)

④ 적합한 신호주기를 찾을 때까지 ②~③의 과정 반복

⑤ 결정된 신호주기에 대한 정확한 XC 재산정

14. 현시별 녹색시간 산정(시간분할)

① 유효녹색시간 산정

㉠ $g_i = v_i C / s x_i = (v/s)_{ci}(C/x_i)$

여기서, g_i : 현시 i의 유효녹색시간(초)

$(v/s)_{ci}$: 현시 i의 임계이동류의 v/s비

C : 신호주기(초)

x_i : 현시 i의 임계이동류의 v/s비

㉡ x_i의 값으로 교차로의 임계 V/C비인 x_c를 사용

② 녹색시간 산정

녹색시간＝유효녹색시간－황색시간＋손실시간

15. 보행자 최소녹색시간 산정

① 교통신호 시간조절의 일반적인 원칙은 차량을 위한 녹색신호는, 적색신호에서 기다리고 있던 보행자군이 안전하게 횡단하는 데 필요한 시간보다 짧아서는 안 된다는 것임

② 보행자군의 선두와 후미의 시간간격은 $1.7(n/w-1)$초로 계산. 여기서, n은 한 주기당 한 방향 동시횡단인수, w는 횡단보도폭이다.

가정 한 사람이 차지하는 보도폭은 1m, 앞뒤 사람의 간격은 1.7초이다.

③ 보행자 신호등이 없는 경우(5초)를 제외하고 최소 초기녹색시간이 7초보다 적어서는 안 된다.

최소녹색시간＝(보행자 횡단시간＝보행자 최소 초기녹색시간－황색시간)

$$G_p = \frac{L}{1.2} + 1.7\left(\frac{n}{w} - 1\right) - Y$$

여기서, G_p : 최소녹색시간

n : 한 주기당 동시횡단인원수

w : 횡단보도 폭

L : 횡단길이(즉, 도로 너비)

Y : 황색시간

$$G_p = t + \frac{w}{v}$$

여기서, G_p : 보행자 최소녹색시간(초)

t : 첫 보행자와 마지막 보행자의 출발시각 차이(통상 4~7초)

w : 교차로 횡단길이(m)

v : 보행속도(1.2m/sec)

③ 신호주기와 현시(용어 정리)

신호주기를 결정하기 위해서는 신호주기 결정과 관련되는 다음 용어에 대해서 정의할 필요가 있다.

① **현시(Phase)** : 통행권이 부여된 교통류, 또는 동시에 통행권이 부여되는 교통류

② **주기(Cycle)** : 신호등이 녹색신호, 황색신호, 적색신호 등 부여된 모든 종류의 신호를 일순하는 데 소요되는 시간

③ **현시간 전이시간(Clearance Time)** : 현시가 바뀔 때 소요되는 시간(=황색시간)

④ **출발지체시간(Start-Up Delay)** : 신호가 적색에서 녹색으로 바뀐 후 첫 번째 차량이 교차로를 통과하기까지의 손실시간(통상 1~2초)

⑤ **클리어런스 지체(Clearance Delay)** : 황색신호시간 동안 차량이 교차로를 통과하고 적색신호등이 점등될 때까지 교차로가 이용되지 않는 시간

⑥ **손실시간(Lost Time)** : 1주기 동안 특정 교통류 또는 교차로 전체를 이용하지 못하는 시간(출발지체시간+클리어런스 지체)

⑦ **유효녹색시간(Effective Green Time)** : 차량이 실제로 교차로를 이용하는 시간(녹색시간+황색시간-손실시간)

⑧ **녹색비(G/C Ratio)** : 신호주기에 대한 녹색신호시간 비

⑨ **분할비(Split)** : 한 주기 내에서 각 현시가 차지하는 비율

⑩ **오프셋(Offset)** : 도로축상의 신호등이 연동 운영되는 경우 기준이 되는 신호등의 녹색신호 시작시간과 연동축상에 설치된 신호등의 녹색신호 시작시간과의 시간 간격

4 결론

① 주기의 시간분할은 각 현시의 주이동류 교통량이나 주차선 교통량에 비례해서 분할해서는 안 된다.

② 예를 들어 어느 현시의 주이동류 교통량이 다른 현시의 주이동류 교통량에 비해서 훨씬 크다 하더라도 그 이동류가 이용하는 차로수가 다른 이동류의 차로수에 비해 훨씬 많다면 긴 녹색시간이 필요 없다.

③ 마찬가지로 각 현시의 주차선 교통량이 같다 하더라도, 포화교통량이 적은 주차선교통에 더 많은 녹색시간을 할당해야 하는 것이 당연하다. 따라서 주기 내에서의 각 현시당 녹색시간은 주차선의 현시율에 비례해서 할당하면 된다.

④ 주기부족률을 이용한 녹색시간의 결정은 주기부족률이 어느 주기에 도착한 차량이 그다음 주기의 녹색시간에 통과하지 못하는 경우가 어느 한 접근로에서라도 발생하는 경우를 말한다. 신호주기를 결정할 때는 첨두시간 내에 이와 같은 경우가 발생할 확률을 정하여 이를 기준으로 녹색시간과 주기를 결정한다.

35 신호연동화 방안

1 개요

① 단일교차로 교통소통 대책으로는 원활한 교통소통을 기대하기가 어렵다. 인접된 교차로와의 연계성과 도로 전체 네트워크를 구성하고 인접된 각 교차로의 상황을 파악하여 교통체계의 효율화를 최대화시키는 것이 신호연동제이다.

② 연동화는 교통축상에 위치한 교차로의 신호주기와 오프셋값을 통해서 차량의 지체를 감소시키는 기법이다.

③ 신호연동화 방안은 차량속도와 교통량을 고려하여 신호시간을 결정함으로써 차량 진행의 연속성을 부여하고 지체를 감소화할 수 있는 기법으로서 현재 국내에서 많이 사용 중에 있다.

④ 교통축상의 연동화 방법에는 세 가지 정도가 제안되고 있다.
- 동시연동시스템
- 교차연동시스템
- 연속진행연동시스템

2 신호통제

① 간선도로의 신호통제는 한 노선상의 신호등을 그 노선을 통과하는 교통류에 맞추어 연동시키는 신호통행방법이다.

② 신호시간 설계 시 고려해야 할 기본 요소
    ㉠ 교차로 간 거리
    ㉡ 도로운영
    ㉢ 신호현시
    ㉣ 차량도착 특성
    ㉤ 시간에 따른 교통량 변동

③ 간선도로 교통류 통제의 개념을 시공도 기법으로 나타냄
    ㉠ 시공도 : 한 축은 간선도로에 연속적으로 설치된 신호교차로를 나타내며 다른 한 축은 이들 신호등의 신호표시를 시간에 따라 나타낸 것이다.

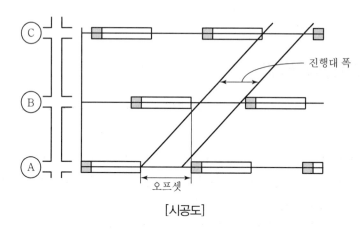

[시공도]

    ㉡ 오프셋(Offset) : 어떤 기준시간으로부터 녹색등화가 켜질 때까지의 시간차를 초 또는 주기의 %로 나타낸 값
    ㉢ 진행대(Through Band) : 연속진행식 신호시스템에서 실제 연속진행할 수 있는 첫 차량과 맨끝 차량 간의 시간간격, 이 폭을 진행대 폭(Through Band Width)이라 함

3 연동방법

1. 동시연동시스템

① 가장 초보적인 연동체계로 동시연동체계 안의 모든 신호는 동시에 같은 신호를 나타낸다. 즉, 오프셋은 0이며 각 교차로의 시간분할은 같다.

② 한 차량이 녹색신호 때 시스템 내의 모든 교차로를 통과하는 데 필요한 속도는 다음과 같다.

$$V = \frac{L}{C}$$

여기서, V : 속도(m/sec)
C : 주기(sec)
L : 교차로 간격(m) – 교차로 중앙에서부터 그다음 교차로 중앙까지의 거리

③ 교차로 간격이 비교적 짧거나 속도가 대단히 높으면 동일한 녹색시간 내에서 계속적인 주행이 가능하지만, 일반적인 경우에는 계속적인 주행이 힘든 경우가 많다.

④ 장점

㉠ 인접교차로 간의 거리가 짧고, 큰 연동신호체계 내의 한 부분으로 사용하면 거의 계속적인 주행을 유지할 수 있다.

㉡ 교통량이 아주 많은 경우에 사용하면 교통운영을 현저히 개선할 수 있다. 반면에 교차로 사이에 차량이 가득 차 있으므로 다른 신호체계로는 이를 효과적으로 처리할 수 없다.

⑤ 단점

㉠ 모든 교통이 동시에 정지하게 되며, 정지와 정지 사이의 주행 때는 속도를 빨리 내려는 경향이 있다.

㉡ 주기와 시간분할은 통상 그 신호체계 내의 하나 혹은 두 개의 주요 교차로를 위주로 결정되므로, 결과적으로 다른 교차로에 대해서는 비효율적이다.

㉢ 주도로가 차량으로 꽉 차서 흐를 때, 적색신호가 켜지면 부도로로부터 주도로로 회전하거나 횡단하는 일이 어렵다.

2. 교차연동시스템

① 인접교차로 또는 인접교차로 그룹의 신호가 정반대로 켜지는 경우를 말한다. 즉, 하나 건너 신호 또는 하나 건너 신호그룹의 신호가 동시에 켜지는 경우이다.

② 양방향 통행도로의 연동시스템에서 차량이 계속적인 주행을 하기 위해서는 주기의 분할이 50 : 50이어야 한다. 따라서 주도로와 부도로가 교차하는 도로체계에서는 부도로에 과도한 녹색시간을 할당하게 된다.

③ 두 교차로로 이루어진 교차로 그룹이 교대로 신호가 바뀌는 경우 연동을 위한 관계

　㉠ 단일교호시스템 : 인접의 한 교차로 신호가 반대로 켜지는 경우 $V = \dfrac{2L}{C}$

　㉡ 2중 교호시스템 : 두 교차로로 이루어진 교차로 그룹이 교대로 신호가 바뀌는 경우
　　$V = \dfrac{4L}{C}$

④ 교호신호체계는 동시신호체계에서 진일보한 것으로 합리적이고 높은 속도로 계속 주행이 가능하나, 교차로 간의 길이 또는 교차로 그룹 간의 길이가 동일하고 50 : 50의 시간분할이 가능할 때만 이 연동체계가 효과를 발휘한다.

⑤ 따라서 그 적용이 매우 제한적인데 그 이유는 다음과 같다.

　㉠ 주도로와 교차도로가 꼭 같은 녹색시간을 필요로 하므로 대부분의 교차로는 비효율적이 될 수 있다.

　㉡ 교차로 간의 간격이 일정하지 않을 때는 잘 맞지 않는다.

　㉢ 2중 교호신호체계에서 교통이 많을 경우 도로의 용량은 실질적으로 감소될 수 있다. 왜냐하면 차량군의 후미부분은 그다음 신호에 의해 잘려지기 때문이다.

　㉣ 교통상황을 변화시키기 위한 보정이 어렵다.

3. 연속진행연동시스템

① 이 체계는 어떤 신호등의 녹색표시 직후에 그 교차로를 연속진행방향으로 출발한 차량이 그다음 교차로에 도착할 때에 맞추어 그 교차로의 신호가 녹색으로 바뀌는 시스템이다.

② 두 교차로 사이의 오프셋은 두 교차로 간의 거리를 주행하는 차량의 속도로 나눈 값으로 원하는 차량속도와 교통량 등을 고려하여 차량군이 원활하게 흐를 수 있도록 오프셋을 결정한다.

③ 장점

　㉠ 전체 차량이 계획된 속도에서 최소의 지체로 계속적인 주행을 하게 된다.

　㉡ 각 교차로의 교통조건에 알맞게 시간분할을 할 수 있으므로 최대한의 효율을 얻을 수 있다.

ⓒ 계획된 속도보다 높은 속도로 주행하면 연속진행신호에 맞지 않아 자주 정지하게 되므로 높은 속도를 내는 것을 억제시킨다.

ⓓ 교차로 간의 간격이 같지 않을 때 다른 고정시간 연동시스템에 비해 교통처리 효율이 높다.

[연동화 방법의 비교]

구분	동시연동시스템	교차연동시스템	연속진행연동시스템
장점	교차로 간 거리가 짧을 때와 교통량이 많을 경우 적합	동시연동체계보다 높은 속도의 계속적 주행 가능	전체 차량이 최소지체로 주행교차로 간 간격에 탄력적으로 적응할 수 있음
단점	• 교통량이 적을 때 운전자가 속도를 내려는 경향이 있음 • 주기와 시간분할이 소수의 주요 교차로를 위주로 결정됨	• 주도로와 교차도로의 녹색시간이 같아야 효율적 • 교차로 간격이 일정해야 함 • 교통량이 많을 경우 차량군의 후미가 잘려 용량 감소	첨두시간에 교통량의 방향별 변동을 충족시키기 위한 탄력성을 갖지 못함

4 연속진행 신호시간 계획

1. 신호시간 요소

① 주기 : 시스템 내 각 교차로의 모든 주기는 같은 공통신호주기를 적용
   ※ 공통신호주기(Common Cycle Length) : 각 교차로의 적정주기를 구하고 그중에서 가장 긴 주기를 이 시스템의 공통 신호주기로 잡는다.
② 시간분할(Split) : 각 교차로마다 구하고 또 이 값은 교차로마다 다름
③ 오프셋(Offset) : 계획된(요망하는) 진행속도와 교차로 간의 거리를 고려하여 구함

2. 신호시간 계산방법

① 시공도기법
   ⓐ 시공도를 이용하여 주기, 시간분할, 오프셋을 구함
   ⓑ 간선도로의 신호시스템의 신호시간을 계획하기 위해서는 교차로 간의 거리, 도로의 폭, 차로수, 접근로 등과 같은 도로조건에 관한 자료와 교통량, 교통량 변동, 제한속도 등과 같은 교통조건에 관한 자료 필요

ⓒ 방법
- 신호시스템을 그림으로 나타낸다. 세로축을 간선도로의 길이로 하면 연속진행의 속도가 그림에서 진행대의 기울기로 표현
- 간선도로상의 방향별 교통량 변동을 조사, 요구되는 시간계획의 개수 결정
- 각 시간계획에 해당하는 시간에 대해서 각 교차로의 교통량을 검토하여 주기와 시간분할을 결정하고 가장 큰 주기를 공통신호주기로 사용
- 시공도를 통한 Offset 결정
  - 첫 교차로(기준교차로) 적색시간의 반을 횡축에 먼저 나타낸다.
  - 기준 교차로의 녹색신호 시점을 지나는 연속진행 속도선을 그리되 이 선의 기울기는 요망하는 연속진행 속도를 나타내게 한다.
  - 기준교차로 신호의 적색 또는 녹색신호의 중심선을 지나는 수직선을 그린다.
  - 모든 교차로의 적색 또는 녹색신호의 중심이 이 중심선을 지나도록 하면서 양방향 교통이 동등한 진행대폭을 갖게끔 진행대속도, 주기, 시간분할을 시행착오법으로 반복·조정한다.
  - 만약 한쪽 방향에만 연속진행을 시키자면 각 교차로의 녹색신호 시점을 요망하는 연속진행속도와 맞추면 된다.

② 오프라인(Off-Line) 컴퓨터 기법
ⓐ 컴퓨터를 이용하여 신호시간을 계산하는 방법
ⓑ Off-Line이라는 말은 신호시간 계산을 신호제어시스템과 상관없이 이루어지며 여기서 나온 계산결과를 신호제어시스템에 입력하기 때문에 붙여진 단어이다.

③ 온라인(On-Line) 컴퓨터 기법
교통조건에 관한 자료를 수집하고 이에 적합한 신호시간을 계산하고, 이 시간계획에 따라 신호제어를 하는 일련의 과정을 모두 컴퓨터가 수행하는 교통대응시스템에서의 신호계산이다.

5 연동화 보정계수

1. 정의

① 신호교차로상에서의 차량의 도착은 대부분의 경우에 있어서 무작위한 도착으로 나타나지는 않는다. 교통류에 있어서 교차로를 통과하는 차량은 신호와 그 외의 영향으로 군을 형성하게 된다. 미국의 도로용량편람에서는 도착의 형태를 5가지로 구분하고 각 도착형태

에 대해 교통량/용량비를 정도별로 분류하여 연동화 보정계수(Progression Adjustment Factor, PAF)를 주고 있다.

② 연동화된 차로군에 대한 교통모형 개념은 그림에서 설명되는데, 차량의 도착은 적색과 녹색에서 2개의 다른 율로 발생하며 유효 녹색 현시 내에 발생한 도착비율은 PVG라고 한다. 만일, 도착이 무작위하다면 그림의 Line a와 같은 누적량을 보일 것이며, 이때 PVG＝g/C 또는 PVR/(g/C)＝1이 된다.

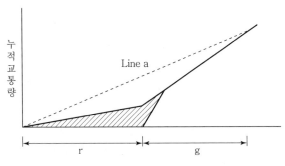

[미국 도로용량편람에서의 연동화된 교통모형]

③ PVR/(g/C)는 녹색시간 내의 상대적 도착교통률을 나타낸다. 미국의 도로용량편람에서 녹색 내의 상대적 도착률을 '차량군비(Platoon Ratio, Rp)'라 하며 상대적 지체계수는 '연동화 보정계수'라 정의한다. 상대적 도착률이 1인 경우 차량도착률은 무작위 분포를 가지게 되며, 이 경우 상대적 지체계수 또한 1이다.

④ 결국 연동화 보정계수는 지체계산식에 의해 산출된 지체를 보정하여 실질지체에 근사하는 값을 예측하기 위한 방법이라 할 수 있다.

2. 미국의 도로용량편람에 의한 산정방법

① 미국의 도로용량편람에서는 교통류의 도착형태를 아래의 5가지 형태로 구분하고 있으며, 이 계수를 감안하여 교차로의 지체도를 산정하도록 하고 있다.

　㉠ 형태 1 : 이 상태는 밀집된 차량군이 적색신호가 시작될 때 교차로에 도착하게 되는 경우이다. 이 상태가 가장 나쁜 차량군 형태이다.

　㉡ 형태 2 : 이 상태는 밀집된 차량군이 적색신호의 중간에 도착하게 되는 경우 또는 분산된 차량군이 적색신호 전반에 걸쳐 도착하는 경우를 말한다. 형태 1보다는 좋은 상태이지만 여전히 나쁜 차량군 상태이다.

　㉢ 형태 3 : 이 상태는 전체적으로 무작위적인 도착상태를 의미한다. 이 경우는 적색과 녹색신호 전반에 걸쳐 분산되어 도착하거나 또는 연동교차로 간의 거리가 멀어서 연동효과가 사라진 경우이다. 이 상태가 평균적인 상태이다.

㉣ 형태 4 : 이 상태는 밀집된 차량군이 녹색신호 중간에 도착할 때 또는 녹색신호 전반에
걸쳐 분산된 차량군이 도착할 때를 의미한다. 이 경우는 보편적으로 좋은 차량군
상태이다.

㉤ 형태 5 : 이 상태는 밀집된 차량군이 녹색신호가 시작될 때 도착하는 경우를 말한다.
이 상태가 가장 좋은 차량군 상태이다.

② 계산방법

$$R_p = \frac{PVG}{PTG}$$

여기서, R_p : 차량군비(Platoon Ratio)
PVG : 교통류에서 녹색시간에 도착하는 차량의 백분율
PTG : 주기 내 녹색시간 점유 백분율(g/C)×100

[신호교차로의 도착 형태별 차량군비]

도착 형태	R_p의 값
1	0.00~0.50
2	0.51~0.85
3	0.86~1.15
4	1.16~1.50
5	≥1.51

③ 도착 형태에 있어서 형태 1은 무작위 도착을 가정한 지체보다 높게 보정하여 지체를
예측하며, 형태 5는 낮게 예측한다. 즉, 차량군의 신호연동이 좋다면, 지체는 무작위
도착의 경우보다 상당히 낮으며, 차량군의 신호연동이 좋지 않으면, 지체는 무작위
도착과 같이 용량에 따라 다르며 좌회전 교통류의 지체는 일반적으로 연동에 의해 영향을
받지 않는다.

④ 연동화 보정계수는 신호교차로의 서비스 수준 결정을 위한 지체 산정에 필요하며 우리나
라에서는 2013년에 발간된 도로용량편람의 보정계수를 적용한다.

6 오프셋(Offset)

1. Offset 결정의 기본 개념

① 어떤 기준시간으로부터 녹색등화가 켜질 때까지의 시간차를 초 또는 주기의 %로 나타낸
값(연속된 교차로에서 첫 번째 신호등의 녹색신호시작시간과 두 번째 신호등의 녹색신호
시작시간과의 시간간격을 초 또는 주기의 %로 나타낸 값)

② 교차로에서 Offset 결정은 상하류 교차로의 신호시간과 관련되며 상류교차로에서 녹색신호를 받고 출발한 차량이 정지함 없이 주행하기 위해서는 적절한 Offset 값이 결정되어야 한다. 일반적으로 양방통행 도로에서의 Offset 결정은 가로의 구조 및 거리 등 물리적인 요소와 현시방법, 신호주기, 현시율 등 신호운영 요소, 차량속도 및 혼잡도 등과 같은 환경적인 요소를 고려하여 설정하게 된다. 그러나 신호주기나 현시율과 같은 가변적인 일부 요소를 제외하고는 거의 고정적인 요소로서 변화시키기 어려운 설정이다. 따라서 이러한 상태에서 양방향 교통류를 모두 만족시킬 수 있는 Offset 값을 도출하기란 쉬운 일이 아니다.

③ 교통효율을 높이기 위해서는 교통량이 많은 방향에 우선권을 부여하여 Offset을 설정하도록 하여야 한다. 즉, 도심방향 교통유입량이 많은 출근시간에는 유입방향 우선으로 Offset 값을 설정하여 주고 반대로 유출방향 교통량이 많은 퇴근시간에는 유출방향 우선으로 Offset 값을 설정하여 주는 것이 신호운영을 효율적으로 운영하는 것이라 할 수 있다.

④ 또한 교차로의 Offset 결정은 접근로상의 대기행렬에 의해 변하게 된다. 접근로상의 대기행렬은 상류교차로를 통과한 차량 중 다음 교차로에서 녹색신호를 받지 못한 잔여 차량과 상류교차로의 좌우회전 차량으로 인해 발생된다. 이러한 대기행렬은 교차로의 Offset 결정에 있어서 고려해야 할 아주 중요한 변수이다.

⑤ 대기행렬의 길이에 따라 Offset 값이 변경되며 대기행렬이 접근로의 길이보다 클 경우, 즉 스필백(Spill Back) 형상이 나타날 경우 Offset은 의미가 없어지며 부적절한 Offset 값의 통행까지 제한하게 되어 인근 지역 전체의 소통상태를 악화시키게 된다.

⑥ 혼잡교차로에서 Offset 결정(NCHRP)
　　㉠ 주도로 방향의 차량이 상류교차로 점유
　　㉡ 주도로 방향의 차량이 녹색신호를 받고 주행
　　㉢ 상류교차로 부분의 대기행렬이 움직이기 시작할 때 교차방향에 녹색시간 부여

2. 이상적인 상태에서는 Offset 결정

① 일반적으로 이상적인 Offset은 하류교차로로 진행하는 차량군의 선두가 도착할 때 녹색신호가 점등되도록 Offset을 설정하는 것으로 Offset 산출식은 다음과 같다.

$$T = \frac{L}{V}$$

여기서,　T : 이상적인 Offset(sec)
　　　　　L : 링크길이(m, 교차로 간의 길이)
　　　　　V : 차량속도(m/sec)

② 차량이 정지했다가 출발할 경우 출발손실시간이 발생하게 되는데 이상적인 Offset은 위 식에 출발손실시간을 추가하여야 하나 통상적으로 최대의 밴드(Band) 폭, 최소의 지연과 정지를 추구하는 Offset의 경정목적에 의해 출발손실시간으로 고려하지 않는다. 이것은 차량이 어느 한 교차로에 정지했다면 나머지 교차로에서는 정지하지 않고 통과하게 될 것이기 때문이다.

3. 대기행렬 존재 시 Offset의 결정

도시의 대부분 교차로에서는 녹색신호를 받기 위해 차량대기행렬이 존재한다. 이것은 앞 주기에서 녹색신호 동안 빠져나가지 못한 잔여 차량군과 상류교차로에서의 좌우회전 차량, 미드록(Midlock)에서의 유입 차량 등으로 인하여 발생하게 된다. 이상적인 Offset은 이러한 대기차량으로 인하여 발생되는 불필요한 정지를 없애야 한다. 대기행렬을 고려하지 않은 경우 상류교차로를 출발한 차량은 하류교차로의 대기행렬로 인하여 정지와 지체를 하게 된다. 따라서 대기행렬이 존재하는 상태하에서의 이상적인 Offset은 다음 식과 같이 산출된다.

$$T = \frac{L}{V} - (Q \times H + L_t)$$

여기서, Q : 차선당 대기차량의 수
H : 대기차량의 출발소요시간
L_t : 출발손실시간

7 결론

① 도시지역 교차로에서 녹색신호를 받기 위해 차량대기행렬이 발생한다. 이것을 교차로와 교차로 간의 전체적인 네트워크를 구성하여 인접된 교차로의 상황을 파악하여 신호연동화에 적용하여 차량군을 줄이고 소통이 원활하도록 가급적 많은 지역에 적용을 권장한다.
② 신호의 연동화를 확대하여 차량소통 원활, 교통사고 저감, 경비 절감, 환경오염 저감 등 긍정적인 측면에서 여러 가지 효과를 볼 수 있도록 해야 할 것이다.

36 교통신호

1 개요

교통신호는 상충하는 방향의 교통류를 적절한 시간 간격으로 통행우선권을 할당하는 통제설비 중 하나이다.

2 발달경위

① 최초의 교통신호기는 1868년 영국의 런던에서 처음 사용되었다.
② 이 장치는 신호 기둥에 팔(Arm)처럼 생긴 것을 매달아서 이를 수동식으로 올리거나 내림으로써 정지, 진행 및 주의신호를 나타냈다.
③ 오늘날 사용되고 있는 모든 신호장치는 그 질적인 면에서 약간의 차이는 있지만 1930년에 이미 실용화되었다.
④ 3색 등화의 순서가 표준화되었으며 수동식이 전기식으로 발전되었고 교통감응 신호기가 출현했다.
⑤ 전자기술의 발달과 신호체계뿐만 아니라 그 운영 면에서 혁신적인 발전을 이룩하였다.

3 신호등 설치의 장단점

① 장점
　㉠ 질서 있게 교통류를 이동시켜 교차로의 용량이 증대된다.
　㉡ 직각 상충 및 보행자 충돌과 같은 종류의 사고가 감소한다.
　㉢ 교통량이 많은 도로를 횡단해야 하는 차량이나 보행자를 안전하게 횡단시킬 수 있다.
　㉣ 통행우선권을 부여받으므로 안심하고 교차로를 통과할 수 있다.
　㉤ 인접교차로를 연동시켜 일정한 속도로 긴 구간을 연속 운행시킬 수 있다.
　㉥ 수동식 교차로 통제보다 경제적이다.

② 단점
　㉠ 첨두시간이 아닌 경우 교차로 지체와 연료소모가 필요 이상으로 커질 수 있다.
　㉡ 충돌사고와 같은 유형의 사고가 증가한다.
　㉢ 부적절한 곳에 설치되었을 경우, 불필요한 지체가 생기며 이로 인해 신호등을 기피하게 된다.
　㉣ 부적절한 시간으로 운영될 때, 운전자의 짜증을 유발함

4 관련 용어

① 주기(Cycle)

신호등의 등화가 완전히 한 번 바뀌는 것, 또는 그 시간의 길이

② 현시(Phase)

한 주기 중에서 동시에 진행하는 교통류에 할당된 시간 구간

③ 신호간격(Interval)

㉠ 한 현시의 길이 또는 한 진행방향을 위한 시간 길이. 즉, 주기 중에서 신호가 변하지
않는 몇 개의 구간으로 분할한 것 중 어느 한 구간

㉡ 또 이러한 구간으로 분할하는 것을 '시간분할(Split)'이라 한다.

④ 오프셋(Offset)

어떤 기준시간으로부터 녹색등화가 켜질 때까지의 시간차를 초 또는 주기의 %로 나타낸
값(연속된 교차로에서 첫 번째 신호등의 녹색신호 시작시간과 두 번째 신호등의 녹색신호
시작시간과 시간간격을 초 또는 주기의 %로 나타낸 값)

⑤ 연동화(Progression, Synchronization, Coordination)

㉠ 신호시스템의 계획속도에 따라 차량군을 진행시킬 때 인접신호등에서도 정지하지 않게
하는 신호제어 방식이다.

㉡ 따라서 시스템 사이를 가장 최소의 정지로 가장 많은 수의 차량이 안전하게 흐르도록
하는 것이다.

㉢ 시스템 안으로 들어가는 차량 모두가 정지 없이 나아갈 수 있도록 하는 것이 가장 이상적일
것이다.

⑥ 정주기 신호제어(Pre-Timed Signal Control)

교통류의 특성에 따라 24시간을 여러 Pattern으로 나누어 일정하게 운영하는 신호제어
방식이다.

⑦ 감응식 신호제어(Actuated Signal Control)

다양하게 변화하는 교통상황에 맞게 신호기가 자동적으로 신호현시, 주기 등을 조절하여
운영하는 신호제어 방식이다.

⑧ 점멸신호(Flashing)

정지할 것인가 혹은 주의해서 진행할 것인가를 나타내는 적색, 황색의 점멸등

5 결론

① 교통신호는 차량을 질서 있게 유도하고 통행자의 안전과 차량의 원활한 소통에 이바지할 수 있어야 된다.

② 특히, 첨두시에 교통 혼란을 막을 수 있는 기법을 개발하여 운영해야 한다.

37 신호교차로(초기 대기차량, 균일지체, 증분지체, 추가지체, 연동계수)

1 용량 및 V/C

① 신호교차로에서 각 접근로의 용량은 각 현시에 따른 차로군별로 구한다. 즉, 교차로 접근로의 용량은 전반적인 도로조건, 교통조건 및 신호조건에서 교차로를 통과할 수 있는 차로군별 용량으로 나타낸다.

② 이 용량은 각 차로군의 V/C비와 지체 및 서비스 수준을 구하거나, 차로군의 지체를 교통량에 관해서 가중평균하여 그 접근로로서 교차로 전체의 평균지체 및 서비스 수준을 구하기 위해 사용된다. 따라서, 한 접근로의 차로군별 용량을 합하여 그 접근로의 용량으로 나타내는 것은, 서로 다른 이동류의 용량을 합하는 것이므로 의미가 없다.

③ $(V/S)_i$는 i차로군의 교통량과 포화교통류율의 비를 의미하는 것으로 이를 교통량비(Flow Ratio)라 하고 y_i로 표기한다.

$$c_i = S_i \times \frac{g_i}{C}$$

여기서, c_i : i 차로군의 용량(vph), S_i : i 차로군의 포화교통류율(vph)
g_i : i 차로군의 유효녹색시간(초), C : 주기(초)

④ $(V/C)_i$는 i 차로군의 교통량과 용량의 비를 의미하는 것으로서 이를 포화도(Degree of Saturation)라 하고 X_i로 표기한다.

$$X_i = \left(\frac{V}{C}\right)_i = \frac{V_i}{S_i\left(\frac{g_i}{C}\right)} = \frac{V_i C}{S_i g_i}$$

여기서, $X_i = (V/C)_i = i$ 차로군의 포화도
$V_i = i$ 차로군의 교통량(vph)
$g_i/C = i$ 차로군의 유효녹색시간 비

⑤ X_i값은 일반적으로 0~1.0의 값을 가지며, 도착교통량이 용량을 초과하는 경우에는 1.0보다 큰 값을 나타낼 수도 있다.

② 임계차로군 및 임계 V/C비

① 각 신호현시에 움직이는 차로군들 중에서 교통량비 y값이 가장 큰 차로군이 임계차로군이 된다.

② 각 현시에 속한 임계차로군의 교통량비를 합한 값은 신호주기를 계산하거나 교차로 전체의 임계 V/C비를 계산하는 데 사용된다.

③ 이 값은 적정한 신호운영 조건하에서 교차로 전체의 혼잡도를 나타내는 지표이다.

④ 신호운영이 불합리한 교차로에서는 이 값이 적더라도 어느 이동류 또는 접근로 및 교차로 전체의 서비스 수준이 나쁠 수도 있다.

⑤ 반대로 이 값이 클 경우 신호운영 조건을 개선하면 이 값이 현저히 줄어들 수도 있다.

⑥ 따라서, 임계 V/C 비가 교차로 전체의 서비스 수준을 잘 나타낸다고 볼 수 없다.

$$X_c = \frac{C}{C-L} \sum y_i$$

여기서, X_c : 교차로 전체의 임계 V/C비, C : 주기(초)
L : 주기당 총손실시간(초), y_i : 각 현시의 임계차로군의 교통량비

③ 지체 계산 및 연동계수 적용

① 여기서의 지체는 분석기간 동안에 도착한 차량에 대한 평균제어지체를 말하며, 여기에는 분석기간 이전의 해소되지 않은 잔여차량에 의해 야기되는 지체도 포함한다.

② 제어지체란 접근부의 감속지체 및 정지지체, 출발 시의 가속지체를 모두 합한 접근 지체를 말하며 분석기간 시작에 남아 있는 대기행렬에 의한 영향도 포함된다.

③ 어느 차로군의 차량당 평균 제어지체를 구하는 공식

$$d = d_1(PF) + d_2 + d_3$$

여기서, d : 차량당 평균제어지체(초/대), d_1 : 균일제어지체(초/대)
PF : 신호연동에 의한 연동보정계수
d_2 : 임의도착과 과포화를 나타내는 증분지체로서, 분석기간 바로 앞 주기 끝에 잔여차량이 없을 경우(초/대)
d_3 : 분석기간 이전의 잔여 대기차량에 의해 분석기간에 도착하는 차량이 받는 추가지체(초/대)

1. 초기 대기차량(Initial Queue)의 영향

① 분석기간 시작 전에 대기차량이 있으면 분석기간 초기에 도착한 차량은 대기행렬을 이루고, 이 대기차량들이 방출되는 동안 분석기간에 도착한 차량은 추가적인 지체를 해야 한다.

② 따라서, 분석시점에 대기차량이 없으면 추가지체는 고려할 필요가 없다.

③ 이러한 추가지체가 있을 때는 다음에 설명되는 균일지체의 값이 달라지므로 주의해야 한다.

④ 왜냐하면 초기 대기차량이 있으면 이들이 처리될 때까지는 균일지체 때보다 큰 지체를 받기 때문이다.

⑤ 추가지체는 분석기간을 몇 개의 소구간으로 나누어 분석할 시에 앞 단계의 대기행렬이 다음 단계의 지체에 주는 영향을 분석할 때에도 이용된다.

⑥ 추가지체 d_3가 존재하는 경우를 3가지 유형

    ㉠ 유형 Ⅰ : 초기 대기차량이 존재하고 분석기간 이내에 도착하는 모든 교통량을 처리하고 분석기간 이후에는 대기차량이 남지 않는 경우

$$0 < Q_b < (1-X)cT$$

    ㉡ 유형 Ⅱ : 초기 대기차량이 존재하고 분석기간 이후에 여전히 대기차량이 남아 있으나 그 길이가 초기 대기행렬보다는 줄어든 경우

$$0 < (1-X)cT < Q_b$$

    ㉢ 유형 Ⅲ : 초기 대기차량이 존재하고 분석기간이 지난 후에도 여전히 대기차량이 남아 있으나 그 길이가 초기 대기행렬보다 늘어난 경우

$$(1-X)cT < 0 < Q_b$$

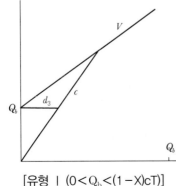

[유형 Ⅰ (0<Q_b<(1−X)cT)]

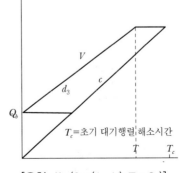

[유형 Ⅱ (0<(1−X)cT<Q_b)]

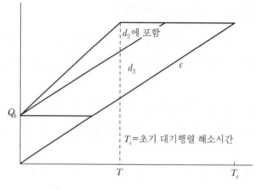

[유형 Ⅲ ((1−X)cT<0<Q_b)]

⑦ 유형 Ⅱ, Ⅲ에서는 분석기간이 끝난 후에 남아 있는 대기차량의 지체도 추가지체에 포함된다.

⑧ 이들의 지체가 분석기간 이후에 발생한다 해도 분석은 분석기간에 도착한 차량을 대상으로 하므로, 이 지체를 추가지체에 포함시켜야 한다.

2. 균일지체(Uniform Delay)

① 주어진 교통량이 교차로에 정확하게 일정한 차두간격으로 도착한다고 가정할 때의 차량당 평균지체는 다음과 같다.
- 초기 대기차량이 없는 경우
- 초기 대기차량이 있으나 분석기간 이내에 다 해소가 될 경우
- 초기 대기차량이 있고 분석기간이 끝난 후에도 대기차량이 남아 있는 경우

② 각각에 대해 다음과 같은 확정모형으로 구할 수 있다.

$$d_1 = \frac{0.5C\left(1-\dfrac{g}{C}\right)^2}{1-\left[\min(1,X)\dfrac{g}{C}\right]} \ (Q_b=0 \ 경우)$$

$$= \frac{R^2}{2C(1-y)} + \frac{Q_b R}{2TS(1-y)} \ (유형 \ Ⅰ \ 경우)$$

$$= \frac{R}{2} \ (유형 \ Ⅱ, \ Ⅲ \ 경우)$$

여기서, Q_b : 초기 대기차량 대수(대), d_1 : 균일지체(초/대), C : 주기(초)
g : 해당 차로군에 할당된 유효녹색시간(초), X : 해당 차로군의 포화도
R : 적색신호(초), y : 교통량비(Flow Ratio)(=v/s)
T : 분석기간 길이(시간), S : 해당 차로군의 포화교통량(vphg)

3. 증분지체(Incremental Delay)

① 증분지체는 비균일 도착에 의한 임의지체(Random Delay)와 분석기간 내에서 몇몇 과포화 주기(Cycle Failure)에 의한 과포화 지체(Overflow Delay)를 포함한다.

② 따라서, 분석기간의 시작과 끝부분에는 잔여 대기행렬이 없는 상태이다.

③ 어느 차로군의 증분지체는 그 차로군의 포화도(X), 분석기간의 길이(T) 및 그 차로군의 용량(c)에 의해 크게 좌우된다.

④ 이때 X는 1.0보다 큰 값을 가질 수도 있다.

$$d_2 = 900\,T\left[(X-1) + \sqrt{(X-1)^2 + \frac{4X}{cT}}\right]$$

여기서, d_2 : 임의도착 및 분석기간 안에서의 과포화 영향을 나타내는 증분지체
      T : 분석기간 길이(시간)
      X : 해당 차로군의 포화도
      c : 해당 차로군의 용량(vph)

4. 추가지체(Initial Queue Delay)

① 분석 전 과포화로 인한 초기 대기행렬 때문에 발생하는 추가지체는 분석기간 동안의 V/C비에 따라 그 영향이 크게 나타날 수도 있고 적게 나타날 수도 있다.

② V/C비가 1.0과 같거나 크면 그 영향이 크고, 1.0보다 작으면 그 영향이 줄어든다.

③ 그러나 V/C비가 0.5 이상일 때는 그 영향이 상당기간 지속될 수 있기 때문에 이를 무시하면 안 된다.

④ 서비스 수준 분석이 일반적으로 첨두시간에 대해서 많이 이루어지기 때문에 분석기간 전에 과포화가 발생하였다면 분석기간 중에도 과포화가 될 가능성이 클 수밖에 없으므로 초기 대기행렬이 지체에 미치는 영향은 크다.

⑤ 이로 인한 지체시간의 크기는 초기 대기행렬의 길이에 따라 다르기 때문에 일률적으로 말할 수 없지만 최대 100초 이상의 값을 가질 수도 있기 때문에 서비스 수준에 상당한 영향을 줄 수 있다.

⑥ 초기 대기차량(Q_b)은 현장에서 차로군별로 관측하여야 하며 계획분석에서는 관측이 불가능하기 때문에 0으로 간주한다.

⑦ 기존 교차로의 장래에 대한 분석 시에도 장래의 대기차량을 알 수 없기 때문에 장래 V/C비에 따라 현재의 초기 대기차량 대수를 준용하도록 권장한다.

⑧ 장래 V/C비가 1.0 이상이거나 현재 V/C비보다 큰 차로군에 대해서는 현재의 초기 대기차량을 적용하고 장래 V/C비가 1.0 미만이고 현재 V/C비 이하일 때는 초기 대기차량이 없는 것으로 가정하고 분석하면 된다.

⑨ 교차로 개선안에 대한 분석 시에도 장래분석과 같은 방법을 적용하면 된다. 이렇게 함으로써 장래 현황과 개선안에 대한 지체값이 일관성을 갖게 된다.

⑩ 현황에는 초기 대기차량을 고려하여 지체를 계산하고 개선안이나 장래에는 모두 초기 대기차량이 없는 것으로 분석한다면 오류를 범할 수도 있기 때문에 V/C비에 따라 구분하여 적용하도록 한다.

⑪ 세 가지 유형별 추가지체 모형식

$$d_3 = \frac{1,800\,Q_i^{\,2}}{c\,T(c-V)} \text{ (유형 Ⅰ 경우)}$$

$$= \frac{3,600\,Q_b}{c} - 1,800\,T(1-X) \text{ (유형 Ⅱ 경우)}$$

$$= \frac{3,600\,Q_b}{c} \text{ (유형 Ⅲ 경우)}$$

여기서, d_3 : 추가지체(분석기간 이전에 잔류한 과포화 대기행렬로 인한 지체)
　　　　Q_b : 분석기간(T)이 시작될 때 존재하는 초기 대기행렬대수(대)
　　　　c : 분석기간 중의 해당 차로군의 용량(vph)
　　　　V : 분석기간 중의 해당 차로군의 도착교통량(vph)

⑫ 초기 대기차량이란 분석기간 시작 순간에 관측했을 때 교차로를 통과하지 못하고 남아 있는 잔여차량을 말하며, 이것은 차로군별로 조사되어야 한다.

⑬ 초기 대기차량을 구하기 위해서는 현장관측방법을 사용한다. 설계 및 계획분석에서는 초기 대기행렬을 현장조사할 수 없기 때문에 생략한다.

⑭ 현장관측은 분석시간대에 과포화 상태가 발생하는 접근로에서 필요한 차로군에 대해서만 실시하며, 조사대상은 차로별 차량대수가 아니라 차로군별 차량대수이다.

⑮ 조사는 각 차로군별로 3회 이상 조사한 자료의 평균치를 쓰는 것이 좋다.

5. 연동계수(PF)

① 신호교차로에서의 지체는 연속적인 차량의 흐름이 어느 정도 원활한가에 의해 크게 좌우된다.

② 도착교통량이 거의 용량에 도달할 정도로 많아도 교통류가 연속적으로 잘 진행하도록 신호의 연동이 잘 맞추어진 경우 개별차량이 느끼는 지체는 그다지 크지 않으며, 반대로 도착교통량이 용량에 훨씬 못 미치더라도 교차로 간의 신호연동이 좋지 않은 경우 개별차량이 받는 지체는 매우 클 수가 있다.

③ 고정시간 신호시스템에서 연동방향의 접근로에서 발생하는 지체는 연동의 효율에 크게 영향을 받는다.

④ 특히 연동효과는 앞에서 설명한 균일지체에 가장 크게 작용하므로 연동계수는 균일지체에만 적용된다.

⑤ 연동계수는 연동의 효과를 나타내는 모든 이동류에 대해서 적용한다. 정확히 말하면, 연동의 주된 대상이 되는 (주로 직진) 이동류와 동일한 신호현시에 진행하는 모든 이동류들에 적용한다.

⑥ 동일한 현시에 움직이는 이동류들이 같은 차로군이든 다른 차로군이든 상관없이 같은 연동계수가 적용된다. 따라서 동시신호의 경우 모든 이동류가 동시에 진행하므로 모두 연동계수를 적용한다.

⑦ 만약 직진교통을 연동시킬 때, 좌회전 신호가 직진과 다른 현시에서 움직인다면, 이 좌회전은 연동효과를 적용하지 않고 연동계수를 1.0으로 사용한다.

⑧ 일반적으로 공용 우회전차로는 직진과 같은 현시에서 진행하므로 직진과 같은 연동계수를 적용한다.

⑨ 고정시간 신호에서 연동계수는 오프셋 편의율(便依率) TVO과 유효녹색시간비(g/C)로부터 연동계수(PF)표를 이용해서 보간법으로 구한다. 표에서 오프셋 편의율 TVO는 다음과 같다.

$$TVO = T_c - \frac{offset}{C}$$

여기서, TVO : 오프셋 편의율
C : 간선도로의 연동에 필요한 공통주기(초)
T_c : 상류부 교차로의 정지선에서부터 분석 교차로의 정지선까지의 구간에서 신호에 의한 가속, 감속, 정지 등의 영향을 받지 않는 구간의 속도와 링크길이로부터 구한 시간(초)
$offset$: 상류부 교차로와 분석 교차로 간의 연속진행방향 녹색신호 시작시간의 차이(초) 주기보다 적은 값 사용

⑩ 만약 TVO가 1.0보다 크거나 0보다 적으면, 적절한 값의 정수를 빼거나 더하여 TVO의 값이 0~1.0 사이의 값을 갖게 됨

⑪ 고정시간 신호 연동계수(PF)

TVO	g/C								
	0.1	0.2	0.3	0.4	0.5	0.6	0.7	0.8	0.9
0.0	1.04	0.86	0.76	0.71	0.71	0.73	0.78	0.86	1.06
0.1	0.62	0.56	0.54	0.55	0.58	0.64	0.72	0.81	0.92
0.2	1.04	0.81	0.59	0.55	0.58	0.64	0.72	0.81	0.92
0.3	1.04	1.11	0.98	0.77	0.58	0.64	0.72	0.81	0.92
0.4	1.04	1.11	1.20	1.14	0.94	0.73	0.72	0.81	0.92
0.5	1.04	1.11	1.20	1.31	1.30	1.09	0.83	0.81	0.92
0.6	1.04	1.11	1.20	1.31	1.43	1.47	1.22	0.81	0.92
0.7	1.04	1.11	1.20	1.31	1.43	1.56	1.63	1.27	0.92
0.8	1.04	1.11	1.20	1.31	1.43	1.47	1.58	1.76	1.00
0.9	1.04	1.11	1.15	1.08	1.06	1.09	1.17	1.32	1.59
1.0	1.03	1.01	0.89	0.80	0.74	0.71	0.71	0.81	1.08

주) • 연동시스템에 속하지 않는 교차로 또는 연동되지 않는 방향(주로 직진과 다른 현시에 진행하는 좌회전)의 이동류에 대해서는 1.0 적용
　• 보간법 사용

4 지체 종합 및 서비스 수준 판정

① 신호교차로의 각 차로군의 차량당 제어지체가 결정되면, '앞의 그림' 추가지체(d_3)의 모형을 이용하여 각 차로군별 서비스 수준을 결정하고, 각 접근로의 제어지체는 차로군별 제어지체를 교통량에 관하여 가중평균하여 구하고 서비스 수준을 구한다.

② 또 각 접근로의 제어지체를 교통량에 관하여 가중평균하여 교차로의 평균제어지체를 구하고 서비스 수준을 결정한다.

$$d_A = \frac{\sum d_i V_i}{\sum V_i} \qquad d_I = \frac{\sum d_A V_A}{\sum V_A}$$

여기서, $d_A = A$접근로의 차량당 평균제어지체(초/대)
　　　　$d_i = A$접근로 i차로군의 차량당 평균제어지체(초/대)
　　　　$V_i = i$차로군의 보정교통량(vph)
　　　　$d_I = I$교차로의 차량당 평균제어지체(초/대)
　　　　$V_A = A$접근로의 보정교통량(vph)

③ 이전 도로용량편람과 비교해서 서비스 수준의 결정기준이 달라진 점은 F수준을 F, FF 및 FFF 수준으로 구분하였다는 점과 차량당 지체시간의 기준이 상향되었다는 점이다.

④ F수준을 3단계로 구분한 것은 F수준의 범위가 너무 넓기 때문에 이를 세분하여 신호주기 몇 번 만에 교차로를 통과할 수 있느냐에 따라 구분하였다.

⑤ 차량당 지체기준이 상향조정된 것은, 이전에는 차량당 정지지체를 MOE로 사용하였으나 이번에는 차량당 제어지체를 사용하였다는 점과 신호주기가 외국에 비해서 긴 편인 우리나라의 교차로 운영 특성을 고려하였기 때문이다.

㉠ 분석과정

- 운영분석은 도로 및 교통조건, 신호시간 등을 알고 서비스 수준을 구하는 문제이며, 설계분석은 도로 및 교통량 또는 신호시간을 구하는 문제이다.
- 계획분석은 교차로의 전반적인 크기나 교차로 용량의 과부족을 파악하는 문제이다. 그러나 설계분석이나 계획분석을 명확히 구분지을 수 없는 경우가 많다.
- 예를 들어 교차로 구조와 교통량을 알고 서비스 수준을 가장 좋게 하는 적정신호를 결정하는 문제는 설계분석이라 할 수 있으나 계획분석에서도 이러한 문제가 있을 수 있다.
- 교차로 구조와 교통량을 알고 서비스 수준을 가장 좋게 하는 적정신호에서의 용량을 구하는 문제는 설계분석과 거의 다를 바 없기 때문이다.
- 왜냐하면 설계분석에서 적정신호를 구하는 것이나 계획분석에서 적정신호 용량을 구하는 것이나 똑같은 몇 번의 반복과정을 거쳐 서비스 수준을 구해야 하기 때문이다.
- 따라서, 설계분석이나 계획분석은 결국 운영분석의 과정을 다시 거치는 경우가 많다.
- 설계분석과 계획분석을 구분한다면 입력자료들이 구체적이며 현실적인 자료인지 혹은 장래에 대한 개략적인 추정값인지의 차이이다.
- 계산과정에서 소수점 처리는 계산의 정확성은 물론이고 일관되고 통일성 있는 계산값을 나타내기 위해서 매우 중요하다.
- 유효자릿수는 각 파라미터에 따라 다르며, 여기서 주어진 예제 풀이와 같이 나타내되 반올림한다.
- 이전 단계에서 계산한 파라미터값을 이용하여 다음 단계를 계산할 때는 특히 유의해야 한다.
- 처음의 파라미터값을 반올림하여 구한 다음, 그 반올림하여 구한 값을 이용하여 다음 파라미터값을 구한다.

㉡ 운영분석

- 운영분석은 교차로 구조, 교통조건 및 교통운영조건이 주어지고 교차로의 서비스 수준을 구하는 과정이다.

- 운영분석의 과정은 다음과 같다.
  - 입력자료 및 교통량 보정
  - 직진환산계수 산정
  - 차로군 분류
  - 포화교통량 산정
  - 서비스 수준 결정
- 각 단계의 계산과정은 해당 분석표를 이용할 수 있다. 이 분석표는 위의 계산과정과 같은 순서로 구성되어 있으나 한 과정이 반드시 한 장의 분석표에 표시되는 것은 아니다.

38 우회전차로의 마찰로 인한 포화차두시간 손실

1 개요

① 신호교차로 분석은 녹색신호 차량만 취급하므로 도류화되지 않은 공용 우회전차로에서 적색신호에 우회전하는 차량은 분석에서 제외한다.

② 도류화된 공용 우회전차로도 직진 신호 시 이 차로에서 벗어난 우회전 차량은 분석에서 제외된다.

③ 우측 차로는 다른 직진 차로보다 넓기 때문에 직진 옆으로 우회전하여 빠져나가는(녹색신호라고 해도) 교통량은 분석에서 제외된다.

2 회전노변차로의 환산계수

1. 우회전차로의 마찰로 인한 포화차두시간 손실

$$L_H = (L_{dw} + L_{bb} + L_p) \times 0.3$$

여기서, L_{dw} : 진 · 출입 차량의 방해
L_{bb} : 버스정차로 인한 방해
L_p : 주차활동으로 인한 방해

2. 우회전차로의 직진 환산계수(ER_1, ER_2)

① ER_1 : 도류화되지 않은 공용 우회전의 직진 환산계수
② ER_2 : 도류화된 공용 우회전의 직진 환산계수

3 포화차두시간 손실의 원인

① 모든 회전차로 및 노변차로는 교통류 내부 및 외부마찰에 의해 이동효율이 감소한다.
② 내부마찰이란 차량 상호 간 또는 횡단보행자와의 간섭 또는 도로조건으로 인한 포화차두시간의 증가를 말한다.
③ 외부마찰이란 도로변의 버스정차, 주차활동, 이면도로의 진 · 출입 차량으로 인한 포화차두시간의 증가를 말한다.
④ 따라서 좌회전차로는 내부마찰이 거의 대부분이며 우회전차로는 내부마찰 및 외부마찰을 같이 받는다.
⑤ 우회전이 없거나 금지된 접근로는 외부마찰만 받는다.
⑥ 포화교통량은 포화차두시간(Saturation Headway)으로 나타낼 수 있다.

4 마찰로 인한 포화차두시간의 손실

1. 내용

① 우회전 차량의 지체로 인한 영향이나 교차도로를 횡단하는 보행자에 의한 방해 외에도 버스에 의한 방해, 주차에 의한 방해, 진 · 출입 차량에 의한 방해 등이 있다.
② 버스, 주차, 진 · 출입 차량에 의한 영향은 차로 이용률의 손실시간으로 계산되고 이를 합산하여 하나의 우회전 직진 환산계수로 나타낸다.

2. 진 · 출입 차량에 의한 방해시간

① 방해시간은 우회전의 포화차두시간에 비해서 증분된 시간이며, 정지선에서 60m 이상의 진 · 출입로는 영향이 없을 것으로 본다.
② 시간당 손실시간 산정식

$$L_{dw} = 0.9 \times V_{en} + 1.4 \times V_{ex}$$

여기서, L_{dw} : 이면도로 진 · 출입으로 인한 시간당 손실시간(초)
V_{en} : 간선도로로 진입하는 교통량(Vph)
V_{ex} : 간선도로에서 진출하는 교통량(Vph)

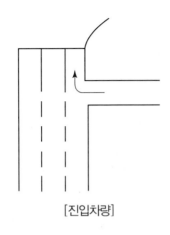

[진입차량]

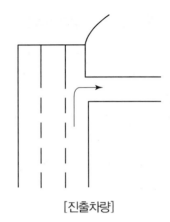

[진출차량]

3. 버스정차로 인한 방해시간

① 버스정류장 방해는 버스의 정차활동이 일어나는 차로에 대해서만 적용한다.

② 시간당 버스 정차대수가 10대 이하인 경우에는 영향이 없는 것으로 한다.

③ 버스정류장의 위치는 정지선에서 버스정거장까지의 거리를 말하며 거리가 75m 이상인 경우에는 버스정류장 방해가 없는 것으로 한다.

④ 승하차 활동의 대·중·소 구분 시 버스 1대당 평균 승하차 인수를 조사하여 적용함이 바람직하나 분석가의 판단에 따라도 무방하다.

⑤ 시간당 손실시간 산정식

$$L_{bb} = T_b \times L_b \times V_b$$

여기서, L_{bb} : 버스정류장으로 인한 시간당 손실시간(초)
T_b : 버스 1대의 정차에 따른 포화차두시간 증분(초)
L_b : 버스정류장의 위치계수 = (7.5－L)/7.5
V_b : 시간당 버스 정차대수

4. 주차활동으로 인한 방해시간

① 신호교차로 주변에 주차할 경우 정상적인 통행은 방해를 받게 되고 포화교통류율은 감소함

② 이 영향은 정지선에서 75m 이내에서만 발생함

$$L_p = 360 + 18\,V_{park}(\text{노상주차를 허용할 경우}) = 0(\text{노상주차를 금지할 경우})$$

여기서, L_p : 주차활동으로 인한 우회전 포화차두시간 증분값(초)
V_{park} : 시간당 주차활동(Vph)

5. 마찰의 종합

① 우측 차로의 마찰, 진·출입 차량, 버스정차 및 주차활동에 의한 우측 차로의 포화차두시간 손실에는 적색시간 동안에 진·출입하는 차량

② 일방통행의 경우에는 좌측 노면마찰도 같은 방법으로 구한다.

③ 우측 차로의 마찰에 의한 차두시간 손실값(L_H) 계산식

$$L_H = (L_{dw} + L_{bb} + L_p) \times 0.3$$

5 결론

① 내부마찰은 차량 상호 간과 도로조건, 보행자와의 마찰에 의한 것이 크므로 이런 현상은 포화차두시간의 증가를 뜻하게 된다.

② 따라서, 원활한 교통흐름을 위해서는 내부마찰 원인과 외부마찰이 최소화되도록 해야 한다.

③ 그러므로 도로변의 불법주차와 횡단 등은 사전에 단속이나 홍보 등으로 조절시켜야 한다.

39 신호교차로 운영

1 개요

① 교차로는 신호교차로와 무신호교차로로 구분된다.

② 교통량이 적고 위험도가 적을 경우 무신호 처리로 가능하지만 교통량이 증가하고 위험이 커지면 신호교차로 운영이 바람직하다.

③ 신호교차로는 대형 사고를 예방하는 차원에서 교통의 흐름을 일률적으로 조절하는 기능을 한다.

2 교차로 개선책

① 교통운영 개선대책

교통통제설비의 위치, 도류화, 좌회전 전용차로 설치, 도로조명 개선, 도로폭 확장, 입체분리시설 건설 등

② 교통통제 개선대책

교차로의 효율성을 높이기 위하여 어떤 이동류의 통행우선권(Right of Way)을 독점적으로 부여하거나 금지하는 것

③ 교차로의 교통통제 목적

① 교통용량 증대 및 서비스 수준 향상
② 사고 감소 및 예방 : 사고의 30%는 교차로나 횡단보도에서 발생
③ 주도로에 통행우선권 부여

④ 우회전 통제(Right Turn on Red, RTOR)

차량의 적색신호 때 우회전 차량이 횡단보도 앞에서 일단 정지한 후 보행자의 간격을 이용하여 우회전하는 방식

⑤ 결론

① 신호교차로 설치는 충분한 현장조사와 계획에 따라 이루어져야 한다.
② 일부 지역은 신호간격이 너무 짧아 교통 소통에 크게 지장을 초래하는 경우가 많다.
③ 도로용량이 높은 도로에 대해서 녹색시간을 보다 많이 부여하게 되면 효율적으로 배분되는 기대효과는 있다. 하지만 실제 상황에서는 교통량이 많다고 해서 녹색시간을 많이 주게 되면 전체 교통망 운영이 비효율적으로 운영될 수 있다.
④ 신호 운영은 연동화 계획에 의해서 제어하고 또한 최근의 신신호시스템에서 기존 방식과 달리 교통량의 변화에 따라 신호배분이 변화하는 실시간(Real Time)에 의해 신호시간을 결정하는 것도 중요하다.

40 신신호시스템

① 개요

기존 시스템의 한계점들로 인하여 혼잡한 도시 교통을 제어하고 관리하기 위해서는 우수한 교통제어이론을 수용하고 최신의 전자기술을 동원하여 이를 구현하는 새로운 신호체계를 의미한다.

② 목표

1. 신호제어의 고도화

① 도로 특성, 교통 특성, 그리고 교통 혼잡 상황에 적절히 대응하는 신호제어로 안정된 교통류 형성을 유도한다.

② 지체원인과 지체지점, 또는 지역을 파악하여 교통처리능력을 향상시켜줌으로써 지체에 따른 악영향을 감소시킨다.
③ 교통사항을 계속적으로 감시함으로써 차량고장, 교통사고 등 돌발교통상황을 자동 검색하여 조기에 대처한다.
④ 야간 시 주행속도를 억제시켜 안전성을 도모한다.
⑤ 시스템 운영자가 신호제어의 사전평가와 제어방법의 변경이 용이하도록 하여 신속하고도 확실한 신호운영을 기한다.

2. 도시교통관리의 능동화

① 교통을 관리하는 데 있어 신호제어시스템을 통해 관리할 수 있는 부문을 극대화시킨다.
② 교통정보의 데이터베이스화로 관계 부서에 자료를 지원한다.
③ 교통경찰, 모범운전자 등의 교차로에서의 교통관리업무를 최소화시켜 나가는 동시에 이를 지원한다.

3. 양질의 교통정보 제공

① 각 가로의 여행시간이나 속도 등을 사용하여 교통을 유도함으로써 불필요한 차량주행을 줄이는 동시에 혼잡지점의 혼잡도 감소를 유도한다.
② 도로공사, 교통사고, 지체원인 등 주행에 큰 영향을 미치는 정보를 제공하여 운전자의 불만해소와 심리적 안정을 기한다.
③ 교통방송, 자동응답장치, PC통신 등 향후 개발될 다양한 정보매체를 수용할 수 있는 데이터베이스 체계를 구축한다.

[기존 시스템과 신시스템의 제어 전략 비교]

비교 항목		기존 시스템	신시스템
1. 기본 제어방향		• 간선도로 위주 • 비포화 상태 위주 • 각 교차로 동일 제어	• 간선도로 위주 • 비포화, 과포화 제어 • 주요 교차점 중점 제어
2. 제어단위		• 1~15개 교차로군 • 주요 교차로 지정 없음 • 결합/분리 안 됨	• 1~10개 교차로군 • 1개 주요 교차로 지정 • 자동 결합/분리
3. 교통지표		• 교통량, 점유율 • 포화 교통류율 고정	• 교통량, 포화도, 대기차량길이, 속도 • 포화도 검지기용 자동계측
4. 현시	현시수	4현시	8현시
	현시변경	중앙컴퓨터 및 지역 제어기 변경	중앙컴퓨터에서 지역제어기 변경
5. 주기	변경시간	5분마다 판단하여 15분마다 변경	매 주기
	변경량	이산적(시간 계획에 따름)	5초
	결정방식	교통량+점유율에 따라 선택	포화도에 따라 계산
	제어목표	연동 제어	비포화의 연동, 과포화 시 최대유출제어
6. 오프셋	변경시간	5분마다 판단하여 15분마다 변경	매 주기마다 판단 → 3주기마다 변경
	변경량	이산적(시간 계획에 따름)	• 이산적, 대기차량 파급도에 따라 조정 • 소폭(△○) 조정
7. 녹색시간	변경시간	5분마다 판단하여 15분마다 제어	매 주기
	변경량	이산적(시간 계획에 따름)	4초
	결정방식	교통량+점유율에 따라 선택	포화도에 따라 계산
	제어목표	균등배분	비포화 시 균등배분, 과포화 시 대기차량 관리
8. 감응제어 (전술적 제어)		없음	• 좌회전 감응제어 • 갭(Gap) 감응제어 • 유출률 최대 감응제어
9. 제어기의 Data Base 변경		현장에서 변경	중앙컴퓨터에서 원격 변경

3 기대효과

서울시 교통제어 시스템의 구현으로 국내 기술진에 의해 신시스템이 개발될 시기의 효과를 정리해보면 다음과 같다.

① 교통소통 및 안전 제고
② 교통혼잡 해소에 기여
③ 교통사고 감소와 교통운영 편의 증진 및 지원기능 강화
④ 교통수요 변화에 자동으로 적응되는 기능을 갖게 됨으로써 신호 시 산출작업 및 모니터링에 소요되는 비용 절감
⑤ 교통관리, 분석, 예측기능 강화
⑥ 교통계획자의 계획 수립 지원
⑦ 관제시스템과 연계체계를 구축할 수 있어 종합교통관제가 가능
⑧ 고속국도 관제시스템과 연계체계를 구축할 수 있어 종합교통관제가 가능
⑨ 도로정보시스템 등 새로운 교통서비스시스템의 기반으로 활용 가능
⑩ 교통시설물 관리의 체계화 유도
⑪ 치안 C3 연계성 도모
⑫ 시스템 국산화 및 활용 증대
⑬ 교통정보체계의 선진화
⑭ 교통신호시스템 분야의 기술 축적
⑮ 국내에 우수한 시스템 확산 가능
⑯ 국내산업체 기술기반 조성 및 증대
⑰ 시스템의 계속적인 연구 발전 가능

4 결론

① 국내의 신호시스템은 대도시 일부를 제외하고는 일반신호가 대부분을 차지한다. 신신호시스템은 신호제어의 고도화, 도시교통관리의 체계화와 양질의 교통정보 제공을 위해 도입되었다.
② 신신호시스템은 교통혼잡 해소, 교통소통 및 안전성 제고, 교통수요에 따라 감응하므로 운영비 경감, 교통관리 분석, 수요 예측 등의 효과를 가져왔다.
③ 좋은 시스템을 적극적으로 도입하여 교통소통의 원활과 안정성 등의 효율성을 높이는 데 기여해야 한다.

41 감지기

1 개요

① 차량의 증가로 인한 교통처리문제가 큰 사회문제로 대두되면서 최근 최신 신호시스템이 많이 도입되고 있는 실정임
② 모든 교통대응 신호기는 차량이나 보행자 감지기로부터 얻은 정확한 교통정보에 근거하여 운영됨

2 감지기 종류

① 압력반응 감지기 : 사용하지 않음
   ㉠ 도로포장 속에 묻혀서 통과차량의 하중에 의해 작동됨
   ㉡ 100kph 이상이거나 차량이 그 위에 정지하면 감지되지 않음

② 자기 감지기
   ㉠ 도로포장 속에 묻거나 도로가에 설치하여 차량이 지날 때 자장의 혼란이 일어나는 것을 감지
   ㉡ 100kph 이상이거나 차량이 그 위에 정지하면 감지되지 않음

③ 레이더 감지기
   ㉠ 도로 위에 설치하며 전자파를 발사하여 감지함
   ㉡ 3~110kph 속도범위 차량을 감지함
   ㉢ 주차 차량이나 고정물체의 영향을 받지 않음

④ 초음파 감지기
⑤ 적외선 감지기

⑥ 감응루프식 감지기 : 가장 많이 사용
   ㉠ 도로포장 속에 묻은 후 차량통과에 따른 유도전류를 이용하여 감지
   ㉡ 통과 감지기(Passage Detector), 점유 감지기(Presence Detector)

⑦ 충격 감지기 : 기압의 변화
⑧ 광전기 감지기 : 도로 위에 설치하고 광전기 이용
⑨ 보행자 작동 감지기 : 보행자가 직접 신호기 작동

③ 결론

신호기를 효과적으로 작동하기 위해서는 신신호기 도입도 중요하지만 충분한 사전 조사 후 필요한 지역에 제대로 설치되는 것이 우선임

42 신호체계 개선방안

① 개요

① 도시가로의 신호통제체계는 독점교차로 통제체계, 간선도로 통제체계, 신호망 통제체계 및 특수 통제 등으로 나눌 수 있다.
② 이들은 각각 장단점이 있으며 설치 및 운영방법에도 차이가 있다. 여기서는 우리나라 도시부 교통 소통을 위한 신호체계 개선방안 중 중요한 몇 개 항목에 대해서만 간략히 기술한다.

② 개선방안

1. 신호등 연동체계의 극대화

① 개요

신호등 연동화란 인접한 신호등을 상호연계시켜 한곳에서 녹색을 통과한 차량군들이 일정속도를 유지하면서 다음 신호에서도 녹색신호를 받아 정지하지 않고 주행할 수 있는 체계를 말한다. 이러한 연동체계는 교통류의 혼잡과 사고 발생을 예방하며 에너지 소비도 줄일 수 있어 매우 효과적인 시스템이다.

② 적용

특히 우리나라의 경우 신호등 사이가 멀리 떨어져 있지 않아 이를 도입하는 데 용이하므로 확대시행이 필요하다. 다만 이러한 신호체계를 적용하기에 앞서 정비절차가 선행되어야 한다. 신호 연동체계를 최적화하는 방법으로는 정지하지 않고 녹색신호에 통과할 수 있는 간격(진행대폭 : Band Width)을 최대화하는 방법과 정지하는 시간(Delay)을 최소화하는 방법이 있다.

2. 신호주기의 적정화 및 조절

① 개요

신호주기가 최적시간보다 짧거나 길어지면 불필요한 지체를 초래하고 정지차량이 길어져 인접 신호등까지 영향을 주게 되어 교통정체를 유발하게 된다. 따라서 신호주기는 교차로의 교통량과 교통용량 및 서비스 수준 등에 의해 각각의 교차로에 맞게 적용되어야 한다.

② 적용

국내의 일부 교차로는 신호주기 및 시간조절이 부적절하다. 또한 한 번 정한 신호주기나 녹색시간은 교통량 변화 시에 제 기능을 발휘할 수 없으므로 주기적으로 조사하여 수정·보완해 주어야 한다. 특히 인근에 많은 교통량을 발생하는 대형시설물이 생기는 경우에는 반드시 이를 보정해 주어야 한다.

3. 황색신호의 개선과 전 방향 적색신호의 도입

① 개요

황색시간은 진행차량에 신호변경을 예고하여 미리 대비하게 하려는 것으로 진행차량이 교차로를 완전히 빠져나가는 데 필요한 시간이어야 한다. 만일 황색시간이 너무 짧으면 딜레마 구간이 생기게 되며 추돌사고의 위험이 증가하게 되고, 너무 길면 운전자가 이 중 일부를 녹색시간처럼 사용할 우려가 있어 본래의 목적을 상실하게 된다.

② 적용

일반적으로 도시도로의 황색시간은 4초 이상이어야 하나 현재 우리나라는 그보다 짧은 3초를 사용하는 경우가 대부분이다. 특히 교차로 폭이 매우 넓거나 내리막 구배가 짧은 경우에는 황색신호가 짧아 급정거하거나 사고를 일으키는 경우가 발생하고 있다. 이런 경우 황색신호 후 전방향 적색신호를 주어 잔여교통을 효과적으로 소거할 수 있다.

4. 전자감응식과 정주기 신호등의 선별 운영

① 개요

국내의 많은 교차로가 첨두시간에 관계없이 항상 붐비고 있어 전자감응식 신호기를 설치해도 정주기 신호방식과 똑같이 운영되고 있다. 즉, 접근로의 교통류가 많아 항상 최대 녹색시간(연장한계)이 되어야 현시가 바뀌어 결과적으로 정주기 신호등과 같은 상태에서 운영되기 때문이다. 그러나 도시 외곽의 교차로에서는 첨두시를 제외하고는 교통량의 변동이 크므로 이러한 곳에 전자감응식 신호등을 설치하면 지체시간을 줄이고 차량의 소통을 원활하게 하며, 운전자들을 심리적으로 편안하게 해주어 교통안전에 도움이 된다.

② 적용

전자감응식 신호기를 설치할 때는 교통량 변동 특성을 고려하여 설치하여야 하며 최소 녹색시간이 지나치게 길지 않도록 하여야 한다. 또한 감지기는 교차로에서 지나치게 멀리 떨어져 설치하지 않도록 하며, 접근로 전 교통량에 의해 통행권이 바뀌도록 해야 한다.

5. 교차로에서의 U-turn 허용 확대

U-turn할 수 있는 도로폭을 보유하면서 보호좌회전을 실시하는 경우 발생하는 상충은 측방에서 오는 우회전 차량뿐이며, 이 차량들은 일단 정지 후 교차로에 진입하므로 상충의 우려가 적다. 특히 보행신호 시 U-turn 허용은 효과가 크다.

6. 신호등 설치위치 및 설치방법 개선

신호등은 지역 사정에 익숙하지 않은 운전자들도 쉽게 찾을 수 있는 곳에 설치해야 하며 시인성이 좋아야 한다. 특히 측면 신호등이 보이지 않도록 설치하여 해당 신호등이 주행을 알리기 전에 출발하는(Light Jumping) 불법행위를 예방해야 한다.

7. 좌회전 신호체계의 개선

① 좌회전이 직진신호 앞에서 좌회전하는 것으로 통일하여 신호체계가 정해진 것으로 오해하는 사람들이 많아 이로 인해 좌회전 후 황색신호 시 출발하여 사고위험성이 크며 신호등의 표시에 따라 차량이 진행되어야 한다는 인식이 정립되지 않고 있다.

② 이로 인하여 교통 특성에 맞는 교차로별 신호체계운영에 장애가 되고 있다. 일례로 양방향 좌회전 교통량이나 직진 교통량이 다르고 한쪽 방향으로 교통량이 다른 경우 효과적인 전후 좌회전 방법을 도입하기 어렵다.

8. 좌회전 차선의 합리적 운영

① 교차로 설계 시 좌회전 차선에 대한 고려가 합리적으로 정립되어 있지 않고 운영된다.

② 좌회전 차선을 삽입하여 전체 교차로의 운영에 불균형을 초래하고 직진 차량과 상충을 일으켜 교통용량을 줄이는 결과를 초래한다.

③ 좌회전 차선은 중앙에 두어 서로 마주 보게 하여 직진차량과 상호 안전하게 분리되도록 하며 충분한 길이를 두어 대기차량으로 인해 직진교통에 방해가 되지 않도록 해야 한다.

③ 결론

① 신호체계는 교통량과 지역 여건을 충족할 수 있는 방안을 선택하여 교통흐름을 원활히 해야 그 목적을 달성할 수 있다.

② 비신호교차로는 교통의 흐름은 양호하나 사고의 위험이 산재하고 있고, 신호교차로는 사고의 위험은 적으나 효율적인 신호관리체계가 이루어지지 않으면 정체와 지체의 원인이 된다.

---

43 딜레마 구간 및 옵션 구간

① 딜레마 구간(Dilemma Zone)

딜레마 구간이란 운전자가 황색신호가 시작되는 것을 보았지만, 임계감속도로 정지선에 정지하기가 불가능하여 계속 진행할 때, 황색신호 이내에 교차로 상충지역을 완전히 통과하지 못하게 되는 경우가 발생되는 구간이다. 즉, 실제황색시간<적정황색시간일 경우에 발생된다.

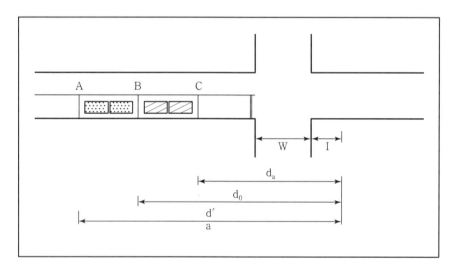

그림에서 d_0는 접근속도 v인 직진차량이 교차로 내에 진입하지 않고 정지선에 정지할 수 있는 거리이고, d_a는 실제황색시간 동안 교차로를 통과할 수 있을 때 정지선부터의 거리라고 할 때, 교차로로 접근하고 있는 차량이 황색신호가 시작되는 것을 보았지만, 임계 감속도로 정지선에 정지하는 것이 불가능하며, 황색신호시간 이내에 교차로 상충지역을 완전히 벗어나지 못하게 되는 구간(딜레마 구간)은 그림의 사선 친 부분이며, 그 길이는$(d_0 - d_a)$이다.

- 딜레마구간 시작점(B)
- 딜레마구간 끝점(C)

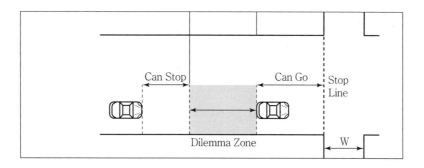

① 최소정지거리(Stopping Distance, d_0)

접근속도 v인 직진차량이 교차로 내에 진입하지 않고 정지선에 정지할 수 있는 거리는 다음의 식으로 계산될 수 있다.

$$d_0 = v_0\delta + \frac{v^2}{2a}$$

여기서, v_0 : 차량의 접근 속도

δ : 운전자의 인지-반응 시간

α : 차량의 감속도

② 통과가능 최대거리(Clearing Distance, d_a)

직진차량이 직진황색시간 동안 교차로를 통과할 수 있을 때 정지선부터의 거리를 구하는 식은 아래와 같다.

$$d_c = v_0\tau - (w + L)$$

여기서, v_0 : 차량의 접근 속도, L : 차량의 길이

w : 교차로 폭, τ : 직진황색시간

③ 딜레마 구간 길이($d_0 - d_a$)

$$\left(\delta + \frac{v_0}{2a} + \frac{W+L}{v_0} - \tau\right)v_0 = (\text{적정 황색시간} - \text{실제 황색시간})v_0$$

여기서, v_0 : 차량의 접근 속도

δ : 운전자의 인지-반응 시간

L : 차량의 길이

w : 교차로 폭

τ : 직진황색시간

α : 차량의 감속도

예제 01

교차로 접근차량의 속도는 60km/h, 차량의 감속도 $5.0m/s^2$, 차량의 길이 5m, 교차로 폭 18m, 실제황색시간 3초일 때 딜레마구간의 길이는 17.4m로 산정되었으며, 산정방법은 다음과 같다.

풀이 $= \{1 + (60/3.6)/(2 \times 5) + (18 + 5)/(60/3.6) - 3\} \times (60/3.6) = 17.4m$

※ 추가적인 계산 상세방법은 ③⓪ 신호시간 계산 편을 참고하세요.

② 옵션 구간(Option Zone)

① 실제황색시간이 적정황색시간보다 길면 반대로 옵션 구간이 생긴다. 그림에서 실제황색시간이 d_a 대신 d'_a라 하면 옵션 구간의 길이는 $(d'_a \ d_a)$이다.

② 황색신호가 켜지는 순간에 이 구간에 있는 운전자는 그대로 진행을 하더라도 황색신호 동안에 교차로를 횡단할 수 있고, 또 정지를 하더라도 임계감속도 이내에서 어려움이 없이 정지선에 정지할 수 있다.
　㉠ 옵션 구간 시작점(A) : 정지선 후방(실제황색시간)$v - (W + I)$
　㉡ 옵션 구간 끝점(B) : 정지선 후방$\left(t + \dfrac{v}{2a}\right)v$
　㉢ 옵션 구간 길이 : (적정황색시간 − 실제 황색시간)v

③ 딜레마 구간 해소방안

① 적정황색시간을 부여하되 황색시간을 너무 길게 부여하지 않도록 한다.
② 황색시간을 길게 하면 진행차량이 녹색시간처럼 연장해서 쓰려고 한다.
③ 소거시간(Clearance Time)은 변함이 없지만 사람들이 황색시간을 연장하려는 마음을 막을 수 있는 전방향 적색시간(All − Red Time)을 부여한다.

예를 들면, 적정황색시간을 산정한 결과가 5초라면, 황색시간(3초)＋All − Red(2초)를 부여한다.

44 황색신호시간과 최소 보행자 녹색시간 결정

1 개요

① 녹색신호 다음에 오는 황색신호의 목적은 신호를 보고 달려오는 차량에게 곧 정지신호가 온다는 것을 예고하고 미리 대비하게 하려는 것이다.

② 이 시간은 교차도로의 차량이 움직이기 이전에 이미 진행하고 있는 차량들이 교차로를 완전히 빠져나가는 데 필요한 시간이어야 한다.

③ 이론적으로 이 시간의 길이는 한 차량이 정상적인 접근속도로 교차도로의 폭과 안전정지거리를 합한 거리를 주행하는 시간이다.

$$즉, \quad Y = t_s + t_c$$

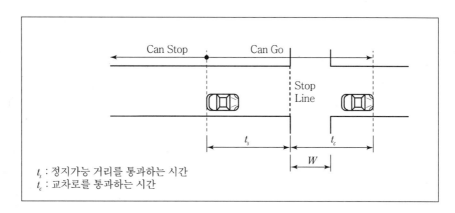

t_s : 정지가능 거리를 통과하는 시간
t_c : 교차로를 통과하는 시간

기준점 안쪽에서 황색신호를 본 차량은 교차로를 통과하고 바깥쪽에서 보면 정지한다.

2 황색신호시간 결정

황색 및 적색시간(All Red)을 산출하기 위해서는 교차로의 폭, 차량의 접근속도, 임계 감속도, 운전자 반응시간을 고려해야 한다. 딜레마 구간을 최소화할 수 있는 적정 신호변환시간은 다음과 같이 산출한다.

$$t = \frac{v}{a}(정지하는 \ 데 \ 걸리는 \ 시간) \leftarrow S = \frac{1}{2}at^2를 \ 미분$$

$$x = \frac{v^2}{2a}$$

$$t_s = \frac{v}{2a}\ (통과시간)$$

$$t_c = \frac{(W+I)}{v}$$

따라서, $Y = t + \dfrac{v}{2a} + \dfrac{W+I}{v}$

여기서, Y : 황색신호시간(sec)

t : 지각−반응시간(보통 1초)

v : 교차로 진입차량 속도(m/sec)

a : 진입차량의 임계감속도(5.0m/sec^2)

W : 교차로 횡단폭(m)

I : 차량길이(5m)

교차로 접근차량의 속도는 60km/h, 차량의 감속도 5.0m/s², 차량의 길이 5m, 교차로 폭 18m일 때, 적정황색시간은 다음과 같다.

$$1 + \{(60/3.6)/(2 \times 5)\} + \{(18+5)/(60/3.6)\} = 4.0\,\text{sec}$$

우리나라에서 사용하고 있는 황색시간 산정식은 황색시간이 지나치게 길어지는 문제점을 해소할 수 있으나, 결정식에 변수가 많으며, 일률적인 임계 감속도, 운전자 반응시간을 적용하는 문제점은 해결되지 않았다. 교차로의 폭과 접근속도에 따른 황색신호시간을 산출하면 다음과 같다.

[우리나라 모형식에 의한 황색시간]

교차로폭	40km/h		50km/h		60km/h		70km/h		80km/h	
	산출	적용	산출	적용	산출	적용	산출	적용	산출	적용
20	2.9	3	2.8	3	2.7	3	2.8	3	2.9	3
25	3.4	3	3.2	3	3.0	3	3.0	3	3.1	3
30	3.8	4	3.5	4	3.3	3	3.3	3	3.3	3
35	4.3	4	3.8	4	3.8	4	3.5	4	3.5	4
40	4.7	5	4.2	4	3.9	4	3.8	4	3.8	4
45	5.2	5	4.5	5	4.0	4	4.0	4	4.0	4
50	5.6	5(1)	4.9	5	4.5	5	4.3	4	4.2	4
55	6.1	5(1)	5.3	5	4.8	5	4.6	5	4.4	4
60	6.5	5(2)	5.6	5(1)	5.1	5	4.8	5	4.7	5
65	7.0	5(2)	6.0	5(1)	5.4	5	5.1	5	4.9	5
70	7.4	5(2)	6.4	5(1)	5.7	5(1)	5.3	5	5.1	5

주) ( ) 안은 적색(All Red) 신호를 운영할 수 있는 시간

③ 최소 보행자 녹색시간 결정

각 신호현시별로 자동차의 최소 녹색시간을 도출할 때 고려해야 될 사항이 바로 보행자 신호이다. 자동차 신호와 보행자 신호가 함께 표출될 때 자동차 신호는 적어도 보행자 신호보다 길어야 한다.

보행자 시간은 '녹색시간+녹색 점멸시간'으로 구분하고 보행자군은 보행자녹색신호 시간에 횡단보도에 진입하여 횡단보도를 정상적으로 통과할 수 있으나, 녹색점멸이 시작되면 더 이상 횡단보도에 진입해서는 안 된다는 의미다. 따라서 횡단보도의 보행신호시간은 많은 이용자가 편안하게 건널 수 있도록 배려해야 하고 보행자가 횡단하는 데 충분한 시간을 확보할 필요가 있다.

최소 보행자 녹색시간을 결정하는 수식은 아래와 같다.

$$T(\text{전체 녹색시간}) = T_s + T_f = t + L/V_1$$

여기서, T : 보행자 전체 신호시간(초)

T_s : 녹색고정시간, 녹색등화가 지속되는 시간(초)

T_f : 녹색점멸시간, 녹색등화 이후에 녹색등화가 점멸되는 시간(초0

t : 초기진입시간(4~7초)

L : 보행자 횡단거리(m)

V_1 : 1.0m/s

$$T_s(\text{녹색고정시간}) = T - T_f = (t + L/V_1) - T_f$$

$$T_f(\text{녹색점멸시간}) = L/V_2$$

여기서, L : 보행자 횡단거리(m) : 소수점 이하는 절상함

V_2 : 1.3m/s

초기 진입시간(t)은 보통 7초를 할당하며 인지반응시간을 고려하여 최소한 4초 이상을 할당한다. 보행속도는 보행자의 안전을 고려하여 1.0m/s를 적용하되, 어린이 보호구역, 노인보호구역 등 교통약자를 위한 보행신호 운영 시 0.8m/s의 보행속도를 적용한다. 녹색점멸신호 시간은 보행속도 1.3m/s를 적용하여 산출한다.

초기진입시간 7초를 설정한 15m의 보행자 횡단을 위한 최소녹색시간은 다음과 같다.

$$7 + (15/1.0) = 22\sec$$

4 적용기준

① a는 임계감속도로서 정상적인 속도로 교차로에 진입하려고 하는 차량이 앞에 다른 차량이 없는 상태에서 황색신호가 나타날 때, 계속 진행할지 아니면 정지할지를 결정하는 기준이 된다.

② 운전자가 황색신호를 본 후 정지하려고 할 때 이 값보다 큰 감속도가 요구되면 진행을 하고, 이보다 적은 감속도로 정지할 수 있으면 정지하는 경계값이다(최대수락감속도).

③ 신호등 황색시간을 결정하기 위해서 사용되는 임계마찰계수 a는 60kph에서 건조한 노면과 조금 마모된 타이어와의 미끄럼 마찰계수 직전의 마찰계수를 적용시키며 그 값은 0.5이다.

④ 참고로 도로의 기하설계를 위한 정지시거 계산에서의 마찰계수는 젖은 노면을 기준으로 한다. 교차로의 황색신호 계산에서는 젖은 노면을 기준으로 하면 황색시간이 너무 길어지므로 건조한 노면을 기준으로 한다.

⑤ 황색시간이 너무 길어지면 차량용 녹색시간이 감소하여 용량이 감소하며 진행차량이 녹색시간처럼 연장해서 사용하려고 한다.

45 신호체계와 신호주기 산정

1 개요

① 교차로의 교통안전을 위한 신호등 설치는 교통류의 효율을 증대시키기 위한 노력을 수반하며 이러한 노력은 최적신호주기 설정으로 집약된다.

② 신호주기에 관한 종래의 접근방법은 큐잉 이론(Queueing Theory)이나 컴퓨터 시뮬레이션 (Computer Simulation)을 통한 교통의 소통과 차량의 지연 등과 같은 문제를 고려하였으나 최근의 동향은 이와 더불어 에너지 및 환경문제를 종합적으로 다루고 있다.

③ 신호체계는 크게 두 가지 유형으로 구분될 수 있는데 하나는 신호통제 범위에 의한 분류이고 하나는 신호주기 산정방식에 의한 분류이다.

  ㉠ 신호통제 범위에 의한 분류
  - 독립 교차로 신호체계(Isolated Intersection Control) : 이웃한 교차로는 전혀 고려하지 않고 독립적인 교차로 하나만을 통제
  - 간선도로 교차로 통제(Linear Arterial Inter Control, Open Network) : 간선도로를 따라 연결하는 교차로를 하나의 시스템으로 간주하고 통제하는 개념
  - 가로망 교차로 통제(Network of Signals, Closed Network) : 가로망을 하나의 단위로 하는, 즉 인접한 교차로 등을 고려하여 하나의 시스템으로 통제

[Isolated(분류)]   [Open Network]   [Closed Network]

ⓛ 신호주기 변동방식에 의한 분류

일반적으로 독립 교차로에 대한 사항으로서 신호주기가 고정된 고정식 신호(Pretimed Signal)와 그때그때의 수요에 따라 주기가 변동되는 감응식 신호(Actuated Signal)로 분류되나 다음과 같이 고정식과 감응식을 결합, 또는 변형하여 신호주기를 결정하기도 한다.

- 독립고정주기 방법 : 신호주기가 이미 고정되어 변화되지 않음
- 독립가변주기 방법 : am, pm, off-peak 등의 시간대별로 신호가 변화
- 차량감지주기 방법(Vehicle Actuated Signal) : 이웃한 교차로가 가깝고 포화 교통량이 40% 이내인 도심에서 활용하는 방식으로서 그때그때 감지되는 차량수에 의해 주기가 변화
- 연동주기 방법(Coordinated Signal) : 감지되는 교통량에 따라 이미 정해진 신호주기를 중앙관제센터에서 Computer를 활용, 통제하는 방법으로 현재 서울에서 활용 중
- 차량감지연동 방법 : 감지되는 차량수에 따라 그때그때 중앙관제센터의 Computer가 신호주기를 결정, 활용하는 방법
- 신호통제 범위에 의한 분류든 신호주기 변동방식에 의한 분류든 고정 신호를 갖는 독립 교차로가 신호주기 설정의 모체가 되어 다른 모든 경우의 주기결정은 이로부터 파생되어 응용된다.

❷ 신호주기 산정방법

도로의 상황이 표준조건인 경우 상식적인 주기의 한계는 30~120초 정도이나 교차로 부속시설의 특성, 수요패턴 및 평가기준의 선택에 따라 적절한 주기가 정해진다.
일반적으로 활용되는 주기 결정방법을 살펴보면 다음과 같다.

1. 웹스터(Webster) 방법

광범위한 실측자료와 Simulation을 바탕으로 차량지연의 측면에서 주기를 결정하는 방식이며 딜레이(Delay) 공식은 다음과 같다.

$$d = \frac{(C1 - \lambda)^2}{2(1 - \lambda x)} + \frac{x^2}{2g(1 - x)} - 0.65 \left(\frac{c}{g^2} \right)^{\frac{1}{3}} \times (2 \div 5\lambda)$$

여기서, d : 차량당 평균지연시간(초/대), c : 신호주기(초)

λ : 주기에 대한 유효녹색시간(Effective Green Time)

x : 접근로의 포화교통량에 대한 실제 접근량의 비

g : 교통량(대/초)

① 앞 공식의 첫 번째 합은 신호주기에 의해 발생되는 지연, 즉 유니폼 딜레이(Uniform Delay) 요소이다.

② 둘째 항은 차량의 확률적인 도착에 의한 랜덤 딜레이(Random Delay) 요소이다.

③ 셋째 항은 앞의 두 항을 조정하기 위한 요소이다. 앞 공식에 의거하여 주어진 교통량의 총 Delay를 최소로 하는 최적신호주기는 다음과 같다.

$$C_o = \frac{1.5L \div 5}{1.0 - \sum_{i=1}^{n} Yi}$$

여기서, C_o : 최적신호주기(초), L : 모든 현시에서 발생하는 손실시간(초), n : 현시수

Yi : 현시 i의 포화교통량에 대한 설계차선교통량(Critical Lane Volume)의 비

④ 이렇게 하여 적정신호주기는 안전과 한 신호주기 동안 비가용 시간이 차지하는 비율 등을 고려한 실질적인 견지에서 볼 때 최저 25초에서 최고 120초가 적절하다고 하였고, 적정신호주기를 C_o로 할 때 0.75C_o와 1.5C_o 사이의 신호주기에서는 차량당 평균 Delay 는 별로 증가하지 않는다.

2. 보행자 신호주기

$$T = \frac{x}{1.2\text{m/sec}}$$

여기서, x : 보행거리

3. 황색 신호주기

$$Y = t + \frac{v}{2a} + \frac{W + l}{v}$$

여기서, v : 접근 속도, a : 감속도, w : 교차로 폭

l : 차량 길이 , t : 반응시간(보통 1초)

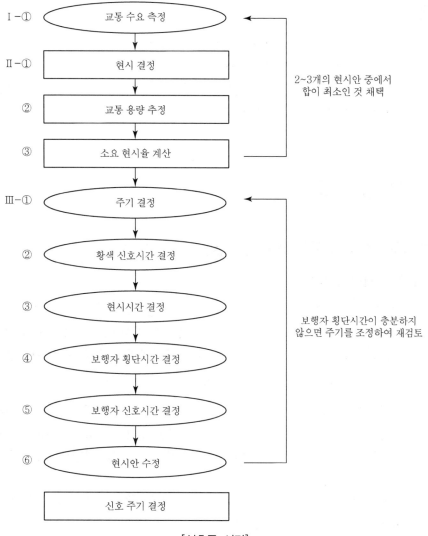

[신호등 시간]

Ⅰ-① 교통 수요 : 평일, 12시간 관측, Peak 시의 차종별 조사, 첨두 15분 교통량 조사
Ⅱ-① 현시방법 : 기본

② 포화교통량 계산 : 포화용량 $S = \dfrac{3,600}{h}$

③ 소요 현시율 : Peak 시 동안 실제 도착 교통량을 포화교통량으로 나눈 값
Ⅲ-① 주기 결정 : 80~200초 사이

② 황색시간 결정 : $Y = t + \dfrac{V}{2a} + \dfrac{w+l}{V}$

여기서, t : 반응시간(1초), w : 교차로 폭

③ 현시시간 결정 : 유효녹색시간＝녹색＋황색－출발지체 → 현시율의 비로 배분

④ 보행자 횡단시간 결정 $t_p = \dfrac{1}{1.2} + 1.7\left(\dfrac{n}{w}-1\right)$

⑤ 보행자 신호시간 결정 $\dfrac{l}{1.2}$ － 황색시간

③ 결론

① 황색신호가 많아지면 손실시간이 비례하여 증가하기 때문에 교통량이 많은 경우에는 신호주기를 크게 하고 황색시간의 비율을 적게 함으로써 손실시간을 줄여서 운영해야 효과적이다.
② 반면 교통량이 적은 시간대에는 녹색시간 동안에 처리해야 할 차량대수가 적기 때문에 적색시간을 짧게 하여 신호주기가 짧아지도록 운영함이 효과적이다.

46 보행 설계기준

① 일반도로 · 보도의 시설기준

1. 보행자 시설의 유형

보행자가 목적지에 도달하기까지 보도, 계단, 신호횡단보도 등 다양한 형태의 보행자 시설을 이용하게 된다. 보행자 시설을 이용하는 보행자는 시설별로 그 특성을 달리하며, 시설별 보행자 특성과 용량 및 서비스 수준은 보행 통행체계의 운영 및 설계에 중요한 요소가 된다. 분석을 위한 보행자 시설의 유형은 다음과 같다.

① **보행자도로** : 지하철 역내의 보행자전용도로, 보도, 쇼핑몰, 터미널 내에서 자동차의 통행이 배제된 상태에서 보행자 등 저속교통 수단이 전용으로 이용할 수 있는 도로 시설로 주택지나 상업지의 폭이 좁은 소규모 도로에서는 보행과 자동차 등이 혼용되는 도로가 있을 수 있다.
② **계단** : 계단은 입체횡단시설로서, 지하도, 육교, 주요 터미널의 접근 시설 등과 같은 보행자의 통행을 위한 공간이다.
③ **대기공간** : 횡단보도에서의 대기공간이나 지하철 역사, 대합실, 매표소, 엘리베이터 내 등과 같이 보행자가 밀집하여 대기하고 있는 공간이다.
④ **횡단보도** : 보행자의 차도부 횡단을 위한 도로 구간을 말한다.

2. 정의

① **보행교통류율** : 대상지역의 보행교통량을 단위시간(1분) 동안 단위길이(1m)를 통과한 보행자의 수로 환산한 것으로 단위는 인/분/m
② **보행점유공간** : 보행자 1인이 이용 가능한 공간의 크기를 의미하며 단위는 m²/인

② 일반도로 · 보도의 시설기준

도로의 종류		교통량(대/일)	하도	보도폭(m)		
				A	B	C
4종	1급	10,000 이상	19	3.0	2.25	1.5
	2급	4,000~10,000	18	3.0	1.50	
	3급	500~4,000	15	1.5	1.0	0.75

③ 횡단시설

1. 횡단보도

① 횡단보도 설치기준
  ㉠ 연간 보행사고 5건 이상
  ㉡ 피크 시 보행량 1,000인/시
  ㉢ 피크 시 차량 교통량 1,200대/시
  ㉣ 주요 통학로 및 시장 · 상가 지역

② 최소녹색시간(Minimum Green Time)
③ 최소 보행녹색시간(초)$= w/s$ $w =$도로폭 남자 : 1.35m/초
  $s =$보행속도 여자 : 1.27m/초

④ 교통섬
  ㉠ 6차선 이상의 도로
  ㉡ 상가나 시장 지역으로 보행자의 통행이 과다한 지역

2. 육교 및 지하도

① 6,000명 이상이 통행하는 횡단도로, 최소한 유효 폭원 2~3m를 확보한 나머지 부분에 설치
② 계단 경사는 1 : 17 정도의 램프를 병행하여 설치함이 바람직함

3. 보도의 폭

① 보행자가 안전하고 원활한 통행을 확보하기 위하여 충분한 폭을 가질 것
② 특히 도시지역의 도로에서는 도시시설이므로 필요한 폭, 즉 노상시설대의 폭, 가로의 미관, 도로 주변 환경과의 조화, 도로 주변 서비스 등을 도모하기 위하여 필요한 폭을 가질 것

③ 보행자가 일반적으로 여유를 가지고 엇갈려 지나갈 수 있는 1.5m(보행자 1인의 점유폭 0.75×2)

④ 보행자 수와 보도폭의 관계는 보행자 수를 P(인/h), 보도폭을 W(n), 보행자 속도를 V(m/sec), 보행자 밀도를 Dp(인/m²)로 하면 다음과 같다.

$$P = 3,600 Dp V \cdot W(\text{인/h})$$

⑤ 방해를 받지 않는 보행자군 속도 V는 일본에서 역사시설 등에서의 실측결과의 의하면 보행자군 밀도 $Dp=0.7\sim1.6$인/m²일 때 1.0m/sec 정도가 되고 $Dp=0.7$인/m², $V=1.0$m/sec를 적용하면 보행자 수는 다음과 같다.

$$P = 2,500 W(\text{인/h})$$

4 서비스 수준

1. 보행자도로

보행자도로의 효과척도로는 보행교통류율과 보행점유공간이 쓰이며, 다음 표는 보행자 서비스 수준을 나타낸다.

[보행자 서비스 수준]

서비스 수준	보행교통류율 (인/분/m)	점유공간(m²/인)	밀도(인/m²)	속도(m/분)
A	≤ 20	≥ 3.3	≤ 0.3	≥ 75
B	≤ 32	≥ 2.0	≤ 0.5	≥ 72
C	≤ 46	≥ 1.4	≤ 0.7	≥ 69
D	≤ 70	≥ 0.9	≤ 1.1	≥ 62
E	≤ 106	≥ 0.38	≤ 2.6	≥ 40
F	-	< 0.38	> 2.6	< 40

보행교통류의 교통량-속도-밀도-보행자점유공간의 관계를 통해 얻어진 보행교통류율-속도 관계를 그래프로 표시했을 때 기울기의 변화가 두드러진 점을 기준으로 표와 같이 서비스 수준 A-E까지 구분하였고 서비스 수준 E값을 벗어나면 서비스 수준 F로 판정한다. 보행자도로의 서비스 수준은 단순히 제공되는 보행공간의 크기만 비교하여 결정하는 것이 아니라 보행자의 안전성, 편리성, 쾌적성을 고려하여야 한다.

2. 계단

계단에서의 서비스 수준 기준값은 보행자가 군(Platoon)을 이루었을 경우와 이루지 않았을 경우로 나누어 제시된다. 보행자가 군을 이루어 통행할 경우의 용량값은 74인/분/m으로 보행자 군 형성 시가 그렇지 않은 경우에 비해 높다.

먼저, 보행자가 군(Platoon)을 이루지 않았을 때의 서비스 수준은 다음 표와 같다.

[비보행군일 때의 서비스 수준]

서비스 수준	보행교통류율(인/분/m)
A	≤ 18
B	≤ 20
C	≤ 25
D	≤ 32
E	≤ 52
F	−

[보행군일 때의 서비스 수준]

서비스 수준	보행교통류율(인/분/m)
A	≤ 43
B	≤ 50
C	≤ 65
D	≤ 69
E	≤ 74
F	−

3. 대기공간

대기공간에서의 서비스 수준을 판정하기 전에, 먼저 한국인의 표준체형을 근거로 하여 한 사람당 차지하는 점유공간을 산정한다. 한 사람이 차지하는 점유공간은 어깨폭과 가슴폭을 곱한 면적으로 한다.

[대기공간에서의 서비스 수준]

서비스 수준	점유공간(m²/인)	밀도(인/m²)
A	≥ 1.0	≤ 1.1
B	≥ 0.8	≤ 1.6
C	≥ 0.6	≤ 2.0
D	≥ 0.4	≤ 2.5
E	≥ 0.2	≤ 5.0
F	< 0.2	> 5.0

4. 신호횡단보도

신호횡단보도에서의 서비스 수준은 보행자가 횡단보도를 횡단하기 위해서 대기하는 평균 보행자지체 및 보행자가 횡단보도를 횡단하는 점유공간의 크기에 의해서 결정된다. 다음 표는 신호횡단보도에서의 평균보행자지체의 서비스 수준 기준값이다.

[신호횡단보도 서비스 수준]

서비스 수준	평균보행자지체(sec/인)
A	< 15
B	≤ 30
C	≤ 45
D	≤ 60
E	≤ 90
F	> 90

5. 분석과정

분석과정은 운영상태 분석과 계획 및 설계 분석으로 구분된다. 보행자 시설의 운영상태 분석은 기존도로 운영상태 또는 장래에 계획·설계·운영될 보행자도로의 서비스 수준을 분석하는 데 이용된다. 보행자 시설의 계획 및 설계분석은 주로 적절한 서비스 수준을 제공하는 보행자 시설의 제원을 결정하기 위한 것이다.

47 보행자신호기 설치장소

1 개요

① 보행자를 보호하기 위한 시설은 보행자 횡단이 많은 교차로에서 주로 일어나므로 안전하게 횡단할 수 있도록 보행자에 대한 시설이 필요하다.

② 보행자 시설은 보행자 수와 차량교통량, 횡단차선수 등이 영향을 미친다.

③ 보행자 신호는 장애인(시각, 청각, 신체)에 대한 배려가 고려될 수 있는 여러 형태의 신호등 설치가 반드시 포함되어야 한다.

2 기준

① 횡단보도 보행신호등 설치기준

  ㉠ 연간 보행사고 5건 이상

  ㉡ 피크 시 보행교통량이 시간당 1,000인

  ㉢ 피크 시 차량교통량이 시간당 1,200대

  ㉣ 주요 통학로 및 시장, 상가 지역

② 보행신호등의 최소 청색신호시간

  ㉠ 횡단할 도로의 폭(w)은 보행속도(s)에 의해 결정된다.

  ㉡ 최소보행 청신호시간(초) $= \dfrac{w}{s}$

  여기서, w : 도로의 폭(m)
  s : 보행자 속도(m/초)

③ 통학로

학교 앞 300m 이내에 있는 횡단보도에서 통학시간에 차량통행 교통량이 900대 이상(양방향)인 경우에 신호기를 설치한다.

  ㉠ 차량용 신호기만 있으나 잘 보이지 않아 보행자가 도로를 횡단하는 데 사용할 수 없을 때 보행자 신호기를 설치한다.

  ㉡ 차도의 폭이 16m 이상인 교차로 또는 횡단보도에서 차량신호가 변하더라도 보행자가 차도 내에 남을 때가 많을 경우 보행자신호기를 설치한다.

③ 보행자 작동 신호기 설치기준

① 보행자 작동 신호기는 교통감응 신호기와 함께 사용한다.
② 다음 조건을 만족하면 보행자 작동 신호기를 설치한다.
  ㉠ 교통감응 신호기는 설치되어 있고 보행자의 수가 적어 보행자 신호기의 필요성은 없으나 보행자가 도로를 횡단하기 위해서 장시간 대기해야 할 경우
  ㉡ 차량용 신호기가 설치되어 있으나 녹색시간 동안 보행자가 도로를 횡단하기에는 시간이 부족할 때

④ 결론

① OECD 국가 중에 우리나라의 사고율이 부끄럽게도 상위 수준에 있다. 사고는 도로 여건, 기상, 보행자, 운전자 등에 의해서 발생하지만 미리 예방할 수 있는 위험성 부분을 처리하면 크게 줄일 수가 있다.
② 따라서, 운전자, 이용자, 도로관리자 모두가 합심하여 교통법규와 신호를 지키고 따라야 할 것이다.
③ 아무리 보행자시설이 잘 되어 있어도 이용하는 사람들이 지키지 않고 소홀히 하면 시설이 없는 것이나 마찬가지이므로 무엇보다 이용자와 운전자들의 이용 수준이 향상되어야 할 것이다.

48 보행자신호기 및 자전거신호기 설치기준

① 보행자신호기 설치기준

보행자신호기는 차량신호기와 함께 설치하는 것이 원칙이며, 보행자의 도로횡단이 필요한 곳에 설치해야 한다. 보행자 수가 적거나 일정시간대에만 보행자가 횡단할 경우에는 보행자작동신호기를 설치할 수 있다. 보행자신호기 설치 시 또는 설치된 지점에 시각장애인용 음향신호기 및 보행등잔여시간표시장치 등을 설치할 수 있다.

① 보행자신호기는 차량신호기와 함께 설치함을 원칙으로 하고 다음의 조건을 만족할 때 설치한다.
  ㉠ 차량신호기가 설치된 교차로의 횡단보도로서 1일 중 횡단보도의 통행량이 가장 많은 1시간 동안의 횡단보행자가 150명을 넘는 곳
  ㉡ 번화가의 교차로, 역전 등의 횡단보도로서 보행자의 통행이 빈번한 곳

ⓒ 차량신호등이 있는 횡단보도

ⓔ 어린이보호구역 내 초등학교 또는 유치원의 주출입구와 가장 가까운 거리에 위치한 횡단보도

② 보행등 점멸기준

ⓐ 보행등의 점멸속도는 분당 50~60회로 한다.

ⓑ 보행등 점멸시간 중 보행등이 등화되어 있는 시간은 1/2~2/3가 되어야 한다.

2 자전거신호기 설치기준

자전거 이용이 활성화되는 현시점에서 자전거 이용을 보다 더 촉진함은 물론 자전거 이용자들의 안전을 도모하기 위하여 자전거 신호등의 설치는 필수다.

① 자전거신호기는 자전거전용도로에 설치되는 종형 3색등과 횡단보도에 설치하는 종형 2색등으로 구분하여 설치한다.

② 자전거신호기의 규격은 20mm 규격을 기본으로 하되, 횡단거리가 긴 횡단보도에 설치될 경우 및 자전거 이용자의 시인성을 고려하여 필요하다고 판단될 경우에는 30mm 규격을 사용하여 자전거 이용자의 시인성 향상 및 비용절감 효과를 제고한다.

③ 종형 2색등 설치기준

ⓐ 자전거 횡단도에 설치한다.

ⓑ 자전거 횡단이 필요하다고 인정되는 지점에 자전거 횡단도와 함께 설치한다.

ⓒ 자전거 도로에서 교통소통 및 교통안전상 종형 3색등 설치가 어려울 경우 인접 횡단보도에 자전거 횡단도와 함께 설치한다.

④ 종형 3색등 설치기준 : 자전거 도로에 설치한다.

⑤ 자전거 이용자는 자전거신호등이 설치되지 않은 장소에서는 차량신호등의 지시에 따른다.

⑥ 자전거 횡단도에 자전거신호등이 설치되지 않은 경우, 자전거는 보행신호등의 지시에 따른다. 이 경우 보행신호등면의 보행자는 자전거로 본다.

49 보행자 서비스 수준

1 개요

① 보행자의 서비스 수준은 보행의 안전성, 쾌적성, 편리성 등에 관한 보행자의 욕구가 어느 정도 충족되고 있는가를 평가하기 위한 지표가 된다.

② 보행교통이 대상지역과 목적에 따라 여러 가지 특성으로 나타나기 때문에 어느 일정한 기준의 획일적인 적용이 곤란하다.

③ 보행자의 욕구(Needs)의 차이와 목적에 따른 특성의 차이를 감안할 때 서비스 수준을 최소한 목적별로 구분하여 설정할 필요가 있다.

2 출퇴근보행의 서비스 수준

서비스 수준 평가항목	자유보행	A	B	C	D	E	F
밀도(인/m²)		~0.3	0.3~0.6	0.6~0.9	0.9~1.2	1.2~1.5	1.5~
평균통류량		~27	27~51	51~71	71~87	87~100	100~
(인/m·분)							$f_{max}=118$
평균주행속도(m/s)	1.54	1.65	1.61	1.55	1.48	1.05	~0.94
속도분포의 범위(m/s)	1.0~1.9	1.3~2.0	1.1~2.1	1.1~2.0	1.2~1.8	0.8~1.3	0.3~1.2
속도의 표준편차(m/s)	0.184	0.151	0.154	0.140	0.091	0.104	1.117~0.189
보행행동의 자유도							
역행			조금	조금	곤란	거의	불가능
추월	자유	자유	제약	곤란		불가능	
횡단			일부 보행자	드물게	약간	발생	발생
신체적 접촉	없음	없음	속도조정	발생	발생		

주) 길강소웅, 보행자교통의 보행공간, 교통공영, 13, 5, 소화 53년

3 결론

① 보행자를 위한 시설물을 계획·설계 시에 서비스 수준에 따라 규격이 달라지게 된다. 보행자 수준이 높을 경우 서비스 수준이 올라가고 낮을 경우는 내려가게 된다.

② 이는 국민의 삶의 질이 향상되고 인명을 중시하는 차원에서 보행자의 서비스 수준을 향상시켜 보행의 안전성과 쾌적성·편리성 등의 보행자의 욕구를 만족시켜야 한다.

50 Fruin의 서비스 수준

1 개요

① Fruin은 보행공간모듈(m^2)과 유동계수(인/m−분)의 척도를 사용하여 서비스 수준을 6단계로 구분하였다.

② Fruin의 서비스 수준은 보행자에 대한 것으로 보행속도, 통행자유도 등 보행상태의 질적인 것을 설명하고 기준을 정한 것이다.

③ 서비스 수준은 해당 보행 특성을 A−F까지 6등급으로 나누며 등급에 따라 보행공간모듈과 유동계수가 달라진다.

2 Fruin의 서비스 수준

서비스 수준	보행공간모듈	유동계수	상태
A	3.5m^2/인 이상	20인/m−분 이하	보행속도를 자유롭게 선택할 수 있는 충분한 보행공간 확보
B	2.5~3.5m^2/인	20~30인/m−분	정상적 보행속도를 유지하며 보행공간 통과 가능함
C	1.5~2.5m^2/인	30~45인/m−분	보행자가 각자의 보행속도를 유지하거나, 상대편을 추월할 때 약간의 제한을 받음
D	1.0~1.5m^2/인	45~60인/m−분	상대편 추월 시 충돌할 위험이 있는 상태로서 이동 시 극히 제한을 받음
E	0.5~1.0m^2/인	60~80인/m−분	모든 보행자는 보행속도를 임의대로 선택할 수 없는 상태
F	0.5m^2/인 이하	80인/m−분 이상	보행로의 허용한계점에 도달한 상태임. 모든 보행자의 보행속도는 극도의 제약을 받으며 보행공간의 마비상태임

51 Pushkarev와 Zupan의 서비스 수준

1 개요

① 보행자 서비스 수준의 지표에는 길강의 서비스 수준과 Fruin의 서비스 수준, Pushkarev와 Zupan의 서비스 수준이 있는데 이는 보행의 안전성, 쾌적성, 편리성 등에 대한 보행자의 욕구의 충족정도를 평가하기 위한 평가지표가 된다.
② 보행자의 욕구의 차이와 목적에 따라 특성 차이를 감안할 때 서비스 수준을 목적별로 구분하여 설정하게 된다.
③ Pushkarev와 Zupan은 교통류량(인/m-분)의 척도를 사용하고 있으며 이를 밀도로 환산하여 보행자 상호 간에 부딪히는 영향 등에 대한 평가지표이다.

2 서비스 수준

① Pushkarev와 Zupan은 교통류량(인/m-분)의 척도를 사용하고 있다.
② 이를 밀도로 환산하면 0.02인/m^2 이하가 자유보행상태로서 보행자 상호 간에 부딪히는 일이 거의 일어나지 않는다.
③ $0.02 \sim 0.08$인/m^2는 보행의 집단이 형성되는 단계이나 전혀 제약이 없고 타인의 영향도 받지 않는다.
④ $0.08 \sim 0.67$인/m^2는 제약적인 환경으로서 간헐적인 간섭을 받으며, $0.27 \sim 0.45$인/m^2 육체적인 제약을 느끼면서 보행속도가 제한을 받기 시작하는 단계이다.
⑤ $0.45 \sim 0.67$인/m^2는 혼잡을 느끼며 속도가 제한을 받는 단계이다.
⑥ $0.67 \sim 1.0$인/m^2는 극히 혼잡한 상태가 되고 최고밀도는 5인/m^2으로 산출되었다.

52 Puffin and Pelican

1 개요

① Puffin은 보행자의 존재 유무를 인지할 수 있는 보행 감지기, 적외선 감지기 압력매트 등을 설치하여 신호시간을 조절해 주는 시스템이다.
② Pelican은 보행횡단 신호가 있는 지역의 횡단보도로서 고정식 신호에 의해 보행자 횡단을 하는 것을 말한다.

2 Puffin

① 퍼핀(Pedestrian User Friendly Intelligent, Puffin)
② 횡단보도 내에 보행자가 인식되면 보행자 시간은 0.5m/sec로 계산되어 보행자 신호시간 연장
③ 보행자인 임산부, 어린이, 노약자에게 효율적이고 안전함
④ 보행자가 없을 경우에도 기다려야 하는 차량 운전자의 불편 제거
⑤ Puffin을 일명 감응식 횡단시설이라고도 함

3 Pelican

① 펠리칸(Pedestrian Light Controled, Pelican)
② 신호등에 의해 통제되는 횡단보도의 통칭
③ 보행자의 통행이 많은 지역에서 보행자들이 일정시간 동안 횡단신호에 의해 안전하게 횡단할 수 있음
④ 보행자의 통행우선처리를 신호등을 통해 운전자에게 직접 알려줌
⑤ Pelican을 일명 정주기식 횡단시설이라고도 함
⑥ 보행자 신호(보행자가 직접 작동하게 됨)

4 결론

① Puffin 방식은 보행 통행량이 적거나 간헐적으로 보행자가 도착하는 지점에 감응식(Puffin) 신호운영방식이 적합하다.
② Pelican 방식은 특정 시간 때에 보행 통행량이 집중되거나 일정한 보행이 발생되는 지역에서는 고정식(Pelican)을 운영함으로써 효율을 높일 수 있다.

53 길강의 서비스 수준

1 개요

① 길강은 출퇴근의 통행목적별로 서비스 수준을 설정하고 있다.
② 서비스 수준은 보행자 서비스 수준에서 출퇴근 보행의 서비스 수준 표를 이용한다.

② 출퇴근보행의 서비스 수준

서비스 수준 평가항목	자유보행	A	B	C	D	E	F
밀도(인/m²)		~0.3	0.3~0.6	0.6~0.9	0.9~1.2	1.2~1.5	1.5~
평균 통류량		~27	27~51	51~71	71~87	87~100	100~
(인/m·분)							$f_{max}=118$
평균주행속도(m/s)	1.54	1.65	1.61	1.55	1.48	1.05	~0.94
속도분포의 범위(m/s)	1.0~1.9	1.3~2.0	1.1~2.1	1.1~2.0	1.2~1.8	0.8~1.3	0.3~1.2
속도의 표준편차(m/s)	0.184	0.151	0.154	0.140	0.091	0.104	1.117~0.189
보행행동의 자유도							
역행			조금	조금	곤란	불가능	불가능
추월	자유	자유	제약	곤란			
횡단			일부 보행자	드물게	약간	발생	발생
신체적 접촉	없음	없음	속도조정	발생	발생		

주) 길강소웅, 보행자교통의 보행공간, 교통공영, 13, 5, 소화 53년

54 Pedestrian Parking

① 개요

① Pedestrian Parking이란 보행 네트워크상의 보행자 대기, 휴게공간을 의미한다.
② 보행자 휴게시설들은 벤치, 대기공간, 파골라 등을 보도 옆의 활용공간에 설치함으로써 보행환경 향상 효과가 있다.
③ 노약자, 운동 중, 운동 후의 휴식공간으로 이용하고 있다.
④ 특히 강변도로, 해변도로 등 경치가 좋은 지역의 보도 설치지역에 많이 설치되어 있다.

② 설치장소

① 차로에 인접한 도심지나 지방지역의 보도
② 강변도로, 해변도로 등 운치가 있는 지역의 보도
③ 특별히 지정된 예술 및 문화공간 지역

③ 설치시설

① 도심지 벤치, 대기공간(택시 및 버스정류장)
② 지방지역 벤치, 대기공간
③ 운치지역 벤치
④ 예술 및 문화공간 파골라, 벤치

④ 설치 시 제한사항

① 도심지의 경우는 다음 두 가지로 볼 수 있다.
　㉠ 신시가지의 경우 충분한 여유 부지 확보로 가능
　㉡ 구시가지의 경우 부지 확보 곤란

② 예술 및 문화공간에는 벤치, 파골라 설치 시 주위환경과 조화되게 설치해야 함

⑤ 결론

① 보도는 보행자의 안전하고 원활한 통행 확보를 위해 충분한 폭을 가지고 자동차로부터 독립되어야 함
② 소득수준이 높아지고 국민들의 의식수준과 문화활동이 늘어남에 따라 보행시설도 이에 맞게 상향조정되어야 함
③ 특히, 도시지역의 경우 교통량에 관계없이 필수적으로 보도의 필요성이 인정됨
④ 보도의 기능
　㉠ 보행자의 안전한 통행
　㉡ 자동차의 원활한 통행
　㉢ 도로시설로서의 연도의 서비스 향상

---

55 보행자 우선 출발신호(Leading Pedestrian Interval, LPI)

교차로에서 보행자 신호를 직진 신호보다 약 4~7초 먼저 켜지게 해서 차량 운전자가 우회전 또는 비보호 좌회전 시 횡단보도를 이미 건너고 있는 보행자가 시야에 확실하게 들어와 자연스럽게 차량을 멈추도록 유도하는 방식이다.

뉴욕에서 처음 도입된 방법으로, 뉴욕에서도 차량과 보행자의 진행 출발신호가 동시에 켜져 사고가 빈발하자, 이를 보완하고자 출발신호시간의 차이를 두어 사고 개연성을 줄일 수 있었다고 한다.

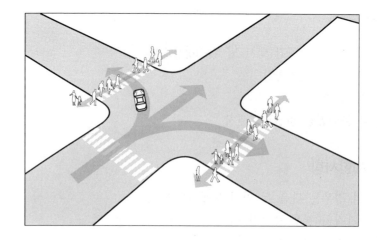

우리나라에서는 고양시가 경찰서와 협력해 고양시청 주변 교차로에 시범 적용해본 결과 비보호 좌회전하는 차량이 횡단보도를 진입하는 속도가 12.8% 감소했고, 보행자가 횡단보도상에 있을 때 차량이 횡단보도를 통과하는 건수는 66.7% 감소한 것으로 나타났다고 한다.

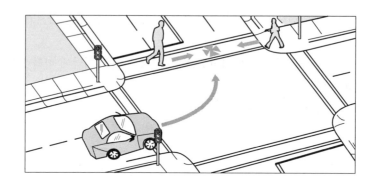

보행자 우선 출발신호(LPI) 방법은 저예산으로 보행자의 안전성을 효과적으로 높일 수 있어 미국에서는 여러 대도시에 도입 중인 사업이다.

① 교차로에서 보행자 출발신호를 차량 출발신호보다 몇 초간(4~7초) 일찍 부여함
② 보행자 출발신호가 우선되어 차량이 횡단보도 통과 시 진행 중인 보행자를 쉽게 발견함
③ 뉴욕에서 처음 도입되어 보행자-차량 간 충돌을 줄이는 효과가 입증됨
④ 저예산으로 안전성을 높이는 효과적인 방법이라 미국 대도시에서 도입 중
⑤ 우리나라에서는 고양시에서 시범적으로 시행 중인데, 횡단보도 진입 차량의 속도 감소와 보행자가 횡단보도 통과 시 차량 통과 건수가 감소하는 것으로 나타남
⑥ 보행자 중심의 교통신호운영방안임

56 횡단보도 정지선 설치기준

1 보도설치 및 관리지침

횡단보도의 위치는 보행자의 통행 흐름을 자연스럽게 유도하는 관점에서 정하여 아래의 몇 가지 원칙을 참고하여 결정한다.

① 횡단보도는 가능한 한 차도에 직각으로 설치
② 횡단보도 및 정지선의 위치는 평면교차로의 외형을 결정하는 것으로, 가능한 한 교차로 교차점에 근접하여 설치(전체 교차로의 용량 및 안전에 유리)
③ 운전자가 횡단보도를 쉽게 인지할 수 있는 위치에 설치
④ 횡단거리를 최소화할 수 있는 위치를 선정
⑤ 횡단보도는 도로 곡선부, 오르막 및 내리막 경사 구간, 터널 입구로부터 100m 이내에는 설치하지 않음
⑥ 횡단보도의 폭은 횡단 보행자 교통량, 보행자 신호시간 등을 감안하여 설정하되, 최소 4.0m 이상이 되도록 함

2 도로의 구조 · 시설에 관한 규칙 해설

① 정지선

정지선은 교차로의 좌·우회전 자동차가 주행하는 데 지장을 주지 않는 위치에 설치하되, 원칙적으로 차로 중심선에 대하여 직각으로 설치한다. 정지선의 설치 위치가 부적절하면 준수율이 낮아질 뿐만 아니라 교통사고 발생의 원인이 되므로 설치 시에는 교통 여건을 충분히 검토한 후 정지선의 위치를 결정할 필요가 있다. 횡단보도가 없고 신호로 제어되는 교차로의 경우 교차로 내에서 좌·우회전하는 자동차의 진행을 방해하지 않는 범위 내에서 가능한 한 전방으로 정지선을 전지시켜 교차유역을 축소할 필요가 있다. 이때 정지선의 위치는 설계기준 자동차의 주행궤적에 따라 정해진다.

② 횡단보도

횡단보도의 위치는 교차로의 상황, 자동차 및 보행자의 교통량 등을 종합적으로 고려하여 차로 횡단거리가 가능한 한 짧고 교차로 면적도 좁아지도록 정해야 한다. 교차로에서 횡단보도의 위치결정에 대해서는 고려해야 할 요소가 매우 많다. 즉, 교차로의 형태, 교차로의 폭과 교차각, 보도의 유무와 폭, 우각절단부의 유무와 그 크기 등을 모두 고려해야 하므로 위치결정 방법을 일률적으로 정한다는 것은 곤란하다.

3 교통노면표시 설치 · 관리 매뉴얼

① 정시선

㉠ 신호기 설치 유무와 관계없이 자동차가 정지하여야 할 필요가 있는 지점에 설치한다.

㉡ 백색실선을 해당 지점으로부터 2~5m 전방에 설치한다.

㉢ 폭원은 30~60cm로 한다.

㉣ 설치규격은 「도로교통법 시행규칙」 별표 6 및 표준도에 따라야 한다.

② 횡단보도

㉠ 보행자의 통행이 빈번하여 횡단보도를 설치할 필요가 있는 포장도로에 설치한다.

㉡ 백색으로 노면의 전폭을 가로질러 표시하는 지브라식으로 설치한다. 폭원은 4m 이상으로 하되 부득이한 경우 다소 줄일 수 있다.

㉢ 설치규격은 「도로교통법 시행규칙」 별표 6 및 표준도에 따라야 한다.

㉣ 신호기가 있는 단일로 횡단보도는 정지선을 횡단보도에서 최대 5m를 넘지 않는 범위에서 조정한다.

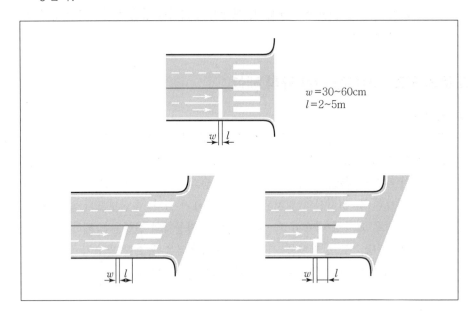

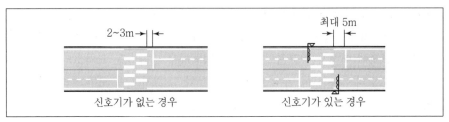

$D_2 = 6m, 8m$ 등
$L_1 = s = 45 \sim 50cm$
$L_2 = 1.5L_1$
$L_3 = 90 \sim 100cm$

57 좌회전차로 설계

1 개요

① 평면교차로에서는 차량의 통행을 안전하고 효율적으로 처리하기 위해서는 좌회전차로, 우회전차로, 가·감속 차로를 설치한다.

② 좌회전차로는 좌회전 차량이 많을 경우 직진 차로와는 독립적으로 설치해야 하며, 좌회전차로에 들어가기 위한 충분한 시간적 여유를 확보해 주어야 한다.

③ 좌회전 포켓이란 교차로에서 양방향 직진차량이 직진주행에 지장을 초래하지 않고 원활한 주행을 위해 설치해야 한다.

④ 설치방법으로는 직진차로를 벗어나 별도의 좌회전 공간을 확보하는 개념이다.

2 좌회전차로의 효과

① 좌회전 교통류의 감속을 원만히 수행

② 좌회전 차량 대기공간 확보 → 교통신호운영의 적정화 도모

③ 타 교통류의 분리 → 좌회전 교통류의 영향을 교차로 내에서 최소화

3 설계방법

좌회전차로의 설계 요소는 차로 폭, 유출 테이퍼(접근로 테이퍼 및 차로 테이퍼), 좌회전차로 등으로 구성되며, 그 세부사항은 다음과 같다.

① 차로폭

평면교차로에서 안전한 주행을 확보하기 위해서는 모든 차로폭을 단로부와 동일하게 하여야
하나 도시지역 등 용지에 제약이 있는 경우는 차로폭을 일반 구간보다 좁게 설치할 수 있다.
직진 차로폭이 용지 등의 제약이 심한 경우는 그 폭을 3.00m까지 좁게 할 수도 있다. 좌회전차
로의 폭은 3.00m 이상이 표준이지만 대형자동차의 구성비가 작고, 용지 등의 제약이 심한
기존 평면교차로의 개량인 경우에는 2.75m까지 좁힐 수 있다.

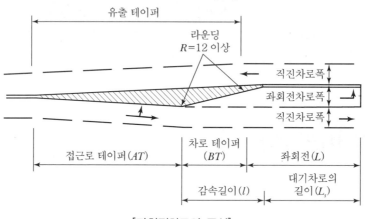

[좌회전차로의 구성]

② 접근로 테이퍼(Approach Taper)

[접근로 테이퍼 최소 설치기준]

설계속도(km/h)		80	70	60	50	40	30
테이퍼	기준값	1/55	1/50	1/40	1/35	1/30	1/20
	최솟값	1/25	1/20	1/20	1/15	1/10	1/8

③ 차로 테이퍼(Bay Taper)

차로 테이퍼는 포장면에 차선 도색으로 표현되는 구간으로, 그 최소 비율은 설계속도 50km/h
이하에서는 1 : 8, 설계속도 60km/h 이상에서는 1 : 15로 한다. 다만, 시가지 등에서 용지
폭의 제약이 심한 경우 등에는 그 값을 1 : 4까지 축소할 수 있다.

④ 좌회전차로의 길이

$$L_d = l - BT$$

여기서, L_d : 좌회전차로의 감속을 위한 길이(m)

　　　　l : 감속길이(m), BT : 차로테이퍼 길이(m)

이때, 감속길이 $L = \dfrac{1}{2a} \cdot (V/3.6)^2$으로 계산된다.

여기서 V는 설계속도(km/h), a는 감속을 위한 가속도 값으로 $a = 2.0\text{m/sec}^2$ 정도를 기준으로 설계하는 것이 바람직하다. 그러나 시가지 지역 등에서는 운전자가 좌회전차로를 인지하기가 용이하며 용지 등의 제약이 있으므로 이 경우는 $a = 3.0\text{m/sec}^2$와 설계속도 15km/h 감속을 적용하는 것이 가능하다.

[감속길이]

설계속도(km/h)		80	70	60	50	40	30	비 고
감속길이 (m)	기준치	125	95	70	50	30	20	$a = 2.0\text{m/sec}^2$
	최소치	80	65	45	35	20	15	$a = 3.0\text{m/sec}^2$ $V - 15$(설계속도 15km/h 감속)

좌회전차로의 대기 자동차를 위한 길이는 비신호교차로의 경우 첨두시간 평균 1분간에 도착하는 좌회전차로의 대기 자동차를 기초로 하며, 그 값이 1대 미만의 경우에도 최소 2대의 자동차가 대기할 공간은 확보되어야 한다.

신호교차로의 경우 자동차 길이는 대부분 정확한 대형자동차 혼입률 산정이 곤란할 때 그 값을 7.0m(대형자동차 혼입률 15%로 가정)하여 계산하되, 화물차 진·출입이 많은 지역에서는 그 비율을 산정하여 승용차는 6.0m, 화물차는 12m로 하여 길이를 산정한다.

$$L_s = \alpha \times N \times S$$

여기서, L_s : 좌회전 대기차로의 길이

　　　　α : 길이 계수(신호교차로 : 1.5, 비신호교차로 : 2.0)

　　　　N : 좌회전 자동차의 수(신호교차로 1주기당, 비신호교차로 1분당)

　　　　S : 대기하는 자동차의 길이

따라서, 좌회전차로의 최소 길이(L)는 대기를 위한 길이(L_s)와 감속을 위한 길이(L_d)의 합으로 구한다. 이와 같이 산출된 좌회전차로의 길이는 최소한 신호 1주기당 또는 비신호 1분간 도착하는 좌회전 자동차 수에 두 배를 한 값보다 길어야 하며 짧을 경우 후자의 값을 사용한다.

$$L = L_s + L_d = (1.5 \times N \times S) + (l - BT) \quad (\text{단, } L \geq 2.0 \times N \times S)$$

4 결론

① 도시지역의 편도 2차로 도로의 경우에는 여유 폭이 충분할 경우는 설치함이 바람직하고 다차로의 경우에도 직진차량과 상충이 발생하여 교통용량이 줄어들고 교통사고 위험이 발생할 소지가 크므로 설치함이 타당하다.

② 도시지역에 신호등이 연동화되어 직진과 좌회전이 동시에 이루어지는 경우에는 설치하지 않아도 무방하다.

③ 지방지역의 경우에는 편도 2차로와 편도 1차로 도로가 주종을 이루고 있다. 지방부의 경우는 통행속도가 도시지역보다 높아 좌회전차로가 없을 경우 대형교통사고가 우려되므로 반드시 설치해야 한다.

④ 좌회전차로 폭원이 부족한 경우에는 2.75~3.0m까지 축소하여 설치해도 무방하다.

⑤ 보도가 있는 경우에는 측대와 길어깨를 축소하여 설치할 수도 있다.

58 좌회전 종류와 방법

1 개요

① 좌회전에는 크게 비보호좌회전과 보호좌회전 두 가지가 있다.

② 좌회전 처리가 되지 않으면 다른 방법의 유턴이나 다음 교차로에서 접근방식이 되어지므로 접근거리가 멀어지게 된다.

③ 따라서 좌회전으로 인한 교통처리에 큰 문제가 발생하지 않는 구간에 좌회전이 설치된다.

2 보호좌회전(Protected Left Turn)

① 전반적으로 교통량이 증가하여 좌회전 교통량이 많으면 보호좌회전 통제방식 사용

② 주기가 길어져 다른 차량이나 보행자의 지체가 증가

③ 우리나라에서 사용되는 가장 일반적인 보호좌회전 : 전용 좌회전 현시와 직진 현시를 연속시키는 방법

④ 선행 좌회전(Lead Left) : 직좌동시 → 직진

후행 좌회전(Lag Left) : 직진 → 직좌동시

③ 장단점

구분	장점	단점
선행 좌 회 전	• 비보호좌회전에 비해 좌회전 전용차로가 없는 좁은 도로의 용량 증대 • 좌회전을 먼저 처리하므로 대향직진과 좌회전의 상충 감소 • 후행 좌회전에 비해 운전자의 반응이 빠름 • 신호시간 조정이 용이	• 선행 녹색이 끝날 때 좌회전의 진행연장이 대향직진의 출발 방해 • 선행 녹색이 시작될 때 대향직진이 잘못 알고 출발할 우려 • 선행 녹색이 끝날 때 출발을 시작하는 보행자와의 상충 우려 • 연속진행 연동신호에 맞추기 곤란
후 행 좌 회 전	• 양방향 직진이 동시에 출발 • 후행 녹색이 시작될 때 보행자 횡단은 거의 끝난 상태이므로 보행자와의 상충 감소 • 연동신호에서 직진차량군의 후미 부분만을 절단	• 후행 녹색신호 시작될 때 대향좌회전도 좌회전할 우려 • 전용 좌회전차로가 없을 때 후행 녹색 이전에 좌회전 대기차량이 직진 방해 • 고정시간신호, T형 교차로의 교통감응신호에 사용하면 위험 • 후행 좌회전 시작 때 횡단을 완료하지 못한 보행자와의 상충 우려

59 비보호좌회전 결정방법

1. 비보호좌회전

교차로에서 현시체계 결정문제는 결국 회전교통량 처리로 귀착하게 된다. 이는 좌회전 교통류를 어떻게 처리하느냐에 따라 교차로 시스템의 효율성이 결정되기 때문이다. 비보호 좌회전으로 운영된다면 현시체계를 단순화할 수 있고, 주기가 짧아지고, 총손실시간이 감소해 전체적으로 지체가 줄어든다. 다만, 좌회전 및 대향직진교통량이 증가함에 따라서 좌회전 차량이 적절하게 회전할 수 있는 간격이 줄어들면 전용 좌회전 현시의 제공이 필요하게 된다.

2. 보호좌회전과 비보호좌회전 결정방법

좌회전 교통류를 보호로 처리할 것인가 또는 비보호로 처리할 것인가에 대한 판단은 보통 좌회전하는 교통량과 대향해서 오는 직진교통량을 고려하여 결정한다.

추가적으로 대향차량의 접근속도 및 시거, 좌회전하는 차로수, 좌회전하는 차량과 보행자와의 상충정도, 그리고 과거의 교통사고 경험 등도 고려된다.

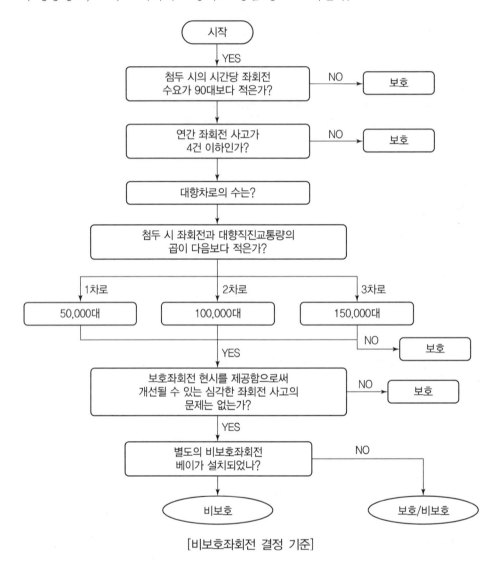

[비보호좌회전 결정 기준]

3. 보호좌회전 기준

비록 교통량 상황은 비보호로 운영하는 것이 바람직하나 도로의 기하구조가 비보호로 운영할 때 교통사고 등의 위험을 고려하여, 다음 조건 중 어떤 하나라도 충족할 때 보호좌회전으로 운영하여야 한다.

① 대향직진차로수가 4차로 이상인 경우

② 최고제한속도가 70km/h 이상이고 대향차로수가 3차로 이상인 경우

③ 대향방향의 시거가 100m 이내인 경우

④ 좌회전 전용차로가 2개 이상인 경우

⑤ 좌회전 교통사고가 연간 4건 이상인 경우

⑥ 좌회전 교통량이 시간당 90대가 넘고, 대향 직진교통량과의 곱이 다음에서 제시한 값보다 큰 경우

[보호좌회전 결정 기준]

대향직진차로수	대향직진교통량×좌회전 교통량
1차로	50,000대
2차로	100,000대
3차로	150,000대

주) 교통신호기 설치 · 관리 매뉴얼, 경찰청

60 비보호좌회전의 효과 및 문제점

1 개요

① 비보호좌회전은 해당 교차로부에 교통량이 보호좌회전을 설치하지 않아도 될 정도로 교통흐름이 원활한 경우 설치함

② 비보호좌회전은 좌회전 신호가 별도 표기되지 않으므로 눈치껏 이용해야 하는 신호체계임

2 비보호좌회전

직진신호에서 좌회전이 허용되는 경우로서 교통량이 적은 교차로에서 사용되는 방법이다.

3 효과

두 도로가 만나는 교차로인 경우 2현시로 운영되기 때문에 주기가 짧고 지체가 적어 효과적이다.

4 문제점

좌회전 교통량을 위한 별도의 차선이 없을 경우 직진교통량의 용량을 저하시켜 교차로 소통상태를 악화시킬 우려가 있다.

5 대책

좌회전 전용차선을 설치하거나 직진신호를 길게 하는 방법(대향 직진신호도 증가하여 대향 교통의 차량 간격이 커지므로 이때를 이용하여 비보호좌회전), 좌회전을 금지하는 방법 등이 있다.

6 결론

① 비보호좌회전은 교통량이 적은 지역에 사용되므로 신호에 의한 지체가 예상되는 지역에 설치한다.
② 교통량이 적어도 도로기하구조가 불량한 지역은 신호좌회전이 설치되어야 한다.
③ 최근 들어 교통 관련 기관에서 비보호좌회전을 많이 설치하여 연료비 절감과 효율적인 교통처리를 위해 전국적으로 많이 확대 시행할 계획이다.

61 충격파 이론(Shock-Wave Theory)

1 개요

① 충격파(Shock-Wave)란 밀도와 교통량의 전파운동을 말하며, 교통류를 유체와 같은 것으로 보고 수리 · 물리학적 원리를 적용시킨 것이다.
② 서로 다른 2개의 교통흐름이 존재하는 경우 교통흐름 간에 나타나는 일종의 경계선이 충격파이다.
③ 예를 들어 도로상에서 병목현상이 발생하는 경우 차량들은 이 병목지점을 통과하기 위해서 속도를 줄여야 한다.
④ 만약, 교통량과 밀도가 점점 커지면 속도를 줄이기 시작하는 지점은 상류부로 이동된다. 이와 같이 제동 등이 켜지는 지점의 이동이 충격파의 이동을 의미한다.

② 충격파 속도

1. 속도 표현

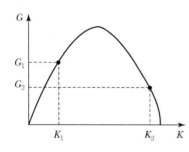

- G~K 곡선에서 두 점(교통류 상태)의 기울기
- 충격파 속도(Uh) = $\dfrac{G_2 - G_1}{K_2 - K_1}$
- ⊕이면 하류부 전파상태
- ⊖이면 상류부 전파상태
- '0'이면 정지상태

2. 교통량 – 밀도를 이용한 충격파 속도

① D.L. Gerlough와 M.J. Huber는 Pipes의 연구를 기초로 하여 충격파를 해석하였다.

② 다음 그림과 같이 밀도(K_1, K_2)가 현저히 다른 두 교통류는 서로의 속도 차이 때문에 u_w라는 속도로 움직이는 수직선 S로 경계지어진다.

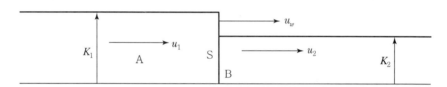

여기서, u_1 : A영역에 있는 차량 공간평균속도

u_2 : B영역에 있는 차량 공간평균속도

$U_{r1} = (u_1 - u_w)$: A영역에 있는 차량의 S선에 대한 상대속도

$U_{r2} = (u_2 - u_w)$: B영역에 있는 차량의 S선에 대한 상대속도

③ **충격파 속도** : 시간 t 동안에 S선을 넘는 차량대수 N의 관계식

$$N = U_{r1} \cdot K_1 \cdot t = U_{r2} \cdot K_2 \cdot t$$
$$= (u_1 - u_w) \cdot K_1 = (u_2 - u_w) \cdot K_2$$
$$\therefore u_w = \frac{q_2 - q_1}{K_2 - K_1} \quad \cdots\cdots\cdots\cdots\cdots\cdots\cdots\cdots\cdots\cdots 식 1$$

④ 만약 두 교통류의 교통량과 밀도의 사이가 아수 작다면 식은 다음과 같이 된다.

$$u_w = \frac{\Delta q}{\Delta k} = \frac{d_q}{d_k}$$

⑤ 여기서, u_w값이 +면 하류방향으로, −값이면 상류방향으로 움직임

3. 밀도의 함수에 의한 충격파의 속도

① Greenshields 모형을 이용하여 충격파를 밀도의 함수로 나타냄

$$u_i = u_f\left(1 - \frac{K_i}{K_j}\right)$$ 에서 $\frac{K_i}{K_j} = \eta_i$ 라 하면

$$u_1 = u_f(1 - \eta_1), \ u_2 = u_f(1 - \eta_2)$$
$$q_1 = u_1 K_1, \ q_2 = u_2 K_2$$

② 위 4개의 식을 식 1에 대입하여 정리하면

$$\therefore \ u_w = u_f[1 - (\eta_1 + \eta_2)]$$

③ 밀도가 거의 같은 경우 : 불연속파

η_1과 η_2가 거의 동일하고, $\eta_1 = \eta$, $\eta_2 = \eta + \eta_0$ 라면

$$u_w = u_f[1 - (2\eta + \eta_0)] = u_f(1 - 2\eta)$$

④ 정지에 의한 충격파

㉠ 정지한 교통류의 밀도

$\eta_2 = 1$ 이므로 $u_w = u_f[1 - (\eta_1 + 1)] = -u_f \eta_1$

㉡ 정지충격파 $u_f \eta_1$의 크기로 상류부 쪽으로 이동한다.

㉢ 정지차량길이 : 신호등이 적색으로 바뀐 후 t초 후에 정지차량의 길이는 $u_f \cdot \eta_1 \cdot t$

㉣ 정지차량대수 : 대기길이 × K_j

⑤ 출발에 의한 충격파

㉠ 정지한 교통류의 밀도, 즉 $\eta_1 = 1$ 이며 충격파는 차량이 출발하는 즉시 형성됨

$\eta_1 = 1$ 이므로 $u_w = u_f[1 - (1 + \eta_2)] = -u_f \eta_2$

㉡ 여기서, $t = 0$일 때 x_0에 있는 신호등이 녹색으로 바뀌면 $u_1 = 0$이 u_2의 속도로 진행

$$u_2 = u_f(1 - \eta_2)$$ 에서 → $\eta_2 = \left(1 - \frac{u_2}{u_f}\right)$

위의 식에 대입

$$u_w = -u_f\left(1 - \frac{u_2}{u_f}\right) = -(u_f - u_2)$$

㉢ 만약, $u_2 = \frac{u_f}{2}$ 로 차량을 출발시키면 충격파의 속도는 상류부 쪽으로 $\frac{u_f}{2}$ 임

③ 충격파의 응용범위

① 신호교차로의 대기행렬 분포
② 병목지점의 대기행렬 분포
③ 사고지점 대기행렬 및 해소시간
④ 램프 접속에 따른 차량대기현상
⑤ 위빙(Weaving)에 따른 지체현상
⑥ 미터링(Metering) 실시를 위한 대기차량의 최대치 산정 및 해제
⑦ 2차로 도로의 저속차량에 의한 영향
⑧ 주차장 유·출입부의 대기행렬 분포

④ 결론

① 충격파는 밀도와 교통량의 전파운동으로 도로상에서 병목현상이 발생하는 경우 차량들이 이 병목지점을 통과하기 위해서는 속도를 줄여야 진행이 가능함
② 도로계획 시 이러한 충격파가 적게 발생되게 하기 위해 충분한 조사와 계획이 필요함

62 추종이론

① 개요

추종이론은 1방향 1차로일 때 교통류의 형태를 이해하기 위한 방법으로서 뒤차량이 앞차량을 따른다고 가정하고 이들 차량은 한 쌍의 형체로부터 교통류 전체의 형태를 추론하기 위한 것이다.

② 추종이론(Car – Following Theory)

① 뒤따르는 차량이 물리적 또는 인위적인 요인 때문에 정지와 출발을 하게 되고 이로 인하여 발생하는 자극과 반응 관계
② 미시적인 교통류 분석방법으로 앞뒤 차량의 주행 특성으로부터 전체 교통류의 특징을 파악
③ 자극 반응관계는 뒤차량의 운전자는 시간 t일 때의 자극 크기에 비례하여 가속 혹은 감속 반응시간이 T만한 지체시간을 갖는다.

$$반응(t + T) = 민감도 \times 자극(t)$$

③ 신호교차로에서 차량 추종

④ 추종모형의 응용

① 운전자에게 앞차에 관한 정보를 알려주는 어떤 장치의 효과 평가
② 고속국도 버스전용차로에서 버스차량군의 형태 분석
③ 소형차량이 교통류의 교통량 및 속도에 미치는 영향을 예측
④ 운전 중 안전에 관한 연구에 사용

⑤ 급정거 시 앞뒤 차량의 위치

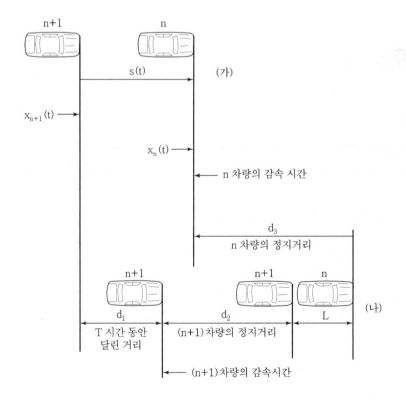

⑥ 위의 그림 (가)에서 보는 바와 같이 앞차량과 일정 간격 $s(t)$만큼 떨어져 따라감으로써 앞차량이 급정거할 때 추돌되지 않도록 할 것이다.

⑦ 앞차량이 정지하기 시작하는 시점에서부터 뒤차량이 정지하기 시작하는 시점 간의 시간 간격은 반응시간 T이다.

⑧ 정지동작 후의 두 차량의 상대적인 위치변화는 위 그림 (나)에 나타나 있다.

63 차량의 대기행렬 이론(Queuing Theory)

1 개요

① 교통공학에서 중요한 문제 중 하나는 도시 내 도로상에서 특히 피크 시간(Peak Hour)에 발생하는 차량의 대기행렬에 관한 것이다.

② 교통 혼잡이 발생하게 되면 고속도로의 Ramp부에 교통량이 넘쳐서 도시간선도로나 신호등 교차로에까지 차량 대기행렬이 길게 늘어지는 등 심각한 현상이 나타나게 된다.

③ 따라서 차량의 대기행렬이 발생하는 과정을 분석하여 도로상의 차량 지체 시간 등을 이해할 수 있게 될 것이다.

④ 대기행렬은 도착형태, 서비스 시설, 대기행렬 상태로 설명될 수 있다.

2 대기행렬 원인

① 원인은 수요가 일시적으로 증가하거나 용량이 잠시 동안 감소하기 때문이다.

② 즉, 적색신호등에서의 차량대기, 통행료 징수소에서 순간적인 지체, 도로를 차단하거나 영향을 주는 갑작스런 사고 등이 이유이다.

③ 대기행렬은 교통수요가 용량에 접근하거나 초과되는 지점의 상류 쪽에서 발생한다.

④ 대기행렬은 요금소, 주차장, 매표소, 은행창구, 생산라인 등에서 서비스를 받기 위해 차량, 사람, 상품이 대기함으로써 발생한다.

3 대기행렬의 종류

① 사람의 대기행렬
  ㉠ 버스정류장
  ㉡ 지하철 게이트
  ㉢ 극장 등

② 차량의 대기행렬
  ㉠ 도로상, 주차장, 신호에 의해
  ㉡ 도로상 병목지점, 신호교차로, 사고 등 요인
  ㉢ 교차로의 용량이 차량의 도착보다 더 큰 경우에 많이 발생
  ㉣ 신호등이 적색일 때 차량대기 발생, 녹색일 때 대기행렬 소멸

4 차량 대기 이론

1. 차량확률분포

차량확률분포를 설명하기 위해서는 계수분포와 간격분포를 사용할 수 있다.
전자는 일정한 관측시간 동안에 발생하는 사건의 수(도착차량 대수)를 헤아리기 위한 분포이며 후자는 사건 간의 발생시간을 나타내기 위한 분포이다.

① 계수분포(Counting Distribution) : 일정시간 동안에 도착하는 무작위적 이항분포와 푸아송분포가 널리 사용된다.
② 간격분포 : 주어진 조건이 관측될 시간 간격을 결정하기 위한 것으로 대표적 확률분포식은 음지수분포이다.

2. 차량 대기행렬 모형

대기행렬이 아무리 복잡해도 대기모형은 도착 형태, 서비스 시설 및 대기행렬 상태로 설명될 수 있다. 그러나 대개의 경우 대기모형은 확률론적 모형이다.

① 도착 형태 : 차량이 서비스 시설로 진입하는 형태
② 서비스 시설 : 시설물의 수와 배열 상태 및 서비스 형태로 규명
③ 대기행렬(서비스) 선택 : 고객들이 선택되는 규칙(FIFO, LIFO)

5 결론

① 대기행렬은 사람과 차량 통제시설 등에 의해 발생되는 것으로 규칙적인 대기행렬과 비규칙적 대기행렬이 있다.
② 차량의 대기행렬은 교통수요가 용량에 접근하거나 초과되는 지점의 상류 쪽에서 발생한다. 그 원인은 수요가 일시적으로 증가하거나 용량이 잠시 동안 감소하기 때문일 수 있다.
③ 만일 수요의 증가 때문이라면 그 수요가 충분히 감소하면 행렬이 저절로 없어진다. 따라서 접근조절(Access Metering)과 같은 운영기법을 이용하면 대기행렬이 발생되지 않는 수준의 수요를 유지할 수 있다.

64 임계수락 간격

1 개요

① 임계수락 간격은 차량 간격(Gap)에서 파생된 것임
② 차량 간격에는 임계 간격, 래그(Lag), 임계수락 간격이 있음
③ 임계 간격은 차량과 차량 간의 유지할 수 있는 최소 간격임
④ Lag는 고속국도나 국도진입램프, 무신호교차로 지선에서 본선차로에 진입할 때에 본선차로 뒤 차와 진입차 간의 거리를 말함
⑤ 임계수락 간격은 임계간격 내에서 수락이 가능한 거리의 한계임
⑥ 주도로와 부도로의 속도가 비슷할수록 수락 간격은 작아지고, 속도 차이가 클수록 수락 간격은 길어짐
⑦ 차간 간격은 비신호교차로 용량 분석, 2차로 도로의 교통류 분석, 평면교차로의 안전성 분석 등에 활용됨

2 차량 간격의 종류

1. 차간 간격(Gap)

① 앞차의 뒤범퍼에서 뒤차의 앞범퍼까지의 거리
② 주행차량의 속도에 따라 그 길이가 달라짐

③ 차간 간격식

$$g = h - \frac{l}{u}$$

여기서, g : 차간 간격(초)
u : 평균속도(m/sec)
l : 평균차량길이(m)

2. 차두 간격(Head Way)

앞차의 앞범퍼와 뒤차의 앞범퍼 사이의 거리

$$h = \frac{3,600}{g}$$

여기서, h : 차두 간격(초)
g : 교통량(대/시)

3. 임계 간격(Critical Gap)

① 차량과 차량 간의 유지할 수 있는 최소거리

② 아주 작은 값으로서 수락을 거부당할 확률이 큰 값

③ 임계 간격의 증가

 ㉠ 차로수가 많을수록

 ㉡ 평균통행속도가 빠를수록

 ㉢ 야간 또는 노면상태, 시거가 불량할수록

4. 래그(Lag)

① Lag는 고속국도나 국도진입램프, 무신호교차로 지선에서 본선차로에 진입할 때에 본선차로 뒤차와 진입차 간의 거리를 말함

② Lag는 임계수락 간격과 같거나 크면 가능함

5. 임계수락 간격

① 임계수락 간격은 본선에 진입할 수 있는 최소의 수락거리

② 본선차로 진입 시에 진입속도에 따라 간격거리는 차이가 남

 ㉠ 본선차로 속도와 진입속도가 비슷하면 짧다.

 ㉡ 본선차로 속도와 차이가 크면 길어진다.

③ 임계수락 간격 추정의 실례

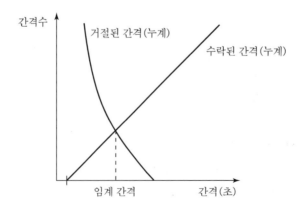

3 간격수락 확률모형

횡단을 위해 차량이 횡단지점에 도착한 후 수락 간격이 나타나면 즉시 그 간격을 수락할 수 있는 상태의 확률모형

$$P_{(hzk)} = \int_{k}^{\infty} g \cdot e^{-zt} \cdot dt = e^{-gk}$$

여기서, $P_{(hzk)}$: 수락 간격(m), $\frac{1}{g}$: 차량 도착률

$1-e^{-gk}$: 지체할 확률, k : 임계 간격

h : 차량 간격(차간 간격)

4 적용 분야

① 비신호교차로 또는 비보호좌회전
② 고속국도 또는 일반국도진입램프

5 결론

① 간격수락모형은 임계 간격(Critical Gap)보다 큰 간격이 횡단에 이용되며 이보다 작은 간격은 교통로를 횡단할 수 없다는 가정에 근거한 모형임
② 일반적으로 일반국도나 고속국도 진입로 램프 등을 설계 시에 임계수락 간격이 커지면 램프의 가속 길이도 커져야 한다.
③ 임계수락 간격은 도로의 환경조건, 기하구조 조건에 따라서도 그 값이 달라진다.
④ 환경조건에서 안개나 비, 또는 눈이 올 경우 임계수락 간격은 길어진다.

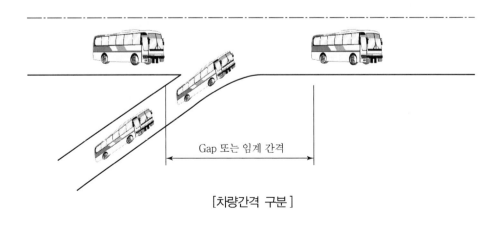

[차량간격 구분]

03

교통운영

1 일방통행제(One - Way)

1 개요

① 통행의 안전과 서비스 상태를 떨어뜨리는 주요인은 노상주차차량과 통과차량, 교통류 내의 차종 간 상충 등이 원인이다.

② 교통체계관리기법을 포함한 대부분의 도로교통개선기법은 이러한 상충을 최소화시키는 데 초점을 두고 있다.

③ 일방통행제는 이러한 교통류의 상충을 방지하거나 제거하기 위해 적은 비용으로 통행 효율을 높일 수 있는 가장 적극적인 방안으로 알려져 있다.

④ 일방통행제는 가로망 체계상의 특정 도로에 일정 방향으로만 차량통행을 허용하는 방법으로, 비용이 적게 들고 통제시설은 거의 없이 교통류의 상충을 줄임으로써 교통 혼잡 완화, 안전성 증대, 신호체계 연동효과 향상에 기여한다.

2 일방통행의 종류

일방통행은 교통류를 적극적으로 통제하는 운영기법으로, 실시 시간과 방향별 통제방식에 따라 다음과 같이 분류된다.

① **완전일방통행**
   ㉠ 항상 한 방향으로만 통행이 허용됨
   ㉡ 가장 많이 사용되며 운전자의 인지상의 오인 요소를 제거하는 데 효과적이어서 안정적인 시행효과를 얻을 수 있음

② **가변일방통행**
   통상적인 일방통행으로 운영하다 특정 시간대의 교통량 변화에 대처하기 위해 시간대별로 운영방향이 바뀜

③ **부분가변 일방통행(일시적 일방통행)**
   정상적인 양방통행으로 운영하다 오전, 오후 첨두시에만 교통량이 많은 방향으로 일방통행을 시키는 방법

❸ 순환체계

1. 반시계방향 순환체계

① 두 개의 일방통행체계가 교차할 경우 시계방향으로 순환하도록 함

② 특징
- ㉠ 상충 제거에 유리 : 시계 방향에 비하여 상충이 2개 감소
- ㉡ 버스정류장이 있을 경우에 우측 차로 진입, 우측 차로 진출이 용이함
- ㉢ 버스정류장이 있을 경우 정차를 위한 엇갈림 횟수 증가
- ㉣ 홍콩에서 많이 사용하고 있음

2. 시계방향 순환체계

① 순환체계가 통행 유발지구를 둘러싸는 경우 대중교통 승객의 정류장 접근성 측면과 교차이동류 최소화 측면에서 시계방향이 유리

② 특징
- ㉠ 블록을 순환하는 버스노선이 많은 경우에 적합
- ㉡ 상시 우회전이 가능하므로 교통류 처리에 효과적
- ㉢ 외곽 교차로에서 상충되는 교통류 증가
- ㉣ 좌회전 교통류와 상충 발생

❹ 계획 시 고려사항

1. 적용지역

① 상충 이동류를 감소시키는 데 일방통행제보다 통제 정도가 더 약한 방법이 실행 불가능한 경우
② 고속국도의 측도와 연결램프, 로터리
③ 양방통행으로 위험하고 좁은 도로

④ 대량교통으로 매우 혼잡하며 교통사고의 위험이 많은 지역
- 한 쌍을 이루는 두 도로는 대략 비슷한 시종점을 가져야 하며 서로 비슷한 용량을 가져야 함
- 일방통행에서 양방통행으로 변화되기 위한 편리한 터미널이 있어야 함

2. 충분한 시행효과를 거두기 위한 검토사항

① 교통류의 기점과 종점
② 각 도로구간의 첨두시간 교통량(회전교통량을 구분)
③ 첨두, 비첨두 시간 동안 각 노선의 통행시간과 지체시간
④ 도로와 교차로의 정확한 용량(일방통행 때와 양방통행 때)
⑤ 정확한 도로망도
⑥ 일방통행 실시에 따른 증가된 통행거리와 감소된 통행시간을 고려한 경제성 평가
⑦ 주요 교통발생원의 위치
⑧ 대중교통노선, 긴급차량 접근, 보행자 이동, 인접지 사업 등에 미치는 영향

3. 특별한 주의가 필요한 사항

① 보완도로
  ㉠ 통행이 금지되는 방향의 교통량을 수용할 수 있는 보완도로가 필요함
  ㉡ 보완도로의 용량은 일방통행로의 용량과 비슷해야 함
  ㉢ 두 도로의 간격이 너무 멀지 않아야 하며, 격자형 도로체계가 가장 적합

② 일방통행의 시종점
  ㉠ 시종점은 차로 변경, 교차, 회전 상충이 발생하므로 표지판, 노면표지, 도류화 처리가 필요
  ㉡ 시종점의 이상적인 형태는 보완적인 두 도로가 Y자 교차로로 끝나는 지점
  ㉢ 교차지점의 출입 차선의 균형이 이루어져야 함

③ 대중교통에 미치는 영향
  ㉠ 정류장을 쉽게 찾을 수 있어야 하며 이용자들의 보행거리는 최소화해야 함
  ㉡ 일방통행에 따른 버스노선의 길이 증가로 승객의 불편을 최소화해야 함

④ 보행자에게 미치는 영향
  ㉠ 일방통행 실시로 차량의 속도가 증가하므로 보행자 안전에 대한 주의가 필요
  ㉡ 일방통행로가 넓어 중앙에 교통섬을 설치하면 보행자가 차량의 진행방향을 잘못 판단할 우려가 있으므로 바람직하지 않음

5 시행 가능 지역

① 인접한 두 개의 평행도로가 혼잡할 경우
    ㉠ 통상 150~200m 이내로 인접한 두 개의 도로가 효과적
    ㉡ 구간 내에서 좌·우회전이 많을 경우
    ㉢ 구간 내에서 신호교차로 간격이 짧고, 유효한 연동신호 제어가 곤란한 경우
    ㉣ 시가지 폭이 넓은 간선도로에 실시할 경우 인접한 좁은 도로에 교통량 집중, 버스이용자 불편 등의 문제로 그 간격이 300m 이내로 한정되어 있음

② **격자형 도로체계를 가진 곳** : 차도폭 6~9m 도로가 격자형으로 조밀하게 배치된 지구에 실시하면 용량 증대, 사고 방지 효과가 큼
③ 주차를 금지하는 데 무리가 있을 경우 주차를 허용하면 양방통행에 필요한 폭의 확보가 어려운 지역
④ 보차도 구분이 없는 좁은 도로에 보행자가 많거나 차량이 많아서 보차분리를 통해 보행자의 안전을 확보할 필요가 있을 경우
⑤ 교차로의 기하구조가 복잡하고 신호제어가 곤란할 경우

6 장단점

1. 장점

① **용량 증대** : 교차로 상충이 줄어들고 교통신호시간이 일방통행 교통에 편리하므로 양방통행보다 15~30% 증대
② **교차로 상충점 감소** : 반대방향에서 회전하는 이동류를 제거하기 때문에 양방통행보다 약 19개 감소
③ **신호시간 조절 및 연동화 용이** : 일방통행 시행 시 연속진행을 위한 신호시간을 계획하는 것은 매우 간단하나 양방통행일 경우 각 방향에 적합한 연속진행 시간을 계획하기는 어려움
④ **안전성 향상** : 차량 간, 보행자-차량 간 상충수가 적어지고, 대향교통이 없어 정면충돌, 접촉사고가 현저히 감소함(10~40% 사고 감소), 전조등에 의한 눈부심 현상 감소
⑤ **주차여건 개선** : 일방통행 실시로 대향교통이 없기 때문에 한쪽 변에 노상주차장 설치 가능
⑥ **도로변 업무지역의 효과** : 상업지구로의 접근성이 좋아지고 혼잡이 감소, 노상주차장 설치가 가능하므로 도로 주변의 사업을 활성화시키며, 재산가치가 상승함
⑦ **교통운용의 개선** : 대중교통 전용차로 확보 등 도로이용 효율 향상

⑧ **평균통행속도 증가** : 대향교통류가 없고, 신호시간 조절이 더욱 효율적이며, 상충이 없으므로 지체와 혼잡이 감소하여 통행속도 증가(통행시간 10~50% 단축)

2. 단점

① **교통통제설비의 증가** : 각종 표지판 및 차선통제표지 설치
② **통행거리 증가**
③ **대중교통용량의 감소** : 대중교통노선의 축소, 버스이용 환승거리 증가

④ **넓은 도로에서 보행자 횡단 곤란**
  넓은 도로에서 일방통행을 시행할 경우 중앙에 보행섬을 설치할 수 없으며 보행자의 횡단습관을 깨야 하므로 사고 가능성이 증가

⑤ **도로 주변에 악영향**
  ㉠ 주유소, 주차장, 음식점, 식료품점 등 특정 방향에서 오는 사람들을 상대로 하는 업종의 고객 감소
  ㉡ 도심을 향하는 사람들을 상대로 하는 업종의 경우 일방통행의 방향이 반대로 되어 있을 때 고객이 감소하며, 그 반대의 경우도 마찬가지임
  ㉢ 버스 이용자를 상대로 하는 업종의 경우 버스정류장 이전 시 고객 감소
  ㉣ 버스노선 조정으로 접근성이 떨어져 버스 이용자 감소

⑥ **회전 용량의 감소** : 순환교통량이 증가하며 격자형의 도로망에서 양방통행에 비해 좌우 회전 기회가 25% 감소

7 결론

① 일방통행제는 교통류 간 상충을 최소화함으로써 교통류 및 도로의 이용효율을 극대화하기 위한 교통운영기법 중 하나이다.
② 그러나 일방통행제를 잘못 운영하면 오히려 지체와 경제적 손실을 가져오게 되므로 주의를 기울여야 한다.
③ 운행거리가 길어지고 위반사례와 혼돈을 초래할 경우가 있다.
④ 일방통행에 의한 버스노선의 조정으로 접근성이 악화되는 경우 버스이용자가 감소되므로 인근의 이용자에 대한 상세한 조사 후 조정한다.

2 가변차로제(Reversible Lane)

1 개요

① 가변차로제는 시간대별로 방향별 교통량에 차이가 있을 경우 특정시간대에 주교통류방향에 1~2차로를 할당하여 교통량이 차선에 균등히 분포되도록 운영하는 교통공학기법이다.
② 가변차로제는 중앙분리대가 없는 도시지역에서 편도 2차로 이상의 도로에 적용되는 기법이다.
③ 유입과 유출 교통량이 많은 도심지역에 있어서는 효과적인 통행 방안 중의 하나이다.

2 설치지역

① 도시부에 설치하게 되며 최소 편도 2차로 이상 되어야 가능
② 특히 중앙부 측에 버스전용차로가 있는 경우는 불가능함
③ 고가도로나 도시고속국도 등에 많이 사용

3 도입효과 및 설치기준

① 가변차로제는 첨두시간(Peak hour)에 교통류가 포화상태에 있을 때 자동차의 운행속도를 향상시켜 구간 통행시간을 단축시킬 수 있다.
② 가변차로제를 시행할 때 첨두시간대의 도로변 주정차 금지, 좌회전 제한, 적정한 신호시설 설치, 차선 도색 등 노면표시의 개선이 요구된다.
③ 가변차로제는 한쪽 방향으로만 교통 지정체가 지속하여 발생하는 구간 중 방향별 교통량의 분포가 6 : 4 이상인 경우에 적용 가능하다.

4 설치 시 문제점

① 잘못 사용하면 중앙선을 혼돈하여 대형사고가 발생할 우려가 큼
② 이 지역에 대한 특별관리가 요구됨
③ 이런 지역은 중앙분리대가 없으므로 충분한 홍보가 필요

5 결론

① 가변차로제 실시로 교통용량을 증대할 수 있는 기법이긴 하나 잘못 운영할 경우 오히려 지체와 대형 교통사고 발생이 우려된다.
② 가변차로지역은 중앙분리대가 없고 특정한 시간에 교통량에 따라 차로가 변경되므로 충분한 홍보와 주의가 필요하다.

3 차등차로제(불균형 차로제)

1 개요

① 차등차로제는 하루 종일 한 방향의 교통류가 타 방향보다 많을 때 주교통류방향을 더 부가해 주는 교통공학적 기법이다.
② 주교통류에 차로를 1~2차로 더 제공하게 된다.
③ 구조물 중앙분리대가 없는 지역에 가능하다.
④ 차로수가 편도 2차로 이상 지역에 가능하다.

2 고려사항

운전자가 차로 변경 시에 혼란을 초래하지 않도록 다음의 주의가 필요하다.

① 홍보 및 방송을 통해 사전정보 제공
② 운전자의 혼란을 초래하지 않도록 표지판 등을 상세히 설치
③ 정착되기까지 경찰 등을 현장에 배치하여 안내
④ 주의를 기울이지 않으면 대형사고 발생이 우려되므로 계획 시에 신중해야 함

3 장단점

① 장점
  ㉠ 필요방향에 용량 증대 가능
  ㉡ 일방통행제 단점 보완(우회거리, 대중교통 노선 변경 불필요)
  ㉢ 적절한 평형도로가 없어도 일방통행제의 장점을 살릴 수 있음
  ㉣ 대중교통의 노선을 재조정할 필요가 없음

② 단점
  ㉠ 차로가 줄어든 방향에는 용량이 부족할 수 있음
  ㉡ 통제설비시설의 설치 비용이 과다 소요
  ㉢ 교통사고가 발생할 우려가 있음
  ㉣ 차로가 줄어든 방향에 좌회전 금지가 발생할 수 있음

4 특징

① 이 방식은 한쪽 방향으로 교통량이 집중되는 교량이나 터널 등에 양호함
② 이 방식은 큰 규제가 불필요
③ 첨두시간의 주차금지, 회전제한, 하역제한, 신호개선 등의 효과도 있음
④ 3~4개 차로의 좁은 도로에는 가변차로제가 실용적이 못 되나, 속도와 밀도가 낮고 교통량이 적은 경방향 교통의 차선상 정차를 금지하면 가변차선제가 가능함
⑤ 차로폭이 충분히 넓으면 4차로 혹은 6차로 도로를 5차로 혹은 7차로로 만들어 2 : 3 혹은 3 : 4로 가변차선제 실시 가능

5 통제방법

① 차로경계 시설물
② 차로지시 신호등
③ 표지

6 표지판

① 운전자가 주행차로를 통행할 때 안내하고 통제하는 표지로서 도로변에 세운 측주식과 머리 위를 가로지르는 문형식이 있다.
② 문형식 표지판의 설치 간격은 300m가 적당하다.

7 결론

① 차등차로제는 교통량을 증대할 수 있는 기법이나 주의를 기울이지 않으면 주행차로 착오로 대형사고로 이어질 수 있다.
② 특히, 도시고속국도의 경우 고속주행이 발생되는 지역으로 더욱 주의가 요망된다.

4 능률차로제

1 개요

① 능률차로제는 회전교통류에 의해서 직진교통류가 방해받음으로써 발생하는 링크 및 교차로의 용량저하현상을 감소시킬 수 있는 방안이다.

② 또한 좌회전 포켓에 비해서 차량의 대기공간을 충분히 확보할 수 있고 버스 및 주정차 차량에 의한 최외곽 차로의 잠식현상을 억제할 수 있다.

③ 능률차로제도는 도로구간을 홀수차로로 계획하여 중앙부의 차로를 방향별로 좌회전과 U턴 차로로 활용하기 때문에 직진차로는 좌회전 대기차량에 의해서 영향을 받지 않으면서도 기본 차로를 유지할 수 있도록 설계된다.

2 능률차로의 개념도

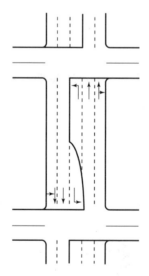

3 결론

① 능률차로제는 기존 도로 또는 신설도로 등에 대해서 주어진 도로폭 내에서 차량을 효율적으로 처리하기 위한 기법 중의 하나로서 차로분할, 교차로 계획, 신호계획 등에 맞추어 효율적인 계획이 되어야 한다.

② 특히, 교통량 조사와 교통량 분석을 현실성 있도록 철저히 하고 홀수차로 등을 계획하여 다른 방향의 차량에 영향을 주지 않는 범위 내에서 능률차로제를 유지하여야 한다.

5 홀수차로제

1 개요

① 홀수차로제는 기존의 짝수차로가 도시가로 교통류의 주요 특성인 회전 교통류를 처리하거나 시간과 방향에 따라 변하는 교통수요에 적절하게 대응하지 못하므로 이런 단점을 보완하기 위한 대안으로서 최근 도시 교통류 처리의 기본 원리 중 하나이다.

② 홀수차로제는 회전차로, 가변차로 등에서 교통류를 원활하게 처리하기 위해 적용되는 능률차로제의 일종이다.

2 종류 및 적용방안

1. 좌회전 처리

① 좌회전 포켓 차로제(Left Turn Bay)
  ㉠ 능률차로제라고도 불림
  ㉡ 교차로에서 좌회전 교통류를 처리하기 위해 가장 널리 쓰이는 기법
  ㉢ 포켓의 길이는 교통량과 신호주기 분할에 의해 결정

② 좌회전 전용 차로제(Exclusive Left Turn Lane)
  한 방향의 좌회전만 허용하는 것으로 포켓 차로로는 좌회전 교통류 처리가 어렵거나 교차로 간격이 좁을 때 주로 사용

③ 양방향 좌회전차로제

2. 방향별 첨두교통수요 고려

① 가변차로제
② 차등차로제
③ 클로버

3 홀수차로 적용지역

1. 도시지역 도로

실제로 차로의 수에 회전차로는 제외되므로 홀수는 아니다. 홀수차로는 그림에 예시하는 바와 같이 첫째, 교차로와 교차로 사이 구간에서 좌회전 진입을 위한 대기차로로 사용할

수 있으며 둘째, 좌회전 전용차로(또는 유턴)로 이용할 수 있으며 셋째, 중앙차로를 양방향 모두 좌회전차로로 이용할 수 있다.

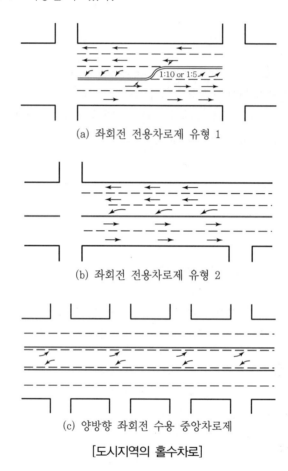

(a) 좌회전 전용차로제 유형 1

(b) 좌회전 전용차로제 유형 2

(c) 양방향 좌회전 수용 중앙차로제

[도시지역의 홀수차로]

① 국외(미국)의 여러 주에서 연구된 양방향 좌회전차로의 장점
　　㉠ 직진 자동차로부터 좌회전 자동차를 분리하여 도로 용량과 통행 속도를 증가시킬 수 있고, 후미 및 측면 충돌사고를 줄일 수 있다.
　　㉡ 도로 주변 개발에 따른 주변 토지나 시설물에 대하여 접근하려는 요구 민원이 많을 경우 적합하다.
　　㉢ 분리된 공간을 확보하여 정면충돌 사고율을 낮출 수 있다.
　　㉣ 위급한 상황에 처한 자동차들의 대피장소로 활용이 가능하다.

② 양방향 좌회전차로 설치가 곤란한 경우
　　㉠ 주행속도가 매우 높은 도로. 즉, 높은 속도로 인하여 주행 안전성이 각별히 요구되는 지역(예 설계속도 80km/h 이상의 도로)

ⓒ 중심 상업지역과 같이 교통 혼잡이 예상되는 지역(좌회전 교통이 너무 많은 지역)
ⓓ 교통량이 너무 적을 경우(양방향 좌회전차로가 주행차로로 오인될 소지가 있음)

다음 그림은 양방향 좌회전차로의 일반적인 운영 예시를 나타낸 것이다. 즉, 직진 자동차가 도로 반대 측 시설물로 접근하기 위하여 양방향 좌회전차로에서 잠시 대기하다가 대향자동차가 오지 않을 경우(고속국도를 제외한 그 밖의 도로의 경우 각 교차로에 신호등을 설치하여 교통흐름을 단속류로 운영함) 좌회전하는 운영 형태이다.

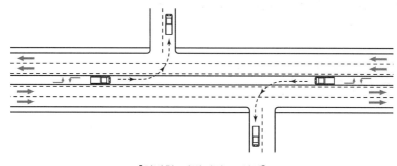

[양방향 좌회전차로 설치]

2. 지방지역

양방향 2차로 도로에 별도의 앞지르기차로를 연속적으로 운영하는 것으로서, 중앙차로 부분에 방향별로 앞지르기차로를 교대로 제공하는 연속적인 3차로 도로이며, 이러한 도로를 2+1차로 도로라 한다.

2+1차로 도로는 양방향 2차로 도로의 용량을 높이고, 앞지르기 자동차 간에 발생할 수 있는 대형자동차와의 충돌 가능성을 줄여 도로의 안전성을 높이고자 하는 새로운 도로의 유형이다.

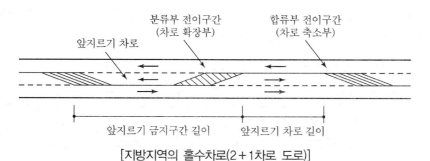

[지방지역의 홀수차로(2+1차로 도로)]

4 결론

① 원활한 교통처리와 용량 증대를 위해서는 홀수차로제가 적절하지만 도시부의 경우 용지 확보폭이 협소하여 부득이하게 기존 통행차로를 줄여 기준에 부적합한 1차로를 더 확보하는 경우가 발생한다.

② 그러나 도로시설기준에 적합한 최소 도로 폭 이상은 확보하여 계획해야 한다.

③ 아무리 좋은 발상이라도 교통에 지장을 초래하고 사고의 원인이 된다면 짝수차로보다 못한 경우가 되므로 신중한 계획이 필요하다.

---

6 2+1차로 도로

1 개요

① 2+1차로 도로는 2차로 도로의 교통량이 용량 기준을 초과하고 4차로 용량 기준에는 미치지 못하는 일정 구간에서 지형 여건 및 예산 제약, 환경적 관심 증가 등으로 인하여 4차로 도로 설치가 용이하지 않을 때 설치하기에 적합한 형태의 도로로서, 중앙차로 부분에 앞지르기 차로를 교대로 제공하는 연속적인 3차로 도로를 말한다.

② 도로에서 앞지르기 시거가 확보되지 아니하는 구간으로서 용지폭 확보가 어려운 지역 등에 왕복 3차로 용량 및 안전성 등을 검토하여 필요하다고 인정되는 경우에는 저속자동차가 다른 자동차에게 통행을 양보할 수 있는 구조이다.

2 2+1차로의 운영방법 및 구조

① 도로의 진행방향 우측 바깥쪽을 본선으로, 안쪽을 앞지르기차로로 활용한다.

② 설계속도 및 차로폭은 본선과 동일하게 계획한다.

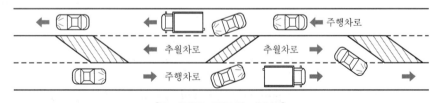

[2+1차로 도로의 개요도]

※ 2+1차로 도로의 계획과 설계에 대한 상세한 내용은 '2+1차로 도로 설계지침(국토교통부)'을 참조한다.

③ 턴아웃(Turnout) 최소 길이

추월차로의 최소 길이는 턴아웃의 최소 길이(L)와 동일하게 적용하되 접근속도에 따라 달라지게 되며, 국외(미국)의 도로교통용량편람에 의하면 아래 표와 같다.

[2차로 도로상 턴아웃(Turnout)의 최소 길이]

접근속도(km/h)	>40	>48	>64	>80	>88	>96
최소 길이(m)	60	60	75	115	130	160

④ 설치장소

① 2차로 도로에서 적절한 도로용량 및 주행속도를 확보하기 위하여 오르막차로, 교량 및 터널 구간을 제외한 토공부에 설치한다.

② 앞지르기차로는 기본적으로 상·하행선 대칭 위치에 설치한다. 토공부가 비교적 긴 구간이나 용지 제약을 받는 구간 등에서는 상·하행선을 엇갈리게 설치하는 방법이 현실적일 수 있으며, 지형 조건, 전후 구간의 설치 간격, 경제성 등을 검토하여 결정하여야 한다.

⑤ 유의사항

① 2+1차로를 설치하는 구간에는 운전자가 앞지르기차로에 진입하기 전에 앞지르기차로를 인식할 수 있도록 노면표시 및 표지판 등을 설치하여야 한다.

② 2+1차로는 도로의 용량 및 안전성 등을 검토하여 적절한 길이 및 간격이 유지되도록 하여야 한다.

③ 국외(미국, Transportation Research Board)에서 발간한 도로교통용량편람에 의하면 연평균일교통량(AADT)이 3,000대를 넘을 경우 일차로 방향에서의 앞지르기를 금지하도록 권장하고 있다.

7 기존 시내버스의 문제점

① 개요

시내버스는 모든 대중교통 이용자의 기본적인 교통수단이며, 승용차보다 높은 수송효율의 극대화를 통한 교통난 해소 측면에서 수송 수요의 양과 질을 효과적으로 처리할 수 있다.

2 기존 시내버스의 문제점

1. 비효율적인 노선체계

① 버스노선망은 가로망구조에 불합리하고 체계적 형성과 전체적인 조화가 미비한 개별노선으로 구성되어 있다.

② 교통 외적 요인의 영향으로 이용자 측면의 효율성이 떨어짐

③ 노선이 장거리이며 굴곡이 심하고 도심지에 집중되어 있음

④ 배차간격의 유지가 곤란하여 정시성을 저하시킴

⑤ 노선체계의 문제점

　㉠ 장거리 노선 : 배차간격의 유지 곤란, 운전자 과로, 불필요한 혼잡 발생, 노선 중앙부 차내 혼잡 극심, 장거리 통행의 요금 불균형

　㉡ 굴곡 노선 원인 : 운임 수입 확보, 민원, 불합리한 신호체계

　㉢ 유형 : 주거지역 굴곡, 노선 중간 굴곡, 도심 굴곡

　㉣ 도심 통과 노선 : 도심교통 혼잡 가중(교차로, 간선도로, 정류장)

　㉤ 과밀노선 : 승차 불편, 배차간격 유지 곤란, 정류장 무정차 통과

2. 낮은 서비스와 정시성 부족

① 버스수송수요와 공급의 불균형 과밀, 과소 노선 발생

② 교통혼잡으로 정시성 미비

③ 채산성 추구로 인한 무리한 배차

④ 안전운행 미비

3. 운행 여건 악화

① 교통혼잡의 심화로 운행 횟수 및 승객 감소

② 부적절한 정류장에 위치한 차고지 위치 및 시설 미비

③ 차고지 부족 및 부적절한 차고지 위치

④ 안전운행 여건 미비

4. 경영 수지 악화

① 지역 간·노선 간 경영 수지 격차 심화 : 노선 조정의 어려움

② 인건비 상승에 따른 수송비 증가와 승객 감소로 인한 요금 인상 요인

③ 재무구조의 부실

5. 버스업체의 영세성

① 영세성으로 인한 여건 변화에 대한 대응 능력 부족, 서비스 개선 능력 부족
② 열악한 근로조건으로 인한 운전기사의 부족

6. 기타

① 버스정류장 및 환승시설 미비
② 버스 우선처리의 미흡

③ 문제점 발생 원인

① **정책 및 관리 행정** : 시내버스 육성화 미흡, 강력한 관리와 조정기능의 미흡, 요금인상 반대, 시내버스 공급 규제
② **버스업체의 민영화** : 서비스 개선 및 공동성 확보의 어려움, 경영개선의 노력 미흡, 안전 및 유관기관 관리 미흡
③ **시민들의 인식 부족 및 비협조** : 걷기와 갈아타기 기피, 고급 교통수단 선호(자가용 이용 급증)

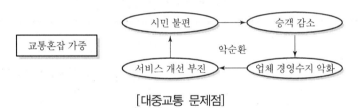

[대중교통 문제점]

8   버스전용차로

① 개요

① 최근 교통량의 증가에 따라 대중교통의 중요성이 인식되면서 대중교통 우선처리기법이 적용되고 있다.
② 버스전용차로는 고속국도 및 그 밖의 다른 도로에서 버스에게 특정 차로에 대한 통행의 우선권을 부여하는 것이다.
③ 통행방향과 차로의 위치에 따라 도로변 버스전용차로(Dedicated Curb Bus Lane), 역류 버스전용차로(Dedicated Contra-Flow Bus Lane), 중앙 버스전용차로(Dedicated Median Bus Lane)로 구분할 수 있다.

② 버스우선처리기법의 분류

물리적 측면		차로 운영적 측면				기타
도로형태	차로형태	차로위치	통행방향	운영 시간대	허용차량	

• 일반도로
• 고속국도
	• 전용차로
	• 전용가로
	• 전용도로
		• 도로변
		• 역류
		• 중앙
			• 정상방식
			• 역류방식
			• 가변방식
				• 첨두시
				• 전일
					• 노선버스
					• HOV(High
					  Occupancy
					  Vehicle)
						• 버스우선신호
						• 버스 Gate
						• 버스운행안내
						• 코모노(COMONOR)
						• 통행료 정책

③ 도로변 버스전용차로

① 차로의 수가 일방향 기준으로 2차로 이상이어야 하고, 버스전용차로를 시행할 경우 도로변의 주정차가 금지되어야 한다.

② 시행 구간의 버스 이용자 수가 승용차 이용자 수보다 많아야 한다.

[도로변 버스전용차로의 장단점]

장점	단점
• 시행이 매우 간편하다. • 적은 비용으로 운행이 가능하다. • 기존의 도로망 체계에 영향이 적다. • 시행 후 문제점이 발생될 때 수정 혹은 원상 복귀가 용이하다.	• 시행 효과가 적다. • 도로변 상업활동과의 상충이 불가피하다. • 위반 자동차가 많이 발생한다. • 교차로에서 우회전 자동차와의 마찰이 발생한다.

④ 역류 버스전용차로

① 운행시간은 도로변 전용차로와 동일한 기법으로 운행될 수 있으며, 나머지 시간에는 다른 자동차의 진행도 허용할 수 있다.

② 그러나 일반 교통류와 반대방향으로 운행하기 때문에 차로분리시설과 안내시설 등의 설치로 도로변 버스전용차로에 비하여 시행 비용이 높다.

③ 이 기법의 장점은 일반 자동차와의 분리가 도로변 버스전용차로보다 확실하며, 내부 마찰 (Intra−System Conflict)이 감소된다는 것이다.

[역류 버스전용차로의 장단점]

장점	단점
• 버스 서비스를 유지시키면서 도로변에 도입된 일 방통행의 장점을 살릴 수 있다. • 버스 서비스를 좀 더 확실히 하여 정시성이 제고 된다.	• 보행자 사고가 증대될 수 있다(일방통행로인 경우 횡단 보행자가 버스전용차로의 정상방향만 신경 쓰는 경향이 있기 때문). • 전용차로에 승용차 및 화물차의 출입을 제한하여 재산권 문제가 야기될 수 있다. • 잘못 진입한 자동차로 인한 혼잡이 야기될 수 있다.

5 중앙버스전용차로

① 중앙버스전용차로란 편도 4차로 이상 되는 기존 도로의 중앙차로에 전용차로를 제공하고, 전용차로의 통행이 허가되지 않는 자동차의 진입을 막기 위하여 방호울타리, 연석 등 분리시설 이나 완충지역 등을 설치하여 적용하는 기법이다.

② 이 기법은 타 기법에 비하여 효과가 확실할 뿐만 아니라 일반 자동차에 대한 도로변 접근성을 유지시킬 수 있다.

③ 차로가 많을수록 도입이 용이하고, 만성적인 교통 혼잡이 일어나는 경우와 도심 도로와 같이 좌회전하는 버스노선이 많은 지점에 설치하면 큰 효과를 얻을 수 있다.

[중앙 버스전용차로의 장단점]

장점	단점
• 일반 자동차와의 마찰을 없앨 수 있다. • 정체가 심한 구역에서 더욱 효과적이다. • 버스의 속도 제고와 정시성이 확실히 보장된다. • 버스 이용자의 증가를 기대할 수 있다. • 도로변 활동이 보장된다.	• 도로 중앙에 설치된 버스정류장으로 인하여 안전 문제가 대두된다. • 여러 가지 안전시설 및 추가로 설치되는 신호기로 인하여 비용이 많이 든다. • 전용차로에서 우회전하는 버스나 일반차로에서 좌 회전하는 자동차에 대한 세심한 처리가 필요하다. • 일반차로의 용량이 버스 승차대로 인하여 타 기법 보다 많이 감소된다. • 승하차 안전섬 접근거리가 길어진다.

6 버스전용차로 설치기준

① 설치하고자 하는 도로 또는 특정 구간의 교통정체가 심한 곳

② 버스 통행량이 일정 수준 이상이고, 승차인원이 한 명인 승용차의 비율이 높은 곳

③ 도로의 구조가 버스전용차로를 수용할 만한 수준이어야 함
④ 시민들이 지지하여야 함

[버스전용차로 국내 설치기준]

구분	편익 및 비용 항목	MOE
경제적인 측면	50대/시 이상(1,500명/시 이상)	가로변전용차로 고려
교통 측면	60대/시 이상(1,800명/시 이상)	가로변전용차로 고려
	100대/시 이상(3,000명/시 이상)	• 가로변전용차로 고려 • 역류전용차로 제공 가능
	150대/시 이상(4,500명/시 이상)	• 중앙차로 제공 가능 • 정류장 추월차로 제공 가능
외적 영향	100대/시 이상(3,000명/시 이상)	• 가로변전용차로 고려 • 정류장 추월차로 제공 가능
	150대/시 이상(4,500명/시 이상)	• 중앙차로 설치 가능 • 정류장 추월차로 제공 가능

[버스전용차로 국외 설치기준(미국, 영국)]

구분	전용차로 유형	최소 설치 기준(첨두시)	
		버스 대수(대/시간)	버스 승객 수(인/시간)
미국(UMTA)	도로변	30~40	1,200~1,600
	역류 방향	40~60	1,600~2,400
	중앙	60~90	2,400~3,600
영국(TRRL)		50	2,000

※ 버스전용차로를 도입할 때 첨두시 버스 승객수가 일반 차로마다 일반 자동차로 수송되는 승객 수 이상이면 타당성이 있다고 규정하고 있다. 이를 식으로 표현하면 다음과 같다.

$$G_b \geq \frac{G_a}{N-1} \cdot X$$

여기서, G_b : 시간당 버스 통행량(대/시/차로)

G_a : 시간당 일반 자동차 통행량(대/시/차로)

N : 일방향 차로수

X : (일반 자동차 평균 승차인원)/(버스 평균 승차인원)

• 여기서, X의 값은 시간과 장소에 따라 다르나 일반적으로 0.02~0.10의 값을 가진다.
• 평균 승차인원은 승용차의 경우 첨두시와 비첨두시에 큰 차이가 없으나, 버스는 첨두시에 상당히 많으므로 첨두시의 X값은 비첨두시보다 작다.

- 이 기준을 서울특별시에 적용할 경우 일반 자동차 1,000대일 때 버스통행량이 50대 정도면 버스전용차로 설치의 근거가 성립된다(버스 평균 승차인원 : 30명, 일반 자동차 평균 승차인 원 2명 가정). 국외 도시(미국, 볼티모어시)의 기준이 그 가치를 인정받고 있는 이유는 원래 도로가 자동차 통행을 목적으로 하기보다는 사람의 통행을 근본 목적으로 한다는 개념에서 찾을 수 있다.

[전용차로 차로폭]

구분	최소 전용 차로폭
국외	New york 3.0m, Chicago 2.7m, Madrid 3.2m 이상
국내	최소 3.0m 이상(부득이한 곳 2.75m) ※ 버스용량 : 2.75m는 900대/시, 3.0m는 1,025대/시

7 버스전용차로 설치방안

① 분리대를 설치할 경우

버스전용차로와 일반차로를 물리적으로 완전히 분리할 수 있지만, 전용차로 내에서 자동차의 고장이나 사고가 발생될 경우 버스전용차로에 교통 장애가 발생할 수도 있다.

[버스전용차로의 분리대]

② 완충지역(Buffer) 설치방안

버스전용차로 사이에 폭 0.2~2.0m의 완충지역을 설치하여 전용차로를 분리하는 방안을 말한다.

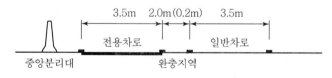

[완충지역 설치방안(고속국도)]

③ 차로 표시 방안

버스전용차로는 지정된 자동차만 통행할 수 있도록 버스전용차로와 일반차로 사이에 청색 실선의 차선 표시로 구분하는 방안을 말한다.

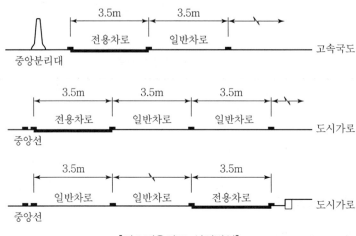

[버스전용차로 설치방안]

8 버스정류소 설계

① 정류소 위치 결정
- ㉠ 후방형(Far-Side) : 차량과 버스의 좌·우회전이 많은 곳
- ㉡ 전방형(Near-Side) : 버스교통량이 많고 일반차량 우회전이 적고 교차로 우회전 버스가 있는 곳
- ㉢ 중간형(Mid-Block) : 버스교통량이 많고 소요구간길이가 긴 곳(100m 이상)

② 가감속 및 주정차 금지구간 결정
- ㉠ 정류소 진입 시 버스의 원활한 엇갈림을 위해 감·가속 구간이 필요
- ㉡ 현행법상 정류장 10m 이내 지역은 주정차가 금지

③ 승장장의 설계(중앙버스전용차로 도입 시)
- ㉠ 노면 연석 높이(약 20cm 내외)만큼 높임
- ㉡ 무단횡단 방지 및 대기승객 보호를 위한 방음책
- ㉢ 폭은 3m 내외로 설치(2.5m 허용)
- ㉣ 횡단보도나 연결육교 확보
- ㉤ 우천 시를 대비한 피난처

⑨ 버스전용차로 평가 시 고려사항

① 도입 시
  ㉠ 경제적 측면 : 비용, 편익, 재정 여건
  ㉡ 교통 측면 : 접근성, 용량, 편리함, 안락함
  ㉢ 기타 : 소음, 대기오염, 기타 사회적 영향

② 도입 후
  ㉠ 접근성 향상 및 총통행시간의 단축 : 버스운행 속도, 승용차 속도, 총통행시간
  ㉡ 정시성 : 대기시간
  ㉢ 이용수요 변화 : 이용자 수 증감
  ㉣ 교통용량 : V/C 변화, 승객수송능력, LOS
  ㉤ 교통안전성 : 교통사고율, 인명피해수
  ㉥ 에너지 및 환경 : 연료소비량, 배기가스 배출, 소음 등

9 버스 준공영제

① 개요

① 노선 간의 치열한 경쟁으로 촉박한 배차와 운행 시간에 따른 정류장 통과와 난폭운전, 체불임금과 부도, 빈번한 운행 중단, 저임금과 열악한 근로조건 등 근로자와 시민에게 막대한 피해를 발생시키고 있다.
② 이에 따라 시내버스 준공영제는 버스사업자들이 노선배정과 수익금 관리를 위한 기구를 공동으로 설립해 버스를 운행하고, 시에서 일정 부분의 수익을 보장해주고 업체들이 적자를 보지 않도록 하는 제도이다.
③ 준공영제가 도입되면 적자노선 운행 기피를 막고 난폭이나 과속, 결행 등 탈법 운행을 통제해 시민들의 대중교통 편의 증진에 기여할 것으로 기대된다.

② 서울시 버스노선 개편에 따른 준공영제 도입

① 서울시는 2004년부터 시행하여 수익금을 공동 관리하고, 투명하고 적정한 이윤을 보장
② 업체 간의 과다한 경쟁을 막고 근로자와 시민들에게 질 높은 서비스를 보장하기 위한 제도

3 구조

① 수입구조(기존 노선에 대한 연고권, 영업권 분쟁 방지)

② 버스업계의 자율조정기구를 구성하고 시와 협의를 통해 노선 및 운영체계 개편안을 자체 협의를 통해 조율
③ 시는 업체 간 공동운수협정에 의해 개편된 노선에 대해 노선 변경 인가
④ 기존 업체의 영업권을 보장하고 근로자 고용불안을 해소하여 버스업계와 근로자의 적극적 동참을 통해 버스체계 개편 추진
⑤ 공동운수협정 사업절차(수입금 공동 관리 및 배분)

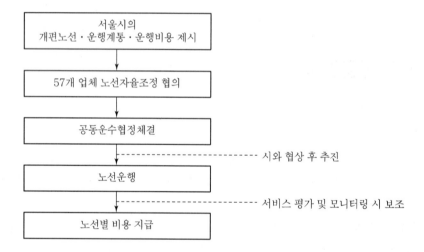

4 결론

① 시내버스 준공영제도가 도입되었다고 모든 것이 다 해결되고 서비스 등이 향상되는 것은 아니다.
② 이는 버스회사, 자치단체와 국가에서 이용자들이 책임 있는 운영과 관리를 통하여 투명하고 적정한 이윤이 보장되는 차원에서 서비스의 질도 향상되기를 기대한다.
③ 앞으로 시내버스 준공영제도가 정착되어 택시와 같은 대중교통수단도 포함시켜 교통의 서비스 질을 향상시키고 사업주들에게는 일정부분 수익을 보장해줄 수 있는 제도가 잘 정착되기를 기대한다.

10 주차 대책

1 개요

① 차고지 증명제가 미시행되어 차량 증가는 증가하는 데 비하여 주차공간 확보 미흡으로 차로가 주차장으로 변하고 있다.

② 주차문제는 차량이 증가하는 데 따라 주차공간이 늘어나야 하지만 법과 제도가 따라주지 못하고 있다.

③ 이러한 주차난은 주차 대기행렬 발생, 주변 배회 및 불법주차로 이어져 교통소통에 막대한 지장을 줄 뿐만 아니라 재해 발생 시 긴급차량의 통행방해로 인한 피해 증대, 교통사고 위험 증대 등의 사회문제를 일으킨다.

2 주요 원인

1. 주차면의 공급 부족

① **현황 및 전망**

현재 상태만으로도 주차시설은 급증하는 수요에 비하여 훨씬 못 미치는 실정이며 향후 원활한 교통소통을 위해 노상주차장은 폐쇄될 가능성이 많고 공한지 등에 설치된 간이 주차장들도 다른 용도로 전용될 것으로 예측되어 주차시설의 부족난은 더욱 심화될 전망이다.

② **도시계획 및 공공 주차장**

정책 부재, 투자재원의 부족, 용지 확보 곤란 등으로 노외주차장에 대한 공공투자가 이루어지지 못했으며, 일단 도시계획에 의해 주차시설로 지정되면 다른 용도로의 전환이 곤란하여 주차시설 신청을 기피하게 되며 이로써 공공 주차장이 절대적으로 부족한 실정이다.

③ **민영 주차장**

지가 상승으로 자본의 기회비용이 주차수익에 미치지 못하고, 민영 주차장 건설이 건축물로 취급받으므로 허가절차가 까다로워 민영 주차장의 건설이 부진하였다. 또한, 유료주차장이 있는데도 불법주차를 하는 낙후된 시민의식과 단속미비도 큰 요인이다.

2. 제도 및 행정

① 차고지 증명제 미시행
   ㉠ 전국적으로 전면적인 차고지 증명제 미시행으로 보유 차량이 급격히 증가되었다.
   ㉡ 차고지 증명제는 제주도 등 일부 지역과 화물차 버스 등으로 제한되고 있다.

② 주차수요의 관리
주차 기본계획의 수립, 종합적 주차수요의 관리 등을 시행할 전담부서가 없고 주차장의 계획, 건설 및 불법주차단속 등의 관계법규가 각기 다르며 담당부서가 달라 효율적인 관리가 되지 못하고 있다.

③ 설치기준
   ㉠ 현재의 주차장 설치기준은 너무 낮게 설정되어 있고, 비현실적이다.
   ㉡ 기존 시설과 비교하여도 사회적 형평성에 어긋난다.
   ㉢ 조업주차 시설의 설치가 의무화되어 있지 않고, 공한지 등을 이용한 사설 간이 주차장 등에 대해서도 그 설치가 제도화되어 있지 않은 상태이다.

④ 시민의식 결여 및 홍보 부족
   ㉠ 노외주차장이 전용화되고 있어 주차상황을 더욱 악화시키고 있다.
   ㉡ 불법주차로 인한 피해 등에 대한 홍보 부족과 시민의식의 결여로 불법주차가 만연되고 있다.

3 개선 대책

1. 차고지 증명제 시행

① 주차문제는 정부와 지방자치단체에서 부지를 확보하여 유료주차장을 건설하여 전면적인 차고지 증명제를 시행해야 차량보유도 줄고 대중교통이 활성화될 수 있다.
② 건물 신축 시에 한 가구당 2대 이상 주차장을 확보할 수 있는 법안이 필요하다.

2. 주차장 확보 차원

① 주차문제는 주차공급의 부족이기도 하지만, 시간·공간상의 수요와 공급의 불균형 문제이기도 하다. 따라서 주차문제의 해결은 시간적·공간적인 수요와 공급의 적절한 대책을 수립하여 그 해답을 얻어야 할 것이다.
② 또한 단순한 주차문제가 아니라 교통문제 전반에 대한 해결책의 일환으로 고려해야 한다.

3. 주차수요 억제

① 도시구조 개편

장기적인 안목에서 도시구조를 다핵화시켜 도심기능을 분산시킴으로써 도심지 주차수요를 억제시킨다.

② 대중교통수단 개선

㉠ 고용량 대중교통수단의 건설, 연계주차장 건설, 대중교통수단의 서비스 개선 등으로 승용차 교통수요를 억제시켜 결과적으로 주차수요를 감소시킨다.

㉡ 대중교통이 활성화되면 나홀로 차량이 줄고 차량 증가도 줄어들어 주차공간도 확보할 수 있다.

③ 주차요금의 현실화 및 차별화

㉠ 주차수요를 많이 발생시키는 지역에 높은 요금을 부과하여 주차수요를 억제하고 도시 전체의 균형적 조정을 이루도록 한다.

㉡ 시간대별로 수요가 많은 주간에 높은 요금을 부과하고 누진요금을 적용하여 대중교통으로 전환시킨다.

4. 주차시설 확보

① 공공 및 공용 주차장 확보

㉠ 공한지의 부족, 지가상승 등으로 공간 확보가 어려운 상황이므로 공원, 도로, 학교 등을 이용한 지하공간을 활용하는 방안이 강구되어야 할 것이다.

㉡ 대도시의 외곽 상업지역, 중요도시의 도심에 공용 주차장을 확보하기 위해 민간유치, 주차시설 분할분양, 시한부 회원권 판매, 건물의 과태료 징수

② 민영 주차장 건설 유도

행정, 금융, 세제상의 지원과 요금조정으로 수익성이 보장되도록 하고 민간 주차장을 건설하도록 유도하며 기존 건물의 주차장 정비 확충 방안으로 공용 주차장의 건설을 유도할 필요가 있다.

5. 행정제도 개선

① 전담부서 설치

종합적인 주차정책(주차기본계획, 수요 및 공급의 조절)을 수행할 전담부서의 설치 및 관련 부서의 유기적인 협조체제 마련

② 설치기준 세분화

③ 불법주차의 단속강화 및 시민홍보

④ 결론

① 급속한 경제성장에 따른 자동차의 증가 속도와 주거환경 개선의 속도가 같지 않아 나타나는 현상이 바로 주차난이다.

② 주차문제는 개인이 해결할 수 있는 것이 아니므로 정치권과 정부 차원에서 법적·제도적인 대책이 절실히 요구된다.

③ 늦은 감은 있지만, 지금이라도 미래를 대비하여 신설되는 단독주택, 공동주택, 택지조성 시에 자체적으로 해결할 수 있거나 공공용지 등을 활용하여 주차문제를 해결할 수 있는 계획이 수립되어야 할 것이다.

11 주차수요 추정방법

① 과거추세연장법

① 과거추세연장법은 개략적이고 단기적인 주차수요 추정에 적합한 방법으로 실무자들이 이해하기 쉽고 적용이 편리하다는 장점이 있는 반면 너무 개괄적이어서 신뢰성이 떨어진다.

② 따라서 안정된 성장률을 나타내는 도시라든가 사회·경제적 여건이 급격히 변하지 않는 지역에서는 개략적 계획의 목적으로 이용될 수 있다.

③ 과거추세연장법은 도심지의 1개 지구, 혹은 중소도시와 같은 지역에는 비교적 주차수요 추정이 용이하나 장래의 변수에 대해서는 전혀 고려하지 못한다는 단점이 있다.

② 원단위법

1. 주차 발생 원단위법

① 주차 발생 원단위법은 적용 변수가 간단하며, 교통 패턴이 크게 변하지 않는 상태에서의 단기적 주차수요 예측에 비교적 높은 신뢰성을 갖기 때문에 단기간 주차수요 추정의 간편식으로 널리 쓰이고 있다.

② 이 방법은 개별적인 건물의 장래 주차수요를 추정하는 데 적합한 방법이기도 하다.

③ 그러나 주차이용효율을 정확히 산출하기가 힘들고, 장래에 주차 발생 원단위가 변하는 경우 신뢰성이 떨어지는 등의 약점을 내포하고 있다.

④ 주차 발생 원단위는 건물의 용도별로 다르게 나타나며 용도별 주차 특성을 주차용량, 점유시간, 회전율, 주차이용 효율로 구분하여 분석·정리한 결과이다.

$$P = \frac{V \times F}{1,000 \times e} \quad \text{...} \quad \text{식 1}$$

여기서, P : 주차수요(대)

$\quad\quad V$: 첨두시 건물상면적 1,000m²당 주차 발생량(대)

$\quad\quad F$: 계획건물 연면적(m²)

$\quad\quad e$: 주차이용효율(%)

⑤ 주차 발생 원단위법의 문제점

㉠ 이 방법의 문제점은 두 가지로서 첫째는 원단위에 대한 정의방법상의 문제이며, 둘째는 주차장 이용효율 적용상의 문제이다.

㉡ 먼저 원단위의 적용방법상 문제를 살펴보면, 식 1에서 원단위 U는 피크시 건물 단위면적당 주차 발생량으로 정의되므로 식 1에 의한 계산 결과는 피크시 해당 용도의 건물 면적에 의해 1시간 동안 발생하는 주차량을 이용효율로 나눈 값일 뿐 주차수요 면수와는 거리가 멀다는 점이다.

㉢ 주차수요 면수는 누적 피크시의 수요면수를 의미하므로 피크시 주차 발생량과는 직접적인 관련이 없다.

㉣ 이를 주차 발생량을 이용하여 산정할 경우는 피크시뿐만 아니라 전체 시간대별 발생량과 발생 시간대별 주차시간 분포에 관한 자료가 있어야 하므로 피크시 주차 발생량만을 근거로 주차수요를 산정하는 것은 잘못이다.

㉤ 주차장 이용효율의 문제는 원단위 정의 방법과 밀접한 관련이 있으므로 먼저 일반적으로 이용되는 주차장 이용효율의 정의를 살펴보면 다음과 같다.

$$e = \frac{\text{평균 주차시간} \times \text{총 주차대수}}{12\text{시간} \times \text{총 주차용량(대)}} \quad \text{.......................................} \quad \text{식 2}$$

여기서, e : 주차장 이용효율

- 이 식에 의한 이용효율은 주차장의 주된 이용 시간대의 12시간 동안 전체 주차용량 중 실제 이용된 용량의 비율을 나타내므로 기존 주차장에 대한 조사를 통해 주차장 이용효율을 구할 경우 조사 대상 주차장이 수요에 비해 큰 규모일 경우 주차장 이용효율이 낮게 나타나게 되며, 반대로 수요에 비해 작은 규모일 경우에는 이용효율이 높게 나타나게 된다.

- 따라서 두 개의 조사 대상이 수요의 크기와 특성이 완전히 일치하더라도 각각의 주차장 규모에 따라 새로운 건물에 대한 주차수요 추정 시 상이한 결과를 나타내는 모순이 발생하게 된다. 이와 같은 두 가지 문제점은 각각 원단위와 이용효율에 대한 잘못된 정의와 이용에 의해 발생하는 것으로서 다음과 같은 방법으로 해결이 가능하다.

- 즉, 원단위 U를 피크시 단위면적당 주차수요로 정의하고 이용효율 변수를 삭제한 다음과 같은 식에 의해 주차수요를 추정한다.

$$P_1 - \frac{U_1 \times F}{1,000} \quad \text{... 식 3}$$

여기서, P_1 : 주차수요(대)

　　　　U_1 : 누적 피크시 건물 단위면적당 주차수요 원단위(대/1,000m²)

　　　　F : 건물연면적(m²)

- 식 3에 의한 추정방법은 매우 간단하다. 어떤 경우 식 3에 주차장 이용효율 항을 추가하여 식 4와 같이 사용하는 예도 있으나 이것 역시 잘못된 것이다.

$$P_1 = \frac{U \times F}{1,000 \times e} \quad \text{... 식 4}$$

- 왜냐하면 원단위가 누적 피크시 주차수요이므로 여기에 건물의 규모를 적용하면 바로 주차수요가 산출되기 때문이다. 식 4에서의 주차장 이용효율은 식 2와 같이 정의되지 않고 주차장의 최대 이용효율로 정의된다면 의미가 있으나 실용적 가치는 없는 것으로 판단된다.
- 여기서 최대 이용효율이란 주차장의 이용 편리성과 빈 주차공간에 대한 정보 전달 체계의 효율성 등에 의해 결정되는 이용효율을 의미하며, 현재와 같이 12시간 동안의 이용 실적을 기준으로 한다면, 12시간 동안 계속해서 수요가 용량을 초과하여 발생하는 주차장에서의 이용효율을 뜻하므로 최대 이용효율은 시설의 용도보다는 주차장의 규모가 거대한 경우를 제외하고는 정보전달체계의 중요성도 그다지 크지 않으므로 실용성은 거의 없는 것으로 판단된다.
- 그러나 식 3에 의해 주차수요를 추정할 경우 누적 피크시 단위면적당 주차수요 원단위를 도출하여 적용시키기 위해서는 유사시설에 대한 조사가 필수적이다.
- 이 경우 시설물에 따라 이용 시간대와 이용 요일별로 차이가 심하므로 시설물 특성을 파악하여 조사 대상 시설과 시간대 및 요일을 산정하여야 한다.

2. 건물연면적 원단위법

① 건물연면적 원단위법에는 현재의 토지이용의 용도별 연면적과 총주차대수를 회귀분석에 의해 파라미터로 도출한다.

② 그다음 장래 목표연도의 증가된 연면적을 대입시켜 장래의 총주차수요를 추정하는 방법과 용도에 따른 연면적당 주차발생량을 구한 후 장래 용도별 연면적을 곱하여 장래 주차수요를 산출하는 방법이 있다.

3. 교통량 원단위법

① 사람통행 실태조사에 의한 승용차의 통행량 패턴과 기종점 조사에 의한 승용차 통행을 도심지구 내, 도시 내, 도시 내 지구 간으로 구분하여 총주차대수와 관련시켜 일정한 지구의 주차수요를 구한다.

② 일단 차량통행에 의한 주차대수 원단위가 구해지면 장래 목표연도의 증가된 통행량에 이 주차 원단위를 적용하면 주차수요가 추정될 수 있다.

③ 원단위법은 교통 여건이 비교적 안정되어 있는 지역과 지역, 혹은 지구의 경계가 분명하여 동질적인 토지이용을 지닌 곳에 적합한 방법이다.

3 자동차 기종점에 의한 방법

① 승용차의 기종점을 분석하여 주차수요를 추정하는 방법으로는 다음 두 가지 유형이 있다.
  ⊙ 교통량 원단위법과 같이 승용차의 기종점과 총주차대수와의 상관관계에 따라 주차수요를 분석하는 방법
  ⓒ 도심지 등과 같은 특정한 지구로 진입하는 모든 도로의 출입지점을 기점으로 설정하여 차량번호판을 기록한 후 승용차 주차 장소에서 조사원이 기록한 차량번호와 비교하여 주차수요를 분석하는 방법

② ⓒ의 방법은 일정한 시간에 도심지나 지구로 진입하는 차량의 수와 주차대수를 파악함으로써 차량 유입 대수와 주차대수 간의 관계식이 성립되어 장래 차량 유입대수에 의해 장래 주차수요가 추정되는 방법이다.

4 사람통행에 의한 수요 추정

1. P요소법

① 주차수요는 피크시 승용차 도착 통행량과 주차장 용적률 및 이용효율 등의 변수에 따라 변화한다는 전제하에 정립된 방법이다.

② 원단위법보다 정밀화된 기법으로 여러 가지 지역 특성을 포괄적으로 고려하여 추정하는 장점을 지니고 있다.

③ 지구 내 도심지와 같은 특정한 장소의 주차수요를 추정하는 데 적합한 방법이다.

④ 그러나 P요소법은 우리나라 도시에 계절주차 집중계수에 대한 도시별 자료가 정리되어 있지 않고, 지역 특성을 반영하는 지역 주차 조정계수도 미비하여 현 단계로서는 그 적용성이 낮은 방법이다.

$$P = \frac{d \times s \times c}{o \times e} \times (t \times r \times p \times pr) \quad\text{·· 식 5}$$

여기서, P : 주차수요(대)

d : 주간(7 : 00~19 : 00) 통행집중률

c : 지역주차 조정계수(Locational Adjustment Factor)

s : 계절집중계수(Seasonal Peaking Factor)

o : 평균승차인원(인/대)

e : 주차장 이용효율

t : 1일 이용 인구(인)

r : 피크시 주차 집중률

p : 건물 이용자 중 승용차 이용률

pr : 승용차 이용자 중 주차차량 비율

⑤ 이 방법은 장기적 예측방법이 비교적 발달되어 있는 사람통행량에 기초하여 예측하므로 도심지역 등 특정 지역에 대한 중·장기 주차수요 예측 시에 매우 유용하나 원단위법과 동일한 오류가 있다. 식 5는 식 6과 같이 변경된다.

$$P = \frac{A \times r}{e} \times s \times c \quad\text{·· 식 6}$$

여기서, $A = \dfrac{t \times D \times p \times pr}{o}$ (12시간 총 주차발생량)

⑥ 식 6에서 $s \times c$는 계절 및 지역에 따른 보정계수이며 $A \times r$은 피크시 주차 발생량으로 P요소법의 기본 원리는 식 1과 동일하므로 원단위법에서 이미 밝힌 바와 동일한 논리적 오류가 발생한다. 즉, P는 피크시 주차 발생량을 주차 시 이용효율로 나눈 값일 뿐 주차수요와는 거리가 멀다는 것이다.

⑦ 사람통행량에 근거하여 주차수요를 산정하고자 할 경우 누적 주차대수를 산정할 수 있는 결과가 있어야 하므로 피크시 주차 발생량뿐만 아니라 각 시간대별 주차 발생량과 발생 시간대별 주차시간 분석에 관한 결과를 이용하여 누적 피크시 주차대수를 산정해야 한다. 이 경우 주차 시 이용효율은 앞서 원단위법의 경우와 마찬가지로 무용한 변수가 된다.

⑧ P요소법에 의한 주차수요 예측방법은 정확히 이용하고자 할 경우 용도별, 시간대별 주차 발생량과 발생 시간대별 주차시간 분석 등 방대한 양의 결과가 요구된다. 그러나 예측 대상이 개별 시설이 아닌 일정 지역이거나 예측 기간이 장기간일 경우 원단위법 적용이 어렵다는 점을 감안할 때 P요소법의 적용은 불가피하며, 이에 대한 자료의 수집 및 정리 작업이 필수적이다.

⑨ 발생 시간대별 주차시간 분석에 관한 자료가 누적되어 그 특성이 파악되면 그 특성에 따라 적용 과정을 현재의 수식과 같은 수준으로 단순화할 수 있을 것으로 판단되나, 현재의 수식에는 논리적 오류가 내재되어 있으므로 이를 계속 이용하는 것은 불합리하다.

2. 사람통행조사에 의한 수요 추정

① 사람통행에 의한 주차수요 추정법은 가구설문조사와 같은 방법으로 얻은 기종점 조사표에 의해 통행발생량을 예측하고 이를 각 교통수단으로 분류하여 승용차의 유입통행량을 토대로 하여 추정하는 방법이다.

② 이러한 과정을 거쳐 일단 주차수요가 추정되면 주차 원단위에 의한 건물용도별로 추정된 주차수요와 비교해 본다. 비교한 결과 상호 간 과다한 차이가 발생되면 사람통행 실태에 의한 주차수요방법을 다시 점검하여 문제점을 분석하거나 건물용도별 주차수요 추정과정 이 적절한지를 파악하여 합리적인 수준의 주차수요가 도출되었다고 판단되면 이를 최종적 인 주차수요 추정치로 확정짓는다.

③ 이렇게 결정된 주차수요는 현재의 주차용량과 장래의 가능한 주차공급면수를 고려해야 하는데 여기서 현재의 주차시설 현황, 가로 용량, 공한지, 주차장 정비지역, 재개발 지역 등 모든 변수를 감안한 가용할 수 있는 주차 공급량과 비교하여 재정 및 실행 계획을 수립하게 된다.

5 누적주차수요 추정법

① 누적주차수요 추정은 단위시간 동안에 도착하는 주차 차량의 평균도착대수를 산출하여 총 주차수요를 예측하는 방법으로 분석대상 건축물의 용도가 복합적으로 형성되어 있는 경우 용도별 주차 특성을 고려한 산출로 용도별 누적주차수요를 예측한다. 이에 따라 단위시간 동안의 누적주차의 변화를 알 수 있으므로 올바른 주차정책의 마련에 도움이 될 수 있는 방법이다.

② 주차수요 추정모형은 추정모형 설정, 1일 주차수요 산출, 시간대별 유·출입 주차비율 추정과 주차시간 분석의 4단계를 통하여 모형을 구축하고 이를 활용하게 된다.

③ 추정모형의 설정단계에서는 분석모형의 기본적인 골격, 즉 종속변수인 주차수요와 독립변수인 용도별 시간대별 특성 변수들의 상관관계에 대한 모형의 기본 골격을 작성하며, 독립변수로 작용하여야 할 변수들을 도출한다. 이렇게 도출된 모형을 통하여 평균도착대수를 산정하게 된다.

④ 1일 주차수요 예측은 전 단계에서 산출된 평균도착대수에 근거하여 푸아송 분포모형을 활용하여 산출한다. 산출 시에는 도착확률을 구하고 이에 따라 도착대수를 구하게 된다.

⑤ 시간대별 유·출입 주차비율의 추정단계에서는 설정된 모형을 활용하여 시간대에 따른 유· 출입 주차차량의 비율을 알아본다. 이 단계에서는 주차시설에 대하여 기존에 조사된 자료에

근거하여 비율을 추정하게 된다.

⑥ 마지막 단계로 주차시간의 분석이 이루어지는데 주차시간은 평균주차시간을 산정하여 이에 근거한 주차시간 분포를 구하고 그 결과에 따라 세부적인 주차시간을 산정하게 된다. 주차시간 이 산정되면 실제 필요한 주차시설의 양이 결정될 수 있다.

⑦ 이 같은 누적주차수요 추정모형은 단일 용도의 시설에 대하여 신뢰성 높은 주차수요를 추정할 수 있을 뿐만 아니라 복합적인 용도의 시설에 대해서도 비교적 작용력이 높다. 그러나 모형의 산정 과정상에 차량의 도착 및 출발에 대하여 일정한 분포를 가정하여야 하므로 이때 부적절한 분포를 활용하게 되면 실제 주차수요 추정의 신뢰도가 낮아질 수 있다는 약점이 있다.

12 점유율

1 개요

① 각 조사지역(블록 또는 링크별로)의 노상주차와 노외주차를 구분하여 시간당 관측 주차대수로 부터 시간당 점유율(Occupancy)을 구한다.

② 이때 하역공간에 대해서도 같은 방법으로 구하며 관측 주차대수 곡선을 그리면 첨두주차시간 을 한눈에 알 수 있다. 일반적으로 첨두시간을 포함한 연속된 3시간의 첨두주차시간대에 대해서 주차이용도 분석을 한다.

③ 점유율 조사는 07 : 00~19 : 00까지의 시간대가 좋으며 특정 주차 발생요인이 되는 건물이나 행사장의 주차 특성을 파악하기 위해서는 주차수요가 최대가 되는 1~3시간대를 기준으로 잡는 것이 좋다.

2 점유율의 종류

① 공간점유율(Space Occupancy)
  ㉠ 주차공간에 일정한 차량이 차지하는 거리
  ㉡ 과거의 밀도를 직접 측정하기 어려우므로 공간점유율을 이용하여 밀도를 산출

② 시간점유율(Time Occupancy)
  ㉠ 분석시간 중 지점 일정한 공간에 차량이 존재한 시간의 비율
  ㉡ COSMOS 시스템에서는 검지기로부터 입력되는 자료를 이용하여 점유시간과 비점유시간 을 자동으로 산출하여 포화도산출의 기초자료로 사용
  ㉢ 또한 두 개의 인접한 검지기로부터 연속적인 차두간격을 측정 가능 : 밀도 산출

⓷ 주차수입자료 분석절차

① 미터별로 일일수입표를 만들고, 아울러 매달 특정 표본시간 동안 각 구역별로 수입과 주차료율
을 기록하여, 이용도의 연간 및 일·월 변동을 구한다(연속된 3년간의 자료).

② 각 구역별 점유율을 구하고 이것을 주차이용도 조사에서 나온 결과와 비교한다.

③ 주차미터의 시행 및 단속 효과를 평가한다.

⓸ 유의사항

① 주차 조사에서 특히 유의해야 할 사항은 조사분석 대상이 되는 시간대에 관한 것임

② 분석시간대가 정확히 정의되어야 필요한 자료를 얻을 수 있음

③ 예를 들어 하루 24시간 평균 주차시간이나 회전수 또는 점유율을 구하는 것은 무의미함

④ 왜냐하면 이용률이 거의 없는 밤 시간대가 평균값에 포함되어 원하는 목적에 사용될 주차
특성을 나타낼 수 없기 때문임

⓹ 분석

① 주차량 및 주차부하식

$$V = CT$$
$$L = VD = CHO$$
$$C = VD/He$$

여기서, V : 주차량(대), L : 주차부하(대/시간), C : 가용용량(면)
T : 회전수(회/면), D : 평균주차시간(대/시간)
H : 특정시간대의 길이, O : 점유율, e : 효율계수

② 주차장 계획

㉠ 특정시간대의 주차수요와 평균주차시간을 알고, 필요한 점유율이 주어졌을 때 이에 적합
한 주차면수(가용용량)를 구하고 나머지 변수를 구하는 문제

㉡ 즉, H, V, D, O를 알면 C와 T를 구할 수 있음

㉢ 또 O 대신에 e를 사용하면 최소의 C와 V_m을 구할 수 있다.

③ 주차 특성 분석

㉠ 특정시간 동안의 관측 주차대수, 주차량, 가용용량을 알고 평균주차시간, 회전수, 점유율
을 구하는 문제

㉡ 즉, H, L, V, C를 알면 D, T, O를 구할 수 있음

㉢ 이 문제에서도 V_m은 O 대신 e값을 사용하면 구할 수 있다.

예제 01

어느 건물의 주차장을 건설하고자 한다. 주차첨두시간은 11 : 00∼14 : 00까지로 예상되며, 이 동안의 주차수요는 100대, 평균주차시간은 1.5시간으로 추정된다. 다음 물음에 답하라.

① 첨두 3시간의 평균점유율을 0.7로 하고 싶다. 소요 주차면수는 얼마인가? 또 이렇게 건설되었을 때의 평균회전수는 얼마인가?

② 이 주차장의 효율계수를 0.9라고 가정할 때 위의 주차수요를 만족시키는 최소 주차면수는 얼마인가? 또 이때의 평균회전수는 얼마인가?

풀이 V=100대, D=1.5시간, H=3시간, O=0.7, e=0.9

① $C_1 = VD/HO = 100 \times 1.5/(3 \times 0.7) = 72$면

   $T = V/C = 100/72 = 1.4$회/3시간

② $C_2 = VD/He = 100 \times 1.5/(3 \times 0.9) = 56$면(가용용량)

   $T = V/C = 100/56 = 1.8$회/3시간

여기서, V : 주차량(대)

         C : 가용용량(면)(C_1＝주차이용효율을 고려하지 않은 것)

         T : 회전수(회/면)(C_2＝주차이용효율을 고려한 것)

         D : 평균 주차시간(대/시간)

         H : 특정시간대의 길이

         O : 점유율

         e : 효율계수

6 용어 정의 및 종합

① 관측 주차대수(Parking Accumulation, A)

어느 특정시간에 관측된 주차대수(대)·주차장 진·출입 대수의 누적과 같기 때문에 붙인 이름이며, 특정시간대 내에서 일정시간 간격으로 관측하여 구한다.

② 주차량(Parking Volume, V)

어느 특정시간 동안에 주차장을 이미 이용했거나 또는 이용하고 있는 차량대수(대)

※ 일본 : 평균실주차대수, 실주차대수, 평균주차량은 주차량을 특정시간대의 길이로 나눈 값

③ 주차부하(Parking Load, L)

특정시간대에 각 차량의 주차시간을 누적한 값으로서, 관측 주차대수를 누적한 값에 관측시간 간격을 곱해서 얻는다(대－시간).

※ 일본 : 연주차시간

④ 가용용량(Possible Capacity, C)

주차 가능한 주차면수(면)

※ 일본 : 주차가능대수

⑤ 실용용량(Practical Capacity, C · e)

주차수요가 가용용량보다 클 때, 실제로 주차할 수 있는 최대 대수(면) 주차를 끝낸 후 주차면에서 나오는 차량, 주차면을 찾는 차량, 통로에서의 마찰 등으로 가용용량보다 적다. 가용용량에 효율계수 e를 곱해서 얻는다.

⑥ 효율계수(Efficiency Factor, e)

주차수요가 용량을 초과할 경우에 발생할 수 있는 주차장 최대이용률을 말한다. 실용용량을 가용용량으로 나눈 값과 같으며, 최대점유율과도 같다.

⑦ 회전수(Turnover, T)

어느 특정시간대의 주차면당 평균주차량(회/면)

※ 일본 : 회전율

⑧ 평균주차시간(Parking Duration, D)

어느 특정시간대의 주차 차량당 평균주차시간 길이(시간/대)

※ 일본 : 평균주차시간

⑨ 점유율(Occupancy, O)

어느 특정시간대의 주차장 평균이용률 주차수요가 용량보다 클 때의 값을 그 주차장의 효율계수라 한다.

※ 일본 : 주차지수

⑩ 가능주차량(Possible Parking Volume, V_m)

어느 특정시간 동안에 주차장을 이용했다가 나갈 수 있는 최대차량대수

※ 일본의 주차가능대수와 혼동하기 쉬우므로 주의를 요함

13 차고지 증명제와 주거지역 주차허가제

1 개요

① 급속한 경제성장은 경제 규모의 증가와 소득증대에 따른 소비와 생산활동의 증가를 가져왔으며 이로 인해 자동차 소유를 급격히 증가시켰다.

② 자동차 증가는 여러 가지 교통문제를 가져왔다. 이 중 주차문제는 주거지 내 도로의 목적은 상실하고 주차장이 되어 주거지 환경문제, 일상생활에 필수적인 차량통행 제한, 보행공간 침해, 교통사고 위험 등을 유발한다.

③ 이러한 점에서 무질서한 주차에 관하여 규제하는 목적으로 자동차 보유단계에 있어서 자동차의 차고지 확보를 의무화하는 차고지 증명제와 주거지 내 일정 면적의 도로에 주차를 허가하는 주거지역 주차허가제에 대해 논하고자 한다.

2 주거지역 주차 실태

① 주거지 내 도로의 기능 상실
② 화재나 응급 시 차량 진입 및 접근의 어려움
③ 차량 불법 주차에 의한 도로 폭 협소로 사고 위험성 증대
④ 차량 도난 및 방화사고 증대
⑤ 주거지 환경(소음, 진동, 분진, 사고 등) 악화

3 차고지 증명제 및 주거지역 주차허가제

1. 차고지 증명제

① 목적
  ㉠ 도시 주거지역 도로의 본래 기능 회복
  ㉡ 주거환경 정비
  ㉢ 화재 등 재해방지 최소화

② 차고지 증명제 실시방법 등록 행위 시 차고 확보 의무화

③ 차고지 정의
  ㉠ 건물 부설 주차장
  ㉡ 주차장법에 의한 노외주차장

ⓒ 주택 내 공지 또는 일반 공지

ⓓ 기타 유휴지

2. 주거지역 주차허가제

① TMS의 한 방법으로 주거지역 내 주차문제 개선을 목적으로 실시

② 주거지 내 도로에 주차허가증을 발급하여 주차허가증을 소지한 비거주 방문자에 한하여 주차할 수 있는 제도

4 차고지 증명제의 문제점

① 현재 차고 소유자

현재 살고 있는 주택에 차고가 있는 경우에는 문제가 되지 않으나 아파트의 주차공간이 부족한 경우, 주택의 건축허가나 준공검사 시에 문제가 되지 않았고 현재의 차고를 다른 목적으로 전용하고 있는 경우의 처리

② 현재 차고 미소유자

ⓐ 현재 차고가 없는 주택, 아파트, 점포의 세입자에 대한 처리

ⓑ 도로를 이용한다면 어떤 도로를 이용할 것인지? 도로점용비는?

③ 차고 소유에 대한 권리 주장

차고 소유에 대한 권리분이 지가 내지 주택가격을 상승시킬 가능성

④ 자동차 공급업체의 반발

새로운 제도의 도입으로 자동차 수요에 영향을 끼칠 수 있다는 자동차 업계의 반발 예상

⑤ 주택공급과 관련 법의 개정

기존 건축법, 재개발법, 주차장법, 도로교통법 등 차고와 주차장에 관련되는 법개정에 관한 문제 제기

⑥ 사회 윤리적 문제

자동차의 신규, 변경, 이전 등록 시에 차고지 확보가 불가능할 경우 신고사항을 거짓 기재, 타인명의 등기, 위장 전출 등의 구실 제공 가능성

⑦ 사후관리

사후관리에 대한 확인 문제와 불법주차에 대한 지도단속 문제

5 결론

① 차고지와 주차허가제는 열악한 우리 사회 기반시설의 여건에서 많은 문제점을 안고 있으나 이러한 제도의 도입으로 주거지 내 야간주차 문제를 해결할 수 있다고 본다.

② 차고지 증명제의 현실과 문제를 주차허가제가 보완해주어 제도가 정착될 수 있도록 정치권과 정부 차원에서 법적 · 제도적인 대책이 절실히 요구된다.

③ 지금이라도 미래를 대비하여 신설되는 단독주택, 공동주택, 택지조성 시에 자체적으로 해결할 수 있거나 공공용지 등을 활용하여 주차문제를 해결할 수 있는 계획이 수립되어야 할 것이다.

14 주차안내 유도시스템

1 개요

① 대도시의 주차문제는 주차시설의 부족과 함께 사회적 문제로 대두되는 것이 불법주차이다.

② 주차문제를 효율적으로 해결하기 위해 주차관리 정보센터에서 체계적이고 효율적으로 주차안내 유도시스템을 관리해야 한다.

③ 주변 주차장의 이용 상황과 도로 혼잡 상황을 VMS 등을 통해 운전자에게 실시간으로 제공함으로써 주차수요를 시간적 · 공간적으로 배분하여 주차소요를 체계적으로 관리하기 위함이다.

2 도입효과

① 운전자 측면
   ㉠ 주차 대기시간 경감
   ㉡ 적절한 주차장 선택 가능
   ㉢ 주차장 위치 확인에 필요한 시간 경감
   ㉣ 심리적 불안감 제거

② 긍정적 측면
   ㉠ 불법주차 감소 및 불필요한 교통량 감소로 도로 소통 여건 개선
   ㉡ 주차장 경영 개선 및 광고 효과
   ㉢ 주변 상가 활성화

❸ 도입 방안

① 대상지 주차 특성 파악
- ㉠ 주차시설 조사 : 지역 내 주차장 위치, 형태, 규모
- ㉡ 주차이용 특성 조사 : 회전율, 이용효율, 평균주차시간
- ㉢ 주차형태 조사 : 주차 목적, 주차 전후 보행거리, 주차장 보유 유무
- ㉣ 주차장 운영 : 주차장 수입과 지출
- ㉤ 불법주차 조사 : 불법주차 대수, 시간, 이용 형태, 불법주차 사유

② 정비계획 수립
- ㉠ 기본 목표 설정
- ㉡ 주차안내 시스템과 도입 효과 분석
- ㉢ 시스템 구성 검토
- ㉣ 시스템 운영방안 수립
- ㉤ 설치 및 Feed Back

❹ 결론

① 국가 경제발전에 따라 소득이 증대되고 각 가정이나 직장 등에서 주차로 인한 시간과 경비손실이 크게 늘고 있다.

② 따라서, 불법주차가 크게 늘고 있는 현시점에서 주차 질서를 확립하고 간선도로의 소통 등을 높이기 위해서 주차시설의 확충과 주차관리 유도시스템을 조속히 구축해야 할 것이다.

③ 정부차원에서도 주차장 확대 방안, 주차장 관리체계 도입 등의 관련 법을 조속히 시행하여 효율적인 주차관리로 시간과 경제적 손실을 최소화할 수 있도록 대책 수립을 해야 할 것이다.

15 Timed Transfer(동시 환승시스템)

❶ 개요

① 동시 환승시스템(Timed Transfer)은 정해진 환승지점에서 여러 대중교통노선을 동시에 도착하도록 배차하여 환승승객들이 자유롭게 환승하도록 해주는 시스템이다.

② 일정하게 정해진 시간에 도착해야 하는 것이 허브(HUB) 개념과 다르다.

③ 동시 환승은 모든 승객이 한 번의 환승으로 목적지에 도착할 수 있도록 함으로써 한정된 재원으로 승객수요가 낮은 지역에 사용되는 효율적인 운영기법이다.

② 운영 방안

① 모든 차량이 도착할 때까지의 평균도착시간을 감안하여 출발하는 방법이다.
② 운행 중에 발생할 수 있는 지체시간을 감안하여 도착여유시간(Buffer Time)을 두고 배차하는 방법이다.

③ 결론

① 외곽지역 등에 대한 동시 환승시스템 도입이 요구되며 다양한 운영전략별로 모형화 및 분석이 필요하다.
② 승객이 단 한 번의 환승만으로 목적지에 도착할 수 있도록 해야 하며 특히 외곽지역과의 연계성을 고려하여 운영 전략을 수립해야 한다.
③ 승객이 집중되고 지역에서는 오히려 혼잡이 발생할 수 있으므로 이 시스템을 적용 시에는 충분한 사전조사를 시행하여 적용한다.

16 대중교통 지향 개발(TOD)

① 개요

① 교통계획 시 교통과 토지이용을 연계하여 도시 개발방안과 대중교통지향개발(Transit Oriented Development, TOD)이 사용된다.
② 대중교통시스템을 중심으로 한 토지이용정책으로 대중교통 정류장(버스정류장, 지하철 역사)을 중심으로 고밀도의 복합용도로 개발된다.

② 기능

① 대중교통 이용 증진에 효과적
② 자가용 억제와 교통혼잡 완화 효과
③ 대기오염 감소 및 에너지 절감 효과
④ 교통약자의 이동성 증진
⑤ 공공 안전성 향상
⑥ 오픈 스페이스(Open Space) 확보와 가구지출 감소에 효과

③ 문제점

① 기존 대중교통시스템 설계상에 문제가 있다.
② 지역사회에 영향을 미칠 우려가 있다.
③ 투자의 위험성이 있다.

④ 활용 방안

① 토지이용 및 교통계획에 연계하여 검토
② 환경·경제에 대한 효과 분석이 용이
③ TOD 정보 및 기술·재정 지원이 가능

⑤ 대중교통에 의한 근접개발(Transit Proximity Development, TPD)과 차이점

TOD(Transit Oriented Development)는 TPD(Transit Proximity Development)와 비교하여 한 도시의 단위로 토지이용과 교통과의 연관성을 강조하면서 대중교통 밀집 지역 중심의 복합적인 토지이용과 보행친화적인 도보 환경을 만듦으로써 무분별한 도시 개발을 막고 개인 교통수단의 통행 패턴을 대중교통 및 녹색 교통 위주의 통행 패턴으로 유도하여 자동차 배출가스로 인한 환경오염 및 자동차 운행 중 발생하는 소음 공해를 감소시켜 시민의 편리한 사회생활을 도모하고자 하는 것에 있다. 반면 TPD는 이러한 고밀도 개발 및 토지이용 패턴을 고려하지 않은 단순한 대중교통을 중심으로 한 주변 개발을 의미한다.

⑥ 결론

① 대중교통지향개발(TOD)은 자가용을 가능한 한 억제하고 공공 교통수단을 최대한 활용할 수 있도록 도시개발을 하고자 한다.
② 각자 집에서 도보로 5분 거리(600m) 이내에 커뮤니티 센터를 건립하며, 초등학교는 아동들이 걸어서 도달하는 거리에 위치하여 자동차 이용을 최소화하여 보행자와 자전거 중심의 도로 패턴을 확대하고자 하는 것이다.
③ 주거지에는 단독주택, 아파트, 연립 등 다양한 주택을 골고루 공급하고 특정 계층만을 위한 것이 아닌 다양한 소득계층, 인종, 문화적 배경을 가진 사람들에게 살아갈 수 있는 공동생활체(Community)의 실현이다.

17 Transit Mall(통행허용공간)

1 개요

① 통행허용공간(Transit Mall)은 도심 상업지에 승용차 교통을 억제하고, 보행자전용도로를 정비한 후 대중교통수단의 통행을 허용한 가로공간을 말한다.

② 교통 여건이 열악한 구도심을 대상으로 삼아 혼잡을 완화하는 한편 낙후된 구도심권 그 자체를 활성화하자는 취지에서 제안하였다.

③ 외국의 경우 영국 런던, 프랑스 리옹, 독일 프랑크푸르트, 네덜란드 암스테르담 등에서 활용되었다.

④ 버스, 택시 및 지하철과 같은 대중교통수단 이외에 자가용 승용차 등의 진입을 원천적으로 제한하고 시간제로 서비스차량 통행이 허용되며 긴급자동차는 항상 통행이 가능하다.

2 조성 목적

① 몰(Mall)에 의해 연결된 개별상점이 대형상점의 기능을 활성화한다.

② 대중교통 접근성 및 편리성의 향상으로 이용자가 증가한다.

③ 대중교통의 우선적 이용과 교통환경 개선을 위해 자가용 승용차 등의 통행을 제한해 쾌적한 교통 공간이 조성된다.

④ 양호한 보행환경이 조성되고 보행자의 체류시간이 늘어난다.

⑤ 도심 상업 기능 활성화 및 대중교통 이용자가 증가한다.

3 문제점 및 효과

① 대중교통의 서비스가 개선되고 상점가의 방문객이 증가한다.

② 전용지구의 외곽지역에서 또 다른 교통혼잡이 발생한다.

③ 물품 반·출입이 불편하다.

4 결론

① 통행허용공간(Transit Mall) 주위에 주차공간을 많이 확보하여 도심상업지 인근에 불법주차를 억제하고 차량의 원활한 통행공간을 조성해야 한다.

② 현재 시행되고 있는 지역의 경우를 보면 홍보와 의식 부족으로 야간에 불법통행, 불법주차 등으로 인하여 긴급자동차 통행을 막고 보행자와 자전거 통행자들에게 큰 피해를 주는 경우가 발생한다.

18 노선 입찰제

1 도입 배경

① 최근 시내버스 노선 중 운영수익이 적어 노선운행을 중단하는 경우가 발생하여, 이를 해결하기 위해 버스 서비스의 공공성을 감안하여 정부에서 시내버스업계를 지원하는 방안과 운영체계를 효율적으로 개편하기 위한 방안이다.

② 버스는 대중교통이지만 노선은 사유화되어 있어, 수익노선은 보유업체에 의해 독점적으로 운행되며, 이에 따라 업체는 수익노선의 확보에만 집착하고, 비수익노선을 보유한 경우, 요금인상으로 손실을 보전하는 데에만 급급해 서비스의 질은 지속적으로 하락하고 있다.

③ 따라서, 대체교통수단을 갖지 못한 사회적 약자의 교통기본권 보장과 소득재분배 측면에서 버스 수송 분담률의 저하를 막고 운행중단의 위기에 효과적으로 대처하며, 장기적으로 안정적인 버스서비스를 공급할 수 있는 운영체계의 모색이 필요하다.

④ 기존의 민영체제하에서는 개별업체에 대한 일률적 지원보다는 운행노선의 특성을 감안한 지원이 요구됨에 따라 노선입찰제 도입의 필요성이 제기된다.

2 효과

① 버스서비스의 안정적 공급 및 공익성 향상
  ㉠ 비수익노선에 대한 업체의 운행 기피로 인한 서비스의 중단 방지
  ㉡ 계약을 통한 일정 수준의 서비스 제공

② 노선의 사유화를 막고, 노선을 시당국이 보유함에 따라 노선의 공공성 제고
  노선결정권을 시당국이 보유함으로써 합리적인 노선운행 및 개편이 가능

③ 독과점 방지
  ㉠ 노선조정을 통해 수익, 비수익 노선의 적절한 배분
  ㉡ 특정 업체에 적자 및 흑자 노선이 편중되는 것을 방지
  ㉢ 노선개편 용이

④ 시내버스 운송업체의 경영효율화
  ㉠ 신규업체의 진입 가능 : 현행 노선별 독점운영체계를 잠재적 경쟁시장으로 변경
  ㉡ 부실업체의 퇴출을 용이하게 함으로써 불필요한 재정부담 감소
  ㉢ 업체의 인수, 합병을 통한 업체대형화와 규모의 경제를 달성

③ 결론

① 시내버스 업계들의 운영수익성이 떨어진다는 이유로 서비스의 질이 떨어지고 운행을 중단하는 경우가 빈번하였다.

② 정부 차원에서 노선입찰제 서비스의 효율성을 높일 수 있는 공공성을 감안하여 시내버스업계를 지원하는 방안과 운영체계를 효율적으로 개편할 수 있도록 도입의 필요성이 있다.

19 고속국도의 정체관리

① 개요

① 고속국도 정체의 특징은 통행속도 감소, 통행시간 증가, 운행비 증가, 사고율 증가, 대기오염 등으로 인한 이용자의 불만 등으로 규정되며, 이러한 교통정체는 직접적인 손실 외에 막대한 사회경제적 간접 손실이 발생한다.

② 이와 같은 고속국도 정체의 주원인은 수요의 과다한 집중과 도로 용량의 부족, 즉 수요와 공급의 불균형에 있다. 기본적으로 정체는 특정 구간의 교통수요가 도로 용량을 초과할 때 발생한다.

③ 도로 투자의 효율성을 높이기 위해 검토되는 방안으로 고속국도를 종합적이고 체계적으로 운영하고 관리하는 방안이 필요하다.

② 고속국도 정체의 원인

1. 정체의 특징과 근본 원인

① 다음 그림은 특정 지점의 수요와 용량 및 지체의 관계를 나타낸 것이다.

② 수요가 용량보다 적은 경우에 차량 지체는 발생하지 않는다. 그러나 시각 T_a부터는 도착하는 교통수요가 교통용량을 초과하므로 병목현상이 발생하여 정체가 시작되며, 이 정체는 누적수요가 용량과 같아지는 시각 T_b까지 지속된다.

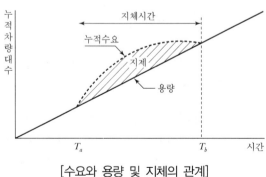

[수요와 용량 및 지체의 관계]

2. 정체의 종류와 원인

고속국도에서 일어나는 정체에는 특정 시간에 특정 위치에서 반복적으로 일어나는 정체(Recurring Congestion)와 교통사고와 같이 돌발적이고 비반복적으로 일어나는 정체(Non-recurring Congestion)가 있다.

① 반복적 정체
   ㉠ 교통수요가 용량을 초과할 경우
      • 용량이 수요에 미치지 못하는 병목지점에서 발생
      • 연결로 접속부 혼잡 → 본선 용량상태 도달
   ㉡ 기하구조의 제약에 의한 병목지점
      • 차로수의 감소(Lane Drop)
      • 짧은 엇갈림 구간
      • 인터체인지 시설의 불합리
      • 요금소(Tollgate) 지역
      • 기타 : 횡단면과 길어깨 폭의 부족, 시거의 제한, 종단경사, 노면상태 등

② 비반복적 정체
   유고 시에 발생하는 것으로 특별행사와 같이 예측 가능한 유고와 사고나 고장차량, 악천후, 교량이나 도로 붕괴와 같이 예측 불가능한 유고로 나눈다.

3. 개선방안

반복적인 정체상황을 개선하는 관리기법은 크게 교통수요의 관리방안과 기하구조 개선방안, 비반복적 정체 개선방안으로 나눌 수 있다.

① 교통수요 관리방안
   ㉠ 진입연결로 제어
      고속국도 본선 교통이 속도와 밀도가 적정한 범위 내에서 최대교통량이 이용할 수 있도록 고속국도 진입차량 대수를 제어하는 방법
      • 고정식 미터링(Pretimed Metering) 방식
      • 교통감응식 미터링(Traffic Response Metering) 방식
      • 교통류 합류 제어 방식
      • 통합연결로 제어(Integrated Ramp Control) 방식
   ㉡ 고속국도 본선 제어
   ㉢ 가변 속도 제어
   ㉣ 우선 통행권 제어 : 분리 시설물 설치, 전용차선 설치, 우선 진입권 제어

② 기하구조 개선방안

도로를 건설하여 차로수를 늘리는 방법이 있으나 용량을 증가하기 위해 길어깨를 이용하는 방법도 있다.

③ 비반복적 정체 개선방안

㉠ 유고의 영향 최소화 : 감지, 규명, 대처

㉡ 용량 회복, 유지 : 유고 요소 제거

㉢ 수요 감소 : 운전자 정보 제공, 교통관리

- 유고의 감시체제
  - 차량검지기, 무선전화, 긴급전화, 항공관제, 순찰차, CCTV
- 유고 확인과 처리 방안
  - 경찰차량이나 견인차량, 구급차를 이용하여 현장 내 유고를 소거
  - 가변정보 표지판, 방송을 이용해 차량을 우회시키거나, 교통상태를 알려 속도를 줄이게 함으로써 2차 충돌을 피하게 할 수 있도록 유도
- 유고 시 교통 통제 방안
  - 합류처리, 역류처리, 길어깨 사용
  - 측도 이용 및 측도 운영 개선

4. 정체와 고속국도 관리체계

교통소통을 높이고 안전을 증진시키는 방안이 고속국도 관리체계(Freeway Management System, FMS)이다.

① 정체관리와 고속도국 관리체계

고속국도 관리체계는 정체를 유발시키는 도로의 기하학적 요인을 제외한 모든 정체요인을 관리하는 고속국도 종합교통관리전략이라 할 수 있으며, 교통 정체문제와 고속국도 관리체계의 관리전략 간의 관계는 다음과 같다.

[고속국도 관리체계와 정체관리]

교통문제 관리전략	반복적(정체)	비반복적(유고와 특수 상황)
유고관리	직접 관련 없음	빠른 유고 감지와 반응으로 지체 감소
수요관리	상류부 수요나 병목구간을 통과하는 통행을 효과적으로 제어	유고의 경우 교통수요를 제어
교통류관리	가용 용량 수준의 효과적인 이용 증진	직접 관련 없음
운전자 정보관리	운전자에게 교통정보를 제공	제안된 우회방법에 대한 정보제공

② 고속국도 관리체계(FMS)의 목적과 기능

　㉠ 고속국도 관리체계(FMS)의 목적
- 고속국도 이용자에게 양질의 교통서비스 제공
- 용량 증대와 지체 감소
- 2차 사고 감소
- 연료소비량 감소

　㉡ 고속국도 관리체계(FMS)의 기능
- 유고의 감지와 관리
- 고속국도와 고속국도, 고속국도와 일반국도의 교통량 균형 유지
- 건설과 유지보수 공사 중의 교통류 관리
- 속도 표지 정보 제공
- 기상 정보 제공
- 교통자료 수집 정리
- 경찰 및 순찰자와의 유대 유지
- 도로관제시스템과의 연계
- 연결로 미터링 및 우선 처리

　㉢ 고속국도 관리체계의 구성

　고속국도 관리체계(FMS)는 크게 도로에서 교통상황을 감지하는 감지시스템(Vehicle Detection System, VDS), 수집된 정보를 판단하여 처리방안을 마련하는 중앙관제센터(Control Center), 필요한 정보를 도로이용자에게 알려주는 정보의 전달수단(가변정보표지판, 교통방송 등), 정보의 전달을 담당하는 통신선로로 구분된다. 고속국도 관리체계의 구성요소를 나열하면 다음과 같다.
- 중앙장치 및 중앙 S/W
- 통신시스템
- CCTV 시스템
- 감지시스템(Vehicle Detection System, VDS)
- 가변정보표지시스템(Varible Message System, VMS)
- 연결로 진입통제시스템(Ramp Metering System, RMS)
- 차로 제어시스템(Lane Control System, LCS)

3 결론

① 고속국도 정체의 원인은 크게 반복적인 정체와 비반복적인 정체 두 가지로 나뉜다.

② 반복적인 정체는 교통수요가 용량을 초과하는 경우 주로 발생하므로 미터링(Metering) 등을 이용하여 진입연결로 제어, 연결로 차단과 같은 것을 운영하여 차량을 제어하여야 할 것이다.

③ 부득이하게 계속적인 반복이 심한 경우는 예산을 우선 확보하여 확장이나 별도 우회노선을 신설해야 한다.

④ 비반복적인 혼잡의 경우는 사고 시나 유고 시(有故, Incidents), 낙하물, 공사, 특별행사 등에 의한 것이므로 사전에 관리하고 홍보하여 비반복적인 혼잡이 최소화되도록 해야 할 것이다.

20 요금 산정방법

1 개요

① 시장경제 체제하에서 대중교통수단의 요금제도는 자원을 효율적으로 배분하는 차원에서 한계비용으로 결정하는 것이 합리적이라 한다.

② 요금제도를 선정할 때는 반드시 상충하는 목표들 간의 상쇄성(Trade-Off)을 면밀히 분석해야 한다.

③ 국내의 대중교통체계 운영을 살펴보면 주로 버스, 지하철, 택시가 주종을 이루고 있다. 특히 교통요금과 관련된 정책의 경우 뚜렷한 정책목표가 설정되어 있어야 한다.

④ 국내의 경우 대중교통수단의 요금 결정 시 다음 사항을 고려한다.
   ㉠ 물가에 미치는 영향
   ㉡ 경쟁수단의 요금
   ㉢ 원가보상주의

2 교통요금 결정이론

1. 한계비용 가격 결정원리(Maginal Cost Pricing Rule)

① P=MC일 때 기존 시설의 효율적 이용을 가져와 사회적 후생이 극대화됨

② 그러므로 한계비용을 가격으로 결정하는 것이 최선의 가격정책임(First Best Pricing Rule)

③ 한계비용 가격 결정원리의 전제조건

    ㉠ 외부성이 존재하지 않음

    ㉡ 다른 부문의 가격도 한계비용의 적용을 받음

    ㉢ 형평성을 미고려

④ 이러한 전제조건은 규모의 경제하에서는 엄청난 적자가 발생됨

⑤ 아래 그림에서 MC와 D가 만나는 지점 B

    ㉠ P*는 사회적 후생이 극대화되는 최선의 가격

    ㉡ ▨만큼 운영 적자 발생

2. 평균비용 가격 결정원리(Average Cost Pricing Rule)

① $P = AC$에서 가격을 결정하므로 사회적 후생은 감소되나 적자는 발생하지 않음

② 두 번째로 좋은 가격은 사회적 후생이 감소하므로

③ AC와 D가 만나는 지점 A

    ㉠ P^0는 적자가 발생되지 않는 차선의 가격

    ㉡ $P^0 \cdot P^* \cdot A \cdot B$만큼의 후생손실 발생(소비자 잉여의 감소)

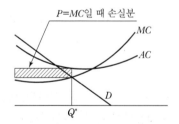

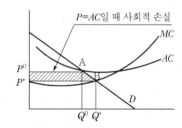

3. 가격 차별 정책(Ramsey Pricing)

① 시장수요는 지역별·시간별로 차이가 발생

② 이러한 시장수요의 탄력성을 이용하여 사회적 후생손실을 최소화하기 위한 가격 정책이다.
Max(SB−SC)

    Subject to, TR−TC=0, $\dfrac{P_i - MC_i}{P_i} = -\dfrac{\lambda}{1+\lambda} \cdot \dfrac{1}{\xi_i}$: Ramsey Pricing

③ 가격 탄력성 ξ_i에 비례하여 $P > MC$보다 크게 설정

    ㉠ 탄력성이 큰 수요는 P를 낮추어 후생을 극대화 $P \leq AC$

    ㉡ 탄력성이 적은 수요는 P를 높여 손실을 최소화 $P \geq AC$

④ 그러나 탄력성을 구하기 어렵고, 시장 구분을 명확히 하기가 곤란하고 형평성 문제가 야기된다.

4. 독점에 의한 가격 결정(Full-Cost제)

① 재화나 서비스의 공급자가 하나 또는 소수일 때 공급자는 독점이윤을 추구하게 됨 ($P > MC = MR$)
② 이에 따른 사회적 후생손실은 정부 개입의 사유가 됨
③ 특히 변동비보다 고정비가 큰 철도 등 자연 독점산업인 경우 $P = MC$에서 가격 결정 시 엄청난 적자가 발생할 우려가 높음

5. 기타

① 운송비용설
   ㉠ 운수사업에서는 고정자본의 비율이 크며, 시설의 경제 수명이 비교적 길어 지속적인 경영을 하기 위해, 발생되는 모든 비용(투자비 포함)을 회수하려고 함
   ㉡ 이를 토대로 운임의 최저한도 설정

② 운송가치설
   이용자가 감당할 수 있는 것을 기준으로 하여 운임의 최고한도를 결정하는 이론

③ 결론

① 국내 대중교통요금은 물가정책에 따라 변동되는데 이는 적정 수준 이하의 요금 수준이다.
② 이로 인한 운영업체의 부실화 → 서비스질 저하 → 승용차의 증가, 운영비의 증가라는 악순환이 반복되고 있다.
③ 앞으로 대중교통 중심의 교통체제로 개편하기 위한 대중교통요금제도는 다음과 같이 개선되어야 할 것이다.
   ㉠ 신뢰성 있는 원가 계산을 통한 적정 요금을 부과해야 한다.
   ㉡ 정기적 인상을 통한 수익성을 보전해 주어야 한다.
   ㉢ 균일 요금제도의 개편이 있어야 한다.
   ㉣ 적정 수익 초과 시에 장기 적자 노선에 대한 보전 대책이 있어야 한다.
④ 또한 요금 인상으로 인한 승용차 전환이 발생되지 않도록 승용차의 부담을 증가시키고 있다.
   ㉠ 버스 전용차로 확충-승용차 통행용량 감소
   ㉡ 도심 진입에 따른 억제책-혼잡세와 주차요금 인상

21 이용자와 택시업체 등을 고려한 최적 택시 대수 산정

1 개요

① 우리나라 택시의 경우 이용과 수송분담률 측면에서 볼 때 대중교통에 가까운 역할을 담당하고 있다.
② 적정 택시 대수를 산정하는 모형이 정립되지 않아 택시 증차 규모 결정 시 이해관계자들 간의 마찰로 사회적 물의를 일으키며 행정력이 낭비되고 있다.
③ 여기서는 택시 이용자와 업체, 그리고 운전기사의 입장이 반영된 적정실차율, 교통여건, 이용객수의 변화들을 고려한 택시증차대수를 산정하고 그 문제점을 제시하고자 한다.
④ 원래 택시는 고급 교통 서비스를 원하는 이용자들의 욕구를 충족시킬 수 있는 교통수단이다.
⑤ 그러나 교통여건과 경영악화로 서비스의 질이 저하되고 택시 운전자의 열악한 근로조건으로 인하여 이용자들의 불만이 커지고 있는 현실이다.

2 적정실차율 산정

① 실차율 조사
  ㉠ 현재 국내의 택시 실차율 조사는 택시 운전자에게 운행일지를 기록하게 하여 거리 기준으로 조사되고 있음
  ㉡ 실질적인 방법으로 택시 이용률 조사를 실제 차량을 기준으로 실시해야 함

② 조사방법
  ㉠ 부도심의 주가로상에 조사지점을 선정하고 각 조사지점에서 공차와 실차로 택시 수를 관측하여 기록하는 방법
  ㉡ 주간 12시간 동안 실차율 조사를 위해 07시에서 19시까지 시간대별 교통량 조사

③ 이용자 편의를 고려한 실차율 추정
  ㉠ 이용자들의 편의는 그 기준을 정하기가 상당히 어려움
  ㉡ 따라서 현재의 택시 이용 용이성 및 대기시간의 적정성으로 평가하였음
  ㉢ 현재 대기시간과 적정 대기시간의 관계가 중요

④ 택시업체의 수입을 고려한 실차율 추정
  ㉠ 택시의 1일 주행거리가 일정할 경우 택시업체의 수입은 실차율에 비례한다.
  ㉡ 실차율이 높을 경우 택시업체의 수입은 증가하나 택시 승차난을 초래한다.
  ㉢ 운행 중인 택시의 대당 일일평균수입과 택시업체의 경영측면에서 요구되는 대당 일일수입을 비교함으로써 현 실차율의 적정성을 평가할 수 있다.

⑤ 운전자의 근로조건을 고려한 실차율 추정

   ⑦ 택시 운전자의 주요 근로조건은 일일근무시간과 수입임

   ⑥ 시간대별 택시 이용객의 수요가 일정한 경우 근무시간 단축은 수입의 감소를 가져옴

   ⑥ 한 도시의 택시운행 실태조사에서 주당 평균근로시간 일(日)평균거리 및 월평균수입을 조사하였을 경우 적정근로시간을 주당 44시간으로 가정하면 운전자의 근로조건을 고려한 적정실차율 산정이 가능

$$\cdot\ D_O = \frac{44}{T_w} \times D_a$$

     여기서, D_O : 일(日) 적정 운행거리

             D_a : 일(日) 평균 운행거리

             T_w : 주당 평균 근무시간

$$\cdot\ O_I = O \times \frac{T_w}{44}$$

     여기서, O : 현재 실차율

⑥ 적정실차율 추정

  택시증차 대수 산정을 위한 최종 적정실차율은 앞에서 언급된 부도심 가로상에서의 택시 운행 실태조사를 통한 대상도시의 현재 차량 기준실차율에 이용객, 택시업체와 운전기사의 입장을 반영한 추정

⑦ 택시증차대수 산정

  적정실차율에 기초한 택시증차대수 산정은 현재 실차율과 적정 실차율의 비에 현재 운행 중인 택시대수를 고려함으로써 산출할 수 있다.

❸ 택시 증차방법의 문제점

① 적정실차율 추정방법의 합리성이 결여되어 있다.

② 택시 교통량 조사가 법인택시 위주로 시행되는 이유는 전체 택시대수의 절반 이상을 차지하고 있는 개인택시 자료가 반영되지 않기 때문이다.

③ 앞에서 언급했듯이 적정실차율 산정 시 고려하는 도로 증가율이 실차율과 직접적인 관계를 보이지 않는다.

④ 신뢰성 있는 유동인구의 추정이 불가피한 실정이다.

④ 결론

① 택시 이용자와 업체, 그리고 운전기사의 입장이 반영된 적정실차율, 교통여건, 이용객수의 변화를 고려한 택시 증차대수 산정기준이 제시되었다.

② 현재의 운행기록에 의한 거리기준, 실차율 조사의 문제점을 개선한 새로운 택시 실차율 조사방법의 적용성이 검토되었다.

③ 주요 가로를 통과하는 택시에 대한 차량기준 실차율을 조사하여 운전자의 운행기록표에 의한 거리기준 실차율과 비교하였다.

④ 두 방법에 의한 실차율이 매우 근사한 값을 나타냈으며 통계적 검정결과에서도 두 실차율 간에 차이가 없는 것으로 나타났다.

22 요금체계

① 개요

① 요금체계의 목표는 사회적 목표와 부합되면서 징수비용을 최소로 하고, 수입을 극대화시키는 것을 원칙으로 하고 있다.

② 이를 위한 요금체계는 간편, 신속, 안전, 공평, 요금징수속도, 정보, 할인요금, 사회적 목표와 일치성 등이다.

② 국내의 교통수단별 통행요금제도

① 거리비례제
 ㉠ 동일한 단위 요금 부과로 통행거리에 따라 통행요금이 부과됨
 ㉡ 고속국도, 고속버스, 고속열차
 ㉢ 이 제도는 영국, 싱가포르, 말레이시아, 인도, 스리랑카 등에서 적용됨

② 구간요금제
 ㉠ 통행거리에 따라 일정구간으로 나누어 통행요금을 부과
 ㉡ 구간 내에서는 통행요금 동일(도시철도, 일부 농어촌 버스)
 ㉢ CBD를 중심으로 동심원 형태의 구간요금제도는 독일의 하노버, 스웨덴 등의 통행량이 많은 소도시에서 사용함

③ 거리요금제

  ㉠ 통행거리가 멀수록 거리당 단위요율이 낮아지는 요금체계(고속철도, 해운)

  ㉡ 균일요금제보다 형평성과 효율성이라는 측면에서 적절하다.

  ㉢ 형평성 측면에서 볼 때, 장거리 승객은 단거리 여행 승객보다 많은 비용이 소요되므로 더 많은 요금을 지불해야 한다.

④ 균일요금제

  ㉠ 통행거리와 관계없이 동일한 요금 부과하는 시내버스의 경우

  ㉡ 장거리 승객이 많을수록 수익성 저하

  ㉢ 영국의 도시, 싱가포르, 말레이시아, 그리고 스리랑카에서는 환승권제 없이 거리요금제만 적용되고 있다.

⑤ 시간 · 거리 병산제

  거리비례제와 일정 통행속도 이하 주행시간에 따른 요금 추가 부과(택시)

⑥ 요금제도별 특성 비교

구분	장단점
거리비례제	• 형평성과 효율성이 높음 • 수입극대화 가능 • 요금 징수속도가 느림
균일요금제	• 단거리 승객이 장거리 승객의 요금 분담 • 국내의 경우 환승 시마다 요금 부담 • 소득재분배에 역행(저소득층이 단거리 통행)
거리요금제	• 장거리 승객 우대 • 요금제도가 다소 복잡
구간요금제	• 출발지로부터 일정 구간별로 Sector 내에서는 동일 요금 적용 • 각 출발지로부터 해당 구역이 다르므로 요금제도 매우 복잡 • 출발지와 목적지가 동일한 경우 통행노선을 고려하지 않고 동일 요금 적용 • 구간 세분화 시 거리비례제와 동일한 요금제

⑦ 여러 가지 유형의 구간 구분 방식

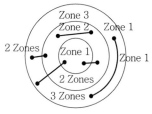

(a) 동심원형 구분

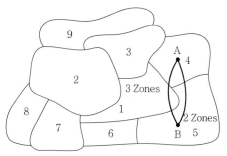

(d) 지리적 지역 구분

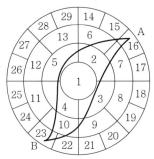

(b) 부채꼴로 세분된 동심원형 구분

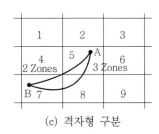

(c) 격자형 구분

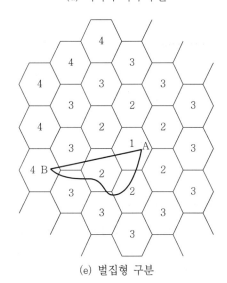

(e) 벌집형 구분

㉠ 그림 (a)는 CBD를 중심으로 동심원형으로 구간을 구분하며, 적용 도시는 독일의 하노버, 슈투트가르트, 스웨덴의 구텐베르크 등임

㉡ 그림 (b)는 동심원의 부채꼴 모양으로 분할하여 구간을 세분하며 적용 도시는 덴마크의 코프하겐과 독일의 함부르크(정기권 사용 시)

㉢ 그림 (c)는 격자형 구간요금제이며 적용 도시는 폴란드, 미국의 오리건주, 영국의 리버플시

㉣ 분할된 동심원 형태, 격자 형태, 지리적인 여건이 고려된 구간요금제의 가장 큰 단점은 통행한 구간수를 산출하기 어렵다는 것으로 그림 (b), (c), (d)에서, A에서 B까지의 통행이다.

㉤ 그림 (e)는 벌집형 구간요금제로 요금이 거리에 비례한다. 이 제도의 노선은 구불구불한 노선을 이용하여도 요금은 직선으로 지불해야 한다는 것이다.

③ 국내 대중교통수단의 요금 결정

1. 요금 결정 과정

① 국내의 대중교통수단의 요금 시장경제원리가 아닌 사회적 제 요인에 의한 정부규제를 받아 왔음

② 특히 물가 정책과 연계되어 원가 보상 차원의 요금 정책을 고수하였음

③ 버스를 사례로 요금 결정 과정을 살펴보면 다음과 같다.
  ㉠ 버스 운행 특성 및 경영자료 제출
  ㉡ 자료 수집을 통한 표준 운송원가 작성
  ㉢ 시·도별 요금(안) 확정
  ㉣ 물가 당국과 협의
    • 경쟁수단과의 요금 비교
    • 정치적 요인
    • 물가 수준

④ 최종 요금 결정

2. 국내 대중교통요금의 문제점

① 원가 보상주의에 의한 요금정책이지만 실질 운임 미달
  ㉠ 부정기적 인상으로 원가보상 곤란
  ㉡ 신뢰성 있는 원가자료가 부족
② 장거리 승객이 많은 경우 균일요금제 이용 시 수익성 저하
③ 서비스의 질 저하로 대중교통 기피, 승용차 증가 → 사회적 손실 발생

④ 결론

① 각 수단별 특성에 따라 요금체계는 다양하게 나타나지만, 가장 중요한 것은 요금체계가 사회적 목표와 부합하느냐 하는 점이다.

② 교통정책의 목표가 승용차를 억제하는 대중교통 중심의 교통체계를 구축이라 볼 때 이에 맞는 요금체계 구축이 필수적이다.

③ 대도시의 경우 버스 및 지하철 일체의 구간요금제를 다음과 같이 제안한다.
  ㉠ 통행카드 소지 시 O-D 및 환승 Point에 대한 Check가 가능하므로 환승요금은 무료로 제공하는 대신 O-D에 대한 거리로 구간요금을 부과해야 한다.

ⓛ 이때 일정 기간 동안 일정 횟수 이상 탑승한 경우 할인혜택을 제공할 수도 있을 것이다.

ⓒ 이 경우 통행요금은 통행거리에 거의 비례하고, 환승비용은 최소화되며, 정기 이용자의 경우 할인혜택 제공으로 대중교통 이용률을 제고할 수 있을 것으로 판단된다.

23 혼잡통행료

1 개요

① 경제성장으로 인한 수요와 공급의 불균형으로 극심한 혼잡이 발생한다.

② 이에 대한 대책 중 하나로 혼잡통행료 징수방법이 도입되었다.

③ 기존 시설의 효율성 극대화와 수요조절방안의 검토가 요구되어 수요조절방안으로 '혼잡세'가 도입되었다.

2 혼잡통행료의 이론적 배경

1. 기본 이론

① 교통 혼잡은 사회적 비용 증가를 초래하며 최적교통량은 사회적 비용과 사회적 편익이 동일하다.

② 그러나 비용을 적용하면 사회적 편익을 극대화시킨다.

③ 즉, 수요와 공급의 균형 이론을 보면 사회적 편익을 극대화(사회적 편익=소비자 잉여+생산자 잉여)한다.

2. 정상적인 교통상태에서의 혼잡통행료

① 혼잡세 미징수 시
   ㉠ 평균비용에 따른 수요 발생
   ㉡ 통행수요
   ㉢ 총 사회적 편익과 사회적 비용 발생

② 혼잡세 징수 시
   사회적 비용은 최소화시키고 편익은 극대화시키고자 하는 이론

③ 용량 미달 도로
   도로 이용자, 타 도로 전이 이용자, 타 도로 이용자 모두에게 편익 감소

③ 도로구간의 혼잡비용

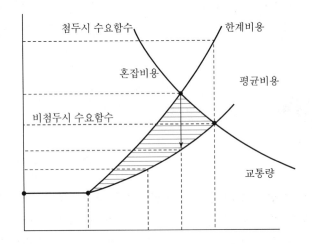

④ 혼잡통행료 적용 시 고려사항

① 재원운영
② 혼잡세 규모 결정
③ 구간설정 및 시간대별 선택 문제
④ 혼잡세 징수의 기술적 방법

⑤ 결론

① 교통정책은 공급정책과 수요조절정책 수립으로 구분이 필요하다.
② 기본적인 교통문제는 수요에 비해 도로 공급이 부족한 것이 근본적인 원인이다.
③ 공급정책에 의한 교통문제해결에는 한계가 있다.
④ 그래서 혼잡세 징수방안 등의 적용이 필요한 것이다.
⑤ 사회적 비용의 최소화보다는 도로 이용자의 극대화 측면에서 과포화구간만 적용 실시해야 효과를 얻을 수 있다.

24 주행세

1 개요

주행세는 차량 이용을 많이 하여 교통량 유발을 촉진시킨 운전자에게 원인자 부담의 원칙에 의거해서 유류 사용에 대해 추가적인 세금을 부과하고 자동차세 등 보유세를 낮추어 차량 이용자에게 혼잡유발에 대한 책임을 주행세를 부과하는 방법으로 통행을 억제하기 위한 방안이다.

2 기존 주행세 추진방향의 문제점(서울시)

① 기존에 논의되었던 주행세는 보유단계의 자동차를 감면하는 대신 이용단계의 휘발유 교통세를 인상하여 지방세화하는 방향으로 추진되었다.
② 전체적인 세금부담의 변화 없이 차량을 많이 이용하는 사람이 이용량에 따라 세금을 부담하는 장점이 있다.
③ 자동차세 감면에 따른 지방재정 악화, 지방 간 세수불균형 심화와 휘발유 가격 인상으로 물가에 영향을 미친다는 이유로 도입 반대
④ 교통학자들은 자동차세 감면이 승용차 소유를 촉진시켜 휘발유 가격 인상에도 불구하고 전체적인 주행거리 감소효과가 적다는 문제점을 제기
⑤ 휘발유 가격 인상에 따른 소득 형평성 문제, 경유를 대상에서 제외함으로써 휘발유와 경유의 가격차가 더욱 심화되는 문제점 발생

3 새로운 주행세 개선방향의 모색

① 지금까지 제기된 문제점을 고려, 바람직한 방향을 설정
  ㉠ 자동차세 감면을 유보
  ㉡ 교통량을 일정비율 이상 감축시키는 선에서 유류에 대한 교통세를 상향 조정

② 세수의 귀속 주체는 중앙정부 특별회계로 하고, 과밀부담금의 경우와 같이 확보된 세수의 50%를 각 지방자치단체별로 대중교통, 공해방지시설에 투자하도록 교부한다.

4 결론

① 그동안 정부차원에서 많은 대책이 있었지만 주행세만으로 교통량 감축이 어렵다. 따라서 사회적 비용의 최소화보다는 도로 이용의 극대화 측면에서 전환시키는 수준으로 주행세를 결정해야 할 것이다.

② 교통량을 감축하기 위한 대책으로 주행세를 과다하게 부과하는 방법보다 강제성을 가질 수 있는 정책대안이 필요한 시점인 것으로 본다.

③ 그리고 주행세 수입은 교통개선투자에 재투입될 수 있도록 해야 한다.

25 혼잡세의 이론적 배경과 적용방안

1 개요

① 교통정책은 공급정책과 수요조절정책으로 구분된다.

② 교통문제는 수요에 대한 공급이 부족한 것이 원인이다.

③ 공급정책에 의한 교통문제해결은 한계가 있다.

④ 따라서 기존 시설의 효율성 극대화와 수요조절방안의 검토가 필요하며 수요조절방안으로 혼잡세를 도입해야 한다.

2 혼잡세의 이론적 배경

1. 기본 이론

① 교통 혼잡은 사회적 비용 증가를 초래하며 최적교통량은 사회적 비용과 사회적 편익이 동일하나 혼잡비용을 적용하면 사회적 편익을 극대화시킨다는 관점

② 수요와 공급의 균형이론에 입각하여 사회적 편익을 극대화

③ 교통시설물은 하나의 공공재 성격을 가지며, 이의 사회적 편익을 최대화시키기 위해서는 정부의 간섭, 즉 혼잡세 등이 요구된다는 개념

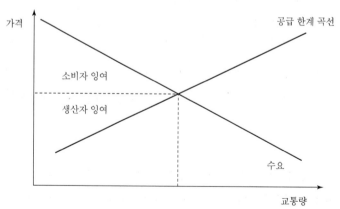

• 사회적 편익＝소비자 잉여＋생산자 잉여

2. 교통흐름이 정상류인 상황에서의 혼잡세

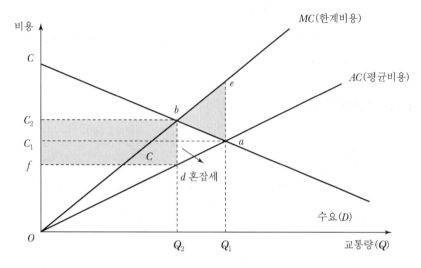

① 혼잡세 미징수 시 : 평균비용에 따른 수요 발생

    ㉠ 통행수요＝평균비용(AC)과 수요(D)의 교점에서 Q_1

    ㉡ 총 사회적 편익＝소비자 잉여＋생산자 잉여＝$\triangle C1aC + \triangle OaC1$

    ㉢ 사회적 비용＝$\triangle abe$(혼잡에 따른 사회적 비용)

    ㉣ 이때의 총 사회적 편익은 $\triangle Oac$ $\triangle abe$임

② 혼잡세 징수 시

    ㉠ 통행수요＝한계비용(MC)과 수요(D)의 교점에서 Q_2

    ㉡ 혼잡세는 한계비용(MC)과 수요(D)가 만나는 점 'b'와 교통량이 동일한 평균비용 (AC)상의 점 'd' 간의 차이를 혼잡세 $\overline{bd}$

    ㉢ 통행수요는 $Q_1 \rightarrow Q_2$로 감소

    ㉣ 사회적 편익은 $\triangle Obc$이며 사회적 비용은 발생하지 않음

    ㉤ 혼잡세의 수입은 $\square fdbC_2$이다.

    ㉥ 혼잡세는 사회적 편익을 극대화하기 위하여 도로 이용자에게 임의로 부과하는 비용으로 한계비용과 평균비용의 차이

    ㉦ 즉, 사회적 비용을 최소화시키고, 편익을 극대화시키고자 하는 이론

③ 용량 미달 도로

    ㉠ 소비자 편익은 혼잡세 부과하기 전 : $\square bCC_1C$

        혼잡세 부과 후 : $\triangle bCC_2$

        $\therefore$ $\square bC_2C_1C$만큼 감소

ⓛ 통행비용은 □CC_1fd만큼 감소되어 편익발생요인으로 작용되나, 혼잡세 지불을 위하여 □bC_2fd만큼 추가비용 부담

ⓒ 문제점 : 용량 미달 구간 적용 시 도로 이용자, 타 도로 전이자, 타 도로 이용자에게 모두 편익 감소

3. 과포화구간의 혼잡세

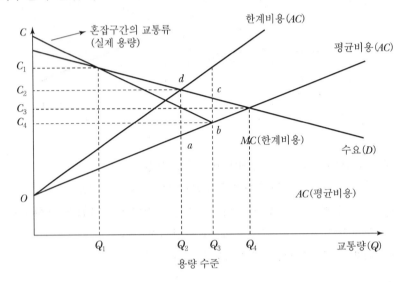

① 수요가 용량을 초과 → 지체현상 발생 → 실제구간 교통량 감소 → 통행비용 초과

② 혼잡세를 부과하기 전 교통량이 Q_4이며 실제교통량 Q_1

③ 혼잡에 의해 이용하지 못하는 교통량 $\overline{Q_4\,Q_1}$

④ 전통적인 혼잡세 $\overline{ad}$

⑤ 전통적인 방법으로 혼잡세를 징수하면 도로 이용자의 사회적 편익 극대화 측면에서 부담이 커지게 됨

⑥ 따라서 단순한 사회적 비용 최소화 및 이용자 극대화 측면에서 용량 수준전환의 선에서 혼잡세 징수

⑦ 교통량은 Q_3, 혼잡세는 $\overline{bc}$

❸ 혼잡세 적용 시 고려사항

① 재원운영
적절한 이용계획 수립 및 소득 재분배 정책방안 마련 필요

② 혼잡세 규모 결정
　㉠ 명확한 이론적 근거 및 사회적 정당성 검증
　㉡ 과포화구간 : 사회적 비용의 최소화보다는 도로 이용의 극대화 관점에서 전환시키는 수준
　　으로 혼잡세 규모 결정

③ 구간 설정 및 시간대별 선택 문제
　㉠ 미포화구간 및 시간대에는 혼잡세 징수 타당성 상실
　㉡ 과포화구간 및 시간대에 적용이 바람직

④ 혼잡세 징수의 기술적 방법
　통행허가증 판매, 직접징수법, ERP, 스마트 카드(Smart Card)

4 결론

① 공급확대정책의 한계점 도달-교통수요조절 정책수립이 필요하며, 혼잡세 징수 방안의 연구
　및 시행이 필요하다.
② 혼잡세 징수 적용 시 이론 및 징수방법 구간 등을 면밀히 검토한 후 시행하는 것이 필요하다.
③ 사회적 비용의 최소화보다는 도로 이용자의 극대화 측면에서 과포화구간만 적용 실시해야
　효과를 얻을 수 있다.
④ 혼잡세 수입은 교통투자 재원으로만 사용되도록 하는 정책이 필요하다.

26 교통 혼잡(Traffic Congestion)

1 고속국도

미국에서는 고속도로상에서 통행차량의 20% 정도를 관리하여야 도로의 효율성이 최대로 된다고
한다. 그러나 교통수요가 시설용량보다 많아 교통 혼잡이 발생되면 여행시간이 길어지고, 가다
서다(Stop and Go)를 반복하며, 예측치 못하는 운영비용의 증가, 공기오염, 운전자의 불만
등이 발생한다.
고속국도의 교통 혼잡 유형은 일반적으로 반복적인 형태와 비반복적인 형태 2가지로 구분하고
있으며, 반복적인 교통 혼잡은 43~57%이고 비반복적인 교통 혼잡은 40~60% 정도로 나타나고
있다.

[고속국도 교통 혼잡 유형 및 원인]

교통 혼잡 유형	교통 혼잡 원인
반복적인 교통 혼잡 (Recurring Congestion)	• 교통수요가 교통시설용량을 초과하여 발생되는 교통 혼잡 • 차로수의 감소, 엇갈림 구간, 좁은 도로단면 등 도로기하 구조상 병목으로 인한 교통 혼잡 • 교통시설운영의 불합리로 야기되는 교통혼잡, 유입 램프상 진입, 유출 램프상 대기차량
비반복적인 교통 혼잡 (Non-recurring Congestion)	• 예측하지 못한 사건으로 인한 교통 혼잡 　- 유고(Incident) : 행사, 설, 명절, 휴가철 　- 교통사고(Accident) 　- 천재(폭설, 폭우, 지진 등) 　- 노상주차, 화물의 적재적하, 버스정류장 위치

2 주간선도로

주간선도로상에서 교통 혼잡은 비포화상태와 포화상태로 구분할 수 있는데, 비포화상태에서는 비효율적인 신호운영 및 잦은 고장으로 인한 외견상 교통 혼잡(Apparent Saturation)과 포화상태에서의 교통수요가 교통시설용량을 초과함으로써 발생되는 현상을 실제 교통 혼잡(Real Saturation)이라고 정의할 수 있다.

3 혼잡비용 산출

① 지방지역 도로

　㉠ LOS 'C'를 기준으로 하여 혼잡기준속도 설정

　㉡ 혼잡시간대의 교통량 설정 → 전체 차량의 60%가 혼잡 시 운행

　㉢ BPR식에 의한 Link별 속도 산정

　㉣ 1일 혼잡 내용 산출

$$\sum_i \sum_j (유류비 \times 운행속도별\ 연료차)_j \times 시간당\ 운행비_j \times$$

$$(재차인원 \times 시간가치비용 \times 운행시간차_j) \times 60\%$$

여기서, i = Link, j = 차종

② 도시지역 도로

　㉠ LOS 'D'를 기준으로 혼잡기준속도 설정

　㉡ 혼잡시간대 통행량 76.3% 적용

　㉢ 산출방법은 지방지역과 동일

4 결론

① 주 5일제 시행으로 여가 목적의 중·장거리 통행 차량이 증가하고 있다. 따라서 혼잡통행료 대신 가치통행료의 개념으로 전환할 수 있는 새로운 정책이 필요하다.

② 도로공급을 통해서 교통문제를 해결하는 것은 잠재수요로 인하여 효과가 미흡할 수 있으므로 교통수요관리정책이 필요하다.

③ 혼잡통행료 징수만으로 교통문제해결을 할 수 없으므로 적정수준의 혼잡통행료 산정 및 징수가 필요하다.

④ 혼잡통행료 수입금에 대한 교통시설에 재투자정책이 필요하다.

27 대중교통

1 개요

① 대중교통수단은 일반 대중을 대량으로 수송하는 교통수단으로 일정한 노선과 구간을 운행하는 체계이다.

② 대중교통은 정해진 도로나 궤도를 운행하며 정해진 배차간격에 의해 운행되는 특징을 갖는다.

③ 이 같은 대중교통수단의 범주에는 도시 전철, 지하철, 도시 모노레일, 노면전차, 시내버스(좌석버스), 트롤리버스 등이 있다.

2 대중교통수단의 기능

① 자가운전을 하지 않은 이용자(Captive Rider)에게 서비스를 제공할 뿐만 아니라 자가운전자나 보행자(Choice Rider)들도 선택적으로 이용할 수 있는 교통수단이다.

② 승용차에 비해 에너지 효율이 높기 때문에 에너지를 절약할 수 있다.

③ 대량 수송교통수단으로 교통 혼잡을 감소시킬 수 있다.

3 구비조건

① 공공성에 입각한 서비스를 제공할 수 있을 것

② 많은 승객을 수용할 수 있을 것

③ 승객을 신속하게 수송할 수 있을 것

④ 승객에게 저렴한 요금으로 서비스를 제공할 것

⑤ 정시성이 확보되어야 하고 승객이 운행계획을 알 수 있도록 배려할 것

⑥ 운행 노선을 승객이 쉽게 알 수 있도록 배려할 것

⑦ 대중교통은 시민이 도시경제활동을 함에 있어서 없어서는 안 될 중요한 요소이므로 필요한 수준만큼의 대중교통 서비스 공급은 사회보장이나 완전 고용의 경우처럼 정부의 책임으로 간주하게 되었다.

⑧ 대중교통은 대중을 위한 서비스이므로 서비스의 형평성과 광범위한 분배를 위해 정부의 개입이 필요하다.

⑨ 우리나라처럼 버스가 사기업에 의하여 운영되고 있는 상황에서는 일부 회사의 황금노선 독점, 변태적 운영, 불량한 서비스 행위 등을 통제하기 위해 정부의 개입이 불가피하다.

4 결론

① 대중교통 서비스는 사회보장이나 완전한 고용의 경우처럼 정부의 책임으로 간주한다.

② 대중교통은 경제적 효율성을 높이는 데 기여하므로 정부의 조정기능이 필요하다.

③ 서비스의 형평성 차원에서 광범위한 분배를 위해 정부의 개입이 필요하다.

④ 특정회사의 황금노선 독립권, 변태적 운영, 불량한 서비스 행위 등을 통제하기 위해 정부의 개입이 불가피하다.

28 교차로 회전 통제

1 비보호좌회전

① 비보호좌회전은 교통량이 비교적 적은 교차로에서 사용되는 방법이다. 3지 교차로의 경우 3현시로 운영되므로 주기가 짧고 지체가 적어 효과적이다.

② 교통량이 증가하여 좌회전이 반대편의 직진 간격을 이용하여 회전하기 어려우면 좌회전에 대한 별도의 통제대책, 즉 좌회전을 금지하거나 별도의 신호를 사용하는 등의 방법을 계획해야 한다.

③ 비보호좌회전을 더욱 효율적으로 운영하기 위해서는 좌회전 전용차로를 설치한다. 이 전용차로는 좌회전 교통량이 많거나 또는 대향 직진 교통량이 많아 좌회전 대기행렬이 크게 발생하는 곳에 설치해 줌으로써, 같은 접근로의 직진 교통이 방해를 받지 않게 된다.

④ 좌회전 전용차로의 설치에는 차로 접근로의 폭을 그만큼 증가시켜야 할 필요성이 제기되나 대부분의 좁은 도시부 교차로에서는 이를 설치할 수 없는 곳이 많다.

② 회전 금지

① 좌회전 금지는 교통량이 많은 주요 도로상의 교차로에 많이 사용되는 통제방법이다.

② 한 교차로에서 좌회전을 금지하려면 그로 인한 영향이 부근의 다른 교차로로 파급된다는 것을 고려하지 않으면 안 된다.

③ 또 금지되는 좌회전 교통 대신 이용할 수 있는 대체 노선이 있어야 하며, 그와 같은 노선을 검토하기 위해서는 주위의 교통량과 교통류 패턴을 조사할 필요가 있다.

④ 좌회전 교통량이 많다고 좌회전을 금지해서는 안 되며 적극적으로 이 좌회전 교통을 처리하기 위한 모든 가능한 방법을 찾도록 노력해야 한다.

⑤ 통상 전반적인 교통량이 많으면서도 좌회전 교통량의 비율이 크면 좌회전 전용신호를 사용하여 처리한다.

⑥ 우회전 금지는 통상 보행자와 차량의 상충이 아주 심한 곳에 사용되는 통제방법이다.

⑦ 우회전 교통량이나 또는 직진 교통이 사고 위험성이나 지체 또는 혼잡을 일으킬 가능성이 높을 때 우회전 금지를 할 수도 있다.

⑧ 그러나 우회전 전용신호나 또는 제한 정도가 적은 쪽으로 계획을 수립하여 가능하면 우회전 금지 방법을 사용하지 않는 것이 좋다.

③ 보호좌회전

① 전반적으로 교통량이 많으면서 좌회전 교통량이 많으면 보호좌회전 통제방식을 사용한다.

② 이 방법을 사용하면 주기가 길어지므로 다른 차량이나 보행자의 지체가 증가하지만 회전금지 방식보다는 좋은 통제방식이다.

③ 보호좌회전은 전용 좌회전 및 동시신호현시를 직진현시와 조합하여 사용한다.

④ 우리나라에서 사용되는 가장 일반적인 보호좌회전은 전용 좌회전 현시와 직진 현시를 연속시키는 방식이다. 그러나 이때는 좌회전 전용차선이 필요하다.

⑤ 동시신호현시를 직진현시와 연속시켜 사용할 경우, 한 접근로에서 볼 때 동시신호 다음에 직진현시가 올 경우를 선행 좌회전, 직진현시 다음에 동시신호가 올 경우를 후행 좌회전이라 한다.

⑥ 선행 및 후행 좌회전 비교

구분	장점	단점
선행 좌회전	• 전용 좌회전차로가 없는 좁은 접근로의 용량 증대(비보호좌회전에 비해서) • 좌회전을 먼저 처리하므로 대향직진과 좌회전의 상충 감소 • 후행 좌회전에 비해 운전자의 반응이 빠름 • 신호시간 조정 용이	• 선행녹색이 끝날 때 좌회전의 진행연장이 대향직진의 출발 방해 • 선행녹색 시작 때 대향직진이 잘못 알고 출발 우려 • 선행녹색이 끝날 때 출발을 시작하는 보행자와 상충 우려 • 연속 진행 연동 신호에 맞추기 곤란
후행 좌회전	• 양방향 직진이 동시에 출발 • 후행녹색 시작 때 보행자 횡단은 거의 끝난 상태이므로 보행자와 상충 감소 • 연동 신호에서 직진 차량군의 후미 부분만을 절단	• 후행녹색 시작 때 대향 좌회전도 좌회전할 우려 • 전용 좌회전차로가 없을 때 후행녹색 이전에 좌회전 대기차량이 직진 방해 • 고정시간 혹은 T형 교차로의 교통감응 신호에 사용하면 위험 • 후행 좌회전 시작 때 횡단을 완료하지 못한 보행자와 상충 우려

4 우회전 통제

① 우리나라에서는 현재 보행자 신호기 옆에 우회 전용 차량신호기를 사용하고 있는 곳이 많다.
② 이 신호는 그 접근로를 횡단하는 보행자 신호가 녹색일 때만 적색이며 그 나머지 시간은 모두 우회전 신호 지시를 나타낸다.
③ 우회전한 후에 교차 접근로의 횡단보도 신호가 녹색 신호를 나타내는 경우에는 정지했다가 보행자 간의 간격을 이용하여 우회전을 완료한다.
④ 따라서 우회전 신호는 우회전 전용 신호가 아니라 우회전 허용 신호라 볼 수 있다.
⑤ 우리나라에서는 보행자 횡단보도 신호가 차량용 신호로도 사용되는 경우가 흔하다.
⑥ 예를 들어 우회전 차량이 우회전할 때 횡단보도의 신호가 녹색이면 반드시 정지해서 그 신호가 적색으로 바뀔 때까지 기다려야 한다.
⑦ 이것은 보행자용 신호가 차량 규제까지 담당하게 되는 것으로서 신호등에 관한 가장 초보적인 개념의 혼동에서 오는 것이라 할 수 있다.
⑧ RTOR(Right Turn on Red) 방식은 차량의 적색 신호 때 우회전 차량이 횡단보도 앞에서 일단 정지한 후 보행자의 간격을 이용하여 우회전하는 방식을 말한다.
⑨ 우리나라에서도 우회전 보조신호가 없는 경우에는 RTOR 방식과 같은 요령으로 우회전이 인정되나 우회전 보조신호가 있으면 이와는 다르게 통제된다. 따라서 우리나라의 우회전 보조신호 운영방식이 경제적 측면뿐만 아니라 교통 소통의 측면에서 보더라도 외국의 RTOR 방식보다 좋지 않음을 알 수 있다.

⑩ 그러나 접근하는 우회전 차량에서 횡단보도를 그대로 진행할 것인가 정지할 것인가를 보조신
호등을 이용하여 알려줌으로써 횡단보도 앞에서 정지해야 함에도 이를 지키지 않는 운전자가
일으킬 수 있는 사고 가능성을 감소시켜 준다.

29 버스정류장의 위치

1 개요

① 버스정류장(Bus Stop, 버스停留場)은 버스에 타고 내리는 승객을 위해 버스가 정차하는
곳이다. 버스정거장(停車場), 버스승강장(昇降場), 버스정류소(停留所)라고도 한다.
② 버스정류장의 형태로는 버스정류장임을 알리는 표지판이나 지붕이 추가된 형태가 있으며
표지판에는 주로 해당 정류장을 통과하는 노선명이나 노선도가 부착되어 있다. 또한 주요
정류장에는 버스도착정보 전광판이 설치되어 있는 경우도 있다.
③ 보통 버스정류장은 길가에 있는 것이 일반적이다. 그러나 대중교통 서비스 개선을 위한 노력이
진행되면서, 더 편하고 효율적인 승차를 위해 길 바깥에 별도의 장소를 마련하여 정류장을
배치하기도 한다. 특히, BRT에서는 그 특성상 별도의 BRT 차로 내에 버스정류장을 만든다.
④ 정거장의 위치는 교차로를 지난 직후에 있는 원측 정류장(Far Side Stop)과 교차로를 지나기
직전에 있는 근측 정류장(Near Side Stop), 그리고 교차로와 교차로 중간에 있는 블록중간정
류장(Mid Block Stop)이 있다.

2 종류

① 원측 정류장
  ㉠ 교차로에서의 시거가 제한되어 있는 경우
  ㉡ 신호용량상의 문제가 있을 경우
  ㉢ 연석에 주차를 허용하는 경우
  ㉣ 좌우회전 교통량이 비교적 많을 경우
  ㉤ 좌회전 버스는 이 방법이 특히 좋으며, 대부분의 경우 원측 정류장이 근측 정류장보다
    유리하다.

② 근측 정류장
  ㉠ 버스 교통량이 많은 데 비해 전체 교통상태나 연석 주차상태가 그다지 문제가 되지 않을
    경우

ⓛ 버스 운전자의 관점에서 볼 때는 이 방법이 정거장에서 정지했다가 교통류에 다시 합류하기 더 쉬우므로 선호한다. 교통류에 다시 합류할 때 교차로의 횡단거리를 이용할 수 있기 때문이다.

ⓒ 버스가 중앙차로를 이용하거나 신호교차로 간의 간격이 짧거나 혹은 연석 주차가 하루 종일 허용되는 경우에는 근측 정류장을 사용할 수 있다.

ⓔ 근측 정류장은 버스가 우회전을 하고 다른 차량의 우회전 교통량이 그다지 많지 않을 때 사용할 수 있다.

ⓜ 첨두시간당 우회전 교통량이 250대를 초과하면 근측 정류장보다는 블록중간정류장을 사용하는 것이 좋다.

③ 블록중간정류장

ⓖ 여러 개의 버스노선이 통과함으로써 비교적 긴 승강장을 필요로 하는 도심부에 많이 사용된다.

ⓛ 교통조건이나 도로 및 환경 여건으로 보아 원측 정류장과 근측 정류장의 설치가 어려운 곳

ⓒ 큰 공장, 상업시설 등 버스 이용객이 많은 곳에 설치하면 좋다.

3 결론

① 버스정류장의 위치는 도시지역과 농촌지역에 약간의 차이가 있다. 도시지역의 경우는 지가상승과 토지이용의 고밀화 등으로 인하여 협폭구조가 불가피한 실정이다.

② 농촌지역의 경우에는 약간의 여유 부지를 확보할 수 있는 지역이 많으므로 안전 측면과 미관 측면을 동시에 확보할 수 있으므로 민가 등이 위치한 지역에는 반드시 버스정류장을 설치하여야 한다.

③ 정류장 대기장소 설치 시에도 간단한 구조로 설치가 용이한 형식을 이용하여 편리성이 확보되어야 한다.

30 교통소통관리기법

1 일방통행

① 일방통행의 장점

  ㉠ 용량 증대

  ㉡ 양방향에서 오는 상충 이동류의 감소

  ㉢ 안전성 향상

  ㉣ 신호시간 조절 용이

  ㉤ 주차조건의 개선

  ㉥ 평균통행속도 증가(이웃 차로 주행차량 간의 속도저감현상 완화)

  ㉦ 교통운영의 개선(좌회전이 우회전과 동일하게 처리됨으로써 교차상충 해소)

② 일방통행의 단점

  ㉠ 통행거리의 증가

  ㉡ 대중교통 용량의 감소

  ㉢ 도로변 영업에 악영향

  ㉣ 회전 용량의 감소

  ㉤ 교통 통제 설비의 증가

③ 시행 대상 도로망

  유사한 용량을 갖는 2개 이상의 도로망을 대상으로 하여 시행

④ 시행방법

  ㉠ 우회전 순환 원칙(1개의 블록일 경우 무조건 우회전, 여러 개의 블록일 경우 우회전이 많도록 설계)

  ㉡ 방향 순환 원칙(일방통행을 교대로 실시)

  ㉢ 양방향 기준 원칙

  ㉣ 양방향과 일방향 조화 원칙

  ㉤ 진출보다 진입 우선(주도로에 미치는 영향을 고려하여 설정)

  ㉥ 분류는 되지만 합류는 안 된다.

⑤ 일방통행제의 변형

  ㉠ 대중교통 우선일방통행 원칙

  ㉡ 시간대별 일방통행제

❷ 가변차로제

① 시간대별로 교통량의 방향별 집중이 심한 지점에 설치

② 가변차로제의 장점
  ㉠ 필요한 방향에 추가적인 용량 제공
  ㉡ 일방통행으로 인해 운전자 및 보행자의 통행거리가 길어지는 것을 방지
  ㉢ 적절한 평행도로가 없더라도 일방통행제와 같은 장점을 살릴 수 있다.
  ㉣ 대중교통의 노선을 재조정할 필요가 없다.

③ 가변차로제의 단점
  ㉠ 경방향 교통에 대한 용량이 부족할 경우가 있다.
  ㉡ 경방향 교통 쪽에 버스정거장이나 좌회전을 금지해야만 할 경우가 있다.
  ㉢ 교통 통제 설비의 설치에 비용이 많이 든다.
  ㉣ 교통사고의 빈도나 심각성이 높아질 수 있다.

④ 설치 원칙
  ㉠ 가변차선 구간에는 소통을 중지시키는 장애물이 없어야 한다(구간 내에는 좌회전 금지).
  ㉡ 가변차로가 갑자기 없어져서는 안 된다(시·종점부는 완화차로 설치).
  ㉢ 가변차로제와 기타 기법과 서로 번갈아 가며 분석(Trade Off)
    ※ 위 두 가지 기법의 trade Off란 서로 모순관계에서 이해득실을 말하는 것이다.
      • Trade Off 자체가 하나를 얻음으로써 하나를 잃게 되는 것임
      • 이율 배반 관계로 한쪽이 개선되면 그것에 의하여 다른 쪽은 나빠지는 경우

❸ 차등차로제

① 주방향으로 항상 반대 방향보다 많은 차로를 부여
② 저밀도의 토지이용(3차로) > 고밀도의 토지이용(2차로)

❹ 능률차로제

① 양쪽에 좌회전 베이(Bay)가 제공된 중앙차로제
② 좌회전 베이의 분할 지점 결정 원칙
  ㉠ 양단의 주기가 같을 때 교통량에 따라 배분
  ㉡ 양단의 주기가 다를 경우 유효 녹색시간과 교통량의 합의 비에 따라 결정

5 이중 방향 중앙차로제

① 도시부도로의 근본 목적은 도로의 좌우에 위치한 제반 도시 생활에 필요한 시설이나 접근성을 높이기 위해 좌·우회전 특성이 직진 차량과 안전하게 분리되어야 함
② 그러나 2차로 도로의 경우 좌회전하기 위해 기다리는 동안에 뒤따르는 직진 차량들은 한없이 기다려야 하는 낭비와 비효율성을 초래하게 된다.
③ 4차로 도로의 경우에도 도로와 인접한 차로가 주정차 및 승하차로 제구실을 못할 경우 2차로 도로와 같은 상태가 발생하는데 이를 해소하기 위해 도입 가능한 방법이 이중 방향 중앙차로제이다.

6 다인승 전용차로제(High Occupancy Vehicle Lane, HOV), 대중교통 전용차로제

① 대중교통 전용차로의 장점
  ㉠ 대중교통 차량과 다른 차량 간의 마찰 방지
  ㉡ 대중교통의 통행시간 단축
  ㉢ 일반차량의 지체 감소에 다른 도로용량 증대
  ㉣ 사고율의 감소

② 대중교통 전용차로의 단점
  ㉠ 전용차로가 연속차로인 경우 도로 우측으로의 접근 방해
  ㉡ 회전 이동류와 상충
  ㉢ 전용차로가 도로 중앙 차로인 경우 별도의 승하차 교통섬이 필요
  ㉣ 교통통제설비 추가 소요

7 비보호좌회전의 설치 조건

① 좌회전 수요와 교통용량의 비율이 0.7보다 작을 경우
② 첨두시간에 좌회전 교통량이 50대 미만이고 좌회전 교통량과 반대 방향에서 오는 직진 교통량을 곱한 것이 편도 2차로에서는 50,000 미만이고 편도 4차로에서는 100,000 미만인 경우
③ 좌회전으로 인한 교통사고 건수가 일방향에서 연간 4건 미만이고 2년에 6건 미만인 경우나 또는 양방향에서 같은 사고건수가 연간 6건 미만이고 2년에 10건 미만인 경우

31 도로의 규제속도 설정방법

1 개요

① 교통의 이동을 안전하고 효율적으로 하기 위해서 속도를 통제하는 것은 대단히 중요한 것이다.
② 도로를 주행하는 차량의 속도는 대개 그 차량의 성능과 해당 도로의 기하구조 조건, 교통 및 환경조건에 좌우된다.
③ 속도통제는 운전자가 운행 상황에 적절한 안전속도를 선택하는 데 도움을 준다.
④ 속도통제의 기본적인 형태이다.
　　㉠ 법적인 효력을 가지며 단속이 가능한 규제통제이다.
　　㉡ 특정장소와 특정조건에서 최대 안전속도를 권고하는 역할을 하는 권장통제가 있다.

2 속도통제의 종류

① 규제속도통제(Regulatory Control)
　　㉠ 입법기관에서 입법화하여 전국 또는 지방에 일반적으로 적용될 수 있는 속도 규정
　　㉡ 공학적인 조사 근거로 행정력에 의하여 특정장소에만 적용하는 속도 규정(속도제한 구간 설정)

② 권장속도통제(Advisory Control)
　　주의 표지판에 권장속도를 표시한 보조표지로 부착하여 사용자가 속도보다 높게 운전하여 사고가 나면 난폭운전으로 간주함

3 속도제한구간 설정 및 제한속도 결정

1. 속도제한지점 및 구간

① 지방지역에서 도시지역으로 연결되는 도로구간
② 비정상적인 도로(굴곡부, 급커브, 급한 내리막길, 시거 불량인 곳 등)
③ 교차로 접근로, 특히 시계에 장애를 받는 부분
④ 부근의 다른 도로보다 설계기준이 아주 높거나 낮은 도로
⑤ 도로공사구간 또는 학교 앞과 같은 곳

2. 속도제한구간 설정 및 제한속도 결정 시 고려사항

① 도로의 기하구조 조건
② 실제 운행속도(속도조사에서 평균속도, 중앙값, 15% 속도, 85% 속도) 또는 최소 10kph 속도(Pace Speed) 중 가장 많이 사용되는 기준은 85% 속도이며 공간속도임
③ 교통사고자료(사고의 빈도, 종류, 원인 및 심각도)
④ 교통 특성과 통제 상황－첨두시간, 주차, 승하차, 회전교통 등
⑤ 제한속도의 변경 표시

3. 구역속도제한

① 상업 및 업무지구
② 주거지구
③ 산업지구
④ 학교 및 공공기관이 있는 지역
⑤ 공원 및 위락시설 지구
⑥ 주변 지역보다 개발 정도가 매우 큰 지구

4. 제한속도의 규정

① 제한속도 결정에 큰 영향을 미치는 것은 도로의 기하구조 조건인데 평면교차로에서 최대안전속도는 곡선반경과 편경사, 횡방향마찰계수

$$V^2 = 127R\left(\frac{i}{100} + f\right)$$

여기서, V : 주행속도
R : 곡선반경
i : 편경사
f : 횡방향마찰계수

② 제한속도

도로의 기능별 구분		설계속도(km/hr)			
		지방지역			도시지역
		평지	구릉지	산지	
주간선도로	고속국도	120	110	100	100
	고속국도를 제외한 주간선도로	80	70	60	80
보조간선도로		70	60	50	60
집산도로		60	50	40	50
국지도로		50	40	40	40

Road and Transportation

④ 속도제한의 시행

1. 표지판 설치

① 행정구역의 입구나 도시지역의 경계에 설치

② 한 노선의 제한속도가 다르면 시작점과 중간지점에 설치

③ 지방지역에서는 속도제한구간의 시작점에서 90~300m 이전에 설치

④ 도시지역 제한속도가 60km/h 이하이면 설치간격은 800m

⑤ 고속국도와 지방지역 설치간격은 1.5~8.0km

2. 홍보와 단속

① 속도규정의 의미와 표지된 속도준수의 중요성 : 상황에 따라 속도를 조절하는 방법 및 속도통제에 따르는 교통처리기술과 단속과정은 교육·홍보가 중요

② 단속요원의 훈련과 속도에 관한 법규의 효과적인 적용이 중요

⑤ 결론

① 교통의 이동을 안전하고 효율적으로 운영하기 위해서 속도통제는 매우 중요하다.

② 제한속도를 비합리적으로 설정하면 일반 이용자들에게 지지를 얻지 못하므로 이러한 허용한계는 필요하다. 따라서, 이 허용한계는 통상 10km/h 정도로 하는 것이 합리적이다.

③ 저속차량이 정상적인 통행을 방해하지만 단속하기가 어렵다. 이에 대한 검토가 요구된다.

---

32 물류(Logistics)

① 개요

① 물류란 물적 유통의 줄임말로서 상품이 생산지에서 소비자에게 이르는 전 과정의 경제활동을 말하는 것이다.

② 여기에 포함되는 활동은 수송(운송), 포장, 하역(운반), 보관(창고), 그리고 이들 활동을 지원하는 정보활동을 의미한다.

③ 때로 상품이 공장에서 만들어지기 전의 활동인 원자재나 반제품의 조달활동이 포함되기도 하고 소비자가 상품을 일정기간 사용 후 폐기하거나 반품하는 활동, 즉 폐기(반품) 활동도 포함하는 경제활동을 표현하기도 한다.

④ 학문적으로 유통은 상적 유통과 물적 유통으로 구분되나 본래 유통은 마케팅에 소속된 학문이다.

② 물류업무의 종류

① 생산의 자동화를 추구하는 산업공학적 업무
② 물류비용을 중점으로 연구하는 회계학적 업무
③ 국가 간의 교역을 업무로 하는 무역학적 업무
※ 경영학 마케팅에서 다루는 고유의 유통학적 업무가 모두 요구되는 총체적이고 종합적인 것으로 인식하고 있다.

33 램프미터링

① 개요

① 교통류관리기법의 실무적 고찰에서는 현재 대도시에서 많이 적용되고 있는 교통체계관리기법 중 하나인 미터링에 대해서 고속국도와 주간선도로로 구분하여 논하기로 한다.
② '미터링(Metering)'이라는 말은 영어의 미터(Meter)라는 단어(평가 및 규제되어 공급되는)에서 그 어원을 찾을 수 있으며, 연구자 또는 대상도로(고속국도, 간선도로)에 따라 다르게 사용되고 있다.
③ 이 기법은 교통이 혼잡한 교통체계 내에서 생산성(Productivity), 즉 진입 또는 진출차량이 극대화될 수 있도록 대기차량의 형성 및 관리는 물론 교통사고 감소와 합류부의 용량을 증대시키기 위한 교통공학기법 중 하나이다.

② 도시고속국도

고속국도 교통류관리기법 중 미터링 전략은 진입램프제어(Entrance Ramp Control), 진출램프제어(Exit Ramp Control), 본선제어(Mainline Control), 교통축제어 및 감시(Corridor Control And Surveillance), 다인승차량 우선제어(High-Occupancy Vehicle Priority Control) 등을 통하여 정기적 또는 비정기적인 교통 혼잡을 완화하여 도시 내 네트워크의 생산성 극대화를 위한 것으로 전략 및 내용을 정리하면 다음과 같다.

1. 진입램프미터링

① 고속국도 교통통제에 많이 사용되고 있는 방안 중 하나인 이 기법은 램프의 진입부상에서 교통량을 조절하는 것이다.

② 램프차단(Closure) 통제, 램프미터링(Ramp Metering) 통제, 정주기식(Pretimed Metering) 통제, 교통수요대응식 미터링(Traffic Responsive Metering) 통제, 간격수락합류(Gap Acceptance Merge) 통제, 통합램프미터링(Integrated Ramp Metering) 통제 등을 들 수 있다.

2. 진입램프차단 통제

① 진입램프차단에 의한 통제는 램프 진입 교통량을 램프상에서 물리적인 시설로 차단시키는 가장 적극적이고 간단한 유형이다.
② 이 유형은 미국의 로스앤젤레스(Los Angeles), 샌안토니오(San Antonio), 포트워스(Fortworth)와 일본의 오사카, 도쿄 등에서 사용되고 있다.
③ 운영상 여러 장점이 있는 반면, 교통상황에 대한 탄력성 부족이 단점으로 지적되고 있다.
④ 특히 진입램프차단은 교통수요를 감소시키거나 제거시키는 것이 아니고 적정한 도로로 대체시켜 교통수요를 재분배하는 것이다.
⑤ 고속국도 교통공학자는 교통수요에 대해서 재분배시킬 수 있는 위치와 도로를 항상 고려하여야 한다.

3. 램프미터링 통제

① 램프미터링에 의한 통제방법은 램프로 진입하는 교통량을 제한하는 방법이다.
② 고속국도상에서 진입램프 통제방법이 적용되려면 미터링 레이트(Metering Rate)의 한계가 결정되어야 한다.
③ 그러나 최대 및 최소 미터링 레이트는 목적, 기하구조, 교통특성 등을 감안하여 조정될 수 있다.
④ 일반적으로 램프미터링은 고속국도의 교통 혼잡을 제거하고 교통류의 합류 운영 시 안전을 제고하는 데 사용된다.
⑤ 만일 램프미터링이 교통 혼잡을 감소·제거하는 데 이용되려면 교통수요는 교통시설 용량보다 반드시 적어야 한다.
⑥ 미터링 레이트의 계산은 상류부 교통수요와 하류부 교통용량, 그리고 진입램프상에서 이상적인 교통량과의 관계에서 결정되며, 하류부 교통류의 용량은 램프상에서 합류교통류, 또는 고속국도 하류부의 교통용량에 의해서 결정된다.
⑦ 또한 램프미터링은 합류운영의 안전을 제고시키는 데 사용될 수 있으며, 미터링 레이트는 해당 램프에서 진입교통상황과 일치할 때 간단하게 결정할 수 있다.
⑧ 합류부 운영상 안전문제로는 진입램프상에서 본선교통류로 합류할 경우 후미추돌 또는 차로 변경 시의 충돌 등을 들 수 있다.

4. 진출램프미터링

① 진출램프미터링 방법은 고속국도 통제수단보다는 고속국도의 효율적인 운영과 안전, 그리고 대체도로로 교통수요를 전환시킬 목적으로 사용되고 있다.

② 이중진출램프의 차단은 진출램프상에서의 대기차량과 램프가 인접되어 과대한 엇갈림으로 인한 교통 혼잡과 위험성을 감소시키는 데 사용된다.

③ 그러나 진·출입램프의 차단은 운전자들의 통행시간을 증가시켜 설치할 수 없는 경우도 있다.

5. 본선미터링

① 고속국도 본선미터링(Mainline Metering)은 교통의 규제, 경고, 안내를 통한 교통 혼잡의 제거, 안정되고 일정한 교통류의 유지, 후미 추돌의 예방, 사고관리, 교통축의 효율적 사용을 위한 교통류의 우회, 그리고 반대차로의 활용 등으로 같은 방향의 교통용량 증대를 위한 목적으로 사용된다.

② 본선제어방법으로 시행되는 것에는 운전자 정보체계, 가변적인 속도제어, 차선의 차단, 그리고 반대차로의 통제 등이 있다.

6. 교통축 통제

① 교통축 통제는(Corridor Control) 도시 내 도로와 고속국도의 시설물을 이용하여 고속국도 용량을 최대 활용하고자 하는 방법이다.

② 이 방법이 효과가 있도록 하기 위해서는 교통수요대응(Traffic Responsive) 방식이 되어야 한다.

③ 이 방법의 주요 요소는 전 교통축 연결부의 교통상황을 제어할 수 있는 감시체계로서 기본전략, 사고관리, CCTV 등으로 구분할 수 있다.

7. 다인승차량 우선 통제

① 다인승차량(High-Occupancy Vehicle, HOV)의 우선 제어는 고속국도상에 다인승차량 우선제를 도입하여 차량 및 사람 수요의 감소, 교통혼잡 제거, 그리고 정시성을 제공하는 전략이다.

② 이 방법은 첨두시 교통수요가 교통용량을 초과하는 교통축에 필요하고, HOV 분리시설은 2차로 이상 되는 곳에 적용이 가능하다.

③ 또한 HOV의 실시 전에 충분한 홍보 및 규제강화가 이루어져야 한다.

3 주간선도로

① 주간선도로 교통류 관리에 대한 실무적 연구는 전기 및 컴퓨터공학이 첨단화되면서 더욱 활발하게 진행되어 1868년 웨스트민스터(Westminster)에 세계에서 최초로 교통신호등이 설치되었다.

② 이후 1918년에는 New York, 1925년에는 London에 신호등이 설치·운영되었다.

③ 우리나라의 경우, 1980년 전자신호를 처음으로 서울의 도심에 설치하였다.

④ 주간선도로상 교통 혼잡은 신호와 비신호적 개선을 통하여 완화시킬 수 있으며, 신호를 기초로 개선시킬 수 있는 대표적인 방법에는 미터링 계획(Metering Plan), 짧은 사이클 타임(Shorter Cycle Lengths), 일정한 오프셋(Equity Offsets), 불균형 분할(Imbalance Split) 등이 있다.

⑤ 미터링계획은 교통수요가 시설용량을 초과하는 혼잡한 곳에 적용될 수 있다.

⑥ 내부 미터링(Internal Metering), 외부 미터링(External Metering), 통행단미터링(Release Metering), 지역미터링(Area Metering) 등의 방법이 있다.

    ㉠ 내부 미터링

       내부미터링 정책은 맨해튼에 적용된 바 있는데 교통체계의 생산성을 극대화하고, 교통수요를 관리하여 저장능력을 최대로 이용하려는 목적으로 제안되었다. 여기서 생산성의 극대화는 교차로 내에서 대기차량의 스필백(Spillback)을 제거하여 유효녹색시간의 충분한 활용으로 달성 가능하다.

       따라서 내부 미터링은 교통 혼잡이 심각한 시스템에 생산성을 극대화시키기 위하여 차량의 지체도나 정지횟수를 최소화하기보다는 대기차량의 형성을 관리하는 것으로 근거식은 다음과 같다.

$$t_{off} = \frac{L}{U_e} - \frac{(L-\theta)}{RL_v}$$

       여기서, t_{off} : 상대 오프셋(Offset), L : 서비스 교통량(Vph/sec)

                L_v : 멈춰 있는 대기차량의 평균길이(Ft/Vph)

                U_e : 진출되는 대기차량 안에서 진출되는 교통류의 속도(Fps)

                θ : 녹색시간이 시작되는 지점에서 접근부 대기차량 길이(Vph/sec)

    ㉡ 외부 미터링

       내부 미터링이 교통 혼잡지역의 내부에 적용되는 반면 외부 미터링은 교통 혼잡지역의 주변에 적용될 수 있으며, 외부 미터링의 목적은 아래와 같이 2가지로 구분할 수 있다. 또한 외부 미터링은 교통수요를 시간과 공간상으로 분산시켜서 생산성을 최대화하고 지체를 최소화하기 위하여 접근부에서 진입차량을 제한하는 것이다.

- 교통이 혼잡한 지역으로의 진입차량을 제어하기 위함이다.
  - 그리드락(Grid Lock)의 예방
  - 교통수요 제한
- 교통 혼잡지역 주변의 적절한 저장능력을 가진 도로상에 대기차량을 분산시키기 위함이다.

4 결론

① 램프미터링(Ramp Metering)으로 교통류를 제어하여 안전성과 효율성을 증대할 수 있고 사회적 비용을 감소할 수 있는 기능이다.

② Ramp Metering의 경우는 명절 및 특별기간의 교통처리 시에 신호제어 측면의 효율성을 가져올 수 있으며, 교통수요관리 보완책으로 소비자잉여를 최대화할 수 있다.

34 도로용량 증대방안

1 개요

① 도로의 교통용량(交通容量, Traffic Capacity)이란 도로가 수용할 수 있는 최대교통량. 일반적으로 시간당 통과차량 및 일상통과 차량 등으로 나타낸다.

② 도로의 교통용량은 주어진 도로조건, 교통조건, 교통통제조건에서 일정시간 동안 해당 도로를 통행하리라 예상되는 최대 교통류율로서 일반적으로 LOS "E" 상태에서의 최대 서비스 교통량을 말한다.
   ㉠ 고속국도 : 2,200승용차/시/차로
   ㉡ 2차로 도로 : 3,200승용차/시/양방향

③ 도로의 교통용량을 증대시키기 위한 방법
   ㉠ 확장이나 선형개량 등을 하는 방법
   ㉡ 기존시설을 효율적으로 관리할 수 있는 TSM, ITS 기법 등을 적용하는 방법

2 도로의 이상적인 조건

1. 다차로 도로의 이상적인 조건

다차로 도로는 고속국도와 함께 지역 간 간선도로 기능을 담당하는 양방향 4차로 이상의

도로로서, 고속국도와 도시 및 교외 간선도로의 도로 및 교통 특성을 함께 갖고 있으며, 확장 또는 신설된 일반국도가 주로 이에 해당된다.

① 차로폭 3.5m 이상, 측방 여유폭 1.5m 이상
② 직선 및 평지구간
③ 신호등 개수 : 0개/km
④ 유·출입 지점 수 : 0개/km

2. 2차로 도로의 이상적인 조건

2차로 도로는 중앙선을 기준 각 방향별로 한 차로씩 차량이 운행되는 도로

① 차로폭 : 3.5m 이상
② 측방 여유폭 : 1.5m 이상
③ 추월 가능 구간 : 100%
④ 승용차로만 구성
⑤ 직진차량 미방해
⑥ 평지

3. 서비스 수준의 효과척도

① 밀도
② 교통량 대 용량비(V/C)

[기본 구간의 서비스 수준]

서비스 수준	밀도 (pcpkmpl)	설계속도 120kph		설계속도 100kph		설계속도 80kph	
		교통량 (pcphpl)	V/C비	교통량 (pcphpl)	V/C비	교통량 (pcphpl)	V/C비
A	≤6	≤700	≤0.3	≤600	≤0.27	≤500	≤0.25
B	≤10	≤1,150	≤0.5	≤1,000	≤0.45	≤800	≤0.40
C	≤14	≤1,500	≤0.65	≤1,350	≤0.61	≤1,150	≤0.58
D	≤19	≤1,900	≤0.83	≤1,750	≤0.80	≤1,500	≤0.75
E	≤28	≤2,300	≤1.00	≤2,200	≤1.00	≤2,000	≤1.00
F	>28	—	—	—	—	—	—

주) pcphpl=Passenger Car Per Hour Per Lane

4. 용량 및 서비스 수준

① **용량** : 용량이란 주어진 도로 조건에서, 15분 동안 최대로 통과할 수 있는 승용차 교통량을 1시간 단위로 환산한 값이다.

② 서비스 수준

　　㉠ 2차로 도로의 서비스 수준을 나타내는 효과척도는 총지체율이며, 교통량에 따라 각 서비스 수준은 다음과 같다.

　　㉡ 서비스 수준

구분	총지체율(%)		교통량(pcphpl)
LOS	도로 유형 Ⅰ	도로 유형 Ⅱ	
A	≤8	≤10	≤650
B	≤15	≤20	≤1,300
C	≤23	≤30	≤1,900
D	≤30	≤40	≤2,600
E	≤38	≤50	≤3,200
F	>38	>50	

3 도로 교통용량에 영향을 미치는 요인

① 도로 조건
　　㉠ 설계속도
　　㉡ 차로폭 및 측방 여유폭
　　㉢ 평면 및 종단선형
　　㉣ 주변 지역 개발 정도

② 교통 조건(연속류, 단속류)
　　㉠ 교통량
　　㉡ 중차량 비율
　　㉢ 방향별 분포
　　㉣ 차로 이용도

③ 교통 통제 조건
　　㉠ 교통신호
　　㉡ 교통표지

ⓒ 차로이용통제

ⓔ 속도제한

④ 기본 구간에 영향을 미치는 요인

ⓐ 차로폭 및 측방 여유폭

ⓑ 중차량

ⓒ 기타

4 도로용량의 증대방안

① 기본 구간

기본 구간은 연속류와 단속류의 이상적인 조건을 충족시켜야 한다.

연속류(고속국도 기본 구간)	단속류(2차로 도로)
• 차로폭 3.5m 이상 • 측방 여유폭 1.5m 이상 • 선형 : 곡선반경 바람직한 값, 종단경사 완화 • 오르막차로, 중앙분리대 설치 • ITS 도입 등	• 차로폭 3.5m 이상 • 측방 여유폭 1.5m 이상 • 선형 : 시거가 확보되도록 양호하게 • 오르막차로, 양보차로, 앞지르기차로 설치 • 길어깨를 포장하여 자전거의 차로 침입방지 등

② 엇갈림(Weaving) 구간

ⓐ Weaving 구간의 길이(150~200m)를 충분히 확보한다.

ⓑ 차로변경 횟수를 최소화할 수 있도록 집산로(C-D road)를 설치한다.

③ 연결로(Ramp) 구간

ⓐ 유·출입 유형의 일관성(구조물 전에, 우측 유입, 우측 유출)을 유지한다.

ⓑ 차로수를 균형있게 제공하여 용량 감소 요인을 제거한다.

④ 교차로 구간

교차로에서 상충의 면적·횟수를 최소화하고, 상충의 위치·시기를 조정하여 운전자가 의사 결정을 단순하게 하도록 도류화 기법을 적용한다.

⑤ 기존 도로에 단기적 교통처리계획 방법으로 TSM 기법 적용

ⓐ 도로 기하구조 개선

• 도로선형 개량 : 평면선형, 종단선형

• 교차로 개선 : 시거 확보, 도류화, 교차각, 좌회전차로

• 부대시설 설치 : 버스정차대, 비상주차대, 교통안전시설 설치

ⓛ 교통운영방법 개선
- Park & ride 등 승용차와 지하철, 버스와의 연계
- 일방통행로, 버스전용차로, 홀수차로제, 승용차 도심통제, 주차

ⓒ 교통통제시설 개선
- 신호연동화, 신호주기 조정 등

⑥ **지능형 교통체계(ITS) 적용**

ⓐ 첨단교통관리시스템(Advanced Traffic Management System, ATMS)
- 고속도로교통관리시스템(FTMS)
- 도시교통관리시스템(UTMS)
- 자동통행료징수시스템(ATCS)

ⓑ 첨단교통정보시스템(Advanced Traffic Information System, ATIS)
- 주차정보시스템(Parking Information System, PIS)
- 여행자정보시스템(Traveler Information System, TIS)
- 동적경로안내시스템(Dynamic Route Guidance System, DRGS)

ⓒ 첨단차량 · 도로시스템(Advanced Vehicle Control System, AVCS)

ⓓ 첨단대중교통시스템(Advanced Public Transportation System, APTS)

ⓔ 화물운송시스템(Commercial Vehicle Operation, CVO)
- 자동차량위치시스템(Automatic Vehicle Location)
- 자동차량인식시스템(Automatic Vehicle Identification)

5 결론

① 도로의 서비스 수준을 만족시키기 위한 도로교통용량 증대방안은 도로의 신설, 확장 및 가로망정비 등의 방법이 있으나, 건설비 및 건설기간이 너무 많이 소요되는 단점이 있다.

② 따라서, 기존 도로를 이용한 도로용량 극대화 방안도 매우 중요하므로 ITS(Intelligent Transport System) 기법을 적극 활용하여, 기존의 교통시설물에 첨단 전자, 통신, 제어기술을 접목시켜 기존 도로의 처리용량을 100% 활용하는 시스템이다.

③ TSM(Transportation System Management) 기법을 이용하여 교통체제개선, 소규모시설의 공급, 요금책정 등의 방법으로 교통을 안전하고 원활하게 처리하는 방법 등이 있다.

④ 대도시 교통용량 증대사업으로 BIS, BMS, BRT에서 친환경버스 공급, 저상버스 개발, 버스전용차로 확대, 버스우선신호 설치, 버스카드 개발 등에 관심과 투자가 필요하다.

35 연속류와 단속류에서 과포화 교통류의 발생원인과 해소방안

1 개요

① 연속류와 단속류의 용량은 전반적인 도로조건, 교통조건 및 신호조건하에서 특정 가로를 통과할 수 있는 이동류별 최대 용량을 말한다.

② 교통류율은 일반적으로 15분 동안 측정한 것으로 하며 용량은 이를 시간당 차량대수로 환산하여 적용한다.

③ 신호교차로의 용량은 포화교통류율의 개념에 기초를 둔다.

④ 포화교통류율은 접근로 또는 이동류가 유효녹색시간의 100%를 모두 사용한다는 가정하에서 실제 교통 및 도로조건에서 접근로 또는 차로를 이용하는 최대교통량을 말한다.

2 과포화의 발생원인

1. 교통혼잡의 원인

① 교통수요 증가 > 교통시설 공급
② 교통량이 용량의 90% 이상이면 혼잡
③ V/C비 > 1.00이면 과포화 상태

2. 연속류

① 편도 1차로 도로에서 저속차량의 진입

② 병목지점
  ㉠ 영구적 : 진입지점 하류부, 상향경사구간, 차선감소구간
  ㉡ 일시적 : 사고, 고장, 공사, 낙석, 우천

3. 단속류

① 교통유발시설의 집중
② 기존 도로체계의 정비 불량
③ 대체도로의 결여
④ 가로의 합류
⑤ 고속국도와 일반국도의 연결
⑥ 회전차량 및 보행

⑦ 신호제어설비의 낙후

⑧ 환승시설로 인한 혼잡

⑨ 각종 공사

⑩ 제반 행정협조체제 미흡

3 교통류의 특성과 용량

1. 과포화 교통류의 교통량 – 밀도 관계

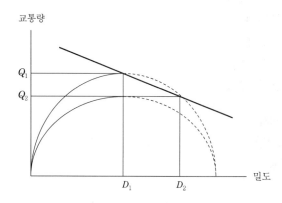

① 교통량의 증가에 따라 밀도가 증가하여 임계밀도 D_1을 넘어설 경우 용량은 Q_1에서 Q_2로 떨어짐

② 용량상태에 도달하는 것을 방지하면 이와 같은 용량의 감소를 막을 수 있음

③ 병목지점으로 인하여 발생하는 충격파의 속도는 다음과 같음

$$w_{fr} = \frac{Q_2 - Q_1}{D_2 - D_1}$$

④ 상기 충격파는 음(−)의 속도를 가지므로 충격파는 후방으로 이동하게 되며, 본선 용량의 감소에 결정적인 영향을 미침

4 해소방안

1. 교통혼잡의 형태

① **반복적 혼잡** : 매일 주기적으로 발생

② **비반복적 혼잡** : 돌발적 사태와 사전 계획된 각종 도로공사

③ **외견상의 혼잡** : 수요가 용량 이하인데도 혼잡이 확산되는 경우

④ **실제 혼잡** : 수요가 용량을 초과한 경우로 혼잡대처방안을 요하는 경우

2. 장기적 대처방안

① 교통시설 공급

② 교통수요 억제

③ 교통운영 개선
  - ㉠ ITS, 고속국도교통관리체계, 신신호체계 도입
  - ㉡ 교통체계관리(Transportation System Management)
    - 이면도로 정비
    - 일방통행제
    - 가변차선제
    - 회전차선 제공
    - 신호운영 개선

④ 교통정보 제공
  - ㉠ 가변표지판
  - ㉡ 교통방송

⑤ 교통규제
  - ㉠ 노상주차 금지
  - ㉡ 좌회전 금지

3. 단기적 대처방안

① 내부 미터링(Internal Metering)
  - ㉠ 혼잡교차로에 도착하거나 출발하는 차량들을 분산시키기 위한 혼잡교통망 제어 전략에 활용
  - ㉡ 상류 링크에 저장공간을 형성하여 유출교통량 통제
  - ㉢ 교차 가로로부터의 유입교통량 통제

② 외부 미터링(External Metering)
  대기행렬을 혼잡교통망 외부에 형성하여 혼잡지역 진입 억제

③ 릴리즈 미터링(Release Metering)
  - ㉠ 블록별로 유·출입을 통제
  - ㉡ 시차제출근, 주차 조조할인제도 등
  - ㉢ 노외공간을 차량대기공간으로 활용

④ 일정한 오프셋(Equity Offset)

    ㉠ 과포화교차로의 상류교차로에서 교차방향에 통행권 부여

    ㉡ 과포화교차로의 대기행렬이 상류교차로에 영향을 미치지 못하도록 신호통제(Spill Bark 방지)

    ㉢ 통행권의 형평성 제공

⑤ 임계교차로 제어(Critical Intersection Control)

    ㉠ 임계교차로 : 주요 가로 간의 교차지점으로서 당해 교차로의 소통이 주변 교차로에 큰 영향을 미치는 교차로

    ㉡ 교통망에 혼잡 발생 시 임계교차로를 우선적으로 처리

       • 교통경관에 의한 교통정리

       • 감응식 신호제어

       • 일정한 오프셋(Equity Offset)

4. 기타 방안

① 좌우회전 베이(Bay) 설치로 직진교통류 소통의 원활화

② 차선 추가

③ 일방통행제, 가변차선제 운영

④ 양방향 좌회전 설치 운영

5 교통혼잡의 대처방안에 따른 문제

1. 고속국도

① 비용 · 효과 : 경제적 타당성

② 진입 제어 시 최적화 목표 설정 : 구간 내 총통행시간 최소화와 이용자 개별시간 최소화, 사회적 측면에서 최적의 체계(System Optimal)로 가야 함

③ O-D 정보 : O-D 패턴은 중요하다.

④ 정보제공 시 내용 문제

⑤ 정보제공의 신뢰성

⑥ 관제지점의 적합성 : VMS 설치지점

⑦ 실제 수요 확인 : 검지기의 위치 설정이 중요

⑧ 돌발사태관리를 위한 제도적 고려

2. 도시가로

① 포화, 과포화, 교차로 앞막힘, 자동차 교통망의 정체에 대한 대처 문제

② 기본적 대처방안

교통상태	혼잡	과포화/포화
전략목표	• 지체 최소화 • 정체 최소화	• 앞막힘 방지 • 대기행렬 관리 • 서비스의 형평성 확보
효과	• 혼잡 – 해당 교차로에 국한 • 유출 교통량 적절 • 서비스 정규성 제고	• 혼잡지역 공간 축소 • 혼잡의 확산을 감소 • 혼잡의 광역화 방지 • 통행권 형평성 제공
효과척도	지체, 정지	• 대기행렬 길이 및 점유

6 결론

① 일반적으로 교통혼잡이란 교통량이 용량에 거의 달해(90% 이상) 차량의 속도가 떨어지고, 지체가 발생하는 상황을 말하며, 교통량이 용량을 초과한 상태(V/C≥1)를 '과포화 상태'라고 한다.

② 이러한 과포화 상태는 외견상의 혼잡이라기보다 실제적인 혼잡으로서 신호시간조정 등 단순하고 일시적인 개선방안으로는 해결하기 곤란하며, 구조변경, 수요억제, 시설공급 등 보다 적극적인 방법으로 과포화 상태를 비포화 상태로 개선해야 하며, 처리방안은 미터링 (Metering), 일정한 오프셋(Equity Offset) 등이다.

③ 또한 최근 통신·전자 등의 기술개발과 더불어 연구되고 있는 ITS 등은 장기적 대처방안으로 연구 검토

④ 과포화 교통류가 발생하는 지점인 저속차량 진입부, 병목지점(진입지점 하류부, 상향경사구간, 차선감소구간 등) 유고지역(사고, 고장, 공사, 낙석 등)의 도로관리 체계를 철저히 하여야한다.

⑤ 이를 위해서는 VMS를 적용하여 운전자들에게 도로 및 교통상황, 교통사고, 공사 정보를 제공하여 혼잡 완화 및 안전성을 제고해준다.

04

교통수요

1 교통조사의 종류와 방법

1 개요

① 교통시스템을 계획, 설계하고 운영전략을 발전시키기 위해서는 먼저 교통환경에 대한 이해가 선행되어야 한다.

② 따라서 현재 존재하는 문제점의 성격과 범위를 알고, 장래의 상황과 경향을 예측하기 위해서는 교통조사를 통하여 현재의 교통시스템에 대한 명확한 기초 자료와 과거의 자료를 축적하는 것이 필요하다.

③ 교통조사는 조사활동의 종류에 따라 다음과 같이 6가지로 구분할 수 있다.
  ㉠ 현황조사
  ㉡ 관측조사
  ㉢ 면접조사
  ㉣ 사고기록조사
  ㉤ 통계조사
  ㉥ 실험조사

2 현황조사

① 교통의 각 요소에 대한 현황자료는 교통시설 개선계획을 세우거나 수리, 대체 등에 대한 세부시행계획을 세우는 데 사용된다.

② **조사내용** : 도로망, 교통통제설비, 대중교통노선, 운영현황, 주차시설

③ **조사방법**
  ㉠ 도로망 현황조사 : 현장조사, 도로설계도, 지도, 항공사진 활용
  ㉡ 교통통제설비 : 현장조사
  ㉢ 대중교통 현황조사

3 관측조사

① 한 지점에서 차량의 행태에 관한 자료를 얻는 것

② **조사내용** : 교통량조사, 차량주행시간 및 지체조사, 속도조사, 교통밀도조사, 교통상충조사, 주차조사, 대중교통 이용조사

③ **교통량 조사** : 상시조사, 보정조사, 전역조사(지방부도로)

④ 차량주행시간 및 지체조사
- ㉠ 통행시간
  - 각 관측점에서 차량번호판 숫자의 자릿수를 기록하거나 레코드에 녹음을 하는 차량번호판방법(License Plate Method)이 가장 효과적
  - 최소한의 표본수가 30개 이상이 되어야 평균통행시간, 표준편차에 의미를 부여할 수 있음
- ㉡ 지체조사 : 시험차량 운행법

⑤ 속도조사
- ㉠ 공간평균속도 : 시험차량 운행법, 번호판 판독법, 주행차량 이용법
- ㉡ 시간평균속도 : 수동적 방법, 자동측정장비 이용

⑥ 교통밀도조사
- ㉠ 순간밀도 : 항공사진
- ㉡ 평균속도와 교통량의 관계를 이용하여 평균밀도 계산

⑦ 교통상충조사
- ㉠ 교차로, 합류부, 엇갈림 지역과 같은 사고위험지역의 사고 가능성을 평가하기 위하여 실시
- ㉡ 조사방법
  - 모든 교통규칙위반을 조사
  - 충돌을 피하기 위하여 브레이크를 밟거나 차선을 바꾸는 등 운전자 기피행동 조사
  - 조사결과는 총상충수와 전체 교통량의 비로 나타내며 결과의 신뢰도를 결정하기 위하여 통계적인 검증 실시

⑧ 주차조사
- ㉠ 목적 : 어떤 지역의 주차문제를 해결하기 위한 주차개선계획을 세우기 위함
- ㉡ 조사항목
  - 주차시설조사 : 노상, 평면주차장, 옥내주차장 등 노외주차시설을 포함한 주차장 크기와 운영방식 결정
  - 주차이용도조사 : 실제 주차 수요를 모르므로 주차 수요를 상대적으로 나타내는 지표로 주차의 적정성을 나타내는 중요한 측정기준임
  - 주차시간조사 : 일정시간 간격으로 주차되어 있는 차량번호판을 기록
  - 주차수입조사

⑨ 대중교통 이용조사
  제차인원조사, 승하차인원조사

4 면접조사

1. 가구면접(방문)조사 : Home Interview Survey

① 조사대상지역(교통존) 내에 기종점을 가진 사람의 통행에 대하여 조사하는 방법

② 조사지역 내의 가구 중 표본을 추출하여 방문 후 가족구성원에 대한 통행 실태를 조사함

③ 조사대상 : 해당 가구의 5세 이상 통행자

④ 조사항목 : 출발지, 목적지, 출발시각 및 도착시각, 통행목적, 교통수단, 통행비용, 주차 방법과 환승, 주차시설, 승용차 보유, 면허증 소지 여부 등

⑤ 표본추출률

　ⓐ 표본추출률은 조사지역 내의 인구, 장기, 단기 교통계획에 따라 달라지므로 정형화된 표본율은 없음

　ⓑ 지구 내 가구수의 2~20%

[표본율(미국 교통국 DOT)]

대상지역 인구	표본율(인당)	
	최소 표본율	적정 표본율
50,000 미만	1/10	1/5
50,000~150,000	1/20	1/8
150,000~300,000	1/35	1/10
300,000~500,000	1/50	1/15
500,000~1,000,000	1/70	1/20
1,000,000 초과	1/100	1/25

⑥ 조사방법

　ⓐ 가구방문조사

　　• 표본에 의해 추출된 가구에 엽서를 발송하여 조사일에 방문 의뢰

　　• 조사 당일 조사원이 직접 방문하여 조사내용 설명

　　• 가족구성원의 전날 24시간 동안의 통행을 문의하여 조사표에 기록

　　• 여기서 중요한 것은 조사방법, 조사표 및 조사요령에 관한 충분한 사전지식이 있어야 하며, 가족구성원의 이해가 가능하도록 설명할 수 있어야 함

　ⓑ 우편에 의한 회수법

　　• 방법 : 조사표를 추출된 가구에 우송하여 회답하도록 하는 방법

　　• 장점 : 조사원을 필요로 하지 않아 조사비용 저렴

- 단점 : 회수율이 저조하고, 직업별 · 연령별 · 지역별에 따라 회수율이 달라지므로 균형된 표본을 얻기 힘듦
  ㉢ 학생이용 설문조사
  - 인구가 많은 대도시 지역에서 가구방문조사에 따른 높은 조사비용과 조사기간의 장기화 때문에 대안으로 학생들을 매체로 가구설문조사를 실시
  - 분석대상도시의 전역을 골고루 조사할 수 있도록 학교를 선택하고 해당 학교에서 표본학급을 정하여 학생들에게 조사표 기재요령을 설명한 후 가족구성원의 전날 통행을 기록하게 함
  - 단점
    - 표본수가 아주 적은 존이 나타남   - 30대 가장의 가구가 적게 나타남
    - 택시 이용자 수가 적게 나타남   - 근로자의 표본수가 적게 나타남
    - 직장방문조사(30대 위주), 터미널 승객조사 등을 통하여 보완

2. 노측면접조사

① 어떤 특정한 통행에 관한 자료를 얻기 위한 것
② 이 조사는 어떤 지역 밖에 살면서 그 지역을 통과하는 통행자에 관한 자료를 수집하는 식으로 가구면접조사에서는 나타나지 않는 자료임
③ 방법 : 경계선(Cordon Line), 검사선(Screen Line)상의 한 지점을 통과하는 차량들을 정지시킨 후 현재의 통행에 대하여 질문
④ 조사내용 : 기종점, 통행목적, 통행시간, 차종 및 승객수

3. 화물차 및 택시 조사

① 종합적인 기종점 조사의 일부로 화물차, 택시의 일상적인 운행자료를 얻음
② 등록된 화물차, 택시 중 비교적 많은 표본을 선택하여 조사기관의 요청에 의해 전날 운행기록에서 필요한 자료를 얻음

4. 기타 면접조사

① 주차장 이용조사
  ㉠ 주차된 차량운전자에게 직접 면접 또는 우편 설문
  ㉡ 주차운전자의 통행목적, 출발지, 목적지 등

② 대중교통 특별조사

5 사고기록조사

① 사고기록은 안전 측면에서 도로시스템의 성과를 나타냄
② 교통사고감소 개선책을 계획하고, 사고감소 개선책의 성과를 평가하는 데 사용
③ **조사내용** : 사고위치, 날짜, 요일, 기간, 사고 종류, 피해 정도, 차량 종류, 노면 상태, 기후, 사고발생경위 및 사고 직전의 상황 등
④ 어느 특정지점의 안전상태는 현황도, 충돌도(Collision Diagram)를 그려 분석

6 통계조사

교통계획과 행정을 위해 모든 교통시스템의 범위나 현황에 관한 기초 통계자료 수집

7 실험조사

① **현장실험** : 도로 미끄럼, 마찰실험 등

② **실험계획법(Experimental Design)**
  ㉠ 여러 가지 요인에 의한 어떤 효과를 분석하기 위한 통계적 기법
  ㉡ 실험에 대한 계획방법을 의미
  ㉢ 해결하고자 하는 문제에 대하여 어떻게 행하고 데이터를 취하며, 어떠한 통계적 방법으로 분석하면 최소의 실험횟수에서 최대의 정보를 얻을 수 있는가를 계획하는 것
  ㉣ 자료수집이 어렵거나 실험을 하는 데 많은 시간과 노력이 필요한 경우에는 이 방법을 이용하여 수립해야 하는 자료의 종류나 실험방법 등을 결정

8 결론

① 교통량의 정확한 조사는 모든 계획에서 가장 중요한 기초 자료가 되므로 면밀히 해야 한다.
② 특히, 면접조사나 가정방문에서는 소득이 낮은 층에 집중되어 조사의 편기현상이 일어나지 않도록 해야 한다.
③ 장래 교통량 분석의 정확성 여부는 도로계획의 타당성, 규모결정, 설계기준 등의 기초 자료로 사용된다.
④ 교통량 조사는 도로건설계획에 대단히 중요한 요소이므로 정확성에 따라 예산을 낭비할 수도 절감할 수도 있는 판가름의 대상이다.

2 기종점(O - D) 조사

1 개요

① 교통현실에 대한 신뢰성 있는 자료는 교통문제를 정확히 진단하여 실효성 있는 교통정책을 수립하고 집행할 수 있는 토대가 되기 때문에 매우 중요하다.

② 합리적인 교통계획을 수립하기 위해서는 현재 사람의 통행이 어떻게 이루어지고 있는가를 우선적으로 파악해야 하는 것이 교통계획의 출발점이기 때문이다.

③ 통행활동의 기초자료 조사를 위해 사람통행 실태조사인 기종점(O-D) 조사를 한다.

④ 기종점 조사란 사람의 1일 통행활동을 추적 · 조사하는 것으로 조사대상지역에서 추출된 표본(사람)의 1일 통행활동의 기종점, 통행목적, 이용교통수단 등을 조사하는 작업이다.

⑤ **활용방안** : 전수화를 통하여 조사지역 내의 통행발생, 통행배분, 교통수단 선택, 노선배정과 같은 특성을 파악하고 장래의 교통수요를 예측하기 위한 기초 자료로 활용된다.

2 조사방법

[O-D 조사의 흐름]

1. 폐쇄선(Cordon Line) 설정

① 정의

폐쇄선(Cordon Line)이란 조사대상지역을 포함하는 외곽선으로 교통조사실시를 위한 공간적 범위

② 폐쇄선 설정

폐쇄선 주변 지역은 최소한 5% 이상의 통행자가 폐쇄선 내의 도심지로 출퇴근, 등하교하는 지역으로 설정하는 것이 바람직함

③ 폐쇄선 설정 시 고려사항

㉠ 행정구역과 가급적 일치시킴

㉡ 인접도시나 장래 도시화 지역은 가급적 포함시킴

㉢ 주변에 동이 위치하면 포함시킴

㉣ 폐쇄선을 횡단하는 도로나 철도가 최소화되도록 함

2. 교통존(Traffic Zone)의 설정

① 개요

㉠ 교통계획에서 여객, 화물의 이동을 분석하고 추정하기 위한 단위공간으로 교통 분석 대상지역(폐쇄선 내)에 인위적으로 경계를 그어 설정

㉡ 중심은 Centroid라 하며, 교통존이 설정되면 폐쇄선 내측에 대하여 가구를 표본 추출하여 각종 조사를 실시함

② 교통존 설정 시 고려사항

㉠ 행정구역과 일치시킴

㉡ 동질적인 토지 이용

㉢ 존 경계선이 간선도로와 일치되도록 함

㉣ 소도시 주거지역 존별 인구 1,000~3,000명, 대도시 5,000~10,000명

③ 존의 크기

㉠ 분석목적의 상세도

• 분석목적과 자료의 상세 정도에 따라 다름

• 크게 할 경우 조사의 정밀도는 저하되고 조사비용, 분석시간을 줄임

• 작게 할 경우 조사의 정밀도 증가, 조사비용, 분석시간이 많이 소요됨

ⓒ 표본수
- 표본의 수가 적을 때 작은 존일 경우 하나의 존에 포함되는 통행수가 별로 없기 때문에 실용적인 결과를 얻지 못함
- 인구밀도가 낮은 교외지역은 크게, 도심지를 포함하는 도시 내부에서는 작게 하는 것이 일반적임

ⓒ 교통계획의 종류
- 도시 전체를 대상으로 하는 도시종합교통계획, 지하철 노선망 계획 등은 크게 함
- 도시의 일부분을 대상으로 하는 가로망 계획, 버스노선계획, 도로건설계획 등은 작게 함

④ 도시종합교통계획의 존 구분
  존을 대, 중, 소로 나누어 분석목적에 따라 적절히 활용
  ㉠ 대존 : 행정구역, 도시계획구역으로 구분하거나 하천, 철도, 임야 등과 같이 지형적 조건에 따라 구분
  ㉡ 중존 : 대존을 도시의 개발축과 도시기본계획 등에서 나누어진 생활권을 고려하여 지역 특성이 유사한 것끼리 나눔
  ㉢ 소존 : 중존을 나눔

3. 가구방문조사(Home Interview Survey)

① 개요
  폐쇄선(Cordon Line)과 교통존(Traffic Zone)을 설정한 후 지역 내의 가구 중 표본을 추출하여 5세 이상 가족구성원에 대한 통행실태를 조사하는 것

② 조사내용
  출발지, 목적지, 출발시각, 도착시각, 통행목적, 교통수단, 통행비용, 환승 여부, 주차방법, 주차시설 여부, 승용차 보유 여부, 면허증 소지 여부 등

③ 표본추출
  ㉠ 조사대상지역 내의 전체 가구를 조사할 수는 없으므로 일정량의 표본을 추출하여 조사한 후 전수화 과정을 거쳐서 집계
  ㉡ 표본추출률은 조사지역 내의 인구, 장기, 단기 교통계획에 따라 달라지므로 정형화된 표본율은 없으며, 일반적으로 지구 내 가구수의 2~20% 정도임

④ 조사방법

　㉠ 가구방문조사

　　표본에 의해 추출된 가구에 엽서를 발송하여 조사일에 방문을 의뢰한 후 조사 당일 조사원이 직접 방문하여 조사내용을 설명하고 가족구성원의 전날 24시간 동안의 통행을 문의하여 조사표에 기록하는 방법

　㉡ 우편에 의한 회수법

　　• 방법 : 조사표를 추출된 가구에 우송하여 회답하도록 하는 방법

　　• 장점 : 조사원을 필요로 하지 않고 조사비용이 저렴

　　• 단점 : 회수율이 저조하고, 직업별·연령별·지역별에 따라 회수율이 달라지므로 균형된 표본을 얻기 힘듦

　㉢ 학생 이용 설문조사

　　• 인구가 많은 대도시 지역에서 가구방문조사에 따른 높은 조사비용과 조사기간의 장기화 때문에 대안으로 학생들을 가구설문조사에 투입

　　• 방법 : 분석대상도시의 전역을 고루 조사할 수 있도록 학교를 선택하여 해당 학교에서 표본학급을 정하여 학생들에게 조사표 기재요령을 설명하고 귀가 후 가족구성원의 전날 통행을 기록하도록 함

　　• 단점

　　　－표본수가 아주 적은 존이 나타남

　　　－중학생이 있는 가구가 조사되므로 30대 가장의 가구가 적게 나타나는 경향이 있음

　　　－택시 이용자 수가 적게 나타나는 경향이 있음

　　　－근로자의 표본수가 적게 나타남

　　　－직장방문조사(30대 위주), 터미널 승객조사 등을 통하여 보완함

4. 영업용 차량조사

① 방법

　㉠ 버스, 택시, 화물차 등을 대상으로 대상지역에서 무작위로 추출된 차량에 대해서 조사표를 이용하여 설문조사

　㉡ 택시의 경우 하루 동안 전세 내어 승객의 통행실태를 조사

② 조사내용

　출발지, 목적지, 출발시각, 도착시각, 영업용 차량의 유형, 통행목적, 승차인원, 주차상태, 차고지 등을 조사

5. 노측면접조사

① 개요

조사대상지역 밖에 거주하면서 조사대상지역을 통과하는 통행자에 대한 자료를 수집하는 것으로 가구면접조사에서는 나타나지 않는 자료임

② 방법

경계선(Cordon Line), 검사선(Screen Line)상의 한 지점을 통과하는 차량들을 정지시킨 후 현재의 통행에 대하여 질문

③ 조사내용

기종점, 통행목적, 통행시간, 차종 및 승차인원

6. 대중교통수단 이용객 조사

① 지하철역, 버스정거장에서 대기하고 있는 승객에게 설문지를 배부하고 우편으로 우송하게 하는 방법
② 조사원이 직접 승차한 후 조사요령을 설명하고 승객이 하차하기 전에 조사표를 회수

7. 터미널 승객 조사

① 기차, 시외버스, 고속버스 터미널에서 대기하고 있는 승객과 하차하는 승객을 대상으로 출발지, 최종 목적지, 통행목적, 직업, 소득 등을 조사
② 노측면접조사보다 신뢰성 있는 자료를 수집할 수 있음

8. 직장방문조사

① 개요 : 공업도시, 학원도시, 군사도시 등 한 가지 기능이 지배적인 도시에 적합한 방법이며, 업무통행을 보완하는 데 활용되어 가구설문조사에서 누락되거나 표본을 보완하기에 알맞은 방법
② 방법 : 조사원이 직접 직장을 방문하여 설문조사 실시
③ 조사내용 : 승용차 이용자, 대중교통 이용자로 구분하여 주소, 출퇴근시간, 교통수단, 통행비용, 주차 여부 등을 조사
④ 단점 : 직장에 출퇴근하지 않는 고용자나 개인목적 통행은 잡히지 않음

9. 차량번호판 조사

① 조사대상지역 내의 일정한 지점을 선정하여 이 지점을 통과하는 차량들의 번호, 차종, 통과시간을 기록하여 조사하는 방법

② 도시 내에 여러 지점을 설치하여 조사하면 하루 동안 차량의 움직임을 알 수 있어 출발지와 목적지를 구할 수 있음

③ 유사한 방법으로 시각, 장소, 방향, 차종 등을 기입한 스티커를 자동차에 부착한다든지, 운전자에게 주어 다른 조사지점에서 회수하는 방법도 있음

④ 단점 : 조사대상지역이 크면 신뢰성 있는 결과를 얻기 힘듦

10. 폐쇄선 조사

① 개요

㉠ 조사대상지역 밖에 출발지와 목적지를 가진 통행을 조사하는 것으로 폐쇄선을 통과하는 주요 지점에 조사지역으로 유·출입하는 차량을 조사하는 방법

㉡ 표본추출과 여러 가지 원인에 의한 오차를 보정하고 조사결과의 정확도를 검증하기 위한 조사

② 조사내용

㉠ 통과 차량의 시간대별·차종별 통과교통량

㉡ 차량을 세워 면접조사하는 방법 : 통행 목적, 기종점 위주 조사

③ 활용 : 폐쇄선 조사 그 자체로 O-D표를 구축하는 데 이용되지만 가구설문조사 등 본조사의 보완용으로 활용됨

11. 검사선조사(Screen Line 조사)

① 개요

㉠ Screen Line : 조사지역 내 하나 혹은 몇 개의 가상선을 말하며, 보통 남북선과 동서선을 간선도로상에 긋는다.

㉡ Screen Line 조사는 검사선조사라고도 하며, 가구방문조사, 폐쇄선조사 등 여러 가지 조사들에 의해 도출된 조사결과를 검증하거나 보완하기 위해 실시한다.

② 조사방법 : 간선도로상에 그은 남북선과 동서선상이 만나는 교차로를 통과하는 차량을 조사한다.

③ 활용 : 조사결과를 가구방문조사나 폐쇄선조사에서 구한 교통량과 비교하여 정밀도를 검증하고, 경우에 따라서는 가구방문조사와 폐쇄선조사의 결과를 수정·보완하는 데 활용한다.

③ 시외 유·출입 통행실태조사

1. 목적

① 유·출입 지점별, 시간대별, 차종별 교통량을 분석하여 교통량의 유입, 유출 현황을 파악하고 차종별 탑승인원을 조사하여 총사람통행량을 구함

② 유·출입 지점에서 차량을 대상으로 기종점 설문조사를 실시하여 O-D표를 구축하기 위한 수단으로 활용

2. 조사장소

① 시경계에서 주변 도시로 연결되는 도로상에 선정

② 고속도로에 의해 유·출입이 가능한 지역은 톨게이트에서 조사

3. 조사내용

① 시외 유·출입 차량 교통량

24시간 실시하며 유입, 유출을 구분하고 시간대별·차종별 통과대수 조사

② 시외 유·출입 통행실태조사

㉠ 시간, 차종, 출발, 목적지, 화물의 종류, 적재량 조사

㉡ 활용

사람과 화물의 출발지와 목적지를 조사하여 O-D표를 구축하는 데 활용

•정원 및 탑승인원 : 시내 전체의 유·출입 통행량 파악

•화물적재량 파악 : 물동량의 지역 간, 도시 간, 시내의 움직임 파악

4. O-D 분석

유·출입 지점을 시내 간 O-D표에 추가시키고 궁극적으로 유·출입 지점을 유·출입 존으로 변형시켜 교통수단별, 목적별 O-D를 구축한다.

④ 결론

① 기종점 O-D 조사는 사람의 1일 통행활동을 추적 조사하는 것으로서 기종점, 통행목적, 이용교통수단 등을 상세히 조사해야 한다.

② 경비절약의 목적과 투입 인원의 교육 미흡으로 발생되는 손해는 국가예산의 낭비로 이어져 실제 적용 시 감당하기 힘든 과잉투자가 되거나 교통 지체의 원인이 될 수 있다.

3 | 기종점(O - D) 조사자료 전수화

1 개요

전수화란 표본에 의해 조사된 자료를 전(全) 통행자에 걸쳐서 집계하는 과정으로 이 과정을 거쳐서 최종 O-D표를 구축한다.

2 전수화 과정

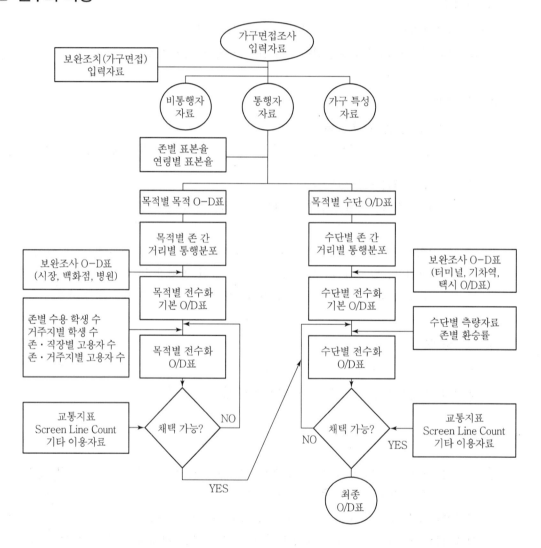

❸ 전수화 과정 단계

① 가구 면접 자료의 문제점을 수정하여 비통행자 자료, 통행자 자료, 가구 특성 자료 등 3가지로 구분한다.

② 존별·연령별 표본율을 적용하여 목적별 목적통행과 수단통행 O-D표에 작성한다.

③ 존 간 거리를 적용하여 목적별·존 간 거리별, 수단별·존 간 거리별 통행분포 자료를 정리한다.

④ 통행분포 결과 미흡한 점이 발견되면 보완조사를 실시한다.
  ㉠ 목적 통행 : 시장, 백화점, 병원 등에서 설문조사 및 노측면접조사를 통하여 보완
  ㉡ 수단통행 : 터미널, 기차역 보완조사, 택시 O-D 적용

⑤ 전수화계수를 적용하여 전수화 기본 O-D표를 작성한다.
  ※ 전수화(全數化) : 표본조사치×전수화계수(Expansion Factor)

⑥ 기본 O-D를 점검하여 전수화 O-D표를 구축한다.
  ㉠ 목적 O-D표 : 존별 수용 학생 수, 거주지별 학생 수, 존·직장별 고용자 수 등 적용
  ㉡ 수단 O-D표 : 수단별 총량자료, 존별 환승률 적용

⑦ 전수화 O-D표의 존 간 통행량의 신뢰성을 스크린 라인, 폐쇄선 조사 및 각종 지표를 적용하여 검증한다.
  ㉠ 검증방법 : 스크린 라인, 폐쇄선 조사 및 각종 지표 적용
  ㉡ 만일 검증결과 전수화된 O-D표 간의 차이가 생길 경우 기본 O-D표를 재점검하는 반복과정을 거쳐 최종 O-D표 도출

❹ 결론

① 보편적으로 Screen Line 조사로 구한 통행량은 가구설문조사로 구한 결과보다 크며, 최종적으로 도출된 기종점표는 희망선(Desire Line)을 긋는 데 활용된다.

② Zone 구획 시 토지이용과 교통시설 측면에서 고려해야 하나 실업무의 적용이 어려워 행정구역만을 주관적으로 고려하는 경우가 대부분이다.

③ 조사 자료의 신뢰도 향상을 위한 전국적인 표본 O-D에 관한 연구와 편기, 목적별·수단별 특성을 고려한 전수화 보정방법의 계속적인 연구가 필요하다.

④ 기존의 교통 분석에서는 건설부, 도로공사 등 각기 다른 발주처에서 각 도로 사업에 대한 O-D 조사만을 하여 조사비용이 중첩되며 각 사업에 대한 조사결과는 각기 소유하고 있어 국가적으로 낭비가 되고 있다.

⑤ 이를 통합하여 인구센서스처럼 몇 년에 한 번씩 전체적으로 조사할 필요가 있다.

4 P-A와 O-D의 차이

1 개요

① P-A(Production-Attaction) 접근방법에서는 통행의 방향과 관련 없이 가정이 있는 존이 통행생성존(Production Zone)이 되고, 통행의 가정이 아닌 다른 존은 통행유인존 (Attraction Zone)이 된다.

② O-D(Origin-Destination) 기종점조사란 사람의 1일 통행활동을 추적, 조사하는 것으로 조사대상지역에서 추출된 표본(사람)의 1일 통행활동의 기종점, 통행목적, 이용교통수단 등을 조사하는 작업이다.

2 활용방안

① 전수화를 통하여 조사지역 내의 통행발생, 통행배분, 교통수단선택, 노선배정과 같은 특성을 파악하고 장래의 교통수요를 예측하기 위한 기초 자료로 활용된다.

② 교통현실에 대한 신뢰성 있는 자료는 교통문제를 정확히 진단하여 실효성 있는 교통정책을 수립, 집행할 수 있는 토대를 마련해 줄 수 있기 때문에 매우 중요하다.

③ 이러한 관점에서 합리적인 교통계획을 수립하기 위해서는 현재 사람통행이 어떻게 이루어지고 있는가를 우선적으로 파악해야 한다. 왜냐하면 이것이 교통계획의 출발점이기 때문이다.

3 통행수 산출방법의 차이

① 가정 기반 통행(Home-based Trip)

　㉠ P-A(Production-Attaction) 접근방법에서는 통행의 방향과 관련 없이 가정이 있는 존이 통행생성존(Production Zone)이 되고, 통행의 가정이 아닌 다른 존은 통행유인존 (Attraction Zone)이 된다.

　㉡ 예를 들어, 출근과 퇴근의 경우 모두 가정에 있는 존이 통행생성존이 되고, 직장이 있는 존이 통행유인존이 된다.

　㉢ 그러므로 출근과 퇴근 두 통행의 통행생성존과 유인존이 동일하므로 방향별로 통행목적을 다시 구분하지 않고, 가정기반 출퇴근 통행을 하나의 목적통행으로 취급하고 있다.

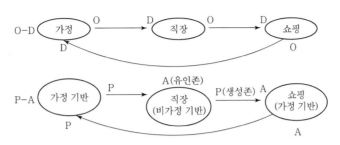

가정에서 생산된 것이므로 P가 됨

② 비가정 기반 통행(Non-home-based Trip) : P-A 접근방법과 O-D(Origin-Destination) 접근방법은 존 간 통행량 산출방법이 동일하며 통행 생성존이 유출존이 되고, 통행유인존이 유입존이 되어 분석상태 차이가 발생하지 않는다.

4 O-D 통행량 및 P-A 통행량의 개념

① O-D 접근방법 : 통행이 출발, 도착하는 현상적 패턴을 기준으로 통행량 산출
② P-A 접근방법 : 통행 주체인 개인이 기반을 두는 지점과 활동의 목적이 달성되는 지점을 고려한 통행 행태적 패턴을 기준으로 통행량 산출
③ O-D 접근방법(현상적인 것 → 나타나는 현상적 측면)
  ㉠ 모든 목적통행이 출발존과 도착존을 항상 동시에 가지고 있다.
  ㉡ 출발지점의 유출통행량 총합과 도착지점의 유입통행량 총합이 동일하다.
     (출발 i, 도착 j → ij의 유·출입 통행량이라고 함)
④ P-A 접근방법(형태적 접근 → 행위적 기반)
  ㉠ 가정을 모든 활동이 시작되고 끝나는 개인의 기반이 되는 지점으로서 고려한다.
  ㉡ 즉, 가정 기반 통행(Home-based Trip)의 경우 통행 생성은 가정이 있는 통행단에서 산출되는 통행이다.
  ㉢ 통행유인은 가정이 아닌 다른 편의 통행단에서 산출되는 통행이다.

5 P-A 통행량을 O-D 통행량으로 전환하는 방법

$$OD_{ij}^{P} = \lambda^{p} PA_{ij}^{p} + (1 - \lambda^{p}) PA_{ji}^{p}$$

여기서, OD_{ij}^{P} : 통행목적이 P이며, 유출존 i에서 유입존 j로 간 통행량
PA_{ij}^{p} : 통행목적이 P이며, 통행생성존이 i이고 통행유인존이 j인 통행량
λ^{p} : 통행목적이 P이며 PA_{ij}^{p} 통행수 중에서 통행생성존 i가 통행유출존이 되고, 통행유인존 j가 통행유입존이 되는 통행수가 차지하는 비율($0 \leq \lambda^{p} \leq 1$)

6 결론

① 행태적 측면에서 통행패턴을 P−A 접근방법이 더 잘 표현하고 있다.
② 집합과 오차도 P−A 접근방법이 더 적다.
③ P−A(집에서 조사) 접근방법이 O−D 접근방법보다 이론적으로 더 우수하다.
④ 통행발생, 통행분포, 교통수단선택 분석과정이 끝난 후 P−A 통행량에서 O−D 통행량으로 전환하는 것이 통행발생, 통행분포의 분석과정이 끝난 후에 O−D 통행량으로 전환하는 것보다 더 바람직하다.

$$OD = P_i A_j (\lambda + P_i A_j)$$

⑤ 국내에서는 귀가(퇴근)통행을 별도의 목적으로 분류하여 O−D 접근방법을 사용하고 있지만 외국의 경우는 가정을 기반으로 하는 P−A식 접근방법을 일반적으로 사용하고 있다.
⑥ 따라서, O−D 접근방법보다 이론적으로 우수하고 집합화에 따른 오류가 적게 발생하는 P−A식 검토의 필요성이 느껴진다.

---

5 통행발생 모형

1 개요

① 교통수요예측의 통행발생, 통행분포, 교통수단 선택, 노선배정의 처음 단계로서 분석존에서 시작하거나 끝나는 통행의 수를 추정하는 데 적용한다.
② 통행발생의 분석은 토지이용과 통행발생 활동 간의 상관관계를 규명하여 장래의 토지이용변화에 따른 교통수요의 변화를 예측하는 것이 궁극적인 기능이다.
③ 통행발생은 토지이용 및 인구의 함수로서 변수에는 인구, 가구수, 자동차보유대수, 소득수준, 고용수준 등이 있다.
④ 통행발생은 통행목적별로 구분하여 분석하는데, 이는 통행목적에 따라 통행발생, 분포, 수단선택이 달라지기 때문이다.
⑤ 통행발생 예측모형에는 원단위법, 성장률법, 회귀분석법, 카테고리 분석법이 있다.

❷ 통행발생 모형

1. 원단위법

① 통행목적별로 해당 지역의 특성을 나타내는 인구, 토지이용면적, 및 자동차보유대수 등에 대한 단위당 통행 유·출입량을 기준으로 목표연도의 통행량을 예측하는 방법

② 문제점
 ⊙ 통행양단의 토지이용 및 사회·경제 지표를 알아야 함
 ⊙ 장래 급격한 토지이용 변화에 대처 불가능

③ 장점
 ⊙ 소규모 지역의 단기예측에 적합
 ⊙ 비용 및 시간 저렴

2. 성장률법

① 현재의 통행 유·출입량에 장래의 사회·경제 지표의 증감률을 곱하여 장래의 통행 유·출입량 계산

② 성장률법 공식

$$T_i = t_i \times F_i$$

 여기서, T_i : 장래의 통행발생량, t_i : 현재의 통행발생량
    F_i : 사회·경제 지표의 증감률

③ 회귀분석법 : 가장 많이 사용되는 방법으로 현재의 통행 유·출입량과 해당 지역의 사회· 경제 지표, 토지이용적 특성을 나타내는 변수 사이의 관계를 나타내는 회귀식을 구하고 이 식에 의해 장래 유·출입량을 추정하는 방법
 ⊙ 절차
  • 각 존별로 인구, 자동차보유대수, 토지이용면적 등의 사회·경제적 지표인 설명변수 와 통행목적별로 구분하여 조사된 통행 유·출입량을 관계시켜 해당 지역의 회귀식 을 구함
  • 존별 독립변수의 장래 변화와 상위계획을 감안하여 존별 독립변수를 추정
  • 회귀식 설명변수에 예측된 존별 독립변수를 대입하여 장래 통행 유·출입량을 구함

$$Y_i = a + bx_1 + cx_2 + \cdots\cdots$$

  여기서, Y_i : 존 i의 통행발생량(종속변수), x_i : 존 i의 사회·경제적 지표(설명변수)
     a, b, c : 회귀계수

ⓛ 회귀분석법의 장단점
- 설명변수와 종속변수 간의 관계 파악이 용이
- 존의 크기가 커서 원단위 추정이 곤란한 지역에 용이
- 분석존들의 특성이 완전히 균일하지 않기 때문에 통행발생의 정확한 예측이 곤란
- 상관계수를 장래에도 일정하게 적용하므로 장래 변화에 대한 대처가 미비

ⓒ 카테고리 분석법(Category Analysis)
- ⓐ 가구당 통행발생량과 같은 종속변수를 소득 수준이나 자동차보유대수 등의 설명변수들에 의해 교차분류시켜 도출해 내는 단순하고 이해하기 쉬운 모형
- ⓑ 원단위법의 일종으로 발생교통량과 같은 종속변수를 소득수준별, 자동차보유별, 가구원수별 등 독립변수에 의해 범주(Category)로 교차분류하여 원단위를 산출하고 이를 존별로 적용하는 방법
- ⓒ 회귀분석에서 분석존의 특성이 균일하지 않기 때문에 발생하는 문제의 보완
- ⓓ 카테고리 분석법의 절차

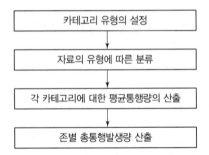

- ⓔ 통행발생에 영향을 미치는 변수는 가구의 규모, 가구의 소득, 자동차보유대수
- ⓕ 카테고리 분석법의 장단점
  - 장점
    - 다른 변수는 일정하다고 가정하고 하나의 설명변수의 변화효과만 명확히 함으로써 설명변수의 중요성 파악이 용이
    - 이해가 용이하며 자료이용이 편리
    - 검증과 변수조정이 용이
    - 교통정책에 대해 민감하여 추정이 정확함
    - 다른 지역으로의 이전이 용이
  - 단점
    - 설명변수의 독립성이 불확실하여 예측에 오류 발생이 가능
    - 설명변수의 평균값이 어떤 분포를 갖는 평균값인지 알 수 없음
    - 총변동량 중에서 설명변수에 의해 설명되는 변동량을 알 수 없음

3 결론

① 통행발생의 통행 유·출입량을 사회·경제적, 토지이용적 측면을 고려하여 예측하는 것으로서 각 모형에 대해 살펴보았다.

② 일반적으로 통행발생예측에는 사용의 간편성, 보편성에 의해 회귀분석법이 주로 사용되고 있는 실정이다.

③ 그러나 회귀분석법은 각 존 간의 특성을 균일하게 보는 단점이 있어 예측의 한계를 내포하고 있지만, 카테고리 분석법에서 중요한 변수인 소득수준에 따른 가구분포조사의 신뢰성 미확보 측면을 고려할 때는 회귀분석방법이 유용하다.

④ 따라서 앞으로 보다 발전적인 모형이 다변화하는 사회상을 반영할 수 있도록 개발되어야 할 것이다.

6 교통존(Traffic Zone)

1 개요

① 교통계획을 위한 조사 및 분석에서 가장 기초가 되는 작업인 교통존은 교통계획을 위한 승객이나 화물 이동에 대한 분석과정의 기본단위 공간을 설정하는 것이다.

② 교통존의 중심을 센트로이드(Centroid)라고 하며 교통 분석 대상지역에 인위적인 경계를 그어 작성한다.

③ 각 존의 사회·경제적 특성, 교통 여건을 파악하여 이를 기초로 자료의 수집, 분석 예측을 수행하게 된다.

④ 교통존의 크기는 대·중·소로 나누어 분석목적에 따라 적용한다.

2 교통존 설정기준

① 동질적인 토지이용이 포함되도록 한다.

② 행정구역과 가급적 일치되도록 설정한다.

③ 간선도로는 존 경계와 일치하도록 한다(산, 강, 철도 등의 지형).

④ 소규모 도시의 주거지역은 인구 1,000~3,000명, 대도시의 경우는 5,000~10,000명 정도 포함되도록 설정한다.

⑤ 가급적 유사한 토지이용과 인구수, 인구구성, 산업배치에 따라 설정한다.

⑥ 모든 활동이 Zone Centroid에 집중된다는 가정에 의해 발생되는 오차가 크지 않도록 결정한다.

⑦ 존의 형태는 Zone Centroid와 연결이 용이한 형태로 설정한다.

⑧ 가능한 한 존에 통학권이 포함되도록 하여 Zone Centroid 접근비용이 주요 시설에 접근하는 비용을 대표하도록 설정한다.

⑨ Zone 구분도

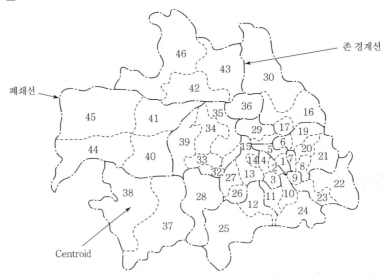

③ 설정 시 고려사항

① 교통존은 교통망의 형태, 토지이용 형태, 인구 및 산업배치에 따라 설정된다.

② Zone은 가급적 적게 하여 정밀도를 높여야 하나 세분될수록 조사비용과 분석시간이 많아진다.

③ 따라서 Zone의 크기는 사업목적과 성격에 따라 구분된다.

④ 표본 설계

① 개요

표본은 모집단으로부터 추출된 요소들의 집합을 의미하는 것으로 표본율이 높으면 신뢰도는 높아지나 조사비용과 조사기간에 큰 영향을 미치게 된다.

② 표본설계법(Random Sampling Design)

㉠ 단순확률표본설계(Simple R.S.D) : 난수표 이용

㉡ 층화확률표본설계(Stratified R.S.D) : 대중교통수단과 같이 특성 분포가 층화 시에 사용

㉢ 집락확률표본설계(Cluster R.S.D) : 지리적으로 구분

③ 표본율

    ㉠ 표본의 크기는 모집단에 가까울수록 신뢰도가 증가하나 어느 정도 수준에 가까우면 신뢰도에 비례해서 증가하지는 않는다.

    ㉡ 추출률은 규모에 따라 4~20% 정도가 바람직하며 대도시의 경우도 최소 1% 이상이 필요하다.

5 조사계획

① **조사준비** : 조사인원 확보, 설문지 작성, 조사기기 확보, 조사기간 및 예산서 작성

② **조사내용**

    ㉠ 인적사항

    ㉡ O-D, 통행목적, 통행수단, 조사기기 확보, 조사기간 및 예산서 작성

    ㉢ 승용차 및 면허증 보유 여부, 주차시설 및 주차방법 등

6 교통존의 크기

① 분석목적과 자료의 상세성에 따라 교통존의 크기를 설정

② 존을 적게 설정할수록 조사비용 및 분석기간이 늘어나지만, 조사의 정밀도는 높아짐

③ 존을 너무 적게 설정할 경우 절대 표본수가 적어 유용한 자료를 얻지 못할 경우도 발생되므로 유의해야 함

    ㉠ 조사 : 각 존별로 시행

    ㉡ 분석 : 인접한 교통존과 묶은 전수화 존으로 분석

7 결론

① 존의 크기는 분석목적과 자료를 어느 정도까지 상세히 처리함에 따라 달라진다. 존을 크게 하면 조사의 정밀도는 저하되지만 조사비용과 분석시간을 줄일 수 있는 장점이 있다.

② 반면 존을 적게 할 경우에는 보다 상세하고 정밀한 자료를 얻을 수 있으나 조사비용과 자료정리 및 분석량은 늘어난다.

③ 표본의 수가 적을 때에는 존이 작은 경우 하나의 존에 포함되는 통행수가 적기 때문에 실용적인 결과를 도출하지 못하는 단점이 있다.

④ 존 설정 시에 도시 전체를 다루는 도시종합교통계획이나 지하철노선망계획과 같은 경우에는 존의 규모가 커지게 마련이지만 가로망계획, 도로건설의 타당성 검토, 버스노선계획 등과 같은 비교적 도시의 일부분을 대상으로 하는 교통계획에는 존을 작게 할 필요가 있다.

⑤ 또한 인구밀도가 낮은 교외지역은 존의 규모를 크게 해야 하고 도심지를 포함하는 도시 내부에서는 존을 작게 하는 것이 타당하다.

7 폐쇄선(Cordon Line) 조사

1 개요

① 조사대상지역 밖에 출발지 혹은 목적지를 가진 통행을 조사하는 것으로 폐쇄선(Cordon Line)을 통과하는 주요 지점에서 조사지역으로 유·출입하는 차량을 조사하는 방법이다.
② 교통계획을 수립하기 위하여 분석대상지역은 포함하는 외곽선을 Cordon Line이라 한다.
③ 어떤 폐쇄선상의 교통조사 지점에서 진·출입하는 사람, 차량, 화물 등을 조사하는 것으로 O−D 자료의 검증에 많이 사용된다.
④ Traffic Zone은 Cordon Line 내외를 구분하여 Internal(내부) Zone과 External(외부) Zone으로 구분이 가능하다.

2 그림

③ 설정 시 고려사항

① 가급적 행정구역과 일치할 것
② 같은 교통권역에 포함시킬 것(주변 신도시, 장래개발 예정지 등)
③ Cordon Line을 횡단하는 철도, 간선도로를 최소화할 것

④ 폐쇄선(Cordon Line)

① 조사대상지역 외부에 기종점이 있는 유·출입 통행실태 조사를 위해 필요
② 교통량조사(전수조사) - 폐쇄선을 통과하는 모든 도로에 대하여 조사
③ 통과하는 차량의 시간대별, 차종별 통과량과 차량을 세워 면접조사 하는 방법이 있음
④ 면접조사는 통행목적, 기종점을 위주로 조사
⑤ 폐쇄선 조사는 그 자체로서 O-D 표를 구축하는 데 이용되지만 가구설문조사 등 본조사의 보완용으로 활용됨

⑤ 결론

① 조사지점을 선택할 때는 모든 차량의 조사가 가능해야 하고 조사원의 질문이 용이한 장소여야 하며 특히, 조사원의 안전이 중요하므로 200m 이상의 시거가 확보되고 여유공간이 있는 장소를 택하여야 한다.
② 조사 시에 차량조사를 용이하게 하기 위해서 인근 경찰서를 이용하여 경찰관의 협조를 요청하여 조사하면 정확한 자료를 조사할 수 있다.

---

8 스크린 라인 조사(Screen Line Count)

① 개요

① 스크린 라인 조사란 특정지역 내의 도로, 철도 등을 통과하는 단면의 교통량 조사로서 통행량의 신뢰성을 검증하기 위한 조사이다.
② 보통 동서선과 남북선을 간선도로상에 그어 이 선상을 통과하는 차량 등을 조사하여 O-D 자료 등의 검증에 많이 활용된다.
③ 영업용 차량조사, 가구면접조사, 폐쇄선 조사로부터 파생된 통행의 정확성을 검정하기 위함이다.

② 스크린 라인 개요도

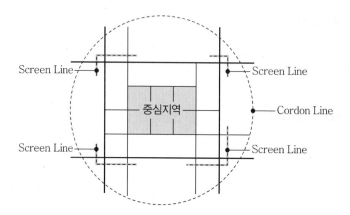

③ 검사선의 구비 조건

① 중심부를 가로지르지 않을 것
② 하나의 검사선을 택한다면 조사구역을 개략적으로 이등분할 것
③ 조사지점수를 최소로 줄이기 위해 가능한 한 산, 강, 철도 등의 자연적 또는 인위적 장애물을 이용할 것
④ 지역교통의 유·출입 경계에 너무 가깝지 않도록 할 것

④ 조사

① 가구통행 실태조사
② 통행배정 결과의 검증
③ 교통추세분석 등을 위해 실시
④ 이 조사는 가구방문조사, 폐쇄선 조사 등 여러 가지 조사들에 의해 도출된 결과를 검증하거나 보완하기 위해 실시하는 조사방법이다.

⑤ 설정방법

① 조사지역 내에 하나 혹은 몇 개의 가상선을 그어 이 선을 통과하는 차량을 조사하여 가구방문조사나 폐쇄선 조사 등에서 구한 교통량과 비교하여 그 정밀도를 검증하고 수정 내지는 보완하게 된다.

② 보통 남북선과 동서선을 간선도로상에 그어 이 선상에 위치한 교차로를 통과하는 차량을 조사하게 된다.

　　㉠ 조사 결과의 검증 및 보완을 위해 실시하는 조사

　　㉡ 스크린 라인이라는 가상선(보통 간선도로를 따라 긋는다)을 넘나드는 교통량을 조사하게 된다.

6 활용방법

① 어떤 지역에서 다른 존 그룹의 통행량 파악 기능

② 실제 조사한 교통량과 표본조사의 전수화 자료를 비교하여 전수화된 통행량의 정밀도 검정 또는 수정·보완

③ 토지이용이나 통행패턴이 크게 변함으로써 야기되는 교통량 및 교통 분포의 장기적인 파악 기능

7 결론

① 통행수요예측은 장래 교통시설 투자의 중요요소이다.

② O-D 조사는 수요예측의 기본이 된다.

③ O-D 자료의 구축은 설문 및 표본조사에 근거한 통행분포와 스크린 라인 조사를 비교하는 feedback 과정을 통하여 정밀한 작업이 요구된다.

9 희망노선도(Desire Line Map)

1 개요

① 기종점에 따라서 Zone 간을 직선으로 연결하고 그 선의 굵기로서 Zone 간의 통행량이 많고 적음을 나타내는 것으로 도로망 설계 등에 이용된다.

② 이 경우 통과하는 노선에 관계없이 통행의 유출(출발) Zone과 유입(도착) Zone은 연결된다.

❷ 구성도

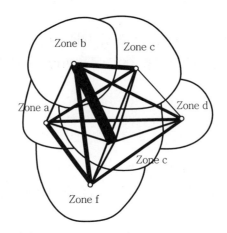

① 희망노선도는 한 지역(Zone)에서 한 지역(Zone)으로 가고자 희망하는 통행량, 즉 존 간 O-D량을 각 노선과 별개로 도식화하여 나타냄
② 위 예에서 b존과 e존 간의 O-D량이 비교적 많음
③ 각 통행량을 노선에 배정하여 보정 시 희망노선도에 의한 축별 보정이 필요함

---

10 표본 크기 결정방법

❶ 표본설계방법

① **단순확률 표본설계(Simple Random Sampling Design)** : 모집단 개체가 똑같은 확률로 뽑히도록 표본단위를 모집단에서 추출
② **층화확률 표본설계(Stratified Random Sampling Design)** : 모집단의 개체특성치 분포가 계층에 따라 다를 경우 적용
③ **집락확률 표본설계(Cluster Random Sampling Design)** : 모집단이 지리적으로 구분되어 있고 지역적으로 개체특성치가 다를 경우 적용

❷ 모집단평균 추정

① 모집단이 정규분포를 한다고 가정
② 모집단평균 μ와 표본평균 $\bar{x}$ 간의 표본오차

$$\sigma_{\bar{x}} = \frac{\sigma}{\sqrt{n}}$$

여기서, σ : 모집단의 표준편차

m : 표본 크기

신뢰수준이 95%일 때 표준화 변수 z는 1.96

3 표본 크기 결정

① 모집단의 표준편차를 알 경우

$$n = \left[\frac{z\sigma}{d}\right]^2$$

여기서, n : 표본 크기

z : 표준화 변수

σ : 모집단의 표준편차

d : 최대허용오차

② t분포 이용

㉠ t분포는 표본 크기가 커질수록 정규분포의 형상을 나타냄

㉡ 표본 크기가 작을 경우 t분포 이용

③ 모집단 개체특성치 비율을 추정하여 이용

모집단 개체특성치 몫에 대한 관측값을 p라 할 때

$$n = \frac{[z]^2(p)(1-p)}{d^2}$$

㉠ 상대오차 r을 사용 $n = \dfrac{[z]^2(p)(1-p)}{(r \cdot p)^2} = \dfrac{[z]^2(1-p)}{r^2 p}$

㉡ 기대회송률 s를 고려할 경우 $n = \dfrac{[z]^2(1-p)}{r^2 ps}$

㉢ 모집단의 크기를 알 경우 $n = \dfrac{[z/d]^2 \cdot s^2 + 1}{(1/N)(z/d)^2 \cdot s^2 + 1}$

여기서, z : 신뢰도

d : 정밀도

s : 기대회송률

N : 모집단의 크기

4 결론

① 모집단의 개체특성치 분포를 계층에 따라 구분하여 표본 크기를 결정해야 한다.
② 표본 크기 결정방법은 3가지 표본설계방법(단순확률 · 층화확률 · 집락확률 표본설계)에 따라 달라지므로 정확히 구분하여 설계해야 한다.

11 전환곡선(Diversion Curve)

1 개요

① 교통모형에서 전환곡선이란 분포교통량을 두 개의 노선에 어떤 기준에 따라 정해진 비율로 배분하는 것을 말한다.
② 전환교통량은 특정한 교통체계나 교통시설물의 개선 시에 기존 교통체계를 이용하던 교통량이 개선된 교통체계로 전환되어 나타나는 교통량이다. 즉, 새로운 노선으로 전환되는 비율을 가리키는 곡선을 전환곡선이라 한다.
③ 전환곡선법은 이러한 전환교통량을 산출하기 위해 시설 상호 간의 통행시간비 등을 이용하여 전환곡선의 함수형태로부터 전환교통량을 산정하는 방법이다.
④ 1960년대에 가장 널리 사용된 전환곡선은 미국의 BPR(Bureau of Public Roads)에서 사용한 것으로서, 가장 빠른 간선 및 고속국도 결합노선의 통행시간과 가장 빠른 일반 주간선도로만의 통행시간비를 사용하여 FHWA 전환곡선에서부터 교통배분을 구한다.

2 장단점 비교

① 장점
  ㉠ 전량배정법에 비해 통행배정결과가 현실적이나, 간혹 비합리적인 결과가 도출되기도 한다.
  ㉡ 교통축 분석 시에 유용하다.
  ㉢ 전환곡선을 함수식으로 도출하기가 곤란하다.

② 단점
  ㉠ 이 곡선은 컴퓨터용 데이터베이스로 만들어 사용해야 한다.
  ㉡ 따라서, 컴퓨터 비용이 증가하고, 간혹 비합리적인 결과를 나타내는 경우가 있다.

③ 방법

① BPR식

ㄱ FHWA 전환곡선

ㄴ 가장 빠른 간선 및 고속국도 결합노선의 통행시간과 가장 빠른 일반 주간선도로만의
통행시간비를 사용

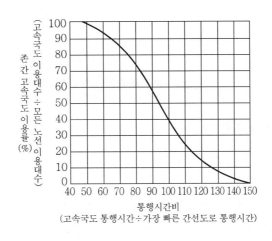

② 캠벨(Cambell)의 전환곡선법

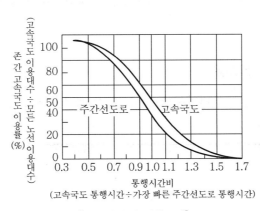

[통행시간의 전환곡선]

③ 캘리포니아 방법

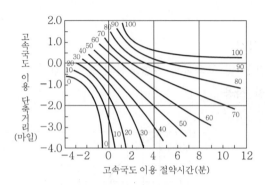

[통행시간 및 거리단축 전환곡선]

4 전환곡선에 사용되는 변수

① 상대적 통행비용으로서 대중교통수단의 요금과 자동차 운행비용(휘발유, 엔진오일, 주차료)의 비율
② 상대적 통행시간으로서 각 교통수단 간의 문전에서 문전까지의 통행시간 비율
③ 서비스 비율로서 대중교통수단의 접근시간, 환승시간과 자동차의 주차소요시간, 자동차 탈 때와 내려서 최종목적지까지 가는 데 소요되는 시간의 비율을 일컫는다.
④ 또한 통행은 출근과 기타의 둘로 구분하였고, 통행자는 소득 수준에 따라 다섯 계층으로 분류하였다.

5 수리모형에 의한 전환율

① 현황 자료의 분석을 통해 내재된 매개변수의 정산과정을 거쳐 정립된 수리적 모형으로 전환교통량을 산출한다.
② 기본적인 모형의 구조는 확률적 추정이 가능한 로짓모형이다.

6 결론

① 전환곡선을 사용하면 개략적인 투자효과 분석에 유리하다.
② 헤도닉 가격방법론에서 사용되는 자료가 많은 경우에 있어서 서로 상관관계를 가지기 쉬워 다중공선성의 문제를 내포하고 있다.
　※ 다중공선성(多重公線性) 문제(Multicollinearity)는 통계학의 회귀분석에서 독립변수들 간에 강한 상관관계가 나타나는 문제이다. 독립변수들 간에 정확한 선형관계가 존재하는 완전공선성의 경우와 독립변수들 간에 높은 선형관계가 존재하는 다중공선성으로 구분하

기도 한다. 이는 회귀분석의 전제 가정을 위배하는 것이므로 적절한 회귀분석을 위해 해결해야 하는 문제가 된다.

③ 자산가치의 변수에 의해 환경 관련 변수가 영향을 크게 받을 가능성이 있다.

④ 주택시장의 불균형이 최대 지불 의사액 산정에 영향을 미칠 가능성이 있다.

⑤ 환경에 대한 가치가 인식되지 못할 경우 자산 가치에 반영되지 못하고, 따라서 추정 시에 있어서 편의가 발생할 가능성이 있다.

⑥ 지가에 미치는 교통투자만의 효과를 산출하기가 곤란하다.

⑦ 이 방법은 근래에는 잘 사용되지 않지만 교통축의 연구에서는 매우 유용하게 쓰인다.

12 정산(Calibration)

1 개요

① 현재 일어나고 있는 통행패턴을 가장 잘 묘사할 수 있는 모형을 정산이라고 한다.

② 정산의 개념은 조사된 자료를 활용하여 현재의 통행패턴을 잘 설명할 수 있도록 모형을 정교화하는 작업이다.

③ 현 실태를 가장 잘 설명하는 모형이 개발되면 이 모형의 변수만을 조정하여 10년에서 20년 후의 교통수요를 추정하여 교통시설 건설 및 교통체계 개선대안 등에 필요한 자료이다.

④ 정산은 수학적·통계학적 기법을 이용하여 모형의 계수를 추정하는 과정이다.

⑤ 모형의 개발단계를 흔히 정산이라 하며 정산단계가 교통수요 추정과정에서 시간이 가장 많이 소요되는 단계이다.

2 정산방법

① 회귀분석법(Regression)

　㉠ 모형구조는 $f(C_{ij})$의 형태에 따라 결정되므로 먼저 $f(C_{ij})$의 형태를 정립하여 구성되었다.

　㉡ 이들 함수식에 사용되는 파라미터는 통행비용과 통행량에 관한 기준년도 자료를 회귀식을 이용하여 추정한다.

　㉢ 정립식은 연립방정식 등을 이용하여 별도로 균형계수를 구하여야 한다.

② 최우추정법(Maximum Likelihood Method)

　㉠ 각 개별 형태 모형에서 수단선택 모형 구축에 활용한다.

ⓛ 선택 모형에 대해 우도함수(Likelihood Function)를 도입하여 이를 극대화시키는 최적해를 구하는 방법이다.

ⓒ 원리 : 현실적으로 가장 개연성 있는 사건이 발생한다.

ⓡ 주어진 표본만으로 최우추정치 산출이 가능하다.

ⓜ 종속변수가 이산형인데 독립변수가 연속형인 경우 타당하다.

③ 판별분석법(Discriminant Analysis)

ⓐ 각 대안이 갖는 서비스 특성을 선형식으로 구성된 각각의 판별함수로 정의하고 이 함수를 이용하여 대안의 선택 여부를 판단한다.

ⓛ 모형의 적합도가 낮아 정산기법으로 거의 사용되지 않는다.

③ 결론

① 위의 과정을 거쳐 추정된 장래 교통수요는 장래의 교통시설 건설 및 교통체계 개선대안 등에 없어서는 안 될 귀중한 자료가 된다.

② 모형의 정산방법 중 회귀분석은 다음의 문제가 있다.

ⓐ 첫째, 조사를 통해서 종속변수인 개인의 선택확률을 관측할 수 없다는 점이다. 따라서, 관찰단위를 계층별로 그룹핑하여 각 계층별 선택확률을 조사하고, 설명변수도 계층별 평균치를 활용하여 문제점을 보완해야 한다.

ⓛ 둘째, 회귀분석의 기본 개념은 설명변수와 종속변수 간의 상관관계를 회귀계수 형태로 규명해야 하는데(종속변수가 연속형이라는 가정의 전제하에서) 반면 개별형태 모형의 정산과정에서 개인 단위의 자료를 이용할 경우 종속변수가 이산형이므로 회귀 기본개념에 위배된 회귀방정식의 오차항에 관한 확률적 분포의 가정에도 위배되므로 회귀분석을 통해 산정하여도 이에 대한 적합도를 평가하기 어렵다.

13 통행저항함수(Link Performance Function)

① 개요

① BPR식 통행저항함수(Link Performance Function)는 일반적으로 교통량과 용량 간의 관계에 의해 소요되는 통행시간을 함수화하여 표현한다.

② 통행시간을 통행저항으로 사용하는 이유는 지체에 영향을 주는 요인과 상관관계가 크고 비교적 측정이 쉽기 때문이다.

③ 교통량이 증가하면 속도는 감소한다는 사실에 기초한 합리적인 통행배정을 위해서는 용량의 제약이 필요한데 이를 위해 속도-용량-교통량 간의 관계를 이용한 통행비용함수를 각 Link별로 설정하여야 한다.

② 통행비용함수의 종류

① 정적 통행함수는 경험식에 의해 단조증가함수의 형태를 나타내며 현재 많이 사용되는 미 공로국의 BPR식, DATS에서 사용된 스모크(Smok)식, PATS에서 사용된 슈나이더 (Schneider)식이 대표적이다.
② 동적 통행비용함수는 동적 통행배정에 사용되며 동적 통행배정의 특성에 따라 분석시간대별 로 통행비용이 변화되는 함수로 구성된다.
③ 일반적으로 Link를 통과하는 데 필요한 자유주행시간과 교차부에서의 혼잡통행시간은 교통 량 종속적인 지체의 합으로 구성된다.
④ 통행비용함수는 정적과 동적인 통행비용함수로 구분할 수 있다.
⑤ BPR 함수는 미연방 도로국(FHWA)의 표준식이라고도 한다.

③ BPR(Bureau of Public Roads) 통행비용함수

① 통행비용함수(Volume-Delay Function)는 링크성능함수(Link Performance Function), 통행저항함수라고도 불린다.
② BPR 통행비용함수는 어떤 통행량에도 통행비용을 구할 수 있는 장점이 있지만, 이러한 특성은 다소 비현실적이라는 비판을 받기도 한다.
③ BPR 통행비용함수는 1964년 미국 공로국에서 현장조사를 통해 개발한 식으로 통행시간은 V/C의 β곱에 비례하는 다음의 함수로 나타내었다.

$$T = T_o[1 + \alpha(V/C_p)^\beta]$$

여기서, T : Link 통행시간, T_o : 자유류 통행시간
V : 교통량, C_p : 실용용량
α, β : 매개변수(지역 특성에 따라 정산하여 적용함, BPR에서는 $\alpha = 0.15$, $\beta = 4$ 를 사용)

④ 결론

① 통행저항함수에 따른 교통량-통행시간의 관계에서 보면 캐츠(Cats)식, 디트로이트 (Detroit)식, 데이비드슨(Davidson)식보다 BPR식이 국내 적용 시에 가장 잘 맞다.

② 운전자들은 비용과 시간에 있어서 최소화하는 방향으로 노선을 선택하며, 실제로 두 존을 연결하는 경로 선택 시에도 모든 운전자는 동일한 경로를 선택하지 않는다.

③ 이 요인은 두 가지로 발생하는데 첫째, 경로에 대한 인식 비용의 차이이며 둘째, 교통체증에 대한 인식비용의 차이가 크기 때문이다.

④ 경로 선택과정에서 가장 중요한 요소인 통행비용은 링크에 대한 교통량과 통행비용관계에 의해 산정할 수 있지만 보통의 경우 시간비용과 지불비용으로 구성된다.

⑤ 시간비용＝통행시간×통행자의 시간가치, 지불비용＝연료소모량×연료비＋톨(Toll) 비용

14 Transims(미시적 시뮬레이션 모델)

1 개요

① 1990년대에 미국 내에서 효율적인 교통시스템 운영과 대기오염 감소와 에너지 절약의 필요성이 대두됨에 따라 도시의 환경오염과 에너지 소비가 교통시스템에 미치는 영향에 관한 연구가 시작되었다.

② Transims는 이러한 연구의 필요성에 따라 미국의 알라모스(Alamos) 연구소에서 개발된 미시적 시뮬레이션 모델이다.

③ 교통존 단위의 교통수요예측에서 가구와 개인 단위의 교통수요를 예측하는 방법이다.

④ 각 가구와 개인들의 사회·경제적 특성에 따른 인구자료 및 이들의 활동형태와 활동지역의 자료를 생성한다.

⑤ 이를 토대로 수단 선택 및 경로 선택을 활동과 연계시킨 후 Simulation을 이용해 통행배정하는 모형이다.

2 특징

① 통행계획 및 경로변경에 따른 영향 분석이 가능하다.

② 전체 도시의 Network가 구성된다.

③ 개별 통행지 및 차량 정보를 이용한 동적인 교통류로 분석된다.

③ 모델의 구성

① 5개의 모듈로 구성

　㉠ 인구 생성 모듈(Population Generation Module)

　㉡ 활동 생성 모듈(Activity Generation Module)

　㉢ 수단 선택 및 경로 선택 모듈(Module and Route Choice Module)

　㉣ Micro 통행 배분 모형(Traffic Micro Simulation Module)

　㉤ 대기오염 평가 모듈(Emission Estimation Module)

② Transims의 주요 Parameter

　㉠ 교차로 통과시간

　㉡ 차량의 가·감속 확률

　㉢ 차로 변경 확률

　㉣ 예정 경로에 대한 계획

　㉤ 교차로 통과계획(통과 전 미리 차로 변경)

④ 예측과정

① 개별 통행자 발생 : 센서스(Census) 자료 이용
② 세대별 활동계획 수립 : 활동시간 및 장소에 대한 계획 수립

③ 통행 수단, 통행 링크, 출발시간 등 경로 설정

　㉠ 공급측면(Supply Cording) : 도로의 Network 구성(Link, Node, 차로, 검지기)

　㉡ 수요측면(Demand Cording) : 모든 차량에 대해 개별 정보 생성(출발지, 목적지, 경로, 출발시간, 경로상 노드, 도착시간 정보)

④ CA(Cellular Automate)를 기반으로 한 시뮬레이션
⑤ Feed Back

⑤ 결론

① Transims 모형은 개인의 액티비티(Activity)를 이용하여 도시 전체 가구의 활동을 계획하고 분석하며 CA를 기반으로 한 네트워크(Network)에 노선을 배정하여 미시적인 Simulation을 수행한다.
② 아직까지 국내에서는 Transims에 대한 적용성 검토만이 조금씩 이루어지고 있으나 앞으로 적극적인 도입·연구가 필요한 분야로 판단된다.

③ Cellular Automata를 기반으로 교통 네트워크(Network)의 Link를 차로별로 일정 길이를 가진 셀(Cell)로 구성하여 미시적 시뮬레이션을 수행하는 방법이다.

④ 적정 Cell의 크기, 가능최대속도, 단위분석시간 등에 대한 연구가 필요하다.

15 통행분포 예측모형

1 개요

① 통행분포모형은 통행발생에서 구한 각 존별, 통행목적별 통행수를 각 존의 통행유출과 유입을 결부시켜 존 간의 통행수를 예측하는 과정이다.

② 통행분포모형의 여러 변수 간의 관계는 통행조사와 교통시스템 현황조사로부터 얻을 수 있으며, 일반적으로 사용되는 모형은 중력모형, 간섭기회모형, 엔트로피모형, 성장률법의 프라타모형이다.

③ 중력모형과 간섭기회모형은 존 간의 통행저항과 통행인력, 혹은 간섭기회의 수를 이용하여 존 간의 통행량을 반복기법으로 추정한다.

2 통행분포모형

1. 성장률법

① 종류

균일성장률법, 평균성장률법, 디트로이트법, 프라타법

② 특징

㉠ 개략적으로 장래의 분포교통량을 추정하고자 할 때 사용

㉡ 현재의 통행형태가 장래에도 동일하다는 가정에서 출발하는 것으로 사회·경제 활동이 급격히 변하는 지역에서는 부적합

2. 프라타법(Fratar Method)

① 특징

㉠ 현재의 통행분포자료와 장래의 성장계수를 이용하여 장래의 통행분포를 예측

㉡ 광범위한 통행분포모형으로는 사용이 곤란하며, 조사지역의 외부를 연결하는 외부-외부 통행을 다루는 데 적합

ⓒ 현재의 통행행태가 장래에도 같다는 가정에서 출발하는 것으로 사회·경제활동이 급격히 변하는 지역에서는 부적합

② Fratar Method의 특징
ㄱ 현재의 통행발생량과 장래의 통행발생량을 비교하여 성장계수 도출
ㄴ 통행분포 예측

$$T_{ij} = \frac{t_{ij}F_iF_j(L_i+L_j)}{2}$$

여기서, T_{ij} : 장래의 교통량
t_{ij} : 현재의 교통량
F_i : i존의 장래 통행유출량과 현재의 통행유출량의 비
F_j : j의 장래 통행유출량과 현재의 통행유출량의 비
L_i : $\dfrac{Oi}{\left(\sum\limits_{j=1}^{n}t_{ij}F_j\right)}$
L_j : $\dfrac{Di}{\left(\sum\limits_{i=1}^{n}t_{ij}F_i\right)}$

ⓒ 예측된 통행 유·출입량과 계산된 유·출입량의 값이 다름
ⓓ 새로운 성장계수 산출

$$새로운\ 성장계수 = \frac{예측된\ 유·출입량}{계산된\ 유·출입량}$$

ⓜ 모든 성장계수가 1이 되거나 계산된 통행유출량이 예측된 통행 유·출입량과 같아질 때까지 반복 계산

3. 중력모형

① 중력모형의 기본 원리
존 간의 통행량은 출발지 존과 목적지 존의 교통활동에 비례하고 존 간의 거리에 반비례한다는 가정에서 출발하며, 기본 수식은 아래와 같다.

$$T_{ij} = \frac{kP_iP_j}{D^n}$$

② 특징 및 가정
ㄱ 중력모형은 교통계획에서 통행분포를 예측하는 모형으로 널리 사용된다.

ⓒ 중력모형의 기본 과정

$$T_{ij} = C \cdot O_i \cdot D_j \cdot F_{ij} \cdot k_{ij}$$

$$O_i = \sum_{j=1}^{n} T_{ij}$$

$$C = \frac{1}{\sum_{j=1}^{n} (D_j \cdot F_{ij} \cdot k_{ij})}$$

$$\therefore \ T_{ij} = \frac{O_i \cdot D_j \cdot F_{ij} \cdot k_{ij}}{\sum_{j=1}^{n} (D_i \cdot F_{ij} \cdot k_{ij})}$$

여기서, T_{ij} : i존에서 유출되어 j존으로 유입되는 목적통행량

　　　　C : 상수, O_i : i존에서 유입되는 목적통행량

　　　　D_i : j존에서 유입되는 목적통행량

　　　　F_{ij} : i존과 j존의 저항계수를 나타내는 정산항

　　　　i : 출발지 존, j : 도착지 존

③ 정산과정

　ⓐ F_{ij}항은 정산항으로서 교통저항의 역함수로 나타낸다.

　ⓑ 모형의 유출제약모형 형태로서 유출량은 일치하지만 유입량은 일치하지 않는다.

　ⓒ 모형결과와 $O - D$ 조사결과의 비교에 의해 F_{ij}값을 보정한다.

　ⓓ 중력모형의 완전한 정산을 위해 사회 · 경제적 특성 변화에 따라 변화가 가능하다.

　ⓔ k_{ij}의 값은 기준년도의 $O - D$ 조사에 의한 존 간 통행량과 모형에서 나온 존 간 통행량의 비로 나타낸다.

　ⓕ k_{ij}계수는 장차 예상되는 그 존의 사회 · 경제적 특성 변화에 따라 변화가 가능하다.

④ 중력모형의 문제점

　ⓐ 통행저항함수 $f(R_{ij})$의 결정에 있어 수단별로 시간과 비용이 다르므로 어떤 것을 기준으로 할 것인가에 따라 다름

　ⓑ 많은 지역 간 복잡한 통행 특성을 하나의(통행거리별 구분 가능) 모형으로 대표하기에는 불충분

　ⓒ 반복(Iteration) 횟수에 따라 결과의 차이가 있음

　ⓓ 함수형태가 R_{ij}에 따라 불규칙하게 변하는 특성을 반영하기 어려움

　ⓔ 두 존 간 사회 · 경제 인자(Socio Economic Factor, k_{ij})를 장래예측에 이용할 때 장래에도 두 존 간의 특별한 관계가 유지된다는 보장이 없음

16 전통적 4단계 교통수요 예측모형의 장단점

1 특징

① 교통수요예측은 통행(교통)발생(Trip Generation) → 교통분포(Trip Distribution) → 모델분할(Model Split) → 통행배정(Trip Assignment)으로 연결되는 일련의 계획을 의미하고 예측방법이 일반화되어 있다.

② 전통적 4단계 교통수요 예측모형(Aggregate Model)은 통행자의 행태적 요소가 무시되고 교통현상 간의 인간관계만 의존(인구, GRP, 토지이용, 자동차보유대수 등)

③ 존 중심(공간적 단위)으로 집계된 자료를 사용하기 때문에 가구와 통행자의 개별적 특성을 파악하기 어렵다.

2 장점

① 현재의 통행패턴을 최대한 유지 → 오류의 방지 및 축소

② 외생변수에 신축적임 → 교통의 변화는 인구, GRP 등 외생변수에 의함

③ 각 단계별 개별계획 수행 → 단계별 검증, 보완이 용이

④ 총체적 접근방법 → 전체적 흐름 파악이 용이

3 단점

① 과거 일정시점 Data를 모형화함으로써 장래 교통수요 예측 시 경직성

② 다단계 수행 동안 계획자의 임의성이 크게 작용 → Error의 누적현상 야기

③ 총체적 자료활용으로 통행자의 총체적·평균적 특성만 산출 → 통행자 개개인의 개별적 형태 분석이 어려움

17 수요추정기법

1 개요

① **통행(Trip, Travel)** : 트립(Trip)이란 사람 또는 차량이 두 지점 간을 어떠한 목적을 가지고 특정 수단을 이용하여 한 노선을 이동하는 것, 또는 그 이동횟수의 단위를 말한다.

② 통행(Travel)이란 어떤 주어진 기간 동안(보통 1일 기준)에 목적이나 수단에 관계없이 모든 Trip을 합한 것 또는 그 크기를 말한다.

③ 따라서, Travel은 통행 또는 통행량이라 하고 트립(Trip)은 통행 또는 그냥 '트립'이라고 한다.

④ 예를 들어 A, B 두 존 간의 하루 통행량(Travel)은 500통행(Trip)이라고 표현할 수 있다. Trip에는 이용하는 수단에 관계없이 한 목적을 가진 통행을 한 Trip으로 보는 '목적통행(Linked Trip)'과 한 목적통행이 여러 개의 수단을 이용할 때 각 수단별 통행을 각각의 Trip으로 보는 '수단통행(Unlinked Trip)'이 있다.

⑤ **이용자 총여행시간(Journey Time)** : 교통수단 이용자가 출발지에서부터 목적지까지 도달하는 데 걸리는 총시간으로 이용자 통행시간(Travel Time)과 교통수단으로의 접근시간을 합한 것이다.

⑥ 이용자 통행시간은 차량(교통수단) 통행시간과 교통대기시간을 합한 것이다.

2 통행의 개념 및 주체와 목적

1. 통행의 개념

① 어떤 목적을 가진 사람이 이동하기 시작하여 정지하기까지의 과정을 통행이라고 함

② 미국에서는 어떤 목적하에 특정한 교통수단을 이용하여 두 지점 간을 이동하는 5세 이상인 사람의 여행을 통행으로 정의함

③ 우리나라와 일본에서는 도보, 이륜차에 의한 이동도 통행에 포함

④ **수단통행(Unlinked Trip)** : 하나의 통행목적을 달성하기 위해 종종 몇 개의 다른 교통수단을 이용하는 것

⑤ **목적통행(Linked Trip)** : 통행 전체를 일컫는 것으로 일반적으로 통행이라 할 때는 목적통행을 가리키는 경우가 많다.

2. 통행의 주체

① 교통 행위에 있어서 주체적인 역할을 하는 것을 '교통 주체'라고 한다.
② 교통 주체는 교통 행위의 주체로서 사람과 화물이 있다.
③ 보편적으로 사람을 '통행자'라고 부르고, 화물은 그대로 '화물'이라고 일컫는다.
④ 화물은 그 자체가 자발적으로 수송되는 것이 아니고 회사에 의해서 움직임을 당하므로 보다 엄밀히 말하면 화물의 주체는 회사가 된다.

3. 통행의 목적

① **출근통행** : 회사, 공장, 사무실과 같은 고용 장소로 가기 위해 행하는 통행
② **등교통행** : 학교에 가기 위한 학생들의 통행
③ **쇼핑통행** : 물건을 사기 위해 백화점, 상점, 가게로 가는 통행으로 상점이나 백화점에서 물건을 사지 않고 구경만 했어도 쇼핑통행으로 간주한다.
④ **친교 · 여가통행** : 음악회, 교회, 모임, 스포츠 행사에 참여하기 위해 행하는 통행으로 파티, 친지 방문 등도 포함된다.
⑤ **업무통행** : 하루의 업무를 추진하기 위해 행하는 통행으로 대부분 회사(직장)를 기점으로 하는 것이 일반적이다.

3 수요추정기법의 유형

1. 개략적 수요추정방법

① 단기적인 교통계획이나 지구와 같은 소규모 지역 등 구체적이고 미시적인 분석이 필요하지 않거나 자료를 쉽게 구할 수 없는 경우에 이용할 수 있는 기법이다.

② 교통수요를 추정하려면 많은 비용과 시간이 소요되기 때문에 수요 분석에 필요한 예산과 시간이 여의치 않을 때나 선택해야 할 대안이 많은 경우 대안의 선택의 폭을 좁히는 데 사용한다.

　㉠ 과거추세연장법 : 과거의 연도별 교통수요를 토대로 하여 도면상에서 미래의 목표연도까지 연장시켜 수요를 추정하는 방법으로 교통분야뿐만 아니라 경영이나 경제분야에서도 널리 쓰이고 있는 기법이다.

　㉡ 수요탄력성법 : 어떠한 변수가 교통수요에 긍정적 혹은 부정적인 영향을 미치는지의 여부를 분석할 수 있기 때문에 과거추세연장법보다는 정밀화된 수요추정방법이다.

2. 직접 수요 모형

통행발생, 통행분포, 수단선택의 세 가지 과정을 하나의 수학 공식에 의해 동시에 추정하는 방법으로 도시교통모형 과정과 같은 연속적인 분석단계를 거치지 않고 같은 변수로서 통행자의 여러 가지 형태를 찾아내려고 시도한 모형이다.

① 추상 수단 모형

Quandt와 Baumol에 의하여 모형화된 직접 수요 모형의 전형적인 형태로 미국 북동부 Northeast Corridor Project 연구를 위해 개발되었다. 이 모형의 특징은 몇 가지 설명변수에 의해 통행발생, 통행배분, 수단선택을 추정하는 방법이다. 이 모형은 최적 교통수단의 속성을 기준으로 설정하고, 고찰하고자 하는 교통수단의 속성을 상대적인 관점에서 비교·분석하는 방법이다.

$$T_{ijm} : a P_i^b P_j^c Q_i^d Q_j^e f(t_{ijm}) f(c_{ijm}) f(h_{ijm})$$

여기서, T_{ijm} : 존 i와 j 간의 수단 m을 이용하는 통행량
P, Q : 존 i와 j 간의 교류의 정도(인구, 고용 등)
t_{ijm} : 수단 m을 이용하는 존 i, j 간 통행의 상대적인 통행시간
c_{ijm} : 수단 m을 이용하는 존 i, j 간 통행의 상대적인 통행비용
h_{ijm} : 수단 m을 이용하는 존 i, j 간 통행의 상대적인 주기(배차간격 통행횟수의 주기 등)와 신뢰성
a, b, c, d, e : 상수

② 통행 수요 모형

Charles River Associates에 의해 개발된 모형으로 t시간대에 교통 목적 P를 위해 교통수단 m을 이용하여 존 i와 j 간의 왕복 통행량을 구하는 모형이다.

$$T(i, j/P_o, m_o) = f[S(i/P_o), A(j/P_o), t(i, j/P_o, m_o),$$
$$C(i, j/P_o, m_o), t(i, j/P_o, m_a), C(i, j/P_o, m_o)]$$

여기서, $T(i, j/P_o, m_o)$: 수단을 이용하여 목적 P_o를 수행하기 위한 존 i, j 간의 왕복 통행량
$S(i/P_o)$: 존 i에 거주하는 통행자의 통행목적과 관련된 사회·경제 변수
$A(i/P_o)$: 유입 존 i의 사회·경제 및 토지이용 변수
$t(i, t/P_o, m_o)$: 교통수단 m_o를 이용하여 목적 P_o를 수행하기 위한 존 i, j 간의 왕복통행시간 변수
$C(i, j/P_o, m_o)$: 교통수단 m_o를 이용하여 목적 P_o를 수행하기 위한 존 i, j 간의 왕복통행시간 변수
$t(i, j/P_o, m_a)$: 대안적 교통수단$(a = 1, 2, 3, \cdots, n)$을 이용하여 목적 P_o를 수행하기 위한 존 i, j 간의 왕복통행의 통행시간 요소
$C(i, j/P_o, m_a)$: 대안적 교통수단$(a = 1, 2, 3, \cdots, n)$을 이용하여 목적 P_o를 수행하기 위한 존 i, j 간의 왕복통행의 통행비용 요소

3. 4단계 추정법

① 통행발생, 통행분포, 통행수단 선택, 통행배분의 4단계로 나누어서 순서적으로 통행량을 구하는 기법으로 우선 인구, 사회경제 지표, 토지이용 계획 등의 장래 지표에 의하여 대상지역의 존별 통행유출량과 통행유입량을 구하게 되는데, 통행유출량과 통행유입량이 바로 통행발생량이 된다.

② 통행발생량이 산출되면 통행의 출발지와 목적지를 연결시켜 주는 통행분포의 단계로서 교통존 간을 이동하는 통행을 밝혀내는 과정이라고 하겠다. 통행분포가 된 후에는 교통수단 선택 단계에 이르게 되는데, 교통수단 선택은 배분된 통행을 이용하는 교통수단으로 분류시키는 과정이다.

③ 교통수단 선택이 수행된 다음에는 4단계 모형의 마지막 단계인 통행배분 단계에 이른다. 통행배정은 교통수단별 통행량을 각 존 간의 각 노선에 부하시키는 작업이다.

4. 4단계 추정법(단계별)

① 통행발생(Trip Generation)

　㉠ 정의

　　• 통행발생은 교통수요예측의 첫 단계로서 장래 토지이용에 관한 정량적 예측을 기반으로 하여 장래 교통수요를 추정하는 것이다. 도시교통 수요예측을 위해서 크게 사람통행과 화물통행으로 구분하여 추정하고 사람통행은 전통적 이론에 따라 통행목적별로 구분한다.

　　• 통행목적별 분류
　　　－가정 기반 출근 통행
　　　－가정 기반 기타 통행
　　　－비가정 기반 통행

　　• 통행발생량은 통행유출과 유입으로 구분되는데, 통행유출은 기점이 되는 존에서 다른 존으로 나가는 통행을 말하고, 통행유입은 다른 존으로부터 종점이 되는 존으로 들어오는 통행을 말한다. 즉, 대상지역을 구성하고 있는 각각의 교통존에 기점을 가진 사람, 또는 차량의 통행을 통행유출이라고 부르고, 다른 지역으로부터 어느 특정한 교통존으로 들어오는 통행을 통행유입이라고 한다.

　　• 통행발생 모형을 위한 설명 변수
　　　－경제·사회적 변수 : 승용차 보유 수준, 소득 수준, 가구원 수, 가구당 취업자 수, 직업, 운전면허자 수, 연령 등
　　　－입지 변수 : 인구밀도, 주거 환경, 주요 활동 지역과의 거리
　　　－접근도 변수 : 대중교통수단 또는 주요 활동에 대한 접근도

ⓛ 통행발생 모형

• 통행발생 모형의 구분 및 특성

구분	특성
1. 증감률법	• 현재의 통행유출, 유입량에 장래의 인구, 자동차 보유 대수 등 사회·경제적 지표의 증감률을 곱하여 장래의 통행유출, 유입량을 구하는 방법이다. • 해당 지역의 성장이나 발전 정도에 따라 통행량에 비례하여 증감하는 것을 기본전제로 한다. • 이 방법은 분석적이라기보다는 개괄적이고 단순한 방법이다. $ti'\,:\,ti \times Fi$ 여기서, $Fi\,:\,(Pi'/Pi)$ 또는 (Mi'/Mi), $Fi\,:\,(Pi'/Pi) \times (Mi'/Mi)$ 　　　$ti'\,:$ 장래 교통량, $ti\,:$ 현재 교통량 　　　$Pi'\,:$ 장래 목표연도 인구, $Pi\,:$ 현재 인구 　　　$Fi\,:$ 증감률, $Mi\,:$ 현재 자동차 보유 대수 　　　$Mi'\,:$ 장래 목표연도 자동차 보유 대수
2. 원단위법	(1) 추정절차 • 해당 지역 각 존의 통행유입, 유출량을 인구, 통행인구, 토지이용면적, 가구 규모, 승용차 보유 대수 등의 지표로 나누어 통행목적별, 통행시간대별로 산출한다. • 각 존의 분석결과를 해당 지역 전 존에 걸쳐 통행목적별, 통행시간대별로 집계하여 지역 전체 교통존을 반영하는 평균 원단위값을 구한다. • 각 존별 장래 토지이용계획, 장래 자동차 보유 대수, 장래인구 등의 예측치를 구한다. • 평균원단위에 존별 장래 예측치를 곱하여 통행목적별, 시간대별 등의 통행 유·출입량을 구한다. (2) 특성 • 계산이 용이하다. • 원단위가 장래의 사회·경제구조의 변화를 어느 정도 감안할 수 있다. • 토지이용계획과의 관련성을 고려하는 데 편리하다.
3. 회귀분석법	(1) 추정절차 • 각 존별 조사된 인구, 자동차 보유 대수, 건물상면적 등 독립변수와 통행목적별, 시간대별로 조사된 통행유출입량을 종속변수로 연관시켜 회귀식을 구한다. • 존별 독립변수의 장래변화와 상위계획을 감안하여 존별 독립변수를 추정한다. • 독립변수에 예측치를 대입하여 통행목적별, 시간대별 통행 유·출입량을 구한다. (2) 특성 • 현재와 장래 사이에는 독립변수의 구조적인 관계가 변하지 않는다는 가정을 전제로 한다.

구분	특성
	$Y : a + b X$ 여기서, Y : 종속변수, a : 회귀상수 b : 회귀변수, X : 독립(설명)변수
4. 카테고리 분석법	(1) 추정절차 • 카테고리 유형의 설정 • 조사된 자료를 카테고리의 유형에 따라 분류 • 각 카테고리에 대한 평균 통행발생량의 산출 • 존별 총통행발생량 산출 (2) 특성 • 가구의 경제·사회적 특성(주거지 기준 통행발생)을 중심으로 추진하는 방식과 분석대상지의 토지이용 특성(사람통행과 물자통행의 유인)을 중심으로 추진하는 두 가지 방식 • 이해의 용이성 • 자료이용의 효율성 • 검증과 변수조정의 용이성 • 추정의 정확성 • 교통정책에 대한 민감성 • 다양한 교통연구의 유형에 적용 • 다른 지역에의 이전성(지리적 제약성을 초월하여 장기예측의 타당성이 높다)

② 통행배분(Trip Distribution)
  ㉠ 정의 : 전 단계에서 구해진 통행유출량과 통행유입량을 연결하는 작업으로 어느 존에서 유출된 통행량을 모든 존에 분포시키는 것이라 할 수 있다.
  ㉡ 통행배분모형의 구분 및 특성

모형의 구분		특성	
성장률법	균일 성장률법	가장 단순화된 성장률법으로 예측된 장래의 통행량을 현재의 통행량으로 나눈 값, 즉 균일성장률을 현재의 통행량에 곱하여 장래의 통행분포량을 추정하는 방법이다.	• 이해하기 쉽고 적용이 용이하다. • 교통 여건이 크게 변하지 않는 상황에 적합하다. • 기존 존 간 통행량에 대해 출발존과 도착 존의 성장인자의 평균치를 적용한다. • 각 존에서의 통행유출과 통행유입의 제약조건이 일치하지 않으므로 통행제약조건을 만족시키기 위해 수차적 반복 계산이 필요하다.
	평균 성장률법	각 존마다의 통행유출량, 통행유입량에 대한 성장률을 각각 구하여 현재의 각 존별 유출량, 유입량에 이 성장률을 곱하여 장래의 통행분포량을 구하는 방법이다.	

모형의 구분		특성	
성장률법	프라타법	• 이 방법은 평균성장률보다 통행제약조건을 만족시키는 데 신속하며 수렴속도가 성장률법 중에서 가장 빠르다. • 그러나 빠른 수렴에 도달하려면 그만큼 계산량이 증가하므로 컴퓨터를 이용하면 수월하다.	
	디트로이트	프라타 모형의 계산과정을 보다 단순화시킨 것이다.	
중력모형	제약 없는 중력모형	k는 $\sum t_{ij}$와 조사된 O－D표의 총통행량과 일치되는 것을 조정하나 대개의 경우 유입량과 유출량이 일치되지 않으므로 제약되지 않은 중력모형이라 한다.	• 중력모형은 물리학으로부터 유추된 개념을 모형화한 것으로 인간의 공간적 이동행태가 뉴턴의 중력법칙과 동일하다는 전제에서 출발한다. • 두 장소 간의 교통량 교류는 두 장소의 토지이용에 의한 활동량의 곱에 비례하고 한 장소에서 다른 장소로 통행하는 데 따른 교통의 불편성에 반비례한다는 것이다.
	통행유출량 제약모형	존 i의 총유출통행량을 도출하여 조사된 존 i의 총통행량과 일치시키므로 제약모형이라 한다.	
	이중 제약모형	모형 O－D표의 총유출입통행량과 조사된 O－D표의 총유출입통행량을 각각 일치시킨다.	
	미국 도로국의 중력모형	이는 경험적으로 도출된 저항계수로서 통행저항, 수학적 함수를 대치시키는 역할을 한다.	
간섭기회모형		• 각 출발 존별로 목적 존까지의 기회를 거리, 통행시간, 일반화된 통행비용(C_{ij})의 변수로 서열화시킨 후, 기회를 모든 목적 존으로 누적시키는 함수를 도출하고, 가구설문조사 등으로 분석된 통행자료에 의해 목적지까지의 선택비율을 구하여 이로부터 모든 목적 존을 향하는 출발지에서의 통행의 누적비로서 확률배분함수를 구하게 된다. • 간섭기회모형은 중력모형보다 덜 정밀하다. 또한 간섭기회모형은 통행시간이 긴 존에 대해서는 통행량이 과대 추정되고 통행시간이 짧은 존에 대해서는 과소 추정되는 경향이 있다. • 존의 순위에 영향을 미치지 않는 적은 통행시간 변화 등은 고려되지 않는다.	

ⓒ 통행배분모형의 계산식

모형의 구분		계산식
성장률법	균일 성장률법	$t'_{ij} = t_{ij} \times F$
	평균 성장률법	$t'_{ij} = t_{ij} \times \dfrac{(E_i + F_j)}{2}$
	프라타법	$t'_{ij} = t_{ij} \times \dfrac{(E_i \times F_j)}{F}$
	디트로이트	$t'_{ij}(j) = t_{ij} \times E_i \times F_j \times \left[\dfrac{\sum\limits_{i=1}^{n} t_{ij}}{\sum\limits_{i=1}^{n} t_{ij} \times E_i} \right]$ ※ 괄호 안의 식을 L_i, L_j로 간략화하면 다음과 같다. $L_i = \sum\limits_{j=1}^{n} \dfrac{t_{ij}}{\sum\limits_{j=1}^{n} t_{ij} \times E_j}$ $L_j = \sum\limits_{j=1}^{n} \dfrac{t_{ij}}{\sum\limits_{j=1}^{n} t_{ij} \times F_i}$ $t'_{ij} = t_{ij} \times E_i \times F_j \times \dfrac{(L_i + L_j)}{2}$
중력모형	제약 없는 중력모형	$t_{ij} = k \dfrac{P_i A_i}{f(Z_{ij})}$ 여기서, $k : \dfrac{\sum\limits_i \sum\limits_j t_{ij}^s}{\sum\limits_i \sum\limits_j t_{ij}^m}$ $\sum\limits_i \sum\limits_j t_{ij}^s$: 조사된 O-D표의 존 간 총통행량 $\sum\limits_i \sum\limits_j t_{ij}^m$: 모형상의 O-D표의 존 간 총통행량
	통행유출량 제약모형	$t_{ij} = k_i \dfrac{P_i A_i}{f(Z_{ij})}$ 여기서, $P_i : \sum\limits_j t_{ij}$ 존 i에서 유출되는 총통행량 $A_j : \sum\limits_i t_{ij}$ 존 j로 유입되는 총통행량 $k_i = \left(\sum \dfrac{A_i}{f(Z_{ij})} \right)^{-1}$

모형의 구분	계산식
이중 제약모형	$t_{ij} = \dfrac{k_i k_j P_i A_j}{f(Z_{ij})}$ 여기서, $k_i = \left(\dfrac{\sum\limits_{j} k'_j A_j}{f(Z_{ij})} \right)^{-1}$ $k_j = \left(\dfrac{\sum\limits_{i} k_i P_i}{f(Z_{ij})} \right)^{-1}$
미국 도로국의 중력모형	$t_{ij} = k_i P_i A_i F_{ij}$ 여기서, $k_i : \left(\sum\limits_{j} A_j F_{ij} \right)^{-1}$ F_{ij} : $i-j$ 존상의 공간적 분리의 지역 전체에 대한 영향을 나타내는 저항계수로 통행시간에 준거한다.
간섭기회모형	$P[V(j)] = 1 - e^{-LV(j)}$ $\pi_{ij} : P[V(j)] - P[V(j-1)]$ $V(j)$: j번째 존까지의 대상기회의 총합 L : 어느 한 기회를 선정할 확률

주) • t'_{ij} : 장래 존 i와 j 간의 통행량 • t_{ij} : 현재 존 i와 j 간의 통행량
 • F : 장래 통행량을 현재 통행량으로 나눈 값 • P_i : 존 i의 장래 통행유출량
 • p_i : 존 i의 현재 통행유출량 • A_j : 존 i의 장래 통행유입량
 • a_j : 존 i의 현재 통행유입량 • E_i : 유출량의 성장률
 • F_j : 유입량의 성장률

4 고속국도 교통의 수요 예측

① 고속국도 건설계획의 대상지역에 한 IC당 1~2개 존의 크기로 지역을 분할한다.

② 전국 센서스 조사 또는 기존의 O-D 조사 자료를 수집한다.

③ 존별 장래의 통행발생량을 구한다. 이 발생량에는 자연증가 통행량, 존의 개발에 의한 개발 통행량, 고속도로 신설에 의해 생기는 유발 통행량이 포함된다.

　㉠ 자연 증가분의 예측방법 : 시계열 분석, 회귀분석을 통하여 다른 경제지표와의 상관관계 또는 교통량 자체의 성장률로부터 계산하는 방법이 있다.

　㉡ 개발 교통량과 유발 교통량은 그 개념을 이해하기는 쉬우나 이를 실제로 계량화하기는 매우 어렵다. 예를 들어 개발 통행량은 대상지역에 유치되는 공업 입지의 영향에 의해서 발생되는 것이며, 유발 통행량은 고속도로 건설의 영향에 의해서 발생하는 통행량으로 서 이들은 이들 존의 현재 및 장래토지 이용 및 사회 · 경제 변화를 예측할 수 있어야 한다.

- 장래 존 간의 통행량을 구한다. 장래 통행발생량과 현재의 O-D 통행표를 이용하여 장래의 O-D 통행표를 작성한다. 여기서 사용되는 모형은 성장률법, 중력모형 등이다.
- 전환 교통량을 구한다. 통행량을 평균 승차 인원수를 이용하여 승용차 교통량을 구하고 이 가운데서 고속도로를 이용하는 교통량을 구한다. 존 간에 2개 이상의 노선을 선정하고 이들 노선에의 배분율을 구한다. 노선배분율은 통행시간, 통행비용, 유료도로 요금, 쾌적성, 안전성 등을 고려하여 앞에서 설명한 교통배분의 전환곡선법을 사용한다.
- 인터체인지 상호 간의 교통량을 구한다. 고속도로에 배분된 교통량은 인터체인지 간의 O-D표로 정리된다.
- 교통량도 작성 : 인터체인지 간의 교통량 표를 이용하여 인터체인지에서의 교통량도를 작성한다.

5 철도수송의 수요 예측

1. 철도수송량 예측방법

철도수송량을 예측하는 데에는 전국 수송량을 예측하는 경우와 어떤 노선의 수송량을 예측하는 경우 두 가지가 있으며, 그 방법에도 거시적 방법과 미시적 방법이 있다.

2. 전국 수송량 예측

여객 수송과 화물 수송으로 나누어 경제지표와의 관계식을 이용하여 예측하는 방법 이외에 인구를 기준으로 하는 방법과 연도별 수송 실적을 이용하는 방법 및 수송 종목별 합계를 이용하는 방법이 있다.

① 인구에 의한 추정방법
  ㉠ 인구에 의한 추정방법은 수송은 개인과 개인 간의 관계에서 발생한다는 가정을 근거로 하여 전국 수송량을 전 인구에 대한 비례함수로 나타내는 것이다.
    예 전국 수송량을 T, 전 인구를 Y라 할 때 $T = KY(Y-1) = KY2/2$
  ㉡ 인구 1인당 승차 횟수, 수송 톤수, 평균 승차 km, 화물 1톤당 수송 km를 추정하여 이를 원단위로 수송량을 예측하는 방법도 있다.

② 연도별 수송 실적에 의한 예측
  시계열 분석에 의하여 장래 수송량을 예측하는 방법

③ 수송 종목별 합계에 의한 방법
  수송량과 경제활동, 국민소득, 인구와의 관계를 정확하게 나타내기 위하여 비정기 여객에 대해서 생산적 여객과 비생산적 여객, 정기 여객에 대해서는 취업자와 학생, 화물에

대해서는 수송 품목별로 조사하고, 장래 구조 변화를 파악한 후 각 종목별로 수송량을 예측하여 이를 합하는 방법이다.

3. 노선 수송량 예측

① 노선이 신설되는 경우에는 그 노선에 대한 수송량을 예측할 필요가 있다. 그러기 위해서는 신설 계획 노선에 대하여 경제조사를 실시하고, 그 부근에 있는 비슷한 노선을 선택한 후 원단위를 추정하여 이를 계획 노선에 적용한다.

② 경제상태조사는 계획 노선의 연도에 대한 교통수송현황을 조사하고 역세권 인구, 연도 관광 현황 및 사람의 이동과 같은 도시 분포와 관광자원을 조사하며, 주요 품목별 수송 실적으로 나타내는 자원과 산업현황을 조사한다.

③ 원단위를 구하기 위해서 유사 노선을 선택할 때 그 기준이 되는 것은 지역, 기후, 부근 도시 분포 상태, 연도의 산업 분포, 관공서, 학교, 회사, 공장 등의 분포 상황, 관광시설, 생산 소비물자의 유동 상황, 노선의 역할, 노선의 길이 및 경사, 노선 위치, 경쟁 수단의 상태, 도로 교통 등이다.

④ 원단위를 계획 노선에 적용하여 계획 노선의 연간 수송량을 계산할 때에는 여객과 화물을 분리하여 구한다.
  ㉠ 여객 수송량
    • 비정기 여객 수송량
      – 역별 승차 인원 : 신설 노선의 각 역별 역세인구에 유사 노선의 1인당 연간승차횟수를 곱하여 얻는다. 기존 노선과의 접속 역에서의 승차 인원은 별도로 유사 역의 실태를 감안하여 그 비율 등을 이용하여 예측한다.
      – 전이 및 유발 수송 인원 예측 : 신설 노선이 건설됨으로써 인접한 도로 이용자가 철도를 이용하게 될 때 그 승객을 '전이 승객'이라 하고, 지금까지 존재하지 않던 통행이 편리한 노선이 생기므로 잠재수요가 현실화되어 나타나는 승객을 '유발 승객'이라 부른다. 또 새로운 노선의 건설로 주변이 개발되어 지금까지 전혀 존재하지 않았거나 잠재하지도 않았던 교통이 생기는 것을 개발 승객이라 한다. 개발 승객은 상당한 시일이 지난 후에 발생하므로 여기서는 고려하지 않는다.
      – 수송인 km : 전이 km, 유발 km로 구분하여 산출
    • 정기 여객 수송량
      비정기 여객 승차 인원에서 유사 노선의 정기 대 비정기의 비율을 곱하여 정기 승차 인원을 구하고 수송인 km를 구한다.
    • 특별 여객 수송량 : 여객의 유동, 다른 수송 수단의 현황 등을 고려하여 수송 인원을

예측한다.
- 통과 여객 수송량 : 신설 노선이 기존 역과 연결될 경우 통과 여객을 예측해야만 한다.
ⓒ 화물 수송량
- 선내발착 소화물 수송량
- 선내발착 대량화물 수송량
- 통과 화물 수송량

⑥ 항공수송의 수요 예측

① 항공수송 수요 예측은 거시적인 항공 여객 절대량을 예측하는 것과 미시적으로 특정 노선의 항공 여객 수요를 예측하는 것으로 대별된다.

② 거시적 분석
ⓐ 거시적 수요 분석에는 장기적이든 단기적이든 실질국민소득이나 실질국민소비지출 등과 같은 경제지표와 항공여객량 간의 관계를 회귀분석으로 예측하거나, 시간이란 변수만을 사용하여 장기적 추세를 시계열 분석으로 예측하는 방법, 몇몇 경제지표를 변수로 해서 다중 회귀분석을 하는 방법 등이 있다.
ⓑ 거시적 모형에서 첫째는 1인당 국민소득 또는 철도비정기여객수 등으로 전 구간 여객을 설명하는 모형이며, 둘째는 각 공항의 이용자 수를 설명하는 모형으로서 해당 지역의 인구, 다른 지역의 인구 2, 3차 산업의 매출액 등이 중요한 설명 변수가 된다.

③ 미시적 분석
ⓐ 미시적 분석에는 중력 모형에 의한 방법과 다중 회귀분석에 의한 방법이 있다. 중력 모형은 비교적 단거리인 경우에 한해서 거리 대별, 노선별로 경쟁 수단과의 소요시간, 운임 면에서의 차이 및 각 도시 성격의 차이로 설명될 수 있으나, 멀리 떨어진 도시 간에서는 거리가 항공여객량에 영향을 주지 않는다. 그 한계점은 약 300~1,300km로 알려지고 있다.
ⓑ 다중 회귀분석에서 항공 수요를 결정하는 요인으로는 항공여행 경험의 유무, 직업, 연령, 소득, 교육 수준 등이 있다. 미국의 연구에 의하면 항공여행 경험의 유무가 연간 항공여행 횟수를 좌우하는 가장 강력한 설명 변수이며, 이것은 또 생애주기단계에 따라 항공수송 수요의 구조가 달라지는 것이 판명되었다.

7 관광위락교통의 수요 예측

1. 정의

① 도시 내 교통은 개인 통행의 O-D 조사에 의해서 목적별 통행량을 파악할 수 있다. 그러므로 이러한 통행은 비교적 안정된 통행 패턴을 보인다. 그러나 관광위락교통은 도시 내 교통이 아니라 도시지역을 벗어나 주말, 명절, 피서 휴가 등과 같은 원인에 의해 일어나는 교통으로서 그 현상이 일반 도시 내 교통과는 다르다.

② 관광위락활동의 주체는 그 활동의 종류, 출발지, 목적지, 이동 수단 등을 가진다. 출발지는 관광활동 주체의 특성, 즉 인구, 주소지, 소득, 여가 시간, 생활 의식 등과 관련된 문제이며, 목적지, 즉 관광지는 그 위치와 관광자원 및 관광지로서의 매력에 관련되는 것이다. 출발지와 목적지를 잇는 이동 수단은 그 거리, 교통수단 및 경로 등에 관계된다. 관광위락교통의 수요 예측은 이와 같은 네 가지 측면을 고려하여 종합적으로 분석한다.

2. 특성

① 관광지의 특성
  ㉠ 유치 : 관광객의 출발지는 일반적으로 관광지에 가까운 거주지가 많고 먼 곳의 사람이 적은 것이 당연하다. 그러나 많고 적은 정도는 관광자의 조건, 도달 조건, 관광지의 조건에 따라 정해진다고 볼 수 있다.
  ㉡ 변동과 집중 : 관광활동은 시간, 일, 계절, 일기에 좌우된다.

② 관광 발생 : 사람들의 여가 시간, 소비성향, 생활의식 등의 차이에 따라 관광활동 경험의 정도도 다르다.

③ 관광교통 : 관광교통은 다른 교통과는 달리 그 자체가 목적인 성격을 가진다. 관광교통의 특징은 한 번 지나온 도로는 가능하면 다시 지나치지 않는 주유성이 있으며, 이용 교통수단은 자가용차 보유 유무에 따라 다르고, 이용 교통수단에 따라 통행의 길이가 달라진다. 승용차의 경우 보통 200km 전후이며, 숙박률은 여행 거리에 따라 다르고 숙박률 50%의 행동권은 약 200km, 숙박률 100%의 행동권은 약 250km 이상이다.

3. 관광위락지역의 교통 수요 예측

① 관광 발생의 예측
  ㉠ 관광 발생량 : 관광 발생 요인을 파악하여 이들의 인과관계를 모형화하고 이 요인들의 장래성을 추정하여 발생 수요를 예측한다.

ⓛ 관광 교통 분포의 예측 : 출발지에서 관광의 O－D 교통량을 계산하면 O－D표는 유출량과 유입량이 일치하지 않는다.

ⓒ 관광지별 예측 : 관광지의 관광객 수는 그 관광지의 매력, 지형, 넓이, 시설, 관광 대상, 관광자원의 종류, 관광지 위치, 관광지의 접근성 등에 의해 좌우된다.

② 유치권 설정 : 관광객에 대한 자료 수집을 통하여 관광지 조건, 접근 조건, 관광자의 조건을 변수로 해서 모형화하고 장래 내방객수를 구한다.

③ 관광지의 관광배분율 산출 : 국립공원, 온천 관광지 등과 같은 종류의 관광지에 대한 내방 관광객 자료를 수집하고 각 관광지의 매력을 나타내는 변수에 대한 자료를 수집하여 이들 간의 관계를 모형화하고 장래 수요를 예측한다.

④ 교통수단별 예측 : 각 교통수단의 수송량으로부터 관광객을 분리하고, 과거에서 현재에 이르는 관광객 수를 추정하여 이를 장래로 연장 후 예측하는 것으로 거시적 예측방법이다.

18 교통수요의 추정과정

1 개요

① 교통수요 추정이란 장래 교통체계에서 발생될 수요를 현재 시점에서 예측하는 작업으로 교통계획을 수립하는 데 귀중한 자료가 된다.

② 장래의 수요는 장래의 교통체계에서 어떠한 문제가 발생하는지 미리 진단할 수 있기 때문에 교통문제의 심각성을 가늠할 수 있고, 어느 지점 혹은 구간에 교통시설 개선이 요구되며, 어느 지역에 새로운 교통시설의 공급이 필요한가를 예측할 수 있는 토대를 마련해 준다.

③ 따라서, 신뢰성 있는 교통계획을 수립하기 위해서 무엇보다도 정확한 교통수요의 예측이 중요하다고 할 수 있다.

2 추정과정

① 기준연도 모형개발

㉠ 토지이용과 교통체계를 토대로 통행발생, 통행배분, 교통수단 선택, 노선배정의 모형을 적용하여 현재의 통행패턴을 가장 잘 묘사하는 모형을 개발하는 단계로 수요 추정과정에서 가장 많은 시간이 소요된다.

㉡ 현실 관측치와 가장 근접한 모형이 개발되면 여러 차례에 걸친 모형 검증단계를 거쳐서 장래 교통수요 추정의 모체가 되는 모형으로 한다.

② 목표연도 교통수요의 추정

　　㉠ 기준연도에서 개발한 모형의 변수에 장래의 토지이용, 인구, 자동차 보유대수, GRP 등의 사회·경제 지표를 대입하여 교통수요를 산출한다.

　　㉡ 장래 교통수요추정에서 가장 중요한 것은 모형의 변수에 적용되는 사회·경제 지표이므로 해당 지역의 장래 토지이용패턴과 사회·경제적 여건 변화를 신뢰성 있게 추정하는 것이 중요하다.

③ 단계별 교통수요의 추정과정

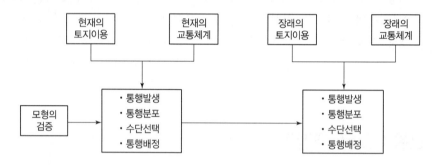

④ 교통수요의 추정방법

교통수요의 추정방법은 다음과 같이 크게 3가지로 구분할 수 있다.

1. 개략적 수요추정방법

① 과거추세연장법

② 수요탄력성법 : 직접수요탄력성, 간접수요탄력성

2. 직접수요모형(Direct Demand Model)

① 추상수요모형(Abstract model) : Baumol – Quandt Model

② 통행수요모형(Travel Demand Model)

③ KRAFT – SARC 모형

④ McLynn 모형

⑤ 장단점

　　㉠ 교통수단의 함수로서 총교통수요량 추정 가능

　　㉡ 새로운 교통수단의 수요를 추정할 수 있어 장래 교통대안 평가 시 유용

　　㉢ 통행자의 개별적·행태적 측면 고려 미흡과 분석가의 임의성 대두

3. 4단계 추정법

① 통행 발생
- ㉠ 과거추세연장법 : 증감률법, 원단위법
- ㉡ 회귀분석모형
- ㉢ 카테고리 분석법 : 분류분석법

② 통행 분포
- ㉠ 성장인자모형 : 균일, 평균성장률법, Frata법, 디트로이트법
- ㉡ 중력모형(Gravity Model) : 통행유출제약, 이중제약, 미국 도로국
- ㉢ 엔트로피모형(Entropy Model)
- ㉣ 간섭기회모형(Intervening oppotunity model) : 개재(介在)기회모형

③ 교통수단 선택
- ㉠ 전환곡선법
- ㉡ 개별행태모형(Disaggreate Model, 비집계모형) : 프로빗, 로짓 모형(Probit, Logit Model)
- ㉢ 판별분석법

④ 노선 배정
- ㉠ 전량배분법(All or Nothing)
- ㉡ 용량제약법
- ㉢ 전환곡선법
- ㉣ 다경로배분법
  - 장점
    - 각 단계별 결과에 대한 검증으로 현실 묘사 가능
    - 통행패턴의 변화가 없음을 가정
    - 단계별 적절한 모형 선택 가능

5 결론

① 일반적으로 4단계 예측방법을 사용하여 교통수요를 예측하나, 신교통시스템의 출현, 자동차 교통의 억제, 자전거나 보행자의 재평가 및 개인의 통행 특성을 고려한 개별행태모형에 대한 연구가 이루어지고 있다. 특히 복합적인 의사결정에 따른 통합모형이 개발되고 있다.

② 그러나 현재까지 사용되는 대부분의 모형은 미국, 유럽 등 사회·경제·정치·문화적으로 안정기에 개발된 것으로, 현재와 같이 복잡·다양한 불안정기에는 적합하지 않다.

19 교통수요 관리기법(TDM)

1 개요

① 교통수요관리(Transportation Demand Management, TDM)란 사람들이 통행형태의 변화를 통해 일인 승용차의 이용을 감소시키거나 또는 직장의 출근패턴을 전환하여 대중교통을 비롯한 다인 승용차 이용을 촉진하고 차량당 이용승객수를 늘리고 교통체계에 대한 부담을 줄여서 교통 혼잡을 완화시키는 관리수법을 말한다.

② 교통 혼잡은 크게 교통시설과 이를 이용하는 교통류 간의 수급불균형에서 비롯된다.

③ 수급불균형을 해소하는 방법은 크게 교통시설의 공급을 조절하는 기법과 수요를 조절하는 기법으로 나눈다.

④ 교통시설물의 공급과 관련하여 교통 혼잡문제를 조절하는 데에는 여러 가지 제약요인이 있어 실제 상황에서는 교통수요 관리기법과 병행하여 실시하여야만 효과가 더해질 수 있으므로 교통수요 관리기법이 상대적으로 중요하다.

2 교통수요 관리방안의 개념과 특징

1. 목표

① 이용자의 통행행태의 변화를 통해서 일인 승용차의 이용을 감소

② 직장의 출근 패턴을 전환하여 대중교통수단 및 다인승 차량 이용 촉진

③ 차량당 이용객 수를 늘려 교통 혼잡 완화

2. TDM 정책의 효과(교통수요 관리정책)

① 교통 자체의 발생 차단

② 통행수단 이용의 전환

③ 통행의 시간적 재배분

④ 통행 발생 및 목적지 전환에 따른 통행의 공간적 재배분

⑤ 통행 패턴과 교통체계의 연쇄적 개선효과

3. TDM 방안의 실시효과

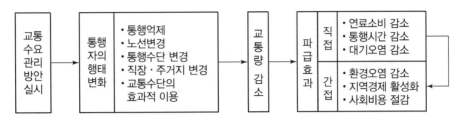

4. TDM의 특징

① 경제성, 효과의 신속성, 고밀도 개발 가능성, 기법의 다양성이 있다.
② 법적 규제성, 간접적 규제, 시행지역의 광역성, 교통수요 감축량 목표 설정 및 목표 미달 시 벌금 부과 등이 있다.

③ 교통수요 관리기법의 유형

1. 정책효과를 중심으로 분류

① 통행 발생 자체를 차단하는 기법(가장 근원적)
  ㉠ 근무시간 단축 및 조절(출근일수 단축, 재택근무)
  ㉡ 성장관리정책(토지이용 관리)
  ㉢ 조세정책(고액의 차량등록세, 차량구입세, 고율의 보험료)

② 교통수단의 전환을 유도하는 기법(가장 보편적)
  ㉠ 경제적 기법 : 주차요금 정책, 도심통행료 징수, 혼잡세 징수, 주행세, 주차세 등
  ㉡ 법적·제도적 장치 : 부제운행, 주거지 주차 허가제, 건물의 수요 억제, 교통유발부담금 제도 강화, 교통 위반 시 선택적 운행 정지
  ㉢ 대체수단 지원정책 : 대중교통 이용 활성화, 카풀·밴풀 이용 촉진, 자전거 이용 촉진

③ 통행 발생의 시간적 재배분(첨두시 혼잡 완화)
  ㉠ 시차제 출근
  ㉡ 교통정보제계를 통한 출발시간 및 노선의 조정

④ 통행의 목적지/도착지/노선전환을 통한 공간적 재배분
  ㉠ 지역허가 통행제　　　　　㉡ 미터링(차량진입 제한)
  ㉢ 주차금지구역의 확대　　　㉣ 교통방송을 통한 통행노선의 전환

2. 실행의 강제성 여부와 실행집단의 특성을 기준으로 한 분류

① 강제적, 명령적, 업적 달성 위주의 규제적 방식
② 시장경제의 원리인 가격체계에 의존하는 방식
③ 개인에게 직접적 영향을 주는 방식
④ 단체나 외부 효과를 통해서 간접적으로 영향을 주는 방식

4 교통수요 관리방안(TDM)의 문제점 및 극복방안

1. 효율적 측면

① 문제점

㉠ 교통행태가 비용에 비탄력적이기 때문에 혼잡세를 포함하는 비용을 부과하여도 기대치의 혼잡 완화 효과를 얻을 수 없다.
㉡ 잠재수요로 인해서 수요관리의 효과가 지속성이 없다.
㉢ 혼잡세 부과로 인해서 통행비용이 증가하면 지역경제에 악영향을 미친다.
㉣ 교통시설에 대한 투자 없이 수요관리만으로 문제를 해결하려 할 경우 성장잠재력이 큰 지역에서는 효과가 적다.

② 극복방안

㉠ 혼잡 완화 효과 : 혼잡비용을 각각의 경우에 적절하게 적용하여 실행 효과를 높인다.
㉡ 교통시설 투자 : 교통수요 관리방안과 병행하여 추가적인 교통시설의 투자가 뒤따라야 한다.
㉢ 지역경제 : 지역경제 활성화에 긍정적인 영향을 주는 교통수요와 그렇지 못한 교통수요를 차별화하여 시간적으로 분리한다.
㉣ 잠재수요 : 잠재수요 전이로 인한 교통수요 관리방안 실행상의 문제점을 TDM의 폭넓은 실시로 대처한다.

2. 형평성 측면

① 문제점

㉠ 부유층이 혼잡비용 부과의 수혜자가 될 수 있다.
㉡ 혼잡요금의 부과로 인한 사회적 편익이 정부의 수익으로 귀속될 수 있다.
㉢ 국민의 평등한 교통권 행사를 제약한다.

② 극복방안

　　㉠ 수혜자 : 개인교통수단에서 전환되는 경우 이를 수용할 수 있는 대중교통수단의 마련
　　　이 필요

　　㉡ 수익금 : 교통수요 관리기법에 의한 수익금을 교통부문에 재투자

　　㉢ 평등권 : 교통자원에 혼잡이 없는 경우 자유로운 접근이 가능하도록 조치

5 결론

① TDM은 교통 혼잡으로 인해서 발생하는 사회적 손실을 줄임으로써 사회적 편익을 최대화하기
위한 제시책으로 활용된다.

② 교통 혼잡이 발생하면 교통시설의 비효율적인 이용과 이에 따른 막대한 사회적 비용이 불가피
하다. 따라서 교통수요 관리방안의 적극적인 활용이 필요하다.

③ TDM만으로는 근원적 교통문제를 해결할 수 없고 잠재수요 및 총량적 규모에 대처하기
위해서는 교통시설의 공급과 상호 병행할 때 충분한 효과를 기대할 수 있다.

④ TDM은 교통문제의 완화와 교통시설 투자의 효율화를 위해서 시급히 도입해야 할 과제이며,
교통시설 공급은 시간이 오래 걸린다는 사실을 고려할 때 TDM의 필요성은 더욱 강조된다.

20 과거추세연장법

1 개요

① 과거추세연장법은 과거의 연도별 교통수요를 토대로 하여 도면상에서 미래의 목표연도까지
연장시켜 수요를 추정하는 간단한 방법이다.

② 이 방법은 교통분야뿐만이 아니라 경영이나 경제분석에서도 널리 쓰이고 있는 기법이다.
이 방법의 가장 큰 약점은 분석가의 임의성 문제이다.

2 특징

① 분석가의 주관적인 관점이나 가치관에 따라서 과거의 추세가 임의적으로 연장되어 추정되기
때문에 수요 예측이 분석가마다 달라질 수 있다.

② 어떤 분석가는 S곡선이나 로지스틱(Logistic) 곡선을 적용하는가 하면 어떤 분석가는 직선을
적용하는 등 다양하게 교통수요를 추정할 수 있다.

예제 01

1991년부터 1999년까지 어느 전철구간의 승객 이용 추세가 아래 그림과 같다. 연도별 이용 승객을 기초로 하여 직선식을 구하니 $Y = 10,000 + 500X$가 도출되었다고 할 때, 2004년의 전철승객수를 구하라.

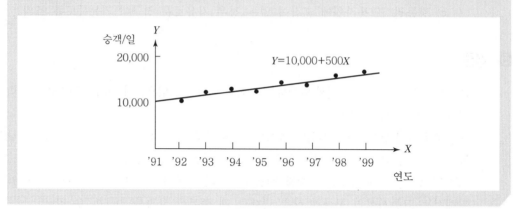

풀이 Y가 승객 수이고 X가 경과연도이므로 1991년은 X가 0이며, 2004년은 13이다. 따라서 X에 13을 대입하면 16,500이 되어 2004년의 전철승객수요는 16,500명에 이른다.

3 결론

① 과거추세연장법은 수요탄력성법보다 정밀성에서 떨어지는 수요추정법으로 복잡하지 않고 개략적이고 간단한 지역의 수요추정 시 많이 사용된다.

② 수요탄력 분석법에 비하여 조사가 간단하고 분석방법이 비교적 쉬워 단기간에 처리할 수 있는 장점이 있어 많이 사용하고 있다.

21 수요탄력성법(Elasticity Model)

1 개요

① 과거추세연장법에서는 수요에 미치는 영향을 변수에 내재시킬 수 없는 단점이 있으나 수요탄력성법에서는 교통수요에 긍정적 혹은 부정적인 영향을 미치는 사항을 변수에 내재시켜 분석할 수 있다.

② 따라서 수요탄력성법은 과거추세연장법보다는 정밀화된 수요추정방법이라 하겠다.

2 추정식

① 수요탄력성의 단위추정식

$$\mathcal{M} = \frac{\partial V}{V_0} \bigg/ \frac{\partial P}{P_0}$$

여기서, $(\partial V / \partial P)$는 P에 대한 V의 편미방(Partial Derivative)이다.

ⓖ 이 수요탄력치는 한 개 점에 대한 수치이므로 수요곡선상의 점마다 탄력치가 다르게 된다.

ⓛ 따라서 교통체계의 한 변수의 1% 변화에 따른 수요의 퍼센티지 변화율을 나타내는 현탄력성법(Arc Elasticity)이 수요추정에 보다 광범위하게 적용되고 있다.

② 현탄력성법

$$\mathcal{M}_a = \left(\frac{\Delta V}{V_0} \bigg/ \frac{\Delta P}{P_0} \right)$$

$$\mathcal{M}_a = \left(\frac{\Delta V}{\Delta P} \bigg/ \frac{V_0}{P_0} \right)$$

수요탄력성은 직접 수요탄력성(Direct Demand Elasticity)과 간접 혹은 교차탄력성(Indirect or Cross Elasticity)으로 구분된다.

③ 탄력성 산출방법

ⓖ 일정기간의 교통정책변수의 변화가 얼마만큼의 교통수요 변화를 초래하였는지를 파악하기 위해 실질적인 경험이나 혹은 실험사업(Demonstration Project)에 의해 산출하는 방법이다.

ⓛ 시계열 자료(Time-Series Data)를 통한 회귀분석으로 산출하는 방법이다.

ⓒ 수요모형에 의해 수요탄력성을 산출하는 방법이다.

3 결론

① 수요탄력성 분석법은 과거추세연장법보다 정밀하고 우수한 수요추정법임에는 틀림없다. 하지만 이 분석법은 조사기간이 길고 복잡하여 비용 및 분석기간도 많이 소요된다.

② 탄력성 산출방법 중 실질적인 경험이나 실험사업을 산출하는 방법이 가장 널리 사용되고 있다. 이는 다른 방법보다 자료를 구하기 쉽고 정책적 시험이 가능하기 때문이다.

22 통행배정기법의 유형 및 장단점

1 개요

① 통행배정은 4단계 교통수요 추정모형의 마지막 단계이다.

② 이 단계에서는 통행발생, 통행분포, 수단선택과정을 통해서 도출된 시간대별(일평균), 교통수단별, 통행목적별 기종점 간 교통수요(O-D)를 구체적으로 교통망에 부하하게 된다.

③ 통행배정기법의 유형은 단일경로와 다중경로에 부하되는지 여부, 도로의 용량을 고려하는지 여부, 모형의 형태적 측면의 정태적·동태적·확률적 모형에 의해 분류된다.

2 통행배정과정의 목적과 활용도

① 목적

  ㉠ 도로의 구간교통량과 교차로의 회전교통량 예측

  ㉡ 기종점 간 교통량의 통행비용 추정

② 결과물의 활용도

  ㉠ 현재의 실제 교통량과 추정 교통량의 비교에 의한 교통망의 결함 진단

  ㉡ 추정된 통행량을 기존 교통망에 부하시켜 기존 교통체계의 문제점 진단

  ㉢ 중·장기 교통계획의 문제점 진단 및 투자효과 평가

  ㉣ 여러 교통체계 대안의 검증

  ㉤ 교통사업의 투자 우선순위 결정

  ㉥ 도로계획에 필요한 설계시간 교통량, 설계시간 회전교통량 등의 자료 제공

  ㉦ 교통망 내 교통류의 통행 특성 도출

  ㉧ 교통체계의 종합적인 평가

3 통행배정 모형의 유형

1. 링크 용량을 고려하지 않는 모형

  ① 정태적 모형 : 전량배분법(All or Nothing)

  ② 확률적 모형

    ㉠ Dial Model   ㉡ Logit Model

    ㉢ Probit Model   ㉣ Simulation Model

  ③ 동태적 모형 : 확률적 다이내믹 모형(Stochasic Dynamic Assignment)

2. 정태적 모형 : 링크 용량을 고려하는 모형

① 정태적 모형

ㄱ 반복배정법(Iterative Assignment)

ㄴ 분할배정법(Incremental Assignment)

ㄷ 평형배정법(Equilibrium Assignment)

② 확률적 모형 : 확률적 평형배정법(Stochastic Equilibrium Assignment)

③ 동태적 모형 : 이용자 평형 다이내믹 모형(User Equilibrium Dynamic Model)

4 통행배정 모형의 장단점 및 특징

1. 정태적 모형

① 특징

ㄱ 통행비용을 최소화하는 방향으로 부하하나, 모든 통행자에 의해서 인식된 통행비용이 동일하다는 가정

ㄴ 시간대별 교통량의 변화를 고려하지 않음

② 장점

ㄱ 최소비용 알고리즘을 적용하므로 비교적 단순함

ㄴ 용량제약모형에서는 비교적 교통망을 적절히 반영하는 결과를 도출

ㄷ 비용량제약모형을 통해서 도출된 결과로 교통망의 결함을 파악

③ 단점

ㄱ 인식된 경로비용이 고정되어 있음을 가정하기 때문에 운전자의 행태를 적절히 설명하지 못함

ㄴ 실제 도로상을 주행하는 운전자가 교통패턴에 따라서 경로를 변경하는 행위 등을 설명하지 못함

ㄷ 링크 교통량이 통행비용에 대해서 매우 민감하게 반응

2. 확률적 모형

① 특징

ㄱ 인식된 통행비용이 모든 통행자에게 동일하지 않음을 가정

ㄴ 용량을 고려하지 않고 단지 초기 통행비용을 적용하여 노선의 선택 확률을 구하고 이에 따라 교통량을 배정

② 장점

　　㉠ 다수의 대안적 경로에 교통량이 배정되므로 통행자의 행태를 고려할 수 있음

　　㉡ 교통량이 산정된 확률을 토대로 배정되기에 배정과정이 매우 단순함

　　㉢ 확률적 평형배정법의 경우 정태적 모형의 장점과 확률적 모형의 장점을 동시에 갖고 있음

③ 단점

　　㉠ 초기 통행비용을 토대로 경로선택 확률을 산정하므로 도로용량에 대한 고려가 부족함

　　㉡ 대안적 경로를 선정하기 위한 객관적 척도나 알고리즘이 미흡

3. 동태적 모형

① 특징

시간 변화에 따른 교통량의 변화를 고려하여 배정하기에 기존 통행배정모형과는 근본적으로 다름

② 장점

　　㉠ 실제 상황에서 최적의 통행배정을 수행하고 결과를 즉시 통행자에게 전달하기 때문에 상당한 편익 발생

　　㉡ 예측 불가능한 교통상황의 변화를 고려하여 통행배정 수행

　　㉢ 최적의 교통상태 유지 가능

③ 단점

　　㉠ 짧은 시간 내에 통행배정을 수행할 수 있는 알고리즘의 개발이 요구되고 고성능 컴퓨터 필요

　　㉡ 모든 운전자가 중앙제어장치가 상호 완벽한 정보교환시스템을 구축해야 하기 때문에 막대한 초기비용이 필요

5 결론

① 유형의 분류는 크게 링크의 용량을 고려하느냐의 여부와 모형의 형태적 측면에서 정태적·확률적·동태적으로 구분하고 있다.

② 기존의 기법은 정태적·확률적 모형에 의해 통행배정을 수행하였지만 최근에 와서는 실제 상황을 고려하고 통행행태를 고려할 수 있는 동태적 모형에 대해서 연구가 이루어지고 있다.

③ 동태적 모형의 개발과 보급을 위해서는 알고리즘의 개발과 고성능 컴퓨터 및 정보교환시스템을 구축하여야 한다. 따라서 이에 대한 노력이 시급한 것으로 보인다.

23 평형배정법(Equilibrium Assignment)

1 개요

① 이용자 평형(User Equilibrium)과 체계 평형(System Equilibrium)으로 구분
② 이것은 최적화 조건(평형조건)과 관련
③ 이용자 최적화 체계의 최적조건은 평균통행비용과 한계통행비용의 관점에서 접근

2 평형배정법과 관련한 Wardrop의 가정

① **이용자 최적조건** : 운전자는 본인이 가고자 하는 노선의 교통상태에 비추어 최선이라고 생각하는 노선을 독립적으로 선택한다.
② **체계 최적조건** : 운전자는 노선 선택에 있어서 일반적으로 지역사회의 편익이 최대가 되는 선택행위를 한다.

③ **이용형태의 원칙**
   ㉠ 이용경로의 통행비용이 이용되지 않는 경로상의 통행비용보다 같거나 작다.
   ㉡ 이용경로상의 통행비용은 가능한 한 최솟값으로 한다.

3 User vs. System의 평형

① 이용자 평형(User Equilibrium)
   ㉠ 최적모형은 평균통행비용을 같게 함으로써 도출
   ㉡ 이용자 비용을 최소화시키는 방향으로 비용함수 적용

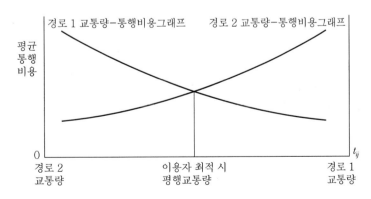

   ㉢ 경로 1과 경로 2는 평균통행비용이 같아지는 조건으로 교통량이 배정

② 체계 평형(System Equilibrium)

㉠ 총통행비용을 최소화하는 관점에서 한계통행비용이 '0'이 된다는 점에서 결과를 도출

㉡ 총통행비용을 최소가 되도록 하는 결과가 존재

이러한 해(解)는 교통량 통행비용 관계식을 통해서 한계통행비용을 이용하여 도출

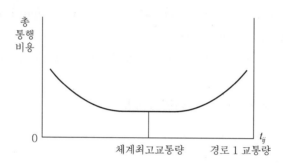

④ 평형체계의 문제점

① 최적의 문제

㉠ User 평형과 System 평형이 항상 일치하지는 않음

㉡ User 평형의 경우 이용자 개개인이 교통비를 최소화하려 하지만 총교통체계 내에서는 최소화가 될 수 없다는 원리

→ 부분 최적의 합이 전체 최적이 아님

→ 개인 이익의 합이 전체 이익이 될 수 없음

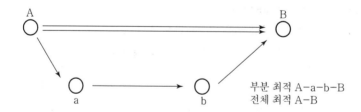

② Braes's Paradox

㉠ User 평형과 System 평형의 차이를 개인의 형태적 측면에서 설명

㉡ 새로운 가로(Link)의 건설에도 불구하고 운전자의 총주행시간이 늘어나는 경우

㉢ 각 운전자가 자신의 통행시간을 최소화하려 함에 따라 모든 운전자에게 피해를 주며 전체 총주행시간은 증가

5 결론

① 이용자 최적 해는 만족하지만 System 조건을 만족하지 못할 때 사회적인 관점에서 바람직하지 않다.

② System 최적상태에서는 교통망 내의 총 통행비용이 최소가 되므로 사회적인 관점에서 바람직하다.

③ 가령, 교차로 회전을 금지시킴으로써 존 간 최소비용경로의 변화가 초래되고 이로써 체계최적 해에 보다 가까워진 결과를 얻을 수 있다면 이 조치는 사회적으로 정당화될 수 있다.

24 경로선택(Wardrop)의 원리

1 개요

① 통행자들의 경로선택원리로 사용되는 Wardrop의 사용자 균형원리는 Nash의 비협력게임(Non-Cooperative Game)의 대표적인 예인데, 이에 대해 Dafermos et al.이 처음 이들 간의 관계를 설명한 이후, Rosenthal이 연속적인 통행인 경우 Wardrop의 균형과 Nash 균형이 동일함을 보여주었다.

② Wardrop의 균형은 다수의 운전자들이 교통상황을 정확히 알고 있고(Perfect Information), 동시에 합리적으로 경로를 선택(Rationality)한다는 경직된 가정이 존재하는데, 이는 실제로 존재하는 운전자 상호 간의 교류나 타협을 배제하고 있다.

③ 특히 이는 가까운 장래에 통행자 간에 실시간 커뮤니케이션이 가능해질 것으로 예상됨에 따라 이를 고려할 수 있는 새로운 접근법이 필요하다.

2 Wardrop의 평형배분법

통행배분에서 Wardrop은 운전자의 노선선택 행위에 대해 두 가지의 균형 통행배정 원리를 제시하였다. 이후 Beckmann에 의해 비선형 문제로 수식화된다.

1. 제1의 원리(User Equilibrium, 이용자 평형배분법)

① 이용자가 어느 경로를 선택하더라도 더 이상의 통행비용을 감소시킬 수 없는 상태이다.

② 이용자들이 선택한 경로별 통행시간은 모두 동일하다.

③ 선택하지 않은 다른 어떤 노선보다 통행시간이 짧다.

④ 이용경로는 이용하지 않는 경로보다 비용이 적다.

⑤ 운전자는 평균통행비용이 최소가 되는 경로를 이용(Average Travel Time)한다.

⑥ 운전자의 경로선택은 타 운전자에게 영향을 준다.

⑦ 운전자는 본인이 가고자 하는 노선의 교통상태에 비추어 최선이라고 생각하는 노선을 독립적으로 선택한다.

2. 제2의 원리(System Optimal, 체계 최적조건)

① 이용자 개인의 통행비용 최소화가 아닌 사회 전체적 통행비용을 최소화함으로써 사회적 복지가 극대화된 상태이다.

② 선택된 모든 경로의 총통행시간은 최소이다.

③ 이용되는 모든 경로의 통행비용이 최소이다.

④ 운전자는 한계통행비용이 최소가 되는 Route를 이용(Marginal Travel Time)한다.

⑤ 운전자의 경로선택은 다른 운전자에게 영향을 주지 않는다.

⑥ 운전자는 노선선택에 있어서 일반적으로 지역사회의 편익이 최대가 되는 선택행위를 한다.

3 교통망 평형상태

교통망 평형상태에 대한 예를 들어 설명하고자 한다.

① 아래 그림 (a)와 같은 두 개의 존과 이를 연결하는 두 개의 경로를 가진 교통망이 있으며, 그림 (b)와 같이 각각의 경로는 다른 통행비용함수를 갖는다.

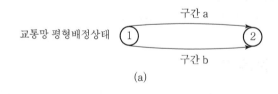

(a)

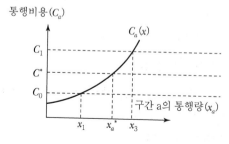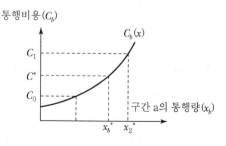

(b)

② 이때 두 개의 존 간을 통행하는 총교통량을 x라 하면, 각각의 Link를 통행하는 통행자가 동일한 통행비용 C^*를 지불하는 교통량 x_a, x_b가 평형상태를 이룬 것이다.

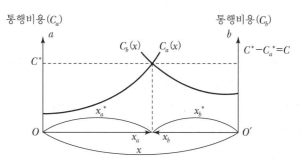

4 교통정책 적용방안

① 만약 혼잡효과를 고려하지 않는다면 이용자 균형상태와 체계 최적상태는 동일하지만, 교통량이 증가함에 따른 평균통행비용의 증가폭보다 한계통행비용의 증가폭이 커져 체계 최적상태가 깨지게 된다.

② 바꾸어 말하면 이용자들의 통행형태는 사회 전체의 통행비용이 아닌 개인의 통행비용을 최소화하려는 경향으로 인해 체계 최적상태를 이루지 못하고 혼잡비용을 발생시키게 된다.

③ 그러나 교통 운영 및 관리에 관한 문제는 체계 최적원리에 가깝기 때문에 혼잡비용을 없애거나 최소화하는 방향으로 교통정책이 집행되어야 한다.

5 결론

① 완전정보를 통한 최적점(균형해)을 찾는 과정을 반복하게 되므로 Wardrop의 균형해에 비해 통행자의 경로선택과정을 좀 더 현실적으로 묘사한다고 볼 수 있다.

② 향후 통행자 상호 간에 실시간 커뮤니케이션이 가능해질 경우, 경로 선택, 출발시간 선택, 수단 선택 등 여러 통행행위 선택 시 발생하는 상호 의견교류와 조절과정이 필요할 것이며 이는 이들 모형의 개발에 도움이 될 것으로 기대된다.

③ 교통정보 측면에서 보면, 교통정보를 제공받는 우월한 지위의 통행자가 있는 경우에 좀 더 일찍 Wardrop의 균형에 도달할 수 있음을 시사하고 있다. 그러나 이는 단편적인 연구의 결과로 이에 대해서는 좀 더 깊이 있는 연구가 필요할 것으로 보인다.

25 동태적 통행배정 모형(Dynamic Assignment Model)

1 개요

① 교통체증이 발생하는 교통망에서 시시각각으로 변하는 교통패턴을 예측함으로써 교통망 내 통행비용을 저감하기 위하여 개발되었다.

② 교통망 내에서 운전자는 매순간의 교통상황에 대한 정확한 정보를 갖고 있고, 새로운 정보를 연속적으로 얻음으로써 통행비용을 최소화하려고 노력한다는 가정을 전제로 한다.

③ '모든 차량에 정보의 취득 경로 안내(Route Guidance) 기능이 부여된 컴퓨터 시스템을 구비하고 있다'라는 전제조건이 선결 문제이다.

④ 기본의 통행배정 모형에서는 시간의 동적 개념이 존재하지 않았으나, 동태적 통행배정 모형(Dynamic Assignment Model)에서는 도로의 용량, 교통량, 속도 등이 교통상황의 변화된 최적경로를 도출한다.

2 장단점

① 실제 상황에서 최적의 통행배분을 수행할 수 있고 배분결과가 곧바로 통행자에게 전달되기 때문에 상당한 편익이 발생한다.

② 교통사고 등과 같이 예측이 불가능한 교통상황의 변화를 고려하여 통행배분을 수행할 수 있다.

③ 최적의 교통상태를 유지할 수 있다.

④ 아주 짧은 시간 내에 통행배정을 수행할 수 있는 알고리즘의 개발이 요구되고 고성능 컴퓨터가 필요하다.

⑤ 모든 운전자와 중앙제어장치가 상호 완벽한 정보교환시스템을 구축해야 하기 때문에 막대한 초기 비용이 필요하다.

3 모형의 종류

① 동태적 이용자 최적통행배분(Dynamic User Optimal Assignment)
② 동태적 체계 최적통행배분(Dynamic System Optimal Assignment)

4 특성 및 접근방법

① 특성
  ㉠ 교통류 형태의 시간대별 변화 추세 파악 가능
  ㉡ 교통수요와 비용이 시간과 공간에 따라 변화
  ㉢ 이동경로 안내(Dynamic Route Guidance)는 IVHS와 연결 가능
  ㉣ 예측시간단위의 조정 가능

② 모형개발을 위한 접근방법
  ㉠ 컴퓨터 시뮬레이션 기법
  ㉡ 수학적 프로그래밍 기법
  ㉢ 최적화 제어 이론적 기법(User 최적화, System 최적화)

5 동태적 모형의 목적 및 문제점

1. 목적

하루 중 실제 시간에 따라 기종점 통행의 발생 특성을 입력하여 통행흐름의 동태적 특성을 분석하고, 특히 교통류 차원에서 미시적 특성을 분석하는 것

① 시간에 따른 각 링크별, 교차지점별 분석 목표
  ㉠ 지체시간, 차량도착률과 통행량, 교차로 회전 교통량
  ㉡ 대기 차량 길이, 주행속도와 비용, 통행시간

② 네트워크상의 분석 목표
  ㉠ 각 차량에 대한 통행경로
  ㉡ 하루 중 시간대별 기종점, 통행시간 등

2. 문제점

① 도로망, 교통관제시설, 운전자 형태, 차량 특성, 환경, 신호통제 프로그램 등에 관한 미시적인 자료의 신뢰성 문제
② 실용과정에 있어서 김퓨터 용량에 따른 제약 요소
③ 현실적으로 모든 O-D 상호 간 시간대별 통행분포함수를 안다는 것은 무리

6 결론

① 통행배분모형에서는 시간의 동적인 개념이 존재하지 않는다. 따라서, 도로의 용량은 시간대 교통상황에 관계없이 고정적이며, 교통망에서 최적상태와 존별 최단경로는 어느 일정 시간대에서 고정되었다고 볼 수 있다.

② 그러나 동태적 모형에서는 도로의 용량, 교통량, 속도 등이 교통상황의 변화에 따라 유동적이므로 시간에 따라 변화된 최적경로를 도출하게 된다.

③ 정태적 모형의 문제점을 개선하기 위한 동태적 기법은 혼잡과 교통지역과의 상호관계에서 나타나는 현상을 Model화 한 것이다.

④ 그러나 동태적 분석기법은 여러 가지 현실적인 문제로 아직까지는 연구에만 적용되고 있다.

26 정태적 통행배정 모형(Static Assignment Model)

1 개요

① 통행배분 모형은 크게 두 가지 방법으로 분류된다. 첫째는 도로의 용량을 고려할 것인가의 여부이고, 둘째는 모형의 형태적 측면에서 정태적 모형, 동태적 모형, 확률적 모형에 의해 구분된다.

② 정태적 모형은 통행비용을 최소화하는 방향으로 교통량을 부하하나 모든 통행자에 의해서 인식된 통행비용이 동일하다는 가정을 전제로 하고 시간대별 교통량의 변화를 고려하지 않는다.

③ 정태적 모형에는 링크 용량을 고려하지 않는 모형인 전량배분법(All-or-Nothing)과 링크 용량을 고려하는 모형인 반복배분법과 분할배분법, 평형배분법이 있다.

2 장단점

① 장점

㉠ 고정된 경로비용을 토대로 교통량을 부하하기 때문에 최소비용 경로 알고리즘을 적용하며 비교적 단순하게 적용할 수 있다.

㉡ 용량제약 모형에서는 비교적 교통망을 적절히 반영하는 결과를 도출한다.

㉢ 비용량제약 모형을 통해서 도출된 결과로 교통망의 결함을 파악할 수 있다.

② 단점

⊙ 인식된 경로비용이 고정되어 있음을 가정하기 때문에 운전자의 형태를 적절히 설명하지 못한다.

ⓛ 실제 도로상을 주행하는 운전자가 교통패턴에 따라서 경로를 변경하는 행위 등을 설명하지 못한다.

ⓒ 링크 교통량이 통행비용에 대해서 매우 민감하게 반응한다.

❸ 모형

1. 전량배분법(All or Nothing, 존 간 통행량의 전부 또는 일부를 부하하는 방법)

① All or Nothing 통행배분 모형은 링크의 용량을 고려치 않는 정태적 모형으로서 기종점 간 통행량의 전량을 최소비용경로에 배분하는 기법이다.

② All or Nothing 통행배분 모형은 도로의 용량을 고려치 않기 때문에 개별 링크에 대한 저항함수가 필요 없다.

③ All or Nothing 모형에서는 통행배정과정의 초기에 개별링크에 대해서 부과된 통행시간이 통행비용이 된다.

④ 따라서, 기종점 존을 연결하는 최소비용경로는 통행배정 초기단계에서 작성된 수형도를 통해서 도출되고 이 경로에 두 존 간 통행량의 전량이 부하된다.

⑤ 장점

⊙ 이론이 단순하기 때문에 이해하기 쉬워 통행배분의 개념을 쉽게 파악할 수 있다.

ⓛ 총교통체계의 관점에서 최적 통행배분상태를 검토할 수 있다.

⑥ 단점

⊙ 도로의 최대허용용량을 고려하지 않고 통행량을 부하시키므로 실질적인 도로용량을 초과하는 경우가 발생된다.

ⓛ 통행자가 최소비용경로만 택지 않을 뿐 아니라 대안적 경로도 종종 이용하고 있어 통행자의 행태적인 측면에 대한 고려가 미흡하다.

ⓒ 통행자는 통행시간의 길고 짧음에 따라 수시로 경로를 변경할 수 있기 때문에 통행자의 수요가 일정한 경로에 고정되어 있는 이 모형의 현실성이 약하다.

ⓔ 통행의 기종점 존을 연결하는 다수의 대안적 경로 가운데 통행비용의 차이가 무시할 정도로 작은 경우에도 단일경로에 통행량의 전량이 부하되기 때문에 통행배분 결과가 링크비용에 대해서 매우 민감하다.

2. 반복배분법(Iterative Assignment)

① 이 방법은 링크의 한정된 용량을 고려하기 때문에 단순용량제약법이라고도 한다.

② 이 모형에서는 기종점 간 통행량의 전량이 단일경로에 부하되기 때문에 개념상 전량배분 (All or Nothing) 기법의 일종으로 파악되기도 한다.

③ All or Nothing법에 의해서 기종점 간 통행량을 교통망에 부하하면 초기에 가정했던 링크의 통행비용은 부하된 교통량에 의해서 점차 증가하게 된다.

④ 보다 현실적인 통행배분을 수행하기 위해서는 부하된 교통량에 의한 통행비용의 변화량을 고려해 주어야 하는데, 이를 위해서 개발된 모형이 반복배분법이다.

⑤ 이 모형은 All or Nothing법에 의한 통행배분과 배분된 교통량을 통한 통행비용 산정과정을 반복적으로 수행한 후, 배분된 교통량의 평균값을 구함으로써 최종적 통행배분 결과를 도출한다.

3. 분할배분법(Incremental Assignment)

① 분할배분법은 최소비용경로에 따라 존 간 통행량(Trip Matrix)의 일정량을 우선적으로 배분한다.

② 이를 기초로 하여 통행시간을 구하여 존 간 새로운 수형도를 구축하고, 다시 일정한 양의 통행량을 배분하는 방법이다.

③ 예로서 첫 번째로 존 간 통행량의 50%를 배분하여 통행시간을 구하고, 두 번째로 30%의 통행량을 추가하여 통행시간을 구하며, 마지막으로 20%를 다시 추가하여 배분한 후 통행시간을 도출하는 모형이다.

4. 평형배분법(Equilibrium Assignment)

① 평형배분법에는 크게 이용자 평형배분법(User Equilibrium)과 체계 평형배분법 (System Equilibrium)의 두 가지가 있다.

② 이는 최적화 조건과 관련한 워드롭(Wardrop)의 가정에 의해서 구분된다.

③ 평형배분법과 관련한 워드롭의 가정
　㉠ 이용자 최적조건
　　• 운전자가 희망하는 노선의 교통상태에 비추어 최선이라고 생각하는 노선을 독립적으로 선택한다.
　　• 이 조건을 함수화한 것을 이용자 최적조건함수라고 한다.
　㉡ 체계 최적조건
　　• 운전자의 노선선택은 지역사회의 편익이 최대가 되는 선택행위를 한다.
　　• 이 조건을 함수화한 것을 체계 최적조건함수라 한다.

④ 이용자 평형배분법(User Equilibrium)

　　㉠ 최적모형은 평균통행비용을 같게 함으로써 도출한다.

　　㉡ 이용자 비용을 최소화시키는 방향으로 비용함수를 적용한다.

⑤ 체계최적 평형배분법(System Equilibrium)

　　㉠ 교통망에 교통량이 경로에 부하되면 부하된 교통량을 통해서 교통망의 총통행비용을 계산할 수 있다.

　　㉡ 총통행비용은 링크별 교통량의 함수로서 총통행비용이 최소가 되도록 하는 해가 존재하게 된다.

　　㉢ 이러한 해는 교통량과 통행비용 관계식을 통해서 한계통행비용을 이용하여 도출할 수 있다.

　　㉣ 실제 통행배분을 수행하는 과정에서 평형배분법은 용량제약 통행배정 모형을 수차례에 걸쳐 반복 수행함으로써 얻어진다.

4 결론

① 정태적 분석은 교통현상을 분석함에 있어서 시간적 요소를 고려하든가 또는 교통 여건의 변화를 어떻게 취급하느냐에 따라 구별된다.

② 이는 교통 여건의 변화와 시간적 상호의존관계를 고려하지 않는 접근방법을 말한다. 따라서, 교통 여건의 변화를 내재화하지 않고 시간이 무시되므로 시간적 선후 관계는 고려대상에서 제외되어야 한다.

③ 정태적 모형은 고정된 경로비용을 교통량에 부하하므로 최소비용경로 알고리즘을 적용하여 비교적 단순하게 적용할 수 있으나 인식된 경로비용이 고정된 것으로 가정하므로 운전자의 형태를 적절히 설명하기 어렵다.

---

27 확률적 통행배정 모형(Stochastic Assignment Model)

1 개요

① 통행배분 모형은 크게 두 가지 방법으로 분류된다. 첫째는 도로의 용량을 고려할 것인가의 여부이고, 둘째는 모형의 형태적 측면에서 정태적 모형, 동태적 모형, 확률적 모형에 의해 구분된다.

② 확률적 모형은 인식된 통행비용이 모든 통행자에게 동일하지 않음을 가정한 것이다.

③ 그러나 대부분의 확률 모형은 도로의 용량을 고려하지 않고 단지 초기 통행비용을 적용하여 노선의 선택 확률을 구하고 이에 따라 교통량을 배정하게 된다.

④ 확률적 통행배분 모형은 Link의 통행비용과 교통량이 서로 독립적이므로 지방부 또는 비첨두 시와 같은 지체가 없는 지역에 적용하기에 접합한 모형이다.

2 장단점

① 장점
  ㉠ 다수의 대안적 경로에 교통량이 분산, 배정되므로 통행자의 행태를 고려할 수 있다.
  ㉡ 교통량이 산정된 확률을 토대로 배분되기 때문에 배정과정이 매우 단순하다.
  ㉢ 확률적 평형배분법의 경우 정태적 모형의 장점과 확률적 모형의 장점을 갖고 있다.

② 단점
  ㉠ 대개의 경우 초기에 설정된 통행비용을 토대로 경로선택 확률을 산정하기 때문에 도로용량 에 대한 고려가 부족하다.
  ㉡ 대안적 경로를 선정하기 위한 객관적 척도나 알고리즘이 미흡하다.

3 모형의 종류

1. 이항 노선선택 모형(Binary Route Choice Model)

① 개념
  ㉠ 기점존과 종점존을 연결하는 다수의 경로 중 통행비용이 가장 적은 두 개의 대안적 경로를 선택한 후, 두 개의 노선 간의 효용을 통해서 노선의 선택 확률을 산정하고 산정결과를 토대로 통행량을 배분하는 모형이다.
  ㉡ 전통적으로 노선 선택 모형에서 통행자들의 지체가 발생되는 노선에서 덜 혼잡한 노선이나, 통행속도가 빠른 노선으로 전환되는 노선 선택 행위를 다루어 왔다.
  ㉢ 이때 새로운 노선으로 전환되는 비율을 가리키는 곡선을 전환곡선이라 하였다.
  ㉣ 이러한 전환곡선법은 이항 노선선택 모형의 대표적 형태라고 할 수 있다.
  ㉤ 이 밖에도 이항 노선선택 모형에는 노선에 대한 인식비용의 분포에 따라서 이항 유니폼 모형, 이항 프로빗 모형, 이항 로짓 모형 등이 있다.

② 이항 유니폼 모형(Binary Uniform Model)
  ㉠ 노선에 대한 인식비용이 균일분포를 가정할 경우 이때의 노선선택 모형을 이항 유니폼 모형이라 한다.

ⓛ 노선의 평균통행비용 $\overline{C}$가 노선의 참평균비용이라면 특정통행자에 의해서 인식된 통행비용은 $\overline{c}-k\sqrt{c}$ 에서 $\overline{c}+k\sqrt{c}$ 의 범위 내에서 균일분포를 갖는다.

ⓒ 여기서 k는 인식비용의 범위를 규정하는 확장변수로서 모형작성자에 의해서 선택된다.

$$\mathrm{Pr}(r_2) = \overline{c_1}+k\sqrt{c_1}-\overline{c_2}+k\sqrt{c_2})^2 \sigma k^2 \sqrt{c_1 c_2}$$

$$\mathrm{Pr}(r_1) = 1-\mathrm{Pr}(r_2)$$

여기서, r_1, r_2 : 대안적 노선

U_1, U_2 : 노선 r_1, r_2의 효용

C_1, C_2 : 노선 r_1, r_2의 통행비용(인식비용)

$\overline{C_1}$, $\overline{C_2}$: 노선 r_1, r_2의 평균통행비용 또는 참통행비용

k : 이용자 선택 매개변수

③ 이항 프로빗 모형(Binary Probit Model)

이항 노선선택 모형에서 인식비용의 분포가 평균이 0이고 분산이 σr_1^2와 σr_2^2인 정규분포를 가정하고 이들 둘 간의 상관계수가 $\sigma r_1 r_2$라면 $\xi r_2 - \xi r_1$은 분산이 $(\sigma r_1 + r_2)^2 = \sigma r_1^2 + \sigma r_2^2 - 2\sigma r_1 r_2 \times \sigma r_1 \times \sigma r_2$이고 평균이 0인 정규분포를 따른다.

따라서, 노선 r_1과 r_2를 선택할 확률은 다음과 같다.

$$\mathrm{Pr}(r_1) = \mathrm{Pr}(\xi_{r_2} - \xi_{r_1} > V_{r_1} - V_{r_2}) = \int_{-\infty}^{Z} \frac{1}{\sqrt{2\pi}} e^{(-t^2/2)} dt$$

$$\mathrm{Pr}(r_1) = \Theta(Z), \mathrm{Pr}(r_2) = 1 - \mathrm{Pr}(r_2)$$

여기서, ξ_{r_2}, ξ_{r_1} : 노선 r_1, r_2의 관측 불가능한 효용

V_{r_1}, V_{r_2} : 노선 r_1, r_2의 관측 가능한 효용

Z : $(mV_{r_1} - V_{r_2})/\sigma r_1 r_2$

④ 이항 로짓 모형(Binary Logit Model)

만약 개별 노선에 대한 인식비용의 오차항이 독립이고 와이블 분포를 따르면 이때의 노선선택 모형을 이항 로짓 모형이라고 하고 노선 r_1을 선택할 확률은 다음 식을 통해서 산정된다.

$$\mathrm{Pr}(r_1) = \frac{e^{(\theta V r_1)}}{\sum_{i=1}^{2} e^{(\theta V_{r_2})}}$$

여기서, θ : 로짓상수

V_{r_i} : 노선 r_i의 관측 가능한 효용

2. 다중경로 노선선택 모형(Multinominal Route Choice Model)

① 개념

    ⊙ 다중경로 노선선택 모형은 수용 가능 노선에 대한 정의, 범위, 평가방법 등에 있어서 기존 이항 모형과 상이하다.

    ⓒ 수용 가능 노선 : 두 존을 연결하는 무수한 경로 가운데 교통량 배정이 고려되는 노선이다.

    ⓒ 이항 모형은 최단경로와 함께 제2의 대안경로만을 선정하여 통행배분을 수행하기 때문에 사실상 대안노선선정에는 어려움이 없다.

    ⓔ 다중경로를 대상으로 통행배분을 수행하기 위해서는 무수히 많은 대안적 경로를 대상으로 하기 때문에 어떠한 기준을 통해서 대안경로의 수를 제약해야 할 뿐만 아니라 대안노선의 선택방법에 따라서도 서로 다른 노선이 대안으로 선정된다.

    ⓜ 그러나 다중경로 노선선택 모형은 이항 노선선택 모형으로부터 확장된 개념으로 파악되는데, 이는 대안노선의 선정방법과 대안노선의 수에 따른 차이점을 제외하면 노선선택 확률의 계산방법의 유사함에 근거한다.

② 다항 로짓 모형(Multinominal Logit Model)

만약 특정 노드 i에서 j로 향하는 개별노선에 대한 인식비용이 독립적이고 로짓상수 θ를 갖는 와이블(Weibull) 분포를 따른다면 n개의 대안노선으로부터 노선 r_1을 선택할 확률은 아래의 식을 통해서 산출할 수 있다.

$$\Pr(r_1) = \frac{e^{(\theta Vr_1)}}{\displaystyle\sum_{i=1}^{n} e^{(\theta Vr_i)}}$$

여기서, θ : 로짓상수

      V_{r_i} : 노선 i의 관측 가능한 효용

      n : 대안 노선의 수

③ 다이얼 모형(Dial Model)

    ⊙ 다이얼 모형에서는 모든 대안노선의 이용확률이 0이 아님을 가정한다.

    ⓒ 두 존을 연결하는 무수히 많은 경로 가운데 교통량이 부하되는 노선은 대안노선으로 선정되고, 기타 경로는 노선 선택 확률이 0인 노선이 되어 대안노선 집합에 포함되지 않는다.

    ⓒ 링크는 방향성을 갖고 있으며, 링크에 연결된 노드는 출발노드와 도착노드로 구성되어 있기 때문에 출발노드가 기점에 가깝고, 도착노드가 종점에 가깝다고 함은 링크가 출발존에서 도착존을 향하고 있음을 의미한다.

ⓔ $t_r = T \times e^{-\theta(C_r - C)}$

여기서, t_r : 노선 r에 부하될 교통량

T : 기점존에서 종점존으로의 총통행량

θ : 로짓상수

C_r : 노선 R의 통행비용

C : 두 존 간 최소 통행비용경로의 통행비용

④ **시뮬레이션 기법(Simulation Model)**

ⓐ 다중경로 노선선택 모형은 결정론적(Deterministic) 모형들이기 때문에 경로와 노선에 대한 인식비용을 조사치나 가정값으로 설정하고 이용확률을 계산한다.

ⓑ 이에 비하여 시뮬레이션 기법은 개별링크의 이용확률을 정확히 계산할 수 없을 때 적용할 수 있는 방법이다.

ⓒ 실제 통행배분과정에서 두 존을 연결하는 선택 가능한 노선이 매우 다양할 수 있으며 이러한 대안노선을 제한하는 것은 신뢰성 있는 결과를 도출하는 데 있어서 장애요인이 된다.

ⓓ 이러한 문제점을 보완하기 위하여 시뮬레이션 기법이 종종 활용되기도 한다.

⑤ **확률적 이용자 평형배분법(Stochastic User Equilibrium Assignment)**

ⓐ 평형배분 모형에서는 원칙적으로 통행자의 노선변경을 허용하지 않는다.

ⓑ 이는 이용자 최적상태에서 통행자가 노선을 변경하게 되면 통행비용이 증가하기 때문이다.

ⓒ 이 경우에 모든 통행자는 주어진 선택 가능한 노선에 대하여 완벽한 정보를 지니고 있다는 가정을 전제로 하고 있다.

4 결론

① 확률적 통행배정 모형의 이론적 토대는 경제학적 효용론에서 비롯되었으며 모형의 대부분은 개별형태 모형에서 비롯되었다. 따라서, 이 모형은 엄격한 의미로 보면 전통적인 4단계 수요추정 모형에는 포함되지 않는다.

② 이 모형은 교통망 내 기종점을 연결하는 여러 경로에 교통량을 분산 배정함으로써, 통행배정 결과가 비교적 신뢰성이 있고, Link의 통행비용에 대해서 통행배분 결과에 많은 영향이 없으므로 기존의 결정론적 모형에 비하여 우수하여 이 모형의 신뢰성이 기대된다.

28 집단모형과 개별형태모형의 차이점

1 개요

① 집단모형(Aggregate Model)과 개별형태모형(Disaggregate Model)

② 4단계 교통수요 예측은 통행발생 → 통행분포 → 교통수단 선택 → 통행배정으로 연결되는 일련의 계획을 의미하고 예측방법 중 일반화되어 있는 집단모형이다.

③ 집단모형은 통행자의 행태적 요소가 무시되고, 교통현상 간의 인간관계에만 의존(인구, GRP, 토지이용, 자동차 보유대수 등)

④ 존 중심(공간적 단위)으로 집계된 자료를 사용하기 때문에 가구와 통행자의 개별적 특성 파악이 어렵다.

⑤ 개별형태모형은 개인의 통행특성자료에 근거해서 교통수요 추정

⑥ 효용이론에 근거해서 모형 구축

⑦ 관측 불가능한 효용(Utility)에 대해서 가정된 분포의 형태에 따라서 다양한 형태의 모형이 구축

⑧ 4단계 모형과 비교해서 여러 가지 과정을 동시에 수행할 수 있는 모형 구축이 가능

⑨ 자료의 형태를 기준으로 해서 개별형태모형은 비집계모형, 4단계 추정모형은 집계모형이라 함

2 4단계 추정모형의 문제점 및 개별형태모형의 출현 배경

1. 4단계 추정모형의 문제점

① 설명변수가 제약되어 있으며 모형의 이론적 토대가 불명확함

② 수요추정에 소요되는 비용 및 시간이 과다함

③ 존별 집계자료에 근거해서 개발된 모형이기 때문에 개발된 모형을 타 존이 교통수요추정에 활용하지 못함

④ 수요관리정책 등과 같은 비물리적 교통계획안에 대한 평가가 불가능함

⑤ 단계별로 활용하는 자료의 형태가 상이하기 때문에 오차의 누적현상에 의한 신뢰도 저하현상이 발생됨

2. 개별형태모형의 출현 배경

① 4단계 추정모형은 중·장기 교통계획 수립, 대안의 평가에는 유용하나 단기교통계획, 교통정책의 영향을 분석·평가하는 데는 한계가 있음

② 짧은 시간 내에 저렴한 비용으로 단기교통계획, 교통정책 등과 같이 비물리적 교통계획
대안을 평가할 수 있는 모델 개발이 필요함

③ 기존의 시설공급 위주의 교통정책에서 공급과 수요를 조절하는 정책으로 전환됨에 따라
다양한 교통정책을 평가할 수 있는 모형의 필요성이 더욱 증폭되었음

3 집단모형과 개별형태모형의 차이점

구분	집단모형(Disaggregate Model)	개별형태모형(Aggregate Model)
1. 자료의 형태	개인의 통행형태 관련 자료 : 통행 빈도, 목적지 선정 빈도, 선택된 대안의 속성자료(통행시간, 통행비용), 개인의 속성자료(소득, 승용차 보유 여부)	존별(공간적 단위) 집계 자료 : 인구, 학생 수, 고용자 수, 소득수준별, 자동차보유대수별 가구 수, 용도별 건물연면적 등
2. 이론적 배경	효용이론	–
3. 모델의 구조	확률적 모형	결정적 모형
4. 변수의 특성	• 종속변수 : 선택률 • 독립변수 : 개인의 형태 관련 자료	• 종속변수 : 통행량 • 독립변수 : 존의 사회·경제 지표
5. 모형의 활용성	타 존에 적용 가능	타 존에 적용 곤란
6. 수요추정과정	수요추정과정의 통합 가능	수요추정과정의 통합에 한계

4 결론

① 4단계 모형과 비교하여 여러 과정을 동시에 수행할 수 있는 모형 구축이 가능하다.

② 활용하는 자료의 형태가 상이하므로 오차의 누적에 의한 신뢰도 저하현상이 발생할 여지가
크다.

29 Logit 모형의 활용과정과 장단점

1 개요

① 교통문제의 심화, 교통시설 공급에 필요한 재원 및 토지이용 공간의 부족 등은 교통정책
기조를 공급 위주의 교통정책에서 수요와 공급을 조절하는 정책으로 전환된다.

② 다양한 교통정책을 평가할 수 있는 모형의 필요성이 더욱 증폭됨에 따라 개인의 통행형태에
근거한 개별 형태모형이 개발되었고 지속적으로 개량된다.

③ 개별 형태모형은 선택이론을 기초로 하여 교통분야에 이용된 대표적인 모형이 로짓 모형 (Logit Model)이다.

② Logit 모형의 이론적 구조

1. 이론적 배경

① 심리학적 선택이론과 소비자 선택이론에 근거
② 정립과정은 소비자 선택이론인 효용극대화이론을 통해서 모형화
③ 개인의 통행형태에 관련된 표본자료를 이용하여 교통수요 예측

2. 변수 설정

① 종속변수 : 선택확률(특정시간대에 통행할 확률, 특정목적지로 향할 확률, 교통수단을 선택할 확률, 특정경로를 선택할 확률)
② 독립변수 : 개인의 통행형태 관련 자료(통행시간, 비용)

3. 모형의 구조

① 효용(Utility, U_i)

$$U_i = V_i + \xi_i$$

여기서, V_i : 통행시간·비용 등 관측이 가능한 효용
ξ_i : 안락감, 개인의 선호도 등 관측이 불가능한 효용

② 로짓 모형의 구조

$$P(i) = \frac{\exp(U_i)}{\displaystyle\sum_{i=1}^{n} \exp(U_i)} \qquad i = 1,\ 2,\ 3,\ \cdots\cdots,\ n$$

여기서, $P(i)$: i수단을 선택할 확률
U_i : i수단의 효용성

4. 탄력성

① 독립변수가 변할 때 종속변수의 변화율
② 사회환경의 변화, 교통정책의 시행에 따라 변화된 조건에 대해 특정대안을 선택할 확률의 변화를 추정하는 데 중요한 도구가 된다.

③ 직접 탄력성 : 대안 I의 독립변수가 변할 때 대안 I의 종속변수 변화율

④ 간접(교차) 탄력성 : 대안 $j(i \neq j)$의 독립변수 변화율에 대한 I의 종속변수(선택확률 변화율)

3 Logit 모형의 활용과정 및 장단점

1. 활용과정

① 모형구조의 선택

　ㄱ 모형에 포함될 선택 대안의 설정(이항, 다항 모형)

　ㄴ 모형의 구조 선택[로짓(Logit) 모형, 프로빗(Probit) 모형]

② 설명변수의 설정 : 대안의 선택확률에 영향을 미치는 변수 선정(효용함수의 독립변수)

　ㄱ 대안속성변수(차내외 시간, 통행비용)

　ㄴ 통행자의 속성에 따른 변수(면허증 보유 여부, 승용차 보유대수 등)

③ 자료수집 : 통행자의 형태에 대한 설문조사 수행

　ㄱ 통행자가 실제로 선택한 결과를 토대로 한 실제 선택자료 RP(Revealed Preference)를 주로 사용

　ㄴ 종종 통행자의 선호의식자료 SP(Stated Preference) 사용

④ 정산 : 회귀분석법, 판별분석법, 최우추정법

⑤ 모형의 검토 : 합리성 검토, 통계적 검토, 모형의 적용 가능성 검토

⑥ 집계 : 모형을 통해서 모집단의 선택확률 추정

2. Logit 모형의 장단점

① 장점

　ㄱ Sample Data로 통행형태의 특성을 찾을 수 있다.

　ㄴ 인과관계(Casual Relationship)에 근거한다.

　ㄷ 전이성이 크다.

　ㄹ 교통체계변화에 따른 정책 분석이 용이하다.

② 단점

　ㄱ 비관련 대안(IIA)의 독립성 보유

　ㄴ 다항 로짓 모형에서 수단이 많을수록 수단선택확률의 신뢰성 저하

　ㄷ 현재의 수단선택확률을 장래에도 일정하게 적용하는 것은 불합리

30 최우추정법(Maximum Likelihood Method)

1 개요

① 최우추정법에 의해서 로짓 모형의 효용함수 계수를 추정하기 위해서는 우도함수(Likelihood Function)를 도입한다.

② 우도함수란 현상은 가장 개연성이 있는 확률의 표축이다.

③ 개별 형태 모형에서 수단 선택 모형 구축의 활용이 가능하다.

④ 선택 모형에 대해 우도함수(Likelihood)를 도입하여 이를 극대화시키는 최적해를 구하는 방법이다.

2 모형의 정산

① 개인 I가 a, b를 선택할 확률

$$f_i(n) = P_i(a)^{\delta ai} + P_I(b)^{\delta bi}$$

여기서, $f_i(n)$: i가 b를 선택할 확률을 관측할 확률

δbi(매개변수) : a 선택 시 1, b 선택 시 0

$P_i(a)$: i가 a를 선택할 확률

② 우도함수의 도입(likelihood)

$P_I(a)$, $P(b)$를 알 수 없으므로 우도함수를 이용, 우도함수를 극대화가 되도록 모형 구축

$$L = IIf_i(n) \Rightarrow L = \Sigma f_i(n) = \Sigma \cdot \Sigma \cdot \delta_i I_N P_I(n)$$

③ 이때 δ는 비선형형태이므로 수치 해석적 방법을 사용. 뉴턴 랩슨법(Newton Raphson Method) 또는 DFP법 등의 컴퓨터 프로그램이 개발되어 있다.

3 모형의 검증

① 합리성 검토
② 통계적 적합성 검토
③ 모형 적용 가능성 검토

4 결론

① 최우추정법은 종속변수가 이산형이고 독립변수가 연속형인 경우에 설명변수의 계수를 추정하는 가장 적합한 방법이다.

② 기존에 주어진 표본만으로 최우추정치의 산출이 가능한 모형이다.

---

31 개별형태모형의 이론적 구조

1 개요

① 장래의 교통계획을 위해서는 교통수요추정이 불가피하므로 현재의 통행 특성, 사회·경제 지표와의 관련성을 분석함으로써 현재의 통행 특성을 토대로 모형을 구축한다.

② 현황을 토대로 장래 토지이용계획 및 사회·경제 지표를 예측하고 현황에서 구축된 모형을 토대로 장래의 사회·경제지표에 의하여 교통수요를 예측한다.

2 개별형태모형의 이론적 구조

1. 이론적 배경

① 개인의 통행형태에 관한 표본자료를 이용하여 교통수요를 예측

② 개인의 선택행위이론에 근거하여 개인의 선택행동을 확률효용함수를 이용하여 기대효용 최대화 이론에 의하여 설명

2. 모형의 설명

① 두 개의 대안 l, m에서의 확률

개인 I가 대안 I를 선택할 확률

$$P_{ij} = \mathrm{Prob}\left[U_{ij} > U_{im} \right]$$

$$U_{ij} = V_{ij} + \varepsilon_{ij}, \quad U_{ij} = V_m + \varepsilon_{im}$$

여기서, U_{ij}, U_{im} : 개인 i가 대안 I, m을 선택했을 때 얻게 되는 효능

V_{ij}, V_{im} : 대안 I, m의 특성이나 개인 i의 사회·경제적 수준에 따른 가치

ε_{ij}, ε_{im} : 확률적 오차

② 개별형태모형의 형식
　㉠ ε의 확률분포의 가정에 따라 형식 결정
　㉡ 로짓 모형 : ε_{ij}, ε_{im}이 서로 독립적인 와이블 분포로 가정
　㉢ 프로빗 모형 : ε_{ij}, ε_{im}이 서로 독립적인 정규 분포

3. 개별형태모형의 종류 및 장단점

① 종류
　㉠ 회귀분석법
　㉡ 로짓 모형
　㉢ 프로빗 모형

② 장단점
　교통존에 한정되지 않기 때문에 어떤 존에도 적용 가능
　㉠ 행태적 측면이 강하므로 공간적 · 시간적 이전이 가능
　㉡ 단기적인 교통정책의 영향을 쉽게 파악
　㉢ 잘못 선정된 표본자료는 다른 효과를 유도함
　㉣ 개인의 효용 파악이 어려움
　㉤ 통행은 효용뿐만 아니라 개인의 습관, 지역의 관습 등 여러 가지 특성에 좌우됨

③ 대표적 개별형태모형(로짓 모형)

1. 로짓 모형의 원리

① 통행자는 여러 대안 중 경제적 합리성과 대안의 효용 극대화 기준에 따라 대안을 선택
② 효용 극대화에 따른 확률모형이론 적용
③ 효용은 관측 가능한 것과 관측 불가능한 것으로 구성

2. 로짓 모형의 효용함수와 영향을 미치는 변수

① 효용함수

$$U_i = V_i + \varepsilon_i$$

② **영향을 미치는 변수** : 통행시간, 통행비용, 도보시간, 환승대기시간, 임금, 대중교통수단의 배차간격

3. 로짓 모형의 추정식

$$P(i) = - \frac{\exp(V_i)}{\displaystyle\sum_{j=1}^{n} \exp(V_i)}$$

여기서, $P(i)$: t번째 통행자가 i번째 대안을 선택할 확률
V_i : t번째 통행자가 i번째 대안에 대해 갖는 효용
j : 선택 가능한 대안의 수

4. 로짓 모형의 한계

① 선택대안 간에는 서로 독립적이어야 하는 가정의 현실성 부족
② 선택범위 내의 선택만을 다루고 있어 분석가의 임의성 내포

4 결론

① 교통수요 예측에는 일반적으로 집계모형인 4단계 예측법과 개별형태모형이 있으며, 앞에서 개별형태모형의 이론적 구조 및 대표적인 모형인 로짓 모형에 대하여 살펴보았다.
② 개별형태모형은 통행자가 통행하는 것에 기초를 두고 개인 통행자를 분석단위로 함에 따라 단기교통정책의 영향파악 및 교통계획의 개략적 평가에 용이하여 여러 가지 교통문제와 교통정책에 성공적으로 적용되어 왔다.
③ 방법론적으로 정밀화 · 체계화하여 적절한 교통서비스의 확보, 신교통시스템의 출현, 자동차 교통의 억제, 자전거와 보행자의 재평가에 따른 변화에 적응하도록 미래의 모형으로 개발이 필요하다.

32 Weibull 분포 및 정규분포

1 개요

① 신뢰성에 사용되는 분포로는 이산분포, 정규분포, 대수정규분포, 감마(Gamma) 분포, 와이블(Weibull) 분포 등이 있다.
② 이 중 와이블 분포는 신뢰도 계산에서 가장 널리 쓰이는 분포 중 하나로, 모수를 적절히 선택하면 다양한 고장률 형태를 모형화할 수 있다.
③ 스웨덴의 물리학자 와이블(W. Weibull)이 1939년 재료의 파괴강도에 대한 분포를 표시하기 위해 이 분포를 발표하였다.

☑ Weibull 분포

① 정규분포와 유사한 확률밀도함수를 가진 분포이면서, 계산이 용이한 장점이 있다.

② 와이블 분포의 확률밀도함수

$$f(X) = \lambda \cdot m \cdot X^{m-1} \cdot e^{-\lambda x m}$$

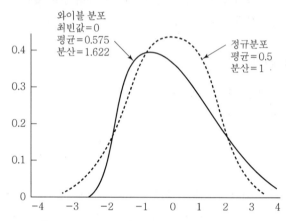

[정규분포와 와이블 분포의 확률밀도함수]

③ 최저점이 0이다.
④ 정규분포에 비해 우측으로 Skewness되어 좌측분포가 길어진다.
⑤ 확률적 효용 Y_1, Y_2가 서로 독립적이면서 동일한 효용을 가지는 분포
⑥ 개별형태모형에서 관측 불가능한 효용의 분포를 Weibull 분포로 가정하면 로짓 모형이
도출된다.
　※ 와이블(Weibull) 분포＝검블(Gumble) 분포

☑ 정규분포(Normal Distribution)

① 분포 가운데 가장 많이 사용되는 연속 확률변수는
평균을 중심으로 좌우 대칭 형태인 종 모양의 확률
분포를 갖는 확률변수이다.
② 이러한 확률변수를 정규확률변수라 하며 정규확
률변수의 확률분포를 정규분포라 한다.
③ 정규분포는 평균과 표준편차에 의해 결정되며,
평균이 0이고 표준편차가 1인 정규분포를 표준분
포라 한다.

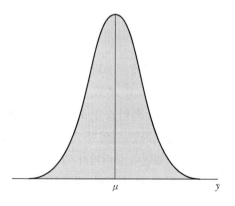

④ 정규확률모형은 이항분포의 극한 형태로서 1733년 Abraham De Moivre(1667~1754)가 최초로 발견하였다.

⑤ 그 후 Karl Friedrich Gauss(1777~1855)에 의하여 물리계측의 오차에 대한 확률분포로서 도입되었다.

⑥ 이러한 이유로 정규분포(Normal Distribution)는 Gauss 분포 또는 오차의 정규함수(The Normal Function of Error)라고도 불린다.

⑦ 그 후로 천문학, 물리학 등 많은 분야에서 확률모형 또는 근사적 확률모형으로 적용되어 왔다.

⑧ 분포 특성

   ㉠ 정규분포는 종 모양(Bell-Shaped)의 확률밀도함수의 그래프를 가지며 평균에 대하여 대칭이다.

   ㉡ 정규분포는 대칭분포이므로 평균=중위수=최빈수라는 항등관계가 성립한다.

   ㉢ 정규분포를 가지는 확률변수, 즉 정규확률변수(Normal Random Variable)는 평균 주위의 값을 많이 취하며 평균으로부터 좌우로 표준편차의 3배 이상 떨어진 값은 거의 취하지 않는다.

   ㉣ 정규분포는 그것의 평균과 표준편차에 의해 완전히 결정된다. 즉, 평균과 표준편차가 같은 두 개의 다른 정규분포는 존재할 수 없다.

4 결론

① 와이블 계수의 통계학적 의미를 보면 측정의 신뢰성 판단에 유용하고 제조부품의 수명을 설명하는 분포로 우수한 적용력을 가지고 있다.

② 정규분포의 실례로서 L. A. J. 케틀러는 성년 남자의 신장분포가 정규분포로 되어 있는 사실을 확인했으며, J. C. 맥스웰은 기체분자의 속도분포를 정규분포로 표시할 수 있음을 발견하였다. K. F. 가우스는 우연오차의 분포가 정규분포임을 알아냈다.

③ 정규분포에 대해서 수학자에게 물어보면 그것은 수학적으로가 아니라 실험으로 확립되었다고 한다. 하지만 실험가에게 물어보면 대부분의 경우는 정규분포를 따르지만 그렇지 않은 경우도 있다고 한다.

33 활동중심모형의 활용 및 연구방안

1 개요

① 기존 모형의 한계점을 극복하기 위해서 사회과학을 포함한 광범위한 영역에서 활동중심모형이 출발하게 된다.

② 기존 모형의 한계는 개인 간의 특성이 무시되거나 통행자의 속성이 통행수요에 미치는 영향에 대한 고려가 될 수 없는 한계이다.

③ 활동중심모형은 통행을 활동의 파생 수요로 간주하고 개인의 일일활동에서 교통행태의 본질을 규명하고 정책에 이용하고자 시도하고 있다.

④ 교통활동은 공간적 · 시간적 제약으로 개인의 교통활동이 결정된다는 개념이다.

⑤ 1990년대를 기점으로 TDM에 관심이 높아지면서 통행수요에 대한 보다 근원적인 이해의 필요성이 부각되어 활동중심 접근방식에 대한 관심이 높아지고 있는 실정이다.

2 활동중심모형의 등장

1. 기존 모형의 한계점

① 통행자의 통행에 대한 의사결정 과정이 통행자의 활동 속에서 보이지 않음

② 통행 간의 연결성, 사람들 사이에 결정되는 통행형태, 시간계획, 활동욕구가 종합적으로 포함되지 않음

③ 효용극대화 원칙에 의해 통행행위를 분석하므로 활동 자체가 무시됨

④ 교통수단, 노선 선택 대상이 종종 잘못 선택되기 때문에 추정상 심각한 오류를 범할 수 있음

⑤ 통행을 대체할 수 있는 수단(화상회의, 도보)에 대한 고려가 무시됨

2. 활동중심모형의 특징

① 개인보다는 가구를 다양한 일상활동의 계획을 수행하는 의사결정단위로 이해

② 통행수요추정에서 연속적으로 수집된 자료에 의해 분석

③ 통행자의 일상생활과 활동계획을 전제로 분석

④ 통행을 습관적 통행, 강제적 통행, 회피적 통행, 선택적 통행으로 분류하여 접근

⑤ 특정 장소에서의 지체시간, 일주일 동안의 통행횟수, 통행 중 정지횟수 등 통행자의 생활주기(Life Cycle)에 초점을 맞춰 분석

⑥ 가족 구성원 간의 스케줄 조정과 합의에 의해 통행 결정

⑦ 통행형태의 연속적인 패턴을 중시

3. 기존 모형과 활동중심모형의 비교

기존 모형	활동중심모형
통행량 중심	활동 중심
존 기준	다양한 조사지역
결정적	동태적
존 중심의 자료	개인·가구별 자료
단일 통행	통행시간 연결성
일반적 수요	파생 수요
일정 시간대의 생활	생활 주기
이산적 개별통행패턴	연속적 통행패턴
특정 시간	통행 지속 시간

4. 활동중심모형의 통행형태 결정인자

① 개인의 효용에 직접적으로 영향을 주는 교통체계상의 요인

② 개인의 통행형태패턴과 태도를 결정하는 개인 및 가구 요인

③ 직장 및 업무와 관련된 요인

④ 회사가 실시하는 각종 수요관리기법

3 모형의 분석방법

1. HATS 모형

① HATS(Household Activity Travel Simulation) 모형은 가구 방문 설문조사의 결과를 이해하기 위해 고안된 모형이다.

② 이는 통행환경의 변화에 따라 변화 또는 채택되는 가구의 통행형태를 조사하는 것을 목적으로 한다.

③ 이에 비하여 HATS는 표지판(Display Board)이라고 불리는 시뮬레이션판을 이용하여 어떤 교통정책이 시행되고 있다고 가정하고 각 세대의 반응을 시뮬레이션하여 조사원이 그 논리성을 체크한다.

④ 불리한 점이 있으면 그 가정구성원 전체와 상담을 걸쳐 확인하여 최종으로 실제의 행동에 가까운 결과를 찾아낼 수 있다.

2. STARCHILD 모형

① STARCHILD(Simulation of Travel Activity Response to Complex-Household Interactive Logistic Decisions) 모형은 가능성 있는 활동 및 통행의 형태를 조합해서 특정기구의 성격에 잘 맞는 형태의 조합을 선택하는 것이다.

② 통행의 공간적 연속성이 유지되며 개인활동의 변화도 적절하게 표현될 수 있는 모형이다.

3. SAM/AMOS 모형

① SAM/AMOS는 GIS를 이용하여 통행자의 활동을 중심으로 교통수요를 분석하는 통합적인 모형의 성격을 가지고 있다.

② 통행수요를 비교적 정확하게 예측함과 동시에 교통수요의 관리와 같은 정책의 평가를 가능하게 하였다.

③ SAM/AMOS 모형의 개발자들은 전통적인 4단계 모형의 한계를 극복하였다고 주장하고 있다.

4 활동중심모형의 활용과 연구방안

1. 활용

① TDM과 같은 교통정책효과를 분석

② TDM 시행 전후의 수단별 이용률, 출근시간대, 통행량 변화 분석

③ 개인과 가구차원의 통행형태 변화 분석

2. 연구활동

① 활동 참여와 스케줄링(Scheduling)

② 통행결정과 관련된 의사결정에서 상호 작용성

③ 동태적인 통행형태의 측면
   ㉠ 가구구조의 형태와 통행형태 간의 인과관계를 분석
   ㉡ 노선선택에 있어서 출발시간과 동적 형태 등 반영

3. 활동중심의 문제점

① 각 연구들이 단편적으로 진행

② 분명하고 지배적인 이론의 부족

③ 분명한 방법론적 방향이 없음

④ 교통계획을 수행하는 데 있어 직접적이고 실제적인 기여가 미흡

⑤ 통행형태를 공간적으로 접속시키는 데 한계

4. 극복하기 위한 과제

① 다양하고 단편적인 이론들을 종합하여 단일이론으로 정립

② 정성적이고 정량적인 활동이 연계된 상황의 규명

③ 미시적인 모형결과를 활용하기 위해서는 집계화하는 방법 모색

④ 통행형태 모형들의 체계화 작업이 필요

⑤ 활동중심모형을 공간에 접목시키는 연계성이 필요

5 결론

① 실무적이고 교통계획을 수립하는 데 있어 직접적인 기여가 미흡하고 통행형태를 공간적으로 접속시키는 데 한계가 있다.

② 그러므로 이 점을 극복하기 위해서는 다양하고 단편적인 이론들을 종합하여 단일 이론으로 정립해야 한다.

③ 미시적인 모형 결과를 활용하기 위해서는 집계화하는 방법이 모색되고 통행행태 모형들의 체계화 작업과 활동중심모형을 공간에 접속시키는 연계성이 필요하다.

34 비관련 대안(IIA)의 독립성과 극복방안

1 개요

① 비관련 대안(Independence of Irrelevant Alternatives, IIA)은 관련이 없는 교통수단 대안으로부터 독립성을 유지하여 기존 두 가지 유형이 교통수단으로 이용되고 있는데 새로운 교통수단 대안이 등장할 경우, 기존에 이용되고 있는 두 교통수단에 대한 선택확률의 비는 새로운 교통수단에 대한 선택에 관계없이 일정한 것을 나타내는 개념이다.

② 이는 기존의 대안이 접합 내에 새로운 대안이 도입되면 새로 도입된 대안의 비관련 독립대안의 선택확률에 영향을 미치는 효과를 의미한다.

③ Ben Akiva, McFadden 등이 IIA 속성을 극복할 수 있는 모형을 개발하였다.

② 비관련 대안(IIA)의 장단점

① 장점

　　㉠ 모든 가능한 대안을 고려하지 않고도 모형의 정산이 가능하다.

　　㉡ 새로운 교통수단 대안의 영향을 신속하게 포착할 수 있다.

② 단점 : 로짓 모형의 큰 약점이 비관련 대안의 독립성이다.

③ 극복방안

1. 결합 로짓 모형(Joint Logit Model)

① 각 수단별 효용함수에 각각의 수단이 지닌 일반적 효용함수(통행시간, 비용, 개인의 소득, 승용차 보유 여부)와 더불어 교통수단 특성변수(대중교통수단이 지닌 특성과 개인 교통수단이 지닌 특성)를 포함하여 IIA 문제점 완화

② 문제점 해결을 위한 결합 로짓 모형의 선택 확률

　　㉠ 개인교통수단인 승용차 선택 확률

　　㉡ 대중교통수단인 버스 선택 확률

　　㉢ 대중교통수단인 지하철 선택 확률

2. Nested Logit Model

① 개인교통수단과 대중교통수단을 가용 대안으로 설정하여 각각의 효용함수를 구하고 1차적으로 개인교통수단과 대중교통수단의 선택확률을 구함

② 다음으로 개인교통수단 가운데서 가용한 교통수단의 선택확률과 대중교통수단 가운데서 대안의 선택확률을 구하게 되는데, 가정된 교통시장에 대해서는 대중교통수단인 버스와 지하철에 대한 선택확률을 구하게 됨

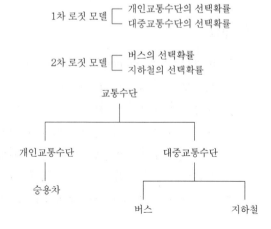

4 결론

① 비관련 대안의 독립성 문제는 로짓 모델의 활용을 제약하는 최대의 약점인 반면에 로짓 모델은 프로빗 모델에 비해서 계산이 간편하고 모형의 도출이 용이하다는 장점이 있어 선택확률의 계산이 간편하다.

② 로짓 모델의 이러한 장점으로 활용이 더욱 확대되고 있으며 교통수요 추정과정에서 제기되는 선택 문제에 가장 많이 적용되고 있는 추세이다.

③ 따라서, 각 수단별 효용함수에는 각각의 수단이 지니고 있는 보편적 효용변수(통행시간, 통행비용, 개인의 소득, 승용차 보유 여부)와 대중교통수단과 개인교통수단이 지니는 특성을 포함함으로써 개인교통수단의 선택확률이 과소 추정되고 버스의 선택확률이 과다 추정되는 문제점을 완화할 수 있다.

35 Brass's Paradox

1 개요

① Brass's Paradox는 새로운 도로를 넓히면 오히려 교통수요가 늘어 체증을 유발할 수 있다는 가설이다. 독일 보훔루르대학 교수였던 디트리히 브라에스가 주창해 '브라에스의 역설'이다.

② 도로의 소통을 위해 도로를 하나 더 건설하더라도 최적의 체계(System Optimal)와 최적의 사용자(User Optimal)의 차이에 의해 실제로 시스템의 비용은 더 증가하는 경우가 발생하는데 이를 Brass's Paradox라 한다.

③ 규범적인 체계 최적상태와 현실적인 이용자 균형상태의 통행패턴 차이를 설명하는 사례로서 Brass's의 Paradox가 있다.

2 사례 분석

① 다음 그림을 UE 기준으로 통행배정하면 통행배정결과는 다음과 같다.
  ㉠ 기존 Network 배정통행량 : $x_1 = 3$, $x_2 = 3$, $x_3 = 3$, $x_4 = 3$
  ㉡ 변경 Network 배정통행량 : $x_1 = 2$, $x_2 = 2$, $x_3 = 3$, $x_4 = 4$, $x_5 = 2$

② 이때 원래 Network의 총통행시간은 498통행시간이나, 변경된 Network의 총통행시간은 552통행시간으로 증가되는 모순이 야기된다.

$$통행비용함수 : C_1 = C_2 = 50 + x \quad C_3 = C_4 = 10x \quad C_5 = 10 + x$$

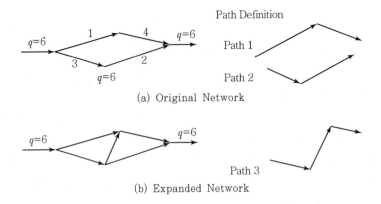

(a) Original Network

(b) Expanded Network

③ 발생 원인

① 사회적 관점에서 볼 때 새로운 가로망의 건설이란 공급행위는 체계 전체의 통행시간을 감소시키려는 의도로 이루어지나, 실제 통행은 이용자가 자신만의 통행시간을 최소화하기 위해 움직이기 때문에 발생된다.

② 바꾸어 말하면 현실적인 통행배정이 개인의 통행시간을 최소화하려는 '이용자 균형원리'에 의해 이루어짐에 따라 총통행시간이 감소하는 '체적상태'를 이루지 못하기 때문에 발생한다.

④ 결론

① 용량 증대는 항상 이익을 주는 것이 아니라 상황을 악화시킬 수 있으며, 통행선택의 제한과 용량의 감소가 오히려 전반적인 통행패턴에 유리하게 작용할 수도 있다는 것을 보여주는 Brass's의 Paradox는 신중하고 체계적인 교통투자 분석의 중요성을 지니고 있다.

② 각 운전자가 차선의 통행시간을 최소화하려 함에 따라 타 운전자 모두에게 피해를 줌으로써 전체 총주행시간은 증가한다.

③ 일부 구간의 지속적인 정체현상으로 연결노선은 건설하기 전보다 더 많은 통행시간이 필요하다.

36 일반적 변수와 교통수단 특유의 변수

① 개요

① 교통수단 선택(Model Choice)은 각 출발지와 목적지 간의 통행량 가운데 각 교통수단별 분담비율을 예측하는 단계이다.

② 교통수단 선택에 영향을 미치는 요소를 보면 크게 통행자의 특성, 통행의 특성, 교통수단의 특성으로 구분해 볼 수 있다.

② 교통수단 선택에 영향을 미치는 요소

1. 일반적인 변수

① 통행자 특성
  ㉠ 통행자의 특성으로는 가구의 소득, 승용차 보유 대수, 운전면허 보유 여부, 교육 수준, 가구 규모, 성별, 나이, 주거 밀도 등이 있다.
  ㉡ 이 가운데 가구 소득, 운전면허 보유 여부, 가구 규모, 성별, 나이 등이 주요 변수로 통행자의 특성을 나타내기 위해 주로 사용된다.

② 통행의 특성(통행자가 통행행위를 하는 것)
  ㉠ 목적별로 통근, 통학, 쇼핑, 업무, 여가, 친교 등의 통행으로 구분된다.
  ㉡ 통행은 통행시간대별로 각기 다른 교통수단 선택확률을 가진다.
  ㉢ 통행은 통행거리별로 장거리 통행과 단거리 통행으로 나뉜다. 장거리 통행은 단거리 통행에 비해 대중교통의 선택확률이 높다.

2. 수단 특유의 변수(교통수단의 특성)

교통수단의 특성은 교통수단의 서비스 수준을 나타내며, 통행시간, 통행비용, 편리성, 안전성, 안락감 등이 포함된다.

① 통행시간 : 차내통행시간, 차외통행시간(보행시간, 대기시간 포함) 등
② 통행비용 : 대중교통요금, 연료비, 통행료, 차량유지관리비, 보험료 등
③ 편리성을 나타내는 지표 : 환승횟수 등
④ 안전성 : 사고건수
⑤ 안락감 : 승차감, 소음, 프라이버시 보호 등

③ 결론

① 교통량 분석 시에는 여러 가지 변수들이 있으나 여기서는 교통수단 선택에 따른 특유의 변수와 일반변수로 구분된다.
② 분석 시 수단의 특유변수와 일반변수를 잘 적용하여 정확한 예측이 이루어져야 한다.

05

도로교통 경제

1 잔존가치(Salvage Value)

1 개요

① 대규모 교통사업의 수명은 일반적으로 20~30년 정도의 기간을 설정하고 있다.
② 잔존가치는 20~30년 후에 남을 교통시설 및 장비의 가치로서 그 성격상 정확히 계산할 필요는 없다.
③ 할인율 10%를 적용한 25년 후의 잔존가치라 해도 현재가치로 환산하면 추정된 가치의 9%에 불과하다.
④ 감가상각 때문에 미래의 잔존가치는 애초 가격의 아주 적은 일부분에 지나지 않기 때문이다.

2 경제성 분석 시 잔존가치 적용방법

① 제시값

연도	기준년	1년 후	2년 후	3년 후
비용	1,000	10	20	−800
편익	0	100	160	220

㉠ 할인율 10% 적용
㉡ −800은 잔존가치임

② 비용의 현재가치

$$C = 1,000 + \frac{10}{1.10} + \frac{20}{1.10^2} - \frac{800}{1.10^3} = 424.5$$

③ 편익의 현재가치

$$B = 0 + \frac{100}{1.10} + \frac{160}{1.10^2} - \frac{220}{1.10^3} = 388.4$$

2 생애주기비용(LCC) 분석

1 개요

① 생애주기비용(Life Cycle Cost, LCC)은 건설공사비 외에 시설물의 수명기간 전체에 걸친 유지관리비용까지를 포괄하는 개념으로서 LCC 분석기법은 경제이론에 근거하여 1950년대부터 미국, 영국 등 선진외국에서 건설사업에 적용되기 시작했다.

② LCC 분석은 타당성조사, 기본 및 실시설계, 시설물의 유지관리단계까지 전체 생애기간의 비용정보를 제공해 주기 때문에 가장 경제적인 대안선정에 필요한 분석이다.

③ 도로를 처음 계획 · 설계할 때부터 LCC의 대부분을 점하는 유지관리 비용을 최소화하는 방안을 채택하여 도로 운영 시 최대의 효과를 얻을 수 있도록 하는 것이 LCC 분석 기법이다.

④ 따라서 정부 차원에서 예산절감을 위한 공공사업 효율방안의 일환으로 LCC 분석제도를 도입하여 활용 중이다.

2 LCC 분석제도 도입의 필요성

① LCC 분석에 대한 제도적 지원 부재로 비경제적인 시설물 양산

② 공공사업에서 LCC 검토가 없을 경우
　　㉠ 건설비는 저렴
　　㉡ 유지관리비용은 고가

③ 국가예산 낭비 가능성 증대

④ LCC 분석에 대한 법률상의 근거규정 부재

⑤ 이용자 비용이 높은 시설물 양산

3 LCC 분석비용

LCC 분석에 사용되는 비용은 다음과 같다.

① 조사비용
② 부지구입비용
③ 설계 및 재설계비용
④ 시공 및 감리비용
⑤ 유지관리비용
⑥ 운영비용

4 LCC 분석제도 도입 시 기대 효과

① 기획 및 타당성 조사단계
- ㉠ 건설사업의 타당성 평가에 요구되는 비용정보 제공
- ㉡ 제안된 사업의 실행 여부 결정
- ㉢ 대안비교 및 예산관리에 유용하게 적용

② 설계단계
- ㉠ 비용항목의 정의가 어느 정도 가능한 설계단계에서 가장 많이 활용
- ㉡ 설계 VE 도입 시 여러 개의 설계대안 중 최적 대안을 선정하는 수단으로 활용

③ 조달·구매 단계
시설물의 생애주기 전체에 걸친 품질과 가격을 비교·검토하여 구매 여부 결정

④ 시공단계
- ㉠ 설계도면과 시방서에 없는 시공방법 선택 시 LCC 분석은 시공성 및 경제성에 기여
- ㉡ 가설설비나 장비구입, 임대 시 최적 임대시기나 대체시기 결정 시 유용

⑤ 사용 및 유지관리 단계
- ㉠ 부품을 대체할 필요가 있을 때 LCC 분석을 통해 대체 시 얻을 수 있는 추가적인 이득과 손실을 비교하여 결정
- ㉡ 시설물의 효과적인 사용과 경제적인 유지관리에 기여

5 LCC의 구성 및 분석방법

① LCC는 초기 투자비와 유지관리비로 구성된다(LCC=초기 투자비＋유지관리비).

② LCC의 분석방법

분석방법	내용
현가법	현재와 미래의 모든 비용을 현재가치로 변화시키는 방법
연가법	초기 비용, 반복 비용, 이 반복 비용 등의 모든 LCC를 매년의 비용으로 변화시키는 방법

6 적용상의 문제점

① LCC 기법의 적용을 위한 조직, System Manual 등의 미확립
② LCC 기법의 적용상 예측 곤란한 요인이 많아 실질적으로 적용이 곤란
③ LCC에 대한 사용자, 설계자, 시공자의 관심과 이해 부족

④ LCC 대상 부분의 기능 및 성능의 산출이 복잡하여 정확하게 파악하기가 어려움

⑤ LCC 기법의 적용에 대한 구체적인 정보 수집이나, 체계적인 연구 부족

7 결론

① LCC 기법은 설계·시공·유지관리 단계의 전반에 걸쳐 적용함으로써 총체적인 관점에서 비용 절감을 기할 수 있는 기법이나, 국내에서는 아직 체계적인 분석기법이 정립되지 않아 실무에 적용되지 못하고 있는 실정이다.

② 따라서 현시점에서 LCC 분석기법의 적용이 어려우나, 추후 국내 실정에 맞는 LCC 분석기법이 정립될 경우 이를 반영하여야 할 것이다.

3 내부수익률(IRR)

1 개요

① 경제성 분석기법으로는 NPV, B/C Ratio, IRR, PBP 등이 있으며 이 중에서 IRR(Internal Rate of Return)이란 NPV(Net Present Value)=0 또는 B/C=1일 때 할인율을 결정하는 것으로 이때 정해진 할인율을 내부수익률이라 한다.

② 할인율의 값을 변화시켜 가면서 계산하여 B/C=1, NPV=0일 때의 할인율을 찾아냄으로써 내부수익률(IRR)을 결정할 수 있다.

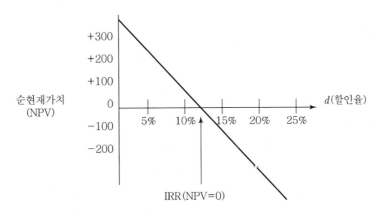

2 IRR의 결정 및 특징

① IRR은 평가기간 동안의 총편익과 총비용이 같게 되는 할인율을 구함
② 내부수익률 d의 값이 적용할인율보다 높으면 투자 타당성이 있음
③ 여러 개의 대안을 비교할 때 유용한 방법임
④ NPV, B/C는 일정한 할인율을 먼저 선택하고 이에 따라 산정된 지표임

3 IRR 적용 시 유의사항

① IRR은 사업의 채산성을 나타내므로 비교할 만한 대안이 없을 경우 유용한 기준
② 수익률이 적절한 것인가에 대한 판단 필요
③ 보간오차로 과대평가 유의
④ IRR이 클수록 경제적인 것으로 판단

4 결론

① IRR은 NPV=0, B/C=1일 때의 할인율로서, d(할인율)를 변화시켜가면서 NPV=0일 때의 할인율을 찾는데 이때의 할인율을 내부수익률로 결정한다.
② IRR이 클수록 경제적이나 보간오차로 과대평가되므로 유의하여야 한다.
③ 경제성 분석 시 IRR은 사업의 투자우선순위는 정확히 설정할 수 있으나 편익발생시기가 다를 경우 잘못된 결과가 도출될 수도 있음에 유의하여야 한다.
④ ADB, IBRD에서는 경제성 분석 시 수익성(채산성) 위주로 평가하므로 IRR을 기준으로 한다.

4 최저유인 수익률(MARR)

1 개요

① 최저유인 수익률이란 기업의 투자분석에 사용되어 투자 여부의 기준이 되는 높은 이자율이다. 투자에서 얻은 편익에 대한 납세 후의 순편익을 나타내는 연간자본상환율의 하한선으로서 투자한 사람이 수락할 수 있는 최소치를 말한다.
② 개인 기업은 투자분석에서 갚아야 하는 돈보다 적은 이자율(수익률)을 사용하지 않으려 함은 이자율 추정과정의 불확실성 때문으로 미래비용은 과소평가되고 편익은 과대평가 될 수 있다. 이와 같은 편기(遍奇)를 인정하기 때문에 투자분석에서 높은 이자율을 사용한다.

③ MARR은 기업의 투자분석에 사용되어 투자 여부의 기준의 되는 높은 이자율을 나타 낸다.

❷ MARR(Minimum Attractive Rate of Return)의 결정방법

① 아직 합리적인 결정방법을 고안하지 못한 상태임
② 과거 수십 년간 논쟁의 대상
③ 대부분 기업의 최고경영자 판단에 의함
④ 판단은 기업경영진이 현재의 재정 상태와 장차 투자기회를 어떻게 보고 있는가에 근거를 두고 내려지게 됨 → 투자기회

❸ MARR 결정 시 유의사항

① MARR 결정 시 높거나 낮지 않은 적절한 타협점을 찾아야 함
  ㉠ 너무 높게 책정할 경우 수익성이 많은 투자기회를 포기하게 함
  ㉡ 낮게 책정할 경우 수익성이 낮거나 손해를 볼 수 있는 투자기회들까지도 수락
② MARR이 은행예금이자율보다 높아야 하는 이유는 투자기회가 없더라도 항상 은행예금에 투자하기 때문
③ 도로와 같이 공공기관에서 수행하는 Project. 가용예산으로 수행할 수 있는 우선순위가 낮은 Project의 내부수익률(IRR)이 바로 MARR이 됨
④ MARR은 Project에 따라 다른 율이 적용될 때도 있음
  ㉠ 위험률이 높은 Project는 높은 MARR을 사용
  ㉡ 경영진이 특정분야 Project에 투자하고 싶다면 투자를 권장하기 위해 낮은 MARR을 정할 수 있음

❹ 결론

① MARR의 결정은 아직 합리적(경영진, 사업특성, 위험률)인 결정방법 없이 논쟁의 대상이 되고 있는 것이 현실이나 최고경영자의 판단에 의하여 이루어지고 있는 것이 현실이다.
② 최근 민자유치가 매우 활발하게 이루어지는 점을 감안할 때, 기술자가 객관성을 가지고 판단하여 경영자에게 판단할 수 있는 대안을 제시하여 결정하도록 하는 것이 바람직하다고 볼 수 있다.

5 할인율(Discount Rate)

1 개요

① 할인율이란 각기 다른 시기에 발생하는 비용과 편익을 현재의 가치로 환산하여 비교할 수 있도록 하기 위한 비율(Rate)이다.
② 할인율은 자본의 기회비용(Opportunity Cost of Capital)을 토대로 하여 설정한다.
③ 자본의 기회비용이란 같은 금액의 자본을 다른 기회에 투자하였을 때의 수익률을 말하며, 현재와 장래 소비 간의 할인율은 현실적으로 산정하기 힘들기 때문에 일반적으로 자본의 기회비용은 은행의 이자율을 할인율로 이용하는 경우가 대부분이다.

2 할인율의 특징

① 국가 경제 실정에 따라 변함
② 국가 신임도와 직접 관련됨
③ 선진국일수록 낮으며 후진국은 높음
④ **자본의 기회비용** : A를 택하지 못하고 B를 택하게 될 경우의 비용임
⑤ 이자율은 편익을 현재가치로 환산하기 위함

3 국제원조기관(은행)의 할인율

구분	할인율	할인율의 근거	할인율의 설정방법
IBRD	12%	자본의 기회비용	SOC 사업의 IBR 중 최저치
ADB	• 8~12% • 8%(GNP 성장률 6% 미만) • 12%(GNP 성장률 6% 이상)	자본의 기회비용	ADB와 IRR 간의 평균이자율

주) • IBRD(International Bank for Reconstruction and Development)
　　• ADB(Asian Development Bank) 아시아 개발은행

4 결론

① 우리나라는 SOC 사업의 경제성 분석 시 적용 할인율에 대한 명확한 기준이 없으며 사업별로 임의 적용하고 있으며 정부 차원의 지침정립이 이루어져야만 객관적인 경제성 분석이 가능하다.
② 할인율을 정하려면 자본의 기회비용인 이자율을 알아야 하나 자본의 기회비용를 산출하기가 힘들고 이자율이 수시로 변하기 때문에 장래에 발생되는 비용과 편익을 할인율과 인플레이션율을 반영시켜 현재가치로 환산해야 한다.

③ 각 대안의 할인율 변화에 따라 달라지는 여부를 판단하기 위해서는 민감도 분석과 위험도 분석을 적용해 보는 것이 바람직하다.

6 경제성 분석

1 개요

① 경제성 분석은 계획 또는 논의되고 있는 공공투자사업의 대안에 대하여, 총비용과 총편익을 상호 비교하여 사업의 타당성 분석, 투자우선순위 결정, 사업의 최적투자시기 결정 등의 기준을 삼기 위하여 수행한다.

② 경제성 분석방법에는 비용－편익 분석법(Cost Benefit Analysis), 비용－효과 분석법(Cost Effectiveness Analysis), 다판단기준 평가법 등이 있으나 이 중 비용－편익 분석법이 가장 많이 쓰이고 있는 기법 중의 하나이다.

③ 이것은 현재까지 개발된 기법 중에서 이보다 더 객관성을 유지할 수 있는 좋은 방법이 없기 때문이다.

④ 특히 사회복지를 중시하는 선진외국에서 많은 비판을 받고 있으나, 이 기법을 사용하며 수반된 문제점과 한계를 충분히 이해하는 것이 필요할 것이다.

2 경제성 분석 과정

① 비용항목
  ㉠ 고정비 : 차량구입비, 건설비
  ㉡ 변동비 : 인건비, 연료비, 차량유지비

② 편익항목
  ㉠ 운영비 절감
     (연료비, 타이어 소모 등)
  ㉡ 시간단축
  ㉢ 교통사고 감소
  ㉣ 피로 감소

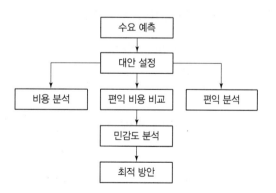

③ 예비경제성 분석

① 경제성 분석을 실시하려면 우선 각 노선대안에 대한 장래 교통수요 예측으로부터 도출한 신설, 개량 및 기존 도로에 대한 구간별 장래 교통량을 토대로 하여 현재 도로의 용량과 장래 추정교통량과의 관계, 도로용량 초과연도의 산출, 확장 및 신설의 필요성을 검토한다.

② 교통량 분석이 완료되면 노선 대안별, 경제적 타당성이 분석되는데, 이때 비용은 도로건설비 및 유지관리비가 포함되고 편익은 이용자 편익 등이 포함된다.

③ 노선대안의 경제적 효율성만 고려한다면 비용/편익 분석법, 내부수익률, 순현재가치 등의 기법을 적용하여 대안의 우열을 가늠할 수 있다.

④ 그러나 각 대안의 평가항목에서 정량화할 수 없는 항목까지 포괄적으로 고려한다면 비용·효과 분석법, 목표달성표법, 일치법(Concordance법), 가중치법 등을 적용할 수 있다.

④ 비용 – 편익 분석법

① 교통사업 평가에 가장 많이 적용되는 방법

② 소요된 비용과 사업시행으로 인한 편익의 비교 분석

③ 비교 방법으로 비용, 편익비, 최기년도 수익률, 순현재가치, 내부수익률 등을 사용

④ 비용 – 편익 분석법의 적용 예

비포장도로와 포장도로를 평가할 경우

  ㉠ 비용 : 연료비, 타이어 소모 등은 어느 길을 택하는 것이 경제적인가

  ㉡ 편익 : 어느 길을 택하면 시간이 적게 걸릴 것인가

⑤ 비용 · 편익비와 초기연도 수익률

① 비용 · 편익비(B/S비)

  ㉠ 편익으로 비용을 나누어 가장 큰 수치가 나타나는 대안을 선택하는 방법

  ㉡ 편익비용비(B/C) $= \dfrac{편익의\ 현재가치}{비용의\ 현재가치} = \dfrac{\displaystyle\sum_{i=1}^{n} \dfrac{Bi}{(1+d)i}}{\displaystyle\sum_{i=1}^{n} \dfrac{Ci}{(1+d)i}} = 1$일 때

  예 발생 편익이 총 30억이라면(건설비는 10억 소요)

  편익비용비(B/C) $= \dfrac{30억}{10억} = 3$이 됨

② 초기연도 수익률(First Year Rate of Return, FYRR)

　　㉠ 사업시행으로 인한 수익이 나타나기 시작하는 첫해의 수익을 소요 비용으로 나누는 방법

　　㉡ 초기연도 수익률 $= \dfrac{\text{수익성이 발생하기 시작한 해의 편익}}{\text{사업에 소요된 비용}}$

　　　例 건설비 10억 소요, 도로 개통 첫해에 요금징수가 총 6억이라면

　　　　초기연도 수익률 $= \dfrac{6억}{10억} = 0.6$이 됨

6 순현재가치와 내부수익률

① 순현재가치(Net Present Value, NPV)

　　㉠ 현재가치로 환산된 편익의 합에서 비용의 합을 제하여 편익을 구하는 방법

　　㉡ 교통사업의 경제성 분석 시 가장 보편적으로 사용하며 할인율을 적용하여 장래의 비용·편익을 현재가치화

　　㉢ $\text{NPV} = \displaystyle\sum_{i=1}^{n} \dfrac{Bi - Ci}{(1+d)i}$

　　㉣ 할인율이란 장래에 발생하는 내용과 편익을 인플레이션을 고려하여 현재가치로 환산하기 위한 자본의 이자율이다.

② 내부수익률(Internal Rate of Return, IRR)

　　㉠ 편익과 비용의 현재가치로 환산된 값이 같아지는 할인율을 구하는 방법

　　㉡ 내부수익률 사업시행으로 인한 순현재가치(NPV)를 0으로 만드는 할인율

　　㉢ 내부수익률이 사회적 기회비용(일반적인 할인율)보다 크면 수익성이 존재

　　㉣ $\text{IRR} = \displaystyle\sum_{i=1}^{n} \dfrac{Bi - Ci}{(1+d)i} = 0$

7 자본회수기간(Pay Back Period, PBP)

① 총편익이 총비용을 상쇄시킬 수 있는 기간을 찾는 방법

② $\text{PBP} = \displaystyle\sum_{i=1}^{N} \dfrac{Bi - Ci}{(1+d)i} = 0$

③ 여기서, N을 구하면 이것이 자본회수기간이다.

⑧ 경제성 분석 원칙

① 완전한 객관성 유지 및 가능한 모든 대안을 검토
② 평가기준 설정 – 평가기간 할인율 등
③ 불확실성에 대해 반드시 고려

⑨ 분석 시 유의사항

① 투자비용 추정 시 적정할인율 결정
② 편익 산정 시 직접 효과 중 계량화가 가능한 모든 효과 산정
③ 장래 예측에 대한 불확실성을 내포하고 있다는 점
④ 정치적 문제보다 기술자의 객관적 판단이 더욱 중요함

⑩ 결론

① 경제성 분석에 의하여 그 사업의 타당성이 판단되고 사업시행을 위한 투자우선순위 및 최적투자시기 등이 결정되므로 분석의 정확성을 갖지 않으면 잘못된 결과를 도출하여 정부의 정책 및 예산낭비와 시행의 오류를 범할 수 있다.
② 특히 경제성 분석 시 대안 중에서 객관성이나 공정성 측면에서 기술자의 양심을 가지고 가장 경제적이며 합리적인 최적대안을 찾아야 한다.
③ 경제성 분석은 미래에 대한 예측을 근거로 하기 때문에 비용과 편익의 추정은 불가피하게 어느 정도 오차를 내포하고 있다.
④ 왜냐하면, 추정된 공사비가 당초보다 적을 수도 있고, 많을 수도 있으며 사업기간이 연장될 수도 있으므로 예측했던 교통량이 다소 차이가 날 수도 있기 때문이다.

7 경제성 분석의 문제점

① 개요

① 경제성 분석, 특히 비용편익 분석방법은 비판적인 경우가 많으나 가장 많이 쓰이고 있는 기법 중 하나이다.
② 이것은 현재까지 개발된 기법 중에서 이보다 더 객관성을 유지할 수 있는 좋은 방법이 없기 때문이다.

③ 특히 사회복지를 중시하는 선진국에서 많은 비판을 받고 있으나, 이 기법을 사용하며 이에 수반된 문제점과 한계를 충분히 이해하는 것이 필요하다.

2 경제성 분석의 문제점

1. 경제적 효용성과 형평성 문제

① 공공사업 평가기준은 개인사업과 다름
  ㉠ 개인의 효용을 부분적으로 고려하지만 그 밖에 사회 전체로서의 손익을 함께 고려해야 한다.
  ㉡ 자원과 소득의 적정배분을 사회의 중요한 정책목표로 한다.

② 사회가 추구하는 이상적인 배분형태를 분명히 정할 수 없는 현실이다.
  ㉠ 공공투자사업 분석은 개인 사업의 평가보다 훨씬 힘들다.
  ㉡ 단순한 GNP의 증대가 사회복지는 아니며 선진국은 사회복지를 투자사업의 중요한 요소로 본다.

③ 사업효과의 배분 3가지
  ㉠ 지역적 : 서로 다른 지역의 영향
  ㉡ 사회적 : 부유층, 서민계층
  ㉢ 경제적 : 서로 다른 산업의 영향

④ 영향의 심도와 함께 누가 지불하고 누가 얻는가 하는 질문은 형평성 문제의 핵심이 되는 것이다.

⑤ 도로는 공공성으로 인한 특정투자사업의 효과와 정부의 형평원칙의 관계를 다음 2가지 측면에서 고려
  ㉠ 빈부격차 완화, 사회복지시설 평준화
  ㉡ 이용자 또는 수혜자 부담원칙

⑥ 경제적 효율성만 고려

2. 화폐가치가 불가능한 항목 제외

① 경제성 분석의 원칙
② 도로의 포장사업이나 고속전철 사업편익의 상당부분은 통행시간 절약에 의한 것
③ 개발효과, 안락감의 증대, 환경의 변화 등

3. 기타 측면

① 보통 경제성 분석에서 제외, 특정사업의 평가를 위한다면 세심한 주의가 필요
② 현재 사회는 고도의 복합적 시스템을 형성하고 있어 일부 요소가 달라지면 연쇄적 변화를 가져온다.

③ 결론

① IRR(내부수익률)이 클수록 경제적으로 판단되나 오차로 인한 과대평가에 유의해야 한다.
② 경제성 분석은 미래에 대한 예측을 근거로 하기 때문에 비용과 편익의 추정은 불가피하게 어느 정도 오차를 내포하고 있다.
③ 왜냐하면, 공사비가 당초보다 적을 수도 있고, 사업기간이 연장될 수도 있기 때문에 예측했던 교통량이 다소 차이가 날 수도 있기 때문이다.

8 민감도 분석 및 위험도 분석

① 개요

① 민감도 분석(Sensitivity Analysis) 및 위험도 분석(Risk Analysis)
② 투자사업의 경제성 분석은 미래에 대한 예측을 근거로 하기 때문에 비용과 편익의 추정은 불가피하게 어느 정도 오차를 내포하고 있다.
③ 공사비가 당초 예상보다 적을 수도 있고 사업기간이 연장될 수도 있다.
④ 예측했던 교통량이 다소 차이를 보일 수도 있다.
⑤ 이때 현재 또는 미래의 상황을 적절한 확률분포로 표현할 수 있을 경우를 위험도(Risk)라 하고, 확률로 나타낼 수 없는 경우를 불확실성(Uncertainty)이라고 한다.
⑥ 경제성 분석에 있어 이와 같이 주요 변수의 불확실한 여건의 변동이 분석결과에 어떠한 영향을 미치는가를 검토하는 것을 민감도 분석이라 한다.
⑦ 여건의 변동을 확률분포로 표현하여 기대치 분석을 위험도 분석이라 한다.

② 민감도(Sensitivity Analysis) 및 위험도 분석(Risk Analysis) 대상

① 공사비 및 공사기간　　　　② 유지관리비
③ 차량운행비　　　　　　　　④ 교통량 또는 편익
⑤ 공사시기

③ 결론

① 경제성 분석은 목표연도 이후 교통량의 예측에 대한 신뢰성을 확보하고자 하는 데 그 목적이 있다.

② 사업의 특성에 따라 적절한 주요 변수를 감안하여 평가함으로써 시간과 경제적인 면에서 유리한 대안이 도출될 수 있다.

9 소비자 잉여(Consumers Surplus)

① 개요

① 소비자 잉여는 소비자가 재화나 서비스에 대하여 기꺼이 지불하려는 금액과 실제로 지불하는 금액의 차이를 말한다.

② 소비자 잉여가 높을수록 유리하다.

② 소비자 잉여

1,500만 원에 판매된 차량 A에 대하여 일반적인 소비자들이 판단하기에 2,000만 원이라도 충분히 살 수 있을 때 소비자들은 2,000만 원−1,500만 원=500만 원의 잉여를 얻게 된다.

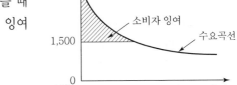

① 교통시설 개선으로 얻어지는 소비자 잉여

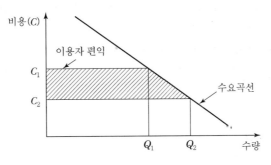

㉠ 어느 한 도로가 개선되기 전 통행비용을 C_1, 개선 후의 통행비용을 C_2라 할 때

㉡ 도로 개량으로 인하여 통행량이 Q_1에서 Q_2로 증가하게 됨

ⓒ 따라서 소비자 잉여 증가분은 도로 개량에 의한 편익임

ⓔ $UB = (Q_2 + Q_1)(C_1 - C_2)$

ⓜ UB : 도로개량으로 인한 편익(통행시간 감소, 통행비용 감소), 즉 소비자 잉여의 증가분임

3 결론

① 소비자 잉여는 효용성을 화폐단위로 표현하려는 시도로서 소비자가 재화나 서비스에 대하여 기꺼이 지불할 수 있는 금액과 실질적으로 지불하는 금액의 차이로 정의할 수 있다.

② 소득분배가 아직까지 중요한 사회적 쟁점이 되고 있는 현 실정에서 고소득층과 저소득층의 효용성을 똑같은 화폐단위의 수준(동일한 금액)으로 측정하는 것은 무리가 따른다.

10 교통사업의 FYBCR, B/C, NPV, IRR과 경제성 분석

1 개요

① 경제성 분석은 계획 또는 논의되고 있는 공공투자사업의 대안에 대하여, 총비용과 총편익을 상호 비교하여 사업의 타당성 분석, 투자우선순위 결정, 사업의 최적투자시기 결정의 기준을 삼기 위하여 수행한다.

② 경제성 분석방법
   ㉠ 비용-편익 분석법(Cost Benefit Analysis)
   ㉡ 비용-효과 분석법(Cost Effectiveness Analysis)

③ 다판단기준 평가법 등이 있으나 이 중 비용-편익 분석법이 주로 사용된다. 비용 - 편익 분석법은 교통사업 평가에서 가장 많이 적용되는 방법이다.

④ 소요된 비용과 사업시행으로 인한 편익의 비교분석방법을 평가한다.

⑤ 비용 · 편익비, 초기연도 수익률(First Year Benefit Cost Rate), 순현재가치 내부수익률 등을 사용한다.

2 비용-편익 분석법

① 교통사업 평가에 가장 많이 적용되는 방법이다.

② 소요된 비용과 사업시행으로 인한 편익의 비교 분석

③ 비용항목

    ㉠ 고정비 : 차량구입비, 건설비

    ㉡ 변동비 : 인건비, 연료비, 차량유지비

④ 편익항목

    ㉠ 운영비 절감(연료비, 타이어 소모 등)

    ㉡ 시간 단축

    ㉢ 교통사고 감소

    ㉣ 피로 감소

3 평가기법

① 비용 · 편익비(B/C비)

    ㉠ 편익으로 비용을 나누어 가장 큰 수치가 나타나는 대안을 선택하는 방법

    ㉡ 편익비용비$(B/C) = \dfrac{\text{편익의 현재가치}}{\text{비용의 현재가치}} = \dfrac{\displaystyle\sum_{i=1}^{n} \dfrac{Bi}{(1+d)^i}}{\displaystyle\sum_{i=1}^{n} \dfrac{Ci}{(1+d)^i}} = 1$일 때

        例 발생 편익이 총 30억이라면(건설비는 10억 소요)

        편익비용비$(B/C) = \dfrac{30억}{10억} = 3$이 됨

② 순현재가치(NPV)

    ㉠ 현재가치로 환산된 편익의 합에서 비용의 합을 제하여 편익을 구하는 방법이다.

    ㉡ 교통사업의 경제성 분석 시 가장 보편적으로 사용한다.

    ㉢ 할인율을 적용하여 장래의 비용 편익을 현재의 가치로 환산해야 한다.

$$NPV = \sum_{i=0}^{n} \frac{Bi}{(1+d)^i} - \sum_{i=0}^{n} \frac{Ci}{(1+d)^i} = 0$$

③ 내부수익률(IRR)

    ㉠ 편익과 비용의 현재가치로 한산된 값이 같아지는 할인율을 구하는 방법이다.

    ㉡ 내부수익률이 사회적 기회비용보다 크면 수익성이 존재

$$\sum_{i=0}^{n} \frac{Bi}{(1+d)^t} = \sum_{i=0}^{n} \frac{Ci}{(1+d)^i} = \text{내부수익률}(d) > \text{사회적 할인율}$$

④ 초기연도 수익률(FYBCR)

    ㉠ 초기연도 수익률 $= \dfrac{\text{수익이 발생하기 시작한 해의 편익}}{\text{사업에 소요된 비용}}$

    ㉡ 사업시행으로 인한 수익이 나타나기 시작하는 해의 수익을 소요비용으로 나누는 방법

4 계산

① 필요시 할인율 7%

연도	0	1	2	3
비용	1,000	10	20	−800
편익	0	100	160	220

(−800은 잔존가치임)

$$\frac{39}{x} = \frac{36.2}{3-x}$$
$$39(3-x) = 36.2x$$
$$x = \frac{3 \times 39}{36.2 + 39} = 1.56$$

② 비용의 현재가치 $C = 1,000 + \dfrac{10}{1.07} + \dfrac{20}{1.07^2} - \dfrac{800}{1.07^3} = 373.8$

③ 편익의 현재가치 $B = 0 + \dfrac{100}{1.07} + \dfrac{160}{1.07^2} + \dfrac{220}{1.07^3} = 412.8$

④ $FYBCR = \dfrac{100 - 10}{1,000} = 0.09 \sim 9\%$

⑤ $B/C = \dfrac{B}{C} = \dfrac{412.8}{373.8} = 1.10$

⑥ $NPV = 412.8 - 373.8 = 39.0$

⑦ IRR

    할인율 10%일 때 NPV

$$\left(\frac{100}{1.10} + \frac{160}{1.10^2} + \frac{220}{1.10^3}\right) - \left(1,000 + \frac{10}{1.10} + \frac{20}{1.10^2} - \frac{800}{1.10^3}\right) = -36.2$$

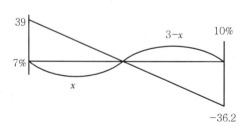

⑧ $IRR = 7 + 1.56 = 8.56\%$

⑤ 경제성 분석

현재의 은행 이자율은 7%이므로 할인율 7%에서 B/C가 1보다 크고 NPV=0보다 크므로 경제적 타당성이 있으며 또한 내부수익률이 8.56%로 7%보다 크므로 경제성이 있다고 판단된다.

⑥ 민감도 및 위험도 분석대상

① 공사비 및 공사기간
② 유지관리비, 차량운행비
③ 교통량 또는 편익
④ 공사시기

⑦ 경제성 분석 원칙

① 완전한 객관성 유지 및 가능한 모든 대안을 검토해야 한다.
② 평가기준 설정 – 평가기간 할인율 등을 검토해야 한다.
③ 불확실성에 대해 반드시 고려해야 한다.

⑧ 분석 시 유의사항

① 투자비용 추정 시 적정할인율을 결정해야 한다.
② 편익 산정 시 직접 효과 중 계량화가 가능한 모든 효과를 산정한다.
③ 장래 예측에 대한 불확실성을 내포하고 있는 점을 고려해야 한다.
④ 정치적 문제보다 기술자의 객관적 판단이 중요하다.

⑨ 결론

① 경제성 분석에 의하여 그 사업의 타당성이 판단되고 사업시행을 위한 투자우선순위 및 최적투자시기 등이 결정되므로 분석의 정확성을 갖지 않으면 잘못된 결과를 도출하여 정부의 정책 및 예산 낭비와 시행의 오류를 범할 수 있다.
② 특히 경제성 분석 시 대안 중에서 객관성이나 공정성 측면에서 기술자의 양심을 가지고 가장 경제적이며 합리적인 최적대안을 찾아야 한다.

11 AHP(Analytic Hierarchy Process)

1 개요

① AHP는 분석적 계층화 과정 또는 계층적 분석 과정/방법이라고 해석할 수 있다. 즉, 의사결정의 전 과정을 여러 단계로 나눈 후 이를 단계별로 분석·해석함으로써 합리적인 의사결정에 이를 수 있도록 지원해 주는 방법으로 현존하는 의사결정 방법 중 가장 과학적이고 강력한 방법이라고 할 수 있다.

② 정부기관, 한국개발연구원(KDI) 등 연구기관, 금융기관, LG전자 등 민간기업 등 각급 조직에서 판단과 선택, 성과의 측정/평가, 의사결정/정책결정, 사업의 타당성 분석 및 검증, 갈등의 조정/해소, 그룹 의사결정 등에 폭넓게 활용되고 있다.

2 AHP 분석 과정

3 AHP의 장점

① AHP는 복잡한 정치적 문제와 사회경제적 문제를 다룰 수 있는 강력한 프로세스이다.

② AHP는 개인의 판단과 가치들을 논리적인 방법으로 통합한다.

③ 즉 상상, 경험, 지식을 활용하여 문제를 계층으로 구조화하며, 논리, 직관, 경험을 활용하여 판단하도록 해준다.

    ㉠ 복잡한 네트워크에서 다양한 함수적 관계를 정량적으로 다룰 수 있는 실제적 방법

    ㉡ 모든 관계자의 판단을 반영하여 계획을 수립할 수 있는 강력한 도구

    ㉢ 데이터와 무형의 요소에 대한 주관적 판단의 통합

    ㉣ 여러 사람의 판단을 통합하고 그들 사이의 갈등 해소

ⓜ 민감도 분석을 통한 비용 효율적인 재검토

ⓑ 평균 우선순위(Priority)와 한계 우선순위를 활용한 자원 배분

ⓢ 거래(Trade-Off)에 대한 경영진의 능력 향상

ⓞ 효익/비용, 리스크 최소화 등의 보완

ⓩ 미래예측과 리스크 및 불확실성에 대비한 다양한 계획수립을 위한 일원화된 수단

ⓐ 변화하는 일련의 목표들에 대해 조직성과를 관찰하고 지도하는 도구

장점	내용
일원화	광범위하고 구조화되지 않은 문제들에 대해 이해하기 쉽고 융통성 있는 모델을 제공함
복잡성	연역적인 방법과 귀납적인 방법을 통합하여 복잡한 문제를 해결함
상호의존성	시스템 요소들 간의 상호의존성을 다루며 선형적 사고에 얽매이지 않음
계층적 구조화	시스템 요소들을 중요도에 따라 수준별로 구분하고 각 수준에 있는 유사한 요소들을 그룹으로 묶는 인간 마음의 본성을 반영함
측정	무형의 존재를 측정하는 척도와 우선순위를 설정하는 방법을 제공함
일관성	우선순위를 도출할 때 활용한 판단들의 논리적 일관성을 점검함
통합	각 대안의 종합적인 매력도를 산출함
균형	시스템 요소들의 상대적 중요도를 고려하여 목표를 달성하는 데 가장 적합한 대안을 선정할 수 있도록 함
판단과 합의	합의를 강요하지 않으면서도 다양한 판단을 통합해 모두를 대표하는 결과를 도출함
과정 반복	반복을 통해 문제를 재정의할 수 있도록 하며 판단과 이해를 향상시킴

4 AHP의 단점

① 공법선정 시 AHP 기법을 주로 적용하여 결론을 도출한다. 그러나 이 방법론은 수십 개의 요인에 대해 각 후보공법 상호간의 쌍대비교를 수행해야 하므로 의사결정자에게 상당히 큰 의사결정 부담을 주는 단점이 있기도 하다.

② 최저가 가격경쟁 등으로 자재를 구입 시 품질 저하가 발생할 수 있으므로 이런 경우 AHP 분석기법을 적용 시에는 도출된 값은 환경의 불확실함을 충분히 반영하지 못하는 단점이 있다.

12 매몰비용(Sunken Cost)

1 개요

① 일반적으로 회계목적으로 사용되는 배당비용(Allocated Cost), 즉 행정비용, 계획수립비용 및 총경비(Overhead Cost) 등은 경제성 분석에서 제외된다.

② 왜냐하면 어떠한 대안이 선택되어도 그 비용은 발생하기 때문이다.

③ 이 외에도 계산에서 제외되는 비용은 이미 사용된 매몰비용(埋沒費用, Sunken Cost)이다. 다시 말하면 과거에 이루어진 모든 비용은 모두 매몰비용으로 취급된다.

④ 매몰비용(Sunken Cost)은 계산에서 지금까지 투자된 모든 비용이 제외되는 이미 사용된 매몰비용이다.

2 특징

① 초기 투자가 이루어진 다음에 추가 투자를 위한 프로젝트 분석에서는 반드시 고려해야 할 비용과 무시해야 할 비용의 구분을 명확히 해야 한다.

② 매몰비용에 관한 법칙은 과거에 이루어진 모든 비용은 모두 매몰비용이 없는 것으로 취급한다.

③ 문제는 장차 발생할 비용이 어떤 것인가 하는 것이다.

④ 예를 들어 교량 개축을 위한 두 가지 대안인 기존 교량을 개선하는 방법과 기존 교량을 완전히 헐고 새로운 교량을 건설하는 것이다.

⑤ 어느 것이 더 경제적인 계획인지 찾아내는 경우를 계산할 때 기존 교량에 투자한 비용은 모두 무시한다.

⑥ 다시 말하면 경제 분석에서는 과거에 일어난 것은 공짜로 주어진 것이라 생각하고 미래의 비용만을 생각한다.

⑦ 만약 새로운 교량을 건설하는 비용이 더 싸다면 기존 교량의 수명은 끝난 것으로 본다.

⑧ 두 대안에 대하여 앞으로 지출해야 할 비용이 각각 얼마인가를 비교하여 가장 값싼 대안을 선택하는 것이다.

13 자본회수계수(Capital Recovery Factor)

1 개요

① 경제성 분석 시 연간비용을 산출하려면 자본회수계수를 우선적으로 검토해야 한다.
② 자본회수계수는 투자사업이나 차량 등에 투자한 비용이 그 수명 동안 회수해야 할 자본비의 할인율이다.
③ 다시 말하면 투자사업에서 자본이자를 포함한 투자비용이 시설물의 내구연한 내에 회수되기 위하여 현재 가치화된 연간 투자비용을 산출 시에 적용되는 계수이다.

2 자본회수계수식

① $CRF = \dfrac{i(1+i)^n}{(1+i)^n - 1}$

　　　여기서, i : 연 이자율
　　　　　　　n : 교통시설이나 장비수명(년)

② 자본회수계수에 고정비를 곱하면 연간비용이 도출된다.

③ 연간비용

$$A = P\dfrac{i(1+i)^n}{(1+i)^n - 1}$$

　　　여기서, A : 연간비용
　　　　　　　P : 초기고정비(혹은 현재비용)

3 적용

① 자본회수계수에 의한 투자사업에 대한 대안비교는 경제수명이 다른 투자 대안의 비교는 어느 대안의 경제수명 이후에 필요한 투자금액에 대해 알 수 없기 때문에 경제수명이 다른 대안 비교 시 유리하다.
② 장비나 시설의 수명이 다하여도 어떤 부분이 잔존가치로 남아 있다면 자본회수계수의 계산과정에서 이를 고려하여 계산해야 한다.

14 비용할당(Cost Allocation)

1 개요

① 비용을 항목별로 정확히 산정하고 각 항목별 비용의 변화에 따른 총비용의 영향을 알려면 비용을 요소별로 할당하는 작업이 필요하다.

② 대중교통에 관한 비용의 모형은 여러 학자들의 연구를 통하여 보다 세밀화되고 있는 추세이다.

③ 특히 비용할당모형에 관한 연구는 Cherwony와 Biemiller and Munro의 연구가 대표적이다.

2 모형

① Biemiller와 Munro가 설정한 단위비용모형의 예를 살펴보면 다음과 같다.

② 연간변동비 $= a$(차량시간) $+ b$(차량-km) $+ c$(피크 시 운행차량) $+ d$(노선운반거리) $+ e$(정류장, 역) $+ f$(역무원 시간) $+ g$(교통수단 고정비) $+ h$(운영체계 고정비)

③ 위의 모형에서 $a \sim f$ 까지의 계수는 각 비용변수에 관련된 단위비용이 된다.

④ 차량-km당 운행비용이 b원이 소요됨을 의미한다.

⑤ 비용변수에 따른 세부요소

비용변수	세부요소
차량시간	운전기사, 감독자, 승무원
차량-km	연료, 차량관리
피크시 운행차량	전기에너지, 차량서비스
노선운행거리	트랙, 신호 및 통신체계 관리, 안전시설 관리
역(정류장)	정류장 요금수거 시간, 역(정류장) 관리
교통수단 고정비	차량정비, 차고지, 빌딩 운영 및 관리, 세금
운영체계 고정비	행정, 관리

15 헤도닉 기법(Hedonic Approach)

1 개요

① 헤도닉 가격방법론의 대표적인 것은 자산가치법(Property Value Approach)이다.

② 품질 향상을 감안한 물가통계 작성법을 헤도닉 기법(Hedonic Approach)이라 하는데 실제 물가통계작성에서는 극히 예외적인 경우를 빼고는 적용하지 않는다.

③ 실제로 품질이나 성능 향상이 가격변동에 반영되는 품목은 극히 일부에 불과하다는 것이다.
   예 컴퓨터처럼 성능 대비 값을 내려도 물가 반영 안 됨

④ 헤도닉 기법은 회귀방정식(헤도닉방정식)을 이용하여 상품 특성의 변화가 가격에 미치는 영향을 객관적으로 파악할 수 있도록 하는 품질조정기법이다. 주로 컴퓨터처럼 기술발전 속도가 빠르고 기초연구에 많은 비용이 들기 때문에 품질 향상을 위하여 투입된 비용을 정확하게 파악하는 것이 곤란한 품목을 대상으로 한다.

⑤ 헤도닉 가격방법론은 환경의 질이나 편의성 등을 비시장적 특성의 가치를 간접적으로 추정하는 방법이다.

2 기본 개념

① 지가가 사회간접자본의 가치를 반영하는 것으로 가정하여 교통투자사업에 따른 지가의 변화를 투자편익으로 산출하는 기법이다.

② 개방성 : 지역 간 이동이 자유롭고 이동비용이 거의 없다.

③ 동질성 : 주민이 동질적이다.

④ 프로젝트의 규모가 작거나 영향 범위가 적다.

⑤ 모든 재화 사이에는 대체성이 있다.

3 모형의 구축

지가와 입지 특성(통근시간 · 면적 · 주변 환경 등)을 회귀분석모형으로 구축

$$PP : f(PR, NH, AC, EN)$$

여기서, PP : 자산가치
PR : 자산의 특성을 나타내는 변수(예 주택의 크기, 방의 수)
NH : 주변 지역의 특성을 나타내는 변수(예 주택의 경우 범죄율, 학군 등)
AC : 접근도(도로에서의 인접성, 교통시설이용의 편의성)
EN : 대기질, 소음 정도 등과 같은 환경변수

4 분석과정

① Brain Storming
평가의 목표를 명확히 하고 중요한 요인을 설명하는 과정이다.

② Structuring
Brain Storming 과정을 거쳐 도출된 요인들을 군집화하고 계층화시키는 단계이다.

③ 가중치 산정
㉠ 가중치의 타당성 검증
- Blind Test : 다른 집단과의 가중치를 상호 비교하여 차이가 있는지를 분석
- 감도 분석 : 일정 범위 내에서 가중치 변화에 따라 사업의 타당성 변화에 따른 분석작업이다.

㉡ 동일 계층의 두 개의 평가항목별로 상대적 중요도에 대한 쌍대비교를 통해 전체요소별 가중치를 산정한다.

④ 일관성 검증
㉠ 쌍대비교에 대한 가중치가 일관되는지 여부를 검토한다.
㉡ CI(Consistency Index)가 0.1 이상인 경우 쌍대비교를 재실시한다.

⑤ 평점
㉠ 계량화가 가능한 정량적인 평가요소의 경우 표준 Scale로 전환하여 평점을 부여한다.
㉡ 각 평가요소에 대해 선호도의 중요도에 따라 점수화하여 가중치를 곱하여 대안별 종합평점을 산출한다.

⑥ Feed Back
일관성 검증결과 비일관성이 발견되거나 각 평가자들의 불일치 정도가 심하면 계층구조를 수립해야 한다.

16 통행시간가치(Value of Travel Time, VOT)

1 개념

① 교통투자사업 대안평가방법 중 비용, 편익 분석은 주로 경제성 분석을 의미한다.
② 경제성 분석은 공공투자사업의 효과를 비용, 편익 항목으로 구분하며, 화폐단위로 계량화하고 현재가치로 환산하여 그 효율성을 분석하는 방법이다.

③ 비용, 편익 항목의 합리적 분류 및 계량화 방법이 중요하다.
  ㉠ 편익 항목 : 소비자 잉여, 시간 감소 편익, 운행비 감소 편익, 사고 감소 편익 등
  ㉡ 비용 항목 : 건설공사비, 운영·관리비 등
④ 통행시간 감소 편익은 편익의 가장 많은 비중을 차지하며 그 계량화(시간가치산출) 방법
  또한 다양하게 연구·논란이 되고 있다.
⑤ 편익산출은 통행시간 감소와 차량운행비 감소 편익이 대표적 편익항목으로 산출된다.

2 통행시간가치

1. 개념

① 절약된 통행시간 편익을 화폐단위로 환산한 가치
② 통행에 사용된 시간이 다른 생산활동에 사용될 수 있다.
  → 기회비용차원 가정하의 가치 산출
③ 통행시간가치는 교통사업의 효과 측정 → 편익 크기 산정
④ 통행시간가치는 대안평가의 편익 측정뿐만 아니라 '노선선택, 수단선택'에 있어서도
  결정적인 역할을 한다.

2. 측정방법

① 소득법 : 한계임금률법
② 비용함수법 : 통행경비(운행비+통행료)에 대한 추가지불이 가져다주는 통행시간의 절감
  자료를 근거로 VOT 산정

$$\rightarrow \text{유료도로 선택 시 } VOT = \frac{[\text{연장된 거리} \times \text{운행비용(km당)}] + \text{통행료}}{\text{단축시간}}$$

③ 행태모형접근법 : 한계대체율법
④ 효용이론접근법

3. 통행시간가치 산출방법

① 한계임금률법(Marginal Wage Method)
  ㉠ 업무 통행시간가치 : 이용자 평균시간당 임금 적용
  ㉡ 비업무 통행시간가치 : 평균시간당 임금의 일정비율 적용(30~50%)

② 한계임금률법의 한계
  ㉠ 비업무 통행시간가치 산정 시 임금의 일정비율 적용기준 → 일정비율 산정 어려움

ⓛ 장래 소득증가, 임금증가에 따른 증가율 적용

ⓒ 업무와 비업무 통행의 경우 소득별·직업별 임금기준 적용

③ 한계대체율법(Marginal Rate of Substitute, MRS)

이용자가 자신의 절약시간에 대한 대체 기회비용으로 산출

ⓣ 경로 선택, 수단 선택과 관련한 행태모형의 효용함수의 시간 관련 변수와 비용 관련 변수 간의 한계대체율을 구하여 VOT값을 산출함

ⓛ VOT=시간변수의 계수/비용변수의 계수

같은 효용을 유지하기 위해서는 시간변수를 '1'만큼 증가시킬 경우 비용변수를 VOT만큼 감소시켜야 한다.

ⓒ 효용함수에 의한 방법

- 시간을 개인의 소비결정과정의 한 요소로 간주하여 VOT 산출
- VOT=통행자가 직접 지불한 비용+시간가치 증가분

3 결론

① 비업무 통행에 대한 시간가치는 경제적 가치를 부여하기가 곤란하다.

② 절약된 시간이 아주 적을 경우 이를 화폐가치로 환산하는 것은 의미가 없다.

③ 절약된 시간이 다른 목적으로 사용된 경우에는 가치의 차이를 산정해야 한다.

④ 측정된 결과는 '지불용의' 가치가 아닌 실제 지불된 것으로서 사회적 비용에 적용 곤란

ⓣ 편익 중 시간가치 편익이 가장 큰 비중을 차지하고 있는 실정이다.

시간가치의 계량화 방법은 아직 논란의 여지가 많은 실정이다.

ⓛ 그러나 시간가치의 계량에 대한 어떤 기준을 마련함으로써 대안의 비교평가와 국가적 사업의 우선순위를 결정할 수 있다. 동일한 기준으로 분석된 결과로 비교 평가가 가능하다.

17 잠재가격(Shadow Price)

1 개요

① 잠재가격이라는 것은 시장가격이 존재하지 않거나, 존재하더라도 신뢰할 수 없을 때에 주관적으로 부여한 가격을 말한다

② 공공자원의 사회적 기회비용이다.

③ 시장에서 형성되는 실제적 가격이다.

④ 상품의 품귀현상, 암달러상 등은 잠재가격이다.

⑤ 재화, 용역, 생산요소의 진정한 사회적 기회비용을 의미한다.

② 잠재가격의 종류

① **비교가격(Comparable Price)** : 비교가격은 시장에 있는 비교 가능한 또는 유사한 물건에 대한 가격을 사용하는 것을 말한다.

② **소비자 선택(Consumer Choice)** : 소비자 선택은 소비자가 어떤 불가측 가치와 화폐의 양자가 주어졌을 때, 그중의 하나를 선택하는 행동을 보고 불가측 가치의 값을 추정하는 방식을 말한다.

③ **유추 수요(Derived Demand)** : 유추 수요는 시장가격이 없는 불가측 가치에 대해 그것을 이용하는 사람들이 지불하는 간접비용에 의하여 추정하는 것을 말한다.

④ **서베이 분석(Survey Analysis)** : 서베이 분석은 설문지로 시민들에게 질의하는 방식이다. 답변하는 사람은 어떤 서비스에 대해서 어느 정도의 비용이면 그것을 이용하겠다는 것을 제시한다. 이 경우의 결점은 다른 사람들이 비용을 부담하여 일이 완성되고 나면 자기는 이용만 하겠다는 소위 무임승차의 문제가 있다는 것이다.

⑤ **보상비(Cost of Compensation)** : 보상비는 바라지 않는 효과가 생긴 경우 그것을 추후에 수정하는 데 소요되는 비용을 계상하는 것을 말한다. 특히 부의 외부효과로 나타나는 불가측 가치를 계산할 때에 사용한다.

③ 문제점

① 시장구조가 세금이나 독점기업 등 환경적 요소들에 의해 왜곡되어 비평형상태에 처하기 때문임

② 이 같은 상태의 상품거래가격이 진정한 가치를 반영하지 못함

③ 개발도상국에서는 특히 심한 현상

④ 잠재가격 대상

① 노동과 외화(암달러)

② 시장임금

③ 품귀현상이 발생하는 물건

④ 기타 상품 거래 가격

5 결론

① 왜곡된 시장가격 대신 실질적인 가치를 반영해 주는 잠재가격에 의해 경제성 분석이 되어야 한다.
② 정치적·사회적 변수와 제약조건에 의해 왜곡된 시장가격보다는 진정한·가치를 반영해 주는 잠재가격을 평가에 적용해야 한다.
③ 책정된 금액과 실질적 거래가와는 비평형상태를 이룬다.
④ 시장가격에 의존할 수 없는 경우로서 그것이 비용이나 편익의 실제적인 사회적 가치를 나타낼 수 없을 정도로 왜곡되어 있다고 생각되는 것을 들 수 있다.
⑤ 즉, 불공정 경쟁, 독점, 정부의 적극적인 가격 지지정책 등으로 인한 가격들이 여기에 해당한다.
⑥ 이런 경우에는 현실적인 시장가격에 대해 상향 또는 하향의 조정을 해 주지 않으면 안 된다.

18 도로 및 철도의 타당성 검토 시 내용 및 차이점

1 개요

① 우리나라 대도시는 도시구조, 토지이용과 교통시설 능력을 감안할 때 교통시설 투자는 필연적이라 할 수 있다.
② 이러한 교통시설 투자는 공공투자로서 교통문제를 해소하고 사회, 경제, 환경적으로 타당한가는 교통정책을 입안하고 시행함에 있어서 실무자나 전문가에게 중요한 과제이다.
③ 그러나 이러한 효과를 측정하는 데 있어 과정상의 오류와 복잡하고 다원적인 영향을 고려하지 못하여 실제 효과보다 과소평가되거나 투자우선순위에서 제외되는 경우가 많으며 도로와 철도를 비교할 때 사회경제적 파급효과가 큰 철도의 경우 경제적 타당성이 낮게 평가되는 경우가 많은 실정이다.
④ 따라서 여기서는 경제성 분석 시 발생될 수 있는 오류를 도로와 철도를 사례로 하여 제시하였으며 앞으로 경제성 분석 시 개선되어야 할 항목을 요약·정리해 보기로 한다.

2 도로 및 철도 투자평가기법의 비교 분석

1. 교통 부문 투자평가기법의 개요

① 우리나라의 경우 도로와 철도 모두 정부가 직접 투자하여 운영하고 있으므로 사회적 비용과 편익의 측면에서 동일한 투자평가기법이 적용되고 있다.

② 이는 바람직한 평가방법이나 다만 투자 사업에 대한 평가과정에서 도로 투자가 철도 투자보다 유리하게 평가되고 있는 것이 문제로 지적된다.

③ 교통투자평가는 현황 및 분석, 수요의 예측, 대안 설정과 용량 분석, 비용의 산정, 편익의 산정, 경제적 분석, 재무 분석의 7단계로 이루어져 있다.

④ 본 과정 중 교통수요 예측, 비용의 산정, 편익의 산정, 단계에서 도로 투자가 철도 투자보다 유리하게 평가되어 있다.

⑤ 도로 투자사업 평가 시 대부분 철도 부분의 전환수요를 고려하지 않고 평가하여 도로교통 수요가 과다하게 추정되는 문제가 있다.

　　㉠ 도로 교통수요 예측
- 대단위 사업을 제외하고는 과거 추세에 의한 변화를 토대로 교통수요가 예측되고 있다.
- 따라서 교통수단별 차량대수는 매우 높은 증가 현상을 나타낸다.
- 또한 교통수요 예측 시 공로에 대해서 예측을 시행하고 철도로 전환되는 교통량은 예측하지 않아 결국 도로에 대한 수요가 과다하게 예측된다.

　　㉡ 철도 교통수요 예측
- 철도투자사업은 대규모이며 그 영향이 광범위하여 대부분 4단계 Trip Interchange Model을 사용하며 특히 수단분담은 로짓모형을 사용하여 각 수단별 전환수요를 예측하고 있다.
- 즉, 철도사업의 경우 도로에서 전환되는 수요를 예측하나 도로사업의 경우 대부분 역행(Re－gression)에 의해 치우친 수요를 예측하고 철도로의 전환(Diversion)을 고려하고 있지 않아 각 투자사업별 과소 혹은 과대 예측되고 있다.

2. 경제성 분석

① 비용 산정

　　㉠ 건설비 및 유지비
- 영구기지(Infrastructure) 건설비와 유지관리비에 관한 한 도로와 철도에 대해서는 동일한 비용항목이 계상되어 있다.
- 도로와 철도의 건설비 및 유지관리비는 철도 쪽이 특성상 더 많은, 그러나 효율 면에서는 철도의 수송수요가 높게 나타난다.

　　㉡ 차량구입비
- 도로의 차량구입비[도로상을 운행하는 차량은 도로의 투자주체(건설부, 지방자치단체)에 관련이 없는 일반차량 소유자가 운영주체가 됨]
- 따라서 차량비용이 투자비용으로 전혀 고려되고 있지 않음

ⓒ 철도의 차량구입비
- 철도의 경우 철도의 투자 주체(철도청)와 운영 주체가 일치하여 차량구입비가 투자비 용으로 계상되어 있다.
- 도로의 투자 주체와 차량의 운영 주체가 다르듯이 철도의 투자 주체와 철도차량의 운영 주체가 다르면 당연히 차량구입비를 포함시키지 않을 수도 있다.

② 편익 산정
ⓐ 현행 편익항목
현재의 도로 및 철도의 편익은 일반적으로 동일한 항목인 운행비용 및 통행시간 절약을 편익으로 계상하고 있다.
ⓑ 운행비용의 감소
- 고정비 : 감가상각비, 보험료, 검사비용, 인건비
- 변동비 : 연료소모량, 엔진오일비, 타이어 마모비
- 실제 운행비용 산정은 구성차량의 속도 증감에 의해 산정되며 이는 약간의 모순점이 있다. 즉, 차량의 경제속도는 60km로 속도가 감소하거나 증가할 시 연료소비량 및 오일, 타이어비는 느는데 실제 운영비 산정은 속도 증가 시 운행비용이 감소된다.
ⓒ 운행시간의 감소
- 통행시간의 감소는 교통수단 이용자에게 생산활동이나 여가활동에 사용할 수 있는 시간의 증가로 이어지며 이는 통행시간가치를 수단별로 곱하여 산출한다.
- 철도와 도로의 건설로 인한 추가적인 편익항목은 다음과 같다.
    - 직접효과 : 환경오염 감소, 교통사고 감소, 편리성 향상
    - 간접효과 : 외부경제효과 → 투자효율 증대, 지가 상승, 시장권 확대, 지역 개발, 생산 확대, 인구분산효과
    - 외부불경제 → 소음 증가, 공사 중 영업 손실

3 투자평가기법의 개선방안

1. 교통수요 예측

사회 · 경제 지표와 교통시설 변경에 따른 전환교통량이 예측되어야 하며 도로투자 분석에 있어서도 대중교통 및 철도의 전환 여부를 정확히 검토

2. 비용의 산정

철도 차량구입비가 비용으로 계상되는 것은 당연하나 도로와 철도 투자비용 산정상 상이한 평가기준이 적용되는 불합리성은 개선해야 한다.

3. 편익 산정

① 운행비용 감소

㉠ 고정비용은 운행속도 개선에 따른 편익으로 계상되지 않아야 한다.

㉡ 속도 변화에 따른 수단별 운행비용은 보다 정밀한 함수식을 구축하여 평가되어야 한다.

② 통행시간 감소

업무통행 및 비업무통행을 구분하여 통행시간을 산정해야 한다.

③ 추가적인 편익 항목

㉠ 교통사고 감소 및 환경 측면의 비용 감소는 계량화가 가능한 항목으로 화폐가치화하여 편익에 계상되어야 한다.

㉡ 교통투자에 따른 간접적 효과인 외부경제는 개발이익 환수제도와 같이 효과에 대한 영향을 계량화할 수 있으며 공공재와 같은 외부경제효과가 큰 사업은 편익 항목으로 계상하여 사업의 타당성을 면밀히 분석하여야 한다.

4 결론

① 도로투자사업과 비교할 때 철도사업은 투자비용도 많이 계상되고 전환수요도 승용차 이용수요보다는 대중교통 이용수단 간의 전환이 많은 실정이다.

② 이러한 상황에서 지금까지 타당성 분석은 앞에서 제시된 바와 같이 수요 예측과정의 불합리와 비용편익의 오류로 인한 경제적 타당성에 비해 과소 또는 과대평가되어 온 실정이다.

③ (도시)철도의 경우 경험적으로 판단할 때 현 상태로 경제성 분석을 실시하면 B/C≤1, IRR≤15%, NPV는 ⊖로 예측되어 사회·경제적 타당성이 없는 것으로 측정되는 경우가 많아 정책입안자에게 결정의 어려움을 준 것이 기정사실이다.

④ 이러한 오류에 대해서는 좀 더 많은 연구를 통하여 개선되어야 하며, 재무분석에 있어서도 경제성 평가와 똑같은 오류를 방지하기 위해 개선되어야 하고 특히 수익(Profit)에 있어서는 개발이익환수에 따른 이익이 항목으로 계정되어 올바른 평가가 실시되어야 할 것으로 판단된다.

19 장래 편익 할인

1 개요

① 장래 편익 할인(將來便益割引)은 투자로부터 얻은 편익은 현금뿐만 아니라 그 기업이나 크게 사회 전반에 미치는 편익까지도 포함된다.
② 이들 편익의 종류는 프로젝트에 따라 달라진다.
③ 예를 들어 철도가 그 노선을 단축하기 위해서 터널을 건설한다면 이때의 편익은 터널의 운행비용을 절감하는 것이다.
④ 따라서, 장래의 비용을 할인하듯이 미래의 편익도 할인되어야 한다.

2 장래 편익 할인식

$$C = C_0 + \frac{C_1}{(1+r)} + \frac{C_2}{(1+r)^2} + \cdots\cdots + \frac{C_n}{(1+r)^n}$$

여기서, C : 편익의 현재가치
C_0 : 초기편익
C_1 : 첫 기간 동안의 편익
C_n : n기간 후의 편익
r : 단위기간당 이자율

3 특징

① 편익의 총가치는 그 프로젝트가 서비스 수명에 걸쳐 각 기간 동안에 얻는 편익을 합한 것이다.
② 장래 비용을 할인하듯이 미래 비용도 할인해야 하며 일정사업으로 얻는 편익은 그 시설의 서비스 수명 동안에 얻는 모든 수입이 된다.

20 비용·편익비와 초기연도 수익률

1 개요

① 도로사업을 계획할 때는 건설에 소요되는 비용과 그로 인하여 국가·사회적으로 얻게 되는 각종 편익을 비교하여 투자의 효율성을 판단한다.

② 도로사업의 경제성 평가 지표에는 B/C, NPV, IRR 등이 사용되고, 이 지표 산출에 공통적으로 필요한 자료가 편익(Benefit)과 비용(Cost)이다.

③ 도로건설의 편익에는 양(陽)편익뿐만 아니라 음(陰)편익도 있으므로, 순편익을 측정하여 순비용과 비교할 수 있는 형태로 계량화하는 것이 경제성 분석의 핵심이다.

2 비용

① 공사비, 보상비
② 유지관리비(인건비＋재료비)
③ 교통혼잡비용

3 편익 산출

1. 편익의 특징

① 편익은 그 사업의 영향을 받는 사회구성원 개인의 편익 합계이다.
② 편익은 그 사업에 대한 개인의 지불의사이다.
③ 공공사업 편익은 이윤추구가 목표인 사기업과 달리 다방면에 나타난다.
④ 편익은 간접수혜자에 대한 영향도 포함된 사회적 편익을 의미한다.

2. 계량화 방법

① 도로건설에 따른 환경비용은 일반적으로 대기오염, 수질오염, 소음, 진동, 자연녹지훼손, 생태계파괴, 미관침해 등을 들 수 있다.

② 이들을 모두 고려하는 것은 현실적으로 불가능하므로, 도로건설에서는 대기오염과 차량소음만 고려한다.

③ 도로공사의 경우에는 일반도로건설보다 고속도로건설 후에 대기오염과 차량소음이 더 많이 발생하여, 환경 측면에서 편익은 오히려 감소요인으로 작용된다.

4 비용ㆍ편익비(B/C비)의 계산 예

① 편익으로 비용을 나누어 가장 큰 수치가 나타내는 대안을 선택하는 방법

② 편익비용비$(B/C) = \dfrac{\text{편익의 현재가치}}{\text{비용의 현재가치}}$

③ 예로 건설비가 10억이 소요되고 발생 총편익이 30억이라고 가정하면 다음과 같다.

$$\text{편익비용비}(B/C) = \frac{30억}{10억} = 3$$

④ 따라서, 건설비보다 3배의 편익이 발생

5 초기연도 수익률(First Year Rate of Return, FYRR)

① 사업수행으로 인한 수익이 나타나기 시작하는 해의 수익을 소요비용으로 나누는 방법

② 초기연도 수익률$= \dfrac{\text{수익성이 발생하기 시작한 해의 편익}}{\text{사업에 소요된 비용}}$

③ 예로 건설비 10억이 소요되고 도로개통 첫해에 요금징수가 총 6억이라고 가정하면 다음과 같다.

$$\text{초기연도 수익률} = \frac{6억}{10억} = 0.6\text{이 됨}$$

④ 따라서, 첫해에 건설비의 60%를 회수한 것이 됨

6 편익 산출이 어려운 이유

① 도로건설의 비용은 대부분 사업 초기에 발생하여 산출이 쉽지만, 편익은 장기간에 걸쳐 여러 계층의 사람들에게 영향을 미치므로 산출하기 어렵다.

② 간접편익 가운데 환경비용 편익의 경우 대기오염, 소음ㆍ진동 등의 일부 항목을 계량화하는 연구가 축적되어 비용-편익 분석에 반영하고 있다.

③ 지역개발 효과, 시장권 확대, 지역산업구조 개편 등의 실현을 위해서는 도로사업 이외의 해당 분야에 대한 투자가 병행되어야 하므로 계량화가 어렵다.

④ 간접투자의 구축효과를 도로사업의 편익으로 직접 산정하는 것은 논란의 여지가 있어 포함하지 않는다.

21 환경비용곡선

1 개요

① 경제성장으로 교통량과 교통수요는 폭발적으로 증가하여 환경에 급격한 변화를 초래하게
되었고 이로 인한 사회의 환경에 대한 가치관도 변했다.

② 교통환경으로 인한 환경비용의 경제학적 접근방법이며 차량으로 인한 대기오염, 소음, 진동
등의 피해비용을 합산한 개념이다.

2 특징

① 오염물질로 인한 환경비용은 교통량에 비례하여 증가한다.

② 교통량 1대가 유발하는 한계환경비용은 수평이다.

3 환경비용곡선

① 환경피해방지비용과 환경피해비용을 합한 총 사회적 비용을 그래프로 표현한 것으로, 사회가
합리적인 상태라면 총비용이 가장 최소로 되는 점을 추구

② 아래 그림에서 수평축은 오염배출량을, 수직축은 오염배출행위의 환경피해비용(MC)과 피해
방지비용(MB)을 나타낸다. 사회적 총비용이 최소화되는 점은 Q 수준이다.

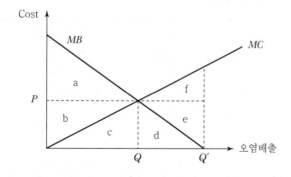

4 결론

① 모든 계획단계에서부터 환경에 대한 충분한 조사와 분석을 수행하여 시간적·경제적 손실을
줄이고 이에 따라 환경비용도 절감되도록 노력해야 한다.

② 환경보전대책 수립으로 모든 환경의 피해를 방지할 수는 없으나 그 피해를 최소화할 수는
있으므로 사전계획 수립이 매우 중요하다.

22 편익의 종류와 산정방법

1 개설

① 도로건설효과는 신설개량에 따른 국가경제, 지역환경, 국민생활에 미치게 될 사회적·경제적 역할을 총괄하는 것으로 도로 이용자가 도로를 이용함으로써 얻어지는 직접효과와 간접효과가 있다.

② 공공투자사업은 투입된 경제적 비용을 초과하는 수준의 경제적 편익을 기대할 수 있는 경우에 타당성이 있다고 할 수 있다.

③ 도로사업의 효과에는 양의 편익만 있는 것이 아니고 음의 편익도 나타나므로 이를 뺀 것을 순편익이라 하며, 순편익을 정확하게 측정하여 경제적 비용과 비교 가능한 형태로 개량화하는 과정이 경제성 분석의 핵심적 요소이다.

2 투자사업 편익측정 기본 원칙

① 총편익은 사회구성원 개개인의 편익 합계임

② 공공사업시행 발생편익은 이윤추구가 기본목표인 사기업과 달리 다방면에 나타남

③ 편익은 총가치가 직접 및 간접 수혜자에 대한 영향도 포함한 편익(즉, 사회적 편익)임을 의미

3 도로사업의 편익 계측항목

편익 구분	편익 항목	계량화 방법	화폐가치화 방법
이용자 편익	• 차량 운행비 절감 • 운행시간 단축 • 교통사고 감소	• 운행비용(원) • 운행시간(시간) • 재물피해액(원)	• 운행비용 • 시간의 화폐가치화 • 재산피해액
비이용자 편익	• 지역개발효과 • 소음 • 대기오염	• 소득의 증대(원) • 지가의 상승(원) • 데시벨 • 오염물 배출량	• 소득 • 지가

4 도로건설의 효과(편익)

1. 직접효과

① 차량 운행비 절감

② 운행시간 단축

③ 교통사고 감소
④ 쾌적성 증대
⑤ 운전자의 피로 경감
⑥ 화물의 손상과 포장비 감소

2. 간접효과

① 토지 이용증대 지가상승
② 생산 및 수송계획의 합리화
③ 공업입지 조건의 분산 확대
④ 자원개발효과
⑤ 도시인구분산효과
⑥ 유통구조의 합리화로 시장권 확대
⑦ 국방, 치안, 방재 등에 관한 효과

3. 경제적 손실 또는 환경영향(악영향)

① 농경지 감소
② 문화재 및 관광자원과 주변 경관 훼손
③ 환경의 악영향
④ 인구의 불가피한 이동
⑤ 공급원 변화는 기존 공급지 손실

5 효과의 산정(계량화)방법

1. 직접효과의 측정

① 차량 주행비 절감
  ㉠ 산정식

$$Sc = \sum_{i=1}^{n} (X_i \cdot \Delta C_i + Y_i \cdot \Delta d_i)$$

여기서, Sc : 운행비절감액
  X_i, Y_i : 대상도로 전환, 전이된 i차종의 교통량(대)
  ΔC_i, Δd_i : 대상도로 전환, 전이된 i차종의 비용절감액(차종별 원/대)

ⓛ 주행비
- 고정비 : 차량감가상각비, 임금, 보험
- 변동비 : 연료비, 윤활유비

② 운행시간 단축

㉠ 산정식

$$S_T = \sum_{i=1}^{n} C_i(X_i \cdot \Delta t_i + Y_i \cdot \Delta q_i)$$

여기서, S_T : 통행시간 단축에 의한 총편익액

C_i : i차종의 절약된 시간가치(원/시간)

X_i, Y_i : 기존 도로 또는 타 교통수단으로부터의 전환, 전이된 i차종의 교통량(대)

Δt_i, Δq_i : 기존 도로 또는 교통수단으로부터의 전환, 전이된 i차종의 단축시간(시/대)

③ **교통사고 감소** : 예측 및 사고감소 개량화가 어려움
④ **쾌적성 증대** : 확실한 방법이나 기준치 없음

2. 간접효과의 측정(정량적 계량방법이 없는 현실)

① 기존 도로의 교통혼잡 완화
② 산업 개발 효과
③ 생산, 수송계획의 합리화
④ 도시인구분산효과
⑤ 자원개발효과

6 경제적 편익측정이 비용산출보다 복잡하고 어려운 이유

① 편익은 장기 예측이 필요함
② 불확실성을 내포함
③ 사업으로 파생되는 편익 중에는 계량화가 불가능한 항목이 대부분
④ 간접효과 파악이 곤란함

7 결론

① 경제성 분석 시 주로 직접효과(차량 운행비, 주행시간)를 대상으로 하고 있으나, 사업의 특성이나 지역 특성을 감안할 때 간접효과가 더 크게 작용하는 사업도 있으므로 간접효과의 계량화에 적절한 모형개발의 필요성이 절실히 요구된다.

② 따라서, 편익측정은 장기간에 걸쳐 여러 계층의 사람들에게 영향을 미치므로 비용 산출이 복잡하고 어려워 정확하게 계량화하여 정량적으로 산출하는 것이 중요하며 경제성 분석에서 풀어야 할 과제이다.

23 VFM(Value for Money)

1 개요

① 고전적으로 상품의 가격은 지출대비 효용이라는 개념으로 돈에 상응하는 가치를 말한다.
② 소비자는 효용 이외도 또 다른 가치라는 개념에 의하여 가격이 형성된다는 것을 VFM이라 하고 도로교통분야에서 VFM을 민간투자 적정성 조사방법론에 이용한다.
③ VFM이란 각 공공사업의 타당성을 재무적 관점에서 검토하는 것으로서, 각 실행대안의 현금흐름을 현재가치로 환산하여 비교 평가하여, 민간투자 사업이 여타의 대안들보다 얼마나 재정부담을 줄 일 수 있을 것인가를 체계적으로 예측·비교하는 것이다.
④ VFM은 대상의 사회기반시설이 동일한 서비스를 제공한다는 가정하에 PSC와 PFI 방식으로 실행할 때의 소요비용(정부 부담금)의 차이를 의미한다.

2 민간투자의 적합성 조사

① 정부실행 대안(Public Sector Comparator, PSC)과 민간투자대안(Private Finance Initative, PFI)이 적합한지를 판단하기 위한 조사를 말한다.

② VFM 분석방법

방법	내용
정량적	PSC 대안과 PFI 대안의 생애주기비용(LCC) 비교 • 특정사업에 대하여 정부가 수행할 경우와 민간이 수행할 경우에 각각 건설, 운영 단계의 LCC를 산출하고 위험조정을 거쳐 현재가치로 환산하여 비교
정성적	• 서비스 질 제고 등의 효과를 평가 • 정부가 서비스를 제공할 경우와 민간이 서비스를 제공할 경우로 나누어 양자의 서비스 질, 파급효과, 사업의 특수성을 절대 비교

③ 적합성 판단
  ㉠ 종합평가방법(다판단기준평가 : AHP기법 이용)
  ㉡ 정량적·정성적 평가 결과를 병렬적으로 종합하여 최종 결론 도출

ⓒ 민간투자사업으로 타당성이 있으면 실행대안 구축을 위한 재무분석으로 이행, PSC(공공부분 실행대안) 제도란 재정사업 방식으로 사업을 추진할 경우에 필요한 사업 관련 비용을 객관적으로 계량화하여, 가상 민간실행 대행에서 정부가 부담하게 되는 비용과 비교하는 방안

③ 민자적격성(VFM) 검토

① 정부실행대안(Public Sector Comparator, PSC)으로 수행할 경우와 민간투자대안(Private Finance Initiative, PFI)으로 수행할 경우의 VFM값을 비교하여 비용 및 서비스 질의 최적조합을 선택하는 과정
② 민간사업 시행 시 정부부담액이 절감될 경우 VFM이 확보되며 VFM이 확보되는 사업만 민간투자사업으로 적격성이 있다고 판단하여 민간투자사업으로 진행

---

24 Project Financing

① 개요

① 은행 등 금융기관이 보증 없이 프로젝트의 사업성을 보고 자금을 지원하는 금융기법. 프로젝트 자체를 담보로 장기간 대출을 해주는 것으로, 프로젝트의 수익성이나 업체의 사업수행능력을 포함해 심사를 통해 결정한다.
② 특정 프로젝트로부터 미래에 발생하는 현금을 담보로 하여 당해 프로젝트를 수행하는 데 필요한 자금을 조달하는 금융기법이다.
③ 프로젝트의 수익성이나 업체의 사업수행능력을 포함해 심사를 통해 결정한다.
④ 자본주로부터 대규모 자금을 모집하고, 사업 종료 후에는 일정 기간에 발생한 수익을 지분율에 따라 투자자들에게 나누어 주는 방식이다.

⑤ 대규모 복합 개발사업이나 사회간접자본시설 등에 널리 이용되며, 부동산 개발 사업에 따른 막대한 소요자금을 안정적으로 제공받을 수 있는 선진금융기법이다.

② Project Financing 특징

① 비소구금융(Non – Recourse Financing)
  ㉠ 해당 프로젝트에 대한 외부의 자금지원이 프로젝트 자체의 현금흐름에 근거한다.
  ㉡ 프로젝트 실패 시 채권의 상환은 프로젝트 자체의 자산 및 현금흐름 내에서 청구한다.
  ㉢ 사업주의 모기업과 법적으로 별개인 독립적인 기업으로 운영된다.

② 부외금융(Off – Balance Sheet Financing)
  ㉠ 독립적인 프로젝트 전담회사에 의해 프로젝트가 수행된다.
  ㉡ 프로젝트의 현금유출이 사업주의 다른 기업의 대차대조표에 나타나지 않는다.
  ㉢ 대외 신용도에 영향을 주지 않는다.

③ 복잡한 계약 및 금융절차로 인해 전문적인 절차 및 문서화가 필요하다.

④ 채권자는 위험을 부담해야 하므로 기업금융에 비해 상대적으로 높은 금융비용으로 금리 및 수수료 등을 지불해야 한다.

⑤ 당사자 간의 위험배분
  ㉠ 사업주는 지분출자 위험극소화하고, 제반위험을 채권자에게 전가하기 위해 외부 재원을 가급적 높이려고 한다(채권자는 반대의 입장).
  ㉡ 양자 간의 협의에 의해서 적정한 위험배분이 이루어져야 파이낸싱의 성공요소가 된다.

③ Project Financing의 구조

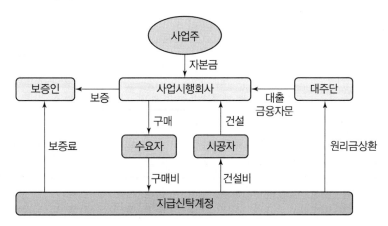

4 기업금융(Corporate Finance)

① 정의

사업을 주관하는 기업의 책임하에(신용도, 보증, 담보) 자금을 조달하는 기법

② 특성

○ 위험성과 사업비가 많은 대규모 프로젝트에서는 적용하기가 곤란
○ 시공비용을 시공사가 사업주에게 요구하는 경우가 많음
○ 시공비용과 P/J 개발비용에 대해 직접금융을 제공하거나 제3기관으로부터 금융을 알선하는 제도 또한 많은 경우에 요구되고 있음

③ 장단점

장점	단점
• 사업주가 금융기관으로부터 제한을 받는 경우도 유망한 프로젝트는 대출이 가능 • 비소구 금융에 따라 사업 위험이 프로젝트 회사로 전가 • 부외금융의 특징을 가지고 있으므로 사업주는 추가부채 부담 없이 사업을 진행할 수 있으므로 사업주의 재무 구조는 현 상태로 유지 가능 • 사업성을 기초로 대출이 이루어져 사업주에 대한 신용 평가 없이 대출금에 대한 상환이 가능해지므로 정보의 비대칭성 문제를 해결할 수 있음 • 위험부담이 커지는 정도에 따라 금리를 상승시킬 수 있으며, 각종 보증이나 보험을 통해 사업위험을 신용 보완기관과 분담 가능	• 위험을 전가하는 대신에 추가되는 금융 비용 부담이 증가 • 위험부담을 위해 다양한 참여 주체가 계약을 통해 금융이 이루어지므로 분담 가능

5 PF와 CF 방식의 비교

비교 내용	Project Financing	Corporate Financing
차주	Project 회사	모기업 또는 Project 회사
담보	Project 현금흐름 및 자산	사업주의 전체자산 및 신용
상환 재원	대주단의 위탁 계좌	차주가 임의로 관리
소구권 행사	모기업은 제한됨	모기업에 대해서도 가능
채무 수용 능력	부외금융으로 채무수용능력 제고	부채비율 등 기존 차입에 의한 제약
여신 관리 제한 규정	부외금융으로 회피 가능	적용됨
사후 관리	사업성패의 중요한 요인	채무 불이행 시 상환 청구권 행사
주 적용 분야	자원개발, SOS 사업, 플랜트 사업 등	일반 사업 부분

6 위험의 종류

① 공사완공 이전 단계
  ㉠ 참가자의 위험 – 재정능력 취약
  ㉡ 공사완공 위험 – 비용초과, 기계작동 실패

② 공사완공 이후 단계
  ㉠ 천재지변 발생위험
  ㉡ 재무위험
  ㉢ 환경위험
  ㉣ 생산, 운영 위험
  ㉤ 법률적 위험
  ㉥ 원료공급 위험
  ㉦ 판매위험
  ㉧ 정치적 위험

7 위험회피 방안

① Project Company 설립과 사업주의 출자

② 기본적 위험회피 방안
  ㉠ 공사완성 위험 : 신뢰성 있는 선도업체 선정
  ㉡ 원료절감 위험 : 신용양호 공급자와 장기계약
  ㉢ 생산운영 위험 : 성과보증, 생산운영보험
  ㉣ 판매위험 : 장기판매 계약
  ㉤ 정치적 위험 : 협조융자보증, 공적 보험

③ 기타 위험회피 방안
  ㉠ 결재 위탁 계정설치
  ㉡ 재무약정 조항
  ㉢ 담보권 설정
  ㉣ 보험금 청구권 양도

8 결론

파이낸싱 투자사업은 다양한 형태의 위험이 발생할 가능성이 있으니 당사자 간의 적절한 배분 및 위험 극복 방법을 강구하고 충분한 보증을 제3자로부터 확보하는 것이 사업성공에 필수적이다.

25 민간투자사업에 대한 추진방식과 활성화 방안

1 개요

① 침체된 경기를 활성화하기 위해서는 투자확대가 필요하나 정부는 재정여력이 부족하고 시중 여유자금이 풍부한 상황에서 시중 여유자금에 안정적인 투자처를 제공하는 것이 민간투자 사업이다.

② 국가 전체 가용재원을 효율적으로 활용하여 경제 활성화를 유도하기 위하여 민간투자방안이 필요하다.

2 민간투자사업의 추진방식

추진방식	내용
BTO (Build Transfer Operate) 방식	준공(신설·증설·개량)과 동시에 해당 시설의 소유권이 국가 또는 지방자치단체에 귀속되며 사업시행자에게 일정기간의 시설관리운영권을 인정하는 방식
BTL (Build Transfer Lease) 방식	준공(신설·증설·개량)과 동시에 해당 시설의 소유권이 국가 또는 지방자치단체에 귀속되며 사업시행자에게 일정기간의 시설관리운영권을 인정하되, 그 시설을 국가 또는 지방자치단체 등이 협약에서 정한 기간 동안 임차하여 사용·수익하는 방식
BOT (Build Operate Transfer) 방식	준공(신설·증설·개량) 후 일정기간 동안 사업시행자에게 당해 시설의 소유권이 인정되며 그 기간의 만료 시 시설소유권이 국가 또는 지방자치단체에 귀속되는 방식
BOO (Build Own Operate) 방식	준공(신설·증설·개량)과 동시에 사업시행자에게 당해 시설의 소유권이 인정되는 방식
BLT (Build Lease Transfer) 방식	준공(신설·증설·개량)한 후 일정기간 동안 타인에게 임대하고 임대 기간 종료 후 시설물을 국가 또는 지방자치단체에 이전하는 방식

3 민간투자제도 정책 추진방향(민간투자사업 기본계획 2016)

① 어려운 재정 여건, 변화하는 경제, 금융 상황을 감안하여 정부와 민간의 협력하에 민간투자사 업 활성화를 적극 추진

② 추진방향

추진방향	내용
새로운 민간투자사업 발굴에 역량 집중	• 신규제안(국가기간망, 환경 및 주민편의시설에 적극적 제안 유도) • BTL 활성화(공공청사 이외에 사업 발굴) • 민, 관 소통 강화(민자활성화추진협의회)
민간투자 유인 제고를 위한 제도개선	• BTL 민간제안을 위한 민투법 개정 • 우선협상자 보상(주무관청 사유로 취소 시 보상) • 설계비 항목 명확화(기본 설계비를 총사업비에 포함)
제도 운영지침 보완을 통한 주무관청, 사업자 부담 완화	• 투자위험 분담방식 보완(세부요령, 재무모델 마련, 실제 사업분석) • 민자 우선검토 보완(민자검토 실익이 없는 사업에 대한 적격성 검토 예외 마련) • 실시계획 승인 시 분쟁, 소송 유발요인 사전 제거
민자사업 행정지원 확대	• 전문기관 육성(KDI, 공공기관, 지방연구원 등 전문기관 지정) • 불필요한 기간을 단축하기 위해 이해당사자 의견청취절차 추가 • 교육 컨설팅 강화
기타	• '16년 민자사업 집행의 적기 추진 지원 • 국내기업의 해외 시장 진출기반 마련 및 국제협력 강화(MOU 체결, 국제회의 참여 : 국제기구의 해외 PPP 논의에 적극 참여, 해외 PPP 제도 연구 : 민자제도 운영 실태 연구 및 해외 진출 성공사례 공유 추진)

4 민간투자 활성화 방안

활성화 방안	세부 내용
창의적인 사업 방식 도입	• BTO-rs, BTO-a 등 제3의 방식 도입 • 정부와 민간이 사업위험을 분담
민간투자 제약요인 대폭 완화	• 공정거래법상 계열회사 편익 제외 • 민간제안 부담 완화 • 신속처리절차(Fast Track) 도입
대상시설 확대	• 민자 우선검토 제도 도입 • 공공청사 등 대상 확대(민간투자법 개정)
정부지원 확대	• 부대사업 활성화 • 토지선보상제도 확대 • 산업기반신용보증기금 보증 확대 • 세제 지원 • 신속한 분쟁해결 지원 • 민자담당 공무원 전문성 제고 • KDI PIMAC 지원 기능 강화
기존 MRG 절감	기존 민자사업 MRG 절감 추진(민자사업에 대한 부정적 인식 해소)
신속한 사업 추진	진행 중인 민자사업 신속 추진(절차단축, 민원해소 등)

⑤ 결론 및 개선방안

① 민간투자방식의 종류에는 BTO, BTL, BOT, BOO, BLT 방식 등이 있다.

② 정책 추진 방향으로는 새로운 민간투자사업 발굴에 역량 집중, 민간투자 유인 제고를 위한 제도개선, 제도 운영지침 보완을 통한 주무관청 사업자 부담 완화, 민자사업 행정지원 확대 등이 있다.

③ 민간투자 활성화 방안으로는 창의적인 사업방식 도입, 민간투자 제약요인 대폭 완화, 대상시설 확대, 정부지원 확대, 기존 MRG 절감, 신속한 사업 추진 등이 있다.

④ 개선방안

　㉠ 민자사업에 대한 패러다임 전환 필요 : 사업비 최소화와 효율 극대화를 위해 금융자본이 중심인 PM(프로젝트 관리) 체제로 전환 필요

　㉡ 일관된 민간투자정책을 위한 투명성 확보

　㉢ 국민, 민간사업자, 정부, 금융기관 모두가 수용할 수 있는 수준의 수익성을 보장할 수 있는 시장성 확보

　㉣ 민간의 창의와 효율성을 극대화할 수 있는 경쟁성 확보가 중요

26 민자유치(SOC)

① 개요

① 국가 전체 가용재원을 효율적으로 활용하여 자국을 최고의 생산과 교역의 기지로 만들기 위해 SOC 시설을 확충하고 있다.

② 이에 따른 국가예산의 한계극복 및 경쟁을 통한 창의와 효율성의 극대화로 민자유치(Social Overhead Capital, SOC)가 필요하다.

③ 여기서는 SOC 시설사업의 민간자본의 도입에 따른 정부의 역할 및 기업체의 역할을 중심으로 기술하고 민자유치에 따른 장애요인 및 극복전략에 대해 기술하고자 한다.

② SOC 시설 확충에 민자유치의 필요성

① 급증하는 SOC 수요에 적극 대처(국가예산의 한계 극복)

② 민간부분의 창의력과 효율적 경영기법 도입

③ 산업의 경쟁력 강화, 국민생활의 편익 증진 및 국토의 균형적 발전

③ 민자유치방식의 종류

① BOT(Build Operate and Transfer)
   민간사업자가 재원조달하여 건설하고 운영 후 소유권 이양

② BT(Build and Transfer)
   ㉠ 민간사업자가 재원조달 건설하고 운영 후 소유권 이양
   ㉡ 정부는 투자비와 적정수입을 지급

③ BOO(Build Own and Operate)
   ㉠ 소유권을 갖고 무한정 운영방식
   ㉡ 대통령이 승인한 사업에만 한정

④ BLT(Build Lease and Transfer)
   ㉠ 완공 후 정부 또는 관련 기관에 소유권 이양
   ㉡ 민간사업자는 임대계약으로 시설 운영

⑤ BTO(Build Transfer and Operate)
   ㉠ 턴(Turn) 방식으로 건설
   ㉡ 소유권을 이양하고 민간사업자는 운영권 소유

⑥ CAO(Cortait Add and Operate)
   ㉠ 정부 소유의 기존 시설에 민간사업자가 시설을 추가
   ㉡ 일정기간 운영권 소유

⑦ DOT(Develop Operate and Transfer)
   ㉠ 민간사업자가 연관사업 개발
   ㉡ 운영한 후 소유권 이양

⑧ ROT(Rehabilitate Operate and Transfer)
   ㉠ 정부 소유의 기존 시설을 정비
   ㉡ 일정기간 운영권 소유

⑨ ROO(Rehabilitate Own and Operate)
   ㉠ 정부 소유의 기존 시설을 정비
   ㉡ 무한정 운영권 소유

4 민간투자제도 정책 추진방향(민간투자사업 기본계획 2016)

추진방향	내용
새로운 민간투자사업 발굴에 역량 집중	• 신규제안(국가기간망, 환경 및 주민편의시설에 적극적 제안 유도) • BTL 활성화(공공청사 이외에 사업 발굴) • 민, 관 소통 강화(민자활성화추진협의회)
민간투자 유인 제고를 위한 제도개선	• BTL 민간제안을 위한 민투법 개정 • 우선협상자 보상(주무관청 사유로 취소 시 보상) • 설계비 항목 명확화(기본 설계비를 총사업비에 포함)
제도 운영지침 보완을 통한 주무관청, 사업자 부담 완화	• 투자위험 분담방식 보완(세부요령, 재무모델 마련, 실제 사업분석) • 민자 우선검토 보완(민자검토 실익이 없는 사업에 대한 적격성 검토 예외 마련) • 실시계획 승인 시 분쟁, 소송 유발요인 사전 제거
민자사업 행정지원 확대	• 전문기관 육성(KDI, 공공기관, 지방연구원 등 전문기관 지정) • 불필요한 기간을 단축하기 위해 이해당사자 의견청취절차 추가 • 교육 컨설팅 강화
기타	• '16년 민자사업 집행의 적기 추진 지원 • 국내기업의 해외 시장 진출기반 마련 및 국제협력 강화(MOU 체결, 국제회의 참여 : 국제기구의 해외 PPP 논의에 적극 참여, 해외 PPP 제도 연구 : 민자제도 운영 실태 연구 및 해외 진출 성공사례 공유 추진)

5 민간투자 활성화 방안

활성화 방안	세부 내용
창의적인 사업 방식 도입	• BTO-rs, BTO-a 등 제3의 방식 도입 • 정부와 민간이 사업위험을 분담
민간투자 제약요인 대폭 완화	• 공정거래법상 계열회사 편익 제외 • 민간제안 부담 완화 • 신속처리절차(Fast Track) 도입
대상 시설 확대	• 민자 우선검토 제도 도입 • 공공청사 등 대상 확대(민간투자법 개정)
정부지원 확대	• 부대사업 활성화 • 토지선보상제도 확대 • 산업기반신용보증기금 보증 확대 • 세제 지원 • 신속한 분쟁해결 지원 • 민자담당 공무원 전문성 제고 • KDI PIMAC 지원 기능 강화
기존 MRG 절감	기존 민자사업 MRG 절감 추진(민자사업에 대한 부정적 인식 해소)
신속한 사업 추진	진행 중인 민자사업 신속 추진(절차단축, 민원해소 등)

6 정부의 역할

1. 사업의 시행 측면

① 민자유치 규모의 적정관리
  ㉠ 도로, 항만 등의 과도한 건설투자를 방지
  ㉡ 제도업 등 타 분야의 투자가 위축되지 않도록

② 민자유치사업의 기본 계획 수립 및 고시
③ 공평하고 투명하게 사업자 선정
④ 실시계획 승인 및 준공 확인
⑤ 시설물소유권귀속 결정과 무상 사용기간 설정
⑥ 부대시설 허용범위 결정

2. 사업의 지원 측면

① 재정 및 금융지원
② 조세 및 각종 부담금 감면
③ 사업자의 채산성 확보를 위한 장치 마련
④ 민간의 창의력과 운영의 효율적 보장
⑤ 정부, 기관, 국민 상호 간의 신뢰관계 형성

3. 사업시행 후 관리 측면

① 사업시행자 업무의 감독

② 필요시 행동조치권 발동
  ㉠ 사업시행자 변경
  ㉡ 공사중지 명령
  ㉢ 공사변경 명령

③ 부실설계 및 부실시공 방지를 위한 제도적인 장치 마련
  ㉠ 기술심위의 사전심사(설계의 타당성, 구조물의 안전, 공사시행 적정성)
  ㉡ 책임감리제 도입
  ㉢ 유지관리 기준 마련

④ 공사이행 보증금 납부 및 연대이행 보증

Road and Transportation

7 기업체의 역할

① 사업계획 수립 신청
　㉠ 시행자 구성, 사업내용, 투자비 내역 및 자본조달계획
　㉡ 무상 사용기간 및 산정계획
　㉢ 시설의 관리운영계획
　㉣ 정부의 지원사항 등

② 실시설계 수립 신청
③ 부실공사 방지를 위한 철저한 설계 및 시공
④ 신기술개발을 위한 R&D 투자 확대

8 개선방안

① **민자사업에 대한 패러다임 전환 필요** : 사업비 최소화와 효율 극대화를 위해 금융자본이 중심인 PM(프로젝트 관리) 체제로 전환 필요
② 일관된 민간투자정책을 위한 투명성 확보
③ 국민, 민간사업자, 정부, 금융기관 모두가 수용할 수 있는 수준의 수익성을 보장할 수 있는 시장성 확보
④ 민간의 창의와 효율성을 극대화할 수 있는 경쟁성 확보가 중요

9 결론

① 민간투자 활성화 방안으로는 창의적인 사업방식 도입, 민간투자 제약요인 대폭 완화, 대상시설 확대, 정부지원 확대, 기존 MRG 절감, 신속한 사업 추진 등이 있다.
② 정책 추진 방향으로는 새로운 민간투자사업 발굴에 역량 집중, 민간투자 유인 제고를 위한 제도 개선, 제도 운영지침 보완을 통한 주무관청 사업자 부담 완화, 민자사업 행정지원 확대 등이 있다.
③ 어려운 재정 여건, 변화하는 경제, 금융 상황을 감안하여 정부와 민간의 협력하에 민간투자사업 활성화를 적극 추진

27 Unit Load System의 기본적인 이해

1 유닛 로드 시스템(KSA 1006 : 포장용어)의 정의

① 화물을 일정한 표준의 중량 또는 체적으로 단위화시켜 일괄적으로 기계를 이용하여 하역, 수송하는 시스템
② 협동일관수송의 전형적인 수송시스템으로서 하역작업의 기계화 및 작업화, 화물파손방지, 적재의 신속화, 차량회전율의 향상 등을 가능하게 하는 물류비 절감의 최적방법(팔레트, 컨테이너를 이용)

③ 유닛 로드 시스템의 3원칙
  ㉠ 기계화의 원칙
  ㉡ 표준화의 원칙
  ㉢ 하역의 최소원칙

2 유닛 로드 시스템의 구성과 특징

① 구성
  ㉠ 팔레트를 이용하는 방법
  ㉡ 컨테이너를 이용하는 방법

② 특징
  ㉠ 팔레트
    • 인건비, 인력 절감, 수송비 절감, 제한된 공간 최대 이용
    • 수송기구의 회전기간 단축 재고조사의 편의성
    • 도난과 파손의 감소 단위포장으로 포장의 용적 감소
    • 화물의 적재효율 향상 MH 시스템에 의한 신속한 수송
    • 과잉 포장 방지 등
  ㉡ 컨테이너
    • 포장비 절약, 육운비 절약, 항만 하역비 절약
    • 보험료 절약, 안전한 수송

③ 유닛 로드 시스템의 전제 조건

① 수송장비 적재함의 규격 표준화
② 포장단위치수 표준화
③ 팔레트 표준화
④ 운반하역장비의 표준화
⑤ 창고보관설비의 표준화
⑥ 거래단위의 표준화

④ 물류 모듈과 유닛 로드화

① 물류시스템에서의 모듈 치수
  ㉠ 포장 모듈 : 포장 화물의 유통 합리화를 위하여 체계화된 포장 치수 계열 KSA1002
  ㉡ 건축 모듈 : 구성재의 사이즈를 정하기 위한 치수의 조직 ISO1006

② 물류 모듈화와 유닛 로드 치수
  ㉠ 유닛 로드 치수의 표준화에는, 트럭, 해상컨테이너 및 화차와의 정합성이 문제
  ㉡ 트럭 : 자동차 너비는 2.5m 이하여야 한다(도로안전법).

③ 각 항목의 검토
  ㉠ 치수 대응성
    • 유닛 로드 시스템의 기본 표준(기준)치수
    • 구조, 치수가 상품 전략상 큰 비중을 차지하여 상품치수의 효율이 표준 팔레트 치수에 비해 떨어진 경우
  ㉡ 시스템 구축
    • 생산, 판매 물류의 3자 관련
    • 현장의 실태를 충분히 파악
  ㉢ 투자 효과
    • 포장비의 감소, 수송사고 감소, 하역비 감소, 수송비 증감
    • 보관비의 증감, 기타의 증감
    • '화주(貨主)'의 방침에 따라 판단의 가부가 결정되므로 '화주물류(貨主物流)' 기업의 리더십이 중요한 요소이다.

5 특성가격접근법(Hedonic Price Approach)

1. 개념

헤도닉 가격방법론은 환경의 질이나 편의성 같은 비시장적 특성의 가치를 간접적으로 추정하는 방법이다.

2. 자산가치법

① 자산가치법(Property Value Approach)

헤도닉 가격방법론의 대표적인 예는 자산가치법(Property Value Approach)이다. 이는 주택 등 자산의 가치가 그 자산을 구성하고 있는 여러 가지 특성에 따라 영향을 받는다는 사실로부터 환경의 질 등 비시장적 가치의 암묵가격을 추정한다.

② 자산가치법의 적용

자산가치방법론은 여러 가지 계량경제학적 방법론을 사용하여 자산가치의 차이가 어느 정도 환경의 질의 차이에 의해 영향을 받는가 하는 점과 사람들이 환경의 질의 개선에 대해 얼마만큼 지불의사가 있는가 하는 점 등을 파악하는 데 적용된다.

③ 적용방안

공해 또는 환경의 질에 따른 자산가치의 변동을 추정하기 위해서 주로 다중회귀분석이 사용된다. 이때 데이터는 주로 크로스 섹션(Cross-Section) 데이터가 시계열데이터의 경우 시간 변동에 따른 변수의 영향을 보정하는 것이 어렵기 때문이다.

자산가치 방법론에서는 다음과 같은 자산가치 방정식을 추정한다.

$$PP = f(PR, \ NH, \ AC, \ EN)$$

여기서, PP : 자산가치
PR : 자산의 특성을 나타내는 변수(예 주택의 경우 크기, 방의 수)
NH : 주변 지역의 특성을 나타내는 변수(예 주택의 경우 범죄율, 학군 등)
AC : 접근도(도로에서의 인접성, 교통시설 이용의 편의성)
EN : 대기질, 소음 정도 등과 같은 환경변수

④ 한계지불의사

자산가치 방정식은 환경변수인 EN으로 미분하게 되면 환경의 한계암묵가격을 구할 수 있고, 균형에서 한계암묵가격은 환경의 질을 한 단위 개선하기 위해 개인이 지불하고자 하는 한계지불의사가 됨

3. 헤도닉 가격방법론의 전제조건

자산가치법과 같은 헤도닉 가격방법론은 시장의 자료를 사용하므로 정확한 추정을 위해서는 분석 대상 시장이 완전경쟁적이어야 한다는 조건이 필수적이다. 왜냐하면 시장이 왜곡되거나 규제상태라면 진정한 가치의 추정이 불가능하기 때문이다.

4. 헤도닉 가격방법론의 문제점

① 헤도닉 가격방법론에서 사용되는 자료는 많은 경우에 있어서 서로 상관관계를 가지기 쉬우며 이는 곧 다중공선성의 문제를 내포한다. 기타 다음과 같은 문제점이 있다.
② 자산가치의 변수에 의해 환경 관련 변수가 영향을 크게 받을 가능성
③ 주택시장의 불균형이 최대지불의사액의 산정에 영향을 미칠 가능성
④ 환경가치가 인식되지 못하는 경우 자산가치에 반영되지 못하고 따라서 추정에 있어서 편의(Bias)가 발생할 가능성

5. 헤도닉 가격방법론이 대기오염 자산가치에 미치는 영향분석

도시	공해의 종류	자산자료연도	공해측정연도	공해 증가에 따른 자산가치의 하락비율
세인트 루이스 (st. Louis)	황화합물 분진	1960	1963	• 1960년 : 0.06~0.10 • 1963년 : 0.12~0.14

28 비용구배(Cost Slope)와 급속점(Crash Point)

1 개요

① 최소비용기법에서 비용구배(Cost Slope)란 공기－비용 그래프의 정상점과 급속점을 연결한 기울기, 즉 작업을 1일 단축할 때 증가되는 비용을 말한다.
② 급속점(Crash Point)은 소요공사기간을 더 이상 단축시킬 수 없는 한계점을 말한다.

2 공사기간과 직접비용의 관계

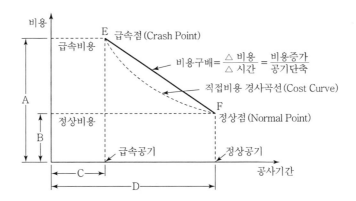

① **급속비용(A)** : 공기를 최대한 단축할 때 비용
② **정상비용(B)** : 정상적인 소요일수에 대한 공사비용
③ **급속공기(C)** : 공사기간을 최대한 단축할 수 있는 가능한 시간
④ **정상공기(D)** : 정상적인 공사소요 기간
⑤ **공기** : 공사기간을 뜻함

3 비용구배의 영향

① 추가비용을 최소화하려면 각 활동의 소요기간과 투입비용 관계를 조사하여 시간－비용의 적정점을 구한다. 이때 활동 완료에 필요한 소요기간을 당초보다 단축하면 비용이 증가한다.
② 공사에 필요한 소요기간을 단축하면 간접비는 감소하지만, 직접비가 증가한다. 반대로, 소요기간이 늘어나면 직접비는 감소하지만, 간접비가 증가된다.
③ 공사기간을 단축하면 활동에 소요되는 직접비는 증가하고 간접비는 감소한다.
④ 따라서 직접공사비와 간접공사비가 균형을 이루는 어느 시점에서 총공사비가 최저비용이 되며, 이때가 최적 공사기간이다.

4 최소비용 공사기간 단축방법(Minimum Cost Expediting, MCX)

① 최소비용 공사기간 단축방법(MCX)은 각 작업의 소요일수와 투입비용과의 관계를 연결·조정하여 최소비용으로 최적공기를 산출하는 공사관리방법이다.
② 지정된 공기 내에 작업을 달성하기 어려울 경우에는 인원투입, 자재증가, 초과근무 등을 실시하여 소요공기를 단축한다.
③ 건설공사 수행 과정에 공사기간을 단축하려면 완공까지의 소요기간과 투입비용의 관계로부터 최소의 추가비용을 산출해야 한다.

④ 건설공사의 소요기간 단축에 필요한 직접비의 증가비용과 간접비의 감소비용을 함께 고려하는 총비용이 최소가 되는 적정점을 찾는 기법을 최소비용 공사기간 단축방법이라 한다.

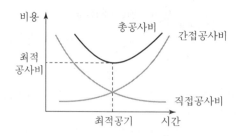

5 급속계획(Crash Plan) 시 직접비용 증가 요인

① 야간작업 등으로 인한 수당 증가
② 기타 경비 증가(공사기간 단축 일수에 비례하여 증가)

6 비용구배 산정예제

작업명	정상계획		급속계획		비용구배
	공기(밀)	비용(원)	공기(밀)	비용(원)	
A	5	120,000	5	120,000	가
B	6	60,000	4	90,000	나
C	10	150,000	5	200,000	다

① A작업은 표준일수와 특급일수가 같으므로 단축이 불가능한 작업이다.

② B작업의 비용구배

$$= \frac{90,000원 - 60,000원}{6일 - 4일} = 15,000원/일$$

즉, 1일 단축 시마다 15,000원씩 비용이 추가되는 것으로 계산한다.

③ C작업의 비용구배

$$= \frac{200,000원 - 150,000원}{10일 - 5일} = 10,000원/일$$

즉, 1일 단축 시마다 10,000원씩 비용이 추가되는 것으로 계산한다.

06

신교통수단 및 교통이론

1 자율주행자동차

① 개요

① 운전자의 별다른 조작 없이 자동차가 스스로 도로환경과 주행환경에 따라 알아서 속도를 내고 제동을 하며 운행을 하는 자동차이다.

② 무인운전이 가능한 자동차는 사람 대신 운전을 하다보니 안전성을 담보하고 안락한 승차감을 만들어 준다.

③ 자율주행자동차가 상용화되면 교통사고 발생률이 2015년 250만 건 수준이었던 교통사고가 2040년에는 70만 건으로 낮아진다고 분석한다.

② 자율주행자동차의 기술단계(원리)

1. 인지단계

① 주변 상황과 정보를 빠르고 정확하게 파악하는 능력을 말한다.

② 자율주행자동차는 인지단계를 통해 GPS와 외부 카메라, 레이더 등을 사용해서 주변 상황을 인식하고 정보를 수집한다.

③ 내비게이션에 장착되어 있는 GPS는 오차가 10~30m 정도이다.

④ 자율주행차 운행에 필요한 오차는 1m이다.

2. 판단단계

① 인지단계에서 습득한 정보를 기반으로 주행 전략을 결정하는 기술이다.

② 자동차가 어떤 환경에 처해 있는지 판단하고 외부 이미지를 분석 후 주행 환경에 맞는 경로를 설정한다.

③ 인지기술과 얼마나 잘 조화를 이루느냐에 따라 자율주행의 완성도가 결정된다.

3. 제어단계

① 본격적인 주행에서 엔진 구동과 주행 방향 등을 제어한다.

② 인지 기술은 사람의 눈과 귀와 같고, 판단 단계는 두뇌라고 한다면 제어단계는 직접 움직이는 팔과 다리의 역할이라고 볼 수 있다.

③ 이처럼 자율주행자동차는 인지와 판단 그리고 제어까지 세 개의 단계를 반복하며 소프트웨어가 자율주행차에 지시를 내리고 자율주행차는 지시에 따라 목적지까지 주행하게 된다.

③ 자율주행자동차의 장단점 비교

1. 장점

① 운전하는 데 있어서 부담감을 줄여준다.

② 특히, 장시간 운전해야 하는 운전자는 운전 대신 휴식을 취하거나 업무, 오락 등을 즐길 수 있다.

③ 운전에 부담이 없어 눈의 피로와 몸의 피로를 경감한다. 그리고 운전 실력이 부족해도 가능하다.

2. 단점

① 가장 큰 단점은 범죄의 위험성이 크다는 것이다.

② 인공지능 프로그램을 누군가가 해킹을 한다면 정말 위험한 상황이 발생할 수 있다.

③ 갑자기 보도에 어린이가 뛰어나오거나, 물체가 튀어 나오는 예상치 못한 일이 발생하게 되면 큰 사고가 일어날 위험이 있다.

④ 일반 차는 어디로 튈지 모르기 때문에 자율주행차를 급작스럽게 막을 수도 있어 걸림돌이 될 수 있다.

⑤ 이에 자율주행이 시행된다면 일반 차의 주행은 제한해야 할지도 모른다.

④ 자율주행은 기술력

자율주행 기술력은 정도에 따라 6단계로 나누고 있다.

① 0단계 : 자율주행기술이 없는 현재 상태로서 운전자가 모든 조작을 제어해야 하는 단계이다.

② 1단계 : 운전자의 편의를 위해 속도와 제동에 관련한 기능이 추가되어 있으나, 모든 기능은 운전자의 선택적인 능동제어가 필요하다.

③ 2단계 : 여러 기능을 혼합하여 만든 안전기술이 속도와 방향을 스스로 제어해 자동차와 운전자를 좀 더 많은 범위에서 보조하는 수준이다.

④ 3단계 : 현재 많은 자동차 업체들이 테스트를 하고 있는 단계로서 운전자의 도움 없이 교통신호와 도로의 흐름까지 인식하여 스스로 운전하는 수준이다.

⑤ 4단계 : 차량이 스스로 안전한 주행이 가능한 수준에 도달한 단계라고 할 수 있다. 현재 구글과 테슬라 등 자율주행 선도 기업들이 시험주행을 하며 연구하고 있다.

⑥ 5단계 : 사람이 운전을 하지 않아도 되는 완벽한 자율주행 단계로서 자율주행뿐 아니라, 인공지능 비서, 건강체크, 자동차와의 대화까지 가능하다.

5 일자리 창출

① 자율주행 지원 소프트웨어 개발
② ADAS, 영상처리/인식, 딥러닝, 정밀지도
③ 차량용 라이다센스기반 자율주행시스템 개발

6 보완점

① 범죄를 목적으로 해킹 등에 대한 대비가 없으므로 이에 대한 연구가 시급하다.
② 자율주행자동차는 모든 시스템이 전자로 구성되어 차량고장 시에 대한 대책이 아직 미비하다.

7 결론

① 자율주행 도입의 목적이 교통사고 및 사망자를 줄이는 것이므로 무인 주행이 대다수를 차지하게 되면 아무래도 직접 자동차를 운전하는 것이 금지될 수 있다.
② 해커들이 단순히 개인정보를 훔쳐보는 수준을 넘어서 엔진과 트랜스미션까지 제어한다면 상당히 심각한 문제를 일으킬 수 있다.
③ 대다수가 무인 주행이다 보니 교통체증과 사고율이 줄어들고, 출퇴근하는 사람들은 지각하게 되면 변명이 어렵다.

2 나비효과(Butterfly Effect)

1 개요

① 서울 상공 위를 나는 나비의 날갯짓이 북아메리카 대륙에 허리케인을 불러일으킬 수도 있다. 이것을 기상 과학자들은 나비효과(Butterfly Effect)라고 한다. 작은 파장이 결국에는 엄청난 결과를 가져온다는 것이다.
② 도로 위를 달리는 차량의 움직임 속에서도 나비효과가 나타난다. 가령, 도로를 일정속도로 운전하는 중 전방에 사고 발생으로 급정지하였다. 이로 인해 뒤따르던 차량 역시 앞차와 충돌을 피하기 위해 정지해야 한다. 마찬가지로 뒤따르던 여러 대의 차량 역시 정지를 하게 된다. 이러한 현상이 계속 전파되는 것이 나비효과이다.

2 나비효과의 지칭 배경

① 기상과학자들이 나비효과라고 부르기 시작했다.
② 나비처럼 불특정하게 많은 요소들의 움직임을 파악할 수 없다.
③ 날씨 예측도 나비처럼 예측하기 어렵다는 뜻이다. 그래서 날씨를 카오스라고 한다.
④ 차량의 움직임도 카오스(Chaos, 혼동)적 특성을 나타낸다고 본다.

3 나비효과 원인

① 브레이크 작동으로 일정 시간 파장현상 　② 습관적인 차로 변경과 끼어들기
③ 차량간격이 좁을 경우 　　　　　　　　　④ 도로상태가 불량한 경우
⑤ 날씨가 나쁜 경우

4 충격을 줄이는 방법

① 홍보나 교육을 통한 습관적 차로변경 교육 ② 차로변경과 끼어들기 줄이기
③ 차량과 차량 사이에 일정 간격 유지 　　　④ 차량의 과속, 난폭운전 삼가
⑤ 도로관리청의 유지관리 철저 　　　　　　⑥ 유고 시의 안내체계 및 대처 신속
⑦ 강설, 강우 시에 차량안전장비 점검 　　　⑧ 안개 시에 안개등 작동

5 나비효과에 따른 손실

① 차량의 혼잡 및 교통용량 감소 　　　　　② 교통사고로 인한 인명피해
③ 차량의 지체로 시간적 손실 　　　　　　　④ 사회적 비용 낭비

6 나비효과의 응용 범위

① 사고지점과 병목지점의 대기행렬 분포 　② 위빙에 따른 지체현상
③ 램프접속에 따른 차량대기 현상 　　　　　④ 신호교차로의 대기행렬 분포

7 결론

① 한 차량의 갑작스런 브레이크 조작 때문에 뒤따르던 차량이 브레이크 후미등이 순차적으로
켜지는 것과 같이 충격파가 생성되어 전파됨을 알 수 있다.
② 운전자가 앞차와의 간격을 충분히 유지하고 여유를 가지고 운전에 임하면 이런 현상을 줄일
수 있다.

③ 갑작스런 차로변경이나 끼어들기를 습관적으로 하는 운전자들은 그런 행위가 얼마나 위험하고 추가 지체시간을 초래하여 사회적 비용의 손실을 유발함을 명심해야 한다.

④ 해마다 명절이면 도로상의 지체현상을 많이 볼 수 있다. 운전자 스스로 나쁜 습관을 고친다면 평소보다 훨씬 통행시간을 단축시킬 것이다.

⑤ 도로관리 기관에서도 보다 체계적이고 첨단화된 장비 등으로 유고 시와 악천후 등에 대비해야 할 것이다.

3 교통진정(Traffic Calming)

1 개요

① 교통진정(Traffic Calming)이란 교통개선사업(TIP)에 쓰이는 교통류의 진정방법으로 차량의 속도를 줄이거나 교통사고를 방지하기 위한 도로관리법이다.

② 주로 단지 내 도로에 적용되며 설계속도 및 주행속도가 낮은 지역에 적용된다.

③ 통과교통량이 비교적 적은 지역에 적용하여야 하며 이로 인하여 차량의 지체가 발생하면 안 된다.

2 교통진정(Traffic Calming)의 실례

① 단지 내 통과교통을 줄이기 위하여 직선 대신에 부채모양의 도로형태를 설계

② 단지 내 험프(Hump) 및 볼라드(Bollard) 설치

③ 여러 가지 시설물, 표지판 등으로 교통류 안내

3 외국의 경우

① 일본
  ㉠ 도로공학적 측면에서 합리적 설계
  ㉡ 지그재그형 도로

② 미국 테네시주
  ㉠ 미국 테네시주의 내슈빌시에서는 최근 한 주거지역 내 도로에서 차량과속을 억제하는 교통진정(Traffic Calming)기법을 적용하여 시행 중이다.

ⓛ 이 도로는 이 지역을 관통하는 통과차량으로 인해 첨두시에는 교통 혼잡, 비첨두시에는
차량의 과속으로 인해 주거환경이 악화되고 있는 상황이었다.

ⓒ 시당국은 주거지역 내 교통환경 개선을 위해 사용되는 다양한 교통진정기법 중 해당
도로구간을 지그재그 형태로 바꾸고 노상주차를 엇갈려가면서 양방향에 모두 허용하는
'Lane Shifting With Alternating Parking' 기법을 선택하여 이 도로구간에 적용하였다.

ⓔ 이러한 기법은 2년여에 걸친 다양한 대안 검토 및 실제 적용 등을 통해 도출되었으며,
주민들은 최근의 시행결과에 대해 긍정적인 반응을 보이고 있다.

ⓜ 시관계자는 유사한 문제점을 갖고 있는 타 지역에도 해당 지역에 적합한 교통진정기법을
적용할 계획이라고 밝혔다.

4 우리나라의 경우

① 부채꼴 유선형을 모방하여 유선형 도로 설계 : 덕수궁 길
② 시차를 두어 지구 내 도로의 볼라드 설치
③ Hump 또는 Image Hump를 설치
④ 주간선도로로 빠져나가는 차량들을 지구 내 도로로 직접 내보내는 것이 아니라 집분산도로에
설치
⑤ 지구 내 통과교통의 배제
⑥ Bollard : 도로 중앙에 위치한 안전지대의 보호주

5 결론

① 교통진정지구로 결정되면 일방통행제의 타당성을 전면 검토하고 원활한 교통소통 방안을
비롯해 주차난 해결 및 도로구조 개선, 안전시설물 확충방안이 마련된다.
② 지구 내 교통구조개선이 우선적으로 이루어지며, 교통 여건이 획기적으로 개선될 것으로
기대된다.

4 첨단교통관리체계(ITS)

1 개요

① 교통공급에 의존하기보다는 교통시설 이용 효율성을 극대화하는 교통정책으로의 전환이 요구된다.

② 교통체계개선, 교통수요관리 등 다양한 교통정책 추진이 요구된다.

③ ITS(Intelligent Transportation System)는 교통체계의 효율성 및 안전성 제고를 위해 기존 교통체계의 정보, 통신, 제어 등 첨단기술을 접목시킨 첨단교통체계이다.

④ ITS는 교통시스템에 첨단의 전기, 전자, 정보통신, 자동차기술을 적용하여 날로 심각해지는 교통문제를 효과적으로 해결하기 위한 방안의 일환으로 개발되었다.

⑤ ITS에는 ATIS, ATMS, AVHS, APTS, CVO 등에 의해 중앙제어센터에서 처리 가공하여 유무선 통신을 이용하여 단말기, 교통방송, PC통신, 전화 등으로 차량운전자 및 이용자에게 정보를 전달하게 된다.

2 첨단교통체계(ITS)의 주요 내용

1. 첨단교통관리시스템(Advanced Traffic Management System, ATMS)

첨단교통관리시스템이란, 도로에 차량속도, 지체상태, 차량 특성(차량의 각종 교통정보)을 감지할 수 있는 장치를 설치하여, 도로교통 상황을 실시간(Real Time)으로 분석하고 이를 토대로 도로교통관리와 효율적인 최적신호체계를 구현하여, 여행시간 측정, 교통사고 파악, 통행요금 징수, 과적차량 단속 등의 업무를 자동화하는 체계임

① 시가지 도로교통 관리체계   ② 지방부 도로교통 관리체계
③ 통합교통 관리체계   ④ 주행차량 자동인식체계
⑤ 주행차량 자동계중체계

2. 첨단교통정보시스템(Advanced Travel Information Systems, ATIS)

교통여건, 도로상황, 교통규제상황 등 정적 및 동적인 교통 관련 정보를 FM 다중방송 또는 차량에 정착된 모니터 등을 통해 운전자에게 제공하여, 출발지에서 목적지까지의 최단경로와 소요시간, 주차장 상황 등 운전자가 필요로 하는 정적 및 동적 교통정보를 신속, 정확하게 제공하여 차량의 안전, 원활, 쾌적한 이동을 지원하는 체계임

→ 교통정보 안내체계, 최적경로 안내체계

3. 첨단차량 및 도로시스템(Advanced Vehicle and Highway Systems, AVHS)

차량에 고성능의 센서(전방 교통상황 인식, 장애물 인식 등)와 자동제어장치를 부착하여 운전을 자동화하며, 도로상에 지능형, 통신시설을 설치하여 비충돌 일정간격 주행으로 교통사고를 예방하고 도로소통의 능력을 증대시키는 고속화된 차세대 도로체계 및 차량제어시스템임

① 차세대 도로체계
② 차두 간격 자동제어체계
③ 무인 자동운행체계

4. 첨단물류관리체계(Commercial Vehicle Operation, CVO)

① 화물차, 버스, 택시, 긴급차량 등의 생산성을 높이며 이들 차량이 안전하고 효율적으로 운영될 수 있도록 함
② 차량의 위치를 자동으로 센터에서 알 수 있도록 하는 자동차량위치시스템이나 통행료를 자동으로 부가하는 자동차량인식시스템 등을 통하여 교통흐름을 개선하고 배차 등을 적절하게 조절함
③ 화물정보센터에 설치된 컴퓨터로 화물차량의 위치 및 운행상태를 관제실에서 자동파악하고 실시간으로 최적운행을 지시함으로써 물류비용을 절감하여 국가경쟁력을 증진시키며 이용자의 편익을 극대화시키는 시스템임

5. 첨단대중교통체계(Advanced Public Transportation Systems, APTS)

APTS는 ATMS, ATIS, AVHS 기술을 이용하여 대중교통수단의 운영을 개선시키는 것으로 대중교통수단 이용자에게는 통행스케줄 및 비용, 환승정보 등을 알려주고, 대중교통수단 운전자에게는 도로상황정보 등을 제공하여 운영효율을 극대화시키는 시스템임

① 대중교통수단의 배차관리
② 운행시간의 단축
③ 버스노선의 관리

③ ITS 도입의 필요성과 목적

1. ITS 도입의 필요성

① ITS는 21세기 정보화 시대에 부합되는 교통체계로서 도로이용 효율을 극대화하고 안전성 제고, 운전자를 포함한 국민 개개인에게 최대의 편익을 제공한다.

② 교통 수급상의 불균형으로 인하여 교통문제가 심화되고 있으나 재원의 한계성 때문에 지금까지의 시설공급만으로는 교통문제 해결에 한계가 있다.

③ 교통시설이 부족하여 운영 효율화보다는 시설 확충에 보다 많은 투자를 해야 할 시기이지만 재원의 한계성 등으로 인하여 첨단교통체계 구축을 전제로 한 시설공급정책을 수립할 필요가 있다.

④ 교통문제 해결을 위해서도 중요하나 관련 산업의 국가 경쟁력 제고를 위해서도 중요하다.

2. ITS 구축의 목적

① 실시간 교통정보로 교통관리를 최적화하고 교통신호제어와 진입억제책을 이용하여 도로이용 효율을 극대화

② 도로와 차량, 차량 간의 신속한 정보 교류를 통해서 원활한 교통류를 유지하고 충격파를 방지하여 교통사고의 감소를 유도

③ 교통체계의 효과 증진으로 경제성 제고와 관련 산업의 보강으로 직접적인 경제활동증진 기대

3. 도입 시의 기대 효과

① 교통소통 증진 및 교통체증 비용 감소, 교통사고 감소

② 효과적 교통수요관리 및 교통규제를 위한 기반기술 제공

③ 실시간 교통정보의 자동제공으로 통행의 편의성 및 안전성 제고

④ 통행시간 단축으로 에너지 절감 및 생산성 증대

⑤ 고용창출 및 관련 기술 발전, 관련 산업의 국가경쟁력 제고

4 국내동향 및 개발방향

1. 국내동향

① UTCS 1980년에 처음 도입 → 1991년 첨단신호제어시스템이 개발되어 96년부터 설치

② FTMS 1992년부터 설치 운영 중

③ 민간기업의 GPS를 이용한 차량항법체계, 자동차량인식시스템, 화상정보감지시스템이 개발 중

2. 개발방향

① UTCS와 FTMS는 개발 초기단계로서 향후 지속적으로 기능 추가, 보완, H/W 개선 등이 요구됨
② 통합시스템기술, 알고리즘기술, 자동차제어기술 개발
③ 차량항법체계
④ 국가 ITS 기본계획 수립과 조직적 기술 투자

3. ITS의 목표

① 교통 혼잡 완화
② 여행자 서비스 개선
③ 안전성 제고
④ 국가산업 경쟁력 강화
⑤ 대기오염 저감 및 에너지 효율성 제고
⑥ 지능형 교통체계 관련 산업의 발전

5 결론

① ITS는 ATMS, ATIS, APTS, CVO, AVHS 등으로 구성된다.
② 이들 시스템 간에는 상호 공통되는 요소, 즉 정보 및 기반시설의 공유체계가 이루어져야 한다.
③ 정보의 공유체계로 정보의 수집, 제공의 효율성을 증대시켜야 한다.
④ ITS의 효율성을 극대화하기 위해서는 정부기관, 민간업계, 학계, 연구기관 간의 긴밀한 협조체계가 이루어져야 한다.

5 첨단차량 및 도로체계(IVHS)

1 개요

IVHS(Intelligent Vehicle Highway System)란 도로에 전자통신망, 비디오 감시시설, 원거리 교통제어시설 등을 설치하고, 이를 이용하여 차량의 원활한 소통을 도모하여 궁극적으로 교통사고의 감소와 차량의 신속한 통행을 유도하는 시스템이다.

② IVHS의 종류

① 첨단교통관제시스템(ATMS)
  ㉠ Real Time 작동
  ㉡ 교통류 변화에 따른 교통통제(O-D에 따라 정보수집 및 통제)
  ㉢ 광범위한 통제와 감시체계
  ㉣ 여러 관리기능을 통합한 시스템(교통정보, 수요관리, Ramp Metering)
  ㉤ 신속한 사고처리 능력

② 첨단 통행자 정보제공체계(ATIS)
  ㉠ 혼잡노선과 대안노선, 목적지까지의 통행노선, 도로상태에 대한 정보를 차량에 장착된 시설을 통해 운전자에게 전달
  ㉡ ATIS를 이용하기 위해서는 차량, 관제소 간의 통신시설이 필요
    • 전파이용 통신구역시스템(Celluar System)
    • 통신시스템
    • 적외선, 극초단파, 저전력 소비형의 통신시설을 갖춘 도로변의 비콘(Beacon) 필요

③ 상용 차량운영(CVO)
  상용 차량운영에서 생산성, 안정성을 향상시키는 데 적용

④ 첨단차량제어시스템(AVCS)
  차량의 주변 환경 변화에 대한 정보와 경고음 발생, 차량 조종 등으로 교통안전성 향상과 교통용량을 크게 증대시키는 역할, 즉 차량 순항 조정과 차선유지시스템에 이용됨

③ IVHS의 효과

1. 현대의 교통혼잡 문제, 장래 급격한 통행량 증가에 따른 심각한 교통 혼잡에 대한 대책으로 첨단 기술을 이용

2. IVHS가 영향을 미치는 분야
  ① 교통운영 분야
    ㉠ 목적 : 정확한 실시간 정보이용으로 수송서비스의 질적 향상과 교통류와 각 차량의 제어능력 향상
    ㉡ 적용 : 정확한 노선 선택을 위해 출발지와 목적지의 현재 교통상황 자료를 이용하여 교통 혼잡이 발생할 시점과 장소를 예측하여 운전자에게 적절한 노선 제공

② 교통안전 분야

    ㉠ 목적 : 기존의 도로 안전개념 → 사고 시 사고의 치명도를 완화시키는 데 주안점을 둠

        IVHS에서의 안전개념 → 사고방지

    ㉡ 적용 : 사고 발생으로 인한 교통장애를 미리 운전자에게 알리고 갑작스런 사고로 인한 여파를 감소시키는 데 이용(운전자가 서로 장소를 피하여 다른 도로나 교통수단으로 전환할 수 있도록 하여 대기차량의 수를 줄이고, 갑작스런 사고의 방지와 평상시 상태로의 신속한 전환)

③ 생산성 분야

    ㉠ 여러 개의 차량을 통제하는 곳에서 활용

    ㉡ 화물차량 운영자들은 차량이 어디에 있고 통행에 얼마만큼의 시간이 걸리는지 알 수 있으므로 각 차량에게 최적의 통행노선을 알려줄 수 있고, 이로써 차량운영의 효율성을 높일 수 있다.

    ㉢ 화물운송업체 간의 협조가 원활하다면 해상과 육상운수업체들의 연계성을 높여 생산성을 높일 수 있다.

4 차량항로시스템

차량 운행 중에 차량의 위치를 파악하는 시스템

1. 독립항로시스템

외부의 도움 없이 차량에 장착된 시스템만으로 운영되는 시스템으로서 차량 내부의 장비설치 비용이 크다.

① 단순방향시스템 차량의 이동방향, 속도로부터 좌표 산출 → 목표지점 좌표와 비교한 후 진행

② 전자지도시스템 CD-ROM에 저장된 전자지도를 이용하여 목적지에 도달하는 방법

③ 노선안내시스템 실시간 교통정보를 이용하여 최적노선선정 알고리즘을 이용

2. 의존항로시스템

외부시설로부터 정보를 입수하는 시스템이다.

① 전파항로시스템

    ㉠ 인공위성을 이용, 항공기와 배의 운항에 주로 이용

    ㉡ 전파 이용으로 지형지물에 영향을 받는다.

② 비콘항로시스템

㉠ 일정 간격으로 설치된 자동송신기 이용, 각 비콘마다 고유 정보를 송신

㉡ 비콘시설과 중앙컴퓨터 연결시설 필요, 비용이 가장 크다.

5 결론

① 현재 IVHS 시설을 이용하고 있는 첨단기술의 발달과 제품의 저렴화로 독립시스템을 갖춘 항로시스템과 노선안내시스템이 많이 연구되고 있다.

② 시스템 구축으로 인한 장점

㉠ 교통 혼잡의 완화와 지체, 공기오염, 연료소모의 감소효과가 크다.

㉡ 차량에 장착된 첨단장비를 활용하여 사고 감소, 인명과 재산의 보호에 큰 효과가 있다.

㉢ 노약자도 컴퓨터 도로망 정보를 이용하여 손쉽게 운전할 수 있다.

6 VMS(Variable Message Sign)

1 개요

① ITS 장비 시설 중 하나인 VMS(Variable Message Sign)는 이미 국토교통부, 경찰청, 도로교통안전관리공단 등에서는 시설을 구축하여 사용 중이다.

② VMS는 운전자들에게 도로 및 교통 상황, 교통사고, 공사정보를 제공함으로써 혼잡 완화 및 안전성 제고 등을 목적으로 설치한다.

③ 특히, VMS는 본선 및 우회도로의 교통정보 제공을 통한 운전자들에게 경로 선택권을 부여하고, 균형 있는 교통량 배분을 통해 도로의 효율적인 이용을 도모한다.

2 ITS 장비시설

① VDS(Vehicle Detection System) : 차량검지기

㉠ 교통량, ㉡ 속도, ㉢ 점유율

② AVI(Automatic Vehicle Identification) : 자동차량인식장치

㉠ 차량 검지, ㉡ 차량 인식

③ VMS(Variable Message Sign) : 도로전광표지

    ㉠ 휘도, ㉡ 빔폭, ㉢ 색상, ㉣ 균일성

④ CCTV(Closed Circuit Television) : 육안에 의한 검지기

3 VMS가 제공하는 교통정보

① 본선 VMS

    ㉠ 도로의 상태, 교통상황 등 본선 소통 제공

    ㉡ 주변 도로의 정보 제공

    ㉢ 기타 정보 제공

② 주변 도로 VMS

    ㉠ 주변 도로의 주요 지점에 VMS를 설치하여 본선의 소통정보를 제공

    ㉡ 경로 선택권 부여

    ㉢ 차량 우회 전략 구사

4 VMS 설치지점

① 본선 VMS

    ㉠ 직광 또는 역광에 의한 판독성 저하 지점 제외

    ㉡ 직선구간에 설치

    ㉢ 정보판독 시간 확보

    ㉣ 반복정체 발생

    ㉤ 구간 전방 중 차량 우회 유도가 가능한 지점

② 주변 도로

    ㉠ 진입 연결로 부근에 차량 우회가 가능한 지점

    ㉡ 주변 지장물의 영향을 최소로 할 수 있는 지점

5 도시부 주간선도로 교통정보제공 시스템

1. 기능 체계

    ① 교통정보 수집, 가공

    ② 각종 검지체계

③ 도시부 주간선도로 신호제어시스템 자료
- ㉠ 정보 제공 → 도로전광표지(VMS) 등을 이용 전달
- ㉡ 정보 제공용 시설물의 동작, 상태 Monitoring → 유지 · 관리

2. 설치 위치

① 반복 또는 비반복적 정체가 상시 발생하는 지점
② 시경계 폐쇄선(Cordon Line) : 연결도로 중 우회도로가 있는 지점
③ 시내 Screen Line
④ 교통 혼잡 특별관리구역과 각종 주요 시설물 연결도로
⑤ 교통량 분산이 기대되는 주요 우회지점
⑥ 병목이나 사고가 많은 지점의 상류부

⑦ 교통 혼잡이 빈번하여 민원의 대상이 되는 지점
- ㉠ 기존 시설의 방해 및 상충되지 않는 지점
- ㉡ 충분한 판독거리를 제공
- ㉢ 시야 방해 장애물이 없는 지점

3. 시스템 구성

① 센서(Sensor)
- ㉠ 교통정보 취득
- ㉡ 교통상태 분석 및 대기행렬 길이 산출
- ㉢ 교통소통상태, 주행상태 파악

② 도로전광표지
- ㉠ 현 교통상태 정보 제공
- ㉡ 교통혼잡 및 우회도로 정보 제공
- ㉢ 기상, 생활정보 제공(Probe Car, Beacon)

7 AVI(Automatic Vehicle Identification)

1 개요

① AVI는 주행 중인 차량을 자동으로 인식하는 시스템이다.
② 현재 국내에는 번호판 자동인식을 통한 자동단속 시스템에 주로 이용한다.
③ 또한 한국도로공사에서 ETC 시스템인 'Hi-pass'가 운영 중(OBU 탑재)이다.

2 장단점

① 자동적으로 날짜(Date)를 인식하여 처리함으로써 관리인력 최소화 기능
② 개인의 신상에 대한 침해 논란이 있으므로 철저한 관리가 필요

3 자동번호판 인식체계 – 현재 VDS 적용 방식

① 영상정보 수집 – 야간 악천후 시 판독 곤란
② 신규 차량 입력
③ 번호판 영역 추출
④ 날짜(Date)의 추출(숫자, 문자)
⑤ 필요한 경우 차량 조회(VES의 경우)
⑥ DB 저장

5 OBU 탑재 방식 – 현재 ETC 적용 방식

① 자동번호판 인식체계에 비해 시스템이 복잡 – 차량과 인식장치 간 통신 필요
② 'Hi-pass'의 경우 최대 시간당 1,800대까지 처리 가능
③ 기후에 관계없이 인식 가능

6 활용 방안

① 두 지점의 AVI 장비 이용 시 구간 통행속도 파악이 가능
② 도입이 확실시되는 혼잡통행료 징수 시 활동 가능(London의 경우 번호인식시스템)
③ 빠른 시간 내 ETC 시스템 도입도 중요하지만 개인의 사생활 보호를 위한 대책방안이 마련되어야 할 것임

8 VDS(Vehicle Detection System)

1 설치 목적

① 속도위반차량 무인단속체계는 교통사고 방지 및 교통흐름의 원활화를 도모
② 목적
③ 사고예방
④ 과속방지 및 적정속도 유지
⑤ **효율적인 단속체계 구축** : 업무 자동화, 24시간 단속
⑥ 교통흐름의 원활화로 도로망 효율성 증진

2 VDS 설치지점

① 곡선부와 내리막 경사가 혼합되는 곳
  ㉠ 곡선도로 전방 100~300m
  ㉡ 내리막도로 종점 100~300m

② 차로변경이 많고 주행속도가 균일하지 않은 지점
③ 과속과 관련된 교통사고 위험도가 높은 지점
④ 규정속도 위반 차량이 많은 지점
⑤ 유·출입 교통수요가 많지 않은 곳
⑥ 과속, 소음으로 민원이 자주 발생하는 지점(특히 야간)

3 VDS 설치 시 효과

① 1998년 국내의 경우 사고율 20% 감소, 사망률 40% 감소
② VDS 설치 후 평균주행속도가 감소하고, 속도 분산이 감소함

4 지점단속의 문제점 및 개선방안

① 단속지점 전후방에서 과속주행이 일상적임

② 단속지점 전방에 급제동, 급차로 변경 등 발생
  ㉠ 단속예고 표지판 및 더미박스(Dummy Box)의 추가 설치
  ㉡ 무인카메라 예고표지 설치 의무화 및 Camera 앞에서의 감속운행 형태를 고려, 감속 영향권 확대 시행

ⓒ 구간 단속체계 도입 : 하류부 VDS와 상류부 VDS 연동으로 사용 가능한 단속체계 도입 검토

ⓐ 이동식 단속체계와의 효율적 연계 필요, 사각지대 보완 측면에서 이동식 단속

9 CVO(Commercial Vehicle Operation)

1 개요

① 첨단교통체계(ITS)에서 차량운영(Commercial Vehicle Operation, CVO)에 관련된 사항이다.

② ITS는 ATIS, ATMS, AVHS, APTS, CVO 등에 의해 중앙제어센터에서 처리 가공하여 유무선 통신 등을 통해 차량운전자에게 정보가 제공된다.

③ 화물운송회사의 경우 상품의 구매자에게 신속하게 One-Stop-Service를 제공하기 위한 시스템이다.

④ 모든 차량 간의 위치정보, 시간, 스케줄 정보를 실시간으로 제공해주는 시스템이다.

2 정보체계

① 차량의 현재 위치 정보 파악

② 적하 정보의 전달 및 관리

③ 차량 중량의 자동계측

④ 차량화물 또는 여객의 공차관리체계

⑤ 통합교통 관리체계

⑥ 주행차량 자동인식체계

3 서비스 효과

① 차량의 배차관리 서비스

② 화물 및 차량의 위치를 추적, 관리

③ 공차율 최소화, 효율적인 배차관리 수행

④ 위험물 차량 관리 서비스

  ㉠ 위험물 적재 차량을 추적, 관리

  ㉡ 교통사고 등 조난 시 자동조난신호 발신, 신속한 사고처리체계 구축

④ 구축의 목적

① 국가 종합 물류 정보망과 연계
② 신속한 통관 등 행정업무의 효율화
③ 화물의 원활한 유통과 물류비용 절감, 분산된 물류체계의 통합을 위함이다.
④ 실시간 교통정보로 화물관리, 교통관리 등을 최적화하고 이용효율을 극대화하기 위함이다.
⑤ 국가산업의 경쟁력 강화와 대기오염 감소 및 에너지 효율성 제고를 위함이다.

⑤ 결론

① CVO는 심각한 교통문제와 첨단물류관리체계(승객 및 화물차량)의 효율적인 관리를 위한 방안의 하나로서 기존의 교통운영체계를 크게 발전시키는 주요 첨단사업이다.
② 화물수송 등의 정시성 확보와 자동화물적재처리, 위험물 운반, 차량관리에 의한 안전성 제고, 화물차량의 위치, 운행상태 등의 정보 제공으로 심각한 교통문제와 효율성 증대를 위해서는 반드시 필요한 첨단사업이다.

10 FTMS 구성요소

① 개요

① FTMS는 고속국도상에 '이상검지시스템, 도로교통관리시스템, 유입 Ramp제어시스템' 등을 통합하고 전자, 통신, 컴퓨터 등을 이용하여 정보전달 기능을 한다.
② 이러한 고속국도관리시스템을 구성하는 여러 가지 요소들을 살펴보고 FTMS가 지니는 기대효과 및 향후 과제 등을 간략하게 살펴보고자 한다.
③ FTMS(Freeway Traffic Management System) : 도로교통관리시스템

② 본론

1. FTMS 주요 구성요소

① 램프미터링(Ramp Metering)
ㄱ 상시 램프미터링(Pre-Time Ramp Metering) : 사전에 Metering 신호주기를 결정하여 Ramp 유입량을 조절하는 것
ㄴ 교통반응 램프미터링(Traffic Response Ramp Metering) : 정지기를 이용하여 본선

교통량에 따라 가변적으로 Ramp 유입량을 조정하는 것

ⓒ 램프통합제어 시스템(Ramp System Control)
- Ramp 상하류뿐만 아니라 고속국도 전 구간의 서비스 수준을 판단하여 조절하는 것
- 다인승 전용 차량(HOV) 우선진입방안 검토(Ramp 유입부에 HOV 지점 실시 → 고속국도 Ramp를 2차로 운영, 우측 차로는 HOV 차로임)

② 유고관리시스템
순찰차량 이용, 지상전화, 자동검지시스템

③ 영상검지기(광역검지기)
㉠ TV 카메라와 시야 내 처리기술을 접목하여 현장에 설치된 카메라로 시야 내 차량을 추적하고 확인하는 것
㉡ 고속국도 등에 설치하며 실시간으로 작동됨

2. 기타 구성요소
① CCTV 카메라
② VMS(가변 정보판)
③ 광케이블
④ 중앙시스템
⑤ 교통류 제어시설
⑥ 기상정보

3. 기대효과
① 교통수요의 시간적 · 공간적 분산 유도
② 유고 발생 시 고속국도 진입 교통량을 효과적으로 관리(75% 지체 감소 예상)
③ 고속국도 이용자에게 교통소통에 관한 다양한 교통정보 제공

4. 향후 과제
① 도시고속국도-주간선도로 간 상호 정보연계 기능을 강화해야 하며 강력한 유고시스템을 구축하여 본선교통에 장애를 주지 말아야 한다.
② 또한 CCTV 카메라와 VMS 설치를 전제조건으로 검지시스템, 알고리즘을 점진적으로 설치 · 보완하고, 고속국도 운영관리 주체를 명확화하며 전문 추진팀을 구성하여 효율적인 고속국도 교통관리시스템을 유지해야 한다.

3 결론

① FTMS는 고속국도 이용자에게 교통소통에 관한 유용한 교통정보를 제공한다.
② 고속국도상에 교통 혼잡 발생을 최소화시켜 대량교통량을 신속, 편리, 안전하게 수송하게
되고, FTMS는 장기적으로는 고속국도 교통관리시스템을 하나의 관리센터에서 통합 관장하
여 운영의 효율화와 시스템정보호환체계 유지가 필요하다.

11 HOT(High Occupancy Toll)

1 개념

HOT(High Occupancy Toll) 차로제는 기존의 HOV 차로의 이용수요가 적은 반면 일반차로는
피크시 교통량 증가로 도로 전체의 정체가 가중되는 실정에서 기존 HOV 차로의 이용효율
극대화, 대중교통과 HOV 차로 서비스 개선, 교통 혼잡 완화 등이 목적이다.

2 주요 내용

① 기존 HOV 차로의 서비스 수준 'C'를 유지하도록 하는 기본 전제에 바탕을 둔다.
② 실시간 HOT 차로의 교통서비스 수준에 따라 요금 차등 부과
③ ETC, AUI, 전용 Toll 등의 제반시설 마련

3 효과 및 논점

① 규제 성격의 도로혼잡 통행료보다는 도로 이용자에게 선택의 기회를 부여하는 일종의 TDM
② HOT 차로제 시행 시 사회적 형평성 문제 야기(고소득층만 이용 가능)
③ 요금수입으로 대중교통에 지속적으로 투자하여 교통체계 이용효율을 증대
　→ 시스템 균형(System Equilibriun) 측면 타당성 부여 가능

12 다인승 차량(High Occupancy Vehicle, HOV)

1 개요

① 다인승 차량(HOV)이란 버스를 포함한 대중교통이나 일정 인원 이상을 태운 승용차를 말하며, 다인승 차량 우선처리기법이란 다인승 차량이 승용차보다 더 원활하게 통행할 수 있도록 혜택을 주는 교통관리기법을 말한다.

② 나홀로 타기보다 함께 타기(Car-pool)나 대중교통이용 등의 통행형태 변화를 유도하여 제한된 도로시설의 효율을 극대화하여 도시지역의 교통혼잡 완화와 통행시간 단축으로 경제적 손실을 줄인다.

2 우선처리기법의 효과

① 경제적 측면
  ㉠ 이용자의 통행시간 및 운행비용 감소
  ㉡ 에너지 소비감소 및 소비절약 효과
  ㉢ 교통사고 감소

② 사회 · 정치적 측면
  ㉠ 대중교통수단의 정시성 제고
  ㉡ 자동차 증가율 억제 및 교통수단 분담 조정
  ㉢ 계층별 편익비용의 재분배
  ㉣ 도심 주차수요 억제 및 공동체 의식 함양

③ 환경관리적 측면
  ㉠ 대기오염 감소
  ㉡ 소음 감소
  ㉢ 시각적 전망 개선

3 다인승 차량 우선처리방안

① 다인승전용차로 : 편도 3차로 이상인 도로에 교통수요가 용량을 초과하는 경우
② 버스전용도로 : 편도 1, 2차로인 도로구간에 버스수요 용량이 임박한 곳
③ 혼잡통행료 징수 : 교통체증이 심한 혼잡구간 중 터널, 교량이나 고속화도로 등

④ 장점

    ㉠ 시행이 매우 간편하고 적은 비용으로 운용

    ㉡ 기존의 가로망 체계에 영향이 적음

    ㉢ 문제점 발생 시 수정 또는 원상복구가 용이

⑤ 단점

    ㉠ 시행효과가 적고, 위반차량이 많이 발생

    ㉡ 가로변 사업활동과의 상충이 불가피함

    ㉢ 교차로에서 우회전 차량과의 마찰이 발생

4 정책기법

① 지역허가 통행제와 승용차 통행금지구역제 : 싱가포르

② 통행료 징수 : 미국 New York 링컨 Tunnel, 금문교(샌프란시스코)

③ HOV 주차 우대 : 미국의 HOV 주차요금 할인제도

5 다인승 차량 우선통행 시 고려사항

① 다인승 차량에 대한 우선신호권 부여

② 승용차 함께 타기 등 병행 실시

    ㉠ 근무지 건물 내의 주차우선권 또는 주차권 감면

    ㉡ 책임, 종합보험료, 자동차세 감면

③ 도심주차관리 강화(불법주차단속 강화, 주차요금 인상 등)

④ 시민홍보 강화

6 결론

① 경제성장으로 인한 교통수요의 급속한 증가는 기존 도로교통시설 공급의 한계로 상시적인 교통정체나 주차문제와 같은 문제를 야기시킨다.

② 출퇴근 시 1인 탑승 승용차가 전체 교통량의 75% 차지, 도로의 상대적 이용효율, 공공성이 상실되고 있어 다인승차량을 위한 버스전용차로제, 카풀(Car-pool) 제도 등이 지속되어야 한다.

13 위치추적시스템(Long Range Navigation - C, Loran)

1 개요

기존의 지상기반무선송신기(Land Based Ratio Transmiter)를 이용한 위치추적시스템으로서 기본 개념은 GPS 방식과 같다. Loran-C는 지상에서 설치된 송수신소에서 차량의 위치를 추적한다. 지상의 송수신소에서는 차량이 발신한 ID 신호를 감지하고 그 결과를 중앙관제센터로 송신, 중앙관제센터는 신호발신과 수신 간의 시간차를 통하여 대상차량까지의 거리를 계산하고 3개소의 송수신소에서 전달된 거리자료를 통해서 차량의 X, Y좌표를 추적한다.

2 Loran-C의 개념도

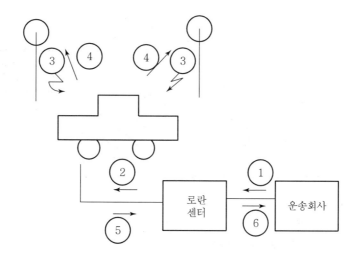

① 차량위치 정보 요구
② 운영센터에서 각 송수신소로 대상차량 신호발신명령
③ 송수신소에서 차량으로 전파 발신
④ 송수신소에 대응하여 차량의 ID 신호 발생
⑤ 신호의 발신-수신 간 시차 정보전달
⑥ 3개의 송수신소의 자료 분석결과를 통해서 차량의 위치정보 작성 후 운송회사에 전달

14 비콘(Beacon) 위치추적시스템과 루프(Loop)의 차이점

1 개요

① 비콘(Beacon)은 도로와 차량 간 통신시스템을 구성하여 지역적인 교통정보를 주고받음으로써 차량을 자동적으로 운행할 수 있도록 하기 위해 개발된 차량검지시스템이다.

② 도로변에 설치된 적외선 송수신장치(Beacon)를 통해서 특정지점을 통과하는 차량의 ID를 인식하고 이 정보를 중앙 컨트롤 센터로 전송할 때까지는 차량의 검지기능을 수행한다.

2 Beacon 시스템 구성

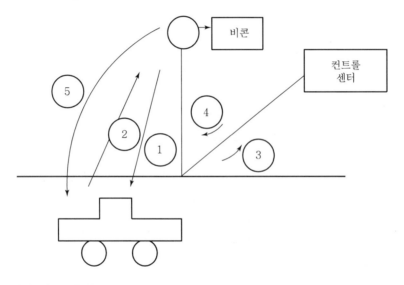

① Beacon에서 신호 발신

② Beacon 신호에 대응하여 차량의 ID 신호 발신

③ 차량의 ID 수신내용을 컨트롤 센터에 전송

④ 수집된 신호의 분석을 통한 교통정보 제작 및 Beacon으로 전송

⑤ 교통정보 및 유도메시지를 차량에 전송

③ Beacon의 특성

① 비콘(Beacon)은 도로변에 설치되어 차량으로부터 수신된 정보를 센터에서 전달하면 분석하여 다시 비콘을 통하여 차량에 주변 지역의 교통정보를 제공하는 시스템이다.

② 비콘을 이용할 경우 교통정보 Data Bank와 종합교통체계 구축이 가능하며, 신호교차로에 동시에 설치할 경우 비용이 저렴하다.

③ 또한 센터에서 모든 정보가 관리됨으로써 시스템 최적화를 기할 수 있다.

④ Loop의 특성

① 루프감지기(Loop Detector)는 도로상에 설치된 루프코일 위로 지나는 차량의 통행량 및 점유율을 감지하는 것으로 교통관리시스템에서 가장 많이 사용되고 있으며, 도로 노면에 설치한다.

② 루프감지기로 수집 가능한 정보에는 교통량, 점유율, 점유시간 등이 있다.

③ 루프감지기의 장점은 다차선 도로에서 차선별로 교통정보 획득이 가능하고, 저렴하며, 루프 크기의 변경이 가능하고, 신뢰성 있는 자료를 얻을 수 있다는 것이다.

④ 단점으로는 차종별 교통정보 획득이 불가능하고, 포장상태 변동에 따라 자료의 신뢰성이 저하되며, 설치하는 동안 교통통제가 필요하고, 매설위치관리를 위한 별도의 시스템이 필요하며, 설치비 자체는 저렴하지만 도로 파손에 따른 유지 · 보수비용이 요구된다는 점 등을 들 수 있다.

⑤ 비콘과 루프의 비교

① 비콘과 루프는 모두 교통정보를 수집하여 관제센터에 전달하여 정보가공 후 다시 운전자에게 제공할 수 있도록 하는 검지시스템이다.

② 비콘은 가공된 정보를 다시 차량에 전달할 수 있는 시스템이다.

③ 비콘이 루프에 비하여 신속한 정보를 제공할 수 있다.

④ 검지 시에도 비콘은 차량정보를 담은 센서를 부착하고 있으므로, 차종별 교통정보의 수집이 가능한 반면, 루프의 경우는 차종별 교통량 수집이 어렵다.

⑤ 설치비용 측면에서 비콘은 신호교차로마다 설치하여야 하고, 차량에는 센서를 부착하여야 하며, 중앙관제센터를 설치하여야 하므로 루프에 비하여 높다. 하지만 시스템이 최적화된 교통정보를 제공할 수 있다는 장점이 있다.

6 결론

① 앞에서 살펴본 바와 같이 검지기에는 검지방법, 검지내용 등에 따라 다양한 종류가 있다.
② 실시간 교통정보를 제공하는 것은 비콘이 루프보다 우수하나 최근에는 영상검지기 등의 개발로 사용이 감소되고 있는 추세이다.
③ 결론적으로 보다 우수한 검지기만을 사용할 것이 아니라 수집하고자 하는 정보와 시스템 구축 내용에 따라 검지기의 종류를 결정하고 설치하는 것이 효율적이다.

15 통행권과 기술에 준한 대중교통 분류

1 개요

① 대중교통수단은 일반 대중을 대량으로 수송하는 교통수단으로 일정한 노선과 구간을 운행하는 체계이다.
② 대중교통은 정해진 도로나 궤도를 운행하며 배차간격에 의해 운행되는 특징을 갖는다.
③ 이 같은 대중교통수단의 범주에 포함되는 것들은 도시 전철, 지하철, 도시모노레일, 노면전차, 시내버스(좌석버스), 트롤리버스 등이다.
④ 자가용 통행수요의 감축 또는 타 교통수단으로의 전환을 위해서는 대체 교통수단의 서비스 향상이 필수적이다.
⑤ 자동차대중화(Motorization) 이전에 형성된 지금의 비효율적인 대중교통체계로는 이를 감당하는 데 한계가 있다.
⑥ 21세기 대중교통의 역할을 정립하기 위해서는 현행 대중교통정책에 대한 재평가와 방향전환이 요구된다.
⑦ 이를 위해서는 먼저 새로운 교통정책의 패러다임(규범, 범례)이 마련되어야 할 것이다.

2 대중교통의 종류

구분	도로 운전조향	공기타이어 유도로	철도	기타
완전 차단	버스전용도로 상의 버스	• 공기타이어 고속대중 교통수단 • 공기타이어 모노레일 • 자동운전 궤도시스템(AGT) • 소형고속대중교통(PRT) • 중형고속대중교통(GRT)	• 경량고속 • 전철 • 중전철 • 지역철도	• 색도 • 에스컬레이터 • 움직이는 보도 • 기타

구분	도로 운전조향	공기타이어 유도로	철도	기타
분리	준도시고속버스	듀얼 모드(Dual Mode)	경전철(LRT)	
혼합 교통	• 패러트랜싯 (Paratransit) • 근거리 주행 • 통행버스 • 일반버스 • 급행버스 • 일반 가로상	트롤리, 버스	• 전차 • 케이블카	• 연락선 • 수중익선 • 헬리콥터

① 이용별 분류

　㉠ 버스 : 광역버스, 굴절버스, 저상버스, 일반버스, 트롤리버스 등

　㉡ 택시 : 일반택시, 모범택시

　㉢ 철도 : 고속철도, 일반철도, 지하철

　㉣ 신교통수단 : 모노레일, 자기부상열차, 경전철 등

　㉤ 항공 및 해운 등

② 서비스별 분류 : 노선과 통행의 특성

　㉠ 단거리 교통수단

　㉡ 시내 교통수단

　㉢ 시외(지역 간) 교통수단

③ 정차 및 운영 특성

　㉠ 완행 : 모든 차량이 매정류장마다 정차

　㉡ 준급행 : 차량별로 정차하는 정류장이 달라지는 방식

　㉢ 급행 : 모든 차량의 정류장 간격이 완행에 비해 장거리

④ 통행시간

　정규 또는 전일 운행 : 거의 하루 종일 운행되는 대부분의 대중교통수단이 이에 속함

3 대중교통의 문제점

1. 시내버스

① 지하철 개통과 승용차 대중화 이후부터 수송력 약화

② 정부규제 과다 : 버스 업체의 현실 안주형 경영 조장

③ 독점적 노선 운영

④ 정부의 노선조정력 상실

2. 도시철도

① 전반적으로 부족한 실정
② 운행 노선별 수용 인원의 차이가 크고 노선체계 불합리
③ 타 교통수단과의 환승시설 미비로 자가용 수요를 전환시키지 못함

3. 대중교통정책

① 계획 및 투자 측면
   ㉠ 마스터 플랜(Master Plan) 부재
   ㉡ 서비스 개선을 병행하지 않은 '양적 팽창 위주'의 대중교통 공급정책
   ㉢ 대중교통 간 균형적 투자 및 지원정책의 부재

② 운영관리 측면
   ㉠ 승용차 · 지하철 · 버스 간 연계환승체계 미흡
   ㉡ 대중교통산업의 구조개선에 대한 불필요한 정부규제 과다
     • 도시철도 : 공기업의 경직된 경영구조 유지
     • 버스산업 : 노선입찰제를 시행하지 못하고 수익노선의 독점적 운영 등 초창기 경영형태 유지

④ 대중교통의 역할 제고 방안

① 신속한 대중교통 서비스 제공
   ㉠ 광역교통수요를 신속히 처리하기 위해 대중교통수단 운행
   ㉡ 외곽도시를 연결하는 순환형 전철 · 광역버스망 구축

② 다양하고 쾌적한 대중교통수단 운행
   ㉠ 이용자의 다양한 요구에 부응할 수 있는 대중교통수단 운행
   ㉡ 수요반응적 중소형 대중교통수단 운행
   ㉢ 개인대중교통수단(PRT) 운행

③ 교통약자를 위한 복지형 준대중교통(Paratransit) 운행
   ㉠ 고령자, 장애인 등 교통약자에게 교통서비스 제공
   ㉡ 순항식 택시운행에서 콜시스템으로 전환

④ 환경 친화적 녹색 대중교통 운행
   ㉠ 인간과 자연이 공존하는 사회로 전환

ⓒ 신교통수단(LRT) 운행

ⓒ 저매연버스 운행

⑤ 종합적 대중교통 서비스의 실현

지하철-버스 간 종합적 운영체계 구축 : 이용자 편의 제공 및 대중교통 활성화 유도

5 결론

① 승용차 대중화 시대의 본격적인 진입으로 자동차 이용의 편리성을 향유함과 동시에 교통 혼잡에 따른 경제적 손실과 교통사고, 교통공해 등 많은 피해도 겪게 될 전망이다.

② 과거의 대중교통정책은 수송 분담률 제고에 급급한 나머지 공급자 관점에서 지하철 위주의 불균형한 정책을 추진하였다.

③ 실제 수혜자인 이용자 측면에서 필요한 서비스 개선에 등한시한 결과, 예상과는 달리 승용차 수요도 절감하지 못한다.

④ 대중교통의 위상 정립을 위해서는 무엇보다도 먼저 지금의 비효율적인 대중교통 운영체계를 근원적으로 개편해야 한다.

⑤ 아울러 도시공간체계도 승용차 위주에서 대중교통 중심으로 전환해야 할 것이다.

⑥ 이를 위해서 대중교통정책의 새로운 패러다임을 현재의 효율성 위주에서 교통약자를 배려하는 등 '형평성의 조화'로 전환하는 것이 무엇보다 중요하다.

16 보조교통수단(Paratransit)

1 개요

① 도시의 보조교통수단(Paratransit)은 고정된 노선에서 운영되는 교통시스템을 이용할 수 없는 이용자를 위한 교통서비스로서 택시, 소형버스의 합승을 의미한다.

② 정규 버스가 정시성과 정노선 운행 특성을 가진 데 반해 비정규 대중교통시스템은 대중교통의 일종이지만 종래의 버스시스템에 비해 비정규적이면서 더욱 융통성 있고 개인적으로 사용할 수 있는 시스템이다. 즉, 정규 운행으로는 서비스할 수 없는 개인적인 수요에 대응하는 시스템으로서 여기에 전세 버스와 택시는 포함되지 않는다.

③ Paratransit에는 소형 승합버스, 버스와 택시의 중간 형태, 수요대응버스, 밴풀[(Vanpool), 정원이 약간 많은 밴(Van) 형태의 자가용차 합승], 카풀(Carpool), 회원제 버스 등이 있다.

② Paratransit과 Transit 비교

구분	Transit	Paratransit
정시성	정규성	비정규성
노선	정노선	정해진 노선이 없는 경우도 있음
용량	대용량	소규모
수요	많음	불규칙

③ Paratransit 분류

① 이용 형태
- ㉠ 제한 개방형 : 통근버스, 통학버스, 백화점 버스 등
- ㉡ 완전 개방형 : 택시

② 차량 소유권

회사, 학교, 개인, 운수회사 등 다양

③ 노선 및 서비스 형태
- ㉠ 정해진 시간, 정해진 노선 : 통근버스, 통학버스
- ㉡ 호출형 시스템(Door to Door) : 택시, 전화호출버스(Dial a Bus)
  - 수요 발생 시에만 운영되는 준 대중교통수단(Paratransit)
  - 도어 투 도어(Door to Door) 서비스 제공
  - 이용자가 센터에 전화하여 승차지, 목적지, 인원을 알리면 센터에서 최적버스 배차
  - 운행 시간의 제약이 없고, 택시와 같은 기능을 수행
  - Canada에서는 버스 수요가 적은 주말과 야간에 정규노선버스운행을 중지 : 호출형 시스템을 도입하여 재정 손실을 감축
- ㉢ 정규노선 운행 중 호출에 의한 노선 변경 : 노선이탈버스(Route Deviation Bus)
  - 기본 경로 외에 부분적으로 우회노선을 설정한 후 우회노선의 이용자의 요구(Call)에 의해서만 우회노선으로 진입하여 승하차시키는 버스시스템
  - 버스노선이 없고 수요가 적은 주택지의 경우 사용

④ 기타 파라트랜싯(Paratransit)
- ㉠ 지트니(Jitney)
  - 소형 합승버스로 개발도상국에서 많이 운영
  - 홍콩 카라카스(Caracas) : 홍콩 대중교통의 약 30% 이상을 차지

ⓛ 지프니(Jeepney)

일정 노선을 이용하는 택시로 버스와 일반택시의 중간 형태

ⓒ 존 버스(Zone Bus)

교통 빈곤지역에 대해 대중교통 접근이 용이한 인근 간선도로 또는 목적지 연계

4 결론

① 트랜싯(Transit)은 공공의 교통서비스를 제공하는 교통수단이며 고정된 노선과 스케줄을 가지는 준 대중교통이다.

② 이에 반하여 파라트랜싯(Paratransit)은 종래의 대중교통시스템에 비해 불규칙 비정규적인 스케줄과 노선을 제공하여 융통성이 높고 개인적인 수요에 대응하는 시스템이다.

17 간선급행버스체계(Bus Rapid Transit, BRT)

1 개요

① 간선급행버스(Bus Rapid Transit, BRT)로서 전용차로를 이용하여 편리한 환승시설, 교차로에서의 버스우선통행권이 있어 급행으로 버스를 운행하는 교통체계이다.

② 버스운행에 철도시스템의 개념을 도입한 신교통시스템으로 통행속도, 정시성, 수송능력 등 버스서비스를 도시철도 수준으로 대폭 향상시킨 대중교통시스템으로서 이미 국내외에서 그 효과가 입증된 바, 대도시권의 교통문제를 해소할 수 있는 획기적인 시스템이다.

③ BRT는 기본적으로 버스전용차로에 대용량 버스를 도입·운행함으로써 버스의 속도를 높이고 신뢰성을 증진시켜 대중교통 중심의 교통체계 구축 및 대중교통에 대한 인식 전환에 중추적 역할을 하는 신교통 수단이다.

④ BRT 전용도로의 설치 형식은 일반도로와 분리하여 전용도로를 설치하는 선형 분리형식과 선형 비분리형식으로 구분할 수 있다.

⑤ BRT는 지금까지 운영되거나 현재 개발 중인 여러 국가에서 Rapid BUS, Metro BUS, High Capacity BUS Systems, High Quality BUS System, Express BUS Systems, BUS System, BUS Way Systems 등의 다양한 명칭으로 불리고 있다.

Road and Transportation

1161

2 BRT 구축 목적

① 전용차로 및 환승시설 등을 갖춘 BRT망 구축으로 신속하고 쾌적한 대중교통체계 구축 및 저탄소 녹색의 대중교통이용 활성화를 도모하기 위함이다.
② 교통인프라(도로, 철도) 구축의 한계를 극복하기 위한 대안으로 폭발적으로 늘어나는 경기도 및 수도권의 교통수요를 대처하기 위함이다.
③ 특히, 승용차 이용 억제를 통한 도로의 공공성 회복에 목적이 있다.

3 간선급행버스 체계

① 전용차로(Exclusive Bus Way)
② 전용 고급차량 : 저상버스 또는 굴절버스 등
③ 버스도착정보시스템(Bus Information System, BIS)
④ 버스사령실(Bus Management System, BMS)
⑤ 버스우선신호(Signal Priority) 또는 교차로 입체화
⑥ 편리한 환승시설(환승터미널 또는 환승센터)

4 구성요소에 따른 BRT 수준

요소 Level	(중앙) 버스전용 차로	교차로		전용차량 (굴절버스)	환승 시설	관리 시스템 (BMS)	비고 시간당 수송량 (양방향)
		입체 시설	신호우선 처리				
상급 BRT	○	○	○	○	○	○	30,000인
중급 BRT	○	△	△	○	△	△	20,000인
초급 BRT	○	×	△	×	△	×	10,000인

5 BRT 장점

① 세종시의 BRT는 입체화된 전용도로 위에서 주행하며, 교차로에서 멈춤 없이 통과함으로써 지하철만큼 정시성과 신속성을 확보하면서도 건설비는 지하철의 약 1/7 수준인 고효율의 대중교통시스템이다.
② 기존의 버스운행방식에 비하여 정시성, 신속성, 수송능력 등을 대폭 향상시킨 새로운 대중교통수단이며 땅 위의 지하철이라고도 불린다.

※ SRT(Super Rapid Train)

8개의 객실로 이루어진 짧은 기차. 수서고속철도 또는 SRT는 대한민국 서울특별시 강남구 수서동 수서역에서 수서평택고속선, 경부고속선, 호남고속선, 호남선을 경유하여 부산역, 광주송정역, 목포역까지 구간 운행하는 에스알의 고속철도 운행 계통이다.

18 지능형 다기능 운송체계(IMTS)

1 개요

① 일본 도요타 자동차가 개발한 지능형 다기능 운송체계 IMTS(Intelligent Multimode Transit System) 버스는 무인주행이 가능한 최첨단 다기능 차량이다.
② 전용도로에서는 차량 아래 부착된 센서가 길을 인식하고 앞쪽에 설치된 카메라가 장애물이 있는지 확인한다.
③ 여러 대가 일정 속도를 유지하며 줄지어 달릴 수도 있다.
④ 일반도로에서도 수동으로 운전이 가능하다.
⑤ 이 버스는 2005년 2월 16일 아이치현 나가쿠테에서 첫선을 보였다.

2 IMTS의 특성

① 지능형 다기능 운송체계
② 이 버스는 무인주행이 가능
③ 차량 아래 부착된 센서가 길을 인식함
④ 앞쪽은 카메라가 장애물 인지
⑤ 여러 대가 일정 속도로 줄지어 운행 가능
⑥ 일반도로에서는 수동제어 가능

3 차로

① IMTS 전용차로
② 일반차로에 수동으로 가능

4 결론

① 미래형 버스 IMTS는 수송 측면과 환경적인 측면에서 양호한 것으로 판단된다.

② 현재 시험단계이므로 시험주행으로 문제점의 보완이 필요하다.

③ 환경 측면과 무인운전이라는 장점은 있으나 시스템 오류 등으로 인한 문제점 발생 시에 대한 구체적인 대안이 제시되어야 할 것이다.

19 MAGLEV(Magnetic Levitation Train, 자기부상열차)

1 개요

① 철도에 기차가 달리던 과거의 수송 분담과 고속전철, 자기부상열차 등이 시험단계를 거쳐 상용화 단계에 있는 현재의 수송 분담은 많은 차이를 보인다.

② 국내에서는 2014년 7월 인천국제공항역에서 용유역까지 6.1km 구간에 투입되었으며, 일본 나고야에 이어 두 번째로 상용 노선 개통이 이루어졌다.

2 자기부상열차의 원리

① 추진방식

　㉠ 동기식 레일과 차량 모두 코일을 가지고 있어 능동적으로 서로 밀거나 당겨서 이탈방지 및 추진

　㉡ 유도식 레일에는 깔지 않고 차량에만 코일필터

② 특징

　㉠ 동기식 : 양쪽에서 잡아당기고 밀어주므로 효율적임

　㉡ 유도식 : 한쪽에서 제어하므로 제어에 유리함

③ 부상방식

　㉠ 빈발식 : 서로 같은 극끼리 밀어내는 방식

　㉡ 흡인식 : 서로 다른 극끼리 당기는 방식

3 열차의 특징

① 자기부상열차는 말 그대로 자석의 힘(자기력)에 의해 객차가 공중에 떠서 달리는 기차를 말한다.

② 하지만 차체가 허공을 날아다니는 것이 아니라 레일 위로 아주 미세하게 인력을 갖고 있다.

③ 자석은 같은 극끼리 밀어내는 척력과 다른 극끼리는 끌어당기는 인력을 갖고 있다.

④ 즉, 자기부상열차는 열차에 탑재된 자석의 힘(자력)과 레일의 자석 힘을 활용해 열차를 레일 위로 띄워 이동하게 된다.

⑤ 같은 극의 자석 사이에 작용하는 반발력을 이용한 반발식(초전도 반발식)은 현재 일본에서 개발 중이다.

⑥ 지지레일과 자석 간을 인력으로 부상시키는 흡인식(상전도 흡인식)은 독일에서 채택했다.

⑦ 중국에서 상용화에 성공한 마그레브도 흡인식이다.

4 결론

① 최근 들어 과학자들은 상온에서도 초전도현상을 일으킬 수 있는 물질을 만들 경우 자기부상열차의 현실화가 빠르게 진행될 것으로 판단, 초전도체 관련 연구에 역량을 집중하고 있다.

② 이 두 가지 방식의 부상열차 가운데 반발식은 흡인식보다 제어가 쉽고, 흡인식은 열차가 정지할 때와 저속에서도 열차를 띄울 수 있다는 장점이 있다.

③ 추진방식으로는 차량과 레일에 자력을 발휘하는 코일을 깔아 열차를 움직이게 하는 '동기식'과 레일에는 코일을 깔지 않고 차량에만 설치하는 '유도식'이 있다.

④ 효율 면에서는 동기식이 뛰어나고 제어는 유도식이 좋다.

20 전자요금징수체계(Electronic Toll Collection System)

1 개요

① 국내고속도로 전 구간에서 일부 운영되고 있는 하이패스 시스템이다.

② 유료화 도로에서 톨부스 설치로 인하여 통행요금 징수 시 차량의 지체를 최소화할 수 있는 하이패스 시스템이다.

③ 차량이 고속국도 Tollgate를 통과 시에 OBU(On Board Unit)와 무선통신을 이용하여 해당 통행요금을 전자지갑 형태인 스마트카드에서 자동징수 처리한다.

④ 위반차량에 대해서는 차량번호판을 촬영하여 요금을 징수할 수 있는 시스템이다.

② ETCS(Electronic Toll Collection System) 도입 효과

① 이용자 시간절약
- ㉠ 자동차 1대당 5.2초 소요(입출구 동일 2.6초)
- ㉡ 100km/n로 영업소를 통과해도 기계에서 인식 가능
- ㉢ 운전자 습성상 영업소 구간에서는 속도를 줄이는 것을 감안 30~50km로 통과하는 것으로 계산

② 무인운영에 따른 인력 절감
- ㉠ 차량의 대기시간 단축에 물류비용 절감
- ㉡ 배기가스 감소로 환경피해 저감 등

③ 결론

① 통행료징수시스템 계획 시 장래 도입될 ETCS(자동요금징수시스템)에 대한 계획을 고려하여야 한다.
② ETCS 도입 시 이용자 시간절약, 시설비용 절감, 운영에 따른 인건비 절감 등의 효과를 얻을 수 있고 Tollgate에서의 도로용량을 극대화할 수 있는 방안이다.

④ ETCS 이미지

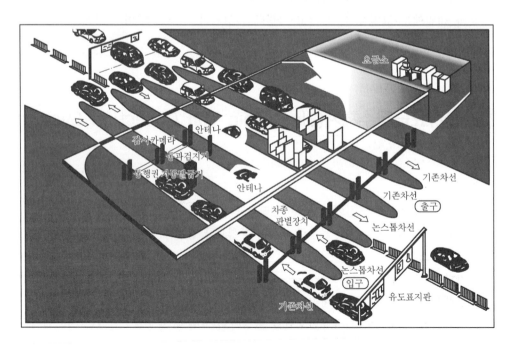

21 신경망 모델(Neural Network Model)

1 개요

① 신경망 모델에 관한 연구는 1943년 워렌 맥컬럭(Warren McCulloch)과 월터 피츠(Walter Pitss)로부터 시작되었다.

② 맥컬럭과 피츠의 모델은 네트워크 내 단순한 요소들의 연결을 통하여 무한한 컴퓨팅 능력을 가진다는 점에서 매우 고무적이었다.

③ 이들의 모델은 인간 두뇌에 관한 최초의 논리적 모델링이라는 점에서 그 중요성이 매우 크며, 따라서 이 맥컬럭과 피츠의 모델이 신경망 이론의 효시로 여겨지고 있다.

④ 이후 1949년에는 캐나다의 심리학자 도널드 헵(Donald Hebb)이 두 뉴런 사이의 연결강도를 조정할 수 있는 학습규칙을 발표하였으며, 프랭크 로젠블랫(Frank Rosenblatt)은 1957년에 '퍼셉트론'이라는 최초의 신경망 모델을 발표하였다.

⑤ 이 모델은 처음 소개되었을 때 상당한 센세이션을 불러일으켰으며 여러 분야에 걸쳐 큰 영향을 끼쳤다.

2 연구대상

① 이 퍼셉트론 모델은 당시에 가능성이 매우 큰 연구로 여겨졌으나 그 후 여러 가지 문제점들이 제시되었다.

② 민스키와 파퍼트가 '퍼셉트론즈'라는 저서를 통해 퍼셉트론 모델을 수학적으로 철저히 분석하여 그 모델의 단점들을 밝혀내고 난 후에는 신경망에 관련된 연구는 약 20년간 침체의 길을 걷게 된다.

③ 그 이후 인공지능에 관한 연구가 진행되다가 퍼셉트론의 문제점을 극복하여 네트워크 구성 시 한 개의 계층을 더 추가해 구성한 다층 퍼셉트론의 개념이 등장하면서 신경망 연구에 관한 새로운 계기를 마련하였다.

④ 즉, 은닉층(Hidden Layer)과 백프로퍼게이션(Back Propagation) 학습 알고리즘을 이용함으로써 선형분리 문제뿐만 아니라 여러 가지 문제점들을 해결할 수 있게 된 것이다.

3 연구대상

① 신경망에 관한 연구는 자연의 법칙을 규명하고자 하는 여러 가지 학문들과 연계되어 있다.

② 즉, 두뇌이론, 신경생리학, 신경병리학 등의 연구를 통해 인간 두뇌가 정보를 저장하고 관리하는 방법들을 연구함으로써 신경망 구현에 필요한 기반지식들을 추출해 내며, 수학을 통해 인공 신경망 모델의 증명과정을 거칠 수 있게 된다.

③ 또한 심리학, 논리학, 언어학, 철학 등의 학문을 통해 인간 두뇌활동에 관한 보다 폭넓은 연구과제가 주어질 수 있으며 마지막으로 정보과학과 컴퓨터 과학을 통해 연구된 모델을 시뮬레이션하고 실험과 검증을 거쳐 그 효과의 측정을 가능하게 한다.

④ 현재의 자연과학은 자체적으로도 지속적인 발전을 거듭하고 있지만, 관련된 여러 학문들과의 연계를 통하여 보다 비약적인 발전을 이룩할 것이다.

⑤ 특히 신경망 연구에 있어서는 학문 간의 연계연구가 필요하다.

22 알고리즘(Algorithm)

1 선입 선출 알고리즘(FIFO)

① 가장 간단한 페이지 대치 알고리즘은 선입 선출 알고리즘이다.

② 각 페이지에 기억장치 안으로 들어온 시간을 이용하여, 어떤 페이지가 대치되어야 할 때 가장 오래된 페이지, 즉 먼저 삽입된 페이지를 우선 페이지로 대치시키는 방법이다.

③ 페이지가 들어올 때 시간이 유지되는 것이 아니라 기억장치 속에 있는 모든 페이지를 선입 선출 큐로 관리한다.

② 최적 페이지 대치 알고리즘(Optimal Algorithm)

① 벨레디(Belady)의 이상 현상 발견의 결과 중 하나가 최적 페이지 대치 알고리즘을 찾는 것이었다.
② 최적 페이지 대치 알고리즘은 모든 알고리즘 가운데 페이지 부재율이 가장 낮기 때문에 OPT 또는 MIN라고 알려져 있다.
③ 이것은 간단히 말해 앞으로 가장 오랜 기간 동안 사용되지 않을 페이지를 대치하라는 사상을 표현한 알고리즘이다.
④ 최적 페이지 대치 알고리즘을 사용하면 고정된 프레임 수에 대해 가능한 한 가장 낮은 페이지 부재율이 보장된다.

③ 최근 최소사용(LRU) 알고리즘

① 만약 최적 알고리즘이 가능하지 않다면 그 최적 알고리즘에 대한 근사치가 가능한 알고리즘을 생각하여 보자.
② 앞서 살펴본 선입 선출 알고리즘과 최적 알고리즘 사이의 주요 차이점은 선입 선출 알고리즘은 페이지가 기억장치 속에 들어오는 시간을 사용하고 최적 알고리즘은 페이지가 앞으로 사용될 시간을 사용한다.
③ 따라서 가까운 미래의 근사적인 가장 최근의 과거를 사용하면 오랜 기간 동안 사용되지 않은 페이지로 대치하는 효과로 생각할 수 있다. 이것이 LRU이다.

④ 계수기(Counters)
　㉠ 각 페이지 테이블 항목과 사용시간 레지스터를 연관시키고 CPU에 논리 클록이나 계수기를 덧붙이는 것으로 클록은 기억장치 참조마다 증가된다.
　㉡ 페이지에 대한 참조가 있을 때마다 클록 레지스터의 내용이 그 페이지에 해당하는 페이지 테이블에 있는 사용시간 레지스터에 복사되어 각 페이지의 최후 참조에 대한 시간을 갖게 된다.
　㉢ 이때 가장 작은 시간 값을 가지는 페이지는 대치된다.

⑤ 스택(Stack)
　㉠ 페이지 번호의 스택을 유지하여 페이지가 참조될 때마다 스택에서 제거되어 꼭대기에 두어 가장 최근에 사용된 페이지가 되고 밑바닥은 가장 늦게 사용된 페이지다.

ⓒ 항목들이 스택의 가운데서 제거되어야 하기 때문에 머리와 꼬리 포인터를 가진 이중 연결리스트로 구현한다.

ⓒ 바닥에 있는 페이지를 교체 선택한다.

4 LRU에의 근접 알고리즘

① 시스템들이 진정한 LRU 페이지 대치를 위한 하드웨어 지원을 하지 않는다.

② 그러나 상당수 시스템이 참조비트의 형태로 지원하는데 처음에는 0으로 초기화되었다가 사용자 프로그램이 수행될 때 참조된 각 페이지와 관계된 비트가 하드웨어에서 1로 고정된다.

③ 따라서 사용의 순서는 모르나 사용된 페이지와 사용 안 된 페이지를 구분하여 부분적인 순서 정보는 LRU 대치에 근사한 많은 페이지 알고리즘을 가능케 한다.

④ 부가된 참조비트

ⓐ 각 페이지에 8비트 정보를 유치하여 일정한 간격으로 참조비트를 기록함으로써 정보를 얻어내는 방법으로 8비트 시프트 레지스터는 오른쪽으로 이동시켜 최근의 8번의 기간 동안 그 페이지 사용의 기록정보는 유지하게 한다.

ⓑ 만약 시프트 레지스터값이 00000000이라면 8번의 기간 동안 단 한 번도 사용하지 않았다는 의미이고 11111111은 각 기간마다 한 번 사용된 결과이다.

ⓒ 따라서 110000100은 0110111보다 최근에 사용됨을 나타낸다.

ⓓ 만약 8비트 바이트를 부호 없는 정수로 해석하면 가장 낮은 비트를 가진 페이지는 LRU 페이지이며 대치될 수 있다.

⑤ 2차적 기회 대치

ⓐ 기본적인 알고리즘은 FIFO 알고리즘이다.

ⓑ 어떤 프레임이 필요할 때 0의 참조비트를 가진 페이지를 발견할 때마다 계속 진행하면서 찾는다.

ⓒ 0이면 대치된다.

ⓓ 그러나 만약 참조비트가 1이면 그 페이지에 2차적 기회를 주고 다음 FIFO 페이지를 찾기 위해 움직인다.

ⓔ 참조비트 조정이 되어 0이 되면서 현재의 시간으로 다시 고쳐진다.

⑥ 최소 사용 빈도수(LFU)

ⓐ 각 페이지마다 참조 횟수에 대한 계수기를 가진다.

ⓑ 가장 적은 수를 가진 페이지가 대치된다.

ⓒ 이러한 선택의 이유는 활발하게 사용되는 페이지는 큰 참조 회수값을 가져야 한다는 것이다.

ⓛ 이 알고리즘은 어떤 프로세스의 초기 단계에서 한 페이지가 많이 사용되지만 그 후로 다시는 사용되지 않은 경우에는 어려움이 따른다.

ⓜ 어떤 페이지가 많이 사용되기 때문에 큰 계수를 가지고 더 이상 필요하지 않음에도 불구하고 기억장치 속에 남아 있게 된다.

ⓝ 한 가지 해결책은 그 계수기를 어떤 일정한 시차 간격으로 하나씩 오른쪽으로 이동해서 지수적으로 감소하는 평균 사용수를 형성하는 것이다.

⑦ 최대 사용 빈도수(MFU) 대치 알고리즘

　⊙ 최대 사용 빈도수 알고리즘은 가장 작은 계수를 가진 페이지가 방금 들여온 것이고 아직 사용되지 않았으므로 앞으로 사용될 확률이 높으므로 페이지 대치 대상에서 제외시키고 가장 많이 사용된 페이지, 즉 계수가 높은 페이지를 대치하는 방법이다.

　ⓛ 예상할 수 있듯이 MFU나 LFU는 일반적인 것은 아니다.

　ⓒ 이들 알고리즘을 구현하는 것은 비용이 많이 들고 최적 페이지 대치에 접근시키지 못한다.

23 휴리스틱(Heuristic)

1 개요

① 의사결정과정을 단순화한 지침으로 규약 휴리스틱은 문제를 해결함에 있어 그 노력을 줄이기 위해 사용되는 고찰이나 과정을 의미하며 이것은 경제용어이다.

② 오늘날 기업이 당면한 경영환경은 매우 복잡하고 변화가 심하다. 기업이 어떤 사안의 의사를 결정하려면 다양한 변수를 고려해야 한다. 그러나 기업은 현실적으로 정보의 부족과 시간제약으로 완벽한 의사결정을 할 수 없다. 제한된 정보와 시간제약을 고려해 실무상 실현 가능한 해답이 필요하다. 이것이 바로 휴리스틱 접근법이다.

③ 휴리스틱 접근법은 가장 이상적인 방법을 구하는 것이 아니라 현실적으로 만족할 만한 수준의 해답을 찾는 것이다. 모든 변수와 조건을 검토할 수 없기 때문이다.

2 휴리스틱 어프로치(Heuristic Approach)

필요한 정보가 부족해서 해석적 어프로치가 불가능한 경우 얻을 수 있는 범위 내에서의 데이터로 가정 메커니즘을 만들어 컴퓨터와 서로 대화하면서 새로운 정보를 시행착오적으로 바꾸면서 최적해에 가까운 해석을 얻으려는 문제해결의 기법이다.

③ 메디악 모델(Mediac Model)

시장 전체의 반응은 계산상 효율적인 해석적 수식에 의해 이들 개인 반응의 종합으로써 구할 수 있으며 당시의 세분화된 각 시장의 반응도 집계된다. 매체 선택에 있어서는 최대의 효과를 올리는 조합을 발견하기 위해서 휴리스틱 접근법이 적용된다.

④ 결론

① 휴리스틱은 정형적이며 포괄적이다. 즉, 일정한 규칙과 지침을 갖고 판단과 의사결정이 이뤄진다고 전체 상황, 가정, 전제조건 등을 모두 고려한다.
② 일반적으로 사용되는 휴리스틱 접근법은 분석의 초기 단계에서는 모든 변수를 고려하지 않고 중요 변수만을 분석하고 점차 변수의 범위를 넓혀 간다.
③ 문제 상황을 여러 부문으로 구분하고 이를 각각 분석해 가장 이상적인 방법을 구한 후 전체적인 관점에서 종합한다.

24 메디악 모델(Mediac Model)

① 개요

① 시장 전체의 반응은 계산상 효율적인 해석적 수식에 의해 이들 개인 반응의 종합으로써 구할 수 있으며 당시의 세분화된 각 시장의 반응도 집계된다.
② 매체 선택에 있어서는 최대의 효과를 올리는 조합을 발견하기 위해서 휴리스틱 접근법이 적용된다.
③ 이것은 매스컴 용어이다.
④ 알고리즘은 간단하게 설명하자면 차례, 절차라고 할 수 있다.
⑤ 영어단어고 컴퓨터 언어라서 어렵게 느껴진다.
⑥ 어떤 일이든 그 일을 시작해서 마치려면 차례나 절차가 필요한데 그 절차를 뜻한다.

② 개념 원리

① 알고리즘은 수학과 컴퓨터에서 가장 많이 사용된다.
② 컴퓨터에서의 알고리즘은 컴퓨터에서 작동하는 일들(컴퓨터 부팅, 프로그램의 실행, 운영체제의 작동원리 등등)의 절차를 의미한다.

③ 컴퓨터에서 알고리즘이 가장 많이 사용하는 곳이 프로그래밍이다. 어떤 작업을 하는 프로그램을 짜려면 기존에 그 작업에 사용되었던 알고리즘(절차, 차례)을 기초로 하여 만들게 되고 발전을 시킨다.

④ 알고리즘은 위와 같이 가장 바탕이 되는 기초원리가 된다.

⑤ 위에서 보듯이 문제들은 프로그램의 작동원리에 대한 문제가 나오게 된다. 프로그램에 대한 이론과 알고리즘을 하나씩 배우고 이해 및 암기를 해나가면 문제가 없을 것으로 여겨진다.

⑥ 미리 겁먹지 말고 자꾸 책을 접해서 반복적으로 이해해 나가길 바란다. 알고리즘은 기초원리이기 때문에 이해가 동반되지 않는 단순 암기는 도움이 안 된다.

25 텔레매틱스(Telematics)

1 개요

① 최근 급격한 정보통신기술의 발달로 자동차를 운전하며 인터넷을 하고 사무도 볼 수 있는 텔레매틱스 서비스가 본격화되고 있다.

② 시간과 장소에 구애받지 않고 비즈니스를 할 수 있게 되는 등의 일상생활에서 자동차가 차지하는 비중이 커지고 있다.

③ 텔레매틱스(Telematics)란 통신(Telecommunication)과 정보과학(Informatics)의 합성어로 위치확인시스템(GPS)과 이동통신을 이용하여 자동차 운전자에게 교통정보, 이메일, 인터넷 영화게임 등의 서비스와 긴급구난정보를 실시간으로 제공하는 종합서비스이다.

2 Telematics에 관련된 범위

① 선진국의 텔레매틱스 서비스 동향 및 통신기술 동향 분석

② 국내 텔레매틱스 서비스 분석

③ 관계 부처 Telematics 서비스 정책 분석

④ Telematics를 위한 첨단 종합교통정보 서비스 체계

⑤ Telematics에 대한 교통정보 서비스 요구사항 정립

⑥ 첨단 종합교통정보 서비스사업 추진을 위한 법·제도 및 지원방안 연구

3 Telematics의 기능

① 개념적 기능
- ㉠ 차량 위치추적 지원
- ㉡ 양방향 무선통신 지원
- ㉢ 서버 및 단말기를 통한 서비스 지원

② 기능적 기능
- ㉠ 안전도 향상, 사고처리 및 기록 보안기능 제공
- ㉡ 차량 자동 진단 및 차량 내·외부 간의 정보 동기화
- ㉢ 지능형 교통체계(ITS) 위치기반서비스(Location Based Service)를 기반으로 한 실시간 교통정보 제공

4 Telematics 서비스 분야

① 도로안내 및 교통정보 제공
② 안전 및 보안(Safety & Security)
③ CRM(Customer Relationship Management) : 원격통합차량 이력관리나 고객관리 서비스 및 차량의 상태를 원격적으로 감시하고 서비스하는 기능
④ 엔터테인먼트 및 생활편의 정보 : 이는 요즘 일부에서 자동차에 위성방송을 설치하여 시청하는 등의 오락이나 취미와 관련된 서비스임

5 Telematics에 대한 교통정보 서비스 요구사항 수립

① 이용자 측면
- ㉠ 안전운전 지원 분야에 대한 서비스
- ㉡ 차량 내에서 업무와 휴식을 취할 수 있는 인포테인먼트(Infotainment) 기능
- ㉢ 실시간 교통정보의 제공
- ㉣ 저렴한 단말기 구입 및 정보 이용료

② 제공자 측면
- ㉠ 내비게이션 교통정보 등의 서비스 제공을 위한 전자지도 구축
- ㉡ 관련 기술에 대한 표준 제정
- ㉢ Telematics 사업을 위한 법·제도 및 정책 수립

　　　ⓔ 기반 기술에 대한 정부 차원의 연구개발 지원

　　　ⓜ Telematics에 대한 국가 차원의 홍보 및 지원정책

　③ 교통정보 서비스의 발전 방향

　　　㉠ 음성을 통한 정보서비스 제공

　　　㉡ 위치추적 기반의 실시간 교통정보 제공

　　　㉢ 다수단(Multi-Mode) 다수경로(Multi-Path) 정보 제공

⑥ 종합교통정보 서비스의 현황 및 문제점

　① 공공기관과 민간기업에서의 교통정보시스템 구축 사업이 수도권에 집중되어 상호 연계성 미흡

　② 각 지방자치단체 간의 정보체계가 미흡하고 운영 주체가 서로 다름

　③ 기존 시스템의 구축에 대한 기준이나 표준이 없어 향후 시스템 통합이 어려운 상황임

　④ 정보 공개 및 정보 제공 유료화에 따른 이해 당사자 간의 대립이 예상됨

　⑤ 예산, 인력 확보, 인프라 및 기술 보유 등의 문제로 인한 운영 주체 선정에 부처별 이견 조정의 어려움이 예상됨

⑦ 통합교통정보센터 추진 현황

　① 각 부처에서 Telematics 활성화를 위한 법·제도 지원

　② 과학기술정보통신부

　　　㉠ Telematics 시범 사이트 구축

　　　㉡ 교통정보 수집체계와 표준형 전자지도 구축 지원

　③ 산업통상자원부

　　　㉠ 핵심 기술개발 사업 추진

　　　㉡ 서비스를 위한 산업 인프라 구축

　④ 동북아 경제 중심 추진위원회

　　　Telematics 관련 핵심 인프라 구축 지원

　⑤ 종합교통정보 서비스를 위한 관계부터 역할 설정

　　　국토교통부, 과학기술정보통신부 등

8 향후 연구과제

① 국가적인 정보통신 인프라의 효율적인 구성
② 모바일 무선통신기술 발전 및 디지털 방송 실용화에 따른 교통정보 수집제공 등의 연구 필요
③ Telematics 서비스가 미래형 자동차 및 도로체계와 연계되어 효율적으로 구축될 것임

9 결론

① 국내의 Telematics 기술발전, 조기시장 형성 및 국제시장 선점을 위해 Telematics 서비스 연계에 가장 기본이 되는 교통정보 서비스의 체계와 방안을 수립하였다.
② 이를 위해 교통정보 수집에서부터 가공 처리와 제공에 이르는 종합적인 첨단교통정보 서비스 사업 추진을 위한 체계와 방안 및 제도 지원 방안을 제시하였다.

③ Telematics 시스템 구성도

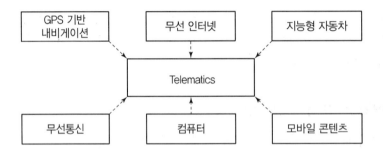

26 위치기반서비스(LBS)

1 개요

① LBS(Location Based Service)는 위치기반서비스를 말한다.
② 위치기반서비스는 이동통신망을 기반으로 이동성이 보장된 기기를 통해 사람이나 사물의 위치를 파악하고 이를 활용하는 서비스이다.
③ 넓은 의미로는 LBS 시스템을 기반으로 위치를 찾고, 이 위치를 활용해 제공할 수 있는 다양한 서비스를 모두 포함한다.
④ LBS는 서비스 방식에 따라 이동통신기지국을 이용하는 셀방식과 위성을 활용한 GPS(Global Positioning Service)로 나눈다.

⑤ LBS 응용서비스가 정상적으로 이루어지기 위해서는 여러 가지 기능 조건들이 필요하다. 위치기반서비스를 위해 필요한 기능 조건들은 사용자 단말기의 현재 위치를 표준형식에 맞게 알리고 확인하는 것과 사용자, 네트워크 사업자, 서비스 공급자, 부가서비스 공급자, 그리고 이동통신망 내부 사업자들에게 제공되는 위치 정보에 대한 기능 조건들이다.

2 서비스 방식

1. 이동통신기지국을 이용하는 셀방식

① 셀방식의 기반이 되는 기지국은 우리나라에 대략 2만 개가 곳곳에 분포되어 있다.
② 특히 인구 밀집지역인 서울 등의 경우 수십 미터 간격으로 기지국이 세워져 있을 정도다.
③ 이같이 촘촘하게 설치된 기지국을 기반으로 가입자와 연결된 기지국을 먼저 파악한다.
④ 도시에서는 대략 500~1,500m 오차로 위치 확인이 가능하다는 게 업계 관계자들의 설명이다.
⑤ 또 기지국 3개를 이용해 삼각측량하는 방식으로도 위치를 파악할 수 있다.
⑥ 셀방식은 오차범위가 넓어 대략적인 위치 파악만 가능하다는 약점이 있는 반면 중계기 등을 이용해 건물 내 및 지하 등의 위치도 찾을 수 있는 장점이 있다.

2. 위성을 이용한 GPS

① 반면에 GPS는 셀방식보다 정확한 위치 추적을 가능하게 해준다.
② 위성이 GPS칩을 정확히 찾아주기 때문에 10~150m 오차 내에서 정확한 위치를 찾을 수 있다.
③ 위성신호의 특성상 실내에서는 사용이 불가능하며 건물에 반사·굴절이 잘되기 때문에 고층 건물 지역에 취약하다는 것이 단점이다.

3 LBS의 기능 조건

1. 상위 조건

① LBS를 위한 상위 조건으로 우선 이동통신망은 새롭고 개선된 서비스를 제공하기 위해 장비와 서비스 필요조건이 조절·발전 가능하도록 충분히 유연해야 한다.
② 또한 지방, 국가 그리고 지역 사생활 보호 필요조건에 응하는 다단계의 허가 제공이 필요할 것이다.
③ 다각적인 위치 측정방법은 TOA, E-OTD, TDOA, GPS 네트워크 지원(Network Assisted GPS) 그리고 셀 사이트(Cell Site)를 이용한 방법이나 Timing Advance 또는 왕복운행(RoundTrip) 시간 측정법을 포함해서 네트워크상에서 지원되어야 한다.

2. 위치 정보

위치 정보는 지리적 위치, 속도와 서비스 정보의 질로 구성된다. 속도는 속력과 목표단말기 방향의 조합이다.

3. 서비스의 질(수평정확도)

① 다양한 위치 측정 기술과 함께 제공될 수 있는 정확도는 실제로 동적인 많은 요인에 의존한다.

② 사용 가능한 시스템에서 현실적으로 얻을 수 있는 정확도는 동적으로 변하는 무선통신 환경(신호의 감소와 Multipath), 기지국 밀도와 지리 관점에서의 네트워크 위상, 이용할 수 있는 위치 측정 장비 등 여러 가지 요인 때문에 변할 수 있다.

③ 위치서비스를 위한 정확도는 응용서비스를 위해 필요한 일반적인 정확도 수준을 반영할 수 있다. 서비스마다 다른 수준의 위치 측정 정확도가 필요하다.

④ 단계별 정확도 조건에 기반한 위치서비스의 예

독립적 위치 (Location–independent)	대부분 현재 이동전화서비스, 증권, 스포츠 기사, 뉴스 등
PLMN 또는 국가	한 국가나 하나의 PLMN에 제한된 서비스
지역(Regional, 200km까지)	날씨정보, 지방별 날씨 예보, 교통정보(출발 전)
지구(District, 20km까지)	지방 뉴스, 교통정보
1km까지	차량 관제, 정체구간 우회 정보
500m~1km	시골이나 교외 응급서비스, 인원관리, 기타 정보서비스
100m(67%) 300m(95%)	미국 FCC 규정[U.S. FCC Mandate(99–245)] 무선 응급 전화를 위한 Network 기반 위치 측정 방법 사용 시
75~125m	도시 SOS, 지방별 광고, Home Zone Pricing, Network 유지보수, 네트워크 수요(Network Demand) 관찰, 자산 추적, 정보서비스
50m(67%) 150m(95%)	미국 FCC 규정[U.S. FCC Mandate(99–245)] 무선 응급 전화를 위한 핸드세트(Handset) 기반 위치 측정 방법 사용 시
10~50m	자산 위치, 경로 안내, 항법(Navigation)

4. 응답시간

① 위치 기반 응용서비스는 응답 요청 시에 다른 필요한 조건(예 : 위치 측정 요청의 긴박함)을 가지고 있을 수 있다.

② 즉각적인 위치 요청에 대한 응답시간 조건은 다음과 같다.

무지체 (No Delay)	서버는 현재 가지고 있는 모든 위치 정보를 즉시 보내줘야 한다. LBS 서버는 목표 단말기의 처음 또는 마지막 알려진 위치를 보내줄 것이다. 만일 어떤 측정도 가능하지 않다면, 서버가 실패 메시지를 보내줄 것이고 선택적으로 위치 측정을 얻기 위한 과정을 시작할 수 있다(예 : 그 후의 요청 에 이용하기 위해).
낮은 지연 (Low Delay)	응답시간 요청의 수행은 정확도 요청의 수행에 앞선다. LBS 서버는 최소한의 지연으로 현재의 위치 정보를 보내줄 것이다.
지연 허용 (Delay Tolerant)	정확도 요청의 수행은 응답시간 요청의 수행에 앞선다. 필요하면, 응용서비 스가 요구하는 정확도 요청이 해결될 때까지 서버는 응답 제공을 미룰 수 있다.

5. 신뢰성

① 신뢰성이란 얼마나 자주 QoS(Quality of Service, 서비스 품질) 조건을 만족시키는 위치 요청 및 응답처리가 성공적인지를 의미한다.

② 고속국도를 달리는 물류 차량 추적 같은 응용서비스는 신뢰성이 그다지 중요하지 않을 수도 있지만, 어린아이 추적 같은 서비스는 신뢰성이 상당히 중요한 조건이 될 수 있다.

6. 우선순위

① 서비스의 위치 요청은 우선순위 수준에 따라 다르게 처리될 수 있다.

② LBS 서버는 위치 요청에 따른 우선순위 수준을 정할 수 있다.

③ 더 높은 우선도를 가진 위치 요청은 낮은 우선도를 가진 요청보다 빠른 자료 접속 허락과 더 빠른, 더 신뢰할 수 있는 그리고 더 정확한 위치 측정을 얻을 수 있다.

7. 타임스탬프(Timestamp)

부가 서비스를 위해 LBS 서버는 LBS 클라이언트에게 제공되는 모든 위치 측정에 측정된 시간을 표시한다.

8. 보안

① 위치 정보는 인증되지 않은 정보 유출 및 사용에 대해 보호되어야 한다.

② 위치 정보는 또한 정보가 손실 또는 오염되지 않도록 안전하고 신뢰할 수 있는 확실한 방법으로 제공되어야 한다.

9. 사생활 보호

① 부가서비스를 위한 사생활 보호 통제 방법이 단말기 가입자에게 제공되어야 한다. 사용자는 언제든지 사생활 보호 예외 목록을 설정할 수 있다.

② 국가 규제 필요조건으로 요청되지 않거나, 목표 단말기 사용자에 의해 침해되지 않는 한, 목표 단말기는 단말기 가입자가 허락할 때만 위치를 측정할 수 있다.

③ 보통 부가서비스를 위해, 목표 단말기 위치 측정은 가능한 최대한의 사생활 보호를 보장해야 하고, 위치 측정 시도가 확실히 인증되지 않으면 위치를 측정할 수 없다.

10. 서비스 인증

위치 측정 정보 요청은 응용서비스의 요청이 허락되었을 때만 진행한다. 응용서비스 요청에 대한 신원과 인증 허락은 위치 측정 진행 전에 확인돼야 한다.

4 LBS 서비스의 종류 및 내용

1. 공공 안전 서비스(Public Safety Services)

① 응급 서비스(Emergency Services)
응급 서비스는 119, 긴급호출 등의 응급 상황이 발생하였을 때 사용자의 위치를 즉시 파악하여 안전한 구조를 지원하는 기능을 제공한다.

② 응급 경계 서비스(Emergency Alert Services)
㉠ 특정 지리적 위치 내에 있는 무선 가입자들에게 응급 통지를 한다.
㉡ 폭풍우 경고, 임박한 화산 폭발 등과 같은 것을 포함한다.

2. 위치 기반 과금(Location Based Charging)

① 가입자들이 가입자의 위치나 지리적인 영역, 혹은 위치나 영역을 바꾸는 것에 따라 차등된 비율로 과금이 가능하게 한다.

② 청구되는 비율은 통화의 전체 시간이나 통화 시간의 일부분에만 적용될 수 있다. 이 서비스는 개인 가입자 기반이나 그룹 기반으로 제공될 수 있다.

③ 과금
　㉠ 위치 : 기반 과금 식별(Location Based Charging Identification)
　㉡ 위치 정보(Location Information)
　㉢ 영역 정보(Zone Information)
　㉣ 이벤트 형태(Type of Event)
　㉤ 이벤트 시간(Duration of Event)

④ 로밍(Roaming)
위치 기반 과금 서비스를 실제 사용하는 가입자가 서비스를 지원하지 않는 시스템으로 로밍을 한다면, 가입자는 최상의 가능한 방법으로 적용 범위를 벗어났다는 통지를 받을 수 있어야 한다.

3. 추적서비스(Tracking Services)

① 차량 및 재산 관리서비스(Fleet and Asset Management Services)
　㉠ 차량 관리는 기업 또는 공공 조직이 차량(차, 트럭 등)의 위치를 추적하고, 위치 정보서비스를 최적화하기 위해 사용할 수 있다.
　㉡ 추적서비스는 추적 및 자산 관리와 소통을 위한 특정 방법의 사용을 위해 가능한 전문적인 기능으로 된 이동국 송수화기(Mobile Station Handsets)를 사용한다.
　㉢ 자산 관리는 통신 인터페이스(인터넷, 상호 교환적인 음성 응답, 자료 서비스 등)를 통하여 1개 또는 몇 개의 자산 위치와 상태 정보를 제공할 수 있다.

② 교통 감시(Traffic Monitoring)
이를 통해 교통 혼잡이 감지되고 보도된다. 혼잡, 평균 흐름 비율, 차량 점유와 관련된 교통 정보는 노변의 감지 장치, 노변의 지원 조직과 개별 운전자로 등 다양한 출처에서 모을 수 있다.

4. 확장 통화 라우팅(Enhanced Call Routing)

① 확장 통화 라우팅(ECR)은 가입자들이나 사용자 통화들이 원래 위치를 근거로 가장 가까운 서비스 고객서비스로 통화가 분배되도록 한다.
② 예를 들면 이 기능은 응급노변서비스(긴급출동 등)와 같은 서비스에 대해 필요할 수 있다.

5. 위치 기반 정보서비스(Location Based Information Services)

① 위치 기반 정보서비스는 요청하는 사용자의 위치를 기반으로 한 정제되고 알맞게 맞추어진 정보서비스를 가능토록 한다.

② 서비스 요청은 가입자에 의한 주문으로 이루어질 수도 있고, 트리거 조건이 만족되면 자동으로 이루어질 수도 있으며, 하나의 요청이나 주기적인 응답으로 결과가 나올 수도 있다. 다음은 가능한 위치 기반 정보서비스의 예제들을 보여준다.

　㉠ 항법(Navigation)
　　• 항법 응용 프로그램의 목적은 핸드세트 사용자에게 목적지를 안내해주는 것이다.
　　• 목적지는 터미널로 입력될 수 있으며, 이것은 목적지에 다다르는 방법에 대한 안내를 해준다.
　　• 안내 정보는 평이한 텍스트나 텍스트 정보+심벌(회전+거리)이거나, 지도 디스플레이상의 심벌일 수 있다.
　　• 안내 지시는 사용자에게 음성을 통해 구두로 주어질 수도 있다.

　㉡ 도시 관광(City Sightseeing)
　　• 도시 관광은 관광객에게 현 위치와 관련된 특정한 정보를 전달한다.
　　• 이러한 정보는 역사적인 장소를 묘사하거나, 관광지들 간의 항법 경로 제공, 인근 식당이나 은행, 공항, 버스정류장, 화장실 시설물 등 편의시설을 찾는 것을 돕기 위해 제공된다.

　㉢ 위치 의존 콘텐츠 중계(Location Dependent Content Broadcast)
　　• 이 서비스 범주의 주 특징은 네트워크가 어떤 지리영역 내에서 단말기들에게 정보를 자동적으로 중계한다는 것이다.
　　• 정보는 주어진 영역 내에서 모든 단말기로 중계되나, 특정한 구성원들(아마도 특정한 단체의 일원들)에게만 중계될 수 있다.

　㉣ 모바일 옐로 페이지(Mobile Yellow Pages)
　　• 인터넷은 사람들이 전화번호를 찾는 방법을 바꾸었다.
　　• 전화번호부를 넘기거나 114에 전화하는 대신 간단히 온라인에 들어가 번호를 찾으면 된다.
　　• 무선 옐로페이지 서비스는 사용자에게 이탈리아 식당과 같은 가장 가까운 서비스 지점의 위치를 제공한다.
　　• 정보는 사용자에게 텍스트(식당 이름, 주소나 전화번호)나 그래픽 포맷(사용자와 식당의 위치를 보여주는 지도)으로 제공될 수 있다.

6. Network 확장 서비스(Network Enhancing Services)

① Network 계획에 대한 Applications(Applications for Network Planning)
  ㉠ 네트워크 운영자는 네트워크 계획을 하기 위해 위치 정보를 사용할 수 있다.
  ㉡ 사업자는 네트워크 계획 목적을 위해 통화의 분배와 사용자 이동성을 측정하기 위한 확실한 영역에서 위치정보를 이용할 수 있다.

② Network QoS 향상을 위한 Applications(Applications for Network QoS Improvement)
  ㉠ 네트워크 운영자는 네트워크의 서비스 품질을 개선하기 위해 위치서비스를 사용할 수도 있다.
  ㉡ 위치시스템은 문제 지역을 파악하기 위해 미미한 통화를 추적하는 데 사용될 수 있다.
  ㉢ 시스템은 저품질지역을 파악하는 데도 사용될 수 있다.

③ 개선된 전파 자원 관리(Improved Radio Resource Management)
  핸드세트(Handset)의 위치는 더 나은 핸드오버(Handover)와 더 효율적인 채널(Channel) 할당을 위해 사용될 수도 있다.

5 결론

① LBS는 휴대폰 속의 칩을 이용해 사용자의 위치를 언제 어디서나 확인할 수 있으며 이를 통해 사용자가 원하는 각종 정보를 개인화된 환경에서 서비스할 수도 있다.
② 따라서, LBS는 물리공간에 '칩'을 심어 새로운 전자공간을 구성했다는 점에서 최초의 유비쿼터스 공간서비스로 평가받는다.
③ 이러한 LBS는 위치에 따라 가장 개인화된 금융, 교통, 엔터테인먼트, 복지 등 첨단 맞춤 서비스를 제공할 수 있다는 측면에서 유비쿼터스 환경에서 더욱 중요한 서비스로 부각될 것으로 기대된다.

27 GIS(Geographic Information System)

1 개요

① GIS는 지리적으로 배열된 모든 유형의 정보를 효율적으로 취득하여 저장, 갱신, 관리, 분석 및 출력이 가능하도록 조직화된 컴퓨터 하드웨어, 소프트웨어, 지리자료 및 인력의 집합체이다.

② 따라서 GIS는 컴퓨터를 이용하여 어느 지역에 대한 지리, 토지, 환경 등의 자료를 일정한 형태로 수치화하여 입력하고 이 정보를 관리, 처리, 분석할 수 있는 종합적인 정보관리시스템이다.

③ GIS는 공간적으로 배열된 형태의 자료를 처리한다.

④ 제4세대의 DBMS(Data Base Management System)로 현재 도로설계에서는 의사결정지원에 이용 가능하다.

② 주요 기능

검색, 변환, 분석, 모델링, 출력

③ 특징

① 컴퓨터 그래픽 처리기술의 한 분야로 성장

② 지리적인 공간정보 통합관리

③ Database 관리기법, 그래픽처리기술, 공간분석기술의 통합체

④ 의사결정지원, 건설정보관리, 경영정보지원

⑤ 완공 후의 상태를 조감할 수 있어 주변 지역 토지이용과의 조화 여부 점검

④ 적용 효과

① 종합적인 계획, 관련 정보의 체계적·효율적 관리로 활용성 제고

② 공정의 단순화, 정확성, 생산성 향상으로 효율성 증진

③ 탄력성, 경제성, 신뢰성 향상

④ 이용자별 다양한 서비스 제공 및 주민 참여의 통로 제공

⑤ 결론

① 국제경쟁력을 위해 GPS 등 타 기술과 접목할 수 있는 공유기술이 필요하다.

② 종합적 계획 및 설계를 위해 국가적 차원의 GIS 개발을 유도해야 한다.

③ 국가와 기업의 과감한 투자가 요구되며 상호교류의 확대가 필요하다.

④ 학계나 연구기관 등 국가적 차원의 연구와 투자가 지속되어야 한다.

28 GPS(Global Position System)

1 개요

① GPS는 군사목적으로 개발되었으나 사회 각 분야로부터 이용범위의 확대요구, 탈냉전의 국제정세, 군수산업의 산업구조조정 등에 의해서 민간차원에서의 이용방안 연구가 진행되고 있으며, 교통분야에서도 이용에 대한 연구가 추진 중에 있다.

② GPS는 지구상공 20,000km 궤도를 돌고 있는 GPS 위성을 활용하여 차량의 위치를 파악하는 방법이다.

③ 차량은 GPS 위성에게 자신의 고유 ID를 발신하면 발신된 신호를 수신한 3개의 GPS 위성은 차량의 거리를 포착해서 발신차량의 X, Y, Z좌표를 추적한다.

2 GPS의 장점

① 추적한 위치의 최대 허용오차는 미세한 수준이므로 정밀도가 높다.

② 자료의 검색, 신호에 차종기호가 첨부되므로 측정 가능한 정보의 유형이 대폭 확대된다.

③ GPS 방식의 위치추적시스템은 검지할 수 있는 공간적 범위가 넓다.

3 GPS의 구성

① 인공위성

㉠ GPS에 모두 24개의 위성으로 구성된다.

㉡ 모든 위성은 고도 20,000km 상공에서 12시간을 주기로 지구 주위를 돌고 있다.

㉢ 지구상 어느 지점에서나 동시에 58개의 위성을 볼 수 있다.

② GPS 수신기

GPS 수신기는 위성으로부터 수신받은 내용을 처리하여 수신기의 위치와 속도, 시간을 계산한다.

4 GPS의 이용

① GPS에 의한 3차원의 위치결정방법은 각과 거리에 의해서 위치가 결정되는 과거 측량개념을 앞질러 획기적인 것이다.

② 편리성과 효율성으로 인하여 절대좌표해석, 상대좌표해석, 변위량 보정, 측지측량분야, 해양분야, 카 내비게이션(Car Navigation), 항공, 우주, 레저스포츠, 군사 분야 등 다양하게 이용되고 있다.

5 결론

① 모든 분야에서 GPS와 GIS를 합친 기술로서 주변에서 가장 가깝게 접근한 것은 차량용 Navigation이며 이동하면서도 위치정보를 알리는 GPS는 비행기의 항법장치에서도 볼 수 있다.

② 여러 측면에서 다양하게 활용될 GPS는 자율주행자동차에도 필수적인 분야이므로 지속적인 연구개발이 필요하다.

29 자율주행시대 도래에 따른 도로설계 준비사항

1 개요

① 제4차 산업혁명을 대량정보의 산출·소통·융합과 지능화를 통한 모든 것의 자율화라고 한다면, 도로교통에서 이와 가장 관련된 분야는 자율주행자동차일 것이다.

② 현대자동차, BMW 등 전통적인 자동차 메이커들은 자신들의 산업보호를 위하여 점진적인 접근을 추진하는 반면, 구글(Google) 등 후발주자들은 도전적인 입장이다.

③ 자율주행 기술의 급진적인 발전속도에 비해 자동차가 자율주행할 수 있도록 도로를 피지컬(Physical), 디지털(Digital), 로지컬(Logical) 측면에서 어떻게 설계·시공·관리해야 하는지 명확히 정의하기 어려운 것이 오늘의 현실이다.

④ 그중에서도 도로기하구조와 같은 피지컬(Physical) 인프라 구축의 준비가 가장 더디다. 최근 임시운행허가를 받은 자율주행자동차 사례들을 중심으로 구체적인 요구사항이 제기되고 있다.

2 자율주행을 위한 미래 도로설계

1. 인프라의 사전준비

① 우선적으로 자율주행자동차와 일반자동차가 혼재된 상황에서 인간 운전자와 인공지능 자율주행자동차가 함께 달릴 수 있도록 도로기하구조를 개선한다.

※ 정지시거의 경우 인간 운전자의 인지반응시간(2.5초)보다 더 빠른 자율주행자동차의 인지반응시간(0.5~1.0초)을 고려하여 설계하고, 화물차를 여러 대 묶어서 주행하는 군집주행이 가능하도록 도로교량의 설계하중기준을 상향하여 새롭게 설정

② 도로기하구조, 교통안전시설 등과 같은 피지컬(Physical) 인프라에 대한 표준화, 디지털화 등이 필요하다.

> ※ 도로표지와 교통안전표지의 규격·형상을 표준화하여 사물인터넷(Internet of Things, IoT)으로 연계시켜 자율주행자동차가 위치를 인식

③ 디지털(Digital) 인프라에 필수적인 WAVE, c-V2X, 5G 등 통신망 구축이 선행되어 자율주행 시스템을 위한 환경이 조성되어야 한다.

> ※ 디지털 도로지도, 자율주행센터, 사이버 통신보완 등을 구축

④ 로지컬(Logical) 인프라 구축을 위하여 사회적 인식을 드높이고, 이를 바탕으로 관련 법령을 개정하여 자율주행의 평가기준, 사고보험 등을 마련한다.

2. 도로 인프라의 자율주행 등급 부여

① 자율주행자동차의 주행설계등급(Operational Design Domain, ODD)과 같이 도로에도 자율주행의 기하구조등급(Road Geometric Domain, RGD)을 정의한다.

② 현재 공용 중인 도로가 자율주행자동차만을 위한 전용도로인지, 일반자동차와 혼용도로 인지에 따라 도로기하구조 등을 기준으로 등급을 설정한다.

③ 예시한 바와 같이 안전하고 효율적인 자율주행을 지원하기 위해서는 기존 도로인프라 수준을 고려하여 자율주행 가능 등급을 정의하고, 점차 도로인프라를 발전시키는 도로정책을 입안한다.

[자율주행의 기하구조등급(RGD)]

구분	자율주행의 기하구조등급(RGD) 내용
등급 1	자율주행이 고려되지 않고 이미 설계·시공·운영되고 도로로서 자율주행이 불가능하지는 않으나, 자율주행을 위한 인프라는 전혀 없는 도로
등급 2	ITS 및 C-ITS가 적용되어 자율주행에 필요한 V2X 통신환경, C-ITS 서비스, 디지털 도로지도 등 제한적인 디지털 인프라가 구축된 도로
등급 3	등급 2 수준의 인프라에 정밀 디지털도로지도를 포함한 LDM(Localized Dynamic Micro-massage) 등 자율주행에 필요한 디지털 인프라가 충분히 제공되는 도로
등급 4	등급 3 수준의 자율주행을 위한 인프라에 추가하여 기하구조 개선, 교통안전시설 보강, 측점위치 보정시설 설치 등이 구축된 도로
등급 5	등급 4 수준의 도로이면서 완벽한 자율주행 전용도로

3. 인프라 상황을 공유하는 거버넌스 체계 구축

① 향후 도로인프라를 설치할 때는 유형(피지컬, 디지털, 로지컬) 측면에서 자율주행에 대한 기여도를 고려하여 투자해야 한다.

    ㉠ 피지컬 도로인프라는 내구성이 좋으며 표준화된 재료로 등급에 따라 시공하고 한 번 시공하면 가능한 한 변경하지 않고 계속 사용

    ㉡ 노면표시의 경우 새롭게 설치하면, 그에 따라 정밀 디지털도로지도를 변경하고, 그에 따라 해당 구간의 통행방법, 통행 우선순위 등을 고시

    ㉢ 이러한 사항을 LDM에 반영하여 해당 구간을 통행하는 모든 자동차 및 각종 자율주행 서비스(Pobility Service)에 제공

② 향후 도로인프라의 설계 · 시공 · 운영을 위한 새로운 거버넌스를 구축하고 도로 관련 기관들의 역할과 책임을 분명히 설정해야 한다.

③ 또한, 도로인프라 관련 업무마다 소요되는 기간과 담당 기관의 행위를 지정하고, 시스템에 이러한 행위의 추진상황을 실시간(Realtime) 공고한다.

3 결론

① 얼마 전까지는 대부분의 기관들이 자율주행자동차의 연구 · 개발에 집중하느라 자율주행자동차를 위한 도로인프라에는 상대적으로 관심이 덜 했었다. 오늘날 자율주행자동차의 시험주행이 실제 도로에서 반복적으로 실행되면서 점차 자율주행자동차가 달리는 도로에 관심이 쏠리고 있다.

② 자율주행자동차 기술이 빠르게 발전될 수 있는 계기는 구글(Google)과 같은 새로운 빅 플레이어(Big Player)가 자동차산업에 참여하기 때문이다. 도로인프라에 현대자동차가 민간투자사업으로 참여하는 것은 한계가 있고, 국토교통부, 경찰청, 한국도로공사 등을 중심으로 빅 플레이어를 양성해야 한다.

③ 자율주행자동차 시대가 곧 도래된다는 생각은 좀 이르고, 앞으로 상당기간 일반자동차와 혼재되어 도로를 달리는 시대는 곧 도래될 것으로 예견된다. 하지만 언젠가는 자율주행자동차가 사람 · 물자 이동에 변화를 초래하면서 우리가 살고 있는 도시구조, 생활방식, 업무패턴 등 인간의 삶을 크게 바꿀 것이다.

30 차량이탈 인식시설(Rumble Strips)

1 개요

① 노면요철포장(Rumble Strip)은 'Rumble'(털털거리는, 소음)과 'Strip'(좁은 길)의 합성어로서, 운전자가 졸음이나 운전 부주의로 차로를 이탈할 경우 울퉁불퉁하고 거칠게 만들어진 표면에 의해 강한 진동을 느끼게 된다.

② 럼블 스트립은 도로에 홈을 파서 운전자가 진동을 느끼게 하는 음각(陰刻)형식과 기존 도로 위에 포장재를 덧대어 규칙적인 패턴을 만드는 양각(陽刻)형식으로 시공한다.

[차로이탈 인식시설(Rumble Strip)]

2 럼블 스트립(Rumble Strips)

1. 설치현황

① 연장 : 전국 고속도로 12개 노선의 총연장 대비 3.78%(212.18km) 설치
② 형식 : 모두 절삭형(陰刻)으로 설치하였으며, 다짐형(陽刻) 설치는 없음

2. 럼블스트립 종류

① 길어깨 포장부 절삭형
② 차선도색에 볼록형 물체를 삽입

3. 설치규격 비교

구분		한국도로공사 지침('03)	국토교통부 지침('05)
절삭형 (陰刻)	길이	400mm	400mm
	폭	180(160~180)mm	180mm
	최대 홈깊이	15(9~15)mm	13mm
	중심 간격	300mm	300mm
길어깨 설치위치		본선포장 끝단에서 300mm 이격 (길어깨 차선에서 800mm 이격) ⇩ 본선포장 끝단에서 300mm 미만을 이격시키면 접속부 종방향 균열 발생	바깥(길어깨) 차선에서 100~3,000mm 이격 ⇩ 최대한 바깥 차선에 가깝게 설치 미국 FHWA 기술 자문(Technical Advisory) 준용

4. 시험시공

① 목적 : 노면요철포장의 길어깨 차선에서 이격거리에 따른 포장 균열발생 조사

② 위치 : '05.12, 통영~진주 고속도로 절삭형(陰刻) 노면요철포장 설치 구간

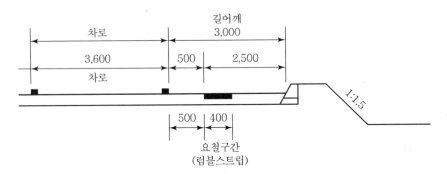

③ 결과

    ㉠ 균열 발생 여부 : 차량이 측대 및 길어깨를 주행하는 경우가 많지 않고, 길어깨 차선에서 일정 간격 떨어져 설치된 노면요철포장은 차량하중에 큰 영향을 받지 않아 균열 발생 사례가 없는 것으로 조사되었다.

ⓛ 시공 적합성

이격거리	횡단경사	표준경사 구간	편경사 구간
아스팔트포장	200, 300mm	본선 측대와 길어깨 포장 간에 경사 차이(2%)가 발생하지만, 시공에 별 문제 없음	외측 곡선구간에서 본선 측대와 길어깨 포장 간에 경사 차이가 과다 발생으로 시공 곤란
	500, 600mm	양호	양호
콘크리트포장	600, 700mm	양호	양호

④ 유지관리부서 의견

ⓐ 설치규격 : 운전자 주행조건을 감안하여 최대 홈깊이(절삭형)를 10mm 정도로 설치하자는 의견이 많았다.

ⓑ 설치위치 : 길어깨 차선에서의 이격거리가 과다하므로, 가급적 차선 쪽으로 붙여서 설치하자는 의견이 많았다.

5. 럼블 스트립 개선방안

① 설치규격 개선

ⓐ 절삭형(陰刻) : 최대 홈깊이가 기존 도공지침은 15mm(9~15mm)이지만, 국토부지침 및 국내에서 일반적으로 사용되는 절삭장비의 드럼 외경(D600mm)을 고려할 때 13mm(9~13mm)가 합리적이므로 다음과 같이 개선한다.

[럼블 스트립 절삭형 개선(안)]

길이	폭	최대 홈깊이	중심 간격
400mm	180mm	13(9~13)mm	1,000 이상

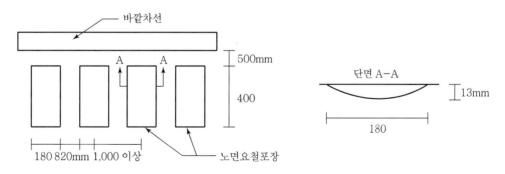

ⓑ 다짐형(陽刻) : 국내 적용 사례가 없고, 기존 도공지침이 시험시공을 통해 선정된 규격이므로 별도 설치사례 축적될 때까지 기존 도공지침을 적용한다.

② 설치위치 개선

㉠ 개선방향

- 노면요철포장은 차로이탈 차량이 즉시 인지하고 복귀할 수 있도록 포장 시공 여건(장비규격)을 감안하여 가능하면 길어깨 차선에 가깝게 설치한다.
- 본선포장 끝단에서 300mm 미만 이격시킬 경우에 접속부 종방향 균열 발생이 우려되어 300mm(길어깨 차선에서 800mm) 이격시켜 설치하였으나, 시험시공 결과 실제 균열 발생 사례는 없었다.

㉡ 아스팔트포장

- 표준경사 구간
  - 길어깨 차선에서 200mm 이격시켜 설치
  - 편경사 내측곡선 구간에도 동일하게 적용
- 편경사(외측곡선) 구간
  - 길어깨 차선에서 200mm 이격 설치하면 설치길이가 부족(기준 400mm, 시공 300mm)하므로, 150mm 이격 설치하고, 설치길이 350mm 이상 확보
  - 미국 FHWA는 최소 설치길이 300mm 이상 권장
- 절삭형(陰刻)으로 설치하여 본선 측대와 길어깨 포장이 시각적으로 명확히 구분되지 않는 경우, 노선 여건이 설계조건과 상이한 경우 등이 있다.
  따라서, 편경사 구간에도 표준경사 구간 기준을 일괄 적용하여 시공한다.

㉢ 콘크리트포장

- 길어깨 차선에서 600mm(측대 끝에서 100mm) 이격시켜 설치

6. 결론

① 절삭형 럼블 스트립을 설치하는 도로는 주로 주간선도로급 이상으로 주행속도가 80km/hr 이상인 지역의 도로이다.

② 주행속도가 빠른 지역에서는 이동거리가 초당 20~30m/sec가 되므로 럼블 스트립 간격을 좁게 하면 파손도 심하고 낭비성이 있다. 따라서 간격은 1.0m 이상을 추천하고 길어깨 차선에서 0.5m 이상을 이격하여 설치하면 효과를 극대화할 수 있다.

③ 최근 차량기술이 첨단화되면서 2016년 이후에 출고되는 거의 모든 차량에는 차선이탈기능과 자율주행기능이 장착되어 출고됨에 따라 럼블 스트립 설치도 불필요한 시설로 변할 것이다.

07

교통환경

1 방음시설

1 개요

① 도로는 도로건설 중에 환경 변화와 사업시행 후의 자동차주행에 따른 소음, 대기오염으로 인하여 생활환경 및 자연환경의 변화를 유발하게 된다.

② 자동차에서 발생하는 소음 및 진동 등의 차단을 통하여 도로인접지역의 생활환경보전과 공공시설 등의 환경보전을 위하여 필요에 따라 방음시설을 설치하여야 한다.

③ 횡단면도계획 시 환경시설대 및 식수대 등의 설치를 검토하여야 한다.

2 종류

① 방음벽
　㉠ 자동차 발생소음을 저감시키기 위한 도로 구조상의 절토 및 성토지역
　㉡ 인위적 설치벽(투명, 흡음, 반사형 등)

② 방음둑

③ 식수대(수림대 또는 방음림)

④ 도시부나 경관이 중요시되는 지역
　㉠ 실용성, 경제성, 내구성 검토
　㉡ 유지관리 측면 검토 결정

3 방음벽 설치기준

① 환경영향평가 실시 후 그 결과에 따라 필요장소에 설치

② 학교, 병원 등 정숙을 요하는 공공시설 부근에 우선 설치

③ 주거밀집지역으로 예측소음도가 환경정책기본법상 소음기준치가 높은 지역

④ 환경영향평가 시 설치 제외된 구간의 경우 민원 또는 현장 여건상 필요한 구간

4 방음벽의 형식 및 적용

형식	적용성
반사형	방음벽에 의한 반사음의 악영향을 무시 가능 지역
흡음형	도로의 좌우에 방음벽을 설치해야 할 지역
투명형	• 일조권 침해 예상지역 • 불투명 방음벽 설치 시 결빙 예상지역
컬러형	• 대도시 주변 대단위 밀집지역 • 종합병원 등 요양시설 위치지역 • 미관이 중요시되는 지역

5 검토사항

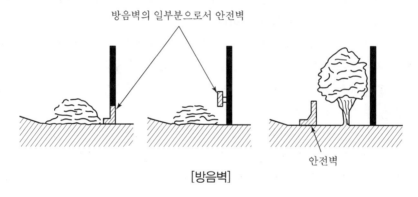

방음벽의 일부분으로서 안전벽

안전벽

[방음벽]

① 안전성에 대한 검토
② 미관에 대한 검토
③ 유지관리에 대한 검토

6 결론

① 방음벽, 즉 소음저감시설은 도로교통소음에 대한 사회적 관심을 가지면서 최근에는 약간의 영향이 발생하는 지역에도 대부분 설치하는 추세이다.

② 방음벽에 의한 소음지감대책은 시공이 용이하고, 대책효과도 크기 때문에 자동차 전용도로를 중심으로 많이 채택되고 있다. 그러나 방음벽은 주위 경관의 시선을 차단하므로 내부 경관 및 외부 경관에 있어서 불쾌감을 초래할 수 있으며, 특히 노선이 도시부나 경관이 중요시 되는 지역을 통과할 경우에는 투명방음판 또는 유리섬유보강시멘트판의 사용이나 미관을 고려한 방음시설의 설치를 검토하여야 한다.

③ 방음벽의 선택에는 실용성, 경제성, 설치지역 특성 등을 검토할 필요가 있다. 일반적으로 설치비용, 내구성 측면에서는 반사성 방음벽이 유리하나, 설치된 방음벽에 의해 발생된 반사음이 연도 환경에 영향을 주는 경우에는 흡음형 방음벽이 적용되어야 할 것이다.

④ 흡음처리에 이용되는 음향재료는 자동차에서 배출되는 매연의 부착에 의한 성능 저하가 우려되므로 재료 선택 시 흡음성능뿐만 아니라 내구성, 청소의 용이성도 고려하여야 한다.

2 가속소음

1 개요

① 교통류의 '질'을 나타내는 기준 중 하나, 교통류 내에서의 속도 변화를 '평균가속도에 대한 가속도의 표준편차'로 표현한 것이다.

② 도로건설로 인하여 교통량이 발생하게 되고 또한 교통량의 계속적인 증가를 가져오게 된다. 차량의 속도와 교통량에 의해서 소음이 발생하게 되는데 이를 가속소음이라 한다.

③ 가속소음은 교통량이 증가하고 속도가 빨라질수록 그 정도가 심화되며 차량의 종류에 따라서도 소음의 정도가 달라지게 된다.

④ 가속에 의한 공해는 인구의 증가와 도시집중, 생활양식의 변화 및 공업화의 실현 등으로 인간이 거주하는 곳이면 시간과 공간의 제약을 받지 않고 발생하며, 이로 인한 신체적·심리적 악영향을 끼쳐 정신적·정서적으로 불안감 등을 조성하게 된다.

2 표현

평균가속도가 '0'일 때(등속도일 때)의 가속소음은 다음의 식으로 표현된다.

$$g = \left[\frac{1}{T} \int_T^0 a(t)^2 dt \right]^{\frac{1}{2}} \text{ 또는 } g = \left[\frac{\Delta t}{T} \sum a(t)^2 \right]^{\frac{1}{2}}$$

여기서, $a(t)$: 시각(t)의 가속도
Δt : T시간 내에 있는 측점간격
T : 움직인 총시간

3 특징

가속소음이 클수록 그 교통류는 '불안정한 상태'에 있다고 할 수 있다.

① 구배 내리막길＞오르막길

② 차로수 좁은 2차로 도로＞4차로 도로 ← 추월이 많음

③ 교통량 교통량이 커지면 g도 커짐

④ 설계속도보다 높은 속도로 주행 시 g가 큼

⑤ 교통 혼잡이 증가하면 g도 커짐

⑥ g값은 통행시간, 정지시간보다 혼잡상태를 더 잘 나타냄

⑦ g값은 클수록 도로의 위험성이 큼

⑧ g값의 범위는 통상 $0.2 \sim 0.45 \mathrm{k/sec}^2$ 값을 가짐

4 가속소음의 계산식

$$g = \left[\frac{(\Delta U)^2}{T} - \sum_{i=1}^{K} \frac{\ni^2}{\Delta ti} - \left(\frac{V_T - V_O}{T} \right)^2 \right]^{\frac{1}{2}}$$

5 결론

① 최근 포장 및 환경기술자들이 차량의 소음에 관련된 연구를 지속적으로 하고 있고 정부 차원에서도 노력을 기울이고 있는 실정이다.

② 국민소득 증대로 인간의 삶의 질이 향상됨에 따라 환경에 대한 인식 변화가 급변하고 있다.

③ 차량의 소음을 줄일 수는 있어도 없앨 수는 없지만 정부와 전문가들의 노력이 계속된다면 상당한 실효를 거둘 수 있으므로 계속적인 연구가 필요하다.

④ 가속소음으로부터 생활환경의 보전과 인간의 건강을 보호하기 위하여 소음 환경기준을 정하고 저감대책을 시급히 수립해야 할 것이다.

3 교통환경 및 기타

1 개요

① 교통환경에 영향을 미치는 요인에는 대기오염, 교통소음, 교통진동이 있다.

② 급격한 도시화와 자동차의 증가에 따라 배기가스의 배출량 증가로 대기오염이 심각한 실정이다.

③ 교통환경의 영향으로 정신적 피로감, 호흡기 및 순환기 질환, 폐기능 저하, 생체 발육장애 등이 발생한다.

❷ 배출가스 감소대책

1. 배출가스 검사체계의 확립

① 자동차 배출가스를 효과적으로 저감시키기 위해서는 배출가스 허용기준을 설정하여 그 기준을 지키도록 규제해 나가야 하는데, 이러한 규제를 효율적으로 하기 위해서는 자동차에 대한 배출가스 시험검사를 실시하고 그 시험방법도 엄격히 정해야 한다.

② 지금까지는 자동차 제작 회사가 배출가스 시험장비와 시설을 갖추어, 제작자동차에 대한 배출가스 최초 검사를 환경부 공무원의 입회하에 실시했다.

③ 그 후 1987년 7월 배출가스 농도기준이 강화되면서부터는 시험방법도 미국에서 시행하고 있는 CVS(Constant Volume Sampler) 방법에 의한 시험법을 적용하고, 시험검사제도도 촉매전환장치의 기능이 장거리 주행 동안 유지될 수 있도록 하기 위하여 80,000km 주행시험 후 기준 적합 여부를 판정하는 인증시험제도를 도입하였다.

④ 또 운행 중의 촉매장치 기능을 유지하고 소비자를 보호하기 위하여 배출가스장치의 성능 보증과 결함시정제도를 도입하였다.

2. 운행 중인 자동차의 배출가스대책

① 자동차에서 배출되는 가스와 매연으로 인한 대기오염을 감소시켜 쾌적한 도시 환경을 유지하기 위해 정부에서는 대기환경보전법에 운행 중인 자동차의 배출가스 허용기준을 규정하고 모든 자동차가 이 기준을 초과하여 운행하지 못하도록 규제하고 있다.

② 이에 따라 허용기준을 초과하여 운행하는 자동차를 단속하기 위하여 운행 중인 자동차 배출가스 단속지침을 정하여 환경부, 치안본부 및 각 시도에서 이 지침에 따라 단속을 실시하고 있으며, 1987년 7월 1일부터 저공해 자동차가 생산·보급됨으로써 이러한 차량은 그 이전에 생산된 기존 차량과 구분하여 엄격한 배출 허용기준을 적용하고 있다.

③ 자동차 배출가스로 인한 대기오염을 줄이기 위해서는 배출허용기준을 넘는 차량을 단속할 뿐만 아니라 자동차 제작 회사, 운수업체 및 자가 운전자 등 운전 관계 종사자들에게 자동차로 인한 대기오염의 심각성을 깊이 인식시키는 교육 및 홍보 활동도 매우 중요하다.

④ 운행 중인 자동차가 배출가스를 다량으로 배출하는 원인으로는 정비 불량, 과적, 난폭 운전 외에도 대도시 지역의 도로조건 불량 및 교통운영 방식의 결함도 있다.

⑤ 따라서 이의 개선을 위하여 관련 부서 간의 유기적 협조체제를 구축하여 교통신호시스템 개선, 가변차선제 확대, 일방통행제 실시 등 교통운영 방식을 개선하여 교통혼잡을 줄이고, 지하철 연계수송체계를 확립하며 도심지 버스노선 조정 등 교통시스템을 개선하여 자동차의 배출가스를 저감시켜 나갈 방도를 최우선적으로 강구해야 한다.

③ 교통소음 저감대책

교통소음대책을 크게 나누면 차량대책이나 교통규제대책 등과 같은 발생원에 관한 대책, 방음벽 및 환경시설대 설치 등과 같은 도로구조물에 관한 대책, 집이나 학교 등의 방음공사, 도로변의 완충 건축물 설치, 도로변 토지이용의 적정화 등과 같은 도로변대책 등이 있다.

1. 차량대책

① 가속주행 소음시험방법(신규 제작 및 수입 자동차에만 적용)
② 시험 자동차를 사용하여 변속기에서 엔진의 최고 출력 시 회전속도의 3/4으로 주행할 경우의 속도, 또는 50kph 정도의 속도로 소음 측정 구간에 진입하고 이때 가속페달을 최고로 밟아 주행시키면서, 기준선에서 수평 방향으로 7.5m 떨어진 지점에 지상 1.2m 높이에 측정점을 설치하여 측정한다.

2. 배기소음 시험방법

① 시험 자동차의 변속기어를 중립 위치로 놓고 중립상태에서 엔진 최고출력 시의 회전속도까지 4초 동안 부하 없이 급가속시켜 그동안의 최대소음값을 측정한다.
② 이때 소음 측정기의 마이크로폰은 시험 자동차 배기관 개구부 중심선에 45도의 각을 이루는 연장선상에서 0.5m 떨어지고 지면과 평행하게 설치하여 측정한다.

3. 경적소음 시험방법

① 시험 자동차의 엔진을 정지시킨 상태에서 5초간 경음기를 울리면서 경적음의 최댓값을 측정한다.
② 이때 소음 측정기 마이크로폰은 시험 자동차 앞 끝 표면으로부터 전방 2m 떨어지고, 지상으로부터 1.2m 되는 높이에 설치하여 측정한다.

4. 교통규제대책

① 도로교통 소음의 크기는 속도, 차종 구성비, 교통량, 차량의 주행 위치와 수음점까지의 거리 등에 영향을 받는다.
② 속도를 10kph 정도로 줄이면 소음은 약 1dB 정도 줄어든다.
③ 교통량이 같다고 하더라도 소음의 파워 레벨(Power Level)이 큰 대형 자동차의 혼입률이 크면 소음은 커진다.
④ 따라서 대형 차량을 다른 곳으로 우회시키면 소음을 크게 줄일 수 있다.

⑤ 대형 차량의 통행제한은 다른 소음저감대책에 비해 상당히 큰 효과를 나타내지만 도로의 성질상 모든 도로에 적용할 수 없기 때문에 이를 시행하기 위해서는 우회도로의 유무, 요일, 시간대 등을 충분히 고려하여 통행을 제한해야 한다.

⑥ 그 밖에 4차로 이상의 도로에서는 대형차를 중앙차선 쪽으로 주행시켜 건물로부터 거리를 떨어지게 함으로써 다소의 소음저감효과를 기대할 수 있다.

⑦ 또 신호등을 연동화하여 신호등에서의 가속소음을 어느 정도 줄일 수 있다.

5. 도로구조대책

① 소음 발생원에 대한 대책과 병행하여 음의 전파에 대한 대책도 효과가 있다.

② 예를 들어 전파경로 내에 방음벽을 설치하여 음을 회절시키고, 전파경로를 연장함으로써 소음을 감소시킬 수 있다.

③ 또한 지표면을 연하게 하여 음을 흡수하게도 한다.

④ 도로의 구조를 성토, 절토 또는 고가구조로 하여 감소효과를 기대할 수도 있으나, 가장 일반적으로 사용되는 방법은 감소효과가 큰 방음벽이나 환경시설대 등을 설치하는 것이다.

⑤ 방음벽에는 반사성 방음벽과 흡음성 방음벽이 있다. 반사성 방음벽은 음을 벽면에 반사시키는 것으로서 반사되어 되돌아가는 쪽에 있거나 소음에 지장을 받는 것이 없어야 한다.

⑥ 만약 도로 양쪽에 모두 방음벽을 설치해야 할 경우에는 반사성 방음벽보다는 흡음성 방음벽을 설치하는 것이 좋다.

⑦ 도로변에 방음용 성토를 한 것을 방음둑이라 하며 경우에 따라서는 여기에 나무를 심거나 방음벽을 설치하기도 한다.

⑧ 이 방음둑의 기능은 방음벽과 마찬가지이지만 그 폭이 넓어 거리감소효과가 크고 방음뿐만 아니라 배기가스의 확산을 방지하는 데도 유리한 시설이다.

⑨ 환경시설대는 간선도로의 바깥쪽에 폭이 넓은 부지를 확보하여 그 안에 식수대, 방음벽 등을 설치하고 필요한 경우에는 보도, 자전거도, 측도 등을 배치하여 도로 주위의 생활환경을 보전할 수 있다.

4 교통진동대책

① 교통진동을 경감시키는 대책으로는 노면을 평탄하게 하고, 포장 구조를 개선하며, 성토, 지반 개량, 교통 규제를 실시하고 환경시설대, 방진벽, 방진구 등을 설치하는 것이다.

② 노면을 평탄하게 개량하면 교통진동을 줄이는 데 큰 효과가 있다.

③ 노면 요철의 표준편차가 1mm 줄어들면 진동 Level은 약 4dB 정도 감소된다.

④ 성토 도로에서는 평면도로에 비해 진동이 적다.

⑤ 그 원인은 일반적으로 굳게 다져진 성토 본체의 강성은 자연 지반의 강성보다 높은 경우가 많아 진동 발생이 적고, 성토 도로에서는 차선으로부터 도로 끝단(성토법면 하단)까지의 거리가 평면도로에 비해 길어서 거리 감소량이 커지기 때문이다.

⑥ 또 지반개량공법은 연약지반의 진동을 경감시키는 데 효과가 있다.

⑦ 교통 규제에 의한 진동경감대책에는 속도 제한, 차선 제한, 중량 제한 등이 있다.

⑧ 속도와 중량을 줄이면 진동이 줄어든다는 것을 쉽게 알 수 있다.

⑨ 차선 제한이란 진동을 유발하는 차량은 도로 바깥 차선보다 안쪽 차선을 이용하게 하는 것으로서, 차선을 내측으로 하나씩 옮겨감에 따라 도로 끝단에서 측정한 진동 Level은 60dB 이하에서는 2~3.5dB, 60dB 이상에서는 6.5~7dB 정도 감소한다고 알려지고 있다.

⑩ 환경시설대에 의한 진동경감효과는 거리감쇠 때문이다.

⑪ 도로 끝단에 연하여 폭 20m 환경시설대가 설치되어 있어 도로 끝단이 바깥 차선 중앙으로부터 5m 지점에 있다고 가정하면 환경시설대로 인한 진동경감효과는 사질지반의 경우 L10 값이 도로 끝단에 비해 5.0~11.6dB 정도 감소하고, 점토지반에서는 2.6~6.2dB 감소하며, 환경시설대에 성토가 되어 있으면 진동은 더욱 감소한다.

5 교통사고 유발원인

교통사고는 인적 요인, 차량 요인, 환경 요인 그리고 이들 상호 간의 복합적 관계에 의해서 일어난다.

① 인적 요인

운전자 또는 보행자의 신체적, 생리적 조건, 위험의 인지와 회피에 대한 판단, 심리적 조건 등에 관한 것과 운전자의 적성과 자질, 운전 습관, 내적 태도 등에 관한 것

② 차량 요인

차량구조장치, 부속품 또는 적하에 관계된 사항

③ 환경 요인
  ㉠ 자연 환경 : 천후, 명암 등 자연 조건에 관한 것
  ㉡ 교통 환경 : 차량 교통량, 차종 구성, 보행자 교통량 등 교통조건에 관한 것
  ㉢ 사회 환경 : 일반 국민, 운전자의 가정, 취업 환경, 교통경찰관, 보행자의 교통 도덕 등의 환경 구조, 교통정책 및 행정법적 요인, 교통 단속과 형사 처벌 등에 관한 사회적 요인
  ㉣ 구조 환경 : 정책 부진, 교통 여건 변화, 노선버스 운행의 비합리성, 고용인원 부족, 차량 점검 및 정비 관리자와 운전자의 책임 관계, 차량 보안 기준 위배, 노후 차량, 불량품 판매 등의 구조적 요인

④ 도로 물리적 요인

    ㉠ 도로 구조 : 도로의 선형, 노면, 차로수, 노폭, 경사 등의 도로 구조에 관한 것

    ㉡ 안전시설 : 신호기, 도로표지, 방호책 등 도로의 안전시설에 관한 것

6 교통사고 감소를 위한 속도제한구간 설정 근거

① 운전자는 표시된 제한속도보다는 교통량이나 도로조건에 따라 합리적이며 안전하게 그들의 속도를 선택한다. 따라서 도로조건이나 교통조건에 적합한 속도보다 제한속도가 너무 낮거나 높으면 대부분의 운전자는 제한속도를 무시하는 경향이 있다.

② 속도제한이 효과적으로 이루어지기 위해서는 단속 가능할 정도여야 한다.

③ 사고는 속도 그 자체보다도 속도 분포에 더 큰 영향을 받는다. 다시 말하면 사고는 차량들 상호 간의 속도 차이에 의해 발생한다.

7 도로 운영과 사고

1. 출입제한

① 주교통류에의 출입이 특정지점에서만 허용되는 완전 출입제한은 지금까지 개발된 교통사고 감소방법 중에서 가장 효과적인 것이다.

② 완전 출입제한된 도로는 출입제한이 없는 도로에 비해 사고율이 30~50% 정도밖에 되지 않는다.

③ 그러나 이것은 단지 출입제한 때문만이 아니라, 출입이 허용되는 지점이라 하더라도 교차로를 입체화하거나 중앙분리대를 설치하는 것과 같은 설계상의 여러 가지 개선이 원인이 될 수 있다.

2. 일방통행

① 일방통행 도로는 안전성 측면에서 여러 가지 특성을 지니고 있다.

② 첫째 교차로에서의 상충지점 수가 적으며, 둘째 대향교통이 없으므로 정면충돌이나 측면충돌 사고가 없고, 셋째 회전차량을 추월할 수 있으므로 추돌사고의 가능성도 줄어들며, 넷째 신호시간을 연속 진행에 맞출 수 있으므로 정지수를 줄이고 차량군을 형성하여 교차로를 통과함으로써 횡단 보행자나 횡단 교통을 위한 시간 간격을 마련할 수 있다.

3. 주차

① 노상주차방법은 각도주차보다 평행주차일 때의 사고율이 50% 정도 더 낮다.

② 그 이유는 각도주차를 하면 주행할 수 있는 도로 공간을 많이 차지하기 때문이다. 노상주차를 금지하면 사고는 훨씬 줄어든다.

③ 지방부 도로는 노상주차가 금지되는 것이 일반적이지만 위락 차량이나 긴급 차량, 또는 고장난 차량이 정지해 있을 때 사고가 많이 나므로, 이를 위한 길어깨나 도로폭을 넓히는 것이 타당할 수도 있다.

④ 교차로 부근에서 주차를 하면 사고가 현저하게 많아진다. 주차 회전수 역시 사고를 증가시킨다.

4. 조명

① 야간에 발생하는 사고에 의한 사망자 수는 주간에 비해 더 많다.

② 통행량을 기준으로 비교한다면 야간 사고율이 주간 사고율에 비해 두 배가 넘으며, 지방부 도로에서는 이보다 더 크고, 위험한 특정 지역에서는 10배가 넘을 수도 있다.

③ 야간의 사고율이 높은 이유는 운전자의 피로 때문이기도 하나 대부분이 가로 조명 때문이다.

④ 가로 조명은 교통사고를 방지하기 위한 목적도 있지만, 범죄 예방이나 가로를 아름답게 꾸미려는 목적도 있다.

8 균등기초(Equal Footing)이론과 종합교통시스템

1. 정의

① 경제발전과 더불어 사회가 다양해짐에 따라 각각의 교통수단도 독자적으로 발전되어왔으나 그 결과 교통수단 간에 심한 경쟁이 생기게 되었다.

② 교통수단의 근본 목적은 경제·사회의 발전에 적응할 수 있도록 각 교통수단의 특성을 살리면서 서로 보완·협동하여 합리적인 종합교통계획체계를 이룩하는 데 있다.

③ 교통수단 간의 심한 경쟁은 국가 또는 지역적으로 큰 손실이 되므로 이것을 정책적으로 시정하려고 하는 것이 균등기초이론이다.

④ 균등기초란 철도, 자동차 등 각종 교통수단의 경쟁 여건을 균등화시키는 것으로 이로써 교통시장에서 교통수단 간의 자유롭고 공정한 경쟁을 통해 종합교통시스템을 확립한다.

⑤ 이 이론은 자동차에게 수송시장을 침식당해 경영 위기에 처하게 된 철도를 재건하기 위한 방법으로 등장한 것이다.

2. 균등기초이론의 내용

① 철도에 대한 도로의 통행료 부담의 불균형을 적정화시키는 개념

② 통행료뿐만 아니라 운임 규제, 겸업 규제, 공동 부담 등 제도적인 면을 포함해서 적정화시키는 개념

③ 통행료, 제도면에 추가하여 공해, 사고 등 경제 외적인 요인까지 포함시켜 적정화시키는 개념

3. 균등기초성립을 위한 방안

① 공공 부담

철도는 산업정책, 교육정책 등에 의해 농산물이나 석탄, 학생 등에 대하여 특별운임, 또는 할인운임을 적용하고 있다. 이러한 운임제도는 철도의 경쟁력을 높이기는 하나 경영 면에서 볼 때에는 적자운영의 한 요인이 된다. 우리나라와 같이 철도산업을 국가가 경영하는 경우 이와 같은 공공 부담을 국가가 떠맡도록 되어 있다.

② 운임

철도는 전국적으로 종합 원가 주의로 획일적인 운임제도를 실시하고 있다. 그 결과 몇 개의 주요 간선에서는 흑자운영을 하고 있으나 그 외에 지방지선과 같은 곳에서는 대부분 적자운영을 하고 있다.

③ 운임과 비용

㉠ 수송 시장의 경쟁은 수요자의 지불 비용으로 결정된다. 여기서 지불 비용이란 영업용 수송서비스를 이용하는 경우는 운임이 되고, 자가용 수송서비스를 이용하면 주행 비용을 의미하게 된다. 이들 운임이나 주행 비용이 실제 수송서비스의 공급 비용과 일치하지 않으면 경쟁 조건이 불균등하여 경쟁에 의한 합리화를 기대할 수 없다.

㉡ 철도는 기초 시설의 비용 일부를 이용자의 지불 비용으로 충당하고 있으나, 도로, 항공, 해운 등은 그 기초시설비를 일반 예산으로 충당하고 있다. 재원 조달은 대부분 일반 세수에서 충당하는 수밖에 없다. 그러나 사용자 부담의 원칙에 충실하기 위해서는 휘발유세와 같은 목적세를 신설하여 도로만을 위한 기금을 만들어 운용할 필요가 있다.

④ 통행료

통행료에 대해서는 지금까지 그 계측방법이 확립되어 있지 않다. 도로의 경우 건설비나 유지관리비뿐 아니라 안전시설비, 경찰비와 경제 외적 비용(사고, 공해, 혼잡 비용 등) 등을 통행료로 회수해야 철도와의 경쟁 여건을 균등화시킬 수 있다.

4. 균등기초이론의 한계

① 도로와 철도를 비교할 때 전체의 평균 수송비용은 큰 의미가 없다. 왜냐하면 도로와 철도는 거시적으로 보면 대체성보다는 상호보완성이 강하기 때문이다. 따라서 균등기초 이론은 어떤 한계를 가진다.

② 도로와 철도 간에 균등기초를 달성하는 것이 이론적으로는 가능하나 현실적으로는 매우 어렵다.

5. 종합교통체계 수립 시 유의할 점

① 철도, 도로, 항만, 항공 등을 장기적인 안목에서 계획한다.

② 각 교통수단의 이용 가격에 공해, 교통사고의 비용을 포함시켜야 한다.

③ 각 교통수단의 유지관리에는 국가 경제적·사회 정책적 관점에서 필요한 유인 조치를 취할 수 있도록 해야 한다.

④ 국가 에너지 관점에서 교통정책을 수립해야 한다.

4 교통소음 발생과 그 대책

1 개요

① 소음공해는 인구의 증가와 도시집중, 생활양식의 변화 및 공업화의 실현 등으로 인간이 거주하는 곳이면 시간과 공간의 제약을 받지 않고 발생한다.

② 소음은 신체적·심리적으로 악영향을 끼쳐 정신적·정서적으로 불안감을 조성하고, 대화 장애, 독서방해, 작업능률의 저해 등을 일으킨다.

③ 생활환경의 보전과 인간의 건강을 보호하기 위해 소음환경기준을 정하고 소음저감대책을 수립해야 한다.

2 소음 발생원 및 기준

① 소음 발생원
  ㉠ 자동차, 기차, 비행기 등이 발생시키는 소음은 차량대수의 증가
  ㉡ 자동차 엔진 및 차량구조 자체의 문제점
  ㉢ 주행상태(과속), 정비 불량, 과적, 타이어, 도로구조 등에 의해 발생

② 교통소음 영향권

  ㉠ 도시의 경우 상·공업지역의 주거지역

  ㉡ 고속국도 등 각종 도로의 확장으로 농촌까지 확대

  ㉢ 철도소음의 경우 기차엔진, 경적, 주행 시 궤도의 마찰음으로 철도변 및 철도가 도심을 통과하는 주변

  ㉣ 항공기의 운행횟수 증가와 공항 활주로의 확장으로 인한 피해

③ 소음기준

  ㉠ 쾌적(소음≦65dB)

  ㉡ 조금 불쾌(65≦소음≦75dB)

  ㉢ 불쾌(소음≧75dB)

3 교통소음 저감대책

① 차량대책

  ㉠ 가속주행소음 시험방법

  ㉡ 배기소음 시험방법

  ㉢ 경적소음 시험방법

② 교통규제대책

  ㉠ 대형차 혼입률이 크면 소음도 커지므로 대형차량은 우회시킴

  ㉡ 대형차량의 통행제한(우회도로 유무, 요일, 시간대 등 충분히 고려해서 실시)

  ㉢ 4차로 이상 도로에서 대형차를 중앙차로 쪽으로 유도하여 건물에서부터 거리를 떨어지게 함

  ㉣ 신호등을 연동화하여 신호등에서의 가속소음을 줄임

③ 도로구조대책

  ㉠ 음의 전파경로 차단(방음벽 설치)

  ㉡ 도로의 구조, 절성토, 고가구조로 감쇄효과 기대(큰 방음벽, 환경시설대 설치)

  ㉢ 도로변에 방음용 성토(방음둑 설치)로 방음 및 배기가스 확산 방지

  ㉣ 간선도로 바깥쪽에 식수대, 방음벽 설치 및 보도, 자전거도, 측도 배치

4 결론

① 도로건설로 인하여 이를 이용하는 측면에서는 시간적·장소적인 배려를 가져왔으나 소음이라는 역효과 또한 큰 문제점으로 대두되고 있다.

② 과거엔 의식주에 급급한 나머지 공해나 소음환경 등에는 소홀한 점이 많이 있었으나 최근 경제성장으로 인하여 인간의 삶의 질이 향상되고, 따라서 환경에 대한 인식이 급변하고 있다.

③ 소음은 인구증가와 도심집중 등의 현상으로 발생하지만 이를 줄일 수는 있어도 없앨 수는 없다. 하지만 정부와 관련 전문가들의 노력이 계속된다면 상당한 효과를 거둘 수 있을 것으로 판단되므로 계속적인 연구가 필요하다.

5 대기오염 저감방안

1 개요

① 경제발전에 따른 산업구조 변화, 인구의 과밀화, 도시집중화는 환경오염의 광역화, 오염물질의 다종화 등 생활환경의 질을 악화시킴

② 교통으로 인한 환경문제는 대기오염, 소음, 진동 등 교통로를 운행하는 차량으로 인해 발생하는 교통공해뿐만 아니라 교통로의 건설에 따른 동식물의 생육환경과 자연경관에 문제를 야기함

2 대기오염의 종류

① 연료 : 휘발류, 액화석유가스(LPG), 경유

② 배출가스
  ㉠ 무해한 물질 : 질소(N_2), 수증기(H_2O), 이산화탄소(CO_2)
  ㉡ 유해한 물질 : 일산화탄소(CO), 탄화수소(HC), 매연, 질소산화물(NO_X), 아황산가스(SO_X), 오존(O_3)

3 배기가스의 배출 특성

① 원인
  차량의 종류와 성능, 차량의 주행상태, 차량의 정비상태, 사용 연료, 교통조건 및 도로조건

② 주행속도에 따른 배출 특성
  CO와 HC의 배출계수는 속도가 높을수록 적고, NO_X는 속도가 높을수록 배출계수가 커짐

③ 적재

CO의 변화는 명확하게 특징지을 수는 없지만 NO_X에서는 짐을 가득 실었을 때 배출계수가 증가함

④ 종단경사

CO는 경사에 따른 배출계수의 변화가 불명확하며 NO_X는 경사가 커질수록 배출계수가 커짐

⑤ 운전 Mode 가속 · 정속 · 감속 · 정지

배출가스 배출량은 지체 또는 정지수 등과 같은 교통조건 파라미터와 밀접한 관계

4 배출가스 감소대책

① 매연단속, 차량점검 및 정비 철저, 연료의 품질 향상, 난폭 · 과적 · 과속 운전방지

② 교통운영방법 개선
  ㉠ 교통신호시스템 개선
  ㉡ 자동차 도심운행 억제
  ㉢ 도심지의 버스노선 재조정
  ㉣ 버스정류장 간 거리 확대 조정
  ㉤ 교통정체 지역의 가변차선제 및 일방통행제 실시

③ 신규제작, 수입 자동차 배출가스 대책

허용기준의 강화, 검사체계의 확립, 시험검사방법 강화

④ 운행 중인 자동차의 배출가스 대책
  ㉠ 배출허용기준 초과차량 단속
  ㉡ 대기오염 심각성에 관한 인식교육 및 홍보활동
  ㉢ 교통운영방식 개선으로 교통 혼잡 감축
  ㉣ 지하철 연계 수송체계를 확립하여 도심지 버스노선 조정 등 교통시스템 개선으로 저감

공항분야

Road And Transportation

1 비행장시설기준 요약

1 계기 활주로(Instrument Runway)

계기활주로는 계기접근절차를 이용하는 항공기의 운항을 목적으로 운용되는 활주로를 말하며 다음 형태의 활주로를 포함한다.

① 비정밀접근활주로(Non-precision approach runway) : 시각보조시설과 직진입에 적합한 방향 정보를 제공해주는 항행안전무선시설로 운용되는 계기 활주로

② CAT-Ⅰ 정밀접근활주로(Precision approach runway, Category Ⅰ) : 결심고도 60m 이상이고, 시정이 800m 이상이거나 활주로 가시범위가 550m 이상 조건으로 운용되며, CAT-Ⅰ 정밀접 근을 지원하는 지상항행안전무선시설 및 시각보조시설을 갖춘 계기활주로

③ CAT-Ⅱ 정밀접근활주로(Precision approach runway, Category Ⅱ) : 결심고도 30m 이상 60m 미만이고, 활주로 가시범위가 300m 이상의 조건으로 운용되며 CAT-Ⅱ 정밀접근을 지원하는 지상항행안전무선시설 및 시각보조시설을 갖춘 계기활주로

④ CAT-Ⅲ 정밀접근활주로(Precision approach runway, Category Ⅲ) : 활주로 표면에 CAT-Ⅲ 정밀접근을 지원하는 지상항행안전무선시설과 시각보조시설을 갖춘 계기활주로를 말하며 다음과 같이 세분한다.

   ㉠ CAT-ⅢA : 결심고도 30m 미만 또는 결심고도 없이 활주로 가시범위 175m 이상에서 운용 가능한 계기활주로

   ㉡ CAT-ⅢB : 결심고도 15m 미만 또는 결심고도 없이 활주로 가시범위 175m 미만에서 50m까지 운용 가능한 계기 활주로

   ㉢ CAT-ⅢC : 결심고도와 활주로 가시범위의 한계가 없이 운용되는 계기 활주로

2 육상비행장 분류기준

① 비행장 설계 시에는 해당 비행장에서 운항할 항공기에 적합한 비행장 시설을 제공하기 위하여 비행장 분류기준을 기준으로 하여야 한다.

② 육상비행장의 분류기준

분류요소 1		분류요소 2		
분류 번호	항공기의 최소이륙거리	분류 문자	항공기 주 날개의 폭	항공기 주륜외곽의 폭
1	800m 미만	A	15m 미만	4.5m 미만
2	800m 이상 1,200m 미만	B	15m 이상 24m 미만	4.5m 이상 6m 미만
		C	24m 이상 36m 미만	6m 이상 9m 미만
3	1,200m 이상 1,800m 미만	D	36m 이상 52m 미만	9m 이상 14m 미만
4	1,800m 이상	E	52m 이상 65m 미만	9m 이상 14m 미만
		F	65m 이상 80m 미만	14m 이상 16m 미만

③ 항공기 제원의 명칭

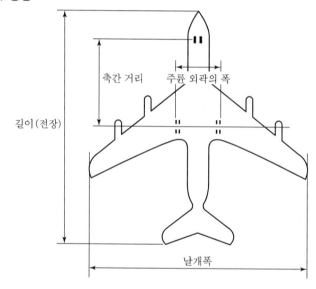

④ 육상비행장 분류기준의 적용은 다음과 같이 하여야 한다.
　㉠ 분류요소 1 : 항공기의 최소이륙거리는 항공기 최대이륙중량에서 다음의 활주로 상태일 때 요구되는 최소 활주로 길이를 말한다.
　　• 비행장 표고 : 0
　　• 표준대기상태(Standard Atmospheric Condition)
　　• 바람 : 무풍
　　• 활주로 경사도 : 0
　㉡ 분류요소 2 : 항공기의 최대 주 날개폭이나 최대 항공기 주륜 외곽의 폭을 기준으로 하여 둘 중 높은 분류문자를 적용하여야 한다.

③ 활주로의 수 및 방향

① 비행장에서 활주로의 수는 가장 혼잡한 시간대의 한 시간 동안 수용하여야 하는 항공기의 운항횟수, 항공기 기종별 비율, 도착 및 출발 항공기의 비율 등을 만족시켜야 한다.

② 전체 활주로의 수를 결정할 때는 제1항의 조건을 만족시킴과 동시에 해당 비행장의 이용률도 함께 고려하여야 한다.

③ 비행장에서 활주로의 수 및 방향은 비행장을 이용하고자 하는 항공기에 대해 측풍의 영향을 고려한 비행장 이용률이 95% 이상이 되도록 결정하여야 한다.

④ 주 활주로는 가능한 한 주 풍향과 같은 방향으로 배치하여야 하며 모든 활주로는 이착륙 지역에 원칙적으로 장애물이 없도록 하여야 한다.

⑤ 미래의 소음문제를 예방하기 위하여 비행장의 활주로 위치선정과 방향선정은 가능한 한 출발하거나 도착하는 항공기가 비행장에 인접한 주거지역이나 다른 소음민감지역에 대한 영향을 최소화하도록 하여야 한다.

④ 최대 허용 측풍분력의 선정

① 제5조제3항의 규정에 따라 비행장 이용률을 결정할 시에는 측풍분력이 다음 표의 수치를 초과할 경우에는 항공기가 비행장 이착륙에 방해를 받는 것으로 간주하여야 한다.

[최대 측풍분력(Cross-Wind Components)]

최소이륙거리	최대 측풍분력
1,500m 이상	37km/h(20knot) 24km/h(13knot)*
1,200m 이상~1,500m 미만	24km/h(13knot)
1,200m 미만	19km/h(10knot)

주) * 종방향 마찰계수가 불충분하여 활주로 제동효과가 빈번히 불량할 경우

② 비행장 이용률 계산을 위하여 사용되어야 하는 기상관측 자료는 최소한 5년 이상의 신뢰성 있는 통계자료로 하며, 관측은 적어도 1일 8회 같은 시간 간격으로 진행되어야 한다.

③ 비행장으로 사용될 지역의 기상자료를 직접적으로 활용하기 어려운 경우에는 보다 정확한 자료를 습득하기 위하여 예정부지에 기상측정기를 설치하고 바람에 관한 기록을 수집·분석 하여 활용하여야 한다. 단, 시간적 여건이 허용하지 않을 경우에는 인근 기상관측소의 과거 기록을 참조할 수 있다.

5 활주로 길이 산정

① 활주로 길이를 산정하기 위해서는 다음과 같은 요소들을 반드시 고려해야 한다.
   1. 취항하고자 하는 항공기의 성능 및 운항 시 중량
   2. 기후조건, 특히 지상풍 및 기온
   3. 경사 및 표면조건 등과 같은 활주로 특성
   4. 비행장 위치 : 기압 및 지형적인 장애에 영향을 주는 비행장 표고 등

② 실제 활주로 길이는 동 활주로를 사용하고자 하는 항공기의 운항상 요구조건을 만족하여야 하고 항공기의 운항과 성능을 당해 비행장의 조건에 맞게 보정하여 결정한 최장 길이보다 짧아서는 안 된다. 그러나 활주로의 이용률을 95% 이상 확보하기 위하여 추가로 설치하게 되는 보조활주로는 예외로 한다.

③ 활주로 길이를 결정하고 활주로의 양방향에서 운항상의 필요사항을 결정할 때, 이륙과 착륙 시 요구조건을 모두 고려하여야 한다. 고려해야 할 해당 비행장의 특수조건으로는 표고, 기온, 활주로 경사도, 습도, 활주로 표면조건 등이 있다.

④ 항공기 이착륙에 적합한 여러 가지 물리적 거리 및 관련된 정확한 정보는 공시하여야 한다. 공시거리(Declared Distance)는 다음과 같이 정의한다.

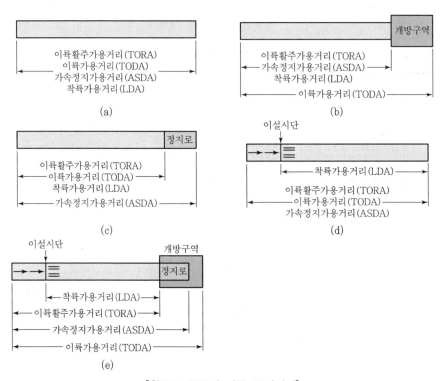

[활주로 종류에 따른 공시거리]

㉠ 이륙활주가용거리(Take-off Run Available, TORA) : 이륙항공기가 지상 활주를 목적으로 이용하는데 적합하다고 결정된 활주로의 길이

㉡ 이륙가용거리(Take-off Distance Available, TODA) : 이륙항공기가 이륙하여 일정고도까지 초기 상승하는 것을 목적으로 이용하는 데 적합하다고 결정된 활주로 길이로서, 이륙활주가용거리에 이륙방향의 개방구역을 더한 길이

㉢ 가속정지가용거리(Accelerate Stop Distance Available, ASDA) : 이륙항공기가 이륙을 포기하는 경우에 항공기가 정지하는 데 적합하다고 결정된 활주로 길이로서, 이용되는 이륙활주가용거리에 정지로를 더한 길이

㉣ 착륙가용거리(Landing Distance Available, LDA) : 착륙항공기가 지상 활주를 목적으로 이용하는데 적합하다고 결정된 활주로의 길이

㉤ 활주로 공시거리는 다음과 같은 조건들에 따라 계산한다.

　가. 활주로에 정지로 및 개방구역이 없고 활주로 시단이 활주로 끝에 위치하고 있는 경우[위 그림의 (a)], 4가지 공시거리는 통상 활주로 길이와 같아야 한다.

　나. 활주로에 개방구역이 있는 경우[위 그림의 (b)], 이륙가용거리(TODA)는 개방구역의 길이를 포함한다.

　다. 활주로에 정지로가 있는 경우[위 그림의 (c)], 가속정지가용거리(ASDA)는 정지로 길이를 포함한다.

　라. 활주로가 이설된 활주로 시단을 가지고 있는 경우[위 그림의 (d), (e)], 착륙가용거리(LDA)는 활주로 시단이 이설된 거리만큼 감소된다. 이설 된 활주로 시단은 동 시단에서 이루어지는 진입에 대한 착륙가용거리(LDA)에만 영향을 미친다. 다른 방향에서의 운항에 대한 모든 공시거리는 영향을 받지 아니한다.

　마. 실제 공시거리를 예시하면 다음 그림과 같다.

⑤ 정지로나 개방구역이 활주로에 설치되어 있는 경우 실제 활주로의 길이는 위의 기준에 따른 활주로 길이보다 짧아도 충분하지만 이러한 경우에는 활주로, 정지로 및 개방구역이 이용 항공기에 대한 이착륙 요건을 충족시킬 수 있어야 한다.

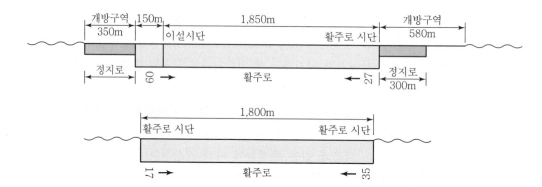

활주로	TORA	ASDA	TODA	LDA
단위	m	m	m	m
09	2,000	2,300	2,580	1,850
27	2,000	2,350	2,350	2,000
17	사용 불가	사용 불가	사용 불가	1,800
35	1,800	1,800	1,800	사용 불가

09방향 : 이착륙,   27방향 : 이착륙,   17방향 : 착륙,   35방향 : 이륙

[활주로 공시거리의 예시]

6 활주로의 폭

활주로의 폭은 다음 표에 정해진 수치 이상으로 하여야 한다.

[활주로의 폭]

분류번호 \ 분류문자	A	B	C	D	E	F
1	18m	18m	23m	–	–	–
2	23m	23m	30m	–	–	–
3	30m	30m	30m	45m	–	–
4	–	–	45m	45m	45m	60m

주) 정밀접근 활주로의 폭은 분류번호 1, 2에서 30m 이상으로 하여야 함

7 평행활주로의 최소이격거리

① 평행 활주로를 동시 사용 목적으로 계획할 경우에는 시계비행기상상태 및 계기비행기상상태에 따라 활주로 중심선 사이의 이격거리는 최소한 다음 표와 같이 설정하여야 한다.

[평행 활주로의 중심선 간 이격거리 기준]

활주로 운영 상태		최소 이격거리
비계기 활주로	높은 쪽의 분류번호 3, 4	210m
	높은 쪽의 분류번호 2	150m
	높은 쪽의 분류번호 1	120m
계기 활주로	독립평행 진입 시	1,035m
	비독립평행 진입 시	915m
	독립평행 출발 시	760m
	분리평행 운영 시	760m

주) 계기활주로의 독립평행 진입 시 1,035m는 국제민간항공기구(ICAO) Doc 4444 (PANS-ATM), Doc 8168 (PANS-OPS)에서 정하는 운영상의 요구조건에 따라 적용하여야 함

② 분리평행 운영 시에는 다음과 같이 하여야 한다.

㉠ 다음 그림의 (a)와 같이 분리평행 운영 활주로의 시단이 최소 300m 이상의 거리를 두고 있으며 이 중 착륙용 활주로의 시단이 진입항공기 방향으로 근접해 있을 경우 어긋난 길이 150m당 30m씩 이격거리를 줄일 수 있다.

㉡ 다음 그림의 (b)와 같이 분리평행 운영 활주로의 시단이 300m 이상의 거리를 두고 있으면서 착륙용 활주로의 시단이 다른 활주로의 시단보다 멀리 위치한 경우 어긋난 길이 150m당 30m씩 이격거리를 증가시켜야 한다

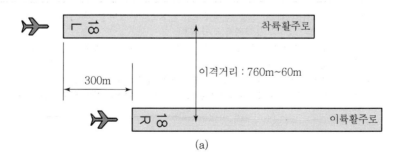

(a)

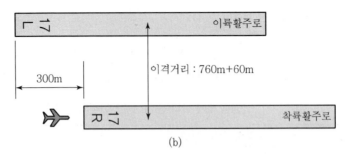

(b)

[분리평행 운영 활주로에서의 이격거리 설정의 예]

8 활주로의 경사도

① 활주로의 종단(縱斷)경사도는 다음과 같이 하여야 한다.

    ㉠ 활주로 평균종단경사도는 활주로 중심선을 따라 최고표고와 최저표고의 차를 활주로 길이로 나누어 산출하여야 한다.

    ㉡ 활주로의 종단경사도는 다음 표의 값을 초과하여서는 안 된다.

[활주로의 종단경사도]

구분	분류번호			
	1	2	3	4
최대 종단경사	2.0%	2.0%	1.5%[a]	1.25%[b]
최대 평균종단경사[c]	2.0%	2.0%	1.0%	1.0%
최대 경사변화	2.0%	2.0%	1.5%	1.5%
경사 변화점의 최대 변동률[d] (최소곡선반경)	30m당 0.4% (7,500m)	30m당 0.4% (7,500m)	30m당 0.2% (15,000m)	30m당 0.1% (30,000m)

주) a) 단, CAT II 또는 CAT III 정밀접근활주로는 활주로 시단에서 활주로 길이의 최초 및 최종 4분의 1 구간의 종단경사도는 0.8%를 초과해서는 안 된다.

    b) 단, 활주로 시단에서 활주로 길이의 4분의 1 이하의 거리에 위치하는 부분의 종단경사도는 0.8%를 초과해서는 안 된다.

    c) 활주로 중심선을 따라 최고표고와 최저표고의 차를 활주로 길이로 나누어 산출한 값

    d) 하나의 경사에서 다른 경사로의 변동은 위의 표에서 구한 값 이하의 변동률을 가진 곡면에서 실시해야 한다.

ⓒ 경사 변화점 간의 거리는 다음의 표에서 정한 값보다 작아서는 안 되며, 다음 표에 따라 구한 값이 45m 미만일 경우에는 최소치 45m를 적용해야 한다.

[활주로 종단경사 변화점 간의 최소거리]

구분	분류번호			
	1	2	3	4
경사 변화점 간의 거리	5,000m×(A+B)	5,000m×(A+B)	15,000m×(A+B)	30,000m×(A+B)

주) A, B : 경사 변화의 절댓값

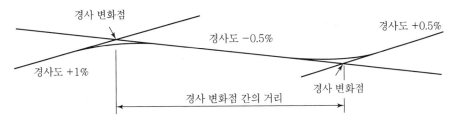

- A = | (+0.01) − (−0.005)| = 0.015
- B = |(−0.005) − (+0.005)| = 0.01
- 15,000m × (A + B) = 375m

따라서 경사 변화점 간의 거리는 375m보다 작아서는 안 됨

[활주로 종단 경사 변화점 간의 거리 예(분류번호 3일 경우)]

ⓓ 활주로의 경사 변화를 피할 수 없는 경우에는 활주로 임의 지점의 다음 표에서 정하는 높이에서 활주로 길이의 절반에 해당하는 동일한 높이의 전 부분이 보일 수 있도록 시야를 확보하여야 한다.

[활주로 시야 확보범위]

구분	분류문자					
	A	B	C	D	E	F
측정 지점의 높이	1.5m	2m	3m	3m	3m	3m

② 활주로의 횡단경사도는 다음과 같이 하여야 한다.

㉠ 신속한 배수를 위하여 활주로의 횡단경사는 위로 볼록한 형이 되어야 하나 활주로 또는 유도로의 교차부분을 제외하고는 1% 이하의 값을 가져서는 안 되며 다음의 값을 초과하여서도 안 된다.

[활주로의 최대횡단경사도]

구분	분류문자					
	A	B	C	D	E	F
최대횡단경사도	2%	2%	1.5%	1.5%	1.5%	1.5%

㉡ 활주로 중심선 양측에 대한 횡단경사도는 좌우대칭으로 하여야 한다.

㉢ 충분한 배수를 고려하여야 하는 다른 활주로 또는 유도로와의 교차부분을 제외하고 활주로 전체에 대한 횡단경사도는 대체로 동일하여야 한다.

9 대형, 중형, 소형제트기의 일반적인 제원

기종		치수 및 제원					최대 중량
		전폭(m)	전장(m)	전고(m)	축간거리(m)	주륜폭(m)	
대형 제트기	B-747-400	64.94	70.67	19.58	25.62	11.00	396.0
	B-747-400D	59.64	70.67	19.58	25.62	11.00	278.0
	B-747-300	59.64	70.66	19.33	25.60	11.00	379.2
	B-747-200B	59.64	70.51	19.33	25.59	11.00	352.9
	B-747-100	59.64	70.51	19.33	25.59	11.00	323.4
	B-747SR	59.64	70.51	19.33	25.59	11.00	259.9
	B-777-200	60.93	63.73	18.76	25.88	10.97	243.5
	B-777-300	60.93	73.86	18.76	31.22	10.97	300.3
	MD-11	52.00	61.40	17.93	24.60	10.70	273.3
	DC-10-30	50.39	55.35	17.42	22.07	10.67	269.0
	DC-10-40	50.39	55.52	17.42	22.07	10.67	251.7
중형 제트기	A-300-600	44.84	53.85	16.66	18.60	9.60	165.0
	A-300B-4	44.83	53.61	16.70	18.60	9.60	150.9
	A-300B-2	44.83	53.61	16.70	18.60	9.60	137.9
	B-767-300	47.57	54.94	15.85	22.76	9.30	143.0
	B-767-200	47.57	48.51	15.85	19.69	9.30	136.1

기종		치수 및 제원					최대 중량
		전폭(m)	전장(m)	전고(m)	축간거리(m)	주륜폭(m)	
소형 제트기	A-321	33.91	44.14	11.91	16.01	7.59	
	A-320-200	33.91	37.57	11.91	12.64	7.59	73.5
	MD-90	32.87	46.51	9.32	23.52	5.09	70.8
	MD-81	32.85	45.02	9.04	22.05	5.08	64.0
	MD-87	32.85	39.75	9.50	19.18	5.08	57.2
	DC-9-41	28.44	38.25	8.53	17.17	5.03	51.7
	B-737-400	28.89	35.23	11.15	14.27	5.23	68.3
	B-737-500	28.89	29.79	11.15	11.07	5.23	60.8
	B-737-200	28.35	30.48	11.28	11.38	5.23	49.4

주) 항공회사 및 제작회사 자료, 일본항공전집 등에 의함

⑩ 이륙 – 고도비행 – 착륙 때의 비행시간과 사고 비율

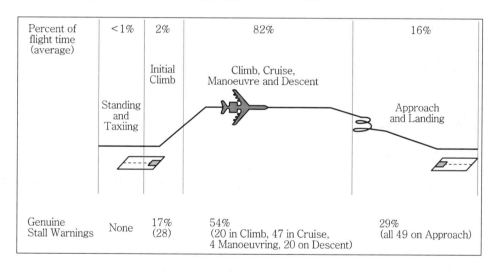

2 공항입지 선정

1 개요

① 공항은 항공의 안전성, 정시성을 확보하면서 이착륙에 필요한 제반조건을 구비하여야 한다. 또한 공항의 위치는 이용자를 위해 가장 편리한 곳에 입지되어야 하며 공항 주변의 주민에게 피해가 최소화되어야 한다.

② 공항의 입지선정을 위한 일반적인 기준은 IACO, FAA 등을 비롯한 여러 기관이 연구·분석하여 제시하고 있다.

2 항공교통의 특성

① 안전성
② 고속성
③ 정시성
④ 쾌적성
⑤ 수성의 탄력성
⑥ 노선 개설의 간편성
⑦ 경제성

3 입지 선정 시 조건

1. 공역의 조건

① 항공기가 공항에 안전하게 이착륙하기 위해서는 공항 주변의 일정한 공간을 장애물이 없는 상태로 유지하는 것이 필요하다.

② 항공기의 진입, 출발경로, 대기공역을 설정하는 데 지장이 되는 장애물은 없어야 한다.

③ 되도록 넓은 공역을 확보할 수 있는 지형이어야 한다.

④ 기존 공항과의 관계가 항공교통관제상 지장이 없어야 한다.

2. 장애물 제한조건

공항 주변의 장애물로서 항공기 이착륙 절차 수립에 영향을 미칠 수 있는 높은 산이나 구릉지, 건물 등이 존재하여 경제적으로 절취비용이 과다하여 제거가 어려우면 공항의 용량이 현저히 감소한다. 따라서 이 장애물로 인한 일부 공역의 폐쇄나 항공기 운항 제한 등의 검토 및 절취 시 비용, 존치 시 공항 용량 부족으로 발생하는 비용 등의 다각적인 검토가 필요하다.

3. 지형의 조건

① 건설 시 토공량이 적어야 한다.
② 활주로를 포함한 이착륙지역과 터미널지역 등 공항지역에서는 어느 정도 평탄한 지역을 포함해야 한다.
③ 공항지역에서는 다수의 건축물이 입지하고 중량 항공기를 사용하는 관계로 지질의 강도가 큰 지역이 유리하다.
④ 매립을 하여야 할 경우는 소요되는 토사의 조달이 용이해야 한다.
⑤ 용지의 취득이 가능하고 용이해야 한다.

4. 기상조건

① 공항에 있어서 기상조건은 항공기의 이착륙지역에 큰 영향을 준다. 계기착륙시설의 도움을 받아 기상악화 상황에서 이착륙이 가능하더라도 예상 취항률을 100%로 한다는 것은 사실상 곤란하다.

② 항공기 운항에 영향을 미치는 기상조건
  ㉠ 풍향 및 풍속
    • 운고(구름의 높이), 시정
      – 기류
      – 강설 및 강우
      – 기온

5. 공항으로의 접근성

① 항공교통 이용의 최종 목표는 주변의 도시들이다. 따라서 공항과 주변 도시들 간에 편리하고 빠른 교통수단이 필요하며 이것이 공항입지 선정에 고려 요건이 된다.
② 공항에의 접근은 항공승객뿐만 아니라 공항의 다른 이용객, 즉 공항의 종사자, 송·출영객, 일반 방문객, 공항 내 업무시설종사자 등을 위한 가능한 모든 접근수단을 고려한다.
③ 공항 주변 도시들의 교통상황을 포함한 종합적이고 체계적인 검토가 필요하다.

6. 환경적 영향

① 공항 설치에 따르는 소음 문제
② 주변 생태계에 대한 영향
③ 대기 및 수질오염
④ 자연경관의 훼손

7. 주변 지역의 토지이용 상태

① 특히 소음 등 환경의 영향을 고려하여 공항 주변지역의 토지이용 상태, 시가지 형성 상황, 주거밀집지역 등 인구분포 상황을 검토
② 공항의 건설로 인한 기존의 토지이용 변경, 주변 토지이용에 미치는 영향, 지역분단에 의한 지장의 유무 등 다방면에서 검토가 필요

8. 장래 확장 가능성

① 공항은 완성 후에 장기간 사용해야 하며 항공교통의 수요가 점차 증대하여 가고 있을 때는 공항을 확장함으로써 그 수용에 대응한다.
② 기술적으로 확장이 가능해야 한다.
③ 확장공사 중에는 사용 중인 공항을 폐쇄하지 않고도 공사가 가능해야 한다.
④ 확장에 필요한 용지의 확보가 가능해야 한다.

9. 지원시설 확보의 용이성

① 공항의 건설은 공항 내부 시설과 공항의 기능을 보완하여 줄 각종 기능을 갖춘 배후지원시설 등을 포함하여 전기, 통신, 가스, 냉난방 등의 공급이 필요하다.
② 따라서 이러한 지원시설이 경제적·기술적으로 확보가 용이하여야 한다.

10. 공항건설비

① 대규모 토목공사를 수반하며 각종 시설들의 결합체인 공항건설사업은 많은 건설비가 소요된다.
② 공역절토, 부지조성, 용지확보 등에서 경제적 타당성을 검토한다.

11. 상위계획의 검토

입지예정 위치에 관계하는 각종 상위계획인 도시계획, 지역계획 등과의 관련 사항을 검토한다.

4 결론

① 국민경제의 급속한 발전과 항공수요의 급진적 증가로 대규모의 공항건설이 필요하게 되었다.
② 공항입지는 육상, 해상 또는 섬 등이 그 대상이 되면 토질과 지형, 공항예정지와 주변 도시와의 관계, 건설자재와 운반방법, 공사 중의 건설공해, 완성 후 주변의 소음대책과 안정성 확보 등을 검토하여야 하며 경제적으로도 합리적이어야 한다.

3 비행장의 분류기준

1 개요

① 공항(airport)은 육상비행장 중에 민간항공용으로 여객·화물의 항공운송에 필요한 시설과 기능을 갖추고, 현재 사용 중인 민간항공 운송용 항공기가 최소한 계기비행으로 이착륙할 수 있는 기능을 갖춘 비행장을 말한다.
② 국제공항은 위의 기능 외에도 출입국관리의 3대 업무[CIQ(Customs, Immigration and Quarantine), 세관·출입국관리·검역]를 위한 시설과 기능이 추가되어야 한다.
③ 항공법에서는 비행장을 항공기의 이착륙을 위하여 사용되는 육지나 수면으로 규정하고, 그 종류를 육상비행장, 육상헬리포트(헬리콥터용 비행장), 수상비행장, 수상헬리포트 등으로 구분하고 있다.
④ 「공항시설법 시행규칙」의 [별표 1] 공항시설 및 비행장 설치기준에 의한 육상비행장(공항 포함)은 ICAO에서 규정한 '항공기 크기별 육상비행장의 분류기준'과 항공기의 주날개 폭을 고려하여 정한 분류문자 및 주륜(主輪)외곽 폭에 따른 설치기준에 적합하도록 활주로, 착륙대, 유도로 등을 갖추도록 규정하고 있다.
　㉠ ICAO : International Civil Aviation Organization(국제민간항공기구)
　㉡ FAA : Federal Aviation Administration(미국의 연방항공국)

2 육상비행장 분류기준

1. ICAO의 항공기 크기별 분류

① 분류요소 1
　㉠ 항공기의 최소이륙거리를 기준으로 하는 코드번호

ⓛ 항공기의 최소이륙거리는 항공기 최대이륙중량에서 활주로 상태가 다음과 같을 때 요구되는 최소 활주로길이

ⓒ 비행장 표고 : 평균 해수면

ⓔ 온도 : 표준대기상태 15℃ 기준

ⓜ 바람 : 무풍상태

ⓗ 활주로 종단경사 : 0°

② 분류요소 2

ⓐ 항공기의 주 날개 폭 및 주륜(主輪)외곽 폭을 기준으로 하는 코드문자

ⓛ 최대 항공기의 주 날개 폭 및 최대 항공기의 주륜외곽 폭 중에서 높은 코드문자를 적용

ICAO에서 규정한 항공기 크기별 육상비행장의 분류기준					비고
분류요소 1		분류요소 2			
비행장 코드번호	항공기 최소이륙거리(m)	비행장 코드문자	항공기 주 날개 폭(m)	항공기 주륜 (主輪)외곽 폭(m)	
1	800 미만	A	15 미만	4.5 미만	
2	800~1,200	B	15~24	4.5~6	
3	1,200~1,800	C	24~36	6~9	
4	1,800 이상	D	36~52	9~14	
		E	52~65	9~14	
		F(장래)	65~80	14~16	

2. FAA의 항공기 크기별 분류

① ICAO와 FAA의 공항기준코드 중에서 항공기 주 날개 폭에 의한 분류기준은 동일하게 적용한다.

② 공항의 기하구조 설계를 위하여 항공기 접근속도와 항공기 주 날개 폭을 기준으로 Ⅰ~Ⅵ 까지 6개 설계그룹의 2요소로 분류한다.

FAA의 항공기 크기별 분류(공항기준코드)			
공항기준코드(ARC)			
항공기 접근등급	항공기 접근속도(knot)	설계등급	날개 폭(m)
A	91 미만	Ⅰ	15 미만
B	91~121	Ⅱ	15~24
C	121~141	Ⅲ	24~36
D	141~166	Ⅳ	36~52
E	166 이상	Ⅴ	52~65
		Ⅵ(장래)	65~80

주) 1knot=1.852km/h

3. 국내 항공법에 의한 육상비행장 분류

① 활주로 또는 착륙대의 길이에 따라 착륙대의 등급이 정해지면 이 등급에 따라 공항설계기준을 결정한다.

② 종전 항공법에서 제시했던 기준값이 세부사항까지 다루지 못하고 있어, 실무에서 항공법 기준만으로는 공항의 계획·설계에 많은 제약이 있었다.

③ 국내에서 ICAO 및 FAA의 육상비행장 설계기준을 적용하기 위하여 「공항시설법」을 별도 제정한 이후, 상당한 수준으로 보완되었다.

③ 육상비행장 분류기준의 활용

1. 항공기 크기에 의한 분류

활주로 및 유도로의 표준 분리간격, 비행장 내의 각종 장애물 이격거리, 장애물 제한구역의 제원 등 공항 기하구조 설계기준으로 활용된다.

2. 항공기 주 날개 폭에 의한 분류

활주로, 유도로, 유도로의 접근로 및 이탈로 등의 폭원과 이격거리 결정, 항공기 간의 주기간격 결정에 활용된다.

3. 항공기 동체길이에 의한 분류

계류장에서 항공기의 주기길이 및 주기간격, 터미널에서 게이트의 설치간격 결정 등에 활용된다.

④ 결론

① ICAO Annex는 비행장 분류, 활주로, 유도로, 계류장 등 설계기준을 국제적으로 통일시켜 항공안전이 보장되도록 기여하고 있다.

② FAA Advisory Circular는 공항설계기준을 좀 더 구체적으로 제시하면서, 공항시설을 통일하고, 항공기의 제작사·운용자에게 상세한 지침을 제공하고 있다.

③ ICAO와 FAA의 육상비행장 설계기준은 큰 차이가 없으나, ICAO Annex보다 FAA Advisory Circular가 좀 더 구체적이고 지침수정 주기가 빠르다.

4 국내의 경비행장 현황

1 개요

① 경비행장은 공항시설기준에 정확히 정해진 등급은 없지만, 일반적으로 육상비행장의 분류기준에서 항공기의 최소이륙길이 1,200m 이상 1,800m 미만(분류번호 3)으로 항공기 좌석 50인승 이하를 운영하는 비행장을 의미한다.

② 부족한 접근교통시설 확보, 지역관광 활성화, 해양자원개발 촉진 등을 위하여 경북 울릉도와 전남 흑산도 등에서 경비행장이 계획 중이거나 건설이 추진되고 있다.

③ 전국을 4개 권역(중부권, 동남권, 서남권, 제주권)으로 구분하여 각 권역별로 거점공항과 일반공항을 두고, 국가를 대표하는 중추공항을 두고 있다.

2 경비행장과 경량항공기

1. 경비행장

① 육상비행장의 분류기준에서 항공기의 최소이륙길이 1,200m 이상 1,800m 미만(분류번호 3)으로 항공기 좌석 50인승 이하를 운영하는 비행장을 의미한다.

② 육상비행장의 분류기준

「공항시설법 시행규칙」 제2조 [별표 1]			
분류요소 1		분류요소 2	
분류번호	항공기의 최소이륙거리	분류문자	항공기의 주 날개 폭
1	800m 미만	A	15m 미만
2	800m 이상~1,200m 미만	B	15m 이상~24m 미만
3	1,200m 이상~1,800m 미만	C	24m 이상~36m 미만
3	1,200m 이상~1,800m 미만	D	36m 이상~52m 미만
4	1,800m 이상	E	52m 이상~65m 미만
4	1,800m 이상	F	65m 이상~80m 미만

2. 경량항공기

① 경량항공기란 「항공안전법」 제2조 제2호에 의해 항공기 외에 공기의 반작용으로 뜰 수 있는 기기로서 최대이륙중량, 좌석 수 등 국토교통부령으로 정하는 기준에 해당하는 비행기, 헬리콥터, 자이로플레인(Gyroplane) 및 동력패러슈트(Powered Parachute) 등을 말한다.

② 「항공안전법」 제2조 제2호에서 국토교통부령으로 정하는 기준은 아래 사항을 모두 충족하는 비행기, 헬리콥터, 자이로플레인 및 동력패러슈트를 말한다.

ⓐ 최대이륙중량이 600kg 이하일 것

ⓑ 최대 실속속도 또는 최소 정상비행속도가 45knot 이하일 것

ⓒ 조종사 좌석을 포함한 탑승 좌석이 2개 이하일 것

ⓓ 단발(單發) 왕복발동기를 장착할 것

ⓔ 조종석은 여압(與壓)이 되지 아니할 것

ⓕ 비행 중에 프로펠러의 각도를 조정할 수 없을 것

ⓖ 고정된 착륙장치가 있을 것

3 국내 공항 현황

① 전국의 4개 권역(중부권, 동남권, 서남권, 제주권)별로 총 15개 공항을 운영 중이다.

ⓐ 국제공항(8개) : 인천, 김포, 제주, 김해, 청주, 대구, 양양, 무안

ⓑ 국내공항(7개) : 광주, 군산, 사천, 여수, 원주, 포항, 울산

ⓒ 제주 제2공항은 건설을 추진 중에 있다.

② 공항의 구분

구분		공항명
기능별 (15)	국제	인천, 김포, 김해, 제주, 대구, 청주, 무안, 양양
	국내(7)	광주, 울산, 여수, 포항, 군산, 사천, 원주
소유 주체별 (15)	민간(7)	인천, 김포, 제주, 울산, 여주, 무안, 양양
	민·군 겸용(8)	김해, 광주, 청주, 대구, 포항, 군산, 사천, 원주

③ 위계별 공항의 기능

구분	성격	세부 기능
중추공항	글로벌 항공시장에서 국가를 대표	전 세계 항공시장을 대상으로 하며 동북아 지역의 허브
거점공항	권역 내 거점	권역의 국내선 수요 및 중단거리 국제선 수요 처리
일반공항	주변 지역 수요 담당	주변 지역의 국내선 수요 위주 처리

④ 위계별 권역별 공항의 분포

구분	중부권	동남권	서남권	제주권
중추공항	인천			
거점공항	김포, 청주	김해, 대구	무안	제주 및 제주2*
일반공항	원주, 양양	울산, 포항, 사천, 울릉	광주, 여수, 군산, 흑산	

주) * 제주공항과 제주 제2공항은 향후 역할 분담방안에 대한 검토를 거쳐 위계를 결정, 사전타당성용역 이후 단계의 사업까지만 포함됨

4 공항 건설사업

1. 울릉공항 사업 내용

① 사업 위치 : 경북 울릉군 사동항 일원

② 사업 규모 : 1,100m급 활주로 1본(폭 80m), 계류장, 여객터미널 등

③ 수행 주체 : 국토교통부 「항공법」 제94조(공항개발사업의 시행자)

④ 총사업비 : 약 4,798억 원(국고 100%, 교통회계 공항계정)

⑤ 「울릉도 경비행장 건설 후보지 타당성 재검토 용역」(한국공항공사, 2011)에서 기존 계기 착륙방식에서 시계비행방식으로 변경하고 공항 규모를 축소(활주로 1,200m → 1,100m, 착륙대 150m → 80m)

2. 흑산도 공항사업 내용

① **사업 위치** : 전남 신안군 흑산면 흑산예리 일원
② **사업 규모** : 1,200m급 활주로 1본, 계류장, 여객터미널 등
③ **수행 주체** : 국토교통부 「항공법」 제94조(공항개발사업의 시행자)
④ **총사업비** : 약 963억 원(국고 100%, 교통회계 공항계정)

5 결론

① 공항 건설은 군사안보 및 해양영토 수호 측면에서 병행 활용되어야 한다. 그동안 한반도 주변에서 일본의 독도 및 센카쿠 열도 영유권 주장, 중국과의 이어도 문제 제기 등 영해분쟁이 지속되고 있어 해양영토 수호 중요성이 대두되고 있다.
② 서해 불법 조업 외국어선 단속, 인명구조, 조난선 예인 등 긴급상황에 대응하고 해양영토 관리기능 강화를 위하여 흑산도 공항 건설이 필요하다.
③ 국토교통부는 항공 레저 · 관광 활성화를 위하여 최대 4인승의 레저비행기가 이착륙할 수 있는 경비행장 건설을 추진하고 있다.
④ 울릉공항 건설을 통한 접근성 개선으로 관광휴양사업 및 지역특화사업 활성화와 소형 항공운 송사업 시장 확대로 국내 항공산업 활성화에 기여하기 위함이다.

---

5 공항(활주로)의 용량증대 방안

1 개요

① 단일 또는 기존 활주로의 용량 증대를 위한 장기대책으로 활주로를 양적인 측면에서 많이 추가 건설하여 동시에 사용하는 방법도 있지만 이 방법은 많은 예산과 오랜 공사기간이 요구된다.
② 따라서 기존 활주로의 시간당 실용용량(PHOCAP)과 연간 실용용량(PANCAP)을 향상시킬 수 있는 단기대책을 활용하여 항공수요 증가를 최대한 수용할 수 있다면 B/C가 높아져 경제성이 향상되고 활주로 추가 건설시기도 늦출 수 있다.

② 활주로 용량

1. 활주로의 시간당 용량

① 시간당 최대용량(Ultimate Hourly Capacity)

항공기가 이착륙을 위하여 계속 대기하는 경우에 1시간당 용량(운항횟수)을 의미하며, 지연시간을 고려하지 않는 최대용량이다.

② 시간당 실용용량(Practical Hourly Capacity, PHOCAP)

활주로가 수용할 수 있는 수준의 평균지연시간을 기준으로 할 때의 1시간당 용량(운항횟수)을 의미하며, 활주로의 용량평가는 시간당 실용용량(PHOCAP)을 기준으로 한다.

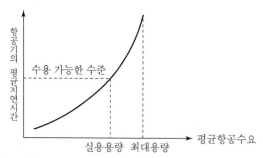

[지연시간을 고려한 실용용량과 최대용량 관계]

2. 활주로의 연간 용량

① 하루 시간대별, 월별, 계절별에 상관없이 계속 항공수요가 있다고 가정하는 경우, 활주로의 연간용량과 자연발생적인 실제 발생되는 항공수요(여객 · 화물)를 서비스할 수 있는 연간 서비스 용량으로 구분된다.

② 항공수요를 강제적으로 계속 발생시킬 수 없으므로 자연발생적인 실제 항공수요 패턴에 따라 연간 서비스할 수 있는 용량을 활주로의 연간 실용용량(Practical Annual Capacity, PANCAP)으로 추정한다.

3. 비행장 운항밀도(Aerodrome Traffic Density)

① 비행장 운항밀도란 활주로당 1일 피크시간 운항횟수의 연평균을 의미한다.
② 비행장 운항밀도를 산출할 때 이륙이나 착륙을 각각 1회의 운항횟수로 집계한다.
③ 비행장 운항밀도는 저밀도, 중밀도 및 고밀도로 구분한다.

비행장 운항밀도의 구분		
구분	활주로당 항공기 운항횟수	비행장 전체 운항횟수의 합
저밀도	15회 이하	19회 이하
중밀도	16~25회	20~35회
고밀도	26회 이상	36회 이상

③ 시간당 실용용량(PHOCAP), 연간 실용용량(PANCAP)

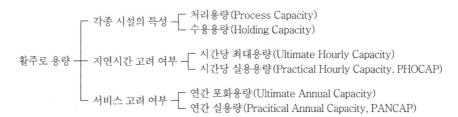

1. 포화용량(Ultimate Capacity)

① 개념

ㄱ 활주로의 포화용량은 주어진 조건에서 서비스 수준을 고려하지 않고 활주로에서 최대로 처리할 수 있는 용량으로 최대 혼잡이 발생되는 운항횟수이다.

ㄴ 활주로의 포화용량은 지속적으로 운항되는 상황에서 처리할 수 있는 항공수요의 최댓값으로, 항상 실용용량보다 크다.

② 포화용량 산출과정 : Harris의 해석적 모형

ㄱ 취항항공기를 기종별로 분류(FAA 기준)한다.

ㄴ 취항항공기 등급(A,B,C,D)에 의해 운용되는 혼합 백분율을 산정한다.

ㄷ 항공교통관제(ATC) 운용결과를 분석한다.

• 표준화된 기종 간의 안전간격 유지와 기종별 접근속도 분석

• 뒤따르는 소형항공기의 와류 사고위험 분석

③ Harris 모형에 의해 활주로의 포화용량 산출

ㄱ 취항항공기 기종 간 평균 안전간격의 빈수도 산출

ㄴ 도착 전용을 위한 모델, 혼합운용을 위한 모델 등을 활용

2. 실용용량(Practical Capacity)

① 개념

- ㉠ 활주로의 실용용량은 항공수요의 집중에 의해 발생되는 항공기의 이착륙 지연시간을 감안한 실제적인 용량이다.

- ㉡ 지정된 서비스 수준(출발지연 4분)하에서 일정 기간 내에 처리할 수 있는 항공수요 규모의 상한선 개념이다.

- ㉢ 시간당 실용용량(PHOCAP)과 이를 연간 단위로 확장하여 추정한 연간 실용용량(PANCAP)으로 구분된다.

② 시간당 실용용량 PHOCAP 산출과정

- ㉠ FAA의 AIL 모형 그래프에 출발·도착비율, 공역제한, 기종별 혼합률, 활주로 점유시간 등을 표시한다.

- ㉡ 항공기를 A~E 등급으로 구분하여 각각의 수요 상한선을 산출한다.

- ㉢ 일반적으로 PHOCAP은 포화용량의 3/4 수준으로 추정한다.

③ 연간 실용용량 PANCAP 산출과정

- ㉠ 연중 일정 단위시간에 대하여 활주로의 과부하를 허용하는 용량으로, 서비스 수준, 기상조건, 활주로 운용방식 등에 따라 다르다.

- ㉡ 항공기 운항횟수의 10% 과부하와 항공기 운항시간의 5% 과부하를 허용할 때, 연간 운항횟수 중에서 작은 값을 PANCAP으로 선택한다.

- ㉢ 과부하란 수요가 PHOCAP을 초과하는, 즉 평균지연 4분을 초과하는 시간으로, 정기노선 공항에 대하여는 평균지연 8분을 초과할 수 없다.

  - PANCAP = PHOCAP × 4,000hr

    4,000hr : 13시간/일 기준으로 하는 연간 효용시간

    : 연간 효용시간은 4,500hr까지 허용(1년 = 24hr × 365일 = 8,760hr)

  - FAA에서 제시하는 그래프를 사용하여 예비 PANCAP 값을 선정한다.

    - 지연시간의 과부하 : POH × ADO = 5% × 8분 = 40분

    - 운항횟수의 과부하 : POM × ADO = 10% × 8분 = 80분

      ADO : 부하 기간 동안 평균지연 8분 적용

      POH : 평균지연이 PHOCAP을 초과하는 연간시간 합의 1년에 대한 백분율

      POM : 과부하 중 발생된 연간 운항횟수의 연간 총운항횟수에 대한 백분율

  - FAA 그래프에서 작은 값을 선택하여 최종 PANCAP으로 결정한다.

3. PANCAP 산출 사례 신공항건설에 적용

① 기상조건

㉠ 활주로 이용확률 : 97%(안개결항 2%, 15knot 이상 측풍결항 1%)

㉡ 용량발생 상황 중 기본용량이 관측될 확률 : 10%(VFR 가능 확률)

㉢ 용량에 따른 가중치

용량(회/시간)%	45 이하	46~60	61~75	76 이상
가중치	4	3	2	1

② 가중평균 시간용량(Weight Hourly Capacity, WHC) 산출

$$\text{WHC} = \Sigma(\text{용량치} \times \text{발생확률} \times \text{가중치}) \Sigma(\text{발생확률} \times \text{가중치})$$
$$= (4.6 \times 0.1 \times 3) + (40 \times 0.87 \times 3)(0.1 \times 3) + (0.87 \times 3) = 40.6회$$

③ 실제 연간 실용용량 산출

$$\text{PANCAP} = \text{연간효용시간} \times \text{WHC} \times \text{이용확률}(\text{측풍 15knot 이하의 확률})$$
$$= 4,380hr \times 40.6회 \times 0.97\% = 173,000회$$

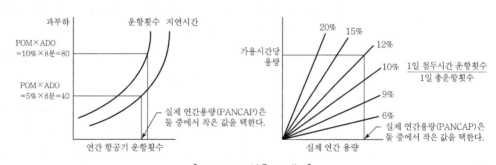

[PANCAP 산출 그래프]

4 활주로 용량을 결정하는 요소

1. 항공교통관제 요소

① 항공기의 안전운항을 위해 항공기 간의 수직분리(Vertical Separation), 수평분리(Horizontal Separation), 횡분리(Lateral Separation) 등이 필요하다. 즉, 항공기의 종류에 따라 최소한의 이착륙 안전거리를 확보해야 한다.

② 항공기 크기, 활주로 점유시간, 레이더 성능 및 운영절차에 따라 다르지만 항공기의 수평분리는 일반적으로 2~5해리(Nautical Mile, NM)가 적용된다.

③ 항공기의 이착륙 절차는 공역운영 측면에서 이륙보다 착륙 항공기를 우선적으로 처리하는 것이 원칙이다. 출발 항공기의 지상대기보다 도착 항공기의 공중선회가 기술적으로 더 어렵기 때문이다.

④ 활주로 용량을 결정하는 가장 중요한 요소는 이착륙 절차에 따른 항공기 간의 분리기준이며, 그 밖에 다음과 같은 요소들도 중요하게 취급된다.
  ㉠ 항공기 착륙을 위한 활주로 끝단(Threshold)에서부터의 글라이드 패스(Glide Path)의 길이 4~8NM 확보
  ㉡ 항공기 종류에 따른 착륙절차 적용방법
  ㉢ 항공기 간의 분리기준에 대한 탄력적인 적용 가능성
  ㉣ 항공보안시설의 서비스 수준 등

2. 항공기 및 운영 특성

① 항공기의 크기에 따른 와류현상(Wing-Tip Vortex), 접근속도(Approach Speed), 착지속도(Touchdown Speed)가 다르므로 이착륙 안전거리가 달라진다.
  ㉠ 선행(先行) 항공기가 대형이고 후행(後行) 항공기가 소형이라면 대형기에서 발생되는 와류 때문에 보다 긴 안전거리가 필요하다.
  ㉡ 따라서 동일한 활주로 조건하에서 단위시간당 항공기 운항횟수는 대형 항공기보다 중소형 항공기 비율이 높은 경우가 더 유리하다.

② 복수활주로를 운영하는 경우에는 도착 항공기와 출발 항공기의 운항비율이 활주로의 용량 결정에 영향을 미친다. 2개의 활주로를 갖춘 공항에서 제1활주로는 도착 전용, 제2활주로는 출발 전용으로 운영하는 것보다 양쪽 모두 이착륙을 허용해야 용량이 더 커진다.

3. 공항 주변의 환경요소

① 공항 주변의 시정(Visibility), 활주로 표면조건, 풍향·풍속, 소음저감 요건 등이 중요하다. 특히, 시정이 불량할 때는 항공기 간의 안전거리가 더 길게 요구된다.
② 기상조건에 따라 활주로 표면이 건조, 습윤, 적설 또는 결빙되어 있는 상태에서는 이착륙에 커다란 영향을 미친다.

4. 활주로 시스템의 배치 및 설계

기존 활주로가 한계용량에 도달하여 추가 활주로 건설을 계획할 때는 기존 활주로의 배치나 유도로 구성 등 아래와 같은 특성이 큰 영향을 미친다.

① 기존 활주로의 수, 폭, 길이, 방향
② 기존 유도로의 수, 위치, 구조
③ 기존 계류장의 진입구조 등

5 활주로 용량의 영향요소별 증대 방안

1. 비행장의 구성 관점

① 계류장 Gate의 수 확보
  ㉠ 도착·출발 항공기의 주기 계류장은 장·단기 수요에 대응하여 용량 확보
  ㉡ 독립적 기능을 가진 계류장 면적과 Gate 수를 확보하여 주기시간 단축

② 활주로 점유시간(ROT) 단축
  ㉠ 도착 항공기가 착륙 직후에 활주로를 이탈하도록 고속탈출유도로, 직각유도로,
    Bypass 유도로 등을 설치한다.
    공항별 활주로 점유시간 측정 결과, 영국 히드로공항은 평균 45~55초
  ㉡ 고속탈출유도로 위치는 활주로 표고, 연중 피크 월의 평균기온과 관련이 있으며,
    활주로 말단으로부터 고속탈출유도로까지 거리(L)는 다음 식으로 산출
    $L = 1,000 \sim 1,500\text{ft} < (S_1)2 - (S_2)2 > 2a$

③ 복수활주로 건설
  ㉠ 단일활주로에서 유도로, 계류장, 항공기 혼합률, 항공교통관제시설 등을 적절히 사용
    하면 연간 195,000회까지 운항 가능
  ㉡ 운항횟수가 그 이상 증가하여 복수활주로 건설계획으로 용량 제고방안 검토
  ㉢ 복수활주로는 평행활주로가 대부분이며, 이격거리에 따라 용량 차이 발생
    IFR 동시 이착륙 평행활주로 간격 : ICAO 1,350m, FAA 1,300m 권고

2. 항공기의 운영환경 관점

① 도착·출발 항공기 기종의 단순화
  ㉠ 와류(渦流) 영향을 줄이기 위해 항공기를 대형, 중형, 소형 군으로 분리 운영
  ㉡ 기종 간 종방향 분리간격의 평균치를 줄이면 이착륙시간의 단축 가능

② 활주로 표면의 최적 상태 유지
  ㉠ 최신 제설장비를 보유하여 동절기 강설 직후에 즉시 제설 착수
  ㉡ 수막현상(Hydroplanning) 방지를 위해 Grooming 설치, 타이어 자국 제거

③ 항공기 소음피해 방지대책 적용

공항소음에 따른 주변 지역 생활불편을 최소화하여 야간 이착륙 횟수 증가

3. 항행안전시설의 첨단화 관점

① 극초단파착륙시설(MLS)은 장점이 많아 ICAO 의결에 따라 세계 각국이 2000년대초부터 계기착륙시설(ILS)을 모두 MLS로 대체하기로 합의하였다.

② 최근 GPS를 이용하는 위성항행시스템(CNS/ATM)이 실용화됨에 따라 ILS → MLS → CNS/ATM으로 업그레이드되는 추세이다.

③ ILS의 거리표지(Marker)를 설치할 수 없는 해상공항(일본 간사이, 홍콩 첵락콕, 한국 인천)에서는 VOR/TAC를 이용한 DME 장비로 대체·운영하여 해상 시계(운무) 제한 없이 이착륙을 관제하고 있다.

④ 국토교통부는 매년 2월 전년도 공항별 운항실적과 수용능력을 검토하여 관련 기관 협의를 거쳐 항행안전시설의 개선 등 운영능력 향상 방안을 마련·시행하고 있다. 다만, 공항개발 중장기종합계획 관련 사항은 「항공법」 제89조에 따른다.

6 결론

① 김해공항의 경우, 용량 증대를 위해 주변에서 등대 역할을 하도록 항행안전시설인 보르탁(Vortac)을 설치하여 남풍이 불 때 활주로 진입방향을 남서쪽으로 비틀어 이착륙하는 항공기의 충돌위험과 이착륙 대기시간을 줄일 계획이다.

② 이 경우 김해공항의 운항횟수가 평일 16회에서 20회, 주말 24회에서 32회로 각각 25%, 33%로 증대 가능한 것으로 나타났다.

③ 김해공항의 용량 증대를 위하여 관제절차 개선 외에 기존에 남북방향으로 놓인 2개의 활주로(3,200m, 2,743m) 서쪽에 반시계방향으로 50° 비틀어 길이 3,200m의 V자형 활주로를 건설하는 확장 방안도 검토하고 있다.

④ V자형 활주로는 김해공항 북측의 신어산, 돗대산 등 산악지형을 피해 이착륙이 가능하여 안전성이 높아지고 측풍이나 가시거리 등 기상조건 영향을 줄일 수 있어 결항 비율도 획기적으로 줄일 수 있다.

6 첨두시간의 항공수요 예측

1 개요

① 항공수요 예측결과는 정부의 미래 항공정책 수립을 위한 기초자료를 제공하는 중요한 의미를 부여하므로, 예측자료와 실제수요의 불일치는 항공정책 수립에 어려움이 수반될 수 있다.

② 정확한 항공정책을 수립하려면 국내외 항공산업의 이슈, 최근 항공산업의 환경변화 등을 감안하여 최근 시점에 가까운 과거의 단기분석에 주로 사용되는 ARIMA 모형으로 항공수요를 예측하고 있다.

2 국내외 항공 산업

1. 항공사 간의 상호협력을 통한 경쟁 심화

① 중국 항공사와 루프트한자(DLH)와의 협력, 일본 전일본항공(ANA)과 에어캐나다(ACA)의 합작 등을 통한 특정 노선 지배력 강화 움직임이 활발하다.

② 국내법에서 자국 항공사의 외국인 지분보유를 제한하여 한국국적항공사와 외국국적항공사 간의 기업결합을 통한 시장 확장에 어려움이 존재한다.

2. 아·태지역 항공조종인력 부족문제 가시화

① 중국은 항공조종인력의 부족으로 인해 주변국인 한국·일본의 조종사들에게 높은 연봉을 제시하고 있어 경력 조종사의 해외유출이 심화되고 있다.

② 일본은 조종사의 의무 은퇴연령을 기존 64세에서 67세로 연장하고, 예비조종사의 장학금 제도를 신설하는 등 조종교육훈련에 투자하고 있다.

3. 드론의 급속한 확산으로 관련 법령 정비 요구

① 드론 관련 법령이 없어 「항공법」 및 같은 법 시행규칙에 따라 야간이나 사람이 많은 곳, 일정고도 이상의 상공에서 드론 운행을 금지하고 있다.

② 드론산업은 산업통상자원부 관할이지만, 운항·관리는 국토교통부, 유·무선통신은 과학기술정보통신부에서 담당하는 등 여러 기관에 분산되어 있다.

③ 최근 항공산업의 환경 변화

1. 항공교통이용자 보호 정책 강화

① 한국 : 항공수요 증가에 따라 한국소비자원으로 접수되는 항공교통이용자의 상담 내용·건수가 증가하고 있는 추세이다.

② 영국 : 항공 옴부즈맨(Ombudsman) 제도 추진을 통하여 총 24개 공항의 정시 운항률 데이터를 공개하는 등 항공소비자 권리를 보호하고 있다.

2. 공항개발 중장기 계획의 방향 정립

① 일본 나리타 공항에 LCC 전용터미널 개장 등 국내외 LCC 유치를 위한 투자를 고려하여 국내 항공산업의 대응 방안 모색이 필요하다.

② 중국이 대형 신공항 4개를 추가 건설하는 중에 소형 지방공항 69개 건설프로젝트를 발표하는 상황에서 국내 지방공항 수요창출 대책이 필요하다.

3. 항공안전 국민신고제 출범

① 항공안전과 관련된 위험사항을 국민 누구나 인터넷, 모바일, 서면으로 신고할 수 있는 '항공안전 호루라기 제도'를 운영하고 있다.

② 항공여객 운송수단과 관광숙박업소, 스포츠 경기장, 공연장 등 대형 시설물의 안전점검 결과를 인터넷에 의무적으로 공개하고 있다.

4. 항공 온실가스 감출을 위한 국내외 노력

① 항공교통부문의 온실가스 배출은 전체 온실가스의 2~3% 수준에 불과하지만, 최근 항공교통량 증가에 따라 배출량이 상대적으로 증가하고 있다.

② ICAO 회원국들이 항공탄소배출 시장기반조치(Market Based Measure, MBM)를 기반으로 자국의 항공탄소배출 저감정책 시행을 권고하고 있다.

④ 첨두시간 항공수요 예측

1. 항공수요 예측의 적용대상

① 항공시스템 계획

    ⊙ 정부의 항공정책이 반영된 종합계획으로 계획기간 전체의 연도별 항공수요를 추정하여, 이를 각 공항에 분배한다.

ⓛ 단기·중기·장기계획을 위한 출발수요(항공기, 여객, 화물, 우편)와 운항횟수(전체, 운송용, 화물용)를 작성한다.

② 공항기본계획

　ⓐ 특정 공항의 확장·신설을 위한 기본계획으로 각 시설에 대한 1개월, 1일, 첨두시간 수요의 크기·특성 등을 추정한다.

　ⓑ 연간수요를 첨두시간 수요로 환산하기 위해 목표연도 기준일(Design Day)의 항공기 운항스케줄을 특정 공항의 운항패턴을 감안하여 작성한다.

　ⓒ 이를 기준으로 설계기준시간(30번째)의 항공기 운항횟수(도착, 출발), 여객수(도착, 출발) 등을 결정하여 설계기준으로 사용한다.

③ 연간 항공수요

　ⓐ 교통통계연보의 연간 공항처리실적(항공교통량)은 도착·출발의 합계이다.
　　→ 공항의 여객 1인은 출발여객도 1인, 도착여객도 1인으로 각각 집계

　ⓑ 인천공항 최종목표가 국제선 여객 연간 1억 명, 이 중 환승여객이 30%라면 지상교통시설을 이용하는 도착·출발여객이 각각 3,500만 명(70%)이고 환승여객 1,500만 명(30%)은 지상교통시설 이용 없이 도착 후 출발한다.

④ 첨두시간 항공수요

　ⓐ 첨두시간 의미

　　• 공항 시설규모는 설계목표연도의 '설계기준 첨두시간'으로 결정

　　• 설계기준 첨두시간은 30번째 첨두시간을 설계기준으로 간주

　　• 29번째 첨두시간까지는 초과수요이므로, 혼잡을 인정한다는 의미

　ⓑ 공항시설별 첨두시간의 적용방법

　　• 활주로와 터미널의 시간당 처리능력은 도착비율이 10%씩 증가할 때마다 시간당 처리능력이 10%씩 감소한다.

　　• 계류장 Gate 수는 도착항공기에 즉시 Gate를 공급해야 하므로, 도착횟수 30번째 첨두시간 수요를 기준으로 Gate 수를 추정한다.

　　• 항공화물은 첨두시간에 운항할 필요성이 적으므로, 첨두시간 대신 첨두일수요를 기준으로 시설규모를 결정한다.

2. 항공수요 예측방법 : ARIMA 모형

① 항공 데이터가 비정상적(추세를 가진) 시계열이고, 계절성(패턴을 가진)이 있기 때문에 ARIMA(Auto-Regressive Moving Average) 모형으로 분석한다.

② ARIMA 모형은 단기예측에 주로 사용되는데, 그 이유는 먼 과거보다는 최근 시점에 가까운 과거 관측값에 더 많은 비중을 두기 때문이다.

③ 최근 시점에 가까운 과거에 비중을 더 둔다는 것은 AIRMA 모형의 장기예측은 단기예측에 비해 신뢰성이 떨어진다는 의미이다.

④ ARIMA 수요예측의 수행단계

　㉠ 0단계 : 정상성

　　• ARIMA 모형을 구축하려면 우선 주어진 시계열 자료에 대한 정상성(Stionality)을 만족시켜야 한다.

　　• 정상성이란 시계열을 일정한 주기로 나누었을 때, 각 주기에 해당되는 평균과 분산이 일정하다는 의미이다.

　　• 만일 분산과 평균이 비정상적이면 정상성을 만족시키기 위해 각각 변수변환을 취한다.

　㉡ 1단계 : 식별

　　• 두 개의 이론적 상관함수인 자기상관함수(Auto Corelation Function, ACF)와 편자기상관함수(Partial Auto Corelation Function, PACF)를 이용하여 모형을 식별한다.

　　• 즉, 추정된 ACF와 PACF가 두 개의 이론적 상관함수와 각각 일치하는지를 비교하여 모형을 식별한다.

　㉢ 2단계 : 추정

　　모수가 통계적으로 유의한지를 판단하기 위하여 비조건 최소자승법, 조건 최소자승법, 최우추정법 등을 통해 파라미터를 추정하며, 추정 후에 시계열 자료가 그 모형에 얼마나 적합한지를 진단한다.

　㉣ 3단계 : 모형진단

　　모형의 적합성을 점검한다. 통계적으로 적절한 모형은 백색잡음들이 서로 독립(즉, 자기상관되지 않음)한다. 이를 검증하기 위해 Box와 Ljung의 통계값 및 이상값을 확인한다.

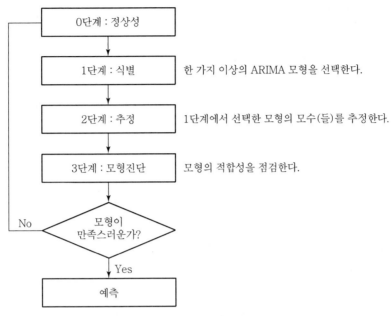

[ARIMA 모형구축의 절차]

3. 항공수요 예측 시 유의사항

① 항공수요 지표는 장기와 단기로 구분하여 적용한다.
  ㉠ 항공교통의 장기수요는 지표에 사용하고, 단기수요는 투자에 사용한다.
    → 공항터미널의 경우 향후 5~10년 수요에 대비하여 건설계획 수립
  ㉡ 국내에서 항공수요 추정 시 정부의 경제성장지표를 이용하는 경우가 많다.
    → 경제성장지표는 단기추정에는 이용 가능하나, 장기추정에는 이용 불가
  ㉢ 동시에 여러 기관에서 수행된 항공수요 추정은 상당한 차이를 나타낸다.
    → 계량경제모델에 의한 수요추정은 전문가의 판단과 조정이 필요
  ㉣ 세계 주요 공항들이 장기수요 추정에 실패하여 공항확장에 어려움이 있다.
    → 인천국제공항의 경우에 2020년 기준 장기수요 1억 명으로 예측

② 항공수요 첨두시간 적용 : 20분
  ㉠ 출발여객은 피크 1시간 동안에 넓게 분포되지만, 도착여객은 첨두시간 20분에 수요의 50%가 집중된다.
  ㉡ 도착수화물 수취대길이, 도착대합실, 도착커브길이 등은 설계기준 첨두시간 수요의 50%를 20분 이내에 처리하는 것으로 설계한다.

ⓒ 항공수요 추정은 아직 모형이 정립되지 않았으나, 항공수요 추정의 요구조건에 따라 여러 방법 중 하나를 선택하여 적용한다.

ⓔ 항공수요 추정의 신뢰성을 높이고 항공시장 여건 변화에 적응할 수 있도록, 여러 추정방법을 혼용하면서 자료를 수집·분석한다.

ⓜ 우리나라는 정치·사회·경제·문화적 특징이 있으므로, 항공수요 추정 시 외국 모델의 모방보다는 우리 현실에 맞도록 개발하는 것이 필요하다.

5 결론

① 항공수요 예측방법에는 정성적 방법, 정량적 방법, 결합기법이 있으며, 현재 항공수요 예측에 정량적 방법 중 ARIMA 분석과 회귀분석 모형이 자주 사용되고 있다.

② 향후 정성적 방법으로 항공수요 예측모형을 개발할 필요가 있으며, 글로벌 금융위기, 코로나 19 등의 외부 환경 여건 변화가 미치는 영향 분석도 필요하다.

③ 최근 급신장하고 있는 저비용항공사의 중요성을 고려하여, 국내 및 아·태지역 저비용항공사의 시장분석 및 수요예측을 포함하여 수행하는 것도 필요하다.

---

7 활주로의 종단경사

1 활주로의 기본길이와 실제길이

① 주 활주로길이는 기본길이(Primary Runway) 이상 확보하여 항공기의 운항요구조건에 적합해야 한다.

② 항공기의 운항성능을 당해 비행장 지역조건에 맞도록 보정하여 결정한 최장 길이보다 짧아서는 안 된다.

③ 비행장 항공기의 이륙 및 착륙 조건에는 표고, 온도, 활주로 종단경사도 및 표면 특성 등을 고려해야 한다.

④ 항공기의 성능자료가 없을 경우에는 활주로 기본길이에 일반적 보정계수를 적용하여 활주로 실제길이를 산정한다.

② 활주로길이 보정(실제길이, Actual Length of Runway)

① 온도 : 비행장 표준온도(Airdrome Reference Temperature)가 당해 활주로 표고에서 표준대기상태 온도보다 1℃ 상승할 때마다 활주로 기본길이는 1% 비율로 증가(표준대기상태 온도는 평균해수면 높이 0m에서 15℃ 기준)하며, 온도와 습도가 높은 비행장에서는 결정된 활주로 기본길이를 다소 증가시킨다.

② 표고 : 활주로 표고가 평균해수면보다 300m 상승할 때마다 활주로 기본길이는 7% 비율로 증가한다.

③ 종단경사도 : 항공기 이륙조건에 의하여 활주로 기본길이를 900m 이상으로 결정한 경우, 결정된 길이에 종단경사도 1% 상승할 때마다 10% 비율로 증가한다.

④ 항공기의 성능자료를 이용할 수 없는 경우에 아래와 같은 일반적인 내용을 적용하여 활주로 실제길이를 결정한다.

  ㉠ 취항 항공기의 운항조건에 적합한 활주로 기본길이를 선정

  ㉡ 당해 지역의 특성에 적합한 보정계수를 이용하여 활주로 기본길이를 보정

  ㉢ 실제 요구되는 활주로 실제길이를 산출

[항공기 종류에 따른 개략적인 활주로 표준길이]

코드	항공기 종류	활주로 표준길이(m)	비고
C2급	B737, MD82, MD83, F100	1,580~2,200	
C1급	A321	1,700~2,600	
D2급	B767	1,760~2,800	
D1급	B777, A330, A300, MD11, DC10	1,820~3,200	IL62(3,300m)
E급	B747	2,120~3,700	Concorde(3,400m)

⑤ 보조 활주로길이(Secondary Runway) : 보조 활주로길이는 최소 95% 이용률에 부합시키기 위해 주 활주로길이와 유사하게 결정한다.

③ 활주로길이 결정에 영향을 미치는 요인

1. 비행장의 환경

① 비행장 지상풍

  ㉠ 항공기의 이착륙에 소요되는 활주로길이는 정풍(正風)이 클수록 짧아지고 배풍(背風)이 클수록 길어진다.

  ㉡ 공항계획단계에서는 공항부지에 가벼운 바람만 분다면 무풍(無風)으로 적용한다.

② 비행장 표고

㉠ 다른 요인이 모두 같다면 비행장의 표고가 높을수록 대기압이 낮아지므로 더 긴 활주로가 필요하다.

㉡ 해발 고도 300m당 7% 증가는 매우 더운 지역이나 높은 고도에 위치한 공항을 제외하고 대부분의 공항부지에서 충족되는 수준이다.

③ 비행장 기온

㉠ 온도가 높을수록 공기밀도가 낮아져 추진력이 감소되어 상승력이 저하되므로 더 긴 활주로가 필요하다.

㉡ ICAO Annex & Aerodrome Design Manual Part I 에 활주로길이에 영향을 미치는 비행장 온도를 상세히 언급하고 있다.

④ 활주로 종단경사

㉠ 수평 또는 하향 경사에서보다 상향 경사에서 소요 이륙길이가 길어지며, 그 정도는 비행장의 기온 및 표고에 좌우된다.

㉡ 활주로 중심선에서 가장 높은 지점과 가장 낮은 지점 사이의 표고 차이를 활주로길이로 나눈 평균 종단경사도를 적용한다.

⑤ 활주로 표면상태

㉠ 오염된 활주로 표면은 이착륙에 필요한 활주로길이를 증가시켜야 한다.

㉡ 기상상태의 변화가 활주로에 얼마나 빈번하게 발견되는지 조사해야 한다.

2. 항공기 성능에 따라 미치는 영향

① 항공기의 크기 : 항공기 크기는 활주로와 유도로 사이의 거리, 주기장의 크기에 중요한 요소

② 항공기의 중량 : 항공기 중량은 활주로, 유도로, 계류장 등의 포장두께 결정에 중요한 요소

③ 항공기의 여객 수용량 : 20명에서 500명 이상으로, 여객터미널 및 근접시설의 형태에 중요한 요소

④ 항공기의 소요 활주로길이 : 2,100m에서 3,600m까지 다양하며, 설계 초기단계에 가장 중요한 요소

⑤ 항공기의 최대이륙중량 : 소형항공기는 900~3,600kg, 상용항공기는 33,000~351,000kg 까지 다양함

⑥ 항공기의 추진력 형태 : 피스톤엔진, 터보트롭, 터보제트, 터보팬 등의 형태에 따라 추진력이 다양함

3. 항공기 총중량(이착륙)

① 항공기 운영중량이다.

② 항공기 유상탑재중량이다.

③ 항공기 예비연료중량이다.

④ 항공기 착륙(着陸)중량＝①＋②＋③으로 결정한다.

이때, 착륙중량이 항공기의 최대 구조적 착륙중량을 초과하면 안 된다.

⑤ 항공기 상승·비행·하강에 필요한 연료중량이다.

⑥ 항공기 이륙(離陸)중량＝④＋⑤로 결정한다.

이때, 이륙중량이 항공기의 최대 구조적 이륙중량을 초과하면 안 된다.

⑦ 온도, 바람, 활주로 경사, 출발 공항의 고도이다.

⑧ 위의 ⑥과 ⑦에서 산정된 자료와 특정 항공기의 비행 매뉴얼 등을 적용하여 최종적으로 실제 활주로길이를 결정한다.

예제 01

다음 자료를 참고하여 활주로 실제길이를 산출하시오.

- 표준대기상태의 해수면 높이에서 이륙에 소요되는 활주로길이 : 1,700m
- 표준대기상태의 해수면 높이에서 착륙에 소요되는 활주로길이 : 2,100m
- 비행장 표고 : 150m
- 비행장 표준온도 : 24℃
- 150m 고도에서 표준대기온도 : 14.025℃
- 활주로 종단경사도 : 0.5%

풀이 1. 활주로 이륙길이에 대한 보정

① 표고에 대하여 보정된 활주로길이

$=[1,700 \times 0.07 \times (150/300)] + 1,700 = 1,760$m

② 표고 및 온도에 대하여 보정된 활주로길이

$=[1,760 \times (24 - 14.025) \times 0.01] + 1,760 = 1,936$m

③ 표고, 온도 및 종단경사도에 대하여 보정된 활주로길이

$=(1,936 \times 0.5 \times 0.10) + 1,936 = 2,033$m ·········· ㉠

2. 활주로 착륙길이에 대한 보정

① 비행장 표고에 대하여 보정된 활주로 착륙길이

$=[2,100 \times 0.07 \times (150/300)] + 2,100 = 2,174$m ·········· ㉡

3. 활주로 실제길이는 ㉠과 ㉡ 중에서 큰 값으로 결정하므로 2,174m이다.

8 항공교통관제의 ILS와 MLS

1 개요

① ILS(Instrument Landing System)란 1950년부터 실용화되어 ICAO가 항공기의 정밀진입을 위한 표준착륙원조시설의 하나로 규정한 방식으로 극히 낮은 운고와 저시정 상태의 악기상하에서 비행장에 진입하고 착륙하는 항공기에 대해 전파로서 강하 경로 정보를 제공해주고 특정지점에서 착륙점까지의 거리를 알려주는 무선상행방식이다.

② MLS(Microwave Landing System)는 방위정보, 고도각 유도정보, 거리정보와 필요한 데이터를 제공하는 시스템으로 현재 미국에서 표준착륙시설로 ILS에 대치되고 있는 중이며 국제민간항공에도 파급되고 있는 상태이다.

2 ILS와 MLS의 구성

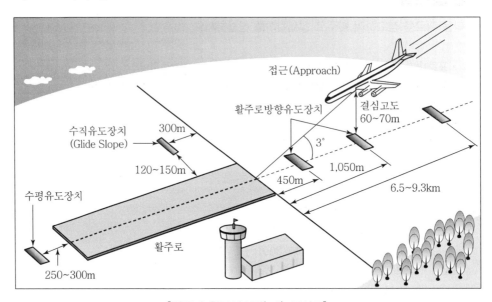

[항공기 착륙시스템(ILS) 구성도]

1. ILS의 구성

구성	기능
Localizer	진입방향과 반대 측의 활주로에서 활주로 중심선의 연장선상 약 800m 지점에 로컬라이저 안테나를 설치한다. 이 안테나가 발사하는 전파는 Localizer 코스를 설정하여 활주로에 접근하는 진입로에 대한 수평유도정보(횡적 유도)를 제공해 주는 시설이다.
Glide Path (Glide Slope)	진입 측의 활주로에서 활주로 중심선을 따라 300m 정도 내측의 지점으로부터 다시 직각방향으로 100m 정도 벗어난 곳에 글라이드 패스 안테나를 설치한다. 이 전파는 활주로에 접근하는 진입각에 대한 수직유도정보를 제공해 준다.
Out Marker	ILS 진입 코스상의 어느 위치를 인지시켜 주기 위하여 지상에서 코스 상공을 향해 선형의 VHF 전파를 발사하는 시설이다.
Middle Marker	Outer Marker와 같은 용도이나 Outer Marker에 비해 활주로에 더욱 접근되어 있는 시설이다. 진입 중인 항공기가 이들 바로 위를 통과하면 조종실 내의 Marker Light가 점등되어 확인되는 것 외에 변조되는 전파(변조음)를 계속 들을 수 있다.

2. MLS의 구성

구성	기능
Azimuth Transmitter	방위각 송신기는 활주로 끝으로부터 약 1,000ft 정방에 위치하고 활주로 연장선 양쪽으로 40°씩의 범위를 커버한다.
Elevation	고도각 유도용 송신기는 진입코스의 활주로 말단(Threshold) 옆에 설치하고 지면에서 진입코스 쪽 상방으로 15°의 각도로 최소한 2,000ft까지 Signal이 도달할 수 있도록 발사한다.
DME/P	거리측정시설 송신기는 보통 Azimuth Transmitter와 함께 위치하여 진입코스 방향으로 20NM까지 Signal을 발사하고 Back Course로는 7NT까지 도달한다.
데이터 전송장치	

③ ILS와 MLS의 차이점

1. ILS의 단점

① Localizer나 Glide Slope Beam이 예측할 수 없도록 휘어지는 경우가 있다.
② 설치비용이 고가(특히 설치지역에 산이 있거나 어려운 문제가 있는 지역)이다.
③ 영구적인 고정시설이므로 이동이 불가능하다.
④ ILS 방향전파의 간섭을 방지하기 위하여 ILS 장비 부근의 차량 및 항공기의 이동을 제한할 필요가 있다.

2. MLS의 장점

① ILS 시설이 수용될 수 없는 지역에 설치 가능

② 운영용량의 증대

③ Terminal Area에서의 신속한 항공기 이동 및 통제

④ 크기가 작고 유도 안테나 설치가 편리

⑤ ILS에 비해 주변지역이나 대상물체로부터의 반사전파에 덜 민감하다.

⑥ 단지 직선접근만 되도록 한 2개 Beam의 ILS 전파와 달리 MLS는 조종사에게 곡선접근을 할 수 있어 더욱 효율적인 착륙 절차를 가능하게 하고 소음에 민감한 지역을 피하여 접근할 수 있도록 한다.

⑦ 유지비 절감 및 항공기 점검의 감소

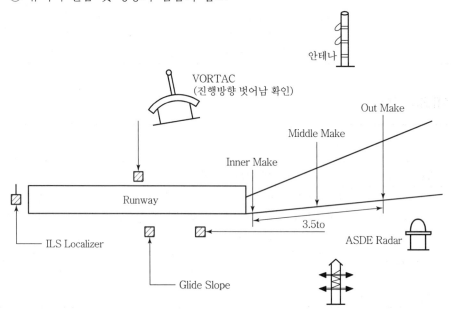

MLS(Microwave Landind System)

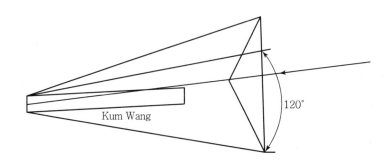

9 비행고도

1 최저 비행고도

1. 비행고도 개념

① 비행고도(飛行高度, Flight Altitude)란 비행 중인 항공기와 지표면과의 수직거리, 즉 항공기가 공중에 떠 있는 높이를 말한다.

② 특정한 기압(1013.25pa)을 기준으로 하여 그 위쪽의 고도는 Flight Level, 그 아래쪽의 고도는 Altitude Level이라 부른다.

2. 최저비행고도 적용 기준

① 시계비행방식으로 비행하는 항공기의 경우 : 사람 또는 건축물이 밀집된 지역의 상공에서는 해당 항공기를 중심으로 수평거리 600m 범위 안의 지역에 있는 가장 높은 장애물 상단에서 300m의 고도, 기타 지역에서는 지표면·수면 또는 물건의 상단에서 150m의 고도

② 계기비행방식으로 비행하는 항공기의 경우 : 산악지역에서는 항공기를 중심으로 반지름 8km 이내에 위치한 가장 높은 장애물로부터 600m의 고도, 기타 지역에서는 항공기를 중심으로 반지름 8km 이내에 위치한 가장 높은 장애물로부터 300m의 고도

3. 드론 최저비행고도 적용 기준 확대

① 현행 : 지면·수면 또는 물건의 상단으로부터 150m 이상 고도에서 드론을 비행하는 경우 항공교통 안전을 위해 사전승인을 받아야 한다.

② 문제 : 고층건물 상공에선 옥상 기준으로 150m까지, 주변 건물에선 지면 기준으로 150m 까지 고도기준이 급격히 바뀌면서 사전승인 없이 비행 곤란

③ 개정 : 드론 비행 사전승인 기준을 항공기 최저비행고도와 동일하게 대폭 확대

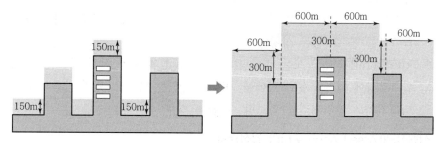

[사람·건축물 밀집지역 상공에서 드론 비행승인이 불필요한 범위 확대 개정 비교]

② 결심고도(Decision Height, DH)

① 결심고도(Decision Height, DH)라 함은 정밀계기접근 중에 조종사가 육안으로 활주로상의 장애물을 발견하고 실패접근(Missed Approach)을 하기 위해 다시 상승하는 특정한 고도를 말한다.

② 결심고도(DH)는 정밀계기접근 중에 계속하여 착륙접근할 것인지 아니면 실패접근하고 다시 상승할 것인지를 결심해야 하는 고도이다.

③ 결심고도(DH)는 다음과 같은 개념으로서, 정밀계기접근에 적용된다.

  ㉠ CAT 등급에 따라 결심고도(DH)가 결정된다.

  결심고도(DH)로 ILS CAT를 분류하는 것이 아니다.

  ㉡ CAT 등급이 높을수록 결심고도(DH)는 그만큼 낮아진다.

  결심고도(DH)는 통상 지상에서 높이 60m 정도이다.

  ㉢ ILS, MLS, PAR 등과 같은 정밀계기접근에 적용되는 개념이다.

  TACAN과 같은 비(非)정밀계기접근에는 MDA를 적용한다.

③ 실패접근 착륙복행, 진입복행, Touch and Go

① 실패접근(Missed Approach)이란 최종착륙단계에서 조종사가 활주로를 식별할 수 없을 정도로 시계가 불량하거나, 예기치 못한 활주로상의 장애물 때문에 착륙이 불가능하다고 판단할 때 다시 이륙하는 절차를 말한다.

② 착륙복행과 진입복행의 차이는 착륙비행기가 결심고도(DH) 이하로 내려갔는지 또는 그 직전인지에 따라 구분된다.

  ㉠ 착륙복행(Go Around) : 결심고도(DH)까지 내려가지 않고 다시 이륙

  ㉡ 진입복행(Missed Approach) : 결심고도(DH) 이하로 내려갔다가 다시 이륙

  ㉢ 터치 앤드 고(Touch and Go) : 활주로에 바퀴가 닿은 상태에서 다시 이륙

③ 실패접근(Missed Approach)의 발생 사유

  ㉠ 결심고도(DH) 이하까지 내려갔으나 짙은 안개로 시계가 불량하여 조종사가 육안으로 활주로를 볼 수 없는 상황인 경우

  ㉡ 뒷바람(Tail Wind) 또는 옆바람(Cross Wind) 때문에 안전착륙이 어려울 경우

  ㉢ 활주로상에 예기치 못한 장애물, 이륙하고 있는 비행기, 먼저 착륙하여 이동하고 있는 비행기와의 안전거리를 확보할 수 없는 경우

④ 실패접근(Missed Approach)의 결정권자

  관제탑에서 결정하지 않고, 전적으로 조종사가 판단하여 결정하는 사항이다.

10 항공기의 이륙단념 속도

1 개요

① 항공기의 조종은 고도의 기술이 필요하며 이 가운데에서도 이륙과 착륙이 가장 어려우므로 이 단계에서 항공기 사고가 많이 발생되고 있다.

② 항공기의 이륙은 가장 높은 추력으로 운용되며 급속한 가속으로 인하여 엔진이나 타이어 고장이 발생될 확률이 상대적으로 높다.

③ 이륙단계의 비상상황 중 가장 심각한 문제가 될 수 있는 것이 이륙단념속도이다.

④ 미국교통안전위원회(NTSB)는 사고 발생의 주된 원인이 이륙을 단념하고 반응하는 시간이 지연된 것이라고 분석하고 있다.

⑤ 예컨대 조종사가 이륙활주 중 이륙 경고음으로 인하여 저속에서 이륙을 단념한 후 다시 이륙을 계속하는 경우 실제로는 이륙단념의 절차를 거쳤으나 이륙단념으로 보고되지 않는다.

2 이륙단념 속도의 개념 및 절차

1. 이륙단념의 개념

① 이륙단념은 이륙활주 중에 타이어 고장이나 엔진고장을 포함한 사건(Event)이 발생하여 활주로상에서 항공기를 정지시키는 것을 말한다.

② 조종사들에게는 달갑지 않으나 피할 수 없는 중대한 의사 결정의 하나이다.

③ 항공기의 엔진고장과 타이어의 파손을 비롯한 여러 상황에 따라 이륙단념을 결심하는 경우 항공기의 조종문제로 인하여 발생하는 위험한 상황에 직면할 수 있다.

④ 미국연방항공청(FAA)에 의하면 운송용 제트항공기는 매 3,000회 이륙당 1회의 확률로 이륙단념이 발생되는 것으로 조사되나 사고로 연결되지 않은 경우에는 보고가 누락되는 경우가 대부분이므로 실제로는 약 2,000회의 이륙마다 이륙단념이 발생되는 것으로 추정된다.

⑤ 항공기가 이륙을 위해 고속으로 지상활주를 하는 동안 이륙단념 속도 이전에 이륙에 심각한 영향을 미치는 고장이 발생되면 조종사는 이륙이나 정지 중 하나를 결심해야 한다.

⑥ 이때 이륙과 정지를 결심하는 기준속도를 V_1 속도라고 하며, 이는 주어진 조건에서 성공적인 정지를 시킬 수 있거나 이륙을 계속할 수 있는 2가지 성능을 동시에 충족시킬 수 있는 속도이다.

⑦ 현재 사용되는 V_1 속도의 정의를 종합하면 이륙 중 가속-정지거리 내에서 항공기를 정지시키기 위해 조종사가 최초의 조작(브레이크를 밟거나, 추력을 줄이거나, 스피드 브레이크를 올리거나)을 취해야 하는 최대속도를 말한다.

⑧ 이륙 중 V_{EF} 4에서 임계엔진의 고장이 발생하였더라도 이륙을 계속하여 활주로상에서 최소 이륙고도로 규정된 35ft(약 10m)에 항공기를 도달시킬 수 있는 최소속도이다.

⑨ 결국 V_1 속도는 이륙을 계속 진행할 경우 성공적인 이륙이 될 수 있는 최소속도이기도 하며, 이륙단념을 시도해야 할 상황에서는 안전하게 활주로 내에서 정지할 수 있는 최대속도이다.

⑩ 그러나 V_1은 이륙중량과 이륙플랩(Flap)에 의해 우선적으로 결정되며 공항 온도, 공항 표고, 활주로 경사 및 바람에 의해 조정된다.

⑪ 또한 개방구역(Clearway)과 정지로(Stopway)의 사용 유무에 따라 조정될 수 있다.

⑫ B777의 경우를 예로 들면, 최소이륙중량과 최대이륙중량 차이가 220,000파운드(100,000kg) 이상이고 이륙플랩이 3개(5, 15, 20)이므로 V_1을 일률적으로 표시하기 어렵다.

2. 이륙단념도

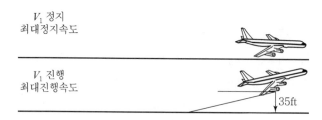

이륙단념속도(V_1) 두 가지 개념(미국 FAR 정의를 연구자가 도식화)

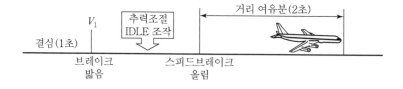

3. 이륙단념의 절차

① 이륙단념의 결심이 섰으면, 기장은 분명하게 이륙단념(Reject)이라고 말함과 동시에 제동조작을 시작하며 항공기 조종을 맡는다.

② 만일 부기장이 조작하고 있었다면 기장이 조종에 적극적으로 개입할 때까지 항공기 조종을 계속해야 한다.

4. B777의 기장과 부기장의 이륙단념 조작 절차

기장	부기장
지체 없이 이륙단념절차 적용	다음 조작을 확인
동시에 추력조절기를 닫고(필요시 자동추력조 절기를 끈다) 최대로 바퀴브레이크를 밟거나 이륙단념 자동브레이크 작동을 확인한다.	• 추력조절기 닫혀 있음 • 자동추력조절기 꺼져 있음 • 최대브레이크가 작용함
만일 이륙단념 자동브레이크가 설정되어 있으면 시스템 작동을 주시하고, 'Autobrake'라는 고장메시지가 표시되거나 감속이 충분치 않을 때에는 바퀴브레이크를 발로 밟는다.	Speedbrakes 조절기 Up 상태를 확인하고 'Speedbrakes Up'을 불러준다. 만일 Up되지 않으면 'Speedbrakes Not Up'을 불러준다.
스피드브레이크 조절기를 올린다.	빠뜨린 조작 항목이 있으면 불러준다.
상황에 맞게 최대 역추력을 사용한다.	
항공기가 활주로상에 확실히 정지할 때까지 최대 제동을 지속한다.	
활주로길이에 여유가 있으면 활주속도에 도달하기까지 역추력 조절기를 아이들 역추력 위치에 둔다.	60knot를 불러준다. 가능한 한 빨리 이륙단념결심을 관제탑과 관련 승무원에게 통보한다.

주) Boeing 777 QRH Non-Normal Maneuvers pp.1.2~1.3. Rejected Takeoff. 2001.

③ 이륙단념 사고의 분석

① 이륙 시 고려하는 안전여유분은 착륙과 비교하여 볼 때 상당히 적다.
② 이는 공중에서 지상으로 접지하는 것이 지상에서 공중으로 전환하는 것보다 더 어렵기 때문이지만 이런 안전여유분의 부족이 이륙단념 시 조작이 약간만 늦어도 사고로 연결되는 이유이다.
③ 이륙단념 사고를 세부적으로 분석한 내용을 살펴보면 전체 사고가 활주로 이탈(Overrun)로 이어졌고 이륙단념을 늦게 시작한 것이 주원인으로 조사되었다.

④ 이륙단면 사건통계

구분	1959~1990년	1991~2000년	계
이륙	230,000,000회	161,000,000회	391,000,000회
이륙단념	76,000회	53,000회	129,000회
관련 사고/준사고	74회	20회	94회

주) Boeing(2002). Takeoff Safety Training Aid.

⑤ 이륙단념과 관련된 사고의 세부내용을 살펴보면 다음과 같다.

  ㉠ 사고의 54%가 V_1 속도를 초과하여 발생

  ㉡ 32%는 젖거나 눈, 얼음으로 덮인 활주로에서 발생

  ㉢ 42%가 엔진추력 손실, 타이어 파열로 사고 발생

  ㉣ 활주로 이탈사고 80%는 훈련으로 방지 가능

  ㉤ 가장 큰 관심분야인 이륙단념을 수행하였던 속도는 80knot 미만이 76%로 주류를 이루었고, 80~100knot가 18%이며 100knot를 초과한 경우도 전체의 6%를 차지하였다.

  ㉥ 그리고 이륙단념 사고의 54%는 V_1 속도를 초과하여 이륙단념이 시작되었는데 이는 V_1 속도의 중요성을 시사한다(Boeing, 2001).

4 이륙단념을 가정한 조종사의 반응시간 추정

1. 이륙단념을 가정한 조종사의 반응시간 추정

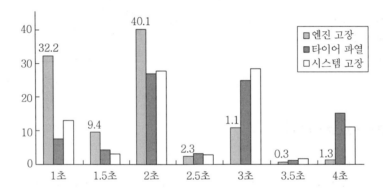

① 실제로 이륙단념을 판단하고 수행하는 것은 기장인데 K항공사의 경우 내국인 기장은 물론 다수의 외국인 기장이 조종하고 있다. 이에 이륙단념 절차를 수행함에 있어서 소요되는 시간에 대한 두 집단 간의 차이를 t-검정을 통하여 분석하였는데, 표본은 내국인 기장이 82명이고 외국인 기장이 62명이었다.

② 분석결과 F값이 유의수준의 값보다 크므로 두 모집단의 분산이 같다고 할 수 있어서 등분산이 가정되었다. 위의 표에서 기장의 평균 전환시간은 3.2초이고, 외국인 기장의 평균 전환시간은 2.8초이며, 표준편차는 1.8초로 거의 같았다. 두 집단 간의 평균은 3.03초로 나타났다. 분석결과와 같이 두 집단 간에 차이가 없는 것으로 나타났다.

③ 이를 근거로 내국인과 외국인 조종사를 통합하여 분석을 시행한 결과 이륙단념을 결심하는 데 소요되는 시간에 대해서는 엔진고장에 의한 이륙단념의 경우 1초가 소요된다고 대답한 조종사가 40%였다.

④ 또한, 타이어 파열에 의한 이륙단념의 결심에는 경고음이나 경고메시지가 없으므로 56%의 조종사들이 2초 내지 3초가 소요된다고 대답하였고, 4초가 소요된다고 대답한 조종사가 15%, 5초가 소요된다고 대답한 조종사가 13%였다.

⑤ 엔진고장 이외의 시스템 이상에 의한 이륙단념의 경우는 58.3%가 2초 내지 3초가 소요된다고 응답하였다.

⑥ 조종사가 이륙계속이나 이륙단념 결심을 보다 잘 수행하기 위하여 첫째, V_1 속도와 관련된 이륙이나 법규를 명확하게 숙지하여야 하며 둘째, 제동형태로의 전환을 위한 이륙계산과 이륙과 이륙단념에 영향을 주는 성능 요소를 확인하여야 한다. 셋째, 승무원자원관리(Crew Resources Management, CRM)를 통하여 원활한 조작을 수행함으로써 이륙단념 안전여유분을 증가시키는 방법을 들 수 있다.

5 현행 이륙단념 철차에 대한 대안

① 이륙계속과 이륙단념의 위험성을 비교하여 볼 때 이륙계속이 다소 여유분이 높으므로 이륙계속(Continued Takeoff)을 하는 것이 유리하다.

② 즉 항공기 비행규정에 의하면 엔진고장을 V_1에서 인지하고 이륙을 계속하는 경우 활주로 끝에서 적어도 35ft의 고도를 이룰 수 있으며 설사 35ft보다 낮은 고도를 이룬다 해도 곧바로 사고나 준사고로 이어지는 것은 아니므로 이륙계속이 이륙단념보다 더 안전여유분이 있다고 할 수 있다.

③ 부가적으로 활주로 조건이 눈, 비 또는 얼음으로 덮인 경우에는 V_1 속도를 6knot 감하여 적용하지 않는다.

④ 이런 조건에서 이륙을 계속할 때 활주로상에서 도달해야 할 규정고도는 35ft보다 20ft가 낮은 15ft이므로, V_1 속도를 줄여서 사용하게 되면 활주로 끝에서의 도달 고도가 낮아져서 이륙경로상에 장애물이 있는 경우 문제가 될 수 있다.

6 결론

① 이륙단념 사고분석에서 나타난 바와 같이 이륙결심속도(V_1)를 지나서 이륙단념을 시작한 경우 50% 이상이 활주로 이탈은 물론 사고로 이어진다는 심각성을 고려할 때, 현장 조종사(Line Pilot)를 대상으로 실증분석을 하는 것이 항공안전에서는 중요하다.

② 일부 조종사들이 현행 이륙단념 절차를 불만족스럽게 생각한다는 점에서 절차에 대한 연구와 검토가 이루어져야 할 것으로 분석되었다.

③ 조종사들이 인지하는 이륙단념에 소요되는 시간은 비행규정에 적용된 시간을 훨씬 상회하는 것으로 나타났다.

④ 현행 규정에 의한 V_1 속도에서 이륙단념을 하는 경우에 활주로 이탈로 이어질 가능성이 있는 것으로 나타났다.

⑤ 따라서 실제로 이륙단념을 위하여 V_1 속도를 6knot 줄여서 사용해야만 이륙단념에 대한 안전성이 확보될 것으로 결론을 내릴 수 있다.

11 결심속도와 이륙안전속도

1 이륙결심속도(Decision Speed, DS)

① 이륙결심속도는 항공기의 제한속도 종류 중 하나로서, V_1으로 표기하며 이륙결정속도라고도 한다.

② 비행기가 활주로를 이륙할 때 V_1(이륙결심속도), V_R(기수를 일으킬 수 있는 최소속도), V_2(안전하게 상승할 수 있는 속도) 등의 3개 속도로 설정된 경우가 많다.

③ 이륙결심속도를 초과하는 속도로 정지 제동을 하면 활주로를 이탈할 가능성이 높으므로, 이 속도를 초과하면 이륙중지(Rejected Take-Off, RTO)를 할 수 없다.

④ 즉, 이륙결심속도를 초과하면 반드시 이륙해야 하며, 이륙결심속도를 초과한 후에는 계기에 이상이 있더라도 일단 이륙을 하고 나서 착륙 여부를 판단한다.

⑤ 이륙결심속도는 항공기의 중량, 이륙 중 풍향·풍속에 따라 수시로 변경되기 때문에 매번 비행운항을 계획할 때 이 값을 계산해 둔다.

　　㉠ 통상 제트기의 V_1은 140~160KIAS, 소형 프로펠러기는 40~60KIAS 정도이다.

　　㉡ KIAS(Knots Indicated in Air Speed) : 조종석의 계기판에 적힌 속도단위의 약자로서, 비행속도를 knot로 계산해 놓은 값이다.

② 이륙안전속도

① 이륙안전속도(Lift Off Speed, Take-off Safety Speed V_2)란 항공기가 활주로 지면을 떠나 안전하게 이륙할 수 있는 속도를 말하며, 활주속도를 가속화하여 충분한 비행속도에 도달하게 하여 지면에서부터 이륙시킬 수 있는 양력을 주익에 발생시켜 이륙하게 되는 속도이다.

② 이륙안전속도 이상으로 가속되면 언제든지 조종간을 당겨서 지표로부터 이륙할 수 있기 때문에 V_2로 표현되며 이륙결심속도인 V_1과 구분된다.

③ 이륙안전속도는 항공기의 이륙거리 마지막 지점, 즉 활주로 이륙면상의 규정된 고도 10m(35ft) 높이에서 이 속도에 도달해야 한다.

③ 결심고도(Decision Height, DH), 경고고도(Alert Height, AH)

① 결심고도(Decision Height, DH)라 함은 정밀계기접근 중에 조종사가 육안으로 활주로상의 참조물을 계속하여 식별하지 못하는 경우에 실패접근(Missed Approach)을 시작하여야 하는 특정 고도를 말한다.

② 결심고도(DH)는 정밀계기접근 중에 계속하여 착륙접근할 것인지 아니면 실패접근하고 다시 상승할 것인지를 결심해야 하는 고도이다.

③ 결심고도(DH)는 다음과 같은 개념으로, 정밀계기접근에 적용된다.
  ㉠ CAT 등급에 따라 결심고도(DH)가 결정된다.
    결심고도(DH)로 ILS CAT를 분류하는 것이 아니다.
  ㉡ CAT 등급이 높을수록 결심고도(DH)는 그만큼 낮아진다.
    결심고도(DH)는 통상 지상에서 높이 60m 정도이다.
  ㉢ ILS, MLS, PAR 등과 같은 정밀계기접근에 적용되는 개념이다.
    TACAN과 같은 비정밀계기접근에는 MDA를 적용한다.

④ 경고고도(Alert Height, AH)라 함은 항공기의 특성과 작동되는 착륙장치의 상실을 기준으로 설정된 특정 고도를 말하며, Fail Operational CAT-Ⅲ 운항에 적용되는 개념으로 활주로 접지구역 상공 60m(200ft) 또는 그 이하의 고도에서 설정되는 것으로 경고고도 또는 경보고도 라고 한다.

④ 실패접근 착륙복행, 진입복행, Touch and Go

① 실패접근(Missed Approach)이란 최종착륙단계에서 조종사가 활주로를 식별할 수 없을 정도로 시계가 불량하거나, 예기치 못한 활주로상의 장애물 때문에 착륙이 불가능하다고 판단할 때 다시 이륙하는 절차를 말한다.

② 착륙복행과 진입복행의 차이는 착륙비행기가 결심고도(DH) 이하로 내려갔는가 또는 그 직전인가에 따라 구분된다.

　㉠ 착륙복행(Go Around) : 결심고도(DH)까지 내려가지 않고 다시 이륙

　㉡ 진입복행(Missed Approach) : 결심고도(DH) 이하로 내려갔다가 다시 이륙

　㉢ 터치 앤드 고(Touch and Go) : 활주로에 바퀴가 닿은 상태에서 다시 이륙

③ 실패접근(Missed Approach)이 발생하는 사유

　㉠ 결심고도(DH) 이하까지 내려갔으나 짙은 안개로 시계가 불량하여 조종사가 육안으로 활주로를 볼 수 없는 경우

　㉡ 뒷바람(Tail Wind) 또는 옆바람(Cross Wind) 때문에 안전착륙이 어려울 경우

　㉢ 활주로상에 예기치 못한 장애물, 이륙하고 있는 항공기, 먼저 착륙하여 이동하고 있는 항공기와의 안전거리를 확보할 수 없는 경우

④ 실패접근(Missed Approach)의 결정권자

관제탑에서 결정하지 않고, 전적으로 조종사가 판단하여 결정하는 사항이다.

5 최저비행고도

1. 비행고도의 개념

① 비행고도(飛行高度, Flight Altitude)란 비행 중인 항공기와 지표면과의 수직거리, 즉 항공기가 공중에 떠 있는 높이를 말한다.

② 특정한 기압(1013.25npa)을 기준으로 하여 그 위쪽의 고도는 Flight Level, 그 아래쪽의 고도는 Altitude Level이라 부른다.

2. 최저비행고도 적용 기준 : 「항공안전법 시행규칙」 제199조(최저비행고도)

① 시계비행방식으로 비행하는 항공기의 경우

　㉠ 사람 또는 건축물이 밀집된 지역의 상공에서는 해당 항공기를 중심으로 수평거리 600m 범위 안의 지역에 있는 가장 높은 장애물 상단에서 300m의 고도

　㉡ 상기 외의 지역에서는 지표면·수면 또는 물건의 상단에서 150m의 고도

② 계기비행방식으로 비행하는 항공기의 경우

　㉠ 산악지역에서는 항공기를 중심으로 반지름 8km 이내에 위치한 가장 높은 장애물로부터 600m의 고도

　㉡ 상기 외의 지역에서는 항공기를 중심으로 반지름 8km 이내에 위치한 가장 높은 장애물로부터 300m의 고도

3. 드론 최저비행고도 적용 기준 확대 : 「항공안전법 시행규칙」 제308조(초경량비행장치)

① 현행 : 지면·수면 또는 물건의 상단으로부터 150m 이상 고도에서 드론을 비행하는 경우 항공교통 안전을 위해 사전승인을 받아야 한다.

② 문제 : 고층건물 상공에선 옥상 기준으로 150m까지, 주변 건물에선 지면 기준으로 150m 까지 고도기준이 급격히 바뀌면서 사전승인 없이 비행 곤란

③ 개정 : 드론 비행 사전승인 기준을 항공기 최저비행고도와 동일하게 대폭 확대

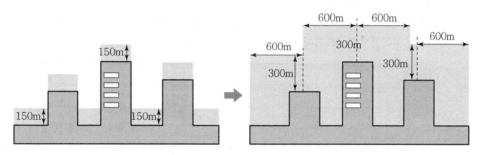

[밀집지역 상공에서 드론 비행승인이 불필요한 범위 확대]

12 RVR과 LLWAS

1 RVR(Runway Visual Range)

1. 시정(Visibility)

① 정의 : 낮에 눈에 띄는 비닐광 물체와 밤에 눈에 띄는 발광물체를 보고 확인하기 위한 대기조건에 의하여 결정되는 능력으로 거리단위로 표현된다.

② 종류
  ㉠ Flight Visibility : 비행 중에 있는 항공기의 조종석으로부터 전방의 시정
  ㉡ Ground Visibility : 관측소로부터 보고된 것과 같은 비행장에서의 시정
  ㉢ Runway Visual Range(RVR) : 활주로 중심선상에 있는 항공기 조종사가 활주로 표면의 표지나 활주로 중심선을 식별하는 등화를 볼 수 있는 거리

2. RVR

① 정의

활주로 중심선상에 있는 항공기 조종사가 활주로의 윤곽을 나타내거나 그 중심선을 증명하는 활주로 표면의 등화를 식별할 수 있는 범위로서 RVR에 따라 VFR, IFR 비행이 결정되면 IFR에서도 카테고리 구분이 이루어진다.

② RVR에 따른 공항의 운용등급

계기착륙시설을 포함한 공항 전체의 운용등급은 CAT-Ⅰ, CAT-Ⅱ, CAT-Ⅲ abc 등으로 나눌 수 있으며 RVR에 따라 다음과 같이 구분한다.

구분	CAT-Ⅰ	CAT-Ⅱ	CAT-Ⅲ		
			a	b	c
활주로 시정 (RVR)	800m 이상 (550m)	400m 이상 (350m)	200m 이상	50m 이상	0m 이상

② LLWAS(저고도 난류 경보장치)

① 기상현상들은 항공기 안전운항에 큰 장애요소가 된다. ICAO 자료에 의하면 1946년 이래 Windshear(돌풍현상)에 의한 항공기사고는 200여 건 이상으로 800명이 넘는 사망자가 발생하였으며, 국내에서는 1980~1995년까지 항공기사고 발생 14건 중 5건이 기상과 직접 관련이 있는 것이었다. 따라서 신속 정확한 기상정보의 제공은 안전운항과 직결된다.

② LLWAS(Low Level Windshear Alert System, 저고도 난류 경보장치)는 항공기의 안전운항에 가장 위험한 요인이 되는 기상현상으로 이착륙 시 저고도에서 급격히 발생하는 돌풍현상을 예보하는 시스템이다. 활주로 주변에 센서(8~12개)를 설치하여 활주로 인근 약 4km까지의 저고도(약 1,500ft 이하)에서 발생하는 돌풍(Windshear, Microburst)을 탐지ㆍ분석하여 이착륙 항로상의 돌풍경보를 사전에 제공해주는 이 시스템은 현재 LLWAS-2까지 업그레이드되어 신뢰성을 높이고 있는 첨단장비이다.

13 공항의 배치계획

1 개요

① 공항배치계획이란 활주로 수와 방향·위치, 청사지역의 위치, 유도로 배치 등의 결정을 위한 것이다.

② 활주로 수는 항공교통 수요에 의하여 정해지며 활주로 방향은 풍향과 지형에 의하여 결정된다.

③ 여객청사는 활주로와의 접근성을 고려하여 배치하며 항공교통 처리의 효율을 고려하여 유도로체계를 구성한다.

2 공항 분류

① Airside 지역

② 터미널 지역

③ Landside 지역

3 활주로의 배치

① 활주로의 배치는 항공기 진입로상의 장애물, 풍극범위, 토공량, 소음, 공사비 등을 고려하여 경제적으로 이루어져야 한다.

② 활주로의 배치는 활주로와 청사의 연관성을 감안하여 청사의 형태와 위치에 의해서도 영향을 받는다.

③ 일반적으로 활주로와 유도로는 다음 사항에 적합하도록 배치되어야 한다. 활주로의 수는 항공교통 수요와 풍극 범위에 의하여 결정되고 활주로 방향은 장애물과 주 풍향에 의하여 결정되며 활주로의 진입경로는 주거지역을 피하는 것이 바람직하다.

4 유도로의 배치

① 유도로는 활주로와 청사지역, 격납고 등 여타 시설들과의 연결로로서 이륙 시 청사지역에서 활주로단에 이르는 집근로를 제공하고 착륙 시는 항공기의 신속한 활주로의 이탈이 원활하도록 배치한다. 이륙 시 청사지역에서 활주로단까지의 유도로는 최단경로를 택하는 것이 일반적이다.

② 착륙 시는 대부분의 경우 전체 활주로를 필요로 하지 않으며 효율적인 활주로 사용을 위해서는 착륙 항공기가 가능한 한 신속히 활주로를 벗어날 수 있도록 하여야 한다.

③ 수요가 집중되는 첨두시간의 활주로 용량은 착륙 항공기의 신속한 활주로 이탈 여부에 크게 의존하므로 탈출 유도로는 항공기가 고속상태로 회전이 용이하도록 설계하여야 한다.

④ 유도로는 가능한 한 항공기가 활주로를 횡단하지 않도록 배치해야 한다.

⑤ 일반적으로 대형공항의 경우 고속탈출유도로의 입구는 활주로 진입단으로부터 1,100m, 1,700m, 2,200m 정도 떨어진 곳에 위치한다.

⑤ 대기계류장(Holding Apron)

① 대기계류장은 항공기의 이륙에 앞서 최종점검, 이륙 제한 시 항공기 대기를 위한 공간으로서 활주로단 부근에 설치한다. 이 계류장은 항공기의 고장으로 이륙이 불가능할 경우 이륙이 준비된 다른 항공기가 통과할 수 있도록 충분한 면적을 확보하여야 한다.

② 대기계류장의 설치로 인해 유도로상의 이륙대기 항공기 중 앞의 항공기가 고장 시 발생하는 시간적 손실을 줄일 수 있다.

③ 이의 설계는 취항 예정 최대항공기 3~4대가 대기할 수 있도록 하고 다른 항공기가 통과할 수 있는 면적을 갖도록 한다.

⑥ 청사지역

청사는 육로와 항공기 간의 연계지역으로서 공항관리, 사용인원, 교통 특성, 적용방법에 따라 그 규모와 수준이 결정된다.

① **접근부** : 여객을 육로수송수단으로부터 처리부로 넘겨주며 우회, 주차, 여객의 승하차를 맡는다.

② **처리부** : 개찰, 화물검사 등 항공여행의 시작과 종결을 위하여 제공된 지역

③ **비행부** : 여객, 화물을 처리부와 항공기 사이에서 연결해주는 기능

⑦ 격납고

격납고의 규모는 항공기의 제원과 수에 따라 결정된다. 대개의 공항에서는 항공기의 보수와 유지관리를 위하여 3~4대의 항공기를 수용할 수 있는 격납고가 있다.

⑧ 항공교통 관제시설

① 기존 공항의 재배치와 공항의 신설 시 항공교통관제의 취급은 관제 관계자와의 협의를 필요로 한다. 항공교통 관제상의 마찰은 공항의 용량에 중대한 영향을 미치므로 공항계획에 있어서 항공교통 관제시설의 확보는 필수적이다.

② FAA는 항공로상의 항공교통운항을 위한 관제와 항행보조시설로서 종합무선시설국, 레이더, ILS, 항공교통 관제사무소, 공항교통 관제탑, 기상보고시설 등으로 정하고 이러한 시설의 위치와 이용을 위한 기준을 제정하고 있다.

⑨ 기타 시설

그 밖에 주차장, 진입도로, 급유시설 및 부대시설 등을 배치한다.

⑩ 결론

항공교통은 시·공간적으로 상당히 격리된 지역 간의 신속한 연결을 목표로 하며 절대적인 안전운항이 보장되어야 하므로 공항의 시설과 운항은 국제적으로 통일성을 기해야 한다. 이를 위하여 ICAO나 FAA의 설계기준과 시행방법을 준수하여 능률적인 항공교통운항이 이루어질 수 있는 배치가 되도록 한다.

14 활주로 배치방법

① 개요

① 근래 산업이 발달하고 국제화가 가속화됨에 따라 항공교통량이 증가하게 되고 공항에도 두 개 이상의 활주로를 건설할 필요성이 대두되었다.

② 특히 국제적인 대도시에 인접한 공항은 서너 개의 활주로를 갖고 있으며 활주로 배치 여하에 따라 활주로의 용량 및 터미널 배치가 다르게 되어 공항의 용량을 크게 좌우하게 되었다.

③ 대부분 공항의 활주로 형태는 몇 개의 기본 활주로와 그 혼합형으로 구성되며 이러한 기본 활주로 형태로는 단일활주로, 평행활주로, 교차활주로, 열린 V형 활주로 등이 있다.

② 활주로 배치의 기본 개념과 용량

1. 단일활주로(Single Runway)

① 활주로 배치 중에서 가장 단순한 것으로 유도로는 대개 활주로와 평행하며 그 중간에 청사지역이 위치한 형태이다. 활주로는 동시 이착륙이 불가능하며 활주로의 사용은 양방향으로 운항될 수 있다.

② VFR일 때 시간당 45~100회의 운항횟수 처리

③ IFR일 때 시간당 40~50회의 운항횟수 처리

2. 시종점이 동일한 평행활주로(Parallel Runway)

① 단일활주로에 다른 평행한 활주로가 건설될 수 있다. 이것은 가장 많이 쓰이는 배치방법으로서 이 평행활주로의 용량은 활주로의 수와 활주로 사이의 간격에 따라 다르다.

② VFR의 경우

  ㉠ 시계비행으로 동시 운영되기 위해서는 활주로길이가 1,200m 이상일 때 최소 210미터(700ft)의 활주로중심선 간격이 필요하며 FAA에서는 ADG Ⅴ와 Ⅵ 등급 항공기를 위하여 최소 360미터(1,200ft)의 간격을 권고하고 있다.

  ㉡ 시간당 100~200회의 처리가 가능하며 대형항공기가 취항하지 않을 경우에는 간격에 영향을 받지 않는다.

③ 근접 IFR(Closed P. R/W)

  ㉠ 레이더를 이용하여 동시 출발이 가능한 독립평행 출발

  ㉡ 활주로 중심선 간격은 최소 760미터[ICAO, FAA는 레이더 출발 시 750미터(2,500ft), 비레이더 출발 시는 1,000미터(3,500ft)~915미터(ICAO)]

  ㉢ 시간당 50~60회 처리용량

④ 중간격 IFR

  ㉠ 레이더를 이용하여 동시 진입과 출발이 가능한 종속평행 진입을 위해서는 915m 이상(국제 민간 항공기구, ICAO)

⑤ 독립 IFR

  ㉠ 동시 정밀계기진입이 가능한 독립평행 진입

  ㉡ 활주로 중심간격은 최소 1,525미터(FAA는 1,300미터) 이상

  ㉢ 시간당 85~105회 처리 가능

3. 시종점이 엇갈린 활주로(Staggered R/W)

① 이러한 배치는 공항부지 형태에 따르거나 이착륙 항공기의 유도거리를 단축하기 위하여 이용되며 이착륙을 전용으로 사용한다.

② 엇갈린 활주로의 분리간격은 이착륙 운영방법과 엇갈린 거리에 따라 평행활주로의 분리간격을 가감하며 그에 따른 용량을 준용한다.

③ 유도거리가 짧아지는 장점이 있으나 용지 매입범위가 커지는 단점이 있다.

4. 교차활주로

① 하나의 활주로만 설치하는 경우 강한 측풍의 영향으로 운항에 지장을 초래할 때 설치하며 활주로 1본의 풍극 범위가 95% 미만일 때 사용한다.

② 바람이 강할 경우 둘 중 하나만 사용하므로 용량이 저하된다. 바람이 약할 경우 하나는 이륙, 하나는 착륙으로 전용 운영함으로써 용량을 증대시킬 수 있다.

③ 활주로 교차 위치와 활주로 운영방법(전용, 혼합)에 따라 용량이 크게 좌우되는데 이륙활주로 시점과 착륙활주로 시점이 가까우면 용량이 크고, 반대이면 용량이 작다.

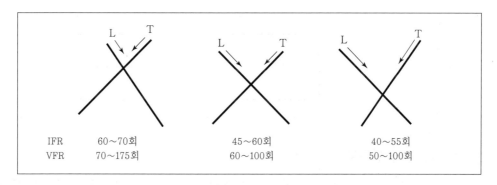

5. 열린 교차활주로(Open V. R/W)

① 교차활주로와 같이 측풍범위를 축소하고자 하는 방법이면 활주로 사이에 청사를 배치할 수 있다.

② 운영방법은 교차활주로와 같다.

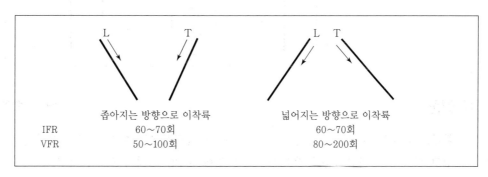

③ 활주로 배치의 비교

① 활주로 용량과 관제 측면에서 단일 및 평행활주로가 가장 바람직하다.
② 활주로가 다수일 경우 전용(착륙 또는 이륙) 운영이 유리하다.
③ 교차활주로보다 열린 교차활주로가 바람직하다.
④ 교차활주로가 불가피할 경우 가능한 한 활주로의 이착륙 교차점이 가깝도록 배치하는 것이
활주로 용량상 유리하다.

④ 기타 배치

1. 세 개의 활주로

연중 대부분의 풍향이 일정하고 교통량이 클 경우 다음과 같은 배치를 고려할 수 있다.

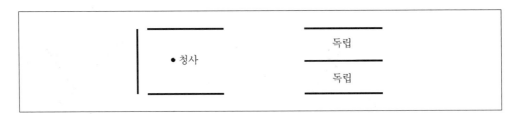

2. 네 개의 활주로

① 교통량이 매우 많을 경우 네 개의 평행활주로 건설이 필요하다. 이 경우 두 개는 착륙
전용, 다른 두 개는 이륙 전용으로 운영하여 유도로상의 운항간섭을 받지 않도록 한다.
② 청사에 가까운 내측 활주로는 이륙 전용으로 하고 외측 두 본을 착륙 전용으로 하여
착륙항공기의 청사로 인한 고도제한 배제 및 운항의 안전성을 도모한다.

⑤ 결론

활주로 배치는 지형, 기후, 공사비 등에 따라 적절히 이루어져야 하며 용량을 극대화할 수
있고 항공기의 지상이동에 유리하도록(안전에 유의) 배치하여야 한다.

15 ICAO 기준의 활주로 간격

1 개요

① 미국 연방항공청(Federal Aviation Administration, FAA)은 미국 운수성 하부기관으로 항공수송의 안전 유지를 담당한다.

② 평행활주로의 간격은 국제민간항공기구 ICAO(International Civil Aviation Organization) 와 FAA에서 각각 기준을 정하고 있지만 큰 차이는 없고 우리나라 항공법에서 ICAO를 우선적으로 적용하도록 하고 있으므로 여기서는 ICAO의 규정을 설명한다.

2 활주로 착륙 형식

① 독립평행 진입 : 두개의 항공기가 각각 상대방의 영향을 받지 않고 횡방향으로 평행하게 동시에 2개의 평행한 활주로에 착륙하는 것이다.

② 종속평행 진입 : 2대의 항공기가 동시에 2개의 평행한 활주로에 진입하되 횡방향으로 평행하지 않고 비스듬히 대각선으로 종방향 거리를 두고 착륙(Diagonal Approach)하는 경우이다.

③ 독립평행 출발 : 2대의 항공기가 2개의 활주로에서 동시에 이륙하는 경우이다.

④ 분리된 평행운용 : 2개의 평행 활주로에서 1대는 이륙하고 1대는 착륙하는 경우이다.

3 계기 운항과 비계기 운항

① 계기 운항 : 공항에 접근 시 항공기의 방향, 고도 등을 계기정보에 의존하므로 항공기와 여객의 안전을 위하여 훨씬 큰 이격거리를 두고 있다.

② 비계기 운항 : 항공기가 공항에 접근할 때 시각에 의존하므로 계기비행에 비하여 상대적으로 항공기끼리 가깝게 근접할 수 있다.

4 평행활주로의 최소 이격거리(ICAO)

① 평행한 비계기 활주로를 동시에 이용하고자 할 때 활주로의 중심선 간 최소 간격
  ㉠ 활주로의 길이가 1,200m 이상일 때 : 210m

② 평행한 계기 활주로를 PANS-OPS와 PANS-RAC의 절차에 따라 동시에 이용하고자 하는 경우에 활주로 중심선 간의 최소 간격
  ㉠ 독립평행 진입 : 1,035m

ⓛ 종속평행 진입 : 915m

ⓒ 독립평행 출발 : 760m

ⓔ 분리된 평행운용 : 760m(위의 ①~②는 ICAO Annex 14의 수록내용임)

5 결론

① 평행활주로의 간격은 국제민간항공기구(ICAO)나 미국 연방항공청(FAA)의 과거 규정에 비해 다소 완화된 방향으로, 즉 감소되어 개정되고 있다. 최근 개정되기 전의 독립평행 활주로 간격은 ICAO에서 1,525m를 기준으로 한 적이 있다.

② 항행안전무선시설의 발달과 이착륙절차의 개선에 따라 평행활주로의 이격거리 기준은 더욱 감소될 것으로 보인다.

③ 미국에서는 몇몇 공항을 대상으로 개선된 무선시설을 설치하고, 평행진입 시 간격을 줄여서 운항하는 실험을 진행하고 있으며 이미 그 절차가 승인된 공항도 있다.

16 활주로의 방향 결정

1 개요

공항시설 중 활주로는 가장 규모가 큰 시설일 뿐 아니라 유도로, 계류장, 터미널, 주차장 등 다른 시설의 배치를 좌우하는 주요 시설로서 활주로의 방향은 공항의 항공기 운항 효율에 지대한 영향을 미친다. 여기서는 활주로 방향 결정 시 고려사항에 대해서 논하기로 한다.

2 활주로 방향에 영향을 미치는 요소

① 활주로 방향에 영향을 주는 요소 중 대표적인 것은 바람의 방향 및 속도이며 그 밖에 비행공역상의 장애물, 기존 항로와의 상관성, 소음의 영향 등이다.

② 보통 이러한 조건을 모두 만족하기는 곤란하며 인력으로 통제가 불가능한 바람 조건을 우선으로 고려한다.

ⓐ 바람의 영향

• 항공기는 그 제작 특성 및 크기, 엔진 상태에 따라 측풍의 영향을 크게 받는다.

• FAA 기준에 따르면 대형항공기는 20knot까지(실속도의 0.2배 이하), ICAO에서는 활주로의 종류에 따라 10~20knot(11.5~23MPH)의 측풍을 허용하고 있다. 따라서

활주로는 측풍의 영향이 적은 방향으로 위치하여야 한다.

FAA 기준		ICAO 기준	
공항기준코드	측풍허용기준	활주로코드번호	측풍허용기준
A-Ⅰ, B-Ⅰ	10.5knot 이하	1	10knot
A-Ⅱ, B-Ⅱ	13knot 이하	2	13knot
A-Ⅲ, B-Ⅲ, C-Ⅰ~D-Ⅲ	16knot 이하	3	
A-Ⅳ, B-Ⅳ	20knot 이하	4	20knot

ⓛ 비행공역상의 장애물 영향 : 항공기의 안전한 이착륙을 보장하기 위하여 공항 주변은 가상의 공역으로 장애물을 제한하고 있으므로 자연 및 인공장애물을 피하거나 제거하여야 한다.

❸ 활주로의 방향 결정 순서

① 활주로의 길이와 공역기준을 결정하고 설계 항공기의 허용측풍한계를 검토한다.
② 비행공역상 장애물의 제한사항을 사전 검토한다. 투명지에 공역 평면도를 그려서 개략적인 허용범위를 잡는다.

③ 바람의 분석
　　㉠ 5년 이상의 바람자료를 분석하여 바람장미분석도를 작성한다. 바람의 풍속과 풍향을 매시간 단위로 측정한 자료를 전체시간에 대한 비율로 표시한다.
　　㉡ 풍향 : 16방위
　　㉢ 풍속 : 0~4MPH, 5~15MPH, 16~31MPH, 32~27MPH의 네 단계로 구분하여 표시한다.
　　㉣ 측풍의 허용임계풍속(예 15MPH=13knot)이 결정되면 바람장미도상에 투명지를 올려놓고 양쪽 평행선 사이에 포함되는 풍극 범위가 가장 크게 되는 방향을 계산하여 결정한다. 이때 95% 이상이면 하나의 활주로로 가능하며 95% 이하인 경우에는 다른 방향의 활주로를 더 검토하여 풍극 범위가 최소 95%가 되도록 한다.
　　㉤ 운고(Ceiling) 200~1,000ft, 시정(Visibility) 0.5~3마일 사이의 제한된 기후조건시 풍향, 풍속을 위와 같은 방법으로 전체의 95% 이상이 되는지 검토한다.

④ 바람조건과 공역조건이 모두 양호한 방향을 활주로 방향으로 결정한다.

4 기타 고려사항

① 관제공역 및 항공기 진입 절차 : 인근에 공항이 있는 경우 항공기 진입 절차 수립의 영향을 고려한다.

② 소음 영향 : 이륙 및 착륙 방향은 소음의 영향이 크므로 이에 대하여도 신중히 검토하여 활주로 방향을 최종 선정한다.

5 결론

우리나라는 대부분 산악지대가 많고 항로에 제한공역이 많으므로 활주로 방향은 공역의 영향을 많이 받으며 또한 근래 심각하게 대두되고 있는 소음 피해도 충분히 고려하여 활주로 용량이 최대가 되도록 방향을 결정하여야 한다. 특히 바람에 관한 자료의 수집 및 분석은 신중을 기하여야 한다.

17 바람장미(Wind Rose)

1 개요

① 공항에 있어서 항공기의 이착륙에 가장 큰 영향을 주는 기상조건은 바람과 운고, 시정 등이며, 특히 활주로에 대해 강한 횡풍이 불어올 때 안전을 확보하기 위하여 항공기 이착륙이 금지된다.

② 항공기가 이착륙할 수 있는 활주로는 횡풍에 의해 항공기의 이착륙이 금지되는 횟수를 적게 하기 위하여 활주로의 방향을 당해지역의 항풍(恒風, Prevailing Wind)의 방향으로 정한다.

2 윈드 커버리지(Wind Coverage)

1. 정의

① 횡풍이 일정 이상이 되면 항공기의 이착륙이 곤란하게 된다.

② 활주로에 직각방향의 풍속(횡풍풍속의 분력)이 설계항공기가 견딜 수 있는 횡풍의 풍속 이하일 때의 시간의 전체시간에 대한 비율을 Wind Coverage라 하며, 이것이 95% 이상이 되도록 활주로 방향을 정해야 한다.

③ Wind Coverage는 Wind Rose로부터 구한다.

2. 횡풍의 분력한계

① ICAO

    ⊙ 활주로길이 1,500m 이상을 필요로 하는 항공기 : 20knot(31MPH)

    ⊙ 활주로길이 900m에서 1,500m까지를 필요로 하는 항공기 : 13knot(15MPH)(1knot ≒1.15MPH≒0.5m/sec)

② FAA

항공기 분류	횡풍의 분력(knots)
A-Ⅰ, B-Ⅰ	10.5
A-Ⅱ, B-Ⅱ	13
A-Ⅲ, B-Ⅲ	16
C-Ⅰ, D-Ⅲ	16
A-Ⅳ, B-Ⅳ	20

③ 바람장미(Wind Rose)

1. 정의

① 활주로의 방향을 결정하기 위해서는 가장 큰 Wind Coverage의 수치를 찾아야 한다.

② Wind Coverage를 찾기 위해 이용하는 것이 Wind Rose이다.

2. 작성방법

① 공항예정지 또는 그 부근의 풍향, 풍속을 1일 8회 이상씩 3년 이상 관측하여 관측표에 정리한다.

② 풍향을 16방위로 구분, 풍속은 4단계(0~4, 4~15, 15~31, 31~47MPH)로 분할하고 각각 매풍향, 풍속의 출현 빈도로 표시한다.

③ Wind Rose 중에서 허용되는 최대 횡풍분력(예 15MPH)의 원에 접하고 활주로의 방향을 갖는 2개의 직선을 그려 이 2개의 직선에 끼우게 된 부분의 출현확률을 합한 것이 Wind Coverage이며 활주로 방향은 Wind Coverage가 커져가는 방향을 택해야 한다.

구분		N	NNE	NE	ENE	E	ESE	SE	SSE	S	SSW	SW	WSW	W	WNW	NW	NNW	중앙	계
2~7.5m/sec 이상 미만 (4~15MPH)	횟수	1839	1581	4316	1558	2117	1149	2979	3339	6167	3295	3379	807	3742	3463	8465	2538		50734
	%	2.4	2.0	5.6	1.9	2.7	1.5	3.8	4.3	7.8	4.2	4.3	1.0	4.8	4.4	10.7	3.2		64.6
7.5~15.5 이상 미만 (15~31)	횟수	94	65	98	49	20	6	17	33	178	256	170	103	742	1342	1545	316		5034
	%	0.1	0.1	0.1	0.1					0.2	0.3	0.2	0.1	0.9	1.7	2.0	0.4		6.2
15.5~23.5 이상 미만 (31~47)	횟수	1		2	1				1			6	4	36	57	57	3		168
	%														0.1	0.1			0.2
23.5~이상 (47~)	횟수																		2
	%																		
~4 미만 (~2)	횟수																	22902	22902
	%																	29.0	29.0
계	횟수	1930	1643	4407	1605	2133	1153	2990	3366	6333	3545	3549	913	4515	4855	10050	2852	22902	78840
	%	2.5	2.1	5.7	2.0	2.7	1.5	3.8	4.3	8.0	4.5	4.5	1.1	5.7	6.2	3.6	3.6	29.0	100

④ Fig에서 Wind Rose

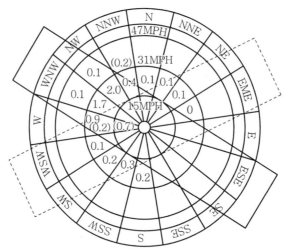

⑤ 1개의 활주로만으로 충분한 Wind Coverage를 얻을 수 없는 경우에는 교차하는 2개의 활주로를 설치하는 것을 고려한다.

18 활주로 명명(命名)

1 활주로 번호

활주로는 방위각에 의한 숫자로 명칭을 부여하며 이 번호는 활주로가 놓인 방향을 나타내고 있다.

1. 자오선과 자북선

① 자오선(Meridian)은 지구의 남북 양극을 지나는 상상의 선으로 진북선(True North Line)이라고도 한다. 따라서 지구표면의 각 점을 지나는 자오선은 평행이 아니다. 그러나 평면 측량에서는 각 점을 지나는 자오선을 평행인 것으로 취급하고 있다.

② 이에 대하여 자침이 가리키는 남북선을 자북선(Magnetic North Line) 또는 자침자오선(Magnetic Meridian)이라고 하는데, 컴퍼스측량에서는 이 선을 기준으로 하여 방향을 측정한다.

③ 그리고 어떤 점에 있어서의 자오선과 자북선과의 차를 그 점의 자침편차(Magnetic Declination)라 한다.

2. 방위

① 어떤 직선이 자오선과 이룬 90°보다 작은 수평각을 그 직선의 방위(Bearing)라 하며 방위가 어떤 사분면 안에 있는가를 나타내는 데는 NE, NW, SE, SW의 문자를 쓴다(예 N35°E, S75°W).

② 그리고 어떤 장소에서 자북선을 기준으로 하여 측정한 방위를 자침방위(Magnetic Bearing)라 한다.

3. 방위각

① 자오선의 북쪽을 기준으로 하여 어떤 직선까지 시계방향으로 돌아가면서 측정한 수평각을 이 직선의 방위각(Azimuth)이라 한다(예 35°, 170°, 320°).

② 컴퍼스측량에서는 자침이 기준이므로 측정한 방위 또는 각은 자침방위 또는 자침방위각이라 하는데, 편의상 방위 또는 방위각이라고 부른다.

4. 활주로 방향

① 활주로의 방향은 장애물, 소음, 풍향 및 풍속 등 여러 가지 요인에 의하여 결정되지만 그중에서 바람은 항공기 운항 특성에 미치는 영향이 크고 인위적으로 개선하기 곤란하므로 활주로 방향 선정에 있어서 중요한 요소가 된다.

② 항공기는 운항 특성상 이륙 시 추력에 의하여 어떤 임계속도(Stall Speed, 실속도)에 달하게 되면 날개에 의한 양력과 공기밀도에 의한 상승작용으로 공중에 체공할 수 있게 되며 따라서 이착륙 시 항상 바람을 안고 비행하여야 이러한 작용을 보다 효과적으로 실행할 수 있다.

③ 활주로 방향 선정 시 5년 이상의 기상자료로부터 바람자료를 분석하고 바람장미를 작성하여 풍극 범위가 95% 이상 되는 방향을 활주로 방향으로 선정하며 이때의 방위각을 활주로 번호로 부여한다(단, 도자각 고려).

5. 바람장미 결과에서 활주로 방향의 수정

① 풍향자료의 근거 : 진북

② 활주로 방향의 근거 : 자북

③ 풍향자료의 방향은 진북에 근거를 두고 비행장 활주로의 방향은 자북에 근거를 둔다. 그러므로 자북에 근거를 두고 활주로 방향을 지시하도록 바람장미의 분석결과로부터 활주로 방향을 결정하는 자기편차를 수정하여야 한다.

6. 번호 부여 방법

① 방위각을 10° 단위로 구분하여 두 자릿수의 번호를 정하고 항공기가 진입하는 쪽에서 활주로를 보아 항공기가 진행하는 방향의 방위각을 진입하는 쪽 활주로의 번호로 한다.

  예 활주로 방향이 자남으로부터 32°의 방위각(실제로는 212°)을 가진 경우
   - 이 활주로의 북단 : 21로 명명(32° + 108°/10 = 21.2)
   - 이 활주로의 남단 : 3으로 명명(32°/10 = 3.2)
   - 따라서 이 활주로는 3-21이 된다.

② 이러한 명명방법은 착륙하는 항공기가 마주보는 방향의 숫자가 그 항공기의 나침반 방향(10° 단위)과 일치하도록 하기 위함

② 평행활주로

1. 세 개의 활주로

① L : 착륙항공기에서 보아 가장 좌측에 있는 활주로(34L)

② R : 착륙항공기에서 보아 가장 우측에 있는 활주로(15R)

③ C : 착륙항공기에서 보아 가장 중간에 있는 활주로(22C)

2. 네 개의 활주로

좌측 두 개의 활주로에 L, R을 사용하여 번호를 부여하고 우측 두 개의 활주로는 좌측 활주로의 방위각에 ±10°를 하여 번호를 부여한다.

19 유도로

① 개요

① 유도로는 항공기의 순환을 용이하게 하는 공항체계의 요소로서 활주로, 에이프런, 정비지역 등을 연결하는 항공기 교통의 지상 이동에 필요한 통로이다.

② 유도로상에서 항공기의 이동속도는 활주로상에서의 속도보다 작으므로 폭이나 구배에 관한 규정은 활주로와 같이 엄격하지 않다.

③ 그러나 항공교통량이 많은 곳에서는 고속탈출 유도로가 설치되어야 한다.

② 유도로 계획 시 고려사항

① 유도로의 경로는 복잡한 동선을 피하고 유도거리를 감소시켜서 항공기 주행과 이동거리를 절약하고 가능한 한 단순화한다.

② 활주로 점유시간을 적게 하도록 고속탈출 유도로를 설치한다.

③ 항공기 주행 시 충돌방지를 위한 일방향 통행을 고려한다.

④ 유도 중인 항공기로 인해 항법장치들이 진피방해를 받지 않도록 배치한다.

③ 유도로의 기능적 종류

1. 활주로에 직각인 유도로

① 이착륙 횟수가 많지 않은 공항에서 활주로와 계류장을 직각으로 연결한다.
② 통상 활주로 중간에 설치한다.

[활주로에 직각인 유도로]

2. 평행 유도로

① 활주로상에서 항공기가 유도 또는 선회함으로써 시간의 소비가 없도록 하는 유도로
② 활주로에 평행으로 배치

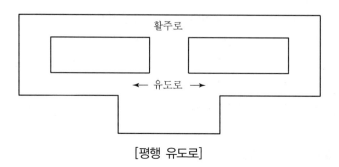

[평행 유도로]

3. 선회 유도로

① 평행활주로가 없는 공항에서 항공기의 이착륙 횟수가 증가함에 대한 대책으로 설치
② 항공기의 우회통로나 항공기 대기 장소로 사용

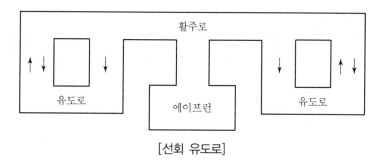

[선회 유도로]

4. 고속탈출 유도로

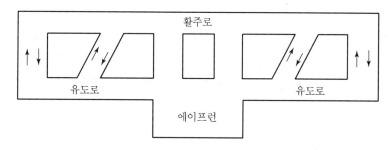

① 직각 유도로보다 고속으로 활주로를 벗어날 수 있도록 설치한다.
② 항공기의 활주로 점유시간을 줄여서 활주로 용량을 증가시킨다.
③ 설치위치는 취항기종, 이착륙 횟수, 계류장 위치 등을 고려하여 결정한다.

4 유도로 배치계획

1. 활주로와 유도로 간의 간격

① 일반적으로 활주로와 유도로의 간격은 취항할 항공기 중 최대형 항공기(기준항공기)의 익폭에 의해 결정된다(현재 취항 중인 최대형 항공기는 B47-400이며 익폭 65m, 길이 71m).

② FAA의 항공기 설계군

항공기 설계군	외폭
I	45ft 이하
II	15~24ft
III	24~36ft
IV	36~52ft
V	171~197ft
VI	197~262ft(80m)

③ 미국 FAA는 제6군 항공기(익폭 80m까지)에 대하여 활주로와 그 인접한 유도로의 중심선 간의 간격을 최소 180m 분리하도록 규정
④ ICAO에서는 항공기가 유도로를 주행하고 있는 동안 계기활주로(착륙대 포함)인 경우 항공기 날개가 어떠한 경우에도 활주로에 저촉되지 않도록 권고한다. 따라서 항공기가 유도로 중심선을 벗어나지 않는다는 가정하에 (착륙대폭/2)+(설계 공기 익폭/2)를 최하 이격시켜야 한다.

2. 평행 유도로 간의 간격

① FAA에서 제6군 항공기에 대하여 중심선 간격에 102m의 거리를 유지할 것을 규정
② ICAO에서는 [설계항공기의 익폭(전체폭)+2×(최대 횡방향 일탈)+여유폭]의 간격을 유지할 것을 권고한다.

3. 유도로와 장애물과의 거리

① 활주로에는 착륙대라는 안전지대가 있으나 유도로에는 이와 같은 시설이 없으므로, 유도로상을 이동하는 항공기의 안전을 확보하기 위하여 유도로의 양측은 일정한 폭으로 개방된 상태로 있어야 한다.
② 장애물은 지장이 되는 구조물과 주기중인 항공기, 서비스 도로들의 제한구역 등이 해당된다.
③ FAA에서는 제6군(VI) 항공기에 대하여 유도로 중심선에서 62m의 간격을 유지하도록 규정
④ ICAO에서는 [(설계항공기 익폭/2)+(최대 횡방향 일탈)+(여유폭)]의 간격을 권고한다 [Code E(B747-400 기준)는 47.5m, Code F의 경우 55m를 권고].

4. 비통과 유도로와 장애물과의 거리

① 항공기가 주기할 계류장 내의 유도로에서는 항공기의 속도가 느리기 때문에 통과 중인 유도로보다는 덜 엄격한 여유 간격이 요구된다.

② ICAO 기준 : 55m 이상

5 결론

① 활주로와 계류장을 연결하는 유도로는 활주로 용량이나 공항의 효율적 운영을 위해 매우 중요한 시설이다.

② 유도로는 항공기의 최대 이동률을 확보하기 위해 항공기가 착륙한 후 지체 없이 활주로를 이탈할 수 있도록 배치하여야 하며, 활주로에서 항공기의 이동이 최소 간격을 유지할 수 있도록 이륙하고자 하는 항공기의 활주로 진입을 확보하는 데 효율적인 계획을 하는 것이 중요하다.

20 유도로(Taxiway) 교량

1 개요

① 유도로(誘導路, Taxiway)란 항공기의 지상주행 및 비행장의 각 지점을 이동할 수 있도록 설정된 항공기 이동로를 말하며, 다음 사항을 포함한다.

    ㉠ 항공기주기장유도선(Aircraft Stand Taxilane) : 유도로로 지정된 계류장의 일부로서 항공기 주기장 진 · 출입만을 목적으로 설치된 것

    ㉡ 계류장유도로(Apron Taxiway) : 계류장에 위치하는 유도로체계의 일부로서 항공기가 계류장을 횡단하는 유도경로를 제공할 목적으로 설치된 것

    ㉢ 고속탈출유도로(Rapid Exit Taxiway) : 착륙 항공기가 다른 유도로로 보다 빠르게 활주로를 빠져나가도록 설계하여 활주로 점유시간을 최소화하는 유도로

② 유도로 교량 설치가 불가피한 경우에는 「비행장시설 설치기준(국토교통부, 2018)」 제37조(유도로 교량)에 따라 설치되어야 한다.

② 유도로(Taxiway)

1. 유도로의 설치

유도로는 항공기의 안전하고 신속한 지상 이동이 가능하도록 다음 요건을 충족시켜 설치해야 한다.

① 활주로를 이용하는 항공기 이동이 신속하도록 적정한 유도로와 고속탈출유도로의 설치를 고려한다.
② 유도로는 대상 항공기 조종사가 유도로 중심선 표지상에 있을 때 항공기 주기어의 외측 바퀴와 유도로 가장자리와의 간격이 다음 값 이상 되도록 한다.

[항공기 주 기어의 외측 바퀴와 유도로 가장자리 최소 간격]

주 바퀴 외곽의 폭	4.5m 미만	4.5~6.0m	6.0~9.0m	9.0~15.0m
최소 간격	1.50m	2.25m	3m a, b 또는 4m c	4m

2. 유도로의 폭

유도로 직선부의 폭은 다음 값 이상으로 해야 한다.

[유도로 직선부분의 폭]

주 바퀴 외곽의 폭	4.5m 미만	4.5~6.0m	6.0~9.0m	9.0~15.0m
유도로 직선부분의 폭	7.5m	10.5m	15m	23m

③ 유도로 곡선부

① 유도로 곡선부는 방향 변화횟수를 최소화하고 변화각도를 작고 완만하게 한다.
② 유도로 곡선부에서 대상 항공기 조종석이 유도로 중심선 표지 위에 있을 때 항공기 주 기어 외측 바퀴와 유도로 가장자리와의 간격이 상기 '1. 유도로의 설치' 값 이상이 되도록 설치한다.
③ 유도로 곡선부에서 방향 변화를 피할 수 없는 경우에는 항공기의 조종성능과 주행속도를 고려하여 아래 표와 같이 곡선반경을 설정한다.

[항공기의 주행속도에 따른 곡선반경]

항공기 속도(km/h)	16	32	48	64	80	96
곡선반경(m)	15	60	135	240	375	540

L : Fillet부 직선길이
R : 유도로 중심선 곡선반경
F : Fillet부 곡선반경
W : 유도로 폭

유도로 중심선

[유도로 곡선부의 상세도(Fillet 반경)]

④ 유도로 곡선반경은 대상 항공기의 조종성능 및 주행속도에 일치해야 하며 곡선부가
예각이거나 항공기의 바퀴가 유도로 내에 위치하기 어려운 경우 유도로 폭을 확장시켜
아래 표와 같이 Fillet 곡선반경을 확보해야 한다.

* Fillet : 유도로의 곡선부분 내측 확장부

[유도로 곡선반경 및 Fillet 반경]

구분	분류문자					
	A	B	C	D	E	F
중심선 곡선반경(R)m	23	23	31	46	46	52
Fillet 직선길이(L)m	16	16	46	77	77	77
Fillet 곡선반경(F)m	19	17	17	25	26	26

주) FAA AC 150/5300-13에서 항공기 설계그룹을 기준으로 제시하고 있으나, FAA의 항공기 설계그룹이
ICAO의 분류문자에 해당하므로 분류문자를 기준으로 제시한다.

4 유도로 교량

① 유도로 교량은 항공기가 쉽게 진입할 수 있도록 유도로의 직선부분에 위치하고, 교량의
양 끝 부분도 직선이 되도록 해야 한다.

② 유도로 교량 직선부분의 길이는 대상 항공기 주 기어 축간거리의 2배 이상으로 하며 다음
값보다 작아서는 아니 된다.

[유도로 교량의 최소 직선거리]

구분	분류문자					
	A	B	C	D	E	F
유도로 교량 최소 직선거리	15m	20m	50m	50m	50m	70m

③ 고속탈출유도로는 교량에 설치되어서는 아니 된다.

④ 유도로 교량의 폭은 해당 유도로대 정지구역의 폭보다 작게 하여서는 아니 되며, 최소한 다음 값 이상으로 해야 한다.

[유도로 교량의 최소 폭]

구분	분류문자					
	A	B	C	D	E	F
유도로 교량 최소 폭	22m	25m	25m	38m	44m	60m

21 계류장(Apron)

1 개요

① 공항에서 여객 승강, 화물의 적재적하, 급유, 항공기의 정비 등을 행하기 위해 주기하는 장소를 계류장(Apron)이라 하며, 청사지역과 이어지는 연결부를 이룬다.

② 계류장은 각종 형식의 항공기가 이용 가능해야 하며 계류장 전체를 최대한 이용할 수 있도록 항공기 파킹 시스템(Parking System)을 결정해야 한다.

2 항공기의 Parking System 종류

1. Open Apron 또는 Liner Concept

① 특징

ㄱ 항공기를 터미널의 전면에 일렬로 주기하는 방식

ㄴ 비교적 소규모 공항에 적합

ㄷ 승객이 청사로부터 계류장을 통하여 항공기에 접근

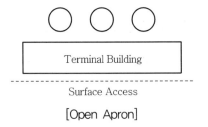

[Open Apron]

② 장단점

ㄱ 건설 및 운영비 저렴

ㄴ 항공기의 지상이동 용이

ㄷ 계류장 확장 용이

　　　㉣ 탑승의 규제 및 바람, 비, 소음에 승객이 직접 노출

　　　㉤ 여객동선이 불량

2. Central Terminal-Pier Fingers

① 특징

　　㉠ 청사에서 핑거를 늘려서 항공기를 집약해서 주기시키는 방식

　　㉡ 광장(Concourse)을 이용한 탑승방식

　　㉢ 단일핑거를 사용하면 게이트 수에 따라 보행거리가 증가

　　㉣ 게이트 수가 12개를 넘게 되면 그 핑거시스템이 보행거리 면에서 단일핑거체계보다 유리

　　㉤ 게이트 수가 30개 이상이면 복합핑거체계가 더 효과적

② 장단점

　　㉠ 대규모 공항에 적합

　　㉡ 송영객 처리에 무리 없음

　　㉢ 많은 게이트 설치 시에도 중앙에 집중된 여객처리 가능

　　㉣ 승객 및 화물이 동선 불리

　　㉤ 건설비 고가

　　㉥ 계류장 확장 불리

　　㉦ 항공기 지상이동 불리

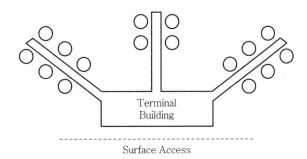

[Central Terminal-Pier Fingers]

3. Central Terminal-Remote Satellites

① 특징

　　㉠ Pier 형태에 비해 보행거리가 단축되며, 항공기를 계류장에 위성(衛星) 형태로 배치하고, 집약해서 주기시키는 방식

ⓛ 별도의 수송수단을 이용

ⓒ 청사와 위성을 연결하는 지하도가 필요

② 장단점

ⓐ 대규모 공항에 적합

ⓛ 승객 및 화물동선에 양호

ⓒ 항공기의 지상이동 불리

ⓔ 송영객 처리에 무리

ⓜ 건설비 고가

ⓗ 계류장 확장이 곤란

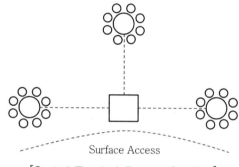

Surface Access

[Central Terminal-Remote Satellites]

4. Unit Terminal Concept

① 특징

ⓐ 2 이상의 독립적으로 운영되는 청사로 구분

ⓛ 각 청사는 노선별 · 항공사별로 운영 가능

ⓒ 각 청사 형태에 따라 운영방식 상이

② 장단점

ⓐ 대규모 용량의 공항(Pier-Finger 시스템으로 운영되었을 때 보행거리가 과다하다 생각될 때 채택)

ⓛ 승객의 집중 및 복잡화 방지

ⓒ 건설비 과다

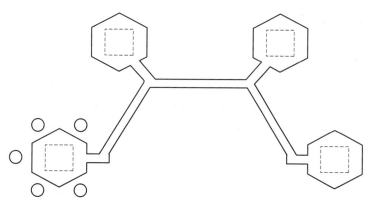

[Unit Terminal Concept]

3 결론

① 항공기는 터미널 빌딩 및 핑거 등의 전면 또는 그 주위에 배치된다.
② 항공기의 각 Parking System은 각각 장단점이 있으며 이용하는 비행기의 규모, 터미널의 기능 등에 의해 항공기 Parking System을 선택해야 하며 항공기의 대형화, 고속화 등에 대해 적절하게 대처하고 발전성 있는 계획이 되어야 한다.

22 활주로길이 산정

1 개요

공항의 신설 또는 확장에서 가장 기본적이고 기준이 되는 것은 취항 항공기와 활주로로서 활주로는 공항시설의 대부분을 차지하고 규모와 공사비에 미치는 영향이 크므로 활주로길이 산정의 관련 요소인 항공기 운항 특성, 이착륙 특성, 기상관계 등을 분석하고 가장 적절한 활주로길이 결정을 검토하여야 한다.

2 활주로길이 산정순서

① 취항 예정 항공기 중에서 활주로 소요 길이가 가장 긴 항공기에 대하여 이착륙활주거리를 산출한다.
② 온도, 바람, 활주로 경사, 표고 및 표면 상태에 따라 길이를 보정한다.
③ 길이를 결정한다.

③ 활주로길이에 영향을 미치는 요소

1. 항공기 특성

① 활주로길이는 어떤 항공기가 어느 정도의 중량으로 이륙 또는 착륙하는가에 따라 달라진다. 각 항공기 제작사는 엔진, 익폭, 중량 등 항공기 특성을 고려하여 소요 활주 길이를 제시하고 있다. 표준조건에서의 소요 이착륙 길이가 활주로길이 산정의 기본이 된다. 특히 제작사는 표고 및 온도에 따른 중량별 활주로 이륙과 착륙거리를 계산 도표로서 제시하고 있다.

② 항공기 특성 중 활주로길이에 가장 영향을 주는 것은 최대이륙중량이며 항공기 자체중량과 승무원의 무게만 고려한 무적재 운항 하중과 유연료 하중, 연료예비량을 합한 착륙하중이 있다. 따라서 중량의 각 요소를 조절하여 길이를 제한할 수도 있다.

2. 이착륙 특성

① 결심속도(Decision Speed, V_1)

조종능력의 한계, 순환속도 및 브레이크 이상 등 기능 면에서 중요한 동력의 갑작스러운 손실이 조종사에 의하여 인식될 수 있다고 운영자(제작자)가 선정한 속도로서 V_1에 이르기 전에 엔진 고장이 발생한다면 조종사는 즉시 이륙을 단념하고 항공기를 정지시켜야 하며, 엔진장애가 이 속도를 초과하여 발생한다면 조종사는 추력의 손실에도 불구하고 정지하지 않고 이륙을 계속하여야만 한다.

일반적으로 결심속도는 이륙안전속도보다 작거나 같다. 그러나 엔진 장애 시에도 조종이 가능한 최저속도보다는 커야 한다.

② 이륙안전속도(V_2)

하나의 엔진이 고장이 발생한 채로 이륙표면상의 10.5m 높이에 다다른 후 계속 상승할 수 있는 최소속도를 말한다.

③ 이륙거리(Take off Distance Available, TODA)

항공기가 활주로를 활주하기 시작하여 결심속도 V_1을 넘어서 엔진 중 하나가 정지하였을 경우 그 상태로 계속 이륙 시 이륙안전속도 V_2에 달하게 되면 활주로 표면을 이탈하게 된다. 이때 지상으로부터 터빈엔진 항공기는 10.5미터(35ft), 피스톤엔진 항공기는 15미터(50ft) 높이까지 도달하는 거리와 터빈엔진에서 모든 엔진에 이상이 없을 때 정상적인 이륙을 하여 10.5미터 고도에 도달하는 길이의 115%와 비교하여 긴 쪽을 이륙거리라 한다.

④ 가속정지거리(ASDA)

이륙활주 중 일부 엔진에 이상이 생기고 속도가 V_1 이하인 경우 이륙을 포기하고 즉시 감속하여 정지하고자 할 때 활주 시작점으로부터 항공기의 정지위치까지의 거리를 가속정지거리라 한다. 이때 가속정지거리는 활주 시작점으로부터 이륙을 포기한 점까지 거리의 2배가 필요한 것으로 나타나 있다(ASDA＝TORA＋Stopway).

⑤ 균형활주로길이(Balanced Field Length)

㉠ 피스톤 엔진 항공기 이후로 전체강도포장은 정상적으로 완전한 가속정지거리와 이륙 거리로 사용되면 이것은 V_1을 선정하기 위한 일반적인 관행으로서 V_1에 도달한 지점으로부터 정지에 소요되는 거리는 같은 지점으로부터 활주로 말단상의 규정에 정해진 높이에 도달하는 거리와 동일하다.

㉡ 균형활주로길이란 활주로의 길이를 경제적으로 설계하기 위하여 사용하며 임계속도 V_1을 적당히 선정하면 이륙거리와 가속정지거리를 같게 할 수 있다.

㉢ 이와 같이 구해진 활주로길이를 균형된 활주로길이라 하고 가장 짧은 활주로길이 가 되는 것이다. 즉, 이용 가능한 이륙거리와 이용 가능한 가속정지거리를 같게 함으로써 정지로와 개방구역의 길이가 같아지므로 경제적인 활주로길이가 되는 것이다.

㉣ 가속정지거리에는 정지로(Stopway)도 기능상 포함되므로 활주로길이에 포함될 수 있으며 이로써 활주로의 증포장 부분을 감소시킬 수 있다.

㉤ 터빈－추진 항공기에 대하여는 만약 개방구역이나 정지로가 제공된다면 가장 짧은 활주로를 만들기 위하여 이것을 기초로 한 V_1의 선정이 필수적인 것은 아니다. 이러한 이유로 V_1과 이륙거리 및 가속정지거리의 다양한 구성 간의 상호관계를 이해하는 것이 필수적이다. 이에 대한 내용이 다음 그림에 묘사되어 있다.

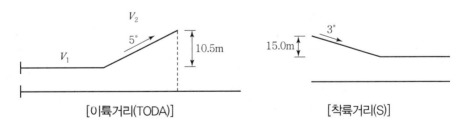

[이륙거리(TODA)]　　　　　　[착륙거리(S)]

㉥ V_1 속도가 점진적으로 높아짐에 따라 이륙거리는 점점 짧아지게 되는데 이는 이륙주 행의 비중이 더 크므로 항공기가 모든 엔진을 가속하게 되는 이점이 있기 때문이며 반면에 가속정지거리는 그에 상응하여 증가하게 된다.

ⓐ 개방구역과 정지로를 적용할 때 몇 가지 대안이 가능하다.
- 만약 균형된 현장개념과 마찬가지로 동일한 V_1이 선정되었다면 개방구역의 길이는 정지로와 같다. 이것은 그림에서 L_b로 표기된 전체-강도 활주로가 개방구역과 같은 거리로 짧아질 수 있으나 정지로는 현장길이 L_d로 시공되어야만 한다는 것을 의미한다.
- 다른 대안은 이륙활주와 가속-정지거리가 균형을 이루는 지점에 V_1을 선정하는 것이다. 이 경우에 전체강도 활주로가 L_d보다 작은 L_c가 되며 정지로가 필요치 않다. 따라서 활주로가 짧아지게 되지만 개방구역은 L_c로부터 L_e까지로 하는 것이 요구된다.
- 다른 대안은 이륙거리를 감소시키기 위하여 매우 높은 V_1을 선정하는 것이지만 이런 경우에는 가속-정지거리가 현저하게 증가한다. 이런 경우에 활주로의 길이는 L_a로 나타나 있으며 정지로는 더 큰 가속정지거리인 L_f 지점까지 제공되어야 한다. 이 대안은 활주로의 단부 근처에 장애물이 있는 곳의 공항운영자에게 유리하다.

⑥ 착륙거리(LDA)

착륙하는 항공기가 활주로 말단을 15미터(50ft) 높이로 통과한 후 정지할 때까지 길이의 100/60을 착륙거리라 한다.

3. 항공기종별 활주로 길이

기종 구분	주 항공기	표준활주로 길이(m)
대형 Jet기	B747, CD10, MD11, L1011	2,500
중형 Jet기	B767, A300	2,000
소형 Jet기	MD81, B737, A320	2,000
Propeller기	YS11, SAAB340B	1,500
소형기	DHC6, N24A	800~1,000

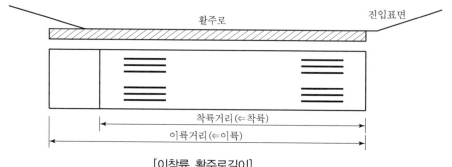

[이착륙 활주로길이]

④ 활주로길이의 보정

이상 세 가지(TODA, ASDA, LDA) 이착륙 길이를 다음 보정인자로 보정하여 가장 긴 길이를 활주로길이로 한다.

1. 공항표고

표고가 높을수록 긴 활주로를 필요로 한다(표고에 대한 활주로길이의 보정은 표고 300미터당 7%의 길이를 증가시킨다).

$$L_1 = L_0(1 + H/300 \times 0.07)$$

2. 대기온도

기온이 높을수록 활주로는 더 길어야 한다(표준 대기온도 15℃에서 1℃ 증가 시마다 1%의 길이를 증가시킨다).

$$L_2 = L_1(1 + (T15°) \times 0.01)$$

3. 활주로의 유효경사

상향경사는 수평이나 하향경사보다 긴 활주로를 요구한다[활주로의 유효경사 1% 증가 시마다 10%(터보제트비행기, 피스톤 및 터보프롭비행기는 20%)의 길이를 증가시킨다].

$$L_3 = L_2(1 + G \times 0.1)$$

4. 기타

그 밖에 공항 표면의 바람과 활주로 포장 표면 상태에 따라 보정이 이루어져야 한다. 표면의 바람은 정면(Head Wind) 바람이 클수록 활주로길이는 감소(5knot일 때 3% 감소, 10knot일 때 5% 감소)하며 반대로 후풍(Tail Wind)이 클수록 활주로길이는 연장(5knot일 때 7% 증가)된다. 또한 활주로상의 적설이나 고인 물은 항공기의 제동조건을 악화시키므로 활주로 길이 결정에 고려되어야 한다.

⑤ 결론

① 활주로길이를 산정할 때 균형활주로길이를 사용하지 않으면 활주로 외에 정지로, 개방구역 부분을 조합하여 활주로길이를 정하게 되는 불균형활주로길이가 된다.

② 균형된 활주로길이든 불균형된 활주로길이든 표고, 온도 및 경사에 대한 길이보정을 시행하여야 한다.

③ 활주로길이는 항공기의 특성에 좌우되므로 취항할 기종 선택에 유의하며 장래 취항 예정 항공기도 고려하여 소요 길이를 산정하여야 한다.

23 비행장 환경조건(고도, 온도, 경사도)에 따른 활주로길이 보정

1 활주로길이 결정에 영향을 미치는 요인

1. 비행장 환경 영향

① 비행장 지상풍

㉠ 항공기의 이착륙에 소요되는 활주로길이는 정풍(正風)이 클수록 짧아지고 배풍(背風)이 클수록 길어진다.

㉡ 공항계획단계에서는 공항부지에 가벼운 바람만 분다면 무풍(無風)으로 적용한다.

② 비행장 표고

㉠ 다른 요인이 모두 같다면 비행장의 표고가 높을수록 대기압이 낮아지므로 더 긴 활주로가 필요하다.

㉡ 해발고도 300m당 7% 증가는 매우 더운 지역이나 높은 고도에 위치한 공항을 제외하고 대부분의 공항부지에서 충족되는 수준이다.

③ 비행장 기온

㉠ 기온이 높을수록 공기밀도가 낮아져 추진력이 감소되어 상승력이 저하되므로 더 긴 활주로가 필요하다.

㉡ ICAO Annex &Aerodrome Design Manual Part I 에 활주로길이에 영향을 미치는 비행장 기온을 상세히 언급하고 있다.

④ 활주로 종단경사도

㉠ 수평 또는 하향 경사에서보다 상향 경사에서 소요 이륙길이가 길어지며, 그 정도는 비행장의 기온 및 표고에 좌우된다.

㉡ 공항계획단계에서 실제 활주로 중심선에서 가장 높은 지점과 가장 낮은 지점 사이의 표고 차이를 활주로길이로 나눈 평균 종단경사도를 적용한다.

⑤ 활주로 표면 상태

　㉠ 오염된 활주로 표면은 이착륙에 필요한 활주로길이를 증가시켜야 한다.

　㉡ 기상상태의 변화가 활주로에 얼마나 빈번하게 발견되는지 조사해야 한다.

2. 항공기 성능과 특성의 영향

① 항공기의 중량 : 항공기 중량은 활주로, 유도로, 계류장 등의 포장두께 결정에 중요한 요소

② 항공기의 크기 : 항공기 크기는 활주로와 유도로 사이의 거리, 주기장의 크기에 중요한 요소

③ 항공기의 여객 수용량 : 20명에서 500명 이상으로, 여객터미널 및 근접시설의 형태에 중요한 요소

④ 항공기의 소요 활주로길이 : 2,100m에서 3,600m까지 다양하며, 설계 초기단계에 가장 중요한 요소

⑤ 항공기의 최대이륙중량 : 소형항공기는 900~3,600kg, 상용항공기는 33,000~351,000kg까지 다양(B747항공기 450톤, A380은 560톤 정도임)

⑥ 항공기의 추진력 형태 : 피스톤엔진, 터보트롭, 터보제트, 터보팬 등의 형태에 따라 추진력이 다양

3. 항공기 이착륙 총중량의 영향

① 항공기 운영중량

② 항공기 유상탑재중량

③ 항공기 예비연료중량

④ 항공기 착륙중량＝위의 ①+②+③으로 결정

이때, 착륙중량이 항공기의 최대 구조적 착륙중량을 초과하면 안 된다.

⑤ 항공기 상승·비행·하강에 필요한 연료중량

⑥ 항공기 이륙중량＝위의 ④+⑤로 결정

이때, 이륙중량이 항공기의 최대 구조적 이륙중량을 초과하면 안 된다.

⑦ 온도, 바람, 활주로 경사, 출발 공항의 고도

⑧ 위의 ⑥과 ⑦에서 산정된 자료와 특정 항공기의 비행매뉴얼 등을 적용하여 최종적으로 실제 활주로길이를 결정

② 활주로 기본길이와 실제길이

1. 주 활주로길이(기본길이, Primary Runway)

① 항공기의 운항요구조건에 부합되도록 적절히 길어야 한다.
② 항공기의 운항성능을 당해 비행장 지역조건에 맞도록 보정하여 결정한 최장길이보다 짧아서는 안 된다.
③ 비행장 조건에는 표고, 온도, 활주로 종단경사도 및 표면 특성 등이 있다.
④ 항공기의 이륙 및 착륙 조건을 모두 고려해야 한다.
⑤ 취항 항공기의 성능자료가 없는 경우에는 활주로 기본길이에 일반적 보정계수를 적용하여 활주로 실제길이를 결정한다.

2. 보조 활주로길이(Secondary Runway)

① 보조 활주로길이는 최소 95% 이용률에 부합시키기 위해 주 활주로길이와 유사하게 결정한다.
② 현재 상용되고 있는 모든 항공기는 공항계획에 필요한 항공기 특성자료(Airplane Characteristics for Airport Planning)를 갖추고 있으며, 이 자료에는 활주로길이 결정에 필요한 성능곡선과 도표가 포함되어 있다.

3. 활주로길이 보정(실제길이, Actual Length of Runway)

① 표고 : 활주로 표고가 평균해수면보다 300m 상승할 때마다 활주로 기본길이는 7% 비율로 증가
② 기온 : 비행장 표준온도(Airdrome Reference Temperature)가 당해 활주로 표고에서 표준대기상태 온도보다 1℃ 상승할 때마다 활주로 기본길이를 1% 비율로 증가[표준대기상태 온도는 평균해수면 높이 0m에서 15℃ 기준]
③ 종단경사도 : 항공기 이륙조건에 의하여 활주로 기본길이를 900m 이상으로 결정한 경우, 결정된 길이에 종단경사도 1% 상승할 때마다 10% 비율로 증가한다.
④ 온도와 습도가 높은 비행장에서는 결정된 활주로 기본길이를 다소 증가시킨다.
⑤ 항공기의 성능자료를 이용할 수 없는 경우에 아래와 같은 일반적인 보정계수를 적용하여 활주로 실제길이를 결정한다.
　㉠ 취항 항공기의 운항조건에 적합한 활주로 기본길이를 선정
　㉡ 당해 지역의 특성에 적합한 보정계수를 이용하여 활주로 기본길이를 보정
　㉢ 실제 요구되는 활주로 실제길이를 산출

[항공기 종류에 따른 개략적인 활주로 표준길이]

코드	항공기 종류	활주로 표준길이(m)	비고
C2급	B737, MD82, MD83, F100	1,580~2,200	
C1급	A321	1,700~2,600	
D2급	B767	1,760~2,800	
D1급	B777, A330, A300, MD11, DC10	1,820~3,200	IL62(3,300m)
E급	B747	2,120~3,700	Concorde(3,400m)

예제 01

다음 자료를 참고하여 활주로 실제길이를 산출하시오.

- 표준대기 상태의 해수면 높이에서 이륙에 소요되는 활주로길이 : 1,700m
- 표준대기 상태의 해수면 높이에서 착륙에 소요되는 활주로길이 : 2,100m
- 비행장 표고 : 150m
- 비행장 표준온도 : 24℃
- 150m 고도에서 표준대기온도 : 14.025℃
- 활주로 종단경사도 : 0.5%

풀이 1. 활주로 이륙길이에 대한 보정
　① 표고에 대하여 보정된 활주로길이
　　$= [1,700 \times 0.07 \times (150/300)] + 1,700 = 1,760\text{m}$
　② 표고 및 온도에 대하여 보정된 활주로길이
　　$= [1,760 \times (24 - 14.025) \times 0.01] + 1,760 = 1,936\text{m}$
　③ 표고, 온도 및 종단경사도에 대하여 보정된 활주로길이
　　$= (1,936 \times 0.5 \times 0.10) + 1,936 = 2,033\text{m}$ ·················· ㉠
2. 활주로 착륙길이에 대한 보정
　① 비행장 표고에 대하여 보정된 활주로 착륙길이
　　$= [2,100 \times 0.07 \times (150/300)] + 2,100 = 2,174\text{m}$ ·················· ㉡
3. 활주로 실제길이는 위의 계산 값 중에서 큰 값으로 결정하므로 2,174m이다.

24 활주로 공시거리

1 개요

① 활주로(Runway)란 항공기가 이륙할 때 부양(浮揚)하는 데 필요한 양력을 얻거나 착륙할 때 감속(減速)하여 정지하기 위해 활주하는 노면으로, 공항 또는 비행장에 설정된 일정한 크기의 구역을 말한다.

② 활주로 공시거리(Declared Distance)는 ICAO ANNEX 14에 의해 국제상업항공운송에 사용하는 활주로에서 이착륙을 위해 반드시 계산되고 공시되어야 한다고 규정한 거리이다.

③ 우리나라는 국제선과 국내선 모든 공항에서 활주로별 공시거리를 항공정보간행물(Aeronautical Information Publication, AIP)에 공지하고 있다.

④ 활주로 공시거리는 TORA, TODA, ASDA, LDA 등의 4가지로 구분된다.

2 공시거리 개요도

1. TORA, ASDA, TODA

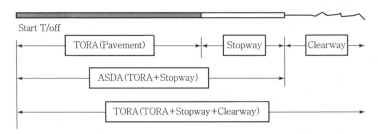

2. TORA, TODA, ASDA, LDA

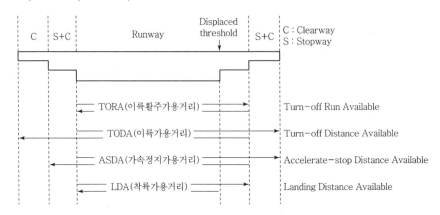

③ 공시거리를 고시할 때 고려사항

각국이 활주로 공시거리를 고시할 때는 활주로 이설시단(Displaced Threshold), 개방구역 (Clearway), 정지로(Stopway) 등을 고려해야 한다.

① 활주로 시단(Threshold) : 항공기의 착륙에 사용 가능한 활주로 부분의 기점
② 활주로 이설시단(Displaced Threshold) : 활주로의 시단에 위치하고 있지 않은 활주로의 시단
③ 개방구역(Clearway) : 항공기가 이륙하여 일정 고도까지 초기 상승하는 데 지장이 없도록 하기 위하여 활주로 종단 이후에 설정된 장방형의 구역
④ 정지로(Stopway) : 이륙 항공기가 이륙을 포기하는 경우에 항공기가 정지하는 데 적합하도록 설치된 구역으로, 이륙방향 활주로 끝에 위치한 장방형의 지상구역

④ 활주로 공시거리

1. 이륙활주가용거리(Take-off Run Available, TORA)

① 이륙항공기가 지상활주 목적으로 이용하는 데 적합하다고 결정된 활주로길이
② 항공기가 이륙하기 위하여 바퀴로 굴러가는 데 이용할 수 있는 이륙활주거리

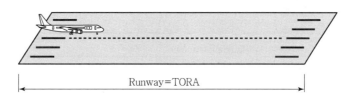

2. 이륙가용거리(Take-Off Distance Available, TODA)

① 이륙항공기가 이륙하여 일정 고도까지 초기 상승하는 것을 목적으로 이용하는 데 적합하다고 결정된 활주로길이로서, 이륙활주가용거리(TORA)에 이륙방향의 개방구역 (Clearway)을 더한 길이
② 일반적으로는 갑자기 높은 지상장애물이 있지 않는 한 거의 사용될 일은 없다.

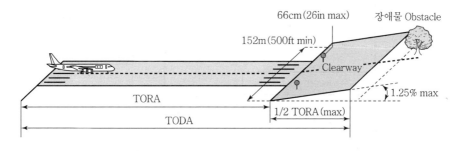

3. 가속정지가용거리(Accelerate-Stop Distance Available, ASDA)

이륙항공기가 이륙을 포기하는 경우에 항공기가 정지하는 데 적합하다고 결정된 활주로길이로서, 이용되는 이륙활주가용거리에 정지로를 더한 길이. 즉, 이용할 수 있는 가속정지거리

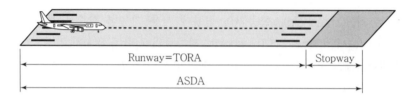

4. 착륙가용거리(Landing Distance Available, LDA)

① 착륙항공기가 지상 활주를 목적으로 이용하는 데 적합하다고 결정된 활주로길이. 즉, 이용할 수 있는 착륙거리

② 착륙경로에 장애물이 없을 경우
착륙거리는 활주로길이와 같으나(LDA = TORA), Stopway는 포함되지 않는다.

③ 착륙경로에 장애물이 있을 경우
착륙거리는 축소되는데, ICAO Annex 8에 착륙 및 접근 표면의 크기를 명시하고 있으며, 이 범위(Approach Funnel) 내에 장애물이 없다면 활주로길이 전체를 착륙에 사용할 수 있다.

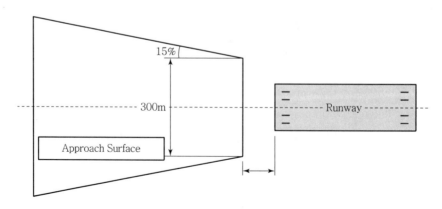

④ Approach Funnel 내에 장애물이 있을 경우

활주로 이설시단(Displaced Threshold)은 가장 불리한 장애물과의 2% 접평면에 여유분 60m를 반영한 거리이다.

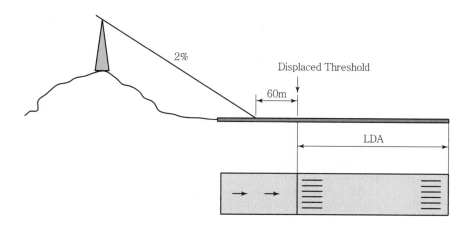

5 활주로 공시거리 특징

① 활주로에 개방구역(Clearway) 또는 정지로(Stopway)가 설치되지 않고, 활주로 시단이 활주로 끝에 위치하는 경우에는 공시거리 4가지가 모두 같다.

② 활주로에 개방구역(Clearway)이 갖추어지면 이륙가용거리(TODA)에 개방구역 길이가 포함된다.

③ 활주로에 정지로(Stopway)가 갖추어지면 가속정지가용거리(ASDA)에 정지로 길이가 포함된다.

④ 활주로 시단(始端)이 이설된 활주로에서는 이설된 거리만큼 착륙가용거리(LDA)가 감소한다.

⑤ 이설된 활주로 시단(또는 말단)은 그 시단에 접속된 착륙가용거리(LDA)에만 영향을 주고, 역방향의 모든 공시거리에는 영향을 주지 않는다.

　㉠ 활주로 공시거리와 정지로, 개방구역, 이설시단 관계

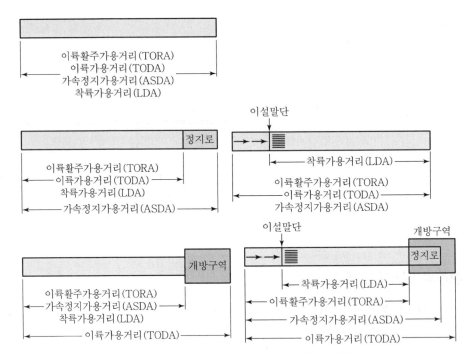

주) 그림에서 모든 공시거리는 좌측에서 우측으로의 운항을 설명하고 있다.

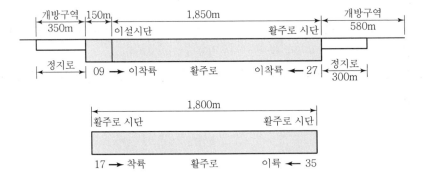

　㉡ 이륙활주로 공시거리 사례

활주로	TORA	ASDA	TODA	LDA
09	2,000m	2,300m	2,580m	1,850m
27	2,000m	2,350m	2,350m	2,000m
17	사용 불가	사용 불가	사용 불가	1,800m
35	1,800m	1,800m	1,800m	사용 불가

⑥ 개방구역(Clearway)

1. 용어 정의

개방구역이란 항공기가 이륙하여 일정한 고도까지 초기 상승하는 데 지장 없도록 하기 위해 활주로의 말단 이후에 설정된 장방형 구역을 말한다.

2. 위치·길이·폭

① 위치 : 이륙활주가용거리(TORA)의 말단에서 시작
② 길이 : 최대길이는 이륙활주가용거리(TORA)의 절반 이내
③ 폭 : 활주로 중심 연장선에서 양측 횡방향으로 최소 75m(전폭 150m) 확장

3. 경사

① 개방구역 내에서 상향 1.25% 경사면 위로 지면이 노출되지 않아야 한다. 개방구역 내에서 지표면의 평균경사도는 급격한 상향(上向) 변화를 피한다.
② 이 표면의 아래쪽 한계는 활주로 중심선을 연장하는 수평선에 대해 연직으로 직각이 되는 면이다. 이 표면의 아래쪽 한계면이 활주로·갓길·착륙대의 높이보다 낮을 수 있다.

4. 표면의 물체

① 항행목적상 필요한 장비·설비를 제외하고 항공기를 위험하게 할 수 있는 어떤 물체도 장애물로 간주하고 제거한다.
② 개방구역 내에 설치되어야 하는 항행목적상 필요한 장비·설비는 최소의 중량과 높이로 제한한다.
③ 항공기에 대한 위험을 최소화하기 위해 부서지기 쉽게 설계·배치한다.

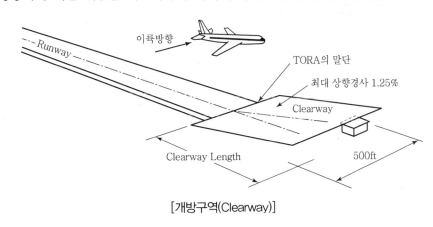

[개방구역(Clearway)]

7 정지로(Stopway)

1. 용어 정의

정지로란 이륙항공기가 이륙을 포기하는 경우에 정지하는 데 적합하도록 설치된 구역으로, 이륙활주가용거리(TORA) 끝에 설정된 장방형 구역을 말한다.

2. 폭·경사

① 정지로 폭은 연결되는 활주로 폭과 동일하다.

② 정지로 내에서의 경사도, 활주로에서 정지로까지의 경사도 변화는 정지로와 접한 활주로의 경사도와 동일하게 설치한다. 다만, 다음 사항은 예외로 한다.

   ⊙ 활주로길이의 시작 1/4과 끝 1/4에 적용하는 0.8% 종단경사를 정지로에서는 적용할 필요가 없다.

   ⓒ 정지로와 활주로가 접한 부분에서 정지로 종방향의 최대경사 변화는 분류번호 3, 4인 경우에 30m당 0.3%(최소곡선반경 10,000m)를 적용한다.

3. 표면의 강도

① 정지로 표면은 항공기가 이륙을 포기하고 지상 활주하는 경우에 기체에 손상을 주지 않고 지지할 수 있는 강도로 설치한다.

② 포장 정지로 표면은 젖어 있을 때에도 양호한 마찰계수를 갖도록 한다.

③ 비포장 정지로의 마찰계수는 정지로와 접한 활주로 마찰계수보다 급격하게 저하되지 않도록 한다.

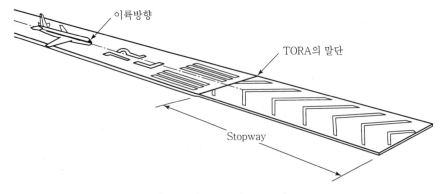

[정지로(Stopway) 개념도]

25 활주로 착륙대 정지구역

1 개요

항공기가 이착륙 과정에 활주로를 이탈하는 경우에 발생될 수 있는 항공기와 탑승자의 피해를 줄이기 위하여 활주로 주변에 착륙대, 종단안전구역, 시단(始端)과 말단(末端), 보호구역, 갓길, 회전패드 등의 다양한 안전지대를 설치하여 운영하고 있다.

2 활주로 착륙대(Landing Area, Runway Strip)

1. 개념

① 활주로 착륙대(Landing Area)란 항공기가 이착륙 과정에 활주로를 이탈하는 경우를 대비하여 항공기와 탑승자의 피해를 줄이기 위해 활주로 주변에 설치되는 안전지대를 말한다.

② 활주로 착륙대(Runway Strip)는 횡방향으로는 활주로 중심선으로부터 규정된 거리만큼 확장하고, 종방향으로는 활주로 시단(始端) 이전 및 종단(終端) 이후까지 연장하여 이루어지는 직사각형의 지표면이다.

2. 착륙대의 규모

① 길이(Length)

㉠ 착륙대 길이는 활주로 시단 이전 및 종단(정지로가 있는 경우는 정지로 종단)에서 최소한 다음 거리만큼 연장한다.
- 분류번호가 2,3,4인 경우 : 60m
- 분류번호가 1이고, 계기 활주로인 경우 : 60m
- 분류번호가 1이고, 비(非)계기 활주로인 경우 : 30m

㉡ 착륙대 내에는 무장애구역(Obstacle Free Zone, OFZ)이 포함된다. 무장애구역(OFZ)이란 내부 진입표면, 내부 전이표면, 착륙복행표면으로 둘러싸인 구역으로 항공기 항행에 필요한 경량의 부서지기 쉬운 물체를 제외하고 고정 장애물이 돌출되지 않아야 하는 구역이다.

Road and Transportation

② 폭(Width)

㉠ 정밀·비(非)정밀 접근 활주로의 착륙대 폭은 다음 거리 이상 확장한다.

- 분류번호가 3 또는 4인 경우 : 150m(전폭 300m)
- 분류번호가 1 또는 2인 경우 : 75m(전폭 150m)

㉡ 비(非)계기 활주로의 착륙대 폭은 다음 거리 이상 확장한다.

- 분류번호가 3 또는 4인 경우 : 75m(전폭 150m)
- 분류번호가 2인 경우 : 40m(전폭 80m)
- 분류번호가 1인 경우 : 30m(전폭 60m)

[착륙대의 길이와 폭]

구분			분류번호			
			1		2	3	4

구분			분류번호				
			1		2	3	4
길이			비계기용	계기용	60m 이상	60m 이상	60m 이상
			30m 이상	60m 이상			
폭	계기용	정밀	75m 이상		75m 이상	150m 이상	150m 이상
		비정밀	75m 이상		75m 이상	150m 이상	150m 이상
	비계기용		30m 이상		40m 이상	75m 이상	75m 이상

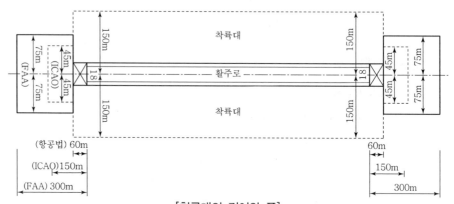

[착륙대의 길이와 폭]

[ICAO, FAA 착륙대 기준]

항공법			ICAO 착륙대*			FAA 안전지역**		
등급	길이 (m)	폭 (m)	등급	길이 (m)	폭 (m)	등급	길이 (m)	폭 (m)
정밀 및 비정밀 활주로	60	300	3,4	60 (권고 300)	300	Ⅳ, Ⅴ	300	150

주) *정밀진입 활주로   ** 접근속도 CAT-C,D

3. 착륙대의 장애물 제한기준

항행용 시각보조시설 이외의 고정 물체는 다음 범위 내에 설치하지 않는다.

[착륙대의 장애물 제한기준]

활주로 구분	착륙대의 장애물 제한기준
분류번호 1,2이고 CAT-Ⅰ인 활주로	활주로 중심선으로부터 45m 이내
분류번호 1,2이고 CAT-Ⅰ,Ⅱ,Ⅲ인 활주로	활주로 중심선으로부터 60m 이내
분류번호 4, 분류문자 F이고 CAT-Ⅰ,Ⅱ,Ⅲ인 활주로	활주로 중심선으로부터 77.5m 이내

4. 착륙대의 정지구역

① 계기활주로에서 착륙대의 정지구역

    ㉠ 계기활주로에서 항공기가 활주로를 이탈하는 경우를 대비하여 활주로 중심선 또는 그 연장선으로부터 다음 범위까지 정지구역을 갖추어야 한다.
- 분류번호가 3 또는 4인 경우 : 75m(전폭 150m)
- 분류번호가 1 또는 2인 경우 : 40m(전폭 80m)

    ㉡ 분류번호가 3 또는 4인 정밀접근 활주로에서는 더 넓은 정지구역을 확보하는 것이 바람직하다.

② 비(非)계기활주로에서 착륙대의 정지구역 : 비(非)계기활주로에서 항공기가 활주로를 이탈하는 경우를 대비하여 활주로 중심선 또는 그 연장선으로부터 다음 범위까지 정지구역을 갖추어야 한다.
- 분류번호가 3 또는 4인 경우 : 75m(전폭 150m)
- 분류번호가 1 또는 2인 경우 : 40m(전폭 80m)
- 분류번호가 1인 경우 : 30m(전폭 60m)

[착륙대 정지구역 설치기준]

구분	분류번호			
	1	2	3	4
계기활주로	40m	40m	75m	75m
비계기활주로	30m	40m	75m	75m

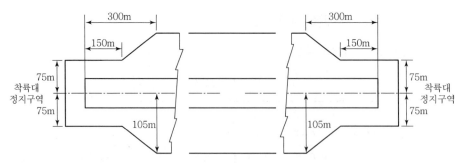

[분류번호 3, 4인 정밀접근 활주로에서 착륙대 정지구역]

5. 착륙대의 경사도

① 종단경사

  ㉠ 종단경사는 아래 표의 기준을 초과하지 않아야 한다.

  ㉡ 종단경사는 가능하면 활주로의 종단경사와 같아야 한다.

  ㉢ 종단경사의 변화는 가능하면 완만하게 하고, 급격한 변화는 회피한다.

  ㉣ 정밀접근 활주로 시단 이전은 종단경사의 변화를 피하거나 최소화한다.

② 횡단경사

  ㉠ 횡단경사는 아래 표의 기준을 초과하지 않아야 한다.

  ㉡ 횡단경사를 설치할 때는 정지구역 내에 물이 고이지 않도록 해야 한다.

  ㉢ 배수 촉진을 위해 활주로 갓길 가장자리에서 외측으로 처음 3m 구간의 착륙대 정지구역의 횡단경사는 하향경사 5%까지 허용 가능하다.

[착륙대 정지구역의 경사 기준]

구분	분류번호			
	1	2	3	4
종단경사	2%	2%	1.75%	1.5%
횡단경사	3%	3%	2.5%	2.5%

③ 활주로 종단안전구역(Runway End Safety Area)

1. 개념

① 활주로 종단안전구역(Runway End Safety Area)이란 항공기가 활주로 종단을 지나서 착륙하는 경우를 대비하여 활주로중심 연장선의 착륙대 종단 이후에 설정된 구역을 말한다.

② ICAO는 정밀진입 활주로의 경우에 항공기 이탈을 대비하여 활주로 종단안전구역의 설치를 규정하고 있으나, 우리나라 항공법에는 기본표면(활주로 양끝에서 60m까지 연장한 길이) 이외에는 별도 종단안전구역 규정이 없다.

2. 종단안전구역의 설치

① 다음 분류문자를 가진 활주로의 착륙대 종단에 설치하도록 규정하고 있다.
  ㉠ 분류번호가 3 또는 4인 경우
  ㉡ 분류번호가 1 또는 2이고, 계기활주로인 경우

② 항행에 필요한 장비·시설을 제외한 물체는 장애물로 간주하고 제거한다.

3. 종단안전구역의 규격

① 길이
  ㉠ 활주로의 착륙대 종단에서부터 다음 거리까지 가능하면 연장
    • 분류번호가 3 또는 4인 경우 : 240m
    • 분류번호가 1 또는 2인 경우 : 120m
  ㉡ 정밀접근 활주로에서는 계기착륙장치(ILS)의 방위각시설이 설치된 지점까지 연장
  ㉢ 비(非)정밀접근 또는 비(非)계기접근 활주로에서는 직립해 있는 첫 번째 장애물(도로, 철도, 인공 또는 자연 지형 등)까지 연장

② 폭
  ㉠ 활주로 폭의 2배 이상 확폭
  ㉡ 가능하면 착륙대의 정지구역 폭과 동일하게 설치

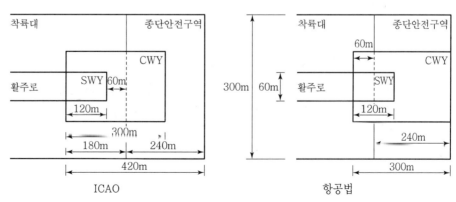

[활주로 종단안전구역(Runway End Safety Area)]

4 활주로 시단(始端)과 말단(末端)

1. 활주로 시단(始端, Runway Threshold)

① 활주로 시단(始端)은 활주로 양쪽 끝의 지역으로, 마치 도로 위에 있는 건널목 모양으로 되어 있으며 피아노 키(Piano Key)라고도 한다.

② 활주로는 바람 방향에 따라 한쪽 방향으로만 사용하는데 이륙이나 착륙 시작 방향의 활주로 끝을 시단(始端), 그 반대 방향을 활주로 말단(末端)이라 한다.

→ 이륙활주로 말단(Take-off Threshold), 착륙활주로 말단(Approach Threshold)

2. 활주로 시단표지(Runway Threshold Marking)

① 시단표지는 착륙에 사용하는 활주로의 시작부분을 표시한 것을 말한다.

② 시단표지는 포장된 계기활주로, 분류번호 3 또는 4의 포장된 비계기활주로의 시단에 표시한다.

③ 시단표지는 검정 바탕(아스팔트 포망)에 백색 줄무늬로 표시하며, 줄무늬는 활주로 시단으로부터 6m인 곳에서 시작한다.

3. 활주로 시단이설표지(Runway Pre-Threshold Marking)

① 활주로 시단이설표지는 시단이설지역 표면에 길이 60m를 초과하여 표시하며, 항공기의 정상운행에 적합하지 못할 때에는 시단이설지역의 전장에 걸쳐서 갈매기표지(∧ 또는 ∨)를 설치한다.

② 갈매기형 시단이설표지는 활주로 방향을 향하도록 검정 바탕(아스팔트 포망)에 백색 줄무늬로 표시한다.

4. 활주로 시단선(Runway Threshold Bar)

① 활주로 시단이설지역에 포장된 구간이 있을 경우에는 시단선을 설치한다.

② 활주로 시단선은 폭 3m를 백색으로 표시하며, 착륙활주로 시단에서 활주로를 횡단하여 설치한다.

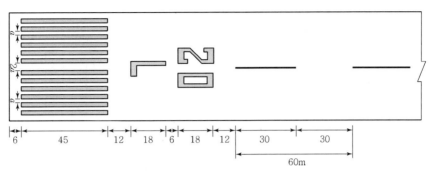

[평행활주로의 명칭, 중심선, 시단]

5 활주로 보호구역(Runway Protection Zone)

1. 개념

활주로 보호구역(Runway Protection Zone, RPZ)이란 지상의 인명과 재산을 보호하기 위하여 활주로 종단에 설치된 구역을 말한다.

2. 보호구역의 설치

① ICAO는 활주로 보호구역을 활주로 종단으로부터 60m 지점에서 시작하여 아래 표의 범위까지 확장한 구역으로 설정한다.

② ICAO는 활주로 보호구역 내에서 주거·공공집합·연료·화공물질의 취급과 저장, 연기·먼지를 발생시키는 행위, 눈부심을 유발하는 등화 설치, 조류를 유인하는 경작(곡식류)·조림 등의 각종 토지이용을 제한한다.

[활주로 보호구역의 범위]

최저접근시정	구분	길이 (m)	내부 가장자리 폭(m)	외부 가장자리 폭(m)
시계접근 및 1,600m 이상	소형항공기 전용	300	75	135
	항공기접근등급 A, B	300	150	210
	항공기접근등급 C, D, E	510	150	303
1,200~1,600m	모든 항공기	510	300	453
1,200m 미만	모든 항공기	510	300	525

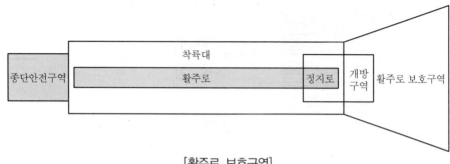

[활주로 보호구역]

⑥ 활주로 갓길

1. 개념

① 활주로 갓길(Runway Shoulder)은 포장면과 인접 지면 사이를 구분하기 위하여 포장면의 가장자리에 설정된 구역을 말한다.

② 활주로 갓길은 항공기 엔진을 먼지 등 외부물체(FOD)로부터 보호하고 항공기가 활주로에서 이탈하는 경우에 항공기를 지지하며, 평상시 갓길에서 작업하는 지상차량을 지지하기 위하여 설치하므로 일정한 지지력을 확보해야 한다.

2. 갓길의 설치

① 활주로 갓길은 최대하중 포장구간에서 비포장인 착륙대 구간으로의 변이를 방지하기 위하여 설치한다.

② 활주로 갓길은 이착륙 과정에 활주로를 이탈하는 항공기에 대한 위험을 최소화하기 위하여 설치한다.

③ 활주로 갓길은 분류문자 D, E의 활주로 폭 60m 이하인 경우, 분류문자 F인 경우에 설치한다.

④ 활주로 갓길은 활주로와 갓길의 전체 폭 합이 다음 이하가 되지 않도록 활주로의 양측에 대칭적으로 설치해야 한다.
   ㉠ 분류문자 D, E : 60m
   ㉡ 분류문자 F : 75m

⑤ 활주로 갓길 설계 시 항공기 엔진으로 돌멩이 또는 기타 물질이 흡입되지 않도록 고려해야 한다.
   ㉠ 대형항공기일수록 엔진으로 물체 흡입에 의한 피해가 심각
   ㉡ 엔진분사(Engine Blast)로부터 갓길이 적절한 내구성을 확보

3. 갓길의 폭 규정

ICAO는 D급 이상 항공기가 취항하는 공항의 경우에 활주로와 갓길의 전폭이 60m 이하가 되지 않도록 양측에 설치하도록 규정하고 있다.

7 활주로 회전패드

1. 개념

① 활주로 회전패드(Runway Turn Pad)는 유도로가 없는 비행장에서 활주로 끝에서 항공기가 180° 회전할 수 있도록 활주로와 접하여 설정된 지역을 말한다.
② ICAO는 활주로에 착륙하는 항공기의 흐름을 용이하게 하는 유도로가 없는 활주로의 경우에 활주로 회전패드를 설치하도록 권고하고 있다.

2. 활주로 회전패드의 설치

① 회전패드의 교차각
  ㉠ 항공기가 활주로에서 회전패드로 쉽게 진입할 수 있도록 활주로와의 교차각을 30° 이내로 설계한다.
  ㉡ 항공기가 활주로에서 회전패드로 진입할 때 전륜(Nose wheel) 조종각은 45° 이내로 설계한다.

② 회전패드의 표면
  ㉠ 항공기에 손상을 줄 수 있는 불규칙한 표면이 없도록 한다.
  ㉡ 악천후로 젖은 상태에서도 표면이 양호한 마찰 특성을 유지하도록 한다.

③ 회전패드의 경사도
  ㉠ 표면 물고임을 방지하고 배수가 신속히 되도록 일정한 경사를 설치한다.
  ㉡ 인접 활주로의 경사도에 적합한 종·횡단 경사로 하되, 1% 이내로 설치한다.

④ 회전패드의 갓길
  ㉠ 항공기 엔진에 유해한 물체 흡입을 방지하고, 제트분사(Jet Blast)로 인한 표면 침식을 방지하기 위하여 일정한 폭으로 갓길을 설치한다.
  ㉡ 갓길에서 지상 활주하는 항공기를 지지하고, 갓길에서 지상작업하는 중차량을 지지할 수 있도록 일정한 강도로 설치한다.

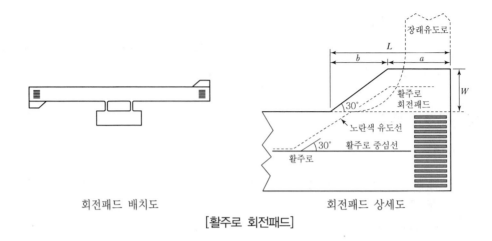

회전패드 배치도   회전패드 상세도

[활주로 회전패드]

26 공항 활주로 계기착륙 보조시설

1 개요

① 계기착륙시설(Instrument Landing System, ILS)은 현재 가장 널리 사용되고 있는 공항 활주로 계기착륙 보조시설로서 항공기가 착륙하는 데 필요한 활주로 중심선에 대한 방위각정보, 항공기가 착륙하려는 활주로 표면에 대한 착륙각(활공각)정보, 항공기에서 활주로까지 얼마나 남아 있는지에 대한 거리정보 등을 알려준다.

② 계기착륙시설(ILS)은 방위각 표지시설(Localizer, LLZ), 활공각 표지시설(Glide Path, GP), 거리 표지시설(Marker) 등으로 구성된다.

③ 항공기에서 활주로까지의 거리를 알려주는 거리 표지시설(Marker)은 활주로에서 먼 곳부터 Out Marker, Middle Marker, Inner Marker 등이 있다.

2 ILS(Instrument Landing System)

1. ILS 구성

① 방위각 표지시설(Localizer, LLZ)

   ㉠ 착륙항공기에 활주로 중심선을 기준으로 좌우 3~6° 범위 내의 착륙방향을 무선전파로 제공하는 무선표지시설이다.

   ㉡ 안테나는 착륙하는 활주로 말단에서 활주로 중심선의 연장선 300~450m 사이에 좌우 대칭으로 설치한다.

   ㉢ LLZ 주변은 장애물 제한규정에 따라 지표면을 평탄하게 정지한다.

② 활공각 표지시설(Glide Path, GP)

    ㉠ 착륙항공기에게 활공각(착륙각)을 무선전파로 제공하는 무선표지시설이다.

    ㉡ 안테나는 착륙하는 활주로 시점에서 300m 통과한 지점에, 활주로 중심선에서 직각으로 150m 떨어진 지점에 설치한다.

    ㉢ 착륙항공기의 착륙각 범위는 최소 2.5~3.0°에서 최대 7.5° 범위이다.

    ㉣ GP 영향권(신호반사지역) 범위는 장애물 제한규정에 따라 평탄하게 정지한다.

③ 거리 표지시설(Marker)

    ㉠ Outer Marker(OM)

        • 활주로 착륙시점(Threshold)으로부터 6~11km 사이에 설치한다.

        • 항공기가 OM 상공을 지날 때 조종석 계기판에 OM 통과표시등이 켜지면서 착륙지점까지의 거리를 알려준다.

    ㉡ Middle Marker(MM)

        • 활주로 착륙시점(Threshold)으로부터 600~1,800m 지점에 설치한다.

        • MM은 계기접근(ILS) CAT Ⅰ 상태에서 착륙 여부를 결정하는 결심고도(決心高度, Decision Height)를 의미한다.

        • 항공기가 MM 상공을 통과 시 조종사 시야에 활주로가 보이지 않으면(안개, 구름) 착륙을 포기하고 다시 상승해야 한다.

        • MM 설치지점 900m, 착륙각도 3°일 때 결심고도는 63m이다.

    ㉢ Inner Marker(IM)

        • IM은 계기접근(ILS) CAT Ⅱ 이상에서의 결심고도를 의미하며, 착륙활주로 전방 300m 지점에 설치한다.

        • 항공기가 IM 상공을 통과 시 조종석 계기판에 경보등이 켜지고 높은 경보음이 울리므로, 이때 조종사는 착륙 여부를 결심해야 한다.

④ 최근 ILS의 거리표지(Marker)를 설치할 수 없는 해상공항(일본 간사이, 홍콩 첵락콕, 한국 인천)에서는 VOR/TAC를 이용한 DME 장비로 대체·운영하고 있다.

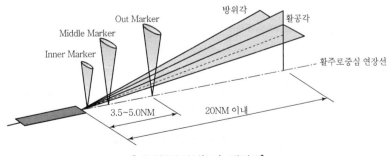

[계기착륙시설(ILS) 개념도]

Road and Transportation

2. ILS 운영

① ICAO에서 항공기의 안전한 착륙을 위해 국제공항의 시설을 표준화하고 기술발전을 도모하기 위해 ILS의 국제표준방식을 제정하였다.

② 이를 위하여 활주로 등급(Category)을 시설성능과 기상조건(시정, 운고)에 따라 CAT-Ⅰ, CAT-Ⅱ, CAT-Ⅲa · Ⅲb · Ⅲc 등으로 세분한다.

[ILS 운영을 위한 활주로 등급]

구분	CAT-Ⅰ	CAT-Ⅱ	CAT-Ⅲ		
			Ⅲa	Ⅲb	Ⅲc
시정(수평)m	800	400	200	50	0
운고(수직)m	60	30	0	0	0

3. ILS 부지조건

① 착륙노선지시기 안테나(Localizer, LLZ) 부지조건

   ⓐ 활주로 말단에서 중심연장선 300~600m 지점까지의 LLZ의 장애물 제한지역(Critical Area)을 관제탑에서 안테나 상단은 볼 수 있게 정지(整地)한다.

   ⓑ 안테나 지지대는 쉽게 부서지는 구조로 제작하며, 기초 상단은 지표면과 같은 높이로 마감한다.

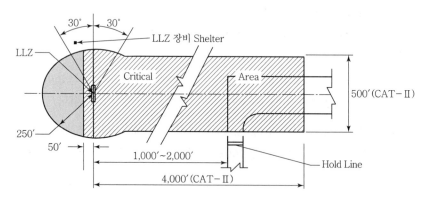

[Localizer의 장애물 제한지역(Critical Area)]

② 활공각신호 안테나(Glide Path Antenna) 부지조건

   ⓐ GP장비 Shelter는 안테나 뒤편 3m 이상, 활주로 중심선에서 120m 이상 떨어진 곳에 설치한다.

   ⓑ GP안테나의 반사지역에 대한 종단경사는 활주로 경사와 같고(0.5% 이하), 횡단경사는 1.5% 이하, 표면요철은 ±3cm 이하로 정지한다.

③ 표지소(Marker Beacon, MB) 부지조건

　㉠ 공항 외부에 설치되는 표지소는 활주로 중심연장선 상의 2×2m 울타리 내에 설치하며, 부지는 수평으로 평탄하게 정지하며 배수가 잘 되어야 한다.

　㉡ 표지소 안테나로부터 30m 범위 내에는 철제건물, 전선, 수목 등 신호간섭이 우려되는 모든 물체를 제거한다.

❸ MLS(Microwave Landing System)

1. ILS 문제점

① ILS는 지표면에 전파를 반사시켜 신호를 보내므로 안테나 주변을 평탄하게 하고 전선·건물 등 장애물을 제거해야만, 신호 찌그러짐을 막을 수 있다.

② ILS는 LLZ 방위각과 GP 착륙각의 유효범위 때문에 이착륙을 활주로 중심선 기준으로 양쪽 3~6°로 제한한다.

③ ILS는 몇 개의 제한된 주파수 채널만을 사용하므로, 조종사에게 폭넓은 주파수 채널을 제공하기 어렵다.

2. MLS 장점

① 극초단파착륙시설(Microwave Landing System, MLS)은 활주로 중심선 양쪽 20~60° 범위에서 희망하는 진입 방위각을 제공한다.

② MLS를 이용하면 조종사가 착륙할 때 소음감소를 위해 높은 고도를 유지하다가 급강하 착륙하거나, 소음감소를 위해 도심지 우회착륙도 가능하다.

③ MLS는 전파를 지표면에 반사시키지 않고 직접 전파를 발사하며, 극초단파를 사용하므로 주변 지형과 장애물의 영향을 덜 받는다.

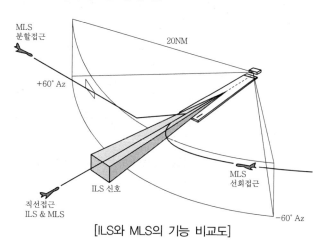

[ILS와 MLS의 기능 비교도]

3. MLS 구성

① 방위각 안테나(Azimuth Antenna)

   ㉠ AZ Antenna는 활주로에 대한 착륙방향을 제공하며, 접근범위는 활주로 중심선 양측으로 20~40° 범위까지 확장된다.

   ㉡ AZ Antenna는 ILS Localizer와 같이 착륙하는 활주로 말단에서 활주로 중심연장선 300~450m 범위에 좌우 대칭으로 설치한다.

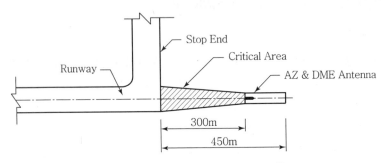

[AZ Antenna 위치와 Critical Area]

② 활공각 안테나(Elevation Antenna)

   ㉠ EL Antenna는 착륙각도를 제공하며, 접근범위는 수평에서부터 수직방향으로 30° 범위까지이다.

   ㉡ EL Antenna는 ILS GP Antenna와 비슷하며, 착륙활주로 중심선에서 최소 120m, 활주로 선단부에서 240~300m 떨어져서 활주로 측면에 설치한다.

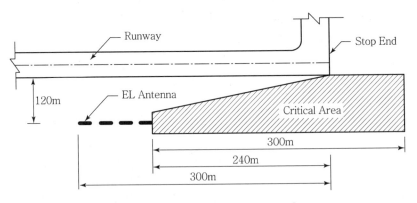

[EL Antenna 위치와 Critical Area]

③ 거리측정장치(Distance Measuring Equipment, DME)

DME는 ILS Marker 대신 거리정보를 제공하며, DME Antenna는 활주로 말단에서 390m 떨어진 곳에 AZ Antenna와 함께 설치한다.

4 맺음말

① MLS는 장점이 많아 ICAO 의결에 따라 세계 각국이 2000년대초부터 ILS를 모두 MLS로 대체하기로 합의한 바 있다.
② 최근 GPS를 이용하는 위성항행시스템(CNS/ATM)이 실용화됨에 따라 ILS → MLS → CNS/ATM으로 업그레이드되는 추세이다.

27 항공기 이착륙 시 안전확보를 위한 시설

1 개요

① 항행안전시설(Navigational Aid, NAVAID)은 항공기가 항행하는 중에 이용하는 항행보조시설을 총칭한다.
② NAVAID는 항공기에 탑재되거나 지상에 설치되어 있는 시각적 또는 전자적 장치로서 항행 중인 항공기 조종사에게 현재의 항로와 관련된 정보(Point-To-Point) 또는 위치에 관한 데이터를 제공해 준다.
③ NAVAID에는 고주파 전방향무선표지소(VOR), 거리측정장치(DME), 항로감시레이더(ARSR) 등이 사용되고 있다.
④ 항공기가 이착륙 시에 안전확보를 위해서는 항행안전시설(NAVAID)을 포함하여 공항 착륙지원시설, 터미널 항공등화시설, 공항교통관제시설(ATCS) 등의 다양한 첨단시설이 필요하다.

2 항행안전시설(NAVAID)

1. 항행안전시설의 구분

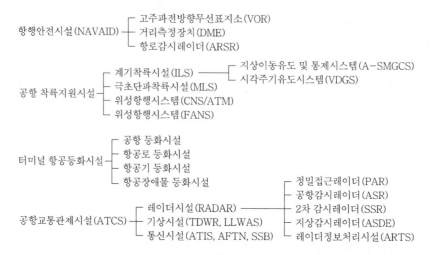

2. 고주파 무선표지소(Very high frequency Omnirange Radio station, VOR)

① VOR은 지상에 설치되어 무선신호(Radio Signal)를 모든 방향으로 보내면, 이 신호를
   항공기가 받아서 방위를 인지하여 항로의 각도를 결정하는 시설이다. 진폭변조(振幅變調)
   된 2개의 주파수를 발사하면, 공간변조(空間變調)된 2개의 가변신호를 비교하여 위상차
   에 따라 방위를 알 수 있는 원리이다.

② 항공기 조종석에 설치된 VOR에 항공로 방향은 다음과 같이 표시된다.
   ㉠ 항공기 A : 선택한 항로 83°와 실제 비행방향이 일치한다.
   ㉡ 항공기 B : 선택한 항로 83°의 우측에서 평행하게 비행하고 있다.
   ㉢ 항공기 C : 선택한 항로 83°의 우측에서 30° 방향으로 비행하고 있다.

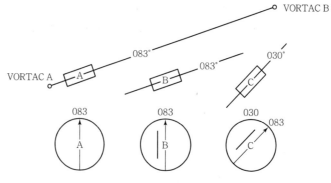

[VOR에 표시되는 항공로 방향]

③ 거리측정장치(Distance Measuring Equipment, DME)

㉠ DME는 조종사에게 항공기와 DME 송신소 위치 간의 방위 차이를 알려주는 시설이다. VOR과 함께 설치되므로 VOR/DME 시스템으로 불린다.

VOR 기지국과 방위 차이는 VOR에 의해 알려주고, 남은 거리는 DME가 알려 주므로 조종사는 현재 자기의 위치를 알 수 있다.

㉡ DME는 미공군에서 군용항법시스템 TACAN(TACtical Air Navigation)의 일부로 사용된다. VOR과 TACAN을 통합한 지상국을 VOR/TAC이라 한다.

㉢ VOR/DME 또는 VOR/TACAN에서 사용되는 주파수는 ICAO 국제표준에 의해 정해지므로 조종사가 특정 VOR 주파수를 선택하면 DME이나 TACAN 주파수가 자동적으로 선택되는 기능이 항공기에 내장되어 있다.

㉣ 민간공항 지상관제탑에서 VOR/DME를 운영하는데, 설치위치는 활주로 중심선에서 150m 이상, 유도로 중심선에서 45m 이상 떨어져 설치한다. ILS가 설치되지 않은 경우에 VOR/DME에 의하여 계기착륙을 관제한다.

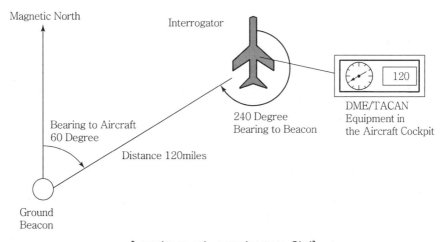

[VOR/DME 또는 VOR/TACAN 원리]

④ 항로감시레이더(Air Route Surveillance Radar, ARSR)

㉠ ARSR은 고출력 레이더로서, 항공로의 레이더 관제 업무에 쓰인다.

㉡ ARSR 레이더에 의해 고도 15,000m, 거리 360km(200해리) 이내에서 항행 중인 항공기 중에서 유효반사면적 $15m^2$ 이상의 항공기를 탐지할 수 있다.

㉢ ARSR은 항법보조시설은 아니고 관제사가 항행 중인 항공기의 위치정보를 시각적으로 보면서 관제업무를 수행하는 시설이다.

[관악산 정상 ARSR 레이더]

[한국공군 ARSR 레이더]

③ ILS(Instrument Landing System)

1. 방위각 표지시설(Localizer, LLZ)

① 착륙항공기에 활주로 중심선을 기준으로 좌우 3~6° 범위 내의 착륙방향을 무선전파로 제공하는 무선표지시설이다.

② 안테나는 착륙하는 활주로 말단에서 활주로 중심선의 연장선 300~450m 사이에 좌우 대칭으로 설치한다.

2. 활공각 표지시설(Glide Path, GP)

① 착륙항공기에 활공각(착륙각)을 무선전파로 제공하는 무선표지시설이다.

② 안테나는 착륙하는 활주로 시점에서 300m 통과한 지점에 활주로 중심선에서 직각으로 150m 떨어진 지점에 설치한다.

③ 착륙항공기의 착륙각 범위는 최소 2.5~3.0°에서 최대 7.5° 범위이다.

3. 거리 표지시설(Marker)

① Outer Marker(OM) : 활주로 착륙시점(Threshold)에서 6~11km 사이에 설치

② Middle Marker(MM) : 활주로 착륙시점(Threshold)에서 600~1,800m 지점

③ Inner Marker(IM) : 계기접근(ILS) CAT Ⅱ 이상에서의 결심고도를 의미하며 착륙활주로 전방 300m 지점에 설치

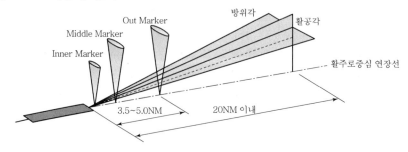

[계기착륙시설(ILS) 개념도]

4 MLS(Microwave Landing System)

1. ILS 문제점

① ILS는 지표면에 전파를 반사시켜 신호를 보내므로 안테나 주변을 평탄하게 하고 전선, 건물 등 장애물을 제거해야만 신호 찌그러짐을 막을 수 있다.

② ILS는 LLZ 방위각과 GP 착륙각의 유효범위 때문에 이착륙을 활주로 중심선 기준으로 양쪽 3~6°로 제한한다.

③ ILS는 몇 개의 제한된 주파수 채널만을 사용하므로 조종사에게 폭넓은 주파수 채널을 제공하기 어렵다.

2. MLS 장점

① 극초단파착륙시설(Microwave Landing System, MLS)은 활주로 중심선 양쪽 20~60° 범위에서 희망하는 진입 방위각을 제공한다.

② MLS를 이용하면 조종사가 착륙할 때 소음감소를 위해 높은 고도를 유지하다가 급강하 착륙하거나, 소음감소를 위해 도심지 우회착륙도 가능하다.

③ MLS는 전파를 지표면에 반사시키지 않고 직접 전파를 발사하며, 극초단파를 사용하므로 주변 지형과 장애물의 영향을 덜 받는다.

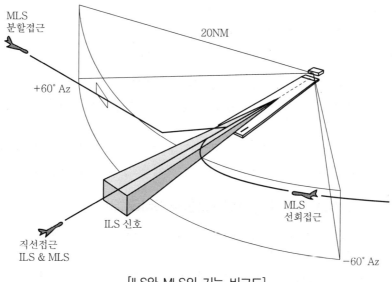

[ILS와 MLS의 기능 비교도]

5 위성항행시스템(CNS/ATM)

① 위성항행시스템(Communication Navigation Surveillance and Air Traffic Management, CNS/ATM)은 ICAO에서 추진하는 신개념의 항행지원시스템이다.

② CNS/ATM은 정지궤도의 통신위성을 사용하므로 일부 극지방을 제외하고 세계 어디에서나 항공기와의 통신이 가능하다. 현재 사용 중인 전파는 출력의 제한과 통달거리의 한계로 인해 항공기가 태평양을 비행하고 있을 경우에 통신할 방법이 없다.

③ CNS/ATM은 위성항법시스템(GPS)으로부터 초정밀 3차원 위치정보를 제공하므로 정밀착륙이 가능하다. 예를 들어 CNS/ATM이 구축되면 인천공항에서 LA공항까지 최단 직선항로를 제공하므로 연료절약, 시간절약 효과가 있다.

6 항공등화시설

① 항공등화시설(Aeronautical Light) : 항공기의 비행 중에, 특히 이착륙 중에 항공기의 안전운항을 돕기 위하여 지상이나 항공기에 설치하는 등화시설을 말한다. 항공보안시설의 일부로서 항공조명시설이라고도 한다. ICAO 협약기술 제14 부속서에 항공등화시설의 용도, 성능, 형상, 설치방법, 관리요건 등이 규정되어 있으며 세계 각국은 이를 의무적으로 준수하고 있다.

② 공항등화시설(비행장등화시설) : 공항 또는 주변에 설치된 등화시설로서 항공기의 이착륙 또는 지상주행을 돕기 위하여 사용된다.

③ 항공로등화시설(항공등대) : 항공로를 항행하는 항공기에게 항공로상의 중요지점을 알려주는 시설이다.

④ 항공기등화시설(비행등 또는 항공등) : 항공기가 야간에 항행할 때 현재 위치를 나타내기 위하여 충돌방지등, 우현등, 좌현등, 미등을 설치한다.

⑤ 항공장애물등화시설(항공장애 표시등 및 주간표지)

　　㉠ 항공장애표시등이란 비행 중인 조종사에게 장애물의 존재를 알리기 위하여 사용되는 등화를 말한다.

　　㉡ 항공장애주간표지란 주간에 비행 중인 조종사에게 장애물의 존재를 알리기 위하여 설치하는 등화 이외의 시각적인 표시로서 색채표지, 장애표지물, 기(Flag) 등이 있다.

7 항공기 지상이동유도 및 통제시스템(A-SMGCS)

① A-SMGCS(Advanced Surface Movement Guidance and Control System)는 항공기 지상이동안내 및 통제시스템을 말한다.

② A-SMGCS는 공항 주변 항공기에 대한 운항정보, 기상정보 및 지상감시레이더와 연계한 위치정보 등을 기반으로 공항 내 모든 이동물체를 감시(Surveillance)하고, 필요한 경우에 최적경로를 자동지정(Routing)해 주며, 항공등화를 자동으로 점·소등하여 조종사나 운전자에게 경로를 안내(Guidance)하는 시스템이다.

③ 인천국제공항의 A-SMGCS 설치·운영 사례를 보면, 착륙 항공기가 활주로를 빠져나와 유도로에 진입하면 계류장까지의 이동경로를 가리키는 항공등화가 릴레이방식으로 켜지면서 조종사에게 길을 안내한다.

④ A-SMGCS는 유도로에서 직선구간에는 도로바닥에 한 줄로 점멸하고, 곡선구간에는 두 줄로 점멸하며, 주기장으로 진입하면 탑승게이트까지 이동경로를 가리키므로 조종사는 불빛을 따라 가기만 하면 된다.

8 시각주기유도시스템(VDGS)

① 시각주기유도시스템(Visual Docking Guidance Systems, VDGS)은 탑승교유도 접현시스템, 주기위치지시등, 주기위치제어시스템 등의 기능을 동시 수행한다.

② 인천공항에도 VDGS가 터미널 및 탑승동 주기장 전면부에 설치되어 있어, 지상이동 중인 항공기에 대한 중심선에서의 편차, 항공기가 탑승교에 접현하고 있는 상황, 현재 주기장이 비어 있는지 여부 등을 쉽게 확인할 수 있다.

③ VDGS는 적외선레이저에 의해 주기구역(Spot)으로 접근하는 항공기의 위치나 속도를 정확히 계측하여 전광게시판에 좌우편차, 정지위치까지의 잔여거리를 표시하여 조종사에게 실시간 알려주는 시스템이다.

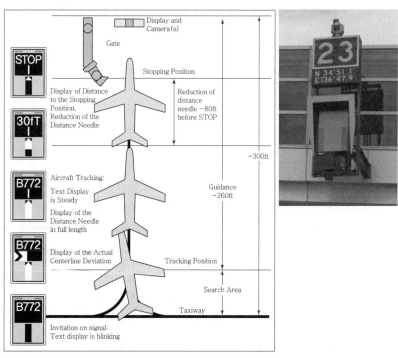

[VDGS 유도과정]

⑨ 공항교통관제시설(ATCS)

① 항공교통관제시설(Air Traffic Control Services, ATCS)은 공항 관제탑에서 관제사가 항공기의 안전하고 효율적인 운항을 지원하는 데 필요한 시설로서 다음의 시설을 갖추고 있다.

　㉠ 이착륙하는 항공기의 위치와 고도를 확인하기 위한 레이더시설(Radio Detection And Ranging, RADAR)

　㉡ 공항 주변의 기상조건(온도, 기압, 풍향)을 파악하기 위한 기상시설

　㉢ 조종사와 관제사 간에 항행정보를 교환하기 위한 통신시설 등

② 레이더시설(RADAR)은 전파가 가진 특성, 즉 도체에 부딪쳐 반사하는 성질을 이용하여 사물의 존재·방위·거리 등을 측정하며, 주로 극초단파를 사용한다.

　레이더에는 항공기용, 관제탑용, 조기경보용, 기상용, 항만용 등이 있다.

28 Airside와 Landside

① 개요

① 「항공보안법」 제12조에 의한 '공항시설 보호구역'은 공항 내에서 보안시설로 분류되는 구역으로, 출국심사 및 보안검색를 마친 승객, 항공사·공항관계자를 제외한 일반인은 허가 없이 출입할 수 없는 구역을 보호구역(Airside)이라 한다.

② 반면, Airside 외에 여객 및 화물 처리시설, 기타 부대시설, 주차장 등을 포함하여 일반인 누구나 출입할 수 있는 구역을 일반구역(Landside)이라 한다.

③ 일반구역(Landside)은 공항의 관문 역할을 하며, 여객이 항공기를 이용하거나 항공기에서 내려 지상교통을 이용할 때 반드시 통과하는 구역이다.

④ 보호구역(Airside)은 터미널 안의 보안검색 구역, 출국심사장, 항공기 탑승 대합실, 면세점 구역, 그리고 터미널 밖의 항공기 주기장, 유도로, 활주로 등 비행장시설 등이 해당된다. 이러한 보호구역을 설정하는 이유는 항공기 사고, 항공 범죄, 테러 및 밀입국, 불법 출국을 방지하기 위함이다. 전 세계 모든 공항이 똑같다.

　㉠ 보호구역(Airside)에 있는 승객은 모두 '출국' 상태이다. 이미 출국심사를 통과하고 전산입력했다. 이 구역에 들어온 이상 출국을 철회하거나 되돌아 나갈 수 없다.

　㉡ 보호구역(Airside)에는 비행기 승객과 공항 관계자 외에 누구도 갈 수가 없으며, 출국 승객 외에 출입하려면 국토교통부 또는 공항공사로부터 허가를 받고 출입증을 교부받아 검문소에서 신체 및 차량 검색을 거친 후 출입할 수 있다.

2 보호구역(Airside)

1. Airside 설계 시 적용기준

① 지형학적 조건(수평·수직)
② 항공기의 하중, 지표조건, 지지력
③ 공항의 지상접근성
④ 안내표지의 조명, 색채
⑤ 시각지원시설, 비상시설
⑥ 활주로 주변의 위험성, 항공기 보호
⑦ 비상용 2차 전원시설
⑧ 공항경계선의 울타리, 보안시설 등

2. Airside 설계 시 고려사항

① Airside 설계 시 가장 중요한 요소는 전체적인 윤곽(시설물 배치)이다.
② 공항계획 관점에서 지역조건(기후), 환경조건(소음) 등을 감안하여 보다 상세하고 심도 있는 연구가 필요한 분야이다.
③ 우선적으로 활주로, 유도로의 윤곽을 고려할 때 항공기의 특성, 부지조건 등에 따라 공항시설의 규모를 경제성을 고려하여 제한적으로 선택한다.
④ 이어서 포장강도, 계류장, 운항시설, 교통관제 등을 순차적으로 고려한다.
⑤ Airside 용량을 결정하기 위해 장래 항공수요를 예측하여 활주로, 유도로, 계류장 지역 등의 시설규모와 투자시기를 비교·검토한다.

3 일반구역(Landside)

1. Landside 설계 요소

① 공항의 지상교통량
  ㉠ 항공기의 이착륙 운항횟수가 많아지면 Landside 지역도 확장되면서 이용객과 송영객, 항공종사원들의 진·출입문제, 주차문제가 야기된다.
  ㉡ 연결도로의 노선계획은 도로관리청 등 관계기관과 협의하여 결정하되, 차로수, 차로폭 등 기하구조는 추정교통량에 의거하여 결정한다.

② 공항의 접근교통수단
  ㉠ 도심지와 공항 간의 지상연결도로에 대하여 여러 대안을 검토한다.

ⓛ 공항 접근교통수단의 종류 · 용량에 따라 Landside 규모가 결정되는데, 지상교통체계
는 크게 승용차와 대중교통수단(버스, 철도)으로 양분한다.

③ 청사의 규모, 기능, 배치 형태
ⓐ Landside는 여객청사 및 화물청사와 인접해 있으므로, 터미널의 규모와 배치형태에
따라 Landside 계획을 적절히 수립한다.
ⓛ 입국과 출국의 분리 여부, 여객과 화물의 처리방법 · 수준에 따라 Landside 지역의
시설규모도 달라진다.

2. Landside의 지상교통량 추정

① 필요성 : 항공여객 수요예측자료를 지상교통 수요예측자료로 변환하여 Landside 지역의
규모결정에 활용한다.

② 수요예측 기준
ⓐ 여객의 도착과 출발 비율
ⓛ 이용객과 송영객의 비율 : 외국 1 : 1, 우리나라 국제선 1 : 2.0~2.5
ⓒ 차종에 따른 여객분담률 : 자가용 2.0명, 택시 2.5명, 버스 20명
ⓔ 차종에 따른 면적점유율 : 자가용 15%, 택시 10%, 버스 65%
ⓜ 단기 및 장기 주차 비율 : 보통 30분, 최대 2시간
ⓗ 공항 내부의 지상교통량

3. Landside의 주차장계획

① 필요성 : Landside 면적을 가장 많이 점유하는 것이 주차장으로, 우리나라에서도 국제선
이든 국내선이든 주차장문제가 대두되고 있다.

② 주차장 입지이론
ⓐ 주차장을 최소한의 공간에 배치한다. 주차공간이 작아질수록 접근성이 향상되므로
차량동선을 단축하여 교통량을 최소화한다.
ⓛ 주차장을 가능하면 대상시설물에 근접 배치한다. 이를 위해 각 대상시설물에서 발생하
는 차량의 대수 · 종류를 분석한다.
ⓒ 주차방법을 평면주차, 입체주차, 주차빌딩 등 다양하게 검토하며, 단기주차와 장기주
차로 구분하여 주차효율을 높인다.

③ 주차장 입지조건

   ㉠ 주차장 입지는 차량의 주차시간에 따라 결정된다. 즉, 주차시간이 길어질수록 입지를 더 멀리 배치한다.

     • 여객·환송객·환영객 전용 단기주차장은 터미널 부근에 배치

     • 공항직원 전용 주차장은 해당 근무지역의 인근에 배치

   ㉡ 주차시간은 항공기의 도착시간을 결정하는 기후조건에 영향을 받는다. 즉, 운항지연이 되면 주차시간도 길어진다.

     • 주차시간은 보통 30분, 최대 2시간 정도

     • 복층주차장의 경우에 상층은 자가용, 하층은 대중교통 수단용으로 구분

4 국제선공항과 국내선공항의 차이점

1. 국제선공항

① 국제선공항이란 국토교통부가 설정하여 고시한 지역으로서, 공공의 목적으로 이용하기 위한 공항을 말한다.

② 국제선공항의 운항에 필요한 모든 시설물은 정부의 통상업무인 세관(Customs), 출입국(Immigration) 및 검역(Quarantine)시설을 제외하고는 국내선공항의 시설물과 동일하다.

③ 우리나라 국제선공항의 설계기준과 운항기준은 국제민간항공기구(ICAO)의 제반기준에 따른다.

④ 국제선공항은 인천, 김포, 제주, 김해, 청주, 대구, 양양, 무안 등 8개이다.

2. 국내선공항

① 국내선공항은 대체적으로 국제선공항과 동일하지만, CIQ시설이 없다.

② 국내선공항은 광주, 군산, 사천, 여수, 원주, 포항, 울산 등 7개이다.

5 결론

① 공항계획의 최종목표는 미래의 항공수요를 경제적·기술적으로 만족시킬 수 있는 공항개발의 지침을 제공하면서, 동시에 공항개발에 따른 사회적·환경적 문제점을 해결하는 대안을 제시하는 데 그 의의가 있다.

② 공항계획 수립과정에 보호구역(Airside)과 일반구역(Landside)에 필요한 시설들이 포함되는데, 이러한 시설들의 물리적·기능적 요소를 충분히 고려하여 서로 균형을 유지하도록 해야 한다.

③ 공항운영에 필요한 교통수단 중에서 어느 것을 선정할 것인가 하는 문제는 그 시설의 이용자 입장에서 접근성, 편리성, 경제성 등을 고려하여 결정한다.

④ 공항에서 접근조건은 교통량의 크기 · 특성, 공항의 지리적 위치, 배후도시, 그 나라의 경제 · 사회 · 정치적 구조 등에 따라 달라진다.

29 공항의 소음공해

1 소음이 적은 항공기의 취항 유도

① 이착륙 시 발생되는 항공기 소음의 원칙적인 저감을 위해서는 소음이 적은 항공기의 취항을 유도한다. 1988년 이후 STAGE Ⅰ, 1995년 이후에는 STAGE Ⅱ 항공기 운항이 규제되고 있다.

② 우리나라 「항공법」 제16조에는 터빈 발동기를 장착한 항공기로서 ICAO 부속서 16에서 규정한 항공기는 소음기준 적합증명을 받게 되어 있으며, 「항공법」 제109조에는 소음을 발생시키는 항공기는 각각의 소음기준에 따라 차등을 두어 소음부담금을 부과, 징수할 수 있게 하고 있다.

2 소음 경감을 위한 운영방식 선정

1. 우선 활주로 방식

복수의 활주로를 갖는 공항에 있어 소음의 피해가 적은 활주로부터 우선적으로 사용하는 방식이다.

2. 비행경로의 설정

이륙 후 또는 착륙 전에 민가의 밀집지대를 피하도록 선회경로를 설정하고 그 경로를 비행하는 방식이다.

3. 급상승 방식(이륙방식)

보통 이륙방식은 이륙하여 일정한 고도에 달하면 상승을 늦추고 가속을 증가하는 것이나, 이 방식은 고도 1,500m 전후까지 급상승을 계속함으로써 소음을 감소시키는 방식이다.

4. 커트-백 방식(Cut-Back)

이륙하여 일정한 고도에 달한 후 안정성이 허용되는 범위 내에서 엔진의 추력을 줄이고 공항에 인접해 있는 주거지역 상공을 저소음으로 비행하여 주거지역의 상공을 이탈한 후 추력을 높이고 정상적인 상승으로 회복하는 운항방식이다.

5. 딜레이드 플랩(Delayed Flap) 방식

강착장치 및 플랩하에서의 조작을 되도록 늦게 하는 진압방식이다. 강착장치 및 플랩이 접힌 상태에서 진입하면 기체의 공기저항이 감소하므로 필요추력이 작아지고 엔진의 소음이 감소한다.

6. 감속진입 방식

딜레이드 플랩 방식을 다시 개선한 방식으로 정상적인 진입속도보다 빠른 속도로 진입을 개시하고 강착장치 및 플랩을 착륙위치에 두면서 감속을 하여 착륙하는 방식이다. 이 방식은 항공기의 관성을 이용함으로써 엔진추력의 딜레이드 플랩 방식보다도 더욱 감소시킬 수 있다.

7. 로플랩 앵글(Low Flap Angle) 방식

정지할 때까지 가능한 한 얕은 플랩각을 사용하여 기체의 공기저항을 감하고 필요추력을 감소시킴으로써 소음을 경감시키는 방식이다.

8. 심야의 발착금지

심야 간 발착금지를 하는 것은 공항 주변 주민의 안면을 방해하는 것을 방지하기 위함이다.

③ 공항 주변의 토지이용계획

① 공항 주변의 토지이용은 공항과 양립할 수 있도록 계획하는 것이 바람직하다.
② 공항 주변은 주택지로 이용하는 것이 아니라 버스, 트럭 등의 주차장 또는 터미널로 공원, 녹지, 운동장 등으로 사용하는 계획을 세워 공항 주변의 토지이용을 규제한다.

④ 공항 주변 건물의 방음화와 이전

1. 항공기의 소음대책

소음원의 완전 제거가 불가능하며 소음피해의 범위가 넓은 관계로 근본적인 대책을 실시하기가 곤란하다.

따라서 항공기 소음대책은 소음발생원의 측에서 행하는 대책 이외에 공항 주변 건물의 방음시설 설치 및 이전 등의 피해자 측의 대책도 필요하다.

2. 우리나라 항공법의 규정(「항공법 시행규칙」 제271, 272조)

① 소음대책

　㉠ 제1종 구역 안에 이주를 원하는 자가 있는 경우에는 이주대책을 수립·시행한다.

　㉡ 제1종 구역 안에 이주를 원하지 아니한 자와 제2종 구역 및 제3종 구역 안에는 방음시설을 설치하도록 하여야 한다.

② 소음 영향도에 따른 소음피해 또는 예상지역 구분

구분	구역	소음도(WECPNL)
소음피해지역	제1종 구역	95 이상
	제2종 구역	90 이상~95 미만
소음피해 예상지역	제3종 구역	80 이상~90 미만

5 활주로의 연장 또는 이전

① 기존 활주로를 인구가 밀집되지 않은 지역으로 연장하여 착륙지점을 이전하는 방법이다.

② 착륙지점이 인구밀집지역에서 멀어지면 소음을 경감할 수 있으며 기존 활주로를 폐쇄하고 인구가 밀집되지 않은 지역으로 활주로를 이전할 수 있다. 또한 기존 활주로의 폐쇄가 곤란할 경우에는 인구밀집지역에서의 운항횟수를 줄임으로써 소음을 경감한다.

6 완충녹지대, 방음림, 방음벽의 설치

공항과 인구밀집지역에 완충녹지대나 방음림을 설치하고 콘크리트나 흡음재를 이용하여 방음벽을 설치한다.

7 결론

그동안 여러 나라에서 나름대로의 기준을 갖고 항공기 소음을 평가하는 방법을 정립하여 왔는데 그중 WECPNL, NEF는 시간별 운항횟수를 감안하여 평가하며 주로 공항 주변의 소음레벨을 결정하는 지표로 사용된다.

30 여객 및 수화물의 승하차를 위한 터미널 커브(Curb)의 구성요소

1 개요

① 공항구역 내에는 에어사이드(Airside)와 랜드사이드(Landside) 외에 커브사이드(Curbside)가 또 있다.

② 커브사이드(Curbside)는 승객이나 화물이 여객터미널로 들어오거나 되돌아 나가는 지점으로 여객터미널 전면에서 승용차, 버스, 화물차 등이 터미널 출발장/도착장 입구에 잠시 정차할 수 있는 구역을 뜻한다.

③ 공항기본계획 수립단계에서 커브사이드(Curbside) 전면도로의 차로수 및 소요길이 등의 구성요소는 여객터미널의 교통시스템에 직접적으로 영향을 준다.

2 커브사이드의 구성요소

1. 터미널 전면도로

① 차로수 및 소요길이

  ㉠ 전면도로의 차로수는 터미널의 형태, 터미널 출입구의 수·간격, 항공사의 배치, 터미널 내부의 발권, 수화물 수취구의 위치·규모 등을 고려하여 결정

  ㉡ 전면도로의 소요길이는 추정교통량(공항 이용차량의 수요)에 대한 통과차로, 대기차로, 추월차로 등을 고려하여 결정

② 통과차로

  ㉠ 폭원 : 3.25m 기준

  ㉡ Curbside에서 정차하지 않는 통과교통을 위해 제공

③ 대기차로

  ㉠ 폭원 : 5.0m 기준(통과차로의 1.6배)

  ㉡ 도착차량이 정지하여 여객과 수화물의 승하차가 이루어지는 공간이므로, 보도 및 승강장과 인접하여 배치

2. 보도 및 승강장

① Curbside, 대기차로, 터미널 출입구 등의 사이에 배치

② 고령자, 장애인 등의 교통취약자에 대한 이용편의성 고려

3. 도로표지(방향표지, 구역표지)

① 공항 구내도로에서는 여객들에게 정확한 방향과 구역을 제시
② 항공사 이름, 버스정류장, 택시승강장 등의 도로표지를 설치

4. 횡단보도

① 차로 중앙에 교통섬이 설치된 횡단보도를 정차대 및 승강장으로 연결
② 보행자가 많은 구간에는 신호기를 설치하고, 필요에 따라 육교·지하차도 설치

5. 체크인시스템(Check-In System)

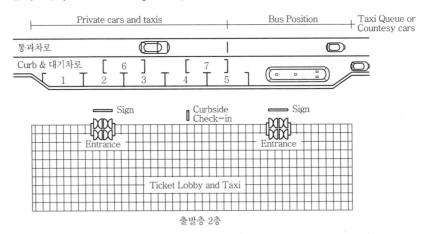

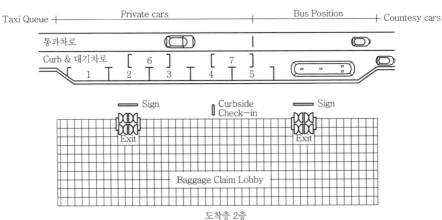

[여객터미널 전면의 Curbside 배치도]

① 수화물을 해당 항공사의 비행편까지 직송하는 Check-In System을 구축
② Check-In에 필요한 설비 : 수화물의 이동용 Check-In Desk, 운반용 카터

③ 향후 여객동선 단축, 운영인력 감축, 시설운영비 절감 등 경제성을 고려하여 수화물의 운반용 카터 대신 컨베이어 벨트로 확장 가능성을 고려

③ 커브사이드의 공간계획

1. 공간계획의 근거

① 정부의 공항기본계획을 근거로 커브이용의 우선순위, 대중교통과 개별교통의 대기장소 등 커브사이드의 공간을 결정
② 설계 일 피크시간의 예상교통량, 여객터미널의 배치형태 등을 근거로 여객 및 수화물 승하차를 위한 커브사이드의 차로수, 소요길이 등의 규모 결정

2. 공간계획의 기준

① 소형 공항에는 출발·도착 여객을 1개 커브만으로 계획하지만, 수요가 증가하면 출발·도착 여객을 수평 및 수직으로 분리
② 대부분 국가의 대형 공항에서는 대중교통(버스, 택시)과 개별교통(자가용, 렌터카)을 분리
③ 커브의 소요길이는 자동차의 형식, 길이, 수, 점유시간 등을 분석하여 결정

3. 공간설계의 기준

① 미국의 경우 자동차 1대당 커브의 소요길이는 자가용 승용차 7.5m, 택시 6m, 리무진 9m, 노선버스 15m 등(유럽 및 아시아 지역은 다름)
② 커브의 점유시간은 자가용 승용차에는 출발 1~2분/도착 2~4분, 택시에는 자가용보다 다소 짧다(리무진과 버스는 출발/도착 모두 5~15분 적용).
③ 커브의 차로폭은 5.4~6.0m 정도로 설치하여 직접적인 커브접근 정차 가능하도록 설계
④ 유럽 공항들은 여객 100만 명당 약 100m의 커브길이를 계획하며, 도착 여객이 일시 집중됨을 감안하여 도착커브와 출발커브의 길이비율을 6 : 4로 설계

④ 여객터미널

1. 교통시스템의 주요 기능

① **육상교통과의 접속** : 여객이 수화물을 지참하고 지상접근교통에서 수속지점까지 연결되도록 자동차 등이 순환, 주정차할 수 있는 커브사이드 기능
② **수속절차** : 여객이 도착·출발 및 환승하기 위하여 항공권 발급, 수화물 체크인, 수화물 환수, 좌석배정, 정부기관 심사(여권, 세관 및 검역) 등을 거치는 기능

③ 항공기와의 접속 : 수속절차를 거친 여객이 터미널에서 항공기 탑승 또는 항공기에서 터미널 도착까지의 활동이 이루어지는 기능

2. 육상교통과의 접속시설

① 지상접근교통에서 터미널의 하차지점 또는 항공기에서 터미널의 승차지점을 여객에게 제공하기 위한 출발 및 도착 커브사이드
② 여객 및 방문객이 사용할 수 있는 승용차, 택시, 리무진, 렌터카 및 대중교통 등의 단기 및 장기 주차장
③ 주변 도심지에서 터미널 커브사이드 및 주차장까지 접근할 수 있는 순환도로망, 고속도로 · 철도망, 공항시설 간의 내부도로망
④ 횡단보도, 터널, 교량, 자동승객운송시설(People Mover System, PMS) 등

3. 여객터미널과 커브사이드의 상관관계

① 기본적으로 공항계획 단계에서 여러 방법으로 산출된 Curbside의 소요길이 중에서 가장 긴 Curbside 길이를 채택한다.
② 여객터미널 길이보다 Curbside 길이가 더 긴 경우, 여객 특성을 세부적으로 분석하여 길이가 상호 조화되도록 배치계획을 조정한다.
③ 도착 · 출발 여객별로 각각 산출된 Curbside 길이는 여객터미널의 도착층, 출발층 또는 전체 건물의 길이와 비교하여 배치한다.
④ 도착층과 출발층이 분리되지 않은 단층터미널에는 도착 · 출발 여객별로 각각 산출된 Curbside 길이 중에서 긴 값을 적용한다.
⑤ 여객수가 많고 Curbside 길이가 매우 긴 경우, 자가용과 상업용 차량을 분리하여 정차대를 각각 배치하는 이중 Curbside로 설계한다.

5 커브사이드 배치계획 수립 시 고려사항

1. 여러 차종들의 이용 편의성

① 일반버스, 리무진버스, 전세버스 등의 차종별로 정차구역을 별도 지정하고 차량의 주정차 시간을 엄격히 통제한다.
② 택시승강장을 별도 지정하고 여객이 승차하면 즉시 출발하도록 통제한다.

2. 교통 혼잡을 고려하여 배치

① Curbside는 자가용 승용차, 택시, 리무진, 렌터카, 각종 버스 승객들의 승하차, 수화물의 적재 · 하역 등으로 항상 혼잡하다.

② Curbside에서 도착/출발 차량의 배정 및 정차기준을 아래와 같이 적용한다.
　㉠ Curbside의 대기차로를 항공사별로 지정하여 구역 배정
　㉡ Curbside에 도로표지를 설치하여 접근차량을 통제
　㉢ 여객터미널 출입구를 항공사별로 배정하여 동선을 분리

3. 대기차로 소요길이와 폭원 확보

① 대기차로는 여객과 수화물의 승하차가 이루어지는 공간이다.
② 설계목표연도의 첨두시간 동안에 발생되는 교통량을 지체 없이 처리할 수 있도록 대기차로의 소요길이와 폭원을 확보한다.

4. 대기차로에 차량 점유시간 제한

① 대기차로에서는 여객과 수화물의 승하차만 하고, 차량이 대기하거나 주정차하는 공간으로 사용을 금한다.
② 대기차로에서 각종 차량의 점유시간은 규정된 승하차에 필요한 시간을 초과하지 못하도록 엄격히 통제한다.
③ 지속적인 계측을 통하여 각 공항마다 여객과 수화물의 특성에 맞는 점유시간을 산정하고, 이를 혼잡도와 연계하여 배치한다.
④ 차량의 점유시간, 점유길이 등에 관하여 인근 공항의 교통현황조사를 실시하여 실제 Curbside의 운영실태를 반영한다.

[차종별 점유시간과 점유길이]

구분	평균 점유시간(분)		평균 점유길이 (m)
	출발	도착	
승용차	1~3	2~4	7.5
렌터카	1~3	2~4	7.5
택시	1~2	1~3	6.0
일반버스	2~4	2~5	10.5
리무진버스	2~5	5~10	15.0

5. 교통량에 따라 이중 커브사이드 배치

이용 차량별로 이중 Curbside를 배치하는 경우, 버스정류장, 택시승강장, 렌터카대기장 등을 별도로 지정하여 통제한다.

01

교통기술사

제110회 교통기술사 기출문제

[1교시] 다음 문제 중 10문제를 선택하여 설명하시오.(각 10점)

1. Choice Rider
2. 대중교통 Dwell Time
3. 보행교통류율
4. 공유교통(Shared Transport)
5. 보행환경개선지구 유형
6. 도로안전시설과 교통안전시설
7. 설계시간교통량과 설계시간계수
8. 보행자전용길
9. 방향유도 Color Lane
10. AVI와 DSRC 비교
11. 가변속도제어(Variable Speed Limit)시스템
12. PME와 PWE
13. 수요응답형교통체계(DRT, Demand Responsive Transport System)

[2교시] 다음 문제 중 4문제를 선택하여 설명하시오.(각 25점)

1. 교통안내표지 설치 시 고려사항에 대하여 설명하시오.
2. 통행시간가치 추정법의 종류 및 장단점에 대하여 설명하시오.
3. 회전교차로(Roundabout)와 로타리(Rotary)의 차이를 비교하고, 회전교차로의 기본 유형을 설명하시오.
4. 연속교통류의 3요소인 속도(u), 교통량(q), 밀도(k)의 관계에 있어서 통과교통량이 최대일 때 속도, 밀도에 대하여 설명하시오.
5. Carsharing Service에 있어서 Station Based Service와 Floating Car Service를 각각 설명하고, 성공적인 편도서비스(One-Way Service)를 위한 고려사항을 설명하시오.
6. 수단선택에서 자주 언급되는 비관련 대안의 독립성(IIA, Independence of Irrelevant Alternative Property)이란 무엇이며, Logit Model에서 어떤 잠재적 문제점으로 작용하는지와 극복방안에 대하여 설명하시오.

[3교시] 다음 문제 중 4문제를 선택하여 설명하시오.(각 25점)

1. 철도부문의 교통수요예측 시, 영향권 설정기준 및 절차에 대하여 설명하시오.

2. 주차상한제의 문제점과 개선방향에 대하여 설명하시오.

3. 지자체에서 수립하는 교통 관련 법정계획(도시교통정비기본계획, 지방대중교통기본계획, 지방교통약자이동편의증진기본계획, 지방교통안전기본계획)을 통합발주하는 경우 실효성에 대하여 논하시오.

4. 교통영향평가 지침(2016년)상의 건축시설, 사업 대상별 중점분석항목에 대하여 설명하시오.

5. 도로에 대한 통행시간 정시성 개념 및 관련 지표에 대하여 설명하시오.

6. 사업용 차량의 안전을 강화하기 위하여 장착한 DTG의 법적 근거, 기능, 한계 및 개선방안을 설명하시오.

[4교시] 다음 문제 중 4문제를 선택하여 설명하시오.(각 25점)

1. 도시교통정비 촉진법에 의한 교통영향평가업무를 수행 시, 사업시행에 따른 교통개선 대책을 수립함에 있어서 진·출입 동선 및 주차에 대한 중점개선항목을 설명하시오.

2. 도로 및 철도시설투자와 관련한 예비타당성조사와 타당성조사를 비교 설명하시오.

3. 우리나라 생활권도로의 교통안전을 위한 보행자보호제도(어린이, 노인, 장애인 등)와 보행자보호구역(보행자우선구역, 보행환경개선지구 등)에 대하여 설명하시오.

4. 우리나라 대중교통 용량산정 과정 중 버스의 정차면 용량산정 방안을 설명하시오.

5. 우리나라 자전거 이용시설 설치 및 관리 지침(2015년)에 따른 설계기준상 자전거의 제원을 설명하시오.

6. 수단분담 모형에서의 교통수단 선택요인과 모형별 장단점에 대하여 설명하시오.

제**111**회 교통기술사 기출문제

[1교시] 다음 문제 중 10문제를 선택하여 설명하시오.(각 10점)

1. 도로 입양(Adopt-a-Highway)
2. Hyperloop
3. Smart City
4. LEZ(Low Emission Zone)
5. 드론택시
6. 클라우드 버스정보시스템(Cloud BIS)
7. 자율주행자동차 기술단계(Level 0~4)
8. PPP(Public-Private Partnership)
9. MaaS(Mobility as a Service)
10. 모듈화된 개인형 고속 대중교통(Modularized Personal Rapid Transit)
11. LCS(Lane Control System)
12. 에코 드라이브존(Eco-Drive Zone)
13. 무장애(Barrier-Free) 공간

[2교시] 다음 문제 중 4문제를 선택하여 설명하시오.(각 25점)

1. ITS(Intelligent Transportation System)와 C-ITS(Cooperative ITS)를 비교하여 설명하시오.
2. 최근에 도입을 검토하고 있는 도심 제한속도 하향조정 정책의 필요성을 우리나라 현황 및 해외사례를 통해 제시하고 정책의 주요 내용에 대하여 설명하시오.
3. 4단계 교통수요 예측 시 Calibration의 개념, 통행배정의 Validation과 보정방법에 대하여 설명하시오.
4. 신호교차로 서비스 수준 결정 시 MOE에 대하여 서술하고 V/C 비율을 MOE로 사용할 경우의 문제점을 설명하시오.
5. 우리나라의 현재 교통사고 응급구조시스템의 구성 및 문제점에 대하여 설명하시오.
6. 예비타당성조사의 분석내용 및 방법에 대하여 설명하시오.

[3교시] 다음 문제 중 4문제를 선택하여 설명하시오.(각 25점)

1. 최근 도심 신호운영에서 확대되고 있는 앞막힘(Spillback) 예방제어에 대하여 설명하시오.

2. 도로상의 교통사고 잦은 곳 선정방법에 대해 사고건수 및 사고율에 의한 방법과 사고 심각도에 의한 방법으로 분류하여 각각에 해당하는 방법을 2가지 이상 제시하여 설명하시오.

3. 버스운영체계(민영보조제, 준공영제, 유상공영제, 무상공영제)의 종류와 장단점에 대하여 설명하시오.

4. On-Demand의 개념과 국내 및 해외 사례에 대하여 설명하시오.

5. 도로설계의 일관성과 설계구간을 도로설계의 주요소인 설계속도, 설계서비스 수준과 관련하여 설명하시오.

6. 잠재가격(Shadow Price)의 정의, 잠재가격을 고려한 경제성 분석 수행이유, 적용대상에 대하여 설명하시오.

[4교시] 다음 문제 중 4문제를 선택하여 설명하시오.(각 25점)

1. 차량검지기(Vehicle Detection System)를 매설 유무에 따라 2가지 형태로 구분하여 각각에 해당되는 검지기 종류 및 특성을 설명하시오.

2. 현행 지정차로제의 문제점과 경찰청에서 추진 중인 제도 개선방안(도로교통법 시행규칙개정령안 입법예고-경찰청 공고 제2017-2호, 2017.01.06.)에 대하여 설명하시오.

3. 저비용항공사(Low Cost Carrier)의 개념과 종류 및 운영에 대하여 설명하시오.

4. 국가(국토교통부장관)가 수립하는 대중교통기본계획, 교통안전기본계획, 교통약자이동편의 증진계획, 지능형 교통체계 기본계획에 대해서 각각에 대한 근거법률, 계획기간, 계획에 포함되어야 할 주요 내용에 대하여 설명하시오.

5. Captive Rider와 Choice Rider의 특징에 대하여 설명하시오.

6. 저탄소 녹색성장을 위한 교통전략을 수립하고자 할 경우 교통체계의 저탄소화 전략과 탄소관리 교통체계 전략을 중심으로 적용할 수 있는 기법에 대하여 설명하시오

제113회 교통기술사 기출문제

[1교시] 다음 문제 중 10문제를 선택하여 설명하시오.(각 10점)

1. PIEV 과정의 요소
2. 빌리지 존(Village Zone)의 정의 및 적용교통시설의 종류
3. 복합운송(Multimodal Transport)
4. PM(Personal Mobility)의 개념 및 종류
5. 유료도로법상의 통합채산제 및 그 주요 의미
6. 신규 교통시설에서 나타나는 램프업(Ramp-up) 현상
7. 도류로의 곡선반지름 및 폭원
8. 혼잡한 유료도로가 공공재인지 여부와 판단근거
9. BPR과 Conical 함수
10. 신호등에서 링-배리어 다이어그램(Ring-Barrier Diagram)
11. 신호교차로에서의 스필오버(Spillover) 현상
12. 도로교통법상의 길가장자리구역에서 의무/금지
13. 안전속도 5030의 정의 및 기대효과

[2교시] 다음 문제 중 4문제를 선택하여 설명하시오.(각 25점)

1. 보행환경 개선사업의 효과평가 절차 및 평가항목에 대하여 설명하시오.
2. 도로와 철도 간의 공정한 경쟁을 위한 균등기초(Equal Footing)이론에 대하여 설명하시오.
3. 도착교통류율이 꾸준히 5,000대/시이고, 최대 통과가능교통류율이 6,000대/시로 운영 중인 특정 도로지점이 있다. 그러나 당해 지점에서 교통사고가 발생하여 0.75시간 동안 최대 통과가능교통류율이 4,000대/시로 줄었다가 다시 최대 통과가능교통류율이 6,000대/시로 회복되었다.
   1) 위 교통상황을 설명하는 대기행렬 다이어그램(Queueing Diagram)을 그리시오.
   2) 교통사고 발생 이후 대기행렬이 해소되는 데까지 소요된 시간에 대한 계산과정을 설명하시오.

    3) 최대 대기행렬 길이에 대한 계산과정을 설명하시오.

    4) 대기행렬을 경험한 총차량대수에 대한 계산과정을 설명하시오.

4. 입체교차로 설계 시에 접속단 간의 최소 이격거리를 설명하시오.

5. 도로법에 의한 지선국도와 지정국도의 개념, 선정기준, 도입효과에 대하여 설명하시오.

6. 국내 고속도로 통행요금체계인 이부요금제의 도입배경을 설명하고, 그 개념과 장단점을 다른 요금제와 비교하여 설명하시오.

[3교시] 다음 문제 중 4문제를 선택하여 설명하시오.(각 25점)

1. 전국화물통행실태조사의 개요, 조사내용 및 활용방안에 대하여 설명하시오.

2. 잠재선호(SP, Stated Preference)조사의 개념, 장점, 한계(잠재오차) 및 조사방법에 대하여 설명하시오.

3. 입체교차 계획의 기본적인 고려사항과 인터체인지의 배치기준, 위치선정에 대하여 설명하시오.

4. 다음 병목지점에서 교통류 충격파 ①, ②, ③, ④에 대하여 명칭, 발생원인, 방향, 속도와 기타 특성을 설명하시오.

    ※ 충격파 조건 : 충격파는 후방 2km까지 전달되었고, 2번 충격파는 30분, 3번 충격파는 40분, 4번 충격파는 40분간 지속되었다.

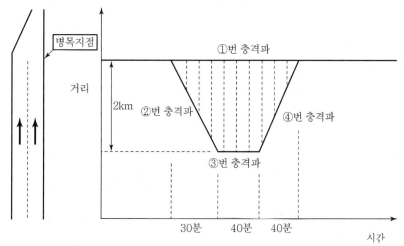

5. 자율주행상황에서 필요한 도로인프라, 차량 등 각 요소 간에 주고 받는 정보를 상세히 구분하여 설명하시오.

6. 신호교차로의 마찰종류와 노변마찰로 인한 포화차두시간 손실(LH)에 대하여 설명하시오.

[4교시] 다음 문제 중 4문제를 선택하여 설명하시오.(각 25점)

1. 교차로의 안전도를 측정하기 위한 방법인 교통상충기법(Traffic Conflict Technique)에 대하여 설명하시오.

2. 아래 그림은 특정구간의 연속된 교통량–속도 관계그림이다. 흑색 원형점은 전반부 8분의 관측값을 나타내고, 흰색 원형점은 이어진 후반부 5분의 관측값을 나타낸다.
   1) A, B, C, D 위치에서 전반부와 후반부 교통류 특성과 지정체 상황을 설명하시오.
   2) B위치의 교통량–속도 관계 그림에서 교통량과 용량이 같은 상태(최대 통과율이 관측되는 상태)가 나타나지 않는 이유를 설명하시오.
   3) B위치에서 교통량과 용량이 같은 상태가 되도록 하는 전후 구간(A와 C)에서의 교통류 및 차로 조건을 설명하시오.

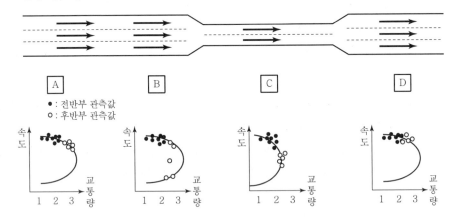

3. 다음 조건의 신축 복합용도시설이 교통영향평가 수립 대상인지 여부를 판단하고, 교통영향평가서를 작성할 경우 항목별 범위와 중점평가항목에 대하여 설명하시오.

시설명	용도별 시설규모	각 용도별 수립대상 최소기준
판매시설(상점)	건축연면적 3,000m²	건축연면적 11,000m² 이상
업무시설(일반)	건축연면적 8,000m²	건축연면적 25,000m² 이상
문화집회시설(영화관)	건축연면적 2,000m²	건축연면적 15,000m² 이상
근린생활시설(제2종)	건축연면적 2,000m²	건축연면적 15,000m² 이상

4. BTO(Build–Transfer–Operate) 방식의 민간투자사업에서 적격성 조사 시 수행하는 VFM(Value for Money) 분석의 개념 및 분석방법을 설명하시오.

5. 교통수요 예측 시 수단선택모형을 정산하는 방법으로서, 점진적 로짓모형과 가법적 로짓모형에 대하여 설명하시오.

6. 「자전거 이용 활성화에 관한 법률」에서의 전기자전거에 대한 정의 및 주요 내용과 그로 인해 기대되는 효과를 설명하시오.

제114회 교통기술사 기출문제

[1교시] 다음 문제 중 10문제를 선택하여 설명하시오.(각 10점)

1. 엔트로피 극대화(Entropy Maximization) 통행분포모형
2. 다익스트라 알고리즘(Dijkstra Algorithm)
3. 차량 검지기(Vehicle Detector) 종류
4. 고속도로 교통관리 시스템(FTMS, Freeway Traffic Management System)의 구성요소
5. On-Demand Ridesharing
6. 시내버스 준공영제
7. 도시교통정비지역 및 교통권역
8. 4자 물류(4PL, 4th Party Logistics)
9. 평면교차로의 시거
10. ex-HUB
11. 앞지르기 시거
12. 특정 경사 구간
13. eCall

[2교시] 다음 문제 중 4문제를 선택하여 설명하시오.(각 25점)

1. 도로상의 교통사고를 원인별로 분석하고 그 대책에 대하여 설명하시오.
2. 황색신호시간의 필요성과 산정방법을 설명하고, 황색신호가 6초 이상인 경우 신호운영방안을 설명하시오.
3. 대중교통망에 적용되는 통행배정 모형을 설명하시오.
4. 교통표지판의 종류, 설치위치 및 설치 시 고려해야 할 사항에 대하여 설명하시오.
5. 연결로 변이구간에서 터널 입구까지의 소요 이격거리 산정방법을 설명하시오.
6. 최근 서울시에서 「지속가능교통물류발전법」에 근거하여 지정한 '녹색교통진흥 특별대책지역'에 대하여 설명하시오.

[3교시] 다음 문제 중 4문제를 선택하여 설명하시오.(각 25점)

1. 도시지역의 기종점통행량(OD) 구축을 위해 필요한 교통조사를 제시하고 각각의 조사 방법, 조사내용, 활용방법에 대하여 설명하시오.
2. 버스전용차로의 종류별 특성과 장단점에 대하여 설명하시오.
3. 연결로 접속단의 설계 시 고려사항을 설명하고, 유입·유출을 4개 유형으로 구분하여 노즈에서 노즈까지의 최소 이격거리를 제시하시오.
4. 교차로에서 교통사고를 줄이기 위한 방법에 대하여 설명하시오.
5. Greenshields의 모형을 이용하여 교통류 특성(교통량, 밀도, 속도의 관계)을 제시하고, 모든 차량이 자율주행차량인 경우 교통류 특성이 어떻게 변화하게 될지 설명하시오.
6. 방호울타리를 형식별로 구분하여 각각의 장단점과 적용방안에 대하여 설명하시오

[4교시] 다음 문제 중 4문제를 선택하여 설명하시오.(각 25점)

1. 보행자도로 서비스 수준 산정방법 및 장래 보행자도로의 폭원(幅員)을 결정하기 위한 방법에 대하여 설명하시오.
2. 교차로 설계 시 최적 신호운영체계를 구축하기 위한 방법과 절차에 대하여 설명하시오.
3. 설계시간계수(K)의 정의와 국내에서 일반적으로 적용되는 산출방법을 설명하고, 도로 유형별, 지역별 적용 범위를 설명하시오.
4. 국가교통DB센터에서 제공하는 기종점통행량(OD)의 한계를 제시하고, 주말 및 여가 수요 예측 시 활용방안을 설명하시오.
5. 동적경로안내시스템(Dynamic Route Guidance System, DRGS)을 정의하고 유형별 특성에 대하여 설명하시오.
6. 도시첨단물류단지의 계획방법에 대하여 설명하시오.

제116회 교통기술사 기출문제

[1교시] 다음 문제 중 10문제를 선택하여 설명하시오.(각 10점)

1. Parklet의 개념과 특징
2. 전기자전거에서 PAS 방식과 Throttle 방식
3. 넛지효과(Nudge Effect)의 개념과 교통부문에 적용 사례
4. 교통영향평가 변경심의 대상 조건
5. 카셰어링(Car-Sharing)과 카헤일링(Car-Hailing), 라이드셰어링(Ride-Sharing)
6. 측방회복가능영역(Clear Zone)
7. 비용효과분석법
8. 원톨링(One Tolling)과 스마트톨링(Smart Tolling)
9. Eco-Driving
10. 도시부도로 특성 지수
11. 스마트워크(Smart Work)의 개념 및 유형별 특징
12. 지하철 표정속도
13. 길어깨 요철띠(Shoulder Rumble Strip)의 기능과 효과

[2교시] 다음 문제 중 4문제를 선택하여 설명하시오.(각 25점)

1. 분석적 계층화법(AHP)의 개념을 '교통시설 투자평가지침'상 종합평가 수행방법의 관점에서 설명하시오.
2. 정부와 민간이 투자위험을 분담하여 민간투자를 유치할 수 있도록 '민간투자사업 기본계획'에서 제시한 수익형 민자사업의 투자위험 분담방안(BTO-rs)에 대하여 설명하시오.
3. 버스시설 용량을 분석하는 여러 요소들 중 차내 용량, 운행간격 및 운행시간, 정차면 용량, 정류장 용량의 네 가지 요소를 설명하시오.
4. 도로 과투자 해소대안으로 「2+1」 차로제가 운영 중에 있는데, 「2+1」 차로제의 필요성 및 적용 시 검토사항에 대하여 설명하시오.

5. 우리나라와 외국 간 FTA 체결이 증가함에 따른 물류분야의 영향 및 대응방안에 대하여 설명하시오.

6. '자전거 이용시설 설치 및 관리지침'에서 제시하는 자전거 우선도로의 개념, 설치방법, 설치기준에 대하여 설명하시오.

[3교시] 다음 문제 중 4문제를 선택하여 설명하시오.(각 25점)

1. ITS 설계 시 ITS 시스템을 구상하기 위한 절차와 각 단계별 주요 내용을 설명하시오.

2. 물류기업의 형태인 제1자물류(1PL, 자가물류), 제2자물류(2PL, 자회사물류), 제3자물류(3PL), 제4자물류(4PL)를 구분하여 설명하시오.

3. 자연친화적 도로의 새로운 패러다임에 대하여 설명하시오.

4. 회전교차로의 운영원리, 계획 및 전환기준, 설계 기본원리에 대하여 설명하시오.

5. 최근 개정된 교통안전법 및 교통안전법시행령의 '교통시설안전진단'의 주요 내용을 설명하시오.

6. 수도권의 광역화에 따라 서울도심과 신도시를 연결하는 광역철도를 보다 효율적으로 운행하기 위해 기존 전철에 급행열차를 도입하여 운행하는 방안에 대하여 설명하시오.

[4교시] 다음 문제 중 4문제를 선택하여 설명하시오.(각 25점)

1. 4차 산업혁명에 대응하여 스마트모빌리티(Smart Mobility) 활성화를 위한 교통정책방향에 대하여 설명하시오.

2. 미세먼지 저감을 위한 교통부문 대책에 대하여 설명하시오.

3. 성과관리기법(Project Design Matrix, PDM)에 대하여 설명하시오.

4. 고속도로 광역버스 입석금지에 관한 정책논란과 대책에 대하여 설명하시오.

5. 보행우선구역사업의 계획 및 설계에 대하여 설명하시오.

6. 중량 2,000kg인 차량 A가 급제동하여 20m의 스키드마크를 발생하여 미끄러지다 역방향으로 마주오던 동종차량인 차량 B와 정면충돌 후 차량 A의 진행방향으로 한 덩어리가 되어 10m 이동 후 정지하였다. 다음 물음에 답하시오.

> [조건]
> • 운전자의 인지반응시간 1.0초
> • 스키드마크 발생구간의 견인계수는 0.8
> • 충돌 후 한 덩어리가 되어 20m 미끄러지는 동안 견인계수는 0.2
> • 충돌 후 한 덩어리가 되어 같은 속도가 될 때까지 속도변화를 유효충돌속도라 하며, 이는 차량을 고정 장벽에 충돌시켰을 때의 속도변화와 같은 것으로 간주한다.
> • 사고 후 차량 A와 차량 B의 파손부위 크기를 조사하여 파손에 소모된 에너지를 산출한 결과 차량 A는 고정 장벽을 45km/h로 충격한 것과 같고, 차량 B 역시 고정 장벽을 45km/h로 충격한 것과 같은 것으로 조사되었다.

1) 충돌 후 속도(km/h)를 구하시오.

2) 차량 A와 차량 B의 충돌 시 속도(km/h)를 구하시오.

3) 차량 A의 제동 시 속도(km/h)를 구하시오.

4) 차량 A 운전자가 충돌위험을 인지할 때 진행위치를 설명하시오.(충돌지점 기준)

5) 차량 A 운전자가 충돌위험을 인지한 지점에서 차량 B와의 거리를 구하시오.
   (차량 B는 충돌 전 등속도로 진행한 것으로 간주)

제117회 교통기술사 기출문제

[1교시] 다음 문제 중 10문제를 선택하여 설명하시오.(각 10점)

1. 대중교통의 정의
2. 디지털운행기록계(Digital Tacho Graph)
3. 섀도구간(Shadow Section)
4. 광역 BIS(Bus Information System)
5. 특정일 하루(24시간) 조사교통량을 연평균일교통량(AADT)으로 환산하는 방법
6. 긴급제동시설(Emergency Escape Ramp)
7. 협력형 ITS(C-ITS)
8. 매몰비용 효과(Sunk Cost Effect)
9. 교통혼잡 특별관리구역의 지정기준
10. 교차로 상충의 유형 및 접근로 수와의 관계
11. 버스노선의 중복도(Route Duplication)와 굴곡도(Route Directness)
12. 델파이 기법(Delphi Method)
13. 가속소음

[2교시] 다음 문제 중 4문제를 선택하여 설명하시오.(각 25점)

1. 고속도로의 진입램프에서 독립적인 램프미터링 시스템(Ramp Metering System)을 운영하고자 한다. 현장시스템 구성요소들(Components)의 배치(Layout)를 하나의 그림에 표현하고, 각 구성요소의 명칭과 기능을 설명하시오.
2. 교통 정온화 기법을 교통규제 및 물리적 시설에 의한 방법으로 구분하여 설명하시오.
3. 인구 20만 규모의 도시에서 버스노선체계 개선사업 수행업무를 1) 목적, 2) 목표, 3) 추진전략, 4) 현황조사, 5) 개선대책 순으로 설명하시오.
4. 국토교통부 교통조사지침에 따른 교통시설물조사의 개념 및 조사종류별 조사대상을 설명하시오.
5. 현행 예비타당성조사에 적용하고 있는 분석적 계층화법(Analytical Hierarchy Process, AHP)에 대하여 설명하시오.

6. 다음 그림과 같은 조건에서 중앙버스전용차로의 버스정류장을 설치하고자 할 때, 정 차면 부족으로 대기해야 할 확률이 5% 이내가 되도록 버스정차면 최소 규모를 제시하고, 이 경우의 평균 대기시간, 평균 대기대수에 대하여 설명하시오.

[조건]
버스는 1시간에 48대 도착, 1대당 정류장에 15초 정차
적용모형은 $P^n = \rho^n \times (1-\rho)$를 사용
여기서, P_n은 버스정류장에 n대의 버스가 정차되어 있을 확률이고, ρ는 교통강도(traffic intensity)로서 도착률÷서비스율

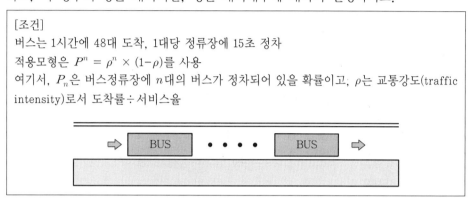

[3교시] 다음 문제 중 4문제를 선택하여 설명하시오.(각 25점)

1. 고속도로 입체교차로(IC) 본선상에 설치되는 집산로에 대하여 설명하시오.

2. 국내 민간투자사업에서 새로운 사업방식인 위험분담형(BTO-rs), 손익공유형(BTO-a)이 도입된 배경을 제시하고, 각각의 특성을 기존 BTO방식과 비교하여 설명하시오.

3. 신축 건축물의 용도별 구성비가 다음과 같을 경우에, 1) 교통영향평가 대상 여부, 2) 교통량 조사범위, 3) 첨두 요일 결정, 4) 중점평가항목에 대하여 설명하시오.

시설명	신축 사업규모	각 용도별 최소기준
판매시설(백화점)	건축연면적 18,000m^2	6,000m^2 이상
업무시설(일반업무)	건축연면적 25,000m^2	25,000m^2 이상

4. 고속도로 교통류의 Local Stability와 Asymptotic Stability를 설명하고, 군집주행(Platooning)과의 관련성을 논하시오.

5. 미국교통부(USDOT)와 국제자동차공학회(SAE International)에서 규정한 자율주행차 기술단계를 Level 0부터 Level 5까지 비교하여 설명하시오.

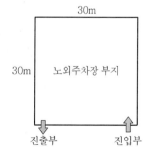

6. 진·출입구가 분리되어 있는 가로 30m, 세로 30m의 노외주차장에 주차면을 배치하는 다양한 방식에 대하여 설치기준, 특징 및 장단점을 설명하고, 개략적인 주차장 설계도면을 제시하시오.

[4교시] 다음 문제 중 4문제를 선택하여 설명하시오.(각 25점)

1. 우리나라 도로용량편람에 제시된 대중교통의 서비스 수준 분석 및 용량산정을 위한 효과척도와 분석절차를 각각 설명하시오.

2. 보행자와 자동차의 상충을 감소시키고 보행자의 안전 및 이동성을 증진시키기 위한 전략을 설정하고, 전략별로 적용 가능한 대책을 설명하시오.

3. 교통 관련 법정계획 중에서 도시교통정비기본계획, 지방대중교통기본계획, 보행안전 및 편의증진기본계획의 수립근거 및 수립주기, 주요 내용 및 승인절차 등에 대하여 설명하시오.

4. 통행배정 문제 중 시스템 최적화(System Optimization, SO) 모형식을 쓰고, 사용자 평형(User Equilibrium, UE) 알고리즘을 이용하여 손쉽게 풀 수 있는 방안을 설명하시오.

5. 일부 개발사업의 지구 내 아파트(공동주택)에 대한 교통영향평가 시행 면제에 대한 정책적 논란과 대책을 설명하시오.

6. ○○시에서 도시철도 2호선 건설사업을 추진 중이다. 최근 ○○시의 A지역에서 확정된 노선을 우회하도록 요구하고 있다. 예상되는 상황이 다음과 같고 공사비 증가분을 무시한다고 가정할 때, 통행자의 경제성 측면에서 노선변경을 하는 것이 유리한지 여부에 대하여 설명하시오.

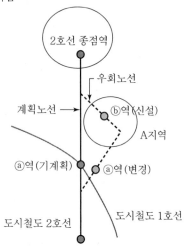

> 1) 2호선 노선이 A지역으로 우회하면 기 확정된 계획에 비해 노선연장이 약 1km가 늘어남
> 2) 기 확정된 2호선 노선은 기존 1호선과 ⓐ역에서 환승하도록 계획되어 있으나 우회노선은 역사 위치가 변경되면서 환승거리가 약 200m 늘어남
> 3) 2호선 종점역이 위치한 지역에는 인구가 약 10만 명이 거주하고 있고 도시철도 2호선 이용인구는 20%로 가정함
> 4) 노선우회로 혜택을 받는 A지역(거주인구 약 8만 명 가정) 주민은 신설되는 ⓑ역 주변에 거주하는 약 2만 명 정도로 추산되고, 2호선 이용인구는 종점지역과 동일한 20%로 가정함
> 5) 2호선 노선이 A지역으로 우회하게 되면 이용주민의 보행거리가 약 500m 단축됨
> 6) 1호선과 환승하는 2호선 이용객은 1일 1만 명으로 추정됨
> 7) 2호선의 표정속도는 30km/h, 통행시간 가치는 200원/분/인, 평균보행속도는 4km/h로 가정함

제119회 교통기술사 기출문제

[1교시] 다음 문제 중 10문제를 선택하여 설명하시오.(각 10점)

1. 개인형 이동수단(Personal Mobility)과 단거리 이동수단(Micromobility)
2. 다차로 도로의 유형
3. 국가교통DB의 도로 통행비용함수
4. Greenberg의 속도-밀도 및 교통량-밀도 모형
5. 비관련대안의 독립성(Independence of Irrelevant Alternatives)과 극복방안
6. BRT(Bus Rapid Transit) 기반시설의 구성요소
7. 교통영향평가 지표
8. 대도시권광역교통위원회
9. PPLT(Protected/Permitted Left Turn)
10. Braess's Paradox
11. 에코존(Eco Zone)
12. 버스정류장의 위치
13. 역류차로제

[2교시] 다음 문제 중 4문제를 선택하여 설명하시오.(각 25점)

1. 도로용량편람상의 회전교차로를 유형별로 구분하고 기본유형의 서비스 수준 분석방법을 설명하시오.
2. 고속도로에서 발생하는 유령정체(Phantom Traffic Jam) 현상을 정의하고 원인 및 해결방안을 설명하시오.
3. 교통영향평가 지침(2016년)상의 도시개발사업, 택지개발사업 등 대규모사업의 중점 분석 항목에 대하여 설명하시오.
4. 도로사업의 타당성 평가 시 교통수요예측의 분석 영향권 설정방법에 대하여 설명하시오.
5. 교통수단의 운행에 수반되는 소음의 발생원인과 대책에 대하여 설명하시오.
6. 경량전철(Light Rail Transit)의 종류별 특징과 장단점에 대하여 설명하시오.

[3교시] 다음 문제 중 4문제를 선택하여 설명하시오.(각 25점)

1. 우리나라의 지역 간 여객 기종점통행량(O−D) 구축에 필요한 교통조사의 종류를 제시하고 각각의 조사내용, 조사방법, 활용방안에 대하여 설명하시오.
2. '교통시설 투자평가지침'상 복합환승센터의 교통수요예측 방법 및 편익산정방법을 설명하시오.
3. 대중교통 전용지구(Transit Mall) 도입 시 고려사항 및 기대효과에 대하여 설명하시오.
4. 안전속도 5030정책의 필요성 및 추진방안에 대하여 설명하시오.
5. 회전부 도로를 주행하는 차량의 안전을 위하여 필요한 완화곡선과 완화구간에 대하여 설명하시오.
6. 대중교통의 정의와 종류별 특성을 설명하시오.

[4교시] 다음 문제 중 4문제를 선택하여 설명하시오.(각 25점)

1. 도로의 공사구간을 구분하고 설계속도 100kph인 고속국도 공사구간의 용량을 산정하는 방법을 설명하시오.
2. 차량추종(Car−following) 이론을 제시하고 이를 자율주행차량에 적용하는 방안에 대하여 설명하시오.
3. 버스정보 시스템(Bus Information System), 버스운행관리 시스템(Bus Management System)에 대하여 설명하시오.
4. 3기 신도시 광역교통대책에 대하여 기존 1기 및 2기 신도시와 비교하여 설명하시오.
5. 도로용량편람상 자전거 도로의 유형을 분류하고 서비스 수준을 분석하는 방법에 대하여 설명하시오.
6. 평면교차로에서의 교통안전을 위한 시거 산정방법과 평면교차로 설계 시 기본원칙에 대하여 설명하시오.

제120회 교통기술사 기출문제

[1교시] 다음 문제 중 10문제를 선택하여 설명하시오.(각 10점)

1. 교통신호제어를 위한 주요 제어변수
2. 도시고속도로 교통관리시스템의 본선제어 및 램프제어
3. 개별건축물의 주차수요 추정방법별 장단점
4. 라운드어바웃(Roundabout) 교차로의 용량결정 요소
5. 교통혼잡 시 외부효과
6. 보행자 우선 출발신호(Leading Pedestrian Interval, LPI)
7. 교통시뮬레이션에서 Micro Simulation과 Macro Simulation
8. 도시 및 교외 간선도로의 정의와 차량운행 시 영향요소
9. ICD(Inland Clearance Depot)
10. 일명 '민식이법'(어린이보호구역 관련 「도로교통법」) 개정내용
11. 정주기 신호와 감응식 신호의 개념 및 장점
12. 국제개발협력 개발재원의 지원방법, 형태, 내용
13. 일방통행 적용을 위한 고려사항

[2교시] 다음 문제 중 4문제를 선택하여 설명하시오.(각 25점)

1. 민간투자사업의 경제적 타당성평가와 재무적 타당성평가를 비교하고, 평가방법에 대하여 설명하시오.
2. 통행단 수단분담(Trip-End Modal Split)모형과 통행교차 수단분담(Trip-Interchange Modal Split)모형에 대하여 설명하시오.
3. 제4차 산업혁명 기술 중에서 스마트모빌리티(Smart Mobility)에 속하는 1) 자율주행 교통서비스, 2) 공유형 교통서비스, 3) 통합모빌리티(MaaS) 교통서비스에 대하여 각각 간략히 설명하고, 기술 혁신에 따른 교통 여건의 긍정적·부정적 변화와 이에 대응하기 위한 전략에 대하여 기술하시오.
4. 도로망체계의 종류와 장단점에 대하여 설명하시오.
5. 도로안전진단 시 진단실시자가 고려해야 하는 교통안전원칙의 요소와 내용에 대하여 설명하시오.

6. 최근 국내외에서 도시교통문제를 해결하기 위한 핵심사업으로 추진하고 있는 간선급
행버스체계(BRT)를 다음과 같은 조건으로 운영하기 위한 표정속도, 배차간격, 운행
대수 등 운행계획을 수립하고 승용차 대비 경쟁력을 높이기 위한 전략을 제시하시오.

> [조건]
> 1) 외곽 시점(차고지)에서 도심 종점 간 운행거리 : 15km
> 2) 버스승강장 : 상행/하행 각각 21개소
> 3) 도로의 제한속도 : 50km/h
> 4) 버스승강장 간 지체시간 : 2분(승하차 및 교차로 지체 포함)
> 5) 도심 종점에서 회차에 소요되는 시간 : 4분
> 6) 차고지에서의 주유, 휴식, 대기시간 : 20분
> 7) 오전 첨두시 도심방향 최대재차인원 : 1,200명/시/방향
> 8) 버스의 차내용량 : 60인/대(정원 45인의 LOS E 수준인 혼잡률 133% 적용)

[3교시] 다음 문제 중 4문제를 선택하여 설명하시오.(각 25점)

1. 교통기술사로서 아파트단지 교통영향평가 과정에서 숙지해야 될 각종 법·제도에 대
하여 평가 수행단계별로 기술하시오.

2. 개별행태모형의 기본 이론과 분석과정에 대하여 설명하시오.

3. 생활도로구역의 정의, 특징 및 문제점을 기술하고, 교통정온화(Traffic Calming)를
활용한 교통규제별(속도, 통행, 노상주차) 적용기법에 대하여 설명하시오.

4. 『지속가능 교통물류발전법』에 의거하여 실시하고 있는 녹색교통진흥지역 특별종합대
책에 대하여 설명하시오.

5. 신축건물의 진·출입구 개설 시 계획되는 교차로와 인접교차로 간 최소간격에 대하여
설명하시오.

6. 그림과 같이 운영 중인 세갈래교차로(왕복 2차로인 도시지역 국지도로 2개가 교차)의
문제점을 파악하고 개략적인 개선안도를 곁들여 '평면교차로 설계지침(국토교통부,
2015)'을 반영한 개선방안에 대하여 설명하시오.

> 〈설계의 기본원칙〉
> 가. 다섯 갈래 이상의 교차로 설치 지양 나. 교차각은 가급적 직각(75~105도 이내)
> 다. 엇갈림, 굴절교차 등 변형교차는 지양 라. 교통류의 주종관계를 명확히 제시
> 마. 서로 다른 교통류는 분리 바. 자동차의 유도로를 명확히 제시
> 사. 교차로의 면적은 가능한 한 최소화 아. 교차로 구조와 교통운영이 조화
> 자. 각종 교통안전시설의 설치에 유의

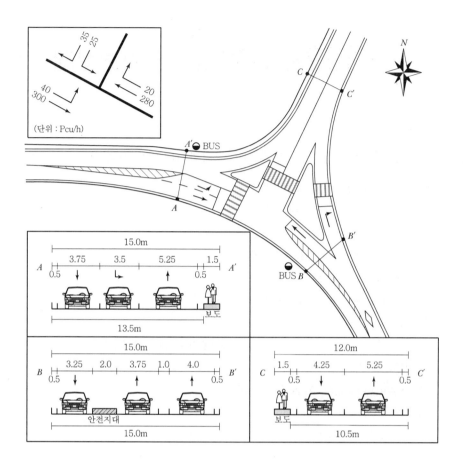

[4교시] 다음 문제 중 4문제를 선택하여 설명하시오.(각 25점)

1. 공공교통시설의 신설 또는 확장 시 수행하는 타당성평가의 목적, 수립대상 및 시기, 점검절차, 편익항목(도로에 한정), 종합평가에 대하여 설명하시오.

2. 다인승차량으로 교통수요를 전환시킬 수 있는 교통수요관리기법에 대하여 설명하시오.

3. '대도시권 광역교통위원회'의 설치 배경 및 목적, 구성 및 역할 등에 대하여 설명하시오.

4. 거주자 우선주차제의 도입배경과 전개과정 그리고 최근의 개선방향에 대하여 기술하시오.

5. 엇갈림구간의 개념과 엇갈림교통류 특성에 영향을 미치는 기하구조적 요소에 대하여 설명하시오.

6. 현재 도시철도시스템이 구축되어 있지 않고, 승용차 분담률이 대중교통분담률보다 높은 인구 50~100만 명 규모의 A도시는 지속가능한 도시환경을 조성하기 위하여 새로운 대량수송체계(Mass Transit System) 구축을 검토하고 있는 중이다. A도시에서는 이미 교통현황조사, 교통수요예측, 노선대 선정 등을 완료하였으나 최적대중교통수단 유형을 결정하지 못하고 있다. A도시의 의사결정을 지원하기 위해 고려하여야 할 요소와 최적시스템 선정방법 등 추진전략을 기술하시오.

제122회 교통기술사 기출문제

[1교시] 다음 문제 중 10문제를 선택하여 설명하시오.(각 10점)

1. 차량의 주행성능과 주행저항
2. TOD(Transit Oriented Development)
3. 측도(Frontage Road)
4. 표본 설계를 위한 표본추출방법
5. All-or-Nothing법
6. 단기교통계획과 장기교통계획의 특성
7. ex-HUB
8. 초기년도 수익률(First Year Rate of Return, FYRR)
9. WIM 검지기(Weigh in Motion Detector)
10. PAV(Personal Aerial Vehicle)
11. 가속소음
12. 황색시간 결정방법
13. APTS(Advanced Public Transportation System)

[2교시] 다음 문제 중 4문제를 선택하여 설명하시오.(각 25점)

1. 2차로 도로의 효율적인 운영 및 개량시설 설치방안에 대하여 설명하시오.
2. 위험도로(사고다발지점) 선정방법에 대하여 설명하시오.
3. 2020년 개정된 교통조사지침의 주요 내용을 기술하고, 지침에서 제시하는 교통원단위조사의 개념, 종류 및 방법에 대하여 설명하시오.
4. 통행분포모형(Trip Distribution Model) 중 성장률법(Growth Factor Method)의 유형별 특성 및 한계에 대하여 설명하시오.
5. 교통정보를 수집하는 검지기의 종류별 특징, 수집정보 및 장단점에 대하여 설명하시오.
6. 대중교통 통행배정기법의 종류별 특성에 대하여 설명하시오.

[3교시] 다음 문제 중 4문제를 선택하여 설명하시오.(각 25점)

1. 도로 공사장에서의 보행안전 및 교통소통을 확보하기 위한 교통처리 방안에 대하여 설명하시오.
2. 교통부문에서의 공유경제 개념을 설명하고, 주차장 공유서비스 유형과 사례를 설명하시오.
3. 교통사고 방지를 위한 교차로 개선방안에 대하여 설명하시오.
4. 혼잡세 적용 시, 효율성과 형평성 측면에서 문제점 및 개선방안에 대하여 설명하시오.
5. 교차로에서 좌회전을 통제하는 운영기법의 유형 및 특성과 장단점에 대하여 설명하시오.
6. 최적의 대중교통수단을 선택할 때, 이용자 측면에서 고려해야 하는 요소들에 대하여 설명하시오.

[4교시] 다음 문제 중 4문제를 선택하여 설명하시오.(각 25점)

1. 도로 계획 및 설계 시, 차로수를 결정하기 위한 절차와 방법에 대하여 설명하시오.
2. 교통영향평가 대상 사업의 준공 이행확인과 사후 관리의 법적 근거에 대하여 설명하시오.
3. 4단계 수요예측법 중 통행발생 단계에서 사용되는 회귀분석법과 카테고리분석법의 특징 및 문제점에 대하여 설명하시오.
4. 미터링(Metering)의 필요성과 유형별 특성에 대하여 설명하시오.
5. 버스정류장에서의 버스궤적 시공도와 버스의 점유시간 구성을 그래프로 제시하고, 버스정차면 용량 산정법에 대하여 설명하시오.
6. 빅데이터의 특징 및 분석기법과 교통분야 활용방안에 대하여 설명하시오.

제123회 교통기술사 기출문제

[1교시] 다음 문제 중 10문제를 선택하여 설명하시오.(각 10점)

1. 모빌리티 매니지먼트(Mobility Management)
2. 화물차 턱(Truck Apron)
3. 부가차로
4. 비신호교차로
5. 자전거 도로 효과척도
6. 환경친화적 자동차
7. 프라타(Fratar)법
8. 충격파이론
9. 경량전철 시스템의 종류와 특성
10. 분석적 계층화법(Analytic Hierarchy Process)
11. 앞막힘(Spillback) 예방제어
12. 교통유발원단위조사
13. 보행자신호기 설치기준

[2교시] 다음 문제 중 4문제를 선택하여 설명하시오.(각 25점)

1. 「지속가능 교통물류 발전법」의 주요 내용과 2018년 7월 발표한 제1차 지속가능 국가 교통물류발전 수정기본계획(2018~2020)의 추진 전략 및 세부과제에 대하여 설명하시오.

2. 2013년 도로용량편람에서 다차로도로의 개정된 주요내용을 설명하시오.

3. KTX(주교통수단)역 승강장 중심으로 다음과 같이 연계환승시설로 있는 도시철도 승강장, 버스정류장, 택시승차장의 위치에 대하여 가중평균환산거리를 산정하고 연계환승시설의 서비스 수준을 제시하시오.
   - 도시철도승강장 : 여객(400명), 에스컬레이터(50m), 보행통로(200m)
   - 버스정류장 : 여객(200명), 계단(20m), 보행통로(100m), 에스컬레이터(30m)
   - 택시승차장 : 여객(50명), 무빙워크(200m), 계단(10m), 보행통로(100m)

4. 주차수요 추정방법에 대하여 설명하시오.

5. 위험도로 선정을 위해 사용되는 분석방법을 설명하시오.

6. 국내 지방지역 일반도로에는 비형식적인 간이교차로가 많아 2+1차로 도로 적용 시 효과를 떨어뜨릴 수 있는데, 이러한 간이교차로의 처리 방안을 제시하시오.

[3교시] 다음 문제 중 4문제를 선택하여 설명하시오.(각 25점)

1. 교통정온화 기법을 교통규제, 물리적 방안으로 구분하여 제시하고, 초등학교 주변 어린이 보호구역 교통정온화 적용방안을 설명하시오.

2. 복합환승센터의 목적, 유형 및 법적 근거를 제시하고, 사업시행 시 문제점과 개선방안을 설명하시오.

3. 관광수요 추정에 있어서 고려할 방법론에 대하여 설명하시오.

4. 타당성조사에 있어서 경제성분석의 편익항목별 산정방법에 대하여 설명하시오.

5. 관련개발계획 반영 여부 판단기준과 장래 개발계획 반영 시 고려사항을 설명하시오.

6. 도로교통 시뮬레이션의 정의, 필요성 및 종류별로 구분하여 설명하시오.

[4교시] 다음 문제 중 4문제를 선택하여 설명하시오.(각 25점)

1. 신종 코로나 바이러스 감염증 이후 도시활동·교통활동 변화와 교통부문 대응 방안을 설명하시오.

2. 고급BRT(Super Bus Rapid Transit) 구성 요소에 대하여 설명하시오.

3. 새로운 민간투자방식인 위험분담형민자방식(BTO-rs)과 손익공유형민자방식(BTO-a)의 출현배경 및 특징에 대하여 설명하시오.

4. 대중교통 운임을 결정하는 방법 및 특징에 대하여 설명하시오.

5. 자동차·도로교통 분야 ITS 사업시행지침에서 ITS 사업의 실시계획 수립 시 고려사항을 설명하시오.

6. 간선도로의 신호연동계획을 수립하는 데 고려해야 할 기본적 요소를 설명하시오.

02

도로 및 공항기술사

제**112**회 도로 및 공항기술사 기출문제

[1교시] 다음 문제 중 10문제를 선택하여 설명하시오.(각 10점)

1. 설계구간
2. 완전도로
3. 롤러전압콘크리트포장(Roller Compacted Concrete Pavement)
4. 지역계수(Regional Factor)
5. 편경사(Superelevation)
6. 포장공사의 지불계수(Pay Factor)
7. 지정국도
8. 노상의 회복탄성계수(Resilient Modulus)
9. RTO(Rehabilitate-Transfer-Operate)
10. Face Mapping
11. 첨두시간 항공수요산출
12. 공항의 용량
13. 공항법의 장애제한 표면기준

[2교시] 다음 문제 중 4문제를 선택하여 설명하시오.(각 25점)

1. 교통사고 유형 중 운전자요인(Human Factor)에 의한 사고원인인 졸음, 과속, 전방 주시 태만 등을 방지하기 위하여 도로설계 시 고려사항에 대하여 설명하시오.
2. 도로의 신설 및 확장공사 시 조사 항목과 그 내용을 설명하시오.
3. 독일 아우토반의 콘크리트포장의 경우 린콘크리트(Lean Concrete) 기층과 콘크리트 표층 슬래브가 부착되어 일체화되어 있는 반면, 한국 고속도로의 콘크리트포장은 린 콘크리트 기층과 콘크리트 표층 슬래브가 비닐로 분리되어 있다. 각 방법의 장단점을 비교하여 설명하시오.
4. 성토부 다짐 시 과다짐(Over Compaction)의 발생원인, 문제점 및 과다짐 방지대책에 대하여 설명하시오.
5. 반사균열의 발생 원인과 대책방안을 설명하시오.
6. 공항설계 시 항공기의 분류기준에 대하여 설명하시오.

[3교시] 다음 문제 중 4문제를 선택하여 설명하시오.(각 25점)

1. 도로의 건설계획 시 경제성 분석방법과 최적투자시기 결정방법에 대하여 설명하시오.
2. 국토교통부에서는 최근 도로 공간의 입체적 활용을 위하여 입체도로를 추진하고 있다. 이에 대한 주요 내용을 설명하시오.
3. 줄눈콘크리트포장(Jointed Concrete Pavement)과 연속철근콘크리트포장(Continuous Reinforced Concrete Pavement)에서 사용되는 철근부재들의 종류 및 그 사용목적을 설명하시오.
4. 도로 함몰의 원인에 대하여 설명하시오.
5. 도로 또는 공항 설계 시, 연약지반개량공법의 선정을 위한 고려사항과 시공관리 방안에 대하여 설명하시오.
6. 공항을 건설할 때 공항의 시설과 규모 결정방법에 대하여 설명하시오.

[4교시] 다음 문제 중 4문제를 선택하여 설명하시오.(각 25점)

1. '고속도로 건설 5개년 계획'(2017. 1. 국토교통부)의 주요 내용에 대하여 설명하시오.
2. 도로의 신설 및 확장 공사 시, 환경영향저감대책에 대하여 설명하시오.
3. 산악지 도로설계 시 토석류의 재해 위험도 분석방법을 설명하시오.
4. 주거지역을 통과하는 도로계획 시 저소음포장에 대하여 설명하시오.
5. 역학적-경험적 포장설계방안의 개념을 설명하시오.
6. 산악지를 통과하는 도로 또는 신규 공항건설 시의 배수계획과 설계 시 주의사항, 배수처리 시 문제점에 대하여 설명하시오.

제113회 도로 및 공항기술사 기출문제

[1교시] 다음 문제 중 10문제를 선택하여 설명하시오.(각 10점)

1. 통행구성단계
2. 좌회전 연결로 형식의 종류(입체교차로)
3. 아스팔트의 스티프니스(Stiffness)
4. 포화교통류율
5. 고원식 횡단보도와 보행섬식 횡단보도
6. 도로의 접근관리 필요성
7. 광물성 채움재(Mineral Filler)
8. 비탈면 점검 승강시설
9. 전용도로의 Set Back
10. Big Data 활용
11. 활주로 운영등급
12. 고속탈출 유도로
13. L$_{dn}$(Day-Night Equivalent Noise Level)과 WECPNL(Weighted Equivalent Continuous Perceived Noise Level)

[2교시] 다음 문제 중 4문제를 선택하여 설명하시오.(각 25점)

1. 입체교차로 계획 시 고려사항과 교차로 계획의 판단 기준이 되는 교통량과 입체시설과의 관계에 대하여 설명하시오.
2. 도로의 계획단계를 기본계획단계, 선형설계단계, 계획평면도 작성단계로 구분할 때 각 단계별 배수시설계획의 수립 내용과 도로배수시설의 종류별 설계빈도에 대하여 설명하시오.
3. 국내 연안지역별 연약지반의 특성과 연약지반 대책공법 선정 시 고려하여야 할 제반조건(지반, 도로, 시공, 환경)에 대하여 설명하시오.
4. 아스팔트포장 도로에서 포장의 구조적 결함으로 발생하는 포장의 분리현상의 형태별 원인 및 방지대책에 대하여 설명하시오.

5. 공항계획 시 공항 내의 지역별 시설을 구분하고, 세부적인 배치방안에 대하여 설명하시오.

6. 공항 주변 주거지의 소음평가 방법, 소음에 대한 대책 방안, 소음 관리 정책 방안 및 소음 관련 주민과의 소통방안에 대하여 설명하시오.

[3교시] 다음 문제 중 4문제를 선택하여 설명하시오.(각 25점)

1. 국도(주도로)와 지방도(부도로)가 서로 교차 접속되는 평면교차로 구간에서의 선형설계(평면, 종단) 및 설계속도 적용 시 고려하여야 할 사항에 대하여 설명하시오.

2. 최근 강수량 증가와 우기철 집중호우 시 산지부와 인접한 도로에서 토석류 유입 피해가 지속적으로 발생하고 있는바, 토석류 관련 설계의 절차 및 내용 등의 문제점과 토석류 피해 예방을 위한 설계 개선방안에 대하여 설명하시오.

3. 도로구간 내 휴게시설 계획 시 규모에 따른 종류별 특성과 휴게시설 설치 시 고려사항에 대하여 설명하시오.

4. 도로 환경시설 중 생태통로의 종류 결정 시 고려사항과 생태통로 위치 결정 시 고려사항을 지형 및 토목공학적 측면에서 설명하시오.

5. 공항 개발 사업에 있어 개발사업 절차와 공항 입지선정 시 기준에 대하여 설명하시오.

6. 공항 설계 시 비행장의 설치 기준, 활주로 배치에 영향을 미치는 요소에 대하여 설명하시오.

[4교시] 다음 문제 중 4문제를 선택하여 설명하시오.(각 25점)

1. 도로 터널구간의 안전시설과 관련하여 갱문부에서의 안전성 확보를 위한 고려사항 및 안전성 확보방안과 터널등급별 개구부 설치 적용기준에 대하여 설명하시오.

2. 친환경 저류시설의 오염원 저감 및 수문 순환구조로 호우피해를 최소화할 수 있는 저영향개발(Low Impact Development, LID)기법을 활용한 도로구간 우수유출 저감시설의 적용방안에 대하여 설명하시오.

3. 도로의 교통안전시설에서 신호교차로 구간 내 보도 및 횡단보도, 정지선의 설치기준 및 설치방법에 대하여 설명하시오.

4. 도로(또는 공항) 설계 시 건설안전 설계기법에 대히어 설명하시오.

5. 공항의 여객터미널 설계 시 여객청사의 구성요소와 여객청사 배치방법에 대하여 설명하시오.

6. 공항의 항행안전시설인 계기착륙시설과 계기착륙시설의 성능등급 및 ILS(Instrument Landing System)와 MLS(Microwave Landing System)의 차이에 대하여 설명하시오.

제114회 도로 및 공항기술사 기출문제

[1교시] 다음 문제 중 10문제를 선택하여 설명하시오.(각 10점)

1. 지하안전영향평가
2. 할인율
3. 노면색깔 유도선(Color Lane)
4. Broken Back Curve
5. 터널환기방식
6. 졸음쉼터
7. 통수능(K)
8. 동결지수
9. 아스팔트콘크리트포장의 블리스터링(Blistering)
10. 종합심사낙찰제
11. 윈드시어(Wind Shear) 경보시스템
12. 공항의 시설
13. 풍극범위 및 바람장미(Wind Rose)

[2교시] 다음 문제 중 4문제를 선택하여 설명하시오.(각 25점)

1. 2018년 1월 정부에서 발표한 '교통안전 종합대책'의 주요 내용과 도로설계 시 유의사항에 대하여 설명하시오.
2. 기존 고속국도의 시설개량측면에서 편의성과 효율성 증대를 위한 방안에 대하여 설명하시오.
3. 국내 건설시장의 문제점과 글로벌 경쟁력 강화방안에 대하여 설명하시오.
4. 터널 전후 구간의 교통사고 예방을 위한 도로설계 시 고려사항과 대책방안에 대하여 설명하시오.
5. 항공기 소음평가 방법 및 소음피해 방지대책에 대하여 설명하시오.
6. 활주로 말단부의 안전을 고려한 설계기준에 대하여 설명하시오.

[3교시] 다음 문제 중 4문제를 선택하여 설명하시오.(각 25점)

1. 최근 재정 여건 변화에 따른 예비타당성조사제도의 주요 개정내용에 대하여 설명하시오.

2. 고속국도의 차로별 통행가능차량을 구분하고 지정차로제 준수율을 높이기 위한 "도로교통법" 개정내용과 조기 정착방안에 대하여 설명하시오.

3. 배수 및 소음 저감을 목적으로 적용되고 있는 배수성 포장의 문제점 및 개선방안에 대하여 설명하시오.

4. 도로(또는 공항) 설계 시 영향평가(교통, 환경, 재해)의 주요 평가항목과 유의사항에 대하여 설명하시오.

5. 공항의 마스터플랜 수립 시 고려하여야 할 사항에 대하여 설명하시오.

6. 공항의 항공교통관제에 대하여 설명하시오.

[4교시] 다음 문제 중 4문제를 선택하여 설명하시오.(각 25점)

1. 고속국도의 최대설계속도(120km/hr → 140km/hr) 상향 시 변경되어야 할 설계기준에 대하여 설명하시오.

2. 도로의 연결로 접속부 설계 시 교통안전성 제고 방안에 대하여 설명하시오.

3. 고속국도의 스마트하이패스IC 설치효과와 활성화 방안에 대하여 설명하시오.

4. 터널계획 시 고려하여야 할 환경적 요소와 대책방안에 대하여 설명하시오.

5. 공항시설 중 항공기 이착륙의 안전확보를 위한 항행안전시설(NAVAID)에 대하여 설명하시오.

6. 항공장애물 제한구역 내 차폐설정기준에 대하여 설명하시오.

제115회 도로 및 공항기술사 기출문제

[1교시] 다음 문제 중 10문제를 선택하여 설명하시오.(각 10점)

1. AHP(Analytic Hierarchy Process) 분석
2. 아스팔트 PG(Performance Grade) 등급
3. 분기형 다이아몬드교차로
4. 마찰계수
5. 설계안전성 검토(Design for Safety)
6. VFM(Value for Money)
7. 지반 액상화 현상
8. Cordon Line, Screen Line
9. 클로소이드(Clothoid) 곡선
10. 아스팔트 혼합물의 공극률
11. 지상이동안내 및 관제시스템(A-SMGCS)과 시각주기유도시스템(VDGS) 기능
12. 항공기상관측시설의 종류
13. 3개의 평행활주로 번호부여 방법

[2교시] 다음 문제 중 4문제를 선택하여 설명하시오.(각 25점)

1. P.C Box Girder교 종류별 공법 특성과 가설안전성에 대하여 설명하시오.
2. 도로의 상·하부공간 유휴부지 활용방안에 대하여 설명하시오.
3. 도로배수시설 중 횡단배수시설의 규격결정 과정과 방법에 대하여 설명하시오.
4. 자율주행시대에 대비한 도로의 시설규모 측면에서의 고려사항에 대하여 설명하시오.
5. 항공기 사고 발생 시 신속히 대응할 수 있는 공항의 구조·소방 업무체계에 대하여 설명하시오.
6. 공항 주차장 계획 시 고려사항에 대하여 설명하시오.

[3교시] 다음 문제 중 4문제를 선택하여 설명하시오.(각 25점)

1. 남북한의 경제협력 및 공동발전을 위한 남북한 교통인프라 개발방안에 대하여 설명하시오.

2. 도로민간투자사업의 공공성 강화와 활성화 방안에 대하여 설명하시오.

3. 도로절토사면의 붕괴유형과 붕괴원인 및 절토사면 설계 시 유의사항에 대하여 설명하시오.

4. 「도로의 구조·시설기준에 관한 규칙」 개정의 필요성과 개정방향에 대하여 설명하시오.

5. 항공기 분류방법을 설명하고, 공항설계 시 어떻게 활용되는지에 대하여 설명하시오.

6. 공항 활주로의 배치, 방향 및 수 결정에 영향을 미치는 요소에 대하여 설명하시오.

[4교시] 다음 문제 중 4문제를 선택하여 설명하시오.(각 25점)

1. I.C 연결로가 본선의 곡선부에 배향곡선으로 접속하는 경우 편경사 접속설치방법에 대하여 설명하시오.

2. 도로시설물의 내진설계 및 면진설계 시 고려사항에 대하여 설명하시오.

3. 도시부 도로설계기준의 필요성과 제정 시 고려사항에 대하여 설명하시오.

4. 도로(또는 공항)에 사용되는 제설재로 인한 피해와 개선방안에 대하여 설명하시오.

5. 항공기 이동지역 내 항공기와 지상장비의 교통분리방법에 대하여 설명하시오.

6. 장애물 제한표면을 설명하고 항공장애물 제한구역 내 차폐설정기준에 대하여 설명하시오.

제116회 도로 및 공항기술사 기출문제

[1교시] 다음 문제 중 10문제를 선택하여 설명하시오.(각 10점)

1. 계획교통량 산정
2. 엇갈림구간
3. 설계기준 자동차
4. 시멘트콘크리트포장의 Blow-Up
5. 교량의 부반력(負反力)
6. 도로포장의 예방적 유지보수
7. 중앙분리대
8. 열섬완화 아스팔트콘크리트포장
9. 아시안 하이웨이(Asian Highway)
10. FWD(Falling Weight Deflectometer)
11. 정지로(Stopway)
12. 개방구역(Clearway)
13. 항공의 자유(Air Freedom)

[2교시] 다음 문제 중 4문제를 선택하여 설명하시오.(각 25점)

1. 3차원 기반의 디지털 설계기법인 BIM(Building Information Modeling)의 활성화 방안에 대하여 설명하시오.
2. 국가의 주요 자산인 SOC 장수명화와 미래의 경제적 부담을 완화하기 위한 제4차 시설물의 안전 및 유지관리 기본계획(2018~2022)의 주요 사항에 대하여 설명하시오.
3. 자동차의 운동 역학적, 운전자의 시각적 및 심리적 요구를 고려한 평면선형과 종단선형의 바람직한 조합방법에 대하여 설명하시오.
4. 도로의 편경사 설치방법에 대하여 설명하시오.
5. 도로(또는 공항) 건설사업의 경제성 분석절차와 방법을 설명하시오.
6. 공항계획 시 발생할 수 있는 환경문제와 저감방안에 대하여 설명하시오.

[3교시] 다음 문제 중 4문제를 선택하여 설명하시오.(각 25점)

1. 평면교차로에서 최소한의 정지시거를 포함하여 주변상황을 인지하고 판단할 동안 주행하는 데 추가로 필요한 시거에 대하여 설명하시오.
2. 도로의 차로수 결정과정에 대하여 설명하시오.
3. 지속적인 폭염으로 발생되고 있는 도로(또는 활주로)포장의 소성변형 원인과 방지대책에 대하여 설명하시오.
4. 교량계획 및 형식선정 시 고려사항에 대하여 설명하시오.
5. 해외 공항 투자사업(Public Private Partnership, PPP) 활성화 방안에 대하여 설명하시오.
6. 평행유도로에 설치되는 우회유도로의 기능 및 설치기준에 대하여 설명하시오.

[4교시] 다음 문제 중 4문제를 선택하여 설명하시오.(각 25점)

1. 도로의 배수시설 종류 및 설계 시 유의사항에 대하여 설명하시오.
2. 녹색교통 기반조성의 일환으로 설치되고 있는 회전교차로(Round About) 적용방안에 대하여 설명하시오.
3. 북한지역의 도로(또는 공항)시설 확충을 위한 주요 과제와 기술적 고려사항에 대하여 설명하시오.
4. 도심지 생활도로의 쾌적하고 안전한 환경을 조성하기 위한 교통정온화(Traffic Calming)시설에 대하여 설명하시오.
5. 사회기반시설(SOC)을 시행하면서 적정한 대가를 받을 수 있도록 하기 위한 현재의 사업시행절차상 문제점과 개선방안에 대하여 설명하시오.
6. 공항 건설을 위한 예비타당성 조사 시 고려할 사항에 대하여 설명하시오.

제117회 도로 및 공항기술사 기출문제

[1교시] 다음 문제 중 10문제를 선택하여 설명하시오.(각 10점)

1. 투수콘크리트
2. IRI(International Roughness Index)
3. 공항포장평가(Airfield Pavement Management System, APMS)
4. 대심도 지하도로
5. 생활도로
6. 블랙아이스(Black Ice)
7. 마을주민 보호구간(Village Zone)
8. 도로의 자산관리
9. 교통섬
10. 공항의 과주로(Overrun Area)
11. 경제성 분석기법
12. 도로의 도심지 배수(우수받이)
13. 도로의 평면교차로 구성요소

[2교시] 다음 문제 중 4문제를 선택하여 설명하시오.(각 25점)

1. 시멘트 콘크리트 포장의 덧씌우기 공법에 대하여 설명하시오.
2. 아스팔트 콘크리트 포장 폐재의 재생 및 이용방안에 대하여 설명하시오.
3. 적설지역 도로설계 시 중앙분리대 및 길어깨 폭에 대하여 설명하시오.
4. 도로계획 시 교량의 유지보수에 대하여 설명하시오.
5. 남북 교류활성화와 경제협력을 위한 남북 통합도로망 구축방안에 대하여 설명하시오.
6. 공항 건설을 위한 기본계획 수립절차와 입지선정에 대하여 설명하시오.

[3교시] 다음 문제 중 4문제를 선택하여 설명하시오.(각 25점)

1. 도로의 경관설계에 대하여 설명하시오.
2. 도로 및 공항 건설 시 발생하는 소음 저감을 위한 포장공법에 대하여 설명하시오.
3. BIM(Building Information Modeling) 도입의 문제점 및 개선방안에 대하여 설명하시오.
4. 건설산업의 환경변화를 반영한 새로운 비전과 전략수립을 위한 제5차 건설산업 진흥 기본계획의 주요 내용에 대하여 설명하시오.
5. 도로용량과 서비스 수준 분석에 대하여 설명하시오.
6. 공항의 Landside 접근도로 계획 시 고려사항에 대하여 설명하시오.

[4교시] 다음 문제 중 4문제를 선택하여 설명하시오.(각 25점)

1. Mass Curve에 대하여 설명하시오.
2. 아스팔트 콘크리트 포장의 포트홀(Pothole) 발생 원인에 대하여 설명하시오.
3. 공항의 3대 주요 기능과 기본시설에 대하여 설명하시오.
4. 도로의 대절토사면 점검 및 관리대책에 대하여 설명하시오.
5. 도로의 안전시설에 대한 문제점 및 개선방안에 대하여 설명하시오.
6. 대심도 터널이나 장대터널의 방재시설에 대하여 설명하시오.

제118회 도로 및 공항기술사 기출문제

[1교시] 다음 문제 중 10문제를 선택하여 설명하시오.(각 10점)

1. 설계시간 교통량과 설계시간계수
2. 롤러전압 콘크리트포장(Roller Compacted Concrete Pavement)
3. 다웰바 그룹액션(Dowel Bar Group Action)
4. 자전거 도로의 평면선형과 종단선형
5. 교량기초 형식
6. 도로주행 시뮬레이터
7. 소입경 골재 노출 콘크리트포장
8. 미세먼지, 초미세먼지
9. 낙석방지시설
10. 일반국도의 졸음쉼터 설계기준
11. 공항의 사후환경영향조사
12. 활주로의 종단경사
13. 고도, 온도 및 경사도에 대한 활주로길이 보정

[2교시] 다음 문제 중 4문제를 선택하여 설명하시오.(각 25점)

1. 회전교차로 설계 시 고려사항과 설계요소를 설명하시오.
2. 해상구간 노선선정 시 고려사항과 장경간 교량의 공법종류별 특징을 설명하시오.
3. 한국형 포장설계법 프로그램에서 1) 아스팔트포장의 설계입력 항목, 2) 아스팔트표층 물성의 산정방법, 3) 분석결과와 활용방법에 대하여 설명하시오.
4. 과속방지턱의 종류, 설계기준과 설치 시 유의사항에 대하여 설명하시오.
5. 노후 시멘트콘크리트포장 위에 아스팔트포장 덧씌우기를 하는 경우에 발생하는 반사균열의 원인과 저감방안을 설명하시오.
6. 활주로 공시거리(Declared Distance)에 대하여 설명하시오.

[3교시] 다음 문제 중 4문제를 선택하여 설명하시오.(각 25점)

1. 도로용량에 영향을 미치는 요소와 용량 증대방안을 설명하시오.
2. 기존도로의 점용공사를 할 때 공사구간을 유형별로 구분하고, 제한속도 설정방법과 설계기준에 대하여 설명하시오.
3. 정지시거와 설계속도의 관계를 설명하고, 공용 중인 도로에서 정지시거가 부족한 경우 확보방안을 설명하시오.
4. 도로 또는 공항의 공용 시 소음기준과 저감방안을 설명하시오.
5. 줄눈콘크리트포장에서 포장슬래브의 상부 측 온도가 하부 측 온도보다 높은 경우, 포장 슬래브 컬링의 발생 메커니즘과 포장슬래브 하부 측에 발생하는 응력에 대하여 설명하시오.
6. 공항포장의 LCN(Load Classification Number), ACN(Aircraft Classification Number), PCN(Pavement Classification Number)에 대하여 설명하시오.

[4교시] 다음 문제 중 4문제를 선택하여 설명하시오.(각 25점)

1. 도시지역의 토지이용과 교통 특성을 반영한 도로망 체계 개념을 설명하고, 도로설계 개선방안에 대하여 설명하시오.
2. 평면곡선반경과 편경사 관계식을 설명하고, 곡선부 주행안전 확보방안을 설명하시오.
3. 고속도로 인터체인지 배치기준과 하이패스(Hi-Pass) 전용 인터체인지 형식선정에 대하여 설명하시오.
4. 도로 또는 공항건설공사에서 연약지반 판정기준 및 처리공법에 대하여 설명하시오.
5. 줄눈콘크리트포장과 연속철근콘크리트포장에서 사용되는 철근부재들의 종류 및 사용 목적에 대하여 설명하시오.
6. 공항의 최적입지조건에 대하여 설명하고 주변 지역 및 환경에 미치는 영향과 해소방안에 대하여 설명하시오.

제119회 도로 및 공항기술사 기출문제

[1교시] 다음 문제 중 10문제를 선택하여 설명하시오.(각 10점)

1. 공용개시 계획연도
2. 도로교통혼잡비용
3. 아스팔트 역청재
4. 시선유도봉
5. 길어깨의 측대
6. 지하안전관리에 관한 특별법
7. 혼화재료
8. 운영속도(Operating Speed, V_{85}백분위 속도)
9. 차로수 균형(Lane Balance) 기본원칙
10. 설계홍수량 산정 시의 유출계수(C)
11. APM(Automated People Mover)
12. 계기 활주로
13. 착륙대 정지구역

[2교시] 다음 문제 중 4문제를 선택하여 설명하시오.(각 25점)

1. 도로의 선형 설계에서 편경사 구성요소 및 설치방법에 대하여 설명하시오.
2. 차로제어시스템(Lane Control System)의 설치·운영상의 문제점과 유의사항에 대하여 설명하시오.
3. 배수시설 설계 시 설치기준 및 유의사항에 대하여 설명하시오.
4. 평면교차로의 좌회전차로에 대한 세부 설치기준에 대하여 설명하시오.
5. 우리나라 공항개발 및 운영을 위한 추진과제에 대하여 설명하시오.
6. 단일 활주로 용량 관련 요소와 향상 방안에 대하여 설명하시오.

[3교시] 다음 문제 중 4문제를 선택하여 설명하시오.(각 25점)

1. 고령운전자를 고려한 도로설계 방안에 대하여 설명하시오.
2. 평면선형과 종단선형과의 조합에 있어 선형의 조합 형태별 문제점 및 개선방안에 대하여 설명하시오.
3. 절성토 경계부의 설계 및 시공 시 유의사항에 대하여 설명하시오.
4. 안전속도 5030(5030도로)에 있어 도로별 제한속도 설정 원칙과 기준에 대하여 설명하시오.
5. 우리나라 경비행장에 대한 문제점과 개발 방향에 대하여 설명하시오.
6. 공항시설 중 항공기 이착륙 시 안전확보를 위하여 필요한 시설을 설명하시오.

[4교시] 다음 문제 중 4문제를 선택하여 설명하시오.(각 25점)

1. IC연결로, 연결로 접속부 및 변속차로 설계 시 유의사항에 대하여 설명하시오.
2. 민간투자제도의 문제점 및 개선방안에 대하여 설명하시오.
3. 터널 설계 및 시공 시 적용하는 암반분류방법에 대하여 설명하시오.
4. 교량계획 시 고려사항에 대하여 설명하시오.
5. 여객 및 수화물의 승하차를 위한 터미널 커브(Curb)의 구성요소와 여객터미널과의 상관관계 및 배치계획 시 고려사항에 대하여 설명하시오.
6. 기존 공항의 용량증대를 위한 교통체계관리기법(TSM)을 Air Side와 Land Side로 구분하여 설명하시오.

제120회 도로 및 공항기술사 기출문제

[1교시] 다음 문제 중 10문제를 선택하여 설명하시오.(각 10점)

1. 우회전차로 설치기준
2. 군집주행
3. 중앙분리대 개구부 설치기준 및 기능
4. 중성화 콘크리트
5. BIM(Building Information Modeling)
6. C-ITS(Cooperative-Intelligent Transportation System)
7. 포장공사의 지불계수(Pay Factor)
8. 상온 아스팔트
9. 차량이탈 인식시설(Rumble Strips)
10. LCS(Lane Control System)
11. 최저비행고도
12. 활주로 실제길이(Actual Length of Runways)
13. 유도로(Taxiway) 교량

[2교시] 다음 문제 중 4문제를 선택하여 설명하시오.(각 25점)

1. 도시지역 도로설계지침 개정(2019.12.24. 국토교통부)의 주요 내용과 적용 시 유의사항에 대하여 설명하시오.
2. 도로 기하구조와 교통사고와의 관계에 대하여 설명하시오.
3. 내구연한이 초과된 도로(또는 공항)의 시멘트콘크리트포장 개량 시 설계 및 시공방안에 대하여 설명하시오.
4. 자율주행시대 도래에 따른 도로 설계 준비사항에 대하여 설명하시오.
5. 도로(또는 공항) 콘크리트 포장 확장에서 신·구 콘크리트 접속 시 이음부 처리방안에 대하여 설명하시오.
6. 첨두시간 항공수요 예측방법을 설명하시오.

[3교시] 다음 문제 중 4문제를 선택하여 설명하시오.(각 25점)

1. 국도의 효율적 투자를 위한 개선방향에 대하여 설명하시오.
2. 설계속도 140km/h 기준으로 선형설계 시 고려할 사항과 도로 운영 중 예상되는 문제점에 대하여 설명하시오.
3. 도로(또는 공항)의 배수성 아스팔트 포장의 개선방향과 시공 시 유의사항에 대하여 설명하시오.
4. 도로의 블랙아이스(Black Ice)에 대한 교통사고 방지대책에 대하여 설명하시오.
5. 도로(또는 공항)에서 연약지반 위에 저성토로 계획 시 문제점 및 대책에 대하여 설명하시오.
6. 활주로 용량에 영향을 미치는 요소와 공항의 용량증대 방안에 대하여 설명하시오.

[4교시] 다음 문제 중 4문제를 선택하여 설명하시오.(각 25점)

1. 도로의 노선선정 과정에서 발주처 및 해당 유관기관과 협의하여야 할 사항에 대하여 설명하시오.
2. 평면 및 종단선형의 설계 기본방침과 선형조합에 대하여 설명하시오.
3. 집중호우에 대비한 도로(또는 공항)배수시설 설계 시 고려사항에 대하여 설명하시오.
4. 4차 산업을 기반으로 하는 스마트 건설기술에 대하여 설명하시오.
5. 결심속도(Decision Speed)와 이륙안전속도(Take-off Safety Speed)에 대하여 설명하시오.
6. 육상비행장의 분류기준에 대하여 설명하시오.

제121회 도로 및 공항기술사 기출문제

[1교시] 다음 문제 중 10문제를 선택하여 설명하시오.(각 10점)

1. 도로의 최소평면곡선반경
2. 배수성 포장
3. 임계속도와 임계밀도
4. S-BRT
5. 교통정온화(Traffic Calming)시설
6. 종단곡선변화비율
7. 토량환산계수
8. 비상주차대
9. 예비타당성조사의 AHP(계층화분석기법)
10. 콘크리트의 중성화
11. 항공기 이륙 시 안전성 확보를 위한 개방구역
12. 공항 허브터미널
13. 활주로 갓길

[2교시] 다음 문제 중 4문제를 선택하여 설명하시오.(각 25점)

1. 설계오류 등으로 설계부실을 사전에 예방하기 위한 설계성과품 검토 내용에 대하여 설명하시오.
2. 민간투자사업의 다원화와 신규 민간투자사업의 활성화 방안(2020년, 민간투자사업 기본계획)에 대하여 설명하시오.
3. 지방부 2차로 도로의 교통용량 산정방법과 교통용량증대 설계방안에 대하여 설명하시오.
4. GTX 등 '대심도 교통시설사업의 원활한 추진을 위한 제도개선' 추진방안(2019년 11월, 국토교통부)에 대하여 설명하시오.
5. 공항개발 후보지 선정까지의 계획과정을 설명하시오.
6. 공항의 일반적인 입지요소에 대하여 설명하시오.

[3교시] 다음 문제 중 4문제를 선택하여 설명하시오.(각 25점)

1. 실시설계 보고서 목차를 작성하고 주요 내용을 설명하시오.
2. 아스팔트 포장파손 원인 및 대책과 유지보수공법에 대하여 설명하시오.
3. 도로의 기능과 이동성 및 접근성의 관계를 설명하시오.
4. '도로의 구조·시설 기준에 관한 규칙(2020.03.06., 일부 개정)' 개정 이유 및 주요 내용에 대하여 설명하시오.
5. 항공수요 예측의 과정 및 이용에 대하여 설명하시오.
6. 활주로 배치, 방향, 수에 영향을 미치는 요소에 대하여 설명하시오.

[4교시] 다음 문제 중 4문제를 선택하여 설명하시오.(각 25점)

1. 유토곡선(Mass Curve)을 종단면도와 대응하여 그리고 설명하시오.
2. 콘크리트 포장의 종류와 무근콘크리트포장(JCP)의 줄눈에 관하여 설명하시오.
3. 도로의 설계속도에 의해 영향을 받는 선형 기하구조 요소 및 시거에 대하여 설명하시오.
4. 국토교통부의 빅데이터와 인공지능(AI)과 사물인터넷(IoT) 등 4차 산업기술이 접목된 미래 도로상을 구현하기 위한 '도로 기술개발 전략안('21~'30)'의 주요 내용에 대하여 설명하시오.
5. 계류장의 종류와 설계요건에 대하여 설명하시오.
6. 공항도로체계에 대하여 설명하시오.

제122회 도로 및 공항기술사 기출문제

[1교시] 다음 문제 중 10문제를 선택하여 설명하시오.(각 10점)

1. BTO 방식
2. 자동차 전용도로
3. 접도구역
4. 선(線)배수 시설
5. 반강성포장
6. 긴급제동시설
7. 접속단 간의 거리
8. 다차로 하이패스
9. 개인형 이동수단(Personal Mobility)
10. 옐로카펫(Yellow Carpet)
11. WECPNL(Weighted Equivalent Continuous Perceived Noise Level)
12. 활주로 운영등급(CAT, 카테고리)
13. TAS(True Air Speed)

[2교시] 다음 문제 중 4문제를 선택하여 설명하시오.(각 25점)

1. 환경친화적인 도로건설 설계방안을 항목별로 설명하시오.
2. 인터체인지(나들목 또는 분기점) 배치기준과 위치선정 방법에 대하여 설명하시오.
3. 도로(공항)계획 시 연약지반 조사방법, 처리공법, 계측방법에 대하여 설명하시오.
4. 도심지 도로의 집중호우에 대비한 원활한 배수처리 설계방안에 대하여 설명하시오.
5. 활주로 용량에 영향을 미치는 요소와 활주로의 추가건설 없이 용량을 증대할 수 있는 방안을 설명하시오.
6. 활주로 양단의 번호부여(Numbering)방법에 대하여 사례를 들어 설명하시오.

[3교시] 다음 문제 중 4문제를 선택하여 설명하시오.(각 25점)

1. 차도의 종단경사가 변경되는 부분에 설치하는 종단곡선에 대하여 설명하시오.
2. 도로(공항)의 비점오염 저감시설 설치 및 관리방법에 대하여 설명하시오.
3. 도로 교통의 안전과 소통을 도모하고 있는 노면 색깔 유도선의 설치 및 관리 방법에 대하여 설명하시오.
4. 광역교통 문제를 해결하기 위한 수도권(대도시권) '광역교통 2030'의 내용에 대하여 설명하시오.
5. 활주로길이산정에 영향을 주는 요소와 각각의 요소가 활주로길이에 어떤 영향을 주는지 설명하시오.
6. 공항 소음이 기준을 초과할 경우 대책을 설명하시오.

[4교시] 다음 문제 중 4문제를 선택하여 설명하시오.(각 25점)

1. 도로교통 용량증대 방안과 교통용량 확보 방안에 대하여 설명하시오.
2. 도로의 지반침하(함몰)의 주요 원인과 유형별 예방대책에 대하여 설명하시오.
3. 터널의 내공단면 구성요소와 설계 시 고려사항에 대하여 설명하시오.
4. 시멘트콘크리트 포장의 파손유형을 설명하고, 노후 시멘트콘크리트 포장면을 절삭한 후 아스팔트혼합물로 덧씌우기 하는 방법과 절삭 없이(비절삭) 아스팔트혼합물로 덧씌우기 하는 방법에 대한 특징을 비교하여 설명하시오.
5. 도로에 설치하는 졸음쉼터 설치 및 유지관리 방안에 대하여 설명하시오.
6. 공항계획에 사용되는 바람장미(Wind Rose) 분석방법에 대하여 설명하시오.

제123회 도로 및 공항기술사 기출문제

[1교시] 다음 문제 중 10문제를 선택하여 설명하시오.(각 10점)

1. 정지시거
2. 투수성포장과 배수성포장
3. 서비스 수준과 효과척도
4. 시설한계
5. 아스팔트혼합물의 공극률
6. 터널의 방재등급과 방재시설
7. 아스팔트포장의 맞댐이음(Butt Joint)과 겹침이음(Lap Joint)
8. 회전교차로
9. 비점오염 저감시설
10. 침입도등급(Penetration Grade)과 PG등급(Performance Grade)
11. 공항의 위계
12. 활주로의 용량산정 중 실용용량(Practical Capacity)
13. EMAS(Engineered Materials Arresting System)

[2교시] 다음 문제 중 4문제를 선택하여 설명하시오.(각 25점)

1. 도로설계의 기본이 되는 평면선형, 종단선형의 구성요소와 평면·종단선형 조합 시 유의사항에 대하여 설명하시오.
2. 경제적이고 안전한 도로건설을 위해 도로설계 시 필요한 지반조사의 종류, 목적 및 지반조사 계획 시 유의사항에 대하여 설명하시오.
3. 도로(또는 공항)에서 무근콘크리트포장(JCP)의 파손 및 Spalling 원인과 대책에 대하여 설명하시오.
4. 도로(또는 공항)의 사업착수 시 경제성분석 기법과 할인율 적용 시 유의사항에 대하여 설명하시오.
5. 공항의 입지선정 절차와 입지선정 기준에 대하여 설명하시오.
6. 고속탈출 유도로(Rapid Exit Taxiway) 설계 시 고려사항(설치위치 및 수 등)에 대하여 설명하시오.

[3교시] 다음 문제 중 4문제를 선택하여 설명하시오.(각 25점)

1. 도로설계 시 안전하고 쾌적한 주행성 확보를 위한 평면 곡선반경에 대하여 설명하시오.
2. 도로계획 시 적설·한랭지역의 특성을 고려한 설계 및 시공, 유지관리 시 유의사항에 대하여 설명하시오.
3. 도로설계에 이용되는 계획목표년도의 장래시간 교통량과 차로수 선정과정에 대하여 설명하시오.
4. 도로(또는 공항) 콘크리트 포장의 덧씌우기 공법 적용 시 반사균열(Reflection Crack)을 방지하기 위한 설계·시공 시 유의사항에 대하여 설명하시오.
5. 우리나라 공항분야 설계의 BIM 적용실태 및 현황과 공항설계에 BIM 적용 시 설계 단계별 구체적인 설계 효율화 내용에 대하여 설명하시오.
6. 공항에서 항공기의 안전한 이착륙을 지원하기 위한 항행안전 보조시설(Navigation Aid)을 기능별로 분류하고 각각의 특성에 대하여 설명하시오.

[4교시] 다음 문제 중 4문제를 선택하여 설명하시오.(각 25점)

1. 도로 종단선형 설계 시 종단경사와 오르막차로의 설치방법과 적용 시 유의사항에 대하여 설명하시오.
2. 도로설계 시 노선선정 과정과 최적노선 선정 시 고려사항에 대하여 설명하시오.
3. 도로(또는 공항) 포장 공법에서 소음저감을 위한 포장공법을 열거하고, 해당 포장공법의 설계, 시공, 유지관리 시 고려하여야 할 사항에 대하여 설명하시오.
4. NATM 터널공법의 원리와 계측관리 및 터널시공 시 막장붕괴 방지를 위한 안전대책에 대하여 설명하시오.
5. 도심항공 운송의 기반시설 중 하나인 옥상헬기장의 설계 시 고려해야 할 각종 설계기준에 대하여 설명하시오.
6. 세계적으로 많이 사용하는 항공기 소음분석 및 평가방법에 대하여 비교 설명하고, 공항 계획단계에서 소음저감을 위한 대책에 대하여 설명하시오.

참고문헌

국토교통부, 도로용량편람, 2013.

국토교통부, 도로의 구조·시설기준에 관한 규칙, 2020.

국토교통부, 입체교차로 설계지침, 2015.

한국교통연구원, 월간교통

국토교통부, 국토와 교통

김경환, 교통안전공학, 태림문화사, 2000.

김대웅, 도로계획, 형설출판사, 2000.

대한교통학회 교통계획위원회, 교통계획의 이해, 청문각, 2005.

도철웅, 교통공학원론 상·하, 청문각, 1997.

도철웅, 교통공학, 청문각, 2017.

박창수, 도시교통 운영론, 꾸벅, 2003.

박효성 외, Final 도로 및 공항기술사(개정 2판), 예문사, 2012.

이현재, 교통기술사 예문사, 2014.

서울대학교 교통연구실, 교통공학개론, 영지문화사, 2000.

원제무, 알기 쉬운 도시교통, 박영사, 2000.

원제무·오영태·황준환, 첨단교통론, 한울, 2003.

원제무·최제성, 교통공학, 박영사, 1999.

윤대식, 교통수요분석, 박영사, 2001.

조규태, 도로 및 공항 특론, 예문사, 2001.

한국도로공사, 도로설계요령, 건설정보사, 2001.

한국환경정책·평가연구원, 사후환경영향조사서 작성 및 활용 등에 관한 지침 마련 연구, 2011.

환경부, 환경영향평가서 작성 가이드라인, 2009.

황기연, 교통수요관리방안 연구, 서울시정개발연구원, 1993.

양승신, 공항계획과 운영, 이지북스, 2001.

최명기, 공항토목시설공학, 예문사, 2011.

대한교통학회, 운송용 항공기의 이륙단념속도 개선에 관한 연구, 2005.

국토교통부, 비행장시설 실치기준, 제2018 751호, 2018.

국토교통부, 비행장포장설계매뉴얼, 예규 제254호, 2015.5.21., 부록 pp.1~13.

국토교통부, 정밀접근계기비행 운용지침, 예규 제100호, 2015.5.12., 폐지제정, 2015.

국토교통부, 제5차 공항개발 중장기 종합계획(2016~2020).

국토교통부, 항공정책론, 항공정책실, 백산출판사, 2011.

찾아보기

NEW NORMAL
도로와 교통

발행일 | 2022. 1. 15   초판 발행

저 자 | 하만복
발행인 | 정용수
발행처 | 예문사

저자와의
협의하에
인지 생략

주 소 | 경기도 파주시 직지길 460(출판도시) 도서출판 예문사
T E L | 031) 955 – 0550
F A X | 031) 955 – 0660
등록번호 | 11 – 76호

정가 : 80,000원

ISBN 978–89–274–4009–3 93530